[개정6판]

측량정보공학

조 규 전저

양 서 각

측량정보공학 [개정6판]

제 1 판 1 쇄 2003년 2월 20일 발행
개정6판 2 쇄 2026년 1월 31일 발행

저 자 조 규 전
발행자 신 대 영
발행소 양 서 각

주 소 : 경기도 가평군 소돌말길 7-6
전 화 : 010-2063-5489
FAX : 0502-0991-1700
등 록 : 1992년 4월 30일 제3-412호

ISBN 978-89-5568-527-5 **[정가 35,000원]**

개정 6판을 내면서

IT를 이용한 첨단기술의 발전은 기술 분야뿐만 아니라 우리의 생활 환경은 물론 우리 삶의 터전인 측량 관련 분야까지 큰 영향을 주고 있다. 특히 위치 결정 방법을 포함한 공간정보는 획기적인 발전을 이루었으며 그의 활용은 이미 우리 삶에 깊숙이 들어와 있다.

전통적인 측량은 이미 오래전에 사라졌고 공간정보와 이와 관련된 기술이 서로 융합하여 새로운 차원의 학문 또는 기술로 변화하여 학문 간의 경계(구분)도 이미 사라지고 있다. 특히 GNSS 측량과 드론 등을 접목한 측량 기술이 활발하게 발전하고 있으며 GPS가 위성측량을 대변하던 시대에서 벗어나 Glonass, Galileo, BeiDou, QZSS, IRNSS 등과 같은 다른 나라의 위성을 함께 사용하는 GNSS 측량 시대로 접어들었다. 이러한 발전 추세에 맞추어 "측량정보공학 개정 6판"을 출간하게 되었다.

개정 6판에서는 각 장 모두 약간의 수정과 보완이 이루어졌으며 제9장과 10장에서는 많은 수정과 개정이 있었다. 특히 제10장 GPS 측량은 그 명칭을 GNSS 측량으로 바꾸어 현실에 맞도록 다시 편집하였으며 GPS III 위성과 새롭게 도입된 신호체계 및 GPS와 다른 나라 위성의 최신 정보 등을 추가하였다. 특별히 근년부터 그 중요성이 인식되고 있는 "Augmentation system(위성 보정시스템)"에 대한 것도 추가하였다. 제17장(드론)에서도 일부 수정과 재편집 및 새로운 정보들을 추가하였다.

2003년 2월 초판이 출간된 "측량정보공학"은 2008년 1월에 개정 2판, 2013년 8월에 개정 3판, 2017년 2월에 개정 4판, 2019년 2월에 개정 5판 등 총 5판이 개정되어 출판되었고 이제 6판이 나오게 되었습니다. 지난 20년간 이 책을 사랑해 주신 독자님들, 특히 전국 30여 개 대학의 학생들, 수험생들, 실무기술자들께 진심으로 감사드립니다. 여러분들의 사랑과 격려가 없었더라면 이 책은 이미 사라졌을 것입니다.

"측량정보공학"은 다른 학문과 마찬가지로 이미 학문으로서 그 완성 단계에 있으며 전자기술의 발전과 더불어 많은 다른 학문과 융합이 이루어져 더 이상 "측량"이라는 단어의 존재조차도 사라지고 있고 저자도 이미 나이 80이 넘어 점점 노쇠하여지고 있어 앞으로 제7판이 나올 수 있을지는 저자 자신도 알 수 없으며 아마 제6판이 마지막이 될지도 모르겠다는 생각이 드는 것도 사실입니다. 앞으로 훌륭한 분들이 나와 우리 측량 분야를 사랑하고 발전시켰으면 하는 바람입니다.

개정 5판의 잘못된 부분의 수정과 보완 등에 많은 도움을 주신 이재원 교수님(동아대), 이창경 교수님(현 군산대)께 감사의 말씀 드립니다.

자료 수집 등 어렵고 힘들었던 개정 작업이었지만 무사히 잘 끝낼 수 있었던 것은 오직 하나님의 은혜이었으며 그동안 용기와 격려를 아끼지 않은 사랑하는 아내에게 고맙게 생각합니다.

감사합니다.

2023년 12월

저자

조 규 전

「측량정보공학」을 펴내며…

컴퓨터와 IT기술의 급속한 발전과 함께 측량기술도 최근, 항공사진측량, GPS, LIS/GIS 등 현대적 최첨단정보기술로 거듭나고 있습니다. 또한 IT기술은 측량업무의 범위를 현장 관측, 계산, 도면제작 등 고유업무에서 벗어나 많은 양의 측량데이터를 간편하고 신속하게 처리하는 최첨단 정보획득방법과 처리, 그 이상의 기술까지 요구하고 있습니다.

특히, GPS에 의한 3차원 위치결정방법은 각과 거리에 의하여 위치가 결정된다는 과거의 측량개념을 뛰어넘는 혁명적인 것으로서 그 편리성과 효율성으로 인하여 순수 측량분야뿐 아니라 자동차항법, 항해시스템, 등산경로시스템 등 활용분야가 점차 확대되고, 비전문가들(일반인)도 이용하고 있으며, 이러한 추세는 점차 늘어날 것으로 보입니다. 따라서 21세기의 측량기술은 새로운 변화에 적극 대응하지 않고서는 그 정체성을 확보하기 더욱 어려울 것으로 보며, 이 시점에서 측량에 종사하는 모든 사람들이 『측량』에 대한 개념을 재정립해 보는 것도 의미가 있다고 봅니다.

특히 지금까지 많은 사람들이 측정과 이에 관련된 제한적인 뜻으로 사용하던 "Surveying"을 좀더 포괄적이면서도 전문적인 신조어인 "Geomatics"로 바꾸어 부르고 있음을 우리는 주시하여야 하겠습니다. 이제 21세기는 Geomatics시대의 측량임을 감안하여 이 책에서는 『측량학』 대신 『측량정보공학』이라는 용어를 택하게 되었습니다. 이 책은 원래 1996년 3월 『표준측량학』이라는 제목으로 초판 발행한 것을 기본골격으로 하여 새로운 기술과 장비의 사용을 추가하였으며, 공사측량 및 응용측량부분을 보완하였습니다. 특히, 지구회전타원체와 평면과의 연계성, 투영과 좌표 등 측량의 기본개념을 좀 더 이해하기 쉽도록 했으며, 많은 예제풀이를 통해 각종 시험준비서로도 활용할 수 있을 것입니다.

그리고 대학에서 강의교재로 활용하려면, 강의시간에 따라 내용취사선택을 적절히 해야 합니다. 강의시간이 부족한 경우에는 제17장 최소제곱법은 다루지 않고, 평판측량, 삼각측량 및 삼변측량은 기초부분만으로도 충분할 것입니다. 그러나 사진측량학으로 1학기 강의를 하고자 할 경우에는 기타 참고 교재를 추가적으로 선택하는 것도 좋을 듯 합니다.

원래 천학비재한 사람이 만든 책이라 내놓기 부끄럽지만, 필자가 40여년간 측량관련 기관・학계・단체에서 경험한 현장실무를 바탕으로 엮은 이 책이 선배, 동료, 후배들에게 다소라도 도움이 되었으면 하고, 앞으로 많은 분의 가르침으로 더 좋은 책이 될 수 있으면 좋겠습니다. 그리고 어려움 속에서도 최선을 다해주신 양서각의 신대영 사장님, 특히, 표지도안을 맡아준 제일기획의 이성구 전무님께 감사드립니다. 끝으로, 출간할 수 있는 지혜를 허락하신 하나님께 감사드리며, 용기와 격려로 함께 한 아내, 그리고 두 딸과 함께 출간의 기쁨을 나누고자 합니다.

2003년 2월
조 규 전

차례

Chapter 1 서 론

Chapter 2 오차론

Chapter 3 거리측량

Chapter 7 트래버스 측량

Chapter 8 삼각측량 / 삼변측량

Chapter 9 지구타원체와 좌표계

Chapter 10 GNSS

Chapter 11 지형측량

Chapter 12 노선측량

Chapter 16 라이다 측량

Chapter 17 UAV(무인항공기)

Chapter 18 사진측량

출처: 가수 김장훈 블로그

Chapter 1 서 론

1.1 측량이란?

「측량(Surveying)」이란 무엇인가? 측량의 뜻에는 어떤 의미가 포함되어 있는가? 이 책을 읽기 전에 무엇보다도 먼저 이들의 정의에 대하여 알아야 하겠다. 이를 위해서 먼저 측량(測量)이라는 한문글자가 가지고 있는 뜻을 살펴보자. 「測」은 "헤아릴 측" 또는 "잴 측", 「量」은 "헤아릴 량"이다. 이 두 글자를 합하면 무엇을 "재고 헤아리다"는 뜻이 된다. 이것이 "측량"이라는 단어가 처음 만들어질 때의 의미일 것이다.

우리나라 국립국어원의 "표준국어대사전"에서는 측량이란 『기기를 써서 물건의 높이, 깊이, 넓이, 방향 따위를 재거나 지표의 각 지점의 위치와 그 지점 간의 거리를 구하고 지형의 높낮이, 면적 따위를 재는 일』이라고 정의하였다. 또한 외국의 사전들인 Merriam Webster, Collins dictionary, Oxford living dictionary, Wikipedia에서도 이와 유사한 정의를 하고 있다.

이같이 "측량"에 관한 사전적 의미는 위에서 말한 것과 같이 어떤 물체의 크기, 길이, 면적, 부피 등의 물리적 크기를 재는 단순한 작업임을 의미한다. 그러나 근대문명의 발전과 현대과학의 발전으로 인한 혁신적인 측량 기술과 그 활용성은 우리 생활에까지 깊숙이 들어와서 측량에 대한 의미와 한계가 매우 모호해졌다. 따라서 "측량"에 대하여 좀 더 구체적이며 현실에 맞도록 정의하기 위하여 관련 법령과 학술단체의 정의를 인용하고자 한다.

우리나라의 관련 법령인 "공간정보의 구축 및 관리 등에 관한 법률 제2조 1항"에서는 『측량이란 공간상에 존재하는 일정한 점들의 위치를 측정하고 그 특성을 조사하여 도면 및 수치로 표현하거나 도면상의 위치를 현지(現地)에 재현하는 것을 말하며, 측량용 사진의 촬영, 지도의 제작 및 각종 건설사업에서 요구하는 도면작성 등을 포함한다』라고 정의하였다.

ACSM(American Congress of Surveying and Mapping)은 미국 측지학회(AAGS)와 전문측량학회(NSPS)가 연합하여 만들어진 측량 관련 전문 학술단체인데 "측량"에 관하여 다음과 같이 정의하고 있다.

측량은 『지구 표면이나 그 위 · 아래에 있는 점 또는 물리적 · 문화적 상세한 물체들의 상대적 위치를 결정하고 그들을 사용할 수 있는 형태로 묘사하거나 그들을 설정하는데 필요한 과학기술이다』라고 정의하고 있다.

따라서 측량에서는 수학적 계산과정이 필연적으로 뒤따르게 되고 거리, 각, 방향, 평면 및 표고 위치, 면적, 체적과 같은 정량적 정보가 얻어질 뿐만 아니라 다른 많은 양의 지형정보자료가 지형도, 단면도와 같은 도해적 방법으로 묘사되기도 한다.

그러나 좀 더 일반적인 개념으로 말한다면, 측량이란 물리적 지구와 우리들의 환경에 관한 정보를 수집하여 측정, 처리하고 여러 분야의 사용자들에게 결과물들을 제공하는 방법을 연구하는 학문 분야로 생각할 수 있다.

측량은 인류문명이 시작된 이래 매우 중요하게 취급 되어왔다. 최초의 측량은 토지 경계에 대한 표시와 측정에서부터 시작되었다. 그 후 지금에 이르기까지 측량은 여러 종류의 공간정보, 지형도 등의 필요성과 더불어 정밀한 측정의 필요성으로 인하여 그 중요성이 증대되고 있으며, 특히 IT기술과 같은 첨단산업의 경이적인 발전과 더불어 측량기술도 급속도로 발전하여 GPS와 같은 인공위성을 이용한 위치결정은 물론 많은 양의 정성적, 정량적 지형정보를 획득하고 이들을 저장, 처리, 분석, 가공, 분배 등을 통하여 많은 부문에 활용하고 있다.

이러한 사실은 우리가 측량을 말할 때, 측량이 단순히 각과 거리에 의한 위치결정이라는 전통적인 정의보다는 다양한 종류의 정보를 획득하고 그들을 저장, 처리, 가공 등을 통하여 인간의 삶의 질을 향상시키는 것과 같은 그 활용성에 더 큰 비중이 주어지고 있다. 특히, 최근 우리나라에서 일어나고 있는 지형정보와 영상정보에 의한 위치기반 서비스는 급속도로 발전하여 우리의 생활 속까지 깊숙이 들어와 없어서는 아니 되는 상태에 있는 것을 생각하면 "측량"이라는 용어에 대하여 새로운 인식이 필요하게 된다. 따라서 측량이라 말할 때 "*Surveying*"이라는 단어 대신에 "*Geomatics*"라는 용어가 보편화되고 있는 것이 바로 이러한 이유 때문일 것이다. "*Geomatics*"는 근래에 와서 새롭게 만들어진 신조어(新造語)로 과거에 측량이라는 말로 표현되는 현장 측량 부분까지 포함하는 상대적으로 새로운 개념이며 미국, 유럽 등 대부분의 선진국에서 측량이라는 단어 대신 보편적으로 사용하고 있으며 우리나라에서도 근년에 이르러 학자들을 중심으로 "*Surveying*"이라는 단어 대신 "*Geomatics*"라는 단어를 많이 사용하고 있다.

이같이 "측량"이라는 이름이 바뀌는 이유는 근년에 이르러 극적으로 변화되는 측량의 범위와 측량방법 때문이다. 다시 말하면 단순한 측정 작업을 의미하는 과거의 측량 개념이 아니라 정보를 수집하고 측정하거나 분석하고 표시하며 계산하는 것을 측량의 새로운 도구로 사용하는 최근의 기술 발전 때문이다. 또한 땅과 물, 공기, 다른 자연 자원의 사용을 규제하고 관리하며 감시하는 일에 더 큰 노력이 요구되는 환경변화에 관심이 점점 증가함에 따라 명칭 변화가 자연스럽게 이루어지게 되었으며 이러한 환경의 변화는 관련된 공간정보에 대한 요구가 크게 증가하는 결과를 가져왔다.

역사적으로 측량기술자들은 트랜싯과 줄자 등을 사용하는 현장 중심의 측량을 했으며 그 결과물들을 표현하기 위하여 많은 양의 인력을 소모하였고 최종 결과물은 인쇄지도 형태로 이루어졌다.

그림 1.1 Unmanned aerial vehicle(drone)
출처 Science & Technology, 12 NOV. 2021.NADIA, BATOK

오늘날 현대적인 측량기술자들이 환경적 정보를 획득하고 측정하는 도구들은 전자 장비와 위성 등을 이용하여 거리와 각을 자동으로 측정하며, 측점들에 대한 신속하고 정밀한 측정이 가능하였고, 현대적인 수치사진측량 기법과 레이저 스캐닝 측량은 신속한 지형도 제작은 물론 〈그림 1.1〉과 같이 카메라와 센서가 장착된 "UAV(Unmanned Aerial Vehicle)"

를 이용하여 우리가 살고 있는 지구에 대한 다른 형태의 데이터를 쉽게 획득하기도 한다.

또한 측정된 데이터는 컴퓨터에 의하여 처리되고, 평면도와 지형도 또는 다른 형태의 성과품은 과거에서는 상상할 수 없는 속도로 자동으로 이루어져 성과품들은 디지털 형태로 저장되고 통신수단을 통하여 원격으로 전송된다.

이들 새로운 데이터 획득과 처리기술의 발전과 더불어 지형정보시스템(GIS)이라는 개념이 새롭게 출현하고 성숙되었다. 이들 컴퓨터 기반 시스템은 어떤 종류의 지형공간정보도 실질적으로 통합하고 분석하며 표시 또는 분산할 수 있도록 한다. 지형정보 시스템이 성공적으로 운영되기 위한 핵심은 양질의 공간정보자료이며 공간정보자료의 획득과 처리는 측량분야에서 새롭게 요구되는 중요한 사항이 되었다.

이와 같은 측량의 다양성과 급격한 측량 기술의 발전으로 볼 때, "측량"이라는 용어가 일의 역할 변화와 확장, 발전하는 측량기술을 모두 표현하기에는 더 이상 적절하지 못하다고 많은 사람이 느끼고 있었다. 따라서 앞에서 말한 것과 같이 새로운 개념인 "*Geomatics*"라는 새로운 단어가 탄생하게 된 것이다.

"*Geomatics*"는 응용과학 분야로서 지형정보 또는 다른 공간정보를 측정, 분석, 관리, 표현 등을 종합적으로 다루는 응용과학이다. 따라서 거리와 각을 관측하여 이루어지는 과거의 측량 개념과는 달리 현대과학의 발전과 더불어 이루어진 측량기술의 발전과 크게 확장된 활용성으로 인하여 우리 생활의 거의 모든 분야에 측량기술이 도입되어 있는 현실에 비추어 보면 "*Geomatics*"를 "**측량정보공학**"이라고 표현해도 큰 무리는 없을 듯하다.

1.2 측량의 발달과정

측량의 시초가 언제였는가를 정확히 아는 것은 불가능한 일이다. 그러나 분명한 것은 인류문명의 발달과 더불어 측량의 역사도 시작되었다는 사실이다. 재산의 소유권이 어떤 형태이든 인정되고 사용되는 한 반드시 이들을 다른 것들과 구분하고 자신의 것을 표시하기 위한 어떤 형태의 측정 방법이 있었을 것이기 때문이다. 구약성경 잠언 22장 28절, 신명기 19장 14절, 욥기 24장 2절, 호세아 5장 10절 등에서 "지계석", "지계표", "경계표" 등의 측량용어들이 사용되고 있음을 보면 분명히 측량기술이 존재하고 있었음을 추측할 수 있다.

그리스의 역사학자 헤로도토스(Herodotus, 484~425 B.C.)에 의하면 B.C.1400년경 이집트 왕 Sesotris(≈BC 1400)가 세금징수를 목적으로 토지를 분할한 것이 측량의 시초였다고 한다. 당시 연례행사와 같았던 나일강의 홍수는 주변 농경지를 휩쓸었으며 없어진 농경지의 경계선으로 인하여 혼란이 있었을 것이며 이들을 되찾기 위한 경계선 복원 측량이 필요했을 것이다. 당시 이집트 사람들은 위치결정 방법으로 줄자와 좌표계를 사용하였다고 한다.

그림 1.2 Giza Pyramids

특히 B.C.2560년경에 만들어진 기자(Giza)에 있는 고대 이집트의 피라미드(Great Pyramid of Giza)의 밑면 사각형의 각과 변의 길이가 매우 정확하고 방위가 남북방향에 정확히 맞추어졌다는 사실은 당시의 측량기술을 짐작할 수 있다.

측량기술의 또 하나의 전환점은 기하학의 발전이다. 기하학은 고대 그리스 학자들에 의하여 발전되었으나 당시에는 순수 학문적인 분야에 국한되었으며 그 후 기원전 약 120년경에 헤론에 의하여 측량분야에 적용하기 시작하였다.

헤론(Heron, BC 10~AD 70)은 고대 그리스의 수학자로서 측량에 관련된 많은 문헌을 남겼으며 그중에서도 "The Dioptra"는 현장 측량방법과 도면제작 및 측량계산법을 기술한 것으로, 특히 여기에 기록된 "디옵트라"는 역사상 최초의 측지측량 기구로서 각과 거리, 높이를 측정하는 기구로 알려졌다(그림 1.3(a)).

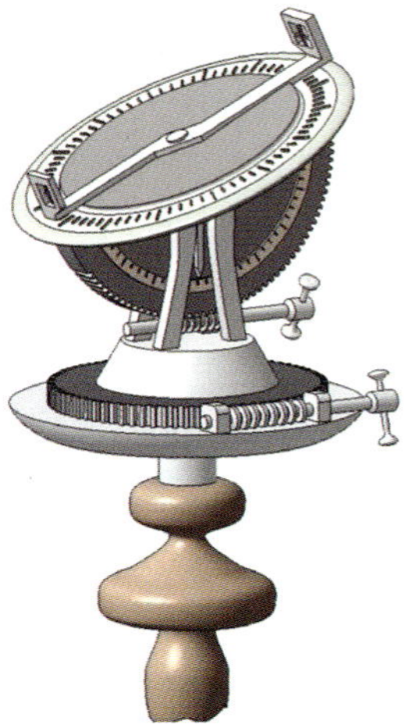

(a) Heron's Dioptra

(b) Groma

그림 1.3 고대의 측량기구

그 후 기술적인 면에서 뚜렷한 발전이 이루어진 것은 로마시대이다. 로마제국을 건설하기 위한 각종 크기의 도시건설과 군사시설의 건설, 유럽과 북아프리카를 정복하기 위한 군사도로의 건설 등은 필연적으로 측량기술의 발전과 측량기기의 개발을 가져왔다. "*groma*", "*chorobate*" 등이 이때 만들어진 측량기구들이다.

그로마(그림 1.3(b))는 십자형 틀이 나무 막대기에 고정되었고 십자형 틀 끝에 각각 추가 매달린 형태로서 목표를 시준하기 위한 장치이며 chorobate는 양 끝이 지지된 약 6.1m 길이의 수평 막대로 중간에 약 1.5m 길이의 홈이 있고 그 속에 물을 채워서 사용하는 수준측량 기구이다.

이 시대의 측량기구에서 빼놓을 수 없는 것이 "*astrolabe*"이다. 아스트롤라베는 천체의 고도 등을 관측하는 천체관측 기구로 직경 10cm~20cm의 금속 원반에 각도가 표시되었고 원반의 중심축을 중심으로 회전할 수 있는 가로막대를 이용하여 천문방향 12궁(zodiac)에 따라 방향을 계산하도록 고안되었다. 아스트롤라베는 B.C. 140년경 Hipparchus (190~120 B.C.)에 의하여 고안되었으며 A.D. 140년경 Ptolemy (127~145)에 의하여 개량되었다.

인류문명의 초기에는 지구가 편평하다는 지구 편평설(地球扁平說, Homer's Iliad, B.C. 80년경)을 믿고 있었으나 월식 때 달 표면에 비친 지구의 그림자가 둥글게 나타나는 현상과 지평선을 향하여 항해하는 배가 점점 사라져 보이는 것을 보고 사람들은 지구가 둥글다는 사실을 알게 되었다. 피타고라스(Pythagoras, 580~500 B.C.)와 아리스토텔레스(Aristotles, 384~322 B.C.)등은 지구 구형설(地球球形說)을 주장한 대표적인 사람이다.

지구의 참모습과 크기를 알고자 하는 것은 수 세기 동안 인류의 큰 관심의 대상이 되었으며 그로부터 약 1세기 후 이와 같은 의문을 풀어주는 획기적인 사건이 있었다 이것은 B.C. 220년경 에라토스테네스(Erathosthenes, 276~195 B.C.)가 최초로 지구의 둘레를 계산한 사실이다.

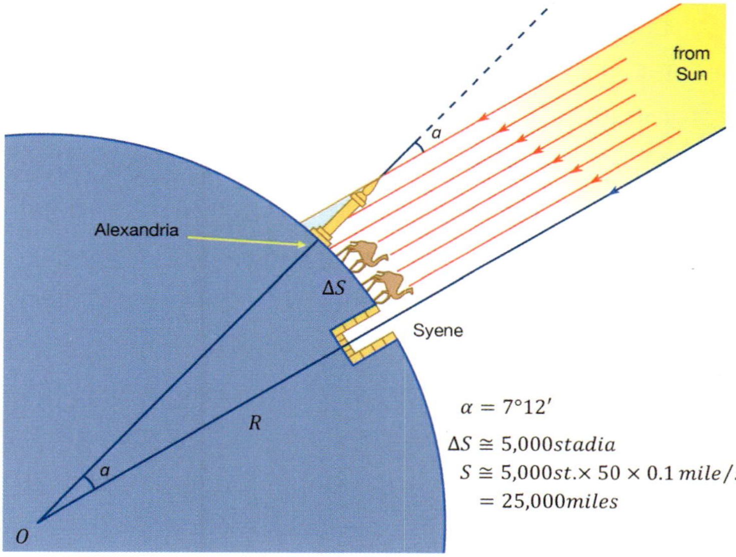

그림 1.4 Erathosthenes의 지구 둘레 계산

에라토스테네스는 근대 측지학의 아버지라고 불리는 고대 측량사에서 위대한 업적을 이룬 사람으로서 키레네(Cyrene, 고대 그리스 영토, 현 리비아의 Shahhat)에서 태어나 키레네와 고대 이집트의 알렉산드리아에서 교육을 받았으며 알렉산드리아의 유명한 도서관의 왕궁 사서이었다고 한다. 그는 어느 여름 하지 날 시에네(Syene, 고대 이집트 도시, 현재의 Aswan)에 있는 우물에서는 태양광선이 연직으로 비춰 그림자가 생기지 않으나 같은 시각에 비슷한 자오선 상에 있는 알렉산드리아에 세운 노먼(gnomon, 해시계의 연직 지표 막대기)의 그림자는 연직선과 일정한 각을 이룬다는 사실을 알게 되었다.

또한 그는 태양, 시에네, 알렉산드리아가 거의 같은 자오면에 위치하기 때문에 두 도시를 연결하는 호의 길이와 지구의 중심으로부터의 낀 각을 알면 지구의 둘레를 계산할 수 있음을 알았다. 지구 중심에서 두 도시 사이의 낀 각은 시에네에 세워진 노권의 길이와 그의 그림자의 길이로부터 계산하였으며(전체 원의 1/50) 두 도시 사이의 거리는 대상(隊商)들의 하루 평균 이동 거리(약 100stadia)를 전체 카라반(caravan)일수(50일)로 곱하여 구하였고 그 결과 지구의 둘레가 약 25,000마일(약 40,000km)이 됨을 알게 되었다(그림 1.4). 현대과학으로 계산한 것과 비교하여 볼 때 매우 비슷함은 놀라운 일이며 에라토스테네스의 위대함이 다시 한번 증명된다.

18세기와 19세기에 들어와서 측량기술은 급속도로 발전한다. 프랑스와 영국에서는 지도의 필요성과 국가 간의 경계측량을 위하여 정밀한 삼각측량이 시행되었다. 미국에서는 1807년에 "해양측량국(The US Coast Survey, 현재의 상무성 소속 National Geodetic Survey)"을 설립하였다. 미국 해양측량국은 원래 해양측량과 해도작성이 목적이었으나 그 후 국가 정밀 기준망 설치 업무까지 그 활동 영역을 확대하였다.

측량은 인류문명의 발전에 중요한 영역을 차지하고 있지만 국가의 국토방위에도 중요한 역할을 한다. 세계 제1차, 2차 대전, 한국동란과 베트남전쟁, 최근의 중동전쟁과 유럽에서의 분쟁 등에서 보면 군사작전을 위한 정밀한 지도가 제작되고 측정의 정밀도도 경이적으로 발전하였으며 이에 상응하는 측량방법 및 기계기구들도 개발되었다. 또한 지도제작, 미사일 정확도 향상, 우주측량 방법 및 이에 필요한 장비들도 개발되었다.

측량 및 지도제작 장비의 발전은 트랜싯, 데오돌라이트, 레벨, 강철줄자 등을 사용하던 1960년대 또는 1970년대까지의 아날로그 시대로부터 최첨단 전자시대로 전환되었다. 전자공학의 발전으로 인하여 측량장비의 전자화 과정도 급속도로 이루어져 EDM에 의한 거리측정이 이루어지고 토털스테이션에 의하여 거리와 각(수평 또는 연직각)이 자동으로 측정되기도 한다.

또한 GPS(Global Positioning System)의 출현은 측량기술의 혁명이라 불러도 부족함이 없는 시대에 와 있으며 전 세계 언제 어디서나 고 정밀도의 위치측정이 가능하게 되었다. 레이저 스캐닝 장비는 각과 거리를 자동으로 측정함으로써 고밀도 격자점에 대한 좌표를 계산할 수 있으며 새로운 형태의 항공카메라와 원격측정 장비들은 디지털 형태의 영상을 제공하며 이들로부터 공간정보와 수치지도 등을 얻을 수 있다.

근년에 들어와 발전하기 시작한 레이저 스캐닝장비(Laser scanning instruments)는 아주 밀집한 점들에 대한 각과 거리를 자동으로 측정한다. 또한 디지털 항공사진 카메라와 원격측정 센서들은 수치도화기를 이용한 지형도 제작은 물론 지형공간정보를 쉽게 얻을 수 있게 해준다.

특히, 모바일 지도 제작시스템(mobile mapping system)은 GNSS 수신기와 관성측정장치(IMU) 그리고 Lidar 및 고성능 반구형 디지털카메라가 자동차에 탑재되어 자동차의 평균속도로 이동 중에도 1초에 약 백 삼십 만점의 데이터를 획득하여 주변 약 100m안의 모든 지형지물에 대한 상세한 지도를 제작할 수 있다.

그림 1.5 3D mobile mapping system과 points cloud image

〈그림 1.5〉는 우리나라 기업인 "C2L"에서 제작한 "고정밀 모바일 매핑 수집장치"로 FOG타입 IMU(관성항법장치)와 Lidar 센서뿐만 아니라 내장형 동기화 및 데이터 수집용 연산모듈이 내장되고 wifi를 통한 제어가 가능한 특징이 있다고 한다.
(www.c2l-equipment.com)

1.3 | 우리나라 측량의 역사

삼국유사의 단군신화를 보면 하늘(天)에서 환웅(桓雄)이 백두산이라는 땅(地)에 내려와 단군(人)을 낳고 인간 세계를 다스렸다고 한다. 이것을 보면 고대 동양인들의 천·지·인의 삼재사상이 그대로 반영된 듯하며 이 삼재사상 중에서도 한국인들은 땅에 더욱 관심이 깊었던 것 같다. 이렇게 「땅」에 대한 관심이 깊어지자 그것을 표현하고자 하는 욕구가 생겨 자연 지형지물을 그려도 보았을 것이다.

우리나라 측량의 역사는 크게 3~4단계로 구분하여 설명할 수 있다. 즉 고지도를 중심으로 한 고대측량, 일제 식민통치시대를 전후한 격동기의 측량, 해방 후의 현대측량의 도입, 그리고 21세기의 위성측량시대 등으로 구분할 수 있다. 조선시대 이전의 우리나라의 지리적 지식과 지도에 관한 기록은 찾아보기 어렵다. 그러나 고려시대에 편찬된 삼국사기와 삼국유사, 중국 문헌에 의한 간접적인 자료 그리고 고구려 시대의 벽화 등을 통해서 삼국 시대의 지도에 대한 윤곽을 엿볼 수 있으나 이에 대한 어떠한 직접적인 기록이나 증거는 찾아볼 수 없다.

조선시대 초기에는 『혼일강리 역대국도지도(混一疆理 歷代國都地圖)』와 『천하도(天下圖)』라고 하는 2종의 세계지도와 『팔도도(八道圖)』라고 하는 우리나라 전국도가 있었다. 『혼일강리 역대국도지도』는 세계의 지리적 지식을 수집하여 편집한 상세한 지도로서 태종 2년(1402)에 좌정승 김사형, 우정승 이무, 이회가 만든 것으로 현재 사본이 일본에 전해지고 있으며 이 지도는 현재 전해지고 있는 가장 오래된 세계지도일 뿐만 아니라 동양에서도 가장 오랜 세계지도라고 한다.

그림 1.6 혼천시계(국보 제230호, 고려대학교 박물관 소장)

세종대왕 때부터 본격적이고 과학적인 지도 제작 사업이 시작되었으며 각종 측량 기기와 측지기술의 발전을 가져왔다. 간의(簡儀), 혼천의(渾天儀), 기리고차(記里鼓車), 인지의(印地儀)등이 그 대표적인 것들이다. 선기옥형(璇璣玉衡)이라 불리기도 하는 혼천의는 천체의 운행과 위치를 측정하는 기구로 알려졌으며 세종 14년(1432년)에 왕명을 받아 정인지와 정초가 고전을 조사하고 이천과 장영실이 그 이듬해에 완성하였고 한다. 혼천의는 아침저녁 및 밤중의 남중성(南中星), 천체의 적도좌표, 황도경도 및 지평좌표를 관측하고 일월성신의 운행을 추적하는 데 쓰였다. 〈그림 1.6〉은 조선 현종 10년(1669년)에 송이영이 제작한 혼천시계로 국보 제230호로 지정되어 현재 고려대학교 박물관에 보관하고 있다.

기리고차는 10리마다 자동으로 북을 치도록 고안된 거리 측정 기구로서 세종 23년(1441)에 만들어졌다. 인지의는 세조 13년(1467)에 왕 스스로 만들었다고 하며 일종의 평판과 삼각측량 기구로서 방위와 원근을 측정하는데 사용되었고 일명 『규형(窺衡)』이라고도 한다.

세종에서 세조에 걸치는 동안에 과학적인 지도제작을 위한 기초 작업이 완성되었고 세조 9년(1463)에는 정척, 양성지에 의해 『동국지도(東國地圖)』가 제작되었다.

17세기 이후의 지도 발달 과정에서 나타나는 현저한 변화는 대축척 지도의 발달이다. 조선 초기의 유명한 학자인 정상기(1678-1752)의 동국지도, 고산자(古山子) 김정호(金正浩) 선생의 청구도(靑邱圖, 1834), 대동여지도(大同與地圖, 1861), 그리고 대동지도(大同地圖, 1864) 등은 그 대표적인 작품들이다. 동국지도는 1장으로 되어 있는 전국도와 여러 장으로 구성된 도별도(道別圖)이다. 특히, 조선시대의 지도에서 불멸의 대작은 김정호 선생의 청구도와 대동여지도이다.

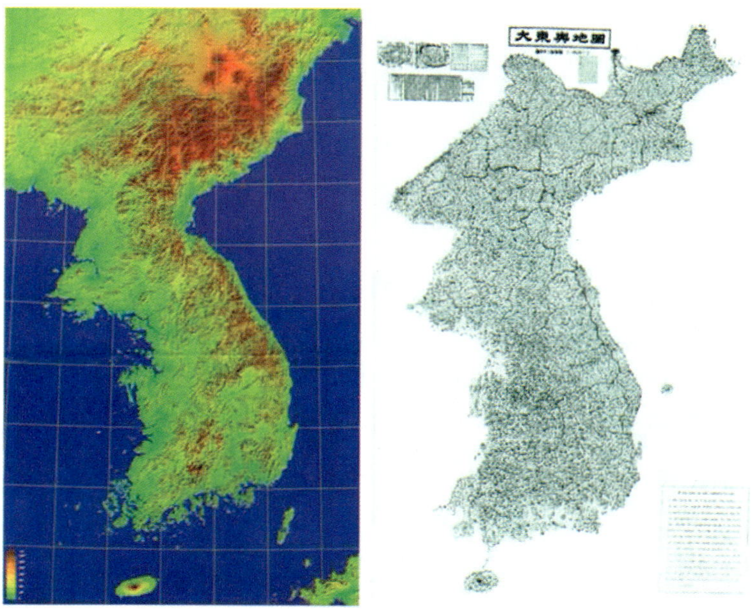

그림 1.7 인공위성사진(좌)과 대동여지도(우)

김정호 선생은 황해도의 불우한 계급 출신으로서 오직 지도와 지지(地誌) 편찬에 60 평생을 보낸 조선 후기 지도학의 거성으로서 순조 34년(1834)에 청구도(일명 청구선표도)를 완성하고 철종 12년 (1861)에 대동여지도 22첩을 제작, 목판에 조각하여 간행하였으며 고종 원년(1864)에 재판을 간행하고 같은 해 대동지지 총 32권을 간행하였다.

청구도는 상·하 2책 또는 4책으로 되어 있으며 전국을 남북으로 29층, 동서 22판으로 나누어 좌표 방안을 만들었다. 방안 하나는 남북이 100리, 동서로 70리가 되도록 하였으며 축척은 약 16만분의 1이다.

대동여지도는 청구도의 자매 편으로 청구도의 내용을 보충하고 일반 사람들이 사용하기 편리하도록 지도책의 형식에서 접는 형식으로 고안되었다. 우리나라 전체를 북에서 남쪽까지 22층으로 구분하고 각 층은 책의 크기로 접을 수 있도록 하였다. 접은 책의 크기는 동서 80리, 남북 120리가 되도록 하였고 축척은 청구도와 같이 약 16만분의 1이다. 대동여지도를 전부 연결하면 길이 약 7m, 폭 약 3m의 큰 지도가 된다. 지도의 내용은 청구도와 큰 차이가 없으나 지형의 표시, 하천, 교통로 등이 더 상세하고 정밀하다. 특히 산맥의 표시 방법은 청구도와 많은 차이가 난다.

청구도에서는 산의 표시를 연속으로 하여 산맥을 표시하였으나 대동여지도에서는 산맥을 추상화하여 선과 면으로 표시하고 있다. 김정호 선생은 대동여지도를 완성하고 대원군에 바쳤는데 대원군은 국가의 기밀을 누설하였다고 하여 그를 옥에 가두어 결국에는 옥사하게 하였고 지도의 목각 원판은 압수되어 태워져 버려 지금은 필사본만이 남아 있다는 설(조선어 독본)이 있으나 1990년대 초 대동여지도 목판 원본 11장이 발견되어 이러한 옥사 사건은 사실이 아닌 것으로 생각된다. 아마도 일제가 대원군을 비난하기 위하여 역사 왜곡을 한 것이 아닌가 생각한다. 〈그림 1.7〉은 대동여지도(각 층을 연결하여 축소한 것)와 인공위성사진을 비교한 것이다. 인공위성의 사진과 비교하여도 큰 차이가 없음을 알 수 있다.

우리나라 측량의 역사를 말함에 있어 빼놓을 수 없는 것은 일제 치하에서의 측량과 지도제작 사업이다. 수치스럽고 쓰라린 망국의 한을 담은 과거사의 한 페이지였지만 근대적인 측량 기술이 도입되었기 때문이다. 18세기 초부터 서유럽에서는 수학과 물리학의 발전에 힘입어 측량 및 지도제작에서도 장족의 발전을 거듭하였으나 우리나라에서는 구한 말까지 뚜렷한 업적이 없다가 1910년 치욕적인 한일합방과 더불어 "조선토지조사사업(朝鮮土地調査事業)"이라고 하는 측량 및 지도제작에 대한 사업이 시작되었다. 원래 조선토지조사사업은 1910년 10월 토지 및 지세 제도의 확립을 기한다는 명분으로 시행되었으나 국토찬탈과 식민 통치를 위한 것이었음을 짐작하기에 어렵지 않다.

조선토지조사사업은 조선 총독부 산하에 임시토지조사국을 설치하고 약 7000여명의 인원으로 8년 8개월에 걸쳐 시행되었으며 토지의 소유권 조사, 토지의 가격 조사 토지의 형태 조사 등 크게 세 부분으로 시행되었다. 토지 조사 사업에 있어서 행정적인 사항을 제외하고 측량에 속한 것은 ① 삼각측량 ② 도근측량 ③ 일필지측량 ④ 면적측량 ⑤ 제도 ⑥ 이동지측량 ⑦ 지형측량의 7종이었다. 사업 착수 다음 해인 1911년부터는 일본 육지측량부의 기술자, 군인들이 다수 투입되었으며 1910년부터 1918년까지 총 8년간의 짧은 기간 동안에 기선, 삼각, 수준, 세부측량 등 모든 측량을 실시하여 총 220,762km^{2}의 측량을 완료하였다. 특히 1914년부터 1918년까지 총 722 도엽에 달하는 우리나라 전역의 1:50,000 지형도가 완성되었다.

그 후 우리나라의 측량은 1948년 8월 대한민국 정부 수립 때까지 미군에 의하여 관리되어 오다가 정부 수립 직후에 기술과 장비의 부족함을 보완하기 위하여 미군의 지원을 받고 있던 군으로 하여금 측지 및 지도제작 업무를 전담토록 하였다. 6.25 동란의 발발로 군사용 지도의 수요가 급격히 증가하자 육군에서는 구판 1:50,000 지도를 재편집하기에 이르렀으며 동시에 미군에서는 전쟁 수행을 위하여 당시 일본에 주둔하고 있던 미 극동군 사령부의 극동 측지부에서 1954년까지 우리나라 전역의 1:50,000 지형도 720도엽을 항공사진측량 방법으로 완료하였다. 이같이 우리나라의 측량은 군사상의 목적과 필요에 따라 급격한 발전을 이룩할 수가 있었으며 이것이 그 후 측량 발전의 밑거름이 되었다.

1957년 8월 국방부 지리연구소가 창설되어 국가의 측지업무를 전담하다가 1961년 2월 내무부 산하 기관으로 창설된 국립건설연구소로 이관되었다. 5·16 군사혁명 이후 국토의 종합 개발 계획과 제1차 경제 개발 5개년 계획(1962~1966)의 효과적인 추진으로 민간용 지도의 수요가 급증하였으며 특히 시대적 요청에 부응할 수 있는 보다 정확하고 최신 기술에 의한 대축척 지도의 필요성이 절실히 요청되었다. 이러한 시대적 요청에 부응하고 우리나라의 측량 및 지도제작의 현대화를 이룩할 수 있는 계기가 되었던 것은 바로 한·화 협동 항공사진측량사업과 국립지리원(현 국토지리정보원)의 발족이다.

한·화(네덜란드)협동 항공사진측량사업은 1962년 6월 건설부(현 건설교통부)로 이관된 국립건설연구소를 중심으로 이루어졌으며 1965년 대통령 특사로 네덜란드에 파견된 경제 사절단에 의하여 한·화 협동사업의 일환으로 반영된 것이다. 이 사업은 우리나라의 1:25,000 지도제작을 위하여 한·화 양국이 항공사진 측량 및 도화(圖化)작업을 공동으로 시행하되 네덜란드 측은 항공사진촬영, 사진제작, 사진기준점 측량, 정밀도화기의 공여, 기술자의 교육훈련을 담당하고 한국 측은 지상기준점 측량과 도화 및 지도제작을 담당하는 것을 주 내용으로 하고 있다. 이에 따라 우리나라에서는 네덜란드와의 공동사업의 추진으로 네덜란드에 기술자를 파견, 연수토록 하여 기술자를 양성하고 항공사진측량 장비를 확보하며 항공사진측량 방법에 의한 지도제작 기법 및 경험을 습득함으로서 측량 현대화를 향한 도약의 계기가 되었다.

한편 국립건설연구소에서는 6.25 동란으로 망실 또는 파괴된 수준점을 정비하기 시작하였고 1963년에는 인천에 수준원점을 설치하여 수준측량의 기준으로 삼았으며 1970년 5월에는 서울 남산에서의 천문측량을 시작으로 1971년에는 장봉산(경기도 부천), 용마산(서울 면목동), 금확산(강원도 홍천)의 3개 지점 등 총 55점(2005년 현재)의 천문측량을 실시하였고 이후 GPS의 출현으로 중지되었다.

1970년대에 접어들면서 국토이용의 고도화 및 생활환경의 개선 등에 관한 각종 사업 계획의 수립과 국토의 효율적 이용을 위한 시책의 추진에 부응하며 측지기능의 강화를 위하여 1974년 11월 국립지리원(2003. 7. 26 국토지리정보원으로 명칭변경)이 창설되었고 우리나라의 측량과 지도제작에 관한 업무를 총괄하여 계획 및 집행하며 측량에 관한 모든 기준을 설정하기도 한다.

국토지리정보원에서는 1974년부터 1:5,000 대축척 지도제작에 착수하였으며 각종 삼각점 및 수준점의 복구 및 재설치 작업을 꾸준히 계속하고 있을 뿐만 아니라 측량의 기준에 관계되는 지구형상의 결정, 중력과 지자기의 분포, 지각구조의 연구에 필요한 물리적 자료를 정비할 목적으로 중력 및 지자기 측량도 실시하고 있다.

특히 1981년부터 1985년 사이에는 천문측량에 의하여 우리나라 경·위도 원점을 설치하였으며 1987년에는 과거 10여 년간 측정된 우리나라 1등, 2등 수준망을 동시에 조정하기도 하였다. 최근에는 삼변측량(三邊測量)의 기법과 인공위성 측량기술을 도입하여 시행하고 있으며 특히 국가좌표계를 세계측지계에 따르도록 측량법이 개정됨에 따라 VLBI, GPS측량 등으로 우리나라 경위도 원점을 새롭게 결정하여 국토지리정보원 구내에 설치하였으며 2012년 3월 27일에는 한국 최초로 세종시에 VLBI 안테나와 관측소(그림 9.15 참조)를 설치하였다.

특히 1995년에는 처음으로 수원 국토지리정보원에 위성 기준점을 설치하였으며 이를 시작으로 2012년 말까지 우리나라 전역에 214점의 위성 기준점(GNSS 상시관측소)이 설치되었다. 그러나 이들 위성 기준점은 국토지리정보원을 비롯하여 8개의 관계기관에서 각각 별도로 관리하고 있었으나 지금은 92개의 위성 기준점이 국토지리정보원에서 통합 관리하고 있다. 2023년 말 현재 위성 기준점 이외 국토지리정보원에서 구축하여 관리하는 국가 기본기준점들은 통합기준점(5,590점), 삼각점(13,498점), 수준점(5,683점), 자기점(1등 15점), 절대중력점(20점) 등이다. 국토지리정보원에서는 국가 기본

기준점뿐만 아니라 각종 수치지형도(축척 1:1000, 1:2,500, 1:5,000, 1:25,000)도 제작하여 활용하고 있다.

※ 이 절에서 고지도에 관한 부분은 1980.12 건설부국립지리원(현 국토지리정보원)에서 발행한 "한국지지, 총론"에서 요약 인용하였음

1.4 측지측량과 평면측량

측량은 작업지역의 넓이, 목적, 사용기계 및 측량방법 등에 따라 여러 가지 방법으로 구분할 수 있으나 일반적으로 측지측량(測地測量, geodetic surveying)과 평면측량(平面測量, plane surveying)으로 크게 구분한다. 비록 측지측량에서는 평면측량에서 사용하는 기기보다 더 정밀한 기기를 사용하고 더 정밀한 관측이 필요한 측량이지만 구분의 기준은 현장관측의 정밀성에 의한 것이 아니라 계산의 기준과 계산의 가정에 그 근거를 둔다.

다시 말하면 측지측량은 지구기준타원체의 곡면에서 지구의 곡률(曲律)을 고려하여 계산이 이루어지는 것이며 반면에 평면측량은 상대적으로 측량지역이 협소하고 필요로 하는 정밀도에 따라 지구 곡면 대신에 평면에서 계산이 이루어지는 측량을 말한다.

측량계산은 평면 삼각함수에 기초한 평면측량의 경우와는 달리 측지측량에서는 입체해석기하학과 미분학에 그 기초를 두고 있으며 많은 양의 방정식과 계산이 필요하다. 평면측량에서는 측량지역 안에 있는 모든 연직선(중력방향)은 모두 평행하며 수평선을 수학적인 직선으로 생각하고 지구 표면을 완전한 평면으로 보아 평면삼각법을 적용한다.

측지측량에서는 긴 간격으로 분포된 기준점들의 상대적인 위치를 결정하고 동시에 측점 간의 거리와 방향 등을 계산한다. 이같이 결정된 기준점들은 이들 보다 등급이 낮은 하위(下位) 기준점들을 생성하는데 기준으로 한다.

초기의 측지측량에서는 정밀한 측각기와 줄자 등을 사용하여 측점 간의 거리와 방향을 관측하여 측점 간의 상대위치를 계산하였으며 동시에 많은 노력과 수고가 필요하였다. 그러나 그 후에 각과 거리관측에서 전자장비가 도입되면서 상황은 변화되었다. 그러나 이러한 전자장비가 때때로 사용되기도 하지만 근년에는 모든 측지측량에서 위성측량을 사용하는 것이 보편화되었다. 위성측량은 전통적 방법에 따른 측지측량보다도 더 정밀하고 더 신속하고 더 경제적인 방법이다. 근년에 와서는 측지측량의 경우 3차원 직각좌표인 지구중심·지구고정 직각좌표계(ECEF, Earth-centered, Earth-fixed Coordinate system)를 사용하고

있다.

범 지구 위성항법시스템(凡地球衛星航法), GNSS(Global Navigation Satellite System) 수신기는 측점으로부터 위성까지의 거리를 관측함으로써 측점의 위치를 정밀하게 결정할 수 있다. GNSS측량은 측지측량, 해양측량, 건설 및 지적측량 등 모든 형태의 측량에서 사용하고 있다. 특히 실시간 측량을 적용할 때는 50km 이상의 거리에서도 3cm 이내의 정확도가 얻어진다(제10장 GPS측량 참조).

측지측량과 평면측량을 구분하는 명확한 기준은 없다. 왜냐하면 필요로 하는 정밀도에 따라 넓어질 수도 있고 더 좁아질 수도 있기 때문이다. 일반적으로 거리의 상대오차를 1×10^{-6}(또는 다각형의 내각의 합의 오차를 $1\times10^{-6}rad$)까지 허용할 때 직경 약 22 km(또는 반경 약 11 km)인 원의 면적 안에서는 평면으로 취급한다.

▶ 표 1.1 평면/구면 한계

오차	반경(km)	면적(km2)
1×10^{-3}	350	385,000
1×10^{-4}	110	38,000
1×10^{-5}	35	3,850
1×10^{-6}	11	380

▶ 표 1.2 구과량

E	F (km2)	R (km)
$1/10^6$ rad	40	3.6
$1''$	200	8.0

〈표 1.1〉은 측량의 정밀도와 이에 따른 평면측량의 범위를 표시한 것이다. 그러나 삼각형의 내각의 합은 평면의 경우와 구면의 경우를 비교할 때 그 차이가 면적 약 $200km^2$ 당 1초에 불과하므로 높은 정밀도의 측량을 요구하는 경우를 제외하면 평면측량의 범위는 더욱 넓어질 수 있다.

구면삼각법을 적용하는 측지측량과 평면삼각법을 적용하는 평면측량과의 근본적인 차이는 삼각형의 내각의 합이 다르다는 것이다. 구면삼각형에서는 삼각형의 내각의 합(A)은 항상 180°보다 크다. 이같이 구면삼각형과 평면삼각형의 내각의 합의 차이를 구과량(球過量, spherical excess)이라 하며 〈식 1.1〉과 같이 표시한다.

$$A = 180° + E \qquad E = \frac{F}{R^2}\rho'' \tag{1.1}$$

여기서, A는 구면삼각형의 내각의 합, E는 구과량, F는 구면삼각형의 넓이, R은 지구의 평균 곡률반경이다. 〈표 1.2〉는 구면삼각형의 면적(F), 구의 반지름(R), 구과량(E)과의 관계를 표시한 것이다.

1.5 측량 목적에 따른 측량

측량은 측량목적이나 사용하는 기계에 따라 여러 가지로 분류할 수 있다.

(1) **토지측량**(land surveying)

토지의 면적, 경계선 등을 측정하여 지도를 만들고 지형지물의 위치를 도면 위에 나타내는 측량.

(2) **수준측량**(leveling)

지형의 표고 차를 구하는 측량.

(3) **지형측량**(topographic surveying)

토지의 평면위치와 표고를 동시에 측정하여 지형도를 만드는 측량.

(4) **노선측량**(route surveying)

길이에 비해 폭이 비교적 좁은 지형에 적합한 측량이며 철도, 도로, 수로 등의 계획 및 공사에 이용된다.

(5) **수로측량**(hydrographic surveying)

하천, 항만 등에 관한 측량으로서 수위, 유량, 조류, 수심 등의 측정이 포함된다.

(6) **터널측량**(tunnel surveying)

터널의 계획, 굴착 등에 필요한 측량이며 광산측량도 이에 포함된다.

(7) **건축측량**(architectural surveying)

건축물을 만들기 위한 측량

(8) **시가지측량**(city surveying)

도시계획 및 구획정리 등 도시의 공사에 필요한 측량

(9) **천문측량**(astronomical surveying)

항성(주로 북극성)을 관측하여 지구상의 위치를 정하거나 방위각 또는 경·위도의 위치를 정하는 측량.

이 밖에도 사용하는 측량장비에 따라 거리측량, 평판측량, 레벨측량, 트랜싯 측량, 육분의 측량, 기압 측량, 사진측량 등으로 구분할 수 있다

1.6 법령에 의한 분류

공간정보의 구축 및 관리 등에 관한 법률(법률 제18936호, 2022.6.12.개정) 제2조 및 동 시행령 제3조(대통령으로 정하는 측량)의 각항에 따라 다음과 같이 정의한다.

(1) 기본측량이란 모든 측량의 기초가 되는 공간정보를 제공하기 위하여 국토교통부장관이 실시하는 측량을 말한다.

(2) 공공측량이란 다음 각 목의 측량을 말한다.

가. 국가, 지방자치단체, 그 밖에 대통령령으로 정하는 기관이 관계 법령에 따른 사업 등을 시행하기 위하여 기본측량을 기초로 실시하는 측량

나. 가목 외의 자가 시행하는 측량 중 공공의 이해 또는 안전과 밀접한 관련이 있는 측량으로서 대통령령으로 정하는 측량

(3) 지적측량이란 토지를 지적공부에 등록하거나 지적공부에 등록된 경계점을 지상에 복원하기 위하여 법 제2조 제21호에 따른 필지의 경계 또는 좌표와 면적을 정하는 측량을 말하며, 지적확정측량 및 지적재조사측량을 포함한다.

(※ 21항 : "필지"란 대통령령으로 정하는 바에 따라 구획되는 토지의 등록단위를 말한다).

(4) 지적확정측량이란 제86조제1항에 따른 사업이 끝나 토지의 표시를 새로 정하기 위하여 실시하는 지적측량을 말한다.

※ 제86조(지명과 해양지명의 고시) 법 제91조제2항에 따른 지명의 고시와 법 제 91조 제 5항에 따른 해양지명의 고시에는 다음 각 호의 사항이 포함되어야 한다.

1항. 제정되거나 변경된 지명 또는 해양지명

(5) 지적재조사측량이란 「지적재조사에 관한 특별법」에 따른 지적재조사사업에 따라 토지의 표시를 새로 정하기 위하여 실시하는 지적측량을 말한다.

(6) 일반측량이란 기본측량, 공공측량 및 지적측량 외의 측량을 말한다.

법 제2조 제3호 (나)항에서 "대통령령으로 정하는 측량"이란 다음 각호의 측량 중 국토교통부장관이 지정하여 고시하는 측량을 말한다(공간정보의 구축 및 관리 등에 관한 법률 시행령 제3조).

1. 측량실시지역의 면적이 1제곱킬로미터 이상인 기준점측량, 지형측량 및 평면측량
2. 측량노선의 길이가 10킬로미터 이상인 기준점측량
3. 국토교통부장관이 발행하는 지도의 축척과 같은 축척의 지도 제작
4. 촬영지역의 면적이 1제곱킬로미터 이상인 측량용 사진의 촬영
5. 지하시설물 측량
6. 인공위성 등에서 취득한 영상정보에 좌표를 부여하기 위한 2차원 또는 3차원의 좌표 측량
7. 그 밖에 공공의 이해에 특히 관계가 있다고 인정되는 사설철도 부설, 간척 및 매립사업 등에 수반되는 측량

법률에서 정하여지는 측량은 법률의 개정 등으로 그 내용이 변동되기 때문에 관련 법령의 개정에 유의하여 보아야 한다.

1.7 측량의 중요성과 토목공학의 관계

제1장 2절에서 말한 것과 같이 측량은 고대 시대로부터 사람들의 재산인 토지를 분할하고 경계를 표시할 때 사용하였기 때문에 인류 역사상 가장 오래되고 또 가장 중요한 기술이며 또한 오늘날 우리의 현대적인 우리의 생활에도 깊숙이 들어와 있는 사항이 되었다.

측량은 점(點), 면(面) 상호 간의 관계를 해석하는 것으로 길이 · 각 · 높이(3차원)와 시(時) 즉, 4차원의 요소를 이용한 정량화를 뜻한다. 측량의 대상은 자연, 인공물의 크기 및 방향, 지표면 · 지하 · 해상 · 우주공간에 대한 양의 해석과 환경과 자원에 대한 정보를 수집하고 이를 처리하는 것으로 수학 · 물리학 · 지형학 · 전자공학 등의 지식이 필요하다.

최근 토지의 이용성 제고, 국토 모니터링, 인간의 활용 영역 증가 및 IT 기술의 발달에 따라 공간정보의 소요가 급증하게 되었고, 측량의 중요성이 새롭게 주목받고 있다.

지상에서의 측량은 수평위치와 높이의 결정 및 대륙 간 측량과 지형도 제작 및 구조물(도로 · 철도 · 수로 · 터널 · 케이블 · 비행장 · 교량 · 선체와 비행체의 선형 등)측량 등이 있고, 지하의 측량은 중력 · 지구자기 · 탄성파 등의 측정이 있다. 우주공간의 측량은 천문 · 천체측

량, 인공위성에 의한 위성측량과 항공기에 의한 사진측량 등이 있다. 그리고 해상에서의 측량은 수평위치 · 수심 · 해저지형 측량 등이 포함된다.

측량의 목적은 일차적으로 이 지구상에 존재하는 지형지물의 상호관계를 정확하게 구하고 그 위치를 측정하여 설치하는데 목적이 있다. 측량의 결과물은 다음과 같이 사용되어 진다, 즉 (1)지표면 또는 해면 위 · 아래의 지형도제작 (2)육 · 해 · 공에서 사용할 항로용 지도제작 (3)개인소유의 땅 또는 공공용지의 경계의 설정 (4)토지이용과 환경보호에 이용할 수 있는 정보들의 데이터베이스 (5)지구의 형태와 크기, 중력과 자기장의 결정 (6)달과 천체들의 지도를 준비하는 것.

지형도는 국토개발과 모든 건설공사의 계획단계에서부터 설계와 시공 그리고 검사까지 모든 단계에서 꼭 필요한 기초자료이기 때문에 이들과 같은 측량의 결과물 중에서도 가장 기초적이고 가장 중요하다. 측량의 중요성에 대하여 구체적으로 말하기 전에 가장 간단하고 이해하기 쉬운 예를 들어 보기로 한다.

먼저 토목공사인 경우, 도로와 철도, 터널, 댐, 교량 등을 건설할 때 노선의 중심선, 방향 및 위치 결정, 곡선부의 결정과 높이 거리 결정 등, 모든 구조물의 위치와 높이, 크기의 결정을 위해서는 꼭 측량이 수반되어야 한다.

건축의 경우에도 마찬가지다. 건축 단지의 경계선 확정, 건축물의 위치와 방향의 거리 결정, 건축구조물에 부속되는 구조물의 위치와 높이의 결정을 하거나 토지 및 건축물의 경계를 확정하기 위해서는 반드시 측량이 필요하다.

그러므로 토목이나 건축 또는 공장건설 등 어떠한 종류의 구조물이라도 측량을 하지 않고 시공을 한다면 어떤 위치에 어떤 방향과 얼마의 높이로 얼마만큼의 면적과 크기로 우리가 만들고자 하는 도로나 구조물을 만들어야 하는지 알 수 없을 것이다. 또한 계획된 구조물들이 설계에 따라 잘 되었는지도 측량이 없이는 알 수 없는 것이다.

측량은 토목공학의 많은 분야에서 극히 중요한 역할을 하고 있다. 예를 들면, 건설공사, 도로, 철도, 고속철도, 건축, 교량, 미사일 사정거리, 미사일 발사장과 추적소, 터널, 운하, 수로, 댐, 도시구획정리, 관개, 파이프라인, 광산 등 많은 토목공사에 관하여 개발계획을 수립하고 이를 시행하기 위해서는 반드시 계획된 지역의 세밀한 지형도를 포함한 측량작업이 반드시 선행되어야 한다.

공장의 조립라인을 설정할 때도 측량의 도움이 필요하다. 항공기와 선박과 같이 수많은 부분이 모여서 하나의 장치로 조립하여야 하는 대형장치의 제작과정에서 이들을 정확하고 원활하게 조립하기 위해서는 반드시 이러한 측량 기술들이 필요하다.

화학단지, 발전소, 원자력 발전소, 제철공장 등의 수많은 기계설비와 파이프라인들은 측량이 없이는 주어진 위치에 제대로 설치할 수 없는 것이다. 조금이라도 오차가 발생할 때는 완공 후 완전한 성능을 발휘할 수도 없을 뿐만 아니라 심각한 문제들이 발생할 수 있다.

측량은 농경학, 고고학, 천문학, 산림학, 지리학, 지질학, 지구물리학, 조경학, 기상학, 고생물학, 지진학 등과 관련된 분야에서도 중요하지만 특히 군사적 분야에서도 매우 중요한 역할을 하고 있다.

모든 기술자는 건설공사뿐만 아니라 공장의 설계와 배치, 필요한 장치의 제작과정에서도 허용 가능한 정확도가 얼마인가를 반드시 알아야 하고 필요시 실측까지도 하여야 한다. 특히 측량작업을 계획하고 설계하는 측량기술자나 토목기술자는 사용하는 기계의 사용방법은 물론 기계의 능력과 한계까지 충분히 알아야 한다. 왜냐하면 이러한 지식은 실제적인 관측과정에서 오차론의 참된 개념에 맞도록 최소한의 오차만을 허용하여 관측을 이루는 데 큰 도움이 되기 때문이다.

측량에서는 유효숫자가 매우 중요한 의미가 있다. 실제적인 관측에서도 1/10로 하는지 1/1,000로 하는지 등등 확실히 알아야 하고 계산에서 소수점 이하 몇 자리까지 하여야 필요한 정확도가 나올 수 있는지 등에 대하여 아는 것은 매우 중요하다.

앞에서 이미 말한 것과 같이 현대적인 측량의 개념은 과거의 측량과는 달리 토목건설, 플랜트 건설, 각종 종합발전계획의 수립과 설계 등 모든 건설현장에서 직접적으로 필요한 분야일 뿐만 아니라 GPS와 같은 위성측량과 공간정보의 활용은 이미 우리의 생활 속에 꼭 필요한 요소가 되어 있다.

특히, 자동차 내비게이션이나 각종 물류시스템 운영 등과 같이 지형정보와 영상정보에 의한 위치기반 서비스는 우리 생활에 직접적으로 영향을 미치고 있으며 이들 서비스는 GPS와 측량에서 제공하는 각종 지형정보 및 환경정보들에 의하여 이루어짐을 알 수 있다. 따라서 토목기술자들은 반드시 측량이나 "geomatics"에 대한 충분한 지식을 가지고 있어야 한다. 특히 토목건설에서 측량은 극히 중요하며 현장작업의 실행에서 필수적인 역할을 한다.

1.8 | 측정 단위계

1.8.1 미터법의 유래

미터법의 역사적 발자취를 살펴보자. 기원전에는 길이의 단위로써 사람의 보폭을 사용하였으며 고대 그리스나 로마 시대에서는 어느 특정 건물의 길이를 보폭과 연결하여 하나의 길이의 단위로 사용하였다 한다. 특히 고대 그리스에서는 특정 경기장의 경주용 트랙의 표준 길이를 1 “스타디움(stadium)”으로 표시하고 이를 길이의 단위로 사용하기도 하였다. 스타디움은 그리스어의 “스타디온(stadion)”에서 유래되었으며 지금의 약 185m에 해당하며 에라토스테네스에 의해 처음으로 사용되었다.

근대 미터법은 프랑스 혁명 이후부터 이루어졌으며 1791년 프랑스 국민의회는 파리 과학원(Paris Academy of Science)의 제청에 따라 “미터”를 새로운 길이의 단위로 제정하고 1/4 지구자오선 길이(적도로부터 북극까지)의 천만분의 1에 해당하는 길이를 1 미터로 하였다. 1875년에는 파리 근교에 국제도량형국(International Bureau of Measure and Weight)을 설치하고 백금 막대기로 미터원기(Mètre des Archives)를 제작하였다. 이 미터원기는 1889년 90%의 백금과 10%의 이리듐의 합금을 사용하여 “X-자” 형태로 다시 제작되었고 각 나라에서는 이를 복제하여 사용하였다.

그 후 물리학의 발전과 더불어 높은 정밀도의 길이가 요구됨에 따라 1960. 10. 14. 제11차 국제 도량형총회에서 다음과 같이 원자(atom)에 의한 미터의 정의가 다시 이루어졌다. 즉 **동위 원소, 크립톤(Krypton)86 원자의 준위(準位) 2P10과 5d5 사이의 전이에 상당하는 에너지가 진공 속에서 방출될 때 나타나는 빛(황적광)의 파장의 1,650,763.73배에 상당하는 길이**』를 1미터로 정의하였다.

그러나 1983년 제17차 국제도량형총회(CGPM)에서 『**빛이 진공상태에서 299,792,458분의 1초 동안 진행한 경로의 길이**』를 1미터로 다시 정의되었으며 이 정의는 과거의 정의보다 약 10배 이상 정확한 것으로 알려졌다. 한편 1초는 『**세슘 133 원자(133Cs)의 바닥상태에 있는 2개의 초미세 준위 사이의 전이에 해당하는 복사선의 9,192,631,770주기의 지속기간**』으로 정의된다.

1.8.2 국제단위계

국제단위계 또는 SI 단위계(Systéme International d'Unités)는 1960년 제11차 국제 도량형 총회에서 채택된 단위계로써 1901년 이탈리아의 물리학자 기오르기(Giovann Giorgi)의 이론과 1954년 제10차 총회에서 채택된 MKSA 단위계에 그 근거를 두고 있다.

국가표준기본법 제3조 11항에 따르면 “국제단위계란 국제도량형총회에서 채택되어 준용하도록 권고되고 있는 일관성 있는 단위계”라고 정의하였다.

하나의 기본단위와 그것으로부터 유도되는 모든 단위는 하나의 단위계(單位系)를 형성한다. 기본단위의 크기는 때와 장소에 관계없이 일정하게 규정되는 단위계를 “절대 단위계”라 하며 길이, 시간, 질량, 온도 그리고 여러 가지 형태의 전자에 대해서도 양을 적절히 규정하여 C.G.S. 단위계 또는 국제단위계와 같은 하나의 절대단위계로 만들어진다.

우리나라의 경우에는 국제도량형총회에서 채택된 SI단위계를 근거로 하여 법률(계량에 관한 법률 및 국가표준기본법)으로 국가표준을 정하였으며 그 세부사항은 다음과 같다.

측정단위는 기본단위, 유도단위, 보조단위 및 특수단위로 구분된다. 기본단위는 계량 및 측정의 기준이 되는 단위를 말하는 것으로 길이는 미터, 질량은 킬로그램, 시간은 초, 전류는 암페어, 온도는 켈빈, 물질의 양은 몰, 광도는 칸델라로 표시하는 7개의 단위가 있다.

유도단위(誘導單位)는 기본단위의 조합 또는 기본단위 및 유도단위의 조합에 의하여 형성되는 단위로서 (1)기본단위로 유도되는 단위(넓이, 부피, 속도, 가속도, 밀도 등 14가지), (2)특별한 명칭과 기호를 갖는 SI유도단위(평면각-라디안, 입체각-스테라디안, 힘-뉴턴, 압력-파스칼 등 21가지), (3)특별한 명칭과 기호가 포함된 유도단위(점성도, 표면장력, 각속도, 복사도 등 22가지)가 있다(국가표준기본법 제11조 동 시행령 9조 별표 2).

▶ 표 1.3 SI단위(예)

구분	단위	이름	기호
기본단위	길이	미터(meter)	m
	질량	킬로그램(kilogram)	kg
	시간	초(second)	s
	전류	암페어(ampare)	A
	온도	캘빈(kelvin)	K
	물질의 양	몰(moll)	mol
	광도	칸델라(candela)	cd
유도단위	평면각	라디안(radian)	rad
	입체각	스테라디안(steradian)	sr
	면적	제곱 미터(squaremeter)	m^2
	부피	세제곱미터(cubic meter)	m^3
	속도, 속력	매초 당 미터(meter per sec)	m/s
	가속도	매 제곱 초당 미터(meter per square second)	m/s^2
	밀도	매 세제곱 미터당 킬로그램(kilogram per cubic meter)	kg/m^3

특수단위는 특수한 계량 및 측정의 용도에 쓰이는 단위로서 분(min), 시(h), 일(d), 천문단위(au), 도, 분, 초, 전자볼트, 옹스트롬(광학), 해리(1852미터), 캐럿(보석측정), 노트(1해리/시간), 넓이(아르, 헥트아르) 등 41개가 있다(계량에 관한 법률 제4조, 동 시행령 제3조 별표 2).

보조단위(SI 접두어)는 법정 단위는 아니지만 사용이 편하도록 기본단위 및 유도단위를 10진 배수 또는 분수로 표기하여 SI 단위계와 함께 사용이 허용된 단위로서 질량(그램, 톤), 시간(분, 시, 일), 각도(도, 분, 초), 부피(리터) 등 11가지가 있다.

▶ 표 1.4 보조단위(SI접두어)

크 기	기 호	이 름	크 기	기 호	이 름
$10^{-1}\ m$	dm	*decimeter*	$10^{1}\ m$	dam	*decameter*
$10^{-2}\ m$	cm	*centimeter*	$10^{2}\ m$	hm	*hectometer*
$10^{-3}\ m$	mm	*millimeter*	$10^{3}\ m$	km	*kilometer*
$10^{-6}\ m$	μm	*micrometer*	$10^{6}\ m$	Mm	*megameter*
$10^{-9}\ m$	nm	*nanometer*	$10^{9}\ m$	Gm	*gigameter*
$10^{-12}\ m$	pm	*picometer*	$10^{12}\ m$	Tm	*terameter*
$10^{-15}\ m$	fm	*femtometer*	$10^{15}\ m$	Pm	*petameter*
$10^{-18}\ m$	am	*attometer*	$10^{18}\ m$	Em	*exameter*
$10^{-21}\ m$	zm	*zeptometer*	$10^{21}\ m$	Zm	*zettameter*
$10^{-24}\ m$	ym	*yoctometer*	$10^{24}\ m$	Ym	*yattameter*
$10^{-27}\ m$	rm	*rontometer*	$10^{27}\ m$	Rm	*ronnameter*
$10^{-30}\ m$	qm	*quectometer*	$10^{30}\ m$	Qm	*quettameter*

1.8.3 SI 기본단위

측량에서 꼭 알아야 할 SI 기본단위 및 보충단위(라디안법과 같이 차원이 없는 단위)는 다음과 같다.

❶ 길이, 면적, 부피의 단위

길이는 미터(m)로, 면적은 제곱미터(㎡)로, 부피는 세제곱미터(㎥)로 하며 SI 접두어 〈표 1.4〉를 사용한 유도단위는 다음과 같다.

1 kilometer = 10 hectometer = 100 decameter = 1,000 meter

1 meter = 10 decimeter = 100 centimeter = 1,000 milimeter

1 are = $100m^2$ = 1 a

1 hectare = 10^4 m^2 = 1 ha

1 square kilometer = 10^6 m^2 = 1 km^2

❷ 평면각과 입체각의 단위

평면각의 단위는 60진법, 100진법, 라디안법의 세 가지로 표기한다.

〈60진법〉

1 전원(全圓)= 360°

1° = 60′

1′ = 60″

〈100진법〉

1 전원 = 400 gon (또는 grade)

1 gon = 100 cgon (또는 cgrade)

1 cgon = 10 mgon (또는 mgrade)

〈라디안법〉

원에서 반지름의 길이와 같은 길이의 호(弧)가 만드는 중심각을 라디안 각이라 하며 반지름의 길이가 1m인 원에서 길이 1m인 원호가 만드는 중심각의 크기는 1라디안이 된다. 따라서 전원의 평면각(360°)은 2π라디안이다.

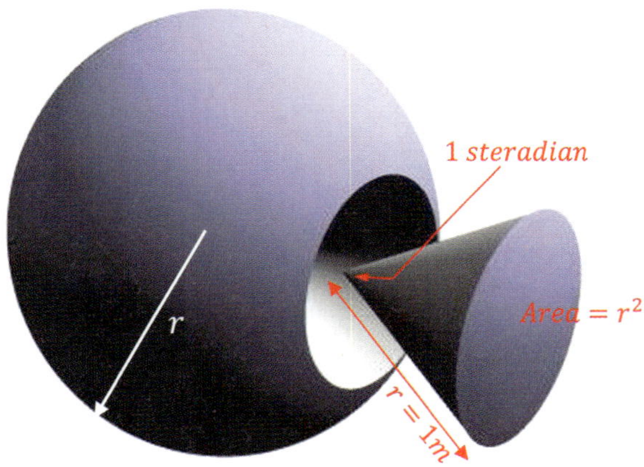

그림 1.8 스테라디안

1 전원 = 2π rad = 360° = 400 grade

1 직각 = π/2 rad = 90° = 100 grade

제 1 장

$$1° = \pi/180 \text{ rad} = 1.74532925 \times 10^{-2} \text{ rad}$$
$$1 \text{ gon} = \pi/200 \text{ rad} = 1.57079633 \times 10^{-2} \text{ rad}$$

여기서, π는 원주율이며 그 값은 3.14159265358979323 8⋯ 이다.

특히 측량에서는 도(度)와 라디안 또는 그레이드와 라디안을 서로 환산하는데 매우 편리하게 사용하는 변환계수(ρ)가 있다. 즉

$$\rho° = 180/\pi = 57.2957795131$$
$$\rho' = 180 \times 60/\pi = 3437.746770785$$
$$\rho'' = 180 \times 3600/\pi = 206264.806247096$$
$$\rho^{gon} = 200/\pi = 63.6619772368$$
$$\rho^{cgon} = 200 \times 10^2/\pi = 6366.19772368$$
$$\rho^{mgon} = 200 \times 10^3/\pi = 63661.9772368$$

한편 입체각(立體角)의 단위인 스테라디안(sr: steradian)은 구(球)의 표면에서 반지름(r)의 제곱(r^2)과 같은 구의 표면적(A)이 구의 중심을 꼭지점으로 하여 만들어지는 입체각(Ω)을 스테라디안이라 한다.

따라서 구체의 전체 표면적의 크기는 $4\pi r^2$이므로 꼭지점에서의 총 입체각은 $\Omega = A/r^2 = 4\pi r^2/r^2 = 4\pi\ sr$이 된다. 이 식에서와 같이 스테라디안은 면적(m^2)을 길이의 제곱(m^2)으로 나누었기 때문에 차원이 없는 양이다.

출처: 가수 김장훈 블로그

Chapter 2 오차론

2.1 개 요

측량에서는 많은 양의 관측(또는 측정)이 이루어지고 이들을 이용하여 계산하며 분석하는 것은 측량기술자의 기본 업무이다. 측정은 최적의 기계 기구를 사용하고 인간의 숙련도가 조합을 이룰 때 최상의 결과를 가져온다. 그러나 아무리 주의 깊게 측정이 이루어졌다고 하여도 절대 정확할 수는 없으며 항상 오차를 포함하게 된다.

다라서 정확한 기준에 따라 작업을 하여야 하며 오차의 종류와 원인, 여러 가지 조건에 따른 예상되는 크기, 오차전파 등에 관하여 철저한 이해가 있어야 한다. 그런 후에 비로소 허용오차 안에서 오차의 크기를 줄일 수 있는 측정방법과 적절한 측정도구를 선택할 수 있다.

또한 측량기술자는 관측과 측정에서 발생한 오차의 크기를 평가하고 이들을 인정할 것인지 또는 재측정할 것인지를 판단할 수 있는 능력이 있어야 한다.

관측(觀測, observation)이란 어떤 사실과 자연적인 발생을 인식하고 기록하며 때로는 적절한 측정기구를 사용하여 어떤 크기를 측정하는 행위를 말하고 측정(測定, measurement)은 미지의 크기를 결정하는 직접적인 행위를 의미하며 종종 같은 의미로 사용한다.

관측은 직접 또는 간접으로 이루어진다. 직접관측(direct observation)은 줄자를 사용하여 직선을 측정하거나 각도기를 사용하여 각을 재거나 토털스테이션으로 각을 측정하는 것과 같이 측정기구에 의하여 직접적으로 이루어져 그 크기가 얻어지는 것을 말한다.

간접관측(indirect observation)은 측정기구에 의하여 직접적으로 관측되지 못하고 서로 다른 관측값들의 상호 연관성에 의하여 그 값이 결정되는 것을 말한다. 예를 들면, 한 변의 길이를 측정하고 그 변의 양 끝에서 다른 변에 있는 한 점을 향하여 각을 측정하였다면 다른 변의 길이는 삼각함수에 의하여 쉽게 계산할 수 있다. 이같이 직접 측정한 값들을 이용하여 수학적인 관계식으로부터 다른 한 값이 얻어지는 측정을 간접관측이라 한다. 측량에서는 직접관측뿐만 아니라 많은 양의 간접관측이 이루어진다. 직접관측에 의하여 얻어진 모든 측정값은 오차를 포함하고 있으므로 이들로부터 계산된 다른 어떤 값들도 당연히 오차를 포함하게 된다.

2.2 | 오차와 착오

오차(error)란 참값(true value)과 관측값의 차를 말하며 다음과 같이 표시한다.

$$e = x - \bar{x} \tag{2.1}$$

여기서 e는 오차, x는 관측값, $\bar{x}$는 참값을 말한다.

최소눈금 표시가 "cm"인 자를 사용하여 거리를 측정한다고 생각해 보자. 읽을 수 있는 거리는 내삽법으로 할 때 1/10 cm, 즉 mm 단위까지 읽을 수 있을 것이다. 만일 최소눈금 표시가 "mm"인 자가 있다고 하면 내삽법으로 할 때 1/100 cm, 즉 1/10 mm까지 읽을 수 있을 것이다. 또한 최소눈금이 더 정밀하게 표시된 자로 확대경을 사용하여 주의 깊이 측정하면 1/100 mm까지 읽을 수 있을 것이다. 분명한 것은, 관측의 정확도는 눈금의 크기, 사용한 관측기구의 신뢰도, 최소눈금의 1/10 이상 읽을 수 없다는 인간의 한계성에 달려있다는 사실이다. 좀 더 좋은 장비와 좋은 환경에서 측정이 이루어진다고 하여도 절대적으로 정확한 값은 얻을 수 없다.

우리는 여기서 "정확한 값"의 의미에 대하여 다시 한번 생각해 보기로 한다. "정확(accuracy)"이라는 뜻은 "참(true)"이라는 것과 깊은 연관성이 있다. "참"이라는 의미가 추상적인 개념인 것처럼 참값이라는 의미 또한 추상적인 개념이다. 따라서 참값은 존재하기는 하나 절대로 발견될 수 없으며 혹시 발견되었다 하여도 그것이 참값이었다는 사실조차 알 수 없다.

이러한 사실에 근거하여 다음과 같은 몇 가지 사실에 대하여 알고 가야 한다. (1)

정확한 관측값은 존재하지 않는다, (2)모든 관측값은 오차를 포함한다, (3)관측값의 참값은 절대 알 수 없다, 따라서 (4)관측 순간에서의 정확한 오차는 항상 알 수 없다.

착오(錯誤, mistake)는 관측자의 실수로 부주의, 피로감, 전달과 판단 미숙, 문제점의 오해 등에 의하여 발생한다. 착오는 그 크기가 매우 커서 발견되어 오차로 취급하는 것이 적절하지 않지만 실제로 관측값에 큰 영향을 준다. 예를 들면, "35.69"를 "35.96"으로 잘못 기록하거나 각을 반시계 방향으로 읽고 기록은 시계방향으로 기록하거나 옳은 측점 대신에 다른 측점을 시준하는 것 등이다. 이같이 큰 착오들은 오차에 속하지 않으며 오차론의 고려 대상도 아니다. 따라서 이들 착오는 계산에 들어가기 전에 모든 작업에서 주의 깊게 조직적으로 점검하여 사전에 제거하여야 한다. 그러나 작은 착오는 발견하기가 매우 어렵다. 왜냐하면 작은 오차들이 서로 합쳐지기도 하기 때문이다.

2.3 오차의 원인과 종류

오차를 발생 원인에 따라 구분하면 자연적 원인, 기계적 원인, 개인적 원인으로 구분한다.

자연적 원인에 의한 오차는 바람, 기온, 습도, 기압, 대기굴절, 중력, 자침편차 등과 같은 자연적 원인에 의하여 발생하는 오차를 말한다. 예로서, 강철줄자는 온도에 따라 팽창하여 그의 길이가 변한다.

기계적 원인에 의한 오차는 기계 구성품의 불안정, 불완전한 기계의 조정 등에 의하여 발생하는 오차를 말하며, 축척자 눈금의 간격이 일정하지 않은 것 등이 좋은 예이다.

기계적 오차는 적절한 현장측량방법이나 계산 또는 오차 보정에 따라 많은 부분 줄이거나 소거할 수 있다.

개인적 원인에 의한 오차는 원칙적으로 인간의 촉각과 시각의 한계성에 기인한다. 토털스테이션에서 연직 십자선이 목표물에 정확하게 시준하지 못했거나 평면기준점 위에 세운 측표의 상부가 완전한 연직을 이루지 못한 상태에서 수평각을 측정하면 작은 오차가 발생한다. 이러한 현상은 인간의 시각의 한계성으로 인하여 발생하는 오차이다.

오차에는 다음과 같은 두 종류가 있다. 즉 정오차(定誤差, systematic errors)와 우연오차(偶然誤差, random errors)이다. 혹자는 착오를 오차라 하기도 하지만 엄밀한 의미에서 착오는 오차가 아니다. 정오차는 측정기구, 환경, 관측자를 포함하여 측정체계를 구성하는 요소들로부터 기인하는 오차를 말하며 "편의(偏倚, biases)"라고도 한다. 조건들이 일정하다면 정오차는 일정하고 조건들이 변하면 정오차도 변한다.

정오차는 크기와 방향을 알 수 있으며 함수관계로 표시할 수 있는 일정한 법칙에 따라 발생하기도 한다. 따라서 이러한 조건들이 알려져 있거나 관측이 가능하다면 오차는 계산할 수 있으며, 관측값에 보정이 가능하다. 또한 정오차는 일정한 조건에서는 같은 크기의 오차가 같은 방향으로 일어나서 작은 오차가 모여 큰 오차가 되기도 한다. 따라서 이를 누차(累差, cumulative errors)라고도 한다. 정오차는 그 원인을 알면 쉽게 소거할 수 있다.

예를 들어보자. 50m 강철줄자를 검정해보니 5mm가 더 길었다고 하면 이 강철줄자를 사용하여 50m를 잴 때마다 5mm씩 오차가 발생하지만 매 50m마다 5mm씩 관측값을 보정해주면 된다. 또한 강철줄자를 사용하는 동안의 온도변화에 따라 강철줄자의 길이가 달라졌다면, 변화된 온도 차이를 측정하고 간단한 수학적 공식에 의하여 보정량을 쉽게 계산할 수 있다.

우연오차는 정오차와 착오가 소거되고 남은 오차를 말한다. 우연오차는 발생빈도, 크기, 부호 등을 전혀 알 수 없고 예측할 수도 없는 무작위(無作爲, random)성이며 관측자가 인위적으로 제어할 수 없어 확률법칙에 따라 처리한다. 따라서 우연오차를 우발적 오차(偶發的誤差, accidental errors)라 부르기도 한다. 또한 크기와 방향이 일정하지 않기 때문에 때로는 같은 크기의 오차가 서로 반대 방향으로 나타나 스스로 없어지기도 한다. 따라서 우연오차를 상차(償差, compensating errors)라 부르기도 한다.

우연오차를 계산하거나 소거할 수 있는 절대적인 방법은 없으나 최소제곱법(least square method)에 의하여 처리한다.

2.4 | 정확도와 정밀도

같은 양을 두 번 측정했을 때 측정값의 차를 편차(偏差, discrepancy)라 한다. 작은 편차는 측정값에 착오도 없고 우연오차의 크기도 작을 것으로 생각할 수 있으나 정오차까지 존재하지 않는다고 말할 수는 없다.

측정값의 오차를 이해하는데 꼭 알아야 할 중요한 개념이 있다. 즉 정확도(正確度, accuracy)와 정밀도(精密度, precision)이다. 정확과 정밀은 종종 서로 같은 뜻으로 생각할 수 있으나 사실상 엄격한 차이가 있다.

정밀도란 어떤 값을 측정할 때 측정의 정교성과 균질성을 표시하는 척도이며 측정값들의 상대적인 편차가 작으면 그 측정은 정밀하다고 하며 반대로 편차가 크면 정밀하지 못하다고 말한다. 따라서 정밀도는 측정의 과정과 밀접한 관계가 있으며 측정 장비와 측정방법에 크게 영향을 받는다. 측정값들의 분포상태가 평균값(대표값) 주변에 밀집되어 있으면 정밀하고 분포상태가 널리 퍼져 있으면 정밀하지 못한 것이다. 그러므로 이것은 우연오차와 매우 밀접한 관계가 있다.

정확도는 측정값이 참값에 얼마나 일치되는가를 표시하는 척도이며 측정의 정교성이나 균질성과는 아무 관계가 없다. 다만 측정 결과에 관련된 사항으로서 정오차와 착오를 제거하기 위하여 노력을 얼마나 하였는가에 관련이 있다. 따라서 이것은 대부분의 경우 참값과 같이 절대로 발견될 수 없다. 만일 우연오차를 제외한 모든 오차가 제거되었다고 하면 정확도를 표시하는 지표로서 정밀도를 사용해도 무방할 것이다.

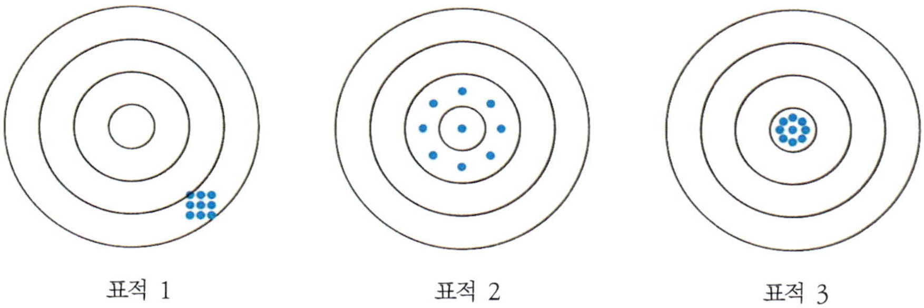

그림 2.1 정확도와 정밀도

두 개념을 좀 더 설명하기 위하여 다음의 예를 생각해 보자. 어느 한 사람이 표적에 대하여 사격 연습을 한 결과 〈그림 2.1〉의 표적 1, 표적 2, 표적 3과 같다고 하자. 첫 번째 표적은 탄흔이 서로 매우 가깝게 모여 있으므로 정밀하다고 할 수 있으나 전체적으로 표적 중심에서 벗어나 있으므로 정확하다고는 할 수 없다. 표적 2에 사격한 탄흔은 표적 중심을 주위로 고루 퍼져 있어 정확하다고 할 수 있으나 탄흔이 매우 넓게 퍼져 있어서 정밀하다고는 할 수 없다. 표적 3은 정밀하고 정확한 사격의 예이다.

정밀도는 측정장비와 측정방법에 영향이 있다는 사실은 이미 알고 있다. 그렇다면 단순히 훌륭한 장비와 매우 숙련된 측정방법은 더 정밀한 결과를 가져온다고 말할 수 있겠는가? 그것은 결코 그렇지 않다. 왜냐하면 숙련된 측정방법과 훌륭한 장비

이외에 다른 여러 가지 이유가 있기 때문이다.

정확도에 관하여는 더 이상 무엇이라 말할 것이 없다. 왜냐하면 측정값에 대한 참값을 알 수 없기 때문이다. 그러나 우리는 일반적으로 정밀도보다는 정확도에 더 친숙해 있고 관심이 많으므로 이것은 매우 중요한 사실이다.

2.5 최확값과 잔차

앞에서 이미 말한 것과 같이 참값은 존재하지만 절대 알 수 없다. 그러나 관측이 많은 양의 잉여측정(剩餘測定)이 있다면 최확값(最確値, most probable value)을 계산할 수 있다. 최확값은 일련의 측정값으로부터 얻어질 수 있는 참값에 가장 가까운 추정값이다.

잉여측정(redundant observation)은 어떤 양을 결정할 때 꼭 필요한 최소 측정보다 많은 양의 측정을 말한다. 일정한 거리와 같이 하나의 답을 가지고 있는 양을 직접이나 간접이나 같은 측정기구와 같은 방법으로 여러 번 측정하였을 때, 첫 번의 측정으로 이 양은 결정되며 나머지는 잉여측정이 되는 것이다. 이 경우 다음과 같이 단순한 산술평균값이 최확값이 된다.

$$\bar{x} = \frac{\Sigma x_i}{n} \tag{2.2}$$

여기서 $\bar{x}$는 산술평균값, x_i는 관측값, n은 총 관측수이다.

만일 관측이 다른 측정기구와 다른 방법으로 이루어졌거나 서로 상관관계가 있는 것들이 간접관측에 의하여 결정될 경우는 최소제곱법에 의하여 최확값을 결정한다.

잔차(殘差, residuals)는 어느 양의 관측값과 최확값의 차를 말한다. 즉

$$v = MPV - x \tag{2.3}$$

여기서 v는 잔차, MPV는 어느 양의 최확값, x는 관측값을 말한다.

참 값은 존재는 하나 계산할 수 있거나 절대 알 수 있는 것이 아니기 때문에 오차도 계산할 수 없다. 참값은 계산할 수 없으나 잔차는 계산할 수 있으며, 이론적으로 오차와 거의 같다. 따라서 측량에서는 관측 데이터를 조정하고 분석하는데 실제적으로 오차 대신에 잔차를 사용한다.

2.6 확률곡선과 정규분포

제 2 장

어떤 거리를 무한히 많은 횟수로 반복측정하고 착오와 정오차를 모두 소거하였는데 아직 측정값에 어떤 변량이 남아있다고 하면 이것이 바로 우연오차이다. 실제로 우연오차를 완전히 소거하는 것은 불가능하지만 이들의 특성은 빈도분포로부터 파악할 수 있다. 통계학에서는 실험이나 조사로부터 얻어진 자료를 무한히 많은 빈도로 반복 측정된 모집단(母集團, population)의 한 표본(標本, sample)으로 취급하며, 그 표본의 특성값을 모집단의 특성값으로 가정한다. 따라서 확률이론은 측정의 빈도가 무한히 많은 것에 그 근거를 두고 있다. 간단한 예를 들어보기로 하자.

▶ **표 2.1** 수평각 측정결과

관측값	빈도수(f)	잔차(v)	관측값(x)	빈도수(f)	잔차(v)
27° 43′19.5″	1	5.4	27° 43′ 25.1″	3	−0.2
20.0″	1	4.9	25.2″	1	−0.3
20.5″	1	4.4	25.4″	1	−0.5
20.8″	1	4.1	25.5″	2	−0.6
21.2″	1	3.7	25.7″	3	−0.8
21.3″	1	3.6	25.8″	4	−0.9
21.5″	1	3.4	25.9″	2	−1.0
22.1″	2	2.8	26.1″	1	−1.2
22.3″	1	2.6	26.2″	2	−1.3
22.4″	1	2.5	26.3″	1	−1.4
22.5″	2	2.4	26.5″	1	−1.6
22.6″	1	2.3	26.6″	3	−1.7
22.8″	2	2.1	26.7″	1	−1.8
23.0″	1	1.9	26.8″	2	−1.9
23.1″	2	1.8	26.9″	1	−2.0
23.2″	2	1.7	27.0″	1	−2.1
23.3″	3	1.6	27.1″	3	−2.2
23.6″	2	1.3	27.4″	1	−2.5
23.7″	2	1.2	27.5″	2	−2.6
23.8″	2	1.1	27.6″	1	−2.7
23.9″	3	1.0	27.7″	2	−2.8
24.0″	5	0.9	28.0″	1	−3.1
24.1″	3	0.8	28.6″	2	−3.7
24.3″	1	0.6	28.7″	1	−3.8
24.5″	2	0.4	29.0″	1	−4.1
24.7″	3	0.2	29.4″	1	−4.5
24.8″	3	0.1	29.7″	1	−4.8
24.9″	2	0.0	30.8″	1	−5.9
25.0″	2	-0.1	sum=2494.0	100	

※ 평균(mean)=2,494.0÷100=24.9″ 최확값(MPV)=27° 43′24.9″

〈표 2.1〉은 정밀한 토털스테이션을 이용하여 어느 한 수평각을 100회 측정한 결과이다. 착오나 정오차는 없는 것으로 가정하였으며 계산의 편의를 위하여 작은 각에서 큰 각 순서로 정리하였다. 〈표 2.1〉을 살펴보면 관측값은 모두 최대값(30.8″)과 최소값(19.5″)의 차이, 즉 11.3″ 사이에 분포(dispersion)되었음은 알 수 있으나 그들의 분포상태를 분석하고 평가하기는 쉽지 않다.

따라서 이들의 분포상태를 알기 쉽게 표시하기 위하여 관측값(또는 잔차)과 빈도수와의 관계를 단순한 막대그래프로(histogram)로 그려 보았다. 관측값의 분포상태를 분석하고 판단할 때 표를 보는 것 보다 막대그래프를 보는 것이 시각적으로 더 쉽게 판단할 수 있음을 알 수 있다.

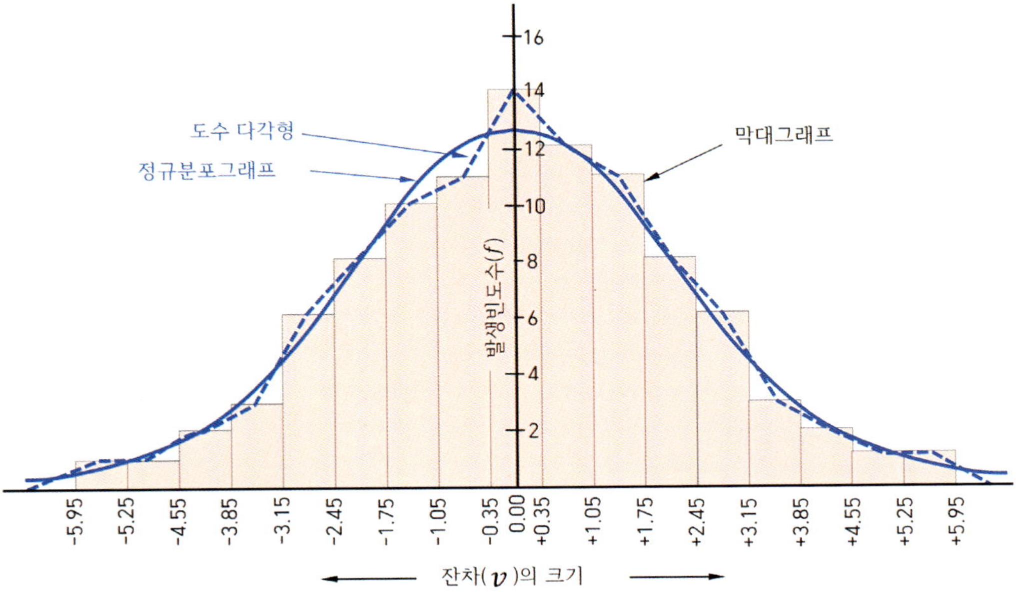

그림 2.2 histogram, 도수다각형, 정규분포곡선

잔차에 대한 막대그래프를 그리기 위해서는 먼저 관측값에 대한 최확값을 구하여야 한다. 최확값은 〈식 2.2〉에 의하여 27° 43′ 24.9″임을 알 수 있으며 〈식 2.3〉에 의하여 모든 관측값에 대한 잔차를 계산한다. 잔차는 +5.4″에서 -5.9″의 범위이고 두 최고값에 대한 절대값의 합, 즉 11.3″가 관측값의 분포가 된다.

〈그림 2.2〉는 〈표 2.1〉을 막대그래프로 표시한 것으로 횡축은 잔차의 크기를, 종축은 빈도수를 나타낸다. 횡축은 계급간격을 0.7″로 하여 총 17개의 막대로 표시하였다. 각 계급(막대)에 포함되는 잔차의 범위와 빈도수는 〈표 2.2〉에 표시되었다.

▶ **표 2.2** 계급과 잔차의 빈도수

계 급 간 격(초)	잔차의 수
−5.95 ~ −5.25	1
−5.25 ~ −4.55	1
−4.55 ~ −3.85	2
−3.85 ~ −3.15	3
−3.15 ~ −2.45	6
−2.45 ~ −1.75	8
−1.75 ~ −1.05	10
−1.05 ~ −0.35	11
−0.35 ~ +0.35	14
+0.35 ~ +1.05	12
+1.05 ~ +1.75	11
+1.75 ~ +2.45	8
+2.45 ~ +3.15	6
+3.15 ~ +3.85	3
+3.85 ~ +4.55	2
+4.55 ~ +5.25	1
+5.25 ~ +5.95	1
합 계	100

〈그림 2.2〉에서 굵은 점선으로 표시한 그래프는 각 막대의 최고점을 직선으로 연결한 것으로 도수다각형(度數多角形, frequency polygon)이라 부른다. 만일 관측회수(표본의 수)를 무한히 크게 하고 계급의 간격을 점점 작게 하면 도수다각형은 〈그림 2.2〉에서 굵은 실선과 같이 중앙선에 대하여 좌우 대칭의 곡선이 될 것이다. 〈그림 2.3〉은 이 곡선을 다시 그린 것이다.

곡선에서 종 모양의 형태는 정규적으로 분포된 오차 집단의 특성을 표시하며 때때로 정규분포곡선(正規分布曲線, normal distribution curve)이라 부른다. 통계학자들은 이 오차분포곡선이 여러 가지 크기를 가지고 있는 오차들의 밀도를 나타내기 때문에 종종 정규밀도곡선(正規密度曲線, normal density curve)이라 부르기도 한다.

실제적으로 오차분포를 표시하는데 막대그래프와 도수다각형은 거의 사용하지 않고 그들과 유사한 정규분포곡선을 많이 사용한다(〈그림 2.2〉에서 정규분포곡선을 보면 막대그래프와 도수다각형이 얼마나 유사한지 알 수 있다).

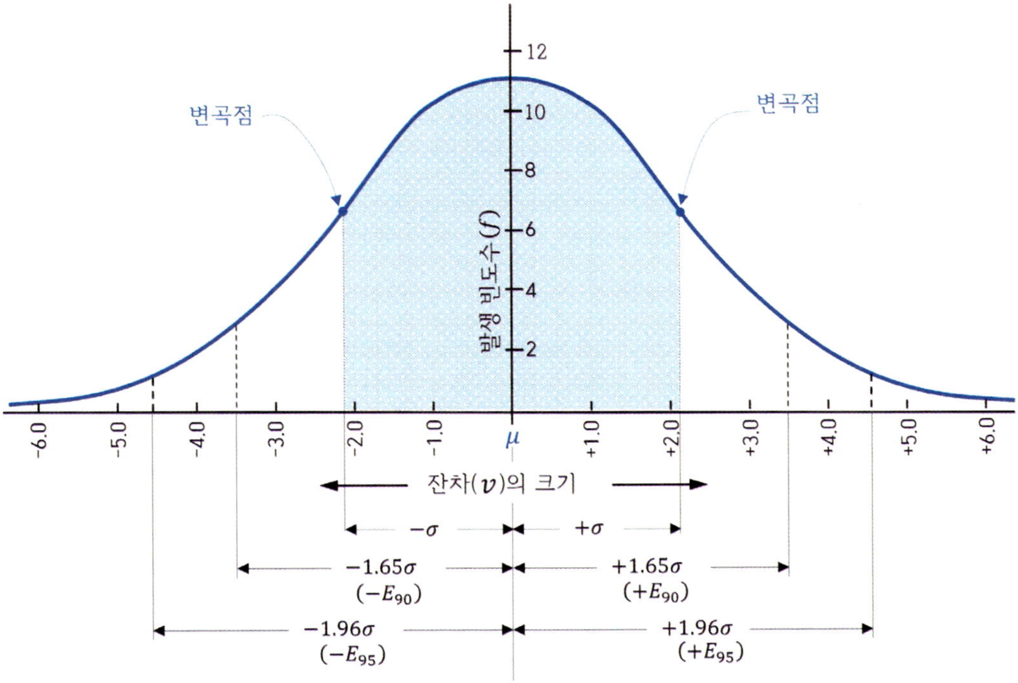

그림 2.3 정규분포곡선

막대그래프에서 각 막대가 표시하는 면적은 오차의 발생확률을 나타낸다. 예를 들면, 〈그림 2.2〉에서 계급 −0.35″와 +0.35″사이에 있는 100개의 잔차 중에 14개가 포함함을 알 수 있다. 이것은 오차의 14%를 나타내며 이 구간에 해당하는 막대 면적이 모든 막대의 전체면적의 14%가 된다. 마찬가지로 정규분포곡선의 임의의 두 점에서 종좌표에 나란하게 그려진 두 직선 사이에 있는 곡선 아래의 면적은 그 구간 사이에 나타날 확률을 표시한다. 따라서 막대그래프의 모든 막대의 합은 모든 확률, 즉 100%의 확률을 표시하고 그 합은 “1”이 된다. 마찬가지로 정규분포곡선 아래에 있는 모든 면적의 합은 “1”이 된다.

〈그림 2.4〉는 정규분포곡선 아래의 면적에서 같은 양의 ±잔차(오차) 사이의 면적이 전체면적에 대한 면적비율(%)을 나타낸다. 횡좌표는 표준편차 σ의 배수이다(표준편차는 다음 2.7.1에서 상세히 설명하겠다). 이 그림은 잔차 $+\sigma$와 $-\sigma$사이의 면적이 정규분포곡선아래 면적의 68.27%임을 보여주며 곡선의 형태나 표준편차의 수치적 크기에 관계없이 모든 정규분포에 적용된다.

통계학에서는 연속확률변수, x가 다음과 같은 빈도분포함수(頻度分布函數, frequency density function)를 가질 때 평균 μ와 분산(分散, variance) σ^2를 갖는 정규분포를 이룬

다고 말한다. 즉

$$f(x) = \frac{1}{\sigma\sqrt{2\pi}} e^{\left\{-\frac{(x-\mu)^2}{2\sigma^2}\right\}}, \; -\infty \le x \le +\infty \qquad (2.4)$$

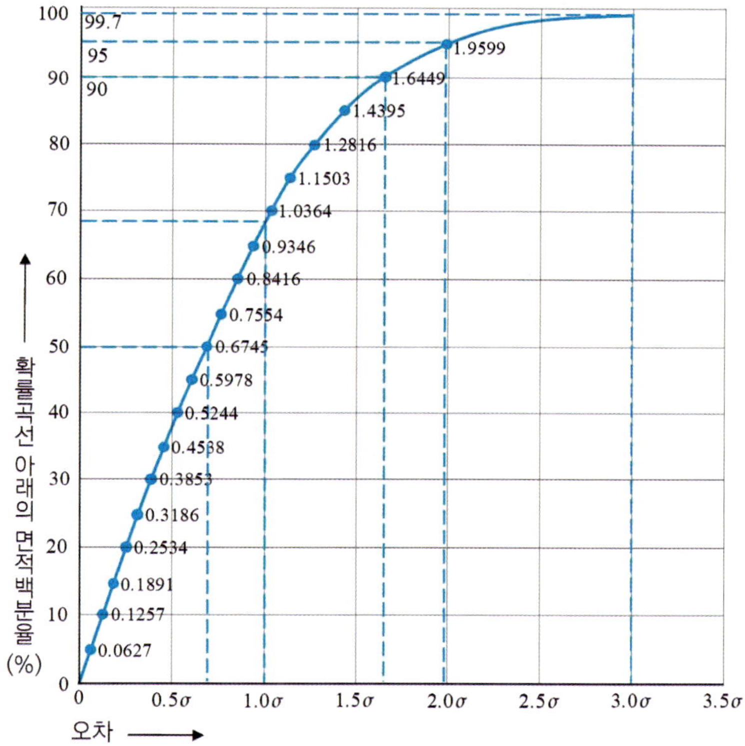

그림 2.4 정규분포곡선 아래의 면적비와 오차와의 관계

여기서 σ는 표준편차이다(다음 절 참조).

이같이 확률변수 x에 대한 정규분포를 $N(\mu, \sigma^2)$으로 표시하고 가우스 분포(Gauss distribution)라 부르기도 한다. 특히 〈식 2.4〉로 표시되는 정규분포에서 $\mu = 0$, $\sigma^2 = 1$인 정규븐포를 표준정규분포(標準正規分布, standard normal distribution)라 부르고 $N(0, 1)$으로 표기한다.

표준정규분포의 확률값은 일반 통계학책에서 도표로 만들어져 쉽게 찾아볼 수 있다. 〈식 2.5〉는 정규분포 $N(\mu, \sigma^2)$에서 σ의 상수 배인 영역의 확률이다.

$$
\begin{aligned}
P[\mu - \sigma_x \le x \le \mu + \sigma_x] &= 0.6827 \\
P[\mu - 2\sigma_x \le x \le \mu + 2\sigma_x] &= 0.9545 \\
P[\mu - 3\sigma_x \le x \le \mu + 3\sigma_x] &= 0.9973 \\
P[\mu - 4\sigma_x \le x \le \mu + 4\sigma_x] &= 1.0000
\end{aligned}
\tag{2.5}
$$

제 2 장

〈식 2.5〉는 측정값 x가 평균값으로부터 $3\sigma \sim 4\sigma$의 범위에 존재할 확률이 99.73%~100%임을 보여주고 있으며 보통 이 범위를 우연오차의 허용한계로 보기도 한다. 따라서 이보다 큰 오차는 착오(과대오차)로 보아도 무방하다.

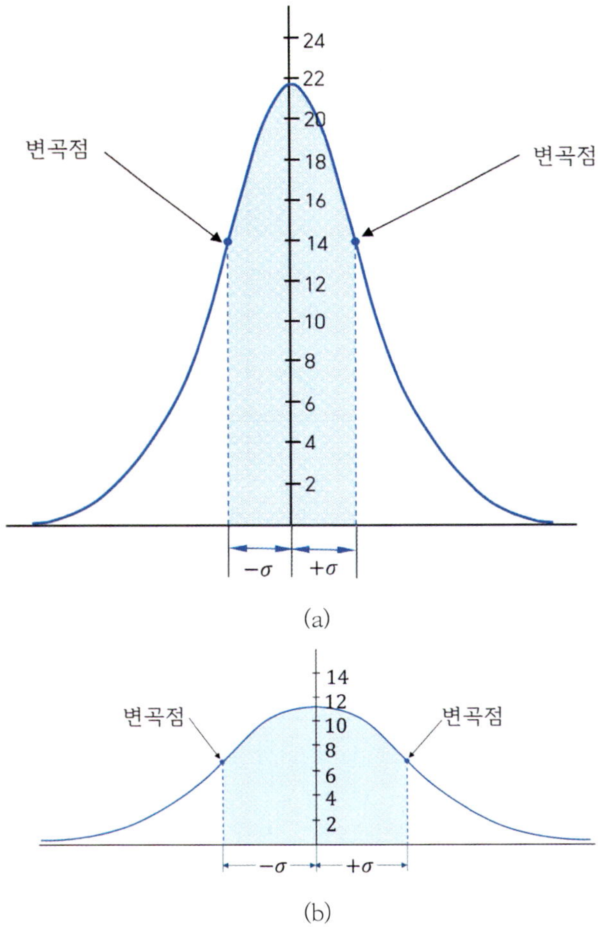

그림 2.5 정밀도에 따른 정규분포곡선의 형태

만일 앞의 예제에서 좀 더 성능이 좋은 장비와 좀 더 조심스럽게 관측했다면 오차의 크기는 더 작을 것이며 곡선의 모양은 〈그림 2.3〉보다 폭은 좁고 높이는 높은 곡선의 형태가 될 것이다(그림 2.5(a)). 이같이 측정값의 정밀도에 따라 곡선의 형태와 크기가 달라진다. 측정값이 정밀할수록 오차(또는 잔차)들이 곡선의 중심부에 몰리게 되므로 폭이 좁고 높이가 높은 곡선이 형성된다. 반대로 측정값이 정밀하지 못하면 폭은 넓고 높이는 낮은 곡선이 형성된다(그림 2.5(b)). 그러나 측정값에 대한 정밀도의 변화는 단지 곡선의 종 · 횡축의 축척만 달라질 뿐이며 곡선의 다른 특성이나 그 사용에는 전혀 영향을 받지 않는다.

정규분포와 같은 확률곡선은 아래와 같은 세 가지의 중요한 특성을 가지며 이것을 "오차(또는 확률)의 일반법칙"이라고 부르기도 한다. 즉

① 작은 오차는 큰 오차보다 더 자주 발생한다.
② 매우 큰 오차는 거의 발생하지 않는다. 정규분포오차의 경우 매우 큰 오차는 일반적으로 우연오차보다 착오의 경우이다.
③ 같은 크기의 (+)오차와 (–)오차는 같은 빈도로 발생한다. 다시 말하면 (+)오차와 (–)오차의 확률이 같다는 것이다.

2.7 정밀도의 표시

정길도에 따라 확률분포곡선의 모양이 달라지는 사실과 같이(그림 2.5) 측정값에 대한 정밀도를 표현하는 방법으로 측정값의 분포상태, 즉 산포도(散布度)를 보편적으로 사용하고 있다.

산포도는 측정값이 그의 대표 값 주위에 어떻게 퍼져 있는가를 나타내는 지표이며 평균값으로 측정값을 대표할 때 오차의 크기를 나타낸다.

2.7.1 표준편차

산포도를 표시하는데 가장 보편적으로 사용하는 척도는 표준편차이다. 측정값 x_i가 평균값 μ주위에 분포된 상태, 즉 산포도를 알기 위하여 그들의 편차 $(x_i - \mu)$와 평균값 μ를 사용하면 좋을 것 같으나 실제적으로 편차의 합 $\sum_{i=1}^{n}(x_i - \mu)$은 0이 되

므로 사용할 수 없다. 따라서 편차의 합 대신에 편차의 제곱의 합에 대한 평균을 사용하여 〈식 2.6〉과 같이 정의한 산포도를 무한변수 x에 대한 분산(分散, variance)이라 하고 σ_x^2으로 표기한다. 즉

$$\sigma_x^2 = \sum_{i=1}^{n}(x_i - \mu)^2 \Big/ n \tag{2.6}$$

제
2
장

이것은 모집단 평균의 참값 μ를 알고 변수 n가 무한(∞)의 경우에만 적용될 수 있는 엄밀한 의미에서의 이론적 개념이다. 그러나 실제적으로 한정된 변수만을 가지고 있는 표본(모집단의 일부분)을 이용하므로 이론값인 모집단 평균값 μ를 정확히 알 수 없으므로 μ 대신에 표본 평균값 $\bar{x}$를 사용한다. 한편 〈식 2.6〉으로 표시되는 분산의 단위는 제곱의 형태가 되므로 분산의 제곱근을 구하여 처음의 단위와 같게 하여 이를 표준편차(標準偏差, standard deviation) σ_x라 한다.

$$\sigma_x = \pm\left\{\sum_{i=1}^{n}(x_i - x)^2 \Big/ n\right\}^{1/2} \tag{2.7}$$

그러나 μ 대신 $\bar{x}$를 사용하여 계산된 σ_x의 값은 항상 기댓값보다 적어 모집단의 편의된 추정값(biased estimate)이 된다. 따라서 계산된 σ의 값이 불편추정값(不偏推定)이 되기 위하여 n 대신에 $(n-1)$을 사용하며 이를 자유도(自由度, degree of freedom)라 부른다.

$$\sigma_x = \pm\left\{\sum_{i=1}^{n}(x_i - x)^2 \Big/ (n-1)\right\}^{1/2} \tag{2.8}$$

특히 〈식 2.7〉을 모집단 표준편차(population standard deviation), 〈식 2.8〉을 표본 표준편차(sample standard deviation)라고 구분하기도 하나 보통 표준편차라 함은 〈식 2.8〉의 값을 말한다.

표준편차의 의미에 대하여 좀 더 알아보기로 한다. 같은 크기 x에 대하여 n개의 독립된 측정, 즉 $(x_1, x_2, x_3, \cdots\cdots, x_n)$이 얻어졌으며 이들로부터 평균값 $\bar{x}$와 표준편차 σ_x를 구하였다고 하자. 이때 처음과 똑 같은 조건으로 또 한 번의 측정이 다시 이루어진다면 이때의 측정값이 $(\bar{x} \pm \sigma_x)$의 범위 안에 포함될 확률이 68.27%가 된다는 것을 의미한다. 예를 하나 더 들어 보자. 〈표 2.3〉은 어느 한 구간의 거리를 10번 측정하여 $\bar{x} = 1000.45$ m, $\sigma_x = \pm 0.08$ m를 얻은 결과이다. 만일 같은 조건에서 이 구간의 거리를 다시 한번 측정한다면 그 측정값이 (1000.45-0.08)~(1000.45+0.0

8)의 범위 안에 있을 확률이 68.27%임을 의미한다.

▶ 표 2.3 표준편차

측정값(m)	잔차(v)	v^2
1000.57	−0.12	0.0144
1000.39	+0.06	0.0036
1000.37	+0.08	0.0064
1000.39	+0.06	0.0036
1000.48	−0.03	0.0009
1000.49	−0.04	0.0016
1000.32	+0.13	0.0169
1000.46	−0.01	0.0001
1000.47	−0.02	0.0004
1000.55	−0.10	0.0100

※ 평균 = 1000.45, $\Sigma v^2 = 0.0579$, $\sigma_x = \pm\sqrt{\frac{\Sigma v^2}{n-1}} = \pm\sqrt{\frac{0.0579}{9}} = \pm 0.08\text{m}$

2.7.2 표준오차

표본평균을 관찰하는 목적은 표본 자체에 대한 지식을 얻으려는데 있지 않고 그 표본이 뽑혀 나온 모집단에 대한 지식을 알기 위한 것이다. 그러나 표본평균은 모집단 평균과 일치하지 않으며 또 같은 크기의 표본이라 할지라도 표본마다 평균값이 각각 다르다(그림 2.6).

하나의 모집단으로부터 추출된 여러 개의 표본이 있다고 하자. 이때 각 표본의 평균값은 이들이 비록 하나의 같은 모집단에서 추출되었다 하여도 각각 다른 평균값을 가지고 있으며 이들 중 어느 하나도 모집단 평균을 대표할 수 없다. 그러나 무한히 많은 표본을 추출하여 표본들의 평균에 대한 평균값을 알 수 있다면 이 값이 모집단 평균에 더 가까운 값이라고 말할 수 있다. 그러므로 하나의 표본평균을 사용하여 모집단 평균을 추정하는 것보다는 하나의 모집단으로부터 뽑혀 나온 같은 크기의 여러 개의 표본평균에 대한 평균값이 어떤 구간 내에서 어떤 도수로 분포되었는가를 평가하는 것이 모집단의 특성을 파악할 때 더 논리적일 것이다.

만일 이들 표본이 어떤 분포(예 : 정규분포)를 이룬다면 표본평균들의 집합도 같은 분포를 이루며 표본평균에 대한 평균값과 표준편차를 구할 수 있을 것이다.

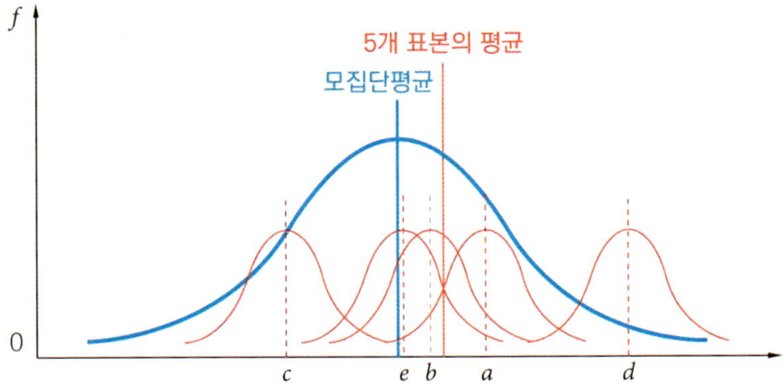

*a~e : 각 표본들의 평균값

그림 2.6 표본과 모집단의 관계

이와 같은 표본 평균값들에 대한 표준편차는 단 측정에 대한 표준편차를 $\sqrt{n}$ 으로 나눈 값과 같으며 이 값을 표준오차(標準誤差, standard error) 또는 평균에 대한 표준오차(standard error of the mean), $\sigma_{\bar{x}}$ 라 부른다. 즉

$$\sigma_{\bar{x}} = \pm \frac{\sigma_x}{\sqrt{n}} = \pm \left\{ \sum_{i=1}^{n} (x_i - x)^2 \Big/ n(n-1) \right\}^{1/2} \tag{2.9}$$

표준편차는 단 측정에 대한 정밀도의 지표로서 측정수가 무한히 많은 경우에서만 얻어질 수 있는 값으로 엄밀한 의미에서 순수한 이론적 개념인 반면에 실제적으로 사용되는 표본은 유한의 측정값으로 형성되므로 이것으로부터는 모집단의 μ와 σ를 알 수 없다. 따라서 표본의 평균을 사용하여 표준오차를 구하고 모집단 평균에 대한 최적 추정값으로 사용한다.

이같이 표준오차는 표준편차의 불편(不偏)추정값이라 할 수 있으며 실제로는 구분없이 같은 의미로 사용된다.

2.7.3 50%, 90%, 95% 오차

〈그림 2.4〉로부터 오차 발생의 확률은 다음과 같은 일반식으로 표시할 수 있을 것이다.

$$E_P = C_P \sigma \tag{2.10}$$

여기서, E_P는 오차발생확률(%), C_P는 〈그림 2.4〉로부터 이에 해당하는 수치이다.

〈식 2.10〉과 〈그림 2.4〉로부터 C_P의 적절한 수치를 구하면 50%, 90%, 95%의 오차 발생확률을 다음과 같이 표시할 수 있다.

$$E_{50} = 0.6745\,\sigma \tag{2.11}$$

$$E_{90} = 1.6449\,\sigma \tag{2.12}$$

$$E_{95} = 1.9599\,\sigma \tag{2.13}$$

제 2 장

〈식 2.11〉의 50%오차, E_{50}은 확률이 1/2이 되는 오차, 즉 확률오차(probable error)라고 부르기도 한다. 다시 말하면 일련의 측정값이 그 오차의 경계 안에 있을 확률과 이 경계를 벗어날 확률이 각각 1/2로 같다는 것이다. 과거에는 오차평가에서 확률오차를 자주 사용하기도 하였으나 지금은 거의 사용하지 않는다.

오늘날 측량관련 분야에서 정밀도를 표시할 때, 가장 많이 사용하는 것은 90% 오차와 95% 오차이며 그중에서도 95% 오차가 더 자주 사용되고 있으며 95% 오차를 "2σ"오차라 부르기도 한다. 예로서 어떤 특정한 경우 허용오차로서 95%오차 보다 작거나 같도록 요구하기도 한다.

같은 크기를 여러 번 반복 측정하였을 때 그중의 하나 또는 몇 개가 나머지 측정값과 현저히 다른 경우가 종종 나타나기도 한다. 이러한 과대오차가 발생하였을 때는 측정값에서 제외하여야 한다. 일반적으로 "3σ"오차를 과대오차(착오)로 취급하여 제거하여야 할 오차의 한계로 한다. 따라서 일련의 관측값에서 잔차가 3σ를 넘는 것은 착오로 간주하여 제거하여야 한다.

예제 2.1 어느 한 거리를 같은 장비와 같은 방법으로 10번 측정한 결과 아래 표와 같다고 한다. 측정시 착오는 없었고 정오차는 제거되었다고 한다. 이 거리의 최확값과 표준편차, 50%, 90%, 95% 오차, 표준오차($\sigma_{\bar{x}}$)를 구하라.

길이(m)	잔차(v)	v^2
538.57	+0.12	0.0144
538.39	-0.06	0.0036
538.37	-0.08	0.0064
538.39	-0.06	0.0036
538.48	+0.03	0.0009
538.49	+0.04	0.0016
538.33	-0.12	0.0144
538.46	+0.01	0.0001
538.47	+0.02	0.0004
538.55	+0.10	0/0100
Σ=5384.50	Σ=0.00	Σv^2=0.0554

풀이 〈식 2.2〉로부터 최확값 $\bar{x}$는

$$\bar{x} = \frac{\Sigma x_i}{n} = \frac{5384.50}{10} = 538.45 \text{ m}$$

표준편차, σ_x는

$$\sigma_x = \pm\sqrt{\frac{\Sigma v^2}{n-1}} = \pm\sqrt{\frac{0.0554}{9}} = \pm 0.078 = \pm 0.08 \text{ m}$$

〈식 2.6〉, 〈식 2.7〉, 〈식 2.8〉로부터 각각

$$E_{50} = \pm 0.6745\sigma = \pm 0.6745 \times 0.078 = \pm 0.05 \text{ m}$$

$$E_{90} = \pm 1.6449\sigma = \pm 1.6449 \times 0.078 = \pm 0.13 \text{ m}$$

$$E_{95} = \pm 1.9599\sigma = \pm 1.9599 \times 0.078 = \pm 0.15 \text{ m}$$

〈식 2.9〉로부터 표준오차는

$$\sigma_{\bar{x}} = \pm\frac{\sigma_x}{\sqrt{n}} = \pm\frac{0.08}{\sqrt{10}} = \pm 0.025 \text{ m}$$

2.8 | 중량평균

일련의 측정값들을 생각해 볼 때 이들이 모두 같은 신뢰도를 가졌다고는 말할 수 없다. 왜냐하면 측정에 사용한 장비, 측정방법, 현장조건 등을 고려하면 분명히 각각의 정밀도가 다를 것이기 때문이다. 따라서 각 측정값의 신뢰에 따라 알맞은 상대적인 중량(또는 비중)을 부여하여야 한다. 지금 어느 한 각을 A, B 두 사람이 다음과 같이 측정하였다고 하자.

A : 50°50′50″(중량 1)　　　　B : 50°50′47″(중량 2)

이것은 같은 중량으로 50″, 47″, 47″와 같이 3번 측정한 것과 같으며 그 평균은 (50″+ 47″+ 47″)/3 = 48″가 된다. 이것은 중량 w_i를 측정값 x_i에 곱하여 합한 것을 중량의 합으로 나눈 값과 같다. 즉, 중량을 고려하여 측정값의 평균을 구한 중량평균(重量平均, weighted mean)은

$$\bar{x}_w = \frac{x_1 w_1 + x_2 w_2 + \cdots\cdots + x_n w_n}{w_1 + w_2 + \cdots\cdots + w_n} = \sum_{i=1}^{n}(x_i w_i) \Big/ \sum_{i=1}^{n} w_i \tag{2.14}$$

이다.

측정값의 조정계산에서 측정값의 중량을 결정하는 일은 가장 어려운 문제 중의 하나이나 일반적으로 분산 또는 공분산을 사용하여 결정한다.

$\sigma_{\bar{x}} = \sigma_x / \sqrt{n}$의 관계식 〈식 2.9〉로부터 오차는 측정 횟수의 제곱근에 반비례하고 중량은 측정 횟수에 비례하므로 분산의 역수에 비례한다. 즉

$$w = \frac{k}{\sigma_x^2} \tag{2.15}$$

로 표시한다. 여기서 k는 비례상수이다.

모든 측정이 같은 중량으로 이루어진 경우를 단위중량(unit weight)이라 하고 $w = 1$로 표시한다. 어떤 측정이 단위중량(單位重量)으로 이루어졌을 때 그 측정값의 분산을 기준분산(基準分散, reference variance) 또는 단위중량의 분산(variance of unit weight)이라 부르며 σ_o^2로 표시한다. 특히 σ_o를 단위중량에 대한 표준편차(standard deviation of unit weight)라 한다.

$$1 = k / \sigma_o^2, \qquad k = \sigma_o^2$$

$$\therefore \quad w = \sigma_o^2 / \sigma_i^2 \tag{2.16}$$

예제 2.2 어떤 거리를 네 사람이 각각 반복 측정한 결과 측정값과 표준편차가 아래와 같다고 한다. 중량평균을 구해 보기로 하자.

측정자	측정값(x)	σ_x	중량비율$(1/\sigma^2)$	중 량(w)	$(w)(x-387)$
A	387.017	±0.025	$1/0.025^2 = 1600$	5.38	0.091
B	387.126	±0.042	$1/0.042^2 = 567$	1.91	0.240
C	387.080	±0.019	$1/0.019^2 = 2770$	9.32	0.746
D	387.112	±0.058	$1/0.058^2 = 297$	1.00	0.112
			합	17.61	1.189

풀이 〈식 2.14〉에 의하여 중량 평균을 구하면 다음과 같다

$$\overline{x_w} = \frac{\sum_{i=1}^{n}(w_i x_i)}{\sum_{i=1}^{n} w_i} = 387.0 + \frac{1.189}{17.61} = 387.068 \text{ m}$$

2.9 | 오차의 전파

측량에서는 구하고자 하는 값이 항상 직접관측에 의해서 구하여 지는 것이 아니라 수학적인 관계에 따라 간접적으로 구하여지는 경우도 많다. 그러나 관측값은 항상 오차를 포함하고 있으므로 이처럼 오차가 포함된 값을 사용하여 계산한 그 어떤 값도 역시 오차를 포함하게 된다. 이같이 간접적으로 얻어진 값에 대한 오차를 구하고 평가하는 과정을 오차전파(誤差傳播, propagation of error) 또는 분산·공분산의 전파(propagation of variance and covariance)라 한다.

우연오차의 전파를 구하는 수학적 공식은 분산·공분산의 일반법칙에 따라 구하여 지며 여러 가지 변수로 이루어지는 일반형의 다항식이다. 이들 변수는 서로 다른 정밀도를 가지고 있으므로 이들 변수로부터 만들어지는 공분산 행렬은 서로 상관이 되었기 때문에 복잡한 수학적 과정이 필요하다. 그러나 측량관련분야에서는 일반적으로 관측이 서로 독립적으로 이루어졌다고 보기 때문에 다음과 같이 좀 더 단순화할 수 있다. 즉 하나의 함수 y가 n개의 독립변수 $(x_1,\ x_2,\ x_3,\ \cdots\cdots,\ x_n)$의 함수, 즉 $y = f(x_1,\ x_2,\ x_3,\ \cdots\cdots,\ x_n)$이고 그들의 분산이 각각 $\sigma_{x1}^2,\ \sigma_{x2}^2,\ \sigma_{x3}^2,\ \cdots\cdots,\ \sigma_{xn}^2$일 때, y에 대한 분산 σ_y^2은 다음과 같다.

$$\sigma_y^2 = \left(\frac{\partial y}{\partial x_1}\right)^2 \sigma_{x1}^2 + \left(\frac{\partial y}{\partial x_2}\right)^2 \sigma_{x2}^2 + \cdots\cdots + \left(\frac{\partial y}{\partial x_n}\right)^2 \sigma_{xn}^2 \tag{2.17}$$

경우 1 **합의 경우**

관측값 x_i가 서로 독립이고 함수 y가 x_i의 합, 즉 $y = x_1 + x_2 + x_3 + \cdots + x_n$이라고 하면 독립변수 x_i의 편미분값은

$$\frac{\partial y}{\partial x_1} = \frac{\partial y}{\partial x_2} = \frac{\partial y}{\partial x_3} = \cdots = \frac{\partial y}{\partial x_n} = 1\text{이므로}$$

〈식 2.17〉은

$$\sigma_y^2 = \sigma_{x1}^2 + \sigma_{x2}^2 + \sigma_{x3}^2 + \cdots + \sigma_{xn}^2 \tag{2.18}$$

이 된다.

〈식 2.18〉을 합의 법칙이라 하고 (+)의 경우와 같이 (–)의 경우도 성립한다.

예제 2.3 직선 $\overline{AB}$ 를 그림과 같이 세 구간으로 나누어 각각 독립적으로 측정한 결과 x_1=51.00 m ± 0.05 m, x_2 = 36.50 m ± 0.04 m, x_3 = 26.75 m ± 0.03 m 라고 한다. 직선 $\overline{AB}$ 의 거리와 이에 대한 표준오차를 계산하라.

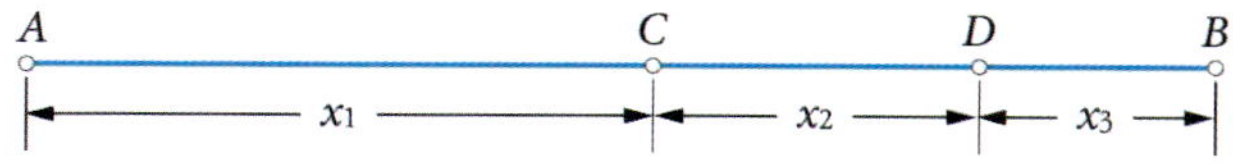

풀이 $y = x_1 + x_2 + x_3 = 51.0+36.5+26.75 = 114.25\ \text{m}$

〈식 2.18〉로부터

$\sigma_y^2 = \sigma_1^2 + \sigma_2^2 + \sigma_3^2 = (0.05)^2 + (0.04)^2 + (0.03)^2 = 0.005\ \text{m}^2$

$\therefore\ \sigma_y = \pm\ 0.07\ \text{m}$

$\therefore\ y = 114.25\,\text{m} \pm 0.07\ \text{m}$

만일 세 구간의 거리를 같은 표준오차 $\sigma_x = \pm\ 0.05\ \text{m}$로 측정하였다면 σ_y는 다음과 같이 구할 수 있다. 〈식 2.19〉로부터

$\sigma_y^2 = n\sigma_x^2 = 3\times(0.05)^2 = 0.0075\ \text{m}^2$

$\therefore\ \sigma_y = \pm\ 0.09\ \text{m}$

경우 2 급수의 경우

때때로 폐 다각형의 내각과 같이 일련의 비슷한 각들을 관측할 때 모든 각에서 똑같은 오차를 품고 있을 때가 있다. 이러한 경우 모든 관측값들의 합에 대한 오차는 다음과 같다.

$y = x_1 + x_2 + x_3 + \cdots + x_n$이고 $\sigma_{x1} = \sigma_{x2} = \sigma_{x3} = \cdots = \sigma_{xn} = \sigma_x$라 하면

〈식 2.18〉은

$$\sigma_y^2 = n\sigma_x^2 \quad \text{또는}\ \sigma_y = \pm\sqrt{n}\,\sigma_x \tag{2.19}$$

〈식 2.19〉를 급수법칙(級數法則) 또는 보상의 법칙(補償法則, law of compensation)이라 부르기도 한다.

우연오차는 가끔 크기가 같은 오차가 서로 반대 방향에서 나타나 서로 상쇄(상차)되기도 한다고 하였으나 이 경우에는 오차가 완전히 없어지는 것은 아니다.

예제 2.4 줄자를 사용하여 100 m의 길이를 측정하였는데 ±7 mm의 오차가 있었다. 같은 줄자, 같은 방법으로 3000 m를 측정하였다면 총 오차는 얼마인가?

풀이 3000 m는 100 m의 30배이므로 〈식 2.19〉에 의하여

$$\sigma_y = \pm 0.07\sqrt{30} = \pm 0.38\ \text{m}$$

경우 3 평균의 오차

어느 하나의 양(量)을 반복 측정하였을 때, 이들 측정에 대한 평균값 $\bar{x}$는

$$\bar{x} = \frac{x_1 + x_2 + x_3 + \cdots\cdots + x_n}{n} = \left(\frac{1}{n}\right)x_1 + \left(\frac{1}{n}\right)x_2 + \cdots + \left(\frac{1}{n}\right)x_n$$

여기서,

$$\frac{\partial \bar{x}}{\partial x_1} = \frac{\partial \bar{x}}{\partial x_2} = \frac{\partial \bar{x}}{\partial x_3} = \cdots\cdots = \frac{\partial \bar{x}}{\partial x_n} = \frac{1}{n}$$

만일 모든 관측이 같은 중량으로 측정되었다면

$$\sigma_{x1} = \sigma_{x2} = \sigma_{x3} = \cdots\cdots = \sigma_{xn} = \sigma_x$$

이 된다.

이것을 〈식 2.17〉에 대입하면

$$\sigma_{\bar{x}} = \pm\sqrt{n(1/n)^2\sigma_x^2}$$

$$\sigma_{\bar{x}} = \pm\frac{\sigma_x}{\sqrt{n}} \tag{2.20}$$

로 표시할 수 있다.

여기서 σ_x는 단 측정에 대한 특정한 백분율(%)이며, $\sigma_{\bar{x}}$는 평균 오차의 백분율, n은 관측수이다.

위 식을 이용하면 어떤 확률(%)에서의 평균오차가 얼마 인지를 알 수 있다. 예로서 평균의 표준편차, $(E_{68})_{\bar{x}}$ 또는 $\sigma_{\bar{x}}$는

$$(E_{68})_{\bar{x}} = \sigma_{\bar{x}} = \frac{\sigma}{\sqrt{n}} = \pm\sqrt{\frac{\sum v^2}{n(n-1)}} \tag{2.21}$$

평균에 대한 90%, 95%오차는

$$(E_{90})_{\bar{x}} = \frac{E_{90}}{\sqrt{n}} = \pm 1.6449\sqrt{\frac{\sum v^2}{n(n-1)}} \tag{2.22}$$

$$(E_{95})_{\bar{x}} = \frac{E_{95}}{\sqrt{n}} = \pm 1.9599\sqrt{\frac{\sum v^2}{n(n-1)}} \tag{2.23}$$

이 식들로부터 평균오차는 반복 측정수의 제곱근에 반비례함을 알 수 있다. 따라서 정밀도를 2배 높이기 위해서는(즉, 오차를 반으로 줄이기 위해서는) 관측수를 4배 늘려야 함을 알 수 있다.

제 2 장

예제 2.5 〈예제 2.1〉의 관측값에 대하여 평균에 대한 표준편차와 90%오차를 구하라.

풀이 〈식 2.21〉에 의하여

$$(E_{68})_{\bar{x}} = \sigma_{\bar{x}} = \frac{\sigma}{\sqrt{n}} = \pm \frac{0.078}{\sqrt{10}} = \pm 0.025\ \text{m}$$

〈식 2.22〉에 의하여

$$(E_{90})_{\bar{x}} = \frac{E_{90}}{\sqrt{n}} = \pm 1.6449 \times 0.025 = \pm 0.041\ \text{m}$$

경우 4 **곱의 경우**

만일 $y = ab$ 라 하면

$$\frac{\partial y}{\partial a} = b,\ \frac{\partial y}{\partial b} = a$$

이므로 〈식 2.17〉에 의하여

$$\sigma_y = \pm\sqrt{a^2\sigma_b^2 + b^2\sigma_a^2} \tag{2.24}$$

예제 2.6 직사각형 토지의 가로(a), 세로(b)를 측정한 결과 각각 (100.00, ±0.05)m, (75.00, ±0.03)m 라고 한다. 토지의 면적 A와 면적에 대한 오차 σ_A 를 구하라.

풀이 〈식 2.24〉에 의하여

$$\sigma_A = \pm\sqrt{a^2\sigma_b^2 + b^2\sigma_a^2} = \pm\sqrt{(100.00)^2 \times (0.03)^2 + (75.00)^2 \times (0.05)^2} = \pm 4.8\ \text{m}^2$$

$$A = 100.00 \times 75.00 \pm 4.8 = 7500\ \text{m}^2 \pm 4.8\ \text{m}^2$$

또는 〈식 2.17〉로부터 직접 구할 수 있다.

$$\sigma_A^2 = \left(\frac{\partial A}{\partial a}\right)^2 \sigma_a^2 + \left(\frac{\partial A}{\partial b}\right)^2 \sigma_b^2 = b^2\sigma_a^2 + a^2\sigma_b^2$$
$$= (75)^2(0.05)^2 + (100)^2(0.03)^2 = 23.0625$$

$\therefore \sigma_A = \pm 4.8\ \text{m}^2$

$\therefore A = ab \pm \sigma_A = 7500\ \text{m}^2 \pm 4.80\ \text{m}^2$

2.10 | 최소제곱법

2.10.1 개 요

앞에서 설명한 바와 같이 측정값에서 과대오차와 정오차를 소거하였다 하더라도 아직 측정값에는 우연오차가 남아 있으므로 조정계산을 통하여 측정값의 보정량을 구하고 최확값을 계산하여야 한다. 예로서 삼각형의 내각의 합은 180°가 되어야 한다는 것은 누구나 알고 있는 사항이다. 그러나 일반적으로 측각기에 의하여 측정된 내각의 합계는 언제나 180°보다 적거나 많다. 이것은 바로 우연오차 때문이다. 따라서 측정값은 이러한 기하학적 조건에 맞도록 조정되어야 한다.

현장작업에서 높은 정밀도의 기계를 사용하여 높은 정밀도로 측정하였더라도 조정계산을 하게 되면 조정된 측정값과 원래 측정된 값과는 서로 다르게 된다. 그러므로 기하학적인 조건을 완전히 만족시키며 측정값의 오차가 최소가 되는 조정방법을 사용하여야 한다. **최소제곱법(least square adjustment)**이 바로 그러한 조정법이다.

최소제곱법의 개념은 1806년 프랑스의 수학자 아드리앵 마리 르장드르(Adrien Marie Legendre, 1752-1833)에 의해 그 개념이 처음으로 발표되었다. 그러나 이것은 1794년 가우스에 의해 이미 그 원리가 제안되어 1809년에 이르러서는 수학적 확률 이론에 근거한 최소제곱 이론과 그 응용 예(혜성의 궤도산정)가 발표되기도 하였다. 최소제곱법은 그 후 가우스와 베셀에 의해 측지학적인 조정계산에 가끔 사용되었으나 컴퓨터가 개발되기 전까지는 계산의 복잡성 때문에 자주 사용되지는 못하였다.

최소제곱법은 같은 중량으로 측정된 측정값에서는 분산이 최소가 되는 선형 불편추정(不偏推定값, linear unbiased estimate)이 최적 추정값이라는 가우스 마콥(Gauss Markov) 정리를 그 기본으로 하고 있다. 최소제곱의 원리는 정규분포의 방정식으로부터 쉽게 유도될 수 있으며 분포에 관계없이 분산이 최소인 추정값을 구할 수 있다.

측정값이 정규분포를 이룬다면 최소제곱법에 따라 얻어진 해는 측정값의 최확값을 의미한다.

각종 측량계산에 사용되는 측정값(각 또는 거리)들은 단 측정값이 아니라 실제 측정값들의 평균값들이라는 사실은 매우 중요하다. 왜냐하면 비록 측정값들 자체는 정규분포를 이루지 못하여도 그 평균은 정규분포를 이룬다고 하는 **중심극한의 정리(central limit theorem)**가 적용될 수 있기 때문이다.

제 2 장

2.10.2 최소제곱의 원리

측량에서는 측정값의 조정 계산에 사용되는 모든 측정값(또는 오차)들은 정규분포를 이루며 확률법칙을 따른다고 가정하기 때문에 조정계산과 조정량은 엄격한 이론적 법칙에 의하여 이루어져야 한다. 최소제곱법은 측량에서 가장 보편적으로 사용되는 조정 방법이며 확률법칙에 근거를 하고 있다.

최소제곱법의 기본 조건은 동일한 중량으로 측정한 모든 측정값에 대하여 오차(또는 잔차)의 제곱의 합이 최소(minimum)가 되어야 한다는 것이다.

다시 말하면 **"같은 정밀도로 측정된 측정값에서는 오차의 제곱의 합이 최소일 때 최확값을 얻을 수 있다"는 것이다. 이것을 최소제곱의 원리(principle of least squares)라 한다.**

지금 n개의 측정값이 같은 중량으로 측정되었고 그 잔차를 각각 v_1, v_2, v_3, v_n ……, 이라고 하면

$$\sum_{i=1}^{n}(v_i)^2 = v_1^2 + v_2^2 + v_3^2 + \cdots\cdots + v_n^2 = \text{minimum} \qquad (2.25)$$

이 된다.

만일 측정값이 각각 다른 중량 w_1, w_2, w_3, ……, w_n으로 측정되었다고 하면 〈식 2.25〉는

$$\sum_{i=1}^{n}w_i(v_i)^2 = w_1v_1^2 + w_2v_2^2 + w_3v_3^2 + \cdots\cdots + w_nv_n^2 = \text{minimum} \qquad (2.26)$$

이 된다.

최소제곱의 이론은 다음과 같은 몇 가지 가정에 그 기초를 두고 있다. 즉

(i) 과대오차 및 정오차는 모두 제거되고 우연오차만이 측정값에 남아 있다.

(ii) 조정할 측정값의 수는 충분히 많다.

(iii) 오차의 빈도분포(頻度分布)는 정규분포이다.

그러나 실제로 위와 같은 기본가정이 모든 경우에 항상 만족되는 것은 아니지만 최소 제곱법은 아직도 가장 엄밀한 오차 처리방법이다. 따라서 이 방법은 보편화되고 있으며 측량 분야에서는 매우 중요하게 다루어지고 있다.

최소제곱법은 미지수에 대한 최확값을 구하기도 하지만 몇 가지의 다른 잇점도 있다. 즉 조정된 측정값에 대한 정밀도 분석과 측정값에 포함된 착오 또는 과대오차의 색출을 가능케 하기도 한다.

2.10.3 관측방정식과 조건방정식

최소제곱법의 원리를 이용하여 측정값을 조정하고 최확값을 구하는 방법은 ① 관측방정식(observation equations)에 의한 방법과 ② 조건방정식(condition equations)에 의한 방법 등 두 가지의 기본 방법이 있다. 이해를 돕기 위하여 간단한 예를 들어보자.

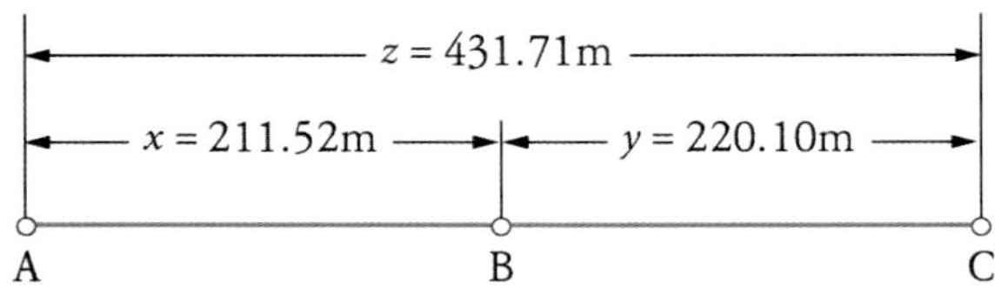

그림 2.7 관측 방정식과 조건 방정식

〈그림 2.7〉에서 각 구간의 거리는 각각 독립적으로 측정되었으며 AB, BC, AC 구간의 거리를 각각 x, y, z라 하고 이들에 대한 최확값(즉 미지수)을 $\hat{x}$, $\hat{y}$, $\hat{z}$, 잔차를 v_x, v_y, v_z라 하면 다음과 같은 관계식이 성립된다. 즉

$$\left.\begin{aligned} x + v_x &= \hat{x} \\ y + v_y &= \hat{y} \\ z + v_z &= \hat{z} \end{aligned}\right\} \tag{2.27}$$

또는

$$\hat{x} + \hat{y} = \hat{z} \tag{2.28}$$

〈식 2.27〉은 측정의 결과를 직접 나타내고 있는 반면에 〈식 2.28〉은 각 측정값들의 기하학적 조건을 만족시키는 최확값들의 관계를 표시하는 방정식이다. 여기서 〈식 2.27〉을 관측방정식(觀測方程式), 〈식 2.28〉을 조건방정식(條件方程式)이라 부른다.

관측방정식에 의한 방법에서는 측정된 값을 직접 사용하여 실제로 측정한 수와 똑

같은 수의 관측방정식이 만들어지며 보통 방정식의 수가 미지수보다 많거나 같으며 여러 개의 미지수를 동시에 알고자 할 때 많이 사용된다. 이때 미지수는 서로 독립이며 직접 측정으로부터 결정되지 않고 미지수의 함수인 간접측정으로부터 결정되기 때문에 간접측정의 조정(adjustment of indirect observations)이라 부르기도 한다.

한편 조건방정식에 의한 방법에서는 관측방정식에서와 같이 측정값을 직접 사용하여 방정식을 형성하지 않고 도형에 내재된 어떤 기하학적 조건(condition)을 이용하여 조건방정식을 형성한다. 조건방정식의 총수는 미지수의 수보다 적거나 같다. 미지수는 관측방정식을 충족시켜야 하는 동시에 기하학적 조건도 꼭 충족시켜야 한다. 한편 조건방정식에 의한 조정을 측정만의 조정(adjustment of observation only)이라 부르기도 한다.

측정의 총수를 n, 미지수를 n_o, 잉여측정수(剩餘測定數, redundant observation)를 r이라고 할 때 조건방정식에 의한 조정에서는 독립된 조건 $r(r=n-n_o)$개에 해당하는 조건식만이 형성된다. 반면에 관측방정식의 경우에서는 미지수 n_o개에 해당하는 독립된 방정식과, r개에 해당하는 추가 미지수, 즉 매개변수(媒介變數, parameter)를 합한 것과 같은 총 n개의 관측방정식이 형성되며 이때 매개변수의 값은 측정값과는 달리 초기값이 없다.

관측방정식에 의한 방법에서는 미지수, 즉 최확값 $\hat{x}$, $\hat{y}$, $\hat{z}$가 직접 얻어지나 조건방정식에 의한 방법에서는 먼저 조건식 $\hat{x}+\hat{y}=\hat{z}$로부터 잔차(즉 조정량) v_x, v_y, v_z를 구한 다음, 측정값 x, y, z에 잔차를 더하여 〈식 2.27〉의 최확값 $\hat{x}$, $\hat{y}$, $\hat{z}$를 구한다.

2.10.4 관측방정식에 의한 조정

〈식 2.28〉에서 $\hat{z}=\hat{x}+\hat{y}$이므로 〈그림 2.7〉의 실측값을 적용하면 〈식 2.27〉 및 〈2.28〉은 다음과 같이 쓸 수 있다.

$$\left.\begin{aligned} v_x &= \hat{x} - 211.52 \\ v_y &= \hat{y} - 220.10 \\ v_z &= \hat{x} + \hat{y} - 431.71 \end{aligned}\right\} \tag{2.29}$$

최소제곱법의 원리에 의하여 $\sum_{i=1}^{n}(v_i^2)$가 최소가 될 때 x, y, z의 최확값, $\hat{x}$, $\hat{y}$, $\hat{z}$를 구할 수 있으므로

$$S=\sum_{i=1}^{n}v_i^2=v_x^2+v_y^2+v_z^2$$

$$= (\hat{x} - 211.52)^2 + (\hat{y} - 220.10)^2 + (\hat{x} + \hat{y} - 431.71)^2$$

가 최소가 되어야 한다.

따라서 x와 y가 서로 독립이므로 x와 y에 관하여 1차 편미분한 값이 0이 되어야 한다. 즉

$$\left.\begin{aligned} \frac{\partial S}{\partial \hat{x}} &= 2(\hat{x} - 211.52) + 2(\hat{x} + \hat{y} - 431.71) = 0 \\ \frac{\partial S}{\partial \hat{y}} &= 2(\hat{y} - 220.10) + 2(\hat{x} + \hat{y} - 431.71) = 0 \end{aligned}\right\} \tag{2.30}$$

〈식 2.30〉을 다시 쓰면

$$\left.\begin{aligned} 2\hat{x} + \hat{y} &= 643.23 \\ \hat{x} + 2\hat{y} &= 651.81 \end{aligned}\right\} \tag{2.31}$$

여기서 〈식 2.31〉을 정규방정식(正規方程式, normal equations)이라 부른다.

〈식 2.31〉로부터 $\hat{x}$, $\hat{y}$를 구하고 〈식 2.28〉 및 〈2.29〉에 대입하면 최확값 $\hat{x}$, $\hat{y}$, $\hat{z}$를 구할 수 있으며, 잔차 v_x, v_y, v_z는 〈식 2.29〉에 의하여 구한다.

$$\hat{x} = 211.55\text{ m}$$
$$\hat{y} = 220.13\text{ m}$$
$$\hat{z} = 431.68\text{ m}$$

$$v_x = \hat{x} - 211.52 = 211.55 - 211.52 = +0.03\text{ m}$$
$$v_y = \hat{y} - 220.10 = 220.13 - 220.10 = +0.03\text{ m}$$
$$v_z = \hat{x} + \hat{y} - 430.71 = 431.68 - 430.71 = -0.03\text{ m}$$

실제적인 문제에서는 위에서와 같이 그렇게 간단하지 않다. 방정식과 미지수의 수가 매우 많거나 방정식의 수가 미지수의 수보다 훨씬 많을 경우가 있다. 이런 경우에는 매우 복잡한 계산과 많은 노력이 필요하게 되며, 컴퓨터의 도움이 없이는 풀기 어려울 경우도 많다. 따라서 정규방정식의 체계적 구성과 이의 해법이 매우 중요한 역할을 한다.

지금 n개의 방정식과 m개의 미지수가 있다고 하자. x_1, x_2, x_3, ……, x_n을 실측값, 이들에 대한 잔차(보정값)를 v_1, v_2, ……, v_n, 최확값(즉 미지수)을 $\hat{x}_1$, $\hat{x}_2$, …… , $\hat{x}_m$, 방정식의 상수항을 k_1, k_2, k_3, ……, k_n, 미지수에 대한 계수를

$$\begin{array}{cccccc} a_1 & b_1 & c_1 & \cdots\cdots\cdots & m_1 \\ a_2 & b_2 & c_2 & \cdots\cdots\cdots & m_2 \\ a_3 & b_3 & c_3 & \cdots\cdots\cdots & m_3 \\ \vdots & \vdots & \vdots & & \vdots \\ a_n & b_n & c_n & \cdots\cdots\cdots & m_n \end{array}$$

라고 하면 다음과 같은 선형 관측방정식이 구성된다.

$$\begin{aligned} x_1 + v_1 &= a_1\hat{x}_1 + b_1\hat{x}_2 + c_1\hat{x}_3 + \cdots\cdots + m_1\hat{x}_m + k_1 \\ x_2 + v_2 &= a_2\hat{x}_1 + b_2\hat{x}_2 + c_2\hat{x}_3 + \cdots\cdots + m_2\hat{x}_m + k_2 \\ x_3 + v_3 &= a_3\hat{x}_1 + b_3\hat{x}_2 + c_3\hat{x}_3 + \cdots\cdots + m_3\hat{x}_m + k_3 \\ &\vdots \\ x_n + v_n &= a_n\hat{x}_1 + b_n\hat{x}_2 + c_n\hat{x}_3 + \cdots\cdots + m_n\hat{x}_m + k_n \end{aligned} \tag{2.32}$$

$x_1,\ x_2,\ x_3,\ \cdots\cdots,\ x_n$을 우변으로 이항하면

$$\left.\begin{aligned} v_1 &= a_1\hat{x}_1 + b_1\hat{x}_2 + c_1\hat{x}_3 + \cdots\cdots + m_1\hat{x}_m - (x_1 - k_1) \\ v_2 &= a_2\hat{x}_1 + b_2\hat{x}_2 + c_2\hat{x}_3 + \cdots\cdots + m_2\hat{x}_m - (x_2 - k_2) \\ &\vdots \\ v_n &= a_n\hat{x}_1 + b_n\hat{x}_2 + c_n\hat{x}_3 + \cdots\cdots + m_n\hat{x}_m - (x_n - k_n) \end{aligned}\right\} \tag{2.33}$$

우변의 상수항을 $L_1,\ L_2,\ L_3,\ \cdots\cdots,\ L_n$이라고 하면 〈식 2.33〉은 다음과 같이 된다.

$$\left.\begin{aligned} v_1 &= a_1\hat{x}_1 + b_1\hat{x}_2 + c_1\hat{x}_3 + \cdots\cdots + m_1\hat{x}_m - L_1 \\ v_2 &= a_2\hat{x}_1 + b_2\hat{x}_2 + c_2\hat{x}_3 + \cdots\cdots + m_2\hat{x}_m - L_2 \\ &\vdots \\ v_n &= a_n\hat{x}_1 + b_n\hat{x}_2 + c_n\hat{x}_3 + \cdots\cdots + m_n\hat{x}_m - L_n \end{aligned}\right\} \tag{2.34}$$

최소제곱의 원리에 따라 잔차 v의 제곱의 합이 최소가 되어야 하므로 $\sum_{i=1}^{n} v_i^2$의 값을 구하고 각 미지수 $\hat{x}_i$에 대하여 편미분한다(측량에서는 종종 $\sum_{i=1}^{n} v_i^2$을 $[v_i^2]$으로 표

기 하기도 한다. 따라서 기호 Σ와 기호 [ ]을 혼용하여 사용하기로 하겠다).

측정값의 중량을 각각 w_1, w_2, w_3, ……, w_n이라고 하면

$$\begin{aligned} S &= [wvv] \\ &= w_1(a_1\hat{x}_1 + b_1\hat{x}_2 + \cdots + m_1\hat{x}_m - L_1)^2 \\ &\quad + w_2(a_2\hat{x}_1 + b_2\hat{x}_2 + \cdots + m_2\hat{x}_m - L_2)^2 \\ &\quad + \cdots \cdots + w_n(a_n\hat{x}_1 + b_n\hat{x}_2 + \cdots + m_n\hat{x}_m - L_n)^2 \end{aligned} \tag{2.35}$$

그런데 $\dfrac{\partial S}{\partial \hat{x}_1} = \dfrac{\partial S}{\partial \hat{x}_2} = \dfrac{\partial S}{\partial \hat{x}_3} = \cdots \cdots = \dfrac{\partial S}{\partial \hat{x}_n} = 0$이 되어야 하므로

$$\begin{aligned} \frac{\partial S}{\partial \hat{x}_1} = \ & 2w_1(a_1\hat{x}_1 + b_1\hat{x}_2 + \cdots \cdots + m_1\hat{x}_m - L_1)a_1 \\ & 2w_2(a_2\hat{x}_1 + b_2\hat{x}_2 + \cdots \cdots + m_2\hat{x}_m - L_2)a_2 \\ & \vdots \qquad\qquad \vdots \qquad\qquad \vdots \\ & 2w_n(a_n\hat{x}_1 + b_n\hat{x}_2 + \cdots \cdots + m_n\hat{x}_m - L_n)a_n = 0 \end{aligned} \tag{2.36}$$

같은 항들을 모아서 정리하면 〈식 2.36〉은

$$[waa]\hat{x}_1 + [wab]\hat{x}_2 + \cdots \cdots + [wam]\hat{x}_m = [waL] \tag{2.37}$$

같은 방법으로 나머지 미지수 $\hat{x}_2$, $\hat{x}_2$, $\hat{x}_3$, …, $\hat{x}_m$에 대하여 각각 편미분하고 정리하면 다음과 같은 정규 방정식이 성립된다. 즉

$$\left.\begin{aligned} &[waa]\hat{x}_1 + [wab]\hat{x}_2 + [wac]\hat{x}_3 + \cdots \cdots + [wam]\hat{x}_m = [waL] \\ &[wab]\hat{x}_1 + [wbb]\hat{x}_2 + [wbc]\hat{x}_3 + \cdots \cdots + [wbm]\hat{x}_m = [wbL] \\ &[wac]\hat{x}_1 + [wbc]\hat{x}_2 + [wcc]\hat{x}_3 + \cdots \cdots + [wcm]\hat{x}_m = [wcL] \\ &\quad \vdots \qquad\quad \vdots \qquad\qquad\qquad \vdots \qquad\qquad\qquad \vdots \\ &[wam]\hat{x}_1 + [wbm]\hat{x}_2 + [wcm]\hat{x}_3 + \cdots \cdots + [wmm]\hat{x}_m = [wmL] \end{aligned}\right\} \tag{2.38}$$

2.10.5 조건방정식에 의한 조정

이미 설명한 바와 같이 관측방정식에 의한 해법에서는 실제 측정된 측정 횟수와 똑같은 3개의 관측방정식(즉 미지수의 수와 같은 두 개의 독립된 방정식 〈식 2.27〉에서 처음에 있는

두 개의 방정식)과 기하학적 조건을 충족하는 제3의 측정에 대한 종속방정식(즉 매개변수에 대한 방정식) 1개, 총 3개의 방정식을 사용하여 최확값 $\hat{x}$, $\hat{y}$, $\hat{z}$를 구하였으나 조건방정식에 의한 방법에서는 잉여(剩餘) 측정수($r = 3 - 2 = 1$)와 같은 오직 1개의 조건식 $\hat{z} = \hat{x} + \hat{y}$ 만을 사용한다.

〈식 2.27〉과 〈식 2.28〉로부터 다음과 같은 조건방정식이 성립한다.

$$x + v_x + y + v_y = z + v_z \tag{2.39}$$

또는

$$\begin{aligned} &211.52 + v_x + 220.10 + v_y = 431.71 + v_z \\ &v_z = v_x + v_y - 0.09 \end{aligned} \tag{2.40}$$

최소제곱법의 원리를 적용하면

$$\begin{aligned} S = \sum_{i=1}^{n} v_i^2 &= v_x^2 + v_y^2 + v_z^2 \\ &= v_x^2 + v_y^2 + (v_x + v_y - 0.09)^2 \end{aligned} \tag{2.41}$$

이 최소가 되어야 한다.

x, y가 서로 독립이면 v_x, v_y도 역시 독립이므로 v_x, v_y에 대한 1차 편미분 값이 0 이 되어야 한다. 즉

$$\begin{aligned} \frac{\partial S}{\partial v_x} &= 2v_x + 2(v_x + v_y - 0.09) = 0 \\ \frac{\partial S}{\partial v_y} &= 2v_y + 2(v_x + v_y - 0.09) = 0 \end{aligned} \tag{2.42}$$

정리하여 다시 쓰면

$$\left.\begin{aligned} 2v_x + v_y &= +0.09 \\ v_x + 2v_y &= +0.09 \end{aligned}\right\} \tag{2.43}$$

을 얻는다.

또한 윗 식을 v_x, v_y에 관하여 풀면

$$v_x = +0.03 \qquad v_y = +0.03 \qquad v_z = -0.03$$

따라서 최확값 $\hat{x}$, $\hat{y}$, $\hat{z}$는 〈식 2.27〉에 의해 다음과 같이 구해진다. 즉

$$\hat{x} = x + v_x = 211.52 + 0.03 = 211.55\,\text{m}$$

$$\hat{y} = y + v_y = 220.10 + 0.03 = 220.13\,\text{m}$$

$$\hat{z} = z + v_z = 431.71 - 0.03 = 431.68\,\text{m}$$

이것은 관측방정식에 의하여 계산했을 때와 같은 결과임을 보여준다.

한편, 최소제곱에 의한 해법은 위와 같은 방법을 사용하지 않고 **미정계수법(未定係數法)**에 의하여 풀기도 한다. 조건방정식 〈식 2.40〉으로부터

$$v_x + v_y - v_z - 0.09 = 0 \tag{2.44}$$

이 식에 임의의 정수 $2K$를 곱하면,

$$2K(v_x + v_y - v_z - 0.09) = 0 \tag{2.45}$$

가 된다.

여기서 K는 라그랜지의 미정계수(未定係數, Lagrange multiplier)라 불리는 미지의 상수이며 상수 앞의 숫자 "2"는 단순히 미분 계산에서의 편의성을 위하여 첨가된 숫자이다.

최소제곱의 원리에 의하여 잔차의 제곱의 합은 0이 되어야 하므로

$$S = \sum_{i=1}^{n} v_i^2 = v_x^2 + v_y^2 + v_z^2 \tag{2.46}$$

으로 표시되고 〈식 2.46〉에서 〈식 2.45〉를 빼고 이를 S'라 하면 다음과 같이 된다.

$$S' = v_x^2 + v_y^2 + v_z^2 - 2K(v_x + v_y - v_z - 0.09) \tag{2.47}$$

윗 식에서 뺄셈 항 $-2K(v_x + v_y - v_z - 0.09)$는 〈식 2.45〉에서와 같이 0이 되므로 최소 값을 구하기 위하여 〈식 2.46〉의 S대신에 〈식 2.47〉의 S'를 미분하여도 최소제곱의 원리를 적용할 수 있다.

따라서 〈식 2.47〉을 각각 v_x, v_y, v_z에 대하여 편미분하고 그 값을 0으로 하여 정리하면 다음과 같다.

$$\left.\begin{aligned}\frac{\partial S'}{\partial v_x} &= 2v_x - 2K = 0 \quad \cdots \quad \cdots \quad \cdots \quad v_x = K\\ \frac{\partial S'}{\partial v_y} &= 2v_y - 2K = 0 \quad \cdots \quad \cdots \quad \cdots \quad v_y = K\\ \frac{\partial S'}{\partial v_z} &= 2v_z + 2K = 0 \quad \cdots \quad \cdots \quad \cdots \quad v_z = -K\end{aligned}\right\} \qquad (2.48)$$

v_x, v_y, v_z를 〈식 2.44〉에 대입하면 K의 값이 구해진다.

$$v_x + v_y - v_z - 0.09 = K + K + K - 0.09 = 0$$

$$\therefore K = +0.03$$

이 값을 〈식 2.48〉에 대입하면 잔차(또는 보정량), v_x, v_y, v_z의 값을 구할 수 있다.

$$v_x = +0.03 \qquad v_y = +0.03 \qquad v_z = -0.03$$

좀 더 일반적인 경우를 생각해 보자

지금 n개의 실측값을 x_1, x_2, x_3, ……, x_n이라 하고, 이 들의 중량을 각각 w_1, w_2, w_3, ……, w_5이라 하자. 또한 r개의 조건식이 존재하며 조건방정식의 계수 항을 각각

$$\begin{matrix} a_1 & a_2 & a_3 & \cdots & \cdots & \cdots & a_n\\ b_1 & b_2 & b_3 & \cdots & \cdots & \cdots & b_n\\ c_1 & c_2 & c_3 & \cdots & \cdots & \cdots & c_n\\ \vdots & \vdots & \vdots & & & & \vdots\\ r_1 & r_2 & r_3 & \cdots & \cdots & \cdots & r_n \end{matrix}$$

이라 하고, 조건방정식의 상수항을 C_a, C_b, C_c, ……, C_r 이라고 하면 다음과 같이 r개의 조건방정식이 성립된다. 즉

$$\left.\begin{aligned} a_1(x_1+v_1) + a_2(x_2+v_2) + \cdots + a_n(x_n+v_n) &= C_a\\ b_1(x_1+v_1) + b_2(x_2+v_2) + \cdots + b_n(x_n+v_n) &= C_b\\ \vdots \qquad\qquad \vdots \qquad\qquad\qquad \vdots \qquad & \quad \vdots\\ r_1(x_1+v_1) + r_2(x_2+v_2) + \cdots + r_n(x_n+v_n) &= C_r \end{aligned}\right\} \qquad (2.49)$$

상수항을 정리하여 t라 하면 〈식 2.49〉는

$$\left.\begin{array}{l} a_1 v_1 + a_2 v_2 + \cdots \quad \cdots + a_n v_n = t_a \\ b_1 v_1 + b_2 v_2 + \cdots \quad \cdots + b_n v_n = t_b \\ \vdots \qquad\quad \vdots \qquad\qquad\quad \vdots \\ r_1 v_1 + r_2 v_2 + \cdots \quad \cdots + r_n v_n = t_r \end{array}\right\} \tag{2.50}$$

또는

$$\left.\begin{array}{l} A = a_1 v_1 + a_2 v_2 + \cdots \quad \cdots + a_n v_n - t_a = 0 \\ B = b_1 v_1 + b_2 v_2 + \cdots \quad \cdots + b_n v_n - t_b = 0 \\ \vdots \qquad \vdots \qquad\quad \vdots \qquad\qquad\qquad \vdots \qquad\quad \vdots \\ R = r_1 v_1 + r_2 v_2 + \cdots \quad \cdots + r_n v_n - t_r = 0 \end{array}\right\} \tag{2.51}$$

최소제곱법의 원리와 미정계수 K를 적용하면 다음과 같은 식이 성립된다. 즉

$$S = [w v v] - 2K_a A - 2K_b B - 2K_c C - \cdots \quad \cdots - 2K_r R$$

여기서, K_a, K_b, K_c, ……, K_r은 미정계수임.

S가 최소가 되기 위하여는

$$\frac{\partial S}{\partial v_1} = \frac{\partial S}{\partial v_2} = \frac{\partial S}{\partial v_3} = \cdots \quad \cdots \quad \cdots = \frac{\partial S}{\partial v_n} = 0$$

가 되어야 한다. 즉

$$\left.\begin{array}{l} \dfrac{\partial S}{\partial v_1} = 2w_1 v_1 - 2(a_1 K_a + b_1 K_b + \cdots + r_1 K_r) = 0 \\ \dfrac{\partial S}{\partial v_2} = 2w_2 v_2 - 2(a_2 K_a + b_2 K_b + \cdots + r_2 K_r) = 0 \\ \vdots \qquad\quad \vdots \qquad\quad \vdots \qquad\quad \vdots \qquad \vdots \\ \dfrac{\partial S}{\partial v_n} = 2w_n v_n - 2(a_n K_a + b_n K_b + \cdots + r_n K_r) = 0 \end{array}\right\} \tag{2.52}$$

따라서

$$\left.\begin{array}{l} v_1 = \dfrac{1}{w_1}(a_1 K_a + b_1 K_b + \cdots \quad \cdots + r_1 K_r) \\ v_2 = \dfrac{1}{w_2}(a_2 K_a + b_2 K_b + \cdots \quad \cdots + r_2 K_r) \\ \vdots \qquad\quad \vdots \qquad\quad \vdots \qquad\qquad\qquad \vdots \\ v_n = \dfrac{1}{w_n}(a_n K_a + b_n K_b + \cdots \quad \cdots + r_n K_r) \end{array}\right\} \tag{2.53}$$

이들 v의 값을 〈식 2.50〉에 대입하면 첫 번째 방정식은 다음과 같이 된다.

$$\frac{a_1}{w_1}(a_1 K_a + b_1 K_b + \cdots \quad \cdots + r_1 K_r) + \frac{a_2}{w_2}(a_2 K_a + b_2 K_b + \cdots \quad \cdots + r_2 K_r) \tag{2.54}$$
$$+ \cdots \quad \cdots + \frac{a_n}{w_n}(a_n K_a + b_n K_b + \cdots \quad \cdots + r_n K_r) = t_a$$

한편, 〈식 2.54〉는 다음과 같이 표시될 수 있다.

$$\left[\frac{aa}{w}\right]K_a + \left[\frac{ab}{w}\right]K_b + \cdots \quad \cdots + \left[\frac{ar}{w}\right]K_r = t_a$$

나머지 두 번째, 세 번째 등 모든 방정식을 같은 방법으로 대입하여 전개하면 다음과 같은 r개의 선형방정식을 얻을 수 있다.

$$\left.\begin{array}{l} \left[\dfrac{aa}{w}\right]K_a + \left[\dfrac{ab}{w}\right]K_b + \cdots \quad \cdots + \left[\dfrac{ar}{w}\right]K_r = t_a \\ \left[\dfrac{ab}{w}\right]K_a + \left[\dfrac{bb}{w}\right]K_b + \cdots \quad \cdots + \left[\dfrac{br}{w}\right]K_r = t_b \\ \quad\vdots \qquad\qquad \vdots \qquad\qquad\qquad\qquad \vdots \qquad\quad \vdots \\ \left[\dfrac{ar}{w}\right]K_a + \left[\dfrac{br}{w}\right]K_b + \cdots \quad \cdots + \left[\dfrac{rr}{w}\right]K_r = t_r \end{array}\right\} \tag{2.55}$$

여기서 〈식 2.55〉를 상관방정식(相關方程式, correlate equation) 또는 정규방정식(正規方程式, normal equation)이라고 하며 조건식 수(r개)와 똑같은 r개의 미지수, 즉 미정계수 K_a, K_b, ……, K_r을 가진다.

정규방정식은 유일해(唯一解)를 가지는데 〈식 2.55〉로부터 r개의 미지수 K_a, K_b, ……, K_r을 구하고 이를 다시 〈식 2.53〉에 대입하여 잔차(또는 보정값) v_1, v_2, ……, v_n의 값을 얻는다.

2.10.6 행렬에 의한 최소제곱법

최소제곱법에 의한 오차 조정계산에서는 많은 미지수와 방정식을 수반할 때 복잡한 대수적 계산과 많은 노력이 필요하다. 따라서 컴퓨터의 도움이 필요하게 되며 행렬(行列)을 이용하면 매우 편리하게 처리할 수 있다.

제 2 장

❶ 관측방정식의 경우

〈식 2.34〉에 의한 관측방정식을 행렬로 표시하면 다음과 같다. 즉

$$ {}_nA_m \; {}_mX_1 = {}_nL_1 + {}_nV_1 \tag{2.56}$$

여기서

$$A = \begin{bmatrix} a_1 & b_1 & c_1 & \cdots\cdots & m_1 \\ a_2 & b_2 & c_2 & \cdots\cdots & m_2 \\ a_3 & b_3 & c_3 & \cdots\cdots & m_3 \\ \vdots & \vdots & \vdots & \vdots & \vdots \\ a_n & b_n & c_n & \cdots\cdots & m_n \end{bmatrix} \quad X = \begin{bmatrix} x_1 \\ x_2 \\ x_3 \\ \vdots \\ x_m \end{bmatrix} \quad L = \begin{bmatrix} L_1 \\ L_2 \\ L_3 \\ \vdots \\ L_n \end{bmatrix} \quad V = \begin{bmatrix} v_1 \\ v_2 \\ v_3 \\ \vdots \\ v_n \end{bmatrix}$$

만일 중량이 단위중량(單位重量, unit weight)이라고 하면 〈식 2.38〉의 정규방정식은 다음과 같은 행렬로 표시할 수 있다.

$$A^TAX = A^TL \tag{2.57}$$

여기서 A^TA는 정규방정식에서 미지수에 대한 계수행렬이다.

양변에 $(A^TA)^{-1}$을 곱하고 정리하면 미지수 행렬 X를 다음과 같이 구할 수 있다.

$$\begin{aligned} (A^TA)^{-1}(A^TA)X &= (A^TA)^{-1}A^TL \\ IX &= (A^TA)^{-1}A^TL \\ X &= (A^TA)^{-1}A^TL \end{aligned} \tag{2.58}$$

만일 측정값이 각각 다른 중량을 갖는다면 〈식 2.58〉은 다음과 같이 된다.

$$X = (A^TWA)^{-1}A^TWL \tag{2.59}$$

여기서 W는 중량행렬로서 대각선행렬이다.

$$W = \begin{bmatrix} w_1 & & & & & & \\ & w_2 & & & & & \\ & & w_3 & & & & \\ & & & \cdot & & & \\ & & & & \cdot & & \\ & & & & & \cdot & \\ & & & & & & w_n \end{bmatrix} \tag{2.60}$$

제 2 장

중량행렬 W는 측정값들이 서로 독립이며 상관관계가 없으므로 대각선 요소 이외의 다른 요소는 모두 0이 된다.

본문 (2.10.3)에 있는 예제를 행렬에 의하여 풀어 보기로 하자.

〈식 2.29〉에 있는 관측방정식을 다시 쓰면

$$\hat{x} + \hat{y} = 431.71 + v_z$$
$$\hat{x} = 211.52 + v_x$$
$$\hat{y} = 220.10 + v_y$$

윗 식을 〈식 2.56〉에서와 같이 행렬로 표시하면 다음과 같다.

$$A\ X = L + V$$

여기서

$$A = \begin{bmatrix} 1 & 1 \\ 1 & 0 \\ 0 & 1 \end{bmatrix} \quad X = \begin{bmatrix} \hat{x} \\ \hat{y} \end{bmatrix} \quad L = \begin{bmatrix} 431.71 \\ 211.52 \\ 220.10 \end{bmatrix} \quad V = \begin{bmatrix} v_z \\ v_x \\ v_y \end{bmatrix}$$

〈식 2.57〉과 〈2.58〉에 의해 행렬을 풀면

$$(A^TA) = \begin{bmatrix} 1 & 1 & 0 \\ 1 & 0 & 1 \end{bmatrix} \begin{bmatrix} 1 & 1 \\ 1 & 0 \\ 0 & 1 \end{bmatrix} = \begin{bmatrix} 2 & 1 \\ 1 & 2 \end{bmatrix}$$

$$(A^TA)^{-1} = \frac{1}{3}\begin{bmatrix} 2 & -1 \\ -1 & 2 \end{bmatrix} \quad A^TL = \begin{bmatrix} 1\,1\,0 \\ 1\,0\,1 \end{bmatrix} \begin{bmatrix} 431.71 \\ 211.52 \\ 220.10 \end{bmatrix} = \begin{bmatrix} 643.23 \\ 651.81 \end{bmatrix}$$

$$\therefore X = (A^TA)^{-1}A^TL$$
$$= \frac{1}{3}\begin{bmatrix} 2 & -1 \\ -1 & 2 \end{bmatrix} \begin{bmatrix} 643.23 \\ 651.81 \end{bmatrix} = \begin{bmatrix} 211.55 \\ 200.13 \end{bmatrix}$$

따라서

$$\hat{x} = 211.55\text{m}, \quad \hat{y} = 220.13\text{m}, \quad \hat{z} = \hat{x} + \hat{y} = 431.68\text{m}$$

이 값은 본문 〈2.10.3〉에서의 결과와 완전히 일치함을 알 수 있다.

제 2 장

❷ 조건방정식의 경우

〈식 2.49〉 및 〈2.50〉의 조건방정식을 행렬로 표시하면 다음과 같다.

$$_rA_n\, {}_nX_1 = {}_rC_1 \tag{2.61}$$

또는

$$A(X+V) = C \tag{2.62}$$

여기서 X는 실측값이며 윗 식으로부터 다음 관계식을 얻을 수 있다..

$$AV = C - AX \tag{2.63}$$

〈식 2.63〉은 다음과 같이 고쳐 쓸 수 있으며, 이 식을 축약조건방정식(縮約條件方程式, reduced condition equation)이라고 부르기도 한다. 즉

$$AV = t \tag{2.64}$$

$$t = C - AX \tag{2.65}$$

여기서

$$A = {}_r\begin{bmatrix} a_1 & a_2 & \cdots & a_n \\ b_1 & b_2 & \cdots & b_n \\ \vdots & \vdots & \vdots & \vdots \\ r_1 & r_2 & \cdots & r_n \end{bmatrix}^n \qquad X = {}_n\begin{bmatrix} x_1 \\ x_2 \\ \vdots \\ x_n \end{bmatrix}^1 \qquad V = {}_n\begin{bmatrix} v_1 \\ v_2 \\ \vdots \\ v_n \end{bmatrix}^1 \qquad C = {}_r\begin{bmatrix} c_a \\ c_b \\ \vdots \\ c_r \end{bmatrix}^1 \qquad t = {}_r\begin{bmatrix} t_a \\ t_b \\ \vdots \\ t_r \end{bmatrix}^1$$

〈식 2.64〉로 표시되는 조건방정식으로부터 최소제곱의 원리를 적용하여 그 해를 구한다.

즉

$$S = V^TWV = \text{minimum} \tag{2.66}$$

가 되어야 한다.

〈식 2.64〉에서 $AV - t = 0$이므로 〈식 2.66〉에 미정계수행렬 $K(r \times 1)$의 열 벡터 행렬을 적용하면 〈식 2.66〉은 다음과 같이 쓸 수 있다.

$$S = V^T W V - 2K^T (AV - t) \tag{2.67}$$

S가 최소가 되기 위하여는 $\frac{\partial S}{\partial V} = 0$이어야 하므로

$$\frac{\partial S}{\partial V} = WV + W^T V - 2A^T K = 2(WV - A^T K) = 0$$

따라서

$$WV = A^T K$$
$$V = WA^T K \tag{2.68}$$

V를 〈식 2.64〉에 대입하면

$$AWA^T K = t$$

또는

$$K = (AWA^T)^{-1} t \tag{2.69}$$

K의 값을 다시 〈식 2.68〉에 대입하면 V를 구할 수 있다. 즉

$$V = WA^T (AWA^T)^{-1} t \tag{2.70}$$

최종적으로 미지수 X는 측정값 X에 보정량 V를 더하여 구한다. 즉

$$\hat{X} = X + V \tag{2.71}$$

본문 (2.10.4)에 있는 예제를 행렬에 의하여 풀어 보기로 하자.

본문 (2.10.4)에 있는 조건방정식, 〈식 2.39〉는

$$x + v_x + y + v_y - z - v_z = 0 \tag{2.72}$$

으로 쓸 수 있다.

행렬에 의한 조건방정식은 〈식 2.62〉로부터

$$A(X + V) = C \tag{2.73}$$

〈식 2.72〉와 〈식 2.73〉으로부터 행렬, A, X, V, C는 다음과 같음을 쉽게 알 수 있다. 즉

$$A = [1 \quad 1 \quad -1] \qquad X = \begin{bmatrix} x \\ y \\ z \end{bmatrix} \qquad V = \begin{bmatrix} v_x \\ v_y \\ v_z \end{bmatrix} \qquad C = 0$$

〈식 2.65〉에 의하여 t를 구하면

$$t = C - AX = 0 - [1 \quad 1 \quad -1] \begin{bmatrix} 211.52 \\ 220.10 \\ 431.61 \end{bmatrix} = 0.09$$

〈식 2.70〉으로부터

$$V = WA^T(AW^T)^{-1}t$$

$$WA^T = IA^T = A^T$$

$$AWA^T = AIA^T = AA^T = [1 \quad 1 \quad -1] \begin{bmatrix} 1 \\ 1 \\ -1 \end{bmatrix}$$

$$(AA^T)^{-1} = \frac{1}{3}$$

$$\therefore \ V = A^T(AA^T)^{-1}t$$

$$= \begin{bmatrix} 1 \\ 1 \\ -1 \end{bmatrix} \left(\frac{1}{3}\right)(0.09) = \begin{bmatrix} 0.03 \\ 0.03 \\ -0.03 \end{bmatrix}$$

〈식 2.69〉에 의하여 최종 조정값은

$$\begin{bmatrix} \hat{x} \\ \hat{y} \\ \hat{z} \end{bmatrix} = \begin{bmatrix} 211.52 \\ 220.10 \\ 431.71 \end{bmatrix} + \begin{bmatrix} 0.03 \\ 0.03 \\ -0.03 \end{bmatrix} = \begin{bmatrix} 211.55 \\ 220.13 \\ 431.68 \end{bmatrix}$$

예제 2.7 삼각형의 내각을 측정한 결과 $\alpha = 41°33'$, $\beta = 78°57'$, $\gamma = 59°27'$을 얻었다. 최소 제곱법으로 조정각을 구하라.

풀이 Ⅰ. 조건방정식에 의한 방법

총 측정수 n =3, 독립 측정수 n_o = 2이므로 잉여 측정수는 r = 3 − 2 = 1이 된다. 따라서 1개의 조건방정식이 형성된다. 즉

$$\hat{\alpha} + \hat{\beta} + \hat{\gamma} = 180° \quad \text{또는} \ (\alpha + v_1) + (\beta + v_2) + (\gamma + v_3) = 180°$$

측정값을 대입하여 정리하면

$$v_1 + v_2 + v_3 = 3 \quad \text{또는} \quad v_3 = 3 - v_1 - v_2$$

$$S = v_1^2 + v_2^2 + v_2^3 = v_1^2 + v_2^2 + (3 - v_1 - v_2)^2$$

이 최소가 되어야 하므로 v_1, v_2에 대하여 각각 편미분하여 정리한다. 즉

$$\frac{\partial S}{\partial v_1} = 2v_1 + 2(3 - v_1 - v_2)(-1) = 0$$

$$\frac{\partial S}{\partial v_2} = 2v_2 + 2(3 - v_1 - v_2)(-1) = 0$$

다시 고쳐 쓰면

$$2v_1 + v_2 = 3$$

$$v_1 + 2v_2 = 3$$

두 식을 풀면

$$v_1 = v_2 = 1$$

따라서 최종 조정각 $\hat{\alpha}, \hat{\beta}, \hat{\gamma}$는

$$\hat{\alpha} = 41°33' + 1' = 41°34'$$

$$\hat{\beta} = 78°57' + 1' = 78°58'$$

$$\hat{\gamma} = 59°27' + 1' = 59°28'$$

풀이 Ⅱ. 관측방정식에 의한 방법

총 측정수가 3개이므로 3개의 관측방정식이 얻어진다. 즉

$$\alpha + v_1 = \hat{\alpha}$$

$$\beta + v_2 = \hat{\beta}$$

$$\gamma + v_3 = \hat{\gamma}$$

또는

$$\gamma + v_3 = 180 - (\hat{\alpha} + \hat{\beta})$$

다시 고쳐 쓰면

$$v_1 = \hat{\alpha} - 41°\,33'$$

제 2 장

$$v_2 = \hat{\beta} - 78°\ 57'$$

$$v_3 = -\hat{\alpha} - \hat{\beta} - (59°\ 27' - 180°) = -\hat{\alpha} - \hat{\beta} + 120°\ 33'$$

최소제곱의 원리에 의하여 S의 값이 최소가 되도록 방정식을 풀어야 하므로

$$S = v_1^2 + v_2^2 + v_3^2$$

$$= (\hat{\alpha} - 41°\ 33')^2 + (\hat{\beta} - 78°\ 57')^2 + (-\hat{\alpha} - \hat{\beta} + 120°\ 33')^2$$

$$\frac{\partial S}{\partial \hat{\alpha}} = 2(\hat{\alpha} - 41°\ 33') - 2(-\hat{\alpha} - \hat{\beta} + 120°\ 33') = 0$$

$$\frac{\partial S}{\partial \hat{\beta}} = 2(\hat{\beta} - 78°\ 57') - 2(-\hat{\alpha} - \hat{\beta} + 120°\ 33') = 0$$

두 식을 정리하면

$$2\hat{\alpha} + \hat{\beta} = 162°\ 06'$$

$$\hat{\alpha} + 2\hat{\beta} = 199°\ 30'$$

두 식을 풀면 최종 조정값이 얻어진다. 즉

$$\hat{\alpha} = 41°\ 34'$$

$$\hat{\beta} = 78°\ 58'$$

$$\hat{\gamma} = 59°\ 28'$$

예제 2.8 그림에서 $\overline{AB}$, $\overline{BC}$, $\overline{CD}$, $\overline{AC}$, $\overline{BD}$를 측정한 결과 각각 100.00 m, 100.00 m, 100.08 m, 200.04 m, 200.00 m였다고 한다. 최소제곱의 원리에 의하여 조정된 각 구간의 거리와 총 구간 $\overline{AD}$의 조정 거리를 구하라. 모든 측정값은 서로 상관관계가 없으며 같은 정밀도로 측정하였다 한다.

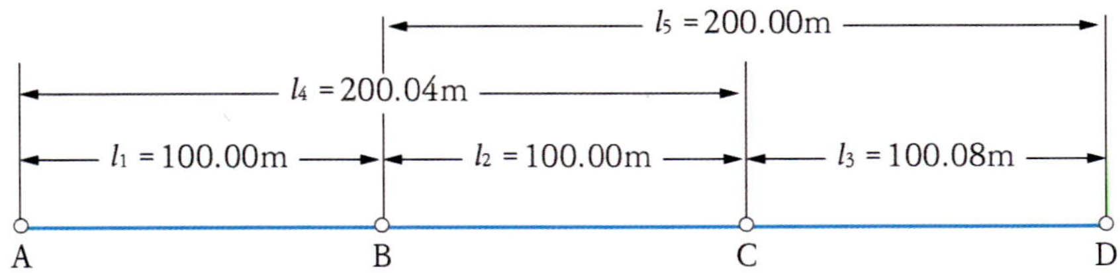

풀이 Ⅰ. 미분에 의한 방법

관측방정식에 의하여 풀어 보기로 한다. 구하고자 하는 l_1, l_2, l_3에 대한 최확값을 x_1, x_2, x_3라 하면 총 5개의 측정 중에서 3개의 독립측정(l_1, l_2, l_3)과 종속된 2개(l_4, l_5)의 잉여 측정이 있음을 알 수 있다. 따라서 3개의 미지수 x_1, x_2, x_3에 대한 방정식과 2개의 조건 l_4, l_5에 대한 조건방정식, 총 5개의 관측방정식을 세울 수 있다.

l_1, l_2, l_3, l_4, l_5에 대한 보정값을 v_1, v_2, v_3, v_4, v_5라 하면 다음과 같은 5개의 관측방정식이 성립된다. 즉

$$
\begin{aligned}
l_1 + v_1 &= x_1 \\
l_2 + v_2 &= x_2 \\
l_3 + v_3 &= x_3 \\
l_4 + v_4 &= x_1 + x_2 \\
l_5 + v_5 &= x_2 + x_3
\end{aligned}
$$

또는

$$
\begin{aligned}
v_1 &= x_1 - l_1 &&= x_1 - 100.00 \\
v_2 &= x_2 - l_2 &&= x_2 - 100.00 \\
v_3 &= x_3 - l_3 &&= x_3 - 100.08 \\
v_4 &= x_1 + x_2 - l_4 &&= x_1 + x_2 - 200.04 \\
v_5 &= x_2 + x_3 - l_5 &&= x_2 + x_3 - 200.00
\end{aligned}
$$

최소제곱의 원리에 의하여 잔차의 제곱의 합이 최소가 되어야 하므로

$$
\begin{aligned}
S &= v_1^2 + v_2^2 + v_3^2 + v_4^2 + v_5^2 \\
&= (x_1 - 100)^2 + (x_2 - 100)^2 + (x_3 - 100.08)^2 \\
&\quad + (x_1 + x_2 - 200.04)^2 + (x_2 + x_3 - 200)^2
\end{aligned}
$$

S를 x_1, x_2, x_3에 대하여 미분하면

$$\frac{\partial S}{\partial x_1} = 2(x_1 - 100) + 2(x_1 + x_2 - 200.04) = 0$$

$$\frac{\partial S}{\partial x_2} = 2(x_2 - 100) + 2(x_1 + x_2 - 200.04) + 2(x_2 + x_4 - 200) = 0$$

$$\frac{\partial S}{\partial x_3} = 2(x_3 - 100.08) + 2(x_2 + x_3 - 200) = 0$$

이것을 다시 정리하면 다음과 같은 정규방정식이 얻어진다.

$$\begin{aligned} 2x_1 + \quad x_2 \qquad\quad &= 300.04 \\ x_1 + 3x_2 + \quad x_3 &= 500.04 \\ x_2 + 2x_3 &= 300.08 \end{aligned}$$

제 2 장

이 식을 풀면

$$x_1 = 100.025\,\text{m}$$

$$x_2 = 99.990\,\text{m}$$

$$x_3 = 100.045\,\text{m}$$

따라서,

$$AD = x_1 + x_2 + x_3 = 300.06\ \text{m}$$

풀이 Ⅱ. 행렬에 의한 방법

관측방정식을 다시 쓰면

$$\begin{array}{cccccccc} x_1 & & 0 & & 0 & = & 100.00 & + & v_1 \\ 0 & & x_2 & & 0 & = & 100.00 & + & v_2 \\ 0 & & 0 & & x_3 & = & 100.08 & + & v_3 \\ x_1 & + & x_2 & & 0 & = & 200.04 & + & v_4 \\ 0 & & x_2 & + & x_3 & = & 200.00 & + & v_5 \end{array}$$

윗 식을 행렬로 표시하면

$$\begin{array}{ccccc} A & X & = & L & V \end{array}$$

$$\begin{bmatrix} 1 & 0 & 0 \\ 0 & 1 & 0 \\ 0 & 0 & 1 \\ 1 & 1 & 0 \\ 0 & 1 & 1 \end{bmatrix} \begin{bmatrix} x_1 \\ x_2 \\ x_3 \end{bmatrix} = \begin{bmatrix} 100.00 \\ 100.00 \\ 100.08 \\ 200.04 \\ 200.00 \end{bmatrix} + \begin{bmatrix} v_1 \\ v_2 \\ v_3 \\ v_4 \\ v_5 \end{bmatrix}$$

$A^TA = B$라 하면

$$(A^TA)^{-1} = B^{-1} = \frac{1}{|B|} B_{\text{adj}}$$

$$|B| = \left| \begin{array}{ccc|cc} 2 & 1 & 0 & 2 & 1 \\ 1 & 3 & 1 & 1 & 3 \\ 0 & 1 & 2 & 0 & 1 \end{array} \right. = (12+0+0) - (0+2+2) = 8$$

$$B^T = \begin{bmatrix} 2 & 1 & 0 \\ 1 & 3 & 1 \\ 0 & 1 & 2 \end{bmatrix}$$

$$B_{adj} = \begin{bmatrix} \begin{pmatrix} 3 & 1 \\ 1 & 2 \end{pmatrix} & -\begin{pmatrix} 1 & 1 \\ 0 & 2 \end{pmatrix} & \begin{pmatrix} 1 & 3 \\ 0 & 1 \end{pmatrix} \\ -\begin{pmatrix} 1 & 0 \\ 1 & 2 \end{pmatrix} & \begin{pmatrix} 2 & 0 \\ 0 & 2 \end{pmatrix} & -\begin{pmatrix} 2 & 1 \\ 0 & 1 \end{pmatrix} \\ \begin{pmatrix} 1 & 0 \\ 3 & 1 \end{pmatrix} & -\begin{pmatrix} 2 & 0 \\ 1 & 1 \end{pmatrix} & \begin{pmatrix} 2 & 1 \\ 1 & 3 \end{pmatrix} \end{bmatrix} = \begin{bmatrix} 5 & -2 & 1 \\ -2 & 4 & -2 \\ 1 & -2 & 5 \end{bmatrix}$$

$$\therefore\ (A^TA)^{-1} = \frac{1}{|B|} B_{adj} = \frac{1}{8} \begin{bmatrix} 5 & -2 & 1 \\ -2 & 4 & -2 \\ 1 & -2 & 5 \end{bmatrix}$$

$$A^TL = \begin{bmatrix} 1 & 0 & 0 & 1 & 0 \\ 0 & 1 & 0 & 1 & 1 \\ 0 & 0 & 1 & 0 & 1 \end{bmatrix} \begin{bmatrix} 100.00 \\ 100.00 \\ 100.08 \\ 200.04 \\ 200.00 \end{bmatrix} = \begin{bmatrix} 300.04 \\ 500.04 \\ 300.08 \end{bmatrix}$$

$$\therefore\ X = (A^TA)^{-1} A^TL$$

$$= \frac{1}{8} \begin{bmatrix} 5 & -2 & 1 \\ -2 & 4 & -2 \\ 1 & -2 & 5 \end{bmatrix} \begin{bmatrix} 300.04 \\ 500.04 \\ 300.08 \end{bmatrix} = \frac{1}{8} \begin{bmatrix} 800.20 \\ 799.92 \\ 800.36 \end{bmatrix}$$

$$\therefore\ X = \begin{bmatrix} x_1 \\ x_2 \\ x_3 \end{bmatrix} = \begin{bmatrix} 100.025 \\ 99.990 \\ 100.045 \end{bmatrix}$$

예제 2.9 그림과 같은 간단한 삼각망이 있다. 최소제곱법에 의하여 각을 조정하라. 모든 각은 서로 독립적으로 또 같은 정밀도로 측정되었다 한다. 단, 계산의 편의성을 위하여 모든 계산은 도(度)단위로 한다.

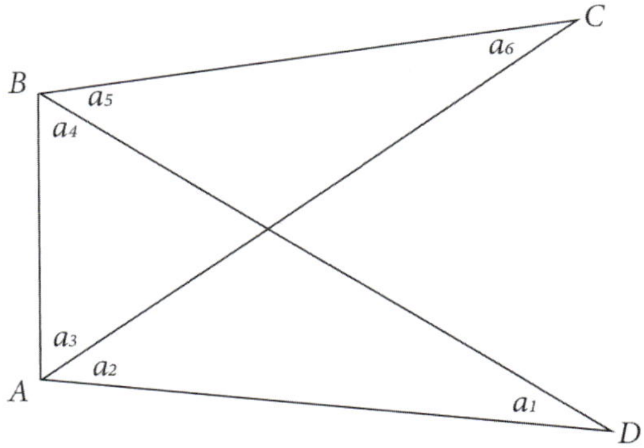

$a_1 = 48.88°$
$a_2 = 42.10°$
$a_3 = 44.52°$
$a_4 = 43.80°$
$a_5 = 46.00°$
$a_6 = 44.70°$

풀이 Ⅰ. 조건방정식(미분법)에 의한 방법

이 삼각망은 두 개의 삼각형이 기선 $\overline{AB}$를 공통으로 겹쳐진 도형이다. 삼각형은 두 개의 독립된 각에 의하여 결정되며 나머지 하나의 각은 종속된 각이다. 따라서 하나의 삼각형에서 기하학적으로 하나의 도형을 결정하기 위하여는 최소한 2개의 측정이 필요하다(즉 $n_o = 2$). 이 삼각망에서는 2개의 삼각형이 있으므로 $n_o = 4$이다.

총 측정수 $r = 6$, 독립 측정수 $n_o = 4$이므로 잉여 측정수(자유도)는 $r = 6 - 4 = 2$이다. 따라서 다음과 같은 2개의 조건방정식이 얻어진다.

$$\hat{\alpha}_1 + \hat{\alpha}_2 + \hat{\alpha}_3 + \hat{\alpha}_4 = 180°$$

$$\hat{\alpha}_3 + \hat{\alpha}_4 + \hat{\alpha}_5 + \hat{\alpha}_6 = 180°$$

또는

$$(\alpha_1 + v_1) + (\alpha_2 + v_2) + (\alpha_3 + v_3) + (\alpha_4 + v_4) = 180°$$

$$(\alpha_3 + v_3) + (\alpha_4 + v_4) + (\alpha_5 + v_5) + (\alpha_6 + v_6) = 180°$$

실측값을 대입하여 정리하면

$$v_1 + v_2 + v_3 + v_4 = 180° - (\alpha_1 + \alpha_2 + \alpha_3 + \alpha_4)$$
$$= 180° - 179.30° = 0.7° \qquad \text{(A)}$$
$$v_3 + v_4 + v_5 + v_6 = 180° - (\alpha_3 + \alpha_4 + \alpha_5 + \alpha_6)$$
$$= 180° - 179.02° = 0.98° \qquad \text{(B)}$$

최소제곱법을 적용하기 위하여 잔차의 제곱의 합을 구한다.

$$S = v_1^2 + v_2^2 + v_3^2 + v_4^2 + v_5^2 + v_6^2 \qquad \text{(C)}$$

한편 6개의 측정값 중에서 2개의 조건식이 성립하므로 독립된 미지수는 4개가 된다. 조건방정식 (A), (B)를 v_1, v_6에 대하여 풀면

$$\left.\begin{aligned} v_1 &= 0.70 - v_2 - v_3 - v_4 \\ v_6 &= 0.98 - v_3 - v_4 - v_5 \end{aligned}\right\} \qquad \text{(D)}$$

v_1, v_6를 (C)에 대입하면

$$S = (0.70 - v_2 - v_3 - v_4)^2 + v_2^2 + v_3^2 + v_4^2 + v_5^2 + (0.98 - v_3 - v_4 - v_5)^2$$

S의 최소값을 구하기 위하여 각각 v_2, v_3, v_4, v_5에 대하여 편미분한다.

$$\frac{\partial S}{\partial v_2} = -2(0.70 - v_2 - v_3 - v_4) + 2v_2 = 0$$

$$\frac{\partial S}{\partial v_3} = -2(0.70 - v_2 - v_3 - v_4) + 2v_3 - 2(0.98 - v_3 - v_4 - v_5) = 0$$

$$\frac{\partial S}{\partial v_4} = -2(0.70 - v_2 - v_3 - v_4) + 2v_4 - 2(0.98 - v_3 - v_4 - v_5) = 0$$

$$\frac{\partial S}{\partial v_5} = 2v_5 - 2(0.98 - v_3 - v_4 - v_5) = 0$$

윗 식을 정리하면 다음과 같은 정규방정식을 얻는다. 즉

$$\begin{aligned} 2v_2 + v_3 + v_4 \qquad &= 0.70 \\ v_2 + 3v_3 + 2v_4 + v_5 &= 1.68 \\ v_2 + 2v_3 + 3v_4 + v_5 &= 1.68 \\ v_3 + v_4 + 2v_5 &= 0.98 \end{aligned}$$

이 정규 방정식을 풀면

$$v_2 = 0.07°,\ v_3 = 0.28°,\ v_4 = 0.28°,\ v_5 = 0.21°$$

이 얻어지며 이들을 (D)에 대입하여 v_1, v_6를 구한다. 즉

$$v_1 = 0.70 - 0.07 - 0.28 - 0.28 = 0.07°$$

$$v_6 = 0.98 - 0.28 - 0.28 - 0.21 = 0.21°$$

따라서 조정각은

$$\hat{\alpha}_1 = \alpha_1 + v_1 = 44.88° + 0.07° = 48.95°$$

$$\hat{\alpha}_2 = \alpha_2 + v_2 = 42.10° + 0.07° = 42.17°$$

$$\hat{\alpha}_3 = \alpha_3 + v_3 = 44.52° + 0.28° = 44.80°$$

$$\hat{\alpha}_4 = \alpha_4 + v_4 = 43.80° + 0.28° = 44.08°$$

$$\hat{\alpha}_5 = \alpha_5 + v_5 = 46.00° + 0.21° = 46.21°$$

$$\hat{\alpha}_6 = \alpha_6 + v_6 = 44.70° + 0.21° = 44.91°$$

풀이 Ⅱ. Lagrange의 미정계수법

두 개의 조건방정식 (A), (B)를 다시 쓰면

$$v_1 + v_2 + v_3 + v_4 - 0.70 = 0$$

$$v_3 + v_4 + v_5 + v_6 - 0.98 = 0 \qquad \text{(E)}$$

윗 식에 $2K_1$, $2K_2$를 곱하면

$$2K_1(v_1 + v_2 + v_3 + v_4 - 0.70) = 0$$
$$2K_2(v_3 + v_4 + v_5 + v_6 - 0.98) = 0 \qquad \text{(F)}$$

여기서, K_1, K_2는 Lagrange의 미정계수로서 임의의 상수이다. 상수 앞의 "2"는 계산의 편의성을 위하여 단순히 첨가된 숫자이다.

$$S = v_1^2 + v_2^2 + v_3^2 + v_4^2 + v_5^2 + v_6^2 \qquad \text{(G)}$$

식 (G)에서 식 (F)를 빼도 식 (G)는 변함없으므로

$$\begin{aligned} S = {} & v_1^2 + v_2^2 + v_3^2 + v_4^2 + v_5^2 + v_6^2 \\ & - 2K_1(v_1 + v_2 + v_3 + v_4 - 0.70) \\ & - 2K_2(v_3 + v_4 + v_5 + v_6 - 0.98) \end{aligned} \qquad \text{(H)}$$

식 (H)에서 뺄셈 항은 각각 0이므로 최소값을 구하기 위하여 (G)식 대신 (H)식을 사용하여도 최소제곱의 원리를 적용할 수 있다. (H)식을 v_1, v_2, v_3, $\cdots$, v_6에 대하여 편미분하고 그 결과를 0으로 하여 정리하면 다음과 같다.

$$\begin{aligned} \frac{\partial S}{\partial v_1} &= 2v_1 - 2K_1 = 0 & \text{또는} \quad v_1 &= K_1 \\ \frac{\partial S}{\partial v_2} &= 2v_2 - 2K_1 = 0 & v_2 &= K_1 \\ \frac{\partial S}{\partial v_3} &= 2v_3 - 2K_1 - 2K_2 = 0 & v_3 &= K_1 + K_2 \\ \frac{\partial S}{\partial v_4} &= 2v_4 - 2K_1 - 2K_2 = 0 & v_4 &= K_1 + K_2 \\ \frac{\partial S}{\partial v_5} &= 2v_5 - 2K_2 = 0 & v_5 &= K_2 \\ \frac{\partial S}{\partial v_6} &= 2v_6 - 2K_2 = 0 & v_6 &= K_2 \end{aligned} \qquad \text{(I)}$$

이들 v_1, v_2, v_3, $\cdots\cdots$, v_6의 값을 조건방정식 (E)에 대입하면 다음과 같은 정규 방정식을 얻는다.

$$(K_1 + K_1) + (K_1 + K_2) + (K_1 + K_2) = 0.70$$
$$(K_1 + K_2) + (K_1 + K_2) + (K_2 + K_2) = 0.98$$

또는

$$4K_1 + 2K_2 = 0.70$$
$$2K_1 + 4K_2 = 0.98$$

두 방정식으로부터 $K_1 = 0.07°$, $K_2 = 0.21°$가 얻어지며 이들을 식 (I)에 대입하면 측정값 $\hat{\alpha}$에 대한 보정값 v가 얻어진다. 즉

$$v_1 = K_1 = 0.07°$$
$$v_2 = K_1 = 0.07°$$
$$v_3 = K_1 + K_2 = 0.28°$$
$$v_4 = K_1 + K_2 = 0.28°$$
$$v_5 = K_2 = 0.21°$$
$$v_6 = K_2 = 0.21°$$

최종 조정각 $\hat{\alpha}_1$, $\hat{\alpha}_2$, $\hat{\alpha}_3$, ……, $\hat{\alpha}_6$는 측정각 α_1, α_2, α_3, ……, α_6에 보정값 v_1, v_2, v_3, ……, v_6를 합하여 구한다.

예제 2.10 그림과 같이 수준점 A의 표고가 281.130 m인 수준망이 있다. 직접 수준측량에 의한 각 구간의 높이 차가 표와 같다고 한다. 최소제곱법에 의하여 수준망을 조정하고 B, C, D점의 조정표고를 구하라. 단, 모든 측정은 서로 상관관계가 없으며 모두 같은 정밀도로 측정되었다 한다.

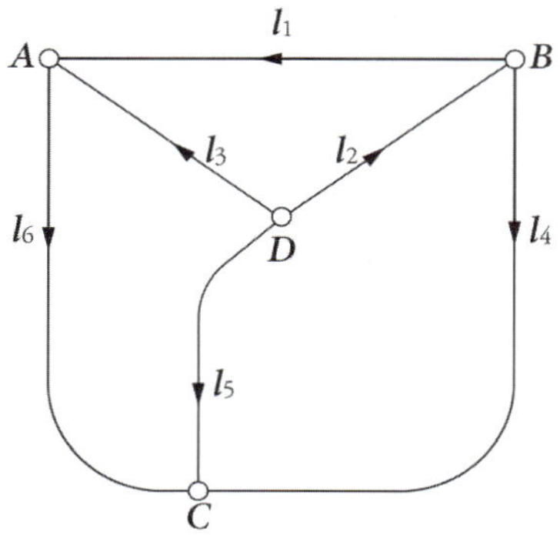

시 점	종 점	표고차
B	A	$l_1 =$ 11.973
D	B	$l_2 =$ 10.940
D	A	$l_3 =$ 22.932
B	C	$l_4 =$ 21.040
D	C	$l_5 =$ 31.891
A	C	$l_6 =$ -8.983

풀이 Ⅰ. 유일해에 필요한 측정값은 A로부터 미지 표고 B, C, D에 이르는 3개의 측정값, 즉 l_1, l_3, l_6의 3개이므로 $n_o = 3$ 이다. 따라서 잉여 측정수는 $r = 6 - 3 = 3$이다. A, B, C, D를 각 점의 표고라 하고 관측방정식을 세우면 다음과 같다.

$$B + \hat{l}_1 - A = 0 \qquad \text{또는} \qquad B + l_1 + v_1 - A = 0$$
$$D + \hat{l}_2 - B = 0 \qquad\qquad D + l_2 + v_2 - B = 0$$
$$D + \hat{l}_3 - A = 0 \qquad\qquad D + l_3 + v_3 - A = 0$$
$$B + \hat{l}_4 - C = 0 \qquad\qquad B + l_4 + v_4 - C = 0$$

$$D + \hat{l_5} - C = 0 \qquad D + l_5 + v_5 - C = 0$$

$$A + \hat{l_6} - C = 0 \qquad A + l_6 + v_6 - C = 0$$

윗 식에 실측값 l_1, l_2, l_3, ……, l_6의 값과 A의 표고값을 대입하여 정리하면

$$v_1 = 269.157 - B$$
$$v_2 = B - D - 10.940$$
$$v_3 = 258.198 - D$$
$$v_4 = C - B - 21.040$$
$$v_5 = C - D - 31.891$$
$$v_6 = C - 290.113$$

최소제곱법을 적용하기 위하여 함수 S를 구하면

$$\begin{aligned} S &= v_1^2 + v_2^2 + v_3^2 + v_4^2 + v_5^2 + v_6^2 \\ &= (269.157 - B)^2 + (B - D - 10.940)^2 + (258.198 - D)^2 \\ &\quad + (C - B - 21.040)^2 + (C - D - 31.891)^2 + (C - 290.113)^2 \end{aligned}$$

함수 S를 B, C, D에 대하여 편미분하여 0으로 놓고 정리하면 다음과 같은 3개의 정규 방정식이 얻어진다. 즉,

$$\frac{\partial S}{\partial B} = -2(269.157 - B) + 2(B - D - 10.940) - 2(C - B - 21.040) = 0$$

$$\frac{\partial S}{\partial C} = -2(C - B - 21.040) + 2(C - D - 31.891) + 2(C - 290.113) = 0$$

$$\frac{\partial S}{\partial D} = -2(B - D - 10.940) - 2(258.198 - D) - 2(C - D - 31.891) = 0$$

또는

$$\begin{aligned} 3B - C - D &= 259.057 \\ -B + 3C - D &= 343.044 \\ -B - C + 3D &= 215.367 \end{aligned}$$

B, C, D에 대하여 풀면 각 점의 조정 표고가 구하여진다.

$$B = 269.131\,\mathrm{m}$$

$$C = 290.128\,\text{m}$$
$$D = 258.209\,\text{m}$$

풀이 Ⅱ. 관측방정식을 다시 고쳐 쓰면

$$\begin{aligned}
-B \qquad\qquad &= -269.157 + v_1 \\
B \qquad - D &= 10.940 + v_2 \\
- D &= -258.198 + v_3 \\
-B + C \qquad &= 21.040 + v_4 \\
C - D &= 31.891 + v_5 \\
C \qquad &= 290.113 + v_6
\end{aligned}$$

행렬로 표시하면

$$\overset{A}{\begin{bmatrix} -1 & 0 & 0 \\ 1 & 0 & -1 \\ 0 & 0 & -1 \\ -1 & 1 & 0 \\ 0 & 1 & -1 \\ 0 & 1 & 0 \end{bmatrix}} \overset{X}{\begin{bmatrix} B \\ C \\ D \end{bmatrix}} = \overset{L}{\begin{bmatrix} -269.157 \\ 10.940 \\ -258.198 \\ 21.040 \\ 31.891 \\ 290.113 \end{bmatrix}} + \overset{V}{\begin{bmatrix} v_1 \\ v_2 \\ v_3 \\ v_4 \\ v_5 \\ v_6 \end{bmatrix}}$$

$$(A^T A) = (B)$$

$$= \begin{bmatrix} -1 & 1 & 0 & -1 & 0 & 0 \\ 0 & 0 & 0 & 1 & 1 & 1 \\ 0 & -1 & -1 & 0 & -1 & 0 \end{bmatrix} \begin{bmatrix} -1 & 0 & 0 \\ 1 & 0 & -1 \\ 0 & 0 & -1 \\ -1 & 1 & 0 \\ 0 & 1 & -1 \\ 0 & 1 & 0 \end{bmatrix} = \begin{bmatrix} 3 & -1 & -1 \\ -1 & 3 & -1 \\ -1 & -1 & 3 \end{bmatrix}$$

$$\begin{array}{lccccccl}
 & & & -3 & -3 & -3 & & = -9 \\
 & 3 & -1 & -1 & 3 & 1 & & \\
|B| = & -1 & 3 & -1 & -1 & 3 & & = 25 - 9 = 16 \\
 & -1 & -1 & 3 & -1 & -1 & & \\
 & & & 27 & -1 & -1 & & = 25
\end{array}$$

$$(B)_{adj} = \begin{bmatrix} 8 & 4 & 4 \\ 4 & 8 & 4 \\ 4 & 4 & 8 \end{bmatrix} = 4 \begin{bmatrix} 2 & 1 & 1 \\ 1 & 2 & 1 \\ 1 & 1 & 2 \end{bmatrix}$$

$$(A^TA)^{-1} = \frac{1}{4}\begin{bmatrix} 2 & 1 & 1 \\ 1 & 2 & 1 \\ 1 & 1 & 2 \end{bmatrix}$$

$$A^TL = \begin{bmatrix} -1 & 1 & 0 & -1 & 0 & 0 \\ 0 & 0 & 0 & 1 & 1 & 1 \\ 0 & -1 & -1 & 0 & -1 & 0 \end{bmatrix} \begin{bmatrix} -269.157 \\ 10.940 \\ -258.198 \\ 21.040 \\ 31.891 \\ 290.113 \end{bmatrix} = \begin{bmatrix} 259.057 \\ 343.044 \\ 215.367 \end{bmatrix}$$

$$\therefore\ X = (A^TA)^{-1}A^TL$$

$$= \frac{1}{4}\begin{bmatrix} 2 & 1 & 1 \\ 1 & 2 & 1 \\ 1 & 1 & 2 \end{bmatrix} \begin{bmatrix} 259.057 \\ 343.044 \\ 215.367 \end{bmatrix} = \begin{bmatrix} 269.131 \\ 290.128 \\ 258.209 \end{bmatrix}$$

Chapter 3 거리측량

출처: 가수 김장훈 블로그

3.1 개 요

거리측정은 모든 측량에서 각의 측정과 더불어 가장 기본이 되는 작업이다. 전통적인 지상측량에서 비록 많은 각이 측정되었다 하더라도 최소한 한 변의 거리를 알아야 점의 위치를 결정할 수 있는 것이다. 측량에서 "거리"는 두 점 간의 최단 거리를 말하며 평면측량의 범위 안에서는 수평거리를 의미한다. 만일 두 점이 각각 다른 높이에 있을 때는 두 점의 수선의 발에서의 수평거리를 의미한다. 그러나 실제적인 현장측량에서 얻어지는 거리는 대부분 경사거리이다. 이들 경사거리는 지도를 그리거나 면적 등을 계산할 때 수평거리로 환산하여야 한다. 특히 측지측량의 경우 평균해면 위의 거리로 환산한다.

거리를 측정하는 방법에는 여러 가지 방법이 있으나 줄자 등을 사용하여 직접적으로 측정하는 직접측정방법과 각과 거리를 측정하고 이들의 기하학적 관계로부터 미지의 거리를 산출하거나 광학 또는 물리적 파장을 이용하여 간접적으로 거리를 산출하는 간접측정방법이 있다.

이들 거리측정방법을 열거해 보면 (1)보측, (2)주행거리계에 의한 방법, (3)광학적 거리측정기를 이용한 방법, (4)스타디아에 의한 방법, (5)수평표척에 의한 방법, (6)줄자에 의한 측정, (7)전자파 거리측정방법, (8)위성측량에 의한 방법, (9)기타 방법 등이 있다. 이들 중 측량기술자들이 가장 선호하는 방법은 줄자와 전자파 거리측정기 또는 위성 등을 이용한다. 특히, 범지구 측위시스템을 이용한 거리측정기술은 측정거리, 정밀도, 효율성 때문에 급속히 발전하고 있으며 위의 다른 방법들을 대체하고 있다.

이 장에서는 전통적인 방법들에 대하여는 간단히 기술하고 좀 더 현대적인 방법에 대하여는 별도의 장에서 상세히 설명하고자 한다.

삼각측량(triangulation)은 주어진 각과 변들로 측점의 위치를 결정하는 것이지만 이 과정에서 한 개의 기선과 그 낀각으로 다른 한 변의 길이를 계산하기도 한다.

항공사진측량(photogrammetry)도 수평거리를 얻는데 사용되기도 한다. 이러한 방법들은 각 각 관련 장에서 기술하기로 한다.

제 3 장

3.1.1 보측

거리측량에서 가장 원시적이며 가장 간단한 방법은 보측(步測, by pacing)이다. 보측은 직접거리측량이라 할 수 있으나 총 측정한 발자국에 한 발자국(1보)의 길이를 곱하여 총 측정거리를 구하는 방법이므로 엄밀한 의미에서는 간접적인 방법이라 할 수 있다.

보측은 답사와 같이 개략적인 사항을 알고자 할 때 또는 정밀도가 낮은 소축척의 지도를 만드는 측량에서 짧은 거리를 측정할 때 등 여러 방면에 이용된다. 특히 보측에 의한 거리측정은 정밀도가 낮은 반면에 별도의 측정기구가 필요 없이 누구도 잘할 수 있다는 이점이 있다.

보측의 측정 단위는 보(pace)이다. 1보는 어느 한 발의 뒤꿈치(또는 앞 끝)로부터 다른 한 발의 뒤꿈치(또는 앞 끝)까지의 거리로 정의되며, 두 발의 1보씩을 합하여 1 복보(stride)라 한다. 1보의 길이는 사람에 따라 다르나 우리나라 사람의 경우 보통 75 cm 이며 1 복보(複步)는 1.5m가 된다.

보측의 정밀도는 측정하는 사람의 숙련도와 지형의 상태에 따라 다르나 보통 상대정밀도 1/50~1/200 정도로 알려졌으며 경험이 있는 사람이면 1/100 정도는 쉽게 얻을 수 있다. 1 복보의 길이가 1.5m라 할 때 보측에 의해 측정된 총거리는 (복보수/2 + 복보수)가 됨을 쉽게 알 수 있으며 복보수가 자동으로 기록되는 보수계(pedometer)를 다리에 부착하면 장거리 측정 등 실제 측정작업에서 매우 편리하다.

최근에는 핸드폰에 보수계가 내장되었거나 앱이 나와 있어 걸음의 총수와 총거리를 쉽게 알 수 있다.

3.1.2 주행거리계에 의한 방법

주행거리계(odometer)는 바퀴의 회전수를 측정하는 계수계를 회전하는 바퀴에 부착하여 바퀴의 총회전수를 측정하고 이에 바퀴 하나의 둘레를 곱하여 총거리를 계산하는 방법이다. 주행거리계는 〈그림 3.1〉과 같이 특별히 고안된 바퀴에 부착된 경우도 있고 차량 또는 자전거 등에도 부착하여 장거리 측정에 사용되기도 한다. 이 방법은 특히 곡선의 거리측량에 적절하며 1/200 정도의 정밀도를 얻을 수 있다.

그림 3.1 자전거 주행거리계

이 같은 주행거리계는 일반적으로 바퀴 하나의 둘레 길이를 측정 단위로 하고 있지만 바퀴의 둘레를 측정 단위로 하지 않고 한 바퀴 회전할 때 수십 카운트(count)까지 기록되는 특수한 계수계를 자전거 등에 부착하여 거리를 측정하기도 한다.

경험이 있고 숙련된 사람이 이러한 계수계가 부착된 자전거를 이용하였을 경우 약 1/1000 이상의 정밀도를 얻을 수 있다. 저자는 86 아세안게임 및 88 서울 올림픽 마라톤 경주 코스 측정에서 핵심적인 역할을 하였으며 이때 "죤스 카운터"라고 하는 계수계를 자전거에 부착하여 코스 측정에 사용하였다.

3.1.3 스타디아에 의한 방법

이 방법은 트랜싯 또는 데오돌라이트(theodolite)의 망원경에 부착된 상·하 스타디아선에 낀 표척의 눈금 값과 그 낀각을 이용하여 수평거리를 구하는 방법이다. 이 방법을 사용하면 약 1/500 정도의 정밀도를 얻을 수 있으며 평판측량을 사용한 지형측량 등에서 매우 효과적으로 활용할 수 있다.

3.1.4 거리측정기(rangefinder)에 의한 방법

거리측정기는 보통 2개의 대물렌즈로 구성되었으며 두 렌즈를 통하여 형성되는 두 개의 상(像)을 프리즘 또는 거울과 같은 광학장치를 통하여 하나의 상으로 일치시킴으로써 수평거리를 얻도록 고안된 기구이다. 렌즈의 기본 공식 $\frac{1}{f_1}+\frac{1}{f_2}=\frac{1}{f}$에서 초점거리 f와 렌즈로부터 상(십자선 면)까지의 거리 f_1을 알 수 있다면 렌즈로부터 물체까지의 거리 f_2는 쉽게 계산된다. 이것이 거리측정기의 기본원리이다. 거리측정기에 의한 거리측정은 고정된 기선의 길이에 따라 다르나 보통 수백 미터까지 측정할 수 있으며 정밀도는 높지 않아 1/10~1/150 정도인 것으로 알려졌다.

3.1.5 수평표척에 의한 방법

수평표척(水平標尺, subtensbar)에 의한 방법은 〈그림 3.2〉에서와 같이 고정된 기선의

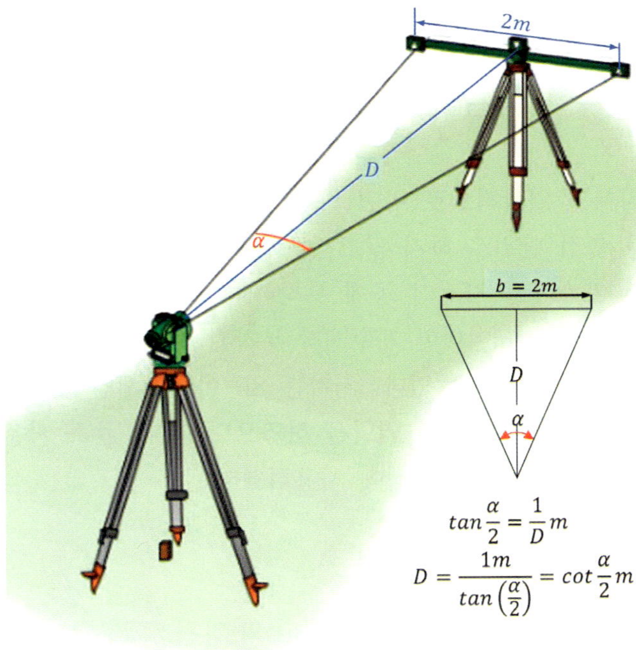

그림 3.2 수평표척의 원리

양 끝 사이의 낀 각 α를 측정하여 수평거리 D를 구하는 방법이다. 수평표척의 길이는 2m 이고 양 끝에 측각을 위한 시준표가 있으며 이것은 인바 합금으로 제작되어

온도에 의한 영향이 매우 적다. 수평표척은 삼각위에 수평으로 설치하고 시준선에 대하여 직각으로 설치되어야 한다. 1초독 데오돌라이트(theodolite)를 사용하였을 경우 150m 이내의 거리에서는 약 1/3,000 정도의 정밀도를 얻을 수 있다.

1960년대 말 저자가 건설부(현 국토교통부)에서 근무할 때 직접 담당했던 호남·남해고속도로 항공사진측량(기준점 측량작업)에서 이 방법을 사용하여 거리를 측정하였으며 그 결과 작업의 효율성이 크게 향상되었던 것으로 기억된다.

제 3 장

3.2 | 줄자에 의한 거리측정

줄자에 의한 거리측정은 직접측정방법으로 측정의 목적과 사용하는 측정기구에 따라 측정방법도 달라진다. 특히 기선과 같이 매우 높은 정밀도가 필요한 측정은 측정기구도 다를 뿐만 아니라 방법도 다르다.

줄자를 사용한 거리측정은 일반적으로 (1)시준선 맞추기, (2)잡아 당기기, (3)수평하게 하기, (4)줄자 길이 표시하기, (5)읽기, (6)기록하기 등의 6단계의 과정으로 진행된다.

3.2.1 줄자측정에 사용되는 기계, 기구

줄자에 의한 거리측정에는 여러 종류의 줄자를 비롯하여 거리측정에 필요한 부속기구들이 필요하다. 초기에는 줄자 대신에 대나무 자, 체인 등과 같이 원시적인 측정기구를 사용하였으나 지금은 EDM(3.4절 참조)의 발전으로 인하여 특별한 경우를 제외하고는 거의 사용하지 않는다.

줄자는 만들어진 재료와 정밀도에 따라 몇 가지가 있으나 가장 많이 사용하는 것 몇 가지와 거리측정에 사용하는 기타 보조 기구 등에 대하여 간단히 기술하고자 한다.

강철줄자(steel tape)는 폭 6 mm~12 mm, 두께 0.2 mm~0.6 mm의 얇은 강철판에 mm단위로 잣눈을 한 것으로 길이는 보통 15 m, 30 m, 50 m의 것이 있으며 보통 30m의 것이 많이 사용된다. 강철줄자는 저 등급의 삼각측량 등 비교적 정밀한 측량의 경우 사용한다. 측량기술자들이 가장 보편적으로 사용하기 때문에 "측량기술자의 줄자"등으로 불리기도 한다. 강철줄자는 온도에 대한 팽창계수가 비교적 크고 녹슬고 부러지기 쉬운 단점이 있다. 정밀한 측정의 경우 온도, 장력 등에 대한 보정을 하여야 한다.

인바줄자(invar tape)는 강철 65%와 니켈 35%의 특수 합금으로 만들어진 자로서 열에 대한 팽창률이 매우 작을 뿐만 아니라(강철줄자의 1/30~1/60) 장력에 대한 신축도 극히 작아 삼각측량의 기선측정과 같은 매우 정밀한 거리측정에 사용한다. 측정 후에는 강철줄자에서와 같이 온도와 장력, 처짐 등에 대한 보정을 하여야 한다.

가격이 보통 강철줄자의 10배 정도인 것이 단점이다. 강철과 니켈의 비율을 조정하여 만든 "로바줄자(Lovar tape)"도 있으며 특성은 인바줄자와 비슷하나 가격이 저렴하다.

섬유줄자(cloth tape)는 섬유로 만든 줄자로 초기에는 가는 놋쇠 줄을 세로방향으로 넣어 짠 섬유로 만든 폭 약 15 mm의 줄자를 사용하였으나 지금은 놋쇠 줄을 넣지 않고 강한 합성섬유를 사용하고 겉에 방수도료를 칠하여 만든 줄자를 사용한다. 길이는 보통 20 m, 30 m, 50 m의 것이 있다. 섬유줄자는 휴대성과 사용이 간편하여 많이 사용하기도 하나 온도, 습도에 대한 신축이 커서 정밀한 측정에는 사용하지 않는다.

유리섬유줄자(fiberglass tape)는 습도에 대한 신축이 작아 수중에서도 사용하며 장력에 대한 영향도 적고 녹슬거나 부러질 염려도 적어 사용에 편리하다. 정밀도는 강철줄자와 비슷하다.

로프(rope)는 금속선 등을 속에 넣고 외부를 섬유로 싼 지름 약 3mm 정도의 줄이며 다루기가 매우 편리하다. 길이는 50 m, 100 m의 것이 있으며 장거리 측정과 산림지, 터널 등의 측량에 많이 사용한다.

거리측정에 필요한 보조기구에는 측량핀, 폴, 핸드레벨, 줄자 집게, 테이프 온도계, 장력용 용수철저울, 추 등이 있으며 이들에 대한 상세한 설명은 생략하기로 한다.

3.2.2 줄자에 의한 거리측정

기선측량(基線測量)과 같은 정밀거리측정에서는 일반적으로 강철줄자 또는 인바줄자를 사용하나 필요한 정밀도에 따라 각각 다르며 매우 높은 정밀도가 필요할 때는 인바줄자를 사용한다. 따라서 사용하는 기구의 종류에 따라 측정방법도 다르다.

기선측정에는 최소한 한 개 이상의 검정된 줄자와 스프링 저울, 도르래, 2~3개의 온도계, 폴, 표척, 추, 트랜싯 또는 레벨 등의 기구가 필요하다. 옛날에는 기선측량과 같이 매우 높은 정밀도의 거리측량에서는 인바줄자를 사용하였으나 현재에는 인바줄자 대신에 전자파 거리측정기(EDM)를 주로 사용한다. 그러나 짧은 거리의 높은 정밀도가 필요할 때는 인바줄자의 사용이 효과적이다.

❶ 강철줄자에 의한 측정

두 측점을 연결하는 직선 위에 일정한 간격으로 말뚝을 박고 말뚝의 높이를 수평하게 한 다음 줄자를 그 위에 올려놓고 팽팽하게 잡아당겨 측정한다. 이때 말뚝의 높이는 목측 또는 레벨을 사용하여 수평으로 한다. 경사면에서는 경사면에 따라서 줄자를 팽팽하게 잡아당겨 측정한 후 수평거리로 환산한다. 이러한 방법은 약 1/50,000의 정밀도를 얻을 수 있다.

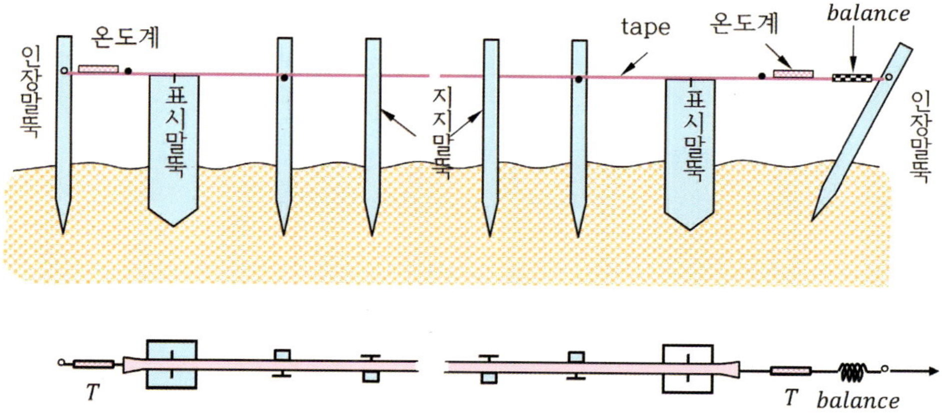

그림 3.3 기선 측정법

약 1/200,000 이상의 매우 높은 정밀도를 얻기 위해서는 〈그림 3.3〉에서와 같이 기선의 한끝에서부터 기선의 방향에 따라 줄자의 길이보다 약간 짧은 거리마다 표시말뚝을 박고 그 높이를 수평으로 한 다음 표시 말뚝의 머리 부분에 얇은 철판을 부착하여 기선과 직각으로 선을 그어 철판 위에 표시하고 첫 번째 표시 말뚝의 바깥쪽 약 1 m 지점에 인장말뚝을 박는다.

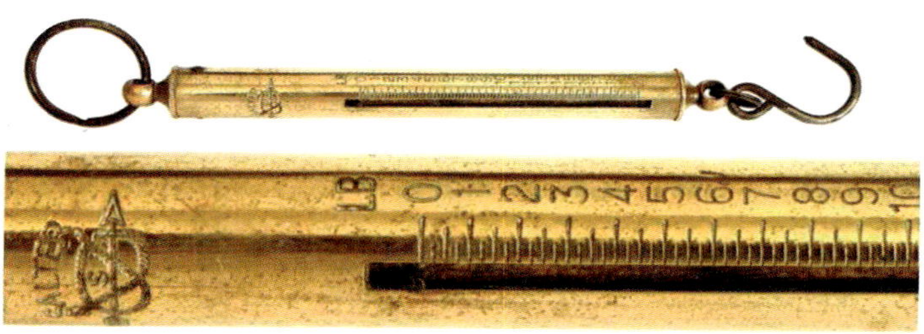

그림 3.4 스프링 저울

두 개의 표시 말뚝의 사이에 약 5 m~10 m 마다 지지 말뚝을 중심선 좌우로 엇갈리게 박고 그 측면에 못을 박는다. 이들 못은 서로 수평이 되어 동일 수평선 위에 있어야 한다. 그런 다음 이들 못 위에 줄자를 올려놓고 잡아당겨서 측정한다. 인장 방법은 줄자의 한끝을 인장말뚝에 고정하고 줄자의 다른 한쪽 끝과 인장 폴의 중간에 스프링 저울(그림 3.4)을 달아 인장 폴의 하단을 땅에 고정하고 그 상단을 앞으로 잡아당겨서 장력을 측정(1/4 kg까지)하거나 일정한 무게(10 kg)의 추를 도르래를 통하여 매달아 측정한다. 이때 두 표시 말뚝에 표시된 선과 일치하는 줄자의 잣눈을 동시에 읽는다. 측정할 때 온도는 1/4°C까지 읽고 작업은 흐린 날이나 바람이 없고 일출, 일몰 전·후가 적당하다. 1차 측정을 완료한 다음에는 줄자를 수 mm 이동하여 같은 방법으로 거리를 측정한다. 이와 같은 측정작업을 다섯 번 정도 반복하여 제1회 측정이 끝난다. 제2회 측정 때는 줄자의 위치는 그대로 두고 눈금을 읽는 사람만이 서로 위치를 교대한다. 제3회 째는 읽는 사람은 그대로 있고 줄자의 앞 뒤끝만 바꾼다. 제4회 째는 줄자는 그대로 두고 눈금 읽는 사람만 바꾼다.

❷ 인바줄자를 사용하는 경우

인바줄자를 사용하여 기선을 측정하는 방법은 강철줄자의 경우와는 달리 현수선법(懸垂線法, catenary method)을 사용한다. 강철줄자를 사용하여 거리를 측정할 때는 줄자를 항상 수평으로 하여 측정하였으며 중간에 처짐이 생겼을 때는 측정 후 처짐에 의한 오차를 보정하여 정확한 거리를 구하였다. 그러나 인바줄자로 측정할 때는 중간을 지지하지 않고 일정한 장력으로 줄자를 당겨서 측정한다. 이때 줄자의 중앙에 발생하는 처짐은 측정 후 처짐에 대한 오차보정을 한다.

인바줄자로 측정할 때는 강철줄자를 사용하여 매 25 m마다 표시 말뚝을 박고 트랜싯 또는 레벨에 의해 말뚝의 높이가 모두 같게 하여야 한다. 이때 표시 말뚝 끝에는 얇은 금속판을 부착하고 줄자와 직각 방향으로 가는 선을 긋는다. 양쪽 표시 말뚝 위에 줄자를 올려놓고 10 kg의 장력으로 당기면서 양 끝에서 동시에 측정한다. 인바줄자에 의한 거리측량은 줄자를 조금씩 이동하면서 보통 5회 관측한다. 만일 매회 관측값의 차가 0.4 mm 이상일 경우에는 재측하여야 하며 왕복 관측을 하여야 한다. 이러한 방법을 사용하면 약 1/500,000~1/1,000,000 까지의 정확도를 얻을 수 있다.

3.3 거리측량의 오차와 보정

3.3.1 표준길이에 대한 보정

측정에 사용되는 줄자를 표준줄자와 비교 검정하였을 때 줄자의 공칭(公稱)길이와 다를 경우 표준줄자에 대한 보정(correction for standardization)을 하여야 한다. 지금 l을 측정에 사용한 줄자의 실제 길이, l'를 줄자의 공칭길이(예: 30 m, 50 m 등), L을 총 측정 길이라 할 때 측정한 총길이에 보정하여야 할 보정량 C_l은 다음과 같다.

$$C_l = \left(\frac{l - l'}{l'}\right) L \tag{3.1}$$

3.3.2 온도에 대한 보정

온도변화에 따른 줄자의 길이 변화는 측량의 결과에 큰 영향을 주며 특히 정밀한 측량에서는 그 영향이 매우 크다. 지금 측정할 때 온도를 T, 표준온도(보통 15℃)를 T_s, 줄자의 선팽창계수를 α, 측정한 총길이를 L이라 할 때, 측정한 총길이에 보정할 보정량 C_t는 다음과 같다.

$$C_t = \alpha (T - T_s) L \tag{3.2}$$

줄자의 선팽창계수는 온도 1℃ 변화에 따른 줄자의 변화율을 말하며 강철의 경우 약 0.0000116, 인바의 경우 약 0.0000009 정도이다.

3.3.3 장력에 대한 보정

줄자를 표준장력보다 더 큰 장력으로 당겼을 때는 줄자는 늘어나서 표준길이보다 더 커지며 반대로 표준장력보다 작은 장력으로 당겼을 때는 줄자는 표준길이보다 더 짧아진다. 이때 줄자에 적용하는 장력의 크기를 결정하는 중요한 요소는 탄성 계수(彈性係數, modulus of elasticity)이다.

지금 줄자의 길이를 L, 장력을 P, 장력에 의한 줄자의 신축률을 Δl, 줄자의 단면적을 A라 하면 탄성 계수 E는 다음과 같다.

$$E = \frac{\frac{P}{A}}{\frac{\Delta l}{L}} = \frac{PL}{A\Delta l} \qquad \therefore \ \Delta l = \frac{PL}{AE}$$

이것은 장력이 0일 때 참 길이를 나타내는 줄자를 사용하여 장력 P로 인장할 경우의 장력에 대한 보정량(correction for tension), C_P와 같음을 의미한다. 즉

$$C_P = \frac{PL}{AE} \tag{3.3}$$

따라서 장력이 P_o(표준장력)일 때 참값(공칭값)을 나타내는 줄자를 사용하여 장력 P로 당겨서 측정하였다면 이때의 장력에 대한 보정량, C_P는 다음과 같다.

$$C_P = \frac{(P - P_o)L}{AE} \tag{3.4}$$

제3장

3.3.4 처짐에 대한 보정

강철줄자를 사용하여 두 지점 간의 거리를 측정할 때 양 끝점에서만 받치고 중앙부는 받치지 않으면 〈그림 3.5〉와 같이 처짐곡선(catenary)을 이룬다. 따라서 두 지점 간의 수평거리는 줄자의 길이보다 짧아진다.

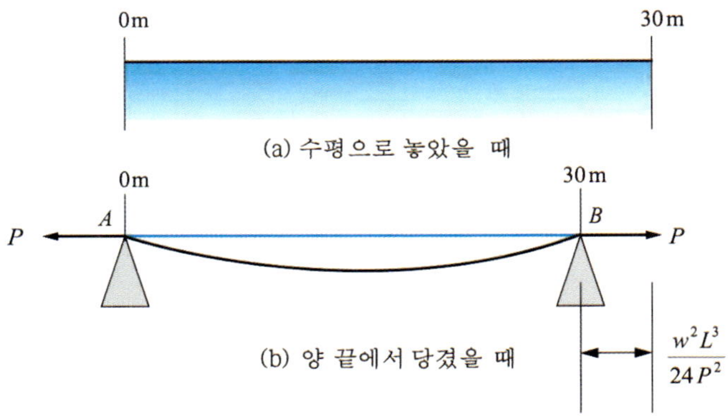

그림 3.5 처짐에 대한 보정

이때 처짐곡선의 길이(즉 줄자의 길이)와 두 점 간의 수평거리의 차가 처짐에 대한 보정량(correction for sag)이 된다.

〈그림 3.5〉에서 A, B는 지지점, 두 점 간의 수평거리를 L, 줄자를 당기는 장력을 P, 줄자의 단위중량을 w라 하면 처짐에 대한 보정량 C_s는 다음과 같다.

$$C_s = -\frac{w^2L^3}{24P^2} \tag{3.5}$$

여기서 처짐에 대한 보정량은 항상 부호가 (−)임을 주의하여야 한다.

3.3.5 처짐과 장력에 대한 보정량의 소거

처짐에 대한 보정량은 음수(−)이고 장력에 대한 보정량은 양수(+)로서 모두 장력 P의 함수이다. 따라서 (처짐에 대한 보정량 + 장력에 대한 보정량) = 0이 되는 장력 P를 찾아서 측정에 사용하면 처짐과 장력에 대한 보정량은 서로 상쇄되어 보정할 필요가 없게 된다.

지금 이 조건을 만족시키는 장력을 P라 하면 $C_s + C_p = 0$이어야 하므로

$$-\frac{w^2L^3}{24P^2} + \frac{PL}{AE} = 0$$

$$\therefore \quad P = \sqrt[3]{\frac{AE}{24}(wL)^2} \tag{3.6}$$

제 3 장

예제 3.1 20°C에서 표준길이를 나타내는 30m 길이의 강철줄자를 5.45 kg의 장력으로 당겼을 때 30.012 m로 나타났다고 한다. 줄자의 양 끝에서 9.09 kg의 장력으로 잡아당겨서 두 측점간의 거리를 3개 구간으로 나누어 측정한 결과 다음 표와 같다. 줄자의 단면적은 $0.05\ \text{cm}^2$, 줄자의 단위중량은 $w = 0.03967\ \text{kg/cm}^2$, 강철줄자의 선팽창계수는 0.0000116, 탄성 계수는 $2\times10^6\ \text{kg/cm}^2$이다. 표준길이, 온도변화, 장력과 처짐에 대한 보정량과 보정된 총거리는 얼마인가?

구간	측정거리(m)	온도(°C)
A-1	30.000	14
1-2	30.000	15
2-B	21.151	16
합 계	81.151	

풀이 (i) 표준길이에 대한 보정

$$C_L = \frac{30.012 - 30.000}{30.000} \times 81.151 = +0.0324\ \text{m}$$

(ii) 온도변화에 대한 보정

$$C_{T1} = 0.0000116(14-20)30.000 = -0.0021\ \text{m}$$
$$C_{T2} = 0.0000116(15-20)30.000 = -0.0017\ \text{m}$$
$$C_{T3} = 0.0000116(16-20)21.151 = -0.0014\ \text{m}$$
$$\Sigma C_L = -0.0052\ \text{m}$$

(iii) 장력에 대한 보정

$$C_P = \frac{9.09-5.45}{0.050\times 2{,}000{,}000}\times 81.151 = 0.0029\text{ m}$$

(iv) 처짐에 대한 보정

$$C_{S1} = -2\left[\frac{(0.0397)^2\times(30.000)^3}{24\times(9.09)^2}\right] = -0.0429\text{ m}$$

$$C_{S2} = -\left[\frac{(0.0397)^2\times(21.151)^3}{24\times(9.09)^2}\right] = -0.0075\text{ m}$$

$$\sum C_S = -0.0504\text{ m}$$

(v) 보정된 길이

$$\overline{AB} = 81.151+0.0324-0.0052+0.0029-0.0504 = 81.131\text{ m}$$

예제 3.2 줄자의 단위 중량 $w = 0.00101\text{ kg/cm}$이고, 단면적 $A = 0.129\text{ cm}^2$이며 탄성 계수 $E = 2.1\times 10^6\text{ kg/cm}^2$인 강철줄자를 사용하여 두 지지점 간 거리가 5 m인 거리를 측정하고자 할 때 어떤 크기의 장력을 사용하여야 처짐과 장력에 대한 보정이 서로 상쇄되어 보정을 할 필요가 없는가?

풀이 $P = \sqrt[3]{\frac{AE}{24}(wl)^2} = \sqrt[3]{\frac{0.129\times 2.1\times 10^6}{24}\times(0.00101\times 500)^2} = 14.23\text{ kg}$

3.3.6 평균해면으로 환산하는 보정

삼각측량의 경우 일정한 표고에서 측정된 기선이나 수평거리는 평균해면 위의 거리로 환산하여야 할 경우가 종종 있다.

지금 〈그림 3.6〉에서 거리를 측정한 지형의 평균 표고를 h, L을 실측된 기선의 길이, L_o를 평균 해면상으로의 보정된 거리, R을 지구의 평균 곡률 반경이라고 하면

$$\frac{L_o}{L} = \frac{R}{R+h}$$

$$\therefore\ L_o = \frac{LR}{R+h} = L\left(1+\frac{h}{R}\right)^{-1} \fallingdotseq L\left(1-\frac{h}{R}\right) = L-\frac{Lh}{R}$$

평균 해면상으로의 보정량을 C_h라 하면

$$C_h = -\frac{Lh}{R} \tag{3.7}$$

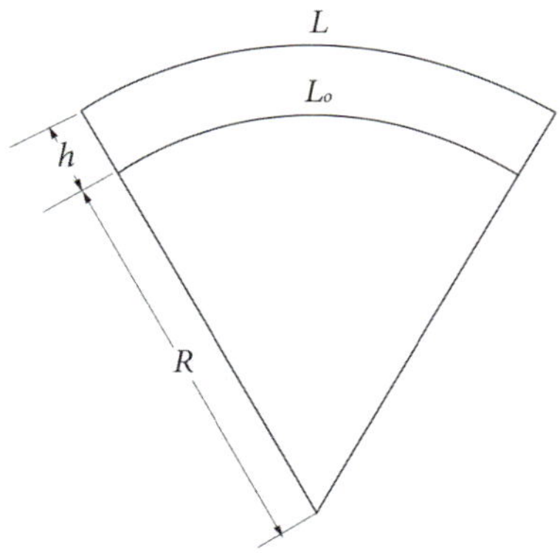

그림 3.6 평균 해면상으로의 보정

예제 3.3 평균 표고 326.42 m인 곳에 설치된 기선의 길이가 500 m이라고 한다. 평균 해면 위의 길이로 환산하시오. 단, 지구의 평균 곡률 반경은 6,367km로 한다.

풀이

$$C_h = -\frac{Lh}{R} = -\frac{500 \times 326.42}{6367 \times 10^3} = -2.56 \text{ cm}$$

따라서 보정된 기선의 길이는

$$L_o = 500 \text{ m} - 0.0256 \text{ m} = 499.9744 \text{ m}$$

3.4 | 전자파 거리측량

3.4.1 역사적 배경

전자파에 의한 거리측정은 속도가 알려진 전자파 에너지가 두 점간을 진행한 시간을 측정하여 두 점 간의 거리를 계산하는 방법을 사용한다. 이때 시간의 측정은 전자파의 파장을 이용하는 간접적인 방법을 사용한다. 다시 말하면 파장의 길이가 알려진 전자파가 두 점 간을 진행하는 시간 동안 몇 개의 파장이 소요되었는가를 정확히 측정하여 전자파 파장의 길이로 곱하면 쉽게 두 점 간의 거리를 알 수 있는 것이다.

전자파거리측정기(EDM, Electronic Distance Measurement Devices)는 원래 빛의 속도를 결정

하기 위하여 사용한 기술로부터 기인되었다. 서기 1849년 프랑스 물리학자 E. Fizeau는 그의 유명한 톱니바퀴 변조기(變調機)를 사용하여 17.26 km의 직선 위에서 빛의 속도를 측정하는데 성공하였다. Fizeau는 720개의 톱니를 가진 바퀴가 고속으로 회전할 때 바퀴의 톱니 사이를 통과한 빛이 8.63 km 떨어진 반대편에 세워진 거울에 반사되어 되돌아와 그의 첫 번째 톱니에서 차단될 때 바퀴의 회전각속도가 12.6회전/초가 됨을 알았다. 이것은 바로 빛이 18,144(12.6 × 2 × 720)분의 1초 동안에 17.26 km (8.63 km의 왕복 거리)의 거리를 통과한 것을 의미한다. 이와 같은 Fizeau의 실험은 처음으로 고주파로 변조된 빛에 의하여 거리를 측정하는 원리를 제공하였으며 이 개념은 현대적인 EDM의 원리에도 사용되고 있다.

역사적으로 최초의 전자파거리측정기(電磁波距離測定機)는 1948년 스웨덴의 물리학자 Erik Berdstrand가 개발한 "Geodimeter(geodetic distance meter)"라 할 수 있으나 이 장치는 원래 거리 측정을 목적으로 한 것이 아니라 빛의 속도를 결정하기 위하여 고안된 실험적 장치였으며 그 후 1951년 스웨덴의 AGA사와 공동으로 세계 최초의 상업용 전자파거리측정기인 Geodimeter "NASM"을 만들어 약 10km의 거리를 1:300,000의 정밀도로 측정이 가능하였다. 광파(光波)를 사용한 초기의 지오디미터는 매우 짧은 거리에서만 관측이 가능하였으나(야간에는 약 40km까지 가능) 그 후 헤테로다인(heterodyne)이라고 하는 연속진동 전류 수신방식의 이론이 적용됨으로써 위상차 측정에 의한 장거리의 정밀 관측이 가능케 되었다. 위상차 측정 방법은 광파(electro-optical wave)에서 뿐만 아니라 라디오파(radio wave)에 까지 이용되었으며 마이크로파를 이용한 "텔루로미터(Tellurometer)"가 개발되기도 하였다.

텔루로미터는 1957년 남아프리카 국립통신연구소의 Trevor Lloyd Wadley에 의하여 처음으로 고안되었다. 이 장비는 주·야간 관계없이 30~70 km의 거리 관측이 가능하였으며 개발된 직후에는 오스트레일리아의 1등 측지망 구성(장거리 트래버스 망)에 사용되기도 하였다. 이 장비는 1960년대 헬륨·네온 레이저를 이용한 전자파 거리측정기가 개발되기 전까지 장거리의 거리 관측에 가장 많이 사용되어왔다. 1960년대 중반에 이르러 적외선을 이용한 단거리용 전자파거리측정기가 개발되었으며 근래에는 적외선과 레이저를 이용한 많은 단·중거리용 전자파 거리측정기가 개발되었다.

전자파거리측정기는 서로 시통만 가능하면 긴 거리이거나 짧은 거리이거나 바다 위이거나 고속도로이거나 보통의 줄자로서는 관측이 불가능한 어떠한 지형이라도 쉽게 관측이 가능하다. 초기의 EDM은 개발된 직후부터 현장 측량에서 매우 중요하게 사용되고 있었으나 가격이 비싸며 부피가 크고 무게가 무거워 불편함이 있었다. 더욱이 관측 시간이 길고 또 관측된 결과는 직접 거리로 읽을 수 있는 것이 아니라 수학적인 계산 절차에 의하여 거리로 환산하여야 하는 불편함이 있었다. 그러나 지금은 초기의 불편함과 단점들이 모두 제거되어 빠르고 쉽게 그리고 정밀한 관측이 가능하다.

맨 처음에 EDM을 사용할 때는 그 크기가 커서 삼각 위에 독립적으로 설치하였으나 2세대의 EDM은 크기가 매우 작아져서 하나의 삼각 위에 데오돌라이트와 함께 설치할 수 있다. 이러한 설치 방법은 기계를 한 번 설치하여 각과 거리를 동시에 관측할 수 있는 장점이 있다. 거리가 관측됨과 동시에 연직각도 관측되어 수평거리와 연직거리를 즉시 알 수 있다. 현세대 EDM의 특징은 디지털 데오돌라이트와 마이크로컴퓨터와의 조합이다. 각과 거리가 동시에 관측되고 내장된 마이크로프로세서에 의하여 수평거리, 연직거리 등 필요한 사항들이 실시간 동안에 계산되며(예: 토털스테이션) 관측된 모든 데이터는 자동으로 기록되어 야장이 불필요하며 주 컴퓨터 등 다른 주변장치와 연결되어 후속 작업을 할 수도 있다.

제 3 장

3.4.2 전자파에너지의 물리적 특성

앞에서 이미 설명한 것과 같이 EDM의 기본원리는 "속도에 시간을 곱한 것은 거리와 같다는 것"이다. 따라서 전자파의 전파속도(傳播速度)와 전자파가 두 점 간을 진행한 시간을 안다면 두 점 간의 거리를 알 수 있다. 이 원리를 좀 더 자세히 알기 위하여 전자파의 물리적 성질에 대하여 살펴보기로 한다.

전자파의 전파속도와 파장과의 관계는 다음 식으로 표시된다.

$$\lambda = \frac{V}{f} \tag{3.8}$$

여기서 λ는 전자파의 파장, V는 전자파의 전파속도, f는 전자파의 주파수(周波數)를 말한다. 전자파의 속도는 진공 속에서는 299,792,458 m/sec이며 빛의 속도와 같다. 그러나 대기 중에서는 진공 속에서 보다 약간 작으며 다음과 같은 식으로 구한다. 즉

$$V = \frac{C}{n} \tag{3.9}$$

여기서 C는 진공 속에서의 전자파의 속도이며 n은 전자파의 굴절계수(index of refraction)이다.

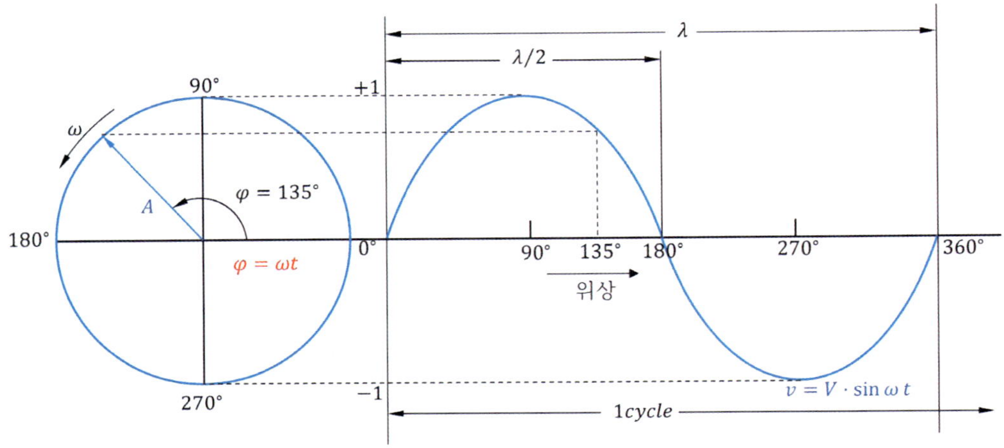

그림 3.7 전자파의 파장과 위상과의 관계

전자파는 대기 중에서 sine 곡선의 형태로 전파된다(그림 3.7). 주파수는 전자파가 단위시간 동안에 회전한 주기를 말하며 보통 헤르츠(Hz, Hertz)로 표시한다. 1헤르츠는 전자파가 1초 동안에 1회전 한 것을 뜻한다. 한편 전자파의 파장 λ는 전자파가 진행한 거리를 나타내는 것으로 1파장의 길이는 전자파가 1회전 주기를 완전히 진행한 거리를 말한다.

〈그림 3.7〉은 전자파의 파장과 위상각(位相角)과의 관계를 나타낸 것으로 전자파의 전파경로는 그의 위상각에 의하여 표시할 수 있음을 보여준다. 그림에서 위상각 360°는 전원(full circle) 또는 1파장, 180°는 1/2파장(또는 반원)을 나타낸다. 예로서 위상각 135°는 $\left(\frac{135}{360}\right)^{\circ}$ 또는 0.375파장을 나타낸다.

3.4.3 EDM의 기본원리

EDM에 의한 거리 관측은 전파속도가 알려진 전자파가 두 점 간을 왕복할 때 걸리는 시간에 의하여 결정된다는 것은 앞에서 설명한 바 있다. 그러나 전자파의 왕복시간을 직접 측정한다는 것은 현실적으로 매우 어렵다. 왜냐하면 정밀한 거리 관측을 위해서는 매우 높은 정밀도의 시간 측정이 필요하게 되는데 사실상 이것이 그렇게 쉽지 않다.

예를 들면 거리 관측에서 약 15 cm 정도의 정밀도가 필요할 경우 이에 상당하는 시간 측정 정밀도는 약 $1/10^6$~$1/10^7$초이어야 하며 더 높은 정밀도의 거리 관측을 원할 때 시간 측정 정밀도도 상대적으로 더 높아야 한다. 그러나 이같이 높은 정밀도의 시간 측정이 EDM 기계장치 내부에서 동시에 이루어진다는 것은 현실적으로 거의 불가능하다. 따라서 두 점 간을 왕복한 시간과 전자파의 전파속도를 이용하여 거리를 계산하는 방법 대신에 두 점 간을 왕복한 전자파의 파장수와 그 전자파 파장의 길이를 이용하여 두 점 간의 거리를 계산하는 방법을 사용한다.

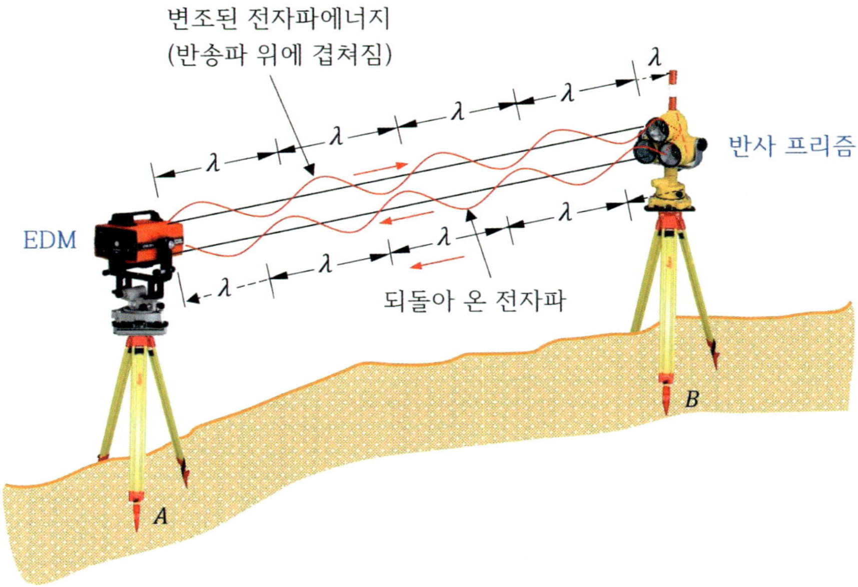

그림 3.8 전자파 거리 관측의 원리

〈그림 3.8〉은 전자파 거리 측정의 기본원리를 나타낸 그림이다. A에 세운 기계에서 송신된 반송파(搬送波)는 B점에 세운 반사프리즘에 의하여 전자파가 송신된 원래의 기계에 되돌아온다. 이때 A, B 간을 왕복한 전자파의 파장수에 파장의 길이를 곱하면 A, B 간의 거리의 두 배가 된다.

다시 말해서 단위파장의 길이(파장 하나의 길이)가 정확히 알려진 전자파, 즉 기준 주파수의 신호(변조된 전자파)가 반송파에 합쳐져서 반송파와 함께 송신되며 이들은 다시 반사프리즘에 의하여 반사되어 원래의 송신된 곳으로 되돌아와 기계의 수신장치에 의하여 수신된다. 이때 두 점 간을 진행한 전자파의 경로는 거리의 두 배가 된다.

〈그림 3.8〉과 같이 두 점 간을 왕복한 전자파가 정확히 파장 λ의 정수배(定數倍)인 n개의 파장이었다면 두 점 간의 거리 L은 다음 식으로 계산된다.

$$L = \frac{1}{2} n \lambda \tag{3.10}$$

만일 두 점 간을 왕복한 전자파의 총 파장수가 단위 파장 λ의 정확한 정수배가 아니고 〈그림 3.9〉와 같이 완전한 파장 하나의 길이가 되지 못하는 소수부분(少數部分)의

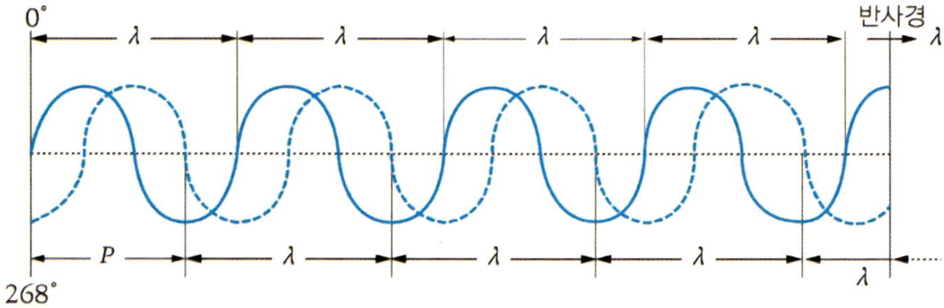

그림 3.9 위상차의 원리

파장 P가 있을 때는 〈식 3.10〉 대신에 다음 식을 사용한다.

$$L = \frac{1}{2}(n\lambda + P), \qquad P = \frac{\Delta\phi°}{360°}\lambda \tag{3.11}$$

여기서 $\Delta\phi°$: 위상차

n : 완전한 파장의 총수

λ : 기준전자파의 단위 파장의 길이

P : 완전한 파장 하나의 길이가 되지 못하는 소수부분의 파장

이때 완전한 한 파장의 길이가 되지 못하는 소수부분의 파장 P는 되돌아오는 반사파의 위상차 또는 위상각(phase shift or phase angle)에 의하여 결정된다.

〈그림 3.7〉에서와 같이 위상(位相)은 완전한 한 주기의 파장에서 어느 한 부분의 위치를 가리킨다. 위상차는 어느 한 전자파의 출발과 다른 전자파의 지연 사이에서 발생하는 시간에 대한 전기적 표현이다. 따라서 위상비교방법(位相比較方法)은 어느 순간에서 어느 전자파의 위상과 다른 전자파의 위상과의 차이로 측정된다. 지금 〈그림 3.7〉에서 기준전자파의 파장이 λ=20 m이고 기준전자파가 출발할 때의 위상각이 0°, 그 순간에서 반사파의 위상각이 268°였다고 하면 이때의 위상차는 $\Delta\phi = 268° - 0° = 268°$가 된다. 따라서 두 점 간의 거리 L은

$$L = \frac{1}{2}\left(8 \times 20\text{ m} + \frac{268°}{360°} \times 20\text{ m}\right) = 87.444\text{ m}$$

가 된다.

위상차를 이용하여 두 점 간을 진행한 전자파의 총 파장수가 몇 개인가를 계산하고자 할 때는 주파수의 크기가 알려진 단 한 개의 전자파만을 사용하여서는 총 파장수, 즉 단위 파장 λ의 정수배 n를 정확히 측정할 수가 없다. 따라서 실제적으로는 기준 주파수에 대한 10의 배수인 여러 개의 변조된 전자파를 사용한다.

3.4.4 반송파의 특성과 변조방법

전자파거리측정기는 연속적인 형태의 전자파를 송신하는 송신장치와 송신된 전자파를 수신하는 수신장치로 구성된다. 이때 송신장치에서 송신되는 전자파를 반송파(搬送波, carrier wave)라 부른다. 반송파는 주파수와 진폭을 가지는 연속파이며 〈그림 3.7〉에서와 같이 sine 곡선으로 표시된다. 이와 같은 연속파는 어떤 신호나 정보를 직접 전달할 수는 없지만 어떤 형태의 다른 정보(예 : 소리)를 실어 나르는 매개전자파(媒介電磁波)로서 매우 효과적이다.

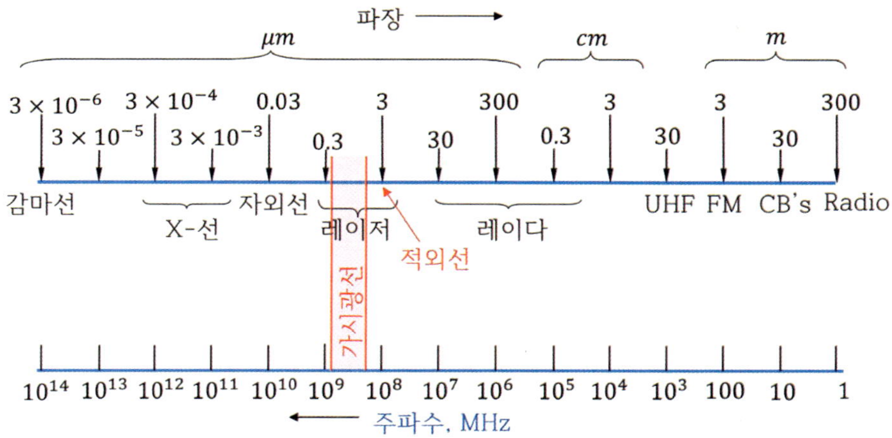

그림 3.10 주파수와 파장과의 관계

반송파의 특성을 살펴보기 전에 먼저 전자파의 스펙트럼을 살펴보기로 한다. 〈그림 3.10〉과 〈표 3.1〉은 각각 전자파의 주파수 스펙트럼을 나타낸 것이다. EDM에서 사용하는 전자파 중에서 가장 중요한 것은 적외선(infrared)과 마이크로파(microwave)이다. 마이크로파는 일반적으로 통신과 방송 또는 레이더 등에 많이 사용되며 초고주파(超高周波, SHF)와 밀리미터파(EHF)의 일부를 마이크로파라 부른다. 마이크로파는

〈표 3.2〉와 같이 7개의 주파수 영역으로 나누어지기도 한다.

적외선은 보통 파장이 0.76 μm ~ 1 mm의 비가시광선으로 파장 0.76 μm ~ 3.0 μm의 근적외선(NIR, near infrared), 파장 3.0 μm ~ 6.0 μm의 중적외선(MIR. middle infrared), 파장 6.0 μm ~ 15.0 μm의 원적외선(FIR . far infrared) 그리고 파장 15.0 μm~1.0 mm의 초적외선(XIR, extreme infrared)으로 구분된다. 적외선은 가시광선과 매우 유사한 전파특성이 있어 광통신 분야 및 광파거리측정기 등에 많이 사용된다.

▶ **표 3.1** 전자파의 주파수 스펙트럼

전자파의 종류	파 장 λ(m)	주 파 수 f (Hz)
(광 파)		
X 선	$1.6 \times 10^{-11} \sim 6.6 \times 10^{-8}$	$1.9 \times 10^{19} \sim 4.5 \times 10^{15}$
자 외 선	$1.4 \times 10^{-8} \sim 3.6 \times 10^{-7}$	$2.2 \times 10^{16} \sim 8.3 \times 10^{14}$
가시광선	$3.6 \times 10^{-7} \sim 7.8 \times 10^{-7}$	$8.3 \times 10^{14} \sim 3.8 \times 10^{14}$
적 외 선	$7.8 \times 10^{-7} \sim 3.4 \times 10^{-4}$	$3.8 \times 10^{14} \sim 8.8 \times 10^{14}$
(전 파)		
밀리미터파(EHF)	$1 \times 10^{-3} \sim 1 \times 10^{-2}$	$3 \times 10^{10} \sim 3 \times 10^{11}$
초고주파(SHF)	$1 \times 10^{-2} \sim 1 \times 10^{-1}$	$3 \times 10^{9} \sim 3 \times 10^{10}$
극초단파(UHF)	$1 \times 10^{-1} \sim 1$	$3 \times 10^{8} \sim 3 \times 10^{9}$
초단파(VHF)	$1 \sim 10$	$3 \times 10^{7} \sim 3 \times 10^{8}$
단 파(HF)	$10 \sim 100$	$3 \times 10^{6} \sim 3 \times 10^{7}$
중 파(MF)	$10^{2} \sim 10^{3}$	$3 \times 10^{5} \sim 3 \times 10^{6}$
장파(저주파:LF)	$10^{3} \sim 10^{4}$	$3 \times 10^{4} \sim 3 \times 10^{5}$
초장파(VLF)	$10^{4} \sim 10^{5}$	$3 \times 10^{3} \sim 3 \times 10^{4}$
극초장파(ELF)	$10^{5} \sim 10^{6}$	$3 \times 10^{2} \sim 3 \times 10^{3}$

특히 전파 중에서도 단파(HF) 또는 그 이하의 저주파를 이용하는 EDM도 있다. 장파(LF)를 이용하는 데카(Decca), 단파(HF)를 이용하는 토란(Toran), 초저주파(VLF)를 이용하는 오메가(Omega), 마이크로파의 L-밴드 이용하는 GPS 등이 이에 속한다. 일반적으로 저주파를 이용하는 EDM은 관측범위가 넓은 장점이 있으나 반면에 매우 큰 송신장치가 필요하다. 특히 온도와 기압과 같은 대기의 조건에 큰 영향을 받기 때문에 고주파(高周波)를 이용하는 EDM보다 상대적으로 덜 정밀하다고 할 수 있다.

▶ **표 3.2** 마이크로 파

밴 드	파 장 (λ)	주 파 수 f (GHz)
V	5.3 mm ~ 6.5 mm	46 ~ 56
Q	6.5 mm ~ 8.3 mm	36 ~ 46
K	8.3 mm ~ 27.5 mm	10.9 ~ 36
X	27.5 mm ~ 57.7 mm	5.2 ~ 10.9
S	57.7 mm ~ 19.4 cm	1.55 ~ 2.2
L	19.4 cm ~ 76.9 cm	0.39 ~ 1.55
P	76.9 cm ~ 1.333 m	0.225 ~ 0.390

측량 현장에서 사용되는 EDM은 거의 모두 고주파를 사용한다. 고주파를 사용하면 기계장치를 단순, 최소화할 수 있으며 특히 대기를 통과할 때 전파특성이 안정되어 저주파의 경우에서보다 더 정밀한 관측이 이루어질 수 있다고 말할 수 있다. 광파를 이용하는 EDM은 안개, 비, 먼지 등에 의하여 매우 큰 영향을 받는 대신에 마이크로파를 이용하는 EDM에서는 이들에 대한 영향이 거의 없다.

저주파를 사용하는 EDM에서는 기본 반송파를 위상차 측정에 직접 사용하기도 하나 고주파에서는 거의 이용하지 않는다. 고주파에서는 전파특성을 정밀하게 결정하기가 어렵기 때문에 측정 신호로서 고주파를 직접 송신하는 것은 부적합하고 정밀한 위상차의 측정도 어렵다. 왜냐하면 파장이 너무 짧아 거리의 계산에 사용하는 것이 적절치 않기 때문이다. 이러한 문제점을 해결하기 위하여 도입된 방법이 전자파의 변조(變調, modulation)이다. 즉, 정밀하게 검정된 측정용 저주파 신호를 고주파인 반송파에 실어서 반송파와 함께 송신하며 측정용 저주파는 위상차 측정과 두 점 간의 거리 계산에 사용한다.

이때 매개전자파(媒介電磁波)인 반송파는 정밀한 값의 주파수를 가질 필요는 없지만 효과적으로 변조가 가능한 전자파이어야 한다. 그러나 거리 계산에 사용될 측정용 기준 전자파, 즉 변조된 전자파의 주파수는 매우 정밀하여야 한다. 이와 같은 정밀한 주파수를 유지하기 위하여 보통 수정발진기(水晶發振機, crystal-controlled oscillator)를 사용한다.

반송파의 변조는 〈그림 3.11〉과 같이 진폭변조(振幅變調)와 주파수변조(周波數變調)가 있다. 진폭변조(AM, Amplitude Modulation)에서는 반송파의 주파수와 위상은 변하지 않으나 진폭(또는 크기)이 변한다. 주파수변조(FM, Frequency Modulation)에서는 반송파의 진폭은 항상 일정하게 유지되는 반면에 변조된 신호의 크기와 부호에 따라 주파수가 변화한다. 일반적으로 광파에서는 진폭변조 방법을, 마이크로파에서는 주파수변조 방법을 사용한다.

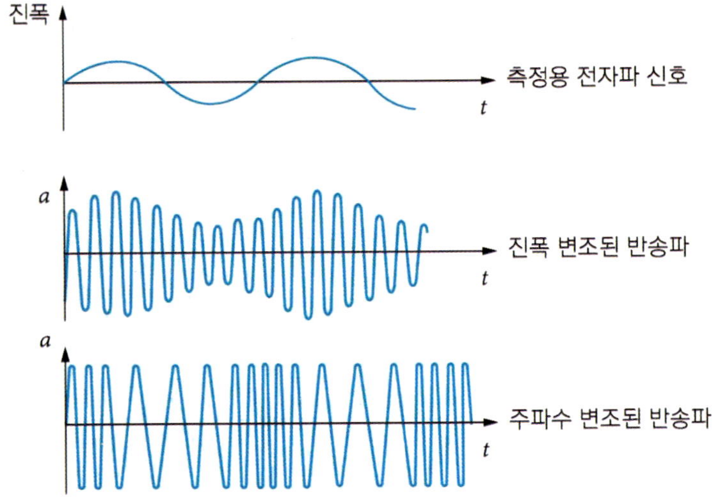

그림 3.11 반송파의 변조 방법

3.4.5 위상차의 측정

송신기에서 송신된 반송파가 반사프리즘에 의하여 반사되어 되돌아온 반사파와 원래의 송신된 반송파 사이에는 일정한 위상차가 발생하고 측정된 위상차는 두 점간의 거리 계산에 가장 기본이 된다는 사실은 이미 설명한 바 있다. 위상차의 측정 방법은 기계장치의 설계에 따라 다르나 ① 위상지연방법(phase delay) ② 위상변위방법(phase shift) ③ 디지털 측정법(digital method) 등을 사용한다.

위상지연방법은 초기 EDM인 지오디미터에서 사용한 방법으로서 송신된 반송파와 수신된 반사파 사이에 발생하는 위상차를 검출하고 송신 회로와 수신 회로 사이에 소위 지연장치(遲延裝置, delay-line)라는 것을 사용하여 측정하는 방법이다.

위상변위방법은 송신된 반송파와 되돌아온 반사파 사이의 위상 변위에 해당하는 고정자(stator)와 회전자(rotor)로 구성된 분류기(resolver)에 의한 방법으로서 2세대의 지오디미터 또는 텔루로미터와 같이 마이크로파를 사용하는 대부분의 EDM에서 사용된다.

디지털 측정방법은 최근에 개발된 가장 발전된 방법으로서 헬륨·네온 레이저 또는 적외선을 사용하는 모든 광파거리측정기에서 사용한다. 〈그림 3.12〉는 디지털 측정

방법의 원리를 나타낸 것이다. 변조된 반송파(기준신호)가 0-축(기준축)을 통과할 때 전기적 측정장치의 문이 열리며 반면에 반사프리즘에 반사되어 되돌아오는 반사파가 0-축을 통과할 때 문이 닫힌다. 다시 말하면 송신되는 반송파의 부호가 바뀔 때마다 문은 열리고 반면에 반사파의 부호가 변할 때마다 문이 닫힌다. 이때 펄스(pulse) 측정장치의 문이 열려 있는 동안 문을 통과한 펄스의 총수가 측정되고 기록된다.

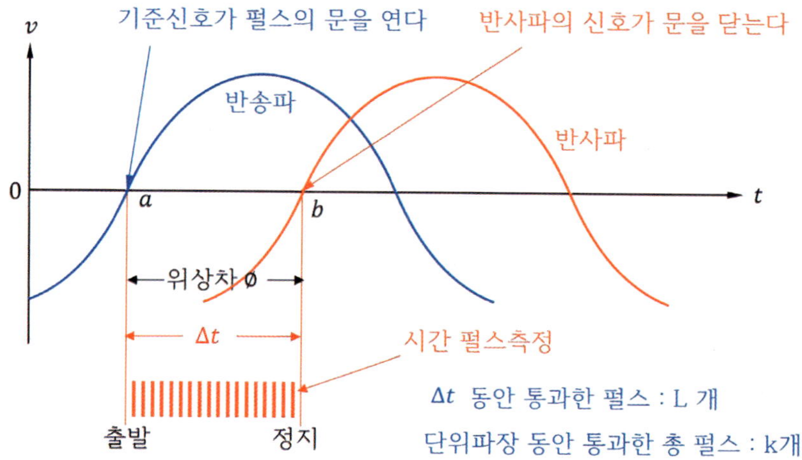

그림 3.12 디지털 위상차 측정

지금 반사파가 0-축을 통과하여 문이 닫힐 때까지 L개의 펄스가 통과되었으며 한 개의 단위 파장 동안 통과한 펄스의 총수를 k라고 할 때 반송파와 반사파 사이에 발생한 위상차 ϕ는 $\phi = \dfrac{L}{k} \times 360°$가 되고 동시에 완전한 파장 하나의 길이가 되지 못하는 소수부분의 파장 $\Delta\lambda$는 $\Delta\lambda = \left(\dfrac{L}{k}\right)\lambda$가 된다.

따라서 총관측거리 D는

$$D = \frac{1}{2}\left(n + \frac{L}{k}\right)\lambda \tag{3.12}$$

가 된다.

여기서 n은 거리 안에 포함되는 총 파장수, 즉 단위 파장의 정수배이다. 실제로 펄스의 총수 k는 변조된 파장의 크기에 맞도록 펄스 하나의 측정 단위를 매우 짧게(예: 1 mm) 선택한다. 실제적인 측정작업에서는 단 한 번의 측정으로 끝나는 것이 아니라 여러 번 측정하여 그 평균을 택하는 방법으로 수행된다.

3.4.6 전자파 거리측정기의 종류

전자파에 의하여 거리를 측정하는 방법에서 어떤 주파수의 전자파를 반송파(搬送波, carrier wave)로 사용하는가의 문제는 전자파거리측정기의 가장 근본적인 문제가 된다. 따라서 전자파거리측정기는 사용하는 반송파의 종류에 따라 광파거리측정기(光波距離測定機, electro-optical instrument)와 전파거리측정기(電波距離測定機, radio wave instrument)로 구분한다.

광파거리측정기는 레이저(Laser)의 가시광선 대역($\lambda = 0.4\ \mu m \sim 0.7\ \mu m$) 또는 적외선과 같은 비가시광선($\lambda = 0.7\ \mu m \sim 1.2\ \mu m$)을 주로 사용하며 단거리 관측에 많이 사용한다. 적외선을 사용하는 경우는 보통 수 km, 레이저를 사용하는 경우는 보통 수 km 또는 수십 km까지 관측할 수 있다. 적외선은 비가시광선이기 때문에 빔이 나가는 경로를 전혀 볼 수 없으나 레이저의 경우는 나가는 경로와 레이저가 반사프리즘에 명중하였을 때 눈으로 볼 수 있다는 장점이 있다.

전파거리측정기는 λ=10 μm ~ 100 μm 또는 λ=8mm ~ 30 mm(마이크로파)의 파장대 등을 주로 사용하며 수십 km 등 중거리의 관측에 사용된다. 그러나 단파 또는 그 이하의 저주파(예 : 장파) 등을 사용하여 수백 km 또는 그 이상의 거리 관측을 목적으로 하는 전파거리측정기(예 : 데카, 토란, 오메가 등)도 있으며 이는 주로 항공기 및 선박의 항로용으로 사용된다.

광파거리측정기를 사용하여 거리를 관측할 때는 한 개의 기계장치와 한 개의 반사프리즘이 필요한 대신에 전파거리측정기를 사용하여 거리를 관측할 때는 두 개의 똑같은 기계장치가 필요하다.

전파거리측정기는 안개, 비 등과 같은 기상 조건을 통과할 수 있으며 주국(主局)과 종국(終局)에서 서로 무선 통화가 가능하다는 장점이 있다. 그러나 광파의 경우에서보다도 습도 등에 더 큰 영향을 받는다는 단점이 있다. 또한 넓게 퍼지는 전파특성 때문에 건물 내부 또는 지하, 물의 표면 같은 곳에서는 관측이 어렵다는 단점도 있다.

전파거리측정기는 이미 기술한 바와 같이 장거리 측정용이기 때문에 현장작업에서의 사용 빈도가 높지 않으며 기본원리는 광파의 경우와 같다. 따라서 별도로 기술하지는 않도록 하겠다.

오늘날 가장 많이 사용하는 EDM은 적외선과 레이저를 사용하는 광파거리측정기이다. 이것은 광파의 세기를 직접 변조할 수 있으며 상대적으로 기계장치가 간단하기 때문이다.

〈그림 3.13〉은 어느 특정한 광파거리측정기의 거리측정과정을 나타내는 개념도이

다. 송신기는 진폭변조(AM: amplitude modulation)된 적외선을 방출하는 갈륨·비소(GaAs) 다이오드를 사용한다. 반송파인 적외선의 변조는 진폭변조 방법을 사용하고 주파수는 수정발진기에 의하여 정밀하게 조정된다. 변조과정은 정확하게 조정된 비율과 주파수에서 돌아가고 있는 조절판이 부착된 굴뚝을 통하여 빛이 통과하는 현상과 비슷하다고 보면 된다. 조절판이 닫치면 빛이 통과하지 못한다. 조절판이 열리기 시작하면 빛의 세기는 조절판이 완전히 열린 상태인 위상각 90°에서 최대가 된다. 다시 위상각이 180°에서 조절판이 닫히면 빛의 세기는 0이 되며 이와 같은 과정은 계속된다. 세기의 변화 또는 진폭 변조는 〈그림 3.7〉 및 〈그림 3.9〉와 같이 sine 곡선으로 표시된다.

제 3 장

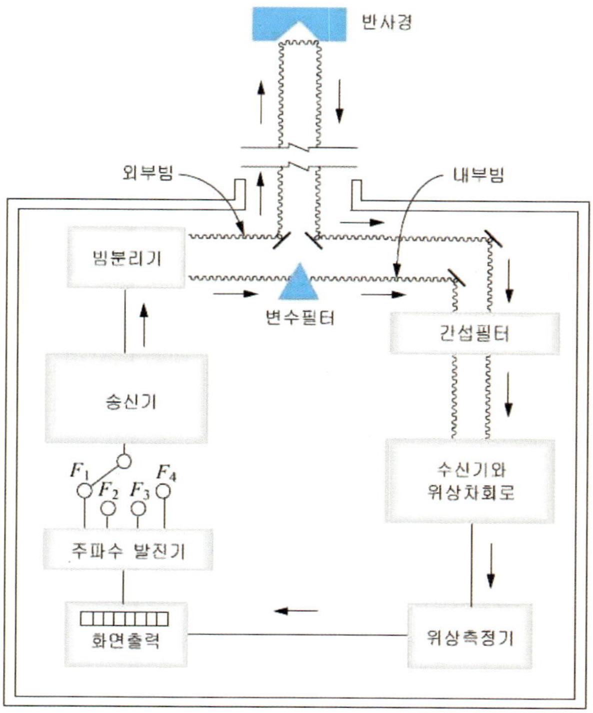

그림 3.13 광파거리측정기의 거리측정과정

〈그림 3.13〉과 같이 송신장치의 다이오드로부터 방출된 광선은 두 개의 신호, 즉 측정용 외부 빔과 내부 기준 빔으로 분해된다. 외부 빔은 EDM에 장착된 망원경으로 목표물을 향하여 조준하여 송신되고 송신된 빔은 목표 중앙에 세워진 반사프리즘에

반사되어 빔이 처음 송신된 곳으로 되돌아와 수신기에서 수신된다. 〈그림 3.14〉는 광파거리측정기와 반사프리즘의 한 예이다.

내부 빔은 가변 밀도 필터를 통과하여 반사프리즘에서 되돌아오는 외부 빔의 세기와 같은 정도로 줄어들어 외부 빔과 함께 간섭필터에 들어간다. 이때 간섭필터에서는 햇빛과 같은 불필요한 에너지를 제거한다.

외부측정용 빔과 내부기준용 빔은 이들 빔을 전기에너지로 변환하는 변환장치를 통과하여 전기에너지로 변환한다. 이때 두 개의 전기신호는 각각 다른 경로를 통하여 들어왔기 때문에 일정한 위상변위가 발생하게 되고 이들 위상변위는 위상측정기에 의하여 측정하게 된다.

위상차 측정의 목적은 전자파가 두 점 간을 진행할 때 소요된 파장의 총수(단위 파장의 정수배)와 완전한 파장 하나의 길이가 되지 못하는 소수부분(少數部分)을 결정하기 위함이다. 이러한 문제를 해결하기 위하여 보통 주파수가 각각 다른 여러 개의 변조된 주파수(일반적으로 10의 배수)를 사용한다. 그림에서는 F_1, F_2, F_3, F_4 4개의 주파수를 사용하였다. 초기의 EDM에서는 위상 측정에 사용하는 각 주파수마다 하나하나 독립적으로 적용하여 위상차를 측정하였으나 지금은 기계 자체에 내장된 컴퓨터에 의하여 순간적으로 계산되어 그 거리가 화면에 나타난다.

광파거리측정기는 크기가 작고 가벼우며 어떤 것은 데오돌라이트 위에 부착할 수 있어 각과 거리를 한 장치에서 모두 관측할 수 있다. 이같이 EDM과 데오돌라이트가 한 기계에 같이 장치된 기계에서는 EDM 없이도 데오돌라이트는 사용할 수 있으나 EDM은 데오돌라이트 없이는 사용할 수 없다. 어떤 것은 하나의 동축(胴軸)에 송신기와 수신기가 장치되었으나 또 다른 것은 송신기와 수신기가 양옆 또는 위·아래에 장치된 것도 있다. 송·수신기가 같은 축에 장치된 EDM에서는 정육면체의 프리즘 반사경을 사용하나 후자의 경우에서는 송신되는 신호와 반사되어 되돌아오는 신호가 서로 구분되도록 적절히 떨어진 반사경이 필요하다.

광파거리측정기를 사용하여 거리를 관측하기 위해서는 목표점에 반사경을 설치하여야 한다. 이때 반사경에 사용되는 프리즘의 수에 따라 관측되는 거리도 달라진다. 다시 말하면 한 개의 프리즘을 사용할 때보다 여러 개를 조합한 프리즘을 사용할 때가 최대 거리를 관측할 수 있다는 것이다.

광파거리측정기는 전파거리측정기에서와 같이 굴절에 따라 큰 영향을 받지 않는다. 따라서 단거리 관측에서는 굴절에 영향을 주는 온도, 습도, 기압 등을 정밀히 측정할 필요가 없다. 그러나 안개, 비, 먼지 등에 의하여 시정이 불량할 때는 관측거리에 심각한 영향을 준다. 또한 바람의 영향으로 인하여 시준선의 흔들림 같은 영향도 발생한다. 오늘날 생산되는 대부분의 광파거리측정기는 단거리용이며 현재까지 수십 종류 이상이 거리 관측 목적으로 생산되었고 그들 중 상당수는 토털스테이션(제7장 참조)과 같이 데오돌라이트에 고정되어 사용되고 있다. 〈그림 3.14〉는 레이저를 사용한 광파거리측정기와 3중 반사프리즘의 한 예이다.

그림 3.14 TOPCON DMS3L 레이저측정기와 3중 반사프리즘

그러나 오늘날 대부분의 측량은 GPS 측량에 의존하고 있고 거리만을 독립적으로 측정할 경우가 많지 않아 대부분의 EDM은 토털스테이션과 같이 각과 거리를 동시에 관측이 가능한 일체형으로 만들어지며 거리만을 측정할 수 있는 것은 거의 생산하지 않고 있다.

3.4.7 반사프리즘이 필요 없는 전자파거리측정기

지금까지 EDM에 의한 거리측정은 반사프리즘이 반드시 있어야 하는 것으로 알고 있었으나 최근에 반사경(또는 반사프리즘)이 필요 없는 EDM 장치가 개발되었다. 이들 EDM 장치는 시간-펄스 적외선레이저를 사용하고 반사프리즘 없이 약 200m까지 측정할 수 있다. 〈그림 3.15〉는 휴대용 레이저 거리측정기로 천정의 높이를 측정하는

제
3
장

장면을 보여준다. 또한 레이저를 사용하는 어떤 토털스테이션은 반사프리즘을 사용할 때 3 km까지 측정할 수 있는 것이 프리즘 없이 1000m까지 측정하는 것도 있다.

그림 3.15 Leica Distro D3aBT 휴대용 레이저측정기

이러한 EDM 장치들은 건물 천장, 댐의 벽, 옹벽, 교량 구조물 등 접근하기가 어려운 곳의 거리측정이 가능하게 해주며 건축 등 작업의 성격에 따라 신속하고 효율적으로 작업을 할 수 있는 장점이 있다. 레이저를 이용한 거리측정기의 경우 일반적으로 밀리와트의 전력이 필요하지만 무타켓의 경우는 1~20와트의 전력이 필요하다.

3.4.8 굴절계수와 그의 영향

우리는 이미 〈식 3.9〉로부터 대기의 굴절계수는 전자파의 속도에 영향을 준다는 사실을 알게 되었다.

진공 중에서의 전자파의 전파속도와 대기 중에서의 전자파의 전파속도와의 비를 굴절계수(屈折係數) 또는 굴절률(屈折率)이라 한다. 즉

$$n = \frac{c}{V} \tag{3.13}$$

여기서 c는 진공 속에서의 전자파의 전파속도이며 V는 공기 중에서의 전파속도이다.

공기 중에서의 광파와 전파의 굴절률은 기온, 대기압, 수증기압 등에 따라 다르다.

따라서 이러한 대기조건을 정확히 아는 것은 정확한 굴절률과 공기 속에서 전자파의 전파속도를 계산할 때 필요하다. 따라서 정밀한 거리측정을 위해서는 대기온도와 기압을 측정하여 적절한 굴절계수를 알아야 한다. 굴절률은 1.0001~1.0005 정도로 알려져 있으나 보통 1.0003을 사용한다.

적외선과 레이저를 이용하는 광파거리측정기의 광원(光源)은 파장이 각각 다른 많은 파장들의 그룹으로 구성되었으며 이들 파장은 각각 다른 굴절률을 가지고 있다. 따라서 그룹 전자파의 굴절률은 그룹 굴절률(group refractive index)을 의미한다.

표준대기(0.0375% CO_2, 표준온도 0℃와 1기압 760 mmHg, 습도 0%)에서의 그룹 굴절률은 다음 식으로 계산한다(IUGG 제22차 총회결의, 1999 Birmingham).

$$N_g = (n_g - 1)10^6 = 287.6155 + \frac{4.88660}{\lambda^2} + \frac{0.06800}{\lambda^4} \tag{3.14}$$

여기서 λ는 전자파의 파장(μm), n_g는 이에 상응하는 그룹 굴절률이다. 광파거리측정기에서 사용하는 전자파의 파장은 He-Ne 레이저의 경우 0.6328 μm이고 적외선의 경우는 0.90~0.93 μm이다.

표준대기조건이 아닌 일반적인 대기조건(대기온도, 기압 등에 따라 순간적으로 변하는 관측 순간)에서 1 ppm 정도의 정밀도를 얻기 위해서는 다음과 같은 공식을 사용하여야 한다.

$$n_a = 1 + \left(\frac{273.15}{1013.25} \times \frac{N_g P}{t + 273.15} - \frac{11.27e}{t + 273.15} \right) 10^{-6} \tag{3.15}$$

여기서 P는 대기압(hPa), t는 대기 온도(t℃), e는 수증기 압(hPa)으로 관측 순간의 대기 온도와 상대습도에 의하여 결정된다. 이때 e는 다음과 같이 계산한다.

$$e = \frac{Eh}{100} \tag{3.16}$$

여기서 E는 포화수증기압으로 $E = 10^a \left(a = \frac{7.5t}{273.3} + 0.7858 \right)$이고 h는 상대습도(%)이다.

일반적으로 EDM 기계는 어떤 특정한 N_g 값에서 관측된 거리가 표시되도록 고안되었으며 관측자가 특정한 N_g의 값에 대한 어떤 보정값을 직접 입력하도록 고안되었다. 이것을 대기보정(大氣補正, atmospheric correction)이라 한다.

3.4.9 정밀도와 오차

❶ 정밀도

EDM의 정밀도는 일반적으로 정오차인 기계오차와 관측오차에 의하여 다음과 같이 표시된다.

$$\sigma_D^2 = e^2 + [D \cdot p \cdot 10^{-6}]^2 \tag{3.17}$$

여기서 D는 관측된 총 거리, e는 기계오차, p는 관측 거리에 비례하는 관측오차, 즉 표준오차 σ_D는 $\pm[e\,\text{mm} \ \pm p\,\text{mm/km}]$로 표시한다.

관측거리가 짧을 경우(예: 100 m)에서는 정오차 e가 관측오차 p보다 더 중요하게 작용하고 반면에 장거리(예: 10 km)에서는 p가 e보다 더 중요하게 작용한다. 기계 오차 e는 주로 위상측정기 또는 다른 전자부품의 민감도(敏感度)에 의하여 영향을 받으며 관측오차 p는 변조과정의 정확성과 굴절계수 n의 정확성에 의하여 결정된다.

관측오차 p에 의한 정밀도는 정밀한 EDM의 경우 약 1 ppm까지 얻을 수 있으나 정확한 굴절계수의 계산은 매우 어려운 문제 중의 하나이다. 전파거리측정기에서는 수증기압 1 mb의 변화에 따라 +5.1 ppm의 거리오차를 가져오며 반면에 가시광선(可視光線)을 이용한 광파거리측정기에서는 수증기압 1 mb의 변화가 거리오차에 미치는 영향은 무시할 수 있다. 따라서, 전파거리측정기에서는 수증기압의 정확한 예측을 위하여 건·습구의 온도를 1°C 이하까지 측정하여야 한다.

❷ 오차의 원인

EDM에서 발생하는 오차는 다음과 같은 것들이 있다. 이들은 일반적으로 측량에서 발생하는 오차와 마찬가지로 개인적오차, 기계오차, 자연오차 등으로 구분할 수 있다.

① 기계나 반사프리즘을 측점에 정확히 세우지 못할 때 또는 기압, 온도, 습도 등을 정확히 측정하지 못할 때.

② 위상측정을 수행하는데 있어서의 기계의 부정확성

③ 위상측정에 사용되는 광선의 0점이 기계의 이론적 중심과의 불일치에서 발생하는 오차

④ 반사프리즘의 실제적인 중심이 이론적인 중심과의 불일치에서 발생하는 오차

⑤ 변조된 실제적인 주파수가 이론적인 주파수와 다를 때

⑥ 굴절률의 부정확성

①과 ②는 우연오차의 성격인 반면에 ③과 ④는 정오차이다. 이들 4개의 오차의 크기는 관측거리와는 독립이다. 예로서 어떤 EDM의 정밀도가 ±(5 mm +3 ppm)이라고 할 때 이들 4종류에 의하여 발생하는 오차의 합(r.m.s.)은 관측된 길이의 크기에 관계없이 ±5mm가 된다. ⑤와 ⑥에 의한 오차는 관측 거리에 직접 영향을 받으며 축척오차와 같아진다. 예를 들면 정밀도 ±(5 mm +3 ppm)의 EDM으로 관측할 때 이들 두 종류의 오차로 인하여 발생하는 오차의 합은 관측한 거리의 ±3 ppm(즉 3/106)으로 예측된다.

위상측정과 대기조건으로부터 발생하는 오차는 설치된 기계와 반사프리즘에서 한 번 설치된 위치의 변동 없이 같은 장소에서 많은 반복 관측을 시행하고 그의 평균값을 사용하여 오차를 줄일 수 있다. 중심의 불일치로 인하여 생기는 오차는 기계와 반사프리즘을 각각 다른 장소에 여러 번 다시 세워 반복 관측하므로 줄일 수 있다. 그러나 ③, ④, ⑤는 반복 관측에 의하여서도 제거할 수 없다. ⑥의 경우는 온도 1°C, 기압 2 mmHg 정도로 관측할 때 굴절률은 $1/10^6$ 까지 측정할 수 있다. 이것은 대부분의 정밀 관측에서 충분하다.

제 3 장

Chapter 4 수준측량

출처: 가수 김장훈 블로그

4.1 | 정의와 용어

4.1.1 정의

수준측량(水準測量, leveling)이란 지표 위에 있는 점의 표고를 결정하는 측량, 좀 더 엄밀히 말해서 여러 점의 표고차를 구하는 측량을 말한다. 어떠한 기준면으로부터 지표 위 어느 점까지의 연직거리를 표고(標高, elevation)라고 한다. 이러한 기준면을 수준 기준면이라 하며 일반적으로 평균해면을 기준면으로 한다.

실에 매달린 추가 외부의 힘을 전혀 받지 않고 오직 중력의 힘에 의해서만 자연스럽게 매달려 있다면 추가 가리키는 방향은 연직방향이다. 따라서 연직방향은 중력방향과 나란하다. 따라서 수준 기준면(수평면)은 모든 점에서 연직방향에 직각이다.

수준측량에서 얻은 모든 점의 표고는 도로, 철도, 하천, 운하의 설계 및 시공을 위한 토공량의 산출, 작업 지역의 배수 특성 조사, 지형의 형태를 나타내는 지형도의 제작, 계획 표고에 따른 건설 공사의 배치, 지각 변동 등에 관한 연구에 사용된다.

수준측량에서는 보통 mm 단위의 정밀도를 얻을 수 있다. 이것은 토목공사 등 일반적인 목적에서는 충분한 정밀도이다.

수준측량은 레벨을 사용하여 두 점에 세운 수준척의 읽음으로 두 점의 표고차를 구하는 직접수준측량과 삼각측량, 스타디아측량, 기압측량, 항공사진측량, GPS 측량 등에 의한 간접수준측량으로 구분할 수 있다. 또한 측량목적에 따라 고저차 수준측량, 종단측량 및 횡단측량 등으로 구분할 수도 있다.

4.1.2 수준측량 용어의 설명

수준측량에서 사용되는 용어는 다음과 같다.

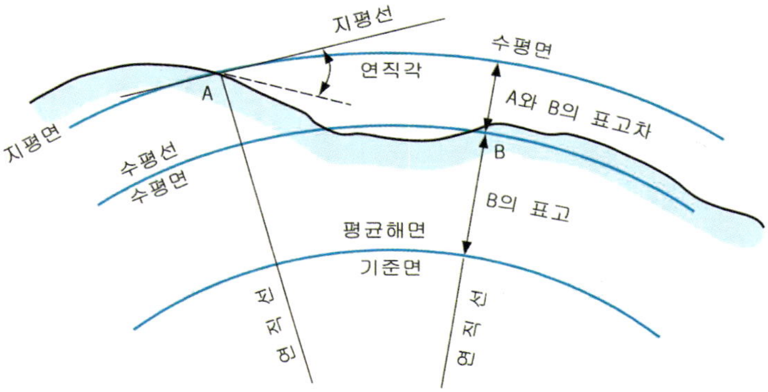

그림 4.1 수준측량에서의 용어

❶ 수직선

수직선(垂直線, vertical line)은 지표 위 어느 점으로부터 지구의 중심에 이르는 선을 말하며 일반적으로 연직선(鉛直線, plumb line)과 일치하는 것으로 생각할 수 있다. 그러나 엄밀한 의미에서는 연직선과 완전히 구분되며 특히 측지학에는 연직선과 수직선의 차이에 큰 의미를 부여한다.

❷ 수평면과 수평선

모든 점에서 연직방향과 수직인 면을 수평면(level surface)이라 한다. 수평면은 곡면이며 회전 타원체와 매우 유사하다. 정지하고 있는 해수면 또는 지오이드면(제9장 참조)은 수평면의 좋은 예이다. 수평선(level line)은 수평면 안에 있는 하나의 선을 말하며 곡선을 이룬다.

❸ 지평면과 지평선

어느 점에서 수평면에 접하는 평면 또는 연직선에 직교하는 평면을 지평면(horizontal surface)이라 하며 이 평면 위에 있는 한 선을 지평선(horizontal line)이라 한다. 따라서 지평선은 어느 한 점에서 수평선과 접하는 직선이며 연직선과 직교한다. 수준측량에서는 망원경의 시준선 범위 내에서는 수평면과 지평면, 수평선과 지평선이 각각 일치하는 것으로 생각해도 무방하다.

④ 수준 기준면

표고의 기준이 되는 수평면을 수준기준면(水準基準面, vertical datum)이라 하며 그 면의 표고는 0으로 정한다. 수준기준면은 계산을 위한 하나의 가상면이며 일반적으로 평균해면을 기준면으로 한다.

⑤ 평균해면

여러 해 동안 관측한 해수면의 평균값을 평균해면(mean sea level)이라 한다. 이 값은 보통 수년 또는 수십 년에 걸쳐 매시간 간격으로 기록되는 자기검조의(自記檢潮儀, automatic tide gage)의 기록에 따라 그들의 산술 평균값으로부터 정해진다. 해수면의 높이는 지역에 따라 큰 차이가 있으므로 조위 기록기의 분포는 이를 고려하여 배치하여야 한다. 우리나라의 조석간만(朝夕干滿)의 차는 인천만의 경우 약 9m~10m, 남해의 경우 3m~4m, 동해의 경우 약 1m 미만인 것으로 알려졌다.

⑥ 조위기준면

조위기준면(潮位基準面, tidal datum)은 수심측량에서의 기준면 또는 해안선의 경계선 등을 표시할 때 필요한 하나의 기준면이다. 특히 연안 해안에서의 어업권, 시추권과 같은 재산권의 경계 설정 등에 사용되기도 한다. 조위기준면은 지역에 따라 여러 가지가 있으나 가장 보편적으로 사용하는 조위기준면은 평균 고 조위면(MHW, Mean High Water)이다. 그 외에 평균 최고 조위면(MHHW, Mean High High Water), 평균 저조위면(MLW, Mean Low Water), 평균 최저 조위면(MLLW , Mean Low Low Water)등이 있다.

⑦ 국가 수준기준면

각 나라에 따라 수준측량의 기준이 되는 기준면을 그 나라의 국가 수준기준면(國家水準基準面, NGVD, National Geodetic Vertical Datum)이라 한다. 우리나라의 경우는 인천만의 평균해면을 기준으로 하며 표고 "0"으로 한다(4.1.3 참조).

⑧ 표고(해발)

지표 위 어느 점의 표고(해발)는 국가 수준 기준면으로부터 그 점까지의 연직거리를 말한다. 어느 점의 표고가 67.268m라는 것은 국가 수준기준면으로부터 그 점까지의 연직거리가 67.268m가 되는 것을 말한다.

❾ 수준점과 수준망

수준기준면으로부터 표고를 정확하게 측정하여 표시해 둔 점을 수준점(BM, Bench Mark)이라 하며 그 지역의 수준측량의 기준이 된다. 수준점은 돌이나 콘크리트 또는 금속 등으로 제작하여 지상에 튼튼하게 고정하여 놓았으며 고정된 상태에 따라 영구표지(永久標識), 일시표지(一時標識) 등으로 구분한다. 그러나 바위, 교량과 같이 자연 및 인공 지형지물을 사용하는 때도 있다. 우리나라는 국도 및 중요한 간선 도로에 따라 약 4km 간격으로 1등 수준점을 설치하고 또 이것을 기준으로 하여 약 2 km 간격으로 2등 수준점을 설치하였다. 우리나라의 수준점은 총 5,703점(1등 875점, 2등 4,828점)이 있다.

제 4 장

4.1.3 표고의 기준

땅 위 어느 점의 높이는 일정한 기준면으로부터 그 점까지의 연직거리로 표시한다. 수준측량에서는 평균해면에 일치하는 등중력 포텐셜면인 "지오이드면"을 표고(標高)의 기준면으로 하고 있으나 평균해면은 조석(潮汐)의 간만(干滿)과 같은 해수의 지리적 영향 때문에 결정하기가 매우 어렵다. 따라서 장기간에 걸쳐 측정된 조위의 평균값을 평균해면(M.S.L., Mean Sea Level)으로 하고 이를 표고의 기준면으로 한다. 그러나 이같이 결정된 평균해면은 특정 지역의 평균해면을 의미하며 지구 전체에 대한 평균해면을 뜻하는 것은 아니다. 따라서 우리나라의 표고의 기준을 "인천만의 평균해면(平均海面)"으로 한다는 말은 인천만이라고 하는 특정 지역의 평균해면을 표고의 기준면으로 한다는 것뿐이며 이것이 우리나라 전역의 평균해면과 같다는 뜻은 아니다.

우리나라에서는 1911. 7. 부터 1916. 6. 까지 5년 동안 청진, 원산, 목포, 진남포, 인천의 5개소에 검조장을 두어 자동조위기록기를 설치하고 검조장 별로 평균해면을 결정하였으며 각 검조장 부근에 수준기점(水準起點)을 설치하고 평균해면의 높이로 환산하여 전국의 수준망과 연결되도록 하였다. 수준망은 전국을 남북 두 개의 망으로 구성하고 5개의 검조장에서 결정된 평균해면을 영(零)으로 하여 망 평균계산이 이루어졌다.

그러나 해방 후 남북이 분단되고 곧 이어진 전쟁의 참화로 인하여 많은 수준점이 파괴 또는 망실되었으며 새로운 수준 기준면의 설정과 수준망의 재구성이 필요하게 되었다. 이에 따라 인천만의 평균해면을 우리나라의 수준 기준면(vertical datum surface)으로 새로이 설정하고 1963년 12월 대한민국 수준원점(국립지리원 고시 제2호, 64.3. 22)을 인천에 설치하였다.

그림 4.2 우리나라의 수준원점(인하공업전문대학 교정)

수준원점(vertical datum)은 1913. 12.부터 1916. 6.까지 2년 6월에 걸친 자동조위 관측기록에 근거해서 설치된 인천 검조장의 수준기점(표고 5.477m)에 연결되었다(표 4.1). 오늘날 우리가 사용하고 있는 모든 수준점의 표고는 이 수준원점을 기준으로 하고 있다. 수준원점의 위치와 표고는 다음과 같다(공간정보의 구축 및 관리 등에 관한 법률 시행령 제7조 2항의 2).

위치 : 인천광역시 미추홀구 인하로 100(인하 공업전문대학 원점 표석 수정판의 영 눈금선 중앙점)
표고 : 인천만의 평균해면상의 높이로부터 26.6871미터 높이

▶ **표 4.1** 수준기점

소재지	표고	설치년월일	소재지	표고	설치년월일
인 천	5.477m	1913.12~1916.6	목 포	2.155m	1912.6~1916.6
진 남 포	6.140m	1912.11~1916.5	원 산	1.931m	1911.9~1916.3
청 진	2.636m	1911. 8~1915.5	인천원점	26.6871m	1963.12.

〈그림 4.3〉은 국가 수준기준면으로부터 수준측량으로 해발고도를 구할 때까지의 과정을 그린 것이다(국토지리정보원 자료집의 그림을 응용 편집하였음).

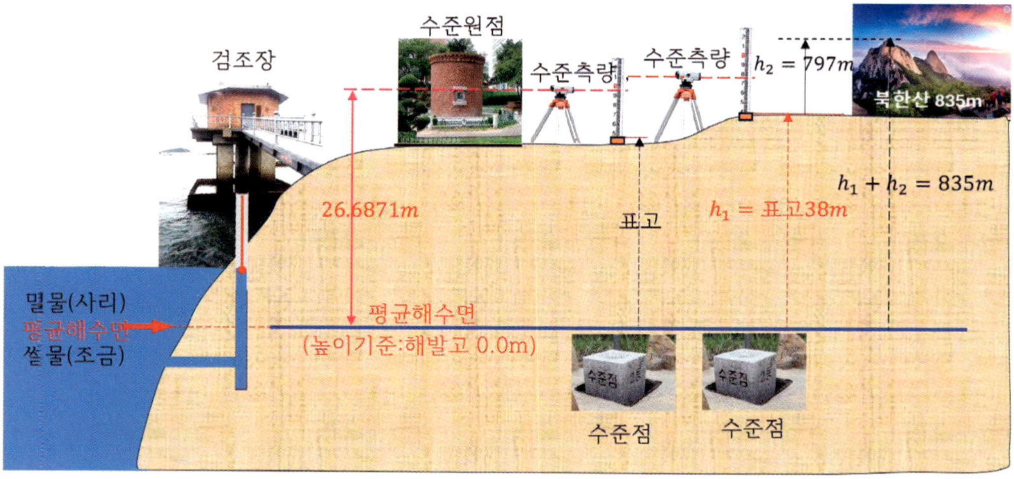

해발고도의 이해

H = 산높이(해발 835m)
h_1 = 평균해수면으로부터 수준점까지의 높이(38m)
h_2 = 수준점에서부터 산 정상까지의 높이(797m

그림 4.3 수준측량에 의한 해발고도의 이해

4.2 | 지구곡률과 대기굴절에 의한 영향

지구곡률(地球曲率, earth curvature)과 대기굴절(大氣屈折, refraction)이 시준선에 어떠한 영향을 주며 또 이것이 수준측량의 결과에 어떻게 영향을 주는 가를 아는 것은 매우 중요한 일이다. 특히 삼각 수준측량에서와 같이 두 점 사이의 거리가 멀고 높이 차가 클 때는 그 영향이 매우 크다. 이들에 대한 영향을 설명하기에 앞서 수평선과 지평선에 대하여 좀 더 명확히 구분할 필요가 있다. 4장 1절에서 이미 설명한 것과 같이 수평면은 지구의 곡률과 나란한 면이며 수평선은 이 면 안에 있는 하나의 선이다. 따라서 수평선(水平線, level line)은 직선이 아니라 지구의 곡률과 나란한 곡선을 의미하며 직선인 지평선(地平線, horizontal line)과 구분된다. 다시 말해서 수평선은 선 어느 곳에서나 연직방향과 직교하며 그 선상에 있는 모든 점의 표고는 같다.

레벨(또는 트랜싯)의 망원경을 통해서 만들어지는 시준선은 곡선인 수평선이 아니라 직선인 지평선이다. 수평선은 선의 모든 점에서 연직방향과 직교하지만 지평선에서는 오직 관측하는 그 점에서만 연직방향과 직교한다. 따라서 직선인 시준선과 곡선인 수평선과의 차이를 꼭 기억하여야 한다.

〈그림 4.4〉로부터 N과 Q는 같은 수평면 위에 있으므로 표고가 서로 같음을 쉽게 알 수 있다. 지금 $\overline{\mathrm{NP}} = \mathrm{D}$를 망원경의 시준선이라 하면 시준선은 N에 접하는 접선과 일치하며 이는 바로 지평선과 일치함을 의미한다. 따라서 Q에 세워진 수준척의 읽음값은 지평선과 수평선의 연직거리의 차, 즉 $\overline{\mathrm{PQ}}$만큼 더 커진다. 이것은 바로 지구의 곡률에 의하여 발생함을 쉽게 알 수 있다.

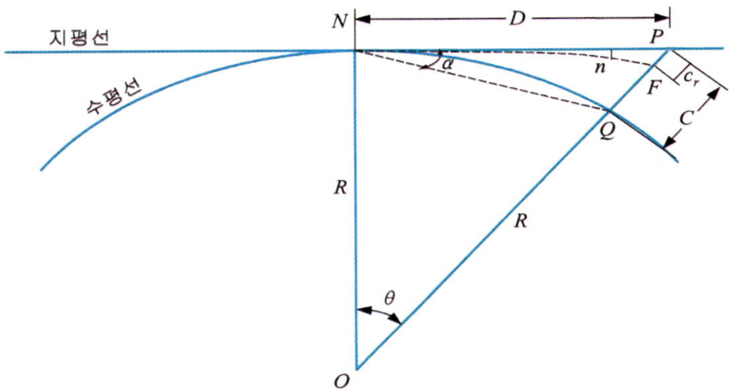

그림 4.4 곡률과 굴절에 의한 영향

지금 〈그림 4.3〉에서 지구의 평균곡률반경을 6,370km라 하면 곡률에 의한 오차 C는 다음과 같이 구하여진다.

$$C = 0.0785D^2 \tag{4.1}$$

여기서 C의 단위는 m, D의 단위는 km이다. 따라서 곡률에 의한 영향은 1km당 7.85cm가 된다.

빛의 굴절에 의한 영향을 생각해 보자. 지표면은 밀도가 서로 다른 엷은 공기층이 여러 겹으로 둘러싸여 있다. 삼각측량 또는 삼각수준측량과 같이 측점 간의 거리가 먼 경우에는 같은 시준선이라도 밀도가 서로 다른 공기층을 통과하게 되므로 빛의 굴절 현상은 필연적으로 오게 된다. 빛의 굴절에 의한 현상은 물체가 실제로 위치한 곳보다 더 높게 보인다. 따라서 수준척의 읽음값은 더 작아진다.

〈그림 4.5〉는 태양이 수평면에 있는 경우이다. 실제로는 수평면 바로 밑에 위치하였는데 빛의 굴절 현상으로 인하여 수평면 바로 위에 있는 것처럼 떠 보이는 것이다.

〈그림 4.4〉에서 시준선 $\overline{NP}$가 빛의 굴절 현상으로 인하여 지구표면 쪽으로 약간 굴절되어 $\overline{NF}$와 같이 됨을 보여준다. 따라서 Q에 세운 수준척의 읽음값은 $\overline{PF}$만큼 적어졌음을 알 수 있다.

굴절 현상으로 인하여 목표물이 실제의 위치보다 더 높게 보이는 현상은(따라서 수준척의 읽음값은 더 적게 나타난다) 〈그림 4.5〉와 같이 태양이 수평선에 있을 때 일어나는 현상으로부터 알 수 있다. 태양이 수평선 밑으로 막 지는 순간에 태양은 수평선 바로 위에 떠 있는 것처럼 보인다.

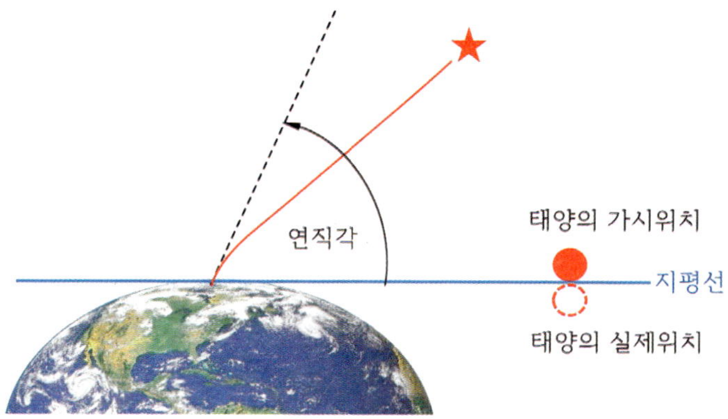

그림 4.5 빛의 굴절현상

굴절에 의한 영향은 대기조건, 시준선의 길이, 시준선이 연직선과 이루는 각의 크기 등에 따라 다르다. 수평선에서 굴절에 의한 영향은 다음과 같은 식으로 나타낸다.

$$C_r = 0.011D^2 \tag{4.2}$$

여기서 C_r의 단위는 m, D의 단위는 km이다.

이같이 지구의 곡률과 굴절에 의한 오차는 시준선 길이의 제곱에 비례함을 알 수 있다. 또한 굴절오차는 곡률오차의 약 1/7에 해당하며 곡률오차는 (+), 굴절오차는 (−)오차임을 알 수 있다. 따라서 곡률오차와 굴절오차를 합한 오차, E는 〈식 4.1〉과 〈식 4.2〉로부터 다음과 같이 구할 수 있다.

$$C + C_r = (0.0785 - 0.011)D^2 = 0.0675\,D^2 \tag{4.3}$$

삼각측량에서는 종종 곡률에 의한 오차를 구차(球差), 굴절에 의한 오차를 기차(氣差)라고 부르며 두 오차를 합한 혼합오차를 양차(兩差)라 부르기도 한다. 두 측점 사이의 거리가 1 km인 경우, 양차의 크기는 〈식 4.3〉에 의하여 6.75cm가 됨을 알 수 있다.

굴절에 영향을 주는 가장 큰 요소는 표고 변화에 따른 온도의 변화이다. 온도의 변화가 크면 클수록 굴절계수는 점점 작아진다.

수준측량에서 시준선의 높이차는 보통 약 2 m 정도가 되므로 측량 노선이 평탄하거나 일정한 경사가 아니면 각 점의 높이 차는 일정하지 않고 수시로 변화한다. 따라서 D의 값도 일정하지 않아서 수준측량의 결과에 영향을 준다. 정밀한 측량이 필요 없는 측량에서는 무시할 수 있으며 특히 시준거리를 가능한 한 짧게(약 30 m) 잡고 전시·후시(前視·後視)(4.7.1 참조)의 거리를 같게 하면 이에 의한 영향을 최대한 줄일 수 있다. 그러나 측점 사이의 거리가 멀고 높이 차가 큰 삼각측량 또는 삼각 수준측량의 경우는 이들에 의한 영향을 고려하여야 할 경우가 많다.

제 4 장

4.3 | 레벨의 구조

레벨(levels)은 두 점 간의 표고차를 구하는 측량 즉 수준측량에서 사용되는 기계이다. 따라서 정확한 수평 시준선을 유지하는 것은 레벨이 갖추어야 할 가장 기본적인 요소이다.

레벨은 그 구조상 여러 가지 형태가 있으나 기본적으로 시준선을 형성하는 망원경과 그 시준선을 정확하게 수평으로 유지해 주기 위한 정준장치(整準裝置)로 구성되었다.

망원경의 시준선은 연직축과 직교하도록 설계되었으며 삼각 위에 레벨이 설치되면 그의 연직축은 중력 방향과 반드시 일치하여야 하며 동시에 시준선은 수평이 되어야 한다. 따라서 망원경이 연직축 주위로 회전하면 시준선이 만드는 자취는 하나의 평면을 형성한다.

레벨은 크게 망원경, 기포관, 지지부(支持部)의 3부분으로 구성되었으며 정준장치는 지지부에 부착되었다. 정준장치에 있는 정준나사를 사용하여 기포관의 기포를 중앙에 오도록 하여 수평한 시준선을 얻는다.

4.3.1 망원경

망원경은 레벨의 가장 중요한 부분으로 대물렌즈, 초준렌즈, 십자선, 대안렌즈로 구성되었으며 시준선(視準線)을 결정하고 표척의 눈금을 정확히 읽을 수 있도록 확대하는 역할을 한다. 망원경의 시준선은 대물렌즈의 광심(光心)과 십자선의 교점을 연결하는 선으로 결정되며 광축(光軸)과 일치하여야 한다.

대물렌즈를 통하여 형성된 물체의 상은 일차적으로 매우 작은 도립상(倒立像)이 되며 이것은 다시 대안렌즈에 의하여 크게 확대되어 정립상으로 볼 수 있도록 되어있다. 망원경의 배율은 대물렌즈의 초점거리와 대안렌즈의 초점거리와의 비로 표시하며 보통 20~30배 정도이다.

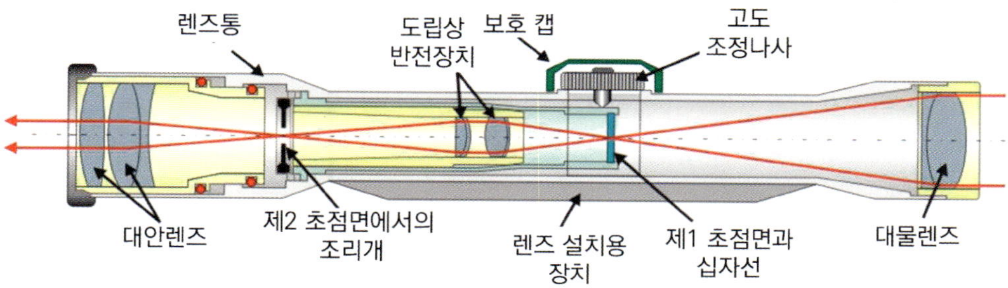

그림 4.6 내부 초준식 망원경

❶ 대물렌즈

대물렌즈는 망원경의 목표물 쪽에 고정되었으며 목표로부터 들어오는 광선을 모아 초준렌즈로 향하게 하는 역할을 한다. 대물렌즈는 굴절률과 반경이 다른 몇 개의 렌즈토 구성된 합성렌즈(合成렌즈, compound lens)를 사용한다. 합성렌즈를 사용하면 렌즈의 구면수차(球面收差)와 색수차(色收差) 등 여러 종류의 수차를 없애 줄 수 있는 장점이 있다.

그러나 이러한 합성렌즈는 렌즈의 두께가 두꺼워져 반사와 흡수에 의하여 약 4%~5%의 빛의 손실을 가져오는 단점이 있다. 흡수에 의한 손실은 렌즈가 크게 두껍지 않는 한 심각하지는 않으나 반사에 의한 손실은 렌즈의 두께에 따라 심각해 질 수도 있다. 실제적으로는 유리보다 굴절률이 낮은 물질을 사용하여 렌즈를 얇은 막으로 코팅하여서 반사에 의한 빛의 손실을 막아 준다.

❷ 초준렌즈

초준렌즈(焦準, focusing lens)는 대물렌즈와 십자선 사이에 있는 오목렌즈로 그의 광축이 대물렌즈의 광축과 일치하도록 만들어졌다. 초준렌즈는 대물렌즈에 의하여 형성된 목표물의 상을 십자선면, 즉 초점면에 오도록 하는 역할을 한다(그림 4.7).

초준은 초준렌즈를 망원경의 축을 따라 앞뒤로 이동시키는 방법으로 이루어진다.

초기에 만들어진 망원경에는 대물렌즈를 앞뒤로 이동시켜 초준하는 외부초준식의 망원경도 있었으나 오늘날에는 사용하지 않는다.

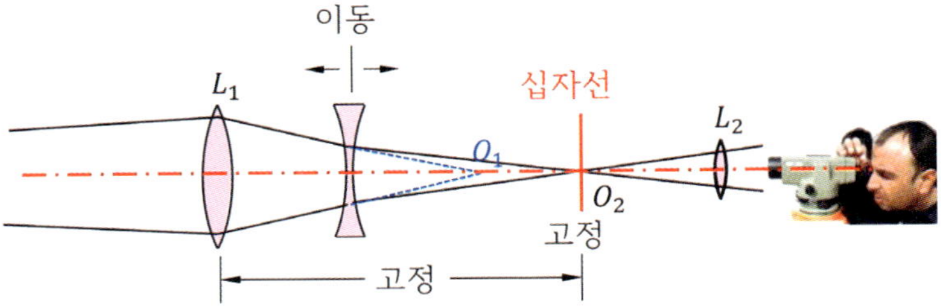

그림 4.7 망원경의 초준방법

제 4 장

❸ 십자선

십자선(十字線, cross hairs)은 직각으로 된 가로 · 세로 한 쌍의 직선으로서 대물렌즈의 초점면에 고정되었다. 십자선의 교점은 대물렌즈의 광심(光心)과 함께 망원경의 축을 이루며 동시에 시준선을 형성한다. 과거에는 십자선이 십자선 환에 서로 직각으로 고정되었으며 4개의 십자선 고정나사에 의하여 약간의 조정이 가능하였으나 근래에는 이들 대신에 얇은 유리판에 부식인쇄법(腐蝕印刷法)을 사용하여 매우 정교하게 만들어 조정이 불가능하다.

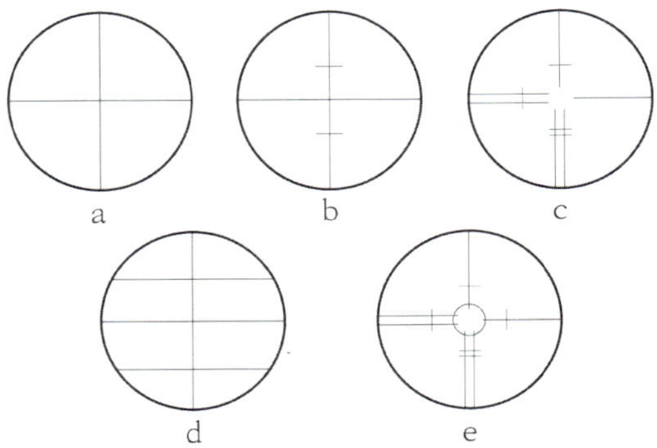

그림 4.8 십자선의 모양

십자선의 모양은 〈그림 4.8〉과 같이 여러 가지의 종류가 있다. 그림에서 십자선의 위·아래에 같은 간격으로 그려진 짧은 평행선은 스타디아선(stadia lines)이라 하며 스타디아 측량에 사용된다.

④ 대안렌즈

대안렌즈(對眼, eyepiece)는 십자선 면에 형성된 매우 작은 목표물의 상을 확대(보통 25배~40배)하여 관측자의 눈에 선명하고 명확하게 보이도록 하는 현미경 장치다. 대안렌즈는 보통 2개의 볼록렌즈를 사용하고 있으나 상이 거꾸로 보여 사용하는 데 불편하다는 단점이 있다. 따라서 이러한 단점을 보완하기 위하여 하나 또는 두 개의 렌즈를 추가로 사용하여 정립상(正立像)을 만들어 사용하고 있다. 그러나 정립상의 대안렌즈는 도립상에 비하여 망원경의 길이가 길어지고 상이 명확하지 못하다는 단점이 있다. 따라서 정밀한 측량기구에는 정립상 대신에 도립상을 많이 사용하고 있다.

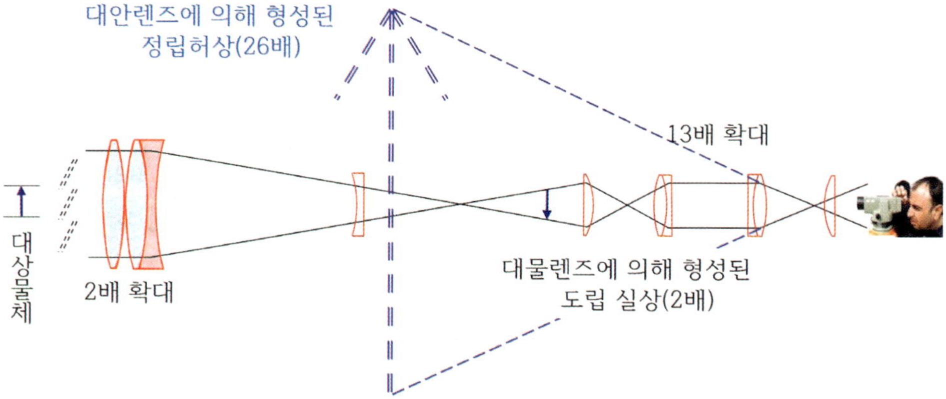

그림 4.9 대안렌즈(정립상)

망원경의 사용에서 초점을 맞추는 과정은 매우 중요한 작업으로 다음과 같은 렌즈 기본공식의 원리에 의하여 이루어진다.

$$\frac{1}{f_1} + \frac{1}{f_2} = \frac{1}{f} \tag{4.4}$$

여기서 f_1은 렌즈로부터 십자선 면에 있는 상(像)까지의 거리, f_2는 렌즈로부터 목표물까지의 거리, f는 렌즈의 초점거리이다.

초점거리는 렌즈 표면의 곡률반경과 렌즈를 만든 유리의 굴절률에 의하여 달라지며, 어느 특정한 렌즈에 대하여 일정한 값을 가진다. f_2를 변화하여 초점을 맞출 때, f_1은 〈식 4.4〉의 관계식을 항상 유지하여야 한다.

레벨의 망원경으로 초점을 맞출 때는 다음과 같은 두 과정으로 이루어진다. 먼저 대안렌즈의 초점을 맞추어야 한다. 십자선은 망원경에 고정되어 있으므로 십자선과 대안렌즈와의 길이는 관측자의 눈에 맞도록 조정되어야 한다. 초준방법은 망원경을 하늘이나 밝은 목표물을 향하게 하고 대안렌즈를 조정하여 십자선이 뚜렷하게 하면 된다.

다음에는 초준나사를 조정하여 목표물을 뚜렷이 보이도록 한다. 이것은 초준렌즈를 움직여 f_1이 변화하면 〈식 4.4〉가 성립하도록 f_2가 변화한다. 위 두 과정이 완벽하게 이루어지지 않으면 관측자의 눈이 움직일 때마다 물체의 상도 십자선에 대하여 움직여 보이는데 이를 시차(parallax)라 한다. 이때는 대물렌즈와 대안렌즈 모두 다시 한 번 초준을 하여야 한다.

4.3.2 기포관

❶ 기포관의 구조

기포관(氣泡管, level tube)은 〈그림 4.10〉과 같이 원형 유리관의 안쪽 윗면을 일정한 반지름을 갖는 원호로 만들어 그 유리관 속에 에테르(ether)나 알코올과 같이 점성이 매우 적고 잘 얼지 않는 액체를 넣어서 작은 기포 하나만 남기고 양 끝을 밀폐하여 금속관에 넣은 형태이다.

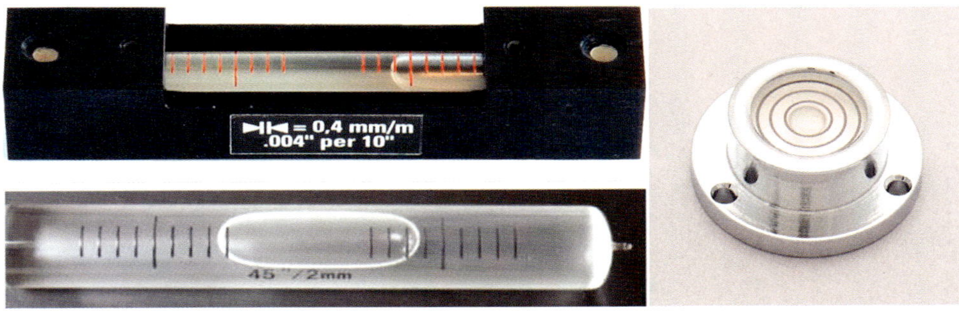

그림 4.10 관형기포관(좌)과 원형기포관(우)

이 금속관은 고정나사에 의하여 레벨에 부착되었으며 이 고정나사는 기포관을 조정할 때 사용하기도 한다. 기포관에는 기포의 위치 또는 기포관의 경사도를 알기 위하여 기포관의 중앙에 중심선을 표시하고 그 선의 좌우 대칭으로 일정한 간격의 눈금을 그 렸다(보통 레벨의 경우 2mm). 기포가 중심선에 있을 때는 기포관의 축이 수평임을 의미하며 동시에 그 점에서 중력방향과 직교함을 의미한다.

평면측량에서는 지구의 곡률을 무시하기 때문에 기포가 중앙에 왔을 때 기포관 축에 의하여 결정된 시준선은 수평면 위의 선으로 가정한다.

❷ 기포관의 감도

기포관의 감도(感度, sensitivity)는 레벨의 정밀도를 나타내는 척도이며 기포관의 곡률반경에 영향을 받는다. 기포관의 곡률반경이 크면 클수록 기포관의 미세한 움직임에 대해서도 기포의 움직임이 크며 반대로 곡률반경이 작으면 기포의 움직임도 적다. 이와 같이 기포관의 곡률반경은 기포관의 감도를 나타내는 척도가 된다.

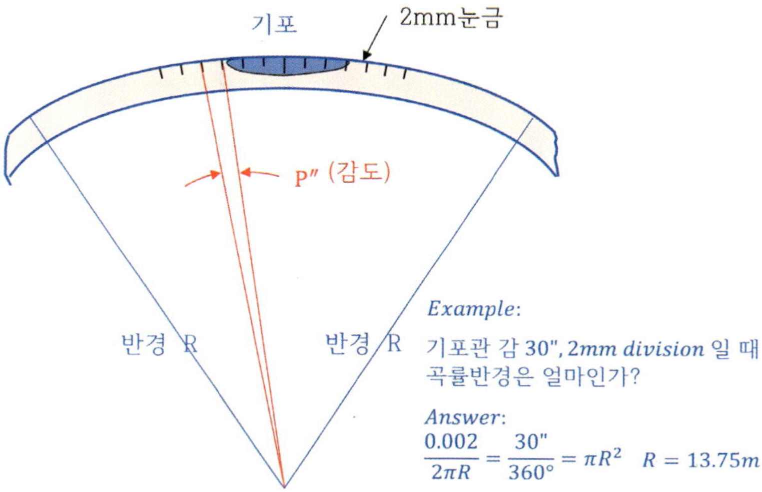

그림 4.11 기포관의 감도

일반적으로 기포관의 감도는 〈그림 4.11〉에서와 같이 기포관의 눈금 하나(보통 2 mm)가 만드는 중심각(β)을 의미하며 보통 초(″)로 표시한다. 공사측량 등 일반적인 토목공사에서는 보통 감도 30″($R = 13.75$ m)의 레벨을, 정밀한 수준측량에서는 감도 10″($R = 41.25$ m)의 레벨을 사용한다. 매우 정밀한 레벨의 경우는 기포관의 감도 1″~2″ 정도이다.

❸ 합치식 기포관

보통 관형기포관에서는 기포가 중앙에 왔을 때 기포관 축은 수평이 되므로 실제적인 수준측량에서는 수평한 시준선을 얻기 위하여 기포를 중앙에 오도록 한다.

그러나 경독(傾讀)레벨에서와 같은 정밀한 레벨에서는 관형기포관에서와는 달리 합치식 방법(合致式方法)에 의하여 기포를 중앙에 맞춘다. 합치식 기포관은 광학장치에 의하여 기포를 세로방향으로 2등분하고 2등분된 기포가 다시 하나의 기포로 합쳐질 때 수평한 시준선을 얻도록 고안되었다.

이때 2등분된 기포는 레벨이 움직일 때마다 서로 반대 방향으로 움직이며 오직 한 위치에서만 합치된다. 기포의 합치 여부는 보통 대안렌즈의 부근에 있는 측미경(測微鏡) 등을 통해서 볼 수 있다. 대부분의 레벨에서는 오른쪽 눈으로는 망원경을 통하여 목표물을 보며 동시에 왼쪽 눈으로는 기포가 합쳐진 상태를 볼 수 있도록 고안되었다.

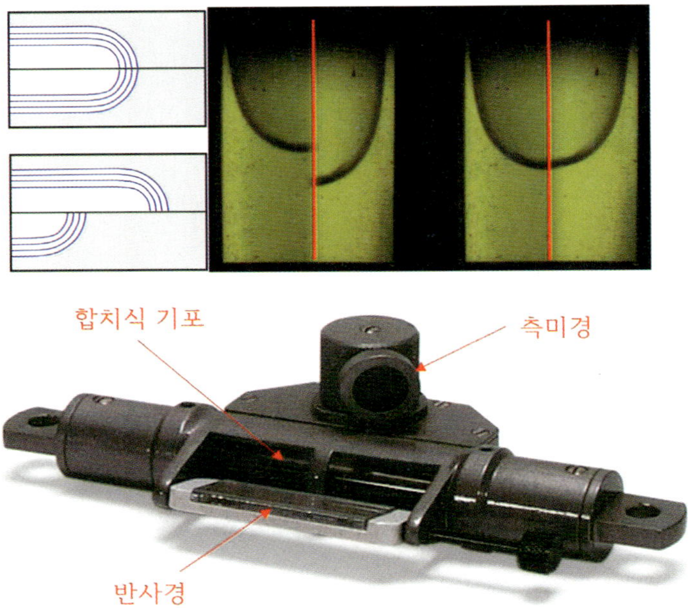

그림 4.12 합치식 기포관

합치식 기포관은 관형기포관보다 약 2배 정도 더 정밀하다.

4.3.3 정준장치

정준장치는 망원경의 시준선을 수평으로 하는 역할을 하며 이것은 정준나사에 의하여 기포관의 기포를 중앙에 오도록 하게 함으로써 이루어진다. 정준나사는 4개 또는 3개로 구성되었다. 대부분의 레벨에서는 보통 3개의 정준나사를 사용하여 수평한 시준선을 얻게 된다.

〈그림 4.13〉에서와 같이 레벨에 부착된 기포관을 한 쌍의 대각선 방향의 정준나사와 나란하게 놓고 기포가 중앙에 오도록 정준나사를 조정한다. 이때 정준나사를 동시에 안쪽으로 돌리면 기포는 오른쪽으로 이동하고 반대로 바깥쪽으로 돌리면 기포는 왼쪽으로 이동한다. 다음에 기포관을 먼저의 방향과 직각으로 놓고 정준나사를

사용하여 기포를 중앙에 오도록 한다. 같은 방법을 되풀이하여 기포관을 어느 방향으로 놓아도 기포가 움직이지 않고 중앙에 멈추어 있으면 레벨의 수평은 완전하다.

3개의 정준나사로 되어 있는 레벨은 주로 서구에서 많이 사용되고 있으나 근년에는 대부분의 레벨에서 4개 대신에 3개의 정준나사를 사용하는 것이 보편화되는 추세다.

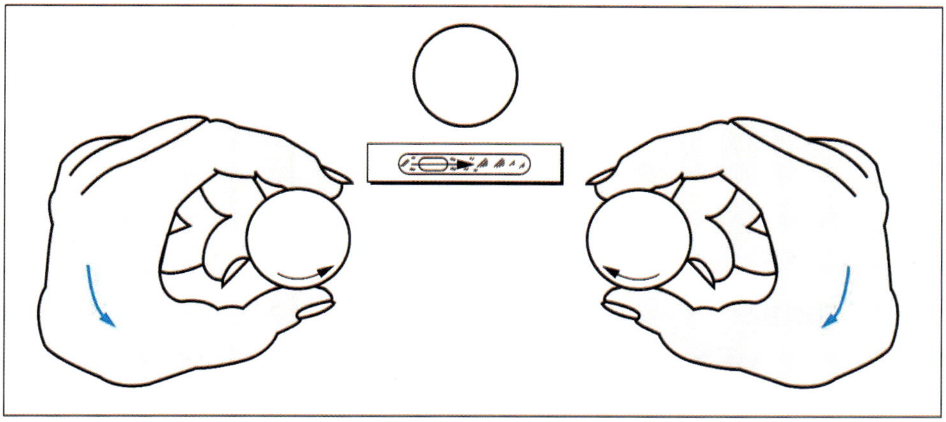

그림 4.13 레벨의 정준 작업

4.4 레벨의 종류

수준측량에서 사용하는 레벨은 여러 가지의 종류가 있으나 망원경의 받침 장치, 기프관, 수평축과 연직축의 형태 및 읽음장치 등에 따라 와이(Y)레벨, 덤피레벨(dumpy level), 경독레벨(tilting level), 자동레벨(automatic level) 및 디지털레벨(electronic digital level)이 있다(와이레벨은 초기의 레벨로 더 이상 사용하지 않는다). 이들은 구조면에서 서로 다르지만 두 가지의 공통점을 가지고 있다. 즉, (1)시준선을 형성하는 망원경과 수준척의 읽음 장치, (2)지평면에서 시준선의 방향을 맞추는 장치이다.

덤피레벨과 경독레벨은 시준선의 방향맞추기에서 기포관을 사용하지만 자동레벨은 자동 컴펜세이터(compensator)를 사용한다. 디지털 레벨도 컴펜세이터를 사용하지만 수준척 대신에 자동 읽음을 위하여 바-코드를 사용한다. 오늘날 가장 많이 사용하는 레벨은 자동레벨이며 경독 레벨은 정밀한 작업을 할 때 주로 사용한다. 반면 디지털 레벨은 작업의 효율성이 매우 높은 이점이 있다.

기타 공사측량에서 많이 사용하는 레이저레벨, 간단한 수준측량 기구인 핸드레벨

(hand level)과 클리노미터(clinometer) 등도 있다. 여기에서는 가장 보편적으로 사용하는 몇 가지에 대하여 설명하고자 한다.

❶ 경독레벨

경독레벨(傾讀, tilting level)은 미동레벨이라고도 부른다. 〈그림 4.14〉에서 보는 바와 같이 덤피레벨과는 그 구조가 완전히 다르다. 보통의 덤피레벨에서는 기포관축과 연직축은 직각을 이루고 있으나 경독레벨에서는 전혀 그렇지 않으며 경독나사(tilting screw)에 의하여 연직축과는 독립적으로 경사를 조정할 수 있도록 되었다. 따라서 연직축을 전혀 움직이지 않고 기포를 중앙에 오도록 할 수 있다.

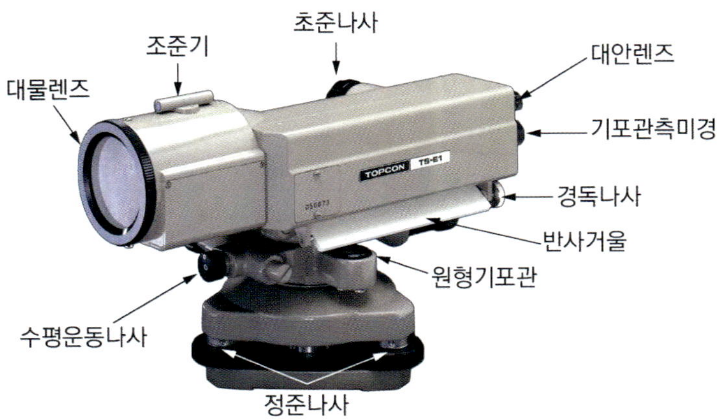

그림 4.14 경독식레벨(TOPCON TS-E1)

이 레벨에는 망원경에 부착된 정밀한 관형 기포관 이외에 또 다른 하나의 원형기포관을 갖고 있다. 원형기포관은 감도가 매우 낮아서 레벨을 개략적인 수평으로 할 때 사용할 뿐이다. 정밀한 수평 시준선을 얻기 위해서는 망원경에 부착된 관형 기포관을 사용하여야 한다. 관형 기포관은 합치식 기포관이므로 두 개로 분리된 기포의 상이 하나로 합쳐지면 기포가 중앙에 위치하게 된다.

기포의 합치 여부는 기포관 위에 부착된 반사 거울이나 프리즘 장치로 된 측미경(測微鏡)을 통하여 확인할 수 있다. 따라서 관측자는 관측의 순간에도 기포가 중앙에 있는가를 확인할 수 있다. 경독레벨은 덤피레벨보다 약 두 배 정도 정밀하고 수준척의 눈금도 보통 0.1 mm까지 읽을 수 있으며 정밀한 측량에 주로 사용된다.

❷ 자동레벨

보통의 레벨에서는 수평 시준선을 얻기 위해서 관형 기포관의 기포를 정확히 중앙에 오도록 하였다. 그러나 자동레벨에서는 기포관의 기포를 정확히 중앙에 오도록 할 필요가 없다. 자동레벨에 부착된 작은 원형기포관을 사용하여 레벨을 개략적으로 수평으로 하면 망원경 속에 장치된 특별한 광학장치에 의하여 수평한 시준선을 자동으로 얻을 수 있기 때문이다. 이러한 장치를 컴펜세이터(compensator)라 한다(그림 4.15).

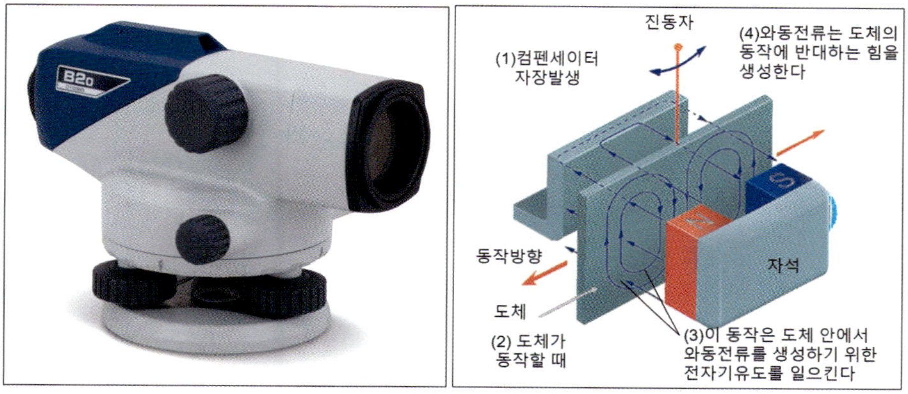

그림 4.15 소끼아 B20자동레벨(좌)과 전자식 진동자 컴펜세이터(우)

컴펜세이터는 여러 개의 프리즘 또는 반사거울, 그리고 진동자(振動子) 프리즘으로 구성되었다. 진동자 프리즘은 줄에 매달려 있어서 자유롭게 움직이는 진동자의 역할을 한다. 이때 줄의 길이와 고정된 위치, 프리즘의 광학적 성질은 언제나 십자선의 중심을 통하는 수평한 시준선을 만들어 준다.

자동레벨은 사용이 간편하고 신속한 작업 수행이 가능하여 일반적으로 많이 사용되고 있다. 자동레벨을 사용할 때는 주변의 차량 통행으로 발생하는 진동 때문에 오차가 발생하기도 한다. 이러한 진동이 있을 때는 레벨이나 삼각에 가볍게 손을 올려놓으면 없어진다. Sokkia B형의 경우 컴펜세이터의 허용 작동한계는 ±15'이다.

❸ 디지털 레벨

디지털레벨(electronic digital level)은 수준척의 읽음이 보통 레벨에서와 같이 직접 눈으로 읽는 것이 아니라 레벨에 내장된 컴퓨터 영상분석장치(映像分析裝置)에 의하여 수준척의 눈금이 읽어지도록 고안되었다. 그러나 디지털레벨에서도 망원경의 십자선을 이용하여 보통의 레벨에서와 같이 직접 수준척의 눈금을 읽을 수도 있으나 근본적으로 영상에 의하여 수치 처리가 이루어지도록 고안되었다.

디지털레벨을 사용하는 수준측량에서는 특별히 고안된 바코드 수준척(bar-coded rod)을 사용한다. 망원경으로 바코드 수준척을 시준한 다음 버튼을 누르면 시준선 위에 있는 바코드 영상이 읽혀지고 읽혀진 영상은 내장된 컴퓨터에 의하여 분석되어 수준척의 읽음값이 액정화면(液晶畵面)에 표시된다. 이때 읽혀진 수준척의 읽음값은 컴퓨터에 기억시킬 수 있어 여러 가지 계산에 사용할 수 있다. 최신의 디지털 레벨에서는 대부분 자동초점 기능이 있어 작업 효율이 향상된다. 디지털레벨에서는 자체 컴퓨터에 의하여 전시와 후시의 거리를 같게 할 수 있어 오차를 최대로 줄일 수 있다.

그림 4.16 Sokkia SDL1X 자동초점 디지털 레벨과 바코드 수준척

〈그림 4.16〉은 Sokkia SDL1X 자동초점 디지털 레벨이다. 최소 1.6m에서 최대 100m까지 측정할 수 있다. 표척의 눈금 값의 정밀도는 ±0.2mm이며 1회 측정시간은 2.5초이다. 이러한 디지털 레벨도 역시 진동자 컴펜세이터를 사용하고 있어 자동레벨의 부류에 속한다고 볼 수 있다.

④ 레이저 레벨

레이저(laser)는 전자파의 방사각(퍼짐각)이 매우 좁아 강력한 전자파의 강도를 잃지 않고 직선으로 멀리 도달할 수 있는 특징이 있어 거리 측정 등에 많이 이용된다. 특히 레이저를 사용하면 어느 주어진 직선이나 또는 일정한 높이의 수평면과 연직면 등을 쉽게 만들 수 있는 특징 때문에 시공측량 등에 많이 사용된다. 이러한 목적으로 사용되는 레이저 장치에는 다음과 같은 두 가지가 있다.

(1) 단일 빔 레이저(single beam laser)

단일 빔 레이저는 레이저가 하나의 선을 따라 방출되며 방출된 레이저는 목표물 또는 반사경에 반사되어 쉽게 관측할 수 있다. 단일 빔 레이저는 건축 공사, 관로 공사, 터널 공사 등에서 수평 또는 수직 선형을 얻고자 할 때 많이 사용된다.

(2) 회전 빔 레이저(rotating beam laser)

회전 빔 레이저는 광학장치에 의하여 단일 빔 레이저를 360°회전시키는 것이며 이때 회전된 레이저빔은 하나의 평면을 형성하게 된다. 이러한 평면은 같은 표고를 가지는 수평면이 될 수도 있고 일정한 경사도를 갖는 경사평면 또는 수직평면이 될 수 있다. 사용거리는 약 1000 m 정도이며 약 300 m까지는 상당한 정밀도를 유지할 수 있다. 비가시 광선대역의 레이저레벨의 경우에는 이를 보기 위한 감지기가 필요하다. 감지기는 손으로 잡고 사용할 수 있고 또 수준척에 부착하여 수준축을 아래·위로 움직여서 사용하기도 한다. 그러나 헬륨-네온(He-Ne) 레이저는 눈으로 볼 수 있기 때문에 감지기가 별도로 필요치 않아서 터널과 같은 어두운 곳에서의 작업에 매우 편리하다.

회전빔 레이저레벨은 자동레벨의 일종으로서 약 4° 이내의 경사에서는 컴펜세이터에 의하여 자동으로 수평을 유지할 수 있으며 회전을 쉽게 중지시킬 수 있다. 최신 레벨의 경우 회전 속도는 보통 600 rpm 정도이다. 작동은 보통 충전식 건전지에 의하며 한번 충전하여 60시간 정도 작업할 수 있다.

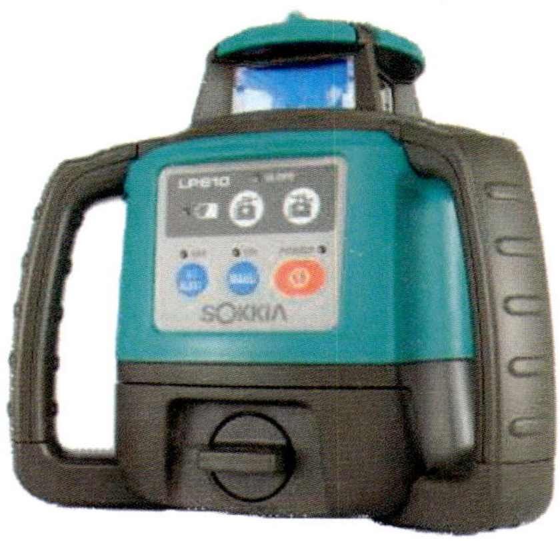

그림 4.17 Sokkia LP610 Laser Level

선로 측량이나 공항 건설 또는 성토(盛土)와 절토량(切土量)을 조정하기 위한 말뚝박기 등에 매우 효과적으로 사용된다.

〈그림 4.17〉은 Sokkia LP610 회전 빔 레이저레벨이다. 이 레벨의 회전 속도는 600rpm, 측정범위는 직경 800m, 수평 정확도는 ±10″(1.5mm/30m)의 고정밀도로 다양한 토목, 건축 현장과 진동이 많은 곳에서도 사용할 수 있다.

⑤ 핸드레벨과 클리노미터

핸드레벨은 아주 간단한 수준측량 기구로서 휴대하기가 간편하고 사용하기가 편리하여 현장답사에 많이 사용된다. 핸드레벨은 길이 약 15 cm 정도의 금속통으로 만들어졌으며 평면 유리로 만들어진 대물경과 시준공을 가진 대안렌즈로 구성되었다.

통 위에는 작은 기포관이 있으며 통 내부에는 하나의 수평 횡선과 반사 거울(또는 프리즘)이 기포관 바로 밑에 장치되어 있다. 대안렌즈는 작은 볼록렌즈와 시준공으로 구성되었으며 수평 횡선과 기포의 상을 확대하고 명확하게 볼 수 있는 역할을 한다.

통 내부는 길이 방향으로 길게 두 부분으로 나누어져 있으며 오른쪽 반은 반사경 또는 프리즘 장치가, 왼쪽 반은 목표물이 전혀 방해받지 않고 명확히 볼 수 있도록 비어 있다. 따라서 목표물(또는 수준척)을 시준할 때 통의 왼쪽 반에서는 수평 횡선과 기포의 상을 함께 볼 수 있으며 동시에 다른 오른쪽 반에서는 목표물(또는 수준척)이 관측된다.

클리노미터는 핸드레벨과 똑같은 형태로서 기포관이 위치하는 곳에 연직분도원이 장치되어 있어 경사각을 측정할 수 있도록 고안되었다. 또한 연직분도원(鉛直分度圓)의 눈금을 0°로 맞추면 핸드레벨로 사용할 수 있다. 산림측량 등에서 나무의 높이와 산의 경사도 등을 측정할 때 클리노미터를 사용하기도 한다.

4.5 | 수준척

수준측량이나 스타디아 측량을 할 때 망원경의 시준선의 높이를 알기 위하여 사용하는 눈금이 그려진 막대기 모양의 표척을 수준척(水準尺, leveling rod) 또는 표척(標尺, staff)이라 한다. 수준척은 충분히 잘 마른 전나무나 백송으로 만들어졌으나 최근에는 가벼운 알루미늄 또는 광섬유로 만든 제품들이 많이 사용된다. 수준척은 보통 판형단면(板形斷面)또는 상자 모양의 함척(函尺)이 주로 사용되고 있으나 최근에는 원형 또는 타원형의 것도 많이 사용되고 있다. 모양은 중간을 접을 수 있는 형태나 낚시대 모양으로 집어넣을 수 있는 신축형이 있다.

수준척은 그 사용 방법에 따라 표적 수준척(標的水準尺, target rod)과 자독식 수준척(自讀式水準尺, self-reading rod) 등으로 구분된다.

4.5.1 표적 수준척

수준척에 버니어(vernier)가 부착된 것으로 관측자에 의하여 수준척의 눈금이 읽어지는 것이 아니라 표척수 자신에 의하여 수준척의 눈금이 읽어진다. 관측자는 표척수에게 표적(標的)을 위·아래로 움직이게 하여 표적이 망원경의 시준선과 일치되었을 때 관측자 대신에 표척수가 눈금을 읽게 된다. 이것은 원거리 시준을 하거나 또는 정밀이 필요한 측량에서 효과적인 방법이라 할 수 있으나 시간이 많이 걸리고 숙련되지 못한 표척수의 경우에는 오독하기 쉽다. 최소눈금은 1 cm이며 버니어를 사용하여 1 mm까지 직접측정이 가능하며 우리나라에서는 사용하지 않는다.

제 4 장

4.5.2 자독식 수준척

자독식 수준척은 관측자가 표척의 눈금을 직접 읽는다. 이 수준척을 사용하면 표척수는 단지 수준척을 목표점에 연직으로 세우기만 하면 되므로 시간을 절약할 수 있고 망원경의 유효거리 안에서는 비교적 높은 정밀도를 얻을 수 있다. 보통 수준측량에서는 이 표척을 가장 많이 사용한다.

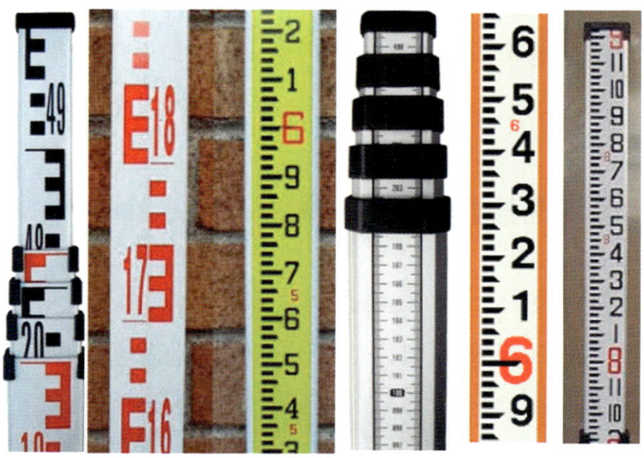

그림 4.18 수준척

단면의 모양은 판형, 상자 모양, 원형, 타원형 등 여러 종류가 있으며 길이는 보통 2 m~5 m이다(그림 4.18). 눈금은 1 cm 와 0.5 cm의 것이 주로 많다.

4.5.3 인바 수준척

인바 수준척(invar staff)은 수준척의 중앙에서 한번 접을 수 있으며 열에 의한 선팽창계수가 매우 낮은 인바 합금(合金)을 사용하여 만들어졌다. 수준척에는 금속제의 손잡이가 있어 사용에 편리하며 또한 작은 원형기포관이 있어서 수준척을 연직으로 세우는데 이용된다. 인바 수준척은 정밀 1등 수준측량과 같이 매우 높은 정밀수준측량에 사용되며 지반의 침하로 인한 표척 오차를 방지하기 위하여 표척대(foot plate)를 함께 사용하기도 한다.

4.5.4 수준척을 사용할 때 주의해야 할 사항

① 수준척은 연직으로 세워야 한다. 수준척에 붙어 있는 작은 원형기포관은 감도가 낮으므로 참고 정도로 하는 것이 좋다.

② 관측자가 수준척의 눈금을 읽을 때는 표척수로 하여금 수준척이 기계를 향하여 앞·뒤로 조금씩 움직이게 하여 제일 작은 눈금을 읽어야 한다.

③ 표척수는 수준척의 밑바닥에 흙이 묻지 않도록 하여야 하며 수준척이 겹 이음으로 되어 있을 때는 측량 도중 이음매에서 오차가 발생하지 않도록 주의하여야 한다.

④ 정밀한 수준측량에서나 또는 다른 측량에 중대한 영향을 줄 수 있는 중요한 점에 수준척을 세울 때는 지반의 침하 여부에 주의하여야 하며 침하 할 수 있는 곳에는 표척대를 놓고 그 위에 수준척을 세워야 한다.

4.6 | 시준선의 조정(항정법)

경독레벨에서 기포관의 기포가 중앙에 있으면 시준선은 반드시 수평이어야 한다. 다시 말하면 완전하게 조정된 레벨은 기포관 축과 시준선은 반드시 나란하여야 한다. 그렇지 않으면 시준선 오차가 있는 것이다. 자동레벨의 경우, 적절하게 조정되었다면 원형기포관의 기포가 개략적인 중앙에 오게 되면 자동으로 수평 시준선이 이루어진다. 만일 그렇지 않으면 컴펜세이터가 적절히 조정되지 않은 것을 의미하며 시준선 오차가 발생하게 된다. 시준선 오차는 수준측량에서 전시와 후시의 길이를 같게 하면 자연적으로 상쇄된다.

시준선 오차는 다음과 같은 항정법(杭整法, peg method)이라는 방법으로 조정할 수 있다. 〈그림 4.19〉에서와 같이 평탄한 지형에 약 30m의 같은 간격으로 4개의 말뚝을 설치한다. 1번 말뚝에 레벨을 세우고 A에 세운 수준척의 눈금, r_{1A}와 B에 세운 수준척의 눈금, r_{1B}를 읽는다. 다음에 레벨을 2번 말뚝에 세우고 A와 B에 세운 수준적의 눈금, r_{2A}와 r_{2B}를 읽는다.

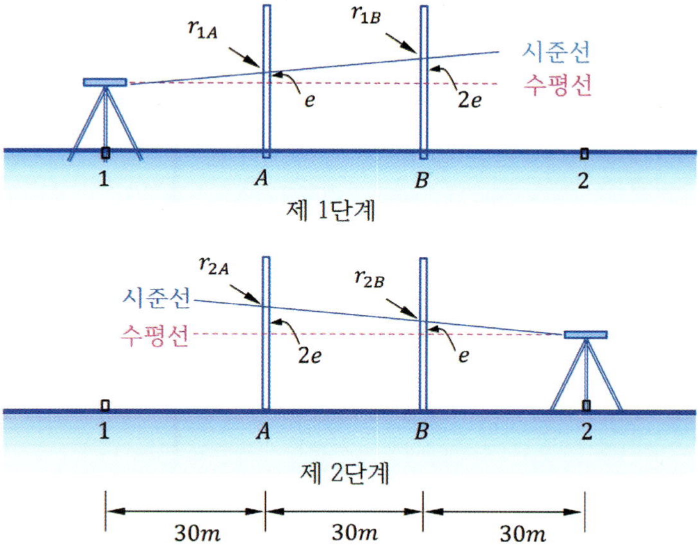

그림 4.19 시준선의 조정

그림에서와 같이 레벨에서 가까운 곳에 세운 수준척에서의 시준오차를 e라 하면 먼 곳에 세운 수준척에서의 시준오차는 거리가 2배이므로 $2e$가 된다. 이때 시준선 오차가 있거나 없거나 1번 말뚝에서 읽은 수준척의 읽음값의 차와 2번 말뚝에서 읽은 수준척의 읽음값의 차는 반드시 같아야 한다. 즉

$$(r_{1B} - 2e) - (r_{1A} - e) = (r_{2B} - e) - (r_{2A} - 2e)$$

따라서 시준오차 ϵ는

$$\therefore\ e = \frac{r_{1B} - r_{1A} - r_{2B} + r_{2A}}{2} \tag{4.5}$$

레벨이 말뚝 2에 있는 동안 A에 세운 수준척의 눈금은 $(r_{2A} - 2e)$이 되어야 한다. 만일 조정이 필요하다면 A에 세운 수준척의 눈금이 $(r_{2A} - 2e)$이 되도록 십자선 조정나사의 상·하 나사를 조정하여야 한다. 이러한 과정은 만족한 결과를 얻을 때까지 반복하여야 한다.

예제 4.1 자동레벨의 수평 시준선을 검사하기 위하여 <그림 4.19>에서와 같은 현장검사를 한 결과 다음과 같은 결과를 얻었다. 1번 말뚝에 기계를 세우고 A와 B에 세운 수준척 눈금의 읽음값은 1.706m, 1.788 m이고 레벨을 2번 말뚝으로 옮긴 후 A에 세운 수준척의 눈금은 1.685 m, B에 세운 수준척의 눈금은 1.609 m이었다. 각 점간 거리는 각각 30 m이었다. 시준선 오차를 계산하고 2번 말뚝에 세운 레벨에서 A에 세운 수준척의 눈금을 얼마로 수정하여야 하는가?

풀이 <식 4.5>로부터 시준오차는

$$e = \frac{1.788 - 1.706 - 1.685 + 1.609}{2} = 0.003 \text{ m}$$

$$r_{2A} = 1.609 - 2(0.003) = 1.603 \text{ m}$$

따라서, 2번 말뚝의 기계로부터 A점에 세운 수준척의 눈금이 1.603m가 되도록 십자선을 조정하여야 한다.

4.7 | 직접 수준측량 방법

두 점 간에 세운 수준척의 읽음 값의 차에 의하여 두 점 간의 표고차를 구하는 측량을 직접수준측량 또는 고저차 수준측량(differential leveling)이라 한다.

4.7.1 용어

직접 수준측량의 현장 작업에서 사용하는 용어에는 다음과 같은 것들이 있다.

❶ 후시와 전시

표고를 이미 알고 있는 점(또는 표고 기준점)에 세운 수준척 눈금의 읽음을 후시(後視, back sight)라 하고 B.S.로 쓰기도 한다. 또 표고를 알고자 하는 곳에 세운 수준척 눈금의 읽음을 전시(前視, fore sight)라 하고 F.S.의 약호를 쓴다. 이들 용어는 측량의 진행 방향과는 아무런 관계가 없으며 후시를 재시(再視)로, 전시를 초시(初視)라고 부르기도 한다.

❷ 기계고

망원경의 시준선의 표고를 기계고(height of instrument) 또는 시준고(height of collimation)라고 하며 I.H.(또는 H.I.)라는 약호를 사용한다. 기계고는 그 측점의 지반고에 후시를 더하여 얻어진다.

❸ 이기점과 중간점

측량 도중 레벨을 옮겨 세우기 위하여 한 측점에서 전시와 후시를 동시에 읽을 때 그 측점을 이기점(移器點, turning point)이라 하며 T. P.라는 약호를 쓴다. 또한 어느 한 점의 표고를 구하기 위하여 그 점에 수준척을 세우고 전시만을 읽는 점을 중간점(intermediate point)이라 하고 I. P.라는 약호를 쓴다. 중간점에 세워진 수준척의 읽음은 전시이나 특별히 중간시(中間視, inetermediate sight)라 부르며 I. S.라는 약호를 사용하기도 한다.

제 4 장

❹ 지반고

지반고(ground level)는 기준면으로부터 어느 점까지의 표고를 말하며 기계고에서 전시 또는 중간시를 뺀 값으로 구해지며 G.L.로 표시한다.

4.7.2 직접수준측량의 원리

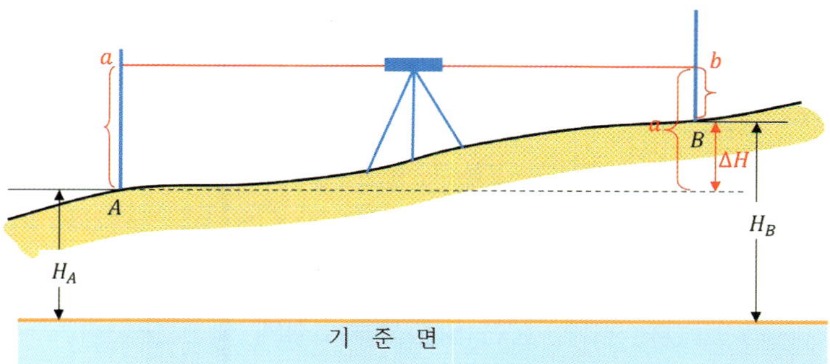

그림 4.20 직접 수준측량의 원리

〈그림 4.20〉에서 보는 바와 같이 하나의 수평 시준선으로 두 점 A, B에 세운 수준척의 눈금의 읽음 값을 a, b라 하면, A, B 간의 고저차 ΔH는

$$\Delta H = a - b \tag{4.6}$$

이때 A점의 표고가 H_A 이면 B점의 표고 H_B는

$$H_B = H_A + a - b \tag{4.7}$$

또 두 점간의 거리가 멀거나 높이의 차가 심하여 한 번에 이를 측정하기가 곤란할 때는 〈그림 4.21〉과 같이 여러 구간으로 나누어서 측량을 실시한다.

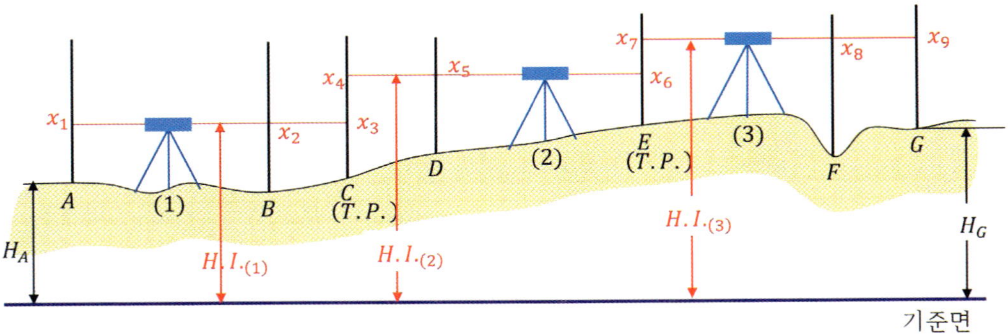

그림 4.21 수준측량 방법

그림에서 H_A와 H_G는 어떤 기준면으로부터 A점과 G점에 이르는 연직거리, 즉 A점과 G점의 표고이며 x_1, x_2, x_3, ..., x_9은 측점 A, B, C, ⋯, G에 세운 각 수준척의 읽음값이다. ①에 세운 레벨의 기계고(H.I ①)는 A점의 표고에 표척의 읽음값 x_1을 더한 $(H_A + x_1)$이 됨을 쉽게 알 수 있다. 다시 말해서 시준선이 하나의 수평면을 이룬다고 하면 이 면위에 있는 모든 점의 표고는 $(H_A + x_1)$이 됨을 의미한다. 따라서 C점의 표고는 이 면으로부터 아래로 x_3 만큼 떨어져 있으므로 $(H_A + x_1 - x_3)$가 된다.

만일 ①에 세운 기계에서 볼 수 있는 한계점(C점) 너머에 있는 다른 점들의 표고를 알고자 할 때는 C점에 세운 표척은 그대로 놓고 기계만 ②로 옮긴다. 이때 C점의 표고는 기계가 ①의 위치에 있을 때 이미 결정되었기 때문에 E점의 표고는 $(H_A + x_1 - x_3 + x_4 - x_6)$가 된다. 같은 방법으로 E점에 세운 수준척은 움직이지 않고 기계만 ③의 위치로 옮기면 G점의 표고가 $(H_A + x_1 - x_3 + x_4 - x_6 + x_7 - x_9)$가 됨을 쉽게 알 수 있다.

여기서, G점의 표고를 구하기 위하여 사용한 9개의 수준척 읽음값, x_1, x_2, x_3, ..., x_9은 다음과 같이 3가지 부류로 구분할 수 있다. 즉 (+)부호를 가진 $(x_1,\ x_4,\ x_7)$, (−)부호를 가진 $(x_3,\ x_6,\ x_9)$, 그리고 G점의 표고 계산에 전혀 사용치 않은 $(x_2,\ x_5,\ x_8)$ 이다. 다시 말해서 (+)부호(符號)인 $(x_1,\ x_4,\ x_7)$은 후시, (−)부호인

(x_3, x_6, x_9)는 전시 그리고 G점의 표고 계산에서는 전혀 사용하지 않은 (x_2, x_5, x_8)은 중간시가 됨을 알 수 있다.

G점의 높이 H_G를 다시 쓰면

$$H_G = H_A + (x_1 + x_4 + x_7) - (x_3 + x_6 + x_9)$$
$$= H_A + (\text{후시의 합}) - (\text{전시의 합})$$

즉,

$$\Delta H_{AG} = H_G - H_A = (\text{후시의합}) - (\text{전시의합}) \tag{4.8}$$

따라서, (후시의 합)−(전시의 합)을 하면 두 점 간의 표고차를 얻을 수 있다. 이것을 직접수준측량(直接水準測量, direct leveling) 또는 고저차 수준측량(高低差水準測量, differential leveling)이라 하며 **어떤 점의 표고(H_B)는 기준점의 표고(H_A)+후시의 합계−전시의 합계**를 하면 된다. 이때 후시의 합이 전시의 합보다 많으면 B점이 높고 그 반대일 때는 B점이 낮다.

〈그림 4.21〉과 같이 여러 구간으로 나누어 측량할 때는 시준 거리를 생각해야 한다. 시준 거리가 클수록 작업은 빠르나 반대로 측량의 정밀도가 떨어진다. 시준 거리는 사용하는 기계의 종류, 기후, 지형 및 정밀도에 관계가 있다. 보통의 레벨에서 볼 수 있는 최단 시준 거리는 3 m 정도이고 한 눈금 5mm를 정확하게 읽을 수 있는 최장의 시준 거리는 120~200 m 정도이다. 너무 짧은 시준 거리는 레벨을 세우는 횟수가 많아지고 오차가 생기는 기회도 많아 작업 시간이 많이 걸리며 또 너무 긴 거리는 기계 조정의 불완전이나 그 외의 원인으로 인하여 오차가 발생한다. 따라서 보통의 정밀도를 필요로 하는 측량에서는 40~60m, 좀 정밀도가 떨어지는 측량에서는 100~120m가 적당하다.

수준측량에서는 일반적으로 후시와 전시의 거리를 같게 함으로써 여러 종류의 오차를 없앨 수 있으며 또 반드시 왕복 측정을 하여 오차를 검토해야 한다.

4.7.3 야장 기입법

수준측량의 결과를 기록하는 야장을 수준야장(level book)이라 하며 그 기입법은 다음과 같은 3가지의 방법이 있다. 즉 고차식(高差式, differential method), 기고식(器高式, height of instrument method), 승강식(昇降式, rise and fall method)이 있다.

제 4 장

❶ 고차식

수준측량의 원리에서 이미 설명한 바와 같이 두 점 간의 표고차는 (후시의 합) - (전시의 합)에 의하여 구하여진다는 기본원리에 의한 기입법으로 후시와 전시의 값만 있으면 되므로 가장 간단한 야장 기입법이다. 고차식은 2난식(二欄式, two column method)이라 부르기도 한다.

이 방법은 수준측량 노선의 총 연장이나 작업 경로에 관계없이 단순히 두 점, 즉 출발점과 끝점의 표고차만 알고자 할 때 사용하는 야장 기입법이므로 노선의 중간 경로에 있는 점들의 표고를 알 수 없다는 단점이 있다. 〈표 4.2〉는 고차식 야장 기입법의 예이다.

▶ **표 4.2** 고차식 야장 기입법

측 점	후시(B.S.)	전시(F.S.)	지반고(G.L.)	비 고
B. M.	0.663		98.760	기준점
D	2.787	1.585		
G		0.646	99.979	(= 98.760 + 1.219)
합 계	3.450	2.231	99.979	
	−2.231		−98.760	
	1.219		1.219	

[검 산]

$$\Sigma(\text{B.S.}) - \Sigma(\text{F.S.}) = \text{최종 지반고} - \text{최초 지반고}$$
$$3.450 - 2.231 = 99.979 - 98.760 = 1.219$$

❷ 승강식

두 점에 세운 수준척 눈금의 읽음 값의 차가 두 점의 표고차가 된다는 원리를 이용한 야장 기입법이다. 기입방법은 먼저 읽은 표척값에서 나중에 읽은 표척값을 뺀 값이 (+)일 경우에는 승(rise), (−)일 경우에는 강(fall)의 난(欄)에 기입하고 하나 앞 측점의 지반고에 그 측점의 승·강(昇·降)의 값을 합하여 그 측점의 지반고(地盤高)를 구하는 방법이다.

이 방법은 계산과정에서 완전한 검산을 할 수 있으므로 정밀한 측량에는 적당하나 중간점(I.P.)이 많을 때는 계산이 복잡하여지는 단점이 있다. 〈표 4.3〉은 승강식 야장 기입법의 예이다.

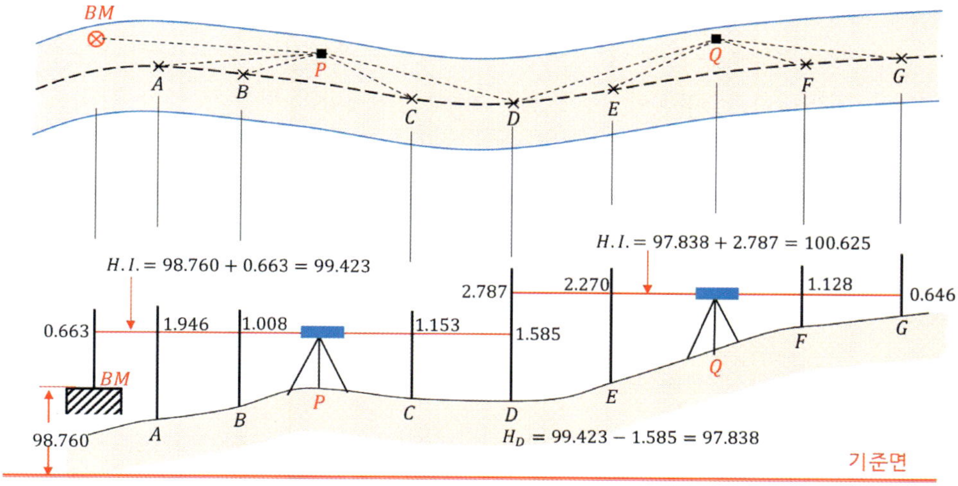

그림 4.22 직접 수준측량의 예

▶ **표 4.3** 승강식 야장 기입법

측점	후시	전 시		승(+)	강(−)	지반고	비 고
		I. P.	T. P.				
B.M.	0.663					98.760	기 준 점
A		1.946			1.283	97.477	(98.760 − 1.283)
B		1.008		0.938		98.415	(97.477 + 0.938)
C		1.153			0.145	98.270	(98.415 − 0.145)
D	2.787		1.585		0.432	97.838	(98.270 − 0.432)
E		2.270		0.517		98.355	(98.838 + 0.517)
F		1.218		1.052		99.407	(99.355 + 1.052)
G			0.646	0.572		99.979	(99.407 + 0.572)
합계	3.450 −2.231 1.219		2.231	3.079 −1.860 1.219	1.860	99.979 −98.760 1.219	

[검 산]

Σ(B.S.) − Σ(F.S.) = Σ(Rise) − Σ(Fall) = 최종지반고 − 최초지반고
3.450 − 2.231 = 3.079 − 1.860 = 99.979 − 98.760 = 1.219

❸ 기고식

이 방법은 종·횡단 수준측량과 같이 중간점이 많은 경우에 편리하다. 어떤 한 점의 표고에 그 점의 후시를 더하면 기계고를 얻을 수 있고 기계고에서 표고를 알고자 하

는 점의 전시를 빼면 그 점의 표고를 얻게 된다.

기고식 야장 기입법은 토공량 산출을 위한 수준측량에서와 같이 중간시가 많을 경우에 매우 편리하다. 승강식에 비해 검산(지반고 계산)결과가 충분치 못한 단점도 있다. 〈표 4.4〉는 기고식 야장 기입법의 예이다.

▶ **표 4.4** 기고식 야장기입법

측점	후시	전시		기계고	지반고	비 고
		I. P.	T. P.			
B.M	0.663			99.423	98.760	기준점
A		1.946			97.477	(99.423-1.946)
B		1.008			98.415	(99.423-1.008)
C		1.153			98.270	(99.423-1.153)
D	2.787		1.585	100.625	97.838	(99.423-1.585)
E		2.270			98.355	(100.625-2.270)
F		1.218			99.407	(100.625-1.218)
G			0.646		99.979	(100.625-0.646)
합계	3.450	7.595	2.231		99.979	
	2.231				98.760	
	1.219				1.219	

[검 산]

(1) Σ(B.S.) − Σ(F.S.) = 최종 지반고 − 최초 지반고

(2) Σ(최초 지반고를 제외한 모든 지반고)
= Σ(각 기계고 × 지반고 계산에 사용한 횟수) − Σ(FS + IS)

[검산 예]

(1) $3.450 - 2.231 = 99.979 - 98.760 = 1.219$

(2) $689.741 = (99.423 \times 4 + 100.625 \times 3) - (7.595 + 2.231) = 689.741$

예제 4.2 그림과 같이 표척을 천정에서 거꾸로 세운 수준측량이 있다. 아래 야장(승강식)을 완성하고 각 점의 지반고(또는 천정점의 높이)를 구하라.

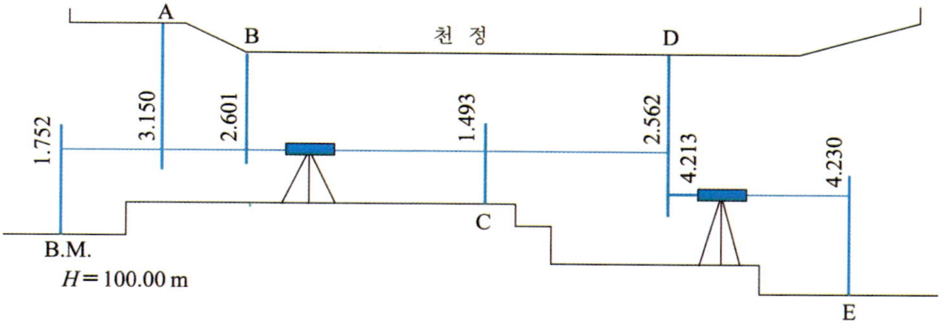

풀이

측 점	B. S.	I. S.	F. S.	승 (+)	강 (−)	지 반 고
B.M.	1.752					100.000
A		−3.150		4.902		104.902
B		−2.601			0.549	104.353
C		1.493			4.094	100.259
D	−4.213		−2.562	4.055		104.314
E			4.230		8.443	95.871
합	−2.461		1.668	8.957	13.086	

예제 4.3 아래 그림과 같이 도로중심선을 따라 BM~TBM 간을 직접 수준측량을 실시하였다. ①번(BM), ②번, ③번, …, ⑩번(TBM)은 표척을 세운 위치이며, A, B, C는 기계를 세운 위치이다. 표척의 읽음값을 순서대로 쓰면 1.143, 1.765, 2.566, 3.820, 1.390, 2.262, 0.664, 0.433, 3.722, 2.886, 1.618, 0.616이라고 한다. 여기서 ③과 ⑧은 T.P.점이다.

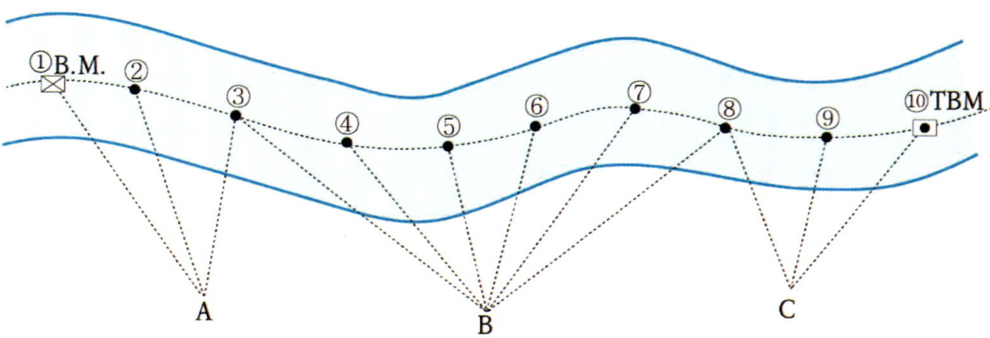

(가) BM의 지반고가 112.288 m라 할 때 TBM의 지반고를 계산하라.

(나) 전시(F.S)의 시준거리는 30 m, 후시(B.S)의 시준거리는 100 m로 하여 관측하였으며 특히 기계의 불완전 조정으로 인하여 모든 시준선이 상 방향(연직방향)으로 6′씩 기울어졌다고 한다. 이때 T.B.M.의 지반고를 구하라.

(다) 모든 시준선은 수평이었으나 표척을 세울 때 수직으로 세우지 못하고 항상 앞쪽으로 5°씩 기울어졌다고 한다. 이때 T.B.M.의 지반고는 얼마인가?

풀이 (가) T.B.M.의 지반고 = $112.288 + \Sigma BS - \Sigma FS$

$= 112.288 + (1.143 + 3.820 + 2.886) - (2.566 + 3.722 + 0.616)$

$= 113.233$ m

(나) 시준오차

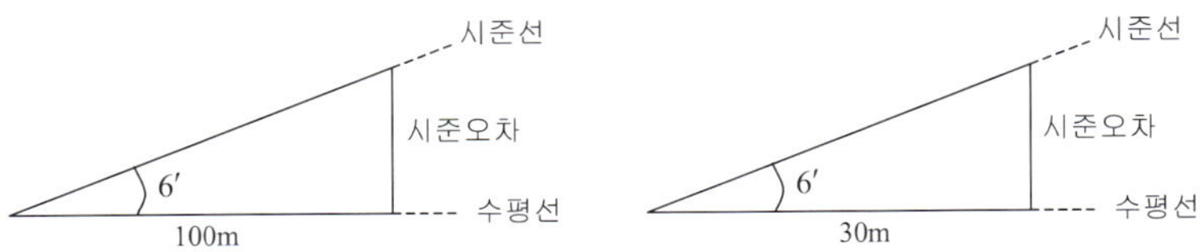

시준선이 6′ 기울어짐으로 인하여 발생하는 시준오차는 기계를 세울 때마다 B.S.의 경우 100 tan 6′, F.S.의 경우 30 tan 6′이 발생한다. 따라서 기계를 한번 세울 때 마다 발생하는 총 시준오차는 (100 − 30) tan 6′이 된다.

기계설치 횟수는 총 3회이므로 총 시준오차는

총 시준오차 = $3 \times 70 \tan 6' = 0.367$ m

그런데 시준선이 상 방향(연직방향)으로 경사졌으므로 시준오차의 부호는 (+)이다. 따라서 T.B.M.의 지반고는

T.B.M.의 지반고 = 113.233 m − 0.367 m = 112.866 m

(다) 보정된 읽음 값 = 실제 읽음 값 × cos 5° 이므로 B.S.와 F.S. 등 모든 읽음 값에 cos 5°씩 곱하여야 한다. 즉,

총 오차 = $(\Sigma BS - \Sigma FS) \times \cos 5°$

$= (7.849 - 6.904) \times \cos 5° = 0.945 \times \cos 5° = 0.941$

T.B.M.의 높이 = 113.233 + 0.941 = 114.174 m

4.7.4 수준측량을 할 때 주의하여야 할 점

① 사용하는 기계, 기구는 사용 전 반드시 검사 및 조정을 하여야 하며 높은 정밀도가 필요한 측량에서는 측량 도중에도 가끔 검사하여 필요한 경우 조정을 실시하여야 한다.

② 레벨을 세우는 곳은 땅이 견고하여 기계가 침하하지 않는 곳이어야 하며 햇빛이 직접 닿지 않는 곳이 좋다. 햇빛을 피할 수 없을 때는 양산이나 우산 등으로 기계를 가려 주어야 한다.

③ 측정할 순간에는 반드시 기포가 중앙에 있어야 한다. 기포관 반사경이 없어 기계 수가 관측 도중 직접 기포를 확인할 수 없을 때는 야장수(野帳手)가 기포위치를 주의 깊게 보아야 하며 만일 기포가 중앙에 있지 않을 때는 삼각을 가볍게 누르면서 기포를 중앙에 오도록 한다. 관측자는 고정나사를 푼 채로 될 수 있으면 두 눈을 뜨고 측정하는 것이 좋다.

④ 전시와 후시의 거리를 되도록 같게 하여 기계적 오차나 그 밖의 오차를 없애도록 노력하여야 하고 반드시 왕복 측량을 하여 두 측정값의 차가 허용오차를 넘을 때는 다시 측량을 하여야 한다. 이때 돌아오는 노선은 서로 다른 경로를 택하는 것이 좋다.

⑤ 기계를 운반할 때는 어깨에 메지 말고 고정나사를 가볍게 잠근 후 기계축을 대략 연직이 되도록 하여 운반한다.

⑥ 야장을 기입할 때는 착오를 일으키지 않도록 주의하여야 한다.

⑦ 수준척은 연직으로 세워야 한다. 수준척에 붙어 있는 작은 원형 기포관은 감도가 낮으므로 참고 정도로 하는 것이 좋다.

⑧ 관측자가 수준척의 눈금을 읽을 때는 표척수가 수준척이 기계를 향하여 앞·뒤로 조금씩 움직이게 하여 제일 작은 눈금을 읽어야 한다.

⑨ 표척수는 수준척의 밑바닥에 흙이 묻지 않도록 하여야 하며 수준척이 겹 이음으로 되어 있을 때는 측량 도중 이음매에서 오차가 발생하지 않도록 주의하여야 한다.

⑩ 정밀한 수준측량에서나 또는 다른 측량에 중대한 영향을 줄 수 있는 중요한 점에 수준척을 세울 때는 지반의 침하 여부에 주의하여야 하며 침하하기 쉬운 곳에는 표척대를 놓고 그 위에 수준척을 세워야 한다.

4.7.5 교호수준측량

수준측량에서 전시와 후시의 길이를 같게 하면 시준오차와 곡률에 의한 오차는 서로 상쇄되어 없어지게 된다. 그러나 강이나 깊은 계곡을 통과할 때는 기계를 두 측점 사이의 중앙에 세울 수 없으므로 전시와 후시의 길이를 같게 할 수 없고 시준 거리가 너무 멀어서 정밀도가 크게 떨어진다. 또한 너무 긴 거리로 인하여 지구 곡률이나 굴절에 의한 오차 또는 기계의 불완전 조정으로 인한 오차가 증폭되어 수준측량의 정밀도에 큰 영향을 준다. 따라서 〈그림 4.23〉과 같이 양 끝 두 곳에서 구한 표고의 평균을 두 점의 표고차로 하면 이러한 오차를 제거할 수 있어 좀 더 정밀한 측량결과를 얻을 수 있다. 이와 같은 방법을 교호수준측량(交互水準測量, reciprocal leveling)이라 한다.

그림 4.23 교호수준측량

〈그림 4.23〉에서와 같이 먼저 P에 레벨을 세우고 A와 B에 있는 수준척의 눈금을 읽고 두 점간의 표고차를 얻는다. 다음에 기계를 강 건너 Q에 세우고 P에서와 같이 B와 A에 있는 수준척의 눈금을 읽고 두 점간의 표고차를 얻는다. 수준척은 기계와 가장 가까운 곳에 세워야 하며 $QB = PA$, $QA = PB$가 되도록 하여야 한다.

이때 P와 Q에서 얻은 두 점 간의 표고차는 이론적으로는 같아야 하겠지만 실제적으로는 차이가 있을 것이다. 이것은 기계오차, 곡률과 굴절에 의한 오차 때문일 것이다. 그러나 P와 Q에서 얻은 두 점 간의 표고차의 평균을 택하면 참값에 가장 가까운 값이 될 것이다. 만일 전시와 후시의 시간 차를 줄이도록 두 개의 수준척을 사용하거나 몇 번을 반복측정하고 그 평균을 취하면 더 정밀한 결과를 얻을 수 있을 것이다.

4.8 | 종단수준측량과 횡단수준측량

4.8.1 종단수준측량

종단수준측량(縱斷水準測量, profile leveling)은 철도, 도로, 하천, 상·하수도 등의 노선 중심을 따라 일정한 간격으로 말뚝을 박고 그 점들의 표고를 구하여 노선의 종단면도(縱斷面圖)를 만드는 것이다. 이 측량에서는 정밀한 측량이 필요하지 않기 때문에 수준척의 읽음은 1 cm까지면 충분하다. 종단면도의 정확도는 종단 말뚝의 간격에 비례한다. 종단 말뚝의 간격은 보통 매 20 m마다 설치함을 원칙으로 한다.

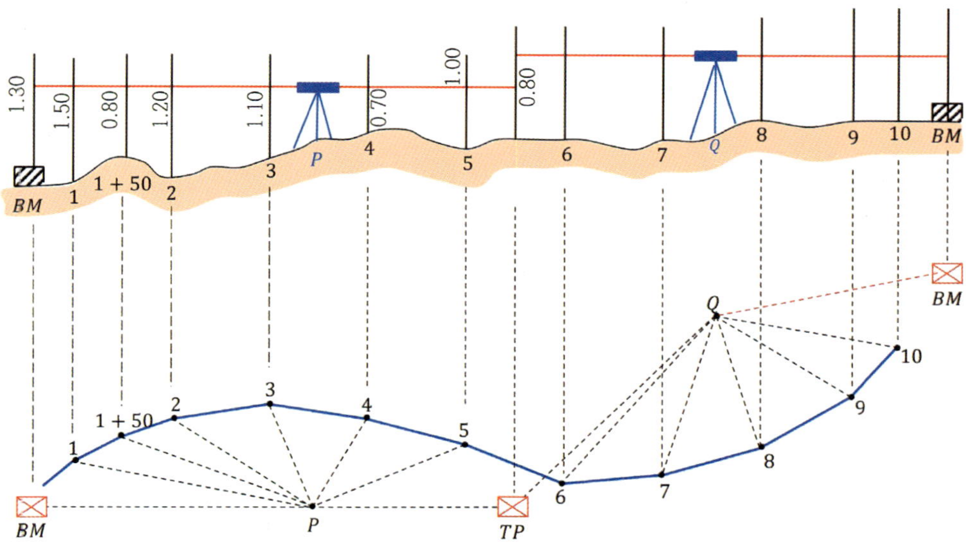

그림 4.24 종단 수준측량

그러나 제방의 밑이나 꼭대기와 같이 지형이 급격히 변하는 곳이나 연못, 개천과 같은 자연 지물의 끝, 도로, 철도의 교차점, 소로의 끝, 도로의 중심, 경계, 빗물받이, 도랑 등 중요한 지점은 모두 추가 말뚝(plus peg)을 설치하여 종단 측량을 하여야 한다. 종단면도는 종·횡 축척을 서로 다르게 작성하며 보통 종단 축척은 1/500, 횡단 축척은 1/100 정도로 한다.

종단 측량에 필요한 인원은 보통 관측자 1명, 야장 기록자 1명, 거리 측정자 2명의 인원이 필요하나 사용하는 측량 기기의 종류와 성능에 따라 작업 인원을 크게 줄일 수 있다.

각 종단점의 표고를 측정하려면 시준이 좋고 거리도 적당하며 또 한 곳에서 많은 점을 측정할 수 있는 견고한 땅에 기계를 세운 다음 B.M.과 같이 표고를 알고 있는 점을 후시하여 시준선의 높이(즉 기계고)를 결정하고 각 종단점에 세운 수준척을 번호 순서대로 측정한다. 거리가 멀어서 시준이 어려워지면 적당한 점에 기계를 옮겨가면서 측정한다. 실제 측정 작업에서는 반드시 왕복측정(往復測定)을 하거나 다른 수준점에 결합시켜 오차를 검토해야 한다.

4.8.2 횡단수준측량

횡단수준측량(橫斷水準測量, cross sectioning)은 종단 수준측량에서 설치한 중심 말뚝(또는 추가 말뚝)에서 종단의 중심선 방향에 직각 방향으로 지형이 변한 점까지의 거리와 고저차를 측정하여 횡단면도(橫斷面圖)를 만드는 것이다.

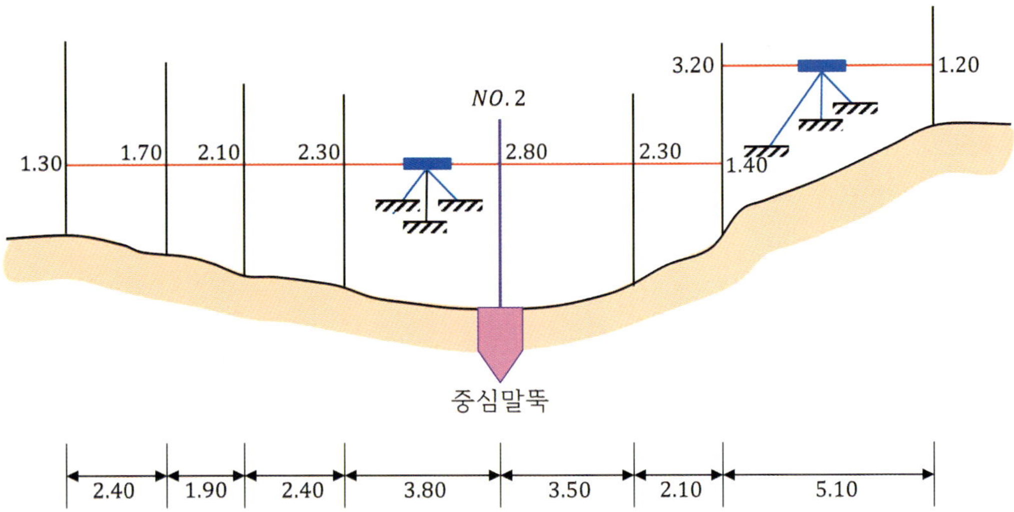

그림 4.25 횡단 수준측량

상수도, 파이프라인 등과 같이 매우 좁은 지역의 측량만 필요할 때는 중심선 측량만으로 충분하나 도로 또는 철도의 건설과 같이 중심선의 좌우로 비교적 넓은 지역의 지형 정보가 필요한 경우에는 종단 측량 이외에 횡단 측량도 필요하게 된다. 보통 일반 도로측량의 경우에서는 횡단측량은 중심선으로부터 좌우 15 m 정도, 고속도로에서는 좌우 50 m~100 m 정도까지 필요하다.

4.9 | 삼각수준측량

레벨에 의한 직접수준측량 이외에 두 점 간의 높이차를 구하는 방법으로 (1)두 점 간의 경사거리 또는 수평거리를 이용하는 방법과 (2)천정각 또는 두 점 사이의 고도각을 이용하여 삼각법에 의하여 구하는 방법이 있다. 천정각(天頂角, zenith angle)은 천정으로부터 연직으로 아래로 잰 각이며 고도각(高度角, altitude angle)은 수평면으로부터 위·아래로 잰 각을 말한다.

〈그림 4.26〉에서 경사거리 s와 C와 D사이의 천정각 z 또는 고도각 α를 측정하였다면 C와 D사이의 높이차는 다음과 같다.

$$V = S\cos z \quad \text{또는} \quad V = S\sin\alpha \tag{4.9}$$

만일 C와 D사이의 수평거리 H를 측정하였다면

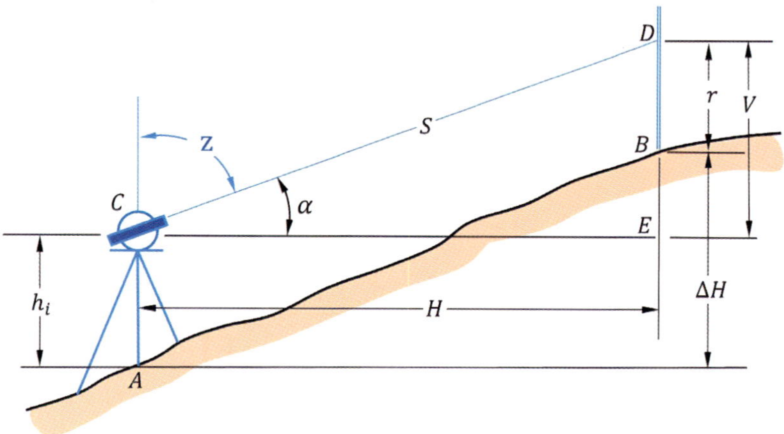

그림 4.26 삼각수준측량(1)

$$V = H\cot z \quad \text{또는} \quad V = H\tan\alpha \tag{4.10}$$

그림으로부터 A와 B의 높이차 $\triangle H$는

$$\triangle H = hi + V - r \tag{4.11}$$

여기서 hi는 A에 있는 기계의 높이, r은 천정각 z 또는 고도각 α를 알고 있을 때 B점에 세운 표척의 눈금을 말한다. 만일 r을 hi와 같게 하면 두 값은 서로 상쇄

되어 〈식 4.11〉은 매우 간단하게 된다.

〈그림 4.26〉과 〈식 4.9〉, 〈식 4.10〉, 〈식 4.11〉에 의한 삼각수준측량은 두 점간의 거리가 비교적 짧은 경우(약 300 m)에 해당하며 만일 두 점 간의 거리가 길어 지구곡률에 의한 영향과 굴절에 의한 영향을 고려하여야 할 경우에는 〈그림 4.27〉에 따라 다음과 같이 하여야 한다.

〈그림 4.27〉은 측점 A에 기계(C)를, 측점 B에 수준척(rod)을 세우고 시준선 $\overline{CD}$에 따라 수준척의 눈금을 읽고 그 값을 D라고 한다. 또한 천정각 z_m과 고도각 α_m을 측정한다.

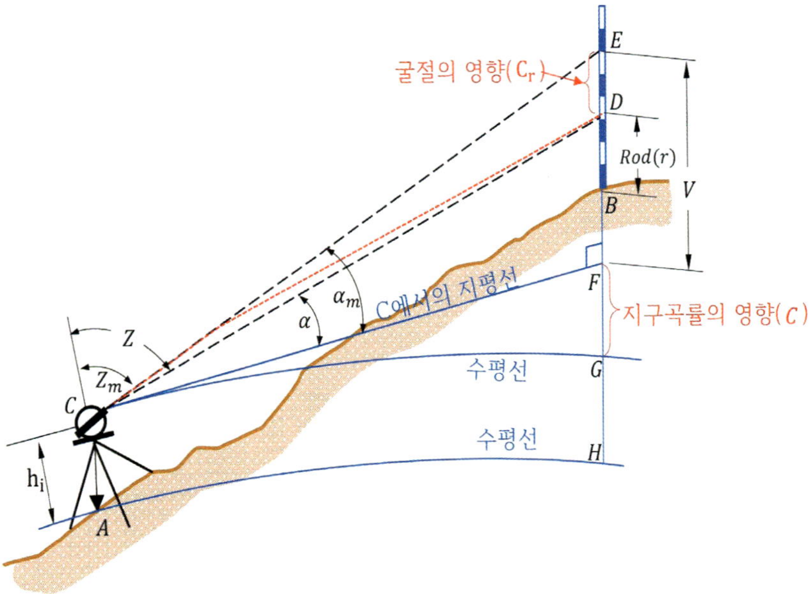

그림 4.27 삼각수준측량(2)

이때 측점 A와 B사이의 표고차($\triangle H$)는 수평선 A와 B의 연직거리($\overline{HB}$), 즉 $(HG+GF+V-ED-r)$이 된다. 여기서 HG는 기계고 hi, GF는 지구곡률에 의한 영향 C 〈식 4.1〉이고 ED는 굴절에 의한 영향 C_r 〈식 4.2〉이므로 $\triangle H$는 다음과 같다.

$$\triangle H = hi + V + h_{CR} - r \tag{4.12}$$

〈식 4.12〉에서 V는 〈식 4.9〉와 〈식 4.10〉으로 구한다. 만일 r을 hi와 같게 하면 이들항은 서로 상쇄되어 없어지며 h_{CR}은 〈식 4.11〉로 구하여진다. 다만 그림에서 $\triangle CFE$의 $\angle F$는 90°로 가정한다. 물론 매우 긴 길이에서는 오차가 크지만 어느 정도의 길이에서는 오차를 무시할 정도가 된다.

〈식 4.12〉에서 hi는 지면부터 기계의 수평축까지의 연직거리를 수준척이나 자 등을 사용하여 쉽게 측정할 수 있으며 토털스테이션에 의한 정밀관측방법을 사용하면 hi는 불필요하다. 이 경우 구하여야 할 측점과 비슷한 거리에 있는 수준기준점(B.M.)에 토털스테이션을 세우고 각 점에 대한 경사거리와 천정각(연직각)을 측정한다. 두 점으로부터의 거리가 비슷하므로 지구곡률이나 굴절에 의한 오차는 서로 상쇄된다. 한편 경사거리와 연직각은 같은 기계에 의하여 측정되었기 때문에 hi는 상쇄되며, 또한 이들을 측정할 때의 시준선으로 수준척의 눈금, r이 읽어졌다면 이들은 모두 없어진다. 따라서 구하고자 하는 측점의 표고는 (BM의 표고−BM에 대하여 계산한 V +구점에 대하여 계산한 V)로 간단히 계산된다. 여기서 V는 〈식 4.9〉로 구한다.

제 4 장

예제 4.4 토털스테이션을 사용하여 A, B 두 점 사이의 경사거리와 천정각(연직각)을 측정한 결과 각각 2,904.62m와 $81°42'\ 20''$ 이었다. 기계고 hi와 수준척의 눈금 r은 같다. A점의 표고가 375.28 m라고 하면 B점의 표고는 얼마인가?

풀이 〈식 4.3〉으로부터 지구곡률과 굴절에 의한 오차 $C+C_r$은

$$C+C_r = 0.0675 \times (2.90462 \times \sin 81°42'\ 20'')^2 = 0.56\ \text{m}$$

※ 이론적으로는 곡률과 굴절에 의한 오차를 계산할 때 수평거리를 사용하여야 하나 실제적으로는 위와 같이 경사거리에 연직각의 sine값을 사용하여도 거의 같다.

〈식 4.9〉와 〈식 4.12〉로부터

$$V = 2{,}904.62 \times \cos 81°42'\ 20'' = 419.02\ \text{m}$$
$$\triangle H = 419.02 + 0.56 = 419.58\ \text{m}$$

B 점의 표고

$$H_B = 375.28 + 419.58 = 794.86\ \text{m}$$

4.10 수준측량의 오차

수준측량의 오차는 어느 한 개의 노선에서는 왕복 측량을 실시하여 그 왕복 차로서 구하여지나 수준환(水準環)과 같이 처음의 출발점에 되돌아오는 폐합 측량의 경우에는 환 폐합차에 의하여 구한다. 그러나 결합 측량의 경우에는 다른 기준점에 결합하여 그 차에 의하여 오차를 구한다. 이때 오차가 허용 범위 안에 있을 때는 총 오차를 각 측점에 분배하며 분배 방법은 어느 경우에나 측량 거리에 비례하여 조정한다.

4.10.1 오차의 원인

제4장

수준측량에서 발생하는 오차의 원인은 여러 가지가 있으나 대개 다음과 같은 3가지의 종류에 의하여 발생한다. 따라서 정오차나 착오 같은 것은 미리 주의하여 발생하지 않도록 하여야 수준측량의 정밀도를 높일 수가 있다.

❶ 기계오차(정오차)

이것은 기계의 구조 및 불완전한 조정으로 생기는 오차로서 다음과 같은 것이 있다.

① 망원경의 시준선과 기포관 축이 나란하지 않기 때문에 생기는 오차.
이것은 시준거리에 따라 그 크기가 비례하는 정오차이므로 전시와 후시의 거리를 같게 하면 없어진다.

② 수준척의 길이가 정확하지 않기 때문에 생기는 오차.
온도, 습도의 변화에 따른 오차들로서 정오차에 속한다. 따라서 표준척에 의한 비교 검정을 통하여 오차의 원인이 규명되면 제거할 수 있다.

③ 수준척의 “0” 눈금의 기준오차
정오차이므로 표준 척과의 비교검정(比較檢定)에 의하여 제거할 수 있다.

④ 수준척에 부착된 작은 기포관의 불완전한 조정이나 표척수의 습관 때문에 수준척이 항상 한 쪽으로 경사지게 세워지기 때문에 생기는 오차.

⑤ 함척을 사용할 때 함척의 이음매가 정확하지 않기 때문에 생기는 오차

⑥ 수준척의 눈금이 정확하지 않기 때문에 생기는 오차.

❷ 개인오차(우연오차)

① 시준하는 순간 기포가 중앙에 있지 않기 때문에 생기는 오차.

후시와 전시 또는 시준할 때마다 기포가 중앙에 있는지 여부를 검사하여야 한다. 이것은 기포관의 감도에 따라 달라지며 그 크기는 시준거리에 비례한다.

② 시차에 의한 오차

목표물에 대한 불완전한 초준이나 십자선의 불완전한 초준에 의하여 발생하는 오차로서 목표물과 십자선과의 상대적인 오차이다. 따라서 이를 제거하기 위해서는 먼저 대안렌즈를 통하여 십자선을 명확히 초준(焦準)한 후에 목표물을 초준하여야 한다.

③ 수준척을 잘못 세우거나 눈금을 잘못 읽을 때 발생하는 오차.

일기 상태가 나쁘거나 시준 거리가 너무 멀어서 발생하기도 한다. 따라서 야장을 기록할 때는 반드시 주의 깊게 확인하여야 하며 가능한 한 적절한 시준거리를 선택하야 한다.

④ 수준척이 연직이 아닐 때 발생하는 오차

표척수가 수준척을 연직으로 세우지 못했을 때 발생하는 오차로 표척의 읽음은 언제나 실제보다 크게 나타나며 시준할 때마다 경사량의 제곱근에 비례한다. 시준하는 순간에서의 오차는 정오차의 성질을 가지고 있으나 그 결과에 의한 오차는 우연오차의 성질이 있다. 따라서 표척에 부착된 수준기를 이용하거나 표척을 전·후로 움직여서 표척의 눈금이 최저로 나타날 때 눈금을 읽음으로써 제거할 수 있다.

⑤ 이기점(T.P.)의 위치와 표척의 설치 방법이 좋지 않아서 생기는 오차.

지반이 연약하거나 자갈 등이 무질서하게 있어 표척 세우기가 적절치 못하여 후 시와 전시의 위치가 사실상 달라질 수 있는 경우이며 지반이 튼튼하고 명확한 지점을 택하여 표척을 세워야 한다.

❸ 자연오차

① 태양의 직사광선에 의한 오차(우연오차)

이것은 태양의 직사광선이 레벨의 부위에 따라 불규칙하게 비쳐 레벨 내부의 불규칙한 팽창으로 인하여 순간적으로 레벨의 조정이 불완전하게 되어 오차를 일 으키는 것으로서 일반적으로 그렇게 심각하지는 않다. 이 오차는 보통 우연오차 로 취급되나 경우에 따라 정오차로 될 수도 있다. 레벨을 햇빛으로부터 차단(우산 사용)함으로써 줄일 수 있다.

② 지구곡률에 의한 오차(정오차)

지구곡률에 의한 오차로서 전시와 후시의 거리가 같지 않을 때만 발생하며 거리 의 제곱근에 비례한다.

③ 대기굴절에 의한 오차(우연오차)

거리의 제곱에 비례하며 그 크기는 보통 곡률에 의한 영향의 1/7 정도로 곡률에 의한 오차와 정반대의 부호를 갖는다. 곡률에 의한 오차는 전·후시의 거리를 같게 하면 완전히 없어지나 굴절에 의한 오차는 전시와 후시의 거리를 같게 하여도 없어지지 않는다. 특히 굴절에 의한 오차는 짧은 거리에서도 굴절계수가 크게, 급격히 달라지며 시준선이 지상에 가까워지면 가까워질수록 더욱 심하기 때문에 완전히 제거하기가 불가능하다.

④ 착오

① 수준척의 눈금을 잘못 읽을 때.

② 전시와 후시의 야장기입을 잘 못할 때.

③ 전시를 읽고 후시를 읽을 동안에 수준척의 위치가 변할 때.

④ 함척을 사용할 때 함척의 이음매가 겹쳐 있을 때.

4.10.2 정밀도와 허용오차

❶ 정밀도의 표현

거리 L만큼 떨어진 두 점간의 고저차를 얻기 위하여 직접 수준측량으로 왕복 측정한 결과 h(왕(往))와 h'(복(復))를 얻었다고 하면 이 왕복측정값의 산술 평균값을 두 점간의 고저차에 대한 최확값으로 할 수 있다. 즉

$$h_{\bar{x}} = \frac{h + h'}{2}$$

한편 왕복 측정 오차를 $e = h - h'$라 할 때, h 또는 h'와 같이 단측정(單測定)에 대한 표준편차 σ_x 는

$$\begin{aligned}\sigma_x &= \pm\sqrt{\frac{\Sigma(vv)}{n-1}} = \pm\sqrt{\frac{(h_{\bar{x}} - h)^2 + (h_{\bar{x}} - h')^2}{2-1}} \\ &= \pm\sqrt{\left(\frac{h' - h}{2}\right)^2 + \left(\frac{h - h'}{2}\right)^2} = \pm\sqrt{\left(\frac{e}{2}\right)^2 + \left(\frac{-e}{2}\right)^2} \\ &= \pm\sqrt{\frac{e^2}{2}} = \pm\frac{e}{\sqrt{2}}\end{aligned} \tag{4.13}$$

따라서 평균값 $h_{\bar{x}}$에 대한 표준편차 $\sigma_{\bar{x}}$ 는

$$\sigma_{\bar{x}} = \pm \frac{\sigma_x}{\sqrt{n}} = \pm \frac{e}{\sqrt{2}\sqrt{2}} = \pm \frac{e}{2} \tag{4.14}$$

윗 식들은 수준측량의 노선길이 L이 전혀 고려되지 않은 단위구간의 경우이나 실제적인 작업에서는 전체 거리 L과 전시·후시의 길이 등에 크게 달라진다.

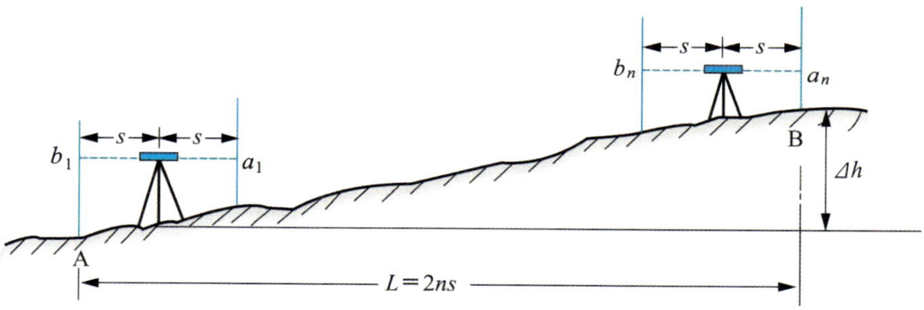

그림 4.28 수준측량의 오차

〈그림 4.28〉에서 두 점 A, B간의 표고차 $\Delta h = \sum b_i - \sum a_i$에 대한 표준편차를 σ_h라 하면 오차 전파 법칙에 의하여 다음과 같다.

$$\sigma_h^2 = \sigma_{bi}^2 + \sigma_{ai}^2 \tag{4.15}$$

여기서 σ_{bi}와 σ_{ai}는 후시와 전시에 대한 표준편차이다.

만일 똑같은 조건과 똑같은 기계를 사용하여 측량을 하고 후시와 전시의 길이를 같게 하였다면

$$\sigma_{bi} = \sigma_{ai} = \sigma$$
$$i = 1, 2, 3, \cdots\cdots, n$$

따라서 〈식 4.15〉는

$$\sigma_h^2 = 2n\sigma^2 = \frac{L}{S}\sigma^2 \quad (\because L = 2nS)$$

이 식을 다시 고쳐 쓰면

$$\sigma_h = \sigma\sqrt{\frac{L}{S}} = K\sqrt{L} \tag{4.16}$$

여기서 L을 km로 표시하면 K는 1 km에 대한 표준편차에 해당된다.

〈그림 4.28〉과 같이 왕복 측량하여 그 평균으로 고저 차를 구한다고 할 때 그 평균에 대한 표준편차 $\sigma_{\bar{h}}$는

$$\sigma_{\bar{h}} = \frac{\sigma_h}{\sqrt{n}} = \frac{\sigma_h}{\sqrt{2}} = \frac{K}{\sqrt{2}} = k\sqrt{L} \tag{4.17}$$

〈식 4.16〉, 〈4.17〉은 모두 수준측량의 오차가 거리의 제곱근에 비례함을 보여준다.

❷ 허용오차

〈표 4.5〉는 우리나라 및 각 나라에서의 수준측량에 대한 최대 왕복 허용오차이다. 여기서 L의 단위는 km이다.

▶ **표 4.5** 각 나라의 수준측량 허용오차

종류	한국	미국	캐나다	IAG(국제측지학연맹)
특급 수준측량		3.0mm $\sqrt{L}$	3.0mm $\sqrt{L}$	확 1mm $\sqrt{L}$ 우
1등 수준측량	2.5mm $\sqrt{L}$	4.0mm $\sqrt{L}$	4.0mm $\sqrt{L}$	률 2mm $\sqrt{L}$ 양
2등 수준측량	5.0mm $\sqrt{L}$	6~8mm $\sqrt{L}$	8.0mm $\sqrt{L}$	오 3mm $\sqrt{L}$ 가
3등 수준측량	10mm $\sqrt{L}$	12.0mm $\sqrt{L}$	24 mm $\sqrt{L}$	차 5mm $\sqrt{L}$ 제한

Chapter 5
각, 방위각, 방위

출처: 가수 김장훈 블로그

5.1 각의 정의

측량의 기본 목적은 지구 위에 있는 모든 점의 위치를 결정하는 것이라는 사실은 이미 설명한 바 있다. 이같이 어떤 점의 기하학적 위치를 결정하기 위해서는 각과 거리가 필요하게 된다. 대부분의 측량 작업은 〈그림 5.1〉에서와 같이 측정된 방향(또는 각)과 거리를 사용하여 어떤 점(P_1, P_2)들의 직각 좌표를 구하게 된다. 각은 두 측선의 방향의 차에 의하여 정의되며 각을 재는 기준면이 수평면인가 연직면인가에 따라 수평각과 연직각으로 구분된다.

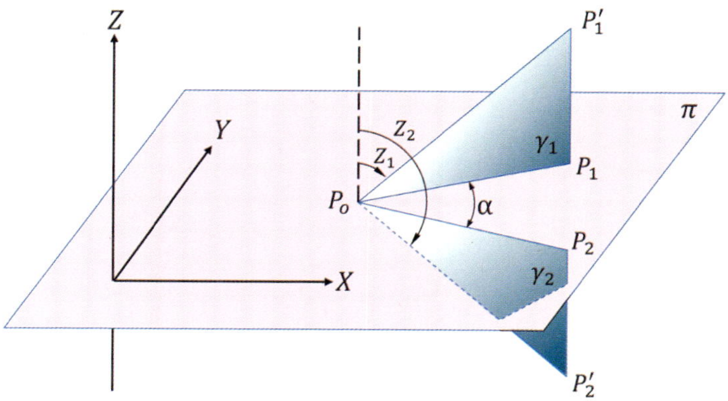

그림 5.1 수평각과 연직각

지금 〈그림 5.1〉에서 두 방향선 $\overline{P_oP_1{}'}$, $\overline{P_oP_2{}'}$가 수평면 π에 투영되었을 때 두 투영선 $\overline{P_oP_1}$, $\overline{P_oP_2}$가 만드는 각을 **수평각** α라 정의한다. 한편 P_o로부터 시작되는 두 방향선 $\overline{P_oP_1{}'}$, $\overline{P_oP_2{}'}$가 점 P_o를 통과하며 수평면 π에 수직인 연직면에 투영될 때 투영된 방향선 들의 천정각(天頂角)을 각각 Z_1, Z_2라 하면, 각 $(90° - Z_1)$, $(90° - Z_2)$를 그 측선의 연직각이라 한다. 다시 말해서 이들 투영선이 연직면에서 수평면과 이루는 각이 연직각이 되는 것이다.

연직각은 수평면을 기준으로 하여 상 방향에 있는 각을 (+) 또는 앙각(仰角, angle of elevation)이라 하고 하 방향에 있는 각을 (−) 또는 부각(俯角, angle of depression)이라 부른다. 따라서 연직각의 범위는 +90° ~−90°까지로 표시한다. 연직각은 보통 천정 방향을 기준으로 하여 측정한다. 지구의 중심을 중심으로 하고 반경이 무한대인 하나의 가상적인 공간 구체를 천구(天球, celestial sphere)라 하고 지구상의 한 점에서의 무한한 연직 상 방향 또는 연직선이 천구와 만나는 점을 **천정(天頂, zenith)**이라 하며 천정으로부터 측정한 각을 천정각(zenith angle) 또는 천정거리(zenith distance)라 한다.

제 5 장

5.2 | 각의 측정단위

평면각의 단위는 원의 원주 위에 표시된 눈금에 의해 이루어지며 도 · 분 · 초, 그레이드(또는 곤, grade/gon), 라디안(radian), 밀(mil)등의 단위를 사용한다. 우리나라를 비롯한 대부분의 국가에서는 도 · 분 · 초로 표시하는 60진법을 사용하고 있으나 유럽에서는 60진법 대신에 100진법인 그레이드를 사용하기도 한다. 컴퓨터에 의한 계산에서는 라디안 각을 사용한다. 밀은 군사용, 특히 포병 등에서 주로 사용하며 원의 둘레를 6400 눈금으로 등분하고 눈금 하나를 1밀이라 한다. 기타 상세한 것은 〈1.7.3 SI 기본단위〉를 참조하기 바랍니다.

〈표 5.1〉은 각 측정단위의 상호관계를 나타낸 것이다.

▶ **표 5.1** 각 측정단위의 상호관계

구 분	도(deg)	그레이드(grade)	밀(mils)	라디안(rads)
1 도	1	1.11111	17.7778	0.017453
1 그레이드	0.9	1	16.0	0.015708
1 밀	0.05625	0.06250	1	0.00098175
1 라디안	57.29578	63.66198	1018.59164	1

5.3 | 수평각의 종류

측량에서 사용하는 수평각에는 (1)내각, (2)외각, (3)우측각(또는 좌측각), (4)편각 등이 있다. 이들은 서로 다르므로 야장을 기록할 때는 꼭 구분하여 기록하여야 한다.

내각(內角, interior angles)은 〈그림 5.2〉와 같이 폐 다각형의 안에 있는 각을 말하며 현장에서 각을 관측할 때는 일반적으로 폐 다각형의 각 꼭지점에서 이 내각을 관측한다. 내각 또는 외각과 같이 두 측선에 의하여 이루어지는 각을 교각(交角, direct angle)이라 하며 한다. 다음 절에서 상세히 설명하겠지만 다각형에서 내각의 합은 $180°(n-2)$이므로 측정한 내각의 합도 $180°(n-2)$가 되어야 한다.

외각(外角, exterior angles)은 폐 다각형 내각의 외부에 있는 각을 말한다. 따라서 폐 다각형의 어느 꼭지점에서나 내각과 외각의 합은 360°가 되어야 한다.

우측각(右測角, angles to the right)은 기준선 또는 바로 앞 측선(前測線, back line)으로부터 전방에 있는 측점까지 우회전으로 측정한 각을 말한다. 이와 반대로 좌측각(左測角, angles to the left)은 기준선으로부터 좌회전으로 측정한 각을 말한다. 〈그림 5.2〉에서 (a)는 우측각이고 (b)는 좌측각을 나타낸다.

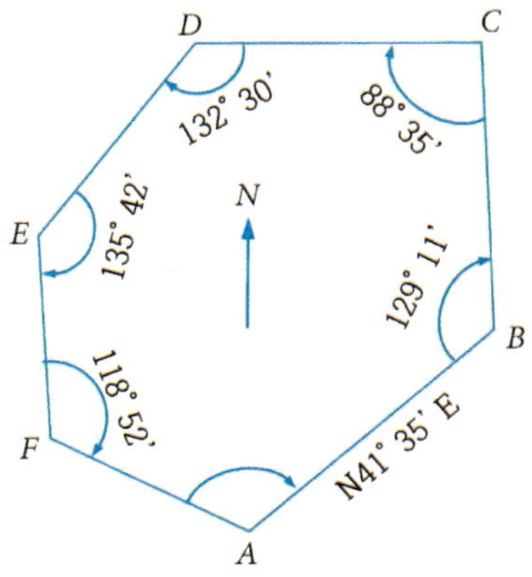

(a) 시계방향각(우측각)

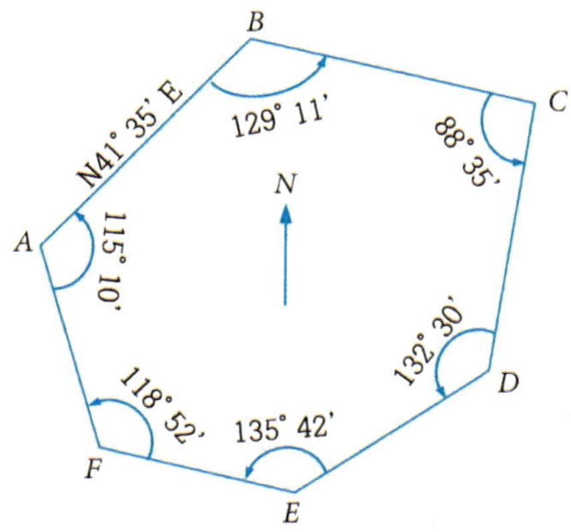

(b) 반 시계방향각(좌측각)

그림 5.2 폐 다각형의 내각

폐합트래버스에서의 우측각은 트래버스의 진행방향에 따라 내각이 될 수도 있고 외각이 될 수도 있다. 폐합트래버스의 진행방향이 반시계방향이면 우측각은 내각이 되고 반대로 진행방향이 시계방향이면 외각을 측정하게 된다. 외각측정의 경우 외각의 총합은 $180°(n+2)$가 된다.

편각(偏角, deflection angles)은 바로 앞 측선의 연장선과 이루는 각을 말한다. 편각은 원칙적으로 길이가 긴 선형측량에서 주로 사용한다. 편각은 항상 180°보다 작으며 진행방향에 따라 측선의 우측 또는 좌측에 만들어진다. 편각이 앞 측선의 연장선 오른쪽에 만들어질 때는 우편각(右偏角)이라 하고 R 또는 (+)로 표기하며 반대로 왼쪽에 만들어지는 경우는 좌편각(左偏角)이라 하며 L 또는 (−)로 표기한다. 편각의 방향은 반드시 기록하여야 하며 그렇지 않으면 착오가 발생하기 쉽다.

5.4 방위각과 남북방위

어느 한 측선에 대하여 인접한 다른 한 측선의 방향은 두 측선에 의하여 이루어지는 수평각으로부터 결정되며 어느 한 측점으로부터 뻗어 나온 여러 측선의 방향은 그중 어느 하나의 기준측선(reference line) 또는 기준방향(reference direction)으로부터 각 측선이 만드는 수평각들에 의하여 결정한다. 이때 기준방향으로부터 어느 측선에 이르는 수평각을 시계 방향으로 잰 각이 방향각(方向角, direction angle)이다. 측량에서는 이러한 기준방향으로 자오선(meridian)을 많이 사용한다.

제 5 장

❶ 자오선

자오선에는 그 기준에 따라 진북자오선(眞北子午線), 도북자오선(圖北子午線), 자침자오선(磁針子午線) 등이 있다. 진북자오선(true meridian)은 지구 표면에서 북극과 남극을 서로 연결한 선을 말하며 지리자오선(geographic meridian) 또는 천체자오선(astronomic meridian) 등으로 부르기도 한다. 진북자오선은 천체측량에 의하여 결정되고 지구 위 어느 곳에서나 자오선의 방향은 항상 일정하며 이를 기준으로 하는 방향은 시간에 관계없이 항상 일정하다. 또한 진북자오선은 〈그림 5.3〉과 같이 극점에 수렴한다.

국지적 측량인 평면측량에서는 일반적으로 평면직각좌표를 사용한다. 평면 직각좌표계에서 원점을 통과하는 중앙자오선(central meridian)은 진북자오선과 일치하며 다른 자오선(평면 직각좌표계의 종선)들은 모두 중앙자오선과 나란하다.

이같이 직각좌표계에서 중앙자오선과 나란한 자오선들을 도북자오선(圖北子午線, grid meridian)이라 부른다. 도북자오선들은 모두 중앙자오선에 나란하므로 진북자오선에서와 같이 극점에 수렴하지 않는다. 따라서 평면 직각좌표계에서는 자오선들의 수렴각(收斂角, convergence angle)은 계산할 필요 없다. 지도에 표시된 직각 좌표의 종선들은 모두 도북자오선을 의미한다.

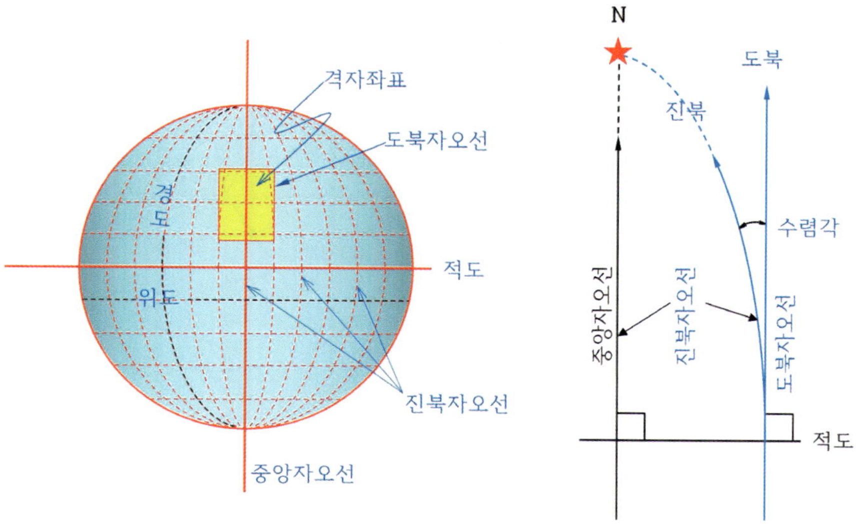

그림 5.3 자오선

자침자오선(magnetic meridian)은 자유로이 움직이는 자침이 가리키는 북 방향과 나란한 선을 말한다. 자북과 진북이 일치하지 않기 때문에 일반적으로 자침자오선과 진북자오선이 나란하지 않다. 또한 자북의 위치도 주기적으로 변하기 때문에 자침자오선의 방향도 항상 일정하지 않다. 높은 정밀도가 필요하지 않을 때나 컴퍼스 측량의 경우에는 기준자오선으로 자침자오선을 사용하기도 한다.

❷ 남북 방위

어느 측선의 방위(方位, bearing)라 함은 남북 자오선과 그 측선이 이루는 각에 의하여 결정되는 측선의 방향을 말한다. 따라서 자오선을 기준으로 한 어느 측선의 방향은 방위에 의하여 정의된다. 방위를 알기 위하여 각을 측정할 때는 자오선의 북쪽 또는 남쪽 끝을 기준으로 하여 시계 방향 또는 반시계 방향으로 수평각을 측정하여야 하며 측정된 각이 위치한 상한(象限), 즉 NE, SE, NW, SW를 반드시 각과 함께 표시하여야 한다. 〈그림 5.4(a)〉에서 측선 $\overline{K, 1}$의 방위는 북 21° 40′동(東)이며 N 21° 40′E로 표시한다.

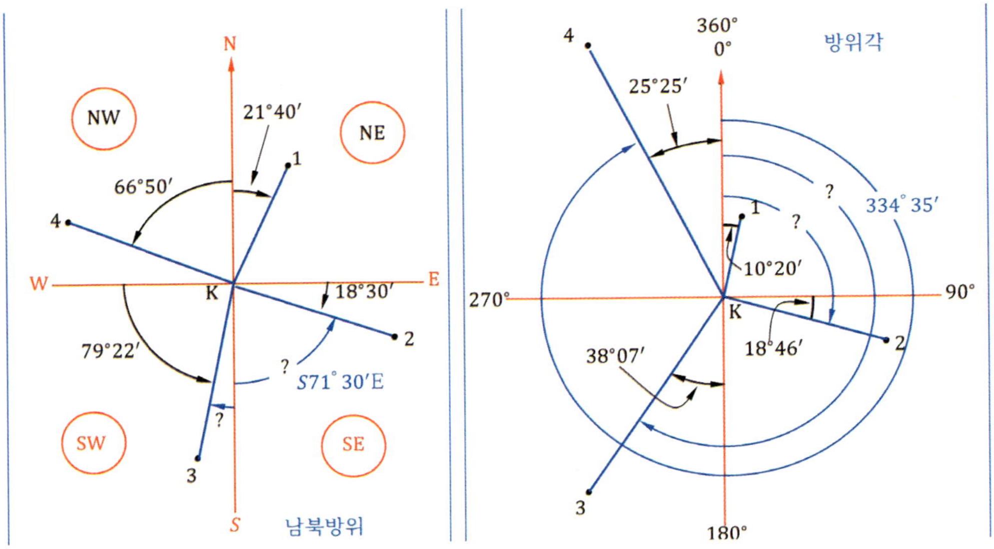

(a) 남북 방위 (b) 방위각

그림 5.4 남북 방위와 방위각

❸ 방위각

어느 측선의 방위각은 자오선의 북쪽 끝으로부터 그 측선에 이르는 각을 시계 방향으로 잰 각을 말한다. 일반적으로 방위각은 자오선의 북쪽 끝을 기준으로 하여 측정하고 있으나 경우에 따라서는(천체측량 또는 측지측량 등) 자오선의 남쪽 끝을 기준으로 하기도 한다. 만일 남쪽 끝을 기준으로 방위각을 측정했을 때는 측정값에 반드시 이 사실을 표기하여 착오가 없도록 하여야 한다.

방위각은 기준으로 하는 자오선(진북자오선, 자침자오선, 도북자오선)에 따라 진북방위각(true azimuth), 자북방위각(magnetic azimuth), 도북방위각(grid azimuth) 등으로 구분된다.

방위각은 0°~360°까지로 표시되며 360°를 넘는 것은 그 값에서 360°를 뺀 값으로 한다. 〈그림 5.4(b)〉에서 측선 $\overline{K,2}$ 의 방위각은 108° 46′이며 이 측선의 방위는 S 71° 14′E로 표시된다. 이같이 방위와 방위각은 쉽게 서로 환산할 수 있다.

트래버스의 계산에서는 측선의 방위각만 있으면 충분하며 방위는 필요치 않다. 방위는 삼각 함수를 사용하여 트래버스를 계산할 때, 예각과 둔각의 경우 부호의 착오로 인하여 계산오류가 발생하는 것을 방지하도록 방위를 사용하였으나 컴퓨터로 계산하는 지금은 방위를 사용할 필요가 전혀 없다.

5.5 | 자침 편차

트랜싯, 데오돌라이트, 토털스테이션 등과 같이 각 관측기기가 나오기 전까지 방향선과 각은 컴퍼스(compass)에 의하여 이루어졌다. 컴퍼스는 자유롭게 움직이는 자침이 핵심 장치이며 자침은 항상 지구자장의 중심을 가리킨다. 컴퍼스측량에서는 자침이 가리키는 방향, 즉 자북방향을 기준방향으로 하고 이를 기준으로 방위를 직접 읽을 수 있다.

지구의 자기장(磁氣場)은 지구의 중심에 위치한 거대한 쌍극자(북극과 남극의 두 개의 극)의 성질과 비슷하며 지구의 회전축과 약 11° 떨어져 있다. 자기장은 전 세계 약 200여개의 자기 관측소에서 자기장의 세기와 방향을 측정한다. 수년간에 걸쳐 관측한 결과를 토대로 하여 지구의 자기장 분포 모델이 만들어지고 이곳으로부터 자침편차와 년차(年差, annual change)를 계산한다.

자침편차(磁針偏差, magnetic declination)는 진북에 대한 자침방위의 편의 각도, 즉 자오선(진북방향)과 자북방향과의 수평각의 차를 말한다. 만일 자북방향이 진북방향의 동쪽이 있으면 동편차(+), 그 반대의 경우는 서편차(−)라 한다. 우리나라의 경우 일반적으로 $4° \sim 9° W$ 정도이며 북쪽으로 갈수록 값이 증가한다.

일반적으로 자침편차의 값은 일정하지 않고 끊임없이 변하는데, 하루의 변화를 일차(日差), 1년을 주기로 변화하는 것을 연차(年差), 장기간 변화하는 것을 영년차(永年差, secular variation)라고 한다. 일차는 오전이 가장 작고, 오후 1시경이 가장 크게 나타나며, 연차는 겨울보다 여름이 더 크게 변한다. 또한 적도보다는 극지방이 더 크게 나타난다. 영년차는 오랜 기간 불규칙적으로 변화하는 것으로 그 크기가 커서 매우 중요하다. 그러나 이를 예측하거나 알 수 있는 물리적 법칙은 없다. 다만 관측값으로 부터 유도된 상세한 도표들에 의해서만 이에 대한 과거의 행적을 알 수 있을 뿐이다.

진북 · 자북 · 자침편차와의 관계는 다음과 같다.

$$\text{진북방위각} = \text{자북방위각} + \text{자침편차}$$

자극의 위치가 일정하게 변하고 있어 자침편차도 항상 계속적으로 변하고 있다. 천체관측이나 위성관측을 통하여 자오선을 설정하고 자오선을 관측하는 동안 컴퍼스를 읽으면 그 지점에서의 자침편차를 구할 수 있다. 자침편차를 구하는 또 다른 방법은 등편각도(isogonic chart)로부터 구하는 방법이다. 등편각도는 어느 한 지역에서 어떤 특정시간에서의 자침편차를 나타낸다.

제 5 장

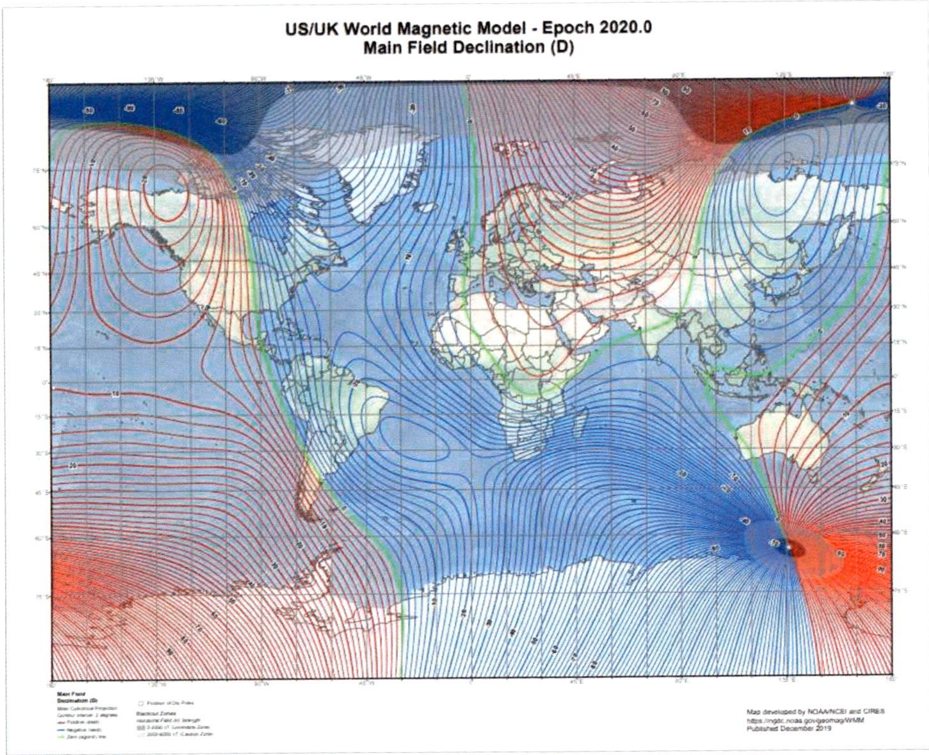

그림 5.5 등편각도

〈그림 5.5〉는 미국 NOAA의 NCEI(National Centers for Environmental Information)과 영국의 DGC (Defence Geographic Center)의 공동으로 만들어진 세계 자기장 모델 2020 등편각도이다. 상세한 것은 https://www.ncei.noaa.gov/products/world-magnetic-model을 참조 바랍니다.

Chapter 6 각 관측, 토털스테이션

출처: 가수 김장훈 블로그

6.1 각 관측기구

과거에는 각 관측기구로 트랜싯(Transit)과 데오돌라이트(Thedolite)를 주로 사용하였으나 과학기술의 발전과 데오돌라이트의 발전으로 인하여 오늘날에는 토털스테이션(total station)이 이들의 일을 대신하고 있다. 이들 기구는 근본적으로 같은 구조를 갖고 있어 같은 목적으로 사용한다.

토털스테이션은 트랜싯과 데오돌라이트가 하는 모든 일 뿐만 아니라 더 많은 일을 효율적으로 수행할 수 있으며 매우 정밀하고 신속한 거리측정을 할 수 있다. 토털스테이션은 이러한 장점이외 현장측량에서 매우 독특하고 유용하게 사용하는 기구로서 지형측량, 해양측량, 지적측량, 기준점측량 등 거의 모든 종류의 측량에 사용된다.

각을 측정하는 모든 측각기는 다음과 같은 5가지의 기본요소를 갖고 있어야 한다. 즉 (1)시준선, (2)시준선이 연직방향으로 자전할 수 있는 수평축, (3)시준선이 수평방향으로 회전할 수 있는 연직축, (4)연직각을 측정할 수 있는 연직분도원, (5)수평각을 측정할 수 있는 수평분도원을 갖고 있어야 한다. 만일 측각기가 완전하게 조정된 상태라 하면 다음과 같은 조건이 성립한다.

(1) 시준선은 수평축과 나란하고 연직축과는 서로 직각을 이룬다.
(2) 수평축은 연직 분도원과 직각이다.
(3) 연직축은 수평 분도원과 직각이다.

이 장에서는 트랜싯과 데오돌라이트에 관하여 간단히 소개하고 이후 모든 것은 토털스테이션을 중심으로 설명하고자 한다.

6.2 | 트랜싯·데오돌라이트·디지털 데오돌라이트

트랜싯과 데오돌라이트는 모두 각을 측정하는 기기로서 원래 모두 데오돌라이트로 불러왔으나 이들에 대한 명확한 구분은 없다. 다만 구조 및 외관적으로 몇 가지의 다른 특징이 있다. 일반적으로 데오돌라이트는 트랜싯에 비해 더 가볍고 간결하고 단단하게 만들어졌다. 트랜싯은 컴퍼스가 장착되었으나 데오돌라이트에는 없다. 트랜싯의 망원경은 길이가 길고 기포관이 부착되어 있으나 데오돌라이트의 망원경은 길이가 짧고 굵으며 기포관도 없다. 가장 중요한 특징은 각 읽음 장치일 것이다. 트랜싯은 눈에 보이도록 노출된 수평분도원과 버니어(vernier)를 이용하여 각을 읽는 반면에 데오돌라이트에서는 수평·연직 분도원은 기계장치 내부에 있어 눈으로 볼 수 없으며 망원경 옆에 부착된 측미경(測微鏡, microscope eyepiece)을 통하여 수평각과 연직각을 동시에 읽을 수 있다.

트랜싯은 4개의 정준나사와 두 개의 관형기포관을 사용하여 수평을 맞추지만 데오돌라이트는 3개의 정준나사와 원형기포관을 사용하여 개략적인 수평과 정밀 관형기포관을 통하여 정밀한 수평을 맞춘다. 트랜싯에서는 추(錐)를 사용하여 구심을 하나 데오돌라이트에서는 "트라이브랙(tribrach)"에 장치된 광학적 구심장치에 의하여 이루어진다. 트라이브랙은 데오돌라이트를 올려놓는 하부 고정장치로 정준장치와 광학적 구심장로 구성되었다. 트라이브랙을 사용할 경우, 측각이 완료된 후 삼각으로부터 데오돌라이트를 떼어내고 즉시 프리즘 표적, EDM 등을 올려놓아 정준과 구심이 흐트러짐이 없이 거리측정 등 후속작업을 신속히 진행할 수 있어 작업의 효율성을 높일 수 있는 장점이 있다. 트라이브랙과 광학적 구심장치에 관하여는 다음 절에서 좀 더 상세히 설명하겠다.

여러 가지 형태의 데오돌라이트가 존재하지만 그 구조상 반복형 데오돌라이트(repeating theodolite)와 방향형 데오돌라이트(directional theodolite)로 구분하며 일반적으로 방향형이 반복형보다 더 정밀하다고 할 수 있다.

반복형은 복축형 트랜싯과 같이 상·하부를 서로 독립적으로 회전할 수 있으며 이들 운동은 각각 상·하부 고정나사와 상·하부 미동나사에 의하여 제어된다. 어떤 것은 한 개의 고정나사와 미동나사, 그리고 변환 스위치에 의하여 상·하부운동을 같이할 수 있는 것도 있다.

방향형은 단축형 트랜싯과 같이 오직 상부 운동만 가능하며 반복형 데오돌라이트에서와 같이 반복측정이 불가능하다. 따라서 각을 측정하기 위해서는 먼저 시점의 목표물을 시준하여 그 방향을 읽고(초독, initial reading), 다음에 종점의 목표물을 시준하여 그 방향을 읽는다(종독, final reading). 이때 종독과 초독의 산술적인 차가 두 측선의 사이 각이 된다.

수평분도원에서 읽은 각은 트랜싯에서 A, B 두 분도원의 값을 평균한 것처럼 데오돌라이트에서 시계 방향과 반시계 방향의 두 눈금을 읽어서 그 평균을 한 것과 같다. 이것은 데오돌라이트의 내부 광학장치가 이러한 결과를 자동으로 얻도록 고안되었기 때문이며, 이러한 광학장치는 분도원의 편심오차를 보정하여 준다.

디지털 데오돌라이트는 각 측정방법이 디지털식으로 이루어진 데오돌라이트를 말한다. 다시 말하면 보통의 데오돌라이트에서와 같이 눈금으로 만들어진 분도원을 버니어 또는 측미경을 통하여 읽는 것이 아니라 2진 코드(binary code) 또는 증분 방식(incremental method)과 같은 주사방식(scanning system)을 사용하고 수평각과 연직각이 액정화면에 직접 수치로 표시된다. 디지털 데오돌라이트는 망원경 옆에 부착된 측미경이 없어진 것을 제외하고는 일반 데오돌라이트와 외관상 크게 달라진 것은 없다.

6.3 토털스테이션

토털스테이션은 디지털 데오돌라이트의 측각 기능과 EDM의 거리측정 기능을 동시에 가지고 있는 특징이 있다. 토털스테이션은 컴퓨터시스템과 간단한 소프트웨어가 내장되어있어 각과 거리가 관측되는 즉시 측점에 대한 좌표계산 등 필요한 사항이 계산되어 화면에 표시되고 또한 입력자료를 포함한 모든 자료가 별도의 저장장치에 저장되어 주 컴퓨터에 의한 추가적인 계산에 활용할 수 있는 특징이 있다.

토털스테이션은 지형측량과 같이 많은 점의 평면 및 표고 좌표가 필요하거나 트래버스 측량 또는 노선측량의 중심말뚝 측량에서와 같이 인접점들에 대한 좌표가 수시로 필요할 경우 매우 신속하게 효과적으로 작업을 할 수 있다. 따라서 토털스테이션에 의한 측량은 높은 정밀도가 필요한 기준점측량보다는 매우 높은 정밀도는 필요로 하지는 않으나 공사측량과 같이 비교적 정밀하고 복잡하며 신속한 측량 등에 많이 활용된다.

특히 어떤 것은 2차원 경사 센서가 내장되어 시준축 방향(X)과 수평축 방향(Y)의 두 방향에 대한 연직축의 경사도를 동시에 모니터하고 보정값을 연산하여 수평각과 연직각을 자동으로 보정하여 주는 2축 보정장치(二軸補正裝置)가 있다. 이러한 보정장치는 기계와 측점이 위치한 높이차가 매우 커서 연직축의 오차가 수평각에 큰 영향을 줄 때 이를 보정해 줌으로써 높은 정밀도를 보장할 수 있는 이점이 있다.

데오돌라이트로 수평각을 관측할 때 정밀도를 높이기 위하여 반복측정 방법을 사용하기도 하나 이것은 복축형인 반복형 데오돌라이트에 의하여 이루어진다. 그러나 토털스테이션은 연직축이 단축으로 되어있어 방향형 데오돌라이트와 같아 원칙적으로 반복측정이 불가능하나 최신 토털스테이션에서는 비록 단축형이지만 디지털 엔코더와 마이크로 프로세서의 도움으로 반복측정이 가능하다.

토털스테이션의 측각 정밀도는 기준점측량에 적합한 정밀 토털스테이션과 같이 0.5″독부터 20″독까지 여러 종류가 있다. 각의 표시 방법은 제조회사마다 다르나 일반적으로 도·분·초를 명시하여 표시하거나 또는 123.4567(123°45′67″)와 같이 소수로 표시하기도 한다. 각의 단위는 도·분·초와 그래드(grads/gons)를 선택적으로 사용하도록 고안되었다. 이 들의 선택 과정 및 데이터 입력은 키보드를 통하여 이루어진다.

거리측정장치는 보통의 전자파 거리측정기와 똑같이 적외선 또는 레이저와 같은 광파(光波)를 매개 전자파로 사용하고 있다. 측정거리는 일반적으로 약 3~5 km 정도이며 측정 정밀도는 제작회사 및 장비의 종류에 따라 다르나 약 ±(2+2 ppm × D)mm 정도이다.

각의 측정은 디지털 데오돌라이트에서와 같이 “0-setting”, 즉 “0-눈금 맞추기”로부터 이루어지며 수평각과 연직각이 동시에 액정화면에 표시된다. 특히 연직각의 경우 도, 분, 초에 의한 읽음 이외에 경사도를 %로 표시할 수도 있다.

최근에 개발된 토털스테이션은 자동 시준장치가 있어 프리즘 표적을 정확히 맞출 필요 없이 대략적으로 시준한 후에 “측정 키”를 누름으로 고정밀도 측정을 시작할 수 있다. 망원경 중앙에서 자동 시준용 레이저를 주사하고 프리즘에서 반사되는 레이저 광을 망원경 동축에 장착된 두 개의 CCD(고도 및 수평용)에 의해 시준 위치를 보정하는 동시에 망원경 광축 중심에서 벗어난 정도를 계산함으로써 시준축을 프리즘 중앙에 맞춘다. 특히 망원경에 안내 광선이 탑재되어 프리즘을 시준선에 신속히 맞출 수 있다.

측정된 모든 데이터는 메모리 카드와 같은 저장장치를 이용하거나 내장된 기억장치에 모두 저장되어 후속 작업에 활용된다. 이러한 저장장치는 보통 수천 점 또는 수 만점의 측점에 대한 측정기록을 저장할 수 있다.

토털스테이션이 측점에 적절하게 세워지고 "표준모드(normal mode)"에 있을 때 망원경을 통하여 한 측점에 대한 각을 측정하고 화면에 표시될 때까지 걸리는 시간은 보통 2~4초 정도이고 "탐색모드(tracking mode)"에 있을 때는 0.5초 이내에 화면에 나타난다. 표준모드는 대부분의 측량작업에서 사용하며 복수로 측정한 값의 평균을 택하므로 더 정밀한 결과를 가져온다. 탐색모드는 일반적으로 노선측량과 같은 경우에 사용하며 반사프리즘은 최종 말뚝의 예상 위치에 가까운 측선에 세워진다.

프리즘을 이용하여 신속한 관측이 이루어지고 앞 · 뒤로 이동하여야 할 위치까지의 거리를 측정하여 계산이 이루어진 즉시 화면에 표시된다. 프리즘은 1차 관측결과에 따라 앞 · 뒤로 이동하고 다음 거리에 대한 검측이 이루어진다. 이러한 과정은 만족스러운 결과를 얻을 때까지 반복된다. 〈표 6.1〉은 몇 가지 최신 토털스테이션의 예이다.

▶ 표 6.1 Total station의 예

제작사	모델	각의 측정		거리측정(1프리즘)		Data	무타겟(옵션)		기타
		정밀도 (″)	최소 독취(″)	단위 (m)	정밀도 (mm)	내장 메모리	거리 (m)	정밀도 (mm)	
Leica	TS60	0.5	0.5	3500	0.6+1.0ppm	2GB	1000	2+2ppm	자동시준 자동초점
	MS60	1	1	10000	1+1.5ppm	2GB	2000	2+2ppm	
Topcon	GT1200	1	0.5	5000	1+2ppm	1GB	1000	2+2ppm	자동시준 자동초점
	MS05AXII	0.5	0.1	3500	0.8+1ppm	500MB	100	1+1ppm	
Sokkia	CX-52	2	1	4000	2+2ppm	5000점	350	3+2ppm	
	iX-1201	1	0.5	6000	1+2ppm	1GB	1000	2+2ppm	자동시준 자동추적
Trimble	M3	1,5,10	0.5	3000	2+2ppm	128MB	300	3+2ppm	
	S9	0.5,1	0.1	2500	1+2ppm	128MB	1300	2+2ppm	카메라 탑재

6.4 | 토털스테이션의 구조

토털스테이션은 전자파 거리측정기(EDM)와 디지털 측정장치, 그리고 컴퓨터의 3가지의 요소가 하나로 합쳐져 있다. 이들을 구성하는 중요한 요소들은 망원경, 각 측정장치, 트라이브랙(tribrach)과 광학구심장치, 컴퓨터 및 저장장치 등으로 구분할 수 있다.

망원경은 데오돌라이트에서와 같이 토털스테이션의 중요한 한 부분이다. 망원경은 두 개의 지주(支柱)사이에 장치되어 있어 그의 시준선이 연직면을 형성할 수 있도록 회전할 수 있다. 망원경이 회전하는 축을 수평축(水平軸, horizontal axis)이라 하고 연직선에 대하여 어떤 방향으로나 회전할 수 있는 축을 연직축(鉛直軸, vertical axis)이라 한다. 따라서 전·후·좌·우·상·하 운동으로 모든 방향에 있는 측점을 시준 할 수 있다.

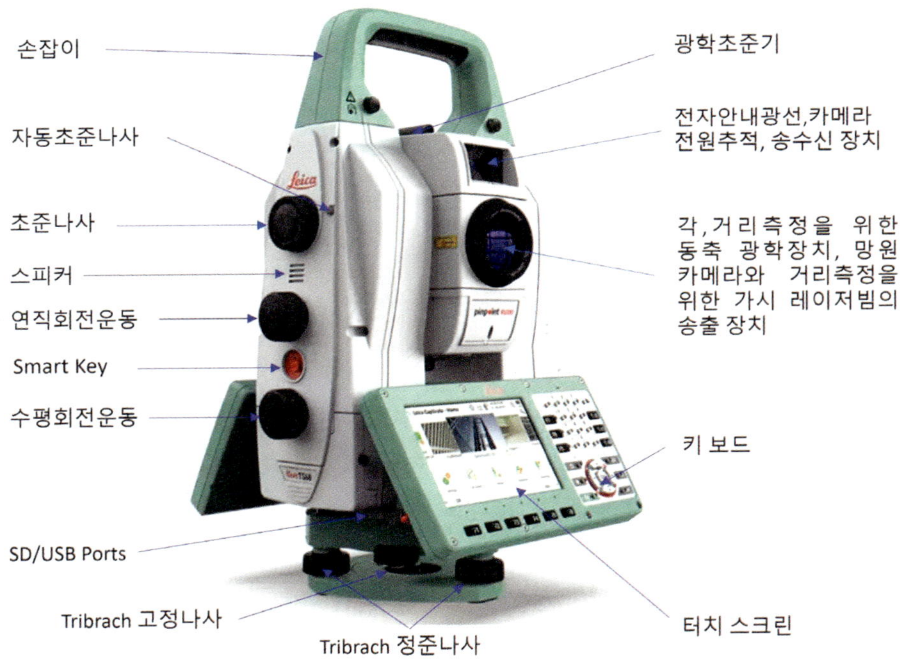

그림 6.1 Leica TS60/MS60 Total Station

망원경은 짧고 십자선과 목표물을 시준하기 위한 조준기가 부착되어 있다. 대부분의 망원경에는 두 개의 초준나사가 있다. 하나는 대물렌즈의 초준용이고 다른 하나는 대안렌즈의 초준용이다. 만일 두 렌즈의 초점이 동시에 맞지 않으면 시차가 발생한다. 따라서 대안렌즈의 초준나사를 통하여 십자선의 초점을 명확히 한 후 대물렌즈의 상에 대한 초점을 맞추어야 한다.

토털스테이션에 설치된 EDM은 보통 소형의 단거리용으로 망원경과 두 개의 지주 사이에 설치되었다. 측정거리는 한 개의 프리즘 반사경을 사용할 경우 약 4km정도이며 3개의 프리즘 반사경을 사용할 경우에는 더 멀리 측정할 수 있다.

토털스테이션은 데오돌라이트와 같이 서로 직각으로 배치된 두 개의 분도원(分度圓), 즉 수평분도원(horizontal circle)과 연직분도원(vertical circle)을 가지고 있다. 토털스테이션에 의한 관측은 관측이 이루어지기 전에 정준나사(整準螺絲)를 사용하여 정준함으로서 수평분도원과 수평면이 평행이 이루어진다. 이때 연직분도원은 자동으로 연직면과 평행이 된다. 이러한 과정이 완료된 다음 수평각과 연직각을 측정하여야 한다.

초기모델의 토털스테이션은 대부분 기포관에 의하여 정준을 이루지만 최신의 기계에서는 자동수평보정장치(automatic compensator) 또는 전자식 경사감지장치에 의하여 정준이 이루어진다.

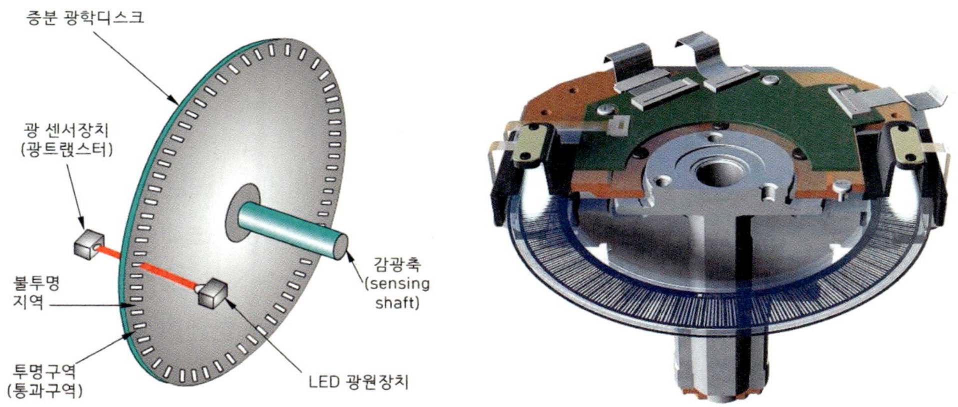

(a) (b)

그림 6.2 광학증분디스크(a)와 Sokkia absolute encoder(b)

토털스테이션의 각 측정장치는 디지털 데오돌라이트의 것과 같이 눈금이 그려진 분도원을 직접 읽는 아날로그 방식이 아니라 광학증분디스크(incremental optical disk)를 이용하는 디지털 방식이다. 광학증분디스크는 〈그림 6.2〉와 같이 유리판 위에 검고 흰 공간들로 구성된 부호 형태로 구성되어 있으며 얇은 금속 막으로 덮여져 있다. 빛이 분도원에 비추어질 때 얇은 금속판의 구성 형태 때문에 분도원의 위치에 따라 빛의 통과량이 달라진다. 이때 분도원의 반대쪽에 위치한 몇 개의 감광성 반도체(photo diodes)가 빛의 양을 감지하고 이들은 매우 작은 전류로 변환된다. 이와 같은 광전류는 특수한 마이크로프로세서에 의하여 각으로 변환되면서 액정화면에 수치로 나타난다.

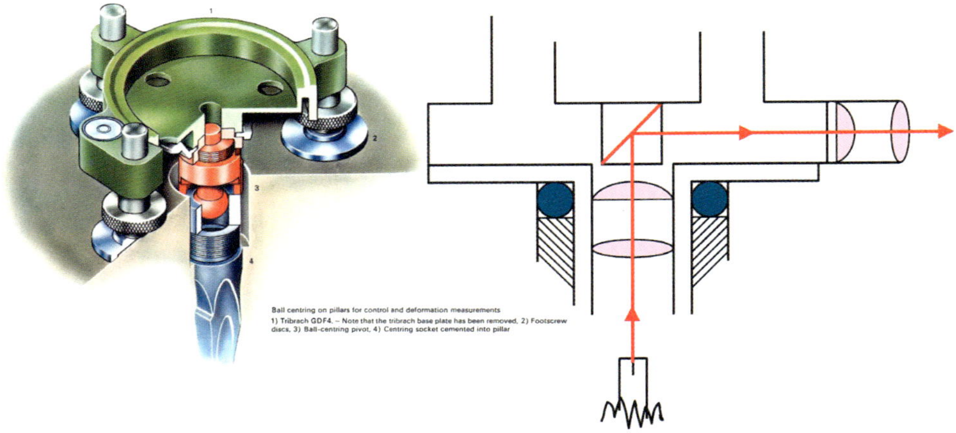

(a) (b)

그림 6.3 TOPCON 트라이브랙(a)과 광학구심장치(b)

트라이브랙은 〈그림 6.3(a)〉와 같이 3개의 정준나사와 원형기포관, 토털스테이션 또는 EDM과 같은 장치를 고정하는 잠금장치와 삼각을 고정하는 고정장치 등으로 구성되었다. 또한 어떤 것은 〈그림 6.3(b)〉와 같이 광학구심장치를 가지고 있는 것도 있다. 광학구심장치는 그림과 같이 직각프리즘을 이용하여 기계의 연직축과 일치하는 시준선으로 정확한 구심을 할 수 있다. 광학구심장치에 의하여 구심을 할 때는 기계가 완전한 정준상태에 있어야만 한다. 특히 구심용 망원경이 매우 짧기 때문에 시차현상이 있어서는 아니 된다. 최근에는 광학구심장치대신에 레이저에 의하여 연직축과 일치하는 시준선을 얻는 레이저 구심장치도 있다.

마이크로프로세서는 아날로그 시대에 비추어 많은 장점이 있다. (1)키보드에서 단순히 버튼을 누르는 것으로 "0-setting"이 이루어져 임의의 초기값을 쉽게 설정할 수 있다. (2)좌로나 우로나 증가하도록 각을 관측할 수 있다. (3)반복측정으로 측정한 각을 계속해서 가산할 수 있으며 360°를 몇 번 넘겨도 무방하다. (4)오독이나 오기로부터의 오차 또는 착오를 줄일 수 있고 작업의 효율성을 높여 준다.

키보드와 화면은 마이크로프로세서와의 연결통로 역할을 한다. 대부분의 토털스테이션에는 양쪽 모두에 키보드와 화면을 가지고 있어 정·반 관측에서 매우 유용하게 사용된다.

6.5 토털스테이션의 설치

토털스테이션의 설치는 데오돌라이트의 경우와 마찬가지로 관측작업을 시작하기 전에 조심스럽게 측점에 세워야 한다. 설치는 광학구심장치, 트라이브랙, 트라이브랙에 부착된 원형기포관, 삼각의 다리 등을 이용하여 구심과 정준작업을 하여야 한다.

설치과정은 토털스테이션을 먼저 트라이브랙에 고정한 후 다음과 같은 순서로 이루어진다. (1)삼각대의 3 다리의 길이를 조정하여 기계의 높이가 개략적으로 눈높이가 되도록 한 다음 삼각을 움직여 삼각의 중심이 개략적으로 측점의 연직선과 일치하도록 한다. (2)삼각을 땅에 단단히 고정하고 삼각의 다리를 조정하여 삼각의 머리가 개략적으로 수평이 되도록 한다. 이때 삼각의 중심이 측점과의 연직선에서 크게 벗어나는 것 같으면 삼각을 다시 움직여 조정하고 필요하면 (2)의 과정을 반복한다. (3)3개의 트라이브랙 정준나사를 개략적으로 가운데 오도록 한다. (4)트라이브랙을 삼각위에 올려놓을 때 전·후·좌·우로 최대한으로 자유롭게 움직일 수 있도록 삼각의 중앙에 오도록 한다. (5)광학구심기의 초점을 측점에 맞도록 조정한다. 이때 시차가 없도록 하여야 한다. (6)정준나사를 사용하여 구심장치가 아래의 측점을 향하도록 조정한다. (7)삼각의 다리를 조정하여 원형기포관의 기포가 중앙에 오도록 한다. (8)관형기포관과 삼각의 다리를 사용하여 기계를 수평이 되도록 한다. (9)이때 필요하다면 트라이브랙의 고장나사를 풀고 기계를 전·후·좌·우로 수평 이동하여 광학구심기로 정확한 구심이 되도록 한다. (10)정확한 수평과 구심이 되도록 (8)과 (9)단계를 반복한다.

관형기포관을 사용한 정준작업에서 망원경의 방향과 기포관의 방향, 그리고 정준나사에 대한 상호관계는 레벨의 정준작업의 경우와 같으므로 이를 참고하기 바랍니다.

최신의 토털스테이션의 경우 디지털 데오돌라이트에서와 같이 전통적인 관형기포관 대신에 전자식 2축 경사보정장치(dual axis leveling system)사용하여 경사지에서도 편리하게 작업의 효율성을 높일 수 있다. 경사보정방법은 제품의 종류에 따라 다르나 일반적으로 원형기포관에 의하여 개략적인 수평이 이루어지면(보통 ±3′) 자동으로 경사보정이 이루어진다. LCD 화면에 기계의 수평상태와 정준에 대한 상태가 나타나면

제
6
장

안내표시에 따라 3개의 정준나사를 사용하여 정준작업을 하면 자동으로 경사가 보정된다.

6.6 | 로봇 토털스테이션

로봇 토털스테이션은 자동제어장치로 목표물을 자동으로 탐색할 수 있는 새로운 개념의 토털스테이션을 말한다. 보통 데오돌라이트를 사용하는 측량에서는 관측자가 기계를 설치하고 다른 한 사람은 반사프리즘을 목표점에 세운다. 이때 관측자는 그 측점에서 시준, 관측, 읽음, 저장까지 모든 작업을 한다. 그러나 로봇 토털스테이션을 사용하는 로봇 측량에서는 관측자는 기계를 기준점에 설치한 다음, 기계를 설치한 상태로 놓아두고 바로 기계를 떠나서 프리즘을 다음 관측하고자 하는 측점으로 이동한다. 관측자가 이동하는 동안 기계는 프리즘을 자동으로 탐색하며 측점에서 버튼을 누르게 되면 기계는 그 측점에 대한 필요한 정보를 자동으로 정확하고 신속하게 기록한다.

이러한 작업은 단지 키보드에 측점의 번호만 입력하면 된다. 이때 컴퓨터는 저장된 데이터로부터 측점까지의 방향을 가져오거나 또는 계산하여 자동제어장치에 명령하면 수초 이내에 망원경이 측점방향으로 이동한다. 이러한 측량방법은 노선측량과 같이 많은 양의 현장 말뚝을 설치하거나 여러 점의 기준점에 대한 관측이 필요할 때 매우 효율적이다. 어떤 경우는 표준형 토털스테이션을 사용할 때 4일 걸리던 작업을 로봇 측량으로 단 하루 만에 완료한 경우도 있다고 한다. 기준점측량과 같이 정밀한 측량이 필요한 경우에는 시준선이 자동으로 탐색되었다 하더라도 최종적으로 정확하게 시준선을 다시 맞추어야 한다.

Leica의 TCA계열, Topcon의 GTS계열, Sokkia의 SX와 SRX계열, 기타 Trimble등 많은 제작사에 의하여 여러 가지 형태의 자동탐색용 토털스테이션이 생산되어 활발하게 사용되고 있다.

로봇 토털스테이션과 한 조로 이루어 목표물의 자동탐색이 가능하게 하는 것으로 "원격측위장치(遠隔測位裝置, RPU, Remote Positioning Unit)가 있다. RPU는 빔 발생장치(beam emitter), 방향 센서, 블루투스 무선모뎀, 프리즘 등으로 구성되어 이들을 모두 하나의 폴에 장치된 것으로 토털스테이션과 무선으로 연결되어 원거리에서도 토털스테이션을 조종한다. 이와 같은 로봇 토털 들은 RPU와 연관한 목표물의 자동탐색 기능뿐만 아니라 망원경을 수평 또는 수직으로 움직이는 자동제어장치까지 갖추고 있다.

그림 6.4 Sokkia SRX와 RC PR4 robotic total station system

로봇 측량은 보통의 데오돌라이트를 사용하는 경우와 같이 먼저 기계를 측점에 정치한 후 후시로부터 시작한다. 후시는 기계를 방향이 알려진 측선, 즉 기준방향(기지방위각)에 시준선을 맞추는 것이며 키보드에 필요한 측점의 번호를 입력하면 컴퓨터에 의하여 방향이 결정된다. 기준방향에 후시를 하였으면 관측자는 원격측위장치(RPU)를 필요한 위치로 이동하고 RPU의 망원경을 통하여 기계를 시준한다. 만일 기계를 로봇으로 사용한다면 관측자는 RPU를 이용하여 관측하고자 하는 모든 측점에 대한 관측을 수행한다. 시준선의 연직각이 로봇에 전송되면 즉시 기계의 연직 서보모터가 망원경을 자동으로 주어진 연직각의 위치로 이동시킨 다음 수평각 서보모터가 움직여 프리즘을 찾을 때까지 수평이동을 한다. 로봇 토털은 RPU를 수초 이내에 찾게 되고 자동으로 다음 단계로 넘어간다. 만일 1차 탐색에 실패하면 다시 탐색을 시작한다.

로봇은 RPU가 이동하는 곳마다 탐색한다. 로봇은 프리즘이 땅바닥에 놓여 있을지라도 탐색한다. 로봇이 RPU를 탐색하는 동안 관측자는 말뚝을 측설하거나 또는 다른 필요한 일들을 한다. 로봇은 혼자 RPU를 탐색하고, 시준하고, 기록하고, 저장하는 일을 혼자 스스로 하기 때문에 많은 양의 일과 시간을 절약할 수 있을 뿐만 아니라 측점의 오인 또는 프리즘이 기계로부터 멀리 떨어져 있어 잘 보이지 않을 때 발생하기 쉬운 착오 등을 사전에 방지하기도 한다.

6.7 각의 측정법

수평각을 측정하는 방법으로는 단측법(single measurement)과 반복법(repetition method), 방향관측법(direction method)과 각 관측법(angle measurement in all direction)이 있다. 측정방법에 대한 설명은 토털스테이션을 기준으로 설명하고자 한다.

6.7.1 단측법과 반복법

단측법은 〈그림 6.5(a)〉와 같이 먼저 측점 O에 기계를 세우고 수평을 맞춘 다음, 망원경의 수평운동나사와 연직운동나사를 풀고 망원경을 개략적으로 A점을 시준한다.

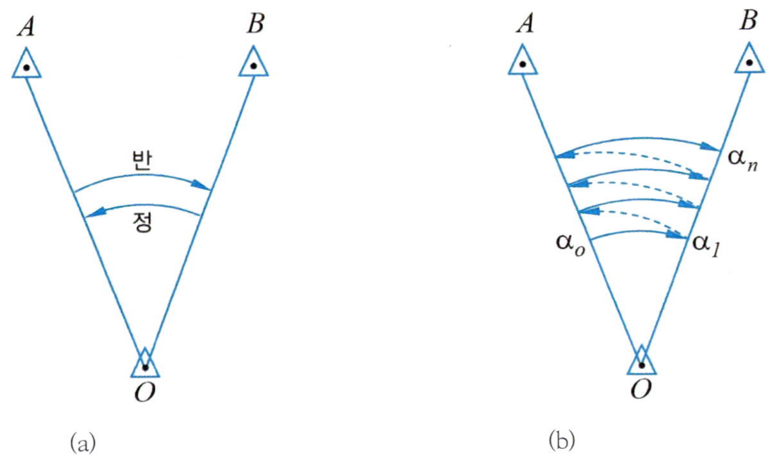

그림 6.5 단측법(a)과 반복법(b)

다음에 수평운동나사와 연직운동 나사를 잠그고 미동나사를 움직여 십자선의 연직선을 정확하게 A점에 고정한다. 각을 읽어 이를 초독(初讀, initial reading)으로 하거나 0°00′00″로 설정(0-맞추기)하여 화면에 입력한다. 다음에 수평운동나사를 풀어 위에서 한 것과 같은 방법으로 망원경을 B점에 정확히 시준한다. 이때 각을 읽으면 이 각은 종독(終讀, final reading)이 된다. "0-맞추기"를 한 경우는 종독이 곧 ∠AOB가 된다. 그러나 초독을 읽어 입력했다면 종독에서 초독을 뺀 값이 ∠AOB가 된다.

일반적으로 정밀도를 높이고 오차를 줄이기 위하여 망원경 정 · 반 위치에서 측정하고 그 평균을 취한다. 망원경 반(反)의 위치란 망원경을 수평축을 중심으로 한 바퀴 회전함을 의미한다. 토털스테이션에서는 자동으로 평균값이 화면에 표시되므로 데오돌라이트에서와 같이 평균을 할 필요가 없다.

반복법은 〈그림 6.5(b)〉에서와 같이 한 각을 여러 번 반복하고 그 평균을 취함으로 고 정밀도의 각을 얻을 수 있는 장점이 있다. 관측 순서와 방법은 제작사들의 기계마다 각각 다르므로 기계의 사용설명서에 따라야 하나 일반적으로 다음과 같은 순서로 관측이 이루어진다.

첫 번째의 관측은 단측법에서와 같은 방법으로 측정하고 키보드의 단추를 눌러서 화면에 나타난 각을 저장한다. 반복측정은 처음의 측정각이 화면에 표시된 상태에서 수평운동나사와 미동나사를 사용하여 A점을 후시한 다음, 화면의 잠금을 해제하고 B점을 정확히 시준한다. 이러한 방법으로 계획된 회수만큼 반복측정을 계속하면 측정한 각의 총합계가 화면 표시된다. 같은 방법으로 망원경 반전(反轉) 위치에서 같은 회수만큼 반복측정하면 화면에 정·반 측정의 합계와 최종적으로 평균값이 표시된다.

이때 반복회수는 보통 3~6회가 적당하며 총합이 360° 또는 그 배수에 가깝게 하는 것이 좋다.

6.7.2 방향관측법과 각 관측법

방향관측법(direction method)은 〈그림 6.6(b)〉와 같이 한 측점 주위에 여러 개의 측점이 있을 때 먼저 A를 후시한 후 차례로 B, C, D를 시준하여 인접한 시준방향의

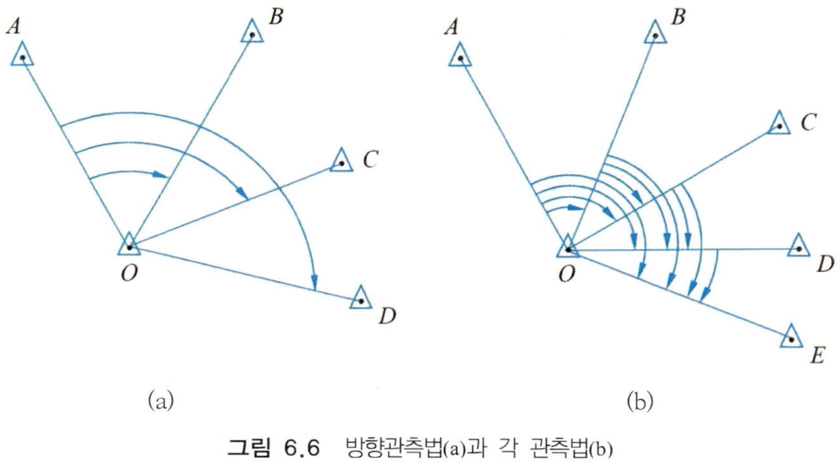

그림 6.6 방향관측법(a)과 각 관측법(b)

차에 의하여 두 측선의 끼각을 구하는 방법이다. 특히 이 방법은 한 측점에서 여러

개의 측점을 관측할 때 매우 효율적인 방법이다. 모든 관측이 끝나면 망원경을 반전하여 다시 한번 순서대로 각 점에 대한 각을 측정한다. 망원경 정·반위 때의 각을 평균하면 정밀도를 높일 수 있다.

각 관측법(angle measurement in all direction)은 수평각 관측법 중에서 가장 높은 정밀도를 얻을 수 있는 관측방법으로 우리나라의 정밀 1차 기준점과 같은 고 정밀도를 필요로 하는 측량에 사용한다.

〈그림 6.6(b)〉와 같이 측정하여야 할 방향이 여러 개 있을 때 각 방향의 측선들이 서로 만들 수 있는 각(角) 모두를 각각 단측법으로 측정하고 측정한 각 상호 간의 기하학적 조건을 서로 만족시키면서 최소제곱법에 의하여 그들의 최확값을 구하는 방법이다.

지금 한 점에서 관측하여야 할 방향의 수가 S라고 하면 이에 의하여 만들어질 수 있는 각의 총수는 $\frac{1}{2}S(S-1)$이 된다. 이때 측정된 각의 총수와 구하려고 하는 각의 수, 즉 미지수 $(S-1)$과의 차가 조건식의 수가 된다. 〈그림 6.6(b)〉의 경우는 각의 총수 = 10, 구하고자 하는 각의 수 = 4, 따라서 조건식의 수는 6이 된다.

6.8 직선의 연장과 각의 측설

6.8.1 직선의 연장

〈그림 6.7〉에서 A점에 기계를 세워 B점을 시준하고 그 시준선 상에 C, D, … 등을 결정한다. 만일 A점에 기계를 세웠을 때 C, D점을 직접 시준하기 어려울 때는

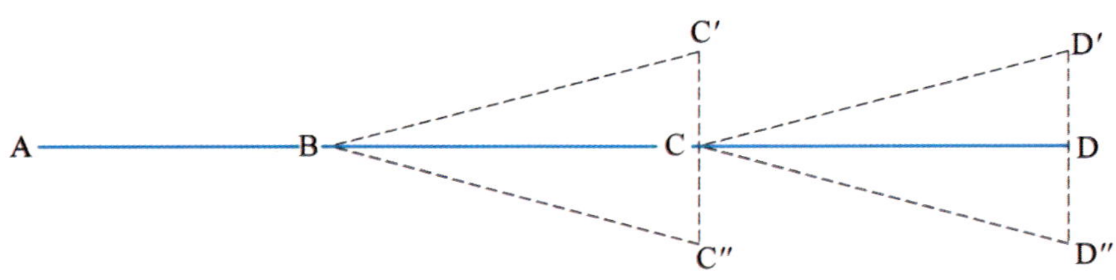

그림 6.7 직선의 연장

기계를 B에 세우고 A를 시준한 다음 망원경을 수평축 주위로 회전한 후 망원경을 반전위(反轉位)하여 그 시준선 위에 C를 정하면 된다. 이때 기계 오차를 고려하여 망

원경을 정 · 반위로 두 번 연장하여 결정한다. 만일 망원경 정·반위의 경우 모두 한 점 C에 일치되면 좋으나 그림에서와 같이 망원경 정위(正位) 상태의 경우 C′, 망원경 반전위 상태의 경우 C″와 같이 두 점에서 결정된다면 C′, C″의 중앙점을 택하여 그 점을 구하고자 하는 C점으로 결정하면 된다.

6.8.2 각의 측설법

〈그림 6.8〉에서 각 α를 정확하게 지상에 측설(測設)하자면 트랜싯 버니어 또는 데오돌라이트의 측미 축척의 0-지표를 분도원의 0°에 일치시키고 하부운동으로 A점을 시준한 후 하부운동을 고정한다. 상부 운동으로 수평분도원 위에 각 α를 나타나게 한 다음 망원경의 시준선 위에 한 점 B′를 정하고 지상에 표시한다.

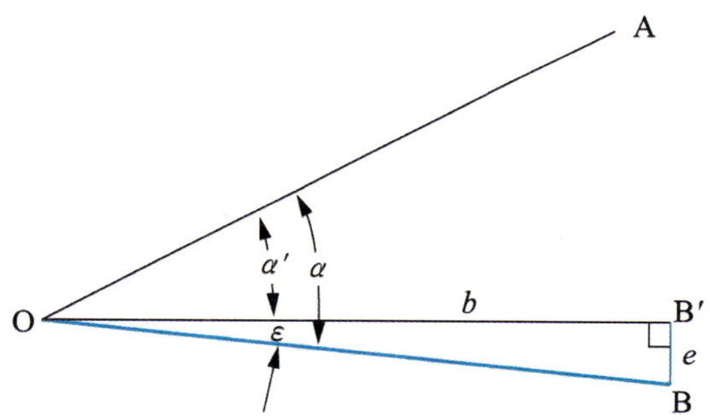

그림 6.8 각의 측설

다음에는 지금 측설한 ∠AOB′를 반복법에 의하여 정확하게 측정하고 그 측정값을 α'로 한다. 이때 α'와 α는 보통 일치하지 않고 오차 ε''가 발생하게 되며 이 오차는 그림에서와 같이 지거방법에 의하여 보정한다. 즉

$$e = \frac{b\,\varepsilon''}{\rho''} \quad \text{단,} \quad \rho'' = 206265''(1\,\text{radian})$$

로 계산된 양 만큼 보정하여 점 B를 취하면 ∠AOB는 정확하게 α를 측설한 것으로 된다.

6.9 | 각을 측정할 때 발생하는 오차

각을 측정할 때 발생하는 오차의 원인은 기계적 오차, 자연적 오차, 개인오차 등 크게 3가지로 구분할 수 있다.

기계적 오차는 ①기계 구조상의 결함에 의한 오차, ②불완전한 조정에 의한 오차 등이 있다. 자연적 오차는 바람, 햇빛, 온도변화, 대기굴절 등에 위한 오차를 말한다. 인적 오차는 기계를 세울 때 정확하게 측점위에 세우지 못하여 생기는 오차(구심오차), 기포관의 기포를 정확하게 중심에 일치시키지 못하여 발생하는 오차, 삼각의 불안전과 고정나사가 풀어져 생기는 오차, 시준표나 폴을 정확하게 연직으로 세우지 못하여 생기는 오차, 십자선의 중심이 시준표와 정확히 일치하지 않기 때문에 발생하는 오차 등을 말한다.

기계오차는 대부분 정오차이므로 주의하여 조정하거나 적절한 관측방법으로 제거할 수 있으나 무시할 정도로 줄일 수 있다. 시준선의 편심오차, 시준축 오차, 수준축 오차 등과 같이 기계의 불완전한 조정에 의하여 발생하는 오차들은 대부분 망원경 정·반 위치에서 측정한 각을 평균함으로써 제거할 수 있다. 그러나 연직축 오차와 같이 기계의 결함 등에 의한 오차는 제거할 수 없다.

Chapter 7

트래버스 측량

출처: 가수 김장훈 블로그

7.1 개 요

트래버스(traverse)라 함은 서로 인접되어있는 여러 개의 측점(또는 측선)을 서로 연결하여 만들어진 다변형(多邊形)의 도형을 말한다. 트래버스 측량은 서로 인접한 측선들에 의하여 만들어진 수평각과 각 측선의 길이를 측정하여 측점들의 상대적인 좌표를 결정하는 측량으로서 기준점측량(control survey)의 가장 보편적인 방법 중의 하나이다. 트래버스의 형태는 일반적으로 노선 형태로 되어있으나 시점과 종점이 같을 때는 하나의 폐다각형을 형성한다. 그래서 트래버스 측량을 **다각측량(多角測量)**이라 부르기도 한다.

트래버스 측량은 각과 거리의 측정 정밀도가 측량의 결과에 결정적인 영향을 준다. 또한 트래버스 측량은 약 1830년대부터 이미 활용되고 있었지만 1960년대까지는 각과 거리의 측정 정밀도의 한계 때문에 삼각측량에 비해 그 중요도가 크게 떨어져 저정밀도의 측량이나 소규모의 측량 등에만 사용되었다. 그러나 각 측정 기구의 눈부신 발전과 더불어 전자파 거리측정기에 의한 고정밀도의 거리 측정은 트래버스 측량에 대한 개념을 바꾸어 놓았으며 최근에는 변장 거리 50 km 이상의 1등 기준점까지의 측량도 가능케 되었다. 더욱이 삼각측량에 비해 작업이 간편하고 신속히 진행할 수 있는 장점도 있다. 그러나 근년에 이르러 GPS측량의 발전으로 트래버스 측량의 빈도가 점점 사라져가고 있다.

트래버스 측량은 삼각측량과 더불어 기준점측량에 많이 이용되고 있으며 특히 다음과 같은 경우에 많이 이용된다.

① 삼각 또는 삼변측량에 의하여 결정된 기준점을 기준으로 하여 좀 더 조밀한 간격의 보조 기준점을 만들 때
② 좁은 지역이나 시가지 또는 산림 지역처럼 주변의 시통이 잘 안될 때
③ 도로, 하천, 철도 건설과 같은 장거리의 노선측량이 필요할 때
④ 경계선 측량
⑤ 사진측량에서 필요한 도화 기준점 등을 측량하고자 할 때

7.2 | 트래버스의 종류

트래버스는 그 형태에 따라 개방 트래버스(open traverse), 폐합 트래버스(closed-loop traverse), 결합 트래버스(connecting traverse)의 3종류로 구분된다.

7.2.1 개방 트래버스

개방 트래버스는 어떤 기지점(旣知點)을 출발해서 출발점과는 전혀 관계가 없는 미지점(未知點)에서 종료되는 트래버스를 말한다. 거리 측정의 결과나 방향, 그 어느 것도 검사할 방법이 없어 정확도가 매우 낮으며 측량 결과는 전혀 믿을 수 없다. 따라서 측량의 신뢰도를 높이고 오차를 최소한으로 줄이기 위해서는 첫째, 거리는 두 번 이상 측정하고 둘째, 각은 배각법을 사용하여 여러 번 반복 측정하여야 하며 셋째, 모든 측선에 대하여 자침방위각을 측정하고 넷째, 주기적으로 천체관측에 의한 방위각을 수정해 주어야 한다.

그러나 비록 위와 같은 예방 조치와 철저한 주의 속에 시행되었다 하더라도 정확도에 대한 확실성은 전혀 보장할 수 없다. 따라서 개방 트래버스는 부득이한 경우를 제외하고는 사용하여서는 아니 되며 특히 각종 기준점측량과 같은 중요한 측량에서는 절대 사용해서는 아니 된다. 노선측량에서의 답사 등 정밀을 요하지 않는 측량 등에 이용된다.

7.2.2 폐합트래버스

어느 한 측점에서 측량을 시작하여 각 측점을 차례로 측정하고 최후에 다시 출발점으로 되돌아오는 것을 폐합트래버스라 한다.

〈그림 7.1〉은 측점 ①에서 출발하여 ①→②→③→④→⑤→⑥→①과 같이 출발점 ①로 되돌아오는 폐합트래버스의 한 예이다.

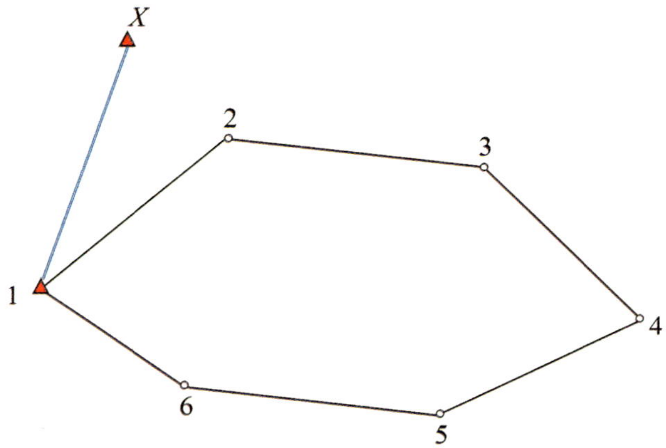

그림 7.1 폐합 트래버스

이와 같은 트래버스에서는 방향이 이미 알려진 기준 측선(기선), $\overline{1X}$의 기준방향과 다각형의 각 꼭지점에서 측정된 내각을 사용하여 각 측선의 경거(經距)와 위거(緯距)(7장 7절 참조)를 계산하고 최종적으로 측점들의 평면직각좌표를 구하게 된다.

폐합트래버스에서는 다각형의 내각의 합과 같은 기하학적인 조건에 의하여 각에 대한 측정 오차를 확인하고 또 보정할 수 있으나 거리와 방향에 대한 오차는 확인할 방법이 없다. 비록 거리 측정에 큰 정오차가 있어도 각을 정밀히 측정한다면 정확한 트래버스와 똑같은 상사형이 생기므로 측량 결과가 정확하다고 오인하게 된다. 폐합트래버스는 토지 분할 등 소규모의 단독적인 측량에 많이 이용된다. 폐합트래버스 측량에서 오차를 최소화하기 위해서는 각 측정 기구와 거리 측정 기구는 사용 전에 철저한 검사와 조정이 있어야 하며 측량 작업기간 동안 주기적으로 천체관측에 의하여 방향 오차를 극소화하여야 한다.

7.2.3 결합 트래버스

결합 트래버스는 좌표를 미리 알고 있는 기지점(또는 기지변)을 출발점으로 하여 또 다른 기지점(또는 기지변)에 결합하는 트래버스를 말하며 가장 정밀한 방법이다. 기지점으로는 일반적으로 삼각점을 사용하며 측지학적 경·위도 또는 평면직각좌표로 그 위치를 표시한다.

〈그림 7.2〉는 측점 M(기지점)에서 출발하여 다른 측점 Q(기지점)에 결합하는 결합 트래버스의 한 예이다. 각 측점에서 시계 방향으로 각을 측정하고 측선들의 거리도 동시에 측정된다.

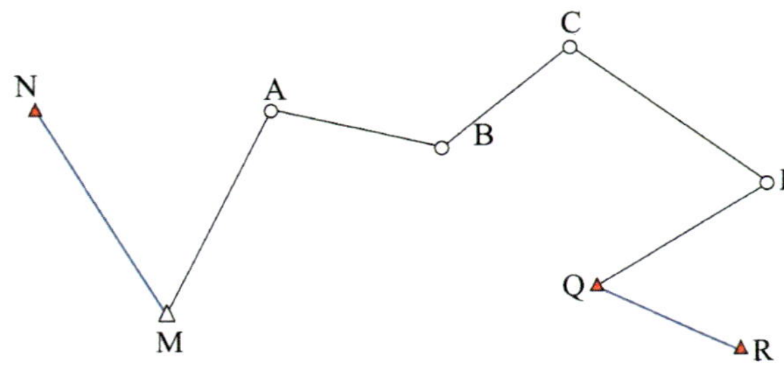

그림 7.2 결합 트래버스

기선 $\overline{MN}$에서 부터 출발점에 대한 기준방위각(基準方位角)을 구하고 각 측점에서 측정된 각을 이용하여 각 측선의 방위각을 순서대로 계산하여 기선 $\overline{QR}$에 연결하고 이 기선의 방위각도 계산한다. 이때 계산된 방위각과 주어진 방위각을 비교하여 방향 오차를 조정하게 된다. 만일 기선 $\overline{MN}$에서 N점의 좌표는 알 수 없고 오직 M점의 좌표만 알 수 있는 경우 M점을 단순히 방위표지(方位標識, azimuth mark)라 부른다.

7.3 | 트래버스 측량의 순서

측량은 대부분이 현장에서 이루어지므로 측량의 계획 단계에서부터 완료할 때까지 소정의 규칙과 절차에 따라 단계적으로 수행함으로써 본래의 목적을 달성할 수 있으며 필요로 하는 정밀도도 얻을 수 있다.

트래버스 측량은 보통 ① 답사 ② 선점 ③ 조표 ④ 관측 ⑤ 방위각 측정 ⑥ 계산의 6가지 단계로 수행한다.

제
7
장

❶ 답사와 선점

측량작업이 현장에서 본격적으로 이루어지기 전에 상세한 측량 계획을 수립하기 위하여 측량 현장을 미리 방문하는 것을 답사(踏査)라 한다. 답사에서는 보통 측량 책임자가 직접 현장을 방문하며 현지의 지형 상태, 작업의 난이도, 작업 조건, 일기, 노력, 기간, 비용, 기자재, 예측되는 정밀도 등을 고려하여 측량 방법 및 적절한 대비책 등 성공적인 작업 수행을 위한 실시 계획을 작성한다.

답사에서 가장 중요한 사항은 측점의 위치이다. 측량 지역에 설치되는 측점의 위치는 트래버스 측량의 작업 능률과 측량의 결과(정밀도)에 큰 영향을 주기 때문이다.

따라서 측점을 어떻게 배치하고 어떠한 측량 방법을 사용하면 최소의 노력과 시간 및 경비로서 계획된 기간 내에 측량의 목적을 완수할 수 있는 계획과 방법을 현지 답사에서 얻어야 한다.

다시 말해서 측점의 적절한 배치는 측량의 능률 및 정밀도에 큰 영향을 주므로 답사와 선점(選點)에서는 현지 작업에 대한 충분한 지식과 경험으로 시행하여야 한다.

다음은 트래버스 측량에서 주의하여야 할 사항이다. 따라서 선점을 할 경우에는 이들을 충분히 고려하여야 한다.

① 트래버스의 노선은 될 수 있는 한 결합 트래버스가 되게 해야 한다.
만일 결합 트래버스가 불가능하고 측량 범위가 좁을 때는 폐합트래버스를 사용해도 좋다. 그러나 폐합트래버스의 경우에서는 거리에 비례하는 정오차가 포함되었을 때도 발견되지 못하는 경우가 있다. 따라서 각 점의 좌표계산에 오차가 포함되었어도 찾아낼 수가 없는 단점이 있다.

② 결합 트래버스의 출발점(出發點)과 결합점(結合點) 사이의 거리는 될 수 있는 한 짧게 하여야 한다.
전 노선의 길이가 짧고 측점의 수가 적으면 거리 및 각 측정에 의한 오차도 적어지며 측량 전체의 정밀도를 높일 수가 있다. 특히 기준이 되는 트래버스의 노선은 마을이나 삼림 등을 통하거나 굴곡이 많은 곳을 피하여야 한다. 이러한 곳에 트래버스 점이 필요할 때는 보조의 트래버스를 만드는 것이 좋다.

③ 트래버스의 노선은 평탄한 경로를 택해야 한다.
경사가 심한 곳에서는 거리 측정의 정밀도를 높일 수가 없고 또 트래버스 측량의 정밀도는 거리 측정에 좌우되므로 될 수 있는 한 평탄지가 좋다.

④ 측점 간의 거리는 될 수 있는 한 등거리로 하며 두 측점 사이에는 큰 고저차가 없도록 하여야 한다. 특히 매우 짧은 노선은 피하여야 한다. 이 조건은 기계오차를 적게 하는 동시에 오차를 합리적으로 배분할 수 있다.

⑤ 측점은 지반이 견고하고 그 표지가 안전하게 보존될 수 있는 곳에 설치되어야 하며 앞으로 실시되는 모든 측량에 편리한 곳이라야 한다.

⑥ 측점은 기계를 세우기가 편리하고 관측이 쉽고 관측 중에 기계의 침하나 동요가 없어야 한다.

⑦ 관측 도중 교통에 의하여 방해를 받거나 또 교통에 방해가 되지 않게 하여야 하며 시준선이 너무 지면에 가까워서 아지랑이 때문에 작업이 곤란하지 않도록 견고한 지반을 택해야 한다.

❷ 조 표

트래버스 점은 측량의 목적에 따라 필요한 기간까지 확실하게 보존할 수 있도록 지상에 표지를 설치해야 한다. 영구적으로 보존할 표지는 석주 또는 콘크리트 말뚝을 사용한다. 장기간의 보존이 필요하지 않은 보통의 경우는 직경이 5 cm, 길이 30cm 정도의 통나무 또는 각목 말뚝을 지면보다 약간 높게 올라오도록 땅에 박고 말뚝의 윗면을 수평으로 하여 그 말뚝의 중앙에 작은 못을 박아 둔다. 이때 트래버스 망의 연결을 알기 위하여 적당한 기호 및 번호를 말뚝의 측면이나 다른 보조 말뚝에 기록한다.

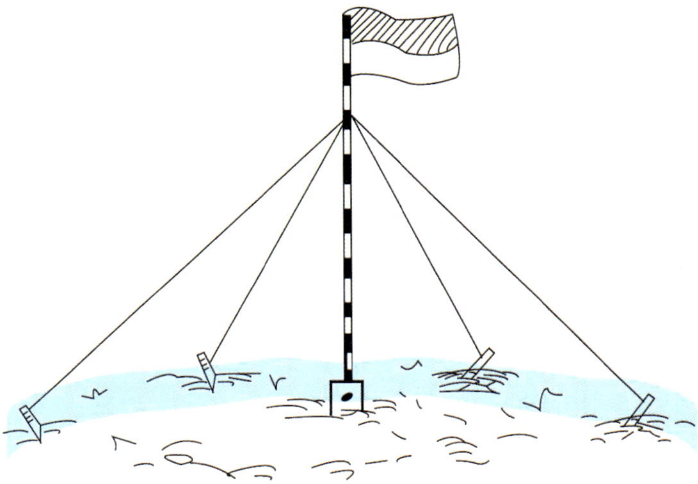

그림 7.3 간이 측표

측점의 표지는 위에서 열거한 것 이외에도 도로포장의 연석, 이동이 불가능한 구조물, 바위 등을 이용하는 경우가 많다. 트래버스 노선의 각 측점을 시준할 때는 특별한 경우를 제외하고 일반적으로 폴(pole)을 시표로 사용한다. 그러나 다른 여러 측점에서 한 점을 시준하게 되는 중요한 기준점에서는 삼각을 이용하는 추선(錘線)을 설치하거나 〈그림 7.3〉과 같은 간이측표(簡易測標)를 설치하기도 한다.

❸ 관 측

관측에서는 각 측선의 거리와 인접 측선이 서로 이루는 각을 측정한다. 일반적으로 거리측량은 정밀한 전자파거리측정기를 사용하지 않을 때는 각 측정의 경우보다 정밀도가 떨어지는 경우가 많이 있다. 따라서 트래버스 측량에서의 정밀도는 각 측정 정밀도보다는 거리 측정의 정밀도에 지배되는 경우가 많으므로 거리 측정에 특별한 주의가 필요하다.

④ 방위각 측정

방위각을 측정한다는 것은 트래버스에서 기준이 되는 어느 하나의 측선이 자오선 방향(진북방향)과 만드는 각을 시계 방향으로 측정하는 것을 말하며 일반적으로 관측하기 전·후 또는 관측 도중에 실시한다. 그러나 두 개의 기존 삼각점을 기선으로 할 때는 현장 관측 대신에 계산에 의하여 방위각을 구하여 사용한다. 이러한 방법을 역계산(逆計算, inverse computation)이라 한다.

⑤ 계 산

관측 결과를 계산하고 오차를 조정해서 트래버스 점들의 평면 위치를 결정한다.

7.4 | 수평각의 측정법

트래버스 측량을 위한 수평각의 측정 방법에는 ① 교각법 ② 편각법 ③ 방위각법(전원법)의 3가지 방법이 있다.

❶ 교각법

트래버스에서 인접하는 두 측선이 이루는 각을 교각이라 부르며 이 각을 측정하는 방법을 교각법(交角法, direct angle method)이라 한다.

폐합트래버스에서의 교각은 각의 위치에 따라 내각과 외각으로 구분된다. 또한 측각의 방법에 따라 시계 방향으로 측정한 각(우회전 각)과 반시계 방향으로 측정한 각(좌회전 각)으로 구분하기도 한다. 개방 트래버스 또는 결합 트래버스에서는 트래버스의 진행 방향에 따라 우측각(右側角, 오른쪽에 있는 각)과 좌측각(左側角, 왼쪽에 있는 각)으로 구분되며 측각의 방법에 따라서도 폐합트래버스의 경우와 마찬가지로 우회전각과 좌회전각으로 구분된다.

트래버스의 관측은 일반적으로 진행 방향에 따라서 순서적으로 이루어지며 각의 측정은 바로 앞 측선을 시준하고(후시) 다음 측선(전시)에 이르는 각을 시계 방향으로 측정한다. 이와 같은 측정 방법은 관측 도중에 발생할 수 있는 착오를 제거할 수 있으며 또한 매우 신속한 측정이 가능하다는 장점이 있다. 폐합트래버스에서는 보통 내

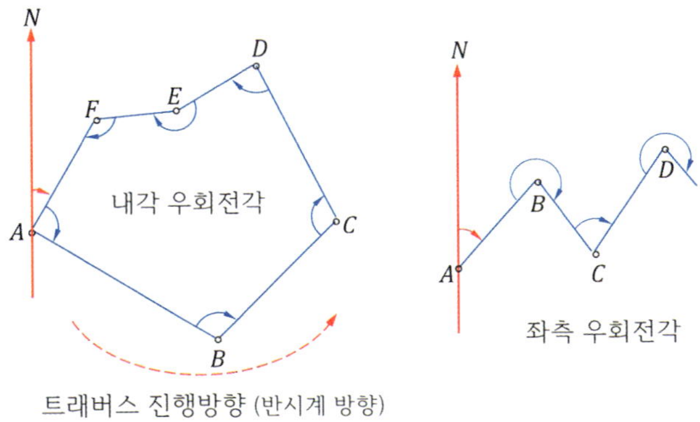

그림 7.4 교각법

각을 시계 방향(우회전)으로 측정하며 측정의 순서는 폐합점을 기준으로 하여 반시계 방향으로 진행하며 측정한다(좌회전). 한편 교각법은 요구되는 정밀도에 따라 반복법, 방향법, 반전법 등으로 관측할 수 있으며 높은 정밀도가 필요할 때 많이 사용된다.

❷ 편각법

제5장 3절에서 말한 것과 같이 어느 측선이 바로 앞 측선의 연장선과 이루는 각을 편각(deflection angle)이라 하며 이 각을 측정하는 방법을 편각법(偏角法)이라 한다.

편각의 측정 방법은 〈그림 7.5〉에서와 같이 측점 B에 트랜싯을 세우고 망원경을

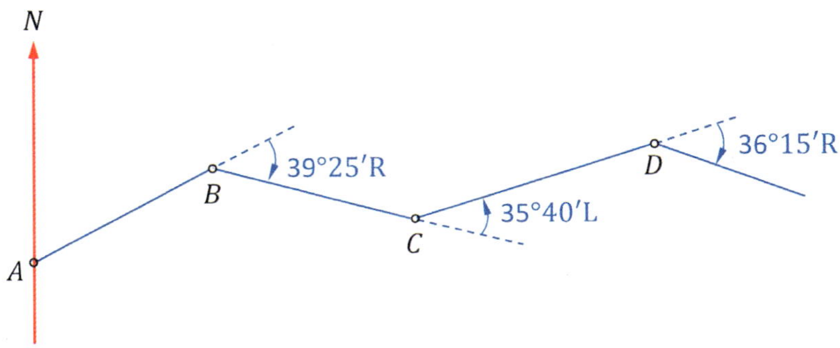

그림 7.5 편 각 법

반전하여 하부운동으로 바로 앞 측점 A를 시준하고(후시) 각을 읽는다(초독). 그런 다음 하부 고정나사를 잠그고 다시 망원경을 정위로 돌린 후 상부 운동으로 다음 측점 C

를 시준(전시)하고 각을 읽는다(종독). 종독에서 초독을 빼면 바로 편각이 된다.

이때 망원경 반전위 상태에서 A점을 시준하지 않고 반대로 망원경 정위 상태에서 A를 시준한 다음 다시 망원경을 반전하여 다음 측점 C를 시준하여 얻어지는 편각도 측정하여 두 개의 값을 평균하면 정밀도를 높일 수 있으며 기계 오차와 같은 정오차도 제거할 수 있다.

디지털 데오돌라이트 또는 토털스테이션을 사용할 경우는 다음과 같은 방법을 사용하면 오차를 줄일 수 있다.

① 망원경 정위상태에서 B점에 기계를 세우고 A점을 후시한다. 망원경을 수평축을 중심으로 회전하여 망원경 반전위 상태에서 각을 측정하고 표시화면에 고정한다.
② 망원경 반전위 상태를 유지한 채 다시 후시한다. 다음 망원경을 다시 정위상태로 만들고 화면의 각 잠금을 해제한 후 각을 측정한다.
③ 화면에서 합해진 각을 읽고 이를 둘로 나누어 평균을 택한다.

물론 4회, 6회, 8회 반복 측정하고 평균을 하면 정밀도를 높일 수 있다.

편각법은 도로, 철도, 하천과 같은 노선측량에서 종단 방향의 측정에 많이 이용되고 있다.

③ 방위각법

앞에서 말한 것과 같이 남북 자오선을 기준선으로 시계 방향으로 측정한 각을 방위각이라 한다. 토털스테이션을 사용할 경우 방위각을 사용하여 트래버스 측량을 할 수 있다. 이 방법은 각 측선의 방위각을 각각 계산에 의하지 않고 직접 읽을 수 있는

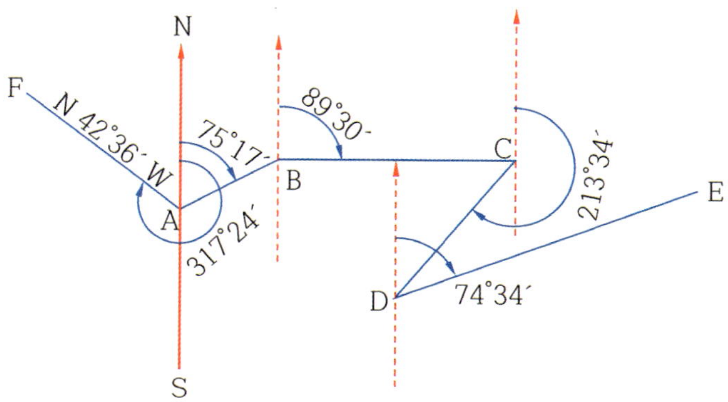

그림 7.6 방위각 법

제 7 장

장점이 있다.

〈그림 7.6〉에서 각 측점을 관통하는 남북 자오선의 북쪽 끝으로부터 시계 방향으로 방위각을 측정한다. 각 측점에 토털스테이션을 세우고 하나 앞 측선을 시준하여 후시로 한다. 이때의 후시는 망원경 정위의 상태에서는 역방위각(back azimuth)이며 앞 절에서 설명한 편각 측정인 경우는 방위각이 된다. 그런 후에 다음 측선을 시준하여 측정하면 바로 그 측선의 방위각이 된다. 트랜싯(또는 데오돌라이트)을 사용하거나 기타 상세한 관측방법에 관하여는 "측량정보공학(이전 판)"에 상세히 기술되어 있음.

방위각법은 다른 방법에 비하여 작업이 신속하고 계산 및 제도 등이 편리하여 노선측량이나 지형측량 등에 많이 사용한다. 그러나 기계를 운반할 때 발생하는 잣눈의 이동이나 시준축의 불완전으로 인한 오차를 가져온다.

7.5 | 측정각의 허용오차와 조정

트래버스 측량에서 각의 측정이 끝난 다음 본격적인 계산에 들어가기 전에 측정된 각에 대한 검토와 조정이 필요하다. 다시 말하면 트래버스의 형태에 따라 일정한 기하학적인 조건이 만족하도록 측정된 각을 조정하여야 한다. 이때 측정된 각의 오차가 허용오차의 범위 내에 있을 때는 측정된 각을 기하학적 조건에 따라 조정하여야 하며 허용 오차보다 클 때는 재측을 하여야 한다. 여기에서 오차라 함은 우연오차를 말한다.

7.5.1 허용오차

트래버스의 측점수를 n, 각 측점에서의 측각오차를 e_i, $i = 1, 2, 3, \cdots, n$이라 하면 측점 n개에 대한 오차의 합은 오차의 전파법칙에 의하여

$$E^2 = e_1^2 + e_2^2 + e_3^2 + \cdots\cdots + e_n^2 \tag{7.1}$$

만일 각의 관측이 모든 점에서 같은 조건으로 또 독립적으로 이루어졌다면

$$e = e_1 = e_2 = e_3 = \cdots\cdots = e_n$$

따라서 〈식 7.1〉은

$$E^2 = ne^2 \text{ 또는 } E = \pm e\sqrt{n} \tag{7.2}$$

e의 값은 측각기의 정밀도, 즉 측각기의 최소 눈금에 관련된 하나의 상수이므로 〈식 7.2〉는 다음과 같이 표시할 수 있다.

$$E = K\sqrt{n} \tag{7.3}$$

여기서 n : 트래버스의 변(또는 각)의 수
K : 측각기의 최소 눈금값

트래버스 측량에서는 기하학적 도형조건(圖形條件)에 의한 각의 합과 계산된 각의 합과의 차를 각 폐합차(angle misclosure)라 하며 각 폐합차가 〈식 7.3〉에 의해 계산된 허용 오차보다 작을 때는 적절한 방법으로 측정된 각을 조정하여야 하며 허용 오차보다 클 때는 재관측을 하여야 한다. 일반적으로 오차의 분배는 각 폐합차를 각의 수로 나눈 평균값을 각 각(角)에 등 분배하고 있으나 각 폐합차가 매우 적어 무시할 정도이면 의심이 되는 어느 하나 또는 두 개의 각에 임의로 조정한다.

▶ **표 7.1** 측각 허용 오차

측량 지역	허용 오차
임야지 또는 복잡한 경사지	$1.5'\sqrt{n}$
완만한 경사지 또는 평탄지	$1.0'\sqrt{n} \sim 30''\sqrt{n}$
시가지 및 중요한 곳	$30''\sqrt{n} \sim 20''\sqrt{n}$

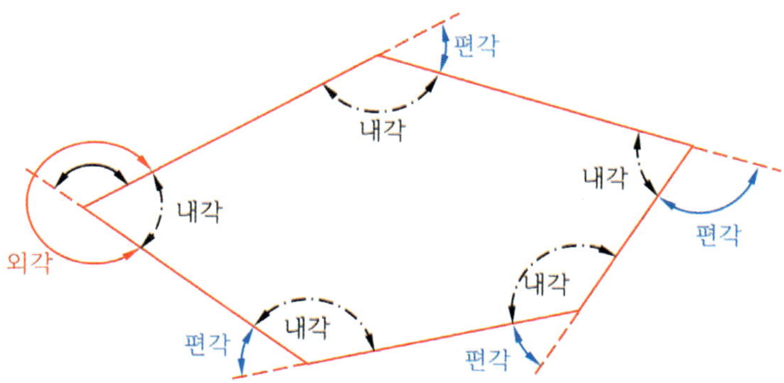

그림 7.7 내각, 외각, 편각의 관계

〈표 7.1〉은 지형측량에서 사용하는 트래버스의 허용할 수 있는 측각오차를 나타낸 것이다. 그러나 어떤 중요한 측량의 기준점으로 사용하기 위한 측량의 경우에서

는 위의 표는 전혀 의미가 없으며 방위각의 폐합차 또는 변장의 폐합차 등에 관한 별도의 규정에 따라 실시하여야 한다.

7.5.2 트래버스의 기하학적 조건

각종 트래버스의 측정각이 만족되어야 할 기하학적 도형조건은 다음과 같다.

❶ 폐합트래버스의 경우

트래버스의 변수를 n, 측정각을 a_1, a_2, a_3, ……, a_n $[a] = a_1 + a_2 + a_3 + \cdots \cdots + a_n$라 하면 측각오차 Δa는 다음의 각 경우와 같이 표시할 수 있다.

(1) 내각측정의 경우

다각형의 내각의 합은 180°(n−2)이므로

$$\Delta a = 180° (n - 2) - [a]$$

(2) 외각측정의 경우

다각형에서 외각은 (360°−내각)이므로 외각의 합은 (360° × n−내각의 합), 즉 360° × n−180°(n−2)=180°(n +2)이 된다. 따라서

$$\Delta a = 180° (n + 2) - [a]$$

(3) 편각측정의 경우

편각은 (180°−내각)이므로 편각의 합은 $180° \times n - 180° (n - 2) = 360°$이다. 따라서

$$\Delta a = 360° - [a]$$

❷ 결합 트래버스의 경우

〈그림 7.8〉에서와 같이 기지점(旣知點) A에서 출발하여 다른 기지점 B에 결합되는 트래버스의 경우에서는 기지점 A 또는 B에서 또 다른 기지점 L 및 M을 시준 할 수 있으며 측선 $\overline{AL}$ 및 $\overline{BM}$의 방위각 W_a 및 W_b는 이미 알려져 있는 것이 보통이다. 따라서 출발점 A에서는 측선 AL, B점에서는 측선 BM을 기준으로 하여 각 측선 들이 이루는 교각 a_1, a_2, a_3, a_4, …, a_n를 측정한다. 이때 기준점으로는 보통 삼각점이나 다른 기준점을 이용한다. 〈그림 7.8〉과 같이 측정각이 만족하여야 할 기하학적 조건은 다음과 같다.

제
7
장

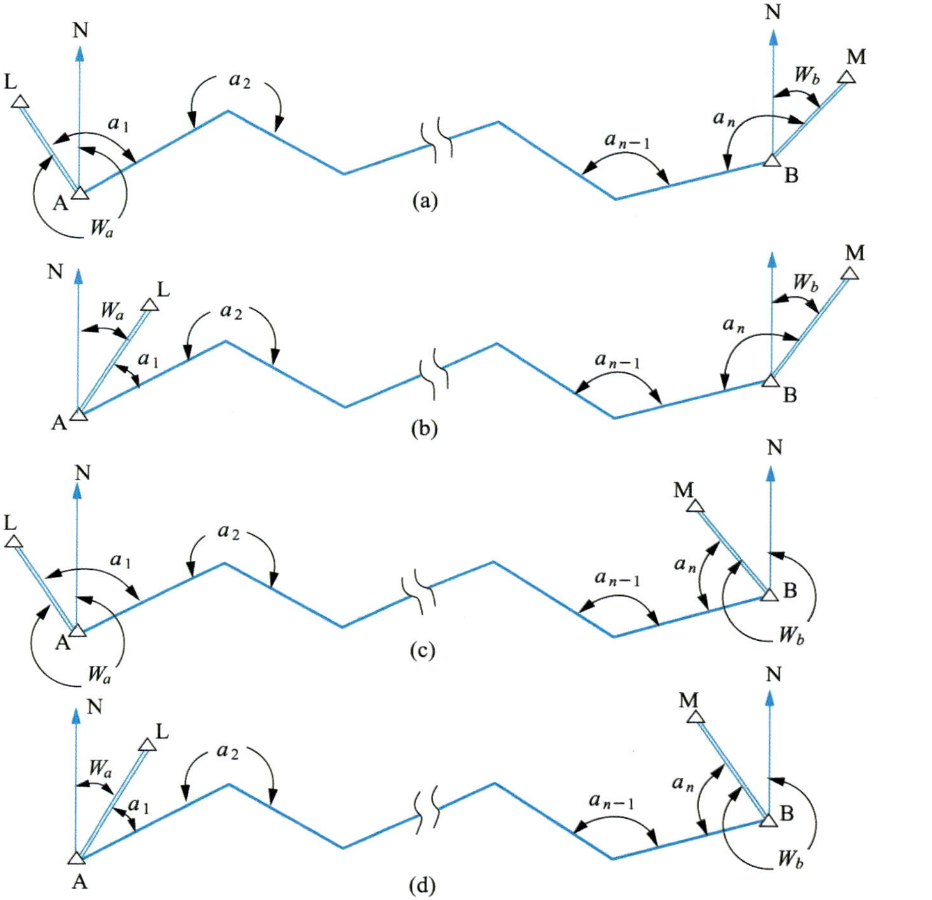

그림 7.8 결합트래버스의 기하학적 조건

(a)의 경우

$$\{a_1 - (360° - W_a)\} + a_2 + a_3 + \cdots\cdots + a_{n-1} + (a_n - W_b) = 180°(n-1)$$

$$W_a + [a] = 180°(n+1) + W_b$$

$$\therefore\ \Delta a = (W_a - W_b) + [a] - 180°(n+1)$$

(b)의 경우

$$W_a + a_1 + a_2 + a_3 + \cdots\cdots + a_{n-1} + (a_n - W_b) = 180°(n-1)$$

$$W_a - W_b + [a\ ] = 180°(n-1)$$

$$\therefore\ \Delta a = (W_a - W_b) + [a\ ] - 180° (n-1)$$

(c)의 경우

$$\{a_1 - (360° - W_a)\} + a_2 + a_3 + \cdots\cdots + a_n + (360° - W_b) = 180° (n-1)$$
$$W_a + [a] - W_b = 180° (n-1)$$
$$\therefore\ \Delta a = (W_a - W_b) + [a] - 180° (n-1)$$

(d)의 경우

$$W_a + a_1 + a_2 + a_3 + \cdots\cdots + a_n + (360° - W_b) = 180° (n-1)$$
$$W_a + [a] - W_b + 360° = 180° (n-1)$$
$$\therefore\ \Delta a = (W_a - W_b) + [a] - 180° (n-3)$$

예제 7.1 아래 그림과 같은 폐합 트래버스가 있다. 관측각을 조정하라.

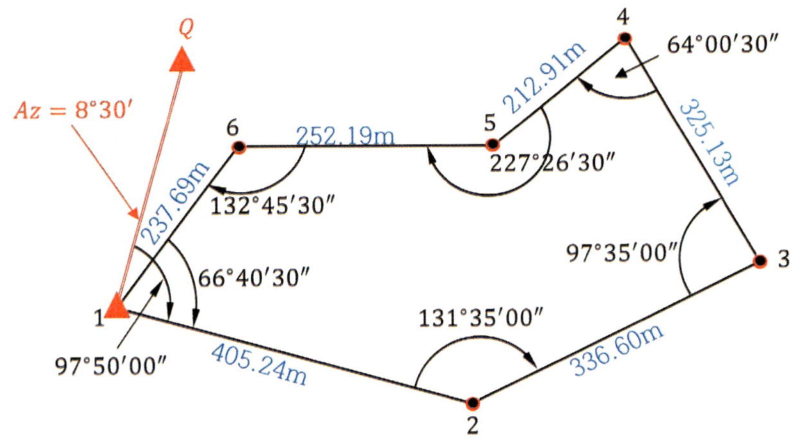

풀이 폐합트래버스의 내각 조건에 따라 폐합차 Δa는

$$\Delta a = [a] - 180° (n-2) = 720°\ 03'00'' - 180° (6-2) = 3'00''$$

따라서, 수정량 δ''는

$$\delta'' = 3' \times 60'' \div 6 = 30'',\ \text{즉 각각에서 30초씩 빼준다.}$$

측 점	관 측 각	수정량	수 정 각
1	66° 40′ 30″	− 30″	66° 40′ 00″
2	131° 35′ 00″	− 30″	131° 34′ 30″
3	97° 35′ 00″	− 30″	97° 34′ 30″
4	64° 00′ 30″	− 30″	64° 00′ 00″
5	227° 26′ 30″	− 30″	227° 26′ 00″
6	132° 45′ 30″	− 30″	132° 45′ 00″
합	720° 03′ 00″	−180″	720° 00′ 00″

7.6 방위각의 계산

트래버스 측량의 계산은 ① 방위각의 계산 ② 경거와 위거의 계산 ③ 좌표의 계산 ④ 면적계산 등의 순서로 이루어진다.

트래버스 측량에서 측정된 각은 방위각을 계산하기 전에 반드시 트래버스의 형태에 따라 일정한 기하학적 도형조건에 의하여 조정되어야 하며 트래버스의 계산은 이들 조정된 각을 사용하여야 한다. 교각으로부터의 방위각 계산은 다음과 같은 방법에 의한다.

❶ 진행 방향에서 좌측각(左側角)을 측정했을 때

〈그림 7.9〉에서 트래버스 점을 A, B, C, D, …, 측정한 교각을 a_1, a_2, a_3, …, a_n이라 하고 측선 $\overline{AB}$, $\overline{BC}$, $\overline{CD}$, …의 방위각을 각각 α, β, γ, δ, …라 하면, 각 측선의 방위각은 〈그림 7.9〉와 같이 계산할 수 있다.

제 7 장

❷ 진행 방향에서 우측각(右側角)을 측정했을 때

트래버스의 진행방향의 오른쪽에 있는 각을 측정했을 때 각 측선의 방위각은 〈그림 7.10〉과 같다.

(1)과 (2)의 경우에서 진행 방향으로부터 왼쪽에 있는 각(좌측각)을 측정한 경우의 교각을 (+), 오른쪽에 있는 각(우측각)을 측정한 경우의 교각을 (−)라 하면 방위각의 계산은 다음과 같이 하나의 공식으로 표시할 수 있다. 즉

어느 측선의 방위각 = 하나 앞 측선의 방위각 + 180°± (교각)

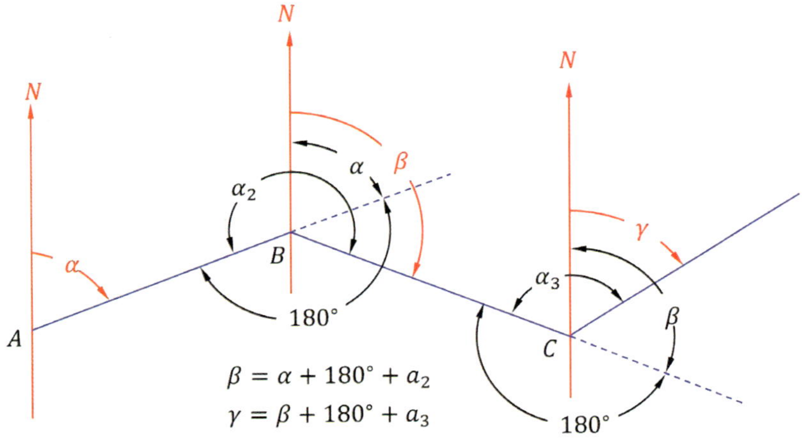

$$\beta = \alpha + 180^\circ + a_2$$
$$\gamma = \beta + 180^\circ + a_3$$
$$\delta = \gamma + 180^\circ + a_4$$
$$\cdots\ \cdots\ \cdots\ \cdots$$

그림 7.9 방위각의 계산(1)

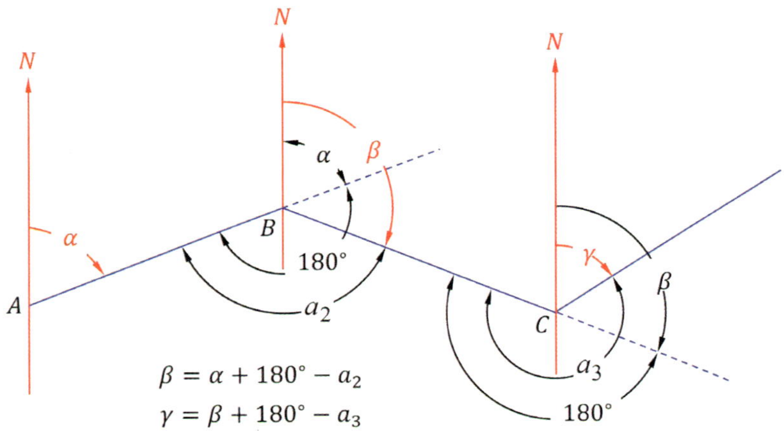

$$\beta = \alpha + 180^\circ - a_2$$
$$\gamma = \beta + 180^\circ - a_3$$
$$\delta = \gamma + 180^\circ - a_4$$
$$\cdots\ \cdots\ \cdots\ \cdots$$

그림 7.10 방위각의 계산(2)

이때 계산된 측선의 방위각이 360°보다 클 때는 그 값에서 360°를 빼주고 부(−)각인 경우에는 360°를 더해 주어야 한다.

7.7 위거와 경거

어느 측선의 위거(緯距, latitude)는 그 측선의 남북 자오선 방향의 성분, 즉 남북 자오선 축에 정사투영(正射投影)된 투영 거리를 말하며 경거(經距, departure)는 그 측선의 동서 방향의 성분, 즉 동서축에 정사 투영된 투영 거리를 말한다. 위거와 경거의 방향을 구분하기 위하여 북과 동으로 향하는 것을 (+), 남과 서로 향하는 것을 각각 (−)로 한다.

〈그림 7.11〉에서와 같이 측선 AB의 방위각을 α, 측선의 길이를 S라 할 때, 위거(L_{AB})와 경거(D_{AB})는 다음과 같다.

$$\left.\begin{aligned} L_{AB} &= S\cos\alpha \\ D_{AB} &= S\sin\alpha \end{aligned}\right\} \tag{7.4}$$

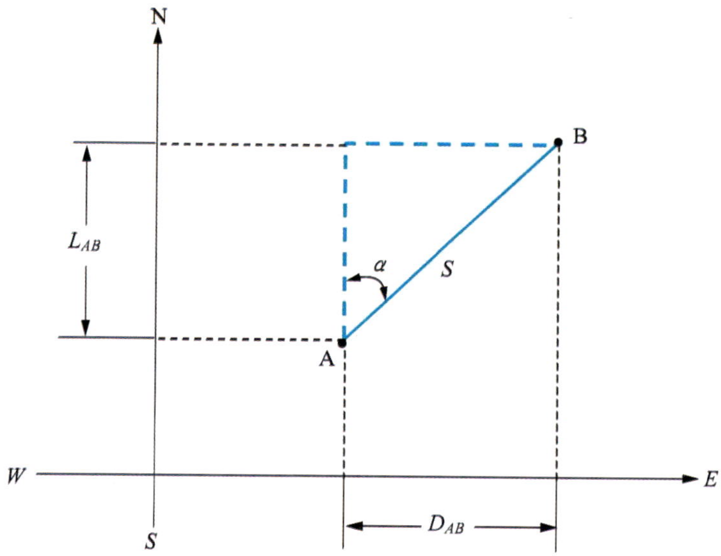

그림 7.11 위거와 경거

위거와 경거는 트래버스의 정밀도를 계산하고 이들의 오차를 조정할 때 사용하며 측점의 제도, 면적 등을 계산할 때 사용하기도 한다.

위거와 경거를 계산하기 위하여 방위각을 사용할 때는 그 각이 0°~360°의 범위에 있으므로 sin값과 cos값의 대수적 부호는 자동으로 위거와 경거의 대수적 부호로 표시되므로 별 문제가 발생하지 않으나 방위각 대신에 방위를 사용할 때는 그 측선이 위치한 상한에 따라 sin과 cos에 대한 적절한 부호를 고려하여야 한다.

그러나 트래버스의 계산에서는 일반적으로 방위 대신에 방위각을 사용하므로 위거, 경거의 방향을 별도로 생각할 필요가 없다.

7.8 | 폐합오차와 폐합비

❶ 폐합트래버스의 폐합오차

어느 한 점을 출발점으로 하는 폐합트래버스에서 각 변의 거리와 각을 측정하고 다시 출발점으로 되돌아왔다고 하자. 이때 측정값에 오차가 전혀 포함되지 않았다고 하면 북쪽 방향으로의 위거(+)의 합과 남쪽 방향으로의 위거(–)의 합은 같아야 하며 동시에 동쪽 방향으로의 경거(+)의 합과 서쪽 방향으로의 경거(–)의 합은 같아야 한다. 다시 말하면 **모든 위거의 합과 경거의 합은 0**이 되어야 한다.

$$\left.\begin{aligned} \text{위거의 합} = 0 &: \Sigma(Lat) = 0 \\ \text{경거의 합} = 0 &: \Sigma(Dep) = 0 \end{aligned}\right\} \tag{7.5}$$

〈그림 7.12〉에서 A를 출발한 폐합트래버스가 각 점을 측정하고 다시 출발점 A에

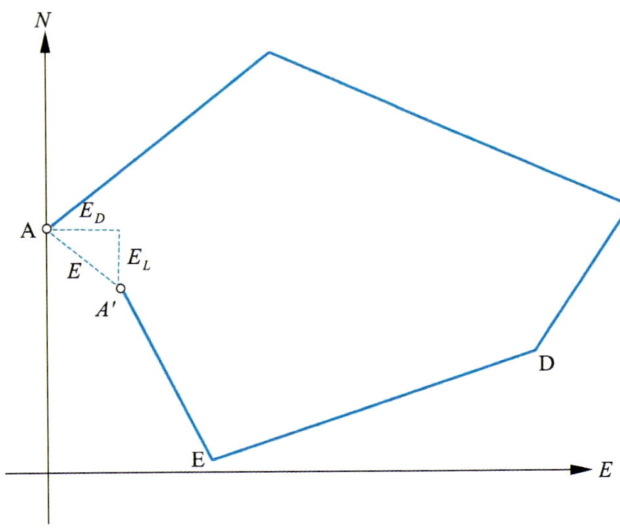

그림 7.12 폐합오차

되돌아왔을 때 측정값에 오차가 전혀 없었다고 하면 계산에 의하여 정해진 A점은 원래의 점과 일치하겠지만 일반적으로 모든 측정값에는 오차가 포함되어 있기 때문에 계산에 의하여 정하여진 A점은 원래의 출발점 A와 일치하지 않고 그림과 같이 A′에 위치하게 된다. 이때 $\overline{AA'}$를 폐합오차(閉合誤差, linear closure error)라 한다.

위거의 폐합 오차를 E_L, 경거의 폐합 오차를 E_D라 하면 폐합오차 E는 다음과 같다.

$$E = \sqrt{E_L^2 + E_D^2} \tag{7.6}$$

여기서 위거의 폐합 오차는 (+)위거의 합에서 (−)위거의 합을 뺀 값이며 경거의 폐합 오차는 (+)경거의 합에서 (−)경거의 합을 뺀 값이다.

한편 트래버스의 총길이를 D라 하면

$$R = \frac{E}{D} = \frac{\sqrt{E_L^2 + E_D^2}}{D} \tag{7.7}$$

이때 R을 폐합비(閉合比, relative error of closure)라 하며 보통 분자를 "1"로 표시한다. 폐합비는 트래버스 측량의 정밀도를 표시할 때 사용되며 폐합비가 허용 한계를 넘으면 재측을 하여야 한다.

폐합비가 매우 큰 경우에는 계산 과정에서 착오가 있었거나 거리 측정 등에서 과실이 있는 것이 보통이다. 이때 어느 변에 오차가 있는지 알기 위해서는 위거 및 경거 오차의 크기에 의하여 찾거나 도상에 트래버스를 그려서 오차가 짐작되는 변을 찾아 먼저 이 변부터 재측을 하는 것이 전체를 재측하기 전에 필요한 유의 사항이다.

❷ 결합 트래버스의 폐합오차

〈그림 7.13〉은 측점 A에서 출발하여 측점 B에 결합하는 트래버스이다. A점의 좌표를 (X_o, Y_o), B점의 좌표를 (X_n, Y_n), 임의의 측선에 대한 변장(邊長)을 S_i, 방위각을 α_i, 측점의 좌표를 (X_i, Y_i)이라 하면 각 측선의 위거 및 경거, 측점의 좌표와는 다음과 같은 관계가 성립한다.

$$S_i \cos \alpha_i = X_{i+1} - X_i$$

$$S_i \sin \alpha_i = Y_{i+1} - Y_i$$

제 7 장

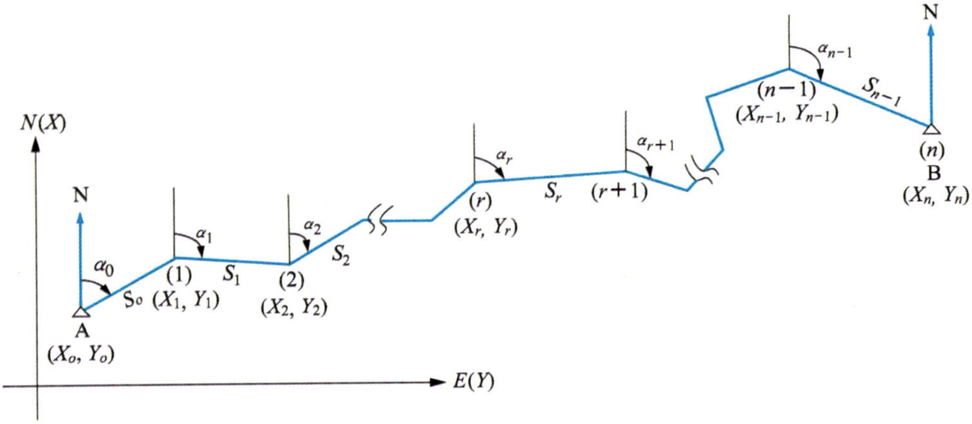

그림 7.13 결합 트래버스의 폐합 오차

트래버스의 모든 측선에 대한 위거를 생각해 보면

$$
\begin{aligned}
S_o \cos \alpha_o &= X_1 - X_o \\
S_1 \cos \alpha_1 &= X_2 - X_1 \\
S_2 \cos \alpha_2 &= X_3 - X_2 \\
&\vdots \\
S_{n-1} \cos \alpha_{n-1} &= X_n - X_{n-1}
\end{aligned}
$$

$$\sum_{i=0}^{n-1} \{S_i \cos \alpha_i\} = X_n - X_o$$

같은 방법으로

$$\sum_{i=0}^{n-1} \{S_i \sin \alpha_i\} = Y_n - Y_o$$

이때 (X_o, Y_o), (X_n, Y_n)는 이미 알고 있는 고정된 값이기 때문에 측정값에 오차가 없다고 하면 이 관계는 완전히 성립된다. 그러나 일반적으로 측정값에는 항상 오차가 포함되어 있으므로 다음과 같은 결합 오차가 발생한다. 즉

$$
\left.
\begin{aligned}
\Delta X &= \sum_{i=0}^{n-1} \{S_i \cos \alpha_i\} - (X_n - X_o) \\
\Delta Y &= \sum_{i=0}^{n-1} \{S_i \sin \alpha_i\} - (Y_n - Y_o)
\end{aligned}
\right] \tag{7.8}
$$

제7장

③ 폐합비의 허용범위

트래버스 측량에서 폐합 오차의 허용범위를 어떻게 정할 것인가는 측량의 목적, 지형의 상태 등에 따라 결정되나 소규모 측량의 경우 대개 다음과 같은 표준을 사용한다.

(1) 장해물이 적은 탄탄한 장소, 시가지의 경우

1/5000~1/40000

(2) 산지와 같이 장해물이 많고 측량작업이 어려운 장소, 산림측량과 같은 경우

1/1000 이하

(3) 급경사가 없는 보통 지형의 장소, 토지 측량, 도로 및 철도와 같은 노선측량의 경우

1/3000~1/5000

예제 7.2 예제 (7.1)로부터 각 측선의 방위각, 경거, 위거, 폐합오차, 폐합비를 구하시오.

풀이 ① 방위각의 계산

$$\overline{1-2} = 8°\ 30'00'' + 97°\ 50'00'' = 106°\ 20'00''$$
$$\overline{2-3} = 106°\ 20'00'' + 180° + 131°\ 34'30'' = 57°\ 54'30''$$
$$\overline{3-4} = 57°\ 54'30'' + 180° + 97°\ 34'30'' = 335°\ 29'00''$$
$$\overline{4-5} = 335°\ 29'30'' + 180° + 64°\ 00'00'' = 219°\ 29'00''$$
$$\overline{5-6} = 219°\ 29'00'' + 180° + 227°\ 26'00'' = 266°\ 55'00''$$
$$\overline{6-1} = 266°\ 55'00'' + 180° + 132°\ 45'00'' = 219°\ 40'00''$$
$$\overline{1-2} = 219°\ 40'00'' + 180° + 66°\ 40'00'' = 106°\ 20'00''$$

② 경거 및 위거의 계산

측선 $\overline{1-2}$: $\Delta E = 405.24\ \text{m} \times \sin(106°\ 20'00'') = +388.89\ \text{m}$
$\Delta N = 405.24\ \text{m} \times \cos(106°\ 20'00'') = -113.96\ \text{m}$

측선 $\overline{2-3}$: $\Delta E = 336.60\ \text{m} \times \sin(57°\ 54'30'') = +285.17\ \text{m}$
$\Delta N = 336.60\ \text{m} \times \cos(57°\ 54'30'') = +178.83\ \text{m}$

측선 $\overline{3-4}$: $\Delta E = 325.13\ \text{m} \times \sin(335°\ 29'00'') = -134.92\ \text{m}$
$\Delta N = 325.13\ \text{m} \times \cos(335°\ 29'00'') = +295.82\ \text{m}$

측선 $\overline{4-5}$: $\Delta E = 212.91\ \text{m} \times \sin(219°\ 29'00'') = -135.38\ \text{m}$
$\Delta N = 212.91\ \text{m} \times \cos(219°\ 29'00'') = -164.33\ \text{m}$

측선 $\overline{5-6}$: $\Delta E = 252.19\ \text{m} \times \sin(266°\ 55'00'') = -251.82\ \text{m}$

제 7 장

$$\Delta N = 252.19\ \text{m} \times \cos(266°\ 55'00'') = -13.56\ \text{m}$$

측선 $\overline{6-1}$: $\Delta E = 237.69\ \text{m} \times \sin(219°\ 40'00'') = -151.72\ \text{m}$

$$\Delta N = 237.69\ \text{m} \times \cos(219°\ 40'00'') = -182.97\ \text{m}$$

계산 결과를 종합하면 아래 표와 같다.

측선	길이	방위각	경거(E)	위거(N)
1-2	405.24 m	106° 20′00″	+388.89	-113.96
2-3	336.60 m	57° 54′30″	+285.17	+178.83
3-4	325.13 m	335° 29′00″	-134.92	+295.82
4-5	212.91 m	219° 29′00″	-135.38	-164.33
5-6	252.19 m	266° 55′00″	-251.82	-13.56
6-1	237.69 m	219° 40′00″	-151.72	-182.97
합	1,769.76m		+0.22	-0.17

③ 폐합 오차 및 폐합비의 계산

〈식 7.6〉 및 〈7.7〉로부터

폐합오차 $E = \sqrt{E_L^2 + E_D^2} = \sqrt{(-0.17)^2 + (0.22)^2} = 0.28$

폐합비 $R = \dfrac{E}{D} = \dfrac{0.28}{1769.76} = \dfrac{1}{6321}$

7.9 | 트래버스의 조정

트래버스 측량에서 위거, 경거를 구하면 그 결과는 반드시 폐합하여야 하나 실제적으로는 폐합하지 못하고 폐합차가 발생한다. 이때 폐합 오차가 허용범위 안에 있을 때는 트래버스가 폐합하도록 조정되어야 한다.

트래버스의 조정은 보통 간이조정법(簡易調整法)과 엄밀조정법(嚴密調整法)으로 구분할 수 있다. 간이조정법에는 컴퍼스법칙(compass rule), 트랜싯법칙(transit rule), 크랜달방법(Crandall method) 등이 있으며 엄밀조정은 최소제곱법에 의하는 것을 말한다.

간이조정법은 다음과 같은 3가지의 기본 가설에 의하여 이루어진다.

① 각(또는 방향)의 측정이 거리 측정보다 더 정밀하게 이루어진다.

이 가설은 스타디아 측량 방법에 의한 트래버스의 경우에 적절하다. 왜냐하면 스타디아에 의한 거리 측정 정밀도는 대략 1/300~1/400을 넘지 못하는 반면에 각은 트랜싯이나 데오돌라이트에 의하여 언제나 30″이상 정밀한 측정을 할 수 있기 때문이다.

② 각(또는 방향)의 측정 정밀도와 거리 측정 정밀도가 같다.
이 가설은 트랜싯과 강철 테이프에 의한 트래버스 측량 또는 정밀한 데오돌라이트와 정밀한 전자파 거리측정기에 의한 트래버스의 경우에 해당된다.

③ 거리 측정이 각의 측정보다 더 정밀하게 이루어진다.
이 경우는 각은 트랜싯으로 거리는 정밀한 EDM 등을 사용하는 경우에 적합하다.

❶ 컴퍼스 법칙

컴퍼스법칙은 보우디치 법칙(Bowditch rule)이라고도 부르며 가장 많이 사용되는 방법으로서 가설 ②에 그 근거를 두고 있다. 즉, 각과 거리는 같은 정밀도로 측정되었으며 측정에서 발생하는 오차는 우연오차로서 변의 길이에 비례한다고 가정한다.

따라서 위거와 경거의 조정은 위거와 경거의 폐합 오차를 각 측선의 크기에 비례하여 그 조정량을 구하게 된다. 즉

$$\left.\begin{aligned} e_L &= E_L \times \frac{S_i}{\sum S} \\ e_D &= E_D \times \frac{S_i}{\sum S} \end{aligned}\right\} \tag{7.9}$$

어느 측선의 위거(또는 경거)의 조정량 =

$$\textbf{위거(또는 경거)의 폐합오차} \times \frac{\textbf{그 측선의 길이}}{\textbf{측선의 총길이}}$$

여기서

e_L, e_D : 임의의 측선에 대한 위거 및 경거에 대한 조정량
E_L, E_D : 위거, 경거의 폐합오차
S_i : 임의의 측선의 길이
$\sum S$: 측선의 총 길이

❷ 트랜싯 법칙

트랜싯법칙은 각의 측정이 거리의 측정보다 더 정밀하게 이루어졌으며 측정할 때 발생하는 오차는 우연오차라는 가정(가설①)에 그 근거를 두고 있다. 그러나 이 방법은

트래버스의 변들이 좌표의 격자선(格子線)과 나란할 때만 성립하므로 특별한 경우를 제외하고는 자주 사용되지 않는다.

$$\left.\begin{aligned} e_L &= E_L \times \frac{L_i}{\sum |\ Lat\ |} \\ e_D &= E_D \times \frac{D_i}{\sum |\ Dep\ |} \end{aligned}\right\} \tag{7.10}$$

어느 측선의 위거(또는 경거)의 조정량 =

위거(또는 경거)의 폐합오차 × $\dfrac{\text{그 측선의 위거(또는 경거)}}{\text{위거(또는 경거)의 절대값의 총합}}$

여기서

e_L, e_D : 임의의 측선에 대한 위거, 경거의 조정량

E_L, E_D : 위거, 경거의 폐합오차

L_i, D_i : 임의의 측선의 위거와 경거

$\sum|Lat|$, $\sum|Dep|$: 위거 및 경거의 절대값의 총합

크랜달 방법은 다른 두 방법보다 더 엄밀한 방법으로서 더욱 복잡하고 더 많은 계산이 필요하며 사용 빈도가 적다. 이 방법은 트랜싯법칙과 유사하며 특히 각의 측정이 거리 측정보다 더 정밀할 경우(스타디아 측량의 경우)에 적합하다. 이 방법에서는 각은 같은 중량으로 취급하는 반면에 거리는 최소 제곱의 원리에 의하여 길이에 대한 중량평균을 사용한다.

최소제곱법에 의한 조정 방법은 이론적으로 가장 엄밀한 조정 방법이나 계산이 복잡하여 매우 간단한 것을 제외하고 컴퓨터의 도움 없이는 계산이 불가능하다. 최소제곱의 원리에 대하여는 제17장을 참고하기 바람.

예제 7.3 예제 (7.1) 및 (7.2)의 결과에 의하여 얻어진 폐합 오차를 컴퍼스 법칙에 의하여 조정하고 각 측점의 좌표를 구하시오.
단, 측점 (1)의 좌표는 $E = 4{,}382.09\ \text{m}$, $N = 6{,}150.82\ \text{m}$라고 한다.

풀이 ① 경거, 위거의 조정

〈식 7.9〉로부터 경거의 조정량 e_{Di}, 위거의 조정량 e_{Di}은

$$e_{D1} = -0.22 \times \frac{405.24}{1769.76} = -0.05,\ e_{L1} = +0.17 \times \frac{405.24}{1769.76} = +0.04$$
$$e_{D2} = -0.22 \times \frac{336.60}{1769.76} = -0.04,\ e_{L2} = +0.17 \times \frac{336.60}{1769.76} = +0.03$$
$$e_{D3} = -0.22 \times \frac{325.13}{1769.76} = -0.04,\ e_{L3} = +0.17 \times \frac{325.13}{1769.76} = +0.03$$
$$e_{D4} = -0.22 \times \frac{212.91}{1769.76} = -0.03,\ e_{L4} = +0.17 \times \frac{212.91}{1769.76} = +0.02$$
$$e_{D5} = -0.22 \times \frac{252.19}{1769.76} = -0.03,\ e_{L5} = +0.17 \times \frac{252.19}{1769.76} = +0.03$$
$$e_{D6} = -0.22 \times \frac{237.69}{1769.76} = -0.03,\ e_{L6} = +0.17 \times \frac{237.69}{1769.76} = +0.02$$

측 선	거 리	경거(E)	위거(N)	조 정 량		조정경거	조정위거
				경 거	위 거		
1 - 2	405.24	+388.89	-113.96	-0.05	+0.04	+388.84	-113.92
2 - 3	336.60	+285.17	+178.83	-0.04	+0.03	+285.13	+178.86
3 - 4	325.13	-134.92	+295.82	-0.04	+0.03	-134.96	+295.85
4 - 5	212.91	-135.38	-164.33	-0.03	+0.02	-135.41	-164.31
5 - 6	252.19	-251.82	- 13.56	-0.03	+0.03	-251.85	- 13.53
6 - 1	237.69	-151.72	-182.97	-0.03	+0.02	-151.75	-182.95
합	1769.76	+0.22	- 0.17	-0.22	+0.17	0.00	0.00

② 좌표계산

측선	합경거	합위거	E 좌 표	N 좌 표	측 점
			4,382.09	6,150.82	1
1 - 2	+388.84	-113.92	4,770.93	6,036.90	2
2 - 3	+673.97	+ 64.94	5,056.06	6,215.76	3
3 - 4	+539.01	+360.79	4,921.10	6,511.61	4
4 - 5	+403.60	+196.48	4,785.69	6,347.30	5
5 - 6	+151.75	+182.95	4,533.84	6,333.77	6
6 - 1	0.00	0.00	4,382.09	6,150.82	1

예제 7.4 아래 그림은 결합 트래버스의 한 예이다. 망조정을 실시하고 각 측점의 좌표를 구하시오. 경거, 위거의 폐합 오차는 컴퍼스 법칙에 의하여 조정하고 폐합 오차의 크기와 폐합비를 구하시오.
방위각 : 측선 $\overrightarrow{R_1A}$: 48° 27′30″, 측선 $\overrightarrow{BR_2}$: 67° 48′48″

제 7 장

좌 표	E	N
A	3208.49 m	4375.29 m
B	5074.49 m	5227.47 m

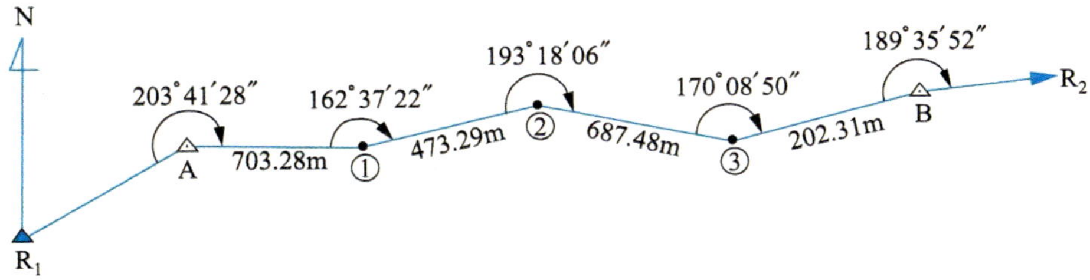

풀이 각 오차의 계산

$$\Delta\alpha = W_a - W_b + \Sigma\alpha_i - 180°(n+1)$$

$$= 48°27'30'' + 180° - 67°48'48'' + 919°21'38'' - 180° \times 6 = +20''$$

조정량 $= \dfrac{20''}{5} = 4''$ (각 각에서 4″씩 빼줌)

$\Delta N = (N_B - N_A) - \Sigma(Lat) = 852.180 - 851.922 = 0.258$

$\Delta E = (E_B - E_A) - \Sigma(Dep) = 1866.0 - 1865.733 = 0.267$

폐합오차 : $E = \sqrt{0.258^2 + 0.267^2} = 0.371\,\text{m}$

폐 합 비 : $R = \dfrac{0.371}{2066.36} = \dfrac{1}{5570}$

측점	측 정 각	조정량	조 정 각	측선	거 리	방위각계산	방 위
A	203° 41′28″	-4″	203° 41′24″	A1	703.28	72° 08′54″	N 72° 08′54″E
1	162° 37′22″	-4″	162° 37′18″	12	473.29	54° 46′12″	N 54° 46′12″E
2	193° 18′06″	-4″	193° 18′02″	23	687.48	68° 04′14″	N 68° 04′14″E
3	170° 08′50″	-4″	170° 08′46″	3B	202.31	58° 13′00″	N 58° 13′00″E
B	189° 35′52″	-4″	189° 35′48″				
계	919° 21′38″	-20″			2066.36		

측선	위거(N)	위거 조정량	조정위거 (N)	경거(E)	경거 조정량	조정경거(E)	측점	좌표	
								$X(N)$	$Y(E)$
A1	215.593	0.088	215.681	669.419	0.091	669.510	A	4375.290	3208.490
12	273.022	0.059	273.081	386.604	0.061	386.665	1	4590.971	3878.000
23	256.749	0.086	256.835	637.737	0.089	637.826	2	4864.052	4264.665
3B	106.558	0.025	106.583	171.973	0.026	171.999	3	5120.887	4902.491
							B	5227.470	5074.490

예제 7.5 아래 그림과 같은 폐합 트래버스의 한변 $\overline{EF}$와 도로 $\overline{PQ}$가 점 F에서 교차한다고 한다. F에서 각각 P, Q 에 이르는 거리와 방향이 그림과 같으며 F의 좌표가 $E=790.05m, N=1035.70m$ 라고 할 때, P, Q의 좌표와 도로 $\overline{PQ}$의 방위각을 계산하라. 단, 측선 $\overrightarrow{EF}$의 방위각은 102° 15′이라고 한다.

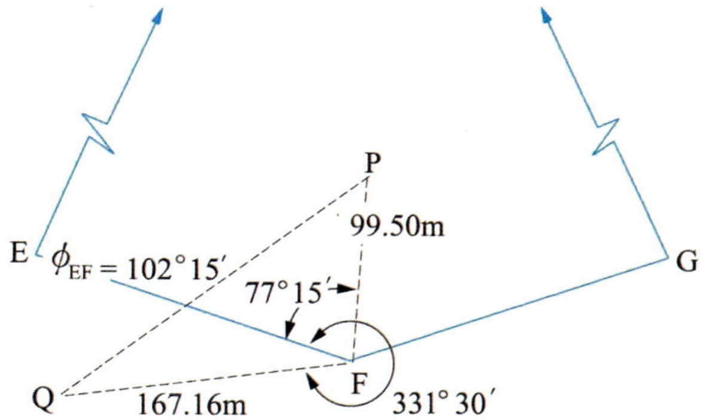

풀이 (1) 각 측선의 방위각 계산

측선 $\overrightarrow{FE}$의 방위각 : $\phi_{\overrightarrow{FE}} = 102°15' + 180° = 282°15'$

측선 $\overrightarrow{FP}$의 방위각 : $\phi_{\overrightarrow{FP}} = 282°15' + 77°15' = 359°30'$

측선 $\overrightarrow{FQ}$의 방위각 : $\phi_{\overrightarrow{FQ}} = 282°15' + 331°30' - 360° = 253°45'$

측선 $\overline{FP}$의 위거 및 경거

$$\Delta E_{\overline{FP}} = 99.50 \times \sin 359°30' = -0.87\text{m}$$

$$\Delta N_{\overline{FP}} = 99.50 \times \cos 359°30' = 99.50\text{m}$$

측선 $\overline{FQ}$의 위거 및 경거

$$\Delta E_{\overline{FQ}} = 167.16 \times \sin 253°45' = -160.48\text{m}$$

$$\Delta N_{\overline{FQ}} = 167.16 \times \cos 253°45' = -46.78\text{m}$$

P, Q의 좌표

$$E_P = 790.05 - 0.87 = 789.18\text{ m},$$

$$N_P = 1035.70 + 99.50 = 1135.20\text{ m}$$

$$E_Q = 790.05 - 160.48 = 629.57\text{m},$$

$$N_Q = 1035.70 - 46.78 = 988.92\text{ m}$$

(2) $\overrightarrow{PQ}$의 방위각 계산

$$\phi_{\overrightarrow{PQ}} = \tan^{-1}\left(\frac{\Delta E}{\Delta N}\right) + 180° = \tan^{-1}\left(\frac{629.57 - 789.18}{988.92 - 1135.20}\right) + 180° = 227°\ 29'42.9''$$

제 7 장

예제 7.6 그림과 같은 어느 상수도관의 개방 트래버스 ABCD에서 각 트래버스점의 좌표는 아래 표와 같다. 점 X(좌표 $E = 124.60m, N = 33.65m$)로 부터 상수도관의 한 점 Y까지 연결하고자 하며 이때 $\overline{XY}$의 거리는 최단 거리로 하고자 한다. $\overline{XY}$의 방위각과 거리를 구하라.

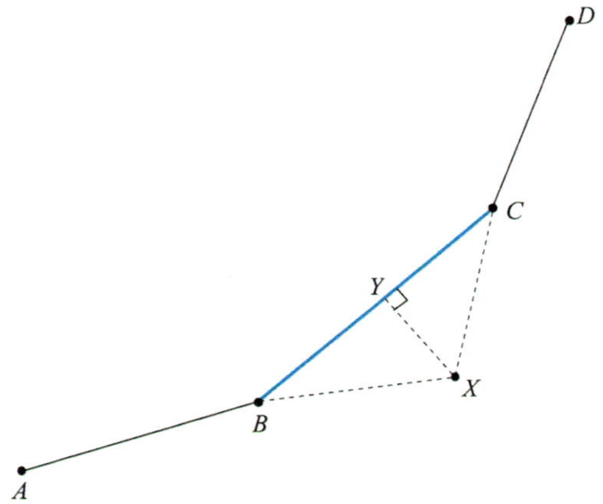

좌표 \ 측점	A	B	C	D
E(m)	10.00 m	72.35 m	133.45 m	152.20 m
N(m)	10.00 m	26.85 m	80.20 m	129.85 m

풀이 측선 $\overrightarrow{BC}$의 방위각

$$\phi_{\overrightarrow{BC}} = \tan^{-1}\left(\frac{133.45 - 72.35}{80.20 - 26.85}\right) = 48°52'26''$$

측선 $\overrightarrow{YX}$의 방위각

$$\therefore\ \phi_{\overrightarrow{YX}} = 48°52'26'' + 90° = 138°52'26''$$

측선 $\overline{XY}$의 거리를 계산하기 위해 먼저 측선 $\overline{BX}$의 거리를 구하면

$$\overline{BX} = \sqrt{(124.60 - 72.35)^2 + (33.65 - 26.85)^2} = 52.69\text{m}$$

측선 $\overline{BX}$의 방위각을 구하면

$$\phi_{\overrightarrow{BX}} = \tan^{-1}\left(\frac{124.60 - 72.35}{33.65 - 26.85}\right) = 82°\ 35'06''$$

$$\angle YBX = \phi_{\overrightarrow{BX}} - \phi_{\overrightarrow{BC}} = 82°35'06'' - 48°52'26'' = 33°42'40''$$

측선 $\overline{XY}$의 거리는

$$\therefore\ \overline{XY} = \overline{BX} \times \sin\angle YBX = 52.69 \times \sin 33°42'40'' = 29.24\text{m}$$

예제 7.7 그림과 같은 트래버스 ABC에서 C와 D에 수평표척을 세우고 그 낀 각을 측정한 결과 아래와 같다(수평표척의 길이 = 2 m). $\overrightarrow{AB}$ 측선의 방향을 정북으로 할 때 C점의 좌표를 구하라. A점의 좌표는 E =100.00 m, N =100.00 m이다($\overline{AB}$와 $\overline{AD}$는 직각).

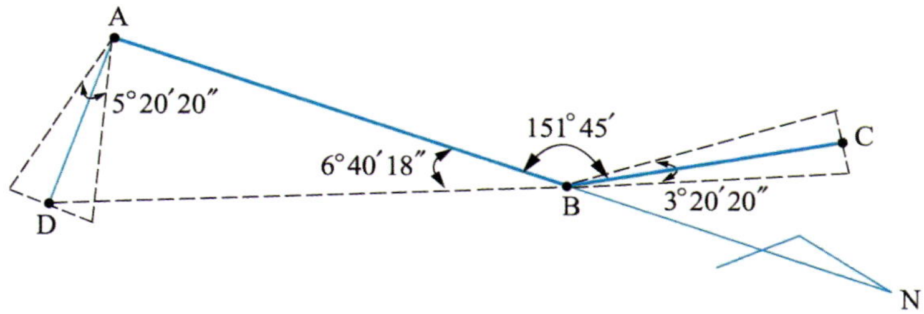

풀이 $\overline{AB} = \overline{AD} \times \cot 6°40'18'' = \cot\left(\frac{5°\ 20'20''}{2}\right) \times \cot 6°40'18'' = 183.864\text{m}$

$$\overline{BC} = \cot\left(\frac{3°\ 20'20''}{2}\right) = 34.31\ \text{m}$$

측선 $\overrightarrow{BC}$의 방위각

$$\phi_{\overrightarrow{BC}} = 180° + 151°45' = 331°45'$$

측선 $\overline{BC}$의 위거 및 경거

$$\text{경거(Dep)} = 34.31 \times \sin 331°45' = -16.24\text{m}$$
$$\text{위거(Lat)} = 34.31 \times \cos 331°45' = 30.22\text{m}$$

C 점의 좌표

$$E_c = 100.00 - 16.24 = 83.76\,\text{m}$$
$$N_c = 100.00 + 183.361 + 30.22 = 313.581\,\text{m}$$

예제 7.8 그림과 같이 트래버스 ABCD가 있다. 측선 $\overline{DA}$의 길이와 방위각을 구하라.

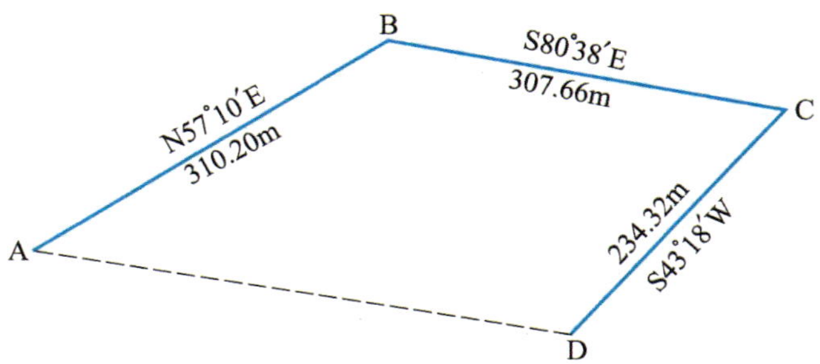

제 7 장

풀이 측선의 위거 및 경거의 계산

측선	방 위	거리(m)	위 거		경 거	
			N(+)	S(−)	E(+)	W(−)
AB	N 57°10′E	310.20	168.19		260.65	
BC	S 80°38′E	307.66		50.07	303.56	
CD	S 43°18′W	234.32		170.53		160.70
DA						
합계			168.19	220.60	564.21	160.70

폐합 오차가 발생하지 않았으므로 모든 측선에 대하여 $\Sigma(L_{at}) = 0$, $\Sigma(D_{ep}) = 0$의 조건이 성립되어야 한다. 따라서, 측선 $\overline{\mathrm{AD}}$의 위거 및 경거는

$$위거(E_L) = 220.60 - 168.19 = 52.41\ \mathrm{m}$$

$$경거(E_D) = 564.21 - 160.70 = 403.51\ \mathrm{m}$$

측선 $\overline{\mathrm{AD}}$의 길이는

$$L_{AD} = \sqrt{52.41^2 + 403.51^2} = 406.90\ \mathrm{m}$$

측선 $\overline{\mathrm{DA}}$의 방위는

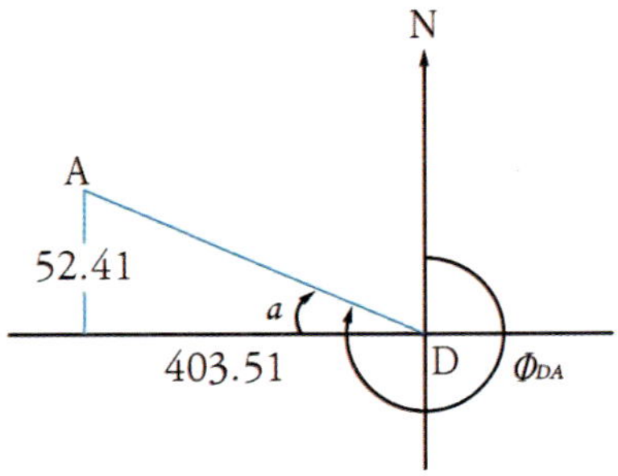

$$\alpha = \tan^{-1}\left(\frac{E_L}{E_D}\right) = \tan^{-1}\left(\frac{52.41}{403.51}\right) = 7°\ 24'\ 이므로$$

방위는 $\alpha' = \mathrm{N}\ 82°\ 36'\mathrm{W}$가 된다.

따라서, 측선 $\overrightarrow{\mathrm{DA}}$의 방위각은 $360° - \alpha$ (또는 $270° + \alpha$) $= 277°\ 24'$

제7장

예제 7.9 아래 그림과 같이 A~D 구간에 직선 철도를 부설하고자 하나 B~C 구간은 산이 있어서 터널을 뚫어야 한다. 터널의 굴착은 터널 시작점 B와 터널 끝점 C에서 동시에 시작한다. 터널 주변의 트래버스측량 결과는 다음 표와 같다.

(가) 측선 $\overline{FC}$ 의 수평거리는 얼마인가?

(나) 측점 C에 기계를 세웠을 때 터널의 방향은 $\overrightarrow{FG}$을 기준선으로 하여 시계 방향으로 몇 도의 위치에 있을까?

(다) 측선 $\overline{BC}$ 의 수평거리는 얼마인가?

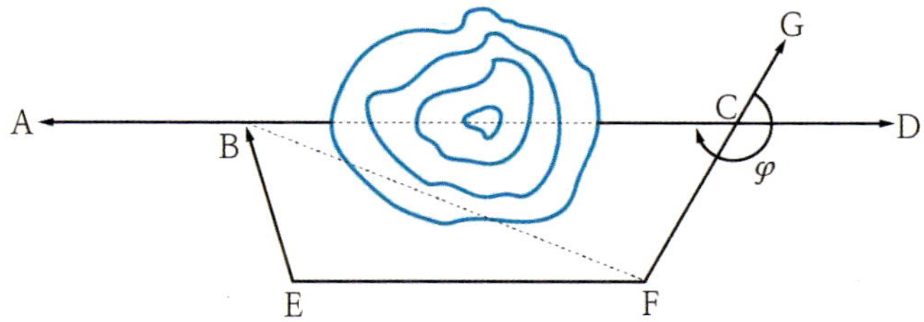

측선	방 위 각	수평거리(m)
AB	90° 00′00″	
BE	165° 10′00″	390.00
EF	90° 00′00″	585.00
FG	30° 45′00″	

풀이 트래버스 BEFB에서 폐합 오차는 발생하지 않으므로 $\Sigma(D_{ep})=0$, $\Sigma(L_{at})=0$을 적용한다.

$$\Sigma(D_{ep}) = 390.0\text{m}\times\sin165°10' + 585.0\text{m}\times\sin90° + \overline{BF}_{경거} = 0$$

$$\therefore\ \overline{BF}_{경거} = -684.84\,\text{m}$$

$$\Sigma(L_{at}) = 390.0\text{m}\times\cos165°10' + 585.0\text{m}\times\cos90° + \overline{BF}_{위거} = 0$$

$$\therefore\ \overline{BF}_{위거} = 377.00\,\text{m}$$

측선 $\overrightarrow{BF}$의 방위각$= 90° + \tan^{-1}\left(\dfrac{377.00}{684.84}\right) = 90° + 28°49'57'' = 118°49'57''$

$$\therefore\ \overline{BF} = \sqrt{(684.84)^2 + (377.0)^2} = 781.75\,\text{m}$$

제 7 장

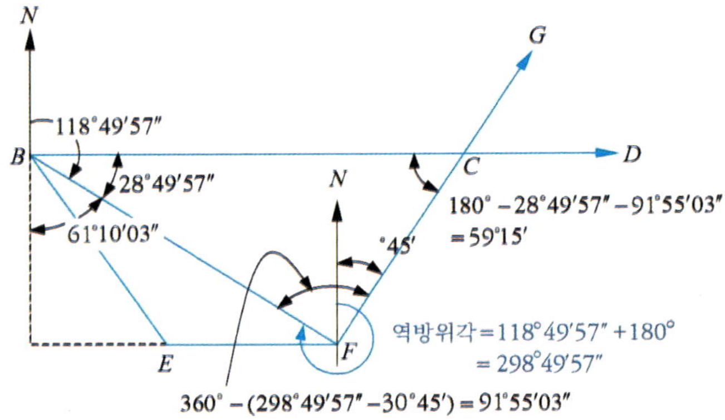

위 그림으로부터

$$\angle \mathrm{CBF} = 118°\,49'57'' - 90° = 28°\,49'57''$$

$\overrightarrow{\mathrm{FB}}$ 의 방위각 $= 118°\,49'57'' + 180° = 298°\,49'57''$

$\overrightarrow{\mathrm{FG}}$ 의 방위각 $= 30°\,45'$

$$\therefore \angle \mathrm{BFC} = 360° - (298°\,49'57'' - 30°\,45') = 91°\,55'03''$$

$$\therefore \angle \mathrm{BCF} = 180° - 28°\,49'57'' - 91°\,55'03'' = 59°\,15'$$

$\triangle \mathrm{BCF}$에서 sine법칙을 적용하면

$$\overline{\mathrm{FC}} = \frac{781.75 \times \sin 28°\,49'57''}{\sin 59°\,15'} = 438.67\ \mathrm{m}$$

$$\overline{\mathrm{BC}} = \frac{781.75 \times \sin 91°\,55'03''}{\sin 59°\,15'} = 909.13\ \mathrm{m}$$

터널방향 $\overrightarrow{\mathrm{BD}}$ 는 $180° + 59°\,15' = 239°\,15'$

제 7 장

Chapter 8 삼각측량 / 삼변측량

출처: 가수 김장훈 블로그

8.1 | 삼각측량 개요

삼각측량과 삼변측량은 트래버스 측량과 더불어 측점 또는 망을 구성하는 기준점의 평면위치를 결정하는 측량방법이다. 넓은 지역의 측량이나 높은 정밀도가 필요한 기준점 측량은 주로 삼각측량이나 삼변측량을 사용한다. 특히 삼각측량은 가장 기본적이고 중요한 측량방법으로 알려져 왔다. 삼각측량은 변의 측정 보다 각의 측정에서 더 정밀성을 요구하는 대신에 삼변측량에서는 각의 측정보다 변의 측정에서 더 정밀성을 요구한다.

근년에 와서는 전자파 거리측정기 및 토털스테이션의 획기적인 발달로 인하여 각과 거리를 매우 짧은 시간에 높은 정밀도로 측정할 수 있으며, 특히 최근에는 GPS 측량의 발달과 그의 폭발적인 활용으로 인하여 삼각측량과 삼변측량에 대한 중요성이 희박하여지고 있으며 사용 빈도 또한 점점 사라지는 추세에 있다.

따라서 이 장에서는 삼각측량과 삼변측량의 기본개념만 간단히 설명하고자 한다.

삼각측량(三角測量, triangulation)은 먼저 측량 지역을 적절한 크기의 삼각형으로 된 망의 형태로 만들고 삼각형의 꼭지점에서 내각과 한 변(邊)의 길이를 정밀하게 측정하고 나머지 변의 길이는 삼각함수(sine법칙)에 의하여 각 점의 위치를 정하게 된다. 이때 삼각형의 꼭지점을 삼각점(triangulation station), 삼각형들로 만들어진 망의 형태를 삼각망(triangulation net), 직접 측정한 변을 기선(基線, base line)이라 한다. 또한 많은 수의 삼각형이 연결되어 만들어진 삼각망에서 각 삼각형의 길이를 계산해 나가다가 그 계산값이 실제의 길이와 일치하는가를 검사하기 위하여 보통 15~20개의 삼각형마다 그중 한 변을 실측하는데 이때 실측한 삼각형의 변을 검기선(檢基線, check base)이라 한다.

삼각망은 최소한 한 점 이상의 기지점에 고정되어야 하고 출발 변의 방위각을 알아야 한다. 만일 두 점 이상이 기지점으로 고정된다면 자동으로 그 변의 방위각이 계산된다. 오늘날에는 국가 기본삼각점 등 많은 기지점을 사용할 수 있어서 출발 측선의 방위각은 물론 기선의 길이까지 알 수 있어 기선의 현장 실측이 필요 없이 계산에 의하는 경우가 대부분이다.

8.2 | 삼각형의 배열

삼각형의 배열 방법에는 삼각망에 의한 것과 삼각쇄에 의한 것으로 크게 둘로 나눌 수 있다. 삼각망은 지역 전체를 고른 밀도의 삼각형으로 덮는 것으로 넓은 지역의 측량에 적합하다. 삼각쇄(chain of triangles)는 거리가 먼 두 점의 관계 위치를 결정할 필요가 있을 때 또는 하천, 도로, 철도, 수로, 터널 측량과 같이 폭이 좁고 거리가 긴 지역의 측량을 할 때 사용하는 것이며 〈그림 8.1〉과 같은 종류가 있다.

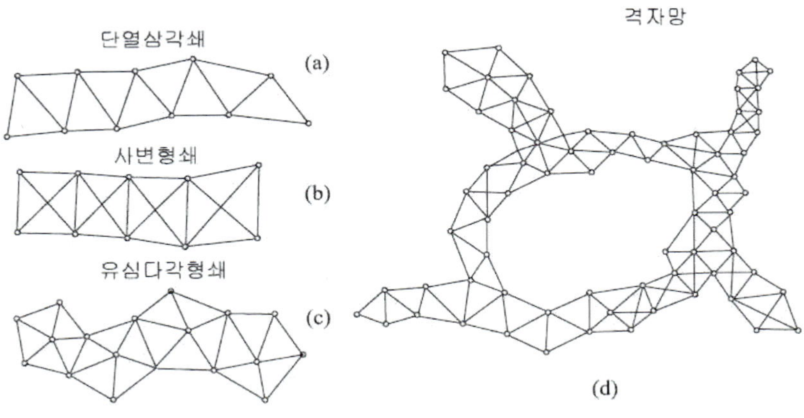

그림 8.1 삼각망과 삼각쇄

〈그림 8.1(a)〉는 단열 삼각형쇄(單列三角形鎖, single chain of triangles)라 하며 같은 거리에 대하여 측점수가 가장 적으므로 측량은 간단하여 경제적이나 조건식의 수가 적

어서 정밀도가 낮다. 삼각형의 변장 계산은 단 한 개의 경로에 의하여 이루어지므로 계산된 변의 길이를 달리 확인할 방법이 없다. 따라서 작업 도중에 삼각형의 한 변을 자주 실측하여 검사하여야 한다.

〈그림 8.1(b)〉는 사변형쇄(四邊形鎖, chain of quadrilaterals)라 하며 삼각측량에서 가장 많이 사용하는 삼각쇄이다. 삼각형의 변장 계산은 각각 다른 각을 사용하여 각각 다른 경로로 계산할 수 있으므로 쉽게 검사할 수 있으며, 특히 조건식의 수가 많아서 정밀도가 가장 높다. 그러나 삼각점 수가 많아 측량 시간이 많이 걸리며 계산과 조정이 복잡하다. 높은 정밀도가 필요한 길고 좁은 지역의 측량이나 기선 삼각망 등에 주로 사용한다.

〈그림 8.1(c)〉는 유심다각형쇄(有心多角形鎖, chain of central points)라고 부르며 매우 강하고 배치하기가 편리한 망으로서 정밀도는 (a)와 (b)의 중간 정도이다. 면적이 넓고 광대한 지역의 측량에 적합하다. 〈그림 8.1(d)〉는 격자망(格子網)이며 위에서 말한 여러 가지의 삼각쇄를 조합하여 격자형으로 연결한 것이다. 이것은 나라 전체와 같이 매우 넓은 지역에 걸쳐서 같은 계통 밑에서 측량하려고 할 때 쓰인다.

8.3 | 현장작업

삼각측량 및 삼변측량의 작업순서는 현장답사 및 선점, 조표, 각(또는 변)의 측정, 망조정 및 계산의 순서로 이루어진다.

8.3.1 현장답사 및 선점

삼각측량을 하려면 외업에 앞서 현장을 답사하고 기선의 위치와 삼각점을 선정하는 동시에 작업에 필요한 사항을 조사하여야 한다. 선점할 때는 기존의 지도에 기선이나 삼각점의 위치를 정하고 측기(測旗)를 부착한 시표(視標)를 현장에 설치한 다음 도상에서 결정한 점들의 위치가 양호한가를 검토하여 가장 적당한 점을 선정한다.

기선 또는 삼각점의 위치 선정은 정밀도, 소요 경비, 소요 시간 등에 크게 영향을 받으므로 반드시 경험이 많은 유능한 기술자가 하여야 한다. 선점을 하려면 제일 먼저 측량의 목적과 요구되는 정밀도에 따라 점의 위치와 간격을 생각하여야 한다. 즉 높은 정밀도의 기본망을 만들기 위한 경우도 있고 평판측량에 의하여 도해적으로 소축척의 지도를 만드는데 필요한 기준점망을 만드는 것이 목적인 경우도 있으며 매우 세밀한 대축척 지도를 만들기 위한 기준점망을 만들기 위한 경우도 있을 것이다. 따라서 각각 다른 측량 목적에 따라 선점 방법도 달라진다.

다음은 기선이나 삼각점을 선점할 때 특히 주의하여야 할 사항들이다.

(1) 기선의 위치 선정에 특히 고려하여야 할 점

① 되도록 평탄할 것.

② 기선의 양 끝이 서로 잘 보일 것은 물론이고 기선 위의 모든 점이 잘 보일 것.

③ 부근의 삼각점에 연결하는데 편리할 것.

④ 기선의 길이는 삼각망의 변장과 거의 같아야 하므로 만일 이러한 길이를 쉽게 얻을 수 없는 경우는 기선을 증대시키는데 적당할 것.

(2) 삼각점을 선정할 때 특히 고려하여야 할 점

① 삼각형의 내각은 60°에 가깝게 하는 것이 좋으며 불가피할 경우는 30°보다 작거나 120°보다 커서는 안된다. 이같이 삼각형을 정삼각형에 가깝게 하면 각의 오차가 변장에 미치는 영향을 감소시킬 수 있다.

② 각 점이 서로 잘 보일 것.

③ 계속해서 연결되는 작업에 편리할 것.

④ 표지와 기계가 움직이지 않을 견고한 지점일 것.

⑤ 사용하는 기계의 망원경으로 충분히 정확하게 시준할 수 있는 거리일 것.

⑥ 시준선이 연통의 근처를 통과하므로 연기 때문에 시준할 수 없거나 시준선이 건물이나 땅에 가깝게 통과하여 불규칙한 광선의 굴절이 생기지 않게 할 것.

⑦ 간단하면서도 완전한 조직으로 평균 계산을 할 수 있도록 배치할 것.

⑧ 벌목을 많이 하거나 높은 시준탑을 세우지 않아도 관측할 수 있는 점일 것.

8.3.2 조 표

선점이 끝나고 삼각점을 설치할 위치가 확정되면 삼각점의 위치를 표시하는 측량표를 설치하여야 한다. 측량표는 영구표지, 일시표지, 임시설치표지의 3가지로 구분된다.

❶ 영구표지

영구표지(永久標識, permanent station mark)는 국가 기본삼각점과 같이 중요한 삼각점으로서 그 위치를 영구히 보존할 필요가 있을 때 땅에 매설하는 영구적인 표지를 말한다.

영구표지는 보통 표석(標石)을 말하며 삼각점표석, 도근점표석, 방위표석, 수준점표석, 자기점표석, 기선척 검정표석, 기선표석, 위성 측지기준점표지 등이 있다.

표석은 보통 철근 콘크리트 또는 석주(石柱)로 만들어졌으며 그 머리 부분에 십자(十字)를 표시하여 그 중심을 삼각점의 위치로 한다. 우리나라의 국가 기본 삼각점의 표석은 〈그림 8.2(b)〉와 같이 반석(盤石)과 표주(標柱)로 분리하여 설치하며 반석은 땅속 약 1 m 지점에 수평하게 매설한다. 이때 반석에 표시된 십자의 중심과 표주에 표시된 십자의 중심이 동일 연직선상에 오도록 하고 그 주변은 콘크리트로 뒤 채움을 하여 움직이지 않도록 하여야 한다.

우리나라의 경우 국가 기본 삼각점의 표석은 화강암으로 만들며 표주의 머리 부분은 정사각형 형태로 그 크기는 1등 삼각점의 경우, 15 cm × 15 cm(길이 73 cm), 2등 삼각점의 경우, 12 cm × 12 cm(길이 67 cm), 3·4등 삼각점의 경우, 9 cm×9 cm(길이 60 cm)이며 지상에 돌출되는 짧은 부분을 제외하고는 표면을 잘 다듬지 않는다.

특히 표주와 반석의 고저차를 측정하여 두 개의 표석으로 사용할 수 있으며 만일 상부 표석을 망실하였을 때는 하부 반석을 삼각점으로 사용하거나 복구할 수 있다. 표석에는 표석의 명칭과 설치자 및 관리자의 성명을 기록하여야 한다.

"국가기준점의 크기와 형상"에 관한 것은 "공간정보의 구축 및 관리 등에 관한 법률 및 동 시행규칙"에 상세히 기록되어 있다.

1908(융희2년) 대한제국 탁지부에서 대구지역에 최초로 세워진 소 삼각점 가운데 현재 완전하게 남아있는 표석(삼각점번호:15)
명칭 : 주봉, 등급 : 소 삼각점(현재 4등), 좌표원점 : 구암원점

그림 8.2 삼각점 표지

제 8 장

❷ 일시표지와 임시설치표지

일시표지는 관측할 때에 다른 측점으로부터 삼각점을 잘 보이도록 하기 위하여 삼각점에 세우는 측표(測標, target)와 측량표지(測量標識)막대를 말하며 임시설치표지(臨時設置標識)는 표기와 임시측량표지 막대를 말한다. 측표는 시표(視標, signal)를 말하는 것으로서 그 주위의 물체보다 높고 주변의 색조와 대조적인 것으로서 잘 보이도록 하여야 하고 그 형태는 망원경의 십자선에 의하여 완전히 2등분될 수 있어야 하며 세울 때는 삼각점에 연직으로 세워야 한다.

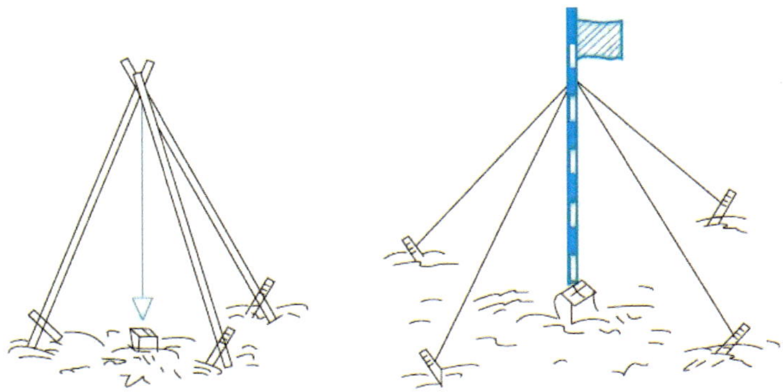

그림 8.3 임시 설치표지

삼각점의 점간 거리가 비교적 짧은 경우(약 2 km 이내)는 〈그림 8.3〉과 같은 간이측표를 사용한다. 간이측표를 사용할 때는 그림에서와 같이 측표를 연직으로 세운 후 바람에 의하여 움직이지 못하도록 철사를 사용하여 3 또는 4 방향으로 지상에 고정하여야 한다. 표지막대 끝에는 표기를 달아 관측자가 먼 곳에서도 쉽게 발견할 수 있도록 한다. 표기는 보통 약 40 cm × 50 cm 정도의 사각형 천을 사용하여 상부 반쪽은 주황색(또는 붉은색), 하부 반쪽은 흰색으로 만든다.

삼각점의 점간 거리가 멀어지면 위와 같은 간이 측표는 적절치 못하며 〈그림 8.4〉와 같이 몇 개의 표지 말뚝을 세모뿔 또는 네모뿔 형태로 탑을 만들고 그 꼭대기에 중심 말뚝을 세워 중심 말뚝의 중심에 못을 박아 삼각점의 중심을 표시한다.

측표를 관측할 때는 측표의 어느 특정한 곳을 시준점으로 정하고 그 시준점으로부터 표석까지의 거리, 즉 시준고를 측정하여 둔다. 이 시준고는 삼각점의 표고를 간접적으로 계산할 때 매우 유용하게 사용된다. 시가지 또는 삼림지대와 같이 높은 장애물로 인하여 관측이 쉽지 않을 경우나 아무런 장애물이 없다고 하더라도 국가 기본 1, 2등 삼각점과 같이 삼각점의 점간 거리가 너무 멀어 지구 곡률의 영향 때문에 두 삼각점이 서로 보이지 않을 때는 높은 관측대(觀測臺, observation tower)를 세워야 한다. 관측대는 일반적으로 〈그림 8.5〉와 같이 나무를 사용하여 만들기도 하나 매우 높은 관측대인 경우는 철탑을 사용한다. 관측대를 사용할 때는 측표와 기계 중심 및 표석 중심은 동일 연직선 위에 있어야 한다.

그림 8.4 일반측표

그림 8.5 고측표

제 8 장

삼각점의 점간 거리가 짧은 경우의 관측에서는 표지막대를 사용하는 측표(또는 시표)를 사용하지만 삼각점의 점간 거리가 수십 킬로미터가 되는 경우에는 이러한 시표로는 관측이 불가능하다. 회광기(回光器, heliotrope)와 램프(lamp)는 이 경우에 매우 적절한 시표 중의 하나이다. 회광기(그림 8.6)는 직경 약 15 cm 정도(또는 그 이상)의 둥근 평면거울의 조합으로 이루어진 것으로 이를 삼각점에 설치하고 햇빛을 반사시켜 관측자가 쉽게 목표물을 관측할 수 있도록 고안되었다. 쾌청한 날씨에서는 보통의 회광기를 사용하면 약 50km까지 관측이 가능하다. 램프는 자동차의 전조등과 같이 포물 반사경 앞에 전구를 부착한 것으로 건전지에 의하여 불빛을 발한다. 이것은 삼각점간의 거리에 관계없이 야간 관측에 주로 사용한다. 회광기는 1980년대 말 장거리 측량을 GPS 측량이 대치할 때까지 사용되었다.

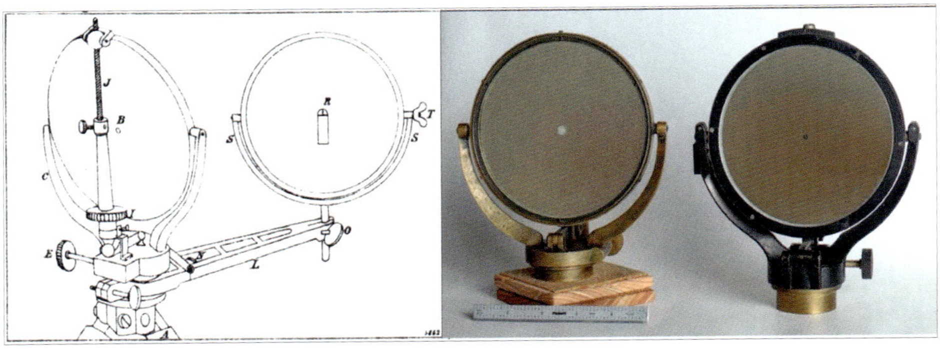

그림 8.6 회광기

8.3.3 각관측

삼각측량에서는 삼각형이 클수록 각 측정에서 발생하는 오차가 변장에 큰 영향을 미치게 되므로 정밀한 측각이 매우 중요하다. 따라서 삼각형의 수평각을 측정할 때는 측미경(測微鏡)이 부착된 정밀 데오돌라이트를 사용한다. 최근에는 정밀도가 매우 높고 각의 읽음이 매우 쉬운 디지털 데오돌라이트와 토털스테이션의 사용이 보편화되고 있다. 국가 1, 2등 삼각측량과 같이 고정밀도의 삼각측량에서는 0.2초독 이상의 고정밀 데오돌라이트를 사용하며 3, 4등 삼각측량에서는 1″독 정도의 정밀 데오돌라이트를 주로 사용한다.

이미 설명한 바와 같이 수평각을 측정하는 방법에는 반복법, 방향관측법, 각관측법 등이 있으나 삼각측량에서는 방향관측법이나 각관측법을 주로 사용한다.

수평각을 측정할 때는 망원경 정위의 상태와 반전위의 상태로 2회 측정하여 그 평균을 택한다. 이것을 1대회(對回) 측정이라 하며 삼각측량에서의 수평각의 관측은 반드시 대회측정으로 하여야 한다. 1대회의 측정이 끝나면 수평 분도원을 일정한 간격으로 회전하여 눈금의 위치를 변경시킨 후 다음 대회의 측정을 하여야 한다. 이것은 수평 분도원의 눈금 오차를 줄이기 위한 것이다.

정밀한 측각을 위해서는 측각 시간을 고려하지 않으면 안된다. 측각에 가장 이상적인 시간은 공기의 굴절이 없으며 대기가 가장 안정한 야간이며 시표로는 램프와 같은 불빛을 사용한다. 낮 시간에도 흐리고 바람이 없는 날이면 무방하며 맑은 날에는 수증기가 발생하기 전인 일출 3시간 전과 일몰 후 약 3시간이 적당하다.

이같이 정밀한 측각기를 사용하고 가장 알 맞는 시간을 택하여 측각을 하였더라도 세심한 주의를 하지 않으면 높은 정밀도를 유지하기가 어렵다.

각 관측에 관한 상세한 것은 제6장, 각 관측과 토털스테이션 편을 참고할 것.

8.4 | 관측각의 조정

삼각측량에서 3가지의 기본 과정은 관측, 조정, 계산이다. 만일 측정된 각에 오차가 전혀 없다면 측정된 각을 사용하여 변의 길이와 삼각점의 좌표를 계산할 수 있으나 측정된 각에는 언제나 오차가 포함되어 있으므로 계산에 앞서 반드시 조정되어야 한다. 삼각형의 내각을 측정했을 때 측정된 각을 사용하여 내각의 합을 구하면 180°가 되는 경우가 거의 없다는 사실은 측정된 각이 왜 조정되어야 하는가를 알려 준다.

삼각형의 내각의 합은 반드시 180°가 되어야 한다. 이것은 삼각형이 되기 위한 기하학적 조건이다. 이러한 내각 조건은 비록 단 한 개의 삼각형에서나 또는 삼각망에 포함되어 있는 여러 개의 삼각형(또는 도형)에서나 똑같이 그들의 기하학적 조건(幾何學的條件)을 만족하여야 하며 이 조건은 독립된 단일 삼각형에서나 또는 도형 전체에서나 똑같이 만족하여야 한다.

삼각망의 조정계산(평균계산이라고 부르기도 함)에서 반드시 만족되어야 할 기하학적 조건은 다음과 같다.

① 측점조건(station conditions)

어느 한 측점 주위에 형성된 모든 각의 합은 반드시 360°이어야 한다.

② 각조건(angle conditions)

다각형(삼각형 포함)의 내각의 합은 $180°(n-2)$이어야 한다.

③ 변조건(side conditions)

한 개 이상의 독립된 다른 경로에 따라 계산된 삼각형의 어느 한 변의 길이는 그 계산 경로에 관계없이 항상 일정하여야 한다.

위에서 말한 ①, ②, ③의 조건을 식으로 표시한 것을 각각 측점방정식(station equation), 다각방정식(angle equation), 변방정식(side equation)이라 하고 특히 ①, ②의 방정식을 총칭하여 각방정식(角方程式)이라 한다.

삼각측량의 조정 계산에서 단순히 측정된 각 만을 조정하고자 할 경우에는 위의 3가지 조건만 만족하면 되지만 각의 조정뿐만 아니라 각의 조정과 동시에 좌표의 조정까지 하고자 할 때는 위에서 말한 3가지 조건 이외에 추가적 조건이 필요한 때가 있다. 즉 삼각망 중에 어떤 고정요소(즉 제약조건)가 존재하고 이를 조정의 조건으로 하는 고정망조정(固定網調整)의 경우는 위에서 설명한 3가지의 조건식 이외에 두 가지 조건이 추가로 필요하다. 그러나 삼각망 중에 아무런 제약조건이 없는 자유망 조정(自由網調整, free net adjustment)에서는 일반적으로 추가 조건이 필요 없다. 이때 필요로 하는 추가 조건은 다음과 같다.

④ 축척과 위치조건

어느 기지점의 좌표가 다른 기지점의 좌표로부터 순차적으로 계산되었을 때 계산에 의하여 얻어진 좌표는 주어진 좌표와 같아야 한다.

⑤ 방위각조건

어느 기지변의 방위각은 다른 기지변의 방위각으로부터 순차적으로 계산되었을 때 계산에 의하여 얻어진 방위각은 주어진 기지변의 방위각과 같아야 한다.

관측각을 조정하는 방법으로는 엄밀조정법(rigorous method)과 간이조정법(approximate method)이 있다. 엄밀조정법은 최소제곱법에 의한 방법을 말하며 이론적으로 가장 타당한 방법이다. 최소제곱법은 모든 기하학적 조건이 동시에 만족하도록 조정하기 때문에 계산이 복잡하고 많은 노력이 필요하며 1, 2등 삼각측량과 같이 고정밀 삼각측량의 조정에서 주로 사용한다. 간이조정법은 위에서 말한 기하학적 조건들을 순서에 따라 독립적으로 택하여 계산하며 일차적으로 조정된 각은 다른 조건들을 조정하는데 사용한다. 간이조정법은 계산이 간편하고 상당한 정밀도까지 이루어질 수 있기 때문에 4등 삼각측량 이하의 저등급 삼각측량의 조정에 많이 이용된다.

최소제곱법에서는 주로 관측방정식(觀測方程式)을 형성하여 컴퓨터에 의하여 계산하지만 간이조정법에서는 등분배법(equal shift)을 사용하여 관측방정식 대신에 조건방정식(條件方程式)에 의하여 계산된다. 조정에 사용되는 조건방정식은 반드시 독립된 조건식이어야 하며 그 수는 잉여측정수(剩餘測定數)(총 측정수에서 미지수 수를 뺀 값)와 같다.

지금은 삼각측량의 사용 빈도가 매우 낮아 이 장에서는 망 조정에 관한 이론적 배경 등 상세한 내용은 다음의 간단한 계산 예제를 다루는 것으로 대체하고자 한다.

예제 8.1 그림과 같은 사변형 ABCD에서 내각을 측정한 결과 아래 표와 같다. 측정된 각을 간이조정법(등분배법)에 의하여 조정하라.

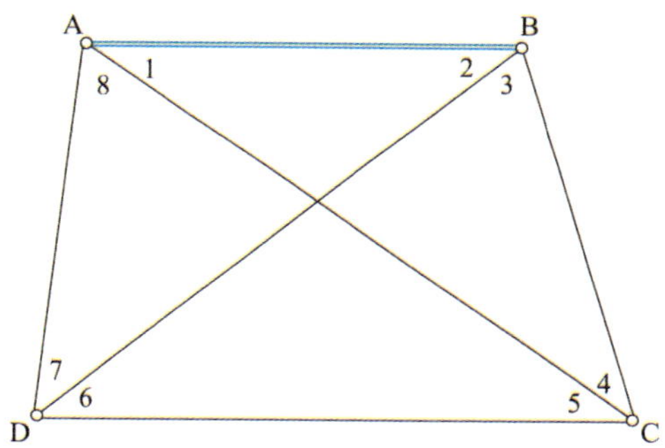

측점	측 정 각
1	39° 37′48″
2	26° 25′51″
3	75° 12′14″
4	38° 44′06″
5	23° 44′38″
6	42° 19′09″
7	44° 52′01″
8	69° 04′21″

풀이 조정 ① $C_1 = 360°\ 00'08'' - 360°\ 00'00'' = 8''$ $C_1/8 = 1''$

조정 ②

	(1) 39° 37′47″		(5) 23° 44′37″
+	(2) 26° 25′50″	+	(6) 42° 19′08″
	66° 03′37″		66° 03′45″

$C_2 = (5+6) - (1+2) = 8''$ $\therefore\ C_2 / 4 = 2''$

	(3) 75° 12′13″		(7) 44° 52′00″
+	(4) 38° 44′05″	+	(8) 69° 04′20″
	103° 56′18″		103° 56′20″

$C_3 = (7+8) - (3+4) = 2''$ $\therefore\ C_3/4 = 0.5''$

따라서 (1, 2) 각에는 +2″, (5, 6) 각에는 −2″, (3, 4) 각에는 +0.5″, (7, 8) 각에는 −0.5″씩 보정한다.

제8장

조정 ③ 변방정식의 조정

$$S_o = \frac{\sin 1 \cdot \sin 3 \cdot \sin 5 \cdot \sin 7}{\sin 2 \cdot \sin 4 \cdot \sin 6 \cdot \sin 8} = \frac{0.175163495}{0.175143354} = 1.000114997$$

각	측정각	각방정식(1)		각방정식(2)		변방정식	
		조정량	조정각	조정량	조정각	조정량	조정각
1	39° 37′48″	−1″	39° 37′47″	+2.0″	39° 37′49.0″	−2.5″	39° 37′46.5″
2	26° 25′51″	−1″	26° 25′50″	+2.0″	26° 25′52.0″	+2.5″	26° 25′54.5″
3	75° 12′14″	−1″	75° 12′13″	+0.5″	75° 12′13.5″	−2.5″	75° 12′11.0″
4	38° 44′06″	−1″	38° 44′05″	+0.5″	38° 44′05.5″	+2.5″	38° 44′08.0″
5	23° 44′38″	−1″	23° 44′37″	−2.0″	23° 44′35.0″	−2.5″	23° 44′32.5″
6	42° 19′09″	−1″	42° 19′08″	−2.0″	42° 19′06.0″	+2.5″	42° 19′08.5″
7	44° 52′01″	−1″	44° 52′00″	−0.5″	44° 51′59.5″	−2.5″	44° 51′57.0″
8	69° 04′21″	−1″	69° 04′20″	−0.5″	69° 04′19.5″	+2.5″	69° 04′22.0″
Σ	360° 00′08″	−8″	360° 00′00″		360° 00′00″		360° 00′00″

$$C_4 = (1 - S_o)/S_o = \frac{0.000114997}{1.000114997} = 0.000114984$$

$$\Sigma(\cot\alpha_i) = 1.207 + 2.012 + 0.264 + 1.247 + 2.273 + 1.098 + 1.005 + 0.382$$
$$= 9.488$$

$$\therefore\ v'' = \frac{C_4}{\Sigma(\cot\alpha_i)}\ \rho'' = \frac{0.000114984}{9.488} \times 206264.806 \fallingdotseq 2.5''$$

따라서 홀수각 1, 3, 5, 7에는 −2.5″씩, 짝수각 2, 4, 6, 8에는 +2.5″씩 보정한다. 이때 최종 조정된 각을 사용하여 S_o와 C_4를 다시 계산하여 $C_4 = 0$가 되는 가를 검사하여 본다.

$$즉,\quad C_4 = \frac{1 - S_o}{S_o} = \frac{1 - (0.175153412/0.175153414)}{0.999999986} = 0.000000014 \fallingdotseq 0$$

제 8 장

별해 과거에는 복잡한 소수의 곱셈과 나눗셈을 피하기 위하여 삼각함수의 진수 대신에 상용대수(常用對數)를 사용하기도 하였으나 오늘날에는 계산기의 사용으로 인하여 상용대수를 이용할 필요가 없으나 참고적으로 상용대수를 이용하여 변방정식을 풀어 보기로 한다.

각	log sin 값	표 차	각	log sin 값	표 차
1	−0.1952943	2.543×10^{-6}	2	−0.3515215	4.237×10^{-6}
3	−0.0146453	0.556×10^{-6}	4	−0.2036218	2.625×10^{-6}
5	−0.3950877	4.788×10^{-6}	6	−0.1718242	2.313×10^{-6}
7	−0.1515291	2.116×10^{-6}	8	−0.0296389	0.805×10^{-6}
합	−0.7565564	10.003×10^{-6}		−0.7566064	9.980×10^{-6}

※ 표에서와 같이 먼저 log sin 값을 구하여 기록하고 1″에 대한 표차를 구하여 그 합을 구한다. 1″에 대한 표차는 다음 식으로 계산한다.

$$\text{표차} = \frac{\log_{10}e}{\rho''}\cot\alpha_i = 2.106\times10^{-6}\times\cot\alpha_i$$

여기서, α_i는 각 각을 표시함.

$$C_4 = \Sigma\{\log\sin(\text{홀수 각})\} - \Sigma\{\log\sin(\text{짝수 각})\}$$

$$= -0.7565564 - (-0.7566064) = 5\times10^{-5}$$

$$\therefore v'' = \frac{C_4}{\Sigma(\text{표차})} = \frac{5\times10^{-5}}{19.983\times10^{-6}} = 2.5''$$

예제 8.2 그림과 같은 유심다각형을 등분배법(等分配法)에 의하여 조정하라. 측정각은 아래표와 같다.

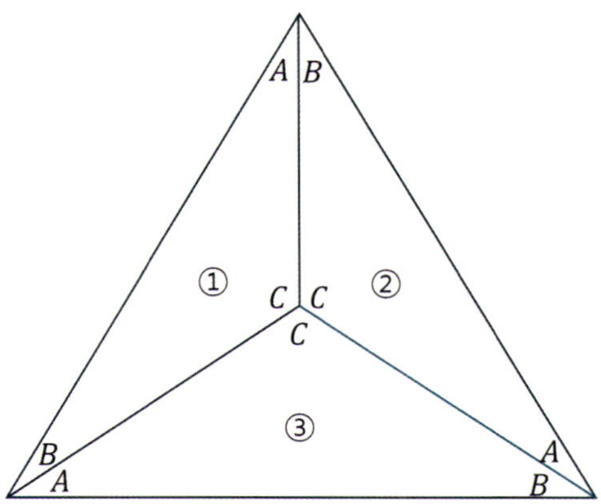

삼각형	각	측 정 각
①	A	33° 35′ 42″
	B	30° 24′ 05″
	C	116° 00′ 21″
②	A	32° 40′ 03″
	B	25° 14′ 15″
	C	122° 05′ 38″
③	A	23° 56′ 08″
	B	34° 09′ 51″
	C	121° 53′ 58″

풀이

삼각형	각	측정각	삼각형의 조정		측점조정		변조정	
			조정량	조정각	조정량	조정각	조정량	조정각
①	A	33° 35′42″	-2.67″	33° 35′39.33″	-0.56″	33° 35′38.77″	-0.35″	33° 35′38.42″
	B	30° 24′05″	-2.67″	30° 24′02.33″	-0.55″	30° 24′01.78″	+0.35″	30° 24′02.13″
	C	116° 00′21″	-2.66″	116° 00′18.34″	+1.11″	116° 00′19.45″		116° 00′19.45″
		180° 00′08″				180° 00′00.00″		180° 00′00.00″
②	A	32° 40′03″	+1.33″	32° 40′04.33″	-0.56″	32° 40′03.77″	-0.35″	32° 40′03.42″
	B	25° 14′15″	+1.33″	25° 14′16.33″	-0.55″	25° 14′15.78″	+0.35″	25° 14′16.13″
	C	122° 05′38″	+1.34″	122° 05′39.34″	+1.11″	122° 05′40.45″		122° 05′40.45″
		179° 59′56″				180° 00′00.00″		180° 00′00.00″
③	A	23° 56′08″	+1.00″	23° 56′09.00″	-0.56″	23° 56′08.44″	-0.35″	23° 56′08.09″
	B	34° 09′51″	+1.00″	34° 09′52.00″	-0.55″	34° 09′51.45″	+0.35″	34° 09′51.80″
	C	121° 53′58″	+1.00″	121° 53′59.00″	+1.11″	121° 54′00.11″		121° 54′00.11″
		179° 59′57″		359° 59′56.68″		180° 00′00.00″		180° 00′00.00″

① 삼각형의 조정

w_1 = 180° 00′08″ − 180° = + 8″, +8″/ 3 = +2.67″

w_2 = 179° 59′56″ − 180° = −4″, −4″/ 3 = −1.33″

w_3 = 179° 59′57″ − 180° = −3″, −3″/ 3 = −1.00″

따라서 삼각형 ①에서는 각 각에 −2.67″,
삼각형 ②에서는 각 각에 +1.33″,
삼각형 ③에서는 각 각에 +1.00″씩 조정한다.`

② 측점조정

① 에서 조정된 C 각을 사용하여 다음과 같이한다.

$$w = C_1 + C_2 + C_3 - 360° = 357° \ 59'56.68'' - 360° = - 3.32''$$

$$\frac{w}{3} = \frac{3.32''}{3} = 1.1''$$, 따라서 C_1, C_2, C_3에 +1.1″씩 조정한다.

①과 ②에서 한 조정을 〈식 8.31〉을 사용하여 한번에 조정해 보기로 한다.

$$[w] = w_1 + w_2 + w_3 = 8 - 4 - 3 = 1''$$

$$w = [c] - 360° = 359° \ 59'57'' - 360° = -3''$$

제 8 장

$$\therefore w_o = \frac{1}{2n}\{[w] - 3w\} = \frac{1}{2\times 3}\{1 + 3\times 3\} = 1.67''$$

$$\alpha_1 = \beta_1 = \gamma_1{}' = -\frac{1}{3}(1.67 + 8) = -3.22''$$

$$\gamma_1 = \gamma_1{}' + w_o = -3.22'' + 1.67'' = -1.55''$$

$$\alpha_2 = \beta_2 = \gamma_2{}' = -\frac{1}{3}(1.67 - 4) = +0.78''$$

$$\gamma_2 = \gamma_2{}' + w_o = 0.78'' + 1.67'' = 2.45''$$

$$\alpha_3 = \beta_3 = \gamma_3{}' = -\frac{1}{3}(1.67 - 3) = +0.44''$$

$$\gamma_3 = \gamma_3{}' + w_o = 0.44'' + 1.67'' = 2.11''$$

③ 변조정

$$S_o = \frac{\sin A_1 \sin A_2 \sin A_3}{\sin B_1 \sin B_2 \sin B_3} = \frac{0.121167843}{0.121165686} = 1.000017802$$

$$K = (1 - S_o)/S_o = 0.000017802$$

$$\Sigma \cot A = 5.32, \quad \Sigma \cot B = 5.30$$

$$v'' = \frac{K}{\Sigma \cot A + \Sigma \cot B}\rho'' = \frac{0.000017802}{5.32 + 5.30} \times 206265 = 0.35''$$

※ S_o에서 분모(B각)가 분자(A각)보다 작으므로 B각에서는 0.35″씩 더해 주고 분자각에는 0.35″씩 빼 준다.

8.5 | 삼각측량의 계산

관측각의 조정이 끝나면 각 삼각형에 대한 계산을 하게 된다. 삼각측량의 계산은 트래버스 측량에서 하는 것과 거의 같은 방법으로 이루어지며 삼각형의 각 변에 대한 변장과 방위각을 우선 계산한 후 최종적으로 삼각점의 좌표를 구하게 된다.

제 8 장

8.5.1 삼각형의 변장계산

삼각망을 형성하고 있는 모든 삼각형의 각 변의 길이를 구하여야 하며 어느 한 기지변을 출발변으로 하여 sine 법칙에 의하여 계산된다.

지금 삼각형의 각 각을 A, B, C라 하고 이에 대응되는 각 변의 길이를 a, b, c라 하면

$$a = b \cdot \frac{\sin A}{\sin B} \text{ 또는 } c = b \cdot \frac{\sin C}{\sin B} \tag{8.1}$$

여기서 b는 기지변을 가리킨다.

예제 8.3 그림과 같은 단열 삼각망이 있다. 각 삼각형의 변장을 구하라.

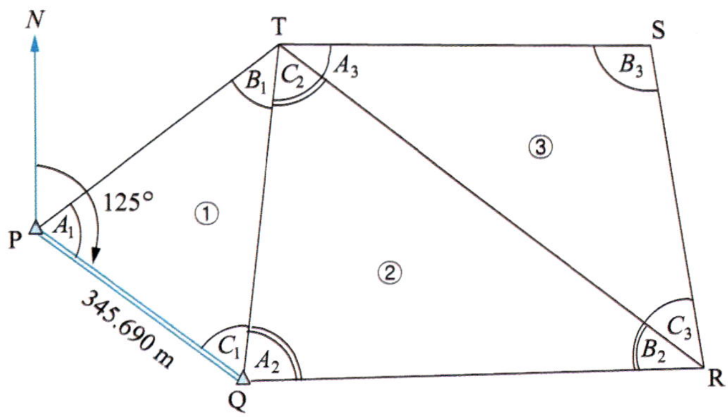

풀이

구분 \ 삼각형	①	②	③
∠A	65° 58′05″	85° 05′41″	38° 35′06″
∠B	46° 32′23″	37° 58′42″	101° 42′30″
∠C	67° 29′32″	56° 55′37″	39° 42′24″
sin A	0.9133185	0.9963374	0.6236750
sin B	0.7258514	0.6236750	0.9791933
sin C	0.9238276	0.6153634	0.6388573
$a = b(\sin A/\sin B)$	434.972	704.265	448.566
$c = d(\sin C/\sin B)$	439.977	592.326	459.485
b	345.690	434.972	704.265

8.5.2 방위각의 계산

삼각형에서 어느 한 변의 방위각을 알고 있으면 삼각형의 각 각에 의하여 각 변의 방위각을 구할 수 있다. 〈그림 8.7〉에서 A점에서 B점으로 향하는 직선의 방위각을

(AB)라 하면 반대로 B에서 A로 향하는 직선의 방위각, 즉 (AB)의 역방위각 (BA)는 (AB)에 180°를 더하면 된다. 이때 계산된 (BA)의 각이 360°보다 클 경우에는 (BA)에서 360°를 빼주면 된다.

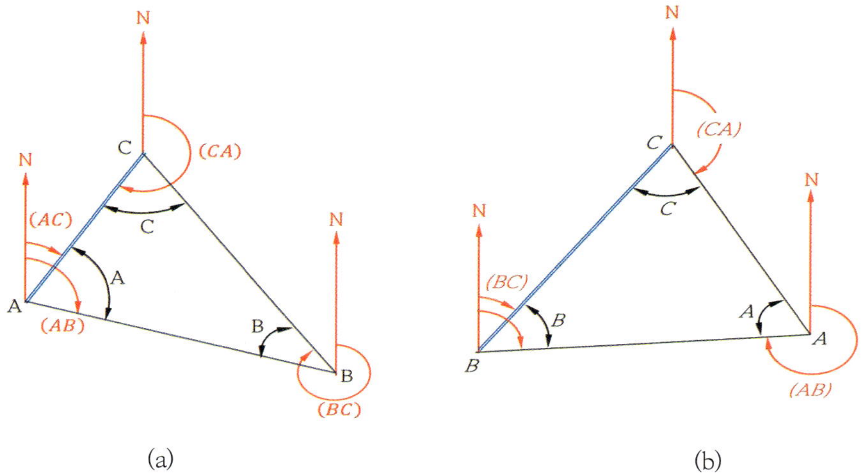

그림 8.7 방위각의 계산

〈그림 8.7〉에서 $\overrightarrow{\mathrm{BC}}$ 의 방위각을(BC), $\overrightarrow{\mathrm{AB}}$ 의 방위각을(AB), $\overrightarrow{\mathrm{CA}}$ 의 방위각을(CA)라 하고 삼각형의 내각을 각각 A, B, C라 하면 각 변의 방위각은 다음과 같다. 이때 기지변은 $\overline{\mathrm{AC}}$ 로 한다.

(a)의 경우(삼각점 A, B, C의 배열이 반시계 방향일 때)

$$(BC) = (CB) + 180° = (CA) - C + 180°$$
$$(AB) = (BA) + 180° = (BC) - B + 180°$$
$$(CA) = (AC) + 180° = (AB) - A + 180°$$

(b)의 경우(삼각점 A, B, C의 배열이 시계방향일 때)

$$(BC) = (CB) + 180° = (CA) + C + 180°$$
$$(AB) = (BA) + 180° = (BC) + B + 180°$$
$$(CA) = (AC) + 180° = (AB) + A + 180°$$

여기서, 〈그림 8.7〉의 (a)와 같이 삼각점 A, B, C의 배열이 반시계 방향일 경우에는 (−)부호, (b)와 같이 시계 방향일 경우에는 (+) 부호임을 알 수 있다.

제 8 장

예제 8.4 예제 (8.3)에서 측선 $\overrightarrow{PQ}$의 방위각 (PQ) =125° 00′00″라고 할 때, 삼각형의 각 변의 방위각을 구하라.

풀이 삼각형 ①에 대하여

$$(AB) = 125°\ 00'00''$$

$$(CA) = (AC) + 180° = (AB) - A_1 + 180° = 125°00'00'' - 65°\ 58'05'' + 180° = 239°\ 01'55''$$

$$(BC) = (CB) + 180° = (CA) - B_1 + 180° = 239°\ 01'55'' - 46°\ 32'23'' + 180° = 12°29'32''$$

삼각형 ②에 대하여

$$(DB) = (BD) + 180° = (BC) + A_2 + 180° = 12°\ 29'32'' + 85°\ 05'41'' + 180° = 277°\ 35'13''$$

$$(CD) = (DC) + 180° = (DB) + B_2 + 180° = 277°\ 35'13'' + 37°\ 58'42'' + 180° = 135°\ 33'55''$$

삼각형 ③에 대하여

$$(EC) = (CE) + 180° = (CD) - A_3 + 180° = 135°\ 33'55'' - 38°\ 35'06'' + 180° = 276°\ 58'49''$$

$$(DE) = (ED) + 180° = (EC) - B_3 + 180° = 276°\ 58'49'' - 101°\ 42'30'' + 180° = 355°\ 16'19''$$

8.5.3 좌표계산

〈그림 8.8(a)〉에서 삼각점 A, B, C의 좌표를 각각 $(x_A,\ y_A)$, $(x_B,\ y_B)$,$(x_C,\ y_C)$라 하면 다음과 같은 관계식이 성립한다.

$$\left.\begin{aligned} x_C &= x_A + \overline{AC}\cos(AC) \\ y_C &= y_A + \overline{AC}\sin(AC) \\ &\text{또는} \\ x_C &= x_B + \overline{BC}\cos(BC) \\ y_C &= y_B + \overline{BC}\sin(BC) \end{aligned}\right\} \tag{8.2}$$

〈식 8.2〉에서 위의 두 식은 A점의 좌표를 알고 C점의 좌표를 구하는 식이며 아래의 두 식은 반대로 B점의 좌표를 알고 C점의 좌표를 구하는 식이다. 실제적인 계산에서는 두 가지의 계산을 한 후 평균을 취하는 동시에 계산 결과도 검사해 본다.

〈그림 8.8(b)〉는 $A(x_A, y_A)$와 $C(x_c, y_c)$의 좌표가 주어지고 $B(x_B, y_B)$의 좌표를 구하고자 할 경우이다.

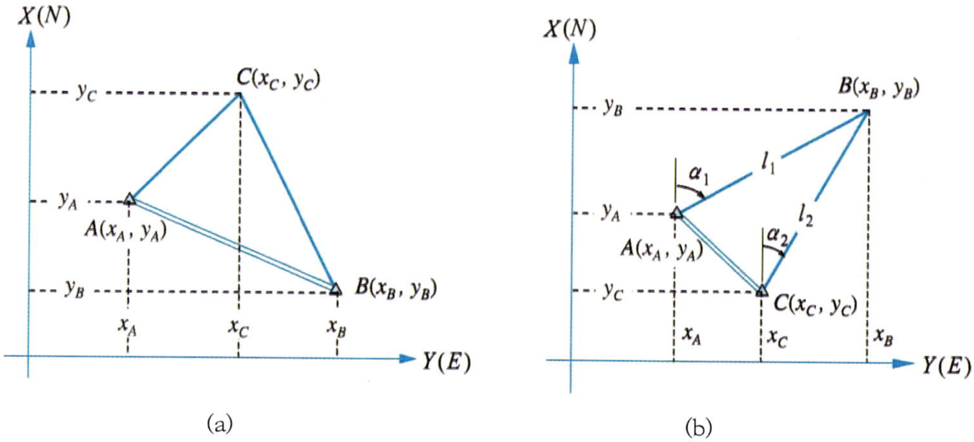

그림 8.8 삼각형의 좌표 계산

지금, $\overline{\mathrm{AB}} = l_1$, $\overline{\mathrm{CB}} = l_2$, $\overrightarrow{\mathrm{AB}}$의 방위각을 α_1, $\overrightarrow{\mathrm{CB}}$의 방위각을 α_2라 하면 B점의 좌표 x_B, y_B는

A로부터 $x_B = x_A + l_1 \cos\alpha_1$

$y_B = y_A + l_1 \sin\alpha_1$

C로부터 $x_B = x_c + l_2 \cos\alpha_2$

$y_B = y_c + l_2 \sin\alpha_2$

이와 같이 A와 C로부터 구한 좌표의 평균값을 최종 좌표값으로 한다.

제 8 장

예제 8.5 예제 (8.3) 및 (8.4)의 결과를 사용하여 각 삼각점의 좌표를 구하라.

여기서 $\overline{AB} = 345.690\text{ m}$, $\overrightarrow{AB}$ 의 방위각 $(AB) = 125°\ 00'00''$

$x_A = 1000.00\text{ m}$, $y_A = 1000.00\text{ m}$ 이라고 한다.

풀이

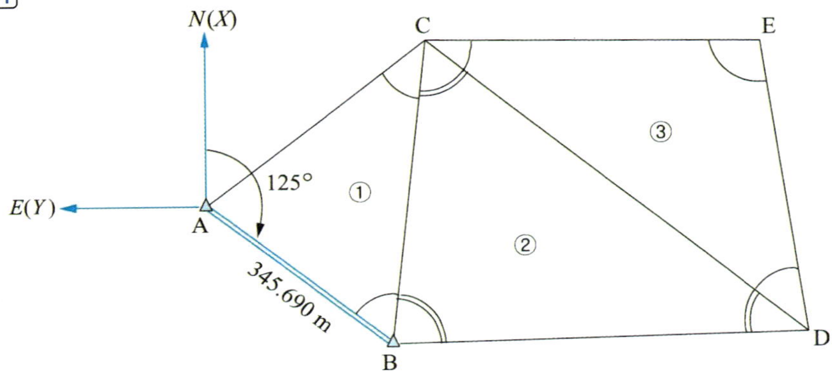

〈예제 8.3〉 및 〈8.4〉의 결과를 요약하면 다음과 같다.

$$\overline{AB} = 345.690\text{ m}, \qquad (AB) = 125°\ 00'00''$$

$$\overline{AC} = \overline{AB} \times \frac{\sin C_1}{\sin B_1} = 439.977\text{ m}, \qquad (CA) = 239°\ 01'55''$$

$$\overline{BC} = \overline{AB} \times \frac{\sin A_1}{\sin B_1} = 434.972\text{ m}, \qquad (BC) = 12°\ 29'32''$$

$$\overline{BD} = \overline{BC} \times \frac{\sin C_2}{\sin B_2} = 592.326\text{ m}, \qquad (DB) = 277°\ 35'13''$$

$$\overline{CD} = \overline{BC} \times \frac{\sin A_2}{\sin B_2} = 704.265\text{ m}, \qquad (CD) = 135°\ 33'55''$$

$$\overline{CE} = \overline{CD} \times \frac{\sin C_3}{\sin B_3} = 459.485\text{ m}, \qquad (EC) = 276°\ 58'49''$$

$$\overline{DE} = \overline{CD} \times \frac{\sin A_3}{\sin B_3} = 448.566\text{ m}, \qquad (DE) = 355°\ 16'19''$$

제 8 장

측점 위치	좌표 계산
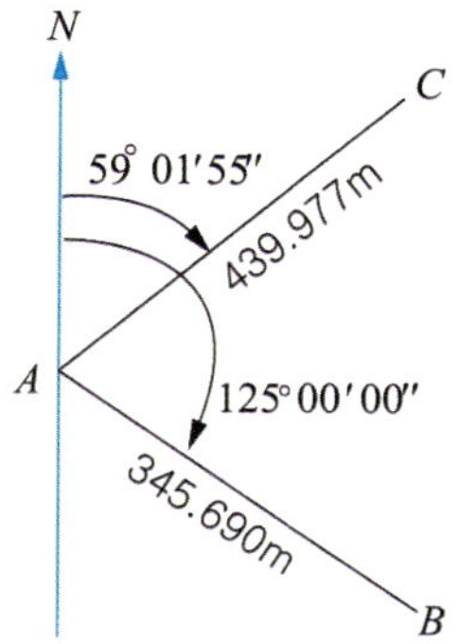	$x_A = 1000.00\text{ m},\ y_A = 1000.00\text{ m}$ $x_B = x_A + \overline{\text{AB}}\cos(AB)$ $= 1000.00 + 345.690 \times \cos(125°\ 00'00'') = 801.720\text{ m}$ $y_B = y_A + \overline{\text{AB}}\sin(AB)$ $= 1000.00 + 345.690 \times \sin(125°\ 00'00'') = 1283.173\text{ m}$ $x_c = x_A + \overline{\text{AC}}\cos(AC)$ $= 1000.00 + 439.977 \times \cos(59°\ 01'55'') = 1226.395\text{ m}$ $y_c = y_A + \overline{\text{AC}}\sin(AC)$ $= 1000.00 + 439.977 \times \sin(59°\ 01'55'') = 1377.260\text{ m}$
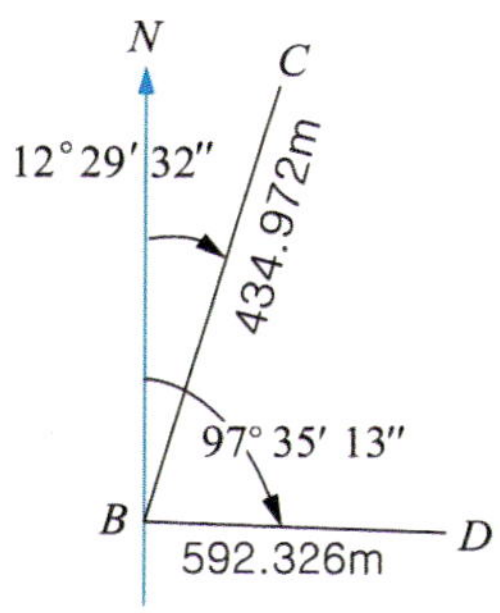	$x_c = x_B + \overline{\text{BC}}\cos(BC)$ $= 801.720 + 434.972 \times \cos(12°\ 29'32'') = 1226.394\text{ m}$ $y_c = y_B + \overline{\text{BC}}\sin(BC)$ $= 1283.173 + 434.972 \times \sin(12°\ 29'32'') = 1377.261\text{ m}$ 평균값 $x_c = \frac{1}{2}(1226.395 + 1226.394) = 1226.395\text{ m}$ $y_c = \frac{1}{2}(1377.260 + 1377.261) = 1377.261\text{ m}$
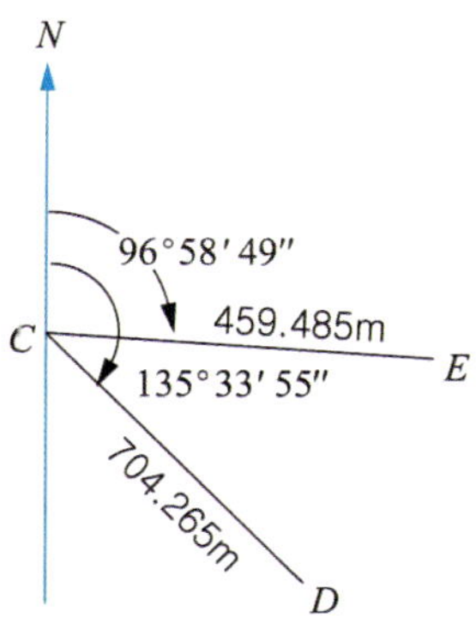	$x_D = x_c + \overline{\text{CD}}\cos(CD)$ $= 1226.395 + 704.265 \times \cos(135°\ 33'55'') = 723.516\text{ m}$ $y_D = y_c + \overline{\text{CD}}\sin(CD)$ $= 1377.261 + 704.265 \times \sin(135°\ 33'55'') = 1870.314\text{ m}$ $x_E = x_c + \overline{\text{CE}}\cos(CE)$ $= 1226.395 + 459.485 \times \cos(96°\ 58'49'') = 1170.555\text{ m}$ $y_E = y_c + \overline{\text{CE}}\cos(CE)$ $= 1377.261 + 459.485 \times \sin(96°\ 58'49'') = 1833.340\text{ m}$

측점 위치	좌표 계산
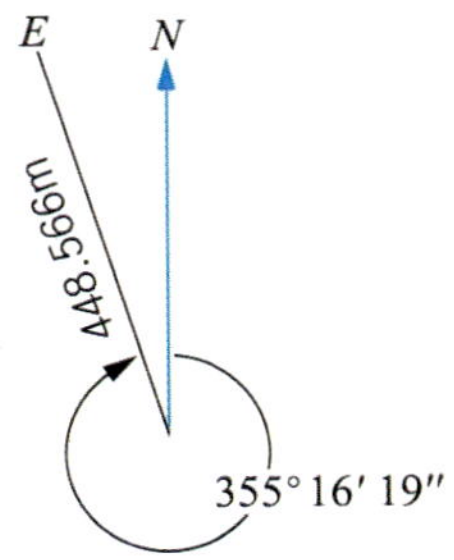	$x_E = x_D + \overline{DE}\cos(DE)$ $= 723.516 + 448.566 \times \cos(355°\ 16'19'') = 1170.556\ \text{m}$ $y_E = y_D + \overline{DE}\sin(DE)$ $= 1870.314 + 448.566 \times \sin(355°\ 16'19'') = 1833.340\ \text{m}$ 평균값 $x_E = 1170.556\ \text{m}$ $y_E = 1833.340\ \text{m}$

8.6 기준점 성과표

삼각측량의 최종 결과를 정리하여 놓은 것을 기준점 성과표라 한다. 원래 삼각측량은 매우 넓은 지역의 골격을 정밀하게 결정하고자 할 때 사용하는 측량 방법으로 특히 측지학적으로 국가의 기본골격을 만들 때 이 방법을 사용하였다. 우리나라의 경우 국가 1등, 2등, 3등, 4등 삼각점이 측지학적 삼각측량 방법에 따라 이루어졌으며 기준점 성과표라 함은 주로 이들에 대한 성과표를 말한다. 삼각측량 성과표는 삼각측량 결과에서 매우 중요한 최종 성과만을 정리하여 표의 형태로 기록, 보관한 것으로 삼각망도 및 관측기록철(觀測記錄綴)과 더불어 매우 중요한 자료이다. 삼각측량 성과표를 사용하면 산지 등에서 긴 기선을 얻기가 어렵거나 복잡한 기선 실측 과정과 천문측량 등을 피할 수 있으므로 시간과 경비를 절감할 수 있다.

삼각망도는 직각좌표 또는 경·위도 좌표에 근거하여 관측에 사용된 모든 삼각점 또는 삼각보점 등의 위치를 적절한 축척의 지형도(보통 1:50,000) 위에 전개하고 관측한 방향선을 서로 연결하며 삼각점의 종류, 번호, 명칭, 평균 방향각 등을 기록한다. 관측기록철은 관측 야장, 야장 계산, 망 평균 계산, 좌표 계산 등으로 구분하여 정리한다.

우리나라의 국가 삼각점은 원래 측지학적 삼각측량 방법으로 이루어졌으나 최근에 기존의 모든 국가 삼각점에 대하여 삼각점 간 거리를 정밀 전자파 거리측정기에 의하여 재관측하고 삼변측량 방법으로 다시 계산하였으며 이들 성과를 사용하고 있다. 기준점 성과표라 함은 이들 결과를 기록한 것이다.

국토지리정보원(國土地理情報院)에서는 각각 설치되어 있는 삼각점, 수준점, 중력점의 기능을 통합하여 통합기준점이라 하고 10km 간격으로 설치하여 관측값들을 “기준점의 조서(통합기준점)"이라는 이름으로 기록 관리하고 있다. 기준점의 조서(통합기준점)는 기준점들의 관측값은 물론 이들의 위치를 현장에서 쉽게 찾을 수 있도록 지도와 사진들이 첨부되어 있으며 누구나 자유롭게 무료로 인터넷으로 국토지리정보원에서 내려받을 수 있다(https://www.ngii.go.kr/). 〈그림 8.9〉는 통합기준점 성과표의 한 예이다.

8.7 삼변측량 개요

삼각측량은 삼각형의 3각을 측정하고 측정된 각을 사용하여 3변의 길이를 계산하지 만 **삼변측량(三邊測量, trilateration)**에서는 이와는 반대로 3변을 먼저 측정하고 3각은 계산으로 구한다. 측정된 3변으로 3각을 계산할 때는 코사인 제2 법칙 또는 반각법칙(半角法則)등을 사용한다.

삼각측량과 삼변측량은 트래버스 측량과 더불어 평면 위치를 결정하는 기준점 측량 방법으로 널리 사용하였으며 그중에서도 삼각측량은 기준점 측량의 기본 방법처럼 사용하였다. 이같이 삼각측량이 기준점 측량의 대명사처럼 취급되었던 것은 변의 측정에 비하여 각 측정의 정밀성에 그 근거를 두기 때문이었다.

EDM의 혁신적인 발전은 상대적으로 매우 먼 거리를 높은 정밀도로 신속한 측정을 가능케 함으로써 삼변측량의 중요성과 활용성을 크게 높여 주고 있으며 삼각측량을 대신할 수 있는 획기적인 측량 방법으로까지 생각되어져 왔다. 그러나 변의 수가 증가함에 따라 방위각 오차가 급격히 누적됨을 알게 되었고 이를 보완하기 위하여 많은 양의 방위각 측정이 필요하게 되었다.

또한 삼변측량은 각의 측정이 전혀 필요 없으므로 삼각측량에 비하여 매우 신속하고 경제적인 방법으로 생각될 수 있으나 이러한 사실은 모두 측정할 거리의 크기와 필요로 하는 정밀도에 전적으로 달려 있는 것이다. 삼변측량이 삼각측량에 비해 더 정밀하고 더 경제적이라고 주장하는 사람도 많지만 반대로 삼각측량이 삼변측량보다 더 정밀하고 경제적일 수도 있다고 주장하는 사람도 많다는 사실에 주의하여야 한다.

국토교통부 국토지리정보원

기준점의 조서(통합기준점) (1 / 2)

점의번호	U수원26	이력사항		조사현황	
도엽명	수원	매설일	2022년 06월 20일	조사년월	2023년 09월 27일
도로명주소	-	고시번호	제2023-3084호	조사기관	경기도 용인시 기흥구
지번주소	경기도 용인시 기흥구 영덕동 912	고시일	2023년 07월 11일	점의상태	사용 가능

통합기준점 성과 (세계측지계)	위도	37-16-05.15602	X(m)	518768.8904	원점	중부원점
	경도	127-04-10.93817	Y(m)	206182.7113		
	타원체고(m)	62.5342	표고(m)	38.7817		직접수준측량
	지오이드고(m)	23.7525	수준측량 노선	시점	22-25-01	
	중력값(mGal)	-		종점	22-26-00	
통합기준점의 경로	수원시 원천교사거리에서 42번 국도 중부대로 용인 방향으로 약 800m 지점 삼성삼거리 교통섬 화단에 위치함.					

제1방위표	위도	37-16-01.17835	X(m)	518646.0765	원점	중부원점
	경도	127-04-00.34117	Y(m)	205921.7048		
	타원체고(m)	63.6173	경로	통합기준점에서 남서방향 약 250m 지점 신미주 아파트 진입로 상가 앞 도로변에 위치함.		
	방위각	244-50-35.9				
제2방위표	방위각	320-48-44.2	경로	북서방향 약 400m지점 흥덕IT밸리 우측 벽면 상단		
인덱스방위표	방위각	71-26-40.8	경로	북동방향 약 300m지점 기아오토큐 수리동 우측 벽면 상 단		

보조점A	위도	37-16-05.7	비고차 (m)	-0.3755	경로	통합기준점에서 동방향 약 23 m지점 도로경계에 위치함.
	경도	127-04-11.8				
보조점B	위도	37-16-05.3	비고차 (m)	-0.7698	경로	통합기준점에서 서쪽 약 24m 지점 도로경계에 위치함.
	경도	127-04-10.1				

※ 기본측량 고시성과 : 위도, 경도, 직각좌표(X,Y), 표고
측량 참고자료 : 기본측량 고시성과 이외 사항

그림 8.9 통합기준점 성과표(1)

그림 8.9 통합기준점 성과표(2)

8.8 삼변측량망

삼변측량 방법이 삼각측량 방법을 완전히 대신하지 못하는 이유는 이와 같은 사유 이외에도 삼각망의 기하학적 도형조건 때문이다. 예를 들어 설명하면 삼각형에서 3각을 측정하면 하나의 도형조건이 성립하는 반면에 3변을 측정하였을 때는 아무런 도형조건도 성립되지 못한다. 각이 측정된 사변형 삼각망에서는 4개의 조건(각 조건 3, 변조건 1)이 성립되지만 변만을 측정한 사변형 삼변망에서는 단 한 개의 조건식만이 형성된다. 이러한 현상은 여러 개의 삼각형으로 망을 형성할 때 더욱 심각하다. 따라서 삼변측량 방법을 도입할 때는 정밀도를 검증하기 위하여 많은 잉여조건(剩餘條件)이 필요하며 이러한 잉여조건을 충족시키기 위해서는 복잡한 기하학적인 도형이 필요하게 된다. 예를 들면, 삼각측량의 경우 사변형과 같은 잉여조건을 얻기 위해서는 삼변측량에서는 적어도 서로 보이는 모든 변(10 변)이 측정된 5각형이 필요하게 된다(표 8.1).

이론적으로 삼변망에서 가장 이상적인 도형은 모든 점에서 서로 관측이 가능한 오각형과 육각형이다. 그러나 실제로 현장에서 모두 이러한 도형으로 삼변망을 구성한다는 것은 불가능하다. 〈그림 8.10〉과 같이 추가 측선을 가진 유심 사각형 또는 유심 오각형이 실제적으로 가장 바람직한 삼변망이다. 이때 각을 추가로 측정하면 조건식이 늘어나기 때문에 강도(剛度)가 높은 삼변망이 될 수 있다.

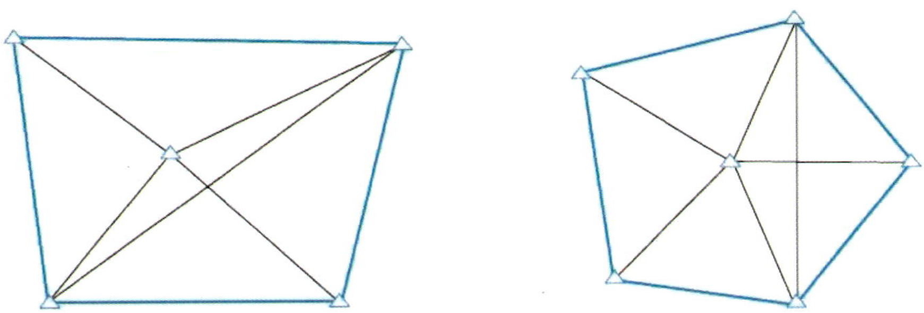

그림 8.10 삼변측량망

▶ **표 8.1** 삼각망과 삼변망의 조건식 수

구분 \ 도형	단삼각형	사변형	유심5각형	5각형	6각형
삼변망	0	1	1	3	6
삼각망	1	4	7	9	16

제 8 장

삼변측량에서 삼각형의 내각의 크기는 삼각측량의 경우와 같이 보통 25° 이상이어야 하며 어떠한 경우에도 15° 이하여서는 안 된다. 변의 크기도 정밀 측량의 경우 10 km 이상이 바람직하다.

삼각측량의 경우 평지에서 약 20 km 정도 떨어진 점을 관측하기 위해서는 보통 관측탑을 설치하여야 하나 삼변측량에서는 관측탑을 세울 필요 없이 단지 안테나 또는 반사 프리즘을 약 13 m 정도 높여 줌으로써 정밀도에 큰 영향을 주지 않고 측정이 가능하다. 이러한 방법으로 약 50km 까지는 측정이 가능하다.

거리측정에 사용되는 EDM은 삼변측량 결과에 결정적인 영향을 주므로 선택에 세심한 주의가 필요하다. 1·2등과 같은 정밀 삼변측량의 경우 1/750,000~1/1,000,000, 3·4등과 같은 보통의 경우는 1/250,000~1/450,000의 측정 정밀도를 가지는 EDM을 사용하여야 하며 측정된 거리는 모든 기계적 오차와 기상에 대한 보정을 실시하여야 한다.

EDM으로 측정한 거리는 경사거리이므로 삼변측량 계산에 사용하기 위해서는 이들 경사거리를 평균해면상의 수평거리로 환산하여야 한다. 따라서 두 측점 사이의 연직각 또는 표고차가 필요하다. EDM에 의한 거리측정은 어느 특정한 기상조건에서 검정된 전자파(속도)를 이용한다. 그러나 측정 현장의 기상 조건은 검정 당시의 조건과 다르므로 이에 대한 보정이 필수적이다. 가장 이상적인 보정을 위해서는 측정 시에 발사되는 전자파의 전 경로를 따라 그 주변의 모든 기상 조건을 알아야 하는데 이것은 사실상 불가능하다. 따라서 실제 측정 작업에서는 두 측점에서 측정한 대기 온도와 기압만을 사용한다. 이때 측정은 정밀하게 검정된 온도계와 기압계를 사용하여 거리측정과 동시에 이루어져야 한다.

연직각 측정에서도 비슷한 주의가 필요하다. 높은 정밀도를 얻기 위해서는 정밀 데오돌라이트를 이용하여 양 끝에서 동시에 측정되어야 한다. 만일 한 쪽 끝에서만 측정되었다고 하면 측정된 결과를 기차(氣差)와 구차(球差)에 대하여 보정을 하여야 한다.

8.9 | 삼변측량망의 조정

삼변망의 조정은 삼각망의 조정과 같이 간이조정법과 엄밀 조정법으로 구분할 수 있다. 간이조정에서는 먼저 측정된 변을 사용하여 각을 계산하고 이같이 계산된 각은 삼각측량에서 측정각을 조정하는 방법과 같은 방법으로 조정되어 각 삼각점의 좌표계산에 사용된다.

이 방법은 정밀을 요하지 않는 저등급의 측량에만 사용하며 정밀한 측량의 경우에는 최소 제곱의 원리를 사용하여야 한다. 최소 제곱의 원리를 적용할 때의 가장 어려운 점은 각 변에 대한 중량의 계산이다. EDM에 의해 측정된 거리는 EDM이 가지는 고유의 오차 때문에 짧은 거리에서 보다 오히려 긴 거리에서 오차(상대오차)가 더 크다. 따라서 각 변에 대한 반복측정으로부터 얻어진 표준오차를 사용하지 않는 한 각 변의 중량은 모두 같은 것으로 하는 것이 좋다.

이 절에서는 간이조정에 관하여 간단히 기술하고 최소제곱법에 의한 정밀조정에 관하여는 생략하고자 한다.

삼변측량의 가장 기본적인 방법은 삼각형에서 두 점의 좌표와 나머지 한 점으로부터 이들 두 점까지의 거리를 알고 다른 한 점의 좌표를 구하는 것이다.

따라서 분명한 것은 먼저 삼각형의 내각을 계산하고 나머지는 삼각측량에서 한 것과 똑같은 계산 순서에 의하는 것이다. 물론 어느 경우에도 각 변의 방위각은 필요하다.

지금 삼각형의 내각을 A, B, C라 하고 이에 대응되는 변을 a, b, c라 하면 코사인 제2 법칙 또는 반각공식(半角公式)으로부터

$$\cos A = \frac{b^2+c^2-a^2}{2bc},\ \cos B = \frac{a^2+c^2-b^2}{2ac},\ \cos C = \frac{a^2+b^2-c^2}{2ab}$$

또는 반각공식으로부터

$$\sin\frac{A}{2} = \sqrt{\frac{(s-b)(s-c)}{bc}},\ \cos\frac{A}{2} = \sqrt{\frac{s(s-a)}{bc}},\ \tan\frac{A}{2} = \sqrt{\frac{(s-b)(s-c)}{s(s-a)}}$$

$$s = \frac{1}{2}(a+b+c) \tag{8.3}$$

이들 공식에 의해 계산된 내각은 삼각형의 각 변에 대한 방위각 계산에 사용되며 이들 변으로 형성된 삼각형은 하나의 폐합트래버스로 생각할 수 있으므로 각 점의 좌표를 쉽게 구할 수 있다. 한편 두 점의 좌표와 변이 주어졌다면 각에 관계없이 〈식 8.4〉로부터 직접 C점의 좌표를 구할 수 있다.

$$\left.\begin{aligned} E_c &= \frac{1}{2}(E_A+E_B)+\frac{1}{2c^2}(a^2-b^2)(E_A-E_B)-\frac{2A}{c^2}(N_A-N_B) \\ N_c &= \frac{1}{2}(N_A+N_B)+\frac{1}{2c^2}(a^2-b^2)(N_A-N_B)+\frac{2A}{c^2}(E_A-E_B) \end{aligned}\right\} \tag{8.4}$$

여기서,

$$A = \sqrt{s(s-a)(s-b)(s-c)},\ 2s = a+b+c$$

제8장

예제 8.6 그림과 같은 간단한 삼변 삼각형이 있다. 각 측선의 길이와 A, B의 좌표가 아래 표와 같다고 한다. C점의 좌표를 계산하라.

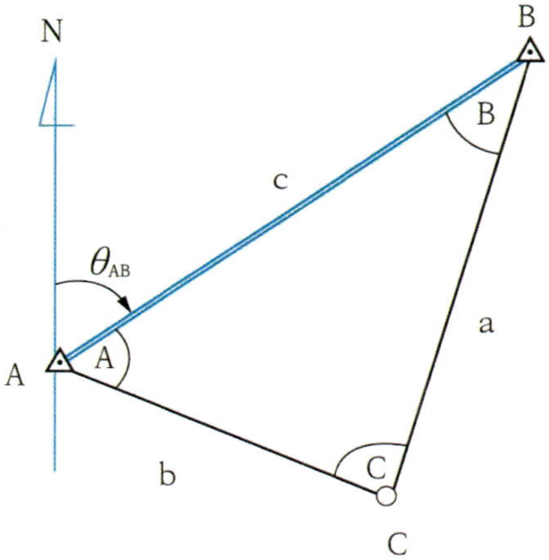

측선	측정거리 (m)	측점	좌 표(m)	
			E	N
a	1814.05	A	1500.00	2500.00
b	1463.87	B	3312.16	3379.14

풀이 $\overline{\mathrm{AB}} = \sqrt{(3312.16-1500)^2+(3379.14-2500)^2} = 2014.15$

$$\theta_{AB} = \tan^{-1}\left(\frac{3312.16-1500}{3379.14-2500}\right) = 64°\ 07'13.5''$$

[방법 1] 코사인 제2법칙에 의하여

$$\cos A = \frac{b^2+c^2-a^2}{2bc} = \frac{(1463.87)^2+(2014.15)^2-(1814.05)^2}{2(1463.87)(2014.15)}$$
$$= 0.493298934$$

$$\therefore\ A = \cos^{-1}(0.493298934) = 60°\ 26'32.5''$$

같은 방법으로

$$B = 44°\ 34'59.5''$$
$$C = 74°\ 58'28.0''$$

(검 사)

$A+B+C = 60°\ 26'32.5'' + 44°\ 34'59.5'' + 74°\ 58'28.0'' = 180°\ 00'00''$

이 각을 사용하여 각 변의 방위각을 계산하면

$$\theta_{BC} = \theta_{BA} - B = 244°\ 07'13.5'' - 44°\ 34'59.5'' = 199°\ 32'14''$$

$$\theta_{AC} = \theta_{AB} + A = 64°\ 07'13.5'' + 60°\ 26'32.5'' = 124°\ 33'46''$$

제 8 장

$\theta_{CB} - \theta_{CA} = 199° \ 32'14'' - \ 124° \ 33'46'' = \ 74° \ 58'28'' = C$각

BCA를 하나의 폐합 트래버스로 생각하고 각 점의 좌표를 구하면 다음과 같다.

측선	방위각	거리(m)	ΔE(m)	ΔN(m)	E	N	측점
					3312.16	3379.14	B
BC	199° 32′14″	1814.05	-606.65	-1709.61			
					2705.51	1669.53	C
CA	304° 33′46″	1463.87	-1205.50	830.47			
					1500.01	2500.00	A

[방법 2]

$a = 1{,}814.05$, $b = 1{,}463.87$를 이용하여 코사인 제2법칙을 이용하면 $c = 2014.15$ 가 구하여진다.

$$s = \frac{1}{2}(1814.05 + 1463.87 + 2014.15) = 2646.035$$

$$A = \sqrt{2646.035\,(2646.035 - 1814.05)\,(2646.035 - 1463.87)\,(2646.035 - 2014.15)}$$
$$= 1.282371 \times 10^6$$

$$\frac{2A}{c^2} = 0.632208$$

이들을 〈식 8.4〉에 대입하면

$E_C = 2705.51 \text{ m}$, $N_C = 1669.53 \text{ m}$로서 방법 1의 결과와 같음을 알 수 있다.

Chapter 9

지구타원체와 좌표계

출처: 가수 김장훈 블로그

9.1 | 지오이드와 기준타원체

측점에 대한 위치(평면과 표고)의 결정은 지구 표면에서 어떤 기준에 근거하여 기하학적인 방법으로 계산으로 이루어진다. 그러나 물리적인 지구(또는 지구표면)는 그 형상이 매우 복잡하고 불규칙적이며 불연속적이어서 수학적으로 정의하기는 거의 불가능하다. 그렇다면 수학적인 표현이 불가능한 물리적 공간에서 이루어진 측량결과를 어떠한 근거와 기준에 따라 수학적인 계산이 이루어질 수 있는가에 대하여도 설명되어야 할 것이다.

이들을 설명하기 위해서는 먼저 지구의 형상인 "지오이드"에 관하여 정의가 이루어져야 할 것이다.

한마디로 말한다면 "*지오이드*(geoid)"란 모든 점에서 지구의 중력방향에 수직인 등중력 포텐셜면(equipotential surface)"을 말한다. 지구는 회전하며 질량의 분포가 불규칙하기 때문에 지오이드의 형상도 불규칙하여 수학적인 표시가 불가능하다. 그러나 측량에서는 지구상의 점들에 대한 절대적 또는 상대적 위치결정이 꼭 필요하며 이를 위하여 위치에 대한 어떤 기준(즉 기준 좌표계)이 필요하게 된다. 이들 기준을 설정하기 위해서는 지오이드와 지오이드의 수학적 모델, 즉 기준타원체(基準楕圓體, reference ellipsoid)에 대한 명확한 정의가 필요하다.

그렇다면 "지오이드"란 무엇인가? 좀 더 상세히 알아보기로 한다. 지금 어떤 동질의 물체가 완전히 자유로이 움직이는 현상을 생각해 보자. 조수, 조류, 일기 등과 같이 자유로이 움직이는 현상에서 어떠한 외부의 영향도 받지 않고 오직 중력의 힘에 의해서만 유지되는 평형의 상태에 있는 바다를 생각해 보자. 만일 이와 같은 바다의 표면에 접촉되는 육지 부분에 좁고 긴 운하를 파서 운하를 흐르는 물이 오직 중력의 힘에 의해서만 자유로이 흐르도록 하여 지구 전체를 연결한다면 완전한 평형상태의 해수면이 얻어질 것이며 이것은 하나의 폐곡면(閉曲面)을 형성할 것이다.

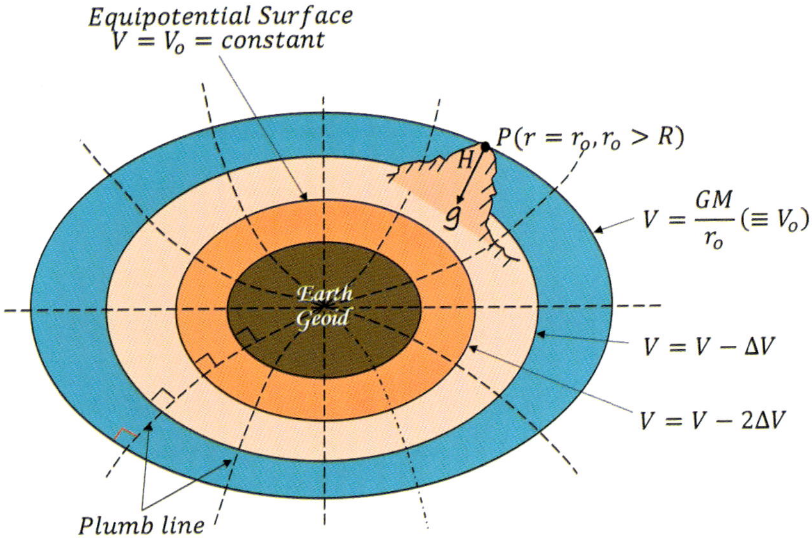

그림 9.1 등 중력포텐샬 면

이때의 폐곡면은 회전타원체(回轉楕圓體, spheroid)와 매우 유사한 형태가 되며 폐곡면상의 모든 점에서 중력포텐셜(gravitational potential)의 크기가 같은 등중력 포텐셜면을 형성한다.

중력포텐셜이란 지구에 작용하는 중력과 원심력의 합을 말한다. 그러나 원심력은 중력에 비해 매우 작아 단순히 중력포텐셜이라 한다. 중력포텐셜은 하나의 스칼라양으로 지구의 여러 가지 물리적 현상으로 인하여 위치와 조건에 따라 달라지는 잠재적 에너지 또는 위치 에너지이다. 어떤 위치에서의 중력포텐셜은 대상물을 어떤 고정된 기준위치로부터 대상물의 위치까지 이동하는데 필요한 단위중량에 대한 일과 같다. 이때 기준위치란 어떤 질량으로부터 무한히 떨어져 있는 곳으로 포텐셜의 값이 "0"이 되며 무한대로부터 어느 유한한 거리에서는 포텐셜 값이 바로 "음수"로 변한다.

중력포텐셜은 크기가 각각 다른 무수한 등포텐셜면이 존재한다. 이때 어느 특정한 크기의 중력포텐셜을 가지는 등중력 포텐셜면을 **지오이드(geoid)**라 부른다(그림 9.1).

지오이드는 등중력 포텐셜면이기 때문에 지오이드면의 모든 점에서는 중력포텐셜이 같으며 어느 점에서나 표면을 관통하는 수직선은 중력의 방향(연직선)과 같다. 다시 말하면 등중력 포텐셜면은 중력방향의 접선방향으로 형성되는 폐곡면(閉曲面)이며 이를 수평면(水平面, level surface)이라 부르기도 한다. 따라서 데오돌라이트나 레벨을 지상에 정치하면 이때 기계의 연직축은 바로 중력의 방향을 의미하는 것과 동시에 지오이드 면에 수직을 의미하며 타원체면에 수직인 것과는 다르다.

앞에서 말한 것과 같이 지오이드는 지구의 질량이 일정하게 분포되어 있지 않기 때문에 수학적인 회전타원체와 일치하지 않고 상하로 불규칙하여 기복이 있다. 질량이 밀집된 곳(산이나 광물이 밀집된 곳)에서는 타원체를 법선방향으로 끌어당겨서 상대적으로 지오이드 면이 타원체면보다 높으며 질량이 적은 곳(바다, 특히 깊은 바다)에서는 이와 반대의 현상이 있어 지오이드 면이 타원체면 보다 낮다(그림 9.2).

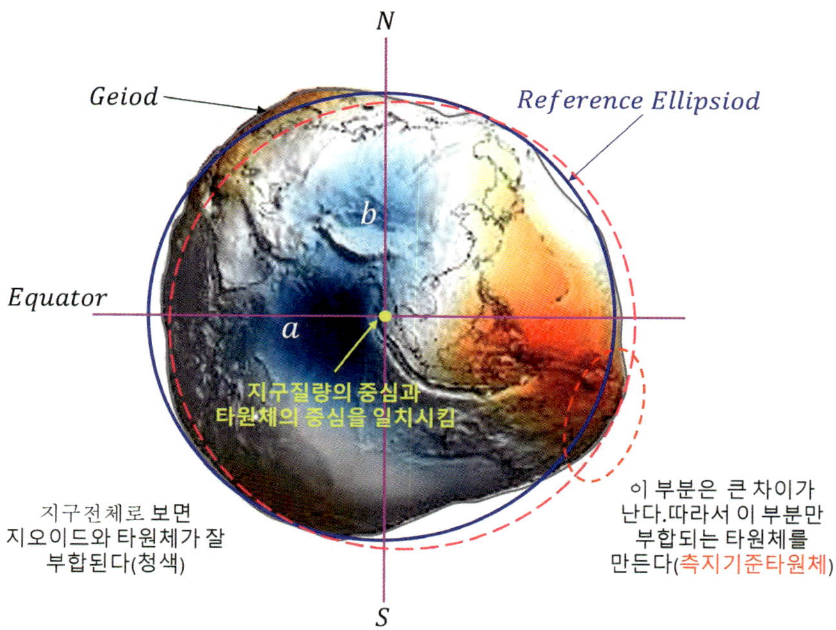

그림 9.2 지오이드와 수학적 타원체

지오이드는 지구중력에 의하여 결정되는 불규칙한 형상이므로 중력장에서 정의되는 높이의 기준면으로는 가장 이상적이지만 평면위치를 결정할 때는 기준면으로 사용할 수 없다.

제 9 장

그러나 부분적으로 또는 지역에 따라 지오이드 면에 가장 알맞은 타원체를 수학적으로 결정할 수 있으며 지오이드 대신에 수학적으로 결정된 타원체를 기준면으로 하여 지표 위에 있는 모든 점의 위치를 결정할 수 있다. 이와 같이 순수 계산의 목적으로 수학적으로 정의된 회전타원체를 **기준타원체(基準楕圓體, reference ellipsoid)**, **준거타원체(準據楕圓體)** 또는 **지심기준타원체(地心基準楕圓體, geocentric reference ellipsoid)**라 부른다.

지오이드에 가장 알맞은 회전타원체는 축이 3개(장축, 중간축, 단축)인 3축 타원체(triaxial ellipsoid)인 것으로 알려졌으나 이 타원체는 계산과정이 너무 복잡하여 실제적으로는 장반경(a)과 편평률(f)에 의하여 결정되는 2축 타원체를 기준타원체로 사용한다. 이러한 타원체는 지오이드에 가장 유사하며 지구 전체의 형상을 대표하는 타원체로서 타원체의 주축이 지구 관성의 주축과 일치한다고 가정하기 때문에 지심타원체(地心楕圓體)라 부르기도 한다. 그러나 이들 타원체는 지구 전체를 한 개의 타원체로 표시하는 것이므로 지오이드에 대한 적합도가 범지구적(凡地球的)으로 보면 높겠지만 지역에 따라 적합도가 크게 떨어지는 단점이 있다(그림 9.2). 따라서 범지구적으로나 다른 지역에서는 적합도가 낮더라도 지역 특성에 따라 적합도가 높은 타원체를 정하여 그 지역의 측지위치(평면위치)를 결정하는 기준으로 한다.

▶ **표 9.1** 여러 종류의 측지기준타원체

타원체의 이름	장축 반경(m)	편평률($1/f$)	사 용 국 가
Everest(1830)	6377276.345	300.8017	인도, 미얀마
Airy (1830)	6377563.0	299.3	영국
Bessel(1841)	6377397.155	299.152813	한국, 중국, 일본, 서독
Clarke(1866)	6378206.4	294.978698	미국, 카나다
Clarke(1880)	6378249.145	293.465	아프리카
Hayford(1924)	6378388.0	297.0	유럽, 중동
Krasovskiy(1942)	6378245.0	298.3	구 소련과 위성국
Australian National(1965)	6378160.0	298.25	오스트리아
South American (1969)	6378160.0	298.25	남미

이와 같이 어느 특정지역에서만 지오이드에 가장 적합한 기준타원체를 **측지기준타원체(測地基準楕圓體, geodetic reference ellipsoid)** 또는 지역기준타원체(地域基準楕圓體, local reference ellipsoid)라 한다. 〈표 9.1〉은 현재까지 세계 각 나라에서 사용하였거나 또는 현재 사용하고 있는 측지기준타원체들이며 우리나라에서도 **세계측지계**(제9장6절

참조)를 사용하기 전까지 베셀(Bessel) 타원체를 사용하고 있었다.

측지기준타원체는 자오선을 따라서 두 점의 위도를 측정하여 그 낀 각을 구하고 두 점간의 호의 길이를 구하여 타원체 표면의 곡률반경(曲律半徑, radius of curvature)을 계산함으로써 결정된다. 그러나 이것은 측지학(測地學, geodesy)에서 다루어지며 이 책의 범위를 넘어선다.

삼각측량 등에 의하여 얻어지는 측지좌표(경·위도)는 기준타원체면에 수직한 선을 기준으로 하여 결정되는 반면에 천체측량에 의한 측지좌표의 결정은 지오이드 면에 수직한 연직선을 기준으로 하여 얻어진다. 이와 같이 기준타원체에 수직인 선과 지오이드 면에 수직인 연직선과 이루는 각, 즉 연직선편차가 최소가 될 때 가장 이상적인 지구 기준타원체가 되는 것은 너무 당연한 사실이다(9장 4절과 그림 9.7 및 9.8참조).

측지기준타원체(지역기준타원체)는 어느 특정한 지역에서는 지오이드에 대한 적합도가 매우 높을 수 있으나 범지구적으로 지구 전체를 표시하기에는 적합하지 않다. 그러나 최근 들어 인공위성과 대륙 간 유도미사일의 출현으로 지구 전체를 단 하나의 통일된 좌표체계로 표시할 수 있는 체계, 즉 **세계측지계(世界測地系, WGS, World Geodetic System)**의 필요성을 가져왔으며 위성측지기술의 발달로 이것의 실현이 가능하게 되었다(9장 5절과 6절 참조).

하나의 통일된 측지기준좌표계로 지구전체를 표시하고자 하는 노력은 1924년 제2회 국제 측지학 및 지구물리학연맹(IUGG, International Union of Geodesy and Geophysics) 총회에서 헤이퍼드(Hayford) 타원체를 국제타원체로 사용하도록 권장하였고 그 후 WGS67, WGS72, WGS84 등 현대적이고 매우 향상된 세계측지기준타원체(世界測地基準楕圓體)가 제시되었다(표 9.2). 특히 1979. 12. 오스트레일리아 캔버라(Canberra)에서 열린 IUGG 제17차 총회에서는 측지기준계1980(GRS80, Geodetic Reference System 1980)이 채택되었으며 GRS80 타원체의 결정요소는 다음과 같다.

$$
\begin{aligned}
a &= 6378137.000\ \text{m} \\
1/f &= 298.2572221008827 \\
GM &= 398600.5 \times 10^{9}\text{m}^{3}\text{s}^{-2} \\
J_2 &= 1082.63 \times 10^{-6} \\
\omega &= 7.292115 \times 10^{-5}\text{rad s}^{-1}
\end{aligned}
$$

여기서, GM은 지구의 지심인력상수(地心引力常數)로서 중력상수(G)와 지구의 총질량(M)을 곱한 상수이고 J_2는 편평률 f와 매우 밀접한 관계가 있는 지구의 역학적 형상요소(dynamic form parameter)이며 ω는 지구의 회전각속도이다.

제9장

이러한 세계측지타원체(범지구타원체)는 지역에 따라 지오이드 기복이나 연직선 편차가 지역기준타원체를 사용했을 경우보다 더 큰 오차가 생길 수도 있으나 지표 위 어느 곳에서나 하나의 측지계로 통일하여 사용할 수 있다는 장점이 있어 그 활용성이 높아지고 있으며 우리나라를 비롯하여 많은 나라들이 사용하고 있다.

▶ **표 9.2** 세계측지계 타원체(WGS)

타원체의 이름	년도	a(m)	$1/f$	비 고
International	1924	6378388	297.000	Hayford 타원체
International	1967	6378160	298.247	IAG추천, 1924 Hayford 보다 양호
WGS 72	1974	6378135	298.260	위성측정에 의함
GRS 80	1980	6378137	298.257222101	최신의 세계측지계
WGS 84	1984	6378137	298.257223563	GPS 위성측량

타원체의 크기와 모양은 〈그림 9.2〉에서와 같이 타원체의 장반경(a)과 단반경(b) 또는 장반경과 편평률, f(扁平率, flattening factor)로 정의한다. 이들 3요소의 관계는 〈식 9.1〉과 같다.

$$f = 1 - \frac{b}{a} \tag{9.1}$$

일반적으로 타원체의 계산에서는 제1이심률, e와 제2이심률, e'를 사용한다.

$$e = \frac{\sqrt{a^2 - b^2}}{a} = \sqrt{2f - f^2} \tag{9.2}$$

$$e' = \frac{\sqrt{a^2 - b^2}}{b} = \frac{e}{\sqrt{1 - e^2}} \tag{9.3}$$

9.2 | 지구의 운동과 지구의 극

제 9 장

이미 말한 것과 같이 지구타원체(ellipsoid)는 지구의 극축을 회전축으로 하여 회전하여 만들어진 표면으로 정의한다. 그러나 실제적으로 지구의 관성의 주축이 지구의 회전축과 일치하지 않기 때문에 어느 특정 시점에서의 극축의 위치는 고정된 위치가 될 수 없다.

다시 말하면 극축은 〈그림 9.3〉과 같이 관성시스템에 관하여 회전운동을 한다. 이 회전운동은 일반적으로 세차(歲差, precession)와 장동(章動, nutation)의 두 부류로 구분된다. 세차운동이라 함은 회전하고 있는 강체에 회전하는 힘이 작용할 때, 회전하는 물체가 마치 팽이가 돌아갈 때 흔들리는 현상처럼 이리저리 흔들리는 현상을 말한다. 지구도 회전하는 강체로 볼 수 있으므로 세차운동이 생긴다.

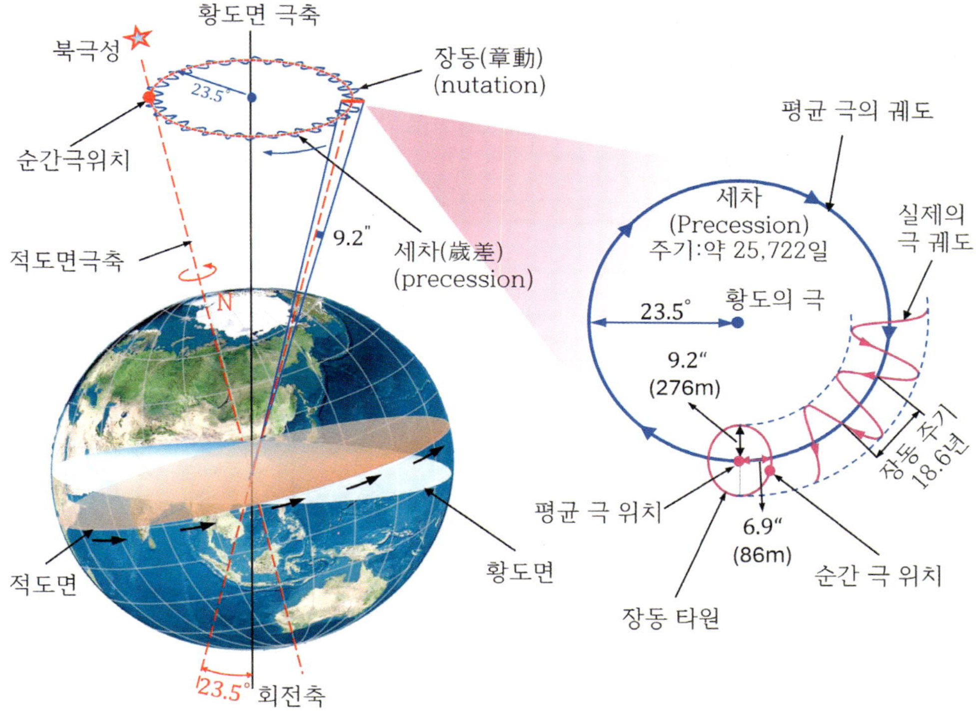

그림 9.3 세차와 장동

세차운동은 지구의 극축이 지구의 자전방향과 반대방향으로 장기간에 걸쳐 운동하며 운동주기는 약 25,765년 4개월 27일 정도가 된다. 다시 말하면 극의 위치가 약 25,756년 후에는 제자리에 돌아오는 것이다. 장동은 지구의 자전축 각도가 약 41000년을 주기로 21.1 ° ~24.5 ° 사이의 각으로 변하는 현상으로 세차의 경로를 따라 매우 작은 반경의 타원(장동타원) 형태로 이동한다. 이는 지구가 자전과 공전을 할 때, 약간의 미세 진동이 생기기 때문이다. 달에서도 18.6년을 주기로 자전축 각도가 바뀐다.

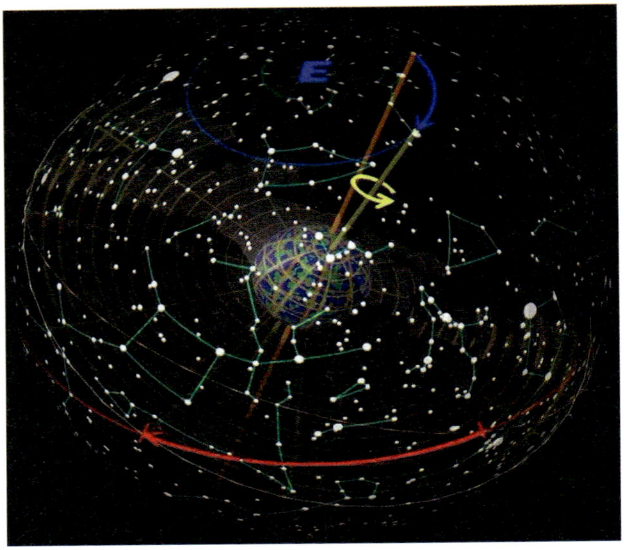

그림 9.4 지구 밖에서 본 세차운동

앞에서 말한 것과 같이 지구의 관성의 주축이 지구의 회전축과 일치하지 않기 때문에 지구의 회전축이 지표면과 만나는 점, 즉 극점(極點, pole)이 지표면의 한 점에 고정되어있지 못하고 지표면 상을 이동하는 현상이 발생한다. 이러한 현상을 극운동(極運動, polar motion)이라 한다(그림 9.5).

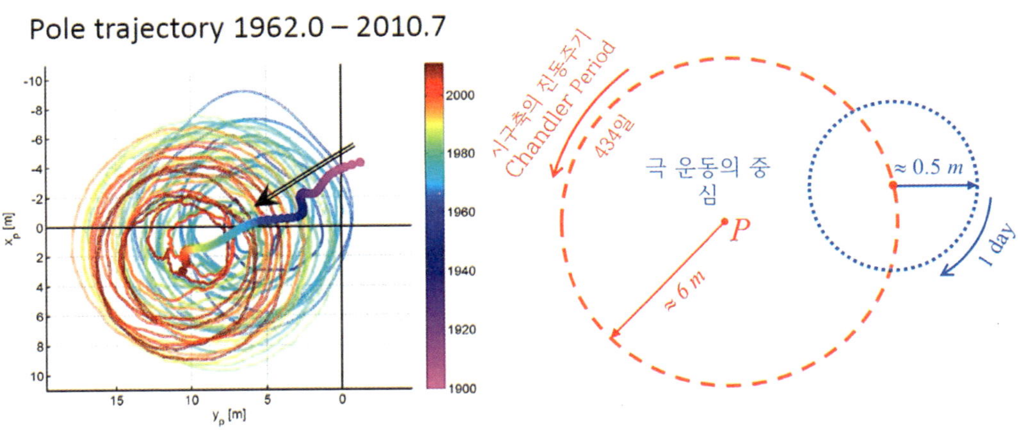

(a) (b)

그림 9.5 극운동(a)과 지구 자전축의 극운동(b)

극운동은 주로 2개의 다른 주기적인 진동으로 이루어진다. 하나는 주기가 14개월인 챈들러 진동(Chandler Wobble)이며 또 다른 하나의 진동주기는 12개월이다. 극운동은 이들 2개의 진동이 합쳐져서 극이 평균위치에서 벗어나 나선형의 경로를 따라 돌고 약 6.5년을 주기로 평균위치에 다시 돌아오게 된다. 실제 극의 위치와 평균 극 사이의 간격은 1952년경에 최대가 되었으며 이때의 간격은 개구각(開口角)이 약 0.37″로 이를 지구표면에서의 거리로 환산하면 직경 약 12m(반경 약 6m)가 된다(그림 9.5(b)). 또한 6.5년의 한 주기 동안 최대간격은 평균 약 0.25″에 달했다. 〈그림 9.5(a)〉는 2007~2011까지의 극운동의 예이다.

극운동은 1765년에 스위스의 수학자이고 물리학자인 Leonhard Euler(1707~1783)가 처음으로 지구의 강체 모델과 동역학 이론을 바탕으로 극운동이 304일(약 10개월)의 진동주기로 이루어짐을 예측하였으며 이를 오일러 주기라 부른다.

그 후 1880년대 중반 Euler의 이론을 증명하기 위하여 위도관측이 실질적으로 시행되었으며 미국 천문학자 S.C. Chandler는 이들 관측데이터를 분석하여 약 430일(약 14개월)과 12개월의 두 개의 독립된 주기가 있음을 밝혀냈으며 이것이 챈들러주기(Chandler period)이다. 오일러가 예측했던 주기와 챈들러 진동 사이에는 4개월의 차이가 있는데 오일러는 지구 맨틀의 탄성과 바다의 유동성이 자전에 미치는 영향을 계산에 포함하지 않았기 때문이었다.

이와 같이 지구의 회전축이 시간에 따라 움직이기 때문에 국제총회에서는 1900년~1905년 사이의 지구 회전축의 평균위치를 지구의 회전축(극축)으로 정의하였고 이를 지구의 극(極, CTP, Conventional Terrestrial Pole)이라 부른다(9장 5절 CIO참조).

CTP는 지구 질량의 중심을 원점으로 하는 3차원 지심직각좌표계의 Z-축이 되며 X-축은 적도면에서 원점으로부터 그리니치 평균자오선을 통과하는 선으로 한다. Y-축은 적도면에서 X-축으로부터 우 직각인 선으로 한다. 이러한 좌표계를 지구고정·지구중심좌표계(ECEF: Earth-Centered-Earth-Fixed)라 하고 CTS(CTS, Conventional Terrestrial System)라 부른다. CTS에 관련된 지구 극축의 순간적 위치와 지구의 운동 등은 IERS(International Earth Rotation and Reference Systems Service)에 의해 관리되고 제공되고 있다.

IERS는 IPMS(International Polar Motion Service)와 BIH(Bureau International de l'Heure)의 지구 회전 업무를 통합하여 1987년 IAU(International Astronomical Union)와 IUGG에 의하여 설립되어 1988년 1월 1일부터 업무가 시작된 국제기구이다. IERS는 지구 회전운동에 대한 최신 정보를 제공하고 IERS 기준자오선, ITRS(International Terrestrial Reference System), ITRF(International Terrestrial Reference

제9장

Frame) 등을 관리하며 제공한다. 또한 IERS는 윤초(閏秒, leap second)를 결정하고 제공하는 업무를 한다.(※ 윤초는 원자시계에 의하여 측정된 정밀한 시간, TAI(International Atomic Time)과 부정확한 태양시(UT1)와의 차이)

IERS는 우주측지와 지구운동에 관한 최신 정보를 제공하며 VLBI, LLR(Lunar Laser Ranging), SLR(Satellite Laser Ranging)등과 같은 첨단의 측지기술을 사용하여 CTS에 관련하여 지구 극축의 순간적인 위치를 관리하고 제공한다. CTS는 현재 ITRF(International Terrestrial Reference Frame)로 알려진 순간적인 공간 위치 좌표를 통한 일련의 범지구적 기준점들에 의하여 정의된다. 이 기준체계는 위성궤도의 정밀 계산과 다른 체계와 관련된 기준체계로 사용한다(9장 5절 참조).

9.3 측지학적 위치와 타원체의 곡률반경

〈그림 9.6〉에서 P는 타원체 표면으로부터 h만큼 떨어져 있는 임의의 측점이고 P'는 측점 P에서 타원체에 내린 수선이 타원체 표면과 만나는 점이다. (ϕ_p, λ_p)는 측점 P의 측지위도와 측지경도이며 h_p는 측점 P의 높이다. 측점의 측지학적 위치, (ϕ_p, λ_p, h_p)의 3요소를 정의하기 위해서는 자오선과 자오면에 대하여 좀 더 살펴볼 필요가 있다.

자오선(子午線, meridian)은 타원체의 원주 위에서 남극과 북극을 관통하는 대원(大圓)이며 자오면(子午面, meridian plane)은 자오선과 극축을 포함하는 평면을 말한다. 측지경도, λ_p는 그리니치 자오면으로부터 측점 P를 통하는 자오면까지 적도면에서 잰 각을 말한다.

〈그림 9.6〉에서 점 P를 통과하는 연직권(鉛直圈, vertical circle)으로 만들어진 평면이 타원체의 자오면과 직교하는 평면을 묘유면(卯酉面, ime vertical plane)이라 하며 이들 두 평면이 교차하는 교선을 묘유선(卯酉線, prime vertical)이라 한다.

측점 P에서의 묘유선의 곡률반경, N은 측점 P에서 타원체에 접면인 평면에 수직이기 때문에 법선(法線) 또는 수선(垂線, normal)이라 부른다. 측지위도 ϕ는 측점 P를 포함하는 자오면에서 적도면과 측점 P에서의 법선이 이루는 각을 말한다.

지구 위의 한 점 P의 위치를 정의할 때 특이하게 측지학적 높이 h_p를 사용한다. 측지학적 높이, 즉 타원체고(楕圓體高, ellipsoidal height)는 타원체위의 측점 P'로부터의 법선의 연장선에서 P까지의 거리를 말하며 수준측량에서 말하는 표고와는 다르다.

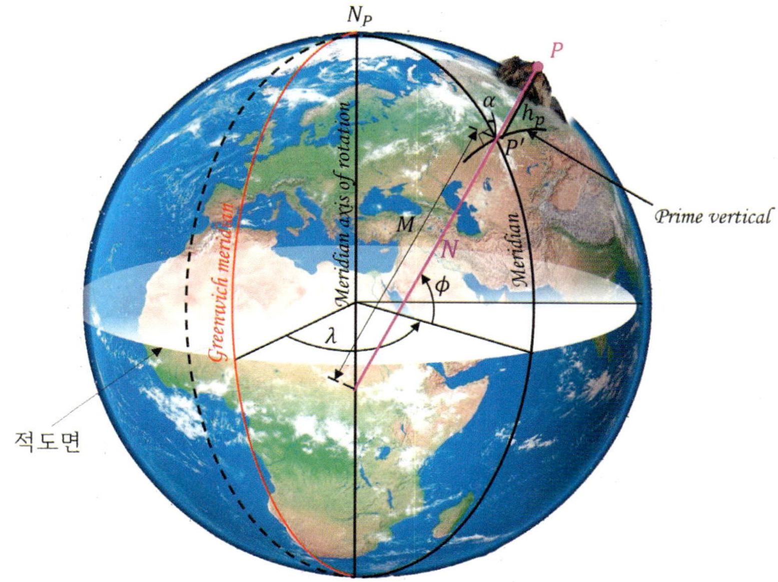

그림 9.6 자오선 곡률반경(M)과 묘유선 곡률반경(N)

지구의 형상은 완전한 구체(球體)가 아니고 구체에 가까운 타원체이기 때문에 측점 P에서 모유선을 결정하는 대원의 곡률반경은 N이며 P에서의 자오선에 대한 곡률반경, M과는 서로 다르다. 어느 점에서나 동일선상에 있는 이들 두 곡률반경은 여러 가지의 측지학적 계산에 사용된다.

한편 임의의 어느 한 방위각, α에서 자오선에 대한 대원의 곡률반경 R_α는 N 또는 M과도 다르다. 이들 3개의 곡률반경은 〈식 9.4, 9.5, 9.6〉으로 계산한다.

$$N = \frac{a}{\sqrt{1-e^2\sin^2\phi}} \tag{9.4}$$

$$M = \frac{a(1-e^2)}{(1-e^2\sin^2\phi)^{3/2}} \tag{9.5}$$

$$R_\alpha = \frac{NM}{N\cos^2\alpha + M\sin^2\alpha} \tag{9.6}$$

여기서, a와 e는 각각 타원체의 장반경과 이심률이고 ϕ는 곡률반경을 계산하여야 할 측점에서의 측지위도이다. 〈식 9.4〉와 〈식 9.5〉로부터 N과 M은 ϕ가 90°인 극에서는 같음을 알 수 있다. 또한 $(1-e^2)$은 1보다 적은 수이기 때문에 모유선 곡률반경 N은 ϕ가 90°인 극을 제외한 모든 점에서 자오선 곡률반경 M보다 크다.

9.4 | 지오이드기복과 연직선편차

앞에서 말한 것과 같이 지오이드는 중력에 의하여 정의되는 등포텐셜면이다. 만일 지구가 균일한 밀도의 물질로 채워진 완전한 타원체라고 하면 지오이드는 타원체와 완전히 일치할 것이다. 그러나 지구는 질량이 각각 다른 물질로 되어있어 완전한 타원체가 될 수 없으며 지오이드와 일치할 수 없다. 따라서 지오이드에 수학적으로 가장 적합한 회전타원체를 수학적인 지구의 형상으로 한다는 사실은 앞에서 말하였다.

전통적으로 측량에서 사용하는 측량기구는 중력방향으로 정치하기 때문에 이들에 의한 관측은 지오이드에 관련하여 이루어진다. 우리가 일반적으로 말하는 "표고(標高)"라는 말은 어떤 수평면에 관련하여 정의한 높이가 아니라 타원체로부터의 수직거리로 정의한다. 다시 말하면 표고란 지오이드로부터의 높이가 아니라 기준타원체로부터의 높이다.

수준측량으로부터 얻어지는 평균해면상의 높이는 지오이드로부터 중력방향에 따라 그 측점에 이르는 연직거리를 말하며 정표고(正標高, orthometric height)라 부른다. 반면에 기준타원체로부터 그 측점에 이르는 수직거리를 타원체고(楕圓體高, ellipsoidal height)라 부르며 정표고와는 일치하지 않는다.

GPS수신기에 의하여 얻어지는 3차원 좌표(x, y, z)중에서 z좌표는 적도면으로부터의 높이를 말하며 정표고와 타원체고와는 다르다. 그러나 GPS 측량에서 얻어지는 3차원 직각좌표(x, y, z)는 경도, 위도, 타원체고로 환산할 수 있으므로 측량계산에 이용하기 위해서는 이와 같이 계산된 타원체고를 지오이드에 근거한 정표고로 환산하여야 한다.

〈그림 9.7〉에서와 같이 지오이드와 타원체의 차이로 인하여 측점 P에 대한 타원체 상의 높이인 타원체고(h)와 측점 P로부터 지오이드까지의 연직거리인 정표고(H)와의 차이가 발생하게 된다. 이와 같이 타원체고와 정표고와의 차이(N)를 지오이드고(geiod height) 또는 지오이드 기복(geiod undulation)이라 한다.

〈그림 9.7〉로부터 타원체고 h와 정표고 H와의 관계는 다음 식과 같다.

$$h = H \cdot \cos\xi + N \tag{9.7}$$

여기서 ξ는 연직선 편차이다. 만일 ξ가 작으면 〈식 9.7〉은 다음과 같다.

$$h = H + N \quad \text{또는} \quad H = h - N \tag{9.8}$$

지오이드고(N)는 불규칙하여 위도와 경도에 따라 다르며 GPS높이로부터 계산한 타

제 9 장

원체고를 정표고로 환산하는데 꼭 필요한 높이이며 지오이드 모델(geiod model)로부터 얻어진다. 따라서 GPS관측으로부터 정확한 정표고를 얻기 위해서는 최적의 지오이드 모델이 필요하며 GPS체계에서 매우 중요한 역할을 한다(GPS측량에서 얻어지는 Z-좌표는 적도면으로부터의 수직거리이며 정표고 또는 타원체고와는 전혀 관계가 없음을 명심하여야 한다). 앞에서 말한 것과 같이 지오이드 편차는 세계적으로 보통 수십 미터 정도이나 인도의 최남단에서는 −103 m, 뉴기니아에서는 +85 m가 된다고 한다. 우리나라도 지역에 따라 약간의 차이는 있으나 평균 약 수십 미터의 차이가 있으며 우리나라의 지오이드 모델에 관한 정밀한 정보는 국토지리정보원으로부터 얻을 수 있다.

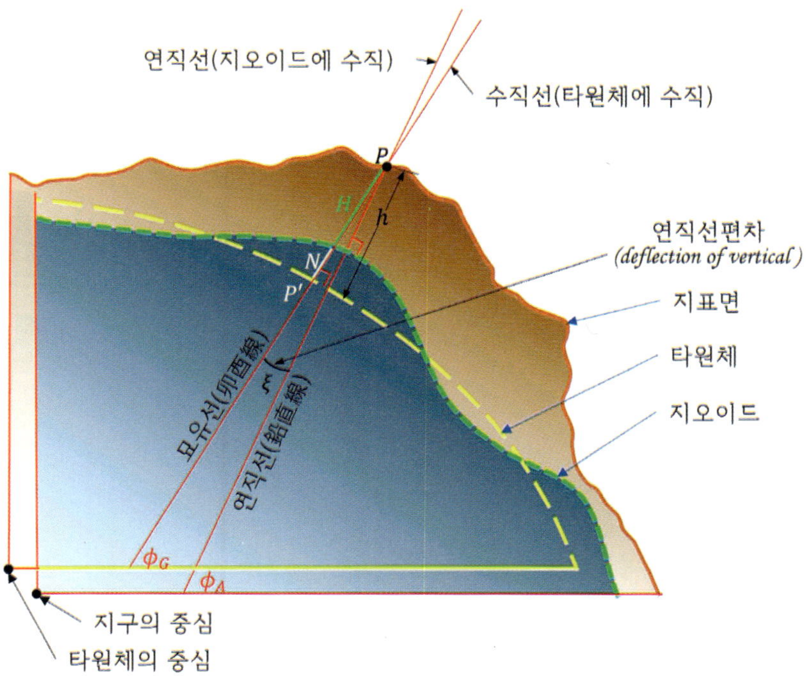

그림 9.7 기준타원체·지오이드·연직선편차

GRS80과 WGS84 타원체는 모두 범지구적으로 지오이드에 가장 적합한 타원체를 제공하기 위하여 개발되었다(9장 5절 참조). 그러나 일부 지역에서는 지오이드와 많은 차이를 가지고 있는 것도 현실이다. 일반적으로 등중력포텐셜면은 지오이드나 타원체에 모두 평행하지 않다. 이것은 부분적으로 지구의 자전과 지구표면 근처의 질량변위 때문이다.

이것으로 인하여 현장관측에서 여러 종류의 모순들이 발생할 수 있으며 이에 따른

제 9 장

수정이 반드시 이루어져야 한다. 예를 들면 GNSS 측량에서 얻어지는 표고는 정밀도가 떨어져 더 정밀한 결과를 얻기 위해서는 그 지역의 정밀한 지오이드 모델에 의하여 수정이 이루어져야 한다.

〈그림 9.7〉로부터 측점 P에서의 연직선(중력방향)과 타원체에 수직인 수직선 사이의 각, ξ를 연직선편차(鉛直線偏差, deflection or deviation of vertical)라 한다. 연직선편차는 일반적으로 자오면과 법면에 정사 투영된 두 개의 분력으로 표시한다(그림 9.8).

〈그림 9.8〉에서 표고의 등포텐셜면에 대한 천정(天頂)을 천체천정, Z_A라 부른다. 그것은 천체관측이 이루어지는 동안 정준 작업이 완료된 수준측량 기계(레벨)의 중력방향(천정)과 일치하기 때문이다. Z_G는 점 P에서 타원체에 수직인 법선이다. 총 연직선편차를 자오면과 법면에 투영한 분력을 각각 ξ와 η라 한다.

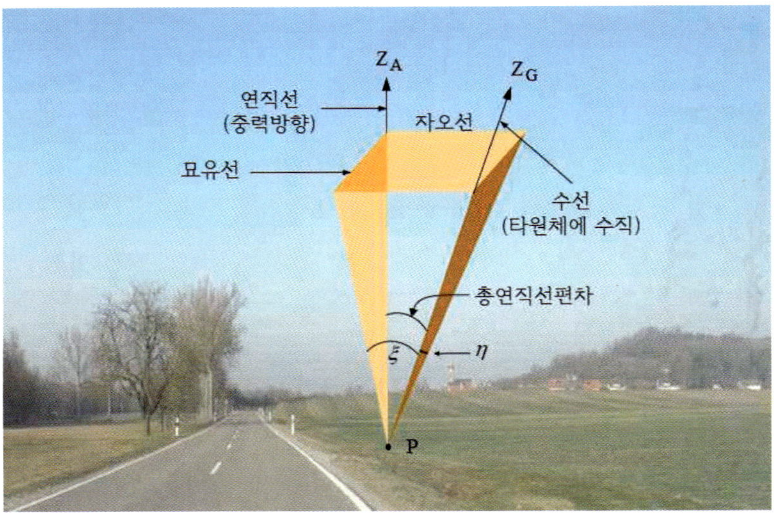

그림 9.8 연직선 편차의 분력(ξ,η)

천체위도와 천체경도(ϕ_A, λ_A) 그리고 천체방위각(A_{Z_A})과의 관계, 측지경도와 측지위도(ϕ_G, λ_G) 그리고 측지방위각(A_{Z_G})과의 관계, 그리고 ξ와 η의 관계는 다음과 같다.

$$\xi = \phi_A - \phi_G \tag{9.9}$$

$$\eta = (\lambda_A - \lambda_G)\cos\phi = (A_{Z_A} - A_{Z_G})\cot\phi \tag{9.10}$$

〈식 9.10〉에서 ϕ는 천체위도 또는 측지위도를 사용할 수 있다. 이 식으로부터

〈식 9.11〉과 같은 소위 "라플라스 방정식(Laplace equation)"을 유도할 수 있다.

$$A_{Z_G} = A_{Z_A} - (\lambda_A - \lambda_G)\sin\phi = A_{Z_A} - \eta\tan\phi \qquad (9.11)$$

〈식 9.11〉과 같은 라플라스 방정식이 만들어 지도록 필요한 요소들의 값이 알려진 측점을 "라플라스 점"이라 부른다. 특히, 〈식 9.10〉의 경우 위도 ϕ가 0°에 가까운 적도 부근의 측점에서는 천체방위각과 측지방위각이 같게 됨을 알 수 있다. 〈식 9.11〉의 라플라스 방정식으로부터 천문방위각과 측지방위각의 차는 천문경도와 측지경도의 차에 측지경도의 sin값을 곱한 것과 같음을 의미한다.

"라플라스 점(Laplace station)"은 광범위하게 설치된 측지망에서 발생하는 방위각의 누적오차를 수정하기 위하여 약 200 km~300 km마다 한 점씩 설치되는 천문점으로 삼각측량에 의하여 계산된 측지방위각과 천문측량에 의하여 계산한 측지방위각(식 9.11의 라플라스 방정식으로 계산된 측지방위각)과 비교하여 그 오차를 조정하는 역할을 하는 점이다. 좀 더 쉽게 말하면 삼각측량과 천문측량을 함께 실시하여 삼각망의 비틀림을 바로잡기 위하여 설치하는 점을 라플라스 점이라 한다. 이것은 측지학에서 다루는 문제이며 이 책의 범위를 넘어선다.

9.5 기준좌표계

이미 9장 첫머리에서 설명한 것과 같이 측량의 가장 기본적인 목적은 지구상 어느 한 점에 대한 절대적 또는 상대적 위치를 결정하는 것이며 이들의 위치는 어떠한 기준과 좌표라는 개념에 따라 수학적인 방법으로 계산에 의하여 이루어진다. 이러한 좌표는 지구중심을 좌표계의 원점으로 하고 지구 전체를 하나의 단일 좌표계로 표시하거나 또는 지역별로 표시하는 방법들이 있으나 어느 것이 더 효율적인가는 측량의 목적 등 여러 가지 환경에 따라 다르다.

특히 과거의 삼각측량이나 삼변측량 등에 의하여 이루어졌던 기준점측량이 근년에는 특별한 경우를 제외하고는 거의 모두가 GPS와 같은 위성측량에 의존하고 있어 주로 지역기준좌표계를 사용하였던 과거와는 달리 지금은 지구 전체를 하나의 좌표계로 표시하는 방법이 보편화되고 있다. 따라서 기준좌표계를 설명함에 있어 위성과 지구, 또는 위성이 운용되는 천구와 지구의 관계로부터 시작하는 것이 타당할 것이다.

기준좌표계(基準座標系는) 보통 두 가지의 기준계로부터 시작한다. 하나는 지구표면

제 9 장

에 고정되어 회전하는 지구기준계이고 다른 하나는 별들에 고정된 관성 시스템인 천구기준계이다.

위성관측으로부터 수신기의 위치를 결정하기 위해서는 우주공간에서의 위성의 위치를 표시하는 위성의 위치벡터와 지구상에서의 수신기의 위치를 표시하는 수신기의 위치벡터를 표시하는 기준체계(基準體系)가 필요하다. 이때 위성과 수신기의 위치는 각각 독립된 기준체계에서 계산하고 그 결과를 다른 하나의 기준체계로 변환함으로써 하나의 통일된 기준체계에 의하여 위성의 위치벡터와 수신기의 위치벡터가 표시된다.

태양계를 기준으로 한 좌표계는 그 무게중심, 즉 태양을 원점으로 하는 정지된 좌표계로서 뉴턴역학을 따르는 관성좌표계이다. 그러나 지구의 질량의 중심을 원점으로 하는 지심좌표계의 경우는 지구의 공전으로 인한 가속도를 가지게 되므로 일반상대성이론이 적용되어야 한다. 실제로 지구는 자체의 중력장으로 인해 주요한 상대성 효과가 발생하기 때문에 지구중력의 영향을 받는 인공위성의 운동을 표시하기 위해서는 지심좌표계가 더 적절하다고 할 수 있다. 이와 같은 기준체계는 일반적으로 지구 질량의 중심을 원점으로 하는 3차원 직각좌표계인 적도좌표계(또는 지심좌표계)가 사용된다(그림 9.9).

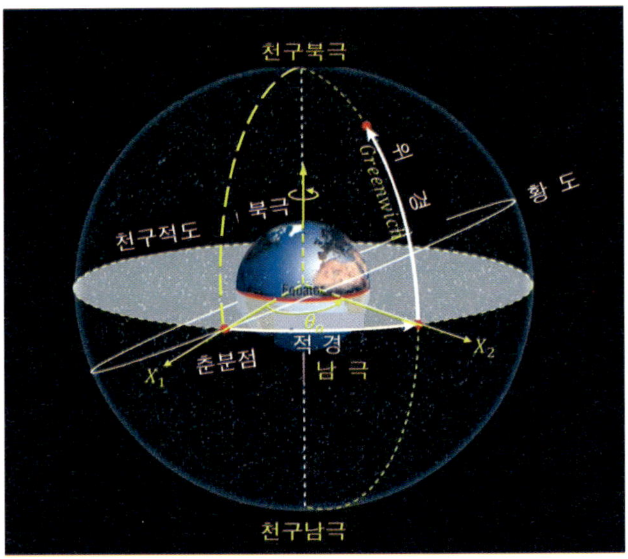

그림 9.9 적도좌표계(지심좌표계)

적도좌표계(赤道座標系, equatorial coordinate system)는 천구 안에 있는 목표물의 위치

를 표시할 때 널리 사용되는 천구좌표계이다. 적도좌표계는 지구의 중심을 원점으로 하는 직각좌표계이며 지구의 적도를 천구에 투영한 투영면(천구적도면)을 기준면으로 하며 지구 중심에서 춘분점(春分點, vernal equinox)에 이르는 선을 기준방향으로 오른손 법칙에 따르는 지구중심좌표계이다.

적도좌표계는 공간고정체계인 천구기준계(CCRS, Conventional Celestial Reference System)와 지구고정체계인 지구기준계(CTRS, Conventional Terrestrial Reference System)로 구분한다.

앞에서 이미 설명한 것과 같이 위성 관측에서 수신기의 위치를 계산하기 위해서는 먼저 위성의 위치벡터는 천구기준계로, 수신기의 위치벡터는 지구기준좌표계로 계산한 후 수신기의 위치벡터를 천구기준계로 변환하거나 그 반대로 위성의 위치벡터를 지구기준계로 변환하여 하나의 통일된 기준계로 표시하여야 한다.

천구기준좌표계는 원점으로부터 춘분점에 이르는 선, 즉 적도면과 황도면(黃道面, ecliptic)의 교차선(X_1)을 X-축으로 하는 좌표계이며 지구기준좌표계는 적도면과 그리니치 자오선과의 교차선(X_2)을 X-축으로 하는 좌표계이다. 두 좌표계 모두 지구의 회전축을 Z-축으로 하고 X와 Z-축에 직각인 축을 Y-축으로 한다. 한편 두 기준계 사이의 각 θ_o를 그리니치 항성시(恒星時, Greenwich Sidereal Time)라 한다.

기준좌표계를 정의함에 있어서 한 가지 중요한 사항은 바로 지구 회전의 불규칙성으로 인한 극운동(極運動)이다. 지구의 회전 벡터(회전축)는 여러 가지 이유로 고정되지 못하고 일정한 크기로 진동하므로 Z-축의 결정에 영향을 준다.

따라서 지구기준계에서는 어느 특정 시기에서의 평균 각회전축(平均 角回轉軸)을 기준축으로 하며 이를 관용적 국제원점(CIO, Conventional International Origin)이라 한다. CIO는 1900~1905의 6년간, 5개의 ILS(International Latitude Service)관측소의 위도를 근거로 하여 지구의 평균 극축을 지구의 관용적 극축으로 정의한 것이다.

9.5.1 천구기준좌표계

천구기준좌표계(天球基準座標系)는 지구 질량의 중심을 좌표계의 원점으로 하고 좌표축을 별에 관하여 고정하는 좌표계로서 GPS 위성의 궤도요소를 측정하고 계산할 때 사용한다. GPS 위성은 천구기준좌표계 안에서 뉴톤의 인력과 운동법칙을 따른다. 따라서 천구좌표계를 지구중심관성좌표계, 즉 ECI(Earth-Centered Inertial Coordinate System)좌표계라 부르기도 한다.

천구좌표계는 지구의 적도면을 xy-평면으로 하고 X-축은 천구에 관련된 어떤 특

제 9 장

정한 방향(춘분점)에 고정된 축으로 한다. Z-축은 xy-평면에서 북극 쪽으로 수직인 선으로 하고 Y-축은 X, Z-축에 직각인 축으로 한다.

ECI 좌표계를 정의할 때 한 가지 어려운 점은 지구운동의 불규칙성이다. 지구의 형상은 회전타원체이며 적도 양 끝에서는 태양과 달의 인력 때문에 적도면은 천구에 관련하여 이동한다. X-축이 천구에 관련하여 정의되고 Z-축이 적도면에 관련하여 정의되기 때문에 지구운동의 불규칙성은 앞에서 정의한 ECI체계가 진정한 의미의 관성체계가 되지 못한다. 따라서 연속적으로 흐르는 시간의 어느 특정한 순간, 즉 "epoch"에서 기준좌표계의 좌표축을 결정함으로써 이러한 문제점을 해결하고 있다.

GPS ECI 좌표계는 표준"epoch" J2000.0에서의 적도면을 기준으로 하고 이 "epoch"에서의 각운동량의 위치(회전축)를 Z-축으로 한다. X-축은 지구 질량의 중심으로부터 춘분점을 연결하는 선으로 한다. 춘분점은 몇 개의 별에 의하여 정해진다. 이러한 기준체계는 단순히 편의에 따라 관용적으로 정의되었기 때문에 이론적인 체계와 반드시 일치하지는 않는다. 따라서 기준체계를 "관용적 천구기준계(CRF; Conventional Celestial Reference Frame)"라 부른다.

천구기준계(CRF)에는 IERS에서 설정한 ICRF(IERS Celestial Reference Frame) 등이 있다. ICRF는 epoch J2000.0에서 500개 이상 되는 은하계 밖의 전파원(준성과 혜성)의 관측으로부터 적경(赤經)과 위경(衛經)으로 표시하는 적도좌표에 의하여 정의된다.

※ 「epoch J2000.0」은 「January 1, 2000, 12hr TT」를 말하며 다음과 같은 여러 가지로 방법으로 표시한다. 즉, Julian date 2451545.0TT 또는 2000 January 1, 11:59:27.816TAI 또는 2000 January 1, 11:58:55.816 UTC. TT(Terrestrial Time)는 국제천문연맹(IAU)에서 정의한 현대적인 천문시간의 기준으로 TT=TAI+32.184초를 말한다. TAI (International Atomic Time)는 전 세계의 지역시간을 결정하는데 사용되는 시간의 척도인 UTC(Coordinated Universal Time)의 중심요소의 하나이며 약 400개의 매우 정확한 원자시계에 의하여 결정된다. "J"는 율리우스력으로 고대 로마의 정치가 율리우스가 BC46년에 제정한 양력 역법이며 1년은 365일 또는 366일이다. 율리우스 일(JD:Julian Date)은 BC4713년 1월 1일 월요일 낮 12시 UT를 시점으로 그 후 경과된 태양일 수의 수. 예로서, 2000. 1. 1. 12:00UT에 시작하는 날에 대한 JD는 2,451,545이다.

9.5.2 지구기준 좌표계

TRS(지구기준좌표계)는 지구와 함께 회전하는 좌표계로서 GPS(GNSS)수신기의 위치(경도, 위도, 높이)를 결정하는데 가장 적절한 좌표계로 지구고정 지구중심좌표계(地球固定地球中心座標系, ECEF, Earth-Centered-Earth-Fixed Coordinate System)라 부르기도 한다. 이 좌표계는 xy-면이 적도면과 일치하고 CIO에 의하여 정의된 지구의 평균 회전축을 Z-축으로 한다. 한편 X-축은 그리니치 자오선(경도 0°)으로 하고 경도 90° E를 Y-축으로 한다. 따라서 X, Y축은 지구와 함께 회전하며 더 이상 관성공간에서의 고정된 방향이 필요하지 않다. 이러한 좌표계를 지구기준좌표계, TRF(Terrestrial

제 9 장

Reference Frame)라 하며 SLR, VLBI 관측에 의하여 결정된 일련의 지상관측소의 위치에 의하여 결정된다.

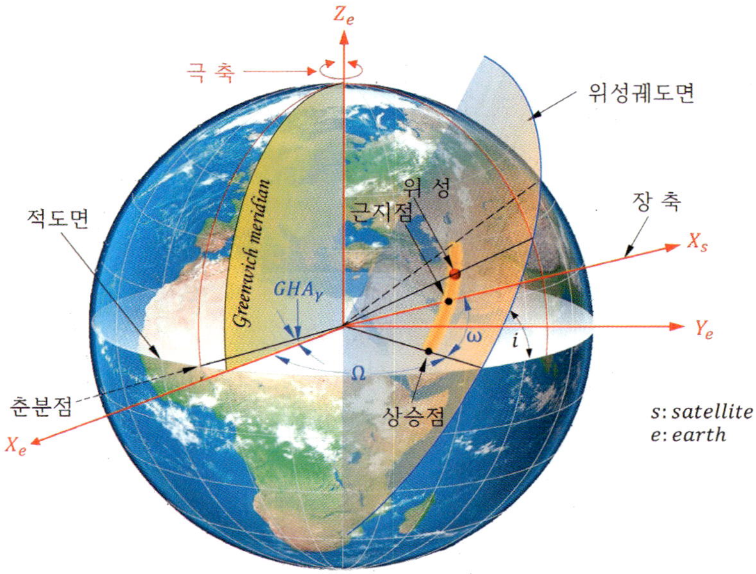

그림 9.10 지구중심좌표계와 위성좌표계와의 변환인자

여기에서 TRF, TRS, CTRF, CTRS 등 유사한 명칭이 많은데 좀 더 명확히 구분하고 상세히 설명할 필요가 있다.

TRS(Terrestrial Reference System)는 시간과 지각변화 및 조석 간만에 영향이 적은 지구상의 모든 측점에 대한 공간 기준계를 말한다. 다른 말로 표현하면 이 기준계는 지구와 함께 회전한다. **TRF(Terrestrial Reference Frame)**는 TRS에 고정된 좌표계(직각좌표이거나 지리좌표이거나 관계없이)에서 정확하게 결정된 좌표를 가지고 있는 물리적 측점들의 집합체를 말한다. TRS의 원점, 축척, 표정(방향 설정)을 결정하는 제반 규정과 알고리듬, 그리고 시간변화(time evolution)가 결정될 때 이런 기준계를 **CTRS(Conventional TRS)**라고 부른다.

대표적인 TRF에는 WGS84, ITRF가 있으며(9.5.4참조) 기타 GTRF(Galileo 기준 좌표계), PZ90(GLONASS 기준좌표계)등이 있다(10장 참조).

TRF에서는 3차원 직각좌표(x, y, z)와 지리좌표(ϕ, λ, h)로 표시한다(그림 9.11). 물론 GPS 수신기의 위치를 계산하기 전에 천구기준좌표계로 표시된 위성력(Ephemeris) 자

제 9 장

료들을 지구기준 좌표계로 변환하여야 한다.

이러한 계산은 위성의 위치와 속도벡터에 대한 회전행렬에 의하여 이루어진다. GPS 위성의 궤도계산 과정에 의하여 수신기의 3차원 직각좌표가 지구중심좌표계로 계산되고 동시에 수신기의 경도, 위도 및 높이가 계산된다.

위성기준좌표계로부터 지구중심좌표계로 변환하기 위해서는 4개의 인자가 필요하며 이들 변환인자들은 위성의 궤도좌표계와 지구의 핵심적인 기준면과 선에 의하여 정의된다. 이들 4개의 변환인자는 〈그림 9.10〉에서와 같이 (1) 경사각, i(지구의 적도면과 위성궤도면 사이의 각), (2) 근지점편각(argument of perigee), ω(궤도면에서 적도로부터 장축에 이르는 각), (3) 상승점(ascending node)에서의 적경(赤經, right ascension), Ω(지구의 적도면에서 춘분점(vernal equinox)으로부터 적도면과 궤도면이 교차하는 선에 이르는 각), (4) 춘분점의 그리니치 시간각(greenwich hour angle of the vernal equinox), GHA_{γ}(지구의 적도면에서 그리니치 자오선으로부터 춘분점에 이르는 각)이다. 이들 변환 요소는 위성궤도의 예측된 수학적 모델에 근거하여 각 위성들에 대하여 실시간으로 알려진다. 이와 같은 변환계산이 이루어지기 위해서는 TRF, 즉 WGS84, ITRF와 같은 지구의 물리적 모델이 필요하게 된다.

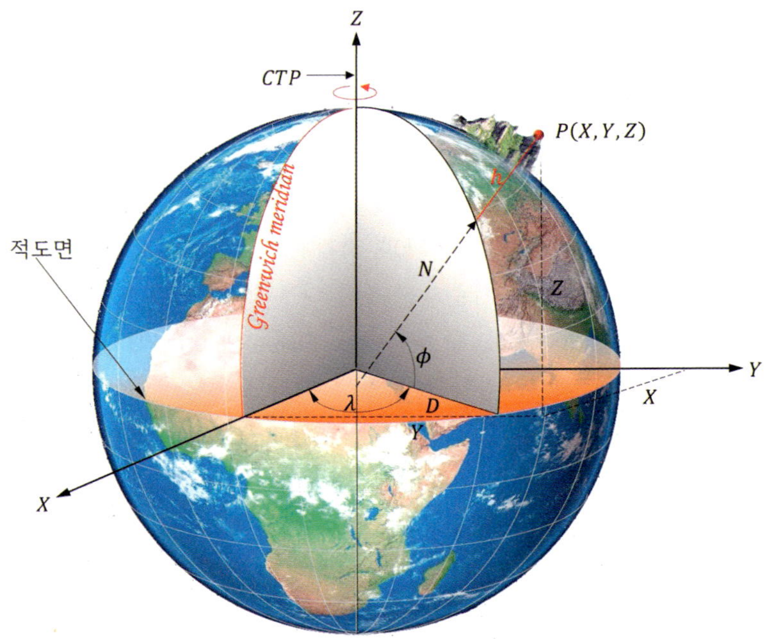

그림 9.11 측지좌표계와 지구중심좌표계

앞에서 말한 것과 같이 위성측량에서 측점의 좌표가 지구중심좌표로 계산되어짐에도 불구하고 이러한 형태의 좌표계산은 우리 측량기술자들에게는 다음과 같은 이유로 사용하기에 불편하다. 즉, (1) 좌표계의 원점이 지구질량의 중심이기 때문에 지구중심좌표는 전통적으로 매우 큰 값을 가진다. (2) (x, y) 평면이 적도면에 있어 좌표축들은 지구표면의 전통적인 방향인 남·북, 동·서 방향과 연관되어 있지 않다. (3) 지구중심좌표는 두 점 상호간의 높이에 관한 어떤 사항도 표시되지 못한다. 이러한 이유 때문에 (x, y, z)로 표시하는 지구중심좌표는 위도(ϕ), 경도(λ), 높이(h)로 환산한다.

이와 같이 지구상의 한 점의 위치를 위도, 경도, 높이로 표시하는 좌표를 **측지좌표(測地座標, geodetic coordinates)** 또는 **지리좌표(地理座標, geographic coordinates)**라 한다. 〈그림 9.11〉은 지구중심좌표(x, y, z)와 측지좌표(ϕ, λ, h)를 동시에 표시한 그림이다.

9.5.3 측지좌표와 지구중심좌표의 변환

어느 한 측점의 지구중심좌표는 다음과 같은 〈식 9.12〉로 쉽게 측지좌표로 변환할 수 있다. 즉

$$
\begin{aligned}
X &= (N + h)\cos\phi\cos\lambda \\
Y &= (N + h)\cos\phi\sin\lambda \\
Z &= \left[N(1 - e^2) + h\right]\sin\phi
\end{aligned}
\tag{9.12}
$$

여기서

$$
N = \frac{a}{\sqrt{1 - e^2\sin^2\phi}}
\tag{9.13}
$$

〈식 9.12〉와 〈9.13〉에서 (X, Y, Z)는 측점 P의 지구중심좌표이고 e는 타원체의 이심률이고 WGS84의 경우 크기는 0.08181919084이다. N은 점 P에서 타원체의 모유선 반경(卯酉線半徑, radius in the prime vertical)이고 a는 타원체의 장반경이다.(※묘유선이란 천구 상에서 천정과 동·서점을 잇는 큰 원으로 자오선과는 천정에서 직각으로 만난다. 9.3.4절 참조). 또한 식에서 북반구에서는 위도는 (+), 남반구에서는 (-)로, 동경은(+) 서경은 (-)로 한다.

역으로 지구중심좌표 (X, Y, Z)를 측지좌표 (ϕ, λ, h)로의 변환은 다음과 같은 순서로 계산한다.

제 9 장

❶ D의 계산

$$D = \sqrt{X^2 + Y^2} \tag{9.14}$$

❷ 경도의 계산

$$\lambda = 2\tan^{-1}\left(\frac{D - X}{Y}\right) \tag{9.15}$$

❸ 위도에 대한 근사값 계산, ϕ_o

$$\phi_o = \tan^{-1}\left[\frac{Z}{D(1 - e^2)}\right] \tag{9.16}$$

❹ 3단계에서 계산한 ϕ_o와 〈식 9.13〉을 사용하여 묘유선반경에 대한 근사값 계산

❺ 위도의 재계산(3단계에서 계산한 위도보다 더 정확한 위도)

$$\phi = \tan^{-1}\left(\frac{Z + e^2 N\sin(\phi_o)}{D}\right) \tag{9.17}$$

❻ 4단계와 5단계의 계산을 그 차이가 무시하여도 될 때까지 반복 계산한다. 필요한 정밀도가 얻어지면 그 값을 ϕ의 최종값으로 한다.

❼ 다음 식을 사용하여 측점의 표고, h를 계산한다.

$$h = \frac{D}{\cos(\phi)} - N \tag{9.18}$$

위도가 45°보다 클 때는 다음 식을 사용한다.

$$h = \left[\frac{Z}{\sin(\phi_o)}\right] - N(1 - e^2) \tag{9.19}$$

여기서 〈식 9.18〉과 〈9.19〉를 구분하여 사용하는 것은 단순히 삼각함수의 수치적 안정성을 위하여 각기 다른 식을 사용하는 것이다.

9.5.4 WGS84와 ITRF

❶ ITRF

이미 9.5.2에서 설명한바 있는 관용적 지구기준계(CTRS)는 지구의 표정인자와 좌

표와 같이 통일된 데이터 안에서 모든 우주측지의 결과들과 조합이 이루어져야 한다. 이러한 좌표계는 (1) 지구 중심(바다와 대기가 포함된 지구 전체)이어야 할 것 (2) 중력의 상대성이론으로부터 야기되는 절차 또는 보정값들이 통합되어야 한다 (3) 이전에 이루어진 정의와 함께 표정에서 일관성이 있어야 한다 (4) 시간의 관점에서 지각에 관련된 잔차가 없어야 한다.

이러한 좌표계의 실제적 실현이 바로 **ITRF(International Terrestrial Reference Frame)**이다. 따라서 ITRF는 지구중심·지구고정 좌표계(ECEF)로 지구질량의 중심을 좌표계의 원점으로 하고 좌표축은 1984년 BIH에서 설정한 축으로 한다. 그러나 ITRF해법에서는 타원체를 직접 사용하는 것이 아니라 3차원 직각좌표계(x, y, z)로 표시하는 것이므로 필요할 때 지리좌표(ϕ, λ, h)로 환산할 수 있다. 이 경우 타원체는 GRS80 타원체를 사용한다. GRS80 기준계는 IUGG에서 정의한 기준계로 BIH정의 기준자오선을 사용하는 회전타원체를 사용한다.

ITRF는 1991년 IUGG 비엔나 총회에서 채택된 IUGG 헌장 제2조에 따라 설정된 가장 이상적인 지구기준 좌표계로 GPS, VLBI(Very Long Baseline Interferometry), SLR(Satellite Laser Ranging), DORIS(Doppler Orbottography and Radio positioning Integrated by Satellite)와 같은 최신의 우주측지 방법에 따라 지구표정인자(EOP)가 결정되었다.

ITRF는 우주공간의 일주운동(日周運動)에서 지구와 함께 공통으로 회전하는 공간 기준계이며 이 회전은 천체에 연결된 천구 기준계(CRF)에 따라 측정된다. ITRF는 좌표계의 원점을 결정하고 축척과 표정(방향결정) 및 CTRS의 시간변화에 필요한 모델링과 더불어 일련의 규칙과 절차에 따라 설정한다.

ITRF는 지상에 존재하는 수많은 측점의 좌표 결정을 위하여 국제적으로 가장 많이 사용하는 좌표계의 하나로 지각변동이나 조수의 변화와 같은 시각적 변화도 고려하는 좌표계이다. 오늘날 WGS84와 더불어 가장 많이 사용하는 TRF로 GPS(EGS84)뿐만 아니라 Galileo의 GTRF, GLONASS의 PZ90, BeiDou의 CTRF 등도 ITRF를 기준 좌표계로 사용한다(10장 참조).

ITRF는 이러한 최신의 우주측지 관측망의 발전과 데이터를 사용할 수 있는 기간이 증가함에 따라 주기적으로 수정 발전하고 있다. ITRF는 1988년 최초로 ITRF88이 설정된 후, ITRF89, ITRF90, ITRF91, ITRF92, ITRF93, ITRF94, ITRF96, ITRF97, ITRF2000, ITRF2005, ITRF2008, ITRF2014, ITRF2020까지 14개의 ITRF가 설정되었으며 가장 최신의 것은 ITRF2020이다(ITRF 다음에 표기된 숫자는 수정된 시기를 표시한다).

ITRF2020은 과거의 어떠한 ITRF보다 더 향상된 가장 최신의 것으로 2022년 4월 19일 IERS Message 456으로 on-line 발표되었으며 2016년 1월 22일 발표한 ITRF2014를 대체한다. ITRF2020은 이전의 ITRF설정에 사용했던 똑같은 방법과 절차에 따라 실현되었으며 4가지의 우주측지기술, 즉 VLBI, SLR, GNSS 및 DORIS의 기술센터에서 제공하는 지구 표정인자(EOP)와 관측소 위치의 회전율을 입력자료로 사용했다.

ITRF2020은 4가지 기술에 의하여 완전하게 재생산되었기 때문에 ITRF2014에 비해 향상되었으며 다음과 같은 몇 가지의 혁신이 포함되었다. 즉

- 지역연결(local ties)을 추가하고 관측소의 회전율과 계절신호를 같게 하여 4가지 기술의 시간 시리즈를 서로 병합하였다.
- 1년과 반년 단위로 4가지 우주측지의 관측소에 대하여 장기간 관측하고 추정하였다.
- 대지진 후에 발생하는 관측소에 대한 변형모델(PSD)을 결정할 때 GNSS/IGS 데이터를 사용하였으며 이같이 결정한 변형모델은 지진 공통장소에서 3가지의 다른 기술 시간 시리즈에 적용하였다.

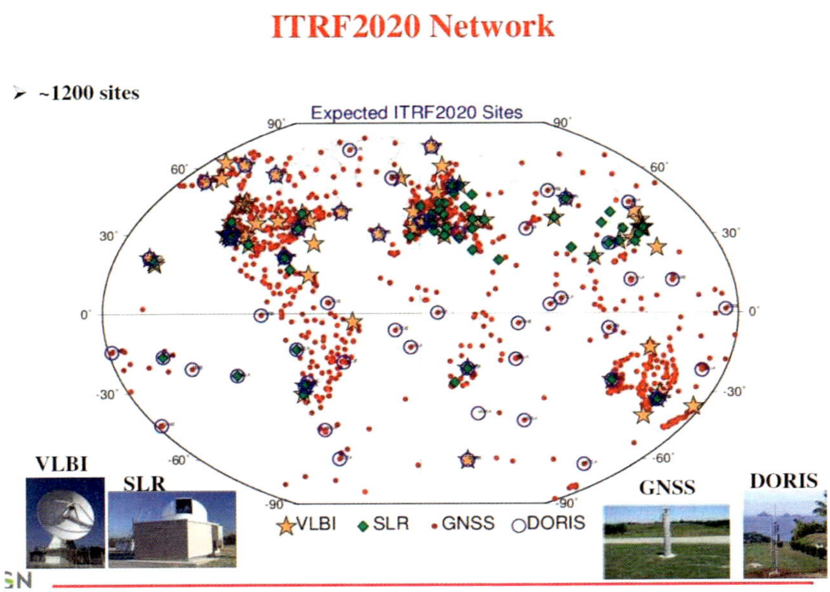

그림 9.12 ITRF2020 관측망

한편 우주측지기술의 시간 시리즈 해법에서는 VLBI, LRS, GNSS, DORIS의 자료를 국제적으로 제공하는 기관인 IVS, ILRS, IGS, IDS에서 장시간 동안 추정한 분산·공분산 자료를 입력자료로 사용하였다. 〈그림 9.12〉는 ITRF2020의 관측망이다.

❷ WGS84

19세기 초 독일의 통계학자이며 동시에 측지학자인 Friedrich Robert Helmert가 몇 개의 국가 측지계를 제시한 이래 오스트리아와 독일에서는 국가 측지국을 설치하였고 그 후 1906년 Helmert와 1910년과 1924년에 Hayford가 각각 회전타원체인 범지구모델을 만들었다. 그러나 1950년대에 와서 여러 가지 원인으로 통일된 범 지구 모델, 즉 세계측지계를 결정하지 못하였다.

1950년대 후반, 미 국방성은 관련 과학자와 다른 국가들과의 협력으로 범 지구 단일 측지좌표계(즉 세계측지계)를 개발하기 시작하였다. 그러한 노력의 결과로 미 육해공군은 DoD World Geodetic System 1960(WGS60)을 만들었으며 계속해서 1966년에는 WGS66, 1972년에는 WGS72와 같은 좀 더 발전된 세계측지계를 제시하였다.

1980년대 초, 미 국방성을 비롯한 관계자들은 WGS72가 데이터, 정보, 활용지역, 활용성 등에서 충분하지 못함을 인식하기 시작하였고 WGS72에서 발견한 문제점들을 보완하고 해결할 수 있는 새로운 세계측지계의 필요성을 인식하기 시작하였다. 이렇게 만들어진 세계측지계가 WGS84이다.

이같이 **WGS84(World Geodetic System 1984)**는 미국방성(DOD) 지도제작국(DMA, Defence Mapping Agency)에서 무기체계를 위한 측지학적 자료제공과 각종 군사지도의 좌표계 통일을 목적으로 만들어진 지구고정·지구중심 기준좌표계(CTRS, Conventional Terrestrial Reference System)이다. WGS84는 1987년 WGS84 개발위원회(Dr. M. Macomber 주관)에 의하여 만들어졌으며 같은 해 1월 23일 처음으로 GPS의 기준좌표계로 사용하였다.

WGS84는 트랜싯위성(NNSS, Navy Navigation Satellite System)의 도플러 관측으로 결정된 약 1,500개의 지상 관측점의 좌표를 이용하여 설정되었으며 이때의 정밀도는 평면 약 ±1m, 표고 약 ±1~2m 정도이었다(트랜싯위성, 10장 참조).

WGS84는 원래 트랜싯위성의 기준좌표계인 NSWC(Naval Surface Warfare Center) 9Z-2의 원점좌표를 4.5m를 아래로 내리고 NSWC 9Z-2의 기준자오선인 X-축을 서쪽으로 0.814″이동함과 동시에 축척계수를 0.6×10^{-6}로 하고 상사변환법(相似變換法)을 사용하여 epoch 1984.0 BTC(BIH Conventional Terrestrial System)에 가장 근접하도록 설정하였다.

WGS84 좌표계는 다음과 같이 정의한다(그림 9.13).

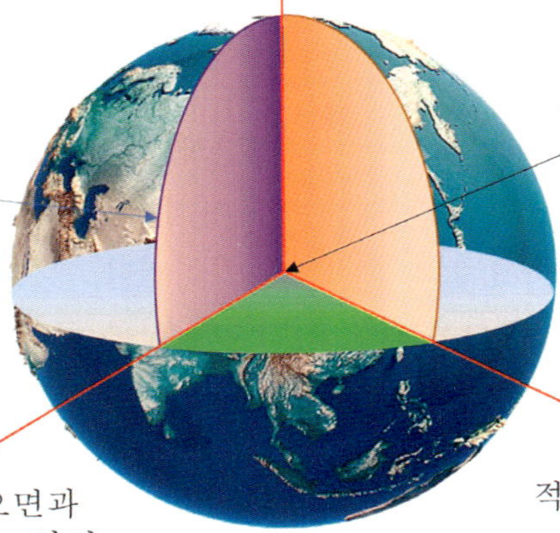

그림 9.13 WGS 84 좌표계

- 원점 : 지구 질량의 중심(바다와 대기를 포함한 지구 전체)
- Z축 : IERS의 기준 극(IERS Reference Pole) 방향. 이 방향은 epoch 1984.0 BIH (Bureau International de I'Heure)에서 정의한 평균 극축, 즉 CTP(Conventional Terrestrial Pole)와 0.005″의 정확도로 일치한다.
- X축 : IERS 기준 자오면(IRM, IERS Reference Meridian)과 Z축에 수직이며 원점을 통과하는 평면이 교차하는 선. IRM은 epoch 1984.0 BIH Zero Meridian(영도자오선)과 0.005″의 정확도로 일치한다.
- Y축 : 지구고정·지구중심 3차원 직각좌표계에서 오른손 법칙에 따른 축.
- 표정 : BIH 1984.0에서 주어지는 방향.
- 시간 진화 : 방향의 시간 진화에서는 지각에 관한 전체적인 회전량은 없다.

제 9 장

WGS84좌표계의 원점은 WGS84타원체의 기하학적 중심과 일치하며 회전타원체의 회전축과 같다.

WGS84의 경도 0°인 WGS84 영도자오선은 IERS기준자오선(IERS reference meridian)으로 한다. IERS 기준자오선은 영국 그리니치 왕립천문대 위도에서

10.478m 또는 George Biddell Airy's 1851 트랜싯 대원(51°28′40.1″ N, 0°0′5.3″ W)의 동쪽으로 약 5.3″ 떨어진 위치를 관통한다.

WGS84 타원체는 〈표 9.3〉과 같이 몇 개의 인자들로 결정되는 타원체이다. WGS84 타원체의 제1차 결정인자는 형상을 정의하는 타원체 상수와 각속도, 기준타원체에 포함되는 지구질량이다. 단반경 및 편평률(扁平率) 등 다른 타원체 상수는 수학적 계산으로 얻어진다.

▶ 표 9.3 WGSS84와 GRS80타원체결정인자

타원체요소	기호	단위	GRS 80	WGS 84
장반경	a	m	6378137	6378137
지심인력상수	GM	m^3s^{-2}	$3,986,005 \times 10^8$	$3,986,005 \times 10^{14}$
회전각속도	ω	rad s^{-1}	$7,292,115 \times 10^{-11}$	$7,292,115 \times 10^{-11}$
역학적형상인자 (비정규화)	J_2		108263×10^{-8}	-
역학적형상인자 (정규화)	$\overline{C}_{2,0}$		-	$-484.16685 \times 10^{-6}$

제2차 결정인자는 지구중력장 모델(EGFM: Earth Gravity Field Model)의 계산에서 차수($n = m = 180$)를 결정하는 것이다. 이 차수는 WGS84 지오이드고와 WGS84중력교란 인자, 그리고 공간 조화함수를 통한 평균 중력이상을 계산할 때 사용된다. 현재 사용하고 있는 WGS84 중력모델은 2004년에 수정한 EGM96이다.

▶ 표 9.4 WGS84와 GRS80 타원체 상수

이 름	GRS80 타원체	WGS 84 타원체
a	6,378,137.0	6,378,137.0
b	6,356,752.314140347	6,356,752.31424518
f^{-1}	298.257222100882711243l6	298.257223563
e^2	$6.694380022903416 \times 10^{-3}$	$6.694379990141317 \times 10^{-3}$
r	6,367,449.145770252	6,367,449.145822624

WGS84타원체는 실제적으로 GRS80타원체 결정인자를 그대로 사용하였다. 그러나 〈표 9.4〉를 살펴보면 단반경, 편평률 등 타원체의 상수가 약간 다른 것을 알 수 있다. 이것은 NIMA(National Imagery and Mapping Agency, DMA의 전신)에서 맨 처음

제
9
장

WGS84 타원체의 결정인자인 역학적 형상인자(力學的 形狀因子), 즉 지구중력장의 제2차 조화함수(調和函數)의 계수를 결정할 때 GRS80 타원체에서의 비정규화 값인 $J_2 = 108{,}263 \times 10^{-8}$을 사용하는 대신에 정규화한 값, 즉 $C_{2,0} = -484.16685 \times 10^{-6}$을 사용하였기 때문이다(소수점 2자리 차이). 이것으로 인한 두 타원체의 편평률에 대한 차이는 $\Delta f = f_{GRS80} - f_{WGS84} = 16 \times 10^{-12}$에 불과하며 단반경의 차이는 0.105 mm에 불과하다.

GRS80 기준계는 IUGG에서 정의한 기준계로서 CIO 극운동을 하며 BIH정의의 기준자오선을 사용하는 회전타원체를 사용한다. 이에 따른 좌표계는 CIO에서 정의한 지구의 회전축을 Z-축으로 하고 X-축은 BIH에 따른 기준자오선을 통과하는 선으로 한다.

WGS84와 ITRF와는 정확도에서 큰 차이가 있다. 초기의 WGS84가 1~2 m의 정확도를 가지고 있는 반면에 ITRF는 10mm대의 정확도를 가지고 있다. 이것은 WGS84가 Transit 위성의 도플러 관측으로 설정된 반면에 ITRF는 SLR과 VLBI와 같은 우주측지에 의하여 설정되었기 때문이다.

이같이 WGS84의 낮은 정확도 문제 때문에 미 국방성에서는 WGS84 타원체를 ITRF에 좀 더 가깝게 접근시키기 위하여 10여 개의 GPS추적소의 위치를 GPS관측(epoch 1994.0)으로 측정하고 그 결과에 따라 WGS84를 수정하여 이를 WGS84(G730)라 부르고 최초의 WGS84와 구분하였다.

WGS84는 G730 이후 수정작업이 계속되어 WGS84(G873, ITRF1994 기준, 1997. 1. 29.부터 사용), WGS84(G1150, ITRF2000 기준, 2002.1.20.부터 사용), WGS84 (G1674, ITRF 2008 기준, 2012. 2. 8.부터 사용), WGS84(G1762, ITRF2008 기준, 2013. 10. 16.부터 사용)등이 있으며 이와 같은 노력으로 WGS84(G1762)와 ITRF 2008과는 1cm의 정확도까지 일치한다. 따라서 이들 기준계 간의 공식적인 변환 요소는 존재하지 않는다.

여기서 "G"는 새로운 기준계를 설정하기 위하여 사용된 GPS 측정값을 나타내며 "수치"는 좌표계가 적용된 GPS 주(week)를 표시한다. 예를 들면 WGS84(G730)에서 "G730"은 수정이 이루어진 GPS 주 번호로 1994년 1월 2일 시작된 G730의 첫째 날을 표시한다.

2024년 6월 현재 가장 최신의 WGS84 좌표계는 2024년 1월 7일 발표된 "WGS84(G2296)"이며 "ITRF2020 epoch 2015.0" 기준좌표계를 기준으로 설정되었으며 G2139를 대체한다(NGA-u-2023-02846참조).

▶ **표 9.5** WGS84의 발전과정

WGS84	적용 날자	epoch	정확도(rms)
WGS84	1987		1 ~ 2 m
WGS84(G730)	1994. 06. 29	1994.0	10 cm
WGS84(G873)	1997. 01. 29	1997.0	5 cm
WGS84(G1150)	2002. 01. 20	2001.0	1 cm
WGS84(G1674)	2012. 02. 08	2005.0	〈1 cm
WGS84(G1762)	2013. 10. 16	2005.0	〈1 cm
WGS84(G2139)	2021. 01. 03	2010.0	〈1 cm
WGS84(G2296)	2024. 01. 07	2015(ITRF2020)	〈1 cm

9.6 | 평면위치의 기준(측지원점)

지구표면에서 어느 한 점의 평면위치를 정하는 방법은 어떤 형태의 지구표면을 기준면으로 하느냐에 따라 달라진다. 앞에서 설명한 것과 같이 수학적인 계산을 위해서 지오이드 대신에 지오이드에 가장 유사한 타원체, 즉 측지기준타원체(지역기준타원체)를 기준면으로 사용한다.

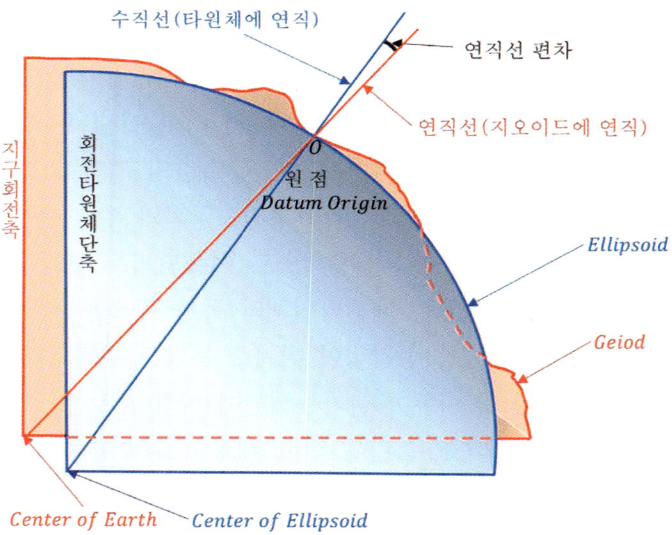

그림 9.14 기준타원체, 지오이드, 측지원점

제9장

지역측지기준타원체는 미리 그 크기와 형태가 정해지며 지오이드와의 적합도는 타원체를 지구상에 어떻게 고정시키는 가에 따라 크게 좌우된다. 지역측지기준타원체는 정의에 따라 타원체의 단축은 지구의 회전축과 평행하며 타원체와 지오이드가 어느 한 점에서 고정된다(그림 9.14).

이와 같이 측지기준타원체와 지오이드가 일치하는 점을 측지원점(測地原點) 또는 경·위도원점(經緯度原點, initial point or geodetic datum origin)이라 부르며 이 원점을 기준으로 하여 모든 점의 평면위치가 결정된다. 측지원점은 기하측지학의 개념을 도입하여 타원체의 장반경(a)과 단반경(b), 원점의 경도(λ_o)와 위도(ϕ_o), 원점방위각(α)으로 정의할 수 있으나 좀 더 정밀한 결정을 위해서는 다음과 같은 7개의 매개변수가 필요하다.

(i) a : 기준타원체의 장반경
(ii) f : 기준타원체의 편평률
(iii) ξ_o : 원점에서 중앙 자오면에서의 연직선 편차
(iv) η_o : 원점에서 묘유면(卯酉面)에서의 연직선 편차
(v) α_o : 원점으로부터 최초 삼각측량의 기선에 이르는 방위각
(vi) N_o : 원점에서의 지오이드고, 즉 기준타원체와 지오이드간의 연직거리
(vii) 타원체의 단축과 지구의 회전축이 평행이 되기 위한 조건

우리나라의 측지원점(경위도원점)은 1910년대 우리나라의 측지망(測地網)이 완성된 이래 일본의 원점(동경 천문대 경위도원점)에 기초한 대마도의 1등 삼각점으로부터 연결하여 산정하였으며 그 후 국립지리원(현 국토지리정보원)에서는 1981년 8월부터 1985년 10월까지 Wild T4 Theodolite로 관측한 정밀 천문측량의 결과를 바탕으로 1985년 12월 27일 국립지리원 고시 제57호로 "한국 경위도원점의 수치"를 고시함으로써 독자적인 원점을 갖는 계기가 되었으나 실용적으로 이용되지는 못하였고 상징적인 의미만 있었다. 이때 사용한 타원체는 베셀타원체와 동경 원점을 사용하였다.

이후 1990년대 원방위점인 2등 삼각점이 위치한 동학산 주변의 개발로 인하여 한국 경위도원점에서 원방위점의 시통이 불가능해짐에 따라 새로운 원방위점의 설정이 필요하게 되었으며 1998년에 GPS측량에 의한 새로운 원방위점의 설정과 원방위각이 제시되었다(이 원점과 다른 한 점의 방위각, 즉 원방위각을 정하면 다른 모든 점의 경위도를 결정할 수 있다).

위치의 기준(평면과 표고)과 타원체 등에 관하여는 최초의 관련 법령인 「측량법」에서

규정하였으며 그 후 관련 법령의 개정으로 세계적으로 통용되고 있는 지리학적 경위도의 측량기준인 **세계측지계(WGS)**가 우리나라 경위도의 새로운 측량기준으로 정해졌고 측량의 원점(경위도원점)도 새롭게 결정되었다.

우리나라의 세계측지계 도입은 2001년 12월 29일 ITRF2000과 GRS80타원체를 사용하도록 관련 「측량법」이 개정되었고 2002년 6월 29일 개정된 법률이 발효된 후 2003년 1월 1일부터 공식적으로 세계측지계의 사용이 시작되었다.

그 후 2010년 1월부터 모든 공공측량 성과에 세계측지계 사용을 의무화할 때까지 세계측지계는 베셀타원체를 사용하는 한국측지계와 병행하여 사용하였다.

한국측지계에서 사용하는 베셀타원체와 세계측지계에서 사용하는 GRS80타원체는 서로 그 크기와 형상, 중심의 위치 등이 달라서 두 측지계에서의 위치의 차이가 발생하게 되어 필요할 때 서로 다른 측지계 사이의 성과로 환산하여야 하는 불편함이 발생하기도 한다. 그러나 세계측지계를 사용함으로써 GPS좌표와 지도좌표가 실시간으로 완전한 호환이 가능하여 현재 GPS항법에서 한국측지계로의 변환이 불필요하게 되었으며 변환에 따른 정확도의 저하와 측지기준계 혼용의 우려가 없어지게 되는 큰 장점도 있다.

세계측지계는 그동안 「측량법」, 「지적법」, 「수로업무법」 등으로 각각 관리하고 있었으나 정부 기구의 통폐합으로 인하여 2009년 「측량 · 수로조사 및 지적에 관한 법률」이 제정되었으며 이후 2015년 「공간정보의 구축 및 관리에 관한 법률」로 명칭이 바뀌어 새롭게 제정되어 관리하고 있다.

「공간정보의 구축 및 관리에 관한 법률」 제6조 1, 2항 및 동 시행령 제7조 1항에 의하면 위치는 세계측지계에 따르며 측량의 원점은 대한민국의 경위도원점 및 수준원점을 기준으로 하며 세계측지계는 지구를 편평(扁平)한 회전타원체로 상정하여 실시하는 위치측정의 기준으로 다음과 같은 요건을 갖추어야 한다고 규정하고 있다. 즉

(i) 회전타원체(GRS80)의 긴 반지름 및 편평률은 다음과 같을 것

긴 반지름 : a = 6,378,137 m

편 평 률 : f = 1/298.257222101

(ii) 회전타원체의 중심이 지구의 질량의 중심과 일치할 것

(iii) 회전타원체의 단축이 지구의 자전축과 일치할 것

새롭게 결정된 대한민국 경위도 원점(측지원점) 성과는 VLBI 관측점의 ITRF 2000 성과를 기준하여 산출한 것이며 이를 위해 국토지리정보원 구내의 VLBI 점과 경위도원점 등을 망으로 구성하고 GPS측량을 통해 경위도원점의 좌표를 결정하였다. 원

방위각은 GPS측량으로 원점과 원방위점의 절대좌표를 산출한 후 정밀 방위각 계산식을 적용하여 원방위각을 산출하였다. 따라서 epoch 2002.0(기준시점은 2002년 1월 1일)의 ITRF2000 성과가 적용된 것이며 기준타원체는 GRS80 타원체를 채용하고 있다. 새롭게 결정된 대한민국 경위도 원점(그림 9.15)의 위치와 수치는 다음과 같다.

그림 9.15 대한민국 경위도 원점(위)과 VLBI관측소(아래)

위치 : 경기도 수원시 영통구 월드컵로 92(국토지리정보원에 있는 대한민국 경위도원점 금속표의 십자선 교점)

경도 : 동경 127도 03분 14.8913초

위도 : 북위 37도 16분 33.3659초

원 방위각 : 165도 03분 44.538초(원점으로부터 진북을 기준으로 오른쪽 방향으로 측정한 우주측지 관측센터에 있는 위성기준점 안테나 참조 점 중앙)

9.7 지도투영과 평면직각좌표

지구회전타원체 위에서의 측량작업은 평면이 아닌 곡면 위에서의 관측과 계산이기 때문에 작업의 복잡성뿐만 아니라 계산 또한 매우 복잡하다. 만일 지구타원체 위의 점들을 적절한 수학적 과정을 거쳐 평면으로 표시하면 복잡한 현장 작업과 계산 등을 피할 수 있다.

지구 회전 타원체를 평면으로 표시하고자 할 때 측량지역이 협소하여 평면으로 보아도 정확도에 문제가 없을 경우는 간단한 수학적 방법에 따라 쉽게 결정할 수 있으나 지구의 곡률을 고려하여야 하는 넓은 지역의 경우에는 간단히 해결할 수 없다. 왜냐하면 비록 지표 위에 있는 모든 점의 위치를 구체 또는 타원체 상에서는 쉽게 결정할 수 있어도 그것을 비틀림(왜곡 현상) 없이 평면 위에 표기하는 것은 거의 불가능하며 그 비틀림은 지역이 넓으면 넓을수록 더욱 커지기 때문이다(그림 9.16 참조).

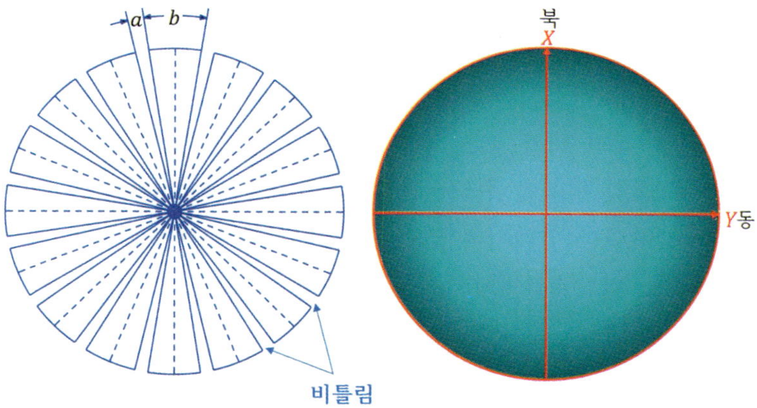

그림에서 틈새 a는 평면 좌표(x,y)의 비틀림현상을 유발한다.

그림 9.16 구면과 평면에서의 비틀림 현상

따라서 이러한 비틀림 현상을 최소화하며 곡면을 평면으로 변환하는 방법이 필요하게 되며 이것을 투영(投影, projection)이라 한다.

지구 곡면을 평면으로 변환하는 투영작업에서는 아래와 같은 두 가지의 기본과정이 필수적으로 필요하다.

첫째, 실제 크기의 지구를 투영에 알 맞는 크기로 축소하는 투영모델(구체 또는 회전 타원체)의 결정, 다시 말하면 지구 위의 큰 작업 지역을 매우 작은 평면(즉, 지도)으로 옮길 때 필요한 축척의 변환작업.

둘째, 곡면을 평면으로 변환시킬 때 발생하는 비틀림 현상을 어떤 형태로든지 규칙적으로 변환시키는 작업과정, 즉 투영작업.

이와 같은 두 가지의 기본요소에서 일어날 수 있는 문제점을 생각해 볼 때 축척과 투영은 서로 분리할 수 없는 매우 중요한 요소임을 알 수 있다. 특히 선형 축척은 투영의 전 과정에서 항상 일정할 수 없으며 두 선분이 교차하는 각 또는 투영 대상물의 면적이 투영 후에도 같을 수도 있으나 두 조건을 동시에 만족시키는 것은 불가능하다.

지구 위의 3차원 위치는 이와 같은 투영과정을 거쳐 2차원 평면좌표로 변환되며 실질적으로 3차원 좌표보다는 2차원 평면직각좌표가 더 많이 이용되고 있다.

투영과 평면 직각좌표계는 여러 가지가 있으나 여기에서는 측량에서 가장 많이 사용하는 몇 가지만 간단히 설명하고자 한다.

9.7.1 등적투영과 등각투영

투영은 비틀림(distortion)의 형태에 따라 등적투영(等積投影, equal area projection)과 등각투영(等角投影, conformal projection)으로 구분한다. 등적투영은 모든 투영 대상물의 상대적인 크기, 즉 면적의 비가 모든 투영과정을 통하여 항상 일정한 투영을 말한다. 등적투영에서는 두 개의 평행한 위도선과 같은 간격의 자오선들로 형성되는 각각 다른 사각형의 단면들이 지구상에서의 면적이 같다면 투영된 지도상에서도 같다.

등적투영에서는 면적은 일정하나 모양은 전적으로 비틀림이 매우 심하다. 이는 전면에 걸쳐 축척이 일정하지 못하며 두 선분이 이루는 각들은 투영 후에도 심한 비틀림 현상을 일으키기 때문이다. 특히 축척은 서로 직각인 방향에서 남북 방향이 축소되었으면 동서 방향은 확대되고 반대로 동서 방향이 축소되었으면 남북 방향이 확대되어 면적이 같도록 상호 보완적으로 변화한다. 따라서 어느 곳에서나 축척이 같은 곳이 없다. 등적투영은 그 특성에 비추어 면적을 중요시하는 지적측량 등에 사용되나 널리 사용되지는 못한다.

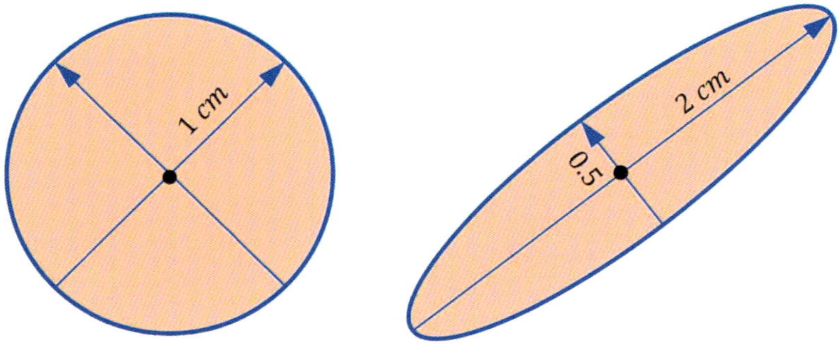

그림 9.17 등적투영의 예

〈그림 9.17〉은 지구 모형 위에 있는 반경 1 cm의 원이 등적투영 결과 타원의 형태로 변환된 모습을 보여 준다. 투영 전이나 투영 후에나 모두 면적은 변함이 없으나 직각 방향(주 방향)에서의 축척은 서로 상대적으로 다른 것을 쉽게 알 수 있다.

등각투영은 투영 전의 형태와 투영 후의 형태가 완전한 상사형을 이루는 투영으로 상사투영(相似投影, conformal projection)이라고도 부른다. 등각투영에서는 지구 구면 위의 임의의 두 선분이 이루는 각은 투영 후에도 항상 일정하며 축척도 모든 방향에서 일정하다.

그러나 이러한 상사 조건에 따라 비록 각의 비틀림은 전혀 없어도 면적에서 발생하는 비틀림 현상은 피할 길이 없으며 위도가 높은 지역일수록 이러한 비틀림 현상은 심각하다. 예로서 위도 80°에서 면적의 비틀림은 실제 면적보다 약 36배, 위도 89°에서는 약 3,000배 이상이 된다.

등각투영에서의 상사변환은 먼저 지구타원체를 이에 대응되는 가상적 상사형구체(相似形球體)로 변환하고 다시 상사 변환된 구체를 다른 투영면(평면, 원뿔, 원기둥)에 투영하는 상사2중투영(相似二重投影, conformal double projection)과 회전타원체로부터 직접 투영면으로 투영하는 두 가지가 있으나 그 결과는 서로 비슷하다. 등각투영의 특징은 자오선과 위도선이 지구타원체 위에서 서로 직각으로 교차하는 것과 같이 투영면 위에서도 서로 직교한다는 사실이다. 따라서 등각투영을 직각투영 또는 정사투영(正射投影, orthogonal projection)이라고도 부른다. 〈그림 9.18〉은 반경 1 cm의 원이 등각트영 후에도 모양은 변함이 없으나 반경 0.6 cm의 원으로 면적이 축소(축척계수 0.6)되었음을 보여 준다.

등적투영과 등각투영, 어느 것이나 장·단점을 갖고 있으나 측량의 결과를 평면직각좌표로 표현할 때는 등각투영이 가장 이상적이다. 따라서 전 세계의 많은 나라에서는 등각투영에 의하여 얻어진 평면직각좌표를 국가 평면직각좌표로 사용한다.

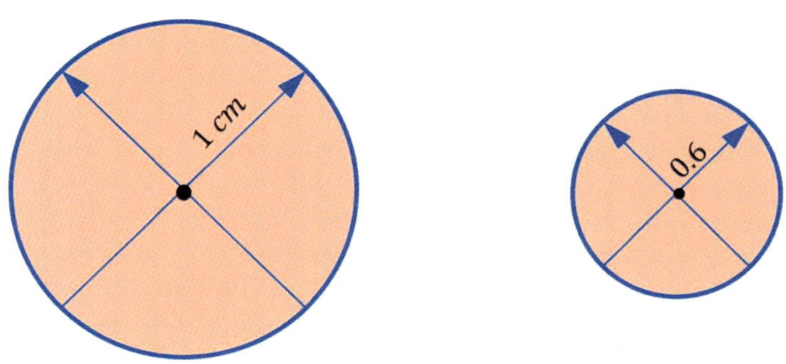

그림 9.18 등각투영의 예

등각투영에서는 램버트(Lambert)의 원뿔 투영, 머케이터(Mercator)의 원기둥 투영, 그리고 입체투영 등이 그 대표적 투영이나 가장 보편적으로 사용하는 것은 원기둥 투영이다. 특히 원뿔투영이 소축척 지도에 주로 사용되는 반면에 원기둥투영은 대축척지도에 많이 사용된다. 따라서 여기서는 대축척에 가장 많이 사용되는 원기둥투영에 국한하기로 한다.

9.7.2 메르카토르 투영

메르카토르투영(Mercator projection)은 1569년 플랑드르(Flanders, 벨기에, 네덜란드, 프랑스 북부에 걸친 중세 나라)사람 Gerhardus Krämer(1512~1594)에 의해 항해용으로 고안

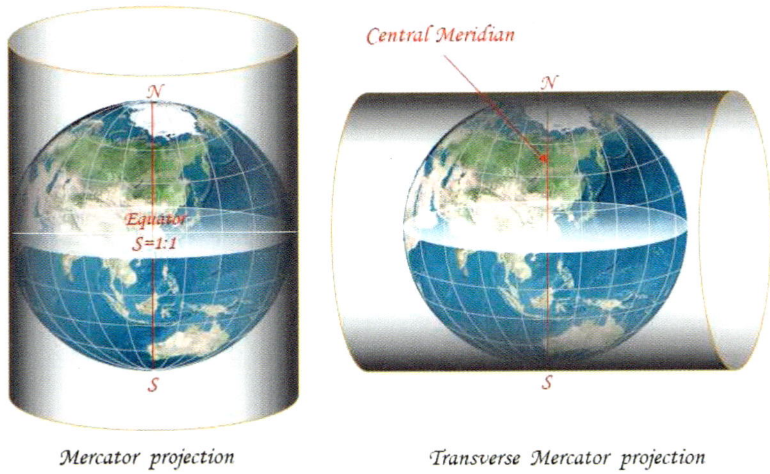

그림 9.19 메르카토르의 원기둥투영과 TM투영

되었다. 처음에는 투영면으로 원기둥을 사용하지 않고 도식적 방법으로 투영이 이루어졌으나 그 후 개선되어 원기둥을 투영면으로 채택하여 수학적 방법으로 개량되었다. 메르카토르라는 이름은 그의 라틴어 성이 Mercator(메르카토르)인 것으로부터 유래되었다고 한다. 따라서 "**메르카토르투영**"이라 부르며(그림 9.19, 왼쪽 그림) 또한 원기둥에 투영하였다 하여 "원기둥투영"이라 부르기도 한다.

메르카토르투영은 지구를 원기둥 표면에 투영한 후 투영된 원기둥을 절개해서 만들어진 평면을 투영면으로 사용한다. 이때 적도와 원기둥 면(투영면)이 접하게 되어 적도에서의 축척은 1이 되고 위도가 증가할수록 축척은 점점 커져서 위도 60°에 이르

러서는 적도에서보다 2배로 커지기 때문에 위도에 따라 면적의 비틀림이 너무 크므로 널리 사용되지 않고 있다. 머케이터 투영에서는 자오선은 같은 간격의 수직선으로, 위도선은 이에 직각인 수평선으로 표시되지만 간격은 극으로 갈수록 점점 넓어진다.

9.7.3 TM투영

TM 투영은 표준형 메르카토르투영에서 지구를 90° 회전시켜 적도 대신에 중앙자오선이 원기둥 면에 접하도록 하는 투영으로서 **TM투영(Transverse Mercator Projection)** 드는 횡 원기둥투영이라 한다(그림 9.19 오른쪽 그림). TM투영은 측량의 표준투영이라 불릴 정도로 가장 많이 사용되고 있는 투영법으로서 원래 1772년 램버트에 의해 처음으로 고안되었다.

그 후 50년 후인 1822년 가우스(Karl Friedrich Gauss, 1777~1855)에 의해 수학적으로 정립되어 1866년 오스카 슈라이버 장군(Oscar Schreiber)이 하노버 지역에서 적용하였으며 1878년에 이르러 오늘날 사용하는 것과 같은 것으로 개발되었다. 이때의 투영은 지구 회전타원체를 먼저 상사구체(相似球體)에 투영하고 이를 다시 원기둥 표면에 투영하는 2중투영(二重投影)이었으며 중앙자오선에서의 축척계수는 1.0000이었다.

TM 투영은 1912년 크뤼거(L. Krüger)에 의하여 수학적 계산에 알맞도록 각종 공식이 정비되어 1927년에 전 독일 국토에 적용하게 되었다. 따라서 이 투영법을 가우스-크뤼거 투영법(Gauss-Krüger Projection)이라 부르기도 한다. 표준형 TM투영에서는 투영체의 중앙자오선이 투영면에 접하므로 중앙자오선에서의 축척 계수는 1이 되며 그 외 지역은 모두 1보다 크다(그림 9.20(a)). 그러나 횡 방향으로 일정한 범위를 벗어나면 축척은 급격히 커지고 그 오차도 매우 커진다.

TM투영은 표준형에서와 같이 투영체와 투영면이 중앙자오선 한 곳에서만 접하는 것이 아니라 〈그림 9.20(b)〉에서와 같이 원기둥 표면이 투영체를 절단함으로써 두 곳(AA′, BB)에서 교차하는 때도 있다. 이때 두 곳에서 교차하는 교차선(交叉線)은 중앙자오선에서 같은 거리에 있으며 축척계수는 교차선에서 1이 되고 교차선 사이의 지역은 1보다 적으며 그 외 지역은 1보다 크고 중앙자오선에서의 축척은 최소가 된다.

좌표계의 종축은 중앙자오선으로 하고 횡축은 중앙자오선에 직각인 동서 방향(기준선)으로 한다. 격자선(格子線, grid line)은 중앙자오선과 원점을 통하는 수평축만 직선으로 서로 직교하고 다른 모든 자오선은 중앙자오선을 향한 오목곡선이며 위도선은 양극점으로 향한 오목곡선의 형상이 된다.

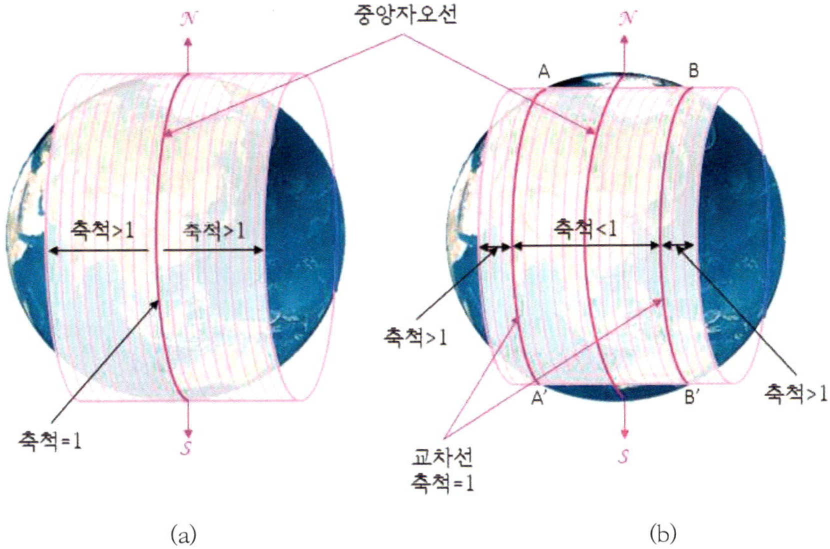

그림 9.20 TM투영

TM투영은 그 특성과 축척계수의 성질 때문에 동서가 좁고 남북이 긴 지역에 아주 적합하여 대부분의 나라에서 국가 기준 좌표계로 채용하고 있으며 우리나라도 대축척 지도제작에서 이 좌표계를 사용하고 있다. 국가 기준 좌표계로서 좌표대의 폭은 두 곳 에서 교차하는 경우는 보통 약 254km를 범위로 한다. 이는 투영에 의한 축척의 비틀림이 최대 1/10,000까지 허용할 때나 나라에 따라 또는 사용 목적에 따라 좌표대의 폭은 달라질 수 있다.

9.7.4 UTM과 UPS좌표

만국 측지좌표(UTM: Universal Transverse Mercator Grid)와 만국 극좌표(UPS: Universal Polar Stereographic Grid)로 불리는 이 좌표계는 세계를 하나의 통일된 좌표로 표시하기 위한 목적으로 세계 2차 대전 말인 1947년에 미 육군 측지부에 의하여 고안되었다. 이 좌표계는 위도 80°S 로부터 84°N까지의 지역을 경도 6° 간격으로 총 60개의 좌표지역대로 나누어 평면직각좌표인 UTM좌표로 표시하고 두 극지방은 극좌표계인 UPS좌표를 독립적으로 사용한다. 좌표지역대의 분할은 경도 180°W~174°W 구간을 1번으로 하여 동쪽방향으로 6°간격으로 60등분하였고 남북으로는 적도를 기준으로 위도 8°씩, 남북으로 각각 10 등분하여 전 세계를 60×20의 격자망을 형성하여 각각 고유 번호를 부여하였다. 다만 북극지방에 가장 가까운 최북단 지역의 마지막 좌표지역대는 위도 8°대신에 위도 12°(즉 위도 72°N~84°N)간격을 하나의 좌표 지역대로 하였다(그림 9.22 참조).

우리나라의 UTM좌표는 경도 129°와 적도를 좌표계의 원점으로 하는 51S와 52S 지역대에 속한다(그림 9.22). UTM좌표는 TM투영에 의하여 얻어진 직각좌표이며 투영의 형태는 〈그림 9.20(b)〉에서와 같이 투영면이 두 곳에서 지구 표면과 교차하는 투영 방법이다.

좌표의 표시는 중앙자오선과 적도를 각각 좌표계의 종축과 횡축으로 정하여 미터로 표기하고 좌표의 음수(-) 표기를 피하기 위하여 횡좌표에 500,000m를 가산한 가좌표(假座標)를 사용한다. 남반구에서는 종좌표에 10,000,000m를 가산한다.

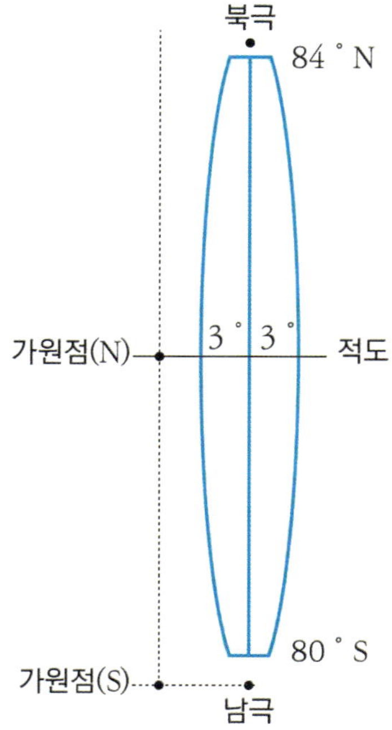

그림 9.21 U.T.M. 좌표계

축척계수는 중앙자오선에서 0.9996으로 최소값을 나타내며 중앙자오선에서 횡방향으로 멀어짐에 따라 점점 증가하다가 적도선 위에서 중앙자오선으로부터 동서 180 km 되는 지점에서는 1.0000이 되고 좌표대의 경계에서는 약 1.0010이 된다(그림 9.23).

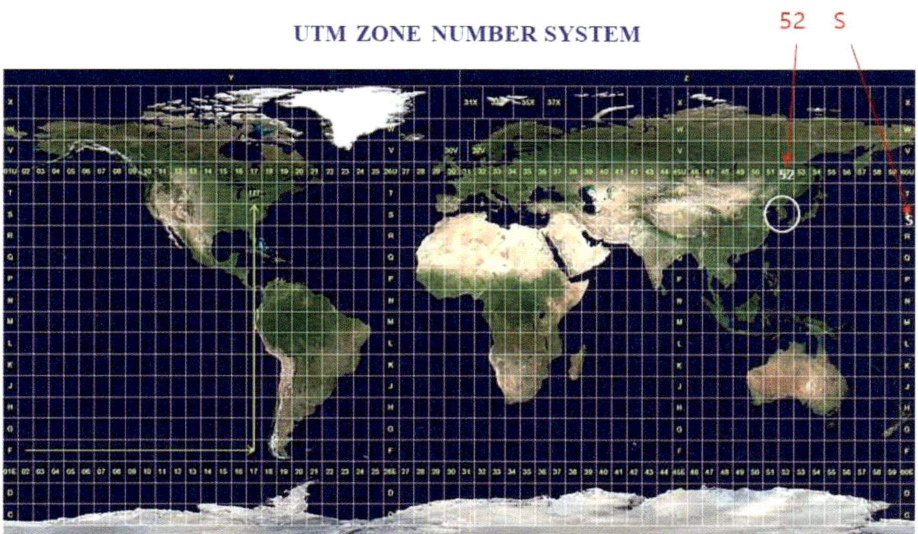

그림 9.22 UTM 좌표계의 지역 번호

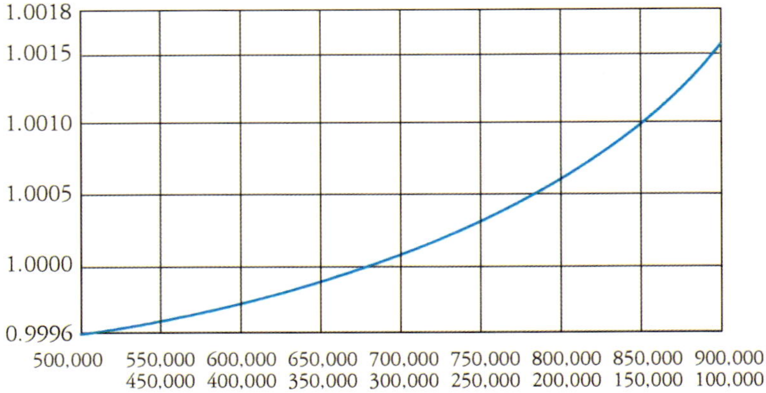

그림 9.23 UTM 좌표계의 축척계수

한편 UPS 좌표계는 UTM 좌표로 표시하지 못하는 두 개의 극지방을 표시하기 위한 독립된 좌표계로 UTM 좌표는 직각좌표이지만 UPS는 (r, θ)로 표시하는 극좌표계이다.

투영의 원리는 〈그림 9.24〉와 같이 지구를 극점에 접하는 평면에 투영시키는 입체투영법(stereographic projection)을 사용하며 이때 반대편에 있는 다른 하나의 극점은 바로 투영의 중심점이 된다.

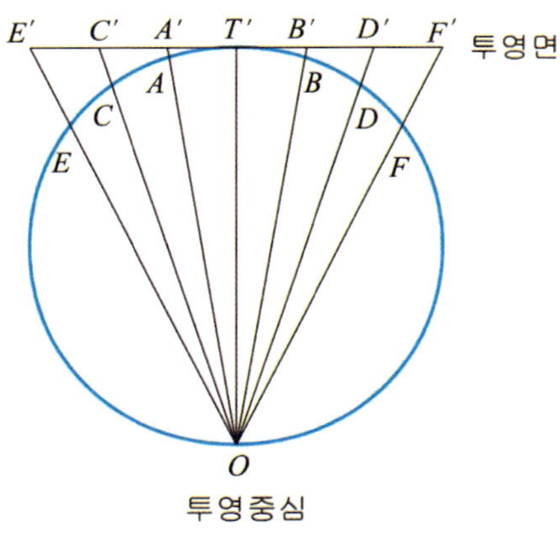

그림 9.24 입체투영법

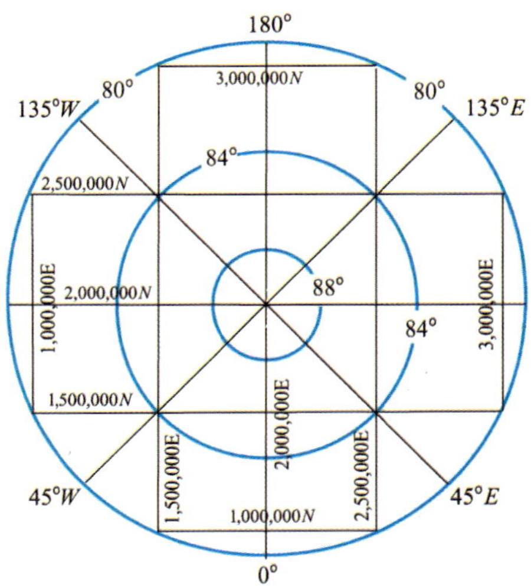

그림 9.25 UPS 좌표계(북극지역)

이 투영법에서는 지구타원체를 이에 상응하는 상사구체(相似球體)에 투영하고 다시 구체로부터 평면에 다시 투영하는 2중투영방식을 취한다. 특히 UPS 투영은 TM 투영과 마찬가지로 등각투영이고 램버트의 원뿔 투영의 특수한 경우, 즉 기준 평행 위도선이 극점이고 원뿔면이 극점에서 접하는 경우라고 볼 수 있다. UPS 좌표계에서는 모든 자오선은 극점으로부터 방사되는 직선으로 이루어지며 그 방향은 실 방향과 같고 위도선은 극점을 중심으로 하는 동심원을 이룬다(그림 9.25). 또한 원점에서의 축척 계수가 0.994이며 적도에서 그 비틀림이 최대가 된다. 좌표대의 경계는 북극좌표대에서는 84°N~90°N, 남극 좌표대에서는 80°S~90°S이다.

그러나 UPS좌표는 UTM좌표계와의 연결을 위하여 두 지역 모두 각각 30′씩 중복되었으므로 실제적으로는 북극으로부터 83°30′N까지와 남극으로부터 79°30′S까지 연장되어 있다. UPS좌표계에서도 UTM과 같이 음수(-) 표기를 피하기 위하여 가 좌표로서 종·횡 각각 2,000,000m를 가산하여 사용한다.

9.7.5 우리나라의 평면직각좌표

평면직각좌표는 3차원인 지구타원체를 2차원의 평면으로 투영하여 타원체의 3차원 좌표대신에 2차원의 평면좌표로 표시하는 평면직각좌표이다. 평면직각좌표는 각종 기준점들의 평면위치를 표시하며 국가마다 고유의 좌표계를 사용하고 있다. 우리나라에서는 서부좌표계(西部座標系), 중부좌표계(中部座標系), 동부좌표계(東部座標系) 및 동해좌표계(東海座標系)로 하는 4개의 평면직각좌표계로 구분하여 사용하고 있으며 좌표의 표시는 TM투영방법으로 표시한다(공간정보의 구축 및 관리 등에 관한 법률 시행령 제7조 3항 별표2).

각 좌표계의 경계는 경도를 기준으로 하여 구분되며 경도 124°~126° 구간을 서부좌표계, 경도 126°~128° 구간을 중부좌표계, 경도 128°~130° 구간을 동부좌표계, 경도 130°~132° 구간을 동해좌표계로 하고 있다. 각 좌표계에서는 위도 38°선과 각 좌표계의 중앙자오선을 각각 횡좌표와 종좌표의 기준으로 한다. 따라서 각 좌표계의 원점은 위도 38°선과 경도 125°, 127°, 129° 및 131° 선과의 교점이 되며 이들을 각각 서부좌표계의 원점, 중부좌표계의 원점, 동부좌표계의 원점 및 동해좌표계의 원점이라 부른다. 이와 같이 각 좌표계의 경계는 원점으로부터 동·서로 각각 경도 1° 간격이며 중앙자오선으로부터의 직선거리는 북쪽지방에서는 약 80 km, 중부지방에서는 약 89 km, 제주지방에서는 약 93 km가 된다.

우리나라의 평면직각 좌표계에서는 투영면이 중앙자오선에서 접하는 TM투영을 사용하므로(그림 9.20(a)) 원점에서의 축척계수는 1이며 원점으로부터 동·서로 멀어짐에 따라 축척계수는 점차 증대하여 약 90 km 지점에서는 1/10,000정도로 증대된다. 이것은 우리나라 전역에 걸쳐 축척 계수가 약 1/10,000 이내의 증대율을 보여주므로 측량의 정밀도를 1/10,000까지 허용한다면 우리나라 전역을 평면으로 간주하여도 무방함을 의미한다.

우리나라의 평면직각좌표에서도 UTM 좌표에서와 같이 좌표의 음수 표기를 방지하기 위하여 투영원점에 횡좌표, Y(E)에 200,000m, 종좌표, X(N)에 600,000m를 가산하여 사용한다. 다만 세계측지계에 따르지 않는 지적측량의 경우에는 가우스상사이중투영법으로 표시하되 직각좌표계 투영원점의 가산(加算)수치를 각각 X(N) 500,000미터(제주도지역 550,000미터), Y(E) 200,000m로 하여 사용할 수 있다.

현재 지적측량 등에서 사용하고 있는 우리나라의 평면직각좌표는 지구타원체를 이에 상응되는 상사형 구체에 투영하고 이를 다시 투영면에 재투영하는 가우스의 상사2중투영법(相似二重投影法, Gauss conformal double projection)의 원리에 의하여 설정되었다. 1910년대에 이루어진 우리나라의 모든 삼각점의 위치는 이 투영원리에 의하여 계산되었으며 현재 사용되고 있는 국가 기본삼각점의 좌표는 이 투영법에 따른 것이다. 이들 평면직각좌표계의 원점은 측량 당시(1910년~1918년) 편의상 일본의 경·위도원점(동경 139°44′40″.5020, 북위 35°39′17″.5148)에서 일본의 구주와 대마도의 삼각점을 거쳐 우리나라의 절영도(목도산)와 거제도(옥녀봉)의 삼각점에 연결하였고 이 두 삼각점을 본점으로 하여 소정의 측정법과 계산법에 따라 결정된 것이다.

특히 지적측량에 사용되는 평면직각좌표 중 수도권 지역 등 일부 지역에는 구소삼각지역이라 하여 별도의 독립된 직각좌표계를 사용하기도 한다. 이들은 망산원점, 계양원점, 조본원점, 가리원점, 동경원점, 고초원점, 율곡원점, 현창원점, 구암원점, 금산원점, 소라원점이며 원점의 경위도 등 상세한 것은 공간정보의 구축 및 관리 등에 관한 법률 시행령 제7조3항 별표 2에 규정되어있다. 망산원점을 포함한 6개의 지역은 좌표의 단위를 미터(m)대신에 간(間, 1.818미터)을 사용한다.

Chapter 10

GNSS

출처: 가수 김장훈 블로그

10.1 위성측량의 개요

지구상 한 점의 위치를 결정하기 위해서는 현장에서 각과 거리를 측정하여 수학적 법칙으로 계산하는 것이 전통적인 측량 방법이었다. 그러나 이러한 방법은 여러 가지의 지형 조건, 기상 조건, 관측장비의 한계성 등으로 많은 어려움이 있었다. 특히 먼 거리의 관측을 위해서는 산 정상에 올라가거나 높은 관측 탑을 세워야 하기도 하였다.

그러나 항공우주산업과 전자기술의 획기적인 발전으로 인하여 인공위성으로부터 송신되는 신호를 수신하여 지구상 한 점의 3차원 위치를 결정하는 3차원 위성측량 방법이 개발되어 그 중요성이 점점 증대되고 있으며 과거의 전통적인 측량 방법은 점점 사라지고 새로운 측량 방법인 위성측량으로 대체 되어가고 있다. 그것은 바로 GNSS 측량이다.

범지구 위성항법시스템(GNSS, Global Navigation Satellite System)은 인공위성을 사용하여 지구상의 공간 위치를 제공하는 체계로 위성에서 전송되는 전파신호를 수신하여 위성으로부터의 거리를 구하고 이를 이용하여 수신기의 3차원 위치(경도, 위도, 표고)를 결정한다. 또한 GNSS는 목적지로 가는 쉬운 경로를 찾을 수 있도록 도와주는 내비게이션을 제공하거나 수신기가 장착된 물체의 위치를 추적하는 데 사용하는 시스템이기도 하다.

GPS는 1970년대에 처음으로 개발된 이래 범지구 위성항법시스템의 대명사로 불러왔으나 근년에 들어와서 러시아(GLONASS), 유럽연합(Galileo), 중국(BeiDou), 일본(QZSS), 인도(IRNSS) 등이 개발한 범지구 위성항법시스템의 발전은 위성측량의 대명사처럼 사용하던 GPS와 더불어 다른 나라의 위성시스템을 함께 이용하고 있어 GPS라는 이름보다 GNSS라는 이름으로 전환되고 있다.

GNSS라고 하는 용어는 항해목적으로 신호를 전송하는 글로벌 위성시스템을 말하는 일반적인 명칭이지만 측정 목적으로 위성시스템을 사용하는 경우는 각 시스템이 약간 다른 방식으로 작동하기 때문에 각 나라의 시스템에 따라 GPS 또는 GLONASS 등의 용어를 구분하여 사용하기도 한다(사실상 같은 의미이지만).

위성측량은 밤이나 낮이나 우천 등 어떠한 기상 조건에도 영향을 받지 않으며 측점 간 서로 보이지 않아도 지구상 어느 곳에서도 3차원 측정이 가능하다는 특징이 있다.

위성측량은 1958년에 시작된 보통 "TRANSIT 또는 Doppler" 위성시스템으로 불리는 미국의 **NNSS(Navy Navigation Satellite System)**가 그 시초라고 볼 수 있다.

NNSS는 1957년 10월 발사된 (구) 소련의 "Sputnik" 위성이 단 한 번 지구궤도를 통과함으로써 위성의 궤도를 정밀하게 계산할 수 있었고 이것으로부터 지구 표면의 목표물에 대한 위치계산이 가능하게 되었다는 사실은 미국이 NNSS 위성을 개발하게 된 동기가 되었다.

Transit 위성은 원래 미국의 Johns Hopkins 대학 응용물리학 연구실에서 연구되고 있었으나 미 해군에 의하여 폴라리스(Polaris) 원자력 잠수함의 안전한 항해목적과 더불어 잠수함 발사 미사일(SLBM)의 발사 계획을 확정하기 위하여 개발되기 시작하였다. Transit 위성은 1958년에 개발을 시작하여 1960년에 발사가 성공적으로 이루어졌으며 1964년에 비로소 본격적으로 사용되기 시작하였다.

Transit 위성에 의한 위치결정은 "도플러효과(Doppler effect)"를 기초로 하고 있다. Transit 위성에서는 두 개의 정밀한 반송파(搬送波, 150MHz와 400MHz)를 연속적으로 송신하고 정밀한 시간정보와 천체력(天體曆)을 이들 반송파에 실어 함께 송신함으로써 위성의 통과시간과 궤도를 시간의 함수로 하여 수신기의 위치를 결정한다.

Transit 위성은 최소 5개로 구성되었으나 항상 10개의 위성이 궤도에 있었다. 위성의 궤도는 약 1,075km이고 경사도는 적도면을 기준으로 약 90°인 원형 극궤도를 돌고 있었다. 위성이 지구를 한 바퀴 회전하는 주기는 107분이며 위성이 지구를 한 번 회전할 때마다 지구는 경도 약 27°씩 회전하게 된다. 따라서 각 위성은 지상의 어느 특정 지역의 시준선 안에서는 24시간 동안 적어도 4번(두 번은 북에서 남으로 나머지 두 번은 남에서 북으로)은 통과한다.

Transit 위성은 미 해군의 군사 목적에만 사용되었으나 1967년부터 수신장치와 계산 장치가 만들어져 민간 목적의 사용이 가능하게 되었다. 초기에는 도플러 수신 장치의 부피가 크고 복잡한 현장 작업과 계산과정이 필요하여 사용상 매우 불편하였으나 광역 측지망 구성과 같이 넓게 분포된 기준점들의 위치와 현대적인 지구 중심 좌표계와 이와 연관된 국가의 기준타원체를 결정하는 데 도움이 되었다.

Transit 위성은 GPS에 비해 고도가 매우 낮아 지구중력의 영향을 크게 받으며 더욱이 반송파의 주파수는 전리층의 영향이 커서 정밀도가 많이 떨어져서 1996년 말경 사용이 중지되었다.

그러나 1967년과 1969년에 발사한 TIMATION(TIMe/navigATION) 위성은 PRN 코드 신호와 의사거리(10장 5절 및 10장 9절 참조)를 사용하여 수신기의 위치가 결정되었기 때문에 같은 원리를 사용하는 새 세대의 위성, 즉 GPS 위성 체계 탄생의 계기가 되었으며 전 세계 어느 곳에서나 24시간 위성에 의한 3차원 위치측정이 가능하게 되었다.

GPS의 성공과 발전은 측량이라는 개념을 완전히 바꾸어 놓는 계기가 되었으며 각과 거리를 이용하여 위치를 결정하는 과거의 측량은 특별한 경우를 제외하고는 그 자리를 점점 잃어가고 있어 지금은 대부분의 현장 측량은 GPS에 의존하고 있다.

10.2 GPS 위성

NAVSTAR/GPS(NAVigation System with Time And Ranging/Global Positioning System)는 1973년 미 국방성에 의하여 개발이 시작되었으며 1978년 첫 번째 실험용 위성이 발사된 후 1993년에 이르러 계획된 24개의 위성이 모두 궤도에 올려져 완전한 운용체계에 들어갔다.

GPS 위성은 미군의 모든 군사적 목표(항공기, 선박 등)에 대하여 지구상 언제, 어디에서나 그들의 정확한 위치와 속도 그리고 시간 등을 하나의 통일된 기준체계에 의하여 중단 없이 연속적으로 결정하고자 하는 전천후 위성 체계를 구축하는 데에 일차적 목적이었으며 민간 분야로의 활용은 제2차적인 목적이었으나 1980년대 KAL 007사건 이후 로널드 레이건 대통령의 실행명령에 따라 민간인도 사용할 수 있게 되었다.

GPS에 의한 위치결정은 도플러 위성에서와 마찬가지로 궤도가 정확히 알려진 위성으로부터 송신되는 신호에 그 근거를 두고 있다. 도플러 위성에서와 같이 위성으로부터 지구상에 설치된 수신장치까지의 정밀한 거리(ranging)와 시간(time) 그리고 신호정보를 사용하여 수신장치가 설치된 위치의 좌표를 계산한다.

GPS는 군사적 목적에 맞도록 일방향성 위성으로 설계되었다. 다시 말하면 GPS 신호는 오직 위성에서만 송신하며 지상국(수신기)에서는 송신되지 않는다. 이처럼 위성에서 송신되는 신호를 사용하여 위성에서 지상에 있는 수신기까지의 거리를 계산하기 위해서는 송신 장치와 수신장치에 반드시 모두 정밀한 원자시계(루비듐과 세슘 원자시계)를 갖추고 있어야 한다.

GPS 위성의 고도는 평균 20,200 km이며 트랜싯 위성보다 고도가 높아서 중력이상이 궤도에 미치는 영향이 적어(위성이 지구로부터 멀리 떨어져 있으므로) 좀 더 정밀한 궤도 계산이 가능하다.

GPS 위성은 원래 3개의 원형(圓形)궤도면에 각각 8개의 위성을 배치하여 총 24개의 위성으로 구성하려고 하였으나 최종적으로 6개의 궤도면에 위성을 각각 4개씩 배치하여 총 24개의 위성으로 구성하도록 변경하였다. 한 개의 궤도면에 배치된 4개의 위성은 효과적인 관측을 위하여 균등한 배치가 이루어지지는 않았다. 궤도면의 경사각은 적도면을 기준으로 약 55°이며 상승점(上昇點, ascending node)의 적경(赤經, right ascension) 60°에 따라 분포되었으며 반경 약 22,660km의 원형궤도이다(상승점은 위성이 궤도면을 따라 남에서 북으로 이동하면서 지구의 적도면과 교차하는 점이며 적경은 적위와 함께 천구상의 위치를 표시하는 단위, 즉 지구의 경도, 위도와 같은 것).

GPS 위성의 주기는 11시간 58분으로 각 항성일에 같은 궤도를 2번 회전한다. 궤도는 지구 표면의 어느 곳에서나 항상 최소 6개의 위성이 시야 안에 있도록 배열된다. 이것은 4개의 위성이 각 궤도 내에서 균일한 간격(90°)으로 분포되어 있지 않다는 것을 의미한다. 일반적으로 각 궤도에 있는 위성이 서로 떨어진 각의 차이는 30°, 105°, 120° 및 105°이다(모두 합하면 360°). 궤도의 회전주기는 지구의 자전주기의 정확한 배수이기 때문에 지구 위에서의 위성 궤적은 모든 항성일마다 한 번씩 반복한다. GPS 위성은 고도가 매우 높아서 지상의 넓은 지역에서 여러 개의 위성을 동시에 볼 수 있다.

GPS 위성의 관측은 일반적으로 어떤 특정한 고도 각, 즉 "마스크 각"(mask angle, 보통 10°~15°)이라 불리는 고도 각 안에서 관측한다. 저고도 각에서는 전리층이 위성 신호에 미치는 영향이 심각하게 작용한다. 위성에서 지구의 가장자리까지 보이는 각은 약 27° 정도이다.

일반적으로 관측이 가능한 GPS 위성들의 수는 수평면으로부터 약 5°의 상공에서는 약 12개의 위성, 약 10°의 상공에서는 약 10개의 위성, 약 15°의 상공에서는 약 4~8개 위성의 관측이 가능하다. 물론 지구 반대편에 있는 위성들은 관측할 수 없다.

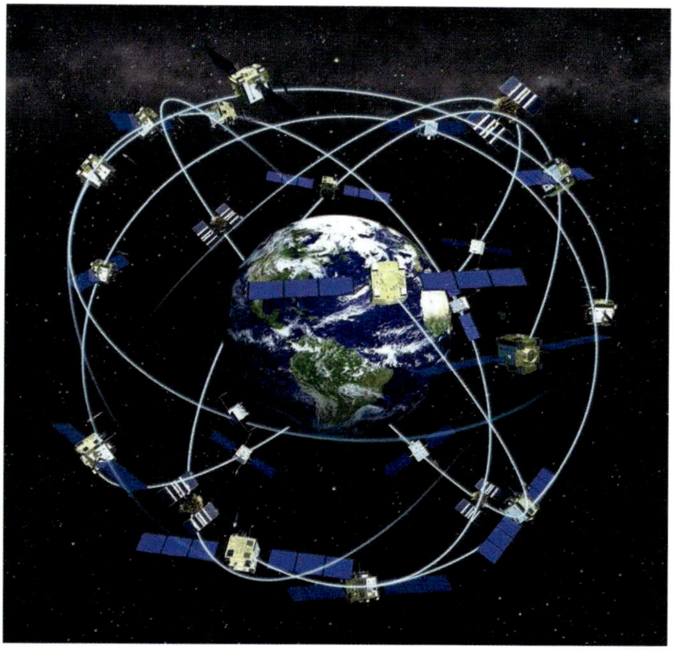

그림 10.1 GPS 위성 배치도

〈그림 10.1〉은 GPS 위성의 배치도이다.

10.3 GPS 위성의 종류

GPS 위성은 Block I, Block II, Block IIA, Block IIR, IIR-M, IIF Block IIF, Block IIIA의 7종류의 위성으로 구성되었으며 추후 Block IIIF가 새롭게 추가될 것이다.

Block I 위성은 1978년 2월 22일 그 첫 번째 위성이 궤도에 올려지고 1985년까지 총 11개(1개는 실패)의 위성이 발사되었다. Block I 위성은 제1단계의 위성 체계에서만 사용되는 실험용 위성으로 **SA**와 **AS**(10.4 참조)의 기능이 없으며 위성궤도가 적도면 기준으로 경사각 63°인 3개의 궤도면에 각각 배치되었다.

제 10 장

위성의 무게는 845 kg이고 설계수명 5년으로 설계되었으나 평균 8~9년 정도 사용하였다. 위성의 주기는 12시간이며 2개의 루비듐 원자시계(30,000년에 1초의 오차)와 1개의 세슘 원자시계(300,000년에 1초의 오차)가 탑재되었다. 항로 메시지를 3~4일간 저장할 수 있어 이 기간에는 지상 관제소와의 교신 없이도 운용할 수 있다. Block I 위성은 1575.42 MHz(L1)과 1227.60 MHz(L2)인 두 개의 L-밴드 신호가 탑재되었고 1994년에 4개의 위성이 교체되었고 지금은 모두 퇴역하여 더 이상 운용되지 않고 있다.

Block II 위성은 1989년 2월 14일 그 첫 번째 위성이 발사되어 1990년 10월 1일까지 총 9개의 위성이 궤도에 진입하였으며 2007년 3월 15일 7.5년의 설계수명을 다하고 더이상 운용되지 않는다. Block II 위성은 Block I 위성의 개량형으로 복사에너지에 강한 전자부품을 사용했음은 물론 SA와 AS 기능이 탑재되었으며 14일 동안 항해 메시지를 저장할 수 있어 적어도 14일 동안은 주 관제소와의 어떠한 통신이 없이도 측위가 가능하도록 고안된 위성들로서 최초의 완전 운용체계의 위성이다. 위성의 무게는 1,500 kg이고 설계수명은 7.5년이나 평균수명은 약 6년이다.

그러나 평균 11.8년 동안 사용하였고 어떤 것은 15년이나 사용하였으나 지금은 모두 퇴역하였다. Block II 계열 위성은 각각 2개의 루비듐 원자시계와 세슘 원자시계가 탑재되어 있으며 Block I 위성과 같은 두 개의 L-밴드 신호가 탑재되었다.

Block II 위성의 궤도 경사각은 적도 면으로부터 55°이다. Block I 위성과 Block II 위성의 근본적인 차이는 미국의 국가 안보와 관련되었다. Block I의 위성 신호는 민간인에게 완전히 개방되었으나 Block II의 위성 신호는 SA와 AS의 도입으로 그 사용이 제한된다는 사실이다.

Block IIA(A: Advanced) 위성은 Block II 위성을 약간 수정한 위성으로서 1990년 11월 26일 그 첫 번째 위성이 궤도에 올려져 1997년 11월까지 총 19개의 위성이 궤도에 올려졌다. 약 180일간의 데이터 저장 능력이 있어 적어도 이 기간은 관제소와의 접촉 없이 측위 활동이 가능하다. 위성의 설계수명은 Block II 위성과 같이 7.3년이며 평균수명은 약 6년이며 지금은 수명이 다하여 더 이상 사용하지 않는다. 이 위성의 특징은 쌍방 통신 능력이 있으며 어느 것은 반사경을 갖추고 있어 레이저에 의한 거리 측정이 가능하다. Block IIA 위성이 발사되었던 시점은 "걸프전(1990~1991)"이 있었던 시기였으나 전쟁 중에서도 GPS 위성의 발사는 계속되었으며 걸프전 동안 약 16개의 위성이 운용되고 있었고 GPS 위성이 걸프전쟁에서 큰 역할을 했음은 의심할 여지가 없다.

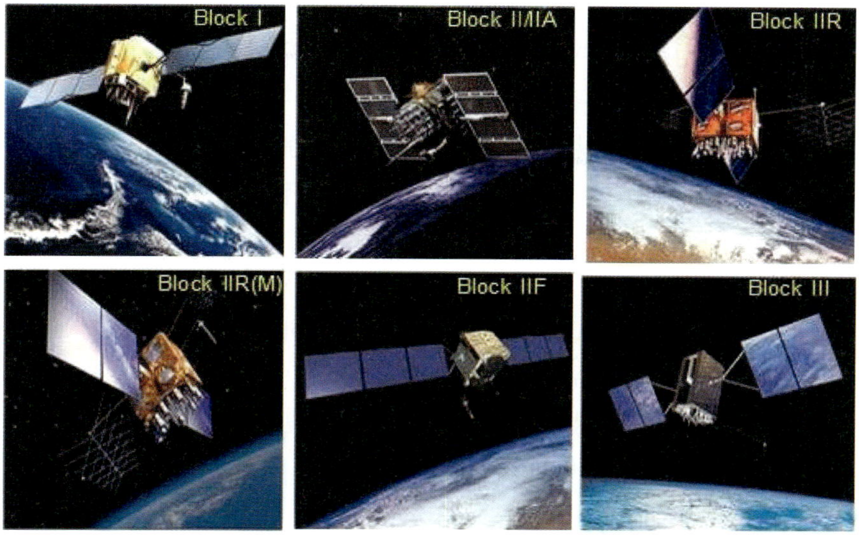

그림 10.2 GPS 위성

Block IIR(R: Replacement) 위성은 Block IIA 위성에 대체되는 위성으로 1997년 1월 17일 첫 위성이 발사되었으나 발사 후 12초 만에 폭발하였고 1997년 7월 23일 처음으로 발사에 성공하여 궤도에 진입하였다. 2004년 11월까지 총 12개의 위성이 궤도에 올려졌으며 현재 7개의 위성만 사용하고 있다. 또한 Block II/IIA와 같이 최소 14일~최대 180일 동안 주 통제소와의 접촉 없이 측위 활동이 가능하다. Block IIR 위성에는 3개의 루비듐 원자시계가 탑재되었으며 설계수명은 7.8년이다. 위성의 무게는 약 2000 kg 이상이고 가격은 Block II의 반값 정도로 알려졌다. 특히 Block IIR 위성에서는 UHF 시스템을 통하여 위성의 궤도를 스스로 결정하고 위성의 항해 메시지를 스스로 생성한다.

Block IIR-M(M: Modernized) 위성은 Block IIR의 개량형이며 GPS의 현대화 계획에 따라 2005년 9월 26일 처음으로 발사되어 2009년 8월까지 총 8개의 위성이 궤도에 진입해 현재 6개의 위성이 사용되고 있다. 이 위성에는 기존의 L1/L2 신호와 더불어 새로운 GPS 신호인 L2C, L2 P/Y, L2M, L5 신호가 새롭게 추가되어 군과 민간인에 더 많은 서비스를 제공하고 있다(10.5 참조).

Block IIF(F: Follow on) 위성은 차세대 GPS 위성인 GPS Block III 위성의 전 단계 위성이라 할 수 있다. 위성의 무게는 1,630kg으로 설계수명은 12년이다. 위성의 고도는 약 20,460km이고 주기는 12시간이다. Block IIF 위성은 2010년 5월 28일 첫 번째 위성이 발사된 이래 2016년 2월 5일 마지막 위성이 발사될 때까지 총 13

개의 위성이 발사되어 현재 12개 위성이 사용 중에 있다(SVN62 2024.5.17. 임무완료). Block II 계열의 위성은 더 이상 발사되지 않는다.

Block IIIA 위성은 GPS 현대화 계획에 따른 최신의 3세대 위성이며 2018년 12월 23일 첫 번째 위성이 발사된 후 2024년 5월 현재 총 6개의 위성이 발사되어 사용 중에 있으며 2026년까지 총 10개의 위성을 사할 예정이다. Block IIIA 위성 10개 중 아직 발사하지 못한 나머지 위성 4개도 이미 제작이 완료되어 발사 대기 중인 것으로 알려졌다.

GPS IIIA는 현존하는 다른 위성보다 3배 더 정확하고 전파장애 방지 기능이 8배 이상 크다. 설계수명은 다른 위성의 두 배인 약 15년이며 다른 필요한 사항과 새로운 위협에 대처하기 쉽도록 의도적으로 모듈 설계로 만들어서 미래의 새로운 기술과 기능을 쉽게 추가할 수 있도록 하였다.

▶ **표 10.1** GPS 위성의 현황(2024년 8월 17일 현재)

위성종류 / 궤도면	Block IIR	Block IIR(M)	Block IIF	Block III	TOTAL
A	-	2	2	1	5
B	2	1	2	1	6
C	1	1	2	-	4
D	2	-	1	2	5
E	1	1	2	1	5
F	1	1	2	1	5
TOTAL	7	6	11	6	30

Block IIIF(F:Follow On) 위성은 제4세대 위성으로 Block IIIA의 후속 모델로 이전의 어떠한 위성보다 더 혁신적인 위성이 될 것이며 현재 설계와 제작 과정에 있다. GPS IIIF 위성은 정확도 향상을 위한 레이저 역반사체의 배열, 새로운 수색 및 구조 활동, 완전한 디지털 내비게이션 데이터의 전송 등 차세대의 기술을 특징으로 하고 있다. 특히 Block IIIA 위성보다 60배 이상 전파방해 방지 능력이 높아 미군이나 동맹국들이 적국의 전파방해로부터 더 안전하게 이용할 수 있도록 설계된다. GPS IIIF 위성은 2026년부터 2034년까지 총 22개의 위성을 발사할 예정이다. 2024년 8월 17일 현재 GPS 위성은 총 30개의 위성을 운용하고 있다. 〈그림 10.2〉와 〈표 10.1〉은 여러 종류의 위성과 현재 운용 중인 위성의 수를 나타낸다.

10.4 SPS와 PPS 서비스

GPS에서는 두 가지의 측위 서비스를 제공하고 있다. 하나는 민간인 사용자를 위한 표준측위(SPS, Standard Positioning Service)와 다른 하나는 군사 목적의 정밀측위(PPS, Precise Positioning Service)이다.

PPS는 GPS L1, L2 주파수에서 송신되는 모든 GPS 신호에 접근할 수 있는 권한을 가진 사람들을 위한 측위 서비스이다. 반면에 **SPS**는 L1 주파수에서 송신하는 C/A 코드 신호(10.5 위성 신호 참조)를 사용하는 민간용으로 상업적, 과학적, 평화적 목적으로 누구든지 사용할 수 있다. P 코드는 허가받은 사람들만 사용할 수 있으며 일반적으로 암호화과정을 거쳐 Y 코드로 만들어서 암호 열쇠가 없는 사람들은 이용할 수 없다.

PPS에 의한 측위 정밀도는 평면 22 m(2 drms, 95%), 표고 27.7m(95%)이다. 여기서 『22 m(drms, 95%)』란 위성 측위의 정밀도를 표현할 때 자주 사용하는 단위로서 임의의 점에 대한 측위 정밀도가 반경 22 m의 원의 반경 안에 위치할 확률이 95% 이상임을 의미한다. SPS의 측위 정밀도는 평면 100 m(2 drms), 표고 156 m(2σ)이다.

GPS는 군사적 목적으로 만들어진 위성 측위 시스템이기 때문에 군 전략적 목적으로 민간인들이 GPS가 제공할 수 있는 최고의 정확도에 접근할 수 없도록 다음과 같은 두 가지 방법, 즉 **SA**와 **AS** 방법으로 민간인 사용자들을 제한하고 있다.

S/A(Selective Availability)

S/A는 GPS 시간과 천체력을 의도적으로 조작하여 오차를 발생시켜 GPS의 정확도를 떨어뜨리는 방법이다. SA를 적용하지 않을 때는 평면 약 10m의 정확도를 얻을 수 있으나 SA를 적용하면 정확도가 약 100m로 떨어진다. 시간을 조작하는 것은 위성 시계의 기준주파수에 오차를 일으켜 수신기에서 얻어지는 의사거리(10.9.1 참조)에 직접영향을 주어 그 정확도를 떨어뜨린다. 천체력에 오차를 발생시킴은 위성궤도에 관련된 자료를 일부 자르거나 조작하는 방법이다.

SA의 처음 계획단계에서는 500m의 오차를 계획하였으나 최종적으로 100m로 결정되었다. 그러나 SA 방법은 단 하나의 수신기를 사용할 때는 그 효과적으로 그 목적을 달성할 수 있었으나 두 개의 수신기를 사용할 때는 그 효과가 크게 줄어들었다.

SA는 1997년 7월 4일 Block II 위성부터 적용하기 시작하였으며, 2001년 5월 1일 미국 빌 클린턴 대통령의 명령에 따라 그 사용이 중지되었으며 2007년에는 차세대 위성인 GPS III에는 이러한 조치를 제거하기로 하였다.

A/S(Anti-Spoofing)

A/S는 정밀코드인 L1, L2 주파수에서 변조되며 P 코드를 W 코드로 암호화하여 Y 코드를 생성하여 허가된 사람들만 사용할 수 있도록 하는 것이다. 따라서 암호키가 있는 GPS 수신기에서만 사용할 수 있다. 이는 인증된 수신기만 사용할 수 있도록 코드를 보호하고 적국이나 우방이라도 비협조적인 사람들이 이들을 변조하거나 눈속임으로 재전송함으로써 적들이 사용하는 것을 방지하고자 한 것이다. AS는 1994년 1월 31일부터 시행되고 있다.

10.5 GPS 위성 신호

위성 신호에서 가장 중요한 요소는 여러 개의 위성에서 송신되는 신호들을 동시에 수신할 수 있어야 하고 이때 전파장애는 최소가 되어야 한다. GPS에서는 이러한 문제를 "코드 분할 다중접속(CDMA, Code Division Multiple Access)" 방법을 사용함으로써 해결하고자 하였다. 이것은 각 위성으로부터 들어오는 신호는 그 위성의 PRN 코드로 변조되며, PRN 코드는 각 위성에서 송신되는 신호들에 할당된 코드들과 상호상관관계가 낮은 특성이 있다. 이 방법은 사용자들이 같은 주파수 밴드 안에서 낮은 상관관계로 다중신호의 수신이 가능하게 된다. GPS 신호는 이러한 요소와 필요성에 알맞도록 설계되었다.

궤도를 돌고 있는 GPS 위성은 위성의 안전한 항해를 위하여 두 개의 반송파(搬送波, carrier wave) 신호, L1(1575.42MHz)과 L2(1227.60MHz)를 연속적으로 방송하며 이들 신호를 사용하여 지구 표면 또는 그 근처에 있는 수신기의 위치, 시간 및 속도를 결정할 수 있다.

GPS 위성 신호에는 위성까지의 거리를 측정하는 데 사용되는 거리 측정 신호와 항해 메시지, 즉 천체력과 책력이 포함된다. 천체력(天體曆, ephemeris)은 위성을 돌고 있는 각 위성의 위치를 삼변측량 방법으로 계산하는 데 사용되고 책력(冊曆, almanac)은 위성의 시간 및 상태에 대한 정보를 포함한다(천체력은 특정 시간(또는 기간)에 하늘에 있는 천체의 위치가 수록된 표이고, 책력은 일 년 동안의 월일, 해와 달의 운행, 월식과 일식, 절기, 특별한 기상변동 등을 날의 순서에 따라 기록한 책).

마이크로파의 L 밴드에 속하는 이들 두 개의 반송파, **L1**과 **L2** 신호는 위성에 장착된 발진기에 의하여 만들어지며 고도로 정밀한 원자시계(루비듐·세슘)의 기준주파수인

10.23MHz에 일정한 정수, 154와 120배를 각각 곱하여 L1과 L2가 만들어진다. 따라서 L1 신호의 주파수는 기준주파수의 154배인 1575.42MHz($154 \times f_0 = 1575.42\,MHz$), L2 신호의 주파수는 기준주파수의 120배인 1227.60MHz($120 \times f_0 = 1227.60\,MHz$)이다. 이와 같이 파장이 다른 두 개의 주파수를 사용하는 것은 전리층에 의한 굴절오차를 줄이기 위한 것이다. L1 주파수는 C/A 코드(corse acquisition code)와 P 코드(정밀코드, precision code)로 변조된 2진위상천이변조(2進位相遷移變調, BPSK, Binary Phase Shift Keying)이고 L2 주파수는 P 코드로만 변조된 BPSK이다. 변조된 두 개의 PRN 코드 신호는 두 가지의 기능을 가지고 있다. 첫째는 신호가 위성으로부터 수신기까지 걸리는 시간(전파시간)을 측정하여 위성에서 수신기까지의 거리를 측정할 수 있으며, 둘째는 위성으로부터 송신되는 신호가 어느 위성으로부터 오는 것인지 식별하는데 사용된다.

PRN 코드는 무작위성(無作爲性)에 대한 통계적 검정을 거친 2진 사상, 즉 "0"과 "1"에 해당하는 "+1"과 "-1"의 형태로 구성되었으나 사실은 하나의 독특한 수학적 법칙, 즉 두 개의 다른 코드 신호를 하나로 합성하는 방법(tapped feedback shift registers)으로 생성한다. 여기에서 무작위성은 비록 그것이 임의의 사상에 대한 통계적인 특성을 가지고는 있지만 원칙적으로 수신기에 의하여 생성될 수 있도록 그 생성 과정이 알려져 있다는 것이다. 〈표 10.2〉는 위성 신호의 구성과 그들의 주파수를 나타낸 것이다.

▶ **표 10.2** GPS 신호

신호의 이름	주파수(MHz)
기준신호	$f_0 = 10.23$
L1 신호	$f_0 \times 154 = 1575.42 (\approx 19.0\,cm)$
L2 신호	$f_0 \times 120 = 1227.60 (\approx 24.4\,cm)$
L5 신호	$f_0 \times 115 = 1176.45$
C/A 코드	$f_0 \times 10^{-1} = 1.023$
P 코드	$f_0 = 10.23$

두 개의 PRN 코드는 **C/A(corse acquisition code)** 코드와 **P(precise code)** 코드이다. C/A 코드는 모든 위성에서 송신되고, "레거시 신호(*legacy signal*), S코드, 표준코드"라고 불리며 L1 C/A 코드를 사용하면 수신기의 개략적인 위치를 결정할 수 있다.

C/A 코드는 코드 길이 1,023비트(*bits/chips/binarydigit*)로 위성에 따라 각각 다른 고유의 형태로 구성되었고 주파수는 1.023MHz, 파장의 길이는 약 300m이고 매 1 *ms*(1/1,000초) 마다 반복된다. C/A 코드는 두 개의 10단계 LFSR(linear feedback shift register) 2진 발진기의 출력 탭을 적절히 조합한 발진기에 의하여 생성된다. 특히 최종 코드는 두 개의 레지스터 중 한 개의 출력과 다른 하나의 지연된 출력 사이에 『모듈-2 더하기(module-2 addition)』로 생성된다. (※ 비트(bit, binary digit)는 2진수로 0이나 1의 값을 가지며, 각각은 참, 거짓 혹은 서로 배타적인 상태를 나타낸다. *module 연산은 컴퓨터 코딩에서 사용하는 방법으로 어떤 수를 n으로 나누어서 그 나머지를 구하는 연산을 말한다).

L1 신호는 각각 P 코드와 C/A 코드로 변조되고 **L2** 신호는 P(또는 Y) 코드로만 변조된다. 다시 말하면 P 코드는 L1과 L2에, 그리고 C/A 코드는 L1에만 실려서 함께 송신하며 모든 위성에서는 각각 다른 C/A 코드 신호를 송신한다. 이러한 방법으로 비군사적 목적으로 사용하는 사람들에게는 이 시스템이 제공하는 최고의 정밀도를 사용할 수 없도록 할 수가 있다.

C/A 코드는 본질적으로 서로 낮은 상관관계를 갖는 소위 "*gold code*"에 속한다. 이러한 특징은 여러 개의 위성으로부터 동시에 들어오는 신호가 있을 때 이들이 어느 위성에서 송신되는 신호인지 쉽게 구분할 수 있다는 장점이 있다. 위성을 식별하는 한 방법은 PRN 주별 번호를 사용하는 것이다. 예를 들면, 만일 PRN-13 위성이라고 하면 이것은 제13주의 PRN 코드를 송신하는 위성임을 의미한다. 보통 PRN-13 위성을 SV13(space vehicle 13)으로 간단히 표기한다. 위성을 식별하는 또 다른 방법은 위성체의 발사 번호를 이용하는 방법이다. 예를 들면, PRN-13을 발사번호를 사용하여 NAVSTAR9 또는 SVN9(Space Vehicle Number)라고 하는 것이다.

두 번째 PRN 코드는 정밀코드로 알려진 P 코드이다. P 코드는 군사적 목적으로 만들어진 코드 신호로 두 개의 다른 PRN 코드를 수학적으로 합성하여 만든 신호이다. P 코드는 약 2×10^{14} bits로 구성되었으며 주파수는 10.23 MHz, 파장의 길이는 약 30 m로 C/A 코드보다 10배 정도 더 정밀한 측위가 가능하며 특히 전리층에서의 굴절오차를 줄일 수 있다.

P 코드는 266.4일마다 반복되는 "칩(chips)" 형태를 가지고 있으며 각 위성은 일주일에 한 번씩 바뀌도록 일주일간의 "칩" 형태의 신호만 저장되어 송신하며 매주 토요일 자정에 다음 일주일간의 데이터가 새롭게 다시 저장된다.

P 코드는 군사적 목적으로 **W 코드**를 암호화(XOR, 비트 간 배타적 논리합 방법)하여 **Y 코드**를 만들었다. 따라서 암호화된 P 코드를 **P(Y)** 코드라 부르며 P 코드 대신에 Y 코드가 사용되기도 한다. Y 코드는 anti-spoofing(A-S) 라고 불리는 도용방지(盜用防止)

과정을 거쳐, 특별히 허가된 사람들만 사용할 수 있기 때문이다. 이것은 P 코드 역시 공개된 코드이기 때문에 적 또는 권한이 없는 사람들이 고의로 신호를 수정하거나 재전송 등 악용하는 것을 방지하기 위함이다. P 코드에 대한 정보는 알 수 있으나 반면에 Y 코드에 관해서는 전혀 알 수 없으며 P 코드보다 약 20배 늦은 500KHz 정도인 것으로 알려졌다.

다시 말하면 P 코드는 L1과 L2에, 그리고 C/A 코드는 L1에만 실려서 함께 송신된다. 이러한 방법으로 비군사적 목적으로 사용하는 사람들에게는 이 시스템이 제공하는 최고의 정밀도를 사용할 수 없도록 할 수가 있다.

기술의 발전에 따라 위성체 기술뿐만 아니라 L1 C/A 코드 신호도 이미 구세대의 기술이 되었다. 따라서 GPS 현대화 계획에 따른 위성체뿐만 아니라 위성 신호에서도 현대화가 이루어져 오랫동안 잘 사용해 오는 L1 C/A와 함께 새로운 신호 3개 **L2C, L5, L1C**가 추가로 만들어졌다. 따라서 현재 사용하고 있는 GPS 신호는 **L1C/A, L2C, L5, L1C,** 총 4개의 신호가 되는 것이다.

L1 C/A는 현존하는 모든 위성에서 방송되고 있고 L2C, L5, L1C는 현대화된 위성체(Block IIR, IIR-M, IIF, Block III)에서만 송신된다.

❶ L2C

L2C는 C/A 코드 신호는 민간용 신호로 L1 신호에서 송신되나 L1이 아닌 다른 주파수로 전송되는 최초의 제2 민간용 신호이며 특별히 상업적 목적에 따라 설계되었다. L2C는 L2 주파수(1227.6 MHz)로 송신하기 때문에 L2C라 한다. L2C는 발전된 기술로 이루어진 신호로 최신의 위성체, 즉 Block IIR-M과 그 이후에 발사된 위성(Block IIF, Block III)에서 방송된다.

L2C는 사용자들이 2중 주파수 수신기를 사용할 경우, 전리층에서의 굴절오차를 수정할 수 있어 측위 정확도를 높일 수 있으며 군사용에서와 같거나 더 높은 정확도를 얻을 수 있다. 동시에 좀 더 빠른 신호의 수신과 효율성을 높이고 사용 범위를 더 확장 시킬 수 있다. L2C는 L1 C/A 신호에서보다 더 높은 효율의 전력에서 송신하므로 나무 밑 또는 실내에서의 수신을 더 쉽게 할 수 있다.

L2C는 L1 C/A 코드 신호와 다르게 두 개의 코드 신호, L2 CM(civil moderate) 코드와 L2 CL(civil long) 코드가 있다. CM 코드는 칩 길이 10,230으로 매 $20ms$ 마다 반복되며 CL 코드 신호는 칩 길이 767,250으로 매 $1,500ms$ 마다 반복된다. L2 CL은 L2 CM보다 75배 더 길고 일본의 QZSS 위성 체계에서도 공동으로 이용한다.

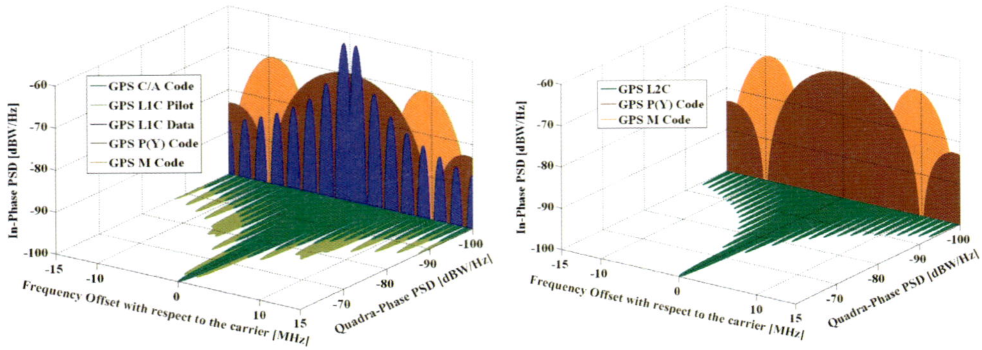

L1 frequency L2 frequency

그림 10.3 GPS 신호의 주파수 스펙트럼

▶ **표 10.3** GPS 위성과 신호

	L1 C/A	L1 P(Y)	L1 M	L2 C	L2 P(Y)	L2 M	L5	L1 C
Block II R	o	o			o			
Block IIR-M	o	o	o	o	o	o		
Block IIF	o	o	o	o	o	o	o	
Block IIIA	o	o	o	o	o	o	o	o

❷ L5

L5는 주파수 1176.45MHz($115 \times f_0 = 1176.45$)로 송신되는 제3의 민간용 신호로 인명 구조용 신호(SOF, Safety Of Life)이며 ARNS(Aeronautical Radio Navigation Services)에 의하여 보호되고 있다. L5 신호는 2010년 5월 28일 처음 발사된 Block IIF 위성에서 처음으로 송신되고 지금은 Block III 위성에서도 방송되고 있다.

L5 신호는 BPSK로 만들어진 동상(同相, in-phase) 코드(I5 code)와 직각위상(直角位相, quadrature-phase code) 코드(Q5 code)의 두 개의 PRN 코드 신호를 전송한다. 두 개의 코드 신호의 길이는 10,230비트이고 10.23MHz로 송신한다(1 *ms* 마다 반복).

L5 신호는 L1/L2 신호보다 더 큰 전력으로 송신하며 더 넓은 밴드 폭과 C/A 코드보다 10배 이상 긴 코드 신호는 측위 과정에서의 효율성을 높여 준다(L5 밴드 폭은 24MHz로 폭이 넓을수록 측위 정확도가 높아진다). 또한 L5 신호는 L1 C/A와 공동으로 사용할 때 L2C의 경우와 같이 전리층의 굴절오차를 수정함으로써 측위 정확도와 실내에서의 수신 능력을 높일 수 있다. L5 신호는 Galileo, GLONASS, QZSS 위성 체계에서도 공동이용을 목표로 하고 있다.

❸ L1C

L1C 신호는 GPS와 다른 위성 체계가 상호 운용할 수 있도록 설계된 4번째의 민간용 신호이며 현재 GPS 사용자 모두가 사용하고 있는 L1 C/A 코드 신호와 같은 L1 주파수(1575.42MHz)에서 방송된다(이름은 비슷하나 L1 C/A 신호와는 전혀 다르다).

L1C는 2018년 12월 28일 처음으로 발사된 Block IIIA 위성에서 처음으로 도입되어 2023년 1월 28일까지 발사된 6개의 Block IIIA 위성에서 송신되고 있고 2026년까지 10개의 Block IIIA 위성을 포함한 총 24개의 위성에서 사용될 것이다.

L1C의 PRN 코드 신호는 L2C와 같이 10,230비트이며 1.023MHz에서 송신하고 "MBOC(다중화된 2진 오프셋 주파수, Multiplexed Binary Offset Carrier) 변조"라는 특징을 갖고 있다. 이러한 특별한 변조 방법은 미국의 보안 문제들을 보호하면서 다른 나라들과의 협력을 가능하게 한다. L1C는 순방향 오차 수정(FEC, Forward Error Correction) 코드를 도입하여 이동 등 도시에서의 수신율을 높이고 여러 가지 환경에서 효율성을 높일 수 있다. L1C는 미국과 EU와의 협정에 따라 GPS와 Galileo 공동으로 사용토록 개발되었으며 일본의 QZSS, 중국의 Beidou 위성에서도 사용될 것이다.

❹ M코드

GPS 현대화에 숨은 근본적인 목적 중 하나는 미국과 동맹국 그리고 허가된 사람들의 군사적 사용을 보호하고 보안에 강력한 새로운 군사용 신호를 개발하는 것이다. 군용코드인 M 코드는 전파장애 방지(anti-jamming) 능력과 군용신호의 접근을 보장하는 능력이 향상되도록 고안되었다. M 코드는 군용코드인 P(Y)에서 이미 사용하고 있는 L1과 L2 주파수로 송신하고 결과적으로 P(Y) 코드를 대체할 것이다. P(Y) 코드 수신기는 반드시 C/A 코드로 먼저 자동추적을 한 다음에 P(Y) 코드로의 자동추적으로 전환하여야만 하지만 M 코드는 P(Y) 코드와는 달리 사용자들은 오직 M 코드 신호만을 사용하여 위치를 계산할 수 있다.

M 코드가 다른 GPS의 경우와 다른 점은 M 코드는 전 접지안테나와 함께 고이득 지향성안테나를 통하여 송신하는 것이다. 지향성안테나는 신호(spot beam)가 특정한 지역(예로서 수백km)을 향하도록 하고 지역 신호강도를 약 20dB 정도(또는 100배 이상 더 강력하게) 증가시킨다. 전 접지 M코드 신호는 Block IIR-M 위성들에서 사용할 수 있지만 지향성안테나인 "spot beam" 안테나는 Block III에서부터 가능하다.

10.6 | 반송파의 변조방법과 데이터의 흐름

각 반송파의 위상은 1500 bits의 2진 사상으로 변조되어 위성의 궤도와 시간에 관한 정보와 함께 1초당 50 bits의 비율로 L1과 L2에 의하여 전송한다. 코드 신호, 즉 반송파는 간단한 sine 곡선으로 음성 정보 또는 수치 정보를 전달하기 위하여 변조된다.

변조(變調, modulation)라 함은 저주파 신호를 공간으로 멀리 전파할 수 있는 라디오 주파수로 변화시키는 것을 말한다. 이러한 전자파는 정보들을 운반하는 매개로 사용하기 때문에 "반송파(搬送波, carrier)"라 부른다. 반송파는 몇 개의 코드와 항해(정보) 메시지에 의하여 변조된다.

일반적으로 반송파의 변조는 진폭변조(振幅變調, amplitude modulation), 주파수변조(周波數變調, frequency modulation), 위상변조(位相變調, phase modulation) 등이 있다. 진폭변조는 ASK(amplitude shift keying), 주파수변조는 FSK(frequency shift keying), 위상변조는 PSK(phase shift keying)라 부르기도 한다. PSK는 다시 2진 PSK(BPSK), 직각위상 PSK(quadrature BSK), 8-BSK 그리고 2진 오프셋 주파수변조(BOC, binary offset carrier modulation)로 구분된다. GPS에서는 BPSK, QPSK, BOC방법을 사용한다.

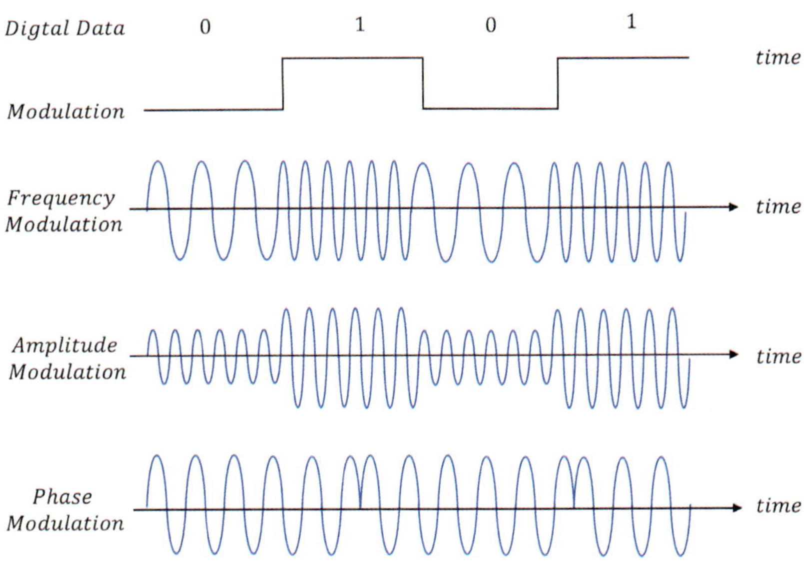

그림 10.4 디지털 변조

신호의 변조는 개념적으로 매우 간단하게 이루어진다. 만일 코드 값이 "0"(또는 "+1")이면 위상도 "0"으로 변함이 없고 반면에 코드 값이 "1"(또는 "-1")이면 위상은 180° 변화한다. 이러한 변조 방법을 이중 위상변조(二重位相變調, bi-phase modulation)라고 한다.

〈그림 10.4〉는 이들의 원리를 간단히 나타낸 그림으로 임의의 데이터의 흐름을 "0"과 "1"의 2진수(二進數)로 구성되었음을 알 수 있다. 이들 "0"과 "1"의 2진수는 다른 이름으로 칩(chips), 비트(bits), 코드(codes) 또는 펄스(pulse) 등으로 불리기도 한다.

GPS의 경우 수치데이터의 흐름은 항해 메시지 또는 코드의 PRN 순서들을 포함한다. 코드의 순서는 임의적인 것으로 보이지만 실제적으로는 수학적 공식에 따른다. 진폭변조는 "켜기(on)와 끄기(off)" 동작과 같다. 숫자 "1"은 반송파가 작동하고 "0"은 반송파가 작동하지 않는 상태라고 보아도 좋다. 주파수변조는 하나의 주파수 또는 다른 주파수로 전송함을 나타낸다. 주파수변조의 경우 발신기는 두 개의 다른 주파수 사이에서 앞뒤로의 방향 전환이 필요하다. 위상변조의 경우는 같은 반송파를 사용하지만 위상이 0°에서 180°로 위상이 갑자기 변한다.

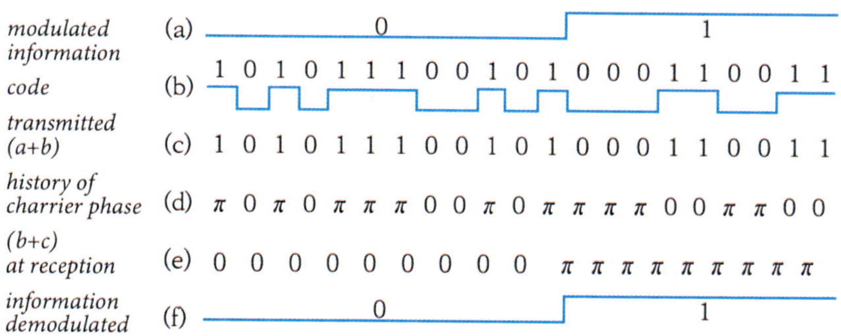

그림 10.5 2진 데이터 흐름(Modulo-2 더하기)

〈그림 10.5〉는 두 가지의 데이터 흐름을 나타낸다. 흐름 (a)는 초당 50 bits로 치핑되는 항로 메시지를 나타내며 (b)는 각각 1.023MHz 또는 10.23MHz로 치핑되는 C/A 코드 또는 P(Y) 코드이다. 비트의 전이 시간은 선형 변화이다. 항해 메시지와 코드 흐름은 크게 다른 치핑률을 가지고 있다. 50 bps의 치핑률(chipping rates)은 수치의 흐름이 "1"에서 "0"으로 또는 그 역으로 초당 50번의 기회가 있음을 의미한다. 원격측정 치핑 시간 범위 안에는 31,508,400의 L1 cycles, 20,460의 C/A 코드 칩, 204,600의 P(Y)코드가 있다. 이것을 거리영역에서 보면 한 개의 원격측정 칩은

길이 5,950 km이며 반면에 C/A 코드와 P(Y) 코드는 각각 293m와 29.3 m이다. 따라서 P(Y) 코드는 매 29.3m마다 반송파의 위상이 180°변하고 C/A 코드는 매 293 m마다, 원격측정은 매 5,960km마다 변한다. (c)는 위성에 전송하기 전에 (a)와 (b)를 “modulo-2 더하기”를 한 것이다.

10.7 GNSS 보정시스템(GNSS Augmentation System)

GNSS 위성 체계는 활용적인 측면에서 항해목적으로의 활용은 그 증가추세가 폭발적이라 할 수 있으며 이러한 현상은 GNSS 시스템이 좀 더 정확하고 혁신적인 서비스가 이루어질 수 있는 새로운 위성 체계의 필요성이 요구되고 있다. GPS를 비롯한 각국의 위성시스템은 일차적으로 각국이 군사적 목적으로 만들어졌다는 사실은 부인할 수 없는 사실이다. 그러나 위성시스템에 의한 민간 목적으로의 활용은 안보적 문제로 인하여 제한이 있을 수밖에 없다.

GNSS 활용의 최종목표는 민간 항공 운항의『**100% 완전성(完全性), 즉 무결성(無缺性, integrity)**』이다. 이러한 목표 달성을 위하여 GNSS 보정시스템의 필요성이 인식 되어 왔다.

GNSS 보정은 모든 외부 정보를 GNSS 계산과정에 통합하여 GNSS의 정확성, 신뢰성 및 효율성 등과 같은 항법 시스템의 속성을 개선하고 증대시키는 방법으로 민간 항공 운항에서 “100% 무결성”을 달성하고자 하는 것이다(항공 관련 법령에서는 Augmentation을 “증강”이라 하지 않고 “보정”으로 표시한다).

이러한 추세에 따라 GPS의 현대화 계획이 진행되어 Block III 위성체와 3개의 새로운 민간 위성 신호가 추가로 도입되었다. GPS III 위성 체계는 민, 군, 상용목적을 막론하고 모든 분야에서 항해 서비스의 질을 크게 향상하고 향후 30년 동안의 저비용으로 효율적인 서비스를 제공하는 데 그 목적이 있다. GPS III 위성은 기존의 위성과는 달리 좀 더 강력한 신호를 제공함으로써 시스템의 운용, 정확도 및 활용성 등 모든 분야에서 뚜렷한 향상을 가져올 것이다. 그러나 GPS의 이러한 발전은 최종목표에 대한 필요성을 어느 정도 충족시킬 수는 있을지 모르겠지만 GPS 시스템 하나만으로는 그 목표나 요구사항에 미치지 못하고 있다.

이를 위해서는 GNSS뿐만 아니라 외부 통제 감시 체제, 추적과 확인, 경고, 수정 등 가능한 방법을 통하여 항해의 안전성을 추구하는 것이다. 또한 위성 신호가 매우 약하여 위험 수준에 이르렀을 때는 우주공간에서의 신호 상태를 지속적으로 감시하여 사용자들에게 적시에 경고할 수 있는 범 지구 시스템을 구축함으로써 안전 운항의 완전성을 이룩한다는 것이다. 이러한 완전 운항에 대한 목표 달성은 지상통제소를 증설하여 추구하는 것보다는 우주공간에서 위성 상호 간의 통신연결 체계를 통하여 통제, 추적, 감시체계를 구축함으로써 이러한 목적을 달성할 수 있을 것이다.

이러한 시스템에는 여러 가지가 있으며 일반적으로 GNSS 센서가 외부 정보를 수집하는 방식에 따라 구분되기도 한다. 일부 시스템은 시계오차, 전리층 오차, 천체력 오차 등과 같은 오차의 원인에 대한 추가 정보를 제공하고 또 다른 시스템은 과거에 신호가 얼마 동안 꺼져있었는지에 대한 직접적인 측정을 제공하고, 세 번째 그룹은 계산과정에 차량 정보 등을 제공하기도 한다.

DGPS(Differential GPS, 10장 9절 참조)도 GNSS의 정확도 및 효율성이라는 측면에서 GNSS 보정의 한 예이지만 DGPS 시스템은 하나의 위성에 대하여 하나의 의사거리 수정만을 생성한다. 그러한 수정은 수신기의 위치에 영향이 있으며 어느 특별한 방향에 대해서만 효력이 있다. 수신기와 기준점과의 기선 거리는 수백 km 또는 심각한 폭풍우에서는 100km 이내이어야 하는 한계성도 있다.

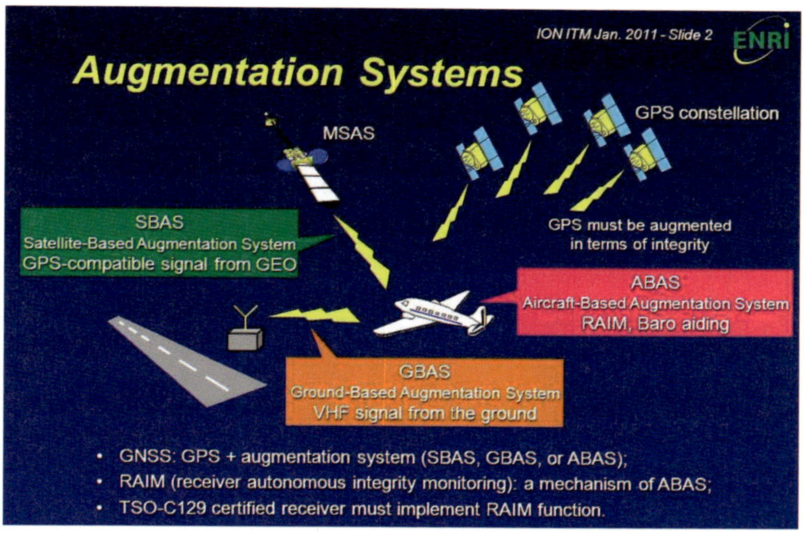

그림 10.6 GNSS 보정시스템 개념도

대표적인 GNSS 보정시스템에는 **SBAS(Satellite Based Augmentation System)**, **GBAS(Ground Based Augmentation System)**, **ABAS(Aircraft Based Augmentation System)** 등이 있다. 〈그림 10.6〉은 GNSS 보정시스템의 개념도이다.

10.7.1 SBAS System

SBAS(위성기반 보정시스템)은 국제민간항공기구(ICAO)에서 위성항법시스템의 성능향상을 위하여 만들어진 시스템으로, 위성이 제공하는 의사거리 신호와 항해 메시지 정보를 활용하여 사용자의 위치 및 시각 정보에 대해 전파 경로상의 오차, 위성 시계의 오차 등의 보정은 물론 항법 신호에 대한 정확도와 무결성 정보를 정지궤도 위성을 통해 제공함으로써 항공기가 안전하게 운항할 수 있도록 국제 표준으로 정한 시스템이다.

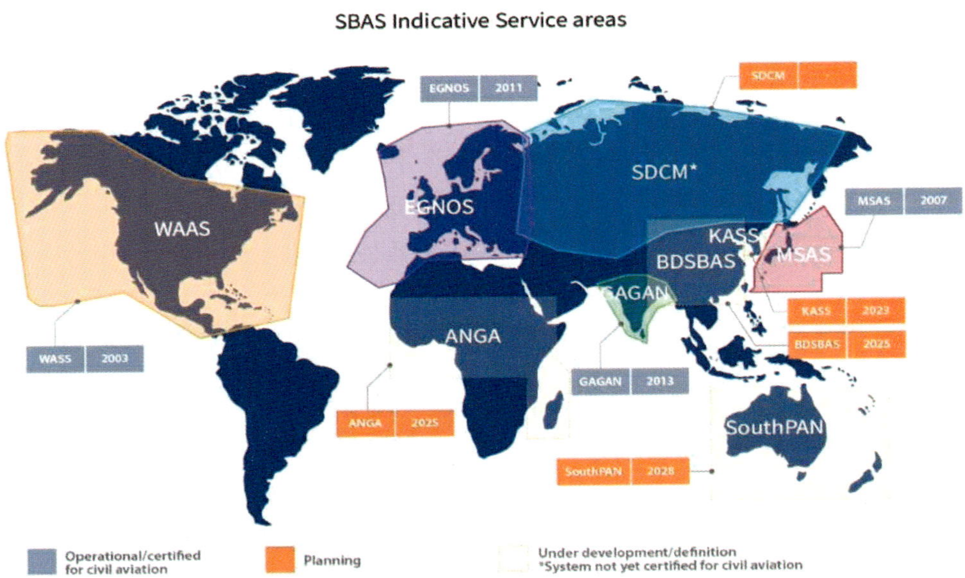

그림 10.7 각 나라의 위성기반 보정시스템

SBAS는 1991년 ICAO의 위성기반 차세대 항행시스템 도입계획 및 권고와 2007년 ICAO 가입국에 대한 성능 기반 항행체계, 즉 **PBN(Performance Based Navigation)**의 이행 촉구를 위해 권고된 시스템으로 2025년부터는 모든 항공기의 SBAS 사용을 권고한 상태이다.

SBAS는 광범위한 지역에서 사용할 수 있는 다수의 위성을 이용하여 거리 측정, 무결성 및 오차수정 정보를 포함한 위성 신호를 방송하는 **WADGPS(Wide Area DGPS, 광역 차동 GPS)**를 말한다.

SBAS는 가장 큰 오류 원인을 제거함으로써 측위 정확도가 향상된다. 그러나 더욱 더 중요한 것은 사용자가 자신의 측위 정확도에 대하여 확신(즉 무결성)을 갖거나 한계를 정할 수 있다는 것이다.

SBAS는 추가적인 위성 방송 메시지를 사용하여 광역 또는 지역 보정을 지원한다. 지상국의 측정값을 사용하여 수정 메시지가 생성되어 차동신호(differential signal)로 최종 사용자에게 방송하기 위하여 하나 이상의 위성으로 전송된다. 또한 WAAS와 같은 SBAS는 항공기의 착륙 유도(수직 유도 접근, APV)와 같이 항공기를 수평 또는 수직으로 안내하는 안전이 중요한 임무에 사용할 수 있다.

SBAS는 정확성과 무결성이 크게 요구되는 응용에 필수적이다. 특히 사람의 생명이 위태로운 상황이나 법적 또는 상업적 보증이 필요한 상황에서 SBAS는 필수적인 경우가 있다. 예를 들면, 항공 부분에서 GPS는 최종 접근과 같은 중요한 비행 단계에서는 국제민간항공기구(ICAO, International Civil Aviation Organization)가 설정한 엄격한 운영 요구사항을 충족하지 못하지만 SBAS가 추가되면서 ICAO 기준이 충족되었다.

SBAS는 항공 부분뿐만 아니라 정밀 농업 부분, 차량 관리 부분, 측지 분야 등에서와 같이 그 활용 범위를 넓혀가고 있다.

SBAS는 미국의 WAAS, 유럽의 EGNOS 등이 그 대표적이며 다른 나라에서도 아래와 같은 여러 가지 시스템이 실행되고 있다.

- 미국 WAAS(Wide Area Augmentation System):연방 항공국 운영
- 유럽연합 EGNOS(European Geostationary Navigation Overlay Service):ESSP(EU의 GSA를 대신하여)에서 운영
- 일본 MSAS(Multi-functional Augmentation System):국토교통성 민간 항공국운영
  QZSS(Quasi-Zenith Satellite System):일본 정부 운영, 2018년에 초기 운영
- 인도 GAGAN(GPS and GEO Augmented Navigation):인도 공항청에서 운영`
- 중국 BeiDou SBAS(BDSBAS):중국 정부 운영
- 러시아 SDCM(System for Differential Corrections and Monitoring):러시아의 Roscosmos 운영
- **한국 KASS(Korea Augmentation Satellite System)**:2013년 8월 결정. 건설교통부 주관
- 호주와 뉴질랜드 SouthPAN(Southern Positioning Augmentation Network):호주와 뉴질랜드 정부의 공동 운영, 2022년 9월 조기 개방 서비스, 2028년 생명 인증 서비스 예정

❶ WAAS System

WAAS(Wide Area Augmentation System)는 GPS의 정확성, 무결성, 효율성을 증대시켜 항공기 항로 분야까지 그 영역을 확대하고자 하는 시스템으로 미국 연방 항공청(FAA, Federal Aviation Administration)에 의하여 개발되었다. 특히 WAAS는 항공기를 공항으로 정밀유도 하는 것을 포함하여 항공기의 모든 운항 과정에서 GPS를 의존하는 체계를 만들기 위한 것이었다. 다시 말해서 현재 GPS의 측위 정밀도로서는 FAA에서 요구하는 정밀한 항공기의 항로 유도를 할 수 없어 전리층 교란, 시간과 궤도 오차 등 GPS에서 발생하는 오차를 제거함으로써 정밀도를 높이고(5배 이상) FAA에서 규정한 항로 유도요건을 충족하고자 하는 것이다.

WAAS는 서반구에 있는 GPS 신호의 작은 편차를 측정하기 위하여 북미대륙과 하와이에 있는 지상 기반 기준국 망을 사용한다. 기준국에서의 측정값은 주 통제소를 통하여 지구고정 WAAS 위성들에 편차 보정값을 적시(매 5초 또는 그 이하)에 보낸다. 이들 위성은 지상에서 보내진 수정된 메시지를 지상으로 다시 송신하고 WAAS에서 사용할 수 있는 수신기가 수신하여 정밀한 위치계산을 가능하게 함으로써 정밀도를 높일 수 있다.

WAAS는 위치정밀도를 평면 7.6m, 표고 4m(평면, 표고 95% 신뢰수준)를 목표로 한다. 미국과 캐나다, 알래스카에서 시행한 실제적인 실험에서는 평면정밀도 1.0m, 표고정밀도 1.5m를 얻었다. 이러한 결과는 FAA 항공기 항로 접근 정밀도 Category I (평면 16 m, 표고 4.0 m)을 충족하여 WAAS의 일차적 목표가 달성된다.

항로 유도시스템의 완전성은 위험성을 가져올 수 있을 정도의 신호 오차가 있을 때 이를 적시에 경고하는 것이다. 또한 WAAS는 GPS나 WAAS 망에 오차를 발견하고 이것을 6.2초 안에 사용자에게 통보한다.

WAAS의 운용은 GPS에서와 같이 지상 부분, 우주부분, 사용자 부분의 3개 부분으로 구분된다. 지상 부분은 여러 곳(북미지역, 캐나다, 알래스카, 멕시코, 하와이 등)의 광역기준국(WRS, Wide Reference Station)으로 구성된다. 정밀하게 측정된 이들은 GPS 신호를 취합하여 모니터한 후 그들 데이터를 지상 통신망을 통하여 3개의 광역 주 통제소(WMW, Wide-area Master Station)로 보낸다. 또한 이들 기준국은 WAAS 지구고정 위성들로부터의 신호를 모니터한다.

우주부분은 몇 개의 통신 위성으로 구성된다. 이들 통신 위성은 WAAS 주 통제소에서 만들어진 수정 메시지를 송신한다. 또한 이들 위성은 측위에 필요한 위성의 수를 효과적으로 증가시키면서 보통의 GPS에서와 같은 거리정보를 송신한다. 우주부분은 3개의 상업위성, 즉 *Inmarsat-4 F3, Telesat's Anik F1R, Intelsat's Galaxy 15*이다.

사용자 부분은 GPS와 WAAS 수신기이다. 이들 수신기는 각 GPS 위성으로부터 그의 위치와 시간정보를 결정하기 위한 송신 정보를 사용하고 우주부분에서 송신되는 WAAS 수정 데이터를 수신한다. 수신한 2개의 수정 메시지("신속"과 "완속")는 다른 방법으로 사용된다. GPS 수신기에서는 "신속(fast)" 형태의 수정 데이터를 즉시 사용할 수 있으며 이때의 신속 형태의 수정 메시지는 위성의 위치수정과 시간 데이터를 포함하며 보통의 GPS 계산을 통해 현재의 위치를 계산한다. 〈그림 10.8〉은 WAAS의 개념도이다.

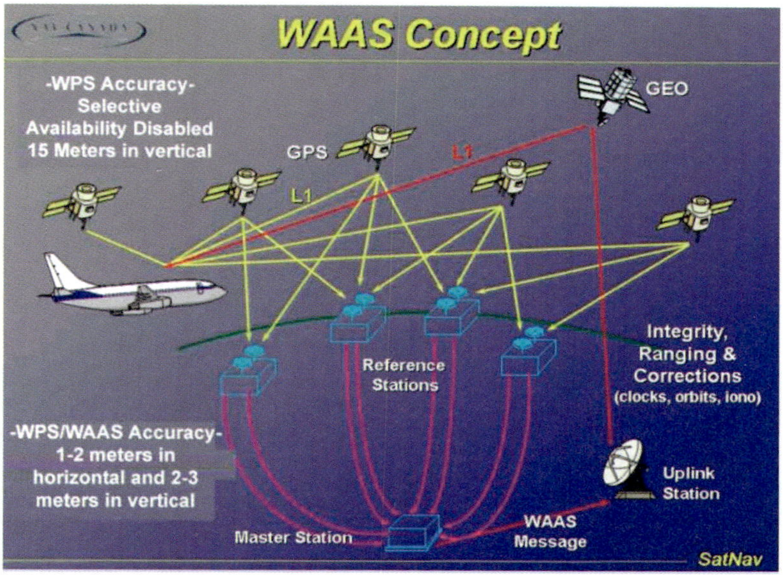

그림 10.8 WAAS의 개념도

❷ EGNOS System

EGNOS(European Geostationary Navigation Overlay Service)는 GPS 및 Galileo와 같은 GNSS(Global Navigation Satellite System)의 성능을 개선하는 데 사용되는 유럽의 지역 위성 기반 보정 시스템(SBAS)으로 좁은 통로를 통해 항공기를 조종하거나 선박을 항해하는 것과 같은 안전이 중요한 사용자에게 안전한 생활 내비게이션 서비스를 제공하기 위해 만들어졌다.

EGNOS는 유럽 전역에 배치된 정확한 위치의 기준국에서 가져온 GNSS 측정값을 사용한다. 측정된 모든 GNSS 오차 데이터는 차동 보정 및 무결성 메시지가 계산되는 중앙 컴퓨팅 센터로 전송되고 계산된 수정 데이터는 다시 지구고정 위성을 통하여 방송된다.

결과적으로 EGNOS는 GNSS 측위 정보의 정확성과 신뢰성이 향상되는 동시에 신호의 연속성과 효용성에 관하여 매우 중요한 무결성 메시지를 제공한다. 또한 EGNOS는 매우 정확한 UT 시간 신호를 전송한다. 위치정밀도는 3m이다.

EGNOS는 정확성과 무결성이 극히 필요한 곳에 필수적이다. 예를 들어, 항공 부문에서 항공기 착륙을 위한 최종 접근과 같은 중요한 비행 단계에서는 GNSS만으로는 국제민간항공기구(ICAO)가 설정한 엄격한 운영 요구사항을 충족하지 못한다. 하지만 2011년부터 민간 항공 인증을 받은 EGNOS가 추가되면서 GPS 등의 시스템도 ICAO 기준을 만족할 수 있게 되었다.

EGNOS의 "Safety of Live" 서비스는 2011년 3월 2일 항공 운항에서 사용 가능하다고 공식적으로 선언되었다. 다시 말하면 위성 기반 항법 신호는 착륙 접근 중에 항공기를 수직 및 수평으로 안내하는 안전에 중요한 작업에 사용할 수 있게 되었다.

항공 부문을 넘어 EGNOS는 정밀 농업, 도로상 차량 관리 및 좁은 채널을 통한 선박 항해와 같은 GNSS 활용 범위를 개선하고 확장하기도 한다. 한편 EGNOS는 항공, 도로, 철도, 해양, 측량/지도 작성, 위치 기반 서비스 및 농업을 포함한 수많은 시장 부문에 혜택을 주고 있다.

❸ KASS System

한국형 항공 위성 서비스(KASS, Korea Augmentation Satellite System)는 국제민간항공기구에 세계 7번째로 공식 등재된 대한민국의 위성항법 보정시스템으로써 GPS위치오차(15~33m)를 1~1.6m 수준으로 줄여 정확한 위치정보를 실시간으로 제공하는 국제 표준시스템이다.

2014년 국토교통부는 항공기에 정밀한 위치정보를 제공하여 항공 교통량 증대 및 항공 안전을 도모하기 위한 「한국형 항공 위성 서비스(KASS)」구축 사업을 차질 없이 추진하고 있다.

KASS는 그간 1,280억 원을 R&D에 투자하여 항공우주연구원 주관으로 2019년부터 전국에 7개의 기준국(양주, 광주, 제주, 부산, 영도, 울릉도, 양양)과 2개소의 중앙처리 통합운영국(청주공항, 인천 항공 교통 통제소), 2개의 위성통신국 등 중주요 기반 시설을 구축하였으며 시스템 간 연결 시험, 성능 확인 등 지상 기반 시험과 진공·고열·진동 등 위성 발사와 유사한 우주 환경을 최대 반영한 위성 기반 시험을 국내와 프랑스 현지

(Airbus社)에서 지속적으로 시행해 온 바 있다.

KASS는 2022년 6월 23일 항공 위성 1호를 성공적으로 발사하였고 2022년 12월 15일 KASS 위성의 첫 신호가 송출되었으며 제2차 신호는 2023년 6월 이후, 제3차 신호는 2023년 12월 공식 서비스에 들어갈 예정이다(위치정보 1~1.6미터 수준 정확도).

KASS 신호는 산업계 등에서 원활하게 이용할 수 있도록 관련 기술 정보제공 등 상세한 것은 KASS 사업단 누리집(www.KASS.re.kr)을 통해 알 수 있다.

10.7.2 GBAS System

국제 민간 항공기구(ICAO)의 정의에 의하면, GNSS는 하나 또는 그 이상의 위성, 항공기, 수신기와 시스템의 무결성을 모니터링하는 범지구 측위(시간) 시스템으로, 의도된 작업에 필요한 내비게이션 성능을 뒷받침하도록 그 필요성이 요구된다. 현재의 위성 항법 시스템(GPS, GNONASS 등)은 민간 항공 항법 안전 요구에 필요한 실시간 무결성 모니터링 기능을 충족하도록 설계되지 않았다. 예를 들어, 위성에 시계 문제가 발생하면 GPS는 사용자에게 해당 위성을 사용하지 않도록 신속하게 경고할 방법이 없는 것이다. 위성 또는 전리층 지연과 같은 오류 원인은 항공기 위치에서 몇 미터의 오류를 유발할 수 있다. 이러한 오류는 가시성이 거의 또는 전혀 없는 정밀한 접근을 위해 실시간으로 수정되어야 한다. 이러한 한계를 극복하기 위해 여러 보정 시스템이 도입된 것이다.

GBAS(지상기반 보정시스템, Ground Based Augmentation System)는 항공기의 GPS 착륙유도 시스템을 보강하여 공항 주변에 있는 항공기에 GPS의 보정신호를 제공함으로써 항공기의 GPS 항법의 정확도를 개선하고 무결성을 제공하는 지원시스템이다. GBAS 구현의 목표는 모든 범위의 활주로 접근과 착륙을 지원하는 계기착륙시스템(ILS, Instrument Landing System)에 대한 대안을 제공하는 것이다.

GBAS는 ILS가 없는 공항에서 활주로 접근방법과 절차를 수행할 때, 공항 인근 지역의 차동(差動) 보정값(DGPS)과 4개의 안테나 중 3개에서 수신하는 3~4개의 GNSS 신호를 입력 데이터로 사용하는 GNSS 데이터의 무결성 검증을 제공한다.

이들 데이터로 계산된 차동 보정 메시지는 주 공항 반경 약 23nm(43km) 안에서 효과적인 VDB(VHF Data Broadcast)를 사용하는 지상 송신기에 의해 전 방향으로(초당 2회) 방송된다. 방송되는 정보에는 의사거리 보정, 무결성 매개변수 및 세계 측지계(WGS-84)를 기반으로 하는 FAS(Final Approach Segment) 데이터와 같은 다양한 관련 데이터가 포함된다. 지상국의 범위 내에 있는 항공기는 차동 원리에 따라 자체 측정을 계산하기 위해 방송 보정을 사용할 수 있다. 별도로 보정된 위치는 내비게이션 안내 신호를 생성하는 데 사용된다.

하나의 GBAS는 최대 48개의 접근방법을 지원하고 각 활주로 끝에 있는 쌍극 안테나(dipole antenna)와 로컬라이저(localizer, 착륙용 유도전파발신기)가 장착된 계기착륙장치보다 더 효율적인 설치로 활주로 끝을 담당하고 후류 난기류를 줄이고 복원력과 유지력을 개선하기 위한 여러 접근 방식을 제공하여 ILS에서 가능한 것보다 더 효율적이다.

GBAS의 주요 목표는 GNSS 신호의 무결성을 제공하는 것이지만 수평·수직 모두 1m 미만의 위치오차가 입증되어 신호의 정확도도 향상된다.

GBAS는 지상 시스템과 항공기 시스템으로 구성된다. 하나의 GBAS 지상 하위 시스템은 GBAS 적용 범위 안에 있는 무제한의 항공기를 지원할 수 있다. 지상 시스템은 항공기에 활주로 접근 경로 데이터를 제공하고 시야에 있는 각 위성에 대한 수정 및 무결성 정보를 제공한다. 이와 같은 오류수정을 통해 항공기는 접근 경로에 상대적인 위치를 더 정확하게 결정할 수 있다.

GBAS 지상 시설에는 일반적으로 3개 이상의 GPS 안테나, 중앙 처리 시스템 및 VOD 송신기가 모두 공항 또는 근처에 있다. GBAS 항공 장비는 GPS 안테나, VHF 안테나 및 관련 처리 장비로 구성된다. GBAS 지상 시설은 VHF 무선을 사용하여 항공기에 GPS 보정, 무결성 및 접근 경로의 정보를 제공한다.

기준안테나가 기지점에 있는 GBAS는 GPS 위성으로부터 신호를 수신하고 기준 수신기는 신호가 전파된 거리를 추정하기 위해 GPS 위성과 기준안테나 사이의 전송 시간을 측정한다. 그런 다음 GBAS 지상 시설은 측정/추정 거리를 방송 위성 위치 및 실제 GPS 기준 수신기 위치를 기반으로 한 실제 거리와 비교하고 측정 오류를 결정한다. 사용하는 모든 기준 수신기로 측정된 평균 오차는 GBAS 항공전자공학이 측정한 위성 거리에 GBAS 항공전자공학이 적용해야 하는 보정 항을 나타낸다.

10.7.3 ABAS System

ABAS(항공기 기반 보정시스템)는 GPS 수신기로부터 얻어진 위치정보와 기타 항공기 항법장치로부터 얻어진 위치정보를 통합 처리하여, GPS 수신기로부터 얻어진 위치정보보다 더욱 정밀한 위치정보를 생산하는 방법이다.

다시 말하면 다른 GNSS 요소에서 얻은 정보를 항공기 기내의 다른 항법장치로부터 얻어진 정보와 함께 항법 시스템을 보강 또는 통합하는 보정(증강)하는 시스템이다.

ABAS에는 두 가지의 하위 시스템이 있다. 즉 RAIM(수신기 자율 무결성 모니터링, Receiver Autonomous Integrity Monitoring)과 FDE(Fault Detection Exclusion)이다.

RAIM은 ABAS에서 가장 널리 사용하는 방법으로 위치측정 해법의 무결성을 보장하고 잘못된 신호를 감지하기 위해 중복 GPS 신호를 사용하는 수신기 단독의 무결성 감시 방법을 말한다. RAIM은 SBAS 서비스 영역 외부에서 무결성 정보를 받을 수 없는 상황이거나 SBAS 서비스가 정상적으로 작동하지 못하는 경우 수신기 단독으로 무결성을 감시할 수 있는 방법이다.

RAIM은 GPS 수신기가 무결성 검사를 수행하여 주어진 비행 단계에서 사용이 가능한 위성의 신호가 무결성 기준에 부합하는지 확인하는 것이다. GPS 위성 신호의 정확도가 기준 이하이거나 이용이 가능한 위성의 수가 5개 이하의 경우 이를 즉시 조종사에게 알려주는 기능으로 계기 비행(IFR)을 위한 필수 기능이다. 3차원의 하늘에서 이동하는 항공기의 위치를 결정하기 위해서는 최소 4개의 GPS 위성이 필요하나 무결성 검증을 위해서는 최소 하나 이상의 비교 대상이 필요하다. 따라서 RAIM 기능에서는 최소 5대 이상의 위성이 필요한 것이다. 수신기의 수가 4개의 경우에는 고도보정을 위한 기압 고도값이 필요하다. 고도보정은 다섯 번째 위성을 대신해 위성이 아닌 다른 입력 정보를 사용하여 GPS의 무결성 검사를 더 정확하게 하는 방법이다.

RAIM은 중복 GPS 의사거리 측정으로 오류를 감지한다. 즉, 위치수정을 생성할 때 필요한 것보다 더 많은 위성을 사용할 수 있는 경우 추가 의사거리는 모두 계산된 위치와 일치해야 한다. 예상값과 크게 다른 의사거리(예:이상치)는 연결된 위성의 결함 또는 다른 신호 무결성 문제(예: 전리층 분산)를 나타낼 수 있다. 기존의 RAIM은 결함탐지(FD)를 목적으로 할 때만 작동되지만 최신 GPS 수신기는 결함탐지 및 배제(FDE)를 통합하여 GPS 장애가 있는 경우에도 계속 작동할 수 있다.

FDE는 이거나 GPS의 신호가 기준 이상의 오차를 포함하고 GPS신호를 탐지한 후 해당 신호를 항공기 위치계산에서 제외하는 기능이다. 하나의 신호가 제외된 상태에서 GPS의 정상 운영을 위해서는 RAIM이 작동되어야 하고 RAIM 작동을 위해서는 최소 5개의 위성이 필요하므로 결과적으로 FDE까지 작동을 위해서는 최소 6개의 위성이 필요한 것이다. RAIM 기능이 없다면 조종사는 GPS 위치의 정확도를 보장받을 수 없다.

우리나라의 항공 안전법(75조)에서는 수직 분리 축소 공역에서의 항공기 운항의 경우 성능 기반 항행(PBN, Performance Based Navigation)을 하도록 규정되어 있다. ICAO정의에 따르면 "PBN이란 항공기가 계기접근절차 또는 지정된 공역 안에서 항공교통업무 비행경로(ATS route)를 따라 비행하는 항공기를 위한 시스템 성능요건을 명시하는 것"이라고 정의하고 있다.

이미 설명한 것과 같이 RAIM은 주어진 비행 단계의 무결성 요구사항을 충족하는 가용한 위성 신호를 보장함으로써 자체 무결성 검사를 수행하는 GPS의 능력이다. RAIM이 없으면 조종사는 GPS의 위치 무결성을 보장받을 수 없다. RAIM은 조종사에게 즉시 무결성 검사 결과를 알려준다. 잘못된 위성 송신이 탐지되고 위성제어 단계에서 수정될 때까지 2시간까지의 지연이 발생할 수 있어 이 결정 탐지는 성능 기반 항행에서 매우 중요하다. 위성이 잘못된 정보를 제공하고 있는지 항행 성능 기준치에 적합한지를 확인하기 위해서 항법에 필요한 위성 수에 추가하여 최소한 한 개의 위성이 RAIM 기능을 수행하는 수신기와 연결되어 있어야 한다.

10.8 다른 나라의 GNSS 시스템

10.8.1 GLONASS 위성

GLONASS(ГЛОНАСС, Глобальная навигационная спутниковая система : Globalnaya Navigationnaya Sputnikovaya Sistema or Global Navigation Satellite System)는 러시아 항공우주센터에서 운용하는 범지구 위성항법 시스템으로 GPS에 대한 대안을 제시하며 전 세계를 포함하고 GPS와 비슷한 정밀도로 작동하는 전 세계 두 번째로 작동하는 내비게이션 시스템이다.

GLONASS는 1976년 (구) 소련연방에서 처음 개발이 시작되었으며 1982년 10월 12일 첫 번째 위성이 발사되어 1995년까지 많은 위성이 발사되어 24개의 위성으로 완전 운용체계에 있었던 시기가 있었지만 소비에트 연방의 붕괴 이후 러시아의 경제난으로 그 수가 점점 적어져 완전 운용체계에 미치지 못하였다. 2001년에 이르러 푸틴(Vladimir Putin) 대통령에 의해 국가 최우선 정책으로 정해짐에 따라 그 수가 점점 늘어나 2011년 10월에는 24개의 위성으로 완전 운용체계가 이루어졌다. 2024년 5월 14일 현재 총 26개(운용 위성 24개, 운용 준비 2개)의 위성으로 완전하게 운용되고 있다.

GLONASS 위성 체계는 GPS와 매우 유사하여 총 24개(21+예비 위성 3개) 위성으로 구성하며 3개의 궤도면(120° 간격)에 각각 8개의 위성이 균등하게 배치되었다. 궤도는 고도 19,100km의 중 원형궤도로 궤도 경사각은 적도면을 기준으로 64.8°이다. 회전주기는 11시간 15분 44초로 매 8일 간격으로 지구를 17번 회전한다. GLONASS 위성궤도는 특히 GPS의 경우 문제가 많은 고위도(남 또는 북)에서의 사용에 알맞다.

GLONASS의 위치정밀도는 1세대의 위성 4개를 사용했을 경우 평면 5~10m, 표고 15m이었으나 GLONASS-K 위성이 발사된 현재는 정밀도는 2.8~7.38m까지 향상되었다. K2(2023년 발사 예정) 위성이 성공하면 정밀도는 더 높아질 것이다.

GLONASS 위성은 두 개의 반송파 신호, 즉 개방형 표준정밀도 신호인 L1OF/L2OF와 난독화(難讀化)된 고정밀도 신호 L1SF/L2SF 신호를 L1, L2 밴드 모두에서 전송한다. C/A 코드로 알려진 표준정밀도 신호의 시간비율은 0.511MHz이고 민간용으로 사용되며 P 코드인 고정밀도는 허가된 사람만 이용할 수 있도록 특수 코드로 변조되었다. GLONASS 위성 신호는 GPS 신호에서와 유사한 DSSS(Direct Sequence Spread Spectrum) 인코딩 및 BPSK 변조를 사용한다.

GLONASS 신호와 GPS 신호와의 차이점은 GLONASS 위성은 각각 자기 고유의 반송파 주파수를 전송한다는 것이다. 여기서 p를 위성에 특정한 채널 번호라 하면 반송파의 주파수 L는

$$L_1^p = 1602 + 0.5625p\,\mathrm{MHz}$$

$$L_2^p = 1246 + 0.4375p\,\mathrm{MHz}$$

$$\frac{L_1^p}{L_2^p} = \frac{9}{7}$$

이다.

원래의 GLONASS 위성의 신호는 $1 \le p \le 24$를 사용하며 L1에서의 주파수 범위는 1602.0MHz~1615.5MHz이다. 그러나 GLONASS 수신기는 현재 1610MHz~1621MHz로 운영되는 이동 위성 통신 단말기와 전파간섭이 발생하는 문제점을 가지고 있다. 따라서 이러한 전파간섭의 영향을 피할 수 있도록 채널 번호를 $-7 \le p \le 6$로 제한하는 것으로 알려져 왔다. 현재는 L1 밴드 주파수의 경우 1598.625 MHz~1605.375 MHz, L2 주파수는 1242.9375 MHz~1248.625 MHz를 사용한다. L1과 L2 주파수는 5MHz로 작동하는 공통탑재 주파수로부터 논리적으로 유도된다. GPS의 경우 코드의 구조가 서로 다름에도 불구하고 C/A 코드는 L1 밴드로 P 코드는 L1과 L2 밴드로 전송한다. 원래 GLONASS 설계에서는 난독화된 고정밀 신호는 L2 대역에서만 방송하도록 하였지만 GLONASS-M부터는 L1OF 신호와 유사한 표준정밀도 코드로 추가 민간 기준신호 L2OF, L2SF가 방송되고 2014년 이후에 생산된 GLONASS-M과 K1에서는 L3OC가 방송된다. 또한 K2 위성에서는 L1OC/L1

SC, L2OC/L2SC, L3OC가 방송될 것이다.

GLONASS 위성시스템과 GPS 위성시스템은 몇 가지 다른 점이 있다. 먼저 사용 좌표계의 차이점이다. GPS에서는 WGS84 좌표계를 사용하지만, GLONASS에서는 1900~1905 사이의 평균 극축을 사용하는 PZ-90(Earth Parameters 1990-Parametry Zemli 1990)이라는 좌표계를 사용한다. 그 후 PZ90 좌표계는 많이 개선되어 PA90.11이 발표되어 2014년 1월 15일부터 PZ90.02을 대체하였다(2016년 1월 25일 수정). PZ90.11은 ITRF2008과 cm 수준까지 근접해 있지만 이상적으로는 PZ시스템 대신에 ITRF2008 시스템으로 완전히 바뀌어야 할 것이다.

또 다른 하나의 차이점은 시간의 기준이다. GLONASS 위성에서는 BIH에서 설정한 세슘 133 원자의 주파수에 근거하고 있다. 그러나 이 기준은 지구의 회전주기와 약 6달에 1초 정도의 차이가 발생한다. 따라서 태양시와의 관계를 계산하여 주기적으로 윤초(閏秒)를 가산하여야 한다(GPS에서는 불필요).

▶ 표 10.4 GLONASS 위성 현황

종류	발사 위성수	운용 위성	대기	퇴역 위성	발사 실패	기타
Block I	19	0	0	10	0	
Block IIa	9	0	0	9	0	
Block IIb	12	0	0	6	6	
Block IIv	56	0	0	56	0	
Block III	1	0	0	1	0	
Glonass-M	51	21	0	24	6	
Glonass-K1	5	3	2	1	0	계속 발사 중
TOTAL	144	24	2	107	12	

GLONASS의 현대화 작업은 제2세대 위성인 GLONASS-M으로부터 시작하여 3세대 위성인 GLONASS-K 위성으로 이어진다. 2세대 위성인 GLONASS-M 위성은 무게 1,450kg이며 수명은 7년이고 좀 더 향상된 위성 시계를 탑재하였고 새로운 민간용 코드 신호(L2C)를 L2 주파수 밴드에서 사용할 수 있다.

제3세대 위성인 GLONASS-K 위성은으로 2세대보다 더 향상된 위성으로 수명도 10년으로 2세대의 M 위성보다 3년이 더 길고 무게도 450kg으로 1,480kg인 M 위성보다 가볍다. GLONASS-K1 위성은 더 많은 위성 신호를 사용하며 현대화된 GPS, Galelio, Compass 위성들과 유사한 변조 방법을 사용하는 L3와 L5 밴드에서 새로운 CDMA 신호를 사용함으로써 정밀도를 향상한다.

2023년부터 제4세대 위성인 GLONASS-K2 위성을 발사할 예정이었으나 2024년 5월 현재까지 발사되지 못하고 있다. 2025년부터는 GLONASS-V 위성, 2030년에는 GLONASS-KM 위성을 발사할 예정이다.

10.8.2 GALILEO 위성

Galileo 위성은 EU와 유럽항공우주국(ESA, European Space Agency)을 통해서 EU가 만들고 EUSPA(EU Agency for Space Program, 체코의 프라하에 위치)에 의하여 운영되는 범지구 위성체계로 이탈리아의 Fucino와 독일의 Oberpfaffenhofen에 지상 운영센터가 있다. Galileo라는 이름은 이탈리아 천문학자 Galileo Galilei(1564~1642)의 이름을 따서 명명되었다.

Galileo는 전쟁 또는 분쟁 등이 있을 때 GPS나 GLONASS는 운영자에 의해 사용이 제한될 수 있다는 염려 때문에 유럽의 정치 및 군사 당국이 GPS나 GLONASS로부터 완전히 독립적으로 운용할 수 있도록 순수 민간용으로 개발되었다. 따라서 미국, 러시아, 중국처럼 군사적 목적으로의 시스템개발이 아니라 순수한 민간용으로 개발되었고 오직 무력 충돌과 같은 극단적인 상항에서만 폐쇄될 수 있습니다.

갈릴레오 시스템은 처음 유럽 4개국(독일, 프랑스, 이탈리아, 영국)에서 각각 다른 형태의 Galileo 위성시스템을 구상하고 있었는데 1999년 단일화가 이루어져 2003년 5월 26일 EU와 ESA에 의하여 공식적으로 Galileo 계획이 발표되었다. 갈릴레오 프로젝트에 가장 많이 기여한 국가는 이탈리아와 독일이다.

정밀도는 표준서비스(낮은 정밀도)는 무료로 완전히 개방되었으나 완전히 암호화한 고정밀 서비스는 정부가 승인한 자에 무료로 사용이 허락된다. Galileo의 정밀도는 GPS보다 높은 수평, 수직 모두 1m 이내이다. 또한 Galileo는 MERSAR(중궤도 수색 및 구조활동) 시스템의 일부로 글로벌 수색 및 구조(SAR)기능을 제공할 예정이다.

갈릴레오 시스템은 개발 초기 미국의 군사적 우려 때문에 미국과 일부 문제점이 있었지만 2004년 6월 미국과 체결한 협정에서 유럽연합은 2진 오프셋 주파수변조(BOC, Binary Offset Carrier Modulation) 1.1 또는 BOC(1,1)로 전환하여 향후 GPS와 Galileo 모두 공존하도록 상호 협력하기로 하였으며 동시에 유럽연합은 "동맹국과 미국의 국가 안보 능력 보호와 관련된 상호 우려"를 해결하기로 하였다.

갈릴레오는 2005년 12월 28일과 2008년 4월에 시험 위성인 GLOVE-A와 B가 각각 발사되었다(지금은 퇴역하였다) 2011년 10월 21일에 첫 번째 운용 위성이 발사된 후 총 30개(여유분 포함)를 발사할 예정이었으나 27개의 위성이 발사되었으며 2024년 5월 14일 현재 4개의 위성은 사용 중지 또는 사용 불가의 상태로 23개의 위성만이 운영되고 있다. 2025년부터는 위성체의 현대화가 이루어져 총 12개의 제2세대 위성, G2G 위성이 발사되어 1세대 위성들이 교체될 것 예정이다.

갈릴레오 위성은 GPS와 GLONASS에 매우 근접한 원형 중궤도이고 적도로부터의 경사각이 56°이고 승교점 경도 (昇交點 經度, ascending node) 120° 로 분리된 3개의 궤도면에 각각 9개의 위성이 배치된다(궤도면 당 8개의 운용 위성과 1개의 예비 위성). 위성의 고도는 23,222 km이고 주기는 14시간 22분이며 방송 범위는 북위 75° 까지다. 설계수명은 12년이며 위성의 무게는 675kg이다. 이들 위성에는 역사상 가장 정밀한 원자시계인 2개의 수소 증폭 원자시계와 2개의 루비듐 원자시계(마스터 컨트롤 시계인 수소 원자시계에 문제가 있을 때 즉시 사용되는 예비용 시계)를 탑재하고 있다. 수소 증폭 원자시계는 루비듐 원자시계보다 4배 이상 정밀하며 오차는 300만 년당 1초(nano second 또는 10억분의 1초 오차)인 최고의 정밀한 원자시계이다.

▶ **표 10.5** Galileo 위성 신호

위성신호	반송파의 주파수(MHz)	수신기의 기준밴드폭(MHz)	Ranging Code Chip rate(Mchip/s)	변조 방법
E1	1575.420	24,552	2.046	BOC
E6	1278.750	40,920	5.115	BOC, BPSK
E5	1191.795	51.250	10.23	AltBOC
E5a	1176.450	20.460	10.23	AltBOC
E5b	1207.140	20.460	10.23	

갈릴레오 위성 신호는 3개의 독립된 CDMA 신호인 E1, E5, E6, E5a, E5b의 5개의 신호가 있으며 갈릴레오의 광 밴드 영역을 전파하도록 4개의 주파수 영역을 사용하여 전송한다. E5-밴드는 1164MHz~1260MHz, E6-밴드는 L-밴드 지역의 하부에 속하는 1260 MHz~1300 MHz, E1-밴드는 GPS의 L1 밴드에 속한다. Galileo와 GPS에서 수신기 요소들을 공통으로 사용하는 상호호환성을 갖기 위하여 Galileo E1에 대한 반송파 주파수는 GPS L1과 같은 1575.42MHz이며, E5a와 GPS L5는 공통 반송파 주파수로 1176.45MHz를 사용한다(표 10.5 참조).

Galileo 위성의 서비스는 **OS**(Open Service), HAS(High Accuracy Service), SOL(Safety Of Life), PRS(Public Regulated Service), SAR(Search and Rescue) 등 5가지의

서비스가 이루어진다. OS는 모든 사람이 사용할 수 있는 무료 서비스이며 차후 항해 메시지에서 골라낸 인증된 데이터만을 사용하여 위치계산 하도록 항해 메시지 인증 절차를 제공할 것이다. HAS는 고부가가치 사업에서 이용하는 상업적, 전문적 서비스로 OS와 같이 자유롭게 이용하며 1미터 이하의 고정밀도를 제공한다. PRS는 높은 보안성을 요구하는 정부 기관 또는 군사 목적의 서비스이다. SAR은 국제 재난 구조용 서비스로 지구상 어느 곳에서나 송신되는 조난신호의 정확한 위치정보를 제공함으로서 신속한 구조활동이 이루어지도록 하는 서비스이다. 이를 위해서 각 위성에는 사용자의 송신기에서 재난구조센터로 송신되는 조난신호를 전송해 줄 수 있는 자동 무선 장치(transponder)가 탑재되고 위성시스템에서는 사용자에게 재난구조 신호가 정상적으로 전달되어 구조작업이 시작되었음을 알려주게 된다. 이같이 구조요청자에게 현재 구조가 진행 중이라는 사실을 알려주는 기능은 GPS나 GLONASS에서는 불가능한 한 차원 높은 기능인 것이다. 완전히 개방되는 OS에서는 평면 또는 표고 모두 미터 급의 정밀도를 제공한다. 특히 높은 위도권에서는 GPS나 GLONASS보다 더 높은 정밀도를 유지하도록 설계되었다.

Galileo 위성 수신기는 2018년 말까지 미국 내에서는 미국 내에서는 사용할 수 없었으나 2015년 EU의 요청에 따라 2018년 11월 15일 요청을 승인하였으며 E1과 E5 주파수를 사용할 수 있도록 하였다. 스마트폰(아이폰, 삼성 갤럭시 등)을 포함한 대부분의 수신 장치에서도 사용할 수 있으나 필요에 따라 운영체제 또는 소프트웨어 업데이트의 수정이 필요하다.

10.8.3 BeiDou(베이더우) 위성

BeiDou위성시스템(北斗卫星导航系统, BeiDou Navigation Satellite System)은 중국의 범지구 위성측위시스템으로 1983년 陳芳允(Chen Fangyun)의 제안으로 시작되었으며 실험용 위성과 2단계인 범 지구위성 시스템으로 구성된다.

BeiDou-1로 불리는 실험용 지구 항법 위성 시스템은 4개의 위성(3개의 실용위성과 1개의 지원 위성)으로 구성된 위성으로 중궤도 위성인 GPS, GLONASS, Galileo와는 달리 지구고정 궤도를 사용한다. 따라서 이 위성시스템은 많은 수의 위성이 필요 없어 중국과 인접국 등 한정된 구역에서만 항법 목적으로 사용하였다. 2000년에 2개의 위성, 2003년 3번째 실용위성이 발사되어 2012년 말까지 운영되고 있었다.

제2단계 위성 체계인 BeiDou-2는 "COMPASS"로 불리기도 하며 BeiDou-1의 연장이 아니라 새롭게 구성되는 제2세대의 범 지구위성 체계로 5개의 지구고정 궤도 위성과 30개의 비고정 궤도 위성 등 총 35개의 위성으로 구성된다. 또한 30개의 비고정 궤도 위성은 27개의 중고도 위성과 3개의 고고도 지구위성으로 구분된다. 중고도 위성(MEO, Medium Earth Orbit)은 고도 21,528 km이며 적도면 기준으로 경사각 55°인 3개의 궤도면에 등 분포되었다. 3개의 고고도 지구고정 위성(GEO, Geostationary Earth Orbit)의 고도는 35,786 km이며 적도면 기준으로 경사각 55°인 3개의 경사진 지구고정궤도면(IGSO, inclined geosynchronous satellite orbit)에 등 분포되었다.

"COMPASS" 위성은 2007년 4월 13일 첫 번째 위성이 발사되어 2009년에 1개, 2010년에 5개, 2011년에 3개, 2012년에 6개, 총 16개가 발사되었으며 그중 15개(1개는 퇴역)가 2015년 제3세대의 위성이 발사될 때까지 극동 지역에 국한하여 서비스되고 있었다.

제3세대 위성인 "BeiDou-3"는 첫 번째 위성이 2015년 3월 30일에 발사되어 2018년 12월 27일 범 지구 서비스가 시작되었고 2020년 6월 23일 BeiDou 위성 계열의 마지막 위성인 55번째 위성이 발사되었다. BeiDou 위성의 정확도는 2016년의 후처리의 경우 밀리미터 수준으로 알려졌다. 2024년 5월 14일 현재 BeiDou-2 위성 15개, BeoDou-3 위성 29개(33개 중 4개는 실험 및 준비 중), 총 44개의 위성이 운영되고 있다.

BeiDou 위성 체계의 기준 좌표시스템은 IERS에 맞추어진 CGCS 2000(중국 측지좌표계, Chinese Geodetic Coordinate System 2000)을 사용하고 있다.

BeiDou 위성의 신호는 3개의 주파수 밴드, 즉 B1(B1I, B1Q, B1C, B1A), B2(B2I, B2Q, B2a, B2b), b3(B3I, B3Q, B3A)로 구성되었고 이들 중 공개된 신호는 B1I, B1C, B2I, B2a, B2b, B3I 신호이고 나머지는 군사용으로 허가된 사람만 사용할 수 있다. 이들 신호 중 민간인에게 공개된 신호의 요소들은 〈표 10.6〉와 같다.

▶ **표 10.6** BeiDou 위성의 신호요소

위성 신호	반송파의 주파수(MHz)	Ranging Code Chip rate(Mchips/s)	변조 방법
B1 I	1,561.098	2.046	BPSK(2)
B1 C	1,575.420		MBOC(6,1,1/110)
B2 a	1,176.450	10.23	AltBOC(15,10)
B2 b	1,207.140		AltBOC(15,10)
B3 I	1,268.520	10.23	AltBOC(15,10)

10.8.4 QZSS 위성

QZSS(Quasi-Zenith Satellite System)은 4개의 준천정(準天頂) 지구궤도 위성으로 구성되는 일본 전용의 지역 위성 측위시스템으로 "**미치비키**(みちびき, Michibiki)"라 불리기도 한다.

QZSS는 2010년 9월 11일 1일 QZS-1 위성이 처음 발사되어 3개의 위성으로 2013년까지 완전 운용 체제를 갖출 예정이었으나 2013년 3월 일본 내각은 최초 3개의 위성으로 계획하였던 QZSS 계획을 4개의 위성으로 구성하기로 변경하였다. 이를 위하여 "Mitsubishi Electronic"과의 계약(5억 2천6백만 불)에 따라 2017년 말까지 나머지 3개의 위성을 발사하기로 함에 따라 2017년 6월 1일에 QZS-2 위성, 8월 19일에 QZS-3 위성, 그리고 10월 9일에 QZS-4 위성이 발사되어 4개의 완전한 QZSS 위성 체계가 완성되었다. 2018년 1월부터 시험 운용을 시행함과 함께 2024년 5월 14일 현재 완전 운영체계에 있으며 위성 4개 중 3개는 항상 서비스 지역인 Asia-Oceania 지역에서 관측할 수 있다. 주 통제소는 Hitachi-Ota와 Kobe 두 곳에 있다.

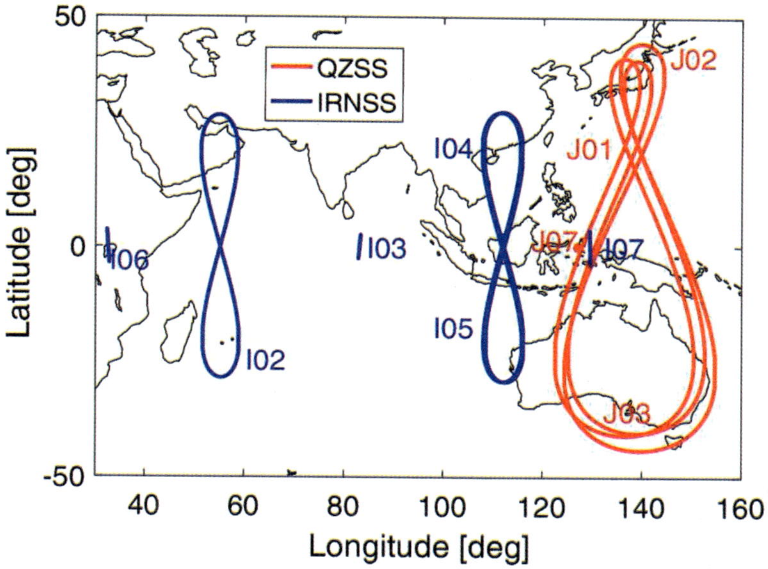

그림 10.9 QZSS와 IRNSS 위성궤도의 8자형 지상 경로

QZSS 위성시스템은 총 4개의 위성으로 구성되며 그중 3개의 위성은 고고도 타원

궤도를 갖는 지구동기위성(geosynchronous satellite)이고 4번째 위성은 지구고정 위성이다. 3개의 지구동기위성은 위성의 궤도가 다른 두 개의 위성과 120° 떨어졌으며 근지점 약 32,000 km, 원지점 약 40,000 km인 고고도의 타원궤도에 배치되었다. 이와 같은 높은 고도의 궤도 경사로 인하여 이들 3개의 위성은 지구고정 위성이 아니어서 한곳에 머물러 있지 않는다. 따라서 이들 위성은 모두 〈그림 10.9〉와 같이 "8자" 형태의 지상 경로를 지나며 그들 중 한 개는 반드시 일본의 천정상공(고도 60° 이상으로 하루에 12시간 이상)에 떠있도록 설계되었다. 준천정(準天頂) 위성이라는 이름도 이러한 맥락에서 붙여지게 되었다. 위성의 수명은 10년으로 설계되었다. 초기에는 위성 측위 기술의 확인과 활용성을 높이고 QZSS와 GPS를 같이 사용하였을 때 도쿄 중심부에 대한 측위 정밀도를 크게 향상하고자 하였다.

일반적으로 위성 측위는 4개 또는 그 이상의 위성을 사용하여야만 3차원 측위가 가능하고 더 많은 숫자의 위성을 사용하면 더 안정적으로 측위를 할 수 있다. 그러나 도시지역의 밀집한 건물이나 산림 등과 같은 장애물에 의하여 GPS 신호의 수신 장애가 생기면 안정적인 측위를 할 수 없게 된다. 우리나라와 같이 위도가 낮은 지역에서는 위성 신호가 약 45° 각으로 들어오기 때문에 측위에 미치는 영향이 매우 크다, QZSS 위성시스템과 같이 4개의 위성으로는 동경과 같은 도심지역의 건물이나 기타 삼림 등으로 인한 위성 신호의 수신 장애가 발생하여 사용할 수 있는 위성 수가 줄어들고 따라서 안정적인 측위가 어렵게 된다.

QZSS 위성은 GPS 위성과의 조합으로 8개의 위성 또는 그 이상(6 GPS와 3 QZSS)의 위성을 사용함으로써 안정되고 높은 정밀도의 측위가 가능하다. 이러한 문제점들을 해결하기 위하여 일본 정부는 2023년에는 추가로 3개의 QZS 위성을 발사하여 QZSS를 현재 4개에서 7개의 위성 체계로 구성하고 그중 두 개는 항상 일본의 천정상공에 떠 있게 할 계획이다.

QZSS 위성 신호는 GPS 위성 신호인 L1C/A, L1C, L5, L1S, L5S, L6와 Galileo의 E1b, E5a 신호와 완전히 호환되는 신호를 사용함으로써 지상에서 GNSS 수신기를 교체할 필요 없이 그대로 사용할 수 있으며 수신기들의 독립적 사용과 고정밀 주파수 위상차 측위 서비스의 모든 능력을 향상된다. 예로서, GPS-QZSS, Galileo-QZSS와 같은 형태로 다른 위성과 다른 수신기의 혼합이 가능하다. 다시 말하면 QZSS는 고정밀 측위를 위한 GPS의 연장이라고 생각할 수 있다.

〈표 10.7〉은 QZSS 위성신호의 요소를 나타낸 것이다. L1-SA1F 신호는 미터 이하를 결정하고 GPS와 SBAS(Satellite Based Argumentation System)와의 상호 사용을 위한 것이다. LEX 신호는 3cm급의 정밀도를 위한 QZSS L밴드 실험용 신호이다. 이

신호는 Galileo E6 신호와 서로 겸용할 수 있다.

GPS를 단독으로 사용할 경우와 GPS와 QZSS를 혼합하여 사용할 때를 비교해 보면 혼합하여 사용할 경우, QZSS의 L1-SA1F 신호와 LEX 신호를 이용함으로써 측위 정밀도를 미터급 이하로 높일 수 있다.

▶ **표 10.7** QZSS위성의 신호요소

위성 신호	반송파의 주파수(MHz)	수신기의 기준 밴드폭(MHz)	Ranging Code Chip rate(Mchips/s)	변조 방법
L1 C/A	1575.42	24	1.023	BPSK
L1C	1575.42	24	1.023	BOC
L1-SA1F	1575.42	24	1.023	BPSK
L2C	1227.60	24	1.023	BPSK
LEX	1278.75	42	5.115	BPSK
L5	1176.45	24	10.23	BPSK

10.8.5 IRNSS 위성

IRNSS(Indian Regional Navigation Satellite System)위성체계는 2006년 5월에 인도 정부에 의하여 승인된 인도의 지역위성 시스템으로 "NavIC"라고 불린다. IRNSS 위성 체계는 총 7개의 위성으로 구성되며 주목적은 위성의 모든 부분(위성체 부분, 지상 통제 부분, 수신기 등)을 인도 스스로 통제, 운용하고자 함에 있다. NavIC 위성은 인도와 그 주변 약 1,500km 지역에서 운용하고 장차 운용 지역을 더 확대할 계획이다. 확대될 지역은 남위 30°~북위 50°, 동경 30°~동경 130°로 형성되는 사각형 지역이 될 것이다(1,500km~ 6,000km).

7개의 위성 중 3개는 지구고정 궤도(GEO, Geostationary Orbit) 위성으로 지상 약 36,000km 상공에 동경 32.5°, 83°, 129.5°의 위치에 있으며 4개의 위성은 지구동기 궤도위성(IGSO, Inclination Geosynchronous Orbit)으로 경사각 29°인 궤도면에서 그중 2개는 55°에서 다른 두 개는 111.75°에서 적도를 관통한다. 4개의 GSO 위성은 QZSS 위성에서와 같이 "8자 모양"의 궤적을 이룬다. 위도가 낮아서 저경사 위성으로의 포괄 면적은 최적의 조건이며 인도의 통제소에 의하여 연속적으로 신호가 제공된다.

"IRNSS-1"으로 불리는 7개의 위성 체계는 2013년 7월 1일 1호 위성인 IRNSS-1A이 발사되었으나 궤도진입에 실패하였다. 그 후 2014년 4월 4일에 2호

(IRNSS-B), 2014년 10월에 3호(IRNSS-1C), 2015년 3월에 4호(IRNSS-D), 2016년 1월과 3월 그리고 4월에 각각 5호(IRNSS-1E), 6호(IRNSS-1F), 7호(IRNSS-1G), 2017년 8월과 2018년 4월에 각각 8호(IRNSS-1H)와 9호(IRNSS-1I)와 함께 총 9개의 위성이 발사되었다. 8호 위성(IRNSS 1-H)은 당초 궤도진입에 실패한 1호(IRNSS 1A)를 대체하기 위한 것이었으나 발사에 실패하였다. 따라서 2024년 5월 현재 총 7개의 위성을 운용하고 있으며 장차 7개의 위성에서 11개의 위성으로 확대할 계획이라고 한다.

NavIC는 GPS에서와 같이 민간용의 표준 측위 서비스(SPS, standard service)와 군사용인 제한사용 서비스(RS, restricted service)의 두 가지로 제공된다. SPS와 RS 모두 L5 밴드(1176.45MHz)와 S밴드(2492.08 = 243.6 × 10.23 MHz)로 전송된다. SPS 신호는 BPSK 방법으로 변조되고 RS 신호의 경우 BOC 변조 방법을 사용한다. RS 서비스에 대한 능률을 향상하기 위한 추가적인 BOC 신호(RS-P신호)가 제공됨으로 L5 및 S 밴드 각각 3개의 신호, 즉 SPS, RS, RS-P신호가 전송된다. SPS 신호는 GPS, Glonass, Galileo, BeiDou 위성들과 상호 이용이 가능하다. NavIC L1 신호도 다른 GNSS 위성의 신호와 상호사용이 가능하며 앞으로 발사되는 모든 위성에서는 L1, L5, S 밴드에서 SPS 신호가 방송될 것이다. GNSS 신호와 사용자의 수신기는 1 주파수 모-드 또는 2 주파수 모-드 모두 사용할 수 있다.

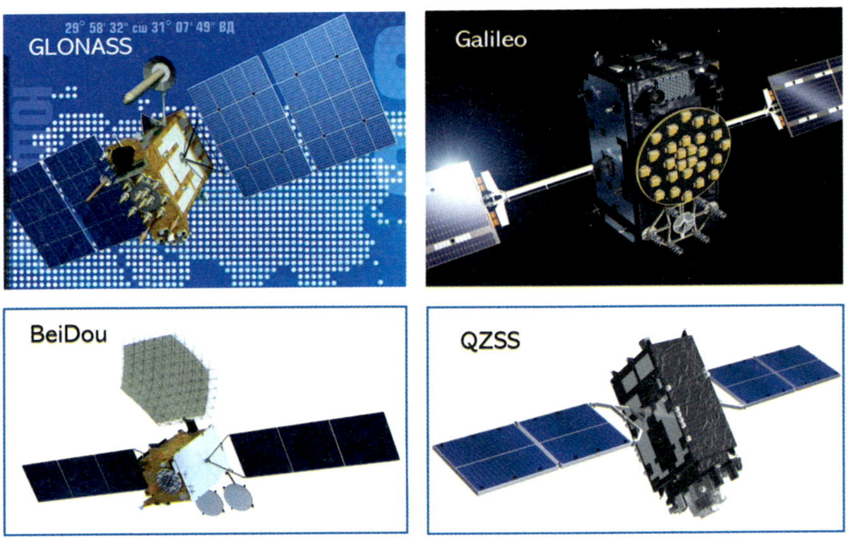

그림 10.10 여러 나라의 최신 GNSS 위성

IRNSS 시스템의 측위 정밀도는 인도지역 내에서는 10m 이하, 인도양과 그 주변

약 1,500km 이내에서는 20m 이하의 정밀도를 가진다. 그러나 인도 당국은 SPS의 경우 5m 이상의 정밀도를 가질 것이라고 한다. 〈그림 10.10〉은 여러 나라의 최신 GNSS 위성들의 모습이다.

10.9 | GNSS 측위법의 기본원리

위성 측위법의 원리를 이해하기 쉽도록 예를 하나 들어보도록 하자. 천둥 번개가 칠 때 순간적으로 번개 치는 곳까지 거리가 얼마나 떨어져 있을까 하고 생각해 보면 현재의 위치에서 천둥소리가 나는 곳까지의 거리를 쉽게 추측해 볼 수 있다. 즉 번개가 번쩍하는 순간부터 우리의 귀에 천둥소리가 "쾅"하고 들리는 순간까지 걸린 시간에 소리의 속도(약 330m/s)를 곱하면 쉽게 현재의 위치에서 소리의 근원지까지의 거리를 쉽게 계산할 수 있다.

똑같은 원리로 위성에서 송신되는 전파신호가 지상의 수신기까지 도달하는데 걸리는 이동시간을 "t"라고 하고 전자파의 속도를 "c"라 하면 거리(D)는 전자파의 속도(c)에 시간(t)을 곱하면 얻어진다. 즉

$$D = c \times t \tag{10.1}$$

위성으로부터 얻어지는 관측 성과는 두 가지가 있다. 첫째는 위성에서 수신기까지의 거리(의사거리)이고 둘째는 위상차이다. 위상차는 위성에서 송신된 위성 신호가 지상의 수신기에서 수신될 때 수신기 자체의 발진기(oscillator)에서 생성된 신호와의 위상 변위(위상차)이며 이를 이용하여 위성에서 수신기까지의 거리를 계산할 수 있다.

GPS 측위법은 위성에서 수신기까지의 거리를 사용하여 수신기의 위치를 결정하는 측위 방법이다. 이것은 재래식 측량에서 여러 개의 기지점에서 한 개의 미지점에 이르는 거리를 측정하고 미지점의 좌표를 후방교회법(resection)으로 구하는 원리와 같다. 다만 GPS 측량에서는 위성의 위치들이 기지점(위성까지의 거리를 관측하는 순간의 위성의 위치를 알 수 있기 때문)이 되고 반대로 수신기의 위치가 미지점이 되는 것이다.

GPS에 의한 3차원 측위법은 측정에서 사용하는 수신기의 안테나 상태에 따라 구분하면 정적측위(靜的測位, static positioning)와 동적측위(動的測位, dynamic positioning)로 구분할 수 있으며, 측위 결과에 따라 구분하면 절대측위(絶對測位, absolute positioning)와 상대측위(相對測位, relative positioning)로 구분할 수 있다.

정적측위는 측정하는 과정에서 주변의 측점들에 연관된 수신기 안테나가 "정적(고정) 상태"에 있는 경우이고 반대로 동적측위는 측정하는 동안 수신기의 안테나가 "동적(이동) 상태"에 있는 경우이며, 따라서 동적측위의 경우 측위 결과는 연속적으로 변한다.

절대측위는 사용자 안테나(측점)의 절대위치를 WGS84 좌표계에 따라 결정하는 독립적인 측위로서 "단독측위"라 부르기도 한다. 상대측위는 수신기의 안테나(관측자)와 WGS84 좌표계에 있는 지상기준점 간 또는 두 개의 관측점 간의 상대위치를 결정하는 측위를 말한다.

앞에서 말한 여러 가지 측위법을 서로 조합하여 사용하기도 한다. 예를 들면 정적 절대측위(static absolute positioning), 정적상대측위(static relative positioning), 동적 절대측위(dynamic absolute positioning), 동적상대측위(dynamic relative positioning) 등이다. 현재 현장에서 가장 많이 사용하는 측위 방법은 정적 상대측위와 동적 상대측위다.

상대측위의 데이터 해법에 따라 실시간 여부에 관계없이 후처리 측위와 실시간 동적측위(RTK, real time dynamic positioning)로 구분하며 다시 후처리 측위법은 정적(상대) 측위와 동적(상대) 측위로 구분한다.

절대 측위에서는 한 개의 수신기에서 여러 개(보통 4개 이상)의 위성을 관측하는 방법으로 상대측위에 비하여 정밀도가 낮다. 반면에 상대측위는 두 개의 수신기에서 똑같은 한 개의 위성을 동시에 관측하는 것으로 절대 측위보다 정밀도가 높다. 이때 두 개의 측점 중 한 개는 기지점을 사용한다.

일반적으로 절대 측위에서는 의사거리를 사용하며 상대측위에서는 반송파의 위상변위, 즉 위상차를 사용한다. GPS 측량의 정밀도는 사용하는 반송파 신호(L1과 L2 신호) 또는 코드 신호(C/A 코드와 P 코드)의 종류와 측위법의 종류(절대 또는 상대측위)에 따라 좌우된다.

10.9.1 의사거리

수신기가 위성에 연결되면 위성에서는 2진 PRN 코드(C/A 또는 P 코드)가 발생하며 동시에 수신기에서도 위성에서 발생한 PRN 코드와 똑같은 복제 신호가 발생한다. 이와 같은 과정은 모두 동시에 이루어진다. 이때 위성에서 송신되는 2진 코드가 위성으로부터 20,200 km 떨어진 지상의 수신기에 도달할 때까지는 전자파의 전파속도 때문에 늦어져 얼마간(약 0.07초)의 시간차가 발생한다. 위성과 수신기에서 생성된 이들 신호는 똑같은 2진 코드로 위성과 수신기에서 정확히 같은 시각에 발생한 동기

신호(同期信號, synchronized code)이기 때문에 위성에서 송신된 신호가 수신기에서 수신될 때 수신기에서 발생한 똑같은 복제 신호와 일치시키면 일정한 시간차가 발생하고 이 시간 차가 바로 위성으로부터 수신기까지 걸린 시간이 된다.

이 시간 차는 수신기에 장착된 시계에 의하여 측정되며(수신기의 상관 회로에 의하여) 이 대 측정된 시간 차를 PRN 코드 신호의 전파속도로 곱하면 위성으로부터 수신기까지의 거리가 계산된다.

시간차 측정의 정밀성은 위성과 수신기에 장치된 시계 자체의 정밀성과 두 시계가 얼마나 정확하게 일치되었는가 하는 동기성에 달려 있다. 다시 말하면 위성과 수신기에 장치된 시계는 매우 정밀하여야 하며 어느 특정한 시간 체계(GPS 위성시간 체계)로 서로 정확히 일치하여야 한다. 그러나 앞에서 말한 것과 같이 위성에는 매우 정밀한 원자시계(1,000만분의 1초 이상)가 장착된 한편 수신기에 장착된 시계(100만분의 1초 이하)는 이보다 정밀도가 낮아서 두 시계를 서로 동시에 정확하게 일치시키기가 매우 어려우며 또한 두 시계의 GPS 시간으로부터의 편차량도 각각 달라서 이들에 의하여 측정된 시간 차에는 필연적으로 오차가 포함된다. 따라서 오차가 포함된 시간 차에 의하여 계산된 거리에도 자연히 오차가 포함된다. 이와 같은 오차는 비록 시간 오차뿐만 아니라 대기조건에 의한 오차, 다중전파경로(多重傳播經路)에 의한 오차, 수신기 오차 등에 의한 오차들도 포함된다.

이와 같이 시간 오차 등 각종 오차가 포함된 것을 근거로 하여 계산된 거리를 **의사거리(擬似距離, pseudo-range)**라 한다.

지금 위성에서 송신되는 순간의 시간을 t^i, 수신기에서의 수신되는 순간의 시간을 t_A, 위성 시계와 수신기 시계가 GPS 표준시간 체계로부터의 시간편차를 각각, (δ^i, δ_A) 라 하면 위성 시계의 표시 시간 t^i는 PRN 코드에 의하여 송신되기 때문에 두 시계가 표시하는 시간의 차는 수신기에 있는 상관회로(相關回路)에서 측정된 기준신호와 위성 신호와의 시간 변위 δt 와 같다. 즉

$$\begin{aligned}\delta t = t_A - t^i &= \{t_{A(GPS)} - \delta_A\} - \{t^i_{(GPS)} - \delta^i\} \\ &= \left(t_{A(GPS)} - t^i_{(GPS)}\right) + \left(\delta^i - \delta_A\right) = \Delta t_{(GPS)} + \Delta\delta \end{aligned} \tag{10.2}$$

여기서

$$\Delta t_{(GPS)} = t_{A(GPS)} - t^i_{(GPS)}, \;\; \Delta\delta = \delta^i - \delta_A$$

한편 위성 시계의 편차 δ^i는 송신되는 운항 메시지를 인자로 하는 다항식(多項式)으

제 10 장

로 표시될 수 있으며 δ^i에 대한 보정이 이루어진다면 $\Delta\delta$는 수신기에서의 시간편차(부호는 반대)와 같다. 따라서 의사거리(r)는 진공 속에서의 빛의 속도(c)에 시간차(δt)를 곱한 것과 같다.

$$r = c\delta t = c\Delta t_{(GPS)} + c\Delta\delta = \rho + c\Delta\delta \tag{10.3}$$

여기서 ρ는 $t^i_{(GPS)}$ 시간대에서의 위성의 위치와 $t_{A(GPS)}$ 시간대에서의 수신기 위치 사이의 기하학적 거리에 해당하며 위성 신호의 순수한 진행 시간으로부터 계산된다.

PRN 코드로부터 계산된 의사거리의 정밀도는 보통 코드 길이의 1% 정도(C/A 코드의 경우 약 3 m, P 코드의 경우 약 0.3 m)가 얻어진다. 최근에는 코드 길이의 약 0.1%까지 가능한 것으로 알려졌다.

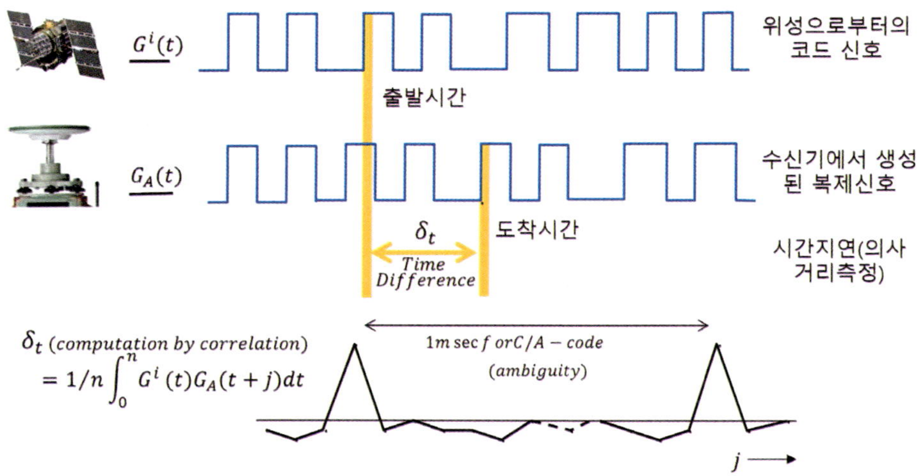

그림 10.11 코드 신호의 상관관계

10.9.2 위상차 측정

위성에서 수신기까지의 거리는 의사거리에 의한 것보다 GPS 신호의 위상차에 의하여 구하는 것이 더 정밀하다. GPS 신호가 위성에서 송신되는 순간부터 발생하는 위상 변위는 최종적으로 수신기에서 측정될 때까지 관측된다. 이것은 EDM에서의 방법과 유사하다. 다만 EDM에서는 송신기에서 송신된 반송파는 반사경 또는 반사 프리즘에서 반사되어 원래의 송신된 곳으로 되돌아오는 대신에 GPS에서는 반송파가 EDM에서와 같이 송신된 곳으로 되돌아오지 못하고 송신기와는 멀리 떨어진 지상의 수신기에서 수신되고 그곳에서 위상 변위가 측정된다.

위상 변위는 반송파 파장의 "완전한 파장 하나의 길이"를 측정 단위로 설정하여 측정하는 것이 아니라 보통 완전한 1개의 파장 길이의 1/100(선형길이 약 2 mm 정도)까지의 "소수파장(小數波長, fractional cycle)"을 측정 단위로 하여 측정한다. 또한 위상 측정에서 직접적으로 얻어지는 것은 GPS 신호가 수신기에 도달하는 마지막 파장에서의 위상 변위(위상차)일 뿐이지 위성 신호가 위성에서 수신기까지 진행한 전 경로에 해당하는 파장의 총수(전체 파장의 합), 즉 단위 파장의 어떤 정수배(定數倍)에 대한 것은 알 수 없다.

이것을 GPS 측량에서는 **"모호 정수(模糊定數, integer ambiguity 또는 미확정 정수)**라고 부른다. EDM에서는 좀 더 긴 파장의 신호를 사용하여 이 문제를 해결하였으나 GPS에서는 위성이 항상 일정하게 이동하기 때문에 이 방법으로는 불가능하다.

모호 정수는 시간과 독립된 변수이다. GPS 측량에서 이 미지수를 구하는 것은 또 다른 문제점 중의 하나이며 이것은 다른 또 하나의 위성에 대한 추가적인 관측을 통하여 해결할 수 있다. 그러나 비록 여러 개의 위성에 대하여 여러 개의 거리가 관측되었다 하여도 동일한 관측 시기 안에서는 각 위성에 대하여 하나의 상수로 간주 된다. 일반적으로 GPS 수신기에는 모호 정수를 측정하는 장치가 되어 있다.

지금 모호 정수가 결정되고 시간에 대한 오차가 제거되었다고 한다면 위상 변위와 의사거리와의 관계는 다음 식으로 표시할 수 있다.

$$\phi_i^j(t) = \frac{1}{\lambda}\rho_i^j(t) + N_i^j(t) + f^j[\delta^j(t) - \delta_i(t)] \tag{10.4}$$

여기서 $\phi_i^j(t)$는 위성 j와 수신기 i 사이의 위상 변위, f^j는 위성 j에서 발생한 위성 신호의 주파수, $\delta^j(t)$는 위성 j에 대한 시간 오차, λ는 신호의 파장, N_i^j는 위성 j로부터 수신기 i까지의 "모호 정수", $\delta_i(t)$는 수신기의 시간 오차이다.

10.9.3 절대 측위법

절대 측위법은 4개 또는 그 이상의 위성으로부터 한 개의 수신기까지의 거리(의사거리)를 측정하고 이들을 사용하여 후방교회법의 원리에 따라 수신기의 3차원 위치를 결정하는 방법이다. 따라서 이 방법을 "**절대 측위 또는 code ranging**"이라 부른다.

위성에서 수신기까지의 반송파의 전파시간을 안다면 위성에서 수신기까지의 거리는 앞에서 말한 것과 같이 〈식 10.1〉에 의하여 계산할 수 있다. 만일 위성 신호가 하나의 위성에서만 관측되어 하나의 거리만 계산할 수 있다면 수신기의 위치는 구체(球體) 위 어디에 있을 것이다(그림 10.12(a)). 만일 두 개의 위성에서의 신호를 수신할 수 있다면 수신기의 위치는 두 개의 구체가 교차해서 만들어진 원에 위치할 것이다(그림 10.12(b)). 그러나 〈그림 10.12(c)〉와 같이 3개의 위성으로부터 거리가 측정된다면 수신기의 위치는 3개의 구체가 교차여 형성되는 두 개의 점 가운데 그중 한 점에 위치할 것이다.

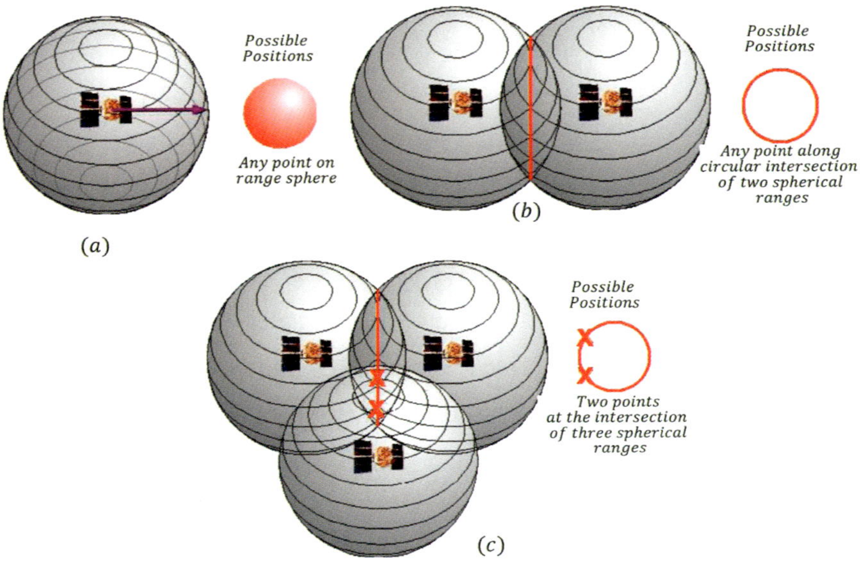

그림 10.12 위성 측위의 원리

〈그림 10.13〉에서 수신기 A로부터 3개의 위성(S^1, S^2, S^3)을 관측한다면 A의 좌표는 다음과 같은 방정식을 사용하여 구할 수 있다.

$$\begin{aligned} \rho_A^1 &= \sqrt{(X^1 - X_A)^2 + (Y^1 - Y_A)^2 + (Z^1 - Z_A)^2} \\ \rho_A^2 &= \sqrt{(X^2 - X_A)^2 + (Y^2 - Y_A)^2 + (Z^2 - Z_A)^2} \\ \rho_A^3 &= \sqrt{(X^3 - X_A)^2 + (Y^3 - Y_A)^2 + (Z^3 - Z_A)^2} \end{aligned} \tag{10.5}$$

여기서 ρ_A^n 은 수신기A로부터 3개의 위성까지의 기하학적 거리, (X^n, Y^n, Z^n)은 위성 신호가 송신되는 순간의 위성의 지심좌표, (X_A, Y_A, Z_A)는 수신기의 지심좌표이다. 이들 관측값에는 시간편차에 의한 오차, 대기굴절과 전리층에 의한 오차 등이 포함되어 있어 계산에서는 반드시 이들을 고려하여야 한다. 시간편차에 의한 오차는 한 개의 같은 수신기에서 3개의 위성을 관측하므로 3개의 거리에 대하여 모두 같다.

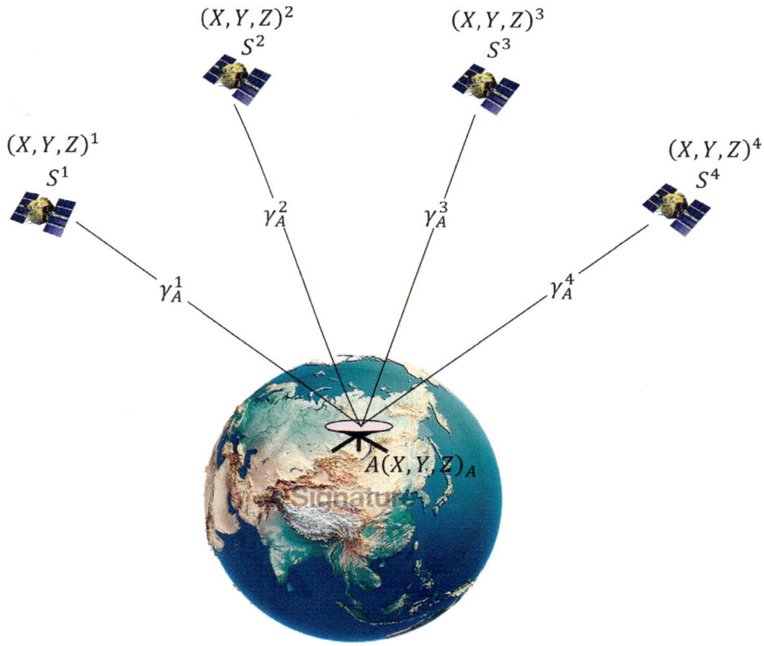

그림 10.13 의사거리에 의한 절대측위법

따라서 시간 오차 등 이들 오차를 처리하기 위해서는 〈식 10.5〉에 시간 오차 등에 관한 미지수 한 개를 추가하여야 한다. 이에 대한 수학적인 관계식은 다음과 같다.

$$\begin{aligned} r_A^1(t) &= \rho_A^1(t) + c[\delta^1(t) - \delta_A(t)] \\ r_A^2(t) &= \rho_A^2(t) + c[\delta^2(t) - \delta_A(t)] \\ r_A^3(t) &= \rho_A^3(t) + c[\delta^3(t) - \delta_A(t)] \\ r_A^4(t) &= \rho_A^4(t) + c[\delta^4(t) - \delta_A(t)] \end{aligned} \tag{10.6}$$

여기서 $r_A^n(t)$는 관측시기 "t"에서 위성 "n"으로부터 수신기 A까지의 의사거리, $\rho_A^n(t)$는 〈식 10.5〉에서 정의한 기하학적 거리, c는 진공 속에서의 빛의 속도, $\delta_A(t)$는 수신기 시계오차, $\delta^n(t)$는 위성 시계오차이다.

전리층 오차와 대기에 의한 오차는 L1파와 L2파를 동시에 사용하면 제거할 수 있다. 또한 위성 데이터를 사용하거나 낮은 고도에 있는 위성의 관측을 피하면 이러한 오차를 현저히 감소시킬 수 있다. 따라서 이들 방정식을 풀기 위해서는 4개 또는 그 이상의 위성에서 동시에 관측이 이루어져야 하며 만일 4개 이상의 위성으로부터 관측이 이루어진다면 최소제곱법에 의하여 유일 해를 구할 수 있다.

절대 측위법에 의하여 수신기의 위치를 계산하기 위해서는 위성 궤도자료(위성력 자료)가 필요한데 이 경우에는 미지수인 수신기의 위치를 계산하기 전에 반드시 위성력 자료를 3차원 직각좌표로 변환하여야 한다.

10.9.4 상대측위법

상대측위법은 〈그림 10.14〉와 같이 똑같은 위성을 두 개(또는 두 개 이상)의 수신기에서 동시에 관측하여 수신기의 3차원 위치를 결정하는 방법으로 일반적으로 의사거리 대신에 반송파의 위상차(또는 위상 변위)를 사용한다. 상대측위법은 GPS측위법에서 가장 정확한 측위법으로 두 개의 측점 중 하나는 3차원 좌표가 알려진 기지점(旣知點)이어야 하며 다른 한 점은 미지점이 된다. 이때 미지점(未知點)의 위치는 기지점의 좌표에 근거하여 그 위치가 결정된다. 상대측위법은 DGPS(Differential GPS)라 부르기도 한다.

반송파의 파장은 그 크기가 작으면 작을수록 더 정밀한 측정이 가능하여 관측값의 정밀도는 반송파의 파장이나 PRN 코드 등 어느 것을 사용하는가에 따라 달라진다. 일반적으로 상대측위법에서는 파장의 길이가 0.19 m~0.24 m인 L1파와 L2파를 사용할 때 mm~cm까지의 정밀도를 얻을 수 있으며 반면에 파장의 길이가 30 m~300 m인 C/A 코드 또는 P 코드를 사용하면 0.1 m~1 m의 정밀도를 얻을 수 있다.

〈그림 10.14〉에서 미지점 B와 기지점 A의 관계식은 다음과 같다.

$$\begin{aligned} X_B &= X_A + \Delta X \\ Y_B &= Y_A + \Delta Y \\ Z_B &= Z_A + \Delta Z \end{aligned} \tag{10.7}$$

여기서 (X_A, Y_A, Z_A)는 기지점 A의 3차원 지심좌표, (X_B, Y_B, Z_B)는 미지점 B에 대한 3차원 지심좌표, $(\Delta X, \Delta Y, \Delta Z)$는 계산된 기선 벡터 요소이다(그림 10.14(b)).상대측위에서는 두 개 또는 그 이상의 수신기를 사용하여 위성들에 대한 의사거리를 측선의 끝에서 동시에 관측한다. 동시 관측이란 같은 시간에 이루어진 수신기들의 관측 성과를 모은다는 것이다. 다시 말하면 같은 시기(時期, epoch rate)에 관측된 수신기들의 성과를 종합한다는 것은 매우 중요한 것이다. 관측 시기(시간 간격)는 측량의 종류 또는 요구하는 정밀도에 따라 다르나 일반적으로 1, 2, 5, 10, 15, 30초 등을 사용한다.

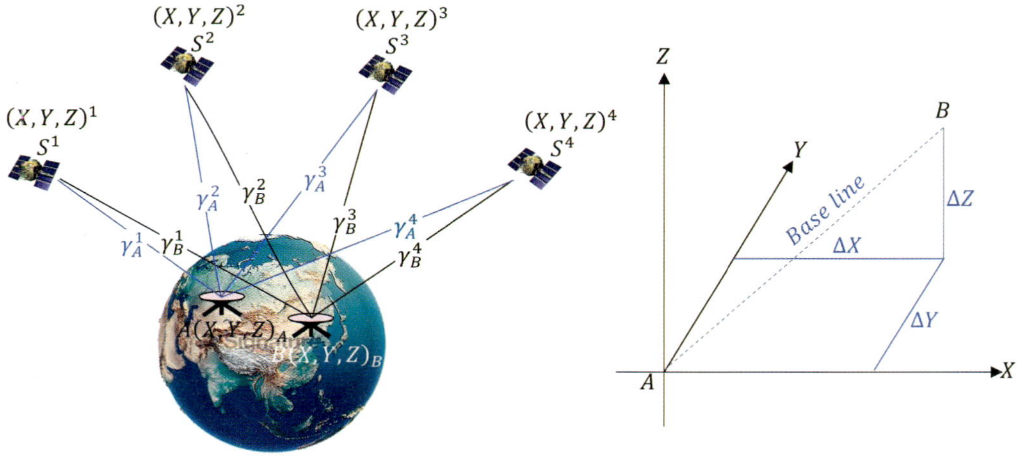

그림 10.14 상대측위와 기선해석

이와 같이 같은 관측 시기에 관측된 성과들이 모두 모여졌다고 하면 이들 성과를 사용하여 관측방정식을 구성할 수 있을 것이다. 이때 관측방정식은 여러 가지의 많은 조합이 가능할 것이며 이러한 조합 과정을 통하여 여러 가지 형태의 오차들이 소거될 수 있다.

지금 n_i개의 수신기에서 n_j개의 위성에 대하여 n_t개의 관측 시기 동안 관측하였다고 하면 총 $n_i \times n_j \times n_t$개의 관측방정식이 형성된다. 이때 미지수는 3 × n_i개의 측점좌표, $n_j \times n_t$개의 위성 시계오차, $n_i \times n_t$개의 수신기 시계 오차, $n_i \times n_j$개의 모호정수(N_i^j)가 있다. 만일 3개의 수신기(n_i = 3), 4개의 위성(n_j = 4), 1,000번의 관측 시기(n_t = 1000)라고 하면 총 12,000개의 관측방정식과 7,021개의 미지수가 생긴다는 결과이다. 이러한 방정식을 동시에 푼다는 것은 결코 쉬운 일이 아니다. 그러나 위상 방정식들의 대수적 차와 이들을 적절히 조합하면 계산을 단순화할 수 있고 미지수(오차)의 수를 줄일 수 있다. 실제적인 계산에서는 **하나의 관측방정식에서 다른 관측방정식의 산술적 차를 구하는 방법**으로 각 관측방정식의 미지수의 수를 줄이는 방법을 사용한다. 이러한 방법은 위상을 산술적으로 그 차를 구하는 것이므로 위상차 방법(phase differencing) 또는 단순히 **차분법(差分法)**이라 부르며 단순차분, 2중차분, 3중차분의 3가지 방법이 있다.

다음의 3가지 방법에 대한 설명에서는 단순화하기 위하여 위상 공식으로부터 전리층에 의한 오차, 대기에 의한 오차, 수신기에 의한 오차항들을 모두 제외하였다.

❶ 단순 차분(single differencing)

단순차분(單純差分)은 〈그림 10.15(a)〉에서와 같이 두 개의 다른 수신기(두 개의 측점)에서 하나의 위성을 동시에 관측할 때 두 개의 수신기에서 수신되는 신호의 순간적인 위상차를 측정하여 그들의 차를 구하는 것이다. 이와 같은 산술적 차에 의하여 위성시계의 편차와 전리층의 굴절오차가 제거될 뿐만 아니라 SA를 적용한다면 SA에 의한 영향도 함께 제거된다. 이 방법에서는 수신기가 계산의 주체가 되는 것으로서 먼저 수신기 A와 위성 j 사이의 위상차를 〈식 10.4〉에 의하여 표시하고 다음에 수신기 B와 위성 j 사이의 위상을 같은 식에 의하여 표시한 다음에 두 식의 산술적 차를 구한다.

$$\phi_A^j(t) - f^j\delta^j(t) = \frac{1}{\lambda}\rho_A^j(t) + N_A^j - f^j\delta_A(t)$$

$$\phi_B^j(t) - f^j\delta^j(t) = \frac{1}{\lambda}\rho_B^j(t) + N_B^j - f^j\delta_B(t) \tag{10.8}$$

위 두 식의 산술적 차를 구하면 다음과 같다.

$$\phi_{AB}^j(t) = \frac{1}{\lambda}\rho_{AB}^j(t) + N_{AB}^j - f^j\delta_{AB}(t) \tag{10.9}$$

〈식 10.9〉의 각 항은 다음과 같다.

$$\phi_{AB}^j(t) = \phi_B^j(t) - \phi_A^j(t), \qquad \rho_{AB}^j(t) = \rho_B^j(t) - \rho_A^j(t)$$

$$N_{AB}^j = N_B^j - N_A^j, \qquad \delta_{AB}^j(t) = \delta_B^j(t) - \delta_A^j(t)$$

〈식 10.8〉과 〈식 10.9〉를 보면 위성 시계의 편차, $f^j\delta^j(t)$는 두 식에서 공통으로 나타나므로 두 식을 뺄 때 자동으로 상쇄되므로 이에 의한 오차가 제거됨을 알 수 있다.

❷ 2중차분(double differencing)

2중차분(二重差分)은 〈그림 10.15(b)〉에 표시된 것과 같이 하나의 위성에 대하여 단순차분을 하고 동시에 또 다른 위성에 대하여 똑같은 단순차분을 한 후 두 방정식의 대수적 차에 의하여 결정하는 방법이다. 다시 말하면 먼저 두 개의 측점에서 한 개의 위성 j를 관측하고 단순차분에 의한 관측방정식을 구성한 다음 나머지 한 개의 위성 k에 대하여 똑같이 단순차분을 실시하여 또 다른 관측방정식을 구성한다. 이 때 이들 두 관측방정식을 서로 빼주면 2중차분의 관측방정식이 구성된다.

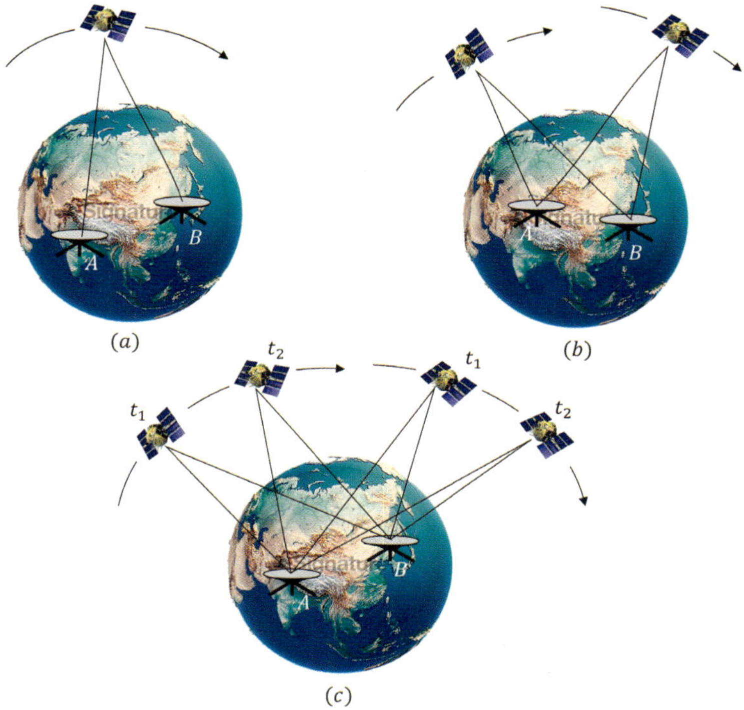

그림 10.15 차분법(differencing)

이 방법에서는 수신기와 위성이 계산의 주체가 되는 것으로 단순차분을 두 번 반복하는 과정에서 위성 시계와 수신기 시계의 편차에 의한 오차가 모두 제거된다. 그러나 다중파장경로(多重波長經路)에 의한 오차는 제거할 수 없다.

2중차분의 관측방정식은 다음과 같다.

$$\phi^j_{AB}(t) = \frac{1}{\lambda}\rho^j_{AB}(t) + N^j_{AB} - f^j\delta^j_{AB}(t)$$

$$\phi^k_{AB}(t) = \frac{1}{\lambda}\rho^k_{AB}(t) + N^k_{AB} - f^k\delta^k_{AB}(t) \tag{10.10}$$

여기서 수신기 시계의 편차는 위성 k에서와 같이 위성 j에서도 같게 나타날 것이다. 따라서 두 개의 단순차분 방정식의 산술적 차를 구하면 다음과 같은 2중차분 방정식을 얻게 된다. 여기서 수신기 시계 편차에 의한 오차 $f^j\delta^j_{AB}(t)$와 $f^k\delta^k_{AB}(t)$가 상쇄됨을 알 수 있다.

제 10 장

$$\phi_{AB}^{jk}(t) = \frac{1}{\lambda}\rho_{AB}^{jk}(t) + N_{AB}^{jk} \tag{10.11}$$

〈식 10.11〉의 각 항은 다음과 같다.

$$\phi_{AB}^{jk}(t) = \phi_{AB}^{k}(t) - \phi_{AB}^{j}(t)$$
$$\rho_{AB}^{jk}(t) = \rho_{AB}^{k}(t) - \rho_{AB}^{j}(t)$$
$$N_{AB}^{jk}(t) = N_{AB}^{k} - N_{AB}^{j}$$

❸ 3중차분(triple differencing)

3중차분(三重差分)은 수신기, 위성, 시간이 모두 계산의 주체가 되며 〈그림 10.15(c)〉와 같이 2중차분을 두 번의 연속된 시간에 두 번 시행하여 그 차를 구하여 얻는 방법으로서 이 방법을 사용하면 시간에 대한 오차(시스템 오차) 및 위상 변위에 의한 오차 등을 제거할 수 있다. 이론적으로 볼 때 이 방법을 사용하면 위성과 수신기의 시계 편차에 의한 오차와 위상의 모호 정수에 의한 오차를 모두 제거할 수 있다. 그러나 실제적인 문제에서 순간적인 위상의 변위는 2차 다항식 보간 방법을 사용하여 계산하기 때문에 더 좋은 결과를 가져온다. 이것은 이들 오차를 제거하기 위한 최소한의 조건이며 실제적으로는 각 수신기에서 4개 이상의 위성을 동시에 관측하고 많은 잉여측정(剩餘測定)을 사용하여 최소제곱법의 원리에 따라 위치를 결정한다.

두 개의 2중차분 방정식은 다음과 같이 쓸 수 있다.

$$\phi_{AB}^{jk}(t_1) = \frac{1}{\lambda}\rho_{AB}^{jk}(t_1) + N_{AB}^{jk}$$
$$\phi_{AB}^{jk}(t_2) = \frac{1}{\lambda}\rho_{AB}^{jk}(t_2) + N_{AB}^{jk} \tag{10.12}$$

〈식 10.12〉의 2중차분 방정식을 사용한 3중차분에 의한 관측방정식은 다음과 같으며 이 식으로부터 모호 정수가 소거되었음을 알 수 있다.

$$\phi_{AB}^{jk}(t_{12}) = \frac{1}{\lambda}\rho_{AB}^{jk}(t_{12}) \tag{10.13}$$

〈식 10.13〉에서 각 항은 다음과 같다.

$$\phi_{AB}^{jk}(t_{12}) = \phi_{AB}^{jk}(t_2) - \phi_{AB}^{jk}(t_1)$$
$$\rho_{AB}^{jk}(t_{12}) = \rho_{AB}^{jk}(t_2) - \rho_{AB}^{jk}(t_1)$$

GPS 측위에서 3중차분을 하는 중요한 이유는 모호 정수를 제거함으로써 싸이클 슬립의 문제점을 해결할 수 있다는 것이다. **"싸이클 슬립(cycle slips)"**이란 관측 도중 장애물 등의 이유로 GPS 신호의 일시적 단절 상태를 말하는 것으로 (1) 장애물 (2) 낮은 신호/잡음비(SNR, Signal Noise Ratio) (3) 부정확한 신호처리 등에 의하여 발생한다. 장애물에 의한 경우는 수신기의 위치선정을 적절히 함으로써 제거할 수 있으며 낮은 SNR에 대해서는 예기치 않은 전리층 조건, 다중파장 또는 위성 고도의 저하 등으로 발생할 수 있으며 제작자의 수신기 발진기 등에 문제가 있는 경우도 있으나 이러한 경우는 매우 드물다.

❹ 상대측위 계산과정

이미 설명한 것과 같이 상대측위법은 미지점의 위치를 기지점에 관련하여 결정하는 방법이다. 다시 말하면 두 측점간의 위치벡터 변위, 즉 기선을 결정하는 것에 그 목적이 있다.

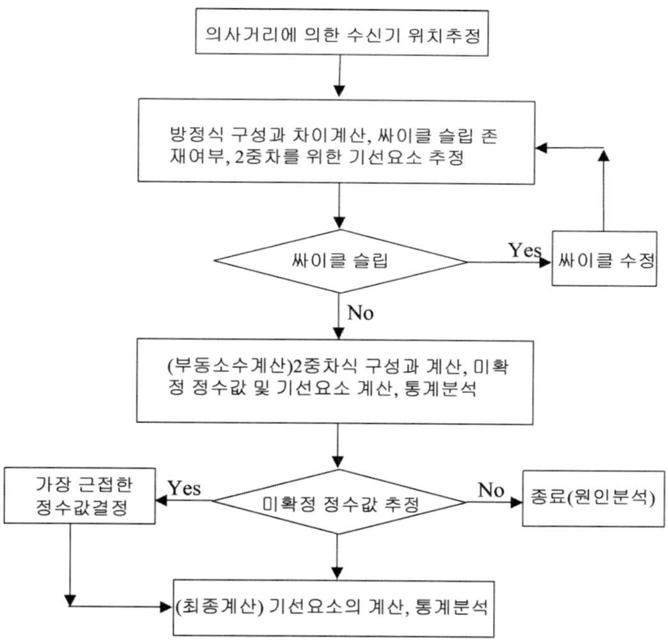

그림 10.16 상대측위 계산과정도

상대측위법에서는 먼저 단순차분, 2중차분, 3중차분에 따른 관측방정식을 구성한 후 최소제곱법과 같은 방법으로 기선해석을 하며 보통 2중차분과 3중차분을 조합하는 방법을 사용한다. 〈그림 10.16〉은 계산과정에 대한 흐름도이다. 먼저 3중차분에 의하여 기선 요소를 1차적으로 계산한다. 계산 결과 나타난 잔여 오차는 "싸이클 슬립"의 존재 여부를 판단하는데 중요한 단서가 된다. 만일 이것이 발견되면 수정하고 다시 반복 계산을 실시한다.

3중차분의 제2차 계산으로부터 계산된 기선 값은 싸이클 슬립이 수정된 2중차분 방정식을 풀기 위한 초기 가정값으로 사용한다. 2중차분의 첫 번째 계산에서 모호 정수가 계산된다(보통 부동소수계산이라 한다). 만일 모호 정수가 "정수"에 가까우면 이를 확정하고 좀 더 기선에 근접한 측정값을 얻기 위하여 2중차감 계산을 반복한다. 이러한 일련의 계산과정을 거쳐 측점 A와 B에 대한 기선 벡터의 변위, ($\Delta X, \Delta Y, \Delta Z$)가 계산된다.

10.9.5 Differential GPS(DGPS)

앞에서 말한 것과 같이 의사거리는 시간 오차, 대기굴절 등 많은 오차가 포함되었으며 이러한 오차들로 인하여 단일 코드 수신기를 사용한 단독 측위는 약 20m 이상의 오차가 있다. 이러한 정확도는 일반적인 목적에는 적합할지 모르나 대부분의 정밀 측량에는 크게 부족한 것은 사실이다. DGPS는 이러한 문제점을 해결하는 방법중의 하나이다.

DGPS는 두 개 또는 그 이상의 코드형 수신기를 사용하는 상대측위법의 하나로서 하나의 수신기를 기지점(기준국, base station)에 설치하여 의사거리에 포함된 각종 오차에 대한 보정자료를 생성하고 동시에 미지점(이동국, rover)에 또 다른 수신기를 설치하여 기지점에서 생성된 오차 보정자료를 이용하여 미지점의 자료를 보정함으로써 높은 정밀도를 구하는 측위법이다.

이동국(rover)은 특별한 경우를 제외하고 기준국과 가까운 위치(보통 1 km 미만)에 있어야 한다. 만일 기준국에서 초단파(VHF) 무전기를 사용할 경우 계곡, 빌딩, 나무 등에 의한 간섭현상이 심하여 이동국의 위치가 같은 시야에 있어야 한다. 그러나 초단파 무전기 대신에 이들 간섭에 강한 중파(MF) 무전기를 사용한다면 이동국의 위치는 좀 더 멀어도 된다. 기준국과 이동국 사이의 거리가 짧아 기준국이나 이동국 모두에서 의사거리에 대한 오차의 크기가 거의 같다. 따라서 기준국에서 관측이 가능한 모든 위성에 대한 오차 보정량을 계산한 후 그들을 이동국에 적용하여 여러 가지의 오차 원인을 제거할 수 있는 것이다.

DGPS는 기준국과 이동국에 있는 송수신기를 사용하여 거의 실시간에서 이루어질 수 있다. 이와 같은 과정을 **실시간 DGPS**(RTDGPS, Real Time Differential GPS)라 한다. 이때 이동국으로의 무선송신은 특정한 시기(관측 순간)에 대한 의사거리 수정량(pseudo-range corrections)과 그의 변화율(range rate corrections)이 포함된다. 여기서 의사거리 수정량이란 위성과 기지점의 좌표를 사용하여 계산한 거리와 측정한 거리와의 차를 말한다. 위성들에 대한 측정거리는 위성이 연속적으로 이동하고 있으므로 연속적으로 변한다. 따라서 단위시간에 대한 이들의 변화율, 즉 의사거리 변화율의 계산이 필요하다.

지금 어떤 관측시기 t_o에서의 시계오차, 대기굴절 오차, 전리층 오차, 위성력 오차, 다중파장 오차, 안테나 오차 등 의사거리에 영향을 주는 모든 오차항을 $\Delta\rho_A^j$라 하면 〈식 10.6〉은 다음과 같이 쓸 수 있다.

$$r_A^j(t_o) = \rho_A^j(t_o) + \Delta\rho_A^j(t_o) + c\delta^j(t_o) - c\delta_A(t_o) \tag{10.14}$$

〈식 10.14〉에서의 기하학적 거리 $\rho_A^j(t_o)$는 기준국(base station)의 좌표를 알고 있으므로 〈식 10.5〉에 의하여 계산할 수 있다. 또한 의사거리 $r_A^j(t_o)$는 위성관측으로부터 직접 얻어지므로 이 두 값의 차는 이 특정한 의사거리에 대하여 수정할 필요성이 발생할 것이다. 각 수신기에서의 발생하는 오차의 조건이 매우 유사하므로 기준국에서 발생한 의사거리에 대한 오차와 이동국에서 발생한 의사거리에 대한 오차는 같은 것으로 간주한다. 이러한 오차에 대한 기준국에서의 수정을 의사거리 수정(擬似距離修正, pseudo-range correction)이라 한다. 기준시기 t_o에서 위성 j에 대한 의사거리 수정량 $\Delta r^j(t_o)$는 다음과 같다.

$$\Delta r^j(t_o) = -r_A^j(t_o) + \rho_A^j(t_o) = -\Delta\rho_A^j(t_o) - c[\delta^j(t_o) - \delta_A(t_o)] \tag{10.15}$$

수정량의 계산과 신호의 전송은 의사거리 수정량을 같은 시기의 이동국에 적용하는 것은 불가능하므로 의사거리 수정량에 대한 수정률은 수치적 미분에 의하여 근사적으로 구한다. 이 수정량은 어느 시기 t에서의 수정량을 외삽법(外插法, extrapolation)에 의하여 구할 때 사용된다. 따라서 어느 시기 t에서의 의사거리 수정량은 다음과 같다.

$$\Delta r^j(t) = \Delta r^j(t_o) + \Delta r^j(t_o)(t - t_o) \tag{10.16}$$

여기서 $\Delta r^j(t_o)$는 관측시기 t_o에서 결정한 위성 j에 대한 의사거리 수정률을 말한다.

이와 같은 데이터들은 이동국에서의 의사거리를 수정할 때 사용한다. 예를 들어 이동국 B에서의 수정된 의사거리 $r^j_B(t)_{수정}$ 은 다음과 같이 계산된다.

$$\begin{aligned} r^j_B(t)_{수정} &= r^j_B(t) + \Delta r^j(t) \\ &= \rho^j_B(t) + [\Delta\rho^j_B(t) - \Delta\rho^j_A(t)] - c[\delta_B(t) - \delta_A(t)] \\ &= \rho^j_B(t) - c\Delta\delta_{AB}(t) \end{aligned} \quad (10.17)$$

여기서 $\Delta\delta_{AB} = \delta_B(t) - \delta_A(t)$이다.

〈식 10.17〉의 최종 결과에서는 측점 A와 B에서의 궤도오차 $\Delta\rho^j_A(t)$와 $\Delta\rho^j_B(t)$는 상대적으로 거의 같으므로 수치적으로 서로 상쇄된 것으로 가정하고 시계오차도 제거된 것으로 가정한다. 또한 기준국과 이동국이 같은 대기 속(수백 km 이내)에 있으므로 이온 또는 전리층의 영향도 없는 것으로 간주한다.

10.9.6 RTK GPS 방법

DGPS에서는 두 개의 수신기를 사용하였으며 그중 하나는 기지점에, 다른 하나는 미지점에 설치하고 미지점의 위치는 기지점을 기준으로 결정하였다. 이때 수신기로부터 위성까지의 거리는 의사거리를 사용하였다. 만일 의사거리 대신에 실시간에서 보정된 반송파의 위상차를 사용하면 DGPS와 유사한 방법으로 GPS에서 발생하는 대부분의 오차를 제거할 수 있어 정확도를 더 높일 수 있다. 이러한 방법을 **실시간 키네마틱(이동) GPS(RTK, Real Time Kinematic GPS)**측량이라 한다(구체적인 현장 관측 방법에 대해서는 10.10.5에서 설명). 물론 두 개 또는 그 이상의 수신기를 동시에 사용하게 된다. RTK GPS는 관측하는 전 과정 동안 모든 수신기에서 적어도 4개 이상의 위성으로부터 송신되는 위성 신호를 모두 동시에 수신하여야 한다. 수신기는 단일주파수 수신기를 사용할 수 있으나 2중 주파수 수신기를 사용하는 것이 가장 좋은 결과를 얻을 수 있으며 2중 주파수 수신기를 사용할 때 보통 수 센티미터까지의 정확도를 얻을 수 있다.

DGPS에서와 같이 좌표가 알려진 기준국으로부터 미지점인 이동국으로 모든 관측결과가 송신되며 이미 설명한 것과 같이 이동국의 위치는 상대측위 방법에 따라 계산된다. 또한 의사거리 수정량을 계산할 수 있으며 기준국에서 의사거리 수정량이 계산되면 이들을 모든 이동국에서 의사거리를 수정하는 데 사용한다.

〈식 10.4〉의 위상차 공식에 λ를 곱하고 모든 궤도오차항을 포함하면 기준국 A에서 위성 j 까지의 위상차에 의한 의사거리는(관측 시기 t_o) 다음 식으로 표시할 수 있다.

$$\lambda\phi^j_A(t_o) = \rho^j_A(t_o) + \Delta\rho^j_A(t_o) + \lambda N^j_A + c[\delta^j(t_o) - \delta_A(t_o)] \quad (10.18)$$

제 10 장

여기서 N_A^j 는 모호 정수의 초기값이고 다른 변수들은 앞의 식에서 정의된 것들이다.

기준국에 설치된 수신기의 위치를 알고 있을 때 관측 시기 t_o에서의 의사거리 수정량은 다음과 같다.

$$\begin{aligned}\Delta r^j(t_o) &= -\lambda\phi_A^j(t_o) + \rho_A^j(t_o) \\ &= -\Delta\rho_A^j(t_o) - \lambda N_A^j - c[\delta^j(t_o) - \delta_A(t_o)]\end{aligned} \tag{10.19}$$

한편 임의의 관측시기 t에서의 의사거리 수정량은 다음과 같다.

$$\Delta r^j(t) = \Delta r^j(t_o) + \Delta r^j(t_o)(t - t_o) \tag{10.20}$$

코드 의사거리에서 사용한 것과 같은 방법을 사용한다면 관측 시기 t에서 이동국의 수정된 위상차 의사거리는 다음과 같다.

$$\lambda\phi_B^j(t)_{수정} = \rho_B^j(t) + \lambda\,\Delta N_{AB}^j - c\,\Delta\delta_{AB}(t) \tag{10.21}$$

여기서 $\Delta N_{AB}^j = N_B^j - N_A^j$ 이고 $\Delta\delta_{AB}(t) = \delta_B(t) - \delta_A(t)$이다.

이 방정식은 최소 4개 이상의 위성을 연속적으로 관측한다면 쉽게 풀 수 있다. 기준국에서 계산된 의사거리 수정량과 수정률은 이동국으로 전송된다.

10.10 | GPS 현장관측방법

10.9에서 이미 설명한 것과 같이 GPS 3차원 측위법은 수신기의 안테나 상태에 따라 "스태틱(static)"과 "키네마틱(kinematic)"으로 구분하였으며 측위법에 대한 이론적 배경을 설명한 바 있다. 이 장에서는 이들에 대한 현장 관측과정에 대하여 설명하고자 한다. 여기서 **"스태틱"**이란 관측 장소(수신기)가 **고정**된 것을 의미하며 반면에 **"키네마틱"**은 관측 장소(수신기)가 **이동**하는 것을 의미한다. GPS의 현장관측방법은 사용하는 수신기의 성능과 측량의 목적에 따라 달라진다. 그러나 보편적으로 사용되고 있는 현장관측방법은 ① 스태틱(static) ② 신속 스태틱(rapi static) ③ 키네마틱(kinematic) ④ 의사 키네마틱(pseudo kinematic) ⑤ 실시간 키네마틱(real time kinematic) 등이 있다. 이들 현장 관측방법은 반송파의 위상차 측정과 상대측위 방법에 근거한 것이다. 이때 수신기 사이의 거리는 기선(base)이 되며 관측한 결과를 사용하여 3차원 직각좌표

의 좌표차 $\Delta X, \Delta Y, \Delta Z$가 계산된다. ("static"과 "kinematic"을 "정지"와 "이동"으로 번역하여 부르기도 하나 이 책에서는 원어 그대로 사용하도록 하겠다)

10.10.1 스태틱 관측방법

스태틱 방법은 기준점 측량과 같이 매우 높은 정밀도가 필요할 때 사용하는 방법으로서 두 개 또는 그 이상의 수신기를 사용한다. 먼저 수신기 하나는 기지점(기준국)에 또 다른 하나의 수신기는 미지점(이동국)에 설치하고 두 개의 수신기에서 4개 또는 그 이상의 위성을 동시에 관측한다. 이때 관측 시간은 기선의 길이에 따라 다르나 보통 1시간 이상 관측한다(기선이 길면 길수록 더 긴 관측 시간이 필요하다). 그런 다음 첫 번째 미지점에 설치한 수신기는 그대로 두고 기지점에 설치한 수신기를 제2의 미지점으로 이동시키는 것이다. 이때 이동하지 않고 고정된 수신기는 다음 관측 시기에서 기준국으로 사용한다. 1차 시기의 관측이 완료되면 제2의 미지점에 설치된 수신기는 그대로 둔 채로 처음의 미지점에 설치되었던 수신기를 제3의 미지점으로 이동시킨다. 이와 같은 "개구리 뛰기" 관측 방법은 수신기가 다른 기지점에 도달할 때까지 계속된다.

GPS 수신기는 단일주파수 수신기 또는 2중 주파수 수신기 어느 것이나 사용할 수 있으나 단일주파수 수신기의 경우 더 많은 관측 시간이 필요하다. GPS 위성에서는 위성 신호가 연속적으로 전송되고 있어 수신기가 이들 데이터를 연속적으로 수신한다고 하면 이러한 방대한 양의 데이터를 저장하여야 할 수신기에는 저장용량을 벗어나는 문제점이 발생한다. 이러한 문제점을 해결하기 위하여 수신기에는 어느 특정 시간 동안의 위성 데이터만 저장되도록 설정되었다. 이러한 특정한 시간 간격을 "epoch rate"라 부른다.

현장관측 데이터는 대부분 수신기에 내장된 기억장치에 기록되고 PC 등에 의한 후속 계산에 사용된다. 스태텍 관측법에서의 데이터는 위성에서 송출된 위성력 신호에 근거하여 계산된다. 그러나 좀 더 정밀한 계산이 필요할 때는 정확한 위성력을 사용하기도 한다.

좌표계산은 먼저 각 점의 좌표차를 먼저 계산하고 이들을 바로 앞 측점의 좌표에 더하는 방법을 사용하여 마지막 연결된 기지점까지 계산한다. 이때 좌표 폐합오차가 발생하면 조정한다. 이 방법의 정밀도는 보통 평면의 경우 10mm+1 ppm(95%), 표고의 경우 20mm+1ppm 정도로 알려졌다.

10.10.2 신속 스태틱 관측방법

이 방법은 스태틱 관측법과 비슷하나 하나의 수신기는 처음의 기지점에 설치된 상태로 항상 유지되며 반면에 다른 하나의 수신기는 미지 점에 순서대로 설치된다. 관측은 각 측점에 대하여 실시되며 관측 시간은 스태틱 관측에 비하여 짧다(보통 10~30분 정도). 이 방법에서는 관측 시간이 짧아 기준국과 이동국 사이의 원활한 통신이 필요하다. 기선의 길이는 10 km~20 km의 범위를 넘지 말아야 하며 epoch rate는 5~10초 정도이다. 지도 제작 또는 경계측량과 같은 낮은 정밀도의 측량에 적합하다. 이 방법에서 얻어지는 정밀도는 평면의 경우 약 10~20mm+1 ppm, 표고의 경우 20~ 30mm+1 ppm 정도이다.

▶ 표 10.8 관측 방법에 따른 1회 관측 시기

관측 방법	단일 파장(single frequency)	2중 파장(dual frequency)
Static	$30\,min + 3\,min/km$	$20\,min + 2\,min/km$
Rapid Static	$20\,min + 2\,min/km$	$10\,min + 1\,min/km$

10.10.3 키네마틱 관측방법

키네마틱 관측 방법은 스태틱 관측에서와 같이 두 개 또는 그 이상의 수신기가 필요하다. 한 개의 수신기는 기지점에 설치하여 고정하는 반면에 다른 하나의 수신기는 관측하여야 할 측점들을 찾아가며 연속적으로 움직이게 된다. 따라서 이 방법을 "키네마틱"이라 부른다.

키네마틱 관측을 위해서는 반드시 수신기에 대하여 "초기화(初期化, initialization)"를 먼저 하여야 한다. 초기화 과정에서는 위상차 관측에 대한 모호 정수를 결정하는 과정을 포함한다. GPS 수신기의 "초기화 과정"은 각각 다른 방법으로 수행될 수 있다.

첫 번째 방법은 ΔX, ΔY, ΔZ가 알려진 기선을 사용하는 방법이다. 이것은 두 개의 기지점에서 두 개의 수신기를 사용하여 동시에 짧은 관측 시기(보통 2분~15분) 동안 스태틱 관측을 시행하는 것이다. 기선에 대한 좌표 차가 알려졌기 때문에 이미 설명한 바와 같이 방정식의 대수적 차를 이용하는 방법에서는 미지의 "모호 정수"가 발생할 것이다. 두 개의 수신기에 의하여 관측된 데이터를 사용하여 차분법에 따라 이들의 대수 차가 계산된다. 만일 하나의 수신기로부터 얻어진 데이터만 사용할 수 있을 때는 〈10.10.1〉에서 설명한 바 있는 스태틱 관측법에 따라 처리한다.

"초기화 과정"의 또 다른 방법은 "안테나 교환법(交換法, antenna swap)"으로서 단

하나의 기지점만 이용이 가능한 경우에 사용된다. 먼저 수신기 하나를 기지점 A에 설치하고 다른 하나는 기지점에 가까운 위치에 하나의 미지점 B를 정하고 그 위에 설치한다. 이때 미지점은 기지점으로부터 약 10m 정도 떨어지면 적당하다. 두 개의 수신기로부터 수 분 동안의 데이터를 수신한 후 수신기가 작동되는 상태에서 그들의 위치를 서로 바꾼다. 이때 수신기를 서로 바꿔 설치하는 과정에서 주의해야 할 점은 어떤 연속적인 추적이 이루어지거나 최소한 4개의 위성에서 "닫힘(lock)"의 상태가 유지되어야 한다. 그런 후 수 분 동안의 추가 관측이 이루어진 다음에 수신기를 서로 교환하고 그들의 원래의 위치로 돌아간다.

마지막으로 가장 발전된 초기화 방법은 "*on the fly* (*OTF*)"라 불리는 모호 정수 결정법으로 하나의 고정국과 이동국에서 모호 정수가 결정된다. "OTF"는 단일주파수 수신기 또는 2중 주파수 수신기에서 수행할 수 있으나 대부분의 2중 주파수 수신기에 가장 성공적으로 수행할 수 있다. 한편 이 방법은 복잡한 수학적 계산이 필요하지만 20 km의 거리에서 2분 동안에 mm 단위까지 모호 정수를 해결할 수 있다.

"초기화 작업"이 완료되면 고정국(固定局, base)으로 불리는 수신기는 기지점에 계속 유지되고 반면에 이동국(移動局, rover)이라 불리는 다른 수신기는 한 점으로부터 다른 점으로 또는 일정한 선을 따라서 이동한다. 이동국의 안테나 위치는 0.2초 정도의 짧은 시간에 결정될 수 있다. 중간점에 대한 정밀도는 5 ~ 10*mm*+2*ppm* 정도이다.

키네마틱 관측법에서는 두 개의 수신기는 전 관측시기(全觀測時期, session) 동안 최소한 4개의 위성에서 "닫힘"의 상태를 반드시 유지하여야 한다. 만약 "닫힘 상태"가 해제되면 "초기화 작업"을 다시 거쳐야 한다. 따라서 안테나의 위치가 건물, 나무, 다리 등에 의해 방해가 되지 않도록 주의하여야 한다. 관측 작업이 완료되면 이동국은 맨 처음의 기지점 또는 다른 기지점에 설치하여 그 결과를 검사하여야 한다.

키네마틱 GPS는 지형측량 또는 공사측량과 같이 많은 점의 위치가 필요한 측량에 매우 적합하다. 또한 수심측량에서와 같이 이동국을 선박에 설치하여 연속적으로 이동하는 측량에 아주 적합하다. 기타 활용되는 분야로서는 항공사진측량에서 항공기에 이동국을 설치하여 촬영 순간의 카메라 위치를 알고자 하거나 건설장비에 이동국을 설치하고 토공 작업을 실시간에서 통제, 관리하고자 할 때 활용할 수 있다.

10.10.4 의사 키네마틱 측량

이 방법은 다른 방법에서와 같이 두 개의 수신기를 사용하며 간헐법(間歇法, intermittent method) 또는 재점유법(再占有法, reoccupation method)이라 부르기도 한다. 의사 키네마틱 측량에서는 기준국은 항상 기지점에, 다른 이동국은 미지점에 위치하고 이동국의 각 측점에서 두 번의 관측 시기(모든 시기마다 상대적으로 짧은 약 5분 정도)를 약 1시간 간격으로 시행한다. 이러한 관측 방법은 관측시간 동안에 발생할 수 있는 위성 하조건의 변화로 인한 관측의 기하학적 강도를 증가시킨다. 반면에 다른 스태틱 방법과 비교하여 측정된 측점들을 다시 방문하여야 하며 이를 위한 시간적 제약과 계획 등을 새롭게 세워야 하는 단점도 있다.

의사 키네마틱 방법은 노선측량 또는 항공사진측량에서와 같이 측점들이 도로에 따라 위치하여 있거나 한곳에서 다른 곳으로 신속히 이동할 때 매우 적합하다. 관측 결과의 처리 과정은 스태틱 측량에서와 같으며 정밀도도 이 방법과 비슷하다.

10.10.5 실시간 키네마틱(RTK) 측량

앞 절에서 설명한 키네마틱 측량에서는 관측된 데이터는 관측이 완료될 때까지 수신기에 내장된 기억장치에 일시적으로 저장되고 후속 처리 과정을 거쳐 미지점의 좌표를 구한다. 실시간 키네마틱(RTK, Real-Time Kinematic) 측량은 이미 제10장 9절 6항에서 그 계산과정을 설명한 바 있으나 그 이름이 암시하는 것과 같이 이동국(수신기)이 다른 측점으로 이동하여 관측하는 실시간 동안에 순간적으로 측점의 위치가 결정된다.

RTK 측량은 다른 키네마틱 측량에서와 같이 두 개 또는 그 이상의 수신기를 동시에 사용한다. RTK 측량의 특징은 관측성과와 수정자료들을 무전기를 통하여 송신한다는 사실이다. 한 개의 수신기는 기준국에 설치하여 위성 관측자료를 이동국에 송신하고 이동국에서는 기준국으로부터 송신된 관측성과와 이동국에서 수신한 위성 관측 결과를 사용하여 이동국의 위치를 실시간에서 계산한다. 이때 계산은 〈식 10.21〉을 사용하여 이동국 수신기에 내장된 컴퓨터에 의하여 계산된다. 따라서 후처리 키네마틱에서 사용한 소프트웨어를 이동국 수신기의 컴퓨터에 설치하여야 한다. 데이터 수신을 위한 "epoch rate"는 일반적으로 1초로 한다.

RTK 측량에서는 기준국과 이동국 간에 적절한 통신연결이 필요하다(그림 10.17). 대부분의 경우 450~470MHz 대역의 UHF와 150~174MHz 대역의 VHF의 송수신기를 사용한다. 이동국에서는 보통 매 0.5~2초 동안에 모든 관측값이 수정되어야 한다. 따라서 기준국과 이동국 간의 통신연결 속도는 적어도 2,400 baud 이상이 되어야 한다(baud는 통신속도를 표시하는 용어로 초당 펄스 수를 나타낸다).

그림 10.17 RTK 측량

통신기의 성능은 RTK의 작업 범위를 결정하는 중요한 요소가 된다. 대부분의 국가에서 별도의 허가 없이 사용할 수 있는 0.5W 무전기의 경우, 반경 약 5km 범위 이내에서의 측량이 가능하다. 좀 더 먼 거리의 작업을 위해서는 좀 더 강력한 파워의 무전기가 필요하며 이 경우 법령에 따라 별도의 사용 허가를 얻어야 한다.

이와 같은 통신장치는 서로 시통(視通)이 되어야 최대의 효과를 볼 수 있으나 산이나 건물 등 장애물에 의하여 통신이 어렵게 되는 경우가 있다. 따라서 기준국을 높은 장소에 설치하거나 또는 안테나를 높은 장대 또는 높은 빌딩에 세워서 이러한 장애물을 제거하고 작업 범위를 넓히기도 한다. 최근에는 UHF 또는 VHF를 이용한 간편한 통신수단 이외에 이동통신(휴대폰)을 사용하여 이러한 문제점을 근본적으로 해결하기도 한다.

이 방법에서 얻을 수 있는 정밀도는 일반적인 키네마틱 측량에서 얻는 정밀도와 같다. 따라서 관측하는 순간에 그 측점의 위치를 높은 정밀도로 알 수 있어 현장 말뚝박기, 지형측량에서의 위치 결정 등에 많이 이용된다.

▶ 표 10.9 현장관측방법 비교

현장관측방법	정밀도	관측소요시간	단점	강도
스태틱 관측법	1/100,000~ 1/5,000,000	1~2시간	속도 늦음	고정밀도
키네마틱 관측법	1/100,000~ 1/750,000	1~2분	최소 4개 위성의 잠금상태 필요	고속
신속 키네마틱 관측법	1/100,000~ 1/1,000,000	5~20분	초기화과정 필요 가장 복잡한 장비필요	고속/정밀
실시간 키네마틱 관측법	1/100,000~ 1/1,000,000	사실상 순간 관측	실험단계	이동하면서 고정밀도관측
의사 키네마틱 관측법	1/50,000~ 1/500,000	10~20분 2개소관측 1~4시간 간격	점당 두 개의 독립된 관측필요	스태틱 관측법보다 더 효율적임

10.11 Network RTK

10여 년 전까지만 해도 RTK측량은 전통적으로 두 개의 수신기(기준국과 이동국)와 두 개의 라디오, 많은 건전지, 삼각과 포-올, 이동용 가방 등 복잡하고 많은 장비가 필요하였으나 지금은 GPS(또는 GNSS) 수신기 한 대, 라디오 무전기 또는 이동통신 장치, 단 몇 개의 건전지만 필요하며 이들 대부분이 한 개의 포-올에 부착되어 매우 간편화되었다. 더욱이 이와 같이 복잡한 장비들도 RTK-Network을 구성함으로써 간편화되어 Network 안에서는 자신의 기준국을 별도로 설치할 필요 없이 이동국만으로 가능하게 되었다.

단일기선 RTK는 위성궤도 오차, 전리층과 대기권에서의 굴절로 인하여 발생하는 거리오차로 인하여 수신기 사이의 거리(또는 기선)가 일정한 한계(약 10km 이내)를 초과하면 오차가 커서 측위가 어려운 한계점이 있다. Network RTK(실시간 키네마틱 망 측량)는 반송파 위상기준 측위방법으로 이러한 거리의 한계를 넘어 단일기선 RTK와 동등하게 수십 km까지 실시간으로 정밀도 cm 수준의 측위가 가능하다.

RTK Network은 GPS(또는 GNSS) 수신기를 영구적으로 설치하여 24시간 연속적으로 관측한 위성 데이터를 중앙처리 컴퓨터(서버)에 송신하는 수신기들로 구성된 망을 말한다. 중앙서버에서는 이들 RTK-망에서 송신된 위성 관측자료를 근거로 하여 RTK 보정값(이동국에 대한 거리오차모델)을 생성하고 이들을 이동국에 송신하여 정밀한 이동국의 위치를 실시간으로 결정하도록 한다. 이와 같은 측위법을 Network RTK라 부른다.

이처럼 영구적으로 고정 설치하여 위성 관측자료를 중앙서버에 송신하는 수신기를 **상시관측소(기준국, CORS, Continuously Operating Reference Stations)**라 부르며 중앙 서버와 적절한 통신장치(이동통신, 인터넷, UHF 등)를 통하여 연결한다. CORS에 대한 국토지리정보원의 공식 명칭은 **"위성기준점"**이므로 앞으로는 상시 관측소라는 이름 대신 이 명칭을 사용하겠다.

중앙서버에서는 앞에서 언급한 거리오차와 망의 기하학적 불완전성으로 인한 오차 등에 관하여 예측 모델을 생성하고 이를 근거로 하여 각 이동국에 대한 RTK 보정값을 계산하여 이동국에 송신한다. 따라서 RTK-Network 사용자는 자신의 기준국을 만드는 대신에 Network 운영자로부터 자신의 수신기에 대한 RTK 보정값을 실시간에서 제공받는다.

Network RTK를 좀 더 쉽게 설명하기 위하여 단일 기준국 RTK와 Network RTK를 비교해보자. 단일 기준국의 경우, 이동국은 전통적으로 단일 기준국으로부터 데이터를 제공받는다. 기준국은 건물 옥상과 같은 곳에 영구적으로 설치하거나 작업현장에 일시적으로 설치하기도 한다. 어느 경우에나 측위 원리는 같다.

단일 기준국 RTK는 먼저 한 개의 기준국을 좌표가 알려진 기준점에 설치한 다음 보정값을 이동국에 전송하는(보통 일 방향 라디오 모뎀 또는 GSM 연결) 방법이다. 이때 기준국과 이동국은 똑같은 위성들을 관측하며 기준국들은 그 위치와 위성 관측값을 이동국에 전송한다. 그런 다음 이동국은 기준국의 관측값과 이동국 자신의 관측값을 조합하여 RTK 보정값을 계산하고 자신의 위치는 RTK 계산 프로그램을 통하여 계산한다.

단일 기준국 RTK의 장점은 측위 원리가 상대적으로 단순하고 이해하기 쉬우며 기지점에 세워진 기준국과 모든 위치계산을 하는 이동국을 통하여 탐색이 유지될 수 있다. 반면에 단점은 고가의 기준국 설치비용과 설치시간의 필요성, 기준국과 이동국 간의 거리가 증가함에 따라 정밀도가 떨어진다는 점이다.

Network RTK는 기준국 간의 거리를 70 km까지로 하고 최소 5개 이상의 기준국으로 구성하는 것이 바람직하다. 기준국은 보통 영구적으로 설치하며 Network RTK의 기본골격인 RTK망을 형성한다. 기본 원리는 망 안에 있는 기준국들은 위성 관측값들을 Network RTK 소프트웨어를 수행하는 중앙처리 컴퓨터로 연속적으로 송신하는 것으로부터 시작한다. Network RTK의 목적은 망 경계 안에 있는 이동국의 계산된 위치에 대한 거리오차의 최소화에 그 목적이 있다. 이때 중앙서버에서는 망 안에 있는 기준국에 의하여 관측될 위성의 모호 정수(불확정 정수)를 확정하고 모든 기준국으로부터의 데이터를 사용하여 이동국에 전송할 보정값을 생성한다.

이동국은 라디오 모뎀, GSM 또는 인터넷과 같은 일 방향 또는 양방향 통신망으로 중앙서버 컴퓨터에 연결한다. 이동국에서 RTK 보정값이 수신되면 적절한 소프트웨어를 통하여 이동국의 위치가 계산된다. 거리오차를 얼마나 최소화할 수 있는가는 이동국이 사용하는 알고리즘과 Network RTK 방법에 따라 달라진다.

Network RTK에서 오차 모델을 생성하는 방법은 **가상기준점**(VRS, Virtual Reference Stations)방법, **면보정계수**(FKP, Flächen Korrecktur Parameter)방법, **MAC**(Master Auxiliary Concept)방법, **IMAC**(Individualized MAC)방법 등이 있다.

가상기준점 방법은 1990년대 후반에 Terrasat Communications, Inc.에서 개발하였으며 I-MAC과 유사하다. FKP방법은 RTK방법 중에서 가장 오래된 방법으로 1990년대 중반에 Geo++에서 개발되었다. MAC는 2001년 Leica와 Geo++에서 개발되었고 I-MAC은 MAC와 비슷한 시기에 나왔다. 우리나라를 비롯하여 많은 나라들이 가상기준점 방법과 면보정 계수법을 가장 많이 사용하고 있다.

물론 이들 시스템은 이동통신이 방해받는 지역에서는 확실하게 작용하지 못할지도 모른다. 또한 전 과정에 걸쳐 다중 기지국에서 중앙처리 컴퓨터로, 최종적으로 이동국까지의 통신을 포함하므로 인터넷에서의 과부하, 망과 서버와의 다중 통신연결, 이동통신의 전송 시간 등은 기지국과 이동국 간의 단순한 통신연결보다 더 큰 데이터 지연(data latency)을 유발할 수 있다. 어느 응용소프트웨어는 전통적으로 데이터 지연이 어느 특정한 시간보다(4초 정도) 커질 때 현장 측량작업을 중단한다. 따라서 현장 측량기술자는 기계의 통제에만 의존하는 경우 조심스럽게 사용하여야 한다.

RTK측량의 위치정확도는 이동국이 기지국으로부터 멀어질수록 저하한다. 이것은 원칙적으로 기지국과 이동국 사이의 전리층 차이에서 기인한다. 다시 말하면 이는 태양활동이 전리층에 미치는 영향에 관련이 있기 때문이다. 특히 이것은 평면 오차보다 보통 2~3배 큰 표고 오차의 경우 더 사실적이다. Network RTK에서는 이들 오차가 모델화되어 수정되기 때문에 실질적으로 감소한다. 그러나 이들 오차는 이동국이 망 기준점(위성 기준점)으로부터 멀어질수록 증가한다.

이동국이 RTK-Network에 연결할 때는 중앙서버나 이동국은 수신기 위치의 오차를 내삽법으로 비례 계산한다. 이때 이동국이 자기의 위치를 결정할 수 있도록 가상기준점(VRS)을 생성한다. 만일 이동국이 가상기준점으로부터 너무 멀리 떨어져 있으면 또 다른 가상기준점을 사용한다.

RTK-Network에서의 위치정확도는 기준국으로부터 30km 이내에서는 보통 2cm 이내이다. RTK-Network 측량의 또 다른 장점은 망으로부터 얻어진 좌표는 공통된 동일 좌표계에 의한 것이므로 모든 사용자가 고르게 서로 사용할 수 있다는 것이다.

앞에서 말한 RTK방법 중 VRS와 FKP는 서로 다른 방법으로 오차를 최소화한다. 사용하는 방법에 따라 중앙 처리컴퓨터에서 할 것인지 이동국에서 할 것인지 다르게 된다. 따라서 RTK Network과 이동국과의 관계는 사용 방법에 따라 다르며 정밀도와 효율성, 이동국에 대한 추적 방법 등이 크게 달라진다.

Network RTK의 장점은 첫째 자신의 기지국이 필요 없으며 계산된 이동국의 위치정밀도가 단기선 RTK의 경우보다 더 동질성이 있으며 기준국과 이동국 간의 거리가 멀어도 정밀도를 유지한다. 또한 단일기선 RTK에서 필요한 기준국과 비교할 때, 작은 수의 기준국으로 같은 면적을 운용할 수 있고 RTK 보정값에 대한 높은 신뢰성과 이용성을 말할 수 있다. 단일기선 RTK의 경우 10,000km^2 마다 30개의 기준국이 필요하던 것을 Network RTK를 사용함으로써 10,000km^2 당 5~10개로 충분하다. 단점으로는 망의 구성과 RTK 보정값의 생성과 사용 등에 많은 비용이 든다는 것이다.

10.12 | 가상기준점과 면보정계수

가상기준점(VRS)은 RTK-Network 사용자의 수신기로부터 2~3m 떨어진 현실적으로 존재하지 않는 가상의 기준점을 말한다. 이때 이동국은 이러한 가상기준점의 데이터가 진짜의 기준국(위성 기준점)으로부터 오는 것으로 인식하고 분석한다. 가상기준점에 대한 데이터는 가상기준점 주변에 있는 영구 기준국(위성 기준점)에서 관측한 GPS 데이터로부터 생성된다.

그러나 앞에서 말한 것과 같이 기준국과 이동국과의 거리가 크면 클수록 오차가 매우 커지기 때문에 필요로 하는 정밀도를 얻기 위해서는 위성 기준점과 같은 수많은 영구 기준국을 설치하여야 하며 이를 전 국토에 설치하고자 한다면 상당히 많은 수와 비용이 필요하다. 따라서 기준국의 수는 줄이면서 같은 효과를 얻기 위하여 가상기준점이란 개념이 도입되게 되었다.

가상기준점의 원리는 이동국 주위에 있는 몇 개의 위성 기준점의 데이터를 사용하여 이동국의 거리오차에 대한 보정데이터를 내삽법(비례계산)으로 구하는 방법이다. 이 방법은 기준국과 이동국 간의 거리를 증가시킬 수 있을 뿐만 아니라 시스템의 신뢰성을 최대화할 수 있으며 초기화 시간이 현저히 줄어들어 효율성이 향상된다.

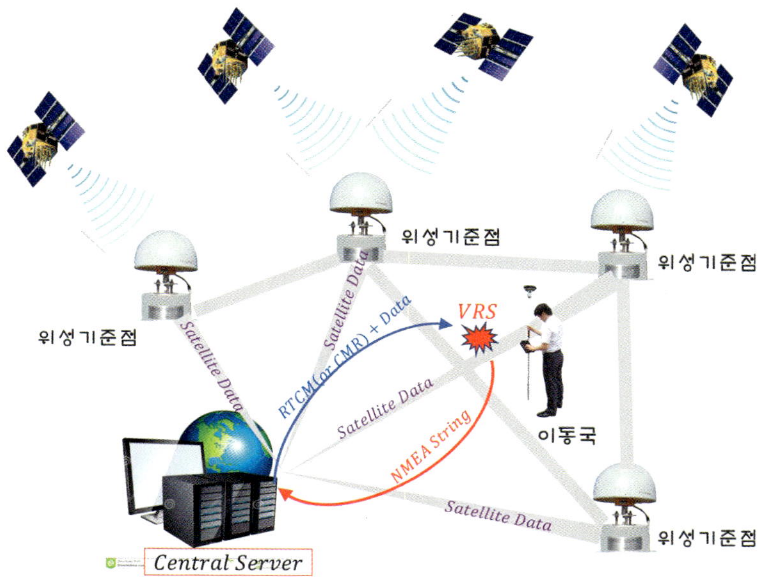

그림 10.18 가상기준점의 작동 과정

〈그림 10.18〉은 가상기준점의 작동과정이다. 먼저 서버와 연결된 몇 개의 위성 기준점이 필요하다(최소 3개). 그런 다음 위성기준점의 데이터가 1초 간격으로 중앙처티 서버에 전송되고 RTK-Network 사용자는 자신의 개략적 위치를 중앙서버에 보낸다(NMEA string). 이 format을 사용하는 이유는 대부분의 수신기가 이 포맷을 공통으로 사용하기 때문이다(※ NMEA format이란 시간, 위치, 방위 등의 정보를 전송하는 통신규격이다).

중앙서버에서는 사용자가 위치한 삼각형을 결정하고 앞서 송신한 사용자의 개략적 의치를 함수로 하여 가상기준점을 계산한다. 마지막으로 중앙서버에서는 가상기준점의 위치를 사용자에게 송신한다(RTCM format).(※ RTCM format이란 라디오와 같은 2차 통신 장치로부터 GPS 수신기에 DGPS 보정값을 보내는 통신프로토콜)

다음에 중앙처리센터는 송신된 위치를 수용하고 RTCM 보정데이터를 이동국에 송신한다. 이동국이 이 자료를 받자마자 이동국은 고정밀도의 DGPS 측위를 실시하여 자신의 위치를 수정한다. 그런 후에 이동국의 최신 위치자료를 중앙처리센터에 송신한다.

이제 중앙처리센터의 서버는 그들이 이동국 바로 옆에서 오는 것처럼 되도록 새로운 RTCM 보정값을 계산한다. 그런 다음 이동통신 모뎀으로 다시 송신한다.

이같이 보이지 않고 현실적으로 존재하지도 않는 새로운 기준국의 원시데이터를 생성하는 기술이 가상기준점의 개념인 것이다. 가상기준점의 개념을 사용하면 전리층 오차, 대기층 오차, 위성의 궤도오차, 다중 경로에 의한 오차, 안테나 위상 오차 등 대부분의 오차를 크게 줄일 수 있다.

면보정계수(FKP)는 Network RTK 측위를 위하여 개발된 최초의 방법 가운데 하나이며, GPS망 기준국의 데이터를 사용하여 대기와 궤도에 의한 영향을 표시하는 선형계수를 추론해 내는 방법으로 어느 하나의 기준국 주위의 일정한 면적에 국한하여 면보정계수를 하나의 단순 경사면(동서 또는 남북 방향)으로 표시하는 방법이다.

이들 선형함수는 GPS 사용자들이 그들의 실제 위치에서의 망 오차를 내삽법으로 계산하여 쉽게 널리 사용하여진다. 또한 망 안에 있는 각 기준국에서 남북 방향과 동서 방향에서의 오차의 비 상관성을 선형보간법으로 구한다. 면보정계수를 추정하는 보정표면(correction surface)은 기준국의 표고에서 WGS84 타원체의 표면과 평행한 표면으로 정의한다.

FKP 방법은 이동국이 자신의 현재 위치를 망의 중앙서버에 전송할 필요 없이 널리 방송하는 방법이다. 한편 중앙서버 컴퓨터는 거리오차 모델을 만들고 이를 근거로 하여 망 안에 있는 어느 하나의 기준국을 통하여 이동국에 RTK 보정데이터를 보낸다.

중앙서버에서는 거리오차를 줄이기 위하여 면적보정 계수를 계산한다. 그러나 이것은 이동국 위치에 대해서는 아직 완벽하지 못함을 의미하며 이 방법에 따른 RTK 측위의 한계라 할 수 있다. 전통적으로 중앙서버에서 계산된 보정계수는 기준국 간에 선형적으로 변화한다는 가정으로 계산한다. 그러나 참 오차가 비선형일 경우에는 선형으로 가정하였기 때문에 발생한 오차로 인하여 이동국에서 오차가 발생한다.

면보정계수 방법에서는 중앙서버로부터 이동국에 이르는 단방향 통신을 사용한다. FKP는 망의 데이터를 RTK 이동국에 보내기 위하여 독일에서 개발된 방법이다. FKP는 일 방향 통신을 이용하는 것과 같이 많은 사람이 동시에 서버의 데이터를 이용할 수 있는 장점이 있다. 그러나 이동국의 수신기에서 사용하는 소프트웨어가 이들 새로운 메시지를 수신하고 인식할 수 있도록 향상되어야 한다는 단점이 있다.

우리나라(국토지리정보원)에서도 2012년 11월 1일부터 FKP-GPS 위치보정 서비스를 실시하고 있다. FKP-GPS 위치보정 서비스는 사용자의 위치를 중앙 제어국에 전송할 필요 없이 사용자가 직접 내려받는 일 방향 접속 방식으로 서비스된다. 이 방식은 사용자의 수의 제한이 없으므로 정밀한 보정 정보가 필요한 지적 재조사, 지도 제작, 각종 SOC 건설공사 등 많은 분야에서 무제한으로 사용할 수 있게 된다.

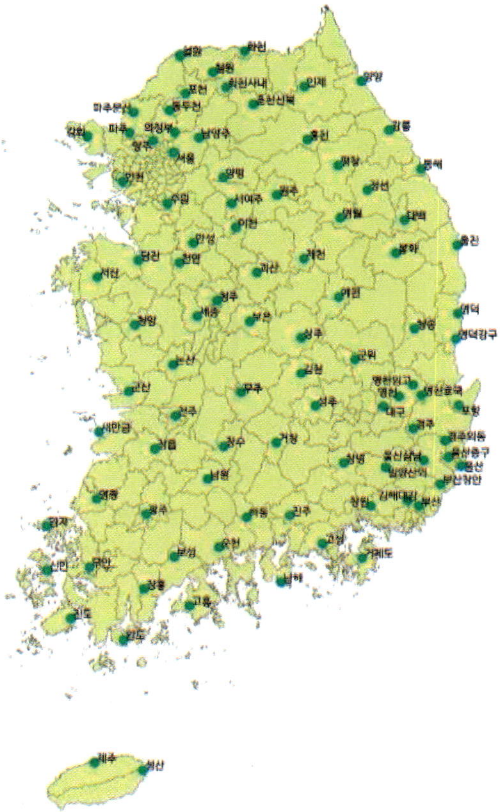

수원 위성기준점
(국토지리정보원 내 위치)

그림 10.19 위성기준점의 위치와(좌) 국토지리정보원 구내의 위성 기준점(우)
출처 : 국토지리정보원 자료집

국토지리정보원에서는 1995년부터 각 기관에서 설치된 위성 기준점 중 통합 운영하는 92개의 위성 기준점(2023년 6월 기준)으로부터 GPS 데이터를 수집·분석하여 정밀하게 보정된 위치정보를 가상기준점(VRS, Virtual Reference Station)방식으로 서비스하였으나, 이 방식은 사용자가 중앙 제어국 시스템에 접속된 상태를 유지하면서 사용자 위치를 전송하여야 하므로 사용자 수에 제한(동시 접속 200명)이 있어 동일 시간에 많은 사용자가 몰려있을 경우 긴 대기시간이 발생하는 등 사용에 불편이 있었다. 그러나 FKP-GPS 위치보정 서비스는 사용자의 위치를 중앙 제어국이 보내는 신호만 수신하여 사용할 수 있어 사용자 수의 제한도 없어지고 대기시간도 기존의 약 10분의 1 수준으로 줄어들게 되었다. 현재 국토지리정보원에서는 8개 부처에서 분산 운영 중이던 위성기준점(GNSS 상시관측소)를 통합 운영하고 있다(1장 3절 참조).

10.13 | GPS 오차

전자파는 여러 가지 원인에 의하여 전파경로에 영향을 주며 결과적으로 위성에서 수신기까지의 의사거리에 영향을 준다.

의사거리 결정에 영향을 주는 원인은 ① 위성과 수신기 시계오차 ② 대기굴절에 의한 오차 ③ 위성의 위치오차(또는 궤도오차) ④ 수신기 오차 ⑤ 안테나의 구심 오차와 높이 측정 오차 ⑥ 다중전파경로(多重傳播經路)에 의한 오차 ⑦ 위성의 기하학적 위치에 따른 오차 등이 있다.

이들은 대부분 전자파의 전파 과정에서 발생하는 것들이며 이들 중에서 의사거리에 가장 큰 영향을 주는 것은 위성의 시계오차와 대기조건에 의한 오차이다. 이러한 오차들은 적절한 수학적 모델과 적절한 장비, 최적의 안테나 위치선정에 의하여 감소시킬 수 있다.

10.13.1 위성 시계의 오차

이것은 위성 시계의 정밀도에 대한 오차이다. 이미 설명한 것과 같이 위성에는 정밀한 원자시계가 장치되어 있으며 방송 신호 생성을 포함한 시간에 연관된 모든 사항을 통제한다. 따라서 시간 측정의 정밀성은 GPS 측량의 정밀도에 매우 중대한 영향을 준다. 비록 GPS 위성에는 매우 정밀한 원자시계가 장치되어 있으나 아직 얼마간의 오차가 포함되어 있다. 예를 들면 항해 데이터 메시지에서의 시간 보정은 위성시간과 GPS 시간과의 차가 1 ms까지 이른다(1 ms 간격은 약 300 km의 의사거리 오차에 상당). 주 통제소에서는 이러한 시간 오차계수를 결정하여 위성에 송신하고 위성은 이들 항해 메시지를 다시 방송한다.

이러한 오차는 오차수정 계수를 방송 메시지의 일부분으로 생각하여 다음과 같은 2차 포물선함수를 사용하여 수신기에서 수행한다.

$$\delta^j(t) = a_o + a_1(t - t_o) + a_2(t - t_o)^2 \tag{10.21}$$

여기서 $\delta^j(t)$는 관측 시기 t에 대한 위성 시계오차, t_o는 위성 시계의 기준시기, a_o, a_1, a_2는 각각 위성 시계의 편차(offset), 편류(偏流, drift), 주파수 편류이다. 2차 포물선의 계수 a_o, a_1, a_2, t_o는 방송 메시지의 일부분이다.

한 개의 수신기를 사용하는 단독 측위의 경우 미소 시계오차를 하나의 미지수로 하고 최소 4개의 의사거리로부터 수신기의 위치를 계산하는 방법을 사용하여 이 오차를 처리한다. 2개 이상의 수신기를 이용하는 상대측위에서는 두 개 이상의 거리에 의하여 만들어지는 방정식들의 산술적 차(differencing), 즉 차분법에 의하여 시계오차를 제거할 수 있다. 수신기 시계오차는 〈식 10.3,4〉와 〈식 10.21〉로부터 하나의 미지수로 취급하여 처리할 수 있다.

10.13.2 대기굴절 오차

대기굴절에 의한 오차는 지구의 전리층과 대기권에 의한 오차이다. 대기는 일반적으로 몇 개의 권역(圈域)으로 나누어진다. 이 중에서 GPS 신호에 가장 큰 영향을 주는 것은 대류권(對流圈, troposphere)과 전리층(電離層, ionosphere)이다. 대류권은 대기의 가장 낮은 층으로 보통 지상 10~12km에 있다. 지상 약 50km 이상의 가장 높은 곳에는 성층권(成層圈, stratosphere)이 있으며 대류권은 성층권으로부터 권계면(圈界面, tropopause)에 의하여 구분된다. 이들 대류권과 권계면 그리고 성층권을 포함한 영역에서의 굴절을 대류권 굴절이라 한다. 지상으로부터 50 km 이상 되는 대기에는 몇 개의 층이 존재하고 있으나 GPS 신호에 가장 크게 영향을 주는 것은 지상 약 50km~1500km에 있는 전파성 물질의 전리층이다. 이 영역에서는 태양으로부터의 방출된 자외선이 가스 분자의 일부분을 이온화시키고 자유전자(free electron)를 방출한다. 이들 자유전자는 GPS 신호를 포함한 전자파의 전파에 영향을 준다. 또한 대류권은 주파수 1.5GHz 대역에서는 비 전파성이다. 이 영역에서는 L1과 L2에 실려진 GPS 매개 전자파와 신호정보(PRN 코드와 항해 메시지)에 대한 위상속도는 자유공간 전파에 연관하여 똑같이 지연된다. GPS 신호가 전리층과 대류권을 통과할 때 굴절 현상이 발생한다.

제3장 4절(전자파거리측정기)에서 이미 설명한 것과 같이 전자파는 굴절계수가 다른 물질을 통과할 때 속도가 변한다. 위성 신호가 지상의 수신기로 전파되어 올 때 전리층과 대류권을 통과하게 되며 대기권의 밀도에 따라 위성 신호의 전파속도에 영향을 준다. 대기권은 실질적으로 매우 낮게 이온화된 중성 가스로 굴절률이 1에서 크게 벗어나지 않는다. 그러나 전리층(電離層)은 매우 낮은 압력으로 더 크게 이온화되며

굴절률은 0에서 1까지 변화된다. 따라서 위성 신호가 이들 공간을 통과하여 지상에 도달할 때는 각각 다른 밀도를 가진 여러 개의 대기층을 통과하며 대기층에 따라 각각 다른 전파속도 때문에 신호가 통과한 궤적은 서로 다른 곡선을 그리게 된다. 이러한 변화는 시간(밤과 낮)과 계절에 따라 크게 영향을 받는다. 또한 위성 신호가 대기를 통과하는 각도에 따라서도 영향을 받는다.

신호가 전리층을 통과할 때 전파속도에 대한 지연은 매개체의 이온 함량에 비례하고 주파수의 제곱에 반비례한다. 천정 방향으로 통과할 때 신호의 전파속도 지연은 보통 낮에는 10ns, 밤에는 50ns 정도이다. 각도가 작은 연직각에서의 시간지연은 약 3배가 된다.

2중 주파수 수신기(L1과 L2파 두 개의 주파수에 의하여 위상측정이 가능한 GPS 수신기)에 의하여 L1과 L2의 두 개의 주파수에 의하여 관측하면 비례상수가 계산되고 전리층 오차를 추정하고 제거할 수 있다.

대기의 하층부에서의 수증기 압력, 기온, 저기압 등에 의하여 발생하는 대기권 오차는 위성 신호와는 관계가 없다. 따라서 이러한 오차는 수학적 추정에 따라 제거한다. 상대측위에서는 “차분법”을 적용함으로써 오차를 최소화할 수 있다.

10.13.3 기타 오차

위성의 위치오차는 위성력 오차(衛星曆誤差) 또는 위성의 궤도오차를 말하며 측점의 좌표계산에 영향을 준다. 방송 위성력(broadcast ephemeris)에 의하여 실시간에서 위성의 위치를 알 수 있다. 일반적으로 방송 위성력(broadcast ephemeris)에 의하여 계산되는 좌표의 정밀도는 약 10 m 정도이다. 그러나 SA를 적용할 때 약 100m까지 정밀도가 저하된다.

위성의 **궤도오차**는 주로 위성에서 부정확하게 변조된 표면력에 의하여 발생한다. 이들은 대기 불안, 태양의 복사압(輻射壓, solar radiation pressure)들로서 시간에 대한 함수이며 예측하기가 매우 어렵다. 더욱이 중력 모델과 궤도 예측 측점의 좌표에 대한 불확실성은 이들을 더욱 어렵게 한다.

궤도오차는 궤도 높이와 기선의 길이와의 비에 비례한다. 기선에서의 오차(Δr)는 위성력 오차(Δe)를 위성의 고도(D = 20,200 km)에 대한 기선의 길이(d)와의 비를 곱하여 추정한다. GPS에서 “기선”이라 함은 두 측점 간의 벡터(방위각, 거리, 높이, 또는 3차원 직각좌표)에 의하여 정의되며 개략적인 오차는 다음 식과 같다.

$$\Delta r = \Delta e\,(d/D) \tag{10.22}$$

예를 들면 40m의 위성력 오차는 기선 10km에서 0.02m 정도의 위치오차가 발생한다. 따라서 매우 긴 기선의 경우에는 매우 정밀한 위성력을 사용하여야 한다.

수신기 오차는 송신된 신호를 동기화하는데 발생하는 시계오차와 전기적 잡음에 의한 오차를 말한다. 수신기에 장치된 시계는 위성에 장치된 원자시계보다 정밀하지 못하고 안정적이지 못하다. 수신기의 시계오차는 수학적인 추정이 어려워 일반적으로 미지수로 포함하여 함께 계산하는 방법을 사용한다. 상대측위의 경우에는 차분법을 적용함으로써 오차를 최소화할 수 있다.

안테나의 높이 측정오차와 구심 오차는 안테나의 중심과 위상 중심의 차이에서 발생하는 오차를 의미한다. 안테나의 높이 측정 오차와 구심 오차는 안테나의 중심과 위상 중심의 불일치를 가져오며 오차의 원인이 된다. 일반적으로 안테나의 높이는 경사높이를 측정할 때가 종종 있다. 이와 같이 측정된 경사높이는 연직 높이로 환산하여야 하며 이때 안테나의 바깥쪽으로부터 위상 중심까지의 반경이나 안테나의 밑면이 필요하게 된다. 안테나의 높이는 관측하기 전·후에 항상 정확히 측정하여야 한다.

안테나의 구심 오차를 줄이기 위해서는 안테나에 부착된 광학적 구심기 또는 추를 사용하여 수시로 점검하여야 한다. 이와 같은 오차들은 관측하는 모든 기간 안에 안테나의 방향을 항상 같은 방위각에 고정함으로써 최소화할 수 있다. 안테나의 높이는 관측하기 전·후에 항상 정확히 측정하여야 한다.

다중 전파경로(多重傳播經路, multi-path)에 의한 오차는 반송파가 지상의 수신기를 향하여 직접 송신되지 못하고 주변의 다른 장애물에 반사된 후 수신기에 수신될 때 생기는 오차이다. 이들 반사파의 진행 경로는 직접 수신될 때의 진행 경로보다 훨씬 커서 이에 따른 오차가 발생한다. 저고도 각에서의 위성 관측은 이러한 다중 전파경로에 의한 오차를 증가시킬 수도 있으나 일반적으로 다중 전파경로에 의한 오차는 그렇게 심각하진 않다.

10.13.4 위성의 기하학적 위치에 따른 오차

위성의 기하학적 위치에 따른 오차는 관측하는 위성의 기하학적 분포에 따라 발생하는 오차를 말한다. 이것은 삼각측량과 같은 전통적인 측량에서 삼각점의 분포상태가 정밀도에 큰 영향을 미치는 것과 같다. 다시 말해서 위성의 기하학적 배치가 적절치 못할 때의 관측은 그 결과에 심각한 영향을 준다. 위성의 기하학적 배치 상태가 정밀도에 어떻게 영향을 주는가를 추정할 수 있는 하나의 척도로서 **DOP(Dilution Of Precision)**를 사용한다. 만일 위성이 〈그림 10.20(a)〉와 같이 전 수평면에 걸쳐 다른 고도 각으로 배치되고 수신기로 들어오는 위성 신호 사이의 각이 클 경우는 위성 관측에 좋은 조건이며 DOP 값이 적다(고정밀도). 반대로 〈그림 10.20(b)〉와 같이 적은 수의 위성이 전 수평면에 걸쳐 같은 고도각으로 배치되고 수신기로 들어오는 위성 신호 사이의 각이 작을 경우는 DOP가 높은 것이다(낮은 정밀도).

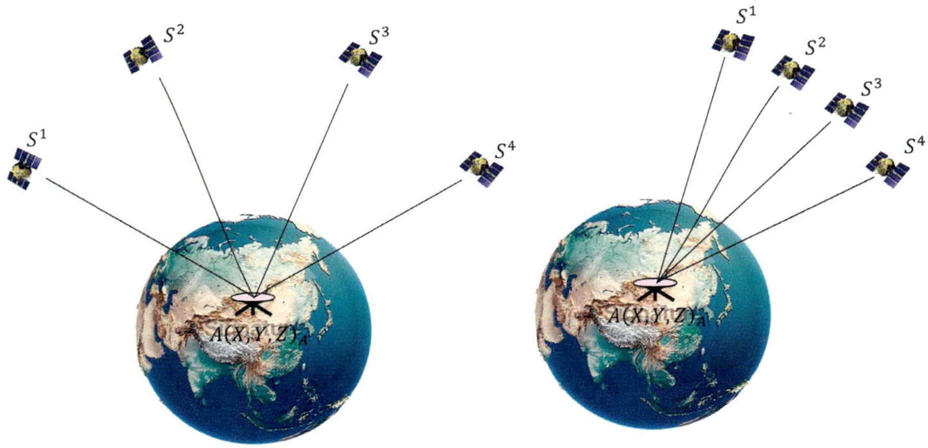

(a) DOP 수치 작다(고 정밀도)　　(b) DOP 수치 크다(저 정밀도)

그림 10.20 위성의 기하학적 분포와 DOP

〈표 10.10〉은 GPS 측량에서 발생하는 여러 가지 오차와 크기를 나타낸 것이다(가장 이상적인 경우). 이미 설명한 것과 같이 GPS 측량에서 최소제곱법으로 계산하면 위성의 수와 위성의 기하학적 배치 상태에 따른 정밀도를 계산할 수 있다. 그러나 사실은 현장 관측을 수행하기 전에 GPS 위성의 수와 위성의 가시 위치를 사용하여 최소제곱법을 사전 수행함으로써 측량 결과에 대한 예측과 평가가 가능하고 위성의 수와 위성의 기하학적 배치 상태가 정밀도에 어떻게 영향을 주는가를 추정할 수 있다는 것이다. 이것이 바로 DOP이다.

DOP 계수는 오차전파의 법칙으로부터 계산한다. 이것은 단순한 숫자이다. 다시 말하면 〈표 10.8〉에 표시된 오차의 크기에 DOP 계수값을 곱하면 관측 순간의 위성의 상태에서 예측되는 오차의 크기가 되는 것이다. 만일 DOP 계수가 "2"라고 하면 이때 예측되는 오차는 〈표 10.8〉에 표시된 것의 2배가 된다. 따라서 낮은 숫자의 DOP가 높은 정밀도를 나타낸다는 것은 분명하다. 최소제곱법에 의한 예비분석에서 허용할 수 있는 것보다 높은 DOP 계수값이 나타났다면 좀 더 유리한 위성의 배치

상태가 올 때까지 관측을 보류하여야 한다.

▶ 표 10.10 GPS 오차와 의사거리에 미치는 영향

GPS 오차의 종류	오차의 크기(m)
위성 시계의 오차	0~3
위성의 섭동(攝動)에 의한 오차	0~1
위성의 궤도오차	1~5
전리층의 굴절오차	0~10
대류권의 굴절오차	0~2.0
수신기 오차	0~4.8
기타 오차	0~0.5

GPS 현장 측량에서 가장 중요한 DOP 계수는 PDOP(위치 DOP), HDOP(수평위치 DOP), VDOP(수직위치 DOP)이며 기타 GDOP(기하학적 DOP), TDOP(시간 DOP)에 의하여서도 평가할 수 있으나 그렇게 중요하게 취급하지 않는다. 〈표 10.11〉는 이들에 대한 몇 가지 예와 일반적으로 허용되는 한계를 나타낸 것이다.

▶ 표 10.11 DOP와 허용한계

DOP 종류	표준편차	공식	허용한계
PDOP(위치 DOP)	3차원 지심좌표(X,Y,Z)의 σ	$\sqrt{\sigma_X^2+\sigma_Y^2+\sigma_Z^2}$	6
HDOP(수평위치 DOP)	평면직각좌표(X,Y)의 σ	$\sqrt{\sigma_X^2+\sigma_Y^2}$	3
VDOP(수직위치 DOP)	높이(h)의 σ	σ_h	5

10.14 GPS 수신기

10.14.1 수신기의 기본 개념

GPS 수신기는 GPS 측량에서 가장 중요한 기기로 이들의 특성과 기능은 작업 전반에 걸쳐 큰 영향을 준다. GPS 수신기는 추적 채널의 형태, L1과 L2 및 L5 신호의 사용 가능 여부, 사용 목적 등에 따라 많은 종류의 수신기가 개발되었으며, 이 순간에도 새로운 형태의 수신기가 계속 개발되고 있다. 이와 같이 GPS 수신기가 다양한

형태임에도 불구하고 이들의 구조를 살펴보면 어떠한 공통적인 원리가 있다. GPS 수신기는 기본적으로 신호를 수신하는 수신 장치와 신호를 생성하고 처리하는 처리 장치로 구성되었으며 안테나와 증폭기 등 6가지로 구분할 수 있다. 〈그림 10.21〉은 GPS 수신기의 기본 개념도이다.

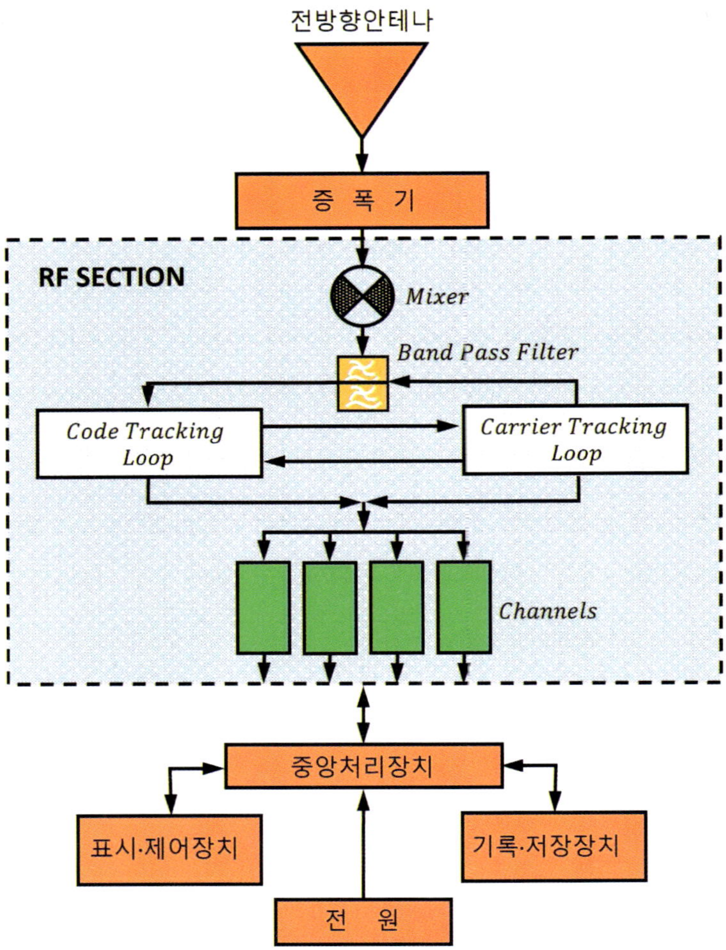

그림 10.21 GPS 수신기의 기본 개념

- 안테나와 증폭기
- 라디오 주파수 부분
- 중앙처리장치
- 제어 및 표시 장치
- 기록 및 저장 장치
- 전원 장치

수신기에 장치된 전 방향 안테나는 위성들로부터 송신되는 신호를 수신하고, 수신된 신호를 증폭하여 라디오 주파수(RF) 부분으로 전송한다. 중앙처리장치는 의사거리 및 위상 측정에 의한 실시간 관측을 가능케 하며 키보드와 연결되어 있어 수신기와의 통신과 통제가 이루어진다. 기록 및 저장장치는 관측된 데이터와 위성에서 방송되는 운항 메시지를 저장하고 후속 처리에 활용된다. 저장 수단으로는 내장과 외장이 있으며 외장 장치는 주로 10GB 정도의 SD카드를 많이 사용한다.

GPS 수신기의 전원은 대부분 낮은 전압의 직류 전류를 사용하며, 교류 전류를 사용하는 경우는 극히 적다.

10.14.2 수신기의 세부 사항

수신기의 핵심은 수신 안테나와 신호 처리 장치인 라디오 주파수 부분이다. 수신 안테나는 전자장 에너지를 전류로 변환시키는 장치이며 이곳에서 발생한 전류는 보통 라디오 수신기와 같은 외부의 전자 회로에 연결된다. 이때 수신 안테나가 전자 회로에 연결되면 유도전류(誘導電流)가 흐르게 되며 이 유도전류에는 필요한 정보 자료 및 데이터들을 포함할 수 있다. 따라서 수신기에서는 유도전류에 포함된 정보, 즉 코드 정보(또는 변조된 신호)를 추출할 수 있다.

GPS 수신기에서 사용하는 안테나는 보통 쌍극자 안테나(dipole antenna), 마이크로스트립 안테나(microstrip antenna), 나선형 안테나(helical/spiral antenna) 등이 있으며, 이들 중 나선형은 L1 및 L2 신호를 모두 사용하는 2중 주파수 수신기에서 많이 사용한다.

안테나는 길이가 수신 전자파 파장의 1/4 또는 1/2 파장일 때 가장 효율적이고 실용적이므로 GPS 반송파의 파장이 19cm(L1), 24cm(L2), 25cm(L5)임을 생각하면 GPS 안테나 요소는 4~5cm 정도로 작을 수 있다.

패치 안테나라고 알려진 마이크로스트립 안테나는 내구성이 강하고 구조가 간단하여 만들기가 쉬워서 GPS 수신기에서 가장 많이 사용하는 안테나이다. 또한 각 주파수에 대한 패치를 가질 수 있어 하나 또는 모든 주파수를 수신할 수 있다. 쌍극자 안테나는 안정적인 위상 중심과 구조가 간단한 장점이 있지만 좋은 접지면이 필요하다. 좋은 접지면은 다중 경로를 개선하고 안테나의 효율성을 증가시키는 경향이 있어 마이크로스트립 안테나의 사용을 쉽게 한다. 나선형 안테나는 도선을 나선형으로 감으면 둘레의 길이가 파장의 3/4 정도로 되어 도선을 따라 진행파가 실리고 전자파 방사의 주 빔이 축 방향을 향하게 되어 거의 원 편파에 가까운 전파가 방사된다.

GPS 수신기는 GPS 위성의 신호를 수집하고 이들 신호로부터 위치, 속도 및 시간의 측정값으로 변환해야 한다. 그런데 GPS 신호의 세기가 낮다는 문제가 있다. 궤도를 도는 GPS 위성은 약 28°의 원호를 가로질러 신호를 송신한다. 약 20,000km 상공에 있는 위성의 관점에서 볼 때 그 원뿔은 전체 행성의 상당 부분을 덮고 있다. 이러한 사실은 훨씬 더 많은 전력이 필요할 뿐만 아니라 강한 방향성 신호를 방송하는 일반적인 통신 위성과 대조해 볼 때 유익하다. 통신 위성의 경우 신호 수신을 위해 큰 접시형 안테나가 필요하나 GPS 수신기에는 일반적으로 작고 상대적으로 무지향성 안테나가 장착되어 있다. 다시 말하면, GPS 위성은 특정 지역에 높은 전력 신호를 보내는 것이 아니라 낮은 전력 신호를 넓은 지역에 퍼뜨리는 것이다. 따라서 GPS 신호는 정보 전달에 필요한 것보다 더 넓은 대역폭을 의도적으로 차지한다.

일반적으로 안테나는 신호의 손실과 잡음을 최소화하기 위하여 증폭기를 안테나의 밑면에 일체형으로 부착한다. GPS 안테나는 전 방향 안테나이기 때문에 접시형 안테나처럼 위성을 향하여 조준할 필요는 없다. 안테나에서 가장 중요한 사항은 위상 중심(phase center)의 민감성이다. 전자기파의 중심은 안테나의 기하학적 중심과 가능한 한 가까워야 하며, 안테나를 회전하거나 기울일 때도 민감하지 말아야 한다. 왜냐하면, 위성 관측에서 얻어지는 수신기의 3차원 위치는 위상 중심의 위치이기 때문이다.

GPS 수신기의 전 방향 안테나는 안테나의 지평 선위에 있는 모든 위성으로부터의 신호를 동시에 수신한다. 만약 S개의 위성이 지평선 위에 있다고 하면 단일 주파수 안테나에서는 전류의 S개 성분이, 2중 주파수 안테나에서는 2S 개의 성분이 생성될 것이다. 이때 수신기는 코드 의사거리 또는 반송파의 위상 변위를 측정할 수 있도록 위성들로부터 송신되는 신호가 어느 위성으로부터 송신되는 것인가를 분명히 식별할 수 있어야 한다. 이러한 식별 작업은 여러 개의 분리된 추적 채널을 특정한 시간에 특정한 위성과 주파수에 적용함으로써 이루어진다. 이들 추적 채널은 하드웨어나 소프트웨어 또는 두 개를 혼합하는 방법으로 제공된다. 각각 다른 위성으로부터 송신되는 신호는 C/A 코드와 P 코드 또는 수신된 코드의 도플러 변위에 따라 식별할 수 있다. 위성들로부터 송신된 신호는 GPS 수신기에서 각각 하드웨어나 소프트웨어 채널에 의하여 검파(檢波)되고 해독(解讀)되며 이들 채널은 관측 형태에 따라 각각 다른 모양으로 기계화된다.

GPS 수신기 채널은 라디오 주파수 부분(RF section)에서 생성되고 처리된다. 라디오 주파수 부분은 디지털 및 아날로그의 혼합 회로에 의하여 채널 신호를 생성하고 처리한다. 신호처리 방법은 수신기의 형태에 따라 다르나 보통 다음과 같은 3가지 방법을 사용한다. 즉, 코드 상관 방법(code correlation), 코드 위상 및 주파수 방법

(code phase and frequency), 반송파 제곱 방법(carrier signal squaring)이다. 라디오 주파수 부분은 수신되는 GPS 신호를 추적할 수 있도록 위의 3가지 방법 중 어느 하나의 방법에 따른 채널로 구성되며 채널의 수는 수신기의 종류에 따라 6채널, 12채널 또는 그 이상 수백 채널도 가능하며 최신의 수신기에는 대부분 수백 채널이 있다.

코드 상관 방법은 위성에서 송신한 코드 신호를 수신과 동시에 수신기 자체에서 발생한 기준 신호와의 교차 상관 방법에 따라 의사거리를 결정하며 방송 메시지를 재현할 수 있도록 신호를 수렴시키기도 한다. 이때 사용하는 코드는 P 코드 또는 C/A 코드 모두 사용할 수 있다. 현재 생산된 대부분의 GPS 수신기는 1개 또는 2개 이상의 상관 채널로 구성된 코드 상관 수신기이며 이 형태의 수신기에서만 운항 메시지를 해독할 수 있다.

반송파 제곱 방법에서는 코드 상관 방법에서 제공되는 의사거리나 방송 메시지 그 어느 것도 얻을 수 없으며 단지 반송파의 위상만 측정된다. 제곱의 원리는 매우 간단하여 처음 수신되는 신호를 우선 IF 신호(intermediate signal)로 번역되며 이 신호를 제곱하여 반송파를 얻는 방법이다. 신호를 제곱하면 주파수는 2배가 되고 진폭은 단위 진폭으로서 변화가 없다. 그러나 제곱 신호의 위상은 단지 원래의 반송파와 관련되어 있을 뿐 코드 정보나 운항 메시지는 없어진다.

코드 위상법은 C/A 코드 또는 P 코드를 사용하여 자동 상관 방법 또는 교차 스펙트럼 방법에 따라 "모호정수"를 구하는 방법이다.

10.14.3 수신기의 종류

GPS 수신기는 다양한 기준에 따라 여러 가지로 구분할 수 있다. 초기에는 수신 신호의 형태에 따라 코드상관 수신기, 코드위상 수신기, 신호 제곱형 수신기 등으로 구분하였으나 지금은 대부분 모든 수신기에서 이러한 기술을 사용하므로 이러한 방법은 무의미하다.

또 다른 구분 방법은 데이터 형태의 취득 방법에 따라 C/A 코드 수신기, C/A 코드+L1 수신기, C/A 코드+(L1, L2) 수신기, C/A 코드+P 코드+(L1, L2) 수신기, L1 수신기, L1, L2 수신기로 구분할 수 있으며, 채널 수에 따라 다중 채널 수신기, 시퀀싱 수신기, 복합형 수신기로 구분할 수 있으며 사용 목적에 따라 군용수신기, 민간용 수신기, 항해용 수신기, 시간용 수신기, 측지용 수신기 등으로 구분하기도 한다. 측지와 같이 정밀한 측위를 위해서는 반송파의 위상을 관측값으로 사용하며 P 코드와 더불어 L1, L2의 사용은 필수적이다.

코드 상관 수신기와 제곱형의 수신기는 몇 가지의 장·단점을 가지고 있다. 위성의 운항 메시지는 코드 상관 수신기만 수신이 가능하다. 이미 알고 있는 것과 같이 P 코드 또는 C/A 코드 그 어느 것이나 수신되는 신호는 운항 메시지가 파괴되지 않은 상태로 수신되는 신호가 수렴되어야 한다. 따라서 제곱형 수신기에서는 신호처리와 수신기 작동을 위하여 외적으로 공급되는 위성력과 궤도 요소가 필요함을 의미하며 이러한 사실은 곧 제곱형 수신기로는 정밀한 실시간 관측이 어렵다는 것을 의미한다.

제곱형 수신기를 사용할 때는 관측하기 전에 사용하고자 하는 모든 수신기의 시간을 서로 일치시켜야 하며, 동시에 UTC(Universal Time Coordinated) 또는 GPS 시간 체계로 일치되어야 한다. 반면에 코드 상관 수신기를 사용할 때는 4개의 위성으로부터 신호를 수신한 후, 미지점에서 수신기들의 시간을 GPS 시간으로 일치시킬 수 있다.

Topcon HiPer VR　Sokkia GRX2　Leica Viva GS16　Trimble R780

그림 10.22 GPS(GNSS) 수신기

코드 상관 수신기는 의사거리 관측 또는 위상차 관측이 모두 가능하다. 그러나 수신기 모두에서 위상차 관측이 가능한 것은 아니다. 한편 P 코드(또는 Y 코드) 2중 주파수를 사용하지 않고는 의사거리나 위상 자료 혹은 그 관측 결과로 얻어지는 것이 무엇이거나 관계없이 전리층에 대한 지연보정(遲延補正)이 불가능하다는 사실을 유념하여야 한다. 이들 전리층에 대한 지연보정은 반드시 모형화되거나(비록 성공적인 결과는 항상 얻지 못하지만) 무시되어야 한다.

초기모델의 민간용 GPS 수신기는 대부분 단일 채널인 C/A 코드 상관 수신기였으나 현재 사용하고 있는 수신기는 L1/L2 파를 독립적으로 수신하는 2 주파수 수신기로 고정밀도의 코드 신호와 모든 반송파를 수신한다. 특히 최근에는 L1/L2, L2C/L5 등 모든 주파수를 수신하며 동시에 GLONASS 위성까지 수신이 가능한 수신기가 상용화되었다. 제곱형 수신기에서는 코드 신호에 관한 정보가 없어도 L1과 L2 주파수를 사용할 수가 있어서 매우 긴 기선의 경우 정밀도가 높은 상대 측위가 가능한 장점이 있다. 따라서 미 국방성의 의도대로 민간인이 Y 코드를 사용할 수 없는 경우에, GPS 관측으로부터 측지학적 정밀도를 얻을 수 있는 방법은 제곱형 수신기 또는 조합형 수신기(L1 주파수에서는 C/A 코드 상관 채널, L2 주파수에서는 제곱 채널을 사용하는 수신기)에서 가능할 것이다.

현재 국내에서 가장 많이 사용하는 GNSS 수신기는 Geosystem의 Trimble R12i, R12, Trimble R8s, R4s, Topcon의 HiPer SR, HiPer V, HiPer HR, HiPer VR, Leica의 GS18, GS16, GS07, Sokkia의 GRX3, GRX2, GSX2, ATLAS 등이다. 다음은 이들 중 몇 개를 각 회사 카다로그의 설명을 중심으로 간단히 소개하려고 한다(상세한 내용은 각 회사의 홈페이지 참고할 것. www.topcon.co.kr, www.sokkia.co.kr, www.leica-geosystem.co.kr, www.trimble.com.).

Topcon HiPer V는 Topcon의 최신 GNSS 수신기로 226채널을 지원하는 첨단의 뱅가드 기술 및 펜스 안테나(Fence antenna) 기술이 적용된 일체형 GNSS 수신기로 방진, 방수 등에 있어 뛰어난 성능을 가지고 있다. GPS L1 CA, L1/L2 P코드, L2C, GLONASS L1/L2 CA, L1/L2 P코드, SBAS WAAS, EGNOS, QZSS 신호의 수신이 가능하고 위치정밀도는 static L1+L2의 경우, 평면 3mm+0.5ppm, 표고 5mm+0.5ppm, RTK, Kinematic L1+L2의 경우 평면 10mm+1ppm, 표고 15mm+1ppm이다.

Leica GS18/GS18T는 가장 빠른 GNSS RTK 수신기로 자기장의 영향이 없고 초기화가 필요하지 않으며 IMU 경사보정으로 작업시간을 약 20% 정도 절감할 수 있다. 555채널로 많은 위성을 추적할 수 있으며 방진 방수가 완벽하며 전화 모뎀 및 UHF 라디오 RTK가 장착되었다. 네트워크 RTK가 지원되지 않는 어느 곳에서나 cm 레벨의 정확도가 보장된다. 정확도는 RTK의 경우 H:8mm+1ppm, V:15mm+1ppm, static의 경우 H:3mm+0.1ppm, V:3.5mm+0.4ppm이다. 저장장치는 내장 메모리 4GB와 탈착식 SD카드 최대 8GB이다. 배터리 사용 시간은 8시간 정도이다.

Trimble R12i는 672채널의 수신기로 현존하는 모든 위성뿐만 아니라 서비스 예정의 신규 위성(위성정보 내장)도 추적이 가능하다. 도심 환경에 매우 강력한 성능으로 위성 수신이 어려운 도심, 산림지역에서도 30% 이상의 정확도를 향상하며 관측 시간을 줄일 수 있다. 다른 시스템에서와 같이 IMU 기반의 경사보정 기능을 가지며 V

RS없이 실시간 3cm의 측정(옵션)이 가능하다. 정확도는 static의 경우 H:3 mm+0.1 ppm, V:3.5mm+0.4ppm, VRS의 경우 H:8mm+0.5ppm, V:15mm+0.5ppm이다. 배터리는 7.4V 리튬이온 배터리로 약 6.5시간(이동국) 정도 사용한다.

Sokkia GRX3는 226채널로 GPS, GLONASS, BeiDou, IRNSS, QZSS, SBAS 등 모든 위성을 추적할 수 있는 GNSS 수신기로 정밀 포지셔닝 애플리케이션에 새로운 차원의 다목적성과 유연성을 제공한다. GRX3는 탁월한 편의성과 다기능으로 사용자의 생산성을 향상시킨다. Sokkia tilt기술(9축 IMU를 이용)과 L-Band Ready 기술과 함께 400MHz 대역의 UHF 내장 라디오 모뎀이 설치되었다. RTK, Static, VRS 등 모든 GPS 측량이 가능하다. 정확도는 static과 fast static의 경우 H:3mm+0.4ppm, V:5mm+0.5ppm, RTK의 경우 H:5mm+0.5ppm이다. 저장 장치는 내장형 8GB SDHC이다.

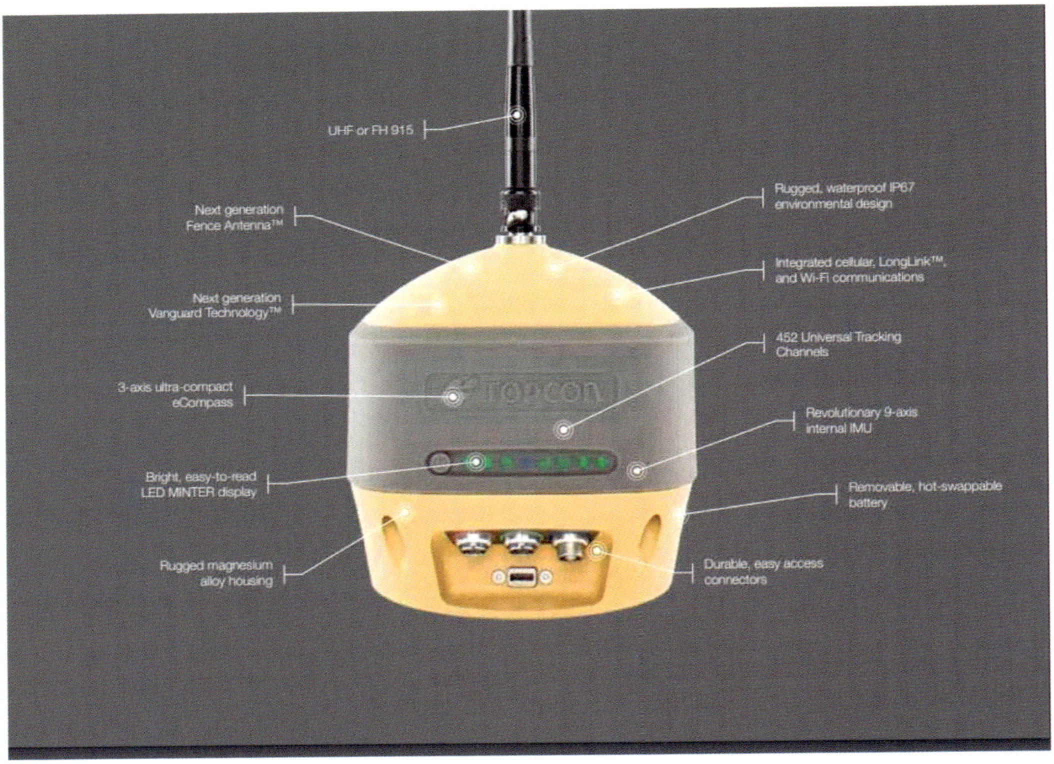

그림 10.23 Topcon Hiper HR, Multi-purpose GNSS receiver

〈그림 10.23〉은 TOPCON사의 최신 GNSS 수신기로 HiPer HR이다. 이 수신기

는 소형의 가볍고 견고한 디자인으로 2m의 낙하에서도 견딜 수 있는 단단한 수신기로 5개의 고유한 데이터통신 옵션으로 모든 위성으로부터의 모든 신호를 수신할 수 있다. 또한 혁신적인 9축 IMU와 초소형 3축 eCompass가 장착되어 15° 정도의 오차를 보정할 수 있어 레벨 측정이 편리하고 가파른 경사면이나 곤란하고 힘든 측정지역에서도 쉽게 측량할 수 있다. 452 채널로서 보이는 모든 위성을 추적할 수 있으며 GPS/GLONASS/Galileo/BeiDou/QZSS/SBAS/L -Band 신호를 수신한다. 위치정확도는 Static, Fast static(L1/L2)의 경우 H:3mm+0.1ppm, V:3.5mm+0.4ppm, RTK의 경우 H:5mm+0.5ppm, V:10mm+0.8ppm이다. 저장 메모리는 32GB, 전원은 6~28개의 VDC와 2개의 내부 배터리를 사용하며 외부 배터리는 탈착식으로 최대 9시간의 사용이 가능하다. 〈표 10.12〉는 이들을 요약한 것이다.

▶ **표 10.12** GNSS 수신기

제작사	모델	수신가능 위성신호	정밀도			메모리	채널수
			스태틱	고속스태틱	RTK		
Leica	GS18i	• GPS/GLONASS/Galileo/BeiDou : L1, L2, L2C, L5/L1, L2, L2C, L3/E1,E5a, E5b, AltBOC, E6/B1I, B1C, B2I, B2a, B3I • QZSS/NavIC:L1`, L2C, L5, L6/L5.WAAS, EGNOS, MSAS, GAGAN/TerraStar	H:3+0.1ppm V:3.5+0.4ppm	H:3+0.1ppm V:5+0.5ppm	H:8+0.5ppm V:15+0.5ppm	4GB	555
	GS16	• GPS: L1, L2, L2C, L5 • GLONASS: L1, L2, L3 • Galileo:E1,E5A,E5B, AltBOC • SBAS,QZSS,NavIC,L-Band	H:3+0.1ppm V:3.5+0.4ppm	H:3+0.5ppm V:5+0.5ppm	H:8+1ppm V:15+1ppm	4GB	555
Topcon	HIPER V	• GPS: L1, L2, L2C • GLONASS: L1, L2, L2C • SBAS	H:3+0.1ppm V:3.5+0.4ppm	H:3+0.1ppm V:3.5+0.4ppm	H:10+1ppm V:15+1ppm	SD카드	226
	HIPER SR	• GPS: L1, L2, L2C • GLONASS: L1, L2, L2C • SBAS, QZSS	H:3+0.5ppm V:5+0.5ppm	H:3+0.5ppm V:5+0.5pm	H:10+1ppm V:15+1ppm	2GB	226
Sokkia	GRX2	• GPS: L1, L2, L2C • GLONASS: L1, L2 • SBAS, WAAS, EGNOS, MSAS. QZSS	H:3+0.5ppm V:5+0.5ppm	H:3+0.5ppm V:5+0.5ppm	H:10+1ppm V:15+1ppm	8GB	226
	GRX3	• GPS: L1C/A, L1P, L2C/A, L2P, L3C. GLONASS: L1C	H:3+0.4ppm V:5+0.5ppm	H:3+0.4ppm V:5+0.5ppm	H:5+0.5ppm	8GB	226

제작사	모델	수신가능 위성신호	정밀도			메모리	채널수
			스태틱	고속스태틱	RTK		
		/A, L1P, L2C/A, L2P,L3C. Galileo:E1, E5a,Ecb, AltBOC. BeiDou:B1,B2. IRNSS:LT • QZSS:L1C/A, L1C,L1Saif, L2C, L5					
Trimble	R12i	• GPS: L1, L1C, L2C, L2E, L5 • GLONASS: L1, L1P,L2, L2P, L3 • Galileo :E1, E5A, E5B, AltBOC • BDS/COMPASS: B1, B1C, B2A, B3 • QZSS:L1C/A, L1Saif, L1C, L2C,L5	H:3+0.1ppm V:3.5+0.4ppm	H:3+0.5ppm V:5+0.5ppm	H:8+1ppm V:15+1ppm	6GB	672
	R8S	• GPS: L1, L1C, L2C, L2E, L5 • GLONASS: L1, L2, L3 • Galileo: E1, E5A, E5B • BDS/COMPASS: B1, B2 • SBAS, WAAS, EGNOS, GAGAN, QZSS	H:3+0.1ppm V:3.5+0.4ppm	H:3+0.5ppm V:5+0.5ppm	z:8+1ppm V:15+1ppm	56MB	440

출처: 가수 김장훈 블로그

Chapter 11 지형측량

11.1 | 개 요

지표의 기복과 모양 및 지표상에 존재하는 지물(인공지물 또는 자연지물)을 합하여 지형지물(地形地物)이라 부르며 이들을 일정한 축척과 도식으로 그린 것을 지형도(地形圖; topographic map)라 부른다. **지형측량(topographic surveying)**은 지형도 제작을 위하여 지형의 기복과 인공 및 자연 지물의 위치를 결정하는 측량을 말한다.

지형도는 지구 표면의 극히 작은 일부분을 단순히 기하학적으로 나타낸 것이다. 지형도에 표시된 자연 지형지물은 주로 지형의 기복 현상(언덕, 계곡, 불규칙한 지표면 등), 하천(강, 호수, 바다 등), 식물들이고 인공지형지물은 사람들에 의해서 만들어진 것들, 즉 도로, 철도, 건물, 교량, 운하, 경계선 등이다.

지형도에는 평면지형지물은 물론 표고까지 상세히 표시되기 때문에 공학적인 측면뿐만 아니라 많은 분야에서 폭넓게 사용되고 있다. 도로, 철도, 운하, 송전선, 상·하수관 등의 건설을 위한 효율적인 노선선정작업, 호수, 광산, 석유, 수자원의 확보계획, 산림개발 또는 산불진화작업 진입로 등의 개발, 대단위 주택 및 산업단지의 계획, 설계, 여행, 관광, 각종 조사 활동 등 그 활용도와 범위는 이루 말할 수 없을 정도로 매우 넓다.

평면지도(planimetric map)는 단순히 자연 또는 인공 지물에 대한 평면 위치만 표시되며 기복에 관한 사항은 포함되지 않는다. 지형도 제작을 위한 측량방법은 항공사진측량방법(航空寫眞測量方法) 또는 지상측량방법으로 구분되나 종종 두 방법 모두 사용하는 경우도 있다. 항공사진측량은 현대화된 지형도 제작 방법으로서 매우 정밀하고도 경제적이며 현재 넓은 지역의 지형도제작은 대부분 이 방법을 사용하고 있다. 그러나 작업지역이 상대적으로 매우 좁은 지역의 대축척 지형도 제작 등은 항공사진측량방법보다는 지상측량방법이 더 효과적이고 경제적일 수도 있다.

11.2 | 평판측량

지형측량에서 평면의 지형지물(인공 또는 자연)에 대한 데이터를 현장에서 얻는 방법으로 평판측량 방법을 사용하기도 한다. 평판측량(平板測量, plane table surveying)은 평판을 사용하여 현장에서 직접 도면상에 지형도를 작성하는 측량을 말하며 트래버스측량 또는 다른 방법으로 결정된 측점을 기준으로 세부측량을 한다. 이때 앨리데이드(alidade)를 사용하여 평판으로부터 결정하고자 하는 측점까지의 방향선을 그리고 거리를 측정하여 측점의 위치를 정한다. 평판측량의 기구에는 평판과 삼각, 알리데이드, 구심기, 자침 등이 있다(그림 11.1).

평판은 그 위에 도지(지도 용지)를 덮고 측정한 결과를 그리는 판으로 두께 1.5~3.0cm 정도의 직사각형의 판이다. 크기는 30 cm ×40 cm, 40 cm ×50 cm 등 여러 가지가 있으나 우리나라에서는 40cm ×50cm의 것을 사용한다. 또 평판 뒷면에는 금속으로 된 열쇠 구멍과 같은 구멍이 있어 삼각에 고정할 수 있는 장치가 되어 있다.

삼각(三脚)은 도판이 움직이지 못하도록 고정하는 장치로서 평판을 수평으로 하거나 평판을 일정한 방향으로 유지하여 주는 중추적인 역할을 한다.

앨리데이드는 폭 약 4 cm, 두께 약 1.5 cm, 길이 약 22 cm~27 cm인 자의 형태로 중앙에는 기포관과 옆에는 잣눈이 있으며 양 끝에는 각각 시준사(視準紗)와 시준공(視準空)이 있는 두 개의 판이 있다. 앨리데이드를 평판 위에 올려놓고 시준사와 시준공을 이용하여 방향선을 결정한다. 앨리데이드는 망원경이 부착된 것도 있다.

구심기(plumbing arm)는 끝에 추를 매달아 땅 위의 측점과 도면 위의 측점을 같은 연직선에 오게 하는 기구이다.

자침기(declinator)는 좁고 긴 직사각형의 상자 속에 자침(磁針)을 장치한 것으로 평판의 방향을 정할 때나 도면의 방향을 표시할 때 사용한다.

평판을 측점에 세울 때는 정준(整準), 구심(求心), 표정(標定)의 3단계로 한다. 정준은 평판을 수평하게 하는 방법으로 평판의 삼각을 조정함으로써 레벨의 정준에서와 같이 앨리데이드에 부착된 기포를 중앙에 오도록 하는 방법으로 한다. 구심은 구심기에 의하여 평판 위의 측점과 지상의 측점을 연직선 상에 일치시키는 작업이며 표정은 앨리데이드의 시준선과 주어진 방향(기지 방향) 또는 자침 방향과 일치시키는 작업을 말한다.

그림 11.1 평판

평판을 이용하여 현지 지형지물의 평면위치를 결정하는 방법에는 방사법, 전진법, 전방교선법, 후방교선법이 있다.

방사법은 한 측점에 평판을 세우고 그 점 주위에 있는 여러 목표점에 대한 방향선과 거리를 측정하여 트래버스 형태나 지형지물을 측정하는 방법이다.

전진법은 한 측점에 평판을 세우고 다른 한 측점에 대한 방향과 거리를 측정하여 그 측점의 위치를 결정하고 평판을 또 다른 한 점으로 옮겨서 이미 결정된 측점을 후시로 하여 또 다른 한 측점을 결정하는 방법으로 전진(前進)한다고 하여 전진법이라 한다. 전방교선법은 좌표를 알고 있는 기지점에 평판을 세우고 구하고자 하는 점을 시준한 다음, 평판을 또 다른 기지점에 이동한 후 또다시 구하고자 하는 미지 측점을 시준하여 두 시준선의 교차점으로 미지점의 위치를 구하는 방법이다. 후방교선법은 전방교선법과 원리는 같으나 기지점에 평판을 세우는 대신에 미지점에 평판을 세우고 기지점으로부터 역으로 미지점에 이르는 시준선의 교차점으로 측점을 결정한다.

평판측량은 가장 오래된 전통적인 측량 방법으로 과거에는 지형측량 및 지적측량 등에서 많이 사용되었으나 지금은 항공사진측량과 같은 지형측량 방법의 발달로 인하여 평판측량은 소규모의 한정된 지형측량 또는 지적측량 이외에는 거의 사용하지 않으며, 특히 토털스테이션의 발달과 현장 측정의 디지털화로 인하여 전통적인 아날로그 평판측량은 더 이상 사용하지 않는다.

11.3 | 지형도와 세부지형측량

11.3.1 지형도

지형도(地形圖, topographic map)란 지표면에 있는 모든 지형지물(인공 및 자연지형지물)이 평면 위치와 지형의 형태 또는 기복 상태를 일정한 기호와 필요한 축척으로 축소하여 눈으로 쉽게 볼 수 있도록 만들어진 것을 말한다.

지형도는 지형도가 표시하는 내용의 질과 정밀도에 따라 축척으로 구분하며 보통 대축척, 중축척, 소축척 지형도로 구분한다. 일반적으로 대축척은 1:1,000 이상, 중축척은 1:5,000~1:10,000, 소축척은 1:10,000 이하의 축척을 말하고 있으나 이것은 오로지 관습적으로 사용의 편리성에 따른 구분이지 어떠한 이론적 배경에 의하여 구분하는 것은 아니다. 국가의 기본이 되는 지형도를 국가기본도(國家基本圖)라 하며 각 나라에 따라 지도제작의 주관기관이 있어 국가기본도의 제작 또는 기타 주요 지도제작업무를 관장하고 있다. 우리나라는 국토교통부 국토지리정보원에서 국가기본도 제작업무를 주관하고 있으며 1:50,000, 1:25,000, 1:5,000 등의 국가기본도를 제작 공급하고 있다. 특히 최근에는 1:5,000 수치지도를 제작 공급하고 있다.

수치지도(數値地圖)는 지도에 표시된 모든 지형, 지물의 평면위치는 물론 표고위치를 컴퓨터가 인식할 수 있는 데이터로 변환하여 저장하고 필요시 컴퓨터에 의하여 변형, 제작이 가능하고 쉽게 화상으로 표시하거나 종이 등으로 출력할 수 있는 장점이 있다. 따라서 엄밀한 의미에서 수치지도는 일반 국가기본도와 같이 축척의 개념을 적용하는 것은 적절치 않다.

1:50,000 국가기본도는 국가에서 가장 기본이 되는 기본도라 할 수 있다. 1:50,000 국가기본도 1 도엽(圖葉)에는 지상의 15′×15′의 면적이 수록되어 있다.

1:50,000보다 작은 축척의 지형도는 직접측량에 의하여 제작하지 않고 1:50,000 또는 그보다 큰 축척의 지형도를 이용하여 재편집하여 제작하며 보통 편찬도(編纂圖)라 하여 지형도와 구분하여 사용하기도 한다.

제 11 장

11.3.2 세부지형측량

앞에서 말한 것과 같이 지형도에는 지형지물을 포함하여 지형의 형태뿐만 아니라 도로, 철도, 산림, 바다, 하천, 지명 등 매우 많은 자료가 포함된다. 그러나 그중에서 가장 중요하고 기본 골격이 되는 것은 자연 및 인공지형지물과 지형의 기복을 표시하는 것이다. 지형의 기복은 앞에서 설명한 등고선에 의하여 표시하며 인공 및 자연 지형지물은 그들의 평면위치를 측정하여 지형도에 수록하게 된다.

지형지물은 하나의 점 또는 간단한 선으로부터 복잡한 형태의 모양까지 매우 다양하다. 모든 대상물에 대한 위치의 결정은 그들의 모양에 관계없이 두 점에 의하여 결정되는 직선들이 서로 연결된 것으로 취급한다. 다시 말하면 선은 직선이나 곡선에 관계없이 점의 연속이며 선은 두 점을 연결하는 것이라는 개념으로부터 시작한다. 불규칙하거나 곡선의 경우는 매우 짧은 직선들이 연결된 것으로 간주한다. 따라서 세부 지형도 측량은 점들을 결정하는 과정이라 할 수 있다.

이 절에서는 세부 평면지형지물의 평면위치를 결정하는 방법에 대하여 간단히 기술하고자 한다. 세부 지형측량 방법에는 (1)평판측량, (2)토털스테이션에 의한 방법, (3)방안법과 지거법, (4)이동형 GNSS사용, (5)Laser scanning 등 여러 가지가 있으나 이 절에서는 몇 가지 중요한 방법에 관하여 간단히 설명하고자 한다.

평판측량은 과거에 가장 많이 사용한 방법이었으나 토털스테이션 및 GNSS 등 현대적인 측량기구의 발전과 더불어 그들의 사용이 사라지고 있다. 평판측량을 가장 많이, 중요하게 사용하고 있었던 지적측량에서도 지금은 토털스테이션 또는 전자 평판 등을 사용하고 있으며 과거와 같은 아날로그 평판측량은 거의 사용하지 않는다. 그러나 토털스테이션과 같은 현대적인 측량기구를 사용하더라도 방향과 거리에 의하여 측점의 위치를 결정하는 것과 같은 기본 법칙은 변함이 없다.

토털스테이션은 지형도제작을 위한 세부측량에서 가장 효과적이고 많이 사용하는 기계이다. 특히 현대적인 토털스테이션은 각과 거리를 동시에 측정하고 관측된 측점의 좌표를 즉시 알 수 있어 매우 효과적이다.

토털스테이션을 사용할 때 지상기준점에 토털스테이션을 세우고 필요한 모든 세부측량점의 방향과 연직각, 사거리를 측정한다. 연직각과 경사 거리로부터 측점의 높이가 결정되고 방향에 의하여 평면 위치가 계산된다. 이들 계산은 때때로 토털스테이션의 내부 컴퓨터 또는 외부저장장치에서 계산하기도 한다. 이런 방법은 모든 측점의 식별번호와 연직각, 사거리, 방향 등 필요한 모든 사항을 외부저장장치에 저장할 때 매우 효과적인 세부측량 방법이다. 외부저장장치에 기록된 모든 관측값을 서버 컴퓨터에 연결하여 지도제작의 자동화에 사용할 수 있다. 토털스테이션과 방사선법으로 세부지형측량을 할 때 기계를 언덕과 같은 전망이 좋은 곳에 세우면 넓고 많은 지역을 관측할 수 있어 매우 효과적인 세부측량을 수행할 수 있다.

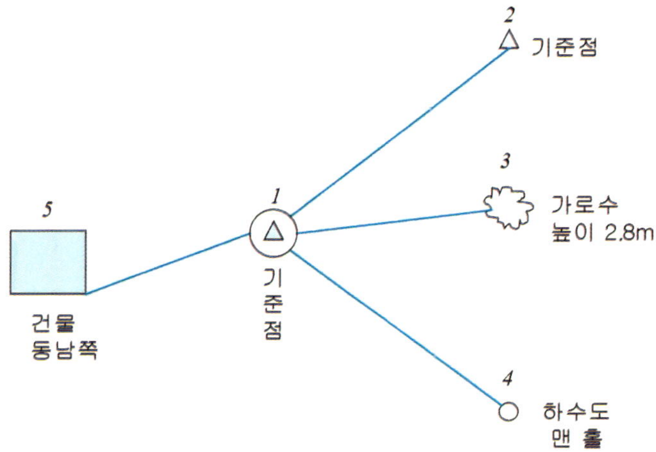

그림 11.2 방사선에 의한 세부지형측량

〈그림 11.2〉는 토털스테이션에 의한 세부 지형측량의 한 예이다. 기준점 (1)에 기계를 세우고 또 다른 기준점 (2)를 후시 한 다음 (3), (4), (5)에 있는 목표물들을 각각 시준하여 방위각과 고각 및 경사거리를 측정한다. 이들 관측값으로부터 각 목표물의 3차원 좌표가 계산되고 그들의 위치가 지도에 그려진다.

앞에서 말한 것과 같이 대부분의 세부 지형측량은 토털스테이션을 이용하고 있으나 측량기기의 발전으로 인하여 현대적인 장비를 사용한 다양한 방법이 점점 늘어나고 있다. GNSS를 이용하거나 레이저스캐너를 이용한 세부 지형측량이 바로 이러한 방법이다.

세부 지형측량에 적합한 GNSS 수신기들은 Network RTK가 가능한 수신기들이며 이를 위해서 가볍고 간단하고 이동이 편리하며 키보드를 사용하여 시스템을 조작하고 지형지물을 식별하여 입력함으로써 작업의 효율성을 향상하도록 만들어졌다. 이러한 수신기들은 이미 많은 제작회사에서 만들어져 시중에 나와 있어 누구나 쉽게 사용할 수 있다. 이러한 수신기들은 수신기가 위치한 지점에 대한 좌표를 실시간으로 결정하여 저장장치에 저장하고 이들은 외부 컴퓨터에 연결하여 지형도제작에 사용하게 된다. 이러한 방법은 단 한 사람에 의하여 각종 지형 데이터를 쉽게 획득할 수 있다. 대부분의 경우 키네마틱 측량을 사용하지만 경우에 따라서는 스태틱 방법을 사용하기도 한다.

11.4 지형의 표시법

3차원인 지형의 기복상태를 2차원의 평면지도에서 표시하는 방법은 18세기 중엽부터 많이 연구되어왔으나 그중에서 가장 대표적인 것들은 음영법(陰影法, shading), 우모선법(羽毛線法, hachures), 채색법(彩色法, color), 점고법(點高法, spot height), 등고선법(等高線法, contour lines) 등이 있다.

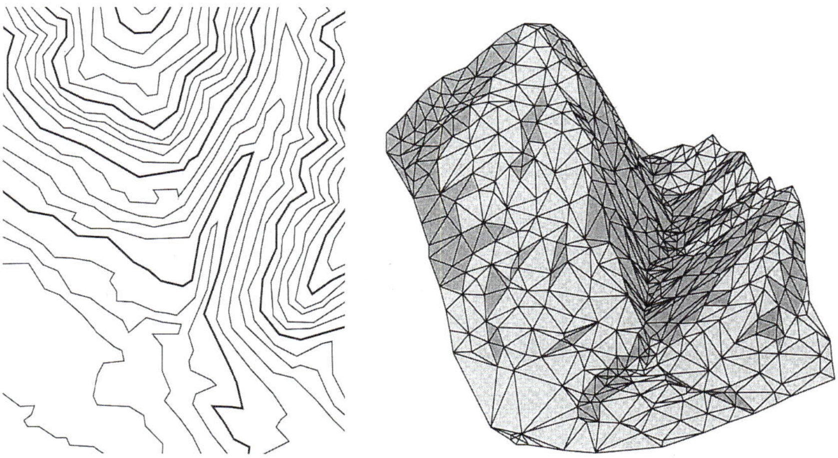

(a) (b)

음영법은 어느 특정한 곳에서 일정한 방향으로 평행 광선을 비출 때 생기는 그림자를 바로 위(연직방향)에서 본 상태로 기복의 모양을 표시하는 방법으로 고저 차가 크고 경사가 급한 지형에 매우 적절하다(그림 11.3(d)).

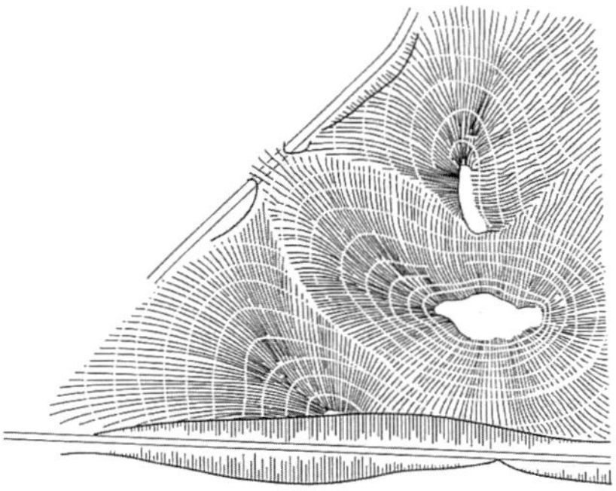

(c)

(d)

그림 11.3 지형의 표시법

우모선법은 짧고 거의 평행한 선, 즉 우모선을 이용하는 방법으로 우모선의 간격, 굵기, 길이, 방향 등에 의하여 지형의 기복을 알 수 있도록 표시하는 방법이다. 경사가 급하면 굵고 짧게, 반대로 경사가 완만하면 가늘고 길게 지면의 최급경사 방향으로 그린다(그림 11.3(c)). 우모선법은 음영법에 비하여 지형의 기복 상태가 더 분명히 표현되는 장점이 있으나 그리기가 어려운 단점이 있다. 채색법은 등고선의 사이를 같은 색으로 칠하여 색으로 표고를 구분하는 방법으로 평지를 기준으로 지형이 높아질수록 더 진한 색으로 표시한다. 물(바다)의 경우에는 수심이 깊을수록 더 진한 색으로 표시한다. 점고법은 하천, 항만, 해양측량 등에서 수심을 나타낼 때 측점에 숫자를 기입하여 수심 등을 나타내는 방법으로 시가지와 같은 특수한 지형에 종종 사용하기도 한다.

음영법, 채색법, 우모선법 등은 지형의 기복 상태에 대한 정량적 표현이 부족하여 주로 소축척 지도에 많이 사용한다. 등고선 방법은 지형을 정량적으로 표현할 때 가장 대표적인 방법이며 많은 엔지니어는 이 방법을 사용하고 있다. 그러나 최근에는 컴퓨터의 발전에 따라 수치표고모델(DEM)과 3차원 입체모형(3-dimensional perspective model)의 기법이 개발되어 그 이용과 활용성이 증대하고 있다.

11.5 | 등고선

11.5.1 등고선의 원리

등고선은 〈그림 11.4〉와 같이 토지를 같은 간격의 수평면으로 절단하였을 때 절단된 선이 투영면 위에 정사 투영된 곡선이다. 따라서 등고선은 같은 표고를 가지고 있는 점들을 연결한 곡선이다. 등고선으로 표시된 지형도에서는 도상의 어느 점이나 표고를 알 수가 있으며 지형의 특성을 자세하게 알 수 있다. 두 등고선 사이의 연직거리(또는 표고차)를 등고선 간격이라 한다. 등고선은 주곡선(主曲線), 계곡선(計曲線), 간곡선(間曲線), 조곡선(助曲線) 등으로 구분된다. 주곡선은 등고선의 주가 되는 선으로 인천만의 평균해면을 기준으로 지형도 전체에 걸쳐서 일정한 높이의 간격으로 그려진 것이고, 계곡선은 주곡선의 수를 아는데 편리함을 주기 위하여 주곡선의 다섯 줄마다 읽기 쉽게 굵은 선으로 그려진 것이다. 간곡선은 완만한 경사의 지형에서 주곡선만으로는 지형의 세부형태나 그 특징을 표현할 수 없는 경우에 두 주곡선 사이에 파선으로 표시하는 것이고 조곡선은 지형이 더욱 완만하여 주곡선과 간곡선 간의 세부형태를 알기 어려울 때 그 사이에 표시하는 것으로 선의 간격은 주곡선 간격의 1/4 이하로 하고 반드시 등고선 수치를 기입하여야 한다.

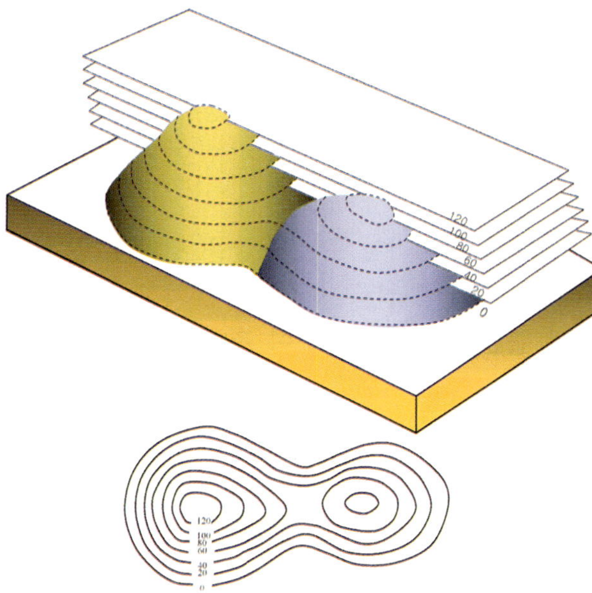

그림 11.4 등고선의 원리

주곡선의 등고선 간격은 (1)측량의 목적 및 지역의 넓이 (2)외업 및 내업에 필요한 시간 (3)지형의 상태 (4)도면의 축척 (5)필요한 정밀도 등에 따라 결정하게 되며 그중에서 (4),(5)항이 가장 중요한 요소로 작용한다. 일반적으로 지도의 축척을 1/M로 할 때, 소축척에서는 M/2,500, 중축척보다 큰 축척에서는 M/2,000을 주곡선 간격으로 하나 (1)~(3)항에 따라 다소 달라질 수도 있다. 또 등고선 간격은 한 지도에서는 반드시 같아야 하고 기준면에서부터 표시되어야 한다. 다음 〈표 11.1〉은 그 예이다.

▶ **표 11.1** 등고선의 종류

표시법	종류	1/50,000	1/25,000	1/10,000	1/5,000	1/1,000	1/500
4호 실선	계곡선	100 m	50 m	25 m			
2호 실선	주곡선	20 m	10 m	5 m	2.5 m	0.5~1.0 m	0.25~0.5 m
2호 파선	간곡선	10 m	5 m	2.5 m	1.25 m	0.25~0.5 m	0.13~0.25 m
2호 점선	보조곡선	주곡선 간격의 1/4 이하					

* 2호선 : 0.075 mm, 4호선 : 0.2 mm 국토지리정보원 지형도 도식규정

11.5.2 등고선의 성질

등고선은 다음과 같은 성질을 가지고 있다.

① 같은 등고선 위에 있는 모든 점은 높이가 같다(그림 11.5(a)).

② 등고선은 도면 안 또는 밖에서 반드시 폐합하며 도중에 소실되지 않는다(그림 11.5(b)). 등고선이 도면 내에서 폐합하는 경우는 볼록 지형(산봉우리) 또는 오목 지형을 나타낸다. 오목 지형은 대개 물이 있으나 없는 경우는 낮은 방향으로 화살표를 그려 구분한다(그림 11.5(c)).

④ 높이가 다른 등고선은 낭떠러지 또는 동굴을 제외하고는 교차하거나 합쳐지지 않는다. 낭떠러지와 동굴에서는 2개소에서 교차한다(그림 11.5(d)).

⑤ 등고선은 경사가 급한 곳에서는 간격이 좁고 경사가 완만한 곳에서는 넓다.

⑥ 등고선은 경사가 같은 곳에서는 간격이 같으며, 경사가 같은 평면인 지표에서는 같은 간격의 평행선으로 된다(그림 11.5(e)).

⑦ 등고선 간의 최단 거리의 방향은 그 지표면의 최대 경사의 방향을 가리키며 최대 경사의 방향은 등고선의 수직방향이다(그림 11.5(f))

⑧ 등고선이 계곡을 통과할 때는 한쪽을 따라 거슬러 올라가서 계곡을 직각 방향으로 횡단한 다음 계곡 다른 쪽을 따라서 내려간다(그림 11.5(g)).

그림 11.5 등고선의 성질(1)

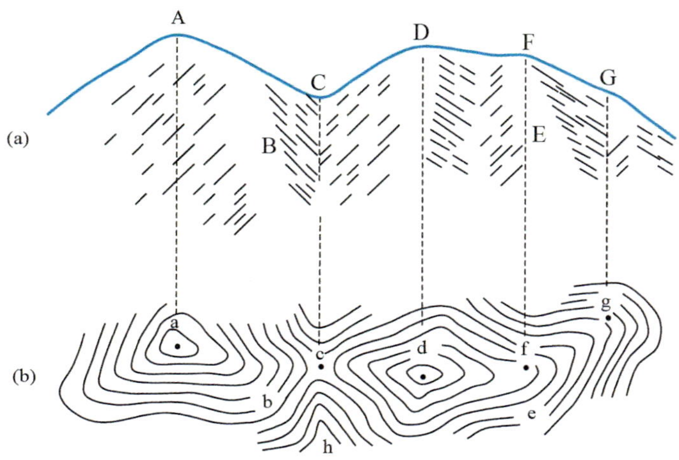

그림 11.6 등고선의 성질(2)

⑨ 등고선이 능선(稜線)을 통과할 때는 능선 한쪽을 따라 내려가서 능선을 직각방향으로 횡단한 다음 능선 다른 쪽을 따라 거슬러 올라간다.

⑩ 〈그림 11.6〉과 같이 한 쌍의 볼록 지형의 등고선이 서로 마주 서 있고 다른 한 쌍의 등고선이 바깥쪽으로 향하여 내려갈 때는 그곳은 고개를 나타낸다.

11.5.3 등고선 측정법

등고선은 지표상의 높이가 같은 점을 연결한 선이므로 가능한 한 많은 점의 표고를 측정하여 높이가 같은 점들을 연결하면 지표의 기복(起伏)을 있는 그대로 표시할 수 있으나 한없이 많은 점을 측정한다는 것이 사실상 불가능하다. 지형측량에서는 현지의 지형상태를 잘 살펴서 등고선을 그릴 때 필요한 중요 점들만을 선택하여 이 점들의 표고와 위치를 측정하고 지형에 맞는 곡선으로 연결하여 등고선을 그린다.

등고선의 측정방법에는 직접측정법과 간접측정법이 있다. 일반적으로 간접측정법은 직접측정법보다 작업이 빠르고 편리하여 등고선의 측정에는 대부분 이 방법을 사용한다. 최근에는 모든 표고 자료를 컴퓨터에 입력하여 등고선을 자동으로 그리는 방법도 사용되고 있다.

❶ 직접측정법

이 방법은 수준측량의 원리에 따라 일정한 높이에 있는 점들의 위치를 측정하고 이들을 연결하여 등고선을 얻는 방법이다. 이 방법은 대축척의 지형측량 또는 지형의 형태가 완만하고 정밀한 지형의 표시가 필요할 경우 적합한 방법이다. 직접측정방법에서도 사용하는 측량장비에 따라 측정방법이 달라질 수 있으며 여기서는 두 가지만 설명하고자 한다.

① 첫 번째 방법은 수준척(또는 표척)과 데오돌라이트를 사용하는 방법이다.

〈그림 11.7〉에서와 같이 데오돌라이트를 측점 "S"에 설치한 후 시준선을 수평으로 하여 측점 R을 시준하고 수평각을 읽는다. 여기서 측점 S의 표고는 49.8 m라고 하자. 다음에는 기계고를 측정하고 이 기계고에 측점 S의 표고를 더하여 시준선의 표고를 결정한다. 만일 측정된 기계고를 1.4 m라고 하면 시준선의 표고는 49.8 m +1.4 m= 51.2 m가 된다. 그런 다음 표척수(標尺手)는 표척의 눈금이 1.2 m 되는 곳에 시준선이 일치하는 측점의 위치를 찾아 표척을 세우면 이 점이 바로 표고가 50 m되는 측점이 된다. 이때 측점(표고 50 m 되는 지점)까지의 거리는 데오돌라이트의 스타디아 선에 의하여 계산하고 방향은 수평각을 읽어 결정한다. 이같이 표고 50 m되는

점을 결정한 후에는 같은 방법으로 근처에 있는 표고가 50 m되는 또 다른 점을 결정하여야 한다. 다시 말하면 표척수는 시준선이 표척의 눈금 1.2 m와 일치하는 다른 측점을 찾아 같은 방법으로 거리와 방향을 결정한다. 이와 같은 방법을 반복하여 많은 다른 측점(즉 표고가 50 m되는 측점)들을 결정한다. 이 점들을 연결하면 50 m의 등고선이 얻어진다.

그러나 표척수가 표척의 눈금 1.2 m와 시준선이 일치하는 점을 찾고자 할 때 단 한 번의 시도로 정확한 위치를 찾는 것은 매우 어렵다. 따라서 표척수는 일치하는 점을 몇 번 반복적으로 시도한 후 최종결정한다. 숙련된 표척수일수록 반복 설치회수가 줄어들어 작업시간이 단축될 수 있다. 이같이 현장에서 측정된 점들의 거리와 방향은 기록 또는 저장되고 저장된 현장 측정 데이터는 실내작업 또는 컴퓨터에 의하여 등고선이 그려진다.

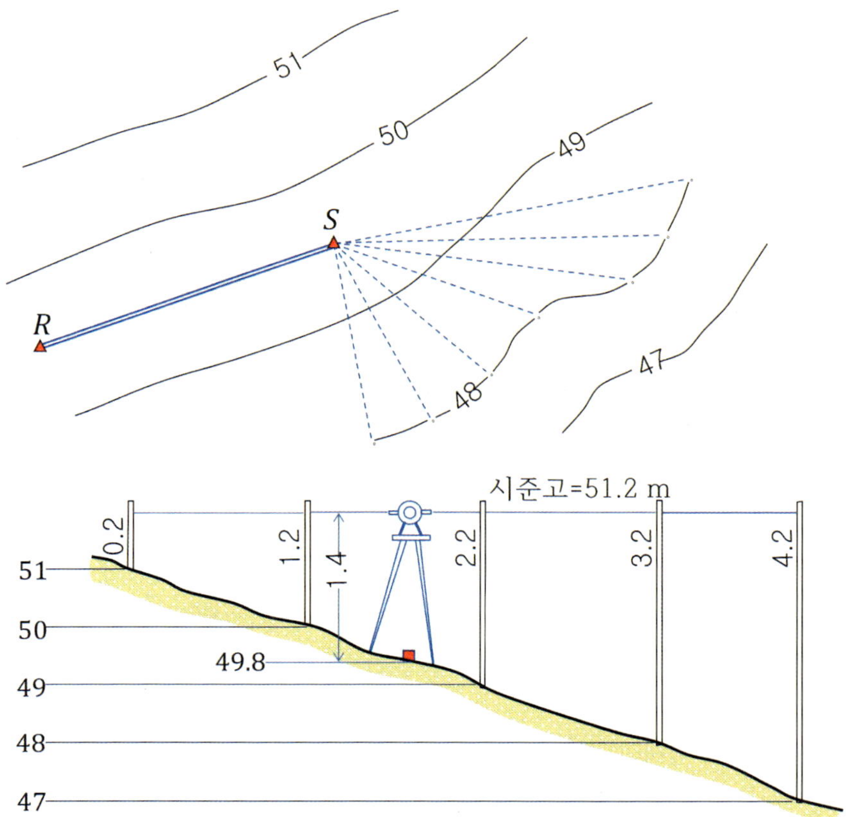

그림 11.7 등고선의 직접측정법(1)

한편 측점 근처에 평판(平板)을 세워 평판과 알리데이드를 사용하면 앨리데이드에 의한 방향선이 얻어지므로 데오돌라이트에 의한 수평각 측정이 필요 없으며 현장에서 직접 등고선을 그릴 수 있는 장점이 있다.

② 두 번째 방법은 연속적인 측량이 가능한 토털스테이션을 사용하는 방법이다. ①에서와 같이 수준표척(水準標尺)을 사용할 때는 수준표척의 높이 한계 때문에 경사가 심한 곳에서는 사용할 수 없는 단점이 있었으나 토털스테이션을 사용할 때는 이러한 단점이 없어진다.

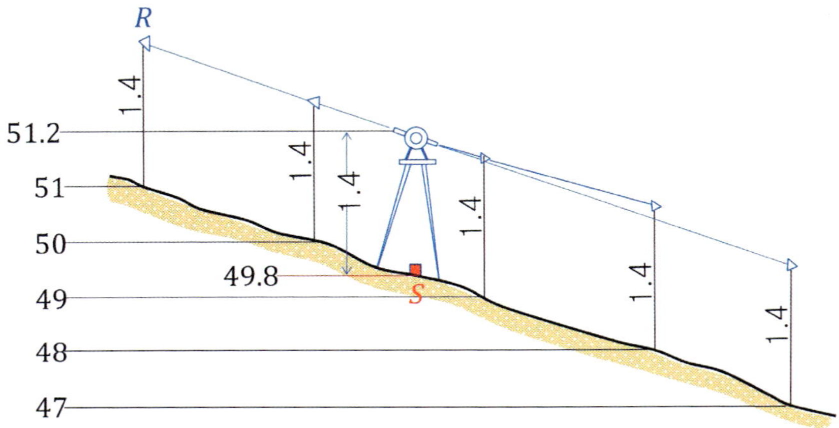

그림 11.8 직접 측정법(2)

〈그림 11.8〉에서와 같이 토털스테이션을 측점 "S"에 설치한다. 측점 R을 시준하고 방위각 $\overrightarrow{SR}$을 입력한다. EDM의 반사프리즘을 수평 시준선의 높이(이 경우 높이 1.4 m)에 맞추어 설치한다. 이때 측정을 시작하기 전에 측점 S의 표고(49.8 m)를 미리 입력하여야 한다. 기계를 "추적모드(tracking mode)"로 하고 표고에 대한 축척에서 읽음값이 50 m가 될 때까지 반사프리즘을 이동시킨다. 이것은 바로 반사프리즘의 맨 밑 끝점이 바로 표고 50 m의 점(즉 50 m 등고선)을 의미한다. 그런 다음 이 점에 대한 수평각(또는 방위각), 수평거리, 높이 등을 저장한다. 이러한 과정은 등고선 위에 있는 모든 측점에 대하여 반복한다. 이와 같은 방법에서는 시준선을 올렸다 내렸다 할 수 있으므로 ①의 경우에서와 같이 표척의 범위를 벗어나는 일은 발생하지 않는다. 현장 측량데이터로부터 등고선을 그릴 때는 360° 분도기와 축척자 등을 사용하여 그릴 수 있으며 토털스테이션의 경우 모든 데이터를 자동제도기에 연결하여 자동으로 등고선을 그릴 수 있다.

❷ 간접측정법

지형상의 중요한 점, 즉 분수선(分水線) 또는 계곡선(溪谷線)에서 방향 또는 경사가 변화하는 점의 위치(평면 및 표고)를 측정하고 인접하는 두 점 사이에 각 등고선이 통과하는 점을 비례계산법(보간법)에 따라 구하는 것으로 주로 경사가 급하고 기복이 규칙적인 토지에 적합한 방법이다. 이 방법은 적은 수의 측점 표고에 의하여 전체 등고선을 그리는 것이므로 점과 점을 목측으로 연결하게 된다. 따라서 지형의 특징을 잘 이해하고 지형에 일치하는 등고선을 그릴 수 있을 만큼 숙련되어야 한다. 현장에서는 데오돌라이트 또는 토털스테이션을 사용하여 수평각과 연직각을 측정하고 거리는 EDM이나 토털스테이션을 사용하여 측정한다. 이 방법은 다음과 같은 몇 가지 방법이 있다.

(1) 방안법(方眼法)

이 방법은 트랜싯과 EDM을 사용하여 측량구역을 정사각형 또는 직사각형 등의 규칙적인 형상으로 분할하여 그 교점의 높이를 측정하고 인접한 두 점 간의 비례계

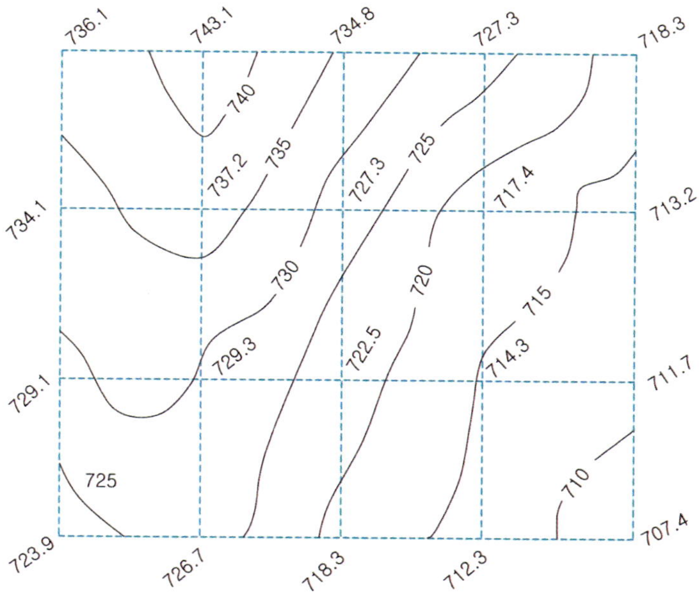

그림 11.9 방안법

산에 의하여 등고선을 삽입하는 방법이다. 이 방법은 비교적 평탄한 지역이나 어느 지역을 수평 또는 일정한 경사로 정지 공사를 하고자 할 때 또는 정밀한 등고선

이 필요할 때 많이 쓴다. 필요에 따라서는 곡선과 능선을 그리고 이들 선과 방안선이 교차하는 위치를 결정하여 두면 더욱 정확한 등고선을 구할 수 있다(그림 11.9).

(2) 종, 횡단 측량에 의한 방법

이 방법은 철도, 도로, 수로 등의 노선측량에 잘 사용되는 것이다. 노선측량에 있어서는 일정한 중심선 상의 각 점의 높이를 측정하고 동시에 중심선 양쪽의 지반 경사가 변화하는 지점의 고저를 측정하고 이 측정결과를 이용하여 등고선을 기입한다(그림 11.10).

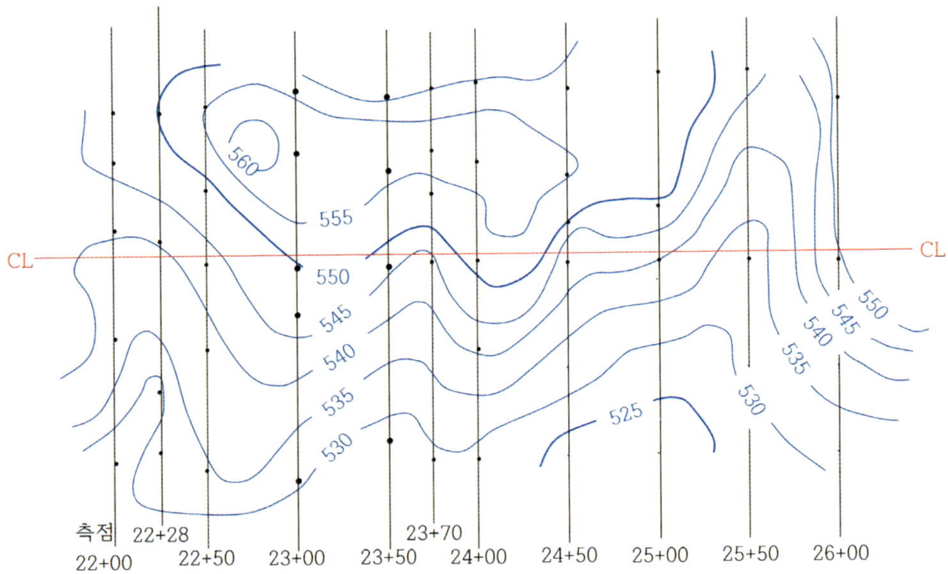

그림 11.10 종·횡단 측량법

(3) 트래버스 측량과 방사선법에 의한 방법

이 방법에 따르면 지모(地貌)의 변화가 심한 경우에도 정밀한 결과를 얻을 수 있다. 계곡선 또는 분수선 상에서 경사 및 방향이 변화하는 점, 산정고개, 분수선의 교점, 곡선의 교점 등의 위치와 높이를 정하고 그 점 사이에 비례법으로 등고선을 기입한다. 지형도 제작을 위한 등고선은 이 방법에 따라 측정하는 경우가 많다. 트랜싯만을 가지고 측량할 때는 각 측점에 대한 거리, 방향, 높이를 야장에 기록하고 내업에 의하여 등고선을 그린다. 평판과 트랜싯을 병용할 때의 측량방법은 등고선의 직접측정법에서 설명한 것과 같다(그림 11.11).

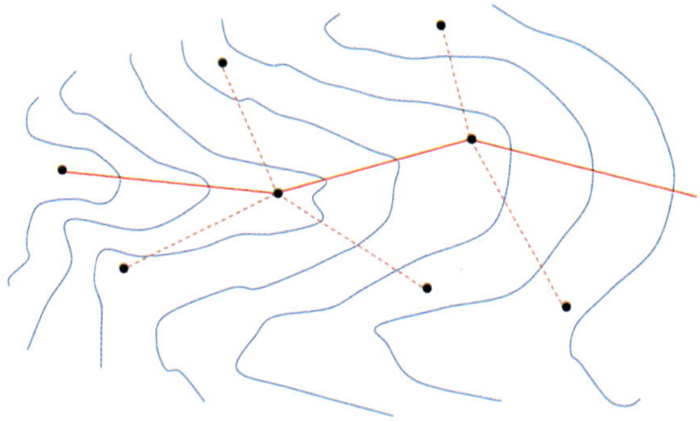

그림 11.11 트래버스 법

11.6 | 등고선 기입법

등고선을 그릴 때는 먼저 주요점의 수평위치와 높이를 도상에 표시하고 인접된 점들을 이용하여 보간 계산법으로 필요한 등고선의 위치를 결정한다. 보편적으로 사용하는 몇 가지 방법에 대하여 설명하고자 한다.

11.6.1 보간계산에 의한 방법

〈그림 11.12〉에서 AB는 지표면이고 H_A, H_B를 A, B 두 점의 표고라 하고 D를

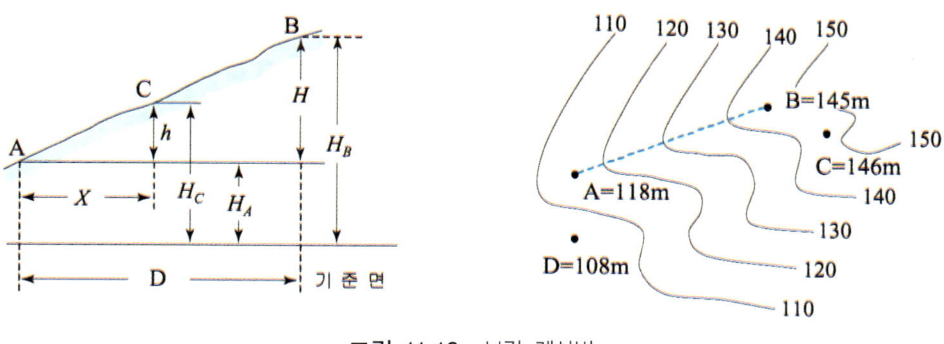

그림 11.12 보간 계산법

$\overline{AB}$ 의 수평거리, A와 B 사이의 지표의 경사가 균일하다고 할 때 두 점 사이에 있는 표고가 H_C인 C점을 구하려면 다음과 같다.

$$\frac{X}{H_C - H_A} = \frac{D}{H_B - H_A} \quad \therefore X = \frac{H_C - H_A}{H_B - H_A} \cdot D = \frac{h}{H} \cdot D \tag{11.4}$$

예를 들면 A, B점의 표고가 각각 118 m, 145 m이고 수평거리가 250 m이며 AB 간의 경사가 등 경사일 때, AB선 상에 표고 120 m, 130 m, 140 m 되는 점을 구하고자 한다.

A점에서 이들 등고선까지의 거리를 각각 X_1, X_2, X_3라 하면

$$X_1 = \frac{250}{27} \times 2 = 19\,\text{m}$$

$$X_2 = \frac{250}{27} \times 12 = 111\,\text{m}$$

$$X_3 = \frac{250}{27} \times 22 = 204\,\text{m}$$

C, D 사이에도 같은 방법으로 등고선을 기입할 수 있다.

11.6.2 삼각자와 축척을 이용하는 방법

이 방법은 계산에 의하지 않고 삼각자와 축척자(scale)를 이용하여 간단히 등고선을 기입하는 방법이다. 〈그림 11.13〉과 같이 A점의 표고를 415.2 m, B점의 표고를

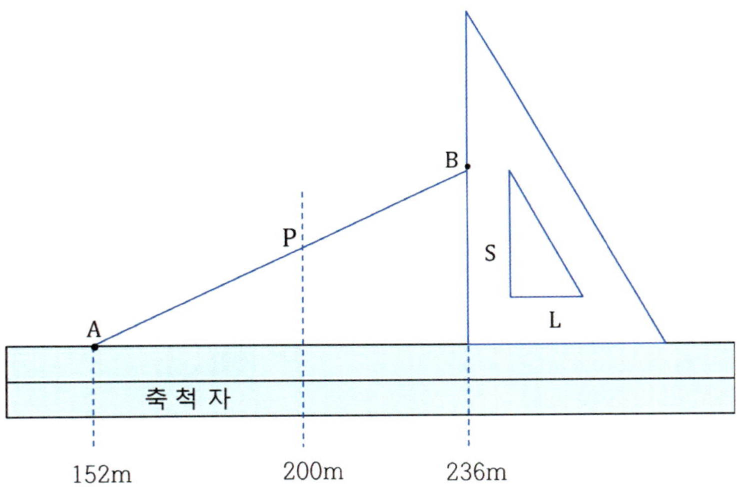

그림 11.13 삼각자와 축척자를 이용한 방법

423.6 m라고 할 때 A점과 B점 사이에 420 m의 등고선을 넣고자 한다. 먼저 축

척자(어떤 축척이나 관계없으나 가능하면 큰 축척이 좋다)에서 152지점과 236지점을 표시한다(표고에서 100단위를 생략). 다음에 축척자의 152지점을 A점에 고정하고 그림과 같이 삼각자의 한쪽 단면(L)을 축척자에 밀착시키고 삼각자의 또 다른 단면(S)을 축척자의 236지점과 일치하도록 한다. 이와 같은 상태를 유지한 상태에서 "A"점을 중심으로 축척자와 삼각자를 동시에 움직여서(축척과 삼각자의 단면들이 처음 상태에서 서로 밀착된 상태가 계속 유지되어야 한다) 삼각자의 단면 "S"가 "B"를 통과하도록 한다(A를 중심으로 회전시키는 동안 반드시 236지점과 일치하여야 한다). 그런 다음 삼각자의 단면 "S"를 축척자의 200 m 지점으로 옮기고 선을 그으면 그 직선과 직선 $\overline{AB}$와의 교점 P를 얻게 된다. 즉, 이 200m 점이 곧 400m의 등고선이 통과하는 곳인 것을 쉽게 알 수 있다.

기타 트레이싱 종이를 사용하는 도해적인 방법이 있으나 여기서는 생략한다.

11.7 | 수치지형모델과 등고선의 자동화

3차원 좌표가 주어진 일련의 점들의 집합으로 지형을 표시하는 방법을 수치지형모델(DTM, Digital Terrain Model) 또는 수치표고모델(DEM, Digital Elevation Model)이라 한다. 수치지형모델은 항공사진측량 기술의 급격한 발전으로 인하여 1970년대부터 본격적인 활용이 이루어졌으며 특히, 근년에는 컴퓨터의 발전과 더불어 수치지도의 제작 및 등고선의 자동화 기술이 발전되어 이의 활용성이 매우 커지고 있다.

DTM은 격자의 구성 상태에 따라 정규격자형(正規格子形, regular gird)과 불규칙격자형(不規則格子形, irregular grid)으로 구분된다. 정규격자형 수치지형모델에서는 작업지역을 일정한 간격(정사각형 또는 직사각형)으로 구분하고 각 격자점의 표고를 측정한다. 각 격자점의 표고로부터 등고선의 위치를 결정하는 방법은 앞에서 이미 설명한 것과 같이 인접한 두 격자점의 표고와 거리를 사용하여 비례 계산법으로 등고선의 통과 위치를 결정하고 나머지의 모든 격자점에 대하여도 같은 방법으로 등고선의 통과 위치를 정하여 이들을 서로 연결하면 등고선이 얻어진다. 이러한 방법은 대부분 컴퓨터에 의하여 계산되고 등고선도 정해진 소프트웨어에 따라 자동으로 그려진다.

정규격자에 의한 방법은 계산이 간편하고 신속하게 등고선을 그릴 수 있는 장점이 있는 반면에 인접된 격자점 사이에 급격한 경사지나 볼록 지형 또는 오목 지형이 있을 때는 이를 표시할 수 없는 단점이 있다. 불규칙격자형 수치지형모델을 이용한 등고선 측정은 등고선의 간접측정법에서 사용한 산정, 분수령, 계곡 등 지형상 중요한 점들의 표고뿐만 아니라 급격한 경사에 의한 지형의 변화, 볼록 지형, 오목 지형과 같은 특이지형에 대한 정보를 함께 사용하여 등고선을 그리게 된다.

불규칙 격자망에 의한 등고선의 측정은 모두가 컴퓨터에 의한 자동화에 의하여 이루어지며 일반적으로 불규칙 삼각망(不規則三角網), 즉 TIN(Triangulated Irregular Network)을 사용한다. 불규칙 삼각망은 모든 DEM 점을 서로 연결하여 형성한 삼각형들의 집합체를 말한다. TIN을 구성하는 방법에는 여러 가지가 있으나 가장 보편적인 방법은 "최적 이등변삼각망(最適二等邊三角網, most equilateral network)"을 형성하는 방법이다.

TIN에 의한 등고선의 측정은 다음과 같은 두 가지의 기본 가설에 의한다. 즉, ① 삼각형의 모든 변은 경사가 일정하다. ② 삼각형의 표면은 평면이다. 이와 같은 가정에 따라 삼각형의 변에서 비례계산을 하여 등고선의 위치를 결정한다. 이때 등고선의 방향 변환은 오직 삼각형의 변에서만 이루어지도록 등고선을 그린다.

불규칙 삼각망을 이용하여 좀 더 정밀한 등고선을 그리고자 할 때는 반드시 불연속선(不連續線, break lines)과 같은 중요한 추가적인 지형정보가 필요하다. 불연속선은 일정한 경사를 가진 선형요소를 말하며 하천, 호수 가장자리선, 도로, 철도, 개천, 능선 등을 말한다.

그림 11.14 불규칙 삼각망과 등고선

정규격자점이나 불규칙 삼각망을 구성하는 표고점들은 앞에서 설명한 현장 측량방법에 의하여 얻어지기도 하나 지도제작이나 넓은 지역에서 등고선을 얻고자 할 때는 대부분 항공사진측량 방법을 사용한다. 〈그림 11.14〉는 불규칙 삼각망과 이에 상응하는 등고선을 나타낸 것이다. 그림으로부터 불규칙 삼각망이 지형의 모양과 어떻게 부합되는가를 알 수 있다.

11.8 지형도의 이용

지형도는 공학적인 측면은 물론 관광, 여행, 교통 등 헤아릴 수 없는 많은 부분에서 이용되고 있으나 여기에서는 토목공학적(土木工學的)인 측면에서 가장 대표적인 활용법에 대하여 설명하고자 한다.

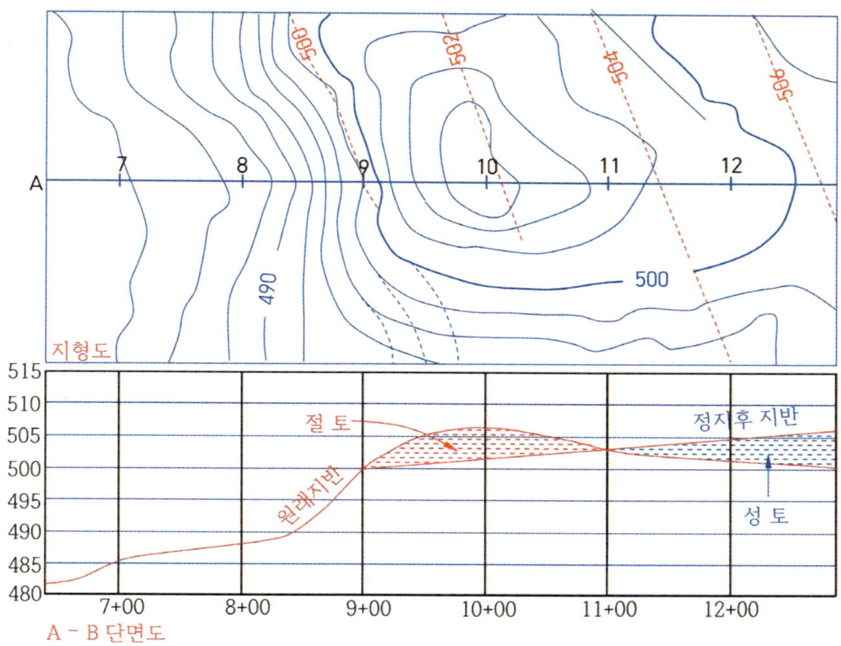

그림 11.15 종횡단면도 작성

11.8.1 종.횡단면도의 작성

등고선을 이용하여 단면도(斷面圖)를 그리려면 다음과 같이 한다. 먼저 〈그림 11.15〉에서와 같이 AB선과 등고선과의 교점의 평면위치를 단면도의 기준선 CD상에 적당한 축척으로 정한다(7+00, 8+00, ~12+00). 다음에 등고선과 AB선과의 각 교점의 표고를 찾아 이것을 CD상에서 취한 대응점에서 CD에 수직한 방향으로 적당한 축척에 의하여 점을 정한다. 이들 점을 순차적으로 연결하면 단면도가 된다. 단면도의 축척은 지형도의 축척과 동일할 필요는 없으나 일반적으로 종축척(높이)을 횡축척(수평거리) 보다 더 크게 한다(노선측량 참조).

그림에서 실선으로 그린 등고선은 정지공사(整地工事) 전의 원래의 지반을 나타내는 것이고 점선으로 그린 등고선은 공사 후의 지형을 나타낸 것이다. 단면도 중에서는 실선은 원래 지반의 단면이고 점선은 공사 후의 단면을 나타낸다. 이러한 방법으로 AB에 평행하게 여러 개의 단면도를 그려서 절토량과 성토량을 구할 수 있다.

11.8.2 정지공사에 따른 토공량 계산

정지공사를 할 때 생기는 절토량과 성토량은 지형도를 이용하면 쉽게 계산할 수 있다. 지형도를 이용한 토공량 계산방법에는 다음과 같은 몇 가지 방법이 있다.

❶ 단면도를 이용하는 방법

앞에서 설명한 것과 같은 방법으로 단면도를 작성하고 양 단면의 면적의 평균 값에 두 단면 사이의 거리를 곱하여 두 단면 사이의 토공량을 계산하는 방법이다(면·체적측량 참조).

❷ 지형도를 그대로 이용하는 방법

정지할 지역이 다소 불규칙하면 토량계산에는 지형도를 그대로 사용하는 것이 좋

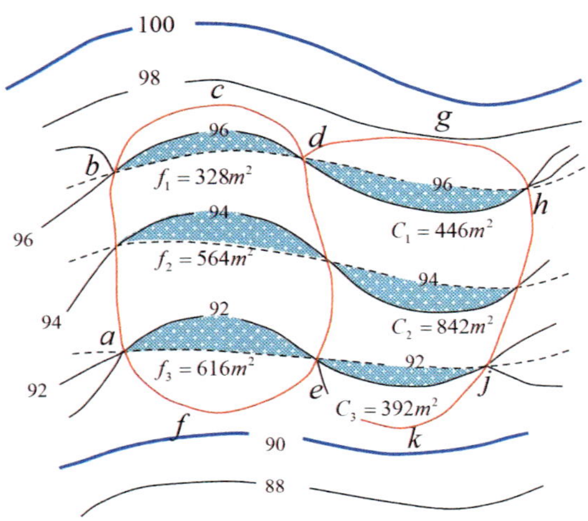

그림 11.16 지형도에 의한 토공량 계산

다. 이 경우의 지형도에는 원래 지반의 등고선과 정지 후의 등고선을 그린다. 〈그림 11.16〉에서 실선은 원래 지반의 등고선이고 점선은 정지공사 후의 지반의 등고선이다. 굵은 실선은 절토도 없고 성토도 없는 점을 연결한 것이며 실선으로 그린 등고선과 이것과 같은 높이를 가지는 점선의 등고선과의 교점을 연결한 선이다.

굵은 실선으로 표시한 것 중에서 afe, ekj, bcd, dgh 부분은 현지 상황으로부터 더략 판단하여 그린 것이다. 이것으로부터 abcdefa는 성토하여야 할 구역이고 dekjhgd는 절토하여야 할 구역임을 알 수 있다.

사선을 그린 부분(음영부분)은 성토 또는 절토한 부분을 해당 등고선과 같은 표고를 가지는 수평면으로 자른 단면을 나타낸다. 따라서 인접한 등고선 간에서 절토 또는 성토하여야 할 토량은 다음과 같이 계산할 수 있다. 즉 사선을 그린 수평면을 밑면과 윗면으로 하고 등고선 간격을 높이로 하는 주상체(柱狀體, 기둥 모양)로 보고 계산한다. 상단과 하단부의 토량은 추체(錘體, 뿔 모양)로 보고 계산하면 된다.

예제 11.1 〈그림 11.16〉에서 abcdefa 부분의 성토량을 구하여라. 각 등고선에서의 성토면적은 그림에 표시한 것과 같다. C점은 96 m 등고선보다 1.2 m 높으며, f 점은 92 m 등고선보다 1.6 m 낮다(계산결과는 〈표 11.2〉와 같다.)

풀이

▶ 표 11.2

표 고(m)	수평면적(m^2)	표고차(m)	계 산 근 거	토량(m^3)
c = 97.2	0			
		1.2	1/3×1.2×328	131
96	328			
		2	1/2×2.0×892	892
94	564			
		2	1/2×2.0×1180	1180
92	616			
		1.6	1/3×1.6×616	329
f = 90.4	0			
합 계				2,532

❸ 최심선(最深線)에 의한 방법

이 방법은 매우 불규칙한 기복이 있는 지면의 성토 또는 절토량을 구할 때 쓴다. 〈그림 11.17〉은 성토하여 정지하려고 하는 지역의 지형도이다. 굵은 실선은 원래 지반의 등고선이고 점선은 정지 후의 등고선이다. 점선과 굵은 실선이 교차하는 점을 구하면 그 점에서 성토하여야 할 깊이를 구할 수 있다. 가는 실선은 성토 깊이가 같은 점을 연결한 선이다. 가는 실선으로 표시된 0 m의 등고선은 성토하여야 할 구간의 한계선이다.

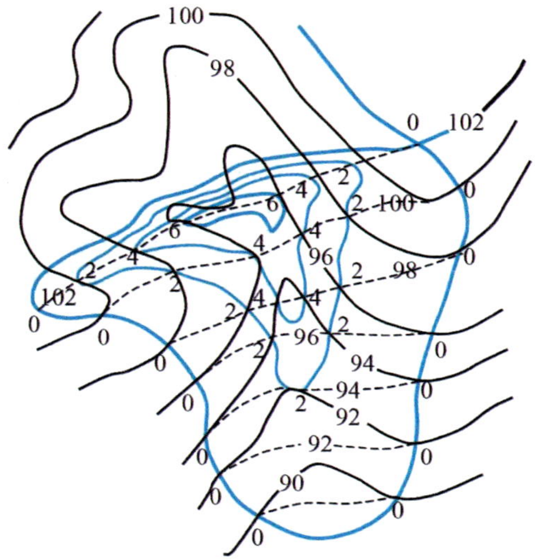

그림 11.17 최심선에 의한 방법

가는 실선으로 된 2 m 등고선은 성토하여야 할 범위를 그린 것이다. 이들 가는 실선을 등성토선(等盛土線)이라고 부른다. 점선으로 된 102 m 등고선과 0 m의 등성토선 사이는 성토의 경사면이며 등경사이다. 이 부분의 등성토선은 현지의 상황을 참고하여 대략 판단하여 그린 것이다. 0 m 등성토선 내부의 면적과 2 m 등성토선 내부 면적의 평균값에 2m를 곱하면 그 두 성토선 간의 성토량이 된다. 같은 방법으로 각 성토선 간의 토량을 구하여 이것들을 합하면 전체의 성토량이 된다.

❹ 절토 또는 성토범위의 결정

등고선으로 표시된 2개의 단면이 교차할 때의 교차선은 두 면의 서로 대응하는 등점선(等點線)의 교점을 순차적으로 연결하여 얻어지는 선이다. 이때 한 면이 원래의 지반이고 다른 면이 성토 또는 절토의 경사면이면 이 두 면의 교차선은 성토 또는 절토의 범위를 나타내는 것이다. 이것은 다음과 같은 경우에 응용하면 편리하다. 〈그림 11.18〉은 토언제(土堰堤)를 쌓을 때 그 평면도를 그리는 방법을 도시한 것이다. 토언제의 제방 상단은 수평이고 표고가 73 m 이므로 필요한 위치에 토언제의 제방 상단의 평면을 그린다. 이것에 평행하게 원래 지반의 등고선과의 교점을 구하여 이 점들을 순차로 연결하면 토언제의 평면도가 된다.

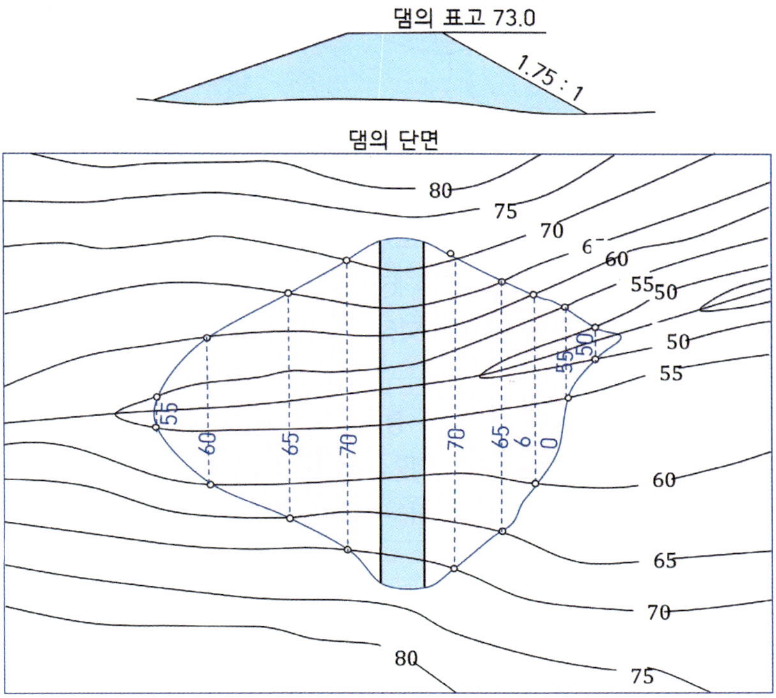

그림 11.18 절토, 성토범위의 결정

❺ 집수면적의 측정

저수지를 막을 때 그 저수지의 집수량을 구하여야 한다. 이것을 구하려면 집수면적(集水面積)을 알아야 한다. 집수구역은 〈그림 11.19〉와 같이 지형도에서 분수선(능선)을 추적하면 알 수 있다.

❻ 저수지의 담수면적과 저수량의 계산

제방의 최고수위가 표고 165 m이면 165 m 등고선과 제방에 의하여 포위된 지역이 담수지역(淡水地域)이다. 저수용량은 각 등고선과 제방에 의하여 포위된 내부의 면적을 구하고 서로 인접한 두 면의 평균면적에 등고선 간격을 곱한 것들의 총합과 같다.

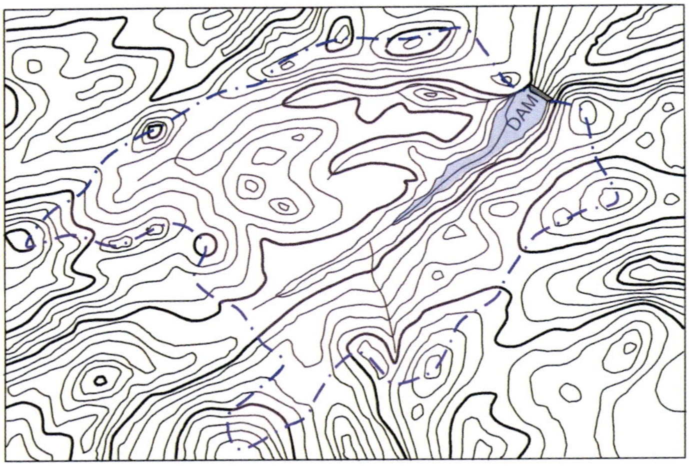

그림 11.19 집수면적의 계산

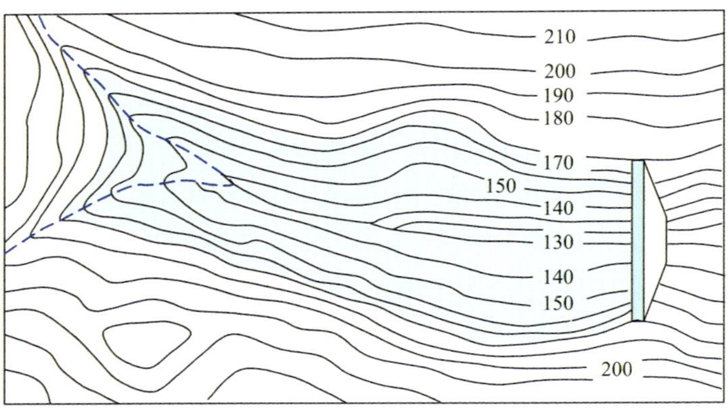

그림 11.20 담수면적/저수량 계산

❼ 노선의 도상선정

철도, 도로, 수로 등의 신설계획을 하려면 먼저 기존의 지형도상에서 제한 구배와 곡률반경에 의하여 몇 개의 후보지를 정하여 비교 검토하는 것이 보통이다. 이것을 도상선정(圖上選定)이라 한다.

〈그림 11.21〉에서 등고선 간격이 5 m이기 때문에 55 m 등고선 상의 한 점 A에서 왼쪽으로 2.5% 상향 경사를 가지는 노선을 구하려면 A점을 중심으로 하고 등고

선 간격 5 m에 대한 수평거리 5×100/2.5=200 m를 반경으로 하는 원을 그린다. 이 원과 60 m 등고선과의 교점 B를 구한다. 다음에 B를 중심으로 하여 같은 반경의 원과 65 m 등고선과의 교점 C를 구한다. 이와 같은 요령으로 D, E, F, G를 구하여 이 점들을 연결하면 충분히 정밀한 노선을 선정할 수 있다. DE부분과 같이 노선이 곡선일 때는 DE곡선의 길이가 200 m가 되도록 하여 E점을 구하여야 한다.

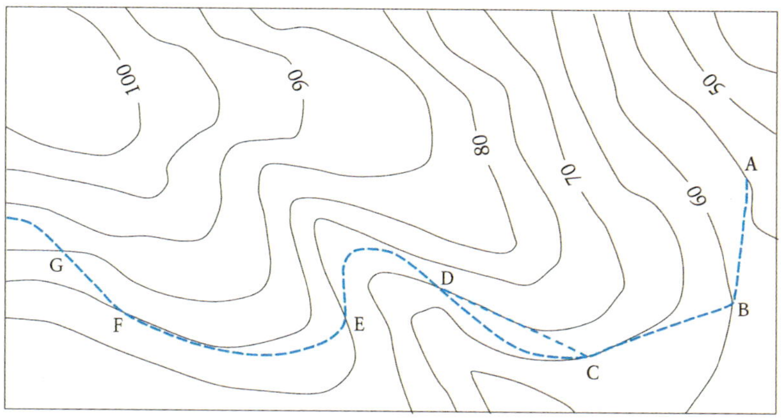

그림 11.21 노선의 선정

예제 11.2 〈그림 11.22〉에서 등고선 간격이 5 m이고 직선상의 두 점 A, B의 표고가 각각 54 m, 20 m 일 때 A, B 선과 지표면과의 교점 P, Q를 구하여라.

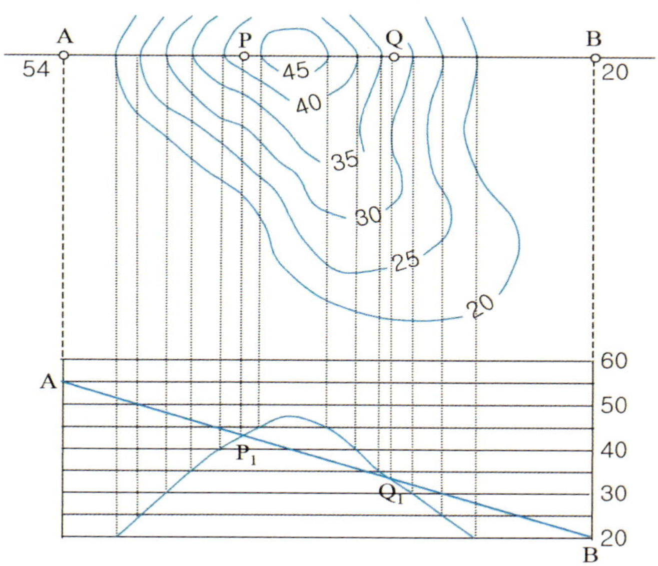

그림 11.22 예 제(11.2)

풀이 AB선에 연한 지표와 직선 AB의 종단면도를 그리고 이 두 단면도의 교점 P_1, Q_1점을 종단면도에서 구한다. P_1, Q_1점을 평면도위의 직선 AB에 투영하여 P, Q를 얻는다.

예제 11.3 다음 지형도에서 불합리한 곳이 있으면 지적하고 그 이유를 설명하여라.

풀이 ① A 하천을 횡단하는 940 m의 등고선은 불연속이다.
② B 하천이 R-P 산의 고개를 넘어갈 수 없다.
③ S산의 서북방 990 m의 간곡선과 주곡선이 연속되어있는 것은 불가하다.
④ E하천, F하천은 곡선을 통하고 있지 않다.
⑤ R산의 표고 1077 m는 불합리하다.
⑥ D하천의 우측에서 980 m와 960 m 등고선 사이에 있는 970 m에 상당하는 곡선이 끊어져 있다.

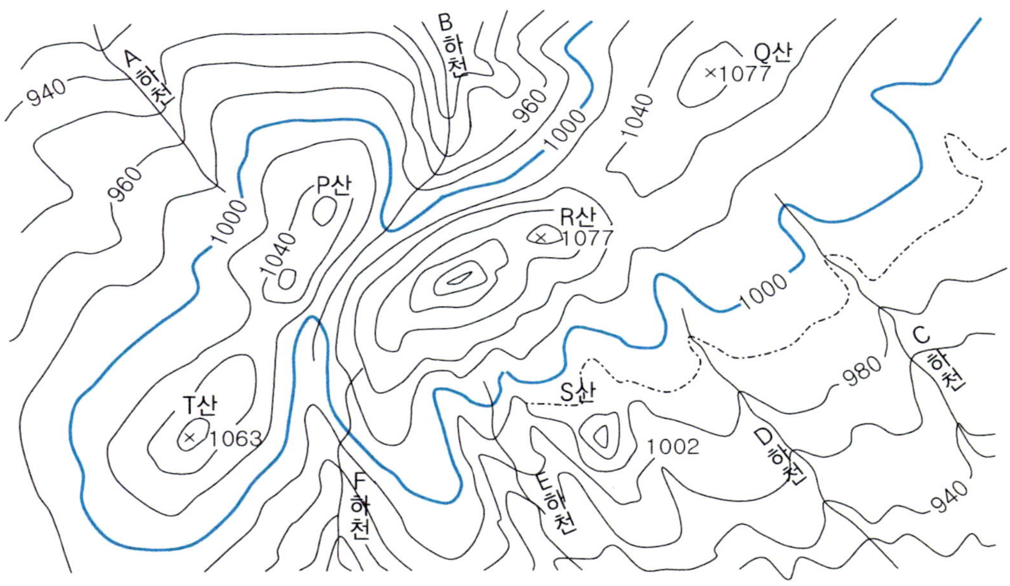

그림 11.23 등고선 예제 (11.3)

Chapter 12 노선측량

출처: 가수 김장훈 블로그

12.1 개 요

도로, 철도, 관로, 수로, 송전선로, 삭도 등과 같이 여러 가지의 운송수단을 위한 시설물의 계획과 공사를 위한 측량을 **노선측량(路線測量, route surveying)**이라 한다. 노선측량은 도로 및 철도의 측량이 대표적인 경우라 할 수 있으므로 이 장에서는 주로 도로 및 철도의 경우에 대하여 설명하고자 한다. 노선측량은 노선의 선정과 현장실측으로 크게 구분할 수 있으며 작업순서는 ① 도상계획 ② 현장답사 ③ 예측 ④ 도상선정 ⑤ 현장실측으로 이루어진다.

노선측량은 맨 처음 지형도상에서 한두 개의 계획노선을 선정하고 이 노선에 따라 현장답사, 예측을 거쳐 최적 노선을 도상에서 선정하고 확정노선에 따라 현장 실측을 실시하는 순서로 이루어진다. 맨 처음 선정되는 노선은 일반적으로 1/50,000 지형도에서 선정되며 건설비 및 유지비 등이 가장 적게 들고 직선이면서도 평탄하며 공사가 용이하도록 선정된다. 이와 같이 작성된 노선도를 답사도라 부르며 이를 기초로 하여 현장답사, 예측, 도상선정 등이 수행된다.

현장답사에서는 계획노선이 지도상에서 예측한 것과 같이 적절한가를 조사하는 동시에 더 유리한 노선이 없는가를 주의해서 조사하여야 한다. 조사하여야 할 사항은 산정과 계곡의 일반적인 지형 이외에 지질, 가옥, 토취장, 토사장, 인력의 공급, 환경영향 평가, 기타 경제적인 문제 등도 조사되어야 한다.

답사에서 유망한 노선(한 개 또는 두 개)이 결정되면 그 노선을 더욱 자세히 조사하기 위하여 트래버스 측량과 주변에 대한 측량을 실시한다. 이것을 예측이라 한다. 예측에서는 20 m마다 중심말뚝을 설치하지 않으며 트래버스 선의 방향 변환점(IP)에만 말뚝을 설치한다. 물론 곡선 설치도 하지 않는다. 각은 트랜싯 또는 데오돌라이트로 측정하고 노선의 고저차는 레벨에 의한다. 이때 거리측량의 정밀도는 약 1/3000 정도면 된다. 또한 트래버스 선 양쪽의 지형은 보통 평판과 스타디아 측량을 이용한 간단한 방법을 사용한다. 예측에서는 노선을 횡단하는 도로, 하천, 도시, 읍, 마을 등을 특히 정밀하게 측정하여야 하며 건물, 하천, 토지의 경계등을 상세히 기록하는 동시에 지질, 경작 상황, 절토의 난이 기타 노선건설에 관계되는 모든 것을 충분히 조사 기록하고 그 부근의 지형을 그려둔다.

예측이 끝나면 도상선정을 한다. 예측에서 작성한 지형도와 종단면도, 또 현지의 상황을 연구하여 최적의 노선을 선정하고 지형도상에 계획노선과 용지 폭을 기입한다. 이것을 도상선정이라 한다. 종단면도에는 등고선에서 구한 표고에 의해서 노반의 표고가 결정되며 이것들에 의해서 토공량, 교량, 터널 등의 규모를 알 수 있으므로 노선건설의 개략적 비용을 산출할 수 있다. 도상선정은 현지에 노선의 위치를 설정하기 위한 수단이 된다.

일반적으로 노선을 결정할 때는 (1)가능한 한 직선으로 할 것. (2)가능한 한 경사가 완만할 것. (3)토공량이 적고 절토와 성토가 짧은 구간에서 균형을 이룰 것. (4) 절토의 운반거리가 짧을 것. (5)배수가 완전할 것 등에 대하여 연구하여야 한다.

12.2 | 현장측설

실측작업은 도상에서 선정된 최적노선을 지상에 측설하는 것이다. 철도에서는 대체로 도상선정 후에 실측을 하지만 도로에서는 예측결과에 의해서 개략적인 지형을 알면 이것을 참고로 직접 현지에서 중심선을 결정하기도 한다. 실측에서는 ① 중심선의 설치 ② 수준측량 ③ 지형측량 ④ 지물조사 ⑤ 용지측량 ⑥ 설계·제도측량 ⑦ 공사시공 측량의 순서로 진행된다.

12.2.1 중심선의 설치

노선의 중심을 따라 중심말뚝을 현장에서 설치하는 작업을 말한다. 중심말뚝은 노선의 직선부와 곡선부로 구분하여 설치하며 이때 교점(I.P., Intersection Point)과 곡선의 시점(B.C., Beginning of Curve) 및 종점(E.C., End of Curve)은 중심선 설치에서 가장 중요한 요소가 된다.

❶ 교점(I.P.)의 설치

방향이 변하는 두 직선이 교차하는 점을 교점(I.P.)이라 한다. 교점(交點)은 어느 한 노선의 직선 부분에서 2~3 점을 선택하고 이들의 위치를 특정한 지물로부터 측정하여 그 노선의 직선 부분의 방향을 정한다. 이 노선에 교차하는 다음 직선도 같은 방법으로 정하고 그 교차점에 말뚝을 설치하여 교점을 설치한다.

I.P.는 중심선 측량의 생명이라고도 할 수 있는 중요한 측점이며 다음에 이루어지는 공사측량이나 공사가 완료된 후의 노선의 중심위치의 보전과 개량에도 필요하므로 특히 잘 보존하여야 한다. 이같이 중요한 말뚝을 주 말뚝(principal stake)이라고 한다. 주 말뚝이 이동하거나 파손하게 되면 정확하게 원래의 위치에 복원할 수 있도록 주 말뚝의 주위에 보호 말뚝(reference stake)을 설치한다.

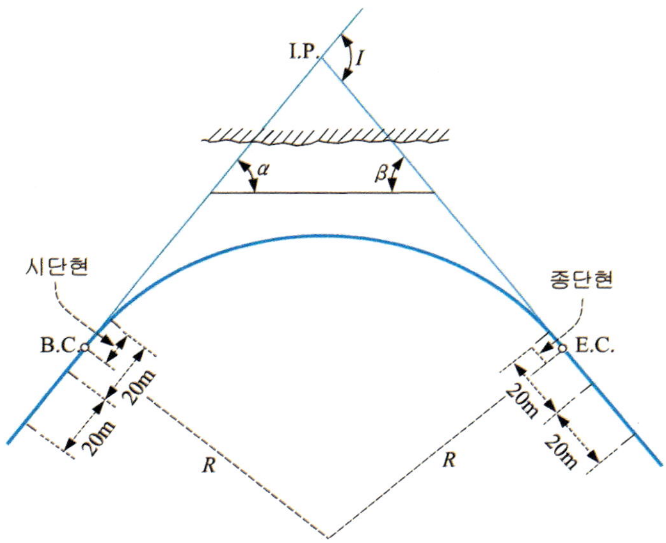

그림 12.1 교점

I.P.말뚝의 설치가 끝나면 두 직선의 교각(交角, I)을 정확하게 측정한다. 교각 I는 곡선설치에 앞서서 그 작업에 필요한 각종 길이를 측정할 때 절대로 필요한 값이다. 장애물이 있거나 지형 관계로 I.P. 점이 두 직선에서 보이지 않거나 접근할 수 없는

경우는 〈그림 12.1〉과 같이 두 접선 상에 임의의 2점을 선택하여 각 α와 β를 측정하면 교각 I는 $I = \alpha + \beta$로 구할 수 있다.

❷ 직선부의 중심말뚝 설치

제 12 장

노선의 중심선은 직선과 곡선을 연결한 선이다. 직선 부분에서 중심말뚝을 설치할 때는 기계를 어느 한 중심말뚝의 중심에 일치하도록 세우고 앞 또는 뒤에 있는 다른 중심말뚝을 시준하여 정확한 시준선의 방향을 정한다. 이같이 정한 시준선 위에 노선 기점으로부터 20 m 간격으로 중심말뚝을 설치하고 방향과 거리를 더 정확하도록 말뚝 위에 못을 박아 표시한다. 기계로부터 20개 정도의 말뚝을 세우면 시준거리가 너무 길어지므로 중심선이 직선을 이루고 있다고 할지라도 기계를 앞으로 이동하여 같은 방법으로 말뚝을 설치한다.

이렇게 하여 두 직선부의 교점에 접근하게 되면 곡선을 설치하여야 하므로 중심말뚝 설치를 일단 중지하고 교각 I를 측정한다. 곡선반경과 교각 I에 의하여 접선장(接線長)을 구하여 곡선 시점(B.C.)과 곡선 종점(E.C.)을 정한 다음 계속해서 곡선에서도 20 m 간격으로 중심말뚝을 설치한다.

❸ 곡선시점(B.C.)과 곡선종점(E.C.)의 설치

교각 I를 알고 반경 R이 정해지면 접선장(T.L., Tangent Length)을 계산할 수 있으므로 I.P.에서 접선장을 재서 B.C.와 E.C.를 구할 수 있다. 이 측점들도 중요하므로 적당한 보호말뚝이 필요하다. 곡선 위에 설치한 첫 번째 말뚝과 B.C.와의 거리를 시단현(始端弦)이라 하며 곡선상에 설치한 마지막 말뚝과 E.C.와의 거리를 종단현(終端弦)이라고 한다(그림 12.1).

12.2.2 기준점 측량과 지형측량

노선측량에서 가장 중요한 것은 기준점 측량과 지형측량이다. 기준점 측량은 평면기준점 측량과 표고기준점 측량(또는 수준측량)으로 구분되며 설계와 시공의 기준으로 사용된다. 평면기준점은 국가 삼각점 또는 공공 삼각점으로부터 출발하여 출발점이나 다른 삼각점에 폐합하여야 하고 충분한 정밀도를 확보하여야 한다. 수준측량은 평면기준점의 높이를 구하는 것을 원칙으로 하나 지형의 형태에 따라 추가적인 수준점이 필요하게 된다. 수준측량의 경우도 평면기준점 측량에서와 같이 국가 수준점으로부터 출발하여 출발한 수준점이나 또는 다른 수준점에 폐합시켜야 한다. GPS를 사용할 때는 정표고(正標高)와 타원체고(楕圓體高)를 동시에 알아야 한다.

노선의 중심선을 따라 종단측량과 횡단측량 그리고 그 주변의 지형측량을 실시하고 각각 종단면도, 횡단면도, 지형도 등을 작성한다. 이 결과로 얻어지는 종단면도에 의하여 현장 사정에 가장 적합한 종단 경사가 결정된다. 종단측량의 결과는 횡 축척과 종 축척을 서로 다르게 작성하며 일반적으로 횡 축척은 1/2,500~1/1,000, 종 축척은 1/400 정도의 축척으로 그린다. 특히 곡선의 방향, 시점, 종점, 곡선장, 교각, 반경, 접선장 등을 기입하고 노선을 횡단하는 각종 구조물의 위치와 크기 등을 기록한다. 1~2 km마다 공사에 방해되지 않는 곳에 반영구적인 B.M.을 설치하며 하천 또는 수로 등이 노선의 중심선을 통과하는 경우가 있으면 물의 깊이를 측정하고 홍수위(洪水位)를 알아두면 시공 기준면을 정할 때 참고가 된다. 시공 기준면은 성토량과 절토량이 서로 균형이 되도록 정한다.

중심선 상의 말뚝의 표고를 기준으로 하여 횡단측량을 한다. 횡단측량은 보통 20 m 간격으로 하지만 불규칙한 지형일 때는 간격을 더 좁히거나 지형이 급히 변하는 곳에는 횡단측량을 한다. 횡단측량은 토공량을 계산하고 지형도를 그릴 때 필요하다. 횡단면도는 1/400~1/100 정도의 축척으로 작성한다. 횡단면도에서 중심말뚝에서 비탈머리와 비탈 끝까지의 거리를 구하면 도로의 용지 폭을 구할 수 있다. 이것을 용지도에 기입하여 용지 경계선을 현장에 설치한다.

지형측량에서는 건물, 도로, 하천, 토지경계선 등의 세부를 기록한다. 실측 평면도에는 노선 중심선의 양쪽으로 상당한 거리 안에 있는 주요 건물 등을 그린다. 철도의 경우, 약 200 m 이내에 있는 택지, 전답, 묘지, 도로, 철도, 궤도, 하천, 항만, 사원, 시, 군, 면의 경계등을 그린다. 노선의 중심선을 따라 1 km마다 거리를 표시하고 곡선의 반경, 교각, 완화곡선(緩和曲線)의 용지 폭을 기입하고 정거장 등 기타 시설물의 위치를 기록한다. 평면도의 축척은 종단면도의 횡 축척과 같게 한다.

12.3 | 곡선 설치법

12.3.1 곡선의 종류

철도, 도로, 수로, 선로 등에서 중심선의 방향이나 경사가 변하는 곳에는 곡선으로 두 직선을 연결한다. 곡선에는 방향을 바꾸기 위한 수평곡선(horizontal curves)과 경사를 바꾸기 위한 종단곡선(vertical curves)으로 크게 구분한다. 수평곡선은 원곡선

(circular curves), 복심곡선(compound curves), 반향곡선(reverse curves), 완화곡선(transition curves), 조합곡선(combined curves) 등이 있으며 종단곡선은 원곡선과 포물선을 많이 사용한다.

원곡선(圓曲線)은 〈그림 12.2(a)〉와 같이 일정한 반경을 가진 한 개의 원호이고 복심곡선(複心曲線)은 〈그림 12.2(b)〉와 같이 반경이 서로 다른 두 개 또는 그 이상의 원호가 연결된 곡선으로 공통접선의 같은 쪽에 원호의 중심이 있다. 반향곡선(反向曲線)은 〈그림 12.2(c)〉와 같이 공통접선의 반대쪽에 중심을 가지는 두 원호가 연결된 곡선으로 이때 두 개의 원호는 반경이 같을 수도 있고 다를 수도 있다.

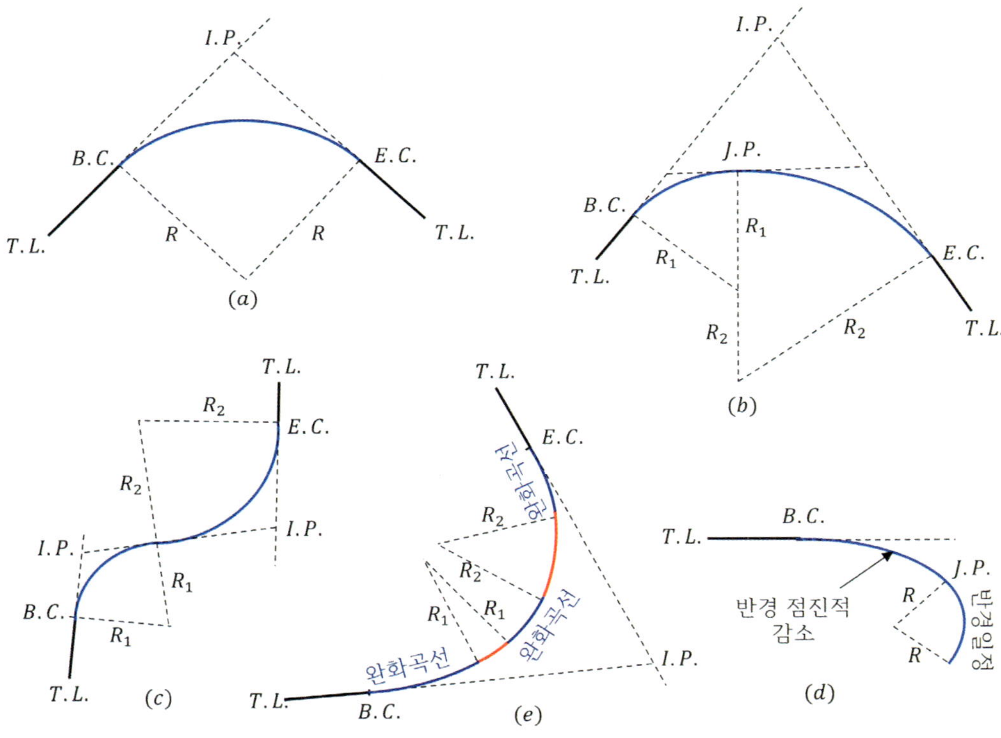

그림 12.2 곡선의 종류

완화곡선(緩和曲線)은 고속으로 이동하는 차량이 직선부에서 곡선부로 진입할 때 차량의 급격한 이동을 완화하기 위하여 직선과 원호와의 사이에 설치하는 곡선(그림 12.2(d))으로 반경이 점진적으로 변한다. 완화곡선은 클로소이드(clothoid), 렘니스케이트(lemniscate) 또는 3차포물선 등을 사용한다. 조합곡선(組合曲線)은 〈그림 12.2(e)〉

와 같이 완화곡선과 원곡선이 연속으로 연결된 곡선으로 도로와 철도에서 직선과 원곡선을 연결하거나 복심곡선과 반향곡선을 연결할 때 주로 사용한다.

12.3.2 원곡선의 기하학적 관계

원곡선은 반경이 일정한 원곡선을 말한다. 원곡선은 반경의 크기에 따라 곡선의 완급을 표시하며 설계속도, 허용 편경사(片傾斜, superelevation)와 노면의 마찰계수 등에 의하여 그 크기가 결정된다. 이같이 원곡선의 반경을 사용하여 곡선의 완급을 표시하는 방법은 우리나라를 비롯하여 유럽 등에서 많이 사용하며 미국 등에서는 100피트의 현(弦) 또는 호(弧)에 대한 중심각의 크기로 표시하기도 한다.

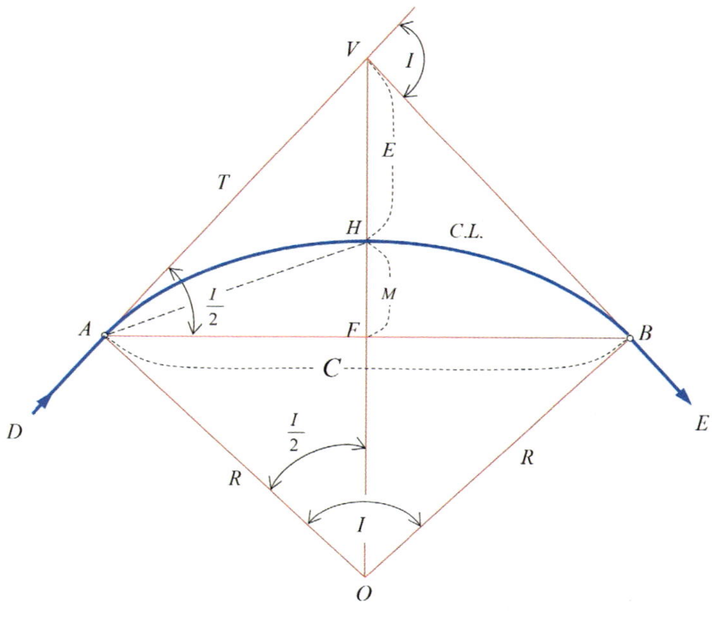

그림 12.3 원곡선의 기하학적 관계

〈그림 12.3〉으로부터 아래와 같은 원곡선의 기하학적 관계를 구할 수 있다.

△OAV, △AVF 에서

$$\text{접선장(tangent length)}\quad T = R\tan\frac{I}{2} \tag{12.1}$$

$$\text{외거(external distance)}\quad E = R\sec\frac{I}{2} - R = R\left(\sec\frac{I}{2} - 1\right) \tag{12.2}$$

△AOF, △AHF 에서

장현(long chord) $C = 2R\sin\frac{I}{2}\left(\because \overline{AF} = \frac{C}{2}\right)$ (12.3)

또는 $C = 2T\cos I \ (\because \angle VAF = \frac{1}{2}I)$ (12.4)

제 12 장

중앙종거(middle ordinate) $M = R - R\cos\frac{I}{2} = R\left(1 - \cos\frac{I}{2}\right)$ (12.5)

또는 $M = \frac{C}{2}\tan\frac{I}{4}\left(\because \angle HAF = \frac{1}{4}I\right)$ (12.6)

한편 부채꼴 OAB 에서

곡선길이(curve length) $C.L. = R \cdot I^{(rad)} = 0.01745RI°$ (12.7)

12.3.3 원곡선의 설치

❶ 편각설치법

〈그림 12.4〉에서와 같이 원호상의 한 점 P를 통하는 현($\overline{AP}$)과 그 점 (A)에서의 접선과 이루는 각을 편각(偏角, deflection angle)이라 한다. 일반적으로 철도나 고속도로에서의 곡선설치는 편각을 사용하는 방법을 가장 많이 사용한다.

〈그림 12.4〉에서 원곡선의 반경을 R, $\overline{AP} = \overline{PQ} = l$에 대한 중심각을 2δ라고 하면 편각 δ는 다음과 같다.

부채꼴 OAP에서 $\widehat{AP} \fallingdotseq \overline{AP}$ 라고 하면

$$2\delta \cdot R = \widehat{AP} \fallingdotseq l$$

$$\therefore \delta = \left(\frac{l}{2R}\right)^{(라디안)} = \frac{l}{2R} \times \left(\frac{180}{\pi} \times 60\right)^{(분)} = 1718.87 \times \left(\frac{l}{R}\right)^{(분)} \quad (12.8)$$

또한 현 $\overline{AP}$ 는 〈식 12.3〉으로부터 다음과 같다.

$$\overline{AP} = 2R\sin\frac{2\delta}{2} = 2R\sin\delta \quad (12.9)$$

편각법을 사용하여 곡선을 설치하기 위해서는 〈식 12.1〉을 사용하여 접선장 T를 계산하고 I.P.점으로부터 T만큼 재서 B.C.와 E.C.의 위치를 먼저 결정하여야 한다.

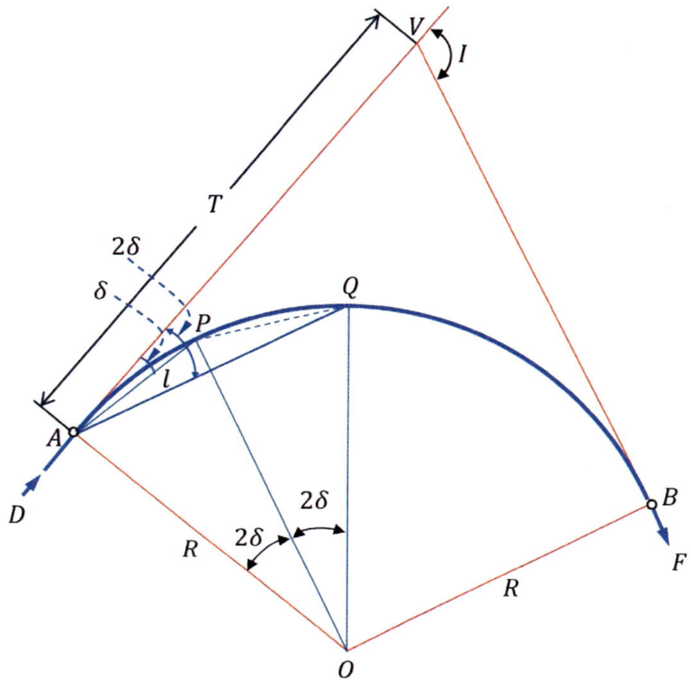

그림 12.4 편각과 접선장

〈그림 12.5〉로부터 곡선상의 한 점 P_1의 위치를 정하기 위해서는 먼저 측각기를 A에 세우고 수평분도원의 "0"눈금과 지표를 일치시킨 후("0"-눈금 맞추기) 시준선을 $\overrightarrow{\mathrm{AV}}$와 일치시킨다. 그런 다음 수평각이 계산한 편각(δ_1)이 될 때까지 망원경을 회전하고 이 시준선 상에 B.C.로부터 거리 l_1이 되는 곳을 P_1의 위치로 한다. 같은 방법으로 수평분도원의 각이 $(\delta_1 + \delta)$이 되도록 망원경을 회전하고 시준선을 이에 고정한다. 동일 시준선의 P_1으로부터 거리 l이 되는 곳을 정하고 이를 P_2로 한다. 같은 방법으로 나머지의 중심말뚝의 위치를 결정한다. 이때 l의 길이는 일반적으로 $\frac{R}{10}$ 이하로 하며 보통 20m를 표준으로 한다. 〈그림 12.5〉와 같이 곡선상의 말뚝이 P_1, P_2, P_3, …에 있다고 하면 중심 말뚝 간격 l은

$$\mathrm{DAP_1} = \widehat{\mathrm{P_1P_2}} = \widehat{\mathrm{P_2P_3}} = \cdots\cdots = l$$

이 된다.

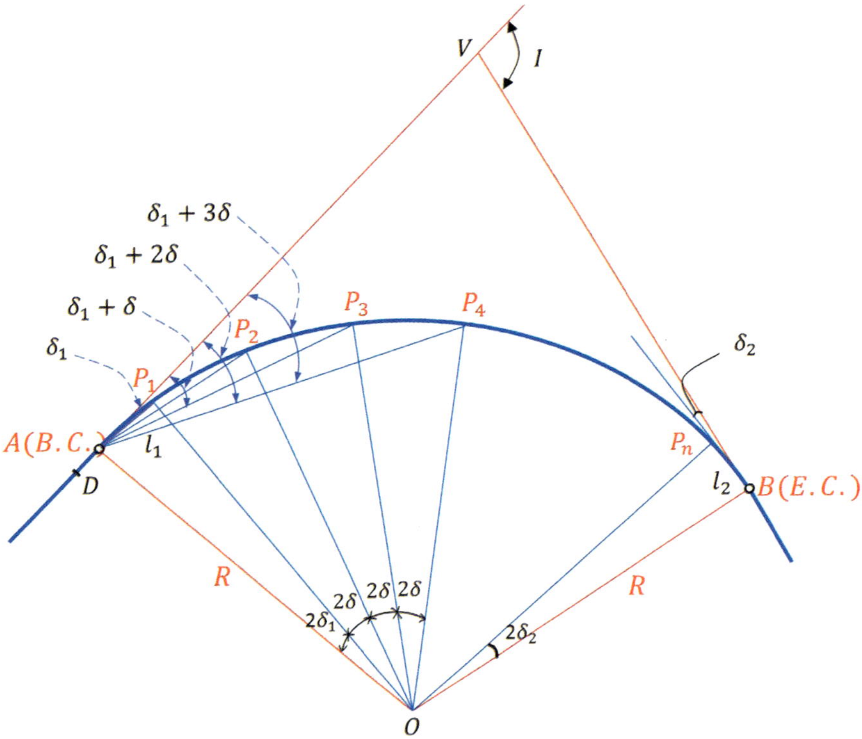

그림 12.5 편각 설치법

그런데 직선상에 있는 마지막 말뚝이 〈그림 12.5〉에서와 같이 B.C.점과 일치하지 않고 D점에 위치하고 또한 곡선상의 마지막 말뚝이 E.C.점에 일치하지 않고 P_n에 위치한다고 하면 $\widehat{AP_1}$과 $\widehat{P_nB}$는 l보다 짧다. 이때 $\widehat{AP_1}$과 $\widehat{P_nB}$를 각각 시단현과 종단현이라 부르며 l_1, l_2로 표시한다.

〈그림 12.5〉에서 시단현과 종단현에 대한 편각과 중심 말뚝 P_1, P_2, P_3, …에 대한 편각은 다음과 같다.

$$\mathrm{AP}_1 \text{에 대한 편각 } \delta_1 = 1718.87\left(\frac{l_1}{R}\right)^{(\text{분})}$$

$$\mathrm{BP}_n \text{에 대한 편각 } \delta_2 = 1718.87\left(\frac{l_2}{R}\right)^{(\text{분})} \tag{12.10}$$

따라서

$$\mathrm{AP}_1\text{의 편각} = \delta_1$$

$$\begin{aligned} &AP_2\text{의 편각} = \delta_1 + \delta \\ &AP_3\text{의 편각} = \delta_1 + 2\delta \\ &AP_4\text{의 편각} = \delta_1 + 3\delta \\ &\cdots\ \cdots\ \cdots\ \cdots\ \cdots\ \cdots\ \cdots\ \cdots \\ &\cdots\ \cdots\ \cdots\ \cdots\ \cdots\ \cdots\ \cdots\ \cdots \\ &AP_n\text{의 편각} = \delta_1 + (n-1)\delta \end{aligned} \tag{12.11}$$

제 12 장

$l_2 = \widehat{AB} - \widehat{AP_n}$이며 이것은 실측한 $\widehat{P_nB}$의 길이와 같아야 하므로 이 값을 비교하면 측량의 정밀도를 판단할 수 있다. 또한 모든 편각의 합은 $\frac{I}{2}$과 같아야 한다. 실질적인 문제에서 보통 곡선반경이 현의 길이에 비하여 대단히 크므로 현의 길이와 호의 길이는 길이가 거의 같아 그 차이를 무시한다. 예를 들면, R = 500 m 이상일 때는 현의 길이 20 m에 대한 호의 길이와 현의 길이와의 차는 1 mm 이하이고, R = 200 m일 때 약 8 mm, R = 100 m일 때 약 33 mm가 된다.

예제 12.1 I = 32° 15′, R = 600 m, 노선 기점으로부터 $I.P.$까지 136 km 895.205 m이다. 20 m 간격으로 중심말뚝을 설치하라.

풀이

$$T.L. = R \times \tan\frac{I}{2} = 600\,\text{m} \times \tan\left(\frac{32°\ 15'}{2}\right) = 173.465\,\text{m}$$

$$E = R\sec\left(\frac{I}{2} - 1\right) = 600\,\text{m} \times \left\{\sec\left(\frac{32°\ 15'}{2}\right) - 1\right\} = 24.572\,\text{m}$$

$$C.L. = RI\frac{1}{\rho} = 600\,\text{m} \times 32.25° \times \frac{3.14159}{180°} = 337.721\,\text{m}$$

$I.P.$ 까지의 거리에서 $T.L.$을 빼면

$$B.C. = 136\,\text{km}\ \ 895.205\,\text{m} - 173.465\,\text{m} = 136\,\text{km}\ \ 721.74\,\text{m}$$

$$E.C. = 136\,\text{km}\ \ 721.74\,\text{m} + 337.721\,\text{m} = 137\,\text{km}\ \ 59.461\,\text{m}$$

시단현 : $l_1 = 20\,\text{m} - 1.74\,\text{m} = 18.26\,\text{m}$

종단현 : $l_2 = 59.461\,\text{m} - (20 \times 2)\,\text{m} = 19.461\,\text{m}$

$$\therefore \delta = \frac{l}{R} \times 1718.87' = \frac{20}{600} \times 1718.87' = 57'18''$$

$$\delta_1 = \frac{l_1}{R} \times 1718.87' = \frac{18.26}{600} \times 1718.87' = 52'18''$$

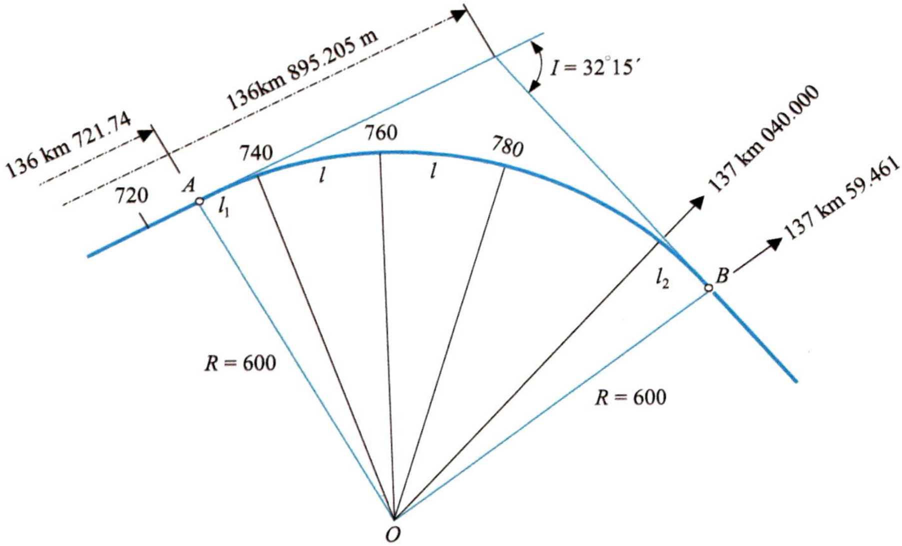

그림 12.6 편각설치 예제

$$\delta_2 = \frac{l_2}{R} \times 1718.87' = \frac{19.461}{600} \times 1718.87' = 55'45''$$

각 중심말뚝에 대한 B.C.점에서의 편각은 〈표 12.1〉과 같으며 편각의 합은 $\frac{I}{2}$와 같으므로 계산 결과를 쉽게 검산해 볼 수 있다.

실제적으로 현장에서 곡선을 설치하기 위해서는 먼저 교점에 토털스테이션을 세우고 EDM과 반사 프리즘을 이용하여 B.C. 및 E.C.점을 결정한다.

다음에 기계를 B.C.점으로 옮기고 편각설치법에서와 같이 수평분도원의 눈금을 0으로 하고 교점을 시준하여 시준선을 고정한다. 망원경을 회전하여 수평분도원의 각이 δ_1(예제 12.1의 경우 0° 52′18″)이 되도록 하고 동일 시준선상에서 현 $\overline{\mathrm{A,740}}$(18.26 m)의 길이만큼 측정하여 점 “740”을 결정한다. 이때 거리의 측정은 EDM을 이용한다. 점 “760”을 설정하기 위해서는 다시 망원경을 회전하여 수평분도원의 각이 $\delta_1 + \delta$ (1° 49′36″)되도록 설정하고 동일 시준선에서 EDM을 사용하여 현 $\overline{\mathrm{A,760}}$(38.25 m)의 길이만큼 재서 점 “760”을 결정한다. 나머지 중심 말뚝에 대하여도 같은 방법으로 설치한다.

▶ 표 12.1

중심 말뚝	편각	중심 말뚝	편각
136 km 721.74 m	0° 00′00″	136 km 900 m	8° 30′42″
136 km 740 m	0° 52′18″	136 km 920 m	9° 28′00″
136 km 760 m	1° 49′36″	136 km 940 m	10° 25′18″
136 km 780 m	2° 46′54″	136 km 960 m	11° 22′36″
136 km 800 m	3° 44′12″	136 km 980 m	12° 19′54″
136 km 820 m	4° 41′30″	137 km 000 m	13° 17′12″
136 km 840 m	5° 38′48″	137 km 020 m	14° 14′30″
136 km 860 m	6° 36′06″	137 km 040 m	15° 11′48″
136 km 880 m	7° 33′24″	137 km 59.461 m	16° 07′33″

※ 검산 : 편각의 합은 $\frac{1}{2}$(I)와 같아야 하므로 $\frac{1}{2}$(32° 15 ′)=16° 07 ′ 30 ″ 이 되어야 한다.
그러나 이 문제에서는 3 ″ 차이가 난다. 이것은 초 단위 이하의 반복계산에서 오는 오차이다.

❷ 접선편거와 현편거에 의한 설치법

이 방법은 측각기를 사용하지 않고 줄자만으로 설치하는 방법이다. 〈그림 12.7〉에서 $\overline{AP} = \overline{PQ} = l$, 이 현에 대한 중심각을 2δ라고 하고 P에서 $\overline{AV}$에 수선을 내려 $\overline{PY}$를 정하고 $\overline{AP}$를 연장하여 $\overline{PQ} = \overline{PS}$ 되도록 S를 정한다. 이때 $\overline{PY}$를 접선편거(接線偏距, tangent deflection)라 하며 $\overline{SQ}$ $(= X)$를 현편거(弦偏距, chord deflection)라고 한다.

△OPQ와 △PQS에서

$$\angle QPS = 180° - (\angle QPO + \angle OPA) = 180° - (\angle QPO + \angle PQO) = 2\delta$$

$$\therefore \triangle OPQ \backsim \triangle PQS$$

$$\therefore \frac{\overline{PO}}{\overline{PQ}} = \frac{\overline{PQ}}{\overline{SQ}} \qquad \therefore \frac{R}{l} = \frac{l}{X}$$

$$\therefore X = \frac{l^2}{R} \tag{12.12}$$

다음에 $\overline{SQ}$의 중점을 M이라고 하면

$$\triangle APY \equiv \triangle PQM$$

$$\therefore \overline{PY} = \frac{X}{2}$$

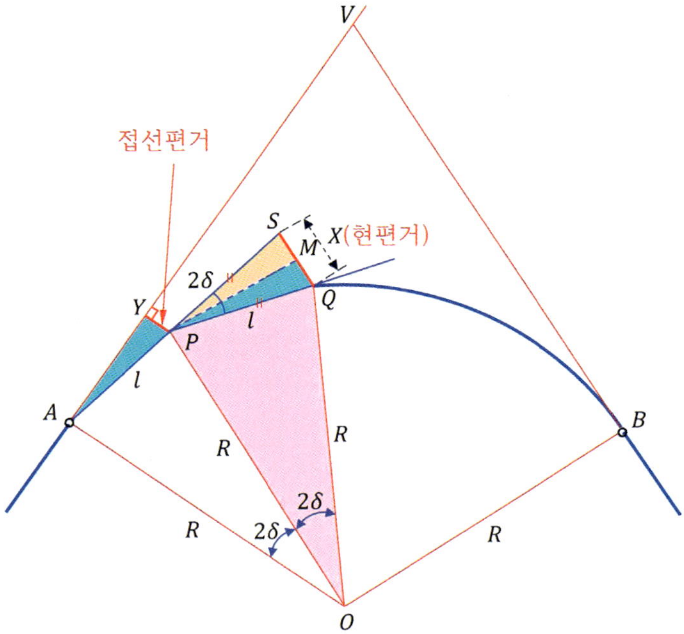

그림 12.7 접선편거와 현편거

$$\therefore \ \overline{\mathrm{AY}} = \sqrt{l^2 - \left(\frac{X}{2}\right)^2} \tag{12.13}$$

X는 l에 비하여 극히 작으므로 $\overline{\mathrm{AY}} \fallingdotseq l$이다.

예제 12.2 $R = 800\ \mathrm{m}$, $l = 20\ \mathrm{m}$일 때, 접선편거와 현편거에 의하여 중심말뚝을 설치하라.

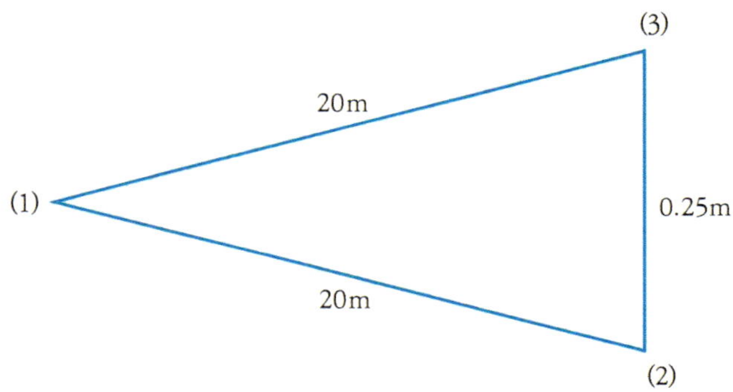

그림 12.8 접선편거/현편거

풀이

$$\text{현편거 : } X = \frac{l^2}{R} = \frac{20^2}{800} = 0.5\,\text{m}$$

$$\text{접선편거 } \overline{\text{PY}} = \frac{X}{2} = \frac{0.5}{2} = 0.25\,\text{m}$$

$$\overline{\text{AY}} = \sqrt{l^2 - \left(\frac{X}{2}\right)^2} = \sqrt{20^2 - 0.25^2} \fallingdotseq 20\,\text{m}$$

이것을 현장에 설치할 때는 다음과 같이 한다. 〈그림 12.8〉과 같이 테이프의 0점과 40.25 m 지점을 포개어 이 점을 ①이라 하고 테이프의 20 m 지점과 20.25 m 지점을 각각 점 ②, 점 ③이라고 한다. 3인이 각각 한 점씩 잡고 삼각형의 세 변이 팽팽해지도록 잡아당긴 상태에서 점 ①을 A점에 맞추고 점 ③이 $\overline{\text{AV}}$선상에 있도록 할 때, 점 ②의 위치가 P점이 된다. 다음에는 테이프의 0점과 40.5 m 지점을 서로 포개어 일치시키고 이를 점 ①이라 하고 테이프의 20 m 지점과 20.5 m 지점을 각 각 점 ②, 점 ③이라고 한다. 앞에서 설명한 바와 같이 삼각형의 세 변이 팽팽해지도록 한 상태에서 점 ①을 P에 맞추고 점 ③점 $\overline{\text{AP}}$의 연장선 위에 오게 했을 때 점 ②의 위치가 Q점이 된다. 같은 방법을 반복한다.

시단현(l_1)과 종단현을 고려할 때는

$$\overline{\text{PY}} = \frac{l l_1}{2R}, \quad \overline{\text{AY}} = \sqrt{l_1^2 - \left(\frac{l l_1}{2R}\right)^2}$$

에 의하여 점 P를 설치하고 점 Q와 그다음 점들은 앞에서 말한 것과 같은 방법으로 하면 된다.

❸ 장현에 대한 종거와 횡거에 의한 설치법

이 방법은 반경이 짧은 곡선의 경우에 이용된다. 〈그림 12.9〉에서 장현(長弦) AB = C를 횡축, AB의 중점 F를 원점으로 하고 F점에서 AB에 내린 수선을 종축이라고 하면 곡선상의 한 점 P의 좌표(x, y) 사이에는 다음과 같은 관계가 있다.

$$y = \sqrt{R^2 - x^2} - \overline{\text{OF}} = \sqrt{R^2 - x^2} - \sqrt{R^2 - \left(\frac{C}{2}\right)^2} \tag{12.14}$$

따라서 〈식 12.14〉로부터 x의 여러 값에 대한 y의 값을 계산하여 곡선을 설치할 수 있다.

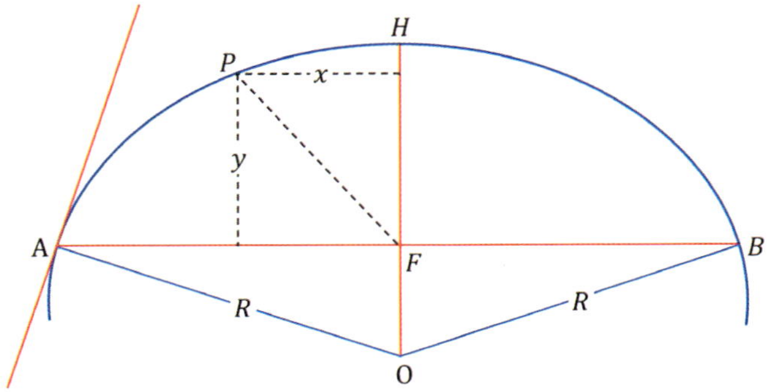

그림 12.9 장현에 대한 종거

❹ 접선에 대한 지거에 의한 설치법

이 방법은 〈그림 12.10〉과 같이 두 접선 $\overline{AV}$, $\overline{BV}$에 많은 지거(支距)를 만들어 곡선을 설치하는 방법으로서 터널 내의 곡선설치에 많이 쓴다. 또 삼림지대에서 편각법을 사용하여 벌채량이 많아지는 경우에도 이 방법을 쓴다.

$\overline{OA}$에 수선 $\overline{PS}$를 그리면

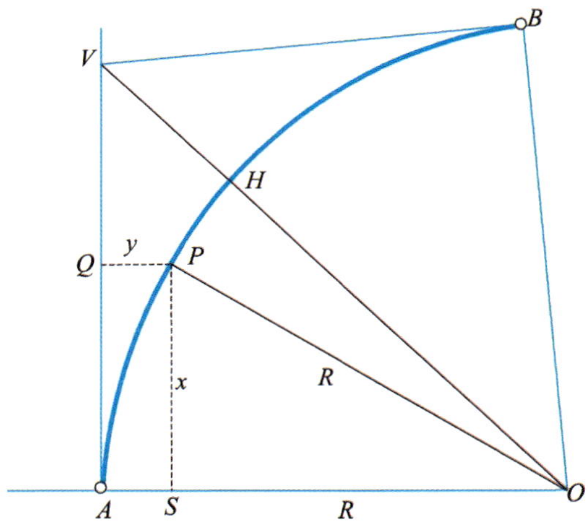

그림 12.10 접선에 대한 지거법

$$(\overline{OP})^2 = (\overline{OS})^2 + (\overline{PS})^2$$

$$R^2 = (R-y)^2 + x^2$$

$$\therefore y = R - \sqrt{R^2 - x^2}$$

편평한 곡선(반경이 큰 경우)에서는 $\overline{\mathrm{PQ}}$는 $2R$에 비하여 무시할 수 있을 정도로 작으므로 y는 다음과 같이 간단하게 계산할 수 있다.

$$x^2 = R^2 - (R-y)^2 = \{R+(R-y)\}\{R-(R-y)\} = (2R-y)y$$

$$x^2 \fallingdotseq 2R \cdot y \qquad \therefore y = \frac{x^2}{2R} \tag{12.15}$$

❺ 중앙종거에 의한 설치법

이 방법은 〈그림 12.11〉과 같이 먼저 중앙종거(中央縱距) M을 구하고 다음에 M', M'', M''' …… 등을 구하여 곡선을 설치하는 방법으로 철도의 경우에 많이 사용한다.

$$M = R\left(1 - \cos\frac{I}{2}\right)$$

$$M' = R\left(1 - \cos\frac{I}{4}\right)$$

$$M'' = R\left(1 - \cos\frac{I}{8}\right) \cdots\cdots\cdots\cdots\cdots \tag{12.16}$$

❻ $\frac{1}{4}$ 법

〈그림 12.11〉에서 중앙종거 M', M'', M''' …… 들 사이에는 다음과 같이 1/4의 관계가 성립된다. 이 관계를 이용하면 매우 편리하게 곡선을 설치할 수 있다. 이 방법은 크게 정밀을 요하지 않는 경우에 사용된다.

$$M = R\left(1 - \cos\frac{I}{2}\right) = 2R\left(1 - \cos^2\frac{I}{4}\right)$$

$$M' = R\left(1 - \cos\frac{I}{4}\right)$$

$$\therefore \quad \frac{M'}{M} = \frac{R\left(1-\cos\frac{I}{4}\right)}{2R\left(1-\cos^2\frac{I}{4}\right)} = \frac{1}{2\left(1+\cos\frac{I}{4}\right)} \fallingdotseq \frac{1}{2(1+1)} = \frac{1}{4} \tag{12.17}$$

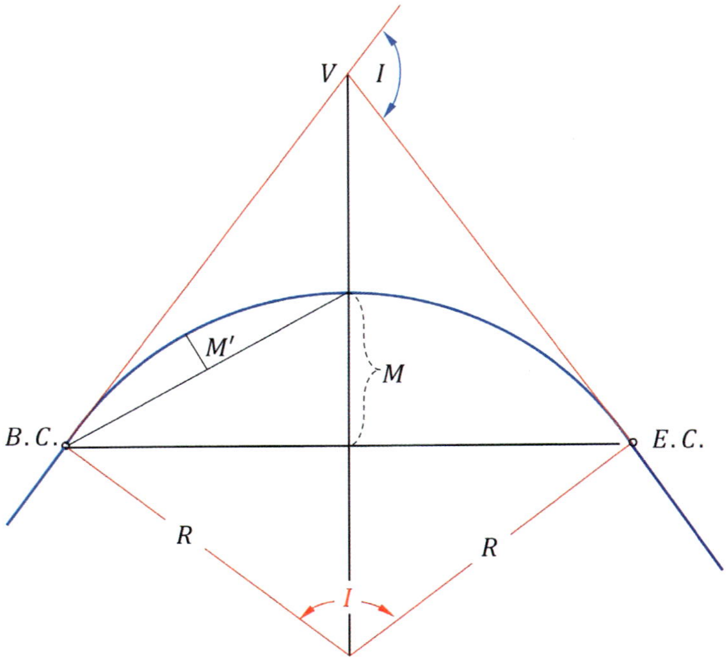

그림 12.11 중앙 종거법

12.3.4 장애물이 있는 경우의 원곡선 설치법

곡선을 설치할 때 삼림(森林)이나 건물 등 때문에 투시할 수 없거나 또는 하천이나 호수 때문에 기계를 세울 수 없는 경우에는 다음과 같은 방법으로 곡선 설치에 필요한 여러 점을 구할 수 있다.

❶ 교점에 기계를 세울 수 없는 경우

〈그림 12.12〉와 같이 각각의 접선 위에 서로 보이는 두 점 P, Q를 정한다.

$\angle P$ 와 $\angle Q$, $\overline{PQ} = l$을 측정하면 교각 I는

$$I = p + q$$

B.C.와 E.C.는 sin법칙을 사용하여

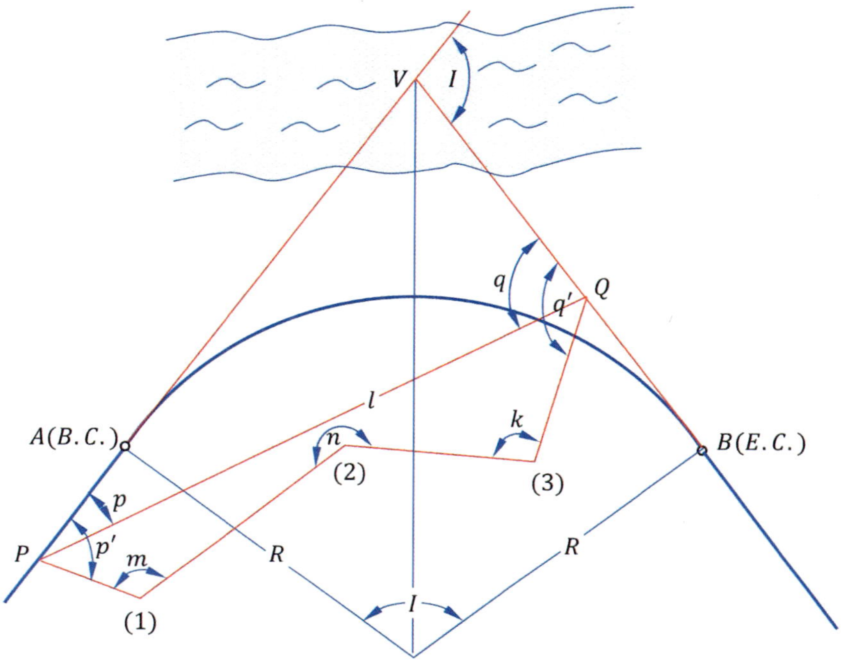

그림 12.12 교점에 기계를 세울 수 없는 경우

$$\frac{l}{\sin(180° - I)} = \frac{\overline{\mathrm{PV}}}{\sin q} = \frac{\overline{\mathrm{PA}} + R \cdot \tan\dfrac{I}{2}}{\sin q}$$

의 관계로부터

$$\therefore\ \overline{\mathrm{PA}} = l\left(\frac{\sin q}{\sin I}\right) - R \cdot \tan\frac{I}{2},\ \ \overline{\mathrm{QB}} = l\left(\frac{\sin p}{\sin I}\right) - R \cdot \tan\frac{I}{2} \qquad (12.18)$$

에 의하여 결정된다.

만일 P, Q가 서로 보이지 않는 점이라고 하면 P와 Q 사이를 트래버스 측량으로 연결하고 아래와 같이 교각 I를 구한다.

$$I = 180° - \{(\text{다각형 P},(1),(2),(3),\ \cdots\cdots\ \text{Q 의 내각의 합}) - (p' + m + n + k + q')\}$$

교각을 구한 후 경거와 위거 계산에서 Q점의 좌표가 정해지면 l의 값과 P, Q의 값을 구할 수 있으므로 B.C.와 E.C.가 정해진다.

❷ B.C. 점에서 곡선을 전부 설치할 수 없는 경우

〈그림 12.13〉에서와 같이 B.C.에서 P점까지는 곡선을 설치할 수 있으나 다른 점들은 장해물 때문에 설치할 수 없거나 곡선이 너무 길어서 B.C.점에서 전 구간의 중심말뚝을 모두 설치하기가 어려울 때는 다음과 같은 방법으로 한다.

〈그림 12.13〉과 같이 점 A에 기계를 세우고 $\overline{AP}$의 편각 $\alpha/2$를 계산하고 편각법으로 P점을 정하고 기계를 P로 옮긴다. 수평분도원의 눈금을 0°으로 하고 망원경 반전위의 상태로 바로 직전의 점(그림에서 A)을 후시한다. 다음 상부고정나사를 풀어 수평 분도원 각이 $\frac{1}{2}(\alpha+\beta)$가 되도록 맞추고 상부고정나사를 잠근 다음 망원경을 정로 하면 이때의 시준선은 $\overrightarrow{PQ}$와 일치한다. $\overline{AP}$의 연장선으로부터의 수평각 $\frac{\alpha}{2}+\frac{\beta}{2}$는 $B.C.$로부터 Q에 대한 편각과 같음을 알 수 있다.

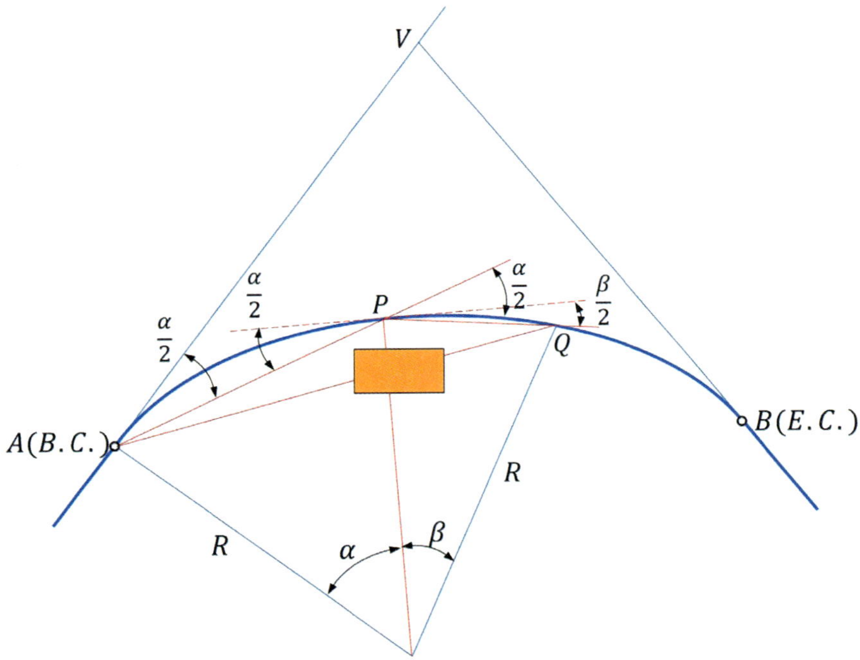

그림 12.13 장애물이 있는 경우

12.3.5 원곡선의 좌표계산

편각법에 의한 곡선 설치는 지형이 평탄하여 측량이 용이한 지형에 많이 사용하며 이때 중심말뚝의 설치는 순차적으로 이루어진다. 그러나 최근에는 토털스테이션이나 GPS와 같은 측량기기의 발전으로 곡선의 요소들만 입력하면 측점의 좌표가 자동으로 계산되어 곡선의 설치가 매우 편리하다. 특히 좌표법으로 곡선을 설치할 경우 지형의 굴곡이나 시통 등의 문제가 적어 매우 효과적이고 신속하며 간편하게 설치할 수 있어 많이 사용되고 있다.

좌표법은 노선의 시점과 종점 및 교점 등 노선에 대한 제원을 설계도상에서 획득하고 중심말뚝의 간격과 도로의 폭 및 종단곡선과 횡단면도에 대한 단면을 종류별로 저장매체에 기록하고 필요한 단면을 선택함으로써 평면적 위치의 측설에서 뿐만 아니라 설계면의 높이까지 통합으로 측설할 수 있으며 다른 방법에 비해 발생하기 쉬운 누적오차가 발생하지 않는 장점이 있다. 중심말뚝에 대한 좌표는 보통 TM투영에 의한 직각좌표계에 의하여 표시하지만 현장의 사정에 따라 독립된 좌표계를 사용하기도 한다.

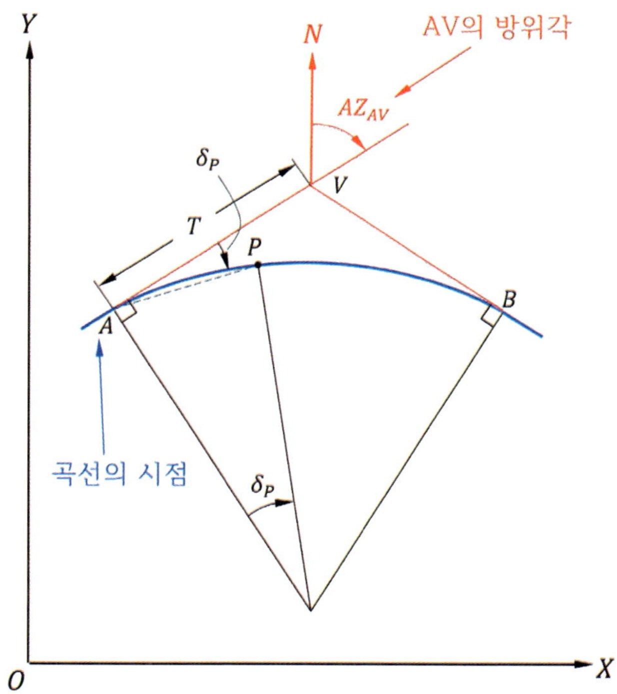

그림 12.14 곡선 중심의 좌표계산

〈그림 12.14〉에서 접선 $\overrightarrow{AV}$의 역방위각($\overrightarrow{Az_{VA}}$)과 교점 IP(점 V)를 알고 원곡선의 기하학적 관계식들로부터 원곡선의 요소들을 계산하면 접선의 길이와 접선의 역방위각을 사용하여 접선 $\overline{AV}$의 경거와 위거를 계산할 수 있다.

따라서 곡선의 시점 B.C.(A점)의 좌표는 다음과 같다.

$$X_A = X_V + T\sin Az_{VA} \qquad (12.19)$$
$$Y_A = Y_V + T\cos Az_{VA}$$

〈식 12.19〉에 의하여 B.C.의 좌표가 계산되면 나머지 중심말뚝의 좌표는 편각법과 현편거법 등으로 계산한다. $\overline{AV}$의 방위각에 각 편각을 합하여 모든 중심말뚝의 현에 대한 방위각을 계산한다. 전체 현의 길이와 각 중심말뚝의 현에 대한 방위각을 사용하여 경거와 위거를 계산하고 이들을 A점의 좌표에 합하여 각 중심말뚝의 좌표를 계산한다. 그런 다음 기준좌표계에 의한 좌표가 알려진 어느 하나의 기준점에 토털스테이션을 세우고 위에서 계산된 좌표를 이용하여 중심말뚝을 설치한다. 이때 B.C.점, E.C.점, 교점(I.P.)을 보편적으로 사용한다.

그러나 때때로 곡선의 중심점(그림 12.14에서 O점)을 사용할 경우가 더 편리할 때가 있다. 이런 경우에는 곡선중심의 좌표를 계산한 다음 그 점으로부터의 방사선을 이용하여 설치할 중심말뚝의 좌표가 계산될 수 있다.

〈그림 12.14〉에서 A점으로부터 곡선의 중심까지에 이르는 반경에 대한 방위각은 다음과 같다.

$$Az_{AO} = Az_{AV} + 90° \qquad (12.20)$$
$$Az_{AO} = Az_{AV} - 90°$$

〈식 12.20〉에서 $+90°$의 경우는 곡선이 접선의 오른 쪽에 있는 경우이고 $-90°$의 경우는 곡선이 접선의 왼쪽에 위치한 경우이다.

〈그림 12.14〉에서 곡선의 중심, O의 좌표는 곡선의 곡률반경과 〈식 12.20〉으로부터 적절한 방위각을 사용하여 다음과 같이 계산한다.

$$X_O = X_A + R\sin Az_{AO} \qquad (12.21)$$
$$Y_O = Y_A + R\cos Az_{AO}$$

점 O로부터 곡선 위 임의의 점, P에 이르는 반경에 대한 방위각은

$$Az_{OP} = Az_{OA} + \delta_p \qquad (12.22)$$

여기서 δ_p는 편각이다. 따라서 점, P의 좌표는 다음과 같다.

$$X_P = X_O + R\sin Az_{OP} \qquad (12.23)$$
$$Y_P = Y_O + R\cos Az_{OP}$$

곡선의 중심말뚝을 설치하기 위하여 먼저 토털스테이션을 곡선의 중심점에 세우고 먼저 A를 후시한다. 그런 다음 수평분도원의 눈금을 $\overline{OA}$의 방위각에 맞춘다. 〈그림 12.14〉의 P와 같이 어느 한 점의 중심말뚝을 설치하기 위해서는 토털스테이션의 시준선을 $\overline{OP}$의 방위각에 맞추고 같은 시준선 위에서 기계로부터 반경 R만큼의 거리에 있는 점에 말뚝을 설치한다. 중심점으로부터 중심말뚝을 설치하는 경우는 계산방법이 비교적 간단하고 기준선으로부터 지거를 쉽게 내릴 수 있다는 장점이 있다. 단점으로는 철도 등과 같이 비교적 큰 반경의 곡선이 필요한 경우 기계와 반사 프리즘 간의 거리가 멀어지는 단점이 있다.

12.3.6 좌표법과 토털스테이션을 이용한 원곡선의 설치

이 절은 토털스테이션을 사용하여 좌표법으로 원곡선을 설치하는 방법을 설명한다. 앞 절에서 설명한 것과 같이 먼저 정해진 노선에 따라 각 중심말뚝의 좌표를 계산하고 주어진 기준점의 좌표와 계산된 중심말뚝의 좌표를 사용하여 기준점으로부터 각 중심말뚝까지의 거리와 방위각을 이용하여 중심말뚝을 현장에서 측설하는 방법이다.

이때 곡선에 대한 두 개의 접선 중 하나의 교점과 적어도 두 점의 기준점이 주어져야 한다. 두 개의 기준점의 좌표를 이용하여 두 점 간의 거리와 방향이 결정되며 토털스테이션을 이중 한곳에 설치하고 다른 한 점을 시준하면 시준선의 방향, 즉 방위각이 정해진다.

이때 역계산 방법으로 기준방향으로부터 다른 중심말뚝에 대한 거리와 방향이 계산되고 토털스테이션의 각과 거리측정기능을 이용하여 각 중심말뚝을 설치한다. 다음 예제를 통하여 구체적인 방법을 알아보기로 한다.

예제 12.3 〈그림 12.15〉에서 교점의 좌표가 $X = 5723.183$ m, $Y = 3728.947$ m이고 교점에서 두 개의 접선이 교차한다. 교각, I은 $24°32'$(좌)이고 역방위각은 326°40′20″이며 설치할 곡선의 반경은 400 m로 한다. 토털스테이션을 사용하여 좌표법으로 20 m 간격의 중심말뚝을 설치하고자 한다. A와 B의 좌표는 각각 $A(X = 5641.212$ m, $Y = 3778.748$ m$)$, $B(X = 5735.270$ m, $Y = 3750.402$ m$)$라고 한다.

풀이 〈식 12.7〉과 〈식 12.1〉로부터

$$C.L. = R \cdot I = 400 \times 24°32' \left(\frac{\pi}{180°}\right) = 171.275 \text{ m}$$

$$T = R \cdot \tan\frac{I}{2} = 400.00 \times \tan(12°16') = 86.970 \text{ m}$$

제 12 장

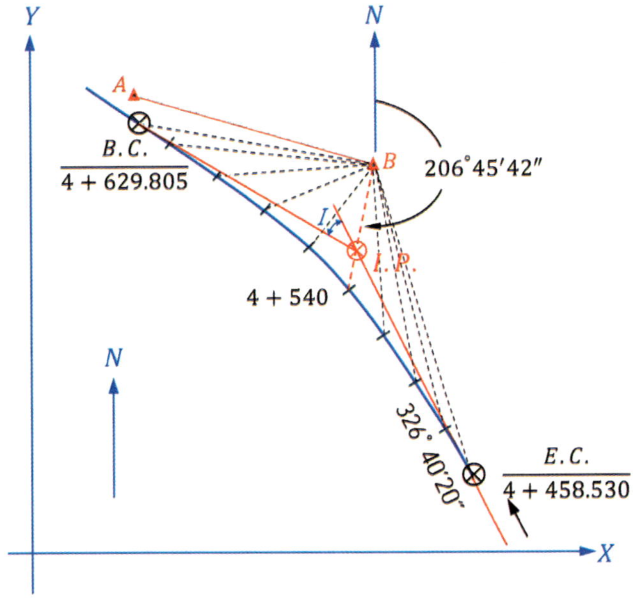

그림 12.15 좌표와 토털스테이션을 사용하는 원곡선의 설치

따라서 곡선의 시점과 종점은

$$\begin{aligned} I.P. &= 4 + 545.50 \\ -T &= \underline{-86.970} \\ B.C. &= 4 + 458.530 \\ +C.L. &= \underline{+171.275} \\ E.C. &= 4 + 629.805 \end{aligned}$$

곡선의 중심말뚝의 좌표계산은 〈표 12.2〉와 같다. (2)열은 각 인접 말뚝간의 거리 차이고, (3)열은 편각의 합으로 〈식 12.8〉에 의하여 계산한 것이다. (4)열은 현의 합으로 앞에서 계산한 편각들을 사용하여 〈식 12.9〉에 의하여 계산한다. (5)열은 편각과 접선의 역방위각으로부터 각 현의 방위각을 계산한 것이다.

〈식 12.23〉으로부터 B.C.점의 좌표를 계산하면

$$X_{BC} = 5723.183 + 86.970 \sin(326°40'\,20'' - 180°) = 5770.967 \text{ m}$$

$$Y_{BC} = 3728.947 + 86.970 \cos(326°40'20'' - 180°) = 3656.280 \text{ m}$$

이들의 길이와 방위각을 이용하여 각 현의 합에 대한 경거와 위거, $\Delta X, \Delta Y$를 계산한다. 이와 같이 계산된 경거와 위거를 곡선의 시점(BC)좌표에 합하여 중심말뚝의 좌표를 구한다. $\Delta X, \Delta Y$와 중심말뚝의 좌표, X, Y는 각각 〈표 12.2〉의 (6), (7), (8) 열에 표시되었다.

〈표 12.2〉에서 구해진 $E.C.$는 앞의 계산과 관계없이 접선의 길이와 방위각을 사용하여 독립적으로 계산함으로써 계산의 정확성을 검사할 수 있다.

제 12 장

▶ 표 12.2

말뚝번호 (1)	말뚝거리 (2)	편각 합 (3)	현의 합 (4)	현방위각 (5)	$\Delta X(6)$	$\Delta Y(7)$	$X(8)$	$Y(9)$
4+458.53							5770.967	3656.280
4+460	1.470	0°06′19″	1.470	326°34′01″	−0.810	1.227	5770.967	3657.507
4+480	21.470	1°32′16″	21.468	325°08′04″	−12.272	17.614	5770.157	3673.894
4+500	41.470	2°58′12″	41.452	323°42′08″	−24.539	33.408	5758.695	3689.688
4+520	61.470	4°24′09″	61.410	322°16′11″	−37.580	48.569	5746.428	3704.849
4+540	81.470	5°50′06″	81.330	320°50′14″	−51.362	63.060	5719.605	3719.340
4+560	101.470	7°16′02″	101.199	319°24′18″	−65.851	76.843	5705.116	3733.123
4+580	121.470	8°41′59″	121.004	317°58′21″	−81.011	89.885	5689.956	3746.165
4+600	141.470	10°07′55″	140.734	316°32′25″	−96.803	102.153	5674.164	3758.433
4+620	161.470	11°33′52″	160.376	315°06′28″	−113.189	113.616	5657.777	3769.896
4+629.805	171.275	12°16′00″	169.970	314°24′20″	−121.427	118.933	5649.540	3775.213

▶ 표 12.3

말뚝번호(1)	$\Delta X(2)$	$\Delta Y(3)$	$L(4)$	$Az(5)$
4+458.53(BC)	−85.730	24.811	89.248	286°08′27″
4+460	−77.493	19.494	79.907	284°07′13″
4+480	−61.106	8.031	61.631	277°29′14″
4+500	−45.314	−4.238	45.512	264°39′25″
4+520	−30.154	−17.280	34.754	240°11′05″
4+540	−15.665	−31.063	34.789	206°45′42″
4+560	−1.883	−45.553	45.592	182°22′01″
4+580	11.158	−60.714	61.731	169°35′11″
4+600	23.425	76.508	80.014	162°58′36″
4+620	34.887	92.895	99.230	159°24′58″
4+629.805(EC)	35.697	94.122	100.664	159°13′48″

접선의 방위각은 접선의 역방위각에서 교각(I)을 빼면 된다.

$$Az = 326°40'\,20'' - 24°32' = 302°08'\,20''$$

$E.C.$ 의 좌표는

$$X_{EC} = 5723.183 + 86.970\sin(302°08'20'') = 5649.540\text{ m}$$
$$Y_{EC} = 3728.947 + 86.970\cos(302°08'20'') = 3775.213\text{ m}$$

중심말뚝의 현장설치를 위해서는 점, B로부터 각 중심말뚝까지의 거리와 방위각이 필요하며 그들의 계산결과는 표〈12.3〉에 표시하였다. 표에서 (1)열은 중심말뚝의 번호, 열 (2), (3)은 B의 좌표와 각 중심말뚝의 좌표와의 차, ΔX, ΔY를 나타낸다. 점 B에서 각 중심말뚝까지의 방사선 길이, L과 방위각, Az는 점 B와 각 중심말뚝 사이의 좌표 차와 역계산으로부터 계산하여 (3),(4),(5)열에 각각 표시하였다.
중심말뚝의 현장설치를 위하여 토털스테이션의 A에 대한 표정이 필요하다. 따라서 $\overrightarrow{BA}$의 방위각은 다음과 같이 계산한다.

$$Az_{BA} = \tan^{-1}\left(\frac{5641.212 - 5735.270}{3778.748 - 3750.402}\right) + 360° = 302°46'\,16''$$

현장설치를 위해서는 먼저 토털스테이션의 수평분도원의 눈금을 286°46′ 16″에 맞추고 A를 후시한 후, 〈표 12.3〉에 있는 방위각에 의한 시준선 위에서 중심말뚝까지의 거리를 측정하여 설치한다. 〈그림 12.16〉은 말뚝번호 4+540의 현장설치 예이고 그림에서 점선은 말뚝까지의 방사선을 나타낸다.

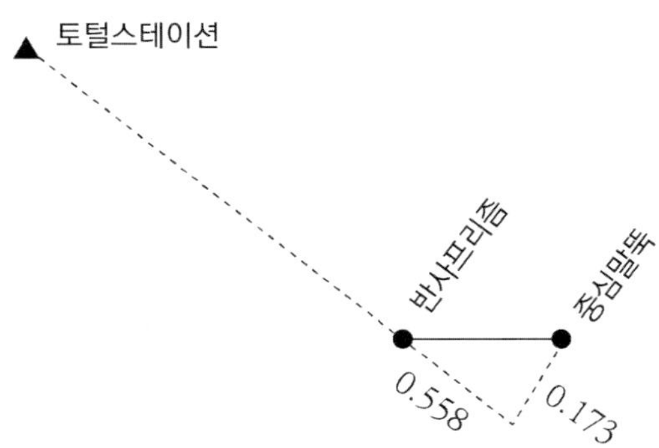

그림 12.16 현장말뚝설치 예

12.4 | 반향곡선과 복심곡선의 설치

두 개의 원호가 공통접선의 양쪽에 있는 것을 반향곡선(反向曲線, reverse curves)이라 한다. 반향곡선은 곡선의 반향점에서 발생하는 급격한 방향의 전환으로 인한 안전성 등 때문에 잘 사용하지 않는다. 우리나라의 철도건설 규정에서는 본선 중간에 직선을 삽입하지 않는 반향곡선을 부설하지 못하게 되어 있다. 또 도로에 있어서 반향곡선의 중간에는 완화구간(緩和區間)으로서 직선을 삽입하도록 규정되어 있다. 그러나 철도에서도 측선이나 정거장 내의 선로와 또 반경이 큰 도로나 운하 등의 선로에서 사용할 수 있다.

반향곡선에는 두 반경이 같은 것과 같지 않은 것이 있는데 두 반경 중 한 개를 정하면 다른 한 개의 반경은 계산으로 구하여야 한다. 만일 두 반경을 임의로 정하면 두 곡선이 접하지 않게 된다. 반경이 같거나 혹은 같지 않아도 반향곡선이 연결하려고 하는 두 선 $\overline{HA}, \overline{BK}$ 가 평행한 경우(그림 12.17) 반향곡선의 반향점(反向點) C는 반드시 A, B를 연결하는 직선 위에 있다는 것을 쉽게 증명할 수 있다. 이때 반향점 C를 PRC(point of reverse curve)로 표시한다.

복심곡선(複心曲線, compound)은 반경이 다른 두 개의 원곡선이 서로 연결되고 접점에서 공통접선을 가지고 있을 때 두 원의 중심이 공통접선의 같은 쪽에 있는 곡선을 말한다. 이때 그 접속점을 공통접점(P.C.C., Point of Compound Curve)이라 한다.

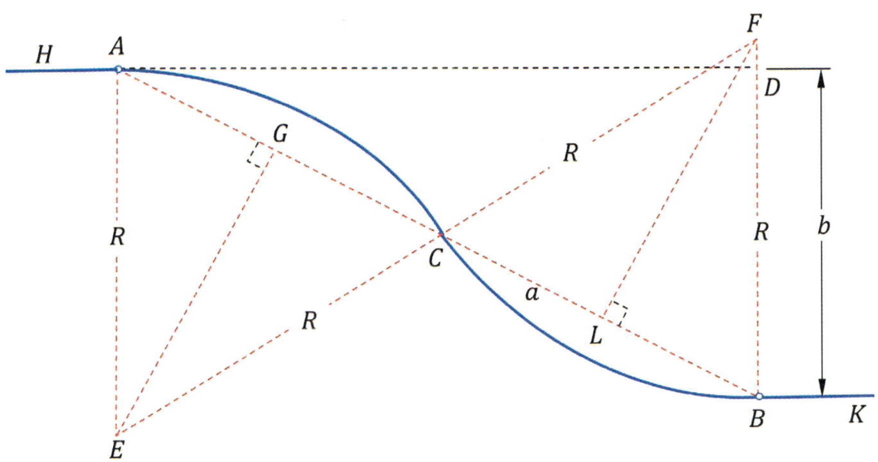

그림 12.17 반향곡선의 설치

복심곡선은 철도나 고속도로에서 자주 사용되는 곡선은 아니다. 두 곡선의 접선길이가 다르다는 특성 때문에 산악지형이나 암벽으로 둘러싸인 긴 강변도로 등에서 주어진 두 접선을 연결하는 경우와 같이 특별한 때에 사용된다. 따라서 원곡선의 설치가 가능한 곳에서는 사용하지 말아야 한다.

복심곡선의 설치를 위해서는 〈그림 12.18〉에서와 같이 $T_S, T_L, R_S, R_L, I_S, I_L, I$와 같은 7개의 곡선변수(曲線變數)가 필요하다. 7개의 곡선변수 중 $I = I_S + I_L$이기 때문에 독립변수는 6개뿐이다. 그러나 7개의 곡선변수를 전부 구하기 위해서는 최소 한 개의 각과 두 개의 길이를 포함한 4개의 변수가 있어야만 나머지 3개의 변수를 구할 수 있다.

복심곡선의 곡선변수를 구하는 방법에는 정점삼각형(頂点三角形, vertex triangle)을 이용한 방법, 트래버스 측량을 이용한 방법 등이 있다.

이미 설명한 것과 같이 반향곡선과 복심곡선은 고속도로나 철도에서는 사용하지 않으며 저속도로의 경우 원곡선을 설치할 수 없는 특별한 지형에서만 사용하는 제한된 곡선이다.

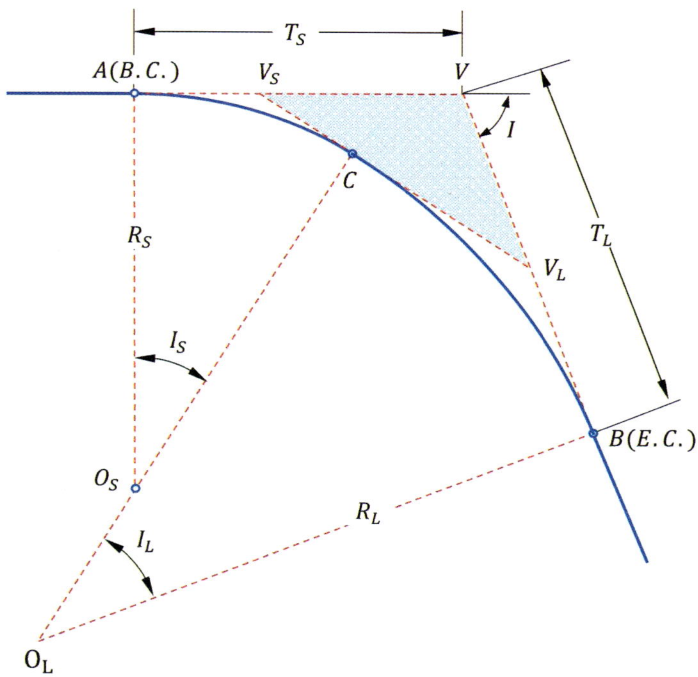

그림 12.18 복심곡선의 설치

12.5 | 완화곡선

반경 R, 질량 m인 차량이 속도 V로 직선부에서 곡선부로 운행하고 있으면 원심력(遠心力) $P=\dfrac{mV^2}{R}$에 의하여 바깥쪽으로 탈선하려고 한다. 반경이 크면 원심력은 작아지고 반대로 반경이 작을수록 원심력은 커짐을 알 수 있다. 또한 차량이 직선부에서 곡선부로 이동할 때는 곡률반경이 무한대로부터 일정한 값으로 급격히 변화하기 때문에 원심력도 0에서 최대값으로 급격히 변한다. 이러한 현상은 결과적으로 차량이 격동하게 되고 승객들에게 충격을 주게 된다. 이를 방지하기 위하여 원심력의 변화를 곡선의 길이에 따라 점진적으로 일정하게 변하도록 직선부와 곡선부 사이에 삽입하는 곡선을 완화곡선(緩和曲線, transition curves)이라 한다. 완화곡선의 반경은 직선부의 무한대로부터 원곡선의 시점에서의 최소값까지 점진적으로 변한다.

완화곡선으로는 클로소이드(clothoid), 3차포물선(三次抛物線, cubic parabola), 렘니스케이트(lemniscate) 등이 있다. 3차포물선은 곡률반경이 경거에 반비례하는 곡선으로서 주로 철도에서 사용하며 렘니스케트는 곡률반경이 현의 길이에 반비례하는 곡선으로서 시가지 철도 및 지하철 등에서 주로 사용한다. 클로소이드는 고속도로 등 자동차도로에서 사용하는 곡선으로서 곡률반경이 곡선의 길이에 반비례하는 곡선이다.

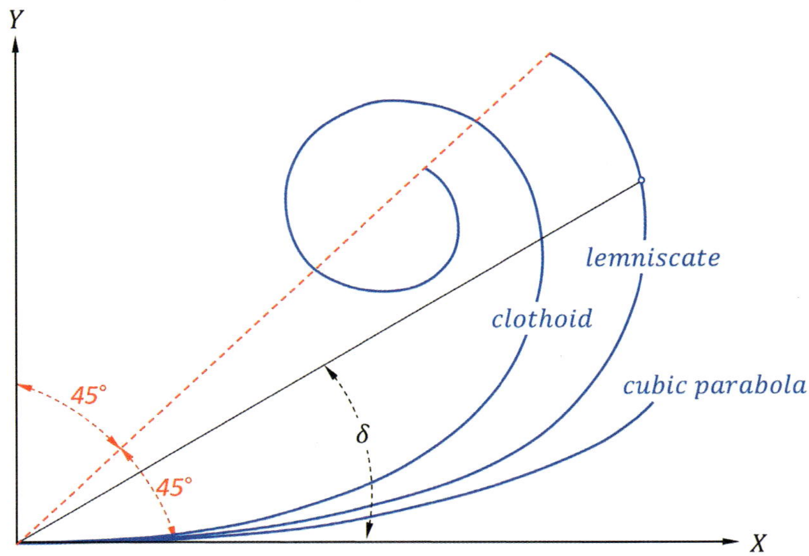

그림 12.19 완화곡선

12.5.1 편경사

곡선을 주행하는 차량의 원심력에 의한 영향을 최소화하기 위하여 완화곡선을 사용하고 있다. 도로나 철도에서는 곡선의 바깥쪽을 안쪽보다 높게 하여 원심력에 의한 영향을 감소 또는 제거함으로써 차량의 탈선을 방지하기도 한다.

이같이 곡선의 안쪽과 바깥쪽의 경사(또는 높이 차)를 편경사(片傾斜, super elevation)라 하며 특히 철도에서는 캔트(cant)라 하여 안쪽 궤도와 바깥쪽 궤도의 높이차를 말한다.

〈그림 12.20〉에서 W를 차량의 중량, P를 원심력, V를 차량의 속도, R을 곡선의 곡률반경, g를 중력 가속도, B를 노선의 폭(또는 철도의 궤도간격)이라고 하면

$$\tan\alpha = \frac{\frac{mV^2}{R}}{mg} = \frac{V^2}{gR}$$

따라서 편경사(또는 캔트)의 크기는

$$C = B\tan\alpha = \frac{BV^2}{gR} \tag{12.24}$$

또는 편경사를 백분율(%)로 표시하면

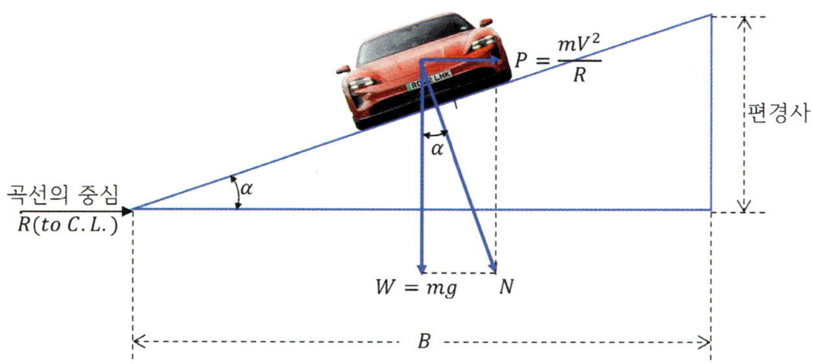

그림 12.20 편경사

$$S(\%) = \left(\frac{C}{B}\right) \times 100 \tag{12.25}$$

편경사는 크기가 0인 직선부에서 크기가 최대가 되는 완화곡선이 원곡선과 만나는 접점에까지 점진적으로 변화하도록 설치한다. 〈식 12.24〉로부터 편경사의 크기

는 3개의 변수 V, R, B 에 의하여 결정됨을 알 수 있다. 속도 V는 일반적으로 알려진다. 철도의 경우는 사용궤도에 알 맞는 최고속도를 사용하고 도로의 경우는 평균 설계속도(設計速度)를 사용한다. R은 지형의 조건에 따라 결정되며 B는 궤도의 간격 또는 도로의 폭에 의하여 쉽게 결정된다.

편경사의 크기는 최대 7%(1 : 14.5), 최소 1 : 48 이내로 하고 있으나 일반적으로 다음 식과 같은 방법으로 결정한다.

$$\text{편경사의 크기 } C = 1 : 314\frac{R}{V^2} \tag{12.26}$$

여기서 V는 설계속도(km/hr), R은 반경(m)이다.

우리나라 도로의 경우 최대 편경사는 6%(적설 한랭지역), 8%(기타지역), 6%(도시지역)이며 고속국도의 경우는 6%이다.

12.5.2 확폭과 확도

곡선부를 운행하는 차량의 뒷바퀴는 앞바퀴보다 안쪽으로 주행하게 되므로 곡선의 안쪽에서는 그 폭을 조금 늘려야 한다. 이것을 확폭(擴幅, widening)이라 한다.

철도에서는 차륜축이 두 개 또는 그 이상이 강재연결(鋼材連結)되어 각각 개별적으로 자유롭게 움직일 수 없다. 따라서 차량이 반경이 작은 곡선부를 통과할 때는 차량의 내, 외측의 궤도에 꼭 끼이게 되어 손상을 입게 될 뿐만 아니라 탈선할 우려가 있다. 이것을 방지하기 위하여 바깥쪽의 궤도는 그대로 두고 안쪽의 궤도를 이동시켜 곡선부에서의 궤도 간격을 넓힌다. 이같이 궤도를 안쪽으로 넓히는 폭을 확도(擴度, slack)라 한다. 확도는 고정되어있는 바퀴축 간의 거리, 궤도(軌道)와 플랜지(flange)와의 간격, 곡선의 곡률반경에 따라 다르며 여러 가지 가정에 의한 실험공식을 사용한다.

▶ **표 12.4** 곡선부의 차선당 최소 확폭량

곡선 반경(m)	150~280	90~150	65~90	50~65
최소 확폭량(m)	0.25	0.50	0.75	1.00
설계속도(km)	70이하	60이하	50이하	40이하

원칙적으로 차선의 안쪽으로 다른 차선을 침범하지 않도록 각 차선마다 확폭을 둔다. 확폭량은 자동차의 앞면의 중심점이 항상 차선의 중심선 위상에서 주행하는 것으로 가정하여 자동차의 양쪽에 직선부와 똑같은 여유 폭이 있도록 한다. 차선의 확

폭량은 이론적으로 차선의 중심반경에 따라 서로 다르지만 도로 중심선(또는 차도 중심선)의 반경이 35 m 이상인 경우에는 원칙적으로 도로의 중심선에 의해 구한다. 우리나라의 도로설계에서는 〈표 12.4〉와 같이 곡선의 반경에 따라 차선의 폭을 넓힌다. 단 6차선 이상의 도로의 확폭은 안쪽 2차선에만 적용하며 바깥쪽 차선에서는 〈표 12.4〉의 확폭량의 0.8배에 해당하는 확폭량을 적용한다.

12.5.3 3차포물선

❶ 기본공식

완화곡선으로 사용하는 3차포물선(3次拋物線)은 곡선의 길이가 그의 접선에 투영(投影)한 길이와 거의 같은 성질을 가진 곡선으로서 주로 철도에서 많이 사용하고 있으며 도로에서는 거의 사용하지 않고 있다. 〈그림 12.21〉에서 완화곡선의 시점과 종

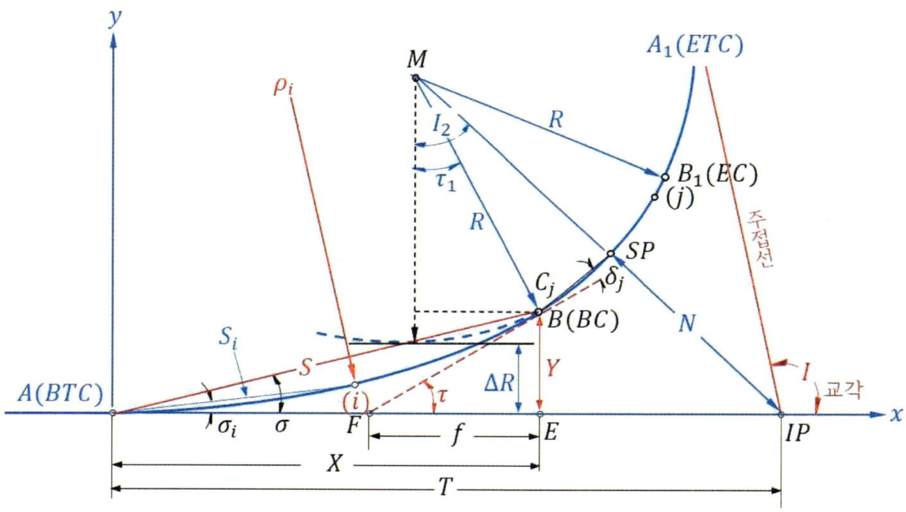

그림 12.21 3차 포물선

점을 각각 $A(BTC)$와 $A_1(ETC)$, 원곡선(圓曲線)의 시점과 종점을 각각 $B(BC)$와 $B_1(EC)$이라 할 때 곡선상의 한 점 $i\,(x,y)$에서의 곡률반경 ρ는

$$\frac{1}{\rho}=\frac{\dfrac{d^2y}{dx^2}}{\left\{1+\left(\dfrac{dy}{dx}\right)^2\right\}^{3/2}} \tag{12.27}$$

여기서 x 축에 대한 곡선의 경사도가 매우 작으므로 $\frac{d^2y}{dx^2} \fallingdotseq 0$, 따라서 〈식 12.27〉은

$$\frac{1}{\rho} \fallingdotseq \frac{d^2y}{dx^2} \tag{12.28}$$

지금 완화곡선 $\overset{\frown}{\mathrm{AB}}$ 의 길이를 $l(l = \overset{\frown}{\mathrm{AB}} \fallingdotseq \overline{\mathrm{AE}})$, 노선의 경사도(철도에서는 안쪽 궤도와 바깥쪽 궤도의 경사도)를 $\frac{1}{n}$이라 하면 캔트와 경사도와는 다음과 같은 관계가 성립한다.

$$\frac{C}{l} = \frac{1}{n} \qquad \therefore C = \frac{l}{n} \tag{12.29}$$

이 때 곡선 위의 한 점 $i\,(x,y)$ 에서의 캔트의 크기는

$$C = \frac{x}{n}(\because\ l = \overset{\frown}{\mathrm{AP}} \fallingdotseq x) \tag{12.30}$$

캔트의 일반식 〈식 12.24〉 $C = \frac{BV^2}{\rho g}$ 으로부터

$$\frac{1}{\rho} = \frac{Cg}{BV^2} \tag{12.31}$$

〈식 12.28, 30, 31〉로부터

$$\frac{d^2y}{dx^2} = \frac{g\,x}{n\,B\,V^2} \tag{12.32}$$

여기서 $\frac{n\,B\,V^2}{g} = q$라 하면 〈식 12.32〉는 다음과 같다.

$$\frac{d^2y}{dx^2} = \frac{1}{q}x \tag{12.33}$$

이를 적분하면

$$\frac{dy}{dx} = \frac{x^2}{2q} + K_1 \tag{12.34}$$

그런데 $x = 0 \rightarrow \frac{dy}{dx} = 0$ 이므로 $K_1 = 0$, 〈식 12.34〉를 다시 적분하면

$$y = \frac{x^3}{6q} + K_2$$

또한 $x = 0 \rightarrow y = 0$이므로 $K_2 = 0$, 따라서 위 식은

$$y = \frac{x^3}{6q} \tag{12.35}$$

〈식 12.28〉과 〈식 12.33〉으로부터

$$\frac{1}{\rho} = \frac{x}{q} \qquad \therefore \rho = \frac{q}{x} \tag{12.36}$$

B의 횡거는 $\overline{\mathrm{AE}} \fallingdotseq l$이고 $x = X$일 때 $\rho = R$이므로 〈식 12.36〉은

$$R = \frac{q}{X} \qquad \therefore q = RX \tag{12.37}$$

이를 〈식 12.35〉에 대입하면 다음과 같은 3차포물선의 일반식이 얻어진다.

$$y = \frac{x^3}{6RX} \tag{12.38}$$

여기서 R은 원곡선의 반경, X는 완화곡선의 종점에 대한 횡거(橫距)(X좌표 값)이다.

❷ 3차포물선의 설치

원곡선의 설치에서와 같이 완화곡선의 곡선부를 설치하기 전에 먼저 곡선설치에 필요한 기본점들, 즉 곡선의 시점 $A(BTC)$와 종점 $B(ETC)$ 그리고 E와 F점의 결정이 필요하다. 이때 교각(I)과 완화곡선 종점에 대한 횡거(X)와 원곡선의 곡률반경(R)은 주어진다.

이들 주요점의 위치는 다음과 같이 계산한다(그림 12.21).

B(BC 또는 EC)의 종거 $Y = \dfrac{X^2}{6R}$

B의 접선각 $\tau = \tan^{-1}\left(\dfrac{X}{2R}\right)$

이동량(shift) $\Delta R = Y - R(1 - \cos\tau) = \dfrac{X^2}{6R} - R\left\{1 - \dfrac{1}{\sqrt{1 + \left(\dfrac{X}{2R}\right)^2}}\right\}$

주 접선의 길이 $T = X - R\sin\tau + (R+\Delta R)\tan\left(\frac{I}{2}\right)$

$$= X\left\{1 - \frac{1}{2\sqrt{1+\left(\frac{X}{2R}\right)^2}}\right\} + (R+\Delta R)\tan\left(\frac{I}{2}\right)$$

B의 접선($\overline{\mathrm{BF}}$)에 대한 투영거리 $f = \overline{\mathrm{EF}} = Y\cot\tau = \frac{X}{3}$

실제적인 현장측설에서는 먼저 곡선의 시점(BTC)에 데오돌라이트나 토털스테이션을 설치하고 주 접선방향($BTC \rightarrow \mathrm{IP}$)으로부터 편각 σ_i와 곡선시점으로부터 현의 거리 S_i를 사용하여 완화곡선 위의 한 점, (i)를 측설하며 그 순서는 아래와 같다.

① 완화곡선의 횡거(X)를 주어진 길이에 따라 나눈다(예, 10 m, 20 m, 30 m, …)

② 점 (i)에 대하여 BTC로부터의 횡거 x_i (①에서 나눈 값, 10 m, 20 m, 30 m, …) 에 대한 종거 y_i를 계산한다. $y_i = \frac{x_i^3}{6RX}$

③ 점 (i)에 대한 편각 σ_i를 계산한다. $\sigma_i = \tan^{-1}\left(\frac{y_i}{x_i}\right) = \tan^{-1}\left(\frac{x_i^2}{6RX}\right)$

④ 점 (i)에 대한 현의 길이 S_i를 계산한다. $S_i = \sqrt{x_i^2 + y_i^2}$

⑤ 곡선의 시점으로부터 (i)점까지의 곡선의 길이는 다음과 같이 계산한다.

$$L_i = \int_0^{x_i}\sqrt{1+\left(\frac{dy}{dx}\right)^2}\,dx = \int_0^{x_i}\sqrt{1+\left(\frac{x^2}{2RX}\right)^2}\,dx$$

$$= x_i\left\{1 + \frac{x_i^4}{40(RX)^2} - \frac{x_i^8}{1152(RX)^4} + \cdots\cdots\right\}$$

⑥ 원곡선의 설치를 위해서 먼저 원곡선 상의 한 점 (j)에 대한 편각 δ_j와 현의 길이 C_j를 계산하여야 한다.

$$\delta_j = \frac{L_i}{2R}\cdot\frac{180}{\pi}$$

$C_j = 2R\sin\delta_j$(L_j는 BC로부터 (j)까지의 원곡선의 길이)

⑦ 기타 필요한 사항(대칭형 완화곡선의 경우)은 다음 식으로 계산한다.

원곡선의 길이 $CL = R(I-2\tau)\left(\frac{\pi}{180}\right)$

법선의 길이 $N(IP \rightarrow SP) = (R + \Delta R)\sec\left(\frac{I}{2}\right) - R$

원곡선 중심의 좌표 $x_M = X - R\sin\tau, \quad y_M = Y + R\cos\tau$

제 12 장

예제 12.4 3차포물선의 계산예(대칭형)

풀이 1) 설치조건 : 교각 $I = 88°$, 원곡선의 곡률반경 $R = 200\,\text{m}$

완화곡선의 횡거 $X = 160\,\text{m}$

2) 주요 제원의 계산

$$Y = \frac{X^2}{6R} = 21.3333\,\text{m} \qquad \tau = \tan^{-1}\left(\frac{X}{2R}\right) = 21.8014095°$$

$$\Delta R = Y - R(1 - \cos\tau) = 7.0287\,\text{m}$$

$$T = X - R\sin\tau + (R + \Delta R)\tan\left(\frac{I}{2}\right) = 285.6471\,\text{m}$$

$$f = \frac{X}{3} = 53.3333\,\text{m} \qquad CL = R(I - 2\tau) \cdot \frac{\pi}{180} = 154.9754\,\text{m}$$

$$x_m = X - R\sin\tau = 85.7219\,\text{m} \qquad y_m = Y + R\cos\tau = 207.0287\,\text{m}$$

$$N = (R + \Delta R)\sec\left(\frac{I}{2}\right) - R = 87.8037\,\text{m}$$

3) 완화곡선 계산

횡거를 10 m 간격으로 나누어 각 분할점에 대한 편각(偏角)σ_i와 현(弦)의 길이 S_i 및 곡선길이 L_i를 계산한다. 곡선의 길이가 증가함에 따라 현의 길이에 대한 오차가 변하게 되는 것을 알 수가 있다.

x_i (m)	y_i (m)	편각σ_i^o	현장 S_i (m)	곡선장 L_i (m)
10	0.0052	0.0298416	10.0000	10.0000
20	0.0417	0.1193660	20.0000	20.0001
30	0.1406	0.2685720	30.0003	30.0006
40	0.3333	0.4774538	40.0014	40.0025
50	0.6510	0.7459966	50.0042	50.0076
60	1.1250	1.0741700	60.0105	60.0190
⋮	⋮	⋮	⋮	⋮
160	21.3333	7.5946434	161.4160	162.5031

12.5.4 Clothoid 곡선

❶ 기본공식

클로소이드는 곡률반경(곡선반경의 역수)이 곡선의 길이에 비례하여 점진적으로 증대하는 일종의 나선곡선(螺線曲線, spiral)으로서 오일러 나선곡선(Euler spiral)이라 부르기도 한다. 〈그림 12.22〉에서 클로소이드 곡선의 시점을 A, 종점을 B, B에서의 원곡선의 반경을 R, B점에서의 접선각을 τ, 클로소이드 곡선의 길이를 L이라 하면 클로소이드의 정의에 따라 곡선의 반경은 곡선의 길이에 반비례하므로

$$\frac{1}{R} = C \cdot L\,(C = \text{constant})$$

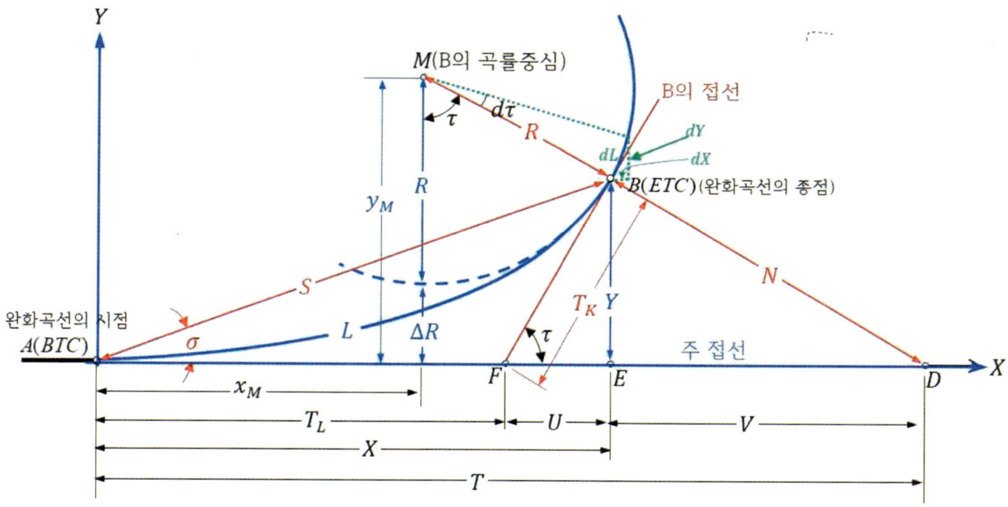

그림 12.22 클로소이드의 곡선요소

$C = \dfrac{1}{A^2}$ 이라 하면

$$\frac{1}{R} = \frac{1}{A^2}L \qquad \therefore R \cdot L = A^2 \tag{12.39}$$

〈식 12.39〉는 클로소이드의 기본공식이며 A는 클로소이드의 파라미터(parameter)로서 길이의 차원을 갖는다.

〈식 12.39〉를 다시 쓰면

$$\frac{R}{A} \cdot \frac{L}{A} = 1 \tag{12.40}$$

여기서 $\frac{R}{A} = r,\quad \frac{L}{A} = l$ 이라 하면 〈식 12.39〉는 다음과 같다.

$$r \cdot l = 1 \tag{12.41}$$

〈식 12.41〉과 같이 파라미터 $A = 1$ 인 경우를 단위 클로소이드라 하며 모든 클로소이드는 단위 클로소이드를 A 배하면 구해진다.

클로소이드 곡선상의 임의의 한 점에 대한 좌표 $(X,\ Y)$를 구하여 보기로 한다. 〈그림 12.22〉에서 L, τ, X, Y의 미소변위(微小變位)를 각각 $dL, d\tau, dX, dY$라 하면

$$\begin{aligned} dX &= dL \cdot \cos\tau \\ dY &= dL \cdot \sin\tau \\ dL &= R \cdot d\tau \end{aligned} \tag{12.42}$$

〈식 12.39〉에서 $R = \frac{A^2}{L}$ 이므로 이를 〈식 12.42〉에 대입하면

$$d\tau = \frac{1}{R}dL = \frac{L}{A^2}dL,\ \ dL = \frac{A^2}{L}d\tau \tag{12.43}$$

이들을 적분하면

$$\tau = \frac{L^2}{2A^2} = \frac{L}{2R} \tag{12.44}$$

따라서

$$L^2 = 2A^2\tau,\ \ R = \frac{A^2}{L} = \frac{A}{\sqrt{(2\tau)}} \tag{12.45}$$

〈식 12.43, 44, 45〉를 〈식 12.42〉에 대입하면

$$\begin{aligned} dX &= dL \cdot \cos\tau = \frac{A^2}{L}\cos\tau d\tau = \frac{A}{\sqrt{2\tau}}\cos\tau d\tau \\ dY &= dL \cdot \sin\tau = \frac{A^2}{L}\sin\tau d\tau = \frac{A}{\sqrt{2\tau}}\sin\tau d\tau \end{aligned} \tag{12.46}$$

이를 적분하면 다음과 같은 Fresnel 적분이 얻어진다.

$$X = \frac{A}{\sqrt{2}} \int_0^\tau \frac{\cos\tau}{\sqrt{\tau}} d\tau$$
$$Y = \frac{A}{\sqrt{2}} \int_0^\tau \frac{\sin\tau}{\sqrt{\tau}} d\tau \qquad (12.47)$$

우변을 급수전개(級數展開)하여 적분하면 다음 식이 얻어진다.

$$X = \frac{A}{\sqrt{2}} \cdot 2\sqrt{\tau}\left(1 - \frac{\tau^2}{10} + \frac{\tau^4}{216} - \frac{\tau^6}{9360} + \cdots\cdots\right)$$
$$Y = \frac{A}{\sqrt{2}} \cdot \frac{2}{3}\tau\sqrt{\tau}\left(1 - \frac{\tau^2}{14} + \frac{\tau^4}{440} - \frac{\tau^6}{25200} + \cdots\cdots\right) \qquad (12.48)$$

여기서 $A = \sqrt{RL}, \tau = \frac{L}{2R}$이므로 이들을 〈식 12.48〉에 대입하면 다음과 같이 직각 좌표 $(X,\ Y)$에 관한 클로소이드에 관한 식이 얻어진다(이때 A에서의 접선을 X-축으로 한다).

$$X = L\left(1 - \frac{L^2}{40R^2} + \frac{L^4}{3456R^4} - \frac{L^6}{599040R^6} + \cdots\cdots\right)$$
$$Y = \frac{L^2}{6R}\left(1 - \frac{L^2}{56R^2} + \frac{L^4}{7040R^4} - \frac{L^6}{1612800R^6} + \cdots\cdots\right) \qquad (12.49)$$

한편 클로소이드 설치에 필요한 기타 요소들은 다음 식으로 구한다.

편각 $\sigma = \tan^{-1}(Y/X)$

곡선 (AB)에 대한 현의 길이 $S = \sqrt{X^2 + Y^2} = \frac{X}{\cos\sigma} = \frac{Y}{\sin\sigma}$

원곡선이 X-축으로부터의 이동량 $\Delta R = Y - R(1 - \cos\tau)$

원곡선의 중심좌표 $X_M = X - R\sin\tau,\ Y_M = R + \Delta R$

장 접선장($\overline{\mathrm{AF}}$) $T_L = X - \frac{Y}{\tan\tau}$ (12.50)

단 접선장($\overline{\mathrm{BF}}$) $T_K = \frac{Y}{\sin\tau}$

법선의 길이($\overline{\mathrm{BD}}$) $N = \dfrac{(R+\Delta R)}{\cos\tau} - R$

법선 $\overline{\mathrm{BD}}$ 가 X-축에 투영된 길이($\overline{\mathrm{DE}}$) $V = Y\tan\tau$

기타 $U = Y/\tan\tau$, $T = X + V = T_L + U + V$

제 12 장

❷ 클로소이드 곡선의 종류

클로소이드는 직선, 클로소이드, 원곡선 등 선형요소의 조합 방법에 따라 기본형, S형, 철형(凸形), 난형(卵形), 복합형의 5가지가 있다.

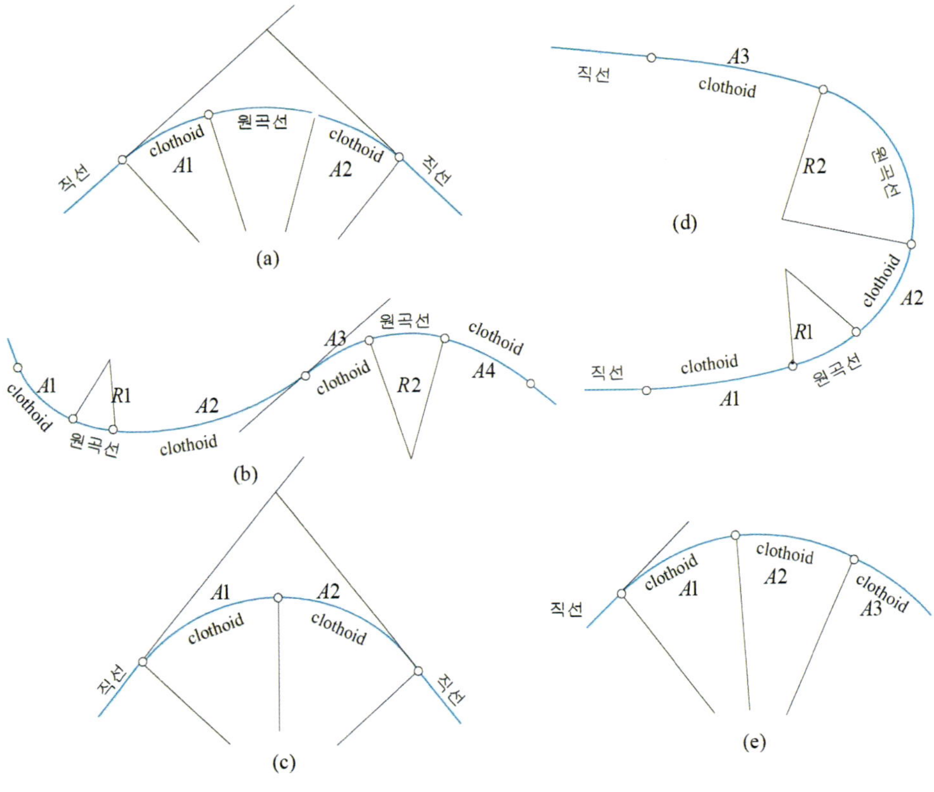

그림 12.23 클로소이드의 종류

기본형은 직선 - 제1 클로소이드(A_1) - 원곡선 - 제2 클로소이드(A_2) - 직선의 순서로 조합된 곡선으로 대칭의 경우($A_1 = A_2$)와 비대칭의 경우($A_1 \neq A_2$)가 있다(그림 12.23(a)). S형은 반대 방향에 중심이 있는 두 원호를 클로소이드로 연결한 형태로서 직선 - 제1 클로소이드(A_1) - 제1 원곡선(R_1) - 제2 클로소이드(A_2) - 제3 클로소이드(A_3)

- 제2 원곡선(R_2) - 제4 클로소이드(A_4) - 직선의 순서로 연결된다(그림 12.23(b)).

凸형 클로소이드는 두 개의 클로소이드를 곡률이 같은 한 점에서 서로 연결하는 것으로서 직선 - 제1 클로소이드(A_1) - 제2 클로소이드(A_2) - 직선의 순서로 연결하는 형태이다(그림 12.23(c)). 대칭의 경우($A_1 = A_2$)와 비대칭의 경우($A_1 \neq A_2$)가 있다.

난형(卵形) 클로소이드는 같은 방향에 중심이 있는 두 원호를 한 개의 클로소이드로 연결하는 것으로서 직선 - 제1 클로소이드(A_1) - 제1 원곡선(R_1) - 제2 클로소이드(A_2) - 제2 원곡선(R_2) - 제3 클로소이드(A_3) - 직선의 순서로 연결하는 형태이다(그림 12.23(d)). 복합형 클로소이드는 같은 방향에 중심이 있는 두 개 이상의 클로소이드를 곡률이 같은 점에서 연결하는 것으로서 직선 - 제1 클로소이드(A_1) - 제2 클로소이드(A_2) - 제3 클로소이드(A_3)······ - 직선의 순서로 연결되는 형태로 중간에 원곡선을 넣을 수도 있다(그림 12.23(e)).

❸ 클로소이드 곡선의 설치

클로소이드 곡선의 설치를 위해서는 원곡선의 설치에서와 같이 기본적으로 곡선의 시점, 종점, 교차점을 설치하고 구간거리 및 교각 I의 측정이 먼저 이루어져야 한다. 이어서 클로소이드에 필요한 2가지 기본요소 즉, 곡선장 L과 파라미터 A를 결정하고 이를 사용하여 클로소이드의 다른 요소들을 계산한다. 현장 측설은 먼저 곡선의 시점($KA_1 = BTC1$)과 종점($KA_2 = ETC$)을 설치하고 $KA_2(ETC)$의 접선방향을 설정하여야 한다. 다음은 기본형 클로소이드 곡선의 설치과정에 대한 설명이다(그림 12.24 참조).

① 주어지는 기본조건

곡선의 시점과 종점에 접하는 두 개의 접선이 이루는 각(교각) I, 제1 클로소이드와 제2 클로소이드 사이에 들어가는 원곡선의 반경 R, 제1 클로소이드의 파라미터 A_1, 제2 클로소이드의 파라미터 A_2.

② 클로소이드의 기본요소 계산

KA_1을 좌표계의 원점으로 할 때 R, A_1에 대하여 L_1, τ_1, σ_1, S_1, X_1, Y_1, ΔR_1을 계산한다.

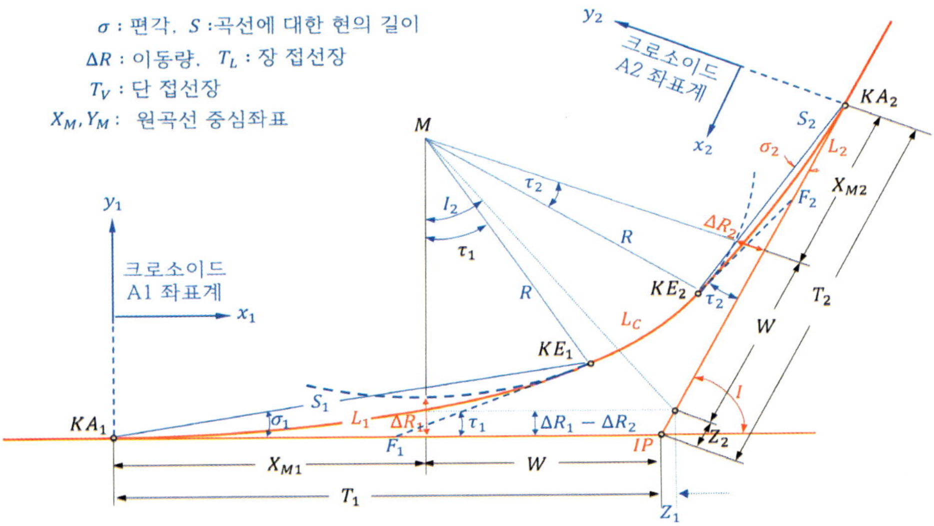

그림 12.24 기본형 클로소이드의 설치

KA_2를 좌표계의 원점으로 할 때 R, A_2에 대하여 $L_2, \tau_2, \sigma_2, S_2, X_2, Y_2, \Delta R_2$을 계산한다.

③ 주 접선장의 계산($A_1 > A_2$일 때)

$$
\begin{aligned}
&W = (R + \Delta R_2)\tan\left(\frac{I}{2}\right) \\
&Z_1 = \frac{(\Delta R_1 - \Delta R_2)}{\tan I}, \qquad Z_2 = \frac{(\Delta R_1 - \Delta R_2)}{\sin I}, \\
&T_1 = X_{M1} + W - Z_1, \qquad T_2 = X_{M2} + W + Z_2
\end{aligned}
\tag{12.51}
$$

④ 곡선길이의 계산

원곡선의 길이 $L_c = R(I - \tau_1 - \tau_2)$

클로소이드 곡선 전체의 길이 $CL = L_1 + L_c + L_2$

⑤ 현장측설 ($i = 1,2$)

(i) 교점 IP를 통과하는 두 접선 위에서 IP 점에서 각각 T_i만큼 떨어진 곳으로 클로소이드 곡선의 시점과 종점 KA_i를 결정한다.

(ii) $KA_i \rightarrow$ IP 직선에서 편각 σ_i만큼 떨어진 방향으로 직선을 만들고 이 직선에서

현의 길이 S_i 만큼 떨어진 점으로 원곡선의 시점과 종점 E_i를 결정한다. 그런 다음 KA_i 에서 IP 방향을 X_i −축으로 하고 이에 직각인 방향을 Y_i −축으로 하여 KE_i 의 좌표 값 X_i, Y_i를 계산한다.

제 12 장

예제 12.5 계산예제

곡선의 시점(BP)으로부터 교점(IP)까지 거리가 543.756 m이고 교각(I)이 48° 52′일 때 기본형 클로소이드 설치에 필요한 요소들을 구하라.(단, $R = 300\,\mathrm{m}$, $\mathrm{A}_1 = 250\,\mathrm{m}$, $\mathrm{A}_2 = 150\,\mathrm{m}$ 이다.)

풀이 (1) 제1 클로소이드의 계산

$$L_1 = \frac{A_1^2}{R} = \frac{250^2}{300} = 208.3333\,\mathrm{m}$$

$$X_1 = L_1\left(1 - \frac{L_1^2}{40R^2} + \frac{L_1^4}{3456R^4} + \cdots\right)$$

$$= 208.3333\left(1 - \frac{208.3333^2}{40 \times 300^2} + \frac{208.3333^4}{3456 \times 300^4} + \cdots\right) = 205.8356\,\mathrm{m}$$

$$Y_1 = \frac{L_1^2}{6R}\left(1 - \frac{L_1^2}{56R^2} + \frac{L_1^4}{7040R^4} + \cdots\right)$$

$$= \frac{208.3333^2}{6 \times 300}\left(1 - \frac{208.3333^2}{56 \times 300^2} + \frac{208.3333^4}{7040 \times 300^4} + \cdots\right) = 23.9058\,\mathrm{m}$$

$$\tau_1 = \frac{L_1}{2R} = \frac{208.3333}{2 \times 300} \times \frac{180°}{3.14159} = 19°\ 53'40''$$

$$\sigma_1 = \tan^{-1}\left(\frac{Y_1}{X_1}\right) = \tan^{-1}\left(\frac{23.9058}{205.8356}\right) = 6°\ 37'29''$$

$$\Delta R_1 = Y_1 - R(1 - \cos\tau_1) = 23.9058 - 300 \times \{1 - \cos(19°\ 53'40'')\}$$
$$= 6.0021\,\mathrm{m}$$

$$S_1 = \sqrt{X_1^2 + Y_1^2} = \sqrt{205.8356^2 + 23.9058^2} = 207.2192\,\mathrm{m}$$

$$X_{M1} = X_1 - R\sin\tau_1 = 205.8356 - 300 \times \sin(19°\ 53'40'') = 103.7491\,\mathrm{m}$$

$$Y_{M1} = R + \Delta R_1 = 300 + 6.0021 = 306.0021\,\mathrm{m}$$

(2) 제2 클로소이드의 계산

$$L_2 = \frac{A_2^2}{R} = \frac{150^2}{300} = 75.000\,\text{m}$$

$$X_2 = L_2\left(1 - \frac{L_2^2}{40R^2} + \frac{L_2^4}{3456R^4} + \cdots\right)$$

$$= 75.0\left(1 - \frac{75.0^2}{40\times300^2} + \frac{75.0^4}{3456\times300^4} + \cdots\right) = 74.8829\,\text{m}$$

$$Y_2 = \frac{L_2^2}{6R}\left(1 - \frac{L_2^2}{56R^2} + \frac{L_2^4}{7040R^4} + \cdots\right)$$

$$= \frac{75.0^2}{6\times300}\left(1 - \frac{75.0^2}{56\times300^2} + \frac{75.0^4}{7040\times300^4} + \cdots\right) = 3.1215\,\text{m}$$

$$\tau_2 = \frac{L_2}{2R} = \frac{75.0}{2\times300} \times \frac{180°}{3.14159} = 7°\ 09'43''$$

$$\sigma_2 = \tan^{-1}\left(\frac{Y_2}{X_2}\right) = \tan^{-1}\left(\frac{3.1215}{74.8829}\right) = 2°\ 23'13''$$

$$\Delta R_2 = Y_2 - R(1-\cos\tau_2) = 3.1215 - 300\times\{1-\cos(7°\ 09'43'')\}$$

$$= 0.7808\,\text{m}$$

$$S_2 = \sqrt{X_2^2 + Y_2^2} = \sqrt{74.8829^2 + 3.1215^2} = 74.9479\,\text{m}$$

$$X_{M2} = X_2 - R\sin\tau_2 = 74.8829 - 300\times\sin(7°\ 09'43'') = 37.4806\,\text{m}$$

$$Y_{M2} = R + \Delta R_2 = 300 + 0.7808 = 300.7808\,\text{m}$$

(3) 주 접선상의 계산($A_1 > A_2$)

$$W = (R + \Delta R_2)\tan\left(\frac{I}{2}\right) = (300 + 0.7808)\tan 24°\ 26'00''$$

$$= 136.6513\,\text{m}$$

$$Z_1 = (\Delta R_1 - \Delta R_2)/\tan I = 5.2213/\tan 48°\ 52' = 4.5602\,\text{m}$$

$$Z_2 = (\Delta R_1 - \Delta R_2)/\sin I = 5.2213/\sin 48°\ 52' = 6.9323\,\text{m}$$

$$T_1 = X_{M_1} + W - Z_1 = 235.8401\,\text{m}$$

$$T_2 = X_{M_2} + W - Z_2 = 181.0641\,\text{m}$$

(4) 원곡선의 길이계산

원곡선장 $L_c = R(I - \tau_1 - \tau_2)\cdot(\pi/180°)$

$$= 300\times21°\ 48'37''\times\pi/180° = 114.1983\,\text{m}$$

전 곡선장 $CL = L_1 + L_C + L_2 = 397.5316\,\text{m}$

(5) 완화곡선의 시점, 종점에 대한 추가거리의 계산

KA_1의 추가거리 = IP의 추가거리 − T_1

$$= 543.756 - 235.8403 = 307.9157\,\text{m}$$

$$\text{KE}_1\text{의 추가거리} = \text{KA}_1\text{의 추가거리} + L_1$$
$$= 307.9157 + 208.3333 = 516.2490\,\text{m}$$

$$\text{KE}_2\text{의 추가거리} = \text{KE}_1\text{의 추가거리} + L_C$$
$$= 516.2490 + 114.1983 = 630.4473\,\text{m}$$

$$\text{KA}_2\text{의 추가거리} = \text{KE}_2\text{ 의 추가거리} + L_2$$
$$= 630.4473 + 75.0000 = 705.4473\,\text{m}$$

제 12 장

④ 클로소이드의 중심말뚝의 설치

클로소이드 곡선은 그 종류에 따라 그 계산 방법이 다르며 계산 결과에 따른 현장 측설법도 다양하다. 클로소이드 곡선의 중심말뚝 설치 방법은 현장여건에 따라 여러 가지 방법이 있으며 여기에서 그 방법들에 대하여 설명하고자 한다.

(1) 직각좌표법

직각좌표법은 곡선의 시점(KA)을 원점으로 하고 주접선을 횡축(X축)으로 하여 횡축 상의 거리 x_i와 횡축에 직각인 방향으로의 거리(지거) y_i에 의하여 측설하는 것이다. 〈예제 12.6〉은 직각좌표법에 의한 클로소이드의 중심말뚝 설치 방법을 설명한 것이다.

예제 12.6 클로소이드의 파라미터 A =100, 원곡선의 반경 R=200, 클로소이드의 시점 KA = No.14 +5.215 m일 때 클로소이드 곡선상의 중심말뚝의 (x, y)좌표를 구하여라. 단, 중심말뚝 사이의 간격은 20 m 이다.

풀이 KA까지의 추가거리 = 20 × 14 + 5.215 = 285.215 m

$$\text{클로소이드 곡선장 } L = \frac{A^2}{R} = \frac{100^2}{200} = 50.0\,\text{m}$$

KE까지의 추가거리 = 285.215 + 50.000 = 335.215

중심말뚝 No. 15까지의 곡선장 : L_1 = 300 − 285.215 = 14.785 m

중심말뚝 No. 16까지의 곡선장 : L_2 = 320 − 285.215 = 34.785 m

X, Y 좌표계산

$$X_{15} = L\left(1 - \frac{L^2}{40R^2} + \frac{L^4}{3456R^4} + \cdots\right)$$
$$= 14.785\left(1 - \frac{14.785^2}{40 \times 200^2} + \frac{14.785^4}{3456 \times 200^4} + \cdots\right) = 14.7830\,\text{m}$$

$$Y_{15} = \frac{L^2}{6R}\left(1 - \frac{L^2}{56R^2} + \frac{L^4}{7040R^4} + \cdots\right)$$

$$= \frac{14.785^2}{6 \times 200}\left(1 - \frac{14.785^2}{56 \times 200^2} + \frac{14.785^4}{7040 \times 200^4} + \cdots\right) = 0.1822\,\text{m}$$

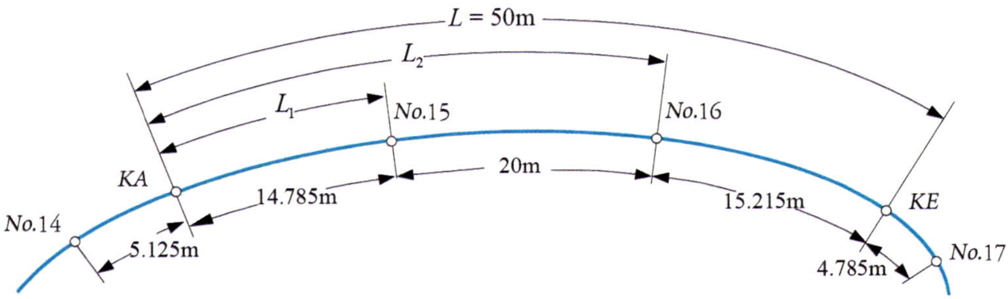

그림 12.25 직각좌표법

말뚝 No.16 및 KE에 대한 계산결과는 다음 표와 같다.

측 점	곡선장(m)	X 좌표(m)	Y 좌표(m)	편 각	동경(m)
No. 15	14.785	14.7830	0.1822	0° 42′22″	14.7849
No. 16	34.785	34.7723	0.7013	1° 09′20″	34.7793
KE	50.00	49.9219	2.0810	2° 23′13″	49.9653
측 설 법		좌 표 법		편각 동경법	

(2) 편각 동경법

원점(KA)으로부터 동경(動徑)(완화곡선의 시점으로부터의 현의 길이) S_i와 주접선으로부터의 편각 σ_i에 의하여 곡선상의 점을 측설하는 방법이다. 동경과 편각의 계산은 좌표법에 의한 x_i, y_i로부터 동경 $S_i = \sqrt{x_i^2 + y_i^2}$, 편각 $\sigma_i = \tan^{-1}(y_i/x_i)$에 의하여 구한다.

$$\sigma_{15} = \tan^{-1}\left(\frac{y}{x}\right) = \tan^{-1}\left(\frac{0.1822}{14.7848}\right) = 0°\ 42'22''$$

$$S_{15} = \sqrt{(x^2 + y^2)} = \sqrt{(14.7830^2 + 0.1822^2)} = 14.7841\,\text{m}$$

(3) 편각 현장법

원점(KA)에서 주 접선상으로부터의 편각 σ_i와 중심말뚝$(i+1)$까지의 현장 C_i를 사용하여 중심말뚝(i)를 측설하게 된다. 중심말뚝(i)와 다음 말뚝점$(i+1)$사이를 연결하는 현장 C_i는 좌표차를 이용하여 $C_i = \sqrt{(x_{i+1} - x_i)^2 + (y_{i+1} - y_i)^2}$ 로 구한다.

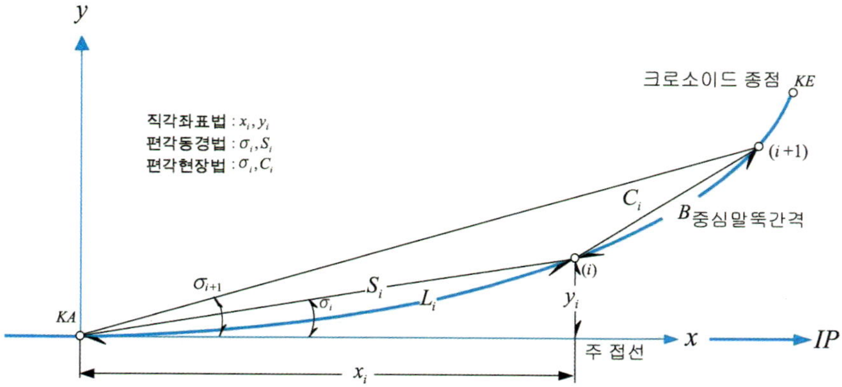

그림 12.26 편각 현장법

〈예제 12.7〉은 편각현장법(偏角弦長法)에 의한 중심말뚝 설치 예이다.

예제 12.7 클로소이드의 파라미터 A=150 m, 원곡선의 반경 R = 250 m, 클로소이드 곡선의 시점 KA=No.52 + 1.415 m, 중심말뚝 간격 B = 20 m일 경우, 중심말뚝들을 편각 현장법으로 측설하라.

풀이 곡선장 $L = \dfrac{A^2}{R} = \dfrac{150^2}{250} = 90\,\text{m}$

KA로부터 No. 53까지의 곡선장 = 20−1.415 = 18.585 m

다른 중심말뚝에 대한 계산 결과는 다음 표와 같다.

측점	L_i	x_i	y_i	σ_i	편각차 $\Delta\sigma_i$	C_i	구 간
No. 53	18.585	18.5849	0.0476	0° 08′48″	3° 17′24″	18.585	KA - No.53
No. 54	38.585	38.5808	0.4255	0° 37′55″	2° 48′17″	19.999	No.53 - No.54
No. 55	58.585	58.5509	1.4888	1° 27′24″	1° 58′48″	19.998	No.54 - No.55
No. 56	78.585	78.4371	3.5901	2° 37′14″	0° 48′58″	19.997	No.55 - No.56
KE	90.000	89.7088	5.3875	3° 26′12″	0° 0′ 0″	11.414	No.56 - KA

현장 측설에서는 KA(곡선시점)에 디오덜라이트를 설치하고 IP점을 기준으로 한 편각 σ_i와 KE를 기준으로 한 편각의 차이, 편각차 = KE의 편각 − 각 말뚝의 편각(σ_i)을

구한다. 측설 순서는 오차의 누적을 줄이기 위하여 먼 곳에 있는 말뚝으로부터 가까운 곳에 있는 말뚝의 순서로 설치한다. 즉 KA에 디오덜라이트를 세우고 말뚝 No. 56 방향으로 하여 KE로부터 11.414 m 되는 점에 No. 56을 측설한다. No. 56으로부터 19.997 m의 위치에 No.55를 측설한다.

(4) 현 지거법(弦支距法)

이 방법은 직선상의 2점 P_1, P_2를 연결한 현(Chord)과 이에 수직인 지거(offset)를 이용하여 측설하는 방법이다. 곡선상의 각 점(Q, Q_1, Q_2)의 좌표 (x, y)를 기지로 하고, 클로소이드 바깥의 곡선에도 적용한다.

측설방법은 먼저 $P_1(x_1, y_1)$과 $P_2(x_2, y_2)$를 연결하는 현이 x축에 기울어진 경사각을 구한다.

$$\phi = \tan^{-1}\left(\frac{y_2 - y_1}{x_2 - x_1}\right) \tag{12.52}$$

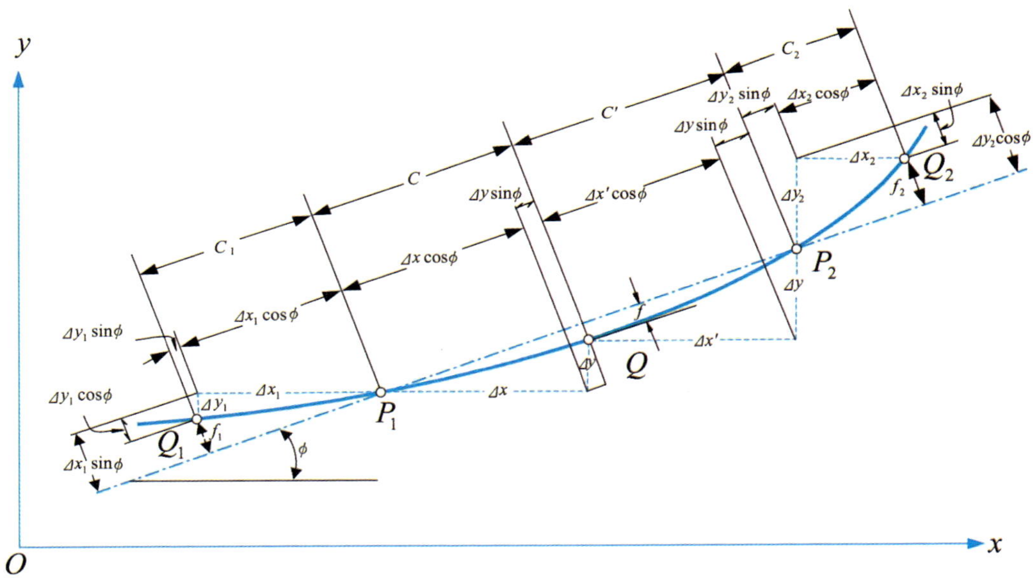

그림 12.27 현 지거법

다음에 구점(Q, Q_1, Q_2)들의 좌표(x, y)를 구하고 기지점 P_1, P_2의 좌표차 $(\Delta x, \Delta y), (\Delta x', \Delta y')$, $(\Delta x_1, \Delta y_1)(\Delta x_2, \Delta y_2)$를 구한다. 이어서 기지점 P로부터 구점 Q까지의 현에서의 거리 C를 다음 식으로 계산한다(그림 12.27 참조).

$$C = \Delta x \cdot \cos\phi + \Delta y \cdot \sin\phi \tag{12.53}$$

현장(弦長)으로부터의 지거(支距) f는 다음과 같이 계산한다.

$$P_1\text{을 기준으로 한 경우, } f = \Delta x \cdot \sin\phi - \Delta y \cdot \cos\phi$$
$$P_2\text{를 기준으로 한 경우, } f = -\Delta x \cdot \sin\phi + \Delta y \cdot \cos\phi$$

제 12 장

예제 12.8 클로소이드의 파라미터 A =100, 원점(KA)으로부터 P_1까지의 곡선장이 54.728 m, P_2까지 곡선장이 74.728 m이다. 곡선장 64.728 m인 Q점의 위치를 정하고 C와 f를 구하라. 또한 A =100에 대하여 곡선장 L의 크기에 따른 x, y 좌표를 구하라.

풀이 $\phi = \tan^{-1}\{(6.9164 - 2.7276)/(74.1475 - 54.6054)\} = 12.09814°$

$\Delta x = 64.4445 - 54.6054 = 9.8391\,\text{m}$

$\Delta y = 4.5057 - 2.7276 = 1.7781\,\text{m}$

$C = 9.993\,\text{m}$

$f = 0.324\,\text{m}$

L(m)	x (m)	y (m)
54.728	54.6054	2.7276
64.728	64.4445	4.5057
74.728	74.1475	6.9164

(5) 임의 접선 지거법

원점 KA으로부터 측설된 한 점 P를 이용하여 측설할 경우, 그 방법은 우선 기지점 P와 구점 (Q_1, Q_2)의 좌표를 계산하고 좌표차 (Δ_{x1}, Δ_{y1}), (Δ_{x2}, Δ_{y2})를 구한다. 이어서 P점의 접선각 τ와 장접선장 T_L을 구한다. 이어서 d와 f를 다음 식으로 계산한다.

$$\begin{aligned} d_1 &= \Delta x_1 \cdot \cos\tau + \Delta y_1 \cdot \sin\tau \\ f_1 &= \Delta x_1 \cdot \sin\tau - \Delta y_1 \cdot \cos\tau \\ d_2 &= \Delta x_2 \cdot \cos\tau + \Delta y_2 \cdot \sin\tau \\ f_2 &= -\Delta x_2 \cdot \sin\tau + \Delta y_2 \cdot \cos\tau \end{aligned} \qquad (12.54)$$

P점에서의 접선은 KA로부터 주 접선상의 거리 T_L만큼 F점을 설치하고 FP를 연결하여 데오돌라이트로 연결한다.

(6) 현각 현장법

중간점 P를 기준으로 구점 Q에 대한 현각 θ와 현장 C를 사용하여 측설하는 방법으로 우선 P, Q점의 좌표차$(\Delta x, \Delta y)$를 구하고 $C = \sqrt{\Delta x^2 + \Delta y^2}$, $\phi = \tan^{-1}\left(\frac{\Delta y}{\Delta x}\right)$, $\sigma = \tan^{-1}\left(\frac{y_p}{x_p}\right)$를 계산한다. P점에 데오돌라이트를 세우고 KA로부터 $\theta = 180° + \sigma - \phi$각을 Q방향을 정하고 그의 방향선상에 거리 C만큼 되는 곳에 Q점을 측설한다.

제 12 장

(7) 현 트래버스법

곡선상의 한 점에 디오덜라이트를 세우고 θ_i와 C_i $(i = 1,2,3,...)$에 의하여 측설한다. 장애물이 많은 경우와 시통이 잘되지 않을 때 사용하는 방법으로 그 설치 방법은 다음과 같다.

우선 각 점의 좌표값으로부터 인접한 점들의 좌표 차이 $(\Delta x, \Delta y)$를 구한다. 이어서 현장 $C = \sqrt{\Delta x^2 + \Delta y^2}$, 경사각 $\phi_i = \tan^{-1}\left(\frac{\Delta y_{i+1}}{\Delta x_{i+1}}\right)$, $\theta_i = 180° + \phi_{i-1} - \phi_i$에 의한 사이각과 현장으로부터 곡선을 설치하는 방법이다.

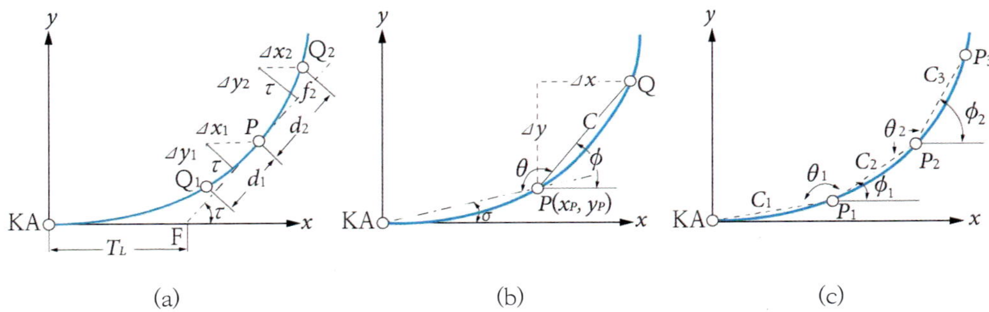

그림 12.28 임의접선 지거법(a), 현각현장법(b), 현트래버스법(c)

12.5.5 좌표법에 의한 완화곡선의 설치

원곡선(圓曲線)의 설치에서 설명한 것과 같이 좌표법에 의한 곡선의 설치는 노선의 중심선 상에 있는 기지점 $P(X_P, Y_P)$로부터 구점 $Q(X_Q, Y_Q)$까지의 거리 C와 방향각 α를 이용하여 〈식 12.50〉으로 계산하며 다른 모든 점에 대하여 순차적으로 계산한다.

$$X_Q = X_P + C \cdot \cos\alpha$$
$$Y_Q = Y_P + C \cdot \sin\alpha \tag{12.55}$$

그러나 앞에서 설명한 것과 같이 클로소이드 설치에서는 모든 곡선에 따라 곡선의 시점을 원점으로 하고 주접선 방향을 x축으로 하는 독립된 지역좌표계(地域座標系)를 사용하기 때문에 이같이 계산된 모든 좌표는 하나의 통일된 좌표계, 즉 국가좌표계로의 변환이 이루어지어야 한다. 좌표변환은 〈식 12.56〉과 같은 등각변환공식(等角變換公式, conformal transformation)을 사용한다.

제 12 장

$$\begin{bmatrix} X \\ Y \end{bmatrix} = \begin{bmatrix} \cos\alpha & -\sin\alpha \\ \sin\alpha & \cos\alpha \end{bmatrix} \begin{bmatrix} x \\ y \end{bmatrix} + \begin{bmatrix} X_0 \\ Y_0 \end{bmatrix}$$

또는 (12.56)

$$X = x \cdot \cos\alpha - y \cdot \sin\alpha + X_0$$
$$Y = x \cdot \sin\alpha + y \cdot \cos\alpha + Y_0$$

〈그림 12.29〉에서 보는 바와 같이 (X, Y)는 국가좌표계로 나타낸 P점의 좌표이고 $(x.y)$는 지역좌표계의 P점의 좌표를 나타낸다.

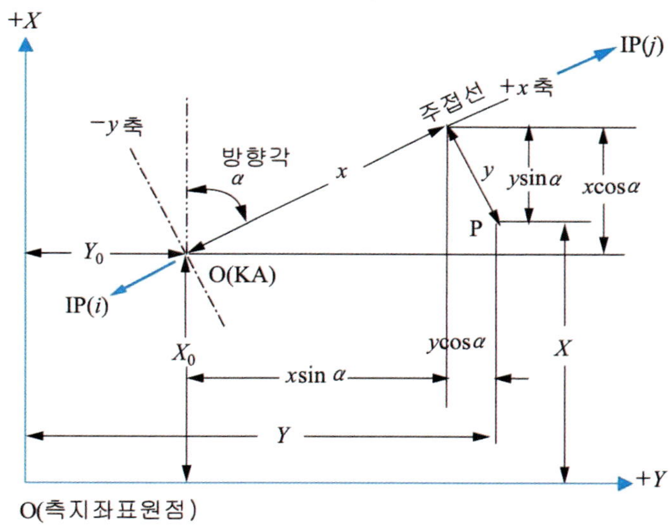

그림 12.29 국가좌표계와 지역좌표계

대부분의 측량 소프트웨어에서는 IP점에 대한 좌표와 완화구간에 대한 A_1, A_2 및 중앙의 원곡선 반경 R을 입력하고 출발시점의 말뚝 거리와 말뚝 간격 및 좌우의 노선폭 등을 입력하면 내부 계산에 의하여 교각, 방위각, 편각, 말뚝과 노폭점에 대한 좌표가 산출되고 그 결과가 CAD형의 화면으로 출력된다. 이어서 기계점과 후시점에 의한 기계표정 자료만 입력하면 말뚝 번호에 의하여 자동으로 내각과 거리가 산출된

제 12 장

다. 이 내각과 거리에 의하여 중심말뚝의 현장 측설을 할 수 있다. 좌표산출에 의하여 노선을 설치할 경우 지역좌표계의 원점이동과 축의 회전요소를 구하여 국가좌표로 산출하여 GPS나 CG(Computer Graphic) 평판으로 직접 측량자가 측점을 확인하면서 측설할 수 있다. 좌표계산은 일반적으로 직선부인 노선의 시점(BP)에서 시작되며 이 직선과 다음 IP점에 의한 방위각이 산출된다. 곡선부에서는 곡선의 시점부에 대한 방위각과 곡선장에 의한 누적거리로부터 편각이 산출된다. 이 편각을 곡선의 시점방위각에 가감하여 계속 누적함으로써 곡선의 종점부에 대한 방위각과 현장이 산출된다.

이같이 계산된 현장과 방위각을 이용하여 각 중심말뚝의 좌표를 산출한다. 다음의 예제를 통하여 상세하게 알아보기로 한다.

예제 12.9 계산예제

풀이 ① 〈그림 12.30〉에서 IP1을 중심으로 하는 기본형 클로소이드의 제원과 BP, IP의 좌표가 다음 표와 같다고 하자($A_1 = 250\,\mathrm{m}$, $A_2 = 150\,\mathrm{m}$, $R = 300\,\mathrm{m}$).

구 분	X(m)	Y(m)	dX, dY
BP	1532.451	3968.756	ΔX=208.503 ΔY=502.192
IP_1	1740.954	4470.948	
IP_2	2293.029	4656.589	ΔX=552.075 ΔY=185.641

② 기준선의 길이, 방향각, 교점의 교각 계산

거리 $L = \sqrt{\Delta x^2 + \Delta y^2}$ 방향각 $\alpha = \tan^{-1}(\Delta Y / \Delta X)$

$$(BP) \sim (IP_1) = \sqrt{208.503^2 + 502.192^2} = 543.7557\,\mathrm{m}$$

$$(IP_1) \sim (IP_2) = \sqrt{552.075^2 + 185.641^2} = 582.4511\,\mathrm{m}$$

$$\alpha_1 = \tan^{-1}\left(\frac{502.192}{208.503}\right) = 67.452468°,$$

$$\alpha_2 = \tan^{-1}\left(\frac{185.641}{552.075}\right) = 18.585757°$$

IP1에서의 교각 $I = \alpha_1 - \alpha_2 = 48.866711° = 48°\ 52'$

③ 추가거리 및 곡선장의 계산

(BP)~(IP_1)=543.765 m, $I = 48°52'$, $A_1 = 250\mathrm{m}$, $A_2 = 150\,\mathrm{m}$, $R = 300\,\mathrm{m}$에 대한 것은 이미 앞장의 〈예제 12.5〉에서 계산하였다. 따라서 클로소이드 곡선의 길이와 원곡선의 길이, 주접선장 및 BP로부터의 거리 계산은 생략하고 〈예제 12.5〉의 계산결과를 사용토록 한다.

중심말뚝의 간격은 20 m로 한다. 다음의 계산은 BP로부터 매 100 m의 말뚝에 대한 계산이며 그 결과는 다음과 같다.

측 점	BP로부터의 추가거리(m)	
NO.5	100.0000	직선구간
NO.10	200.0000	
NO.15	300.0000	
KA_1	307.9157	clothoid A_1
NO.20	400.0000	
NO.25	500.0000	
KE_1	516.2490	원곡선
NO.30	600.0000	
KE_2	630.4473	clothoid A_2
NO.35	700.0000	
KA_2	705.4473	직선구간
NO.40	800.0000	

측 점	KA_1으로부터의 곡선장(m)
NO.20	92.0843
NO.25	192.0843
KE_1	208.3333

측 점	KA_2로부터의 곡선장(m)
NO.35	5.4473
KE_2	75.0000

NO.30의 원곡선의 길이(m)
KE1으로부터 : 83.7510 m
KE2로부터 : 30.4473 m

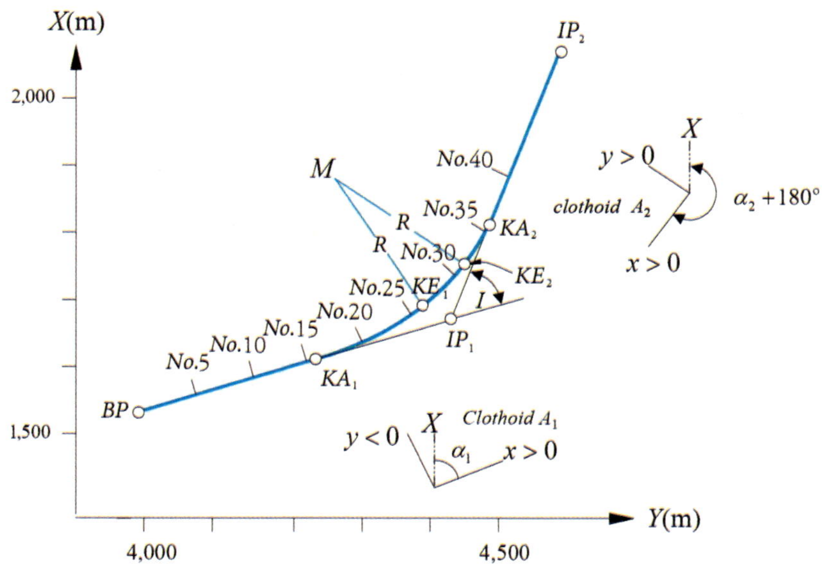

그림 12.30 좌표법에 의한 완화곡선의 설치

④ 클로소이드 좌표계에 의한 좌표계산

곡선의 시점 KA(BTC)을 원점으로 하고 x축을 주 접선으로 하는 클로소이드 좌표계에 의하여 위의 곡선장에 해당하는 각 점의 좌표를 클로소이드 공식을 이용하여 구한다.

$A_1 = 250\,\text{m}$

측점	곡선장(m)	X(m)	Y(m)
No.20	92.0843	92.0419	2.0815
No.25	192.0843	190.4175	18.7820
KE_1	208.3333	205.8356	23.9058

$A_2 = 150\,\text{m}$

측점	곡선장(m)	X(m)	Y(m)
No.35	5.4473	5.4473	0.0012
KE_2	75.0000	74.8829	3.1215

⑤ 원곡선상의 좌표

KE에서 No.30까지의 원호길이 L로부터 중심각 $\theta = \dfrac{L}{R}^{radian} = \dfrac{L}{R} \cdot \dfrac{180°}{\pi}$와 현장 $C = 2R \cdot \sin\left(\dfrac{\theta}{2}\right)$를 구한다.

R = 300 m	원호길이(L)	중심각($\theta°$)	현장(m)
KE_1 기준	83.7510	15.995263	83.4793
KE_2 기준	30.4473	5.815006	30.4342

KE의 접선각 $(\tau) = L/2R$

KE_1의 접선각 (τ_1) = 208.333/(2×300)= 0.3472222^{Rad} = 19.894386°

KE_2의 접선각 (τ_2) = 75/(2×300) = 0.125^{Rad} = 7.161972°

원곡선상의 좌표계산(중심각 θ, 현장 C)

$$x = X_E + C \cdot \cos\left(\tau + \frac{\theta}{2}\right)$$

$$y = Y_E + C \cdot \sin\left(\tau + \frac{\theta}{2}\right)$$

기준	X_E	Y_E	τ	θ	C	x	y
KE_1	205.8356	23.9058	19.894368	15.995263	83.4793	279.6172	62.9571
KE_2	74.8829	3.1215	7.161972	5.815006	30.4342	104.8488	8.4427

⑥ 국가좌표계로의 변환

◆ 직선 구간의 변환 BP~KA_1(측선 방향각 α_1 = 67.452468°)

$x = L \cdot \cos\alpha_1 + X_0$　　　$X_0 = 1532.451$

$y = L \cdot \sin\alpha_1 + Y_0$　　　$Y_0 = 3968.756$

측 점	BP로부터 거리(m)	X(m)	Y(m)
No. 5	100.0000	1570.7960	4061.1120
No.10	200.0000	1609.1410	4153.4680
No.15	300.0000	1647.4860	4245.8250
KA_1	307.9157	1650.5212	4253.1352

KA_2 ~No.40(IP1을 기준으로 계산)

$\alpha_2 = 18.585757°$　　$X_0 = 1740.954\,\text{m}$　　$Y_0 = 4470.948\,\text{m}$

측 점	IP_1에서의 거리	X(m)	Y(m)
KA_2	181.0644	1912.5755	4528.6575
No.40	275.6171	2002.1970	4558.7940

앞 절의 예제로부터 $T_2 = 181.0644\,\text{m}$

$181.0644 + (800 - 705.4473) = 275.6171\,\text{m}$

◆ 곡선구간의 변환 KA_1 ~No.30

KA_1의 좌표 : $X_0 = 1650.5212\,\text{m}$　$Y_0 = 4253.1352\,\text{m}$

$$X\text{축의 방향각 } \alpha_1 = 67.452468°$$

$$X = x \cdot \cos\alpha - y \cdot \sin\alpha + X_0$$

$$Y = x \cdot \sin\alpha + y \cdot \cos\alpha + Y_0$$

다음 표는 클로소이드의 좌표를 국가좌표로 변환한 결과이다.

측점	클로소이드 A_1 좌표계		국가좌표계	
	x(m)	y(m)	X(m)	Y(m)
No.20	92.0419	- 2.0815	1687.737	4337.343
No.25	190.4175	-18.7820	1740.883	4421.796
KE_1	205.8356	-23.9058	1751.527	4434.070
No.30	279.6172	-62.9579	1815.886	4487.238

좌표변환 공식을 사용할 때 클로소이드 좌표계의 원점이 곡선의 시작점(KA)이 되며 이로부터 교점 IP방향이 x축이 되고 x축의 우회전 90° 방향을 $+y$축으로 한다.

KA_2 ~No.30

KA_2의 좌표 : $X_0 = 1912.5755\,\mathrm{m}$, $Y_0 = 4528.6575\,\mathrm{m}$

x축의 방향각 : $\alpha_2{}' = \alpha_2 + 180° = 198.585757°$

측점	클로소이드 A_2 좌표계		국가좌표계	
	x(m)	y(m)	X(m)	Y(m)
No.35	5.4473	0.0012	1907.413	4526.920
KE2	74.8829	3.1215	1842.593	4501.832
No.30	104.8483	8.4427	1815.886	4487.237

◆ 원곡선의 중심점 M의 좌표계산

구분	클로소이드 원점		X축 방향각	앞의 예제로부터 $Y_M = R + \Delta R$		국가 좌표	
	X_0(m)	Y_0(m)	$\alpha°$	$X_{M(m)}$	$Y_{M(m)}$	X(m)	Y(m)
A_1	1650.5212	4253.1352	67.452468	103.7491	-306.0021	1972.916	4231.618
A_2	1912.5755	4528.6575	198.585757	37.4806	300.7808	1972.916	4231.617

▶ 이 예제에서의 국가좌표의 좌표값은 우리나라의 평면 직각좌표계에 의한 좌표값을 의미하지는 않는다.

12.6 종단곡선

수평곡선에서와 같이 종단경사가 급격히 변하는 곳에 급격한 방향전환으로 인한 충격을 없애고 원활한 주행을 위하여 종단면에 설치하는 곡선을 종단곡선(縱斷曲線, vertical curve)이라 한다. 일반적으로 종단곡선은 포물선을 사용한다. 포물선은 그 특성상 일정한 비율로 변하기 때문에 종단곡선으로 가장 이상적인 곡선이라 할 수 있다.

〈그림 12.31〉은 곡선의 시점(始點) A와 종점(終點) B에서의 접선이 V에서 교차하는 포물선이며 시점에서의 접선의 기울기는 i_1(%), 종점에서의 기울기는 i_2(%)이다. 또한 V에서 A와 B에 이르는 수평거리가 같으므로($\overline{PA} = \overline{QB}$) 등거리접선 곡선(等距離接線 曲線, equal tangent curve)이라 부르기도 한다.

12.6.1 종단곡선의 기본공식

포물선의 일반식은 다음과 같다.

$$y = ax^2 + bx + c \tag{12.57}$$

〈그림 12.31〉과 〈식 12.57〉에서

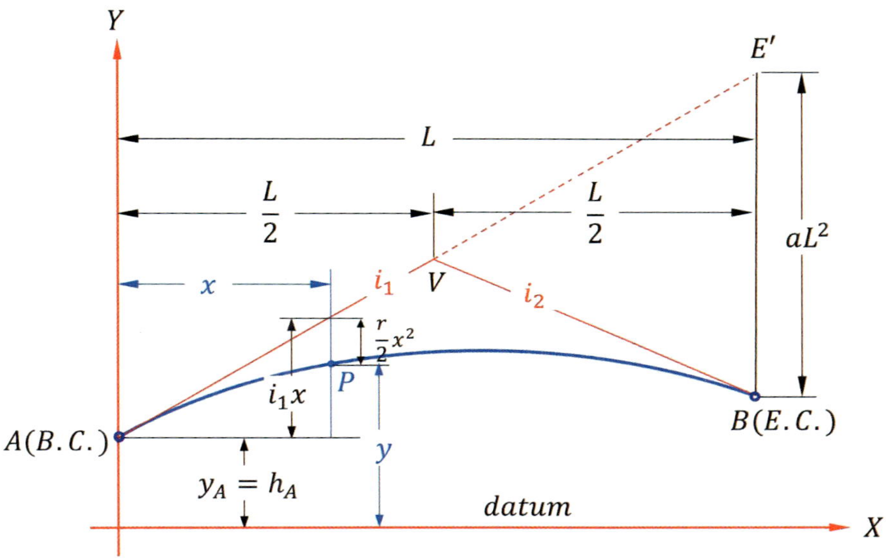

그림 12.31 종단곡선

$x = 0$ 일 때 $y = c = h_A$ (h_A 는 A의 표고)

$$\therefore\ c = h_A$$

〈식 12.57〉을 x 에 관하여 미분하면

$$\frac{dy}{dx} = 2x + b \tag{12.58}$$

$$x = 0 \text{일 때} \quad \frac{dy}{dx} = b = i_1$$

〈식 12.58〉을 x 에 관하여 미분하면

$$\frac{d^2y}{dx^2} = 2a \tag{12.59}$$

〈식 12.59〉에서 2차 미분값 $\frac{d^2y}{dx^2}$은 기울기의 변화율이며 그 값이 일정함을 알 수 있다. 이것은 종단곡선으로 포물선이 가장 이상적인 곡선임을 의미한다.

그런데 〈그림 12.31〉에서 곡선은 곡선의 길이 L에 걸쳐 기울기가 i_1에서 i_2로 변하기 때문에 〈식 12.54〉는 다음과 같이 쓸 수 있다.

$$\frac{d^2y}{dx^2} = \frac{i_2 - i_1}{L} = 2a$$

$$\therefore\ a = \frac{i_2 - i_1}{2L}$$

따라서 〈식 12.57〉의 포물선의 방정식은 다음과 같이 쓸 수 있다.

$$y = \left(\frac{i_2 - i_1}{2L}\right)x^2 + i_1 x + h_A \tag{12.60}$$

등거리접선 포물선에서 기울기의 변화율 r은 곡선시점(B.C.)에서 종점(E.C.)까지 변화된 총 기울기를 거리 L로 나눈 것과 같다. 즉

$$r = \frac{i_2 - i_1}{L} \tag{12.61}$$

기울기 변화율 r은 종단곡선의 설계에서 매우 중요한 요소이며 볼록곡선에서는 "−", 오목곡선에서는 "+"부호를 가진다.

〈식 12.61〉을 〈식 12.60〉에 대입하면

$$y = y_{BC} + i_1 x + \left(\frac{r}{2}\right)x^2 \tag{12.62}$$

〈식 12.62〉는 마지막 항 $\left(\frac{r}{2}\right)x^2$이 접선(후방)으로부터 곡선에 이르는 연직거리(접선편거)이므로 접선편거 방정식(tangent offset equation)이라 부른다.

12.6.2 접선편거에 의한 종단곡선의 계산

제 12 장

종단곡선의 설치는 접선의 기울기와 위치가 먼저 결정되고 접선의 교점 V가 정해진다. 그런 다음 두 접선을 연결하는 종단곡선이 정해진다. 종단곡선의 설계에서는 곡선의 길이 L을 먼저 선택하고 꼭지점 V로부터 수평거리 $\frac{L}{2}$ 되는 지점에 곡선의 시점(B.C.)으로 하고 곡선의 종점 E.C.는 곡선의 시점에 L을 더하여 결정한다. 중심갈뚝은 보통 40 m 간격으로 설치한다. 다음은 종단곡선의 설치 예이다.

예제 12.10 계산예제

두 접선의 기울기가 각각 $i_1 = -3.629\%$, $i_2 = +0.151\%$ 이고 꼭지점의 위치는 $5+265.00$, 꼭지점의 표고는 350.520 m 이다. 곡선길이 240 m의 등접선거리 포물선을 설치하여라. 중심말뚝은 40 m간격으로 설치하고자 한다. 중심말뚝의 위치와 표고를 계산하여라.

풀이 〈식 12.61〉로부터

$$r = \frac{0.151 + 3.629}{2.4} = 1.575$$

따라서 포물선의 방정식은

$$y = y_{BC} + i_1 x + \left(\frac{r}{2}\right)x^2 = 350.520 - 3.629\,x + 0.7875\,x^2$$

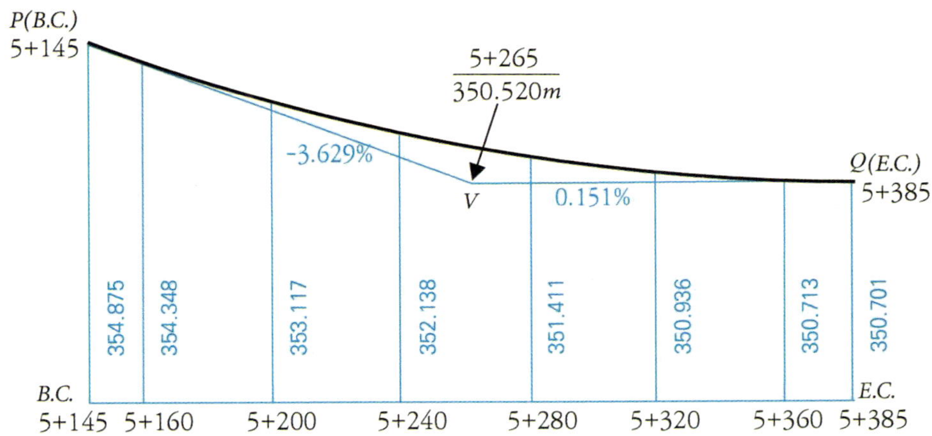

말뚝위치	$x\left(\frac{m}{100}\right)$	i_1x	$\frac{rx^2}{2}$	표고	$\frac{dy}{dx}$	$\frac{d^2y}{dx^2}$
5+385(EC)	2.400	-8.710	4.536	350.701		
5+360	2.150	-7.802	3.640	350.713	-0.223	0.252
5+320	1.750	-6.351	2.412	350.936	-0.475	0.252
5+280	1.350	-4.899	1.435	351.411	-0.727	0.252
5+240	0.950	-3.448	0.711	352.138	-0.979	0.252
5+200	0.550	-1.996	0.238	353.117	-1.232	
5+160	0.150	-0.544	0.018	354.348		
5+145	0.000	0.000	0.000	354.875		

검산 $E.C.$ = 꼭지점의 표고 $- i_2\left(\frac{L}{2}\right) = 350.520 + \left(0.151 \times \frac{120}{100}\right) = 350.701\,\text{m}$

말뚝위치 VI(꼭지점) = 5 + 265

$-\frac{L}{2}$ = 5 + 120

B.C.점 = 5 + 240

$+L$ = 5 + 240

E.C.점 = 5 + 385

B.C.의 표고 $= 350.520 + 3.629\left(\frac{120}{100}\right) = 354.875$

Chapter 13
면적 · 체적측량

출처: 가수 김장훈 블로그

13.1 개 요

일정한 토지를 둘러싼 경계선의 면적은 지적측량과 같이 소유권을 표시하는데 필요한 토지의 크기를 제공하거나 저수지의 저수용량의 계산, 토목공사에 필요한 토공량의 계산 등에 사용한다. 토지측량에서의 토지의 면적은 지표면의 면적을 일정한 기준면 위에 정사투영한 면적을 말하며 단순한 표면적과는 다르다. 토지의 면적을 구할 때 토지의 경계선이 트래버스 선과 일치하면 이 경계선을 따라 트래버스 망을 구성하며 경계선이 불규칙한 곡선으로 되어 있거나 직접측량이 불가능할 때는 적절한 각과 측선을 사용하여 트래버스를 형성한다. 직선으로 형성된 경계선들의 거리와 각은 직접측정 또는 계산으로 구할 수 있으나 불규칙한 경계선으로 형성된 토지의 면적은 적절한 간격의 지거(offset)를 사용하여 트래버스를 형성하고 동시에 원형 경계선의 반경과 중심각을 측정하여 면적을 구한다.

면적을 측정하는 방법은 현장측정에 의한 직접측정과 지도상에서 계산하는 간접측정이 있다. 직접측정방법에는 ① 삼각형, 사각형, 사다리꼴 등으로 구분하는 방법 ② 지거에 의한 방법 ③ 좌표에 의한 방법 ④ 배횡거(倍橫距)에 의한 방법 등이 있으며 간접측정 방법에는 ① 방안지(方眼紙)에 의한 방법 ② 좌표 독취기에 의한 방법 ③ 구적기에 의한 방법 등이 있다.

13.2 삼각형에 의한 면적계산

이 방법은 면적을 구하고자 하는 토지를 삼각형, 사각형, 사다리꼴 등과 같은 간단한 기하학적 도형으로 구분하고 이들의 각과 변을 측정하여 토지의 면적을 구하는 방법이다.

평면 삼각형에서 두 변의 길이 a,b와 그 낀 각 C를 알고 있으면 삼각형의 면적 A는

$$A = \frac{1}{2} a b \sin C \tag{13.1}$$

밑변의 길이 a와 높이 h를 알고 있으면 면적 A는

$$A = \frac{1}{2} a h \tag{13.2}$$

3변의 길이 a, b, c를 알고 있으면 면적 A는

$$A = \sqrt{s(s-a)(s-b)(s-c)}\,, \qquad s = \frac{1}{2}(a+b+c) \tag{13.3}$$

으로 구할 수 있다.

13.3 지거에 의한 면적계산

하천이나 도로의 경계와 같이 경계가 불규칙한 토지의 면적을 구하고자 할 때는 토지의 경계선 부근에 적절한 트래버스 망을 형성하고 트래버스의 한 측선으로부터 지거를 측정하여 면적을 계산한다. 〈그림 13.1〉은 대표적인 경우로서 직선 $\overline{\mathrm{AB}}$는 트래버스 망의 한 측선을 표시하며 $\mathrm{aa'bb', cc'} \cdots$ 는 측선 $\overline{\mathrm{AB}}$로부터의 지거를 나타낸다.

따라서 전 지역의 면적을 구하기 위해서는 지거 $\mathrm{aa'bb', cc'} \cdots$ 와 측선 $\overline{\mathrm{AB}}$에 따라 거리 $\mathrm{Aa, Ab, Ac,} \cdots$ 등을 구하여야 한다.

$\mathrm{a'} \sim \mathrm{f'}$ 구간과 같이 경계선이 불규칙한 경우는 선의 방향이 변하는 곳에서 지거를 취한다. 이 경우에서 지거의 간격은 일정하지 않다. $\mathrm{f'} \sim \mathrm{g'}$ 구간과 같이 직선일 경우에는 끝에서만 지거를 취한다. 구간 $\mathrm{g'} \sim \mathrm{m'}$와 같이 경계선이 점진적인 곡선을 이룰

때는 지거의 간격을 보통 같게 한다. 만일 지거의 간격이 충분히 짧은 경우에는 그 구간을 직선으로 보아 계산하여도 면적에는 큰 차이가 없다. 이러한 사실을 인정할

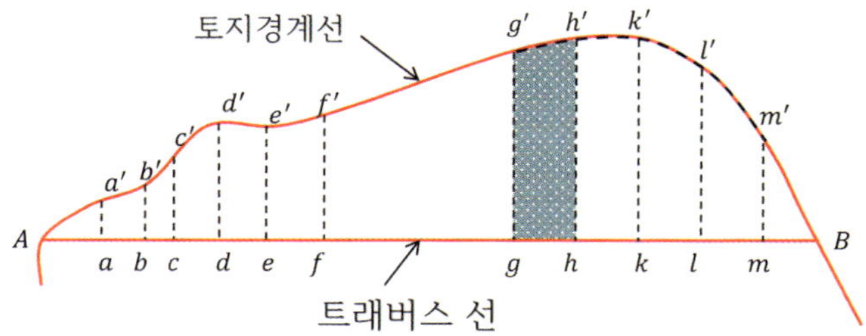

그림 13.1 불규칙한 경계선

경우 〈그림 13.1〉에서 점선으로 표시된 부분은 지거 $g'h', h'k', k'l', \cdots$ 등으로 만들어지는 사다리꼴로 생각하여 면적을 계산한다. 이러한 계산법을 **사다리꼴 법칙**이라 한다. 한편 경계선이 어떤 특정한 곡선의 형태여서 직선보다는 포물선으로 생각하는 것이 더 적절한 경우에는 **심프손 ⅓법칙(또는 ⅓법칙)**을 사용한다.

13.3.1 사다리꼴 법칙

〈그림 13.2〉에서 CD는 트래버스의 한 측선 AB구간 안에 있는 불규칙한 경계선의 한 부분을 표시한 것으로 $h_1, h_2, h_3, \cdots, h_n$ 은 경계선으로부터 측선 AB에 내린 지거를 표시한다. 만일 지거의 간격이 등 간격이라 하면 면적 A는 사다리꼴 법칙에 따라 다음과 같다.

$$\begin{aligned} A &= \left(\frac{h_1 + h_2}{2}\right)d + \left(\frac{h_2 + h_3}{2}\right)d + \cdots\cdots + \left(\frac{h_{n-1} + h_n}{2}\right)d \\ &= d\left(\frac{h_1 + h_n}{2} + h_2 + h_3 + \cdots\cdots + h_{n-1}\right) \end{aligned} \tag{13.4}$$

13.3.2 심프손 ⅓ 법칙

〈그림 13.3〉에서 AB는 트래버스의 한 측선이며 DFC는 토지경계선의 한 부분으로 포물선이고 h_1, h_2, h_3 는 트래버스의 한 측선으로부터 경계선에 내린 3개의 연속된 지거를 표시하며 지거의 간격은 등 간격이다. 이때 곡선과 트래버스 선으로 둘러싸인 면적은 사다리꼴 ABCD의 면적과 포물선 DFC와 현 CD로 형성되는 부채꼴

CDFC의 면적을 합한 것과 같다. 그런데 포물선의 성질로부터 CDFC와 같은 부채꼴의 면적은 사변형(四邊形) CDEG 면적의 ⅔와 같으므로 그림과 같이 구간(區間) $2d$ 안에서 트래버스의 한 측선과 곡선으로 둘러싸인 면적은 다음과 같다.

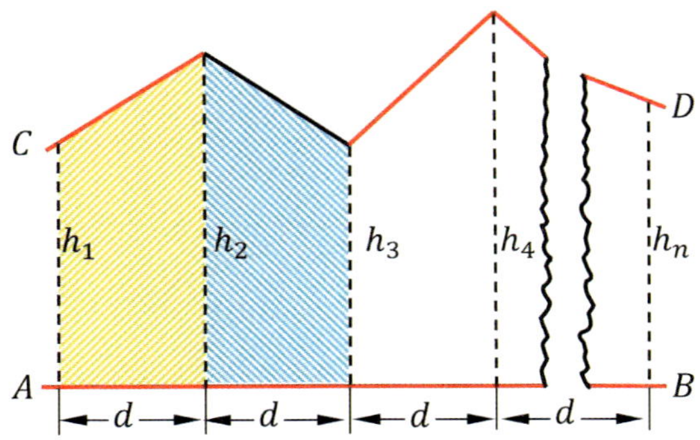

그림 13.2 사다리꼴 법칙

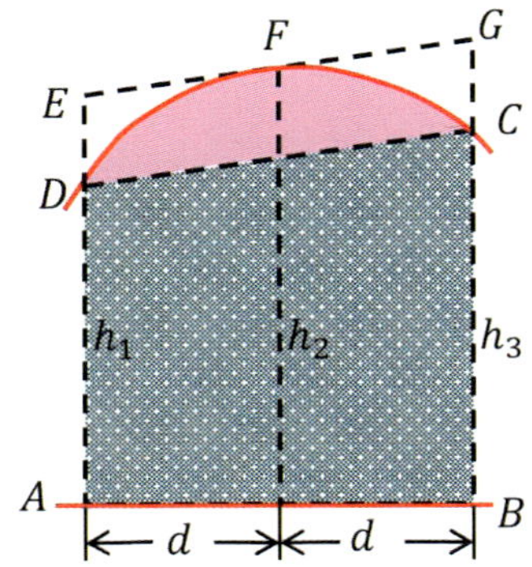

그림 13.3 심프손 법칙

$$A_{1,2} = \left(\frac{h_1 + h_3}{2}\right)2d + \left(h_2 - \frac{h_1 + h_3}{2}\right)2d\left(\frac{2}{3}\right)$$
$$= \frac{d}{3}(h_1 + 4h_2 + h_3) \tag{13.5}$$

같은 방법으로 다음 두 개의 간격에 대해서는

$$A_{3,4} = \frac{d}{3}(h_3 + 4h_4 + h_5) \tag{13.6}$$

이와 같은 방법으로 구간 $(n-1)$까지 합하면 전체의 면적 A가 구해진다. 즉

$$A = \frac{d}{3}[h_1 + h_n + 2(h_3 + h_5 + h_7 + \cdots + h_{(n-2)})$$
$$+ 4(h_2 + h_4 + h_6 + \cdots + h_{(n-1)})] \tag{13.7}$$

예제 13.1 지거의 간격이 5 m이고 각 지거의 크기가 $h_1 = 3.2$ m, $h_2 = 10.4$ m, $h_3 = 12.8$ m, $h_4 = 11.2$ m, $h_5 = 4.4$ m 이다. 사다리꼴 법칙 및 심프손 법칙에 따라 면적을 구하라.

풀이 사다리꼴 법칙 $A = 5\left(\frac{3.2 + 4.4}{2} + 10.4 + 12.8 + 11.2\right) = 191\,\mathrm{m}^2$

심프손 법칙 $A = \frac{5}{3}[3.2 + 4.4 + 4(10.4 + 11.2) + 2 \times 12.8] = 199\,\mathrm{m}^2$

13.4 | 좌표에 의한 면적계산

〈그림 13.4〉에서 각 측점의 좌표를 $\mathrm{A}(x_1, y_1)$, $\mathrm{B}(x_2, y_2)$, $\mathrm{C}(x_3, y_3)$, $\mathrm{D}(x_4, y_4)$라 할 때 다각형 ABCD의 면적 A는 다각형 A′ADCC′의 면적에서 다각형 A′ABCC′의 면적을 빼면 된다.

그런데

다각형 A′ADCC′ = 다각형 C′CDD′ + 다각형 D′DAA′
다각형 A′ABCC′ = 다각형 C′CBB′ + 다각형 B′BAA′

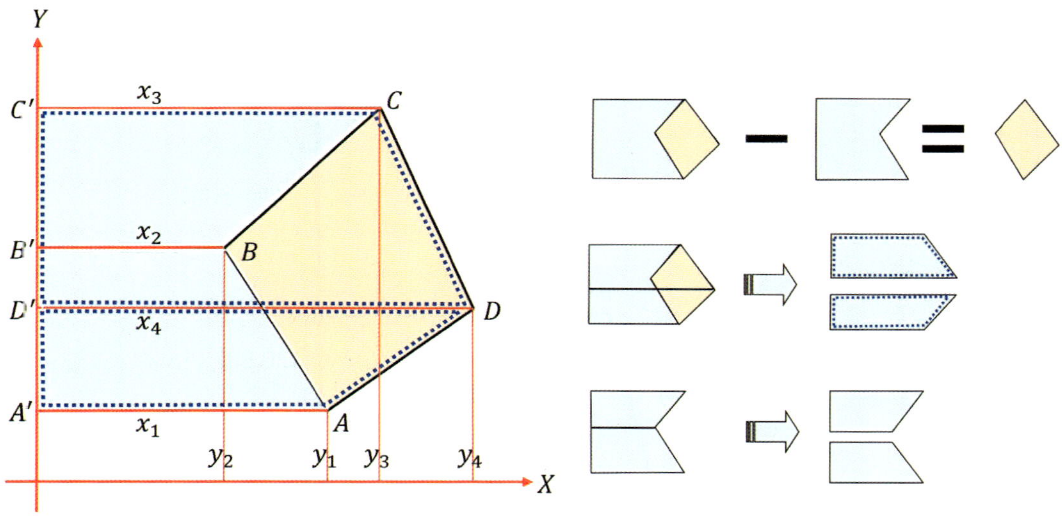

그림 13.4 좌표법에 의한 면적 계산

이그로

다각형 ABCD의 면적 A는

$$A = \text{면적}\,\mathrm{C'CDD'} + \text{면적}\,\mathrm{D'DAA'} - \text{면적}\,\mathrm{C'CBB'} - \text{면적}\,\mathrm{B'BAA'}$$
$$= \frac{1}{2}(x_3 + x_4)(y_3 - y_4) + \frac{1}{2}(x_4 + x_1)(y_4 - y_1)$$
$$- \frac{1}{2}(x_3 + x_2)(y_3 - y_2) - \frac{1}{2}(x_2 + x_1)(y_2 - y_1)$$

양변에 2를 곱해서 정리하면

제 13 장

$$2A = x_1(y_4 - y_2) + x_2(y_1 - y_3) + x_3(y_2 - y_4) + x_4(y_3 - y_1) \tag{13.8}$$

〈식 13.8〉을 다시 정리하면 다음과 같이 쓸 수도 있다. 즉

$$\begin{aligned} 2A = &\ x_2y_1 + x_3y_2 + x_4y_3 + \cdots\cdots + x_ny_{n-1} + x_1y_n \\ &- (x_1y_2 + x_2y_3 + x_3y_4 + \cdots\cdots + x_{n-1}y_n + x_ny_1) \end{aligned} \tag{13.9}$$

이들 관계를 다시 표현하면 다음과 같다. 즉

폐합트래버스의 배면적은 각 측점의 x 좌표와 바로 인접된 측점의 y 좌표의 차를 곱한 것들의 대수합이다.

계산된 최종 면적은 계산의 순서(또는 방향)에 따라 (+) 또는 (−)가 나올 수 있으나 (−)의 경우 그 절대값을 취하면 된다.

예제 13.2 그림과 같은 다각형의 면적을 좌표법에 따라 구하라. 좌표의 단위는 m이다.

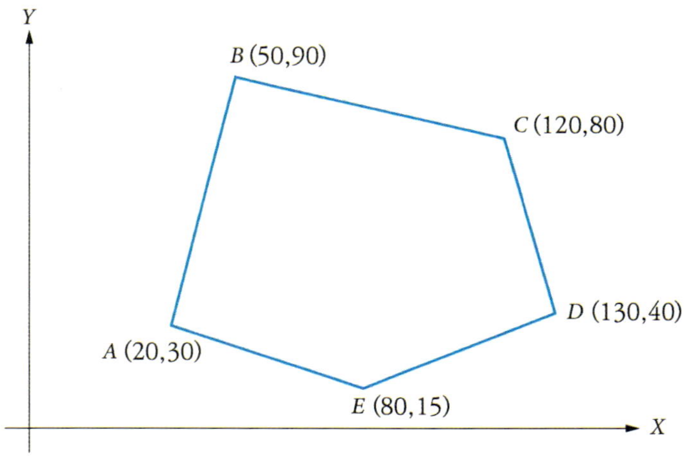

풀이 $2A = 30(15-90) + 50(30-80) + 120(90-40) + 130(80-15) + 80(40-30)$

$= 10500\ \text{m}^2$

$\therefore\ A = 5250\ \text{m}^2$

또한 〈식 13.9〉를 사용하여 다음과 같은 표를 만들면 쉽게 계산할 수 있다.

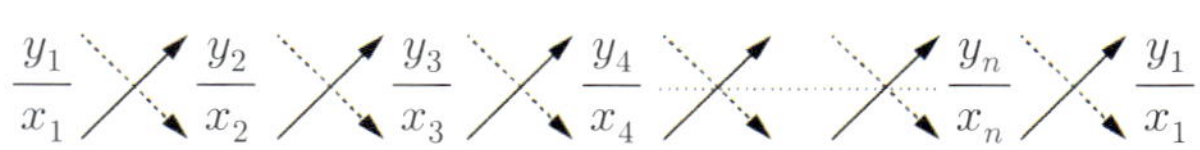

즉, 실선들을 곱한 것의 합과 점선들을 곱한 것의 합의 차가 면적의 2배가 된다. 따라서 이 예제의 문제를 이 방법에 따라 다시 계산하면 다음과 같다.

$$\frac{30}{30} \times \frac{50}{90} \times \frac{120}{80} \times \frac{130}{40} \times \frac{80}{15} \times \frac{30}{30}$$

$$\begin{aligned} 2A = & (30 \times 90 + 50 \times 80 + 120 \times 40 + 130 \times 15 + 80 \times 30) \\ & - (30 \times 50 + 90 \times 120 + 80 \times 130 + 40 \times 80 + 15 \times 30) = 10500\,\mathrm{m}^2 \end{aligned}$$

$$\therefore A = 5250\,\mathrm{m}^2$$

13.5 배횡거에 의한 면적계산

어느 측선의 중앙점으로부터 기준자오선(基準子午線, reference meridian)에 내린 수선의 길이를 그 측선의 횡거(MD, meridian distance)라 하고 횡거의 두 배의 길이를 배횡거(DMD, double meridian distance)라 한다. 횡거는 측선의 중앙점이 기준 자오선(基準子午線)의 동쪽에 있는 경우를 (+), 서쪽에 있는 경우를 (−)로 한다. 트래버스의 면적계산에서 배횡거법(倍橫距法)은 계산이 매우 간단하여 많이 사용되고 있는 방법 중의 하나이다.

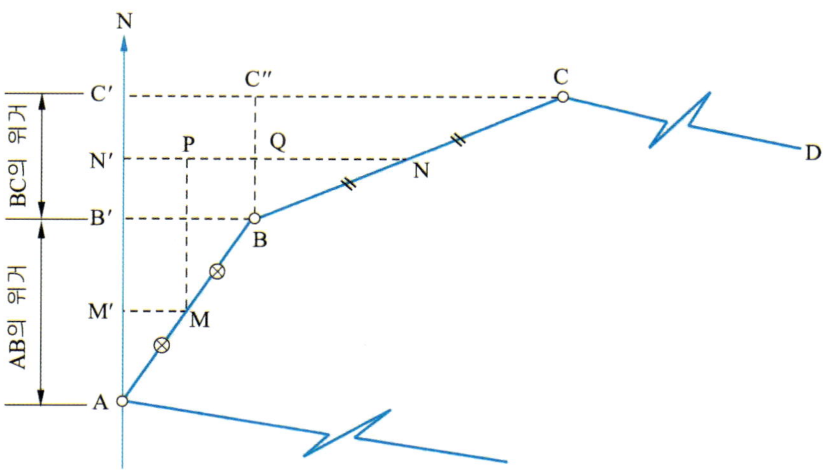

그림 13.5 횡거(meridian distance)

〈그림 13.5〉에서 측선 $\overline{\mathrm{AB}}$는 그 한쪽 끝이 기준자오선과 일치하며 측선 $\overline{\mathrm{BC}}$는

기준자오선으로부터 얼마간 떨어진 경우이다. 그림으로부터 측선 $\overline{AB}$와 $\overline{BC}$의 횡거 $\overline{MM'}$ $\overline{NN}'$는 다음과 같다.

$$\overline{MM'} = \frac{1}{2}(\overline{BB'})$$

$$\overline{NN'} = \frac{1}{2}(\overline{BB}' + \overline{CC}')$$

지금 측선 $\overline{BC}$ 의 횡거 $\overline{NN}'$에 대하여 살펴보면 다음과 같은 관계가 있다.

$$\begin{aligned} \overline{NN}' &= \overline{N'P} + \overline{PQ} + \overline{QN} \\ &= \overline{MM}' + \frac{1}{2}(\overline{BB'}) + \frac{1}{2}(\overline{CC''}) \end{aligned}$$

여기서

$\overline{MM'}$ 는 측선 $\overline{AB}$ 의 횡거
$\overline{BB'}$ 는 측선 $\overline{AB}$ 의 경거
$\overline{CC''}$ 는 측선 $\overline{BC}$ 의 경거

이므로 윗 식은 다음과 같이 표현할 수 있다. 즉

어느 측선의 횡거 = 하나 앞 측선의
횡거 + $\frac{1}{2}$(하나 앞 측선의 경거) + $\frac{1}{2}$(그 측선의 경거)

또는

어느 측선의 배횡거(DMD) =
하나 앞 측선의 배횡거 + 하나 앞 측선의 경거 + 그 측선의 경거

[배횡거에 의한 면적구하기]

지금 〈그림 13.6〉과 같이 간단한 삼각형을 생각해 보자.

$$\begin{aligned} \triangle ABC &= (\text{사다리꼴 } BB'C'C) - \triangle ABB' - \triangle CC'A \\ &= \frac{1}{2}\overline{B'C'}(\overline{BB'} + \overline{CC'}) - \frac{1}{2}\overline{AB'} \cdot \overline{BB'} - \frac{1}{2}\overline{AC'} \cdot \overline{CC'} \end{aligned}$$

여기서

$\overline{BB}' + \overline{CC}'$, $\overline{BB}'$, $\overline{CC}'$는 각각 측선 $\overline{BC}$, $\overline{AB}$, $\overline{CA}$의 배횡거이고

$\overline{B'C'}$, $\overline{AB'}$, $\overline{AC'}$는 각각 그들의 위거이므로 $\triangle ABC$의 면적을 A라 하면

$$
\begin{aligned}
2A =& \text{ (제2측선의 위거)} \times \text{(제2측선의 배횡거)} \\
&+ \text{(}-\text{제1측선의 위거)} \times \text{(제1측선의 배횡거)} \\
&+ \text{(}-\text{제3측선의 위거)} \times \text{(제3측선의 배횡거)}
\end{aligned}
$$

디며 위거는 그 부호를 생각하여 대수합을 취하면

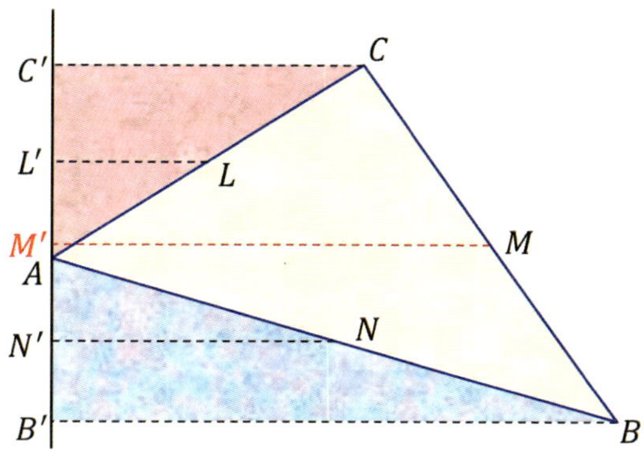

그림 13.6 면적 구하기

$$2A = \Sigma\{\text{(각 측선의 위거)} \times \text{(각 측선의 배횡거)}\}$$

라 할 수 있다.

예제 13.3 아래 예제는 배횡거법에 의한 면적 계산의 예이다.

풀이

측선	위거(m)	경거(m)	배횡거	배 면 적	
				+	−
AB	+ 65.39	+ 83.57	+ 83.57	5,464.64	
BC	− 34.57	+ 19.68	+ 186.82		6,458.37
CD	− 65.43	− 40.60	+ 165.90		10,854.84
DA	+ 34.61	− 62.65	+ 62.65	2,168.32	
				7,632.96	17,313.21
					7.632.96
					2) 9.680.25

면적 ··············· 4,840.13m^2

13.6 | 방안지에 의한 면적계산

이 방법은 간접측정 방법으로서 〈그림 13.7〉과 같이 원도 위에 일정한 간격으로 종횡 격자선을 긋거나 투사방안지(透寫方眼紙)를 덮어놓고 방안의 수를 세는 방법이다.

이 방법은 계산방법이 매우 간편하여 높은 정밀도가 필요하지 않을 때 많이 사용한다.

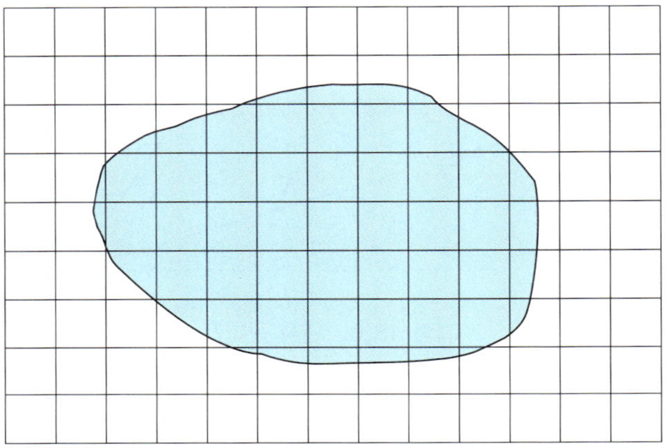

그림 13.7 방안지법

13.7 | 면적 분할법

토지측량에서 면적의 분할은 지적분할(地籍分割)과 같은 재산권의 표시 등 매우 중요하게 다루어진다. 토지를 분할하려고 할 때는 먼저 하나의 필지(筆地)를 분할하고자 하는 수로 분할하고 분할된 경계에 따라 다시 측량(주로 트래버스측량)을 실시한다. 그런 다음 각 측선에 대한 경거 및 위거를 계산하고 폐합오차를 조정한 후 전체의 면적을 확정한다. 이때 조정된 경거와 위거는 후속작업에 사용된다. 보편적으로 사용하는 면적 분할법이 몇 가지 있으나 여기에서는 가장 보편적인 것만 다루도록 하겠다.

13.7.1 한 점을 통과하고 주어진 방향으로 분할하는 법

〈그림 13.8(a)〉의 트래버스 ABCDEFGA에서 각 측점의 좌표와 각 변의 길이가

주어지며 이때 트래버스로 둘러싸인 면적을 D점을 통과하고 주어진 방향(그림에서 $\overrightarrow{DH}$)으로 분할하고자 한다. 다시 말하면 그림에서 $\overline{DH}$와 $\overline{HA}$의 길이와 분할된 면적을 구하고자 한다. 이를 위해서 먼저 점 H의 좌표를 계산한 후 $\overline{HA}$의 길이를 계산한다. 점 H는 직선 $\overline{DH}$와 $\overline{AG}$가 서로 교차하는 점이므로 이들 두 직선의 방정식으로부터 계산할 수 있으며 직선 $\overline{DH}$의 방정식은 $\overline{DH}$의 방향과 점 D의 좌표로부터, 직선 $\overline{AG}$의 방정식은 A와 G의 좌표로부터 계산된다. 면적 (ABCDHA)와 (HDEFGH)는 면적 계산법에 의하여 계산한다.

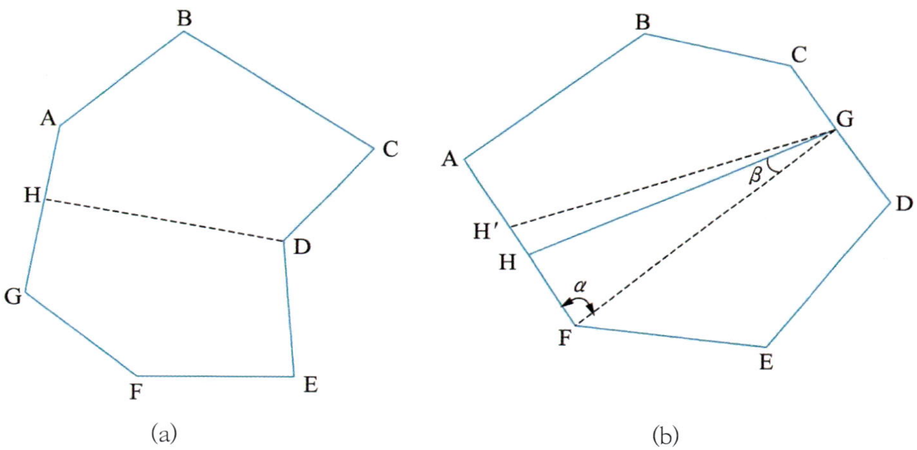

그림 13.8 면적 분할법(1)

13.7.2 한 점을 통하는 임의의 직선으로 분할하는 법

〈그림 13.8(b)〉에서 트래버스 ABCDEF는 각 측선의 길이와 측점의 좌표가 주어지며 점 G는 주어지는 점으로 면적 분할선(分割線)이 토지경계선(그림에서 CD)을 관통하는 점이다. 트래버스의 면적은 좌표법으로 계산되고 적절한 축척으로 트래버스가 그려진다. 이때 분할선의 길이와 방향을 구하고자 한다. 먼저 트래버스의 그림으로부터 주어진 점 G를 통과하고 분할선에 가장 근접하다고 예상되는 선을 임의로 정하고 이 선에서 가장 가까운 측점(그림에서는 F)을 선택하여 G와 연결한다. 여기서 $\overline{CG}$의 거리가 주어지기 때문에 G의 좌표는 쉽게 계산된다. 그런 다음 $\overrightarrow{GF}$의 거리와 방위각 그리고 $\overline{GF}$에 의하여 분할된 면적 (ABCGFA)을 계산하면 분할하고자 하는 면적과의 차가 계산된다. 이때 $\overline{GH}$가 정확한 분할선과 일치하고 (FABCG)의 면적이 주어진 분할 면적보다 더 크다고 가정하면 $\triangle GFH$의 면적은 초과되는 면적

을 나타낸다.

각 α는 주어진 방향들로부터 계산되므로 $\triangle$GFH은 한 각과 한 변 그리고 면적이 주어지게 된다. 따라서 거리 $\overline{\mathrm{HF}}$는 삼각형의 면적계산식 $A = \frac{1}{2}(ab\sin C)$로부터 다음과 같이 계산한다.

$$\overline{\mathrm{HF}} = \frac{2 \cdot \triangle \mathrm{GFH}}{\overline{\mathrm{FG}}\sin\alpha} \tag{13.10}$$

또한 삼각형으로부터 각 β와 거리 $\overline{\mathrm{GH}}$를 계산하고 $\overline{\mathrm{GH}}$의 방향과 β로부터 $\overline{\mathrm{GH}}$의 방위각을 계산한다. 최종적으로 $\overline{\mathrm{FH}}, \overline{\mathrm{GH}}, \overline{\mathrm{HA}}$의 경거 및 위거와 점 H의 좌표가 계산된다.

예제 13.4 그림과 같이 점 5를 통과하는 직선으로 트래버스의 면적을 2등분하고자 한다. 분할선의 길이와 방향을 구하시오. 트래버스의 전체 면적은 157,250 m^2이고 각 측점의 좌표와 측선의 길이 및 방위각은 다음과 같다.

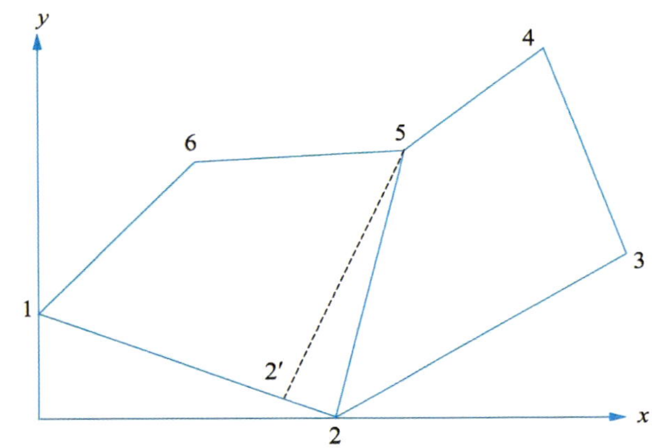

측선	거리	방 위 각	좌표 X	좌표 Y	측점
			0.00	113.92	1
1-2	405.18	106°19′45″	388.84	0.00	2
2-3	336.59	57°54′01″	673.97	178.86	3
3-4	325.18	335°28′43″	539.01	474.71	4
4-5	212.98	219°29′33″	403.60	310.40	5
5-6	252.21	266°55′30″	151.75	296.87	6
6-1	237.69	219°40′28″			

풀이 먼저 측선 $\overline{5,2}$ 를 분할선으로 가정하고 이 측선에 대한 길이와 방위각을 계산한다.

$$d_{\overline{5,2}} = \sqrt{(403.60-388.84)^2+(310.40-0.00)^2} = 310.751\,\text{m}^2$$

$$\phi_{\overline{5,2}} = \tan^{-1}\left(\frac{388.84-403.60}{0.00-310.40}\right) = 182°\ 43'21''$$

$$\therefore \angle\, 521 = \phi_{5,2} - \phi_{1,2} = 76°\ \ 23'36''$$

면적 (1256)을 계산한다.

$$2A = \frac{113.92}{0.00} \times \frac{0.00}{388.84} \times \frac{310.40}{403.60} \times \frac{296.87}{151.75} \times \frac{113.92}{0.00}$$

$$= 166,400\,\text{m}^2$$

$$\therefore\ A = 83,200\,\text{m}^2$$

분할면적과의 면적차는 $\Delta A = 83,200 - \dfrac{1}{2} \times 157,250 = 4,575\,\text{m}^2$이므로 도형 (1256)의 면적은 분할되어야 할 면적보다 $4,575\,\text{m}^2$ 더 크다.

따라서 측점 (2)로부터 정확한 분할선 $\overline{5,2'}$ 까지의 거리 $d_{\overline{2,2'}}$는 다음과 같다.

$$d_{\overline{2,2'}} = \frac{(2)(4,575)}{(310.751)(\sin 76°\ 23'36'')} = 30.2951\,\text{m}$$

측점 2 ′ 의 좌표는 다음과 같다.

$$Y_{2'} = 388.84 + 30.2951 \times \sin 286°\ 19'45'' = 359.767\,\text{m}$$

$$X_{2'} = 0.00 + 30.2951 \times \cos 286°\ 19'45'' = 8.5176\,\text{m}$$

여기서 $\phi_{\overrightarrow{2,2'}} = \phi_{\overrightarrow{1,2}} + 180° = 286°\ 19'45''$이며 면적(12′561)과 면적(2′23452′)를 좌표계산법(座標計算法)에 의하여 계산하면 똑같이 78,625 m^2이 됨을 알 수 있다.

한편 $\overline{5,2}$ 의 길이와 방위각을 계산하면 다음과 같다.

$$d_{\overline{5,2}} = 305.05\,\text{m} \quad \phi_{\overrightarrow{5,2}} = 188°\ 15'42''$$

13.7.3 한 방향에 평행한 선분으로 분할하는 법

〈그림 13.9〉와 같은 다각형에서 변의 크기와 면적, 측선의 경거 및 위거, 측점의 좌표가 주어지고 다각형의 도형은 개략적으로 축척에 맞도록 그려졌다고 생각한다. 주어진 방향(그림에서 $\overline{\text{HJ}}$)에 평행(平行)한 선분으로 주어진 면적으로 분할하고자 한다.

먼저 분할선으로 예상되는 선을 눈짐작으로 정하고 이 선으로부터 가장 가까운 측점을 택한 후 이 측점을 통하고 분할 방향에 평행한 선을 긋는다(그림에서 $\overline{\text{DG}}$). 그러면 폐합 트래버스 GBCDG가 형성된다. 이때 폐합 트래버스 GBCDG에서 측선

BC와 CD의 경우는 경거와 위거가 모두 주어지나 DG와 GB의 경우는 방향은 알고 있으나 그 길이는 미지수이다.

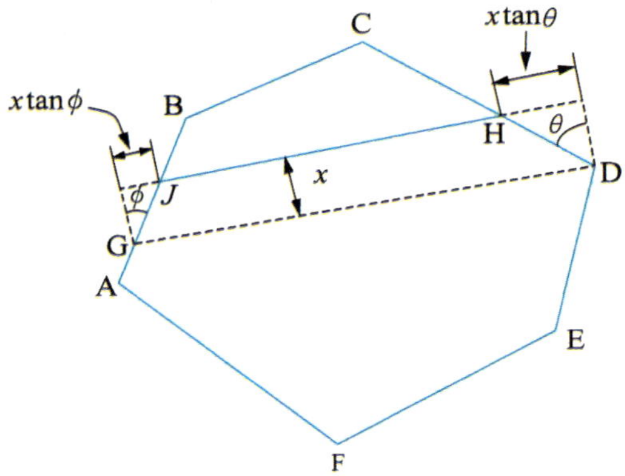

그림 13.9 면적분할법(2)

DG와 GB의 길이는 직선 DG와 AB의 방정식으로부터 G의 좌표를 구한 후 각 점의 좌표를 사용하여 거리를 구하거나 또는 $\sum(L_{at})=0$, $\sum(D_{ep})=0$의 관계식으로부터 구하여진다.

이때 예정 분할선 $\overline{DG}$에 의하여 분할된 면적과 주어진 분할 면적과의 대수차(代數差)를 계산하면 이 면적 차는 바로 사다리꼴 DGJH의 면적과 같다. D와 G에서의 $\angle\phi$와 $\angle\theta$는 인접된 측선들의 방향으로부터 구할 수 있다. 따라서 DGJH의 면적 A는 다음과 같다.

$$A=(\overline{DG})x+\frac{x^2}{2}(\tan\theta+\tan\phi) \tag{13.11}$$

여기서 x는 사다리꼴의 높이이며 $\tan\phi$와 $\tan\theta$의 부호는 이들이 사다리꼴의 안쪽에 있는 경우는 (+), 바깥쪽에 있는 경우는 (−)로 한다.

최종적으로 $\overline{DG}$, $\tan\phi$, $\tan\theta$의 값을 〈식 13.11〉에 대입하면 x에 관한 2차 방정식이 성립되며 이 방정식을 풀어 x(사다리꼴의 높이)를 구한다.

예제 13.5 아래 그림(a)과 같이 트래버스 ABCDE로 둘러싸인 면적을 측선 $\overline{AB}$에 나란한 선분 $\overline{GF}$로 분할 하고자 한다. $\overline{AG}$의 길이가 150 m라고 하면 $\overline{BF}$ 및 $\overline{GF}$의 길이를 구하라.

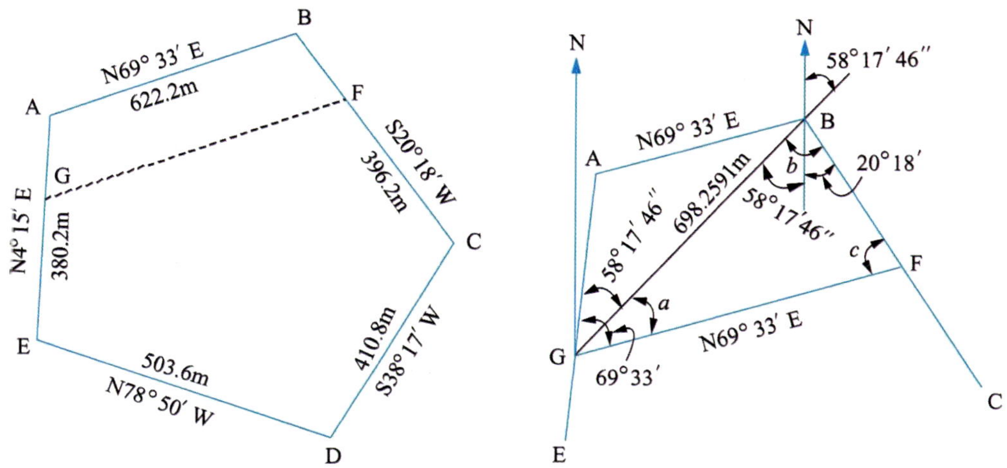

(a) (b)

풀이 그림 (b)에서 G, B를 연결하고 그 길이와 방위각을 구한다. 트래버스 BCDEGB에서 측선 $\overline{GB}$의 경거와 위거를 각각 E_D, E_L이라고 하면,

$$\sum L_{at} = 0, \quad \sum D_{ep} = 0 \text{로 부터}$$

$$E_L = 396.2 \times \cos 159°42' + 410.8 \times \cos 218°17' + 503.6 \times \cos 281°10' + (380.2 - 150) \times \cos 4°15' = 366.9558m$$

$$E_D = 396.2 \times \sin 159°42' + 410.8 \times \sin 218°17' + 503.6 \times \sin 281°10' + (380.2 - 150) \times \sin 4°15' = 594.0616m$$

$$\overline{GB} = \sqrt{E_L^2 + E_D^2} = 698.2591\,\text{m}, \ \phi_{\overline{GB}} = \tan^{-1}\frac{E_D}{E_L} = 58°\ 17'46''$$

$$\angle a = 69°\ 33' - 58°\ 17'46'' = 11°\ 15'14''$$

$$\angle b = 58°\ 17'46'' + 20°\ 18' = 78°\ 35'46''$$

$$\angle c = 180° - a - b = 90°\ 09'$$

$$\frac{\overline{BF}}{\sin a} = \frac{698.2591}{\sin c} \qquad \therefore \overline{BF} = 136.27\text{m}$$

$$\frac{\overline{GF}}{\sin b} = \frac{698.2591}{\sin c} \qquad \therefore \overline{GF} = 684.47\text{m}$$

제 13 장

13.8 구적기에 의한 면적계산

구적기(求積器, planimeter)는 경계가 불규칙한 토지의 면적을 자동으로 측정하는 기구로서 기계식 구적기와 디지털 구적기가 있다. 전통적으로 기계식 구적기를 많이 사용해 왔으나 오늘날에는 대부분 디지털 구적기로 대체되고 있다. 구적기를 사용하여 면적을 측정하면 토지의 형태에 관계없이 높은 정밀도의 면적을 얻을 수 있다. 기계식 구적기는 두 개의 봉(棒, arm), 즉 극봉(極棒, pole arm)과 측봉(測棒, tracing arm)으로 구성되었으며 이들은 하나의 접점(pivot)에 연결되어 극봉이 극점을 중심으로 회전할 수 있도록 설계되었다. 극봉의 끝에는 무거운 극추(極錘, pole block)가 있어 구적기를 도면에 고정시키는데 사용된다. 측봉(또는 추적팔)에는 회전판이 부착되어 있어 측침(추적침)이 움직임에 따라 회전판이 회전하며 회전판의 회전수에 의하여 면적이 계산된다. 회전판은 접점과 측침(추적침)을 연결하는 선위에 회전판의 축이 오도록 설치되었다. 측침(추적침)은 보통 끝에 침으로 되어 있으나 어떤 것은 확대경과 지표로 구성된 것도 있다.

기계식 구적기는 극식(極式, fixed tracing arm instrument)과 무극식(無極式, movable arm instrument)의 두 가지가 있다. 극식 구적기에서는 mm^2 단위의 구적면적을 직접 읽을 수 있으며 도면의 축척계수로 곱하여 토지의 면적이 구해지며 무극식 구적기에서는 구적기의 읽음 값이 직접 실제 면적이 될 수 있도록 도면의 축척에 맞추어 측봉(추적봉)의 길이를 설정한다.

구적기로 면적을 측정하기 위해서는 먼저 도면을 구김살 없이 잘 편 다음 측정에 편리한 위치에 극추(고정추)를 고정한다. 그런 다음 측침(추적침)의 지표를 토지 경계선 위의 임의의 한 점에 고정하고 이 점을 출발점으로 정한다. 이 때 출발점에서의 회전판의 회전수를 읽어 초독으로 한다. 측침(추적침)을 출발점으로부터 도형의 경계선을 따라 한 바퀴 돌려서 출발한 원점으로 되돌아오도록 한 다음 회전판의 회전수를 읽고 이를 종독으로 한다. 이때 종독과 초독의 차이에 의하여 도형의 면적이 계산된다. 회전판의 회전수는 측봉(추적봉)의 길이와 관련이 있으며 측정은 회전판 한 바퀴의 1/1,000까지 측정이 가능하다.

도형의 면적은 극점이 도형의 외부에 고정되었는가 또는 내부에 고정되었는가에 따라 달라진다. 만일 극점이 도형의 외부에 고정되었을 경우 도형의 면적은

$$A = Cn \tag{13.12}$$

이 된다. 여기서 C는 상수이며 n은 회전판의 회전수의 차이다. 일반적으로 C의 값

은 측봉 또는 기계의 상자에 기록되어 있으나 C의 값을 모를 때는 면적이 알려진 도형을 사용하여 C의 값을 역으로 추적하여 알 수 있다. 극점이 도형의 내부에 고정되었을 때는 계산된 면적에 0원(zero circle)의 면적을 더하여야 한다. 회전판을 축 방향으로 이동시켜 회전판의 눈금이 움직이지 않도록 유지하면서 측침(추적침)을 고정점을 중심으로 완전히 한 바퀴 회전하면 하나의 원이 형성된다. 이 원을 0원 또는 기준원(基準圓, reference circle)이라 한다.

디지털 구적기는 그 원리가 기계식 구적기와 같으나 대부분의 기능이 전자화되었으며 측정과정도 자동화되었다. 기계식에서와 같이 어떠한 복잡한 도형의 면적도 측정이 가능하며 어떤 것은 도형의 둘레, 경계선의 총 연장, 측점의 좌표도 측정이 가능하다. 기계식에서는 회전판을 읽어 면적을 계산하나 디지털 구적기에서는 액정화면에 의하여 수치로 표시되고 프린터와 계산기, 내부기억장치 등이 부착된 것도 있다. 특히 RS232를 통하여 컴퓨터와의 연결도 가능하다. 〈그림 13.10〉은 디지털 구적기의 한 예이다. 디지털 구적기에 의한 면적측정은 기계식에서와 같이 확대경이 부착된 추적점을 경계선에 따라 한 바퀴 돌리면 화면에 도형의 면적이 표시된다. 이때 0원 문제는 내부 전자회로에 의하여 자동으로 계산된다.

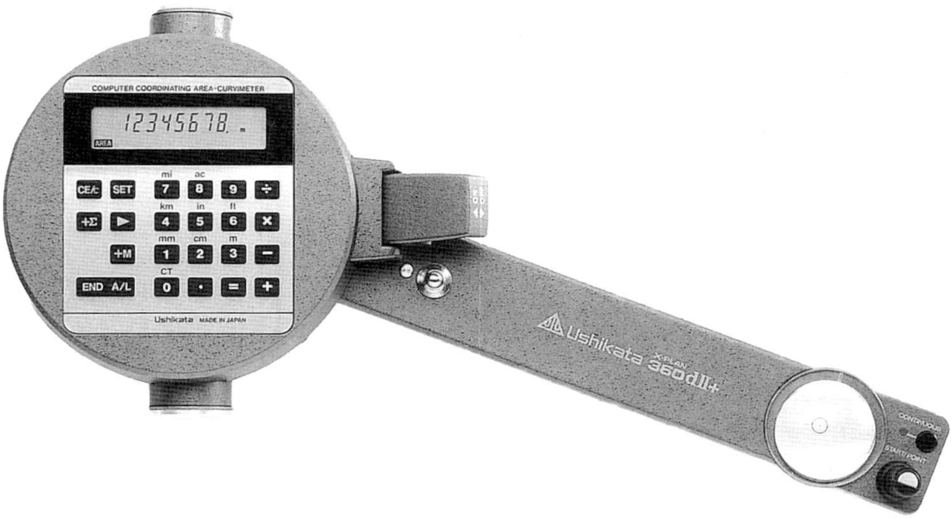

그림 13.10 USHIKATA X-PLAN 디지털 구적기

13.9 체적계산

정확한 토공량의 계산은 토목공사에서 가장 중요한 것 중의 하나이다. 도로공사에서의 절토량과 성토량, 일정한 지반고까지 성토하여야 하는 댐의 축조 등 많은 경우에서의 토공량은 공사비의 증감과 공사기간 등에 중대한 영향을 준다. 또한 야적된 석탄의 체적이나 저수지의 저수용량(貯水容量)과 같은 체적의 계산도 필요하게 된다. 체적계산에서는 어느 경우에서나 계산을 필요로 하는 실제적인 지형모형이 계산에서 사용되는 기하학적 모형과 일치한다는 가정으로 이루어지므로 계산된 체적은 근사값에 불과하다. 토목공사에서 사용하는 체적계산법에는 다음과 같이 몇 가지 방법이 있다.

제 13 장

13.9.1 양단평균법

양단평균법(兩端平均法)은 도로공사에서 단면도를 이용하여 토공량을 계산할 때 많이 사용하는 방법으로 두 단면 사이의 지형은 등 경사의 지형으로 가정하고 두 단면의 평균과 두 단면 사이의 거리를 곱하여 체적을 계산하는 가장 간단한 방법이다. 이 방법은 고속도로, 철도, 운하 등과 같이 선형을 따라 절토량(切土量)과 성토량(盛土量)을 계산할 때 가장 많이 사용하는 방법이다.

지금 두 단면의 면적을 각각 A_1, A_2, 두 단면 사이의 길이를 l이라 하면 체적 V는 다음과 같다.

$$V = l\left(\frac{A_1 + A_2}{2}\right) \tag{13.13}$$

만일 각 단면 사이의 길이가 일정하며 몇 개의 단면이 연속적으로 있다면 이 때의 체적은 다음과 같다.

$$\begin{aligned} V &= l\left(\frac{A_1 + A_2}{2} + \frac{A_2 + A_3}{2} + \cdots\cdots + \frac{A_{n-1} + A_n}{2}\right) \\ &= \frac{l}{2}(A_1 + 2A_2 + 2A_3 + 2A_4 + \cdots\cdots + 2A_{n-1} + A_n) \\ &= \frac{l}{2}(\text{첫째 단면+최종 단면+2} \times \text{모든 잔여단면의 총합}) \end{aligned} \tag{13.14}$$

13.9.2 각주공식

각주공식(角柱公式, prismoidal formula)에 의한 방법은 체적에 대한 심프손 1/3법칙이라 부르기도 하며 면적측량에서 사용했던 공식을 그대로 적용한다. 다만 면적측량에서 사용하던 높이 h 대신에 체적측량에서는 단면적 A를 사용하는 것만 다를 뿐이다.

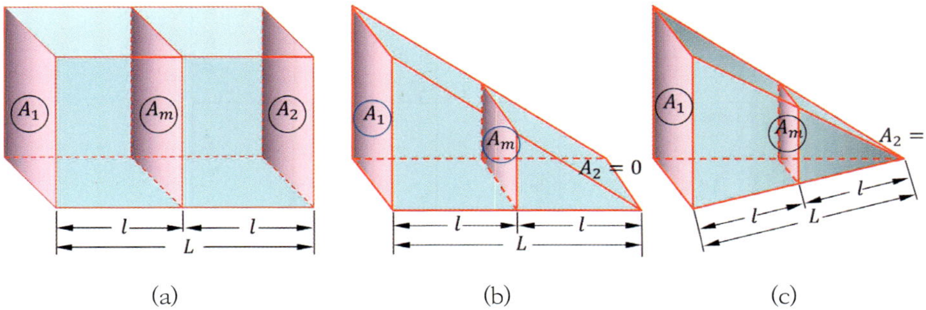

그림 13.11 각주공식

〈그림 13.11〉에서와 같이 3개의 연속된 단면에서 A_1과 A_2는 양쪽 끝의 단면이고 A_m은 두 단면 사이의 중앙에 있는 단면이다(A1과 A2의 평균이 아님).

두 단면 사이의 길이를 l, 양 끝 단면 사이의 길이를 L이라 하면 체적 V는 다음과 같다.

$$V = \frac{l}{3}\{A_1 + 4A_m + A_2\}$$

$$= \frac{L}{6}\{A_1 + 4A_m + A_2\} \tag{13.15}$$

〈식 13.15〉는 직각 프리즘(그림 13.11(a)), 쐐기(그림 13.11(b)) 피라미드(그림 13.11(c))과 같은 형태에서도 똑같이 적용된다.

13.9.3 점고법

점고법(點高法, volume from the spot height)은 도로, 공항, 댐과 같은 토목공사에서 수반되는 절토량과 성토량을 계산하거나 야적된 석탄과 같이 쌓여있는 물체의 체적을 결정할 때 가장 많이 사용하는 방법으로 토취법(土取法, borrow-pit method)이라 불리기도 한다. 이 방법은 체적을 결정하고자 하는 지역에 일정한 간격의 격자망(格子網)을 형성한 후 각 격자점의 표고를 측정하여 체적을 구하게 된다. 격자점에서의 표고

측정은 지역이 좁은 경우에는 측각기, 줄자, 레벨에 의하여 이루어지나 비교적 넓은 지역에서는 토털스테이션, GPS, 항공사진측량과 같은 현대적인 측량기법을 사용하며 경우에 따라 지형도로부터 얻어지기도 한다.

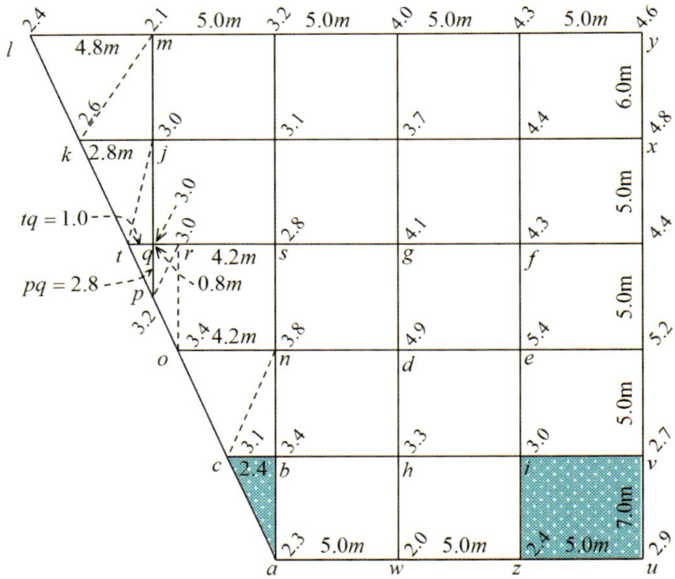

그림 13.12 점고법

〈그림 13.12〉와 같은 DTM(Digital Terrain Model) 격자망에서 체적을 구하기 위해서는 (abc)와 같은 삼각형 각주와 $(ivuz)$와 같은 사각형 각주의 두 가지 형태로 나누어서 생각할 수 있다. 이때 (abc)의 삼각형 각주의 체적 $V_\triangle$와 $(ivuz)$의 사각형 각주의 체적 $V_\square$은

$$V_\triangle = \frac{A}{3}(h_1 + h_2 + h_3)$$

$$V_\square = A\left(\frac{h_1 + h_2 + h_3 + h_4}{4}\right) \tag{13.16}$$

으로 계산된다. 여기서 A는 각각 삼각형 각주와 사각형 각주의 밑면적이며 h_1, h_2, h_3, h_4는 격자망을 형성하는 격자점들의 표고이다.

정규격자형 DTM에서와 같이 사각형 각주(角柱)의 밑면적이 모두 같은 경우에는 다음과 같이 매우 간단히 계산된다. 만일

$h_1 =$ 계산할 때 한 번만 사용한 표고들의 합(각주 $ivuz$ 에서 u)

$h_2 =$ 계산할 때 두 번 사용한 표고들의 합(〈그림 13.12〉에서 v, z)

$h_3 =$ 계산할 때 세 번 사용한 표고들의 합

$h_4 =$ 계산할 때 네 번 사용한 표고들의 합(〈그림 13.12〉에서 i)

타 하고 하나의 밑면적이 A 인 모든 각주의 체적은

$$V = \frac{A}{4}(\Sigma h_1 + 2\Sigma h_2 + 3\Sigma h_3 + 4\Sigma h_4) \tag{13.17}$$

과 같다.

가장자리와 모서리에 있는 각주들의 체적은 〈식 13.16〉에 의하여 독립적으로 계산한 후 〈식 13.17〉에 의하여 계산된 체적에 합한다.

제 13 장

예제 13.6 〈그림 13.12〉에서 토공기준면을 "0"으로 했을 때 체적을 구하시오(m^3 단위까지).

풀이 (i) 밑면적 $5^m \times 5^m$ 인 (xjqsbv)의 체적

$$\Sigma h_1 = 4.8 + 3.0 + 3.0 + 3.4 + 2.7 = 16.9$$

$$\Sigma h_2 = 4.4 + 3.7 + 3.1 + 3.8 + 3.3 + 3.0 + 5.2 + 4.4 = 30.9$$

$$\Sigma h_3 = 2.8$$

$$\Sigma h_4 = 4.1 + 4.3 + 4.9 + 5.4 = 18.7$$

$$\therefore V_{(xjqsbv)} = \frac{(5)(5)}{4}[16.9 + (2)(30.9) + (3)(2.8) + (4)(18.7)] = 1{,}012\,\mathrm{m}^3$$

(ii) 밑면적 $5^m \times 7^m$ 인 (bvua)의 체적

$$\Sigma h_1 = 2.7 + 3.4 + 2.3 + 2.9 = 11.3$$

$$\Sigma h_2 = 3.0 + 3.3 + 2.0 + 2.4 = 10.7$$

$$\therefore V_{(bvua)} = \frac{(5)(7)}{4}[11.3 + (2)(10.7)] = 286\,\mathrm{m}^3$$

(iii) 밑면적 $6^m \times 5^m$ 인 (xymj)의 체적

$$\Sigma h_1 = 4.8 + 4.6 + 2.1 + 3.0 = 14.5$$

$$\Sigma h_2 = 4.3 + 4.0 + 3.2 + 3.1 + 3.7 + 4.4 = 22.7$$

$$\therefore V_{(xymj)} = \frac{(6)(5)}{4}[14.5 + (2)(22.7)] = 449\,\mathrm{m}^3$$

(iv) 나머지 삼각형 각주의 체적

$$V_{(abc)} = \frac{1}{2}(2.4 \times 7.0) \times \frac{1}{3}(3.1 + 3.4 + 2.3) = 24.6\,\mathrm{m}^3$$
$$V_{(bcn)} = \frac{1}{2}(2.4 \times 5.0) \times \frac{1}{3}(3.1 + 3.4 + 3.8) = 20.6\,\mathrm{m}^3$$
$$V_{(con)} = \frac{1}{2}(4.2 \times 5.0) \times \frac{1}{3}(3.1 + 3.8 + 3.4) = 36.1\,\mathrm{m}^3$$
$$V_{(por)} = \frac{1}{2}(0.8 \times 5.0) \times \frac{1}{3}(3.0 + 3.0 + 3.4) = 6.3\,\mathrm{m}^3$$
$$V_{(pqr)} = \frac{1}{2}(2.8 \times 0.8) \times \frac{1}{3}(3.2 + 3.0 + 3.0) = 3.4\,\mathrm{m}^3$$
$$V_{(pqt)} = \frac{1}{2}(2.8 \times 1.0) \times \frac{1}{3}(3.2 + 3.0 + 2.8) = 4.2\,\mathrm{m}^3$$
$$V_{(tqj)} = \frac{1}{2}(1.0 \times 5.0) \times \frac{1}{3}(2.8 + 3.0 + 3.0) = 7.3\,\mathrm{m}^3$$
$$V_{(kjt)} = \frac{1}{2}(2.8 \times 5.0) \times \frac{1}{3}(2.6 + 3.0 + 2.8) = 19.6\,\mathrm{m}^3$$
$$V_{(kjm)} = \frac{1}{2}(2.8 \times 6.0) \times \frac{1}{3}(2.6 + 3.0 + 2.1) = 21.6\,\mathrm{m}^3$$
$$V_{(klm)} = \frac{1}{2}(4.8 \times 6.0) \times \frac{1}{3}(2.6 + 2.4 + 2.1) = 34.1\,\mathrm{m}^3$$
$$V_{(nors)} = \frac{1}{2}(4.2 \times 5.0) \times \frac{1}{4}(3.0 + 2.8 + 3.8 + 3.4) = 34.1\,\mathrm{m}^3$$
$$\therefore V_{(iv)} = 211.9\,m^2$$

따라서 전체의 체적은

$$V = V_{(i)} + V_{(ii)} + V_{(iii)} + V_{(iv)} = 1{,}012 + 286 + 449 + 211.9 = 1{,}958.9\,\mathrm{m}^3$$

출처: 가수 김장훈 블로그

Chapter 14 터널측량

14.1 개 요

터널측량(tunnel surveying)은 노선측량의 특수한 경우로 일반 노선측량에 비하여 어려운 조건이 많다. 터널 내에서의 중심선의 설치측량에서는 만나는 관통점이 매우 정확하여야 한다. 따라서 터널측량은 일반적으로 매우 높은 정밀도의 측량이 요구된다. 이것은 터널공사 도중에서는 측량의 결과를 별도로 확인할 방법이 없으며 오차 또는 측량의 정밀도가 관통된 후에나 나타나기 때문이다. 따라서 터널측량에서는 측량방법 및 정밀도 등을 충분히 검토하여 시행하여야 한다. 터널측량은 갱내, 갱외를 불문하고 기술적으로 조건이 나쁜 곳에서 실시하여야 할 경우가 많으므로 복잡한 방법은 피하여야 한다. 따라서 터널측량은 터널의 규모, 지형조건, 시공방법 등을 고려하여 목적에 맞는 정밀도를 확보할 수 있도록 충분한 주의가 필요하다. 터널공사에 필요한 각종 측량은 이와 같은 조건을 고려하여 목적에 맞도록 하여야 하므로 꼭 일정한 방법과 순서에 의하여 시행된다고 할 수 없으나 가장 보편적인 방법은 〈표 14.1〉과 같은 방법으로 구분할 수 있다. 이 가운데 소위 터널측량이라 불리는 것은 『갱외 기준점측량』~『작업갱(作業坑)에서의 측량』까지의 작업을 말하고 있으나 크게 ① 갱외측량(坑外測量) ② 갱내측량(坑內測量)으로 구분된다.

▶ 표 14.1 터널공사에서의 측량

구 분	시 간	목 적	내 용	성 과
지형측량	조사단계	터널의 노선선정, 선형, 구배의 설계	항공사진측량 기준점 측량 평판측량	1/10,000~1/5,000~1/2,500~1/500의 지형도
갱외기준점 측량	설계완료 후 (시공전)	굴착을 위한 측량의 기준점 설치	삼각측량, 트래버스측량, GPS, 수준측량	기준점설치, 중심선의 방향말뚝설치
세부측량	갱외기준점 설치후(시공전)	갱구 및 터널 가설계획에 필요한 상세한 지형도의 작성	평판측량 수준측량 등	1/200의 지형도
갱내측량	시공중	설계중심선의 갱내측설, 굴착 지지항 및 거푸집 설치	트래버스측량 수준측량	갱내 기준점설치
작업갱의 측량	작업갱 완성후	작업갱으로부터 중심선 및 수준의 도입	상동	갱내 기준점설치
준공측량	공사완성후	터널사용 목적에 따른 준공측량을 한다	중심측량 수준측량 단면측량	준공도면

14.2 갱외측량

14.2.1 갱외기준점 측량

지형도에서 터널의 위치가 결정되면 좌표에 의하여 터널의 위치를 현장에 설치하기 위한 기준점을 설치한다. 기준점은 갱(坑)의 양쪽 입구와 작업 갱 입구 부근에 설치하며 방향과 좌표를 필요한 정밀도로 측정하여 설치하여야 한다.

기준점을 설치하는 장소는 일반적으로 다른 터널작업에서는 중요한 장소가 되므로 다른 작업에 방해가 되지 않도록 설치하여야 한다. 특히 덮개 또는 보호항 등으로 충분히 보호하여야 함은 물론 변동이나 이동사항이 쉽게 점검될 수 있도록 하여야 하며 각 갱 입구에 2점 이상 설치하여야 한다. 터널 입구 부근에는 지형이 나쁘고 협소한 장소가 많으므로 필요한 보조점을 설치하여야 한다. 수준점도 갱 입구 부근과 좀 떨어진 곳 2개소 이상에 설치하는 것이 좋다.

터널의 갱외기준점은 서로 연관을 맺도록 국가 기본삼각점을 기준으로 설치하여야 하며 기준점이 서로 보이는 곳에 보조 기준점을 설치하여 기준점의 위치를 결정하며 두 기준점 간의 중심선을 연결해 두어야 한다.

터널의 중심선은 양단 갱구(坑口)로부터 굴진할 경우 중앙부의 관통지점에서 ±10 cm 이내의 오차범위에 있어야 한다. 이 조건을 충족시키기 위해서는 기준점 설치측량의 좌표오차가 ±수 cm 이내이어야 한다. 따라서 기준점 측량 방법은 요구하는 정밀도에 부합되도록 적절한 방법을 택하여야 한다. 일반적으로 연장 1 km 이내의 터널의 경우에는 일반 노선측량에서와 같이 삼각측량 또는 트래버스 측량이나 GPS 측량방법 등을 사용하며 갱구 부근에는 수준점을 설치하고 수준측량은 부근의 국가 수준점으로부터 측량한다. 산의 반대쪽에도 똑같이 결합측량을 실시하여 갱구 부근에 다른 방향으로의 기준점을 설치하고 이들을 기존 삼각점 또는 기준점에 연결한다. 1 km 이상되는 터널의 경우 비교적 짧고 지형이 급경사일 때는 다각측량 등으로 연결하나 터널이 긴 급경사의 산악지형에서는 GPS 측량과 삼변측량뿐만 아니라 측각(測角)과 측거(測距)를 병합한 병합측량을 실시한다. 두 갱구와 작업 갱 부근에 설치한 기준점의 좌표를 결정하고자 할 때는 기존 양 끝에 있는 삼각점을 연결한 망을 구성하여 신설 기선측량과 방위각 측정을 한다. 7~8 km 이상 되는 터널의 경우에는 별도의 기준점을 설치하여 삼각망을 구성하도록 한다.

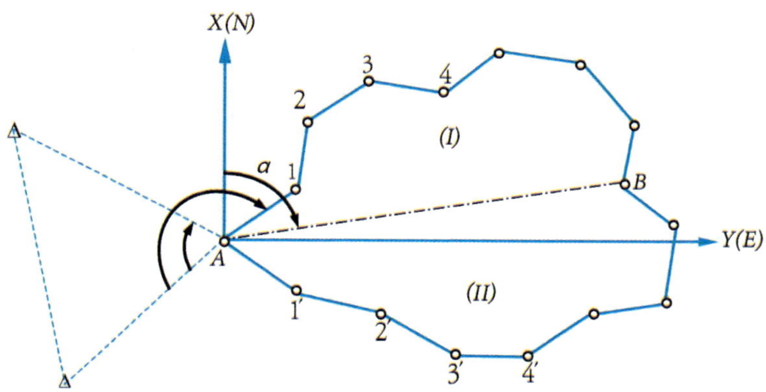

그림 14.1 트래버스에 의한 중심선측량

기준점의 설치가 불가능한 경우에는 방위각을 표시하는 방위기준점을 설치하도록 한다. 방위기준점은 터널 중심선이 방향의 기준이 되므로 지형이 허락하는 한 기준점으로부터 먼 곳에 설치한다. 도상에서 선정하여 좌표가 결정된 갱구와 작업 갱의 위치는 기준점으로부터 다각측량이나 전방 교선법에 의하여 현장에 설치한다. 터널의 중심선에 따라 지표면에서의 중심선도 설치한다. 긴 터널과 경사갱(傾斜坑)의 입갱

위치를 터널의 중간 산정(山頂)에 설치된 기준점으로부터 전자파 거리측정기에 의하여 거리를 측정한다.

가장 보편적으로 사용하는 트래버스 측량의 경우를 예를 들어보기로 한다. 트래버스 측량을 사용할 경우에는 결합 트래버스를 원칙으로 하며 〈그림 14.1〉과 같이 두 개의 트래버스 망을 조합하여 최소한 폐합의 형태로 하여야 한다.

그림에서 중심선 $\overline{\mathrm{AB}}$ 의 길이와 방위각 α 는

$$\overline{\mathrm{AB}} = \sqrt{\Sigma\,(\Delta x)^2 + \Sigma\,(\Delta y)^2}$$

$$\alpha = \tan^{-1}\left(\frac{\Sigma\,(\Delta y)}{\Sigma\,(\Delta x)}\right) \tag{14.1}$$

에 의하여 구할 수 있다.

노선 (I)과 (II)의 결과로부터 평균값을 사용한다.

제 14 장

14.2.2 중심선측량

터널의 중심선측량은 터널의 중심선 방향의 확인, 갱구 간의 거리 확인, 탄성파 탐사 및 보링 위치의 결정 등을 목적으로 한다. 터널측량에서는 거리는 다소 다르더라도 방향과 고저만 정확하면 관통에는 큰 문제가 없다. 그러나 방향에 대한 오차는 관통에 미치는 영향이 매우 큼으로 간접측량 방법은 피하고 직접측량 방법을 사용하는 것이 좋다.

중심선측량은 지형의 상태, 터널의 길이에 따라 다음과 같은 여러 가지 방법이 있다.

❶ 산정에서 두 갱구가 보일 경우

〈그림 14.2〉와 같이 산정 부근에서 두 갱구(坑口)가 보일 경우는 다음과 같이 한다.

① 지형도에서 $\overline{\mathrm{AB}}$ 선상에 가까운 산정의 한 점 P_o를 선정하여 현장에 설치하고 이 점에 트랜싯을 설치한다.

② 점 B를 시준하여 망원경을 반전하면 점 A가 보이는 것이 아니라 A_o($\overline{\mathrm{AA}_o} \perp \overline{\mathrm{AB}}$)가 시통된다.

③ $\overline{\mathrm{AA}_o}$를 실측하여 $m = \overline{\mathrm{BP}}$, $n = \overline{\mathrm{AP}}$ 를 도상에서 측정하여 $\overline{\mathrm{PP}_o} = \dfrac{m}{m+n} \times \overline{\mathrm{AA}_o}$ 만큼 트랜싯을 이동한다.

④ ②~③을 수회 반복하여 트랜싯을 거의 $\overline{\mathrm{AB}}$ 선상에 놓고 최후적으로 $\overline{\mathrm{BPA}_n}$ 또는 $\overline{\mathrm{A}_{n-1}\mathrm{PB}_1}$을 터널의 중심선으로 한다.

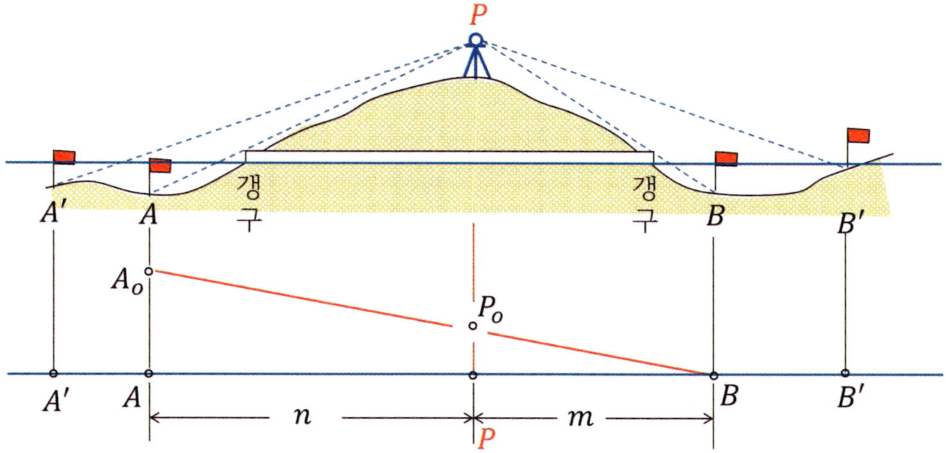

그림 14.2 산정에서 두 갱구가 보이는 경우

❷ 산정에서 두 갱구가 보이지 않는 경우

〈그림 14.3〉과 같이 한 점에서 두 갱구를 동시에 시통할 수 없는 경우는

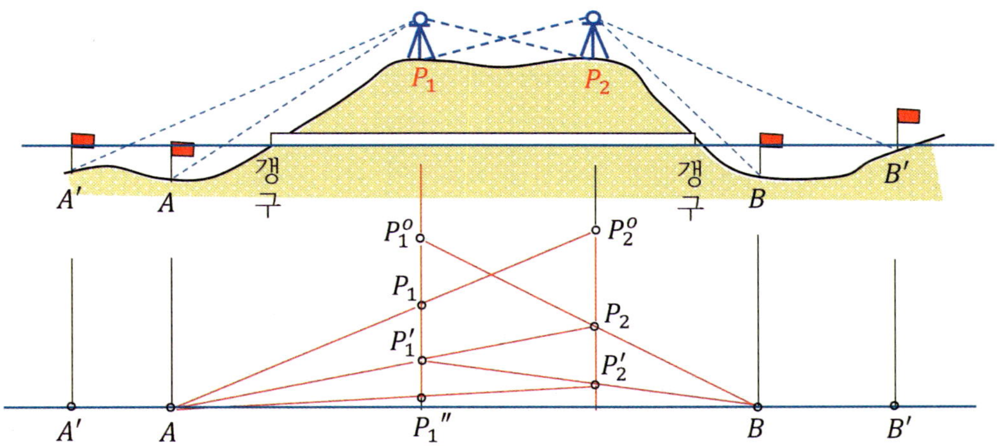

그림 14.3 산정에서 두 갱구가 보이지 않는 경우

① 지형도에서 $\overline{AB}$ 선상에 가까운 점 P_1, P_2를 선정하고 이들을 현장에 설치한다.

② 점 P_1에 트랜싯을 설치하고 점 A를 시준하여 망원경을 반전하면 점 P_2가 보이는 것이 아니라 점 P_2^o가 보인다.

③ $\overline{AP_1}$, $\overline{P_1P_2}$, $\overline{P_2B}$의 개략적 거리를 지형도상에서 구하고 $\overline{P_2P_2^o}$를 실측하여

$\overline{PP_1{}'} = \overline{P_2P_2^o} \times \dfrac{\overline{AP_1}}{\overline{AP_2}}$ 만큼 점 P_1을 이동하면 점 $P_1{}'$는 거의 $\overline{AP_2}$ 선상에 있다.

④ 점 P_2에 트랜싯을 설치하고 점 B를 시준하여 망원경을 반전하면 점 P_1이 아닌 점 P_1^o가 보인다.

⑤ ③에서와 같이 $\overline{P_2P_2{}'} = \overline{P_1P_o} \times \dfrac{\overline{BP_2}}{\overline{BP_1}}$ 만큼 점 P_2를 이동시키면 점 $P_2{}'$는 거의 $\overline{BP_1{}'}$ 선상에 있다.

⑥ 이상의 순서를 반복하여 최후에 오차가 적어졌을 때 $\overline{P_1^nP_2^n}$ 또는 $\overline{P_1^nP_2^{n-1}}$의 방향을 터널의 중심선 방향으로 하고 반대로 점 A와 B의 위치를 변경한다.

⑦ 점 P_1과 P_2가 $\overline{AB}$의 양측에 있는 경우에는 첫 번째 점의 이설(移設)로서 $\overline{AB}$와 같은 쪽에 있게 되므로 위와 같은 순서로 하면 된다.

제 14 장

❸ 지형이 복잡, 험준하고 터널의 길이가 긴 경우

이러한 경우 기준점의 좌표나 방향, 터널의 길이를 구하기 위해서는 전면적으로 간접측량에 의하게 되므로 이와 같이 터널의 길이가 길고 지형의 상황이 나쁜 경우에는 가능하면 중심선의 방향만은 시통이 되도록 하는 것이 바람직하며 다음과 같은 방법을 사용한다.

① 국가 삼각점 등 기준점을 사용하여 삼각측량을 실시하여 기준점의 위치를 결정한다.

② 도상에서 선점하여 중심선 상에서 시통(視通)이 좋은 두 점을 선정한다.

③ 예비측량을 실시하고 현장에 위의 두 점(T.P.)을 설치한다. 이 때 두 점 이상의 기지점에서의 전방 교회법에 의하여 임시 말뚝을 설치하고 다시 정밀측량을 실시하여 위치를 수정한다.

④ 이 두 점의 방향을 두 갱구까지 연장하여 오차가 얼마나 있는 가를 판단한다. 만일 오차가 커서 인정할 수 없는 경우에는 ③의 T.P.의 위치를 수정하여 같은 측량을 실시하고 만일 오차가 적어 인정할 수 있는 경우에는 이 중심선에 맞추어 두 갱구와 나란하게 필요한 기준점을 설치한다.

⑤ 이들 기준점을 새로운 삼각점으로 하고 도상에서 모든 노선에 대하여 망을 구성하고 정밀 삼각측량을 실시한다.

⑥ 이와 같이 하면 계산에서 구한 중심선의 방향과 실측한 중심선의 방향이 일치하므로 매우 안전하다.

14.3 | 갱내측량

14.3.1 갱내기준점 측량

갱내기준점측량(坑內基準點測量)은 터널의 굴착이 진행됨에 따라 갱구에 설치된 기준점을 기준으로 하여 갱내의 중심선측량 및 수준측량을 시행하는 것이나 갱내가 어둡고 갱도(坑道)가 좁아 작업이 불편한 것 이외는 지상 측량과 다름이 없다. 공사가 진행되어 갱구에서 절개(切開)까지의 연장이 길어지면 갱내에 설치한 기준점만을 사용하여 측량하는 경향이 있으나 이것은 오차가 누적될 위험이 있으므로 터널의 규모, 굴진의 속도 등에 따라 다르나 적어도 한 달에 한 번은 갱내기준점과 갱외기준점을 서로 연결하여 검측할 필요가 있다.

기준점은 보통 천정(天井)에 설치한다. 그 이유는 발견하기가 쉽고 운반이나 기타 작업에 장애가 되지 않으며 파손될 염려가 적기 때문이다. 천정에 측점을 설치할 때는 동발이에 못을 박는다던가 또는 암반에다 직경이 약 15 mm, 깊이 40 mm 이하의 적은 구멍을 뚫고 여기에 견고한 나무쐐기를 박고 다시 여기에 못을 박아서 측점으로 한다. 이때에 못은 추(錘)를 달 수 있는 구조로 되어 있어야 한다. 천정 측점의 위치에 데오돌라이트를 설치하려면 ① 측점에 추를 달고 망원경 중앙에 그려져 있는 기계중심점(광축과 수평축의 교점)을 추에 일치시키는 방법을 사용하거나 ② 천정의 측점에 추를 매달아 이 측점을 바닥 위에 옮긴 후 여기에 데오돌라이트를 설치하는 방법을 사용한다.

측점의 간격은 직선부에서는 대개 100 m를 표준으로 하며 곡선부에서는 곡률 등을 고려하고 적절히 하여야 하나 한 개의 측점에서 앞뒤에 적어도 2점 이상이 관측될 수 있도록 하여야 한다. 터널의 내부는 일반적으로 어둡고 특히 공사 중에는 환기가 충분치 못하고 먼지가 많아 시통이 나쁘다. 따라서 시준거리가 짧아지고 이동하는 횟수가 많아져서 여러 가지의 누적오차가 많이 발생할 수 있으므로 조명을 밝게 하고 환기를 철저히 하여 가능한 한 시준거리를 길게 하도록 하여야 한다. 특히 갱내에서 발파(發破)를 하는 경우에는 갱내의 공기가 흐려져서 측량이 곤란하게 되므로 잠시 측량을 중단하고 공기가 다시 맑아질 때까지 기다리는 것이 좋다.

터널측량에서 관통의 정밀도는 관통할 때의 어긋남을 10 cm 이내로 하였으나 일반적으로 터널측량의 정밀도는 길이의 평방근에 비례하므로 터널의 길이가 점점 길어지면 이론적으로 불가능하게 된다.

긴 터널의 경우에는 관통 전에 시공한 중심선에는 적어도 ±10 cm의 오차를 각오

제 14 장

하고 있으므로 관통점 전후 50~200 m 구간은 측량 도갱(導坑)을 미리 진입시켜 이 구간에서 오차를 흡수할 수 있도록 중심선을 수정할 필요가 있다.

14.3.2 갱내측량 기구

갱내의 측량은 지상에서의 측량과는 그 여건이 다른 것이 많으므로 이곳에서 사용하는 측량기구도 야외에서 사용하는 측량기구와는 다른 것을 사용한다.

❶ 측각기와 타겟

터널측량에서 사용하는 측각기와 타겟은 터널의 작업이나 작업현장의 특성에 알맞은 것이어야 한다. 다시 말하면 어둡고 습하며 좁은 터널 공간에 알맞은 것이어야 한다. 따라서 적절한 조명장치와 방진, 방습에 강한 것이어야 한다. 특히 갱내에서의 측각기의 사용은 주로 직선의 연장에 사용되므로 사용하는 데오돌라이트는 직선연장에 적합하여야 한다. 타겟은 조명장치가 부착된 것이거나 또는 적절한 조명장치를 하여 관측에 지장이 없어야 한다. 최근에는 터널공사에서도 갱내의 조명시설이 매우 좋아졌으나 시표(視標, target)를 위한 특별한 조명을 할 필요가 있는 경우가 있다. 간단한 경우에는 추를 매단 끈이나 간단한 시표 뒤에 흰 종이나 투명유리를 세우고 손전등으로 조명하는 방법을 사용하기도 한다. 측선이 긴 경우는 조명장치가 부착된 타겟을 사용한다.

❷ 레이저 데오돌라이트와 레이저 레벨

데오돌라이트에 의하여 시준선을 연결하는 대신에 레이저를 사용하면 시준선이 육안으로 확인되고 목표물 또는 반사판 위에 명료하게 위치가 확인되므로 터널의 측량 또는 공사 등에 매우 편리하다. 실제적으로 터널공사에서 사용하는 모든 레이저 장치는 터널 벽이나 천장에 부착하는 것들이어서 이들을 설치하는 것은 그리 쉬운 작업이 아니다.

먼저 〈그림 14.4〉와 같이 두 개의 금속판에 작은 구멍을 만들고 이들을 터널의 선형에 따라 정확하게 일직선 위에 오도록 고정한다(데오돌라이트 등을 사용함). 그런 다음 레이저 발생장치를 첫 번째 구멍 뒤(2~3 m)에 오도록 하고 레이저빔이 두 판의 구멍을 모두 통과하도록 조정한다(그림 14.4). 이런 방법을 사용하면 터널선형에 평행한 직선을 쉽게 얻을 수 있다. 이때 두 금속판을 연직면에서 상대적으로 조정하면 수평한 선형대신에 경사된 선을 얻을 수 있다. 이러한 방법은 레이저빔이 금속판의 구멍을 모두 통과하는가 여부를 쉽게 식별할 수 있으며 만일 잘못 되었을 경우에는 쉽게 고칠 수 있다.

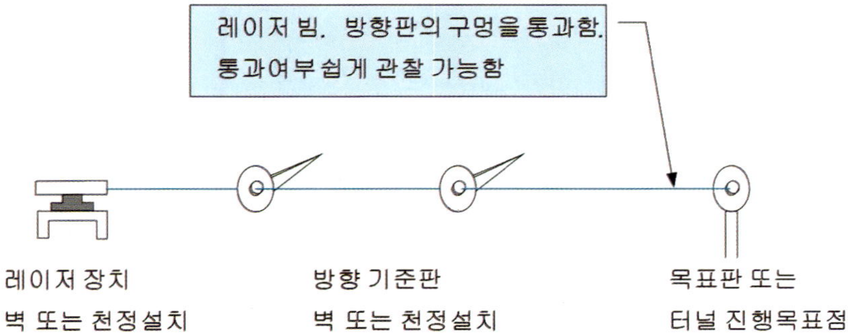

그림 14.4 레이저빔에 의한 직선설치

또한 수준측량을 실시할 때도 표척에 레이저를 쏘면 현장에서 직접 높이를 읽을 수 있으므로 거푸집 등을 설치할 때 매우 유용하게 이용할 수 있다. 특히 터널 천장에 장치한 레이저 장치는 굴착기(掘鑿機)를 사용한 터널 굴착에 큰 도움이 된다.

❸ 자이로 경위의

자이로컴퍼스(gyrocompass)는 지자기(地磁氣)의 국소이상의 영향이 있는 경우나 북극성 관측을 이용하지 않을 경우에 진북방향을 구하는데 매우 편리한 기계이다. 그러나 이것을 터널측량에 이용하는 것은 간단한 자이로컴퍼스로는 불충분하므로 적어도 자이로 모터의 회전축이 정확하게 경위의 수평분도원 위 또는 망원경의 시준선 위에 투영되는 것이 필요하다. 이와 같은 장치에는 데오돌라이트에 자이로 모터를 장치한 자이로 경위의 〈그림 14.5〉 등이 있다. 자이로 모터는 한 개의 얇은 테이프 또는 줄에 의하여 연직으로 매달려 있으므로 자이로의 회전축은 중력에 의하여 수평으로 유지된다. 자이로에 고속회전(약 22,000 rpm)을 하면 관성에 의하여 공간에 대한 최초의 회전축 방향을 유지하려는 성질이 있으나 지구의 자전 각속도의 영향을 받아 자이로의 회전축은 연직선의 주위에 진동을 일으킨다.

이것은 자이로의 세차운동(歲差運動, precession)으로 최종적으로는 회전축이 자오선 방향(자오면 내)에 안정되나 자이로 자신의 무게에 의한 관성이 있으므로 신속하고 도 예민하게 남북방향을 가리키지는 못하고 자오선의 주위에 완만한 진동을 하게 된다. 이 자이로 축의 진동 중심방향을 구하면 진북방향이 얻어진다.

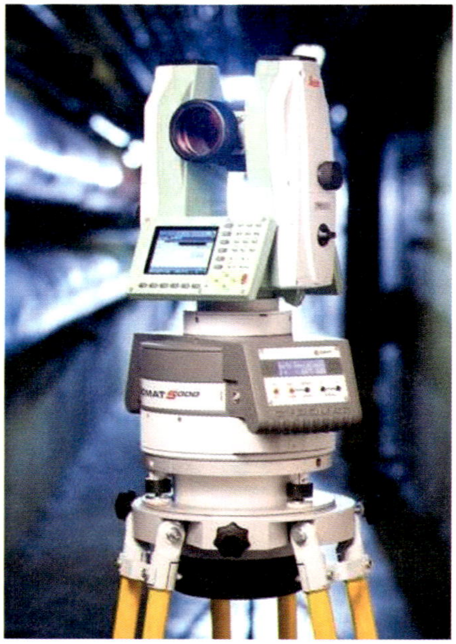

그림 14.5 Gyromat 5000, DMT GmbH, 1.2/100,000정밀도

14.3.3 갱내 중심선측량

❶ 중심선 도입측량과 중심말뚝

일반적으로 갱구는 시통이 되지 않는 장소가 많아 〈그림 14.6〉과 같이 중심선을 도입(導入)하는 것이 보통이다. 그 순서는 다음과 같다.

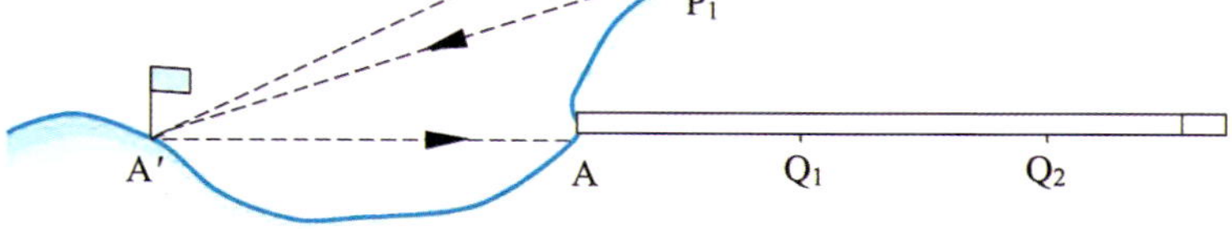

그림 14.6 중심선의 도입

① 갱구에서 떨어진 중심선 위에서 갱구 A가 보이는 곳에 방위 기준점 A′를 선정한다.
② 점 A′에서 점 P_1 또는 P_2를 시준하여 그의 시준선 내에서 갱구에 기준점 A를 선정한다.
③ 점 A에서 점 A′를 시준하여 망원경을 반전하여 갱내에 기준점 Q_1, Q_2,…… 을 순차적으로 설치한다.
④ 이때 점 A, Q_1, Q_2, ……에 있어서 직선의 연장은 반드시 망원경 정, 반위 상태에서 실시하여야 한다.

갱내에서의 중심말뚝은 차량 등에 의한 파손이 없도록 견고하게 만들어야 한다. 보통 다우얼(dowel)이라고 하는 기준점을 설치한다. 이것은 보통 노반을 30 cm×30 cm의 형태로 깊이 30 cm~40 cm의 깊이로 파서 콘크리트를 타설하고 그 중앙에 나무말뚝을 박고 그 중심에 가는 못을 박아 기준점으로 한다.

제 14 장

❷ 갱내의 곡선설치

터널이 직선인 경우에는 트랜싯을 이용하여 중심선을 연장하는 것으로 충분하나 곡선일 경우에는 갱내에서 정확한 곡선을 설치하여야 한다. 따라서 지상의 노선측량에서 행하는 곡선설치법에 의하여 신중히 설치하여야 한다. 일반적으로 갱내는 매우 협소하여 현편거법 또는 트래버스 측량에 의한다. 트래버스 측량에는 내접다각형법과 외접다각형법의 2가지가 있다.

트래버스 측량에 의할 경우에는 가능한 한 현의 길이를 길게 잡아 기계의 설치회수를 적게 하는 것과 동시에 각의 관측은 배각법에 의하여 반복측정을 하고 거리는 기선측량에 준하는 정도로 함으로써 충분하고도 정밀한 측량을 할 수 있어야 한다.

갱내의 곡선설치는 주로 현편거법, 내접다각형법, 외접다각형법 등이 사용된다.

❸ 갱내 고저측량

터널의 굴착이 진행됨에 따라 갱구 부근에 설치된 수준점으로부터 갱내의 B.M.까지 수준측량을 실시하여 갱내의 고저측량을 실시한다. 갱내의 B.M.은 갱내의 작업에 따라 파손의 우려가 없는 곳을 택하여 측량에 편리한 곳에 설치하여야 하며 천장에 구멍을 뚫어 핀을 콘크리트로 고정하거나 장래 굴착이 없는 벽 등에 고정하여 설치하기도 한다.

갱내의 고저측량에서 표척과 레벨을 사용하는 것은 갱외에서의 측량과 다른 것이 없으나 데오돌라이트와 같이 레벨의 십자선을 조명할 필요가 있으며 먼지나 연기 등으로 흐려지기 때문에 수준척(水準尺 또는 標尺)도 조명할 필요가 있는 경우도 있다. 갱내에서 사용하는 수준척의 길이는 보통 3 m 이하의 것을 사용하나 천장에 B.M.을 설치할 경우에는 5 m 표척을 준비하는 것이 좋다.

갱내의 천장에 B.M.을 설치하는 경우에는 〈그림 14.7〉과 같이 수준척을 역(逆)으로 사용하는 방법을 이용한다.

〈그림 14.7〉에서 점 P_1의 표고 z_1은

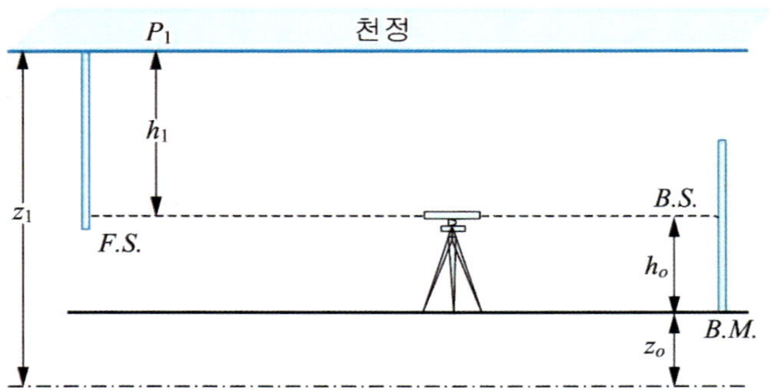

그림 14.7 역 수준척

$$z_1 = z_o + h_o + h_1 \tag{14.2}$$

야장에서는 천정에서 내린 표척의 읽음 값을 (−)로 표기하므로 이를 대수적으로 생각하면 〈식 14.2〉는 다음과 같다.

$$z_1 = z_o + h_o - h_1 \tag{14.3}$$

이 되며 이것은 지상에서 실시하는 수준측량의 일반식과 같다.

14.3.4 수직터널에서의 중심선 측량

터널측량의 핵심은 지상에 위치한 중심선(선형)을 터널 안으로 연결하여 지상에서의 중심선과 터널 안에서의 중심선의 방향을 일직선으로 서로 일치시키는 작업이다. 다시 말하면 지상의 좌표계와 터널의 좌표계를 일치시키는 작업이다. 이것을 위해서는 터널 안에 위치한 최소한 한 점에 대한 3차원 좌표(x, y, z)와 터널 안의 측량망의 한 측선에 대한 방위각을 터널 밖(지상)의 기준좌표계와 일치시켜야 한다. 터널은 경

우에 따라 경사진 터널 또는 수직인 터널입구에서 직접 연결할 경우가 많다. 만일 경사진 터널의 경우는 간단히 지상으로부터 트래버스 선으로 연결하면 된다. 그러나 터널입구가 수직인 경우에는 광학적, 역학적 또는 자이로방법에 의하여 중심선의 방향을 일치시킨다. 수직 터널의 중심선에 대한 방위각을 지상의 좌표체계로 변환하기 위한 방법으로는 "Weisbach 삼각형방법"이 가장 보편적으로 사용된다. 일반적으로 1분의 방위각 오차는 1 km길이에서 약 수십cm의 오차를 불러온다.

Weisbach Triangle Method

지상에 있는 중심선을 수직터널의 중심선과 일직선으로 연결하기 위해서는 데오돌라이트 십자선의 연직선과 연직축에 결려있는 두 개의 중심선으로 만들어지는 연직면을 정확하게 일치시켜야 한다. 이러한 과정에서 발생하는 문제점들을 최소화하기 위한 방법이 "Weisbach 삼각형"방법이다.

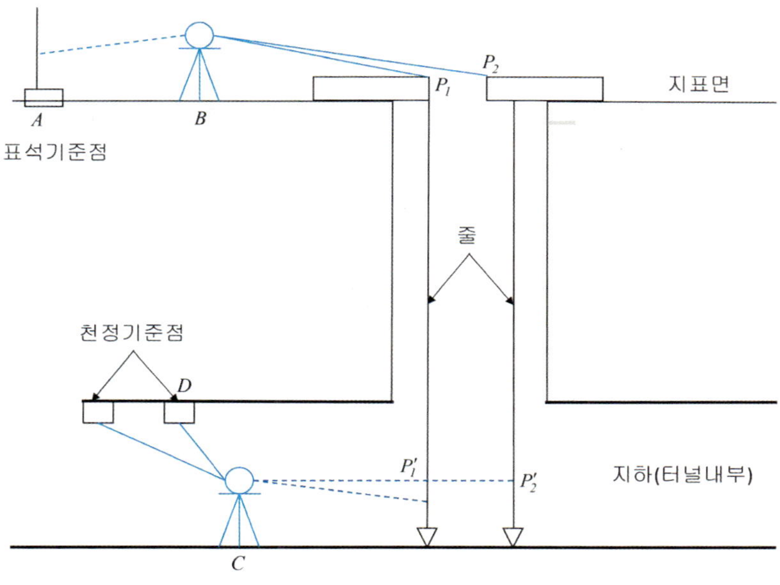

그림 14.8 터널중심선의 지상좌표계로의 변환작업(단면도)

〈그림 14.8〉은 추가 달린 두 개의 줄이 각각 P_1과 P_2에서 수직터널로 내려져 있으며(연직선) 데오돌라이트는 각각 지상의 B와 터널 안에 있는 C점에 설치되어 있다. (P_1, P_2)와 (P_1', P_2')는 각각 연직선의 지상위치와 이에 대응하는 터널 안의 위치이다. $\overrightarrow{P_1 P_2}$의 방향은 지상에서 결정하며 이것을 다시 터널 안의 방향인

$\overline{P_1', P_2'}$로 변환한 후 터널 안에서의 모든 작업이 이를 기준으로 이루어져야 한다. 연직광학시준기를 사용할 경우에는 수직터널의 꼭대기에 있는 두 점은 연직 시준선을 따라 터널 바닥으로 옮겨지게 된다. 이와 같이 터널 바닥으로 옮겨진 점은 터널 중심선을 연장하기 위한 정밀 2중 구심작업에 이용될 것이다.

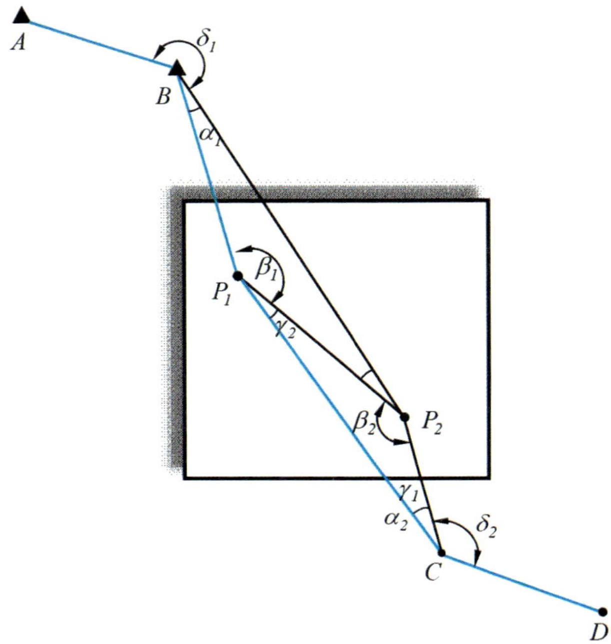

그림 14.9 Weisbach triangle(평면도)

〈그림 14.9〉는 "Weisbach삼각형"(그림 14.8)의 평면도이다. 그림에서 A와 B는 지상에 위치한 점, C와 D는 터널 안에 있는 점, P_1과 P_2는 각각 연직선이다.

그림에서 이미 알고 있는 데이터(기지 데이터)는 다음과 같다.

- 지상에서의 측량을 위한 알고 있는 데이터
  - 지상에 있는 측점 A와 B의 좌표
  - 지상에서 측정한 평면각 δ_1과 α_1
  - 지상에서의 측정거리 $\overline{B, P_1}$, $\overline{B, P_2}$, $\overline{P_1, P_2}$
- 터널 안에서의 측량을 위한 알고 있는 데이터
  - 측정각 α_2과 δ_2
  - 터널 안에서 측정한 거리 $\overline{C, P_1}$, $\overline{C, P_2}$, $\overline{C, D}$

이때 터널 안에서 구하여야 할 미지수는 C와 D의 좌표와 $\overrightarrow{C,D}$의 방위각이며 이들 미지수는 다음과 같은 순서로 계산한다.

(1) 지상의 삼각형, $(B-P_1-P_2)$에서 sine법칙을 사용하여 γ_1과 β_1을 구한다.

(2) 터널 안의 삼각형, $(C-P_1-P_2)$에서 sine법칙을 사용하여 $\overrightarrow{C,D}$ γ_2와 β_2를 구한다.

(3) 지상과 터널 안에 있는 측선들, $\overrightarrow{B,P_1}$, $\overrightarrow{B,P_2}$, $\overrightarrow{P_2,P_1}$, $\overrightarrow{P_1,P_2}$, $\overrightarrow{P_2,C}$, $\overrightarrow{P_1,C}$, $\overrightarrow{C,D}$에 대한 방위각 계산

(4) 트래버스 망, $A-B-P_1-D$ 또는 $A-B-P_2-C-D$의 계산

실제적인 측량에서 주의하여야 할 사항은 모든 측정은 매우 정밀하게 이루어져야 한다는 것이다. 그렇지 않으면 많은 오차를 유발할 수 있다. 일반적으로 연직터널의 폭이 4~8 m에 불과하기 때문에 연직터널에 내려지는 추들의 간격은 가능한 한 넓어야 한다. 만일 α_1, α_2가 30′보다 작을 경우에는 거리오차 10 mm정도는 무시할 수 있다.

제 14 장

14.4 | 터널의 변형조사측량

터널은 시공 중이거나 완성 후에도 여러 가지 원인에 의하여 변형(變形)되어 공사의 진행이 불가능하거나 터널의 기능이 저하되어 결국에는 사용이 불가능하게 되는 경우도 있다. 시공 중에는 거푸집 또는 복토(覆土)의 변형이나 파괴에 의해 하중이 걸려있는 것을 알 수 있으나 만일 파괴에까지 이르지 못하거나 변형이 적을 경우에는 조기에 발견하기가 어려우며 특히 완공 후에는 더욱 어렵다. 이와 같은 변형을 조사하는 방법으로 유일한 수단은 측량이다.

터널의 변형조사 측량은 ① 중심측량 ② 고저측량 ③ 단면측량 등으로 구분하며 정기적으로 실시하여 변형된 사실을 기록하여야 한다. 이들을 완공 후에 행하면 준공측량(竣工測量)이 된다.

14.4.1 중심측량

완성된 터널의 중심으로는 〈그림 14.10(a)〉와 같이 터널의 시공면 또는 포장면(鋪裝面)에서 터널 양 측 벽 사이의 중심이 된다. 터널이 완성된 후에는 완성된 터널의

양측 벽 사이의 중심 C를 매 20 m 마다 표시해 둔다. 한편 터널의 갱구에서 설계된 터널의 중심선을 따라가며 이의 중심점 C′가 C와 합쳐지면 시공된 중심선은 설계된 중심선 위에 있다. 만일 x 만큼 편위가 있으면 그 만큼 터널이 어긋나 있다는 것을 의미한다. 〈그림 14.10(b)〉는 이것을 평면도에 표시한 것이며 $x_o, x_1, x_2, \cdots$ 는 각 점의 편위로 여기에서는 x_4 가 최대편위량이 된다.

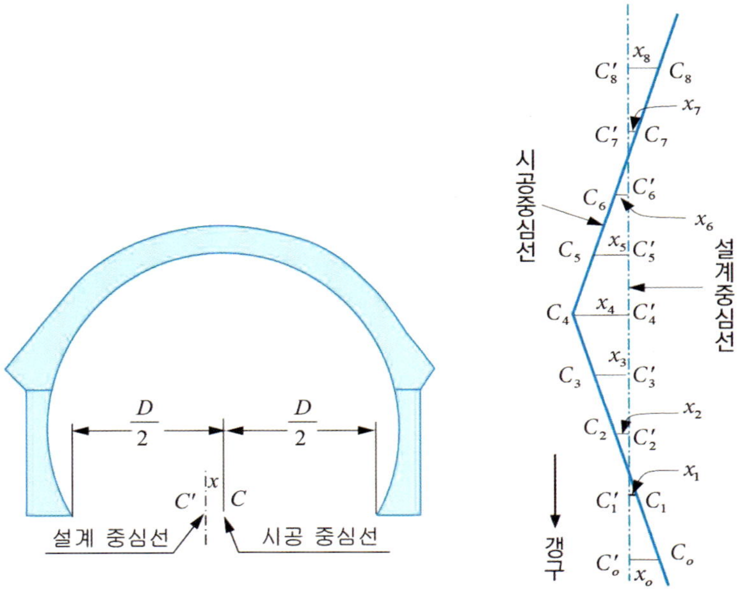

(a) (b)

그림 14.10 시공중심선과 설계중심선과의 관계

수로터널에서는 이러한 편위량은 큰 문제가 되지 않으나 철도 터널과 같이 주어진 중심선에 정확하게 궤도(軌道)를 부설하여야 하는 경우에는 이 최대 편위에 따라 그 부근의 궤도중심을 가감하여 공사 한계를 확보하여야 한다. 즉 시공된 터의 중심선과 설계된 중심선 간에 적당히 궤도중심을 맞추는 것이다.

도로터널에서는 약간의 편위는 길어깨(노견) 부근에서 조정할 수 있으나 어느 정도 이상이 생기면 철도에서와 같이 최대편위량에 의하여 도로 중심선을 적당히 옮길 필요가 발생한다. 이때 시공한계와의 관계도 고려하여야 한다.

14.4.2 고저측량

터널에서 고저측량의 기준은 공정부(拱頂部, arch crown), 기공선(起拱線, spring crown), 시공기준면(施工基準面) 등 여러 가지 방법이 있으나 철도의 경우는 시공기준면을, 도로에서는 아치 크라운을 기준면으로 한다.

일반적으로 중심점 C의 높이는 중심측량에서와 같이 20 m 간격으로 레벨을 사용하여 측정하고 터널의 경사가 설계대로 시공되었는가를 검사한다. 도로의 경우 노면의 경사는 별도로 포장면의 높이를 측정하여 결정한다. 터널측량에서 높이에 대한 오차는 시공의 한계 및 배수조건 등에 관계가 있다. 터널의 천정이 침하하여 시공한계를 넘었을 경우에는 노면의 높이를 변경하여야 하나 완만한 경사의 터널에서는 배수가 매우 나쁘게 된다. 수로터널의 경우에는 중심의 오차보다는 높이의 오차가 더 심각하며 배수량에 영향을 준다.

14.4.3 터널 단면의 측정 및 변형조사

터널의 단면측정(斷面測定)은 터널의 준공검사 또는 터널의 변형조사에서는 반드시 실행되는 측량이며 일반적으로 토털스테이션을 기본으로 한 단면측정기를 사용하여 쉽게 측정한다. 〈그림 14.11〉은 단면측정의 표준적인 방법으로서 먼저 측정하고자 하는 곳의 중심(C)을 정하고 이곳에 단면측정기를 설치한다.

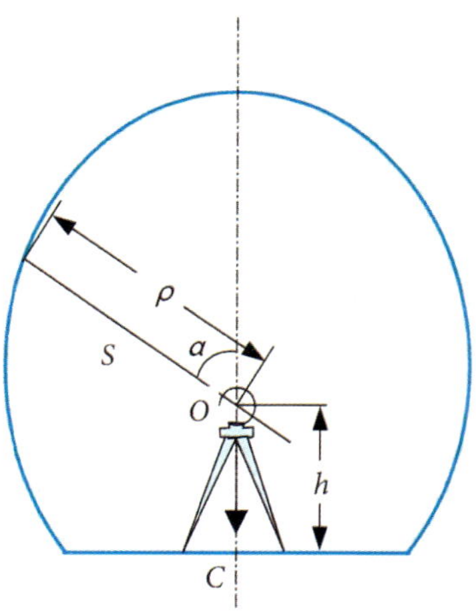

그림 14.11 단면측정기의 원리

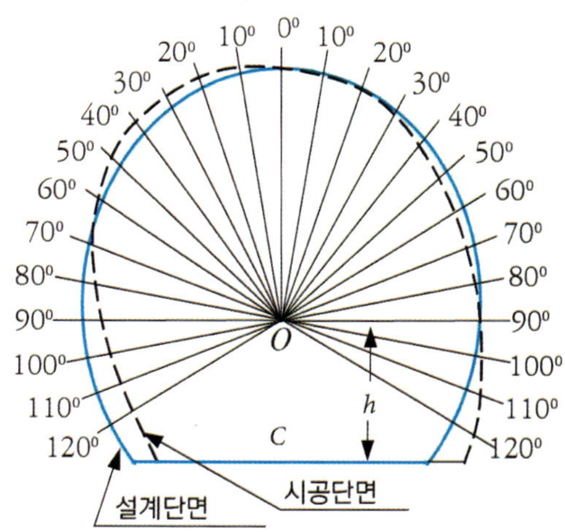

그림 14.12 단면측정기록용지

그런 다음 단면측정기의 측정자(S)의 앞부분을 터널의 안쪽 면에 거슬러 회전하면서 축척자의 신축길이를 조정하고 그때의 축척자의 거리와 각을 측정하고 기록한다.

다음에는 〈그림 14.12〉와 같이 미리 각도가 그려져 있는 용지 위에 O로부터 ρ_1, ρ_2, ρ_3,… 등을 기입하고 그들을 연결하면 완성된 터널의 단면이 얻어지며 설계단면과 시공단면의 오차를 알 수 있다.

터널이 곡선인 경우에는 중심선에 직각인 단면을 측정하여야 하며 경사면의 경우에는 경사선에 직각인 단면을 측정하여야 한다.

최근에는 이와 같은 재래식 방법 대신에 새로운 현대적인 기법인 지상 라이다(TLS, terrestrial laser scanning)방법을 사용하기도 한다. 지상 라이다는 터널 내부에 레이저 빔을 발사한 후 반사되어 오는 시간을 이용하여 발사한 기계로부터의 거리를 측정하는 원리로 수백만 점의 3차원좌표(mm급 정밀도)가 매우 정밀하게 매우 짧은 시간(1초당 100만 점까지)에 얻어진다. 지상 라이다는 매우 정밀하고 신속한 작업이 가능하기 때문에 활용성이 점점 증대하고 있으며 터널의 단면 형태를 매우 정밀하게 재현하며 터널의 변형상태를 측정하는 것 이외에 공사가 완료된 후 설계와 비교하여 시공의 정확도를 점검할 수도 있다. 〈그림 14.13〉은 라이다를 이용한 터널 변형측량의 한 예이다. 이것은 굴착된 터널 내부를 LiDAR를 이용하여 수백만 점의 "point clouds"의 3차원 좌표를 mm 단위의 정밀도로 측정하고(1초에 백만 점 이상의 짧은 시간 안에) 이들 점을 이용하여 터널 내부를 재현함으로써 최초 설계와 비교검토가 가능하며 일정한 시간 동안 반복함으로써 터널의 변형까지 모니터링이 가능함을 보여주는 좋은 예이다(Journal of Traffic and Transportation Engineering(English Edition), 2014, 1(5):325-337).

라이다 측량에 관한 상세한 것은 제16장 "라이다 측량" 편에서 상세히 설명하고자 한다.

그림 14.13 라이다에 의한 터널변형측량

Chapter 15 하천측량

15.1 | 개 요

하천측량의 목적은 하천의 형상, 수위, 수심, 단면, 구배 등을 측정하여 하천의 평면도와 종, 횡단면도를 작성함과 동시에 유향(流向), 유속, 유량, 부유물, 기타 구조물을 조사하여 각종 수공설계 및 시공에 필요한 자료를 얻기 위한 것이며, 따라서 그 작업의 내용을 구분하여 ① 평면측량 ② 수준측량 ③ 유량측량 ④ 수위관측 ⑤ 우량관측 ⑥ 공작물의 조사 등을 하며 하천측량 작업규정에 따라 이를 실시하게 된다.

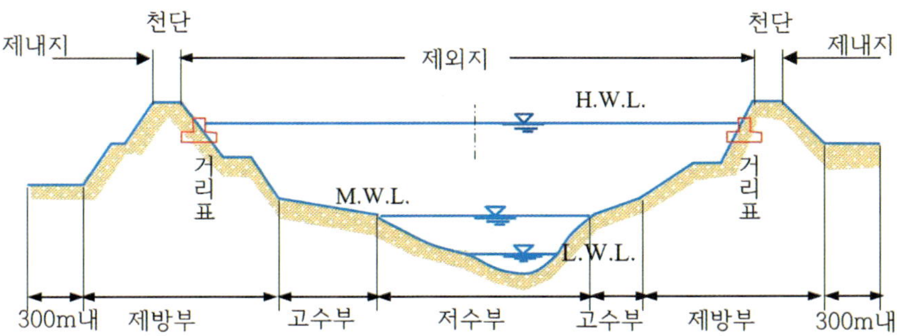

그림 15.1 하천 단면도

하천측량의 범위는 하천의 크기와 목적에 따라 차이가 있으나 범람구역 및 제방의 연결 등을 충분히 고려하여 **유제부(有堤部)**와 **무제부(無堤部)**에 따라 결정한다. 일반적으로 유제부의 경우에는 <그림 15.1>과 같이 **제외지(堤外地)** 전 구간, 즉 제방사이의 전 구간과 제내지 약 300 m 이내의 범위로 하고 무제부의 경우에는 홍수 때 물이 도달하는 거리(물가선)보다 100 m 바깥쪽까지 범위를 확대한다.

15.2 평면도의 작성

평면도는 하천측량의 목적에 따라 그 범위가 정하여지며 일반적으로 제외지에서는 전 지역으로 제내지에서는 300 m 내외로 하고 있으나 필요에 따라 범위를 확대한다. 예를 들면 하천 개보수 계획을 수립하기 위해서는 유제부, 무제부를 구분하여 범람, 노제, 유수, 내수, 합류 또는 분류하천의 유무 등에 따라 제내지를 넓게 측량할 필요가 있다. 무제부에서는 홍수 때의 물가선에서 약 100 m까지 확대하여 실시한다.

평면측량은 하천 유로의 상태와 형상을 측정하는 것이므로 하천의 부속물 또는 공작물의 제방, 호안, 옹벽, 수제, 갑문, 수문, 배관 등과 승선장, 하선장, 용지수로, 교량, 삼각점, 수준점, 거리표, 양수표의 위치와 전답, 산림, 임야, 가옥 등 하천과 중대한 관계가 있는 모든 것을 상세히 측량하여 평면도에 표시한다.

평면도의 제작방법은 큰 지역에서는 항공사진측량방법을 사용하고 소지역에서는 전통적인 지상측량방법에 따라 골조측량과 세부기준점 측량을 거쳐 지형도를 작성하게 된다. 이때 지형의 기복은 등고선에 의하여 표시한다. 평면도의 제작방법은 특별한 경우를 제외하고는 국토지리정보원의 도식규정에 의하며 자연 및 인공지형 지물은 축척에 따라 실물크기로 표시하며 실물크기로 표시하기가 어려운 것은 기호로 표시한다. 삼각점, 수준점, 거리표, 제방, 호안, 옹벽, 수제, 갑문, 수문, 통관, 승선장, 하선장, 용배수로 등 모든 것의 위치를 상세히 측량하고 이들을 평면도에 표시한다.

평면도의 축척은 보통 1/2,500을 기준으로 하나 폭 50 m 이하의 소하천에서는 1/1,000을 기준으로 한다. 특히 수문, 기장, 통관, 통문 등과 같은 구조물의 설계를 위해서는 1/300~1/500의 축척으로, 제방, 호안, 수로 등의 설계를 위해서는 1/500~1/1,000의 축척으로 평면도를 제작한다.

등고선은 주곡선 1 m, 계곡선 5 m로 하고 필요에 따라 간곡선(0.5 m)과 조곡선(0.25 m)을 삽입한다.

15.3 | 고저측량

고저측량에는 종단측량, 횡단측량, 수심측량, 하구수심측량, 등고선측량 등으로 구분할 수 있다. 종단측량은 수준기표(Bench Mark)와 거리표(Distance Mark)를 기준으로 한다.

수준기표(水準基標)는 지반이 침하하지 않는 견고한 장소를 택하여 하천의 양안에 약 5 km 간격으로 설치하며 그들의 표고는 국가수준점으로부터 정확히 측정하여 결정하여야 한다. 수준기표는 15 cm × 15 cm × 1.2 m 크기의 사각형 주를 사용하여 지상에 견고하게 매설하여야 한다. 주변에 견고한 암석이 있으면 이것을 이용하여도 좋다.

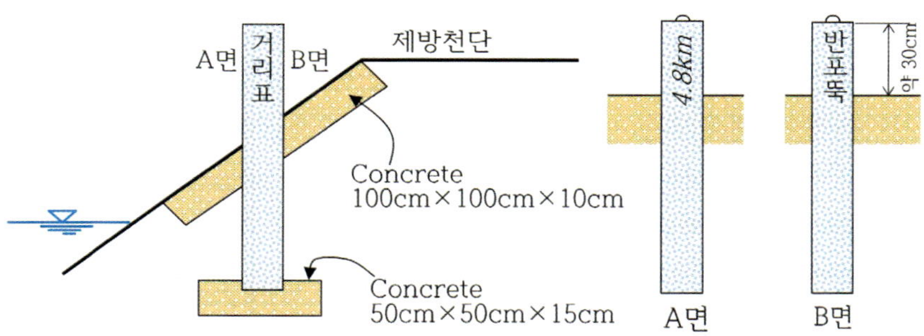

그림 15.2 거리표

거리표(距離標)는 종단측량에서 종단점의 평면위치를 결정하기 위한 거리측정의 기준이 되는 것으로 하구 또는 하천의 합류점을 기점으로 하여 하천의 좌우 양안에 설치한다. 이때 좌우 양안에 설치된 거리표를 연장한 선이 하신(河身), 즉 하천의 유심선에 직각인 방향으로 설치되어야 한다(그림 15.3). 현장에서 거리표를 설치할 때는 직접 그 거리를 측정하여 설치하는 것이 좋으나 적절한 평면도가 있을 경우에는 먼저 평면도에서 기점과 거리표의 위치를 정하고 이들을 현장에 이설하는 방법을 사용하기도 한다.

거리표의 기점은 간천에서는 하구에, 지하천에서는 간천과의 합류점에 설치하며 200 m 간격으로 하신을 따라 상류를 향하여 순차적으로 설치한다. 하천이 큰 경우에는 500 m 간격으로 설치하기도 한다. 거리표는 하상의 변화를 조사하거나 하천계획에 필요한 각종 자료의 기본이 되는 횡단면도를 작성할 때의 기준이 되는 점으로 영구히 변하지 않는 곳을 택하여 설치하여야 한다.

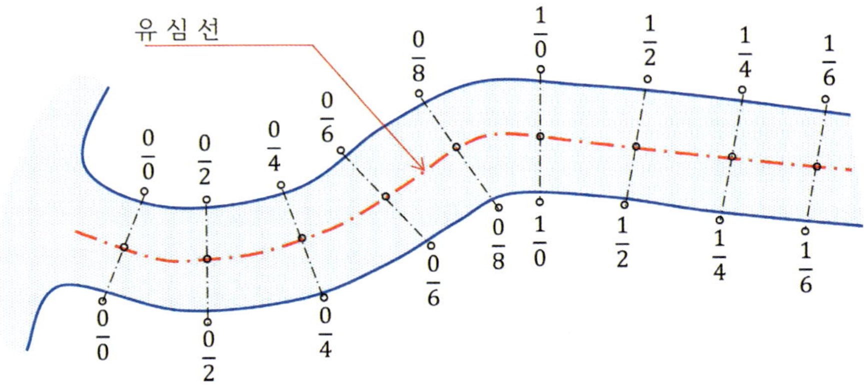

그림 15.3 거리표의 배치

거리표는 공공측량 작업규정에 따라 그의 평면좌표와 표고좌표가 결정되어야 한다. 항공사진측량의 경우에는 항공사진 촬영 전에 거리표의 위치에 대공표지를 한 후 촬영하고 그 후에 도화기에 의하여 그의 좌표를 읽어도 되나 전자파 거리측정기에 의하여 거리표 간의 거리를 측정하여 두는 것이 좋다.

거리표의 형태는 길이 약 1.2 m, 머리 부분은 12 cm×12 cm의 사각형 형태로 보통 철근 콘크리트 또는 석재를 사용하여 제작한다. 거리표의 표고는 꼭지점의 표고를 표시하며 측면에 명칭 등을 표시한다(그림 15.2).

15.4 | 종단측량과 횡단측량

종단측량은 하천의 양안에 설치된 거리표, 양수표, 수문, 기타 중요한 장소의 표고를 측정하는데 목적이 있다. 측량은 수준기점으로부터 다음의 수준기점에 결합하는 방법으로 시행하며 반드시 1왕복 이상 관측하여 충분한 정밀도를 확보하여야 한다. 종단측량에서는 거리표의 표고 및 거리표 위치의 지반고를 측정함과 동시에 제방의 높이, 지반고, 수문, 통문, 용수로, 배수로 등의 높이, 교량의 상판, 교각, 교대의 높이 등 필요한 구조물의 높이를 측정하여 종단면도를 작성한다.

종단면도의 축척은 높이를 표시하는 종축은 하천구배의 완급에 따라 1/100~1/200, 평면거리를 표시하는 횡축의 축척은 하천의 크기에 따라 1/10,000~1/100,000

으로 하기도 하나 일반적으로 종축은 1/100, 횡축은 1/10,000을 표준으로 한다.

횡단측량은 하천 횡단면의 모양을 결정하는 측량으로서 좌우 양안(兩岸)에 설치된 거리표가 서로 시통되는 시준선을 기준으로 횡단면의 변곡점에 대한 높이와 좌안으로부터의 평면거리를 측정한다. 거리표와 거리표 사이의 중간 지점이라도 하상이 급변하거나 수위 및 유량관측소 등에서의 횡단측량이 필요하다.

횡단측량의 범위는 평면측량의 범위에 준하여 실시하나 단면이 급변하는 장소에서는 말뚝을 다시 설치하고 그 거리는 적당히 단축한다. 측정구역은 평면도를 제작할 구역을 고려하여 유제부에서의 제외지(堤外地)는 전부, 제내지(堤內地)는 300 m이내로 한다. 제방 이전계획에 있어서는 그의 예정 장소까지 측정한다. 또 홍수량을 조사할 때는 홍수가 도달하는 구역까지 측량하는 것으로 한다. 횡단측량은 육상의 횡단과 하천 본체의 횡단으로 나눌 수 있다.

육상에서는 지반의 고저와 횡단거리, 하천에서는 하안의 고저와 횡단거리 또는 최다 홍수위 등 횡단면도 작성에 필요한 여러 가지 사항을 조사 측량한다. 횡단측량은 횡단선에 따라 〈그림 15.4〉와 같이 수륙 모두 10~20 m마다 측정한다. 또 수력발전을 목적으로 유량조사를 할 경우, 수심측량의 수평거리는 하폭(河幅)의 대소에 따라 1~2 m로 하고 하저가 균일한 장소에 있어서는 일반적인 측정방법으로 한다. 요철이 심한 장소에서는 정밀히 측정한다.

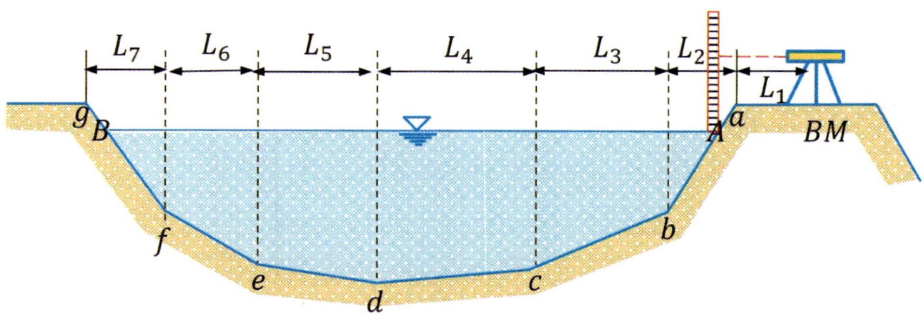

그림 15.4 횡단측량

횡단측량은 양수표(量水標, water gauge), 언제(堰堤, dam), 교량(bridge), 갑문(閘門, lock) 등 구조물이 있는 장소에서는 특별한 측량을 실시한다.

횡단면도의 축척은 보통 높이는 1/100, 거리는 하천의 폭에 따라 1/1,000~1/500을 기준으로 한다. 횡단면도에는 좌우 양안에 설치된 거리표의 위치 및 높이를 기록하여야 한다.

15.5 수심측량

수심측량(水深測量, sounding)은 수면으로부터 하상(河床) 또는 해저까지의 연직거리를 측정하여 수심을 구하는 것으로 하천측량에서는 하천의 단면도를 측정하기 위한 것이며 넓은 하천이나 연안해역과 같이 넓은 지역에서의 수심측량은 해저지형을 알고자 수심측량을 한다.

하천 폭과 수심이 얕은 소규모하천에서는 측간(測桿, sounding pole)과 측추(測錘, sounding lead)를 사용하여 직접 측정한다. 측간은 직경 약 4 cm, 길이 약 5m 정도의 나무막대기로서 매 10cm마다 표시한 것으로 유수의 압력이나 저항을 적게 받도록 제작하였으며 밑면에는 금속편을 붙여 부력을 방지하고 모래나 수렁과 같은 지형에 빠지지 않도록 만들었다.

측추는 줄에 추를 매달아 수심을 측정하는 것으로 수심이 5~30 m되고 유속이 비교적 크지 않은 곳에서 사용한다. 줄은 측량용 줄자와 같이 늘어나는 것을 최소화할 수 있는 재료를 사용하거나 금속선을 넣은 섬유질의 재료를 사용하기도 한다. 줄은 측간과 같이 일정한 간격으로 눈금을 표시하여 수심을 측정하는데 용이하도록 하였다. 추의 중량은 3.2 kg~12.7 kg을 사용한다. 오늘날에도 항만에서의 안벽의 직하수심이나 소규모의 간단한 수심측량에 사용하기도 한다.

하천의 폭이 넓고 깊이가 크거나 연안해역, 하천의 하류 또는 하구, 대 하천 또는 저수지 등과 같이 수심과 유속이 크고 측량지역이 큰 곳에서는 음향측심기(音響測深器, echo sounder)를 사용한다. 음향측심기는 수면에서 발사한 초음파가 하저(河底) 또는 해저에 도달한 후 반사되어 다시 수면까지 도달하는 시간을 측정하여 수심으로 환산하는 원리를 이용한 방법으로 EDM의 원리와 같다(그림 15.5).

음향측심기는 단일 빔 음향측심기(single beam echo sounder)와 다중 빔 음향측심기(MBES, multibeam echosounder)로 구분한다. 단일 빔 음향측심기는 1930년 초부터 사용하고 있으나 근래에 와서는 대부분 다중 빔 음향측심기를 사용한다.

단일 빔 음향측심기는 조사선의 수직 하부 한 곳의 수심만 측정이 가능하여 비효율적이며 해저의 지형을 표시하는 것에는 한계가 있다. 일반적으로 10 MHz~200 MHz정도의 주파수를 사용하는데 주파수가 낮으면 깊은 곳까지 측정할 수 있으나 정밀도가 떨어지는 대신에 주파수가 높으면 정밀도는 향상되지만 깊은 곳까지는 측정이 어려운 단점이 있다.

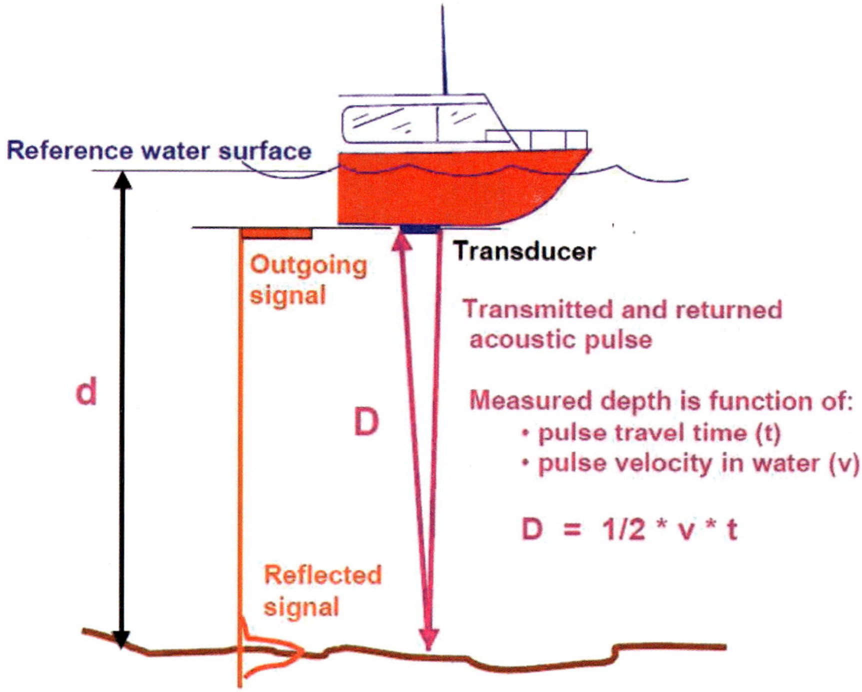

그림 15.5 음향측심기에 의한 수심측량의 원리

출처: wikipedia

음향측심기로 측정한 수심은 수면으로부터의 연직거리가 아니고 음파의 최단 도달 시간에 대한 거리이므로 실질적인 수심과는 차이가 있을 수 있으며 또한 초음파의 전달속도는 해수의 온도와 염분, 수압 등에 따라 달라지므로 수심에 대한 물리적 특성값을 사용하여 관측값을 수정해야 한다.

다중 빔 음향측심기는 배가 이동하면서 음향신호를 발사하고 이를 다시 수신함으로써 수심과 해저지형을 동시에 기록할 수 있다. 초음파 신호를 생성하는 변환기(transducer)는 횡방향으로 퍼지는 광각 변환기로 다중의 초음파 빔들이 스캔하듯이 횡방향으로 해저에 발사되고 해저에서 반사되어 되돌아오는 다중의 초음파 신호들을 수신한다(그림 15.6). 송·수파 범위 안에서 하저 또는 해저 횡단면 전체를 측심 할 수 있을 뿐만 아니라 정밀도에서도 단일 빔 음향측심기보다 우수하므로 해저 지형도를 만드는 것과 같은 작업에는 매우 적합하다. 수심은 횡방향의 스캔 폭에 따라 외삽법에 의하여 구한다. 스캔 폭은 일반적으로 수심의 3~7배 정도이다.

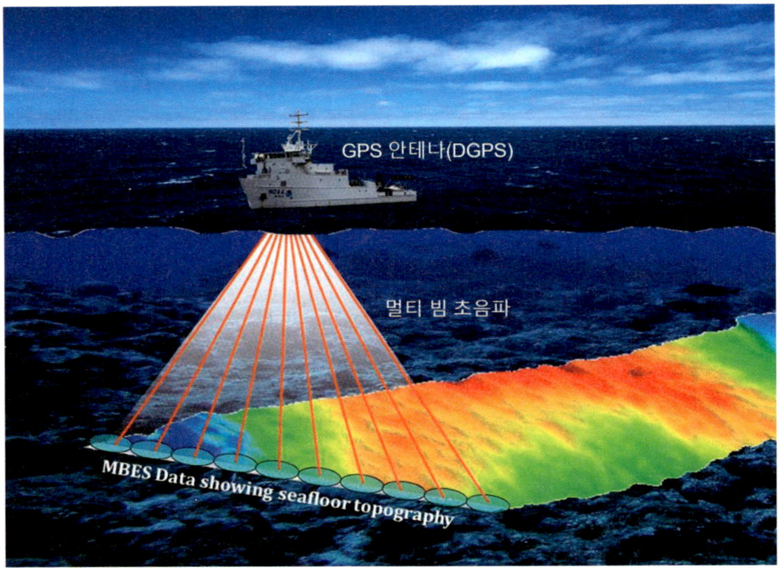

그림 15.6 다중 빔 음향측심기에 의한 수심측량

출처: wikipedia

제 15 장

이와 같이 얻어진 데이터들은 DGPS에 의한 선박의 위치 데이터, 파도에 대한 보정 등을 거쳐 최종적으로 해수면 기준면으로 환산하여 최종적인 해저지형이 만들어진다.

15.6 | 라이다에 의한 수심측량

Airborne Laser Bathymetry는 일반적인 항공라이다와 같이 레이저 펄스를 목표물에 발사하고 목표물에서 반사된 레이저 펄스가 수신장치까지 도달하는 시간(TOF, Time Of Flight)을 이용하여 목표물까지의 거리를 측정하는 원리이다. 다시 말하면 항공기에 장착된 Lidar 시스템에서 각각 다른 두 개의 레이저 펄스를 발사하면 그중 하나는 해수면에서 반사되고 다른 레이저 펄스는 해수면을 통과하여 해저면까지 도달하여 되돌아온다. 이때 해수면에서 반사되어 항공기의 수신장치까지 도달한 시간과 해저에서 반사되어 수신기까지 도달한 시간과는 차이가 있다. 이때 발생한 시간차를 이용하여 해수면과 해저까지의 거리, 즉 수심을 결정한다.

일반적으로 항공 라이다에서 사용하는 근적외선 레이저는 대부분 해수면에서 반사되어 해수면 아래로 거의 침투하지 못한다. 따라서 라이다 수심측량에서는 해수면에서 반사하는 근적외선 레이저(NIR, $\lambda = 1,064$ nm)와 일정한 깊이의 해수면 아래까지 침트할 수 있는 녹색 레이저(green laser, $\lambda = 532$ nm)를 함께 사용하는 것이다(그림 15.7).

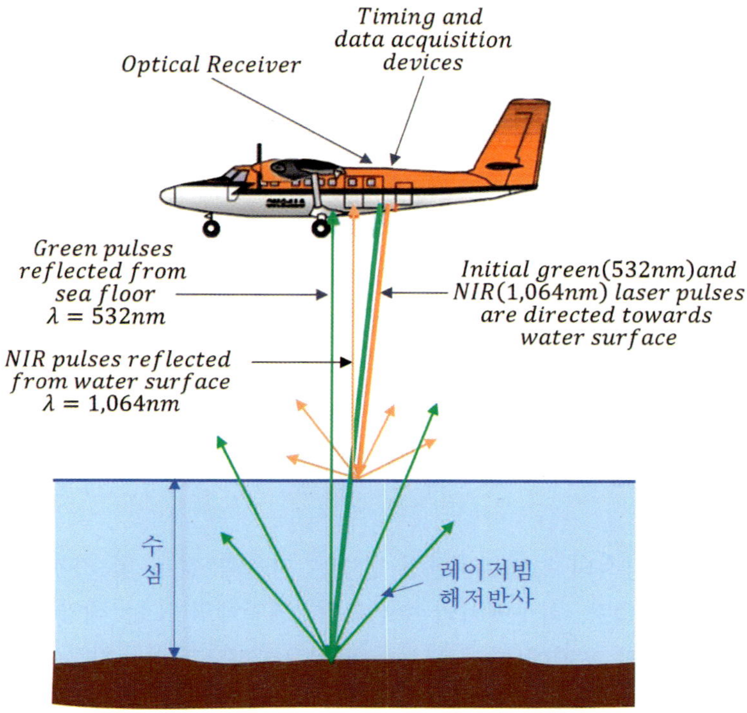

그림 15.7 라이다에 의한 수심측량

라이다를 이용한 수심측량 및 해저 지형도 제작은 군사적 목적뿐만 아니라 민간인의 상업적 목적으로도 많이 사용하고 있다. 해저 지형도를 제작하는 전통적인 방법은 음향측심기를 이용하여 수심을 측정하고 그 지점의 평면위치를 별도로 측정하여야 한다. 이러한 작업은 많은 시간과 노력이 필요하게 되고 정밀도도 많이 떨어진다. 그러나 항공 라이다를 이용하면 신속하게 높은 정확도로 수심은 물론 해저 지형도를 쉽게 만들 수 있다. 특히 연안해역과 같이 작업지역이 넓은 지역에서는 매우 효과적인 방법이다. 현재 미국의 Optech사 등 몇 개의 민간회사들이 이러한 기능을 수행하는 항공기와 장비를 보유하고 사용하고 있다(예: Optech사 SHALS-1000X 시스템).

항공기에는 레이저 펄스를 발사하고 해면 또는 해저로부터 반사된 레이저 펄스를 수신하는 송·수신 장치는 물론이고 IMU(Inertial Measurement Unit)와 GPS를 장착하여 항공기의 자세와 GPS 측량(kinematic GPS)으로 측정 순간의 평면위치와 함께 3차원 해저지형을 쉽게 관측할 수 있다. 이 시스템은 Nd;YAG 레이저 발진기(레오디뮴 처리된 이트륨과 산화알루미늄 합성 가넷)를 사용하여 비가시광선인 레이저 펄스(1064nm의 근적외선)를 발사한다. 해수물의 밀도, 온도, 탁도 등에 따라 달라질 수 있으나 해저 0.2 m~50 m까지 측정이 가능하며 수심측량작업은 2 m × 2 m~5 m × 5 m의 밀도로 측정위치의 3차원 좌표가 얻어진다. 정밀도는 평면 ±2.5 m, 수심 ±0.25 m정도이다. 수심측량을 위한 라이다 비행은 고도 약 200 m~400 m에서 이루어진다(지상 라이다의 경우 300 m~1000 m).

항공기에 의한 라이다 수심측량은 넓은 지역에서는 매우 효과적이나 좁은 지역(예: 하천 또는 연안해역 등)에서는 비경제적이다. 좁은 지역에서의 작업은 헬리콥터를 이용한 라이다 측량 기술과 함께 드론으로 알려진 무인항공기(UAV, Unmanned Aerial Vehicle)의 기술이 많이 발전하고 있어 이들의 활용도 크게 증가하고 있다.

제
15
장

15.7 | 측량선의 평면위치 결정법

수심측량에서 측량선의 평면위치결정 방법은 다음과 같은 몇 가지의 방법이 있으나 하천에서의 수심측량, 하구에서의 수심측량, 연안해역 또는 해양에서의 수심측량 등 수심측량의 장소와 조건에 따라 구분하여 사용한다. 그러나 최근에는 DGPS와 같은 GPS 측량방법의 발전으로 인하여 평면위치의 결정은 거의 모든 경우 GPS를 이용한다고 보아야 할 것이다. 그러나 GPS등 현대적인 방법을 사용할 수 없거나 좁은 하천 등 작업규모가 소규모인 경우 등에는 기선과 유도측선을 이용하는 원시적인 방법을 사용하기도 한다.

15.7.1 기선과 유도측선(Tagline)에 의한 방법

이 방법은 하천의 횡단도를 작성하기 위하여 하천을 횡단하거나 하구의 수심측량을 할 경우에 주로 사용한다. 하천의 폭이 좁은 경우에는 눈금이 표시된 줄을 횡단면에 설치하고 줄을 기준으로 하여 수심 측량위치의 평면위치를 결정할 수 있으나 (그림 15.8(a)) 하천의 폭이 넓거나 수심이 깊을 때에는 〈그림 15.8(b)〉와 같이 하천의 육지부분에 유도측선을 설치하고 유도측선(誘導測線)을 연장한 시준선 위에 측량선을 고정한다. 시준선과의 직각방향으로 기선을 설치하고 기선의 한끝에 데오돌라이트를 설치한 후 기선으로부터 하천에 있는 측량선(測量船)의 위치, 즉 방향각을 측정한다. 방향각이 측정되면 측량선의 위치가 결정되고 동시에 수심측정 위치가 된다.

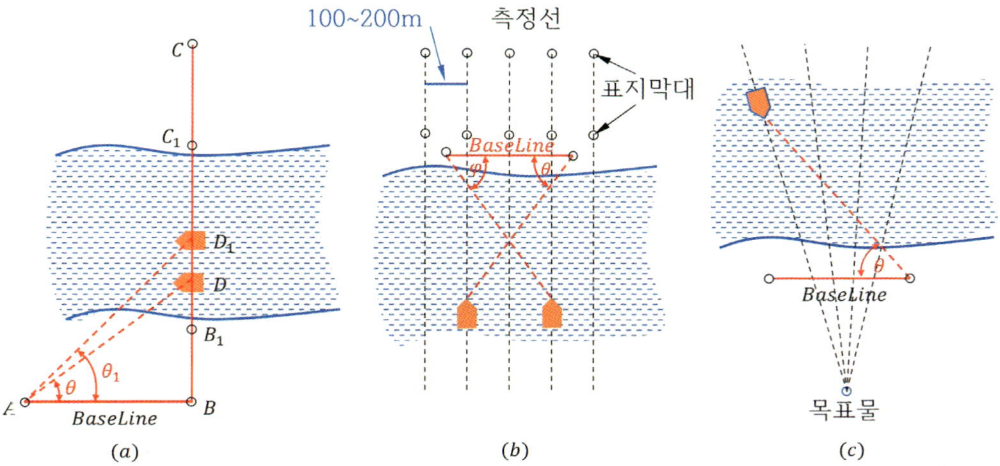

그림 15.8 선박위치 측정법

〈그림 15.8(a)〉에서 B점으로부터의 측량선의 위치 $\overline{\mathrm{BD}}$와 $\overline{\mathrm{BD_1}}$은 다음과 같다.

$$\overline{\mathrm{BD}} = AB\tan\theta, \qquad \overline{\mathrm{BD_1}} = AB\tan\theta_1 \tag{15.1}$$

부두와 같이 선박의 접안 시설 등이 있는 하구의 수심측량의 경우는 다음과 같이 한다.

먼저 〈그림 15.8(b)〉와 같이 100~200 m 간격으로 평행한 유도측선을 정하고 이 유도 측선의 연장선 위에서 약 20 m 간격으로 수심을 측정하는 방법이다.

이때 육지에 2개의 표지막대 〈그림 15.8(b)〉를 세우고 이 두 개의 표지막대를 연결하는 연장선 위에 측량선을 정지시켜 측량선의 위치를 정한다. 앞에서 설명한 것과 같이 육지부분에 이들 유도 측선에 직각인 방향으로 기선을 설치하고 그 한끝에 데오돌라이트를 설치한 후 기선과 측량선과의 각을 측정한다. 이와 같이 측정된 각과 기선을 사용하여 측량선의 위치를 결정한다. 하천 또는 해안의 만곡부에는 기, 탑, 연통 등과 같이 명료하게 보이는 점을 공통 목표물로 선정하여 이 목표물로부터 방사선으로 유도 측선을 설치하는 것이 편리하다(그림 15.8(c)).

15.7.2 육분의에 의한 3점 고정법

이 방법은 측량선에서 육분의(六分儀, sextant)를 사용하여 지상에 설치된 3개의 기준점을 동시에 관측하고 그 낀 각을 측정하여 그들의 교점으로 측량선의 위치를 결정하는 방법으로 육지측량에서의 후방교회법과 동일하다(그림 15.9). 측량선의 위치 결정은 계산에 의할 수 있으나 일반적으로 3각 분도원(三角分度圓)을 사용하여 도해적으로 결정한다.

그림 15.9 육분의

이 방법은 하구 또는 5 km 미만의 연안해역의 수심측량에 많이 사용하는 방법으로서 매우 간단한 장비를 사용하면서 정밀하고 효과적인 방법이며 기준점으로부터 1 km 당 1 m의 정밀도를 얻을 수 있다. 이 방법에 의한 수심측량은 연안해역의 육지부분에 많은 양의 기준점의 설치가 필요하며 이때 기준점들의 간격은 약 100 m 정도로 한다.

이 방법은 고전적인 방법으로 거의 사용하지 않으며 지금은 대부분 GPS를 이용한다.

15.7.3 전자파 또는 GPS에 의한 방법

전자파에 의한 위치결정 방법은 〈그림 15.10〉과 같이 측량선에 장치된 기지국(基地局)과 연안해역에 설치된 두 개의 종국(從局)까지의 거리를 측정하여 기지국의 위치를 결정하는 방법으로서 육상측량(陸上測量)에서의 전방교선법과 그 방법이 같다.

일반적으로 기지국과 종국과의 거리측정은 전자파의 위상차에 의한다. 측정방법은 EDM에서와 같이 기지국과 종국에 설치된 송신기에서 발사된 두 개의 전자파(보통 쌍곡선파)의 위상차를 측정하여 두 점 간의 거리로 환산한다. 이때 종국의 위치(좌표)는 알려져 있어야 한다.

이 방법은 연안해역 또는 근거리 해역 등 비교적 측정범위가 넓은 지역의 수심측량에 사용하며 마이크로파를 이용한 장비를 사용하면 약 100 km 정도까지 측정이 가능하다.

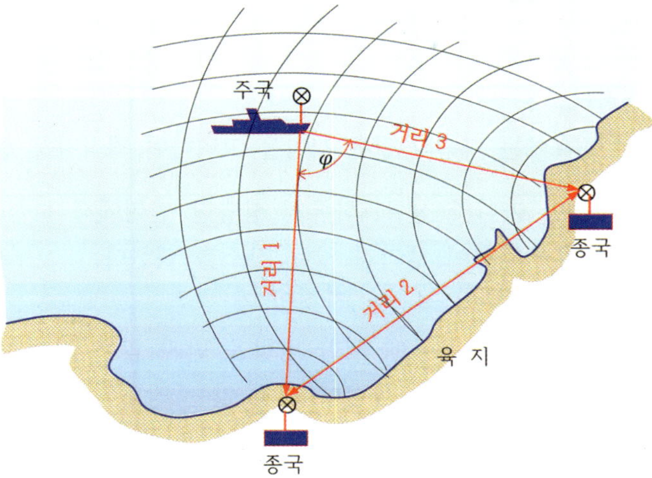

그림 15.10 전자파에 의한 위치측정

최근에는 GNSS측량의 발전으로 거의 모두 이에 의하여 이루어진다. 특히 DGPS의 기술을 이용하면 실시간에서도 매우 높은 정밀도의 위치를 측정할 수 있다.

수심측량의 위치와 그 목적에 맞는 GPS 수신기를 사용하면 소하천뿐만 아니라 원거리 해양측량에서도 매우 효과적으로 작업을 할 수 있다. 특히 소형선박에 음향측심기, GPS수신기, 노트북 컴퓨터 등을 설치하고 DGPS방법으로 선박의 위치를 측정하면 실시간에서의 수심측량에 매우 효과적으로 이용할 수 있다.

15.8 | 수위관측과 하천수위

15.8.1 수위관측

수위(水位)의 관측은 저수지나 호소의 저수량을 측정하거나 하구의 조석 및 하상의 변화를 조사하기 위하여 측정할 경우도 있으나 주로 유량을 측정하기 위하여 수위를 측정하는 경우가 더 많다.

수위의 관측은 보통 12시간 또는 6시간 간격으로 관측하며 특히 홍수 때는 1시간 또는 30분 간격으로 관측하며 관측의 정밀도는 cm 단위까지 한다. 수위의 관측은 자독식 양수표 또는 자기 양수표에 의하여 이루어진다. 양수표(量水標)는 교각과 같이 견고한 곳에 수면에 직각으로 설치하며 관측자가 직접 수위를 읽을 수 있도록 눈금이 그려져 있으며 일반적으로 가장 많이 사용한다. 하구 또는 치수 및 이수에 필요한 중요한 지점 또는 관측에 어려움이 있는 장소에서는 자기양수표(自記量水標)를 설치하여 수위를 관측한다.

양수표를 설치할 경우에는 다음과 같은 사항을 고려하여 최적지를 선정하여야 한다.

① 양수표의 위치뿐만 아니라 상류, 하류의 상당한 범위에서 하상과 하안이 안전하고 세굴(洗掘)이나 퇴적이 생기지 않는 장소를 택한다.
② 상·하류 약 100 m 정도의 직선인 장소일 것.
③ 수위가 교각이나 기타 구조물에 의한 영향을 받지 않는 장소일 것.
④ 홍수시에 유실이나 이동 또는 파손이 되지 않는 장소일 것.
⑤ 평상시는 물론 홍수시에도 용이하게 양수표를 볼 수 있는 장소일 것.
⑥ 지천의 합류점에서는 불규칙한 수위의 변화가 없는 곳으로, 지천에서는 합류점으로부터 상당한 상류로 올라가서 정하고 본류에서는 상하류로 떨어진 곳에 설치한다.

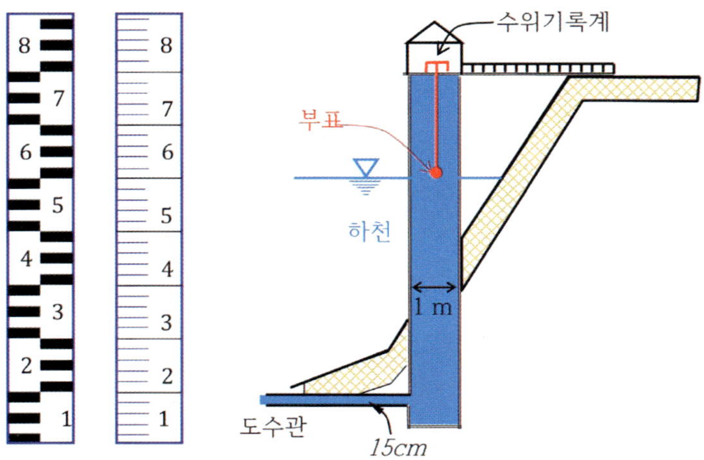

그림 15.11 양수표와 자기수위표

한편 양수표의 영점 위치(zero of water gauge)에 대해서는 다음 사항에 주의하여야 한다.

① 양수표의 영점위치는 최저수위의 밑에 있고 양수표 눈금의 최고위는 최대 홍수위 보다 높아야 한다.
② 양수표는 평균해수면의 표고를 측정해 둔다.
③ 홍수 후에는 꼭 부근의 수준점과 연결하여 그의 표고를 확인하고 수준점이 원거리에 있을 때는 안전한 곳에 별도로 수준점을 설치한다.

15.8.2 하천수위

어떤 기간을 두고 양수표의 관측값을 취하여 수위와 시간과의 관계를 표시한다. 다 도표를 수위도(水位圖)라 하고 수위도에 따라 그 기간에 있어서의 각종 수위를 다음과 같이 정하고 있다.

(1) **최저수위**(L.L.W., Lowest Low Water Level)**와 최고수위**(H.H.W., Highest High Water Level)

어떤 특정기간에 있어서의 최저 또는 최고수위를 말한다. 즉 년 최저 또는 최고수위 또는 월 최저 또는 최고수위 등과 같이 구별할 수 있다.

(2) **평균최저수위**(N.L.W., Normal Low Water Level)**와 평균최고수위**(N.H.W., Normal High Water Level)

어떤 기간 내에 있어서 년, 월의 최저 또는 최고수위의 평균이며, 전자는 선박의 운항, 발전수력, 관개 등 하천의 이수목적에 이용되는 것이고, 후자는 제방, 교량, 배수 등의 치수 목적에 이용된다.

(3) **평균수위**(M.W., Mean Water Level)

어떤 기간에 관측수위의 합계를 그의 관측회수로 나눈 값이다.

(4) **평균저수위**(M.L.W.; Mean Low Water Level)**와 평균최고수위**(M.H.W., Mean High Water Level)

어떤 기간에 있어서의 평균수위 이하의 수위를 평균한 값이다. 평균최고수위 역시 평균수위 이상의 수위를 평균한 값이다.

(5) **평수위**(Median Water Level)

어떤 기간 내에 있어서의 관측수위 중 그 값의 상하에 관측 수와 같은 값이 된 수위를 말한다.

(6) **최다수위**(Most Frequent Water Level)

어떤 기간에 있어서 수위가 가장 많이 증가하고 빈도곡선을 그리면 그의 정점에 해당하는 수위를 말한다.

제 15 장

15.9 유속과 유량측정

15.9.1 유속분포

유속은 물이 단위시간에 흐르는 거리를 말하며 m/sec로 표시한다. 유속의 측정은 유량의 측정에서 매우 중요한 과정이다. 그러나 하천에서의 유속측정은 매우 어려운 작업 중의 하나이다. 등류상태(等流狀態)의 하천에서도 하천의 어느 한 단면을 통과하는 물이 흐르는 속도는 일정하지 않으며 연직 또는 수평 어느 방향에서도 일정하지 않고 또한 일정한 법칙에 따르지도 않는다.

수평방향의 유속분포는 하상의 영향을 받으므로 연직방향의 유속분포에 비하여 불규칙하다. 일반적으로 양안에서 하천의 중앙으로 갈수록 유속이 커진다. 이때 양안의 근처에서는 유속이 갑자기 커져서 중앙부로 가면서 다소 증가한다(그림 15.12).

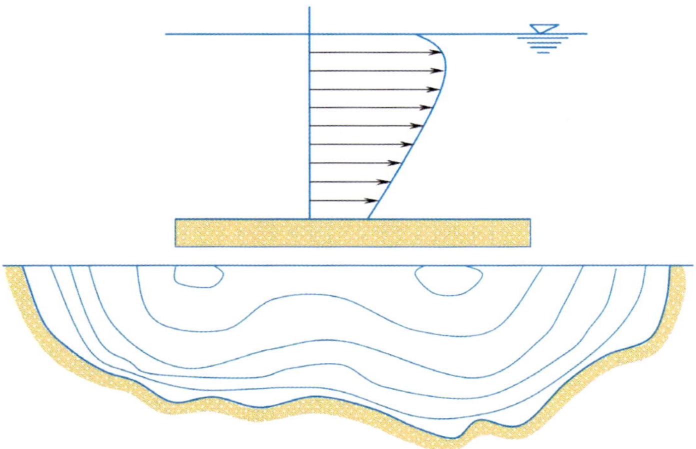

그림 15.12 유속 분포도

연직방향의 유속은 하상으로부터 위로 올라올수록 커져서 물의 표면 근처(표면의 약간 밑)에서 최대가 된다. 수심, 하상의 조도, 바람의 유무 등에 의하여 크게 달라진다. 하천에 바람이 불면 최대유속의 위치는 수면 아래보다 더 아래로 내려간다.

유속계로 하천의 유속을 측정할 때는 하천의 단면을 몇 개의 구간으로 구분하고, 각 구간에 대하여 평균유속을 구한다. 구분하는 구간의 수는 하천의 폭에 따라 3~20으로 하고 인접하는 단면에 대하여 모두 측정한다. 이때의 평균유속은 적은 것을 기준으로 하여 20% 이상의 차이가 없도록 한다.

15.9.2 유속측정

유속측정에는 각종 기계와 방법이 고안되고 있으나 실제적으로 하천에서는 유속계(流速計, current meter)와 부자(浮子, float) 등을 이용하는 방법이 가장 많이 이용되고 있다. 유속을 직접 측정할 수 없을 때는 하천구배를 측정하여 평균유속을 구하는 방법을 이용하고 있다.

❶ 부자(浮子)에 의한 유속측정법

이 방법은 부자를 하천에 띄어 흐르게 한 다음 흘러간 거리와 시간을 측정하여 유속을 결정하는 방법이다. 부자에 의하여 유속을 측정하기 위해서는 먼저 100~200 m(소 하천에서는 20~50 m)의 간격으로 두 단면을 결정하고 유심에 직각으로 시통선(視通線)을 정한다. 부자를 제1의 단면 상류에서 약 30초 정도로서 도달할 수 있는 곳에서 투하하고 측정하려는 구간을 일정한 속도로 흐르게 한다.

부자를 투하 유출시키는 간격은 하천의 폭에 따라 다르나 불규칙한 장소에서는 중앙부는 적당히 하고 양안에 향하여서는 간격을 좁게 한다. 예를 들면 60 m의 하폭일 때는 중앙은 10 m, 양안부터는 15 m, 또는 5 m 정도로 한다.

부자를 떠내려 보낼 때 거리가 매우 짧거나 길면 측정 오차가 많이 생긴다. 거리 결정에 있어서는 흐름의 상태 등을 고려하여 적당히 결정하는 것이 필요하다. 부자가 수면 위로 떠오르는 부분은 페인트를 칠하여 잘 보이게 하고, 야간에 측정하는 경우는 수로가 협소한 장소에서는 양안에다 조명설치를 하거나 부자에다 석유를 적신 솜뭉치를 매달아 불을 붙여 내려보내는 방법도 있다.

부자의 종류에는 표면부자(表面浮子), 2중부자(二重浮子), 봉부자(棒浮子) 등이 있다.

표면부자에 의한 유속의 측정은 〈그림 15.13(a)〉와 같이 나무나 코르크 등 가벼운 것으로 부자를 만들어 떠내려 보내 표면의 유속을 측정하는 방법이다. 이 방법은 답사나 홍수 등 급히 유속을 측정할 때 편리한 방법이다. 표면부자는 떠내려 보낼 때 풍파, 선류 등의 영향을 받지 않게 주의하여야 한다.

부자에 의하여 측정된 유속으로부터 평균유속을 구하기 위해서는 측정한 표면유속에 일정한 계수를 곱하여 평균유속(平均流速)으로 사용한다. 일반적으로 큰 하천에서는 0.9를, 작고 유속이 낮은 하천에서는 0.8을 사용한다. 실제에 있어서 평균유속과 표면유속의 비는 흐름의 성질, 풍향, 기타 사정에 의하여 차이가 있다. 따라서 이 계수는 이들을 적당히 참작하여 이용하는 것이 좋다.

제 15 장

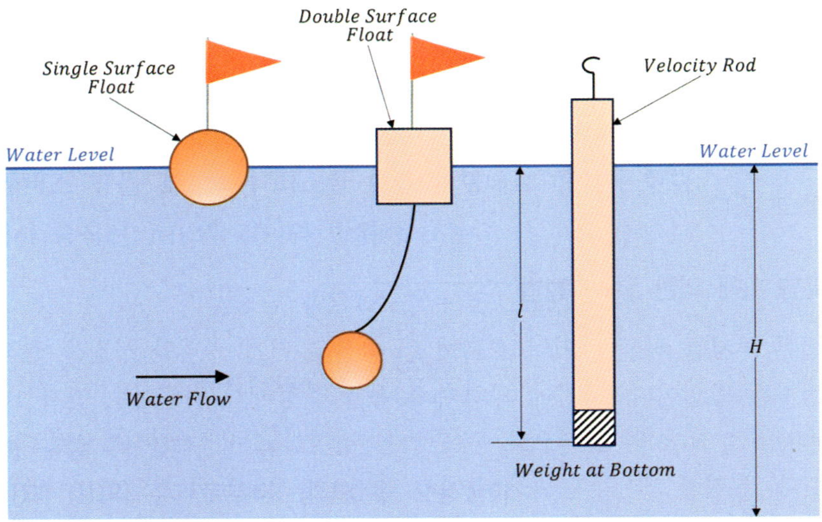

(a) 표면부자　　(b) 이중부자　　(c) 봉부자

그림 15.13 부자의 종류

이중부자는 〈그림 15.13(b)〉와 같이 표면부자에다 수중부자를 연결한 것이다. 수중부자는 물보다 다소 비중을 크게 하고 표면부자를 끈으로 연결하여 수중부자를 지지하여 흐를 때 부자의 위치를 일정하게 하는 것이다. 수중부자는 대략 평균유속을 가지는(수면으로부터 수심의 4할 되는 곳) 깊이에 위치하도록 만든다.

봉부자는 가벼운 대나무나 나무 조각을 이용하는데 대나무나 나무 조각이 수면으로부터 하상에 닿지 않을 정도의 길이로 한다. 봉부자는 수면으로부터 하상 근처까지 모든 수심에서 유수의 작용을 받음으로 비교적 평균유속을 받는 편이 된다. 그러나 부자의 수중깊이가 수심에 비해 짧은 경우는 큰 유속을 받는 경향이 있다.

▶ **표 15.1** 하폭과 유속측정선의 간격(부자법)

하 천 폭	20 m 미만	20 m~100 m	100 m~200 m	200 m 이상
유속 측정선 수	5	10	15	20

❷ 유속계에 의한 유속측정법

하천 또는 수로의 단면에 대하여 유속을 측정하는 방법은 단면의 크기에 따라 다르다. 일반적으로 유심에 직각방향으로 횡단면을 설치하고 이 단면을 약 5.0 m 간격의 소 단면으로 나누어서 각 구간에 대한 평균유속을 구한다. 〈그림 15.14(a)〉와 같이 각 구간의 중심위치에 연직선을 정하고 이를 유속 측정선으로 한다. 이 연직선은 깊이에 따라 정해진 간격(20~50 cm)으로 나누고 각각의 위치에서 유속을 측정한다. 측정방법과 그 순서는 다음과 같다.

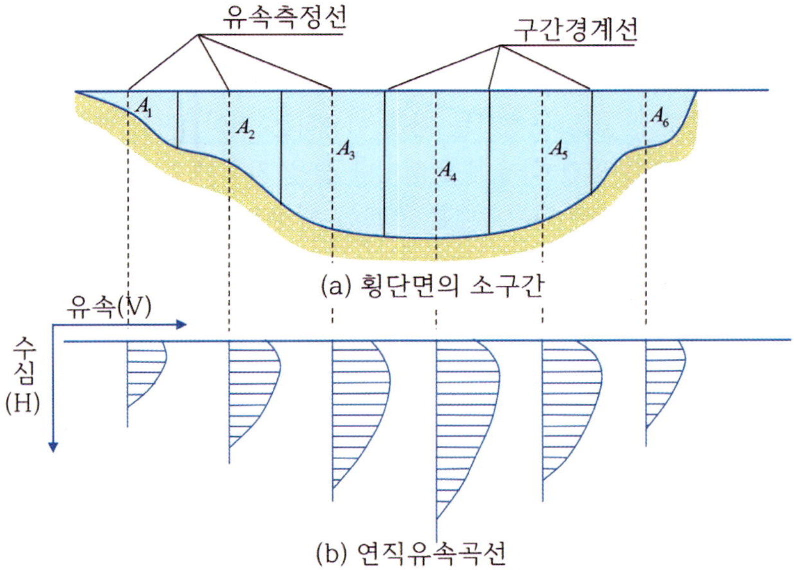

그림 15.14 유속 측정법

① 유속계를 각 측선에 따라 정해진 수중의 위치에 정확히 위치토록 하고 하저로부터 20 cm~50 cm 간격으로 상향으로 측정한다.

② 유속계가 정해진 위치에서 회전을 시작한 후 약 30초가량 경과 후(부자소리가 끝나는 순간) 스톱워치를 사용하여 시간측정을 시작한다.

③ 초(秒)의 읽음은 1/10초 단위로 한다.

④ 측정음(測定音)의 수는 접점수의 배수로 한다.

⑤ 유속측정의 시작과 종료 때의 관측소의 시간과 수위를 측정한다.

⑥ 1회 측정시간은 20초 이상으로 한다.

⑦ 동일 측점에서 연속 2회 측정하고 그의 평균값을 사용한다. 만일 차가 클 경우에는 다시 측정한다.

유속은 횡단면에 수직인 방향으로 측정한다(유속계를 횡단면에 수직방향으로). 이때 유속계를 정해진 위치에 고정하기 위해서는 하천의 조건과 형태에 따라 가설교량, 배와 같은 몇 가지의 시설과 준비가 필요한 경우도 있다.

수심이 얕아 하천을 걸어서 다닐 수 있는 경우에는 횡단선을 따라 줄자 또는 철선에 눈금을 표시한 것을 양안에 설치한 말뚝에 연결하고 정해진 장소마다 유속을 측정한다. 이때 물속에 사람이 들어가기 때문에 사람이 흐름의 상태를 방해하지 않도록 주의하여야 한다. 기존의 교량을 이용할 경우 교각으로 인하여 유수에 방해를 주기 때문에 가설교량을 설치한다. 이 경우 측정작업은 매우 용이하나 설치비가 많이 들고 홍수에 유실될 우려가 많다.

수심이 깊고 하폭이 넓은 곳에서는 배를 이용하는 것이 좋다. 배를 이용할 경우에는 정해진 횡단면 보다 약간 하류에 철선이나 줄을 가설하고 이 선에 의지하여 배를 정지시킨다. 그다음 배에서 나무막대를 흐르는 방향으로 향하게 한 후 이 막대기에 유속계를 매달아 유속을 측정한다.

측정된 유속은 각 측정선에 따라 수심을 종축에, 유속을 횡축에 표시하면 〈그림 15.14(b)〉와 같이 연직 유속곡선이 얻어진다.

제 15 장

❸ 초음파에 의한 유속측정

하천의 양안에 초음파 송수신기를 설치하고 흐르는 수중에 초음파를 발사한 후 되돌아 올 때까지의 시간을 측정하여 유속을 정하는 방법으로 그 원리는 다음과 같다.

〈그림 15.15〉와 같이 초음파가 흐르는 물에 도달할 때의 시간(흐름과 같은 방향)은

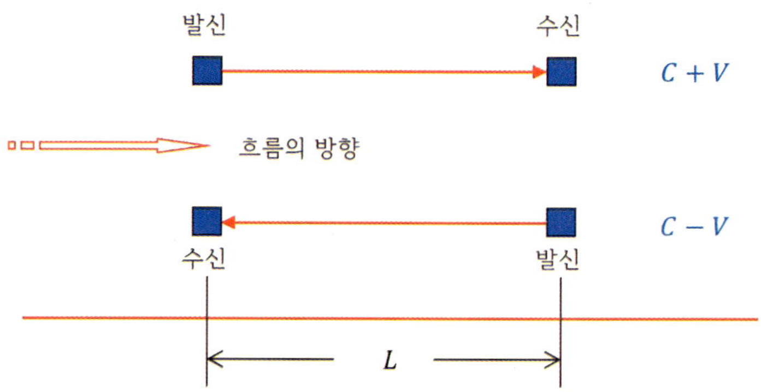

그림 15.15 초음파에 의한 유속측정원리

$$t_1 = L/(C+V) \tag{15.2}$$

반대로 되돌아 올 때까지의 시간(흐름의 반대 방향)은

$$t_2 = L/(C - V) \tag{15.3}$$

여기서 C : 초음파의 속도

V : 유 속

L : 발신기와 수신기와의 거리

따라서 t_1, t_2를 실측하면 유속 V를 구할 수 있다(대부분의 경우 초음파의 속도 C는 알려져 있다).

❹ 유속계와 검정

유속의 측정은 유속계에 의하여 측정하며 일반적으로 유속계를 지지막대 또는 줄에 매달아 수중의 정해진 위치에 고정시키고 그 측점의 유속을 측정한다.

그림 15.16 유속계

유속계는 역학적 유속계와 전자파(음파)유속계로 구분한다. 역학적 유속계는 단위시간에 회전하는 날개의 회전수를 측정하고 이 회전수에 의하여 유속을 구하는 것으로 물의 흐름방향에 평행인 프로펠러형(propeller type)과 회전축이 물의 흐름방향에 수직인 컵형(cup type)이 있다.

프로펠러형 유속계는 날개형 또는 직동유속계라고 부르기도 한다. 수평축에 장착된 여러 개의 날개가 물의 흐름으로 발생하는 직압력 때문에 날개가 수평축의 주위를 회전하게 되는 원리로 선풍기와 비슷한 모양의 것이다. 이는 회전이 비교적 빠르고 감도가 높으며 축의 방향만 일정하게 하면 ±15°정도까지의 사류수(斜流水)는 정확하게 종·횡의 두 방향으로 유속을 분해할 수가 있기 때문에 횡류가 있을 때에도 축의 방향에 분류속(分流速)을 주어 과대한 값을 나타내지 않는다.

프로펠라형은 구동축 축차(軸車, 회전날개)들은 흐름방향에 있는 축의 대칭성 때문에 수직축유속계인 컵형에서 보다 물의 흐름을 적게 방해 한다. 또한 수로에서의 유속의 수직분력에 덜 민감하고 그의 형태 때문에 물에 떠있는 작은 부유물질 등에 의하여 적게 영향을 받는다. 현재 가장 많이 사용하는 프로펠러형 유속계는 Ott(독일), Neyrpic(프랑스), Hoff(미국)등이 있다.

컵형 유속계는 차동 유속계라고 하며 연직축에 장치된 여러 개의 원뿔 형태의 컵이 물의 흐름에 따라 그 앞, 뒷면에 생기는 수압 때문에 연직축의 주위를 회전하게 되며 회전은 비교적 완속이고 둔한 편이다. 이 유속계를 사용할 때는 축의 전후·좌우 경사에 따라 측정결과에 큰 영향을 주기 때문에 조심을 하여야 한다.

프로펠러형보다 유지보수가 더 간편하고 간단한 구조이며 베어링 시스템으로 인하여 저속(0.15 m/s)에서도 사용이 가능하다. 독일 OTT사의 2개 모델, Price Type A(or AA), Price Pygmy Current meter 등이 많이 사용되고 있으며 Price AA형은 2.4 m/s까지 측정이 가능하다. 특히 OTT SLD Sensor는 하천 또는 강 등에서 연속으로 유속을 측정하는데 편리하다. 측정범위는 $\pm 10m/s$, 정확도는 $\pm 0.5cm/s$이다.

전자파(음파)를 이용한 유속계는 도플러(doppler)형과 이동시간형(travel time)으로 구분한다. 도플러형은 음파유속계의 대표적인 것으로 물기둥 안에 있는 입자들로부터 돌아오는 음파의 도플러 효과를 이용하여 유속을 측정하는 것으로 이동하는 작은 입자들의 위치를 결정하는데 음파의 이동시간을 이용하는 방법이다.

도플러 유속계는 유속계가 하천에 직접 접촉할 필요가 없는 비접촉식 유속계이기 때문에 홍수 때와 같이 높은 유속이 발생하는 경우 비교적 안전하게 유속을 측정할 수 있으며 설치가 용이하고 측정시간이 짧아 수위가 급변하는 시기에 쉽게 사용할 수 있는 장점이 있다.

이동시간형은 음파를 발사하고 목표물에 도착하여 되돌아오는 두 개의 음파신호에 의하여 유속을 측정하는 방법이다. 발진기에서 발사한 음파가 수신기에 도달할 때의 시간과 수신기에서 원래의 발진기까지 되돌아올 때의 시간을 정밀하게 측정하여 유속을 측정하고 이들의 평균으로 최종적인 유속으로 결정한다. 많은 양의 다중음파를 사용하면 유속을 3차원으로 결정이 가능하다. 보통 이 방법은 도플러 방법보다 더 정밀하지만 두 개의 변환기 사이의 유속측정만 가능하다는 단점이 있다.

그림 15.17 Kalesto Doppler 유속계 설치실례

출처. 한국수자원학회 2009학술발표논문(권성일, 김원외 2인)

유속계의 시간당 회전수와 유속(v m/sec)과의 관계식을 유속계 방정식이라 한다. 유속계 방정식은 여러 가지로 표현되고 있으나 실제적으로는 회전수(n)가 크게 되면 v와 n이 거의 비례적으로 되어 다음과 같은 간단한 1차식으로 표시한다. 즉

$$v = an + b \tag{15.4}$$

여기서 a와 b는 기계의 고유한 상수이다.

a와 b의 결정은 여러 가지의 속도(v)에 대한 회전수(n)를 측정하여 최소제곱의 원리에 따라 도해적으로 결정한다.

유속계의 검정은 길이 L(m)의 물속에 유속계를 부착한 차(車)를 일정한 속도로 이동시켜 유속계의 회전수 n'와 관측시간 t를 측정하면 $n = n'/t$, $v = L/t$로 구하여 진다.

⑤ 유속계 사용상의 주의

유속계의 계수에 대한 사용은 엄밀히 따지면 기계에 따라 차이가 있다. 따라서 각 기계를 취급할 때는 다음과 같은 주의를 하여야 한다.

① 유속계를 사용할 때 우선 회전축이 몇 회전마다 신호음을 내는가를 조사한다.
② 유속측정 전에 모든 나선과 날개축의 관계를 조사한다.
③ 기계를 수중에 침하 하기 전에 모든 전기회로와 날개를 회전시켜 청음기의 발성을 점검한다.
④ 흐르는 물의 방향에 향하고, 회전축은 수류의 방향과 직각이 되도록 지지한다.
⑤ 지지봉에 부착한 잠금장치는 항상 꼭지에 밀착되어 있는가를 점검한다.
⑥ 유속이 급할 때는 기계가 항상 수중에서 수평을 유지하게 한다.
⑦ 유속을 측정하려는 위치에 유속계를 침하 한 후에는 유속계의 회전이 일정해질 때까지 기다리고 측정은 50초 이상으로 한다.
⑧ 유속계를 장기간 사용하면 계수의 변화를 가져오므로 검정을 다시 하여야 한다.
⑨ 유속결과의 정확성을 기하기 위하여 유속계 사용은 유속이 매초 0.2 m 이상 되는 곳에서 사용하는 것이 좋다.

15.9.3 평균유속 구하는 법

유속은 한 단면 내에서 하천 바닥으로부터 수면을 향하여 올라올수록 유속이 변화한다. 따라서 유량을 계산하기 위해서는 각 단면에 대하여 평균유속(平均流速, mean velocity)을 구하는 것이 필요하다. 유속의 연직방향에 대한 분포곡선을 알면 하나의 연직선에 따른 몇 개의 수심에서의 유속을 측정하여 연직선상의 평균유속을 구하는 것이 가능하여진다. 유속분포에 대하여서는 옛날부터 연구가 계속 되고 있으나 아직 완전한 이론을 발표한 것은 없다. 그러나 머피(Edward Charles Murphey)씨는 수로가 비교적 직선이고 단면도 규칙적이며 하상이 편평한 상태에서는 평균유속의 위치는 다음과 같다고 한다. 즉

① 수면부터 평균유속 위치까지의 깊이는 수심이 증가함에 따라 수심과 하천 폭과의 비가 증가함에 따라 커진다. 일반적으로 평균유속의 위치는 수심의 0.55~0.65 사이이다.
② 하폭이 비교적 넓고 깊이가 낮은(0.1~0.3 m정도) 수로에서는 하상이 가는 모래로 되어 있을 때는 평균유속 위치가 수면으로부터 0.5~0.55의 위치에 있다.
③ 하천 폭이 커지고 깊이가 0.3~1.0 m정도의 수로에서는 하천 바닥이 모래인 경

우 평균유속의 위치는 수면으로부터 0.55~0.60의 위치에 있다.

④ 하상의 표면이 조잡할수록 평균유속의 위치는 높아지고, 평활할수록 낮아진다. 따라서 평균유속을 구하기 위해서는 정확한 유속 분포곡선도를 만들고 이 분포곡선도로부터 구하는 것이 좋다(그림 15.18 참조).

이 방법은 수면으로부터 하저까지의 깊이, 즉 연직선상에서 2점 이상의 유속을 측정하여 다음과 같은 공식에 의하여 평균유속을 구한다.

① **1점법** : 수면으로부터 수심이 6/10되는 곳의 유속을 측정하고 이것을 평균유속으로 한다. 약 5%정도의 차이가 있다. 즉

$$v_m = v_{0.6} \tag{15.5}$$

② **2점법** : 수면으로부터 수심이 2/10와 8/10되는 곳의 유속을 측정하여 구하는 방법이다. 약 2%의 차이가 있다. 즉

$$v_m = \frac{1}{2}(v_{0.2} + v_{0.8}) \tag{15.6}$$

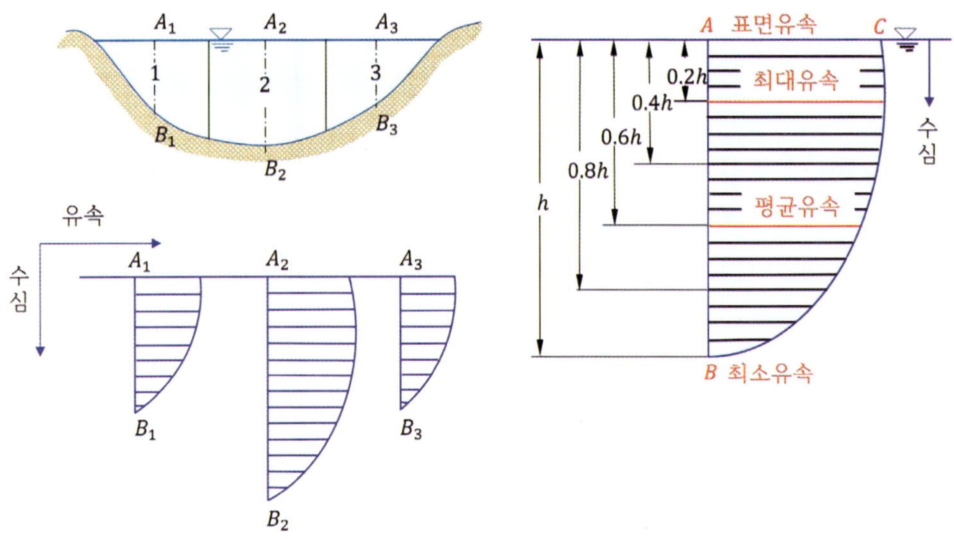

그림 15.18 유속분포 곡선도

③ **3점법** : 수면으로부터 2/10, 6/10, 8/10 되는 곳의 유속을 측정하여 구하는 방법이다.

$$v_m = \frac{1}{4}\left(v_{0.2} + 2v_{0.6} + v_{0.8}\right) \tag{15.7}$$

④ **4점법** : 수면으로부터 2/10, 4/10, 6/10, 8/10되는 곳의 유속을 측정하여 이들로부터 평균유속을 구하는 방법이다.

$$v_m = \frac{1}{5}\left\{\left(v_{0.2} + v_{0.4} + v_{0.6} + v_{0.8}\right) + \frac{1}{2}\left(v_{0.2} + \frac{v_{0.8}}{2}\right)\right\} \tag{15.8}$$

일반적으로 수심이 얕을 때는 1점법에 의한다. 이때 2점법과의 경계는 50~75 cm의 수심을 경계로 한다. 물의 흐름이 조용하고 규칙적일 경우에는 2점법을 적용한다. 그러나 물의 흐름이 거칠고 매우 불규칙할 경우에는 3점법 또는 4점법을 사용한다.

15.9.4 유량측정

유량측정(流量測定)은 하천과 기타 수로의 각종 수위에 대하여 유속을 측정하고 이들 각 수위에 대한 유량을 계산하여 수위와 유량의 관계를 명확히 하며 하천, 댐, 기타 그와 관련된 각종 계획 등에 기초자료를 제공하는데 목적이 있다.

유량을 측정하는 장소를 선정하는 때는 다음을 유의하여야 한다.

① 측정작업이 쉽고 출수 또는 다른 원인에 의하여 하저의 변화가 없는 장소.
② 비교적 유신이 직선이고 갈수류(渴水流)가 없으며 상하류의 수면구배가 일정한 장소.
③ 잠류(潛流)와 역류가 없고 지천에 의하여 불규칙한 수위변화가 없는 곳.
④ 부근에 급단, 급류가 없고 유수의 상태가 균일하며 장애물이 없는 곳.
⑤ 윤변의 성질이 균일하고 상·하류를 통하여 횡단면의 형상이 급변하지 않는 곳.
⑥ 가능한 한 폭이 좁고 충분한 수심과 적당한 유속을 가지며 만일 유속계를 사용하여 유량을 측정하는 경우에는 유속이 0.3~2.0 m/sec 되는 곳이 좋다.

평균유속을 이용하여 어떤 단면을 흐르는 유량을 계산하기 위해서는 먼저 적당한 방법으로 횡단면도를 작성하고 장소에 따라 적당한 구간으로 나누어 각 구간에 대한 평균유속을 구한다. 각 구간의 단면적에 그 구간에서의 평균유속을 곱하고 각 구간의 유량을 합하면 전체의 유량이 얻어진다.

일반적으로 많이 사용하는 유량측정의 방법은 ① 부자에 의한 유량측정 ② 유속계에 의한 유량측정 ③ 초음파에 의한 유량측정 ④ 수위-유량곡선에 의한 유량측정 ⑤ 웨어(weir)에 의한 유량측정 등이 있다.

❶ 부자에 의한 유량측정

부자에 의한 유량측정은 하천의 적당한 장소에서 일정한 구간에 부자를 유출시키고, 부자가 이 구간을 흐르는 시간을 측정하여 유량을 구하는 방법이다. 이 방법은 유수가 대단히 빨라서 유속계를 이용할 수 없는 경우나 유속계나 기타의 설비가 없을 때 이용한다. 높은 정확도는 얻지 못하나 하나의 편법으로 이용한다.

1) 횡단측량과 평균단면

유량의 계산은 하천의 횡단면의 면적에 그곳을 통과하는 평균유속을 곱하여 구하여지므로 유량측정을 위해서는 횡단면의 결정이 매우 중요하다. 횡단측량은 제1, 제2 측선과 기준수위표의 단면에 대하여 매년 출수기 전 1회 실시한다.

유량계산에 사용하는 단면적은 제1 단면과 제2 단면의 평균값을 사용한다. 〈그림 15.19(a)〉와 같이 두 개의 단면에서 평균저수위(또는 평형상태에서의 수위)와 수로 폭의 중심선을 중첩시켜 방안지 위에 그리고 그의 두 개의 단면선의 중앙점을 연결하여 선을 그리면 평균 단면이 그려진다.

2) 평균수위

유량측정 도중에 수위를 구하려면 적어도 수위표의 수위를 2회 관측하고 수위의 변동이 있을 경우에는 이들의 평균을 수위로 하는 것이 보통이나 하폭이 넓은 하천에서는 〈식 15.9〉와 같은 공식으로 평균수위를 구한다.

$$H_m = \frac{\sum (q \cdot h)}{\sum q} \tag{15.9}$$

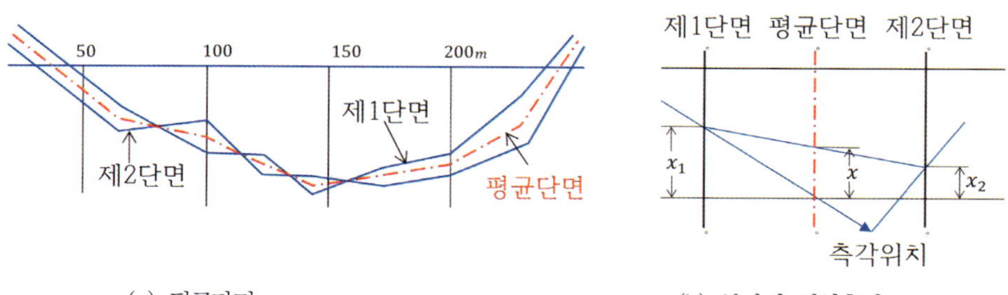

(a) 평균단면 (b) 부자의 위치측정

그림 15.19 평균단면과 부자의 위치측정

여기서 H_m : 관측 중의 평균수위

h : 소 구간의 유량계산에 사용하는 수위

q : 소 구간의 유량

3) 부자의 평균위치

부자는 반드시 측정단면에 직각방향으로 흐른다고 단정할 수 없으므로 제1, 제2 단면사이의 평균위치를 구할 필요가 있다. 〈그림 15.19(b)〉와 같이 부자가 제1, 제2 단면선을 통과하는 위치가 기준선으로부터 각각 x_1, x_2의 거리에 있다고 하면 평균단면(제1, 제2 단면의 중앙)에서의 부자의 위치는 다음과 같다.

$$x = \frac{1}{2}(x_1 + x_2) \tag{15.10}$$

유량계산은 먼저 평균단면도에 측정기간 동안의 평균수위를 그리고 그의 선상에 각 부자의 위치를 기입한다. 다음 각 부자사이의 면적을 구하고 이것에 대응되는 양 끝의 유속 평균값을 곱하여 그들의 총합을 유량으로 한다(식 15.12).

❷ 유속계에 의한 유량측정

제 15 장

유속계에 의한 유속측정은 유속계에서 측정한 소리의 수에서 유속계의 회전수를 구하고 이것을 회전에 소요된 시간으로 나누면 매초 당 회전수가 구하여 진다. 이것을 검정식에 넣어 계산하면 유속이 구하여진다. 측선상의 각 점의 유속이 구하여지면 2점법 또는 기타 방법으로 측선상의 평균유속을 구하고 곧 유량을 계산하게 된다. 일반적으로 다음과 같은 방법으로 유량을 계산한다(그림 15.20).

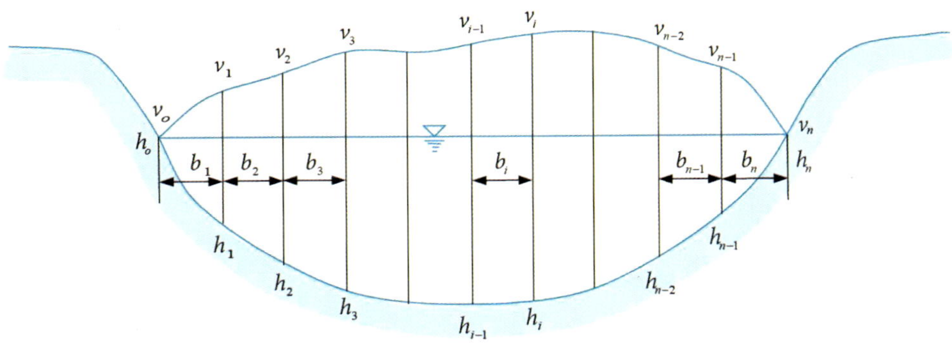

그림 15.20 유량계산

① 각 유속 측정선에 대하여 각각 양쪽의 유속 측정선의 중앙에서 정한 면적을 태형(台形)으로 하고 이것에 각각의 유속측정선의 평균유속으로 곱하여 모두 합하는 방법, 즉

$$Q_1 = \sum_{i=1}^{n} q_{1i} = \frac{1}{4} \sum_{i=1}^{n} b_i \left\{ v_{i-1} \left(h_{i-1} + \frac{h_{i-1} + h_i}{2} \right) + v_i \left(h_i + \frac{h_{i-1} + h_i}{2} \right) \right\} \quad (15.11)$$

② 각 유속 측정선 사이를 태형으로 하여 구한 단면적에 양쪽의 유속 측정선의 평균유속의 평균값을 곱하여 모두 합하는 방법, 즉

$$Q_2 = \sum_{i=1}^{n} q_{2i} = \frac{1}{4} \sum_{i=1}^{n} b_i (v_{i-1} + v_i)(h_{i-1} + h_i) \quad (15.12)$$

③ 각 유속 측정선의 평균유속에 각각 양쪽의 유속측정선과의 중앙에서 정한 폭과 그의 유속 측정선의 수심과의 합을 단면적으로 곱하여 모두 합하는 방법, 즉

$$Q_3 = \sum_{i=1}^{n} q_{3i} = \frac{1}{2} \sum_{i=1}^{n} b_i (h_{i-1} v_{i-1} + h_i v_i) \quad (15.13)$$

❸ 초음파에 의한 유량측정

초음파에 의하여 유량을 산출하는 경우, 유속측정선은 〈그림 15.21〉과 같이 수심방향으로 몇 개를 설정하게 되므로 한 개의 유속측정선이 담당할 구간 횡단면적은 이것과 인접하는 유속 측정선과의 중간까지로 한다. 이 경우 횡단면은 초음파 송수신기의 방향에 상관없이 흐름에 직각방향의 단면적을 사용한다.

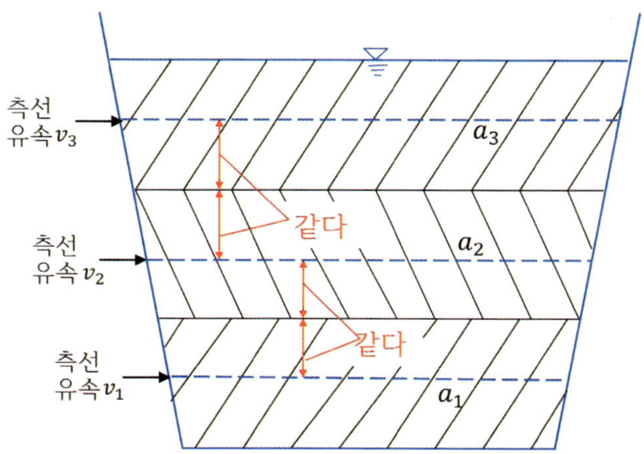

그림 15.21 초음파에 의한 유량측정

한 개의 유속 측정선의 평균유속은 초음파 유속계에 의하여 측정된 유속으로 하고

유량은 평균유속과 그것을 담당할 구간 횡단면적과의 곱을 전 측선에 대하여 합하여 구한다.

〈그림 15.21〉의 예를 든다면

$$Q = a_1 v_1 + a_2 v_2 + a_3(H) v_3 \tag{15.14}$$

여기서 Q : 유량
v_1, v_2, v_3 : 초음파에 의한 평균유속
a_1, a_2 : 단면적(일정)
$a_3(H)$: 단면적(수위의 함수)

④ 수위-유량곡선에 의한 유량측정

수위는 연속적으로 관측할 수 있으나 유량은 연속적으로 측정할 수 없다. 관측소들에서 얻은 몇 개의 유량의 값과 이것에 대응되는 수위의 값을 이용하여 수위와 유량의 관계를 미리 알 수 있다면 이것을 이용하여 수위의 관측값으로부터 유량을 얻을 수 있다.

제 15 장

지금 종축에 수위, 횡축에 유량을 표시하고 유량관측의 결과를 자유곡선으로 연결할 수 있을 때 이 곡선을 수위-유량곡선(水位-流量曲線, H~Q curve)이라고 한다.

하상의 변동이 적은 기간에 수위와 단면적의 관계가 점차 변하여 같은 수위에서 수면구배(水面句配)의 변화가 적으면 수위와 유량과의 관계는 일반적으로 다음과 같이 표시한다.

$$Q = a(H + b)^n + c \tag{15.15}$$

여기서 a, b, c, n은 단면의 형상, 흐름의 조건에 따라 변하는 상수이나 관측자료가 충분하고 적절하면 간단한 형태로 하는 것이 좋다.

그러나 〈식 15.15〉는 복잡하고 계산에서 틀리기가 쉬워 다음과 같은 2차곡선을 기본식으로 사용하고 있다. 즉

$$\sqrt{Q} = aH + b \tag{15.16}$$

여기서 Q는 유량, H는 관측수위이며 a와 b는 최소제곱법으로 다음과 같이 구한다.

$$a = \frac{n[H\sqrt{Q}] - [H][\sqrt{Q}]}{n[H^2] - [H]^2}, \quad b = \frac{[H^2][\sqrt{Q}] - [H][H\sqrt{Q}]}{n[H^2] - [H]^2} \tag{15.17}$$

⑤ 웨어에 의한 유량측정

웨어(weir)는 물이 흐르는 방향에 직각으로 막아 물이 넘치도록 인공적으로 만든 작은 둑을 말한다. 둑 위에 일정한 형태의 홈으로 파서 그 위를 넘쳐흐르는 물의 깊이를 측정하고 실험공식을 사용하여 유량을 측정한다. 이 방법은 정밀을 필요로 하는 인공수로나 작은 하천의 경우에 가장 적절하며 터널 또는 굴착중의 용수량, 착공 전의 물의 조사를 하고자 할 경우에도 많이 이용된다.

측정 웨어(測定堰) 위에 판 홈을 웨어의 개구(opening)라고 한다. 개구의 하변을 언정(crest of weir)이라 하며 언정(堰頂)과 개구(開口)의 모양에 따라 여러 가지 종류가 있다. 언정의 모양에 따라 날카로운 형태와 둔한 형태의 웨어가 있으며 개구의 모양에 따라 구형 웨어(矩形, rectangular weir), 삼각형 웨어(triangular or V-notched weir), 제형 웨어(梯形, trapzoidal weir), 계단식 웨어(stepped weir) 등이 있으며 어떤 개구든 그의 주변구조에 따라 통과하는 유량은 전부 달라진다.

웨어에 의한 유량계산 공식은 여러 가지가 있으나 가장 간단하고 많이 사용하는 것은 후란시스 공식(Francis formula)이다.

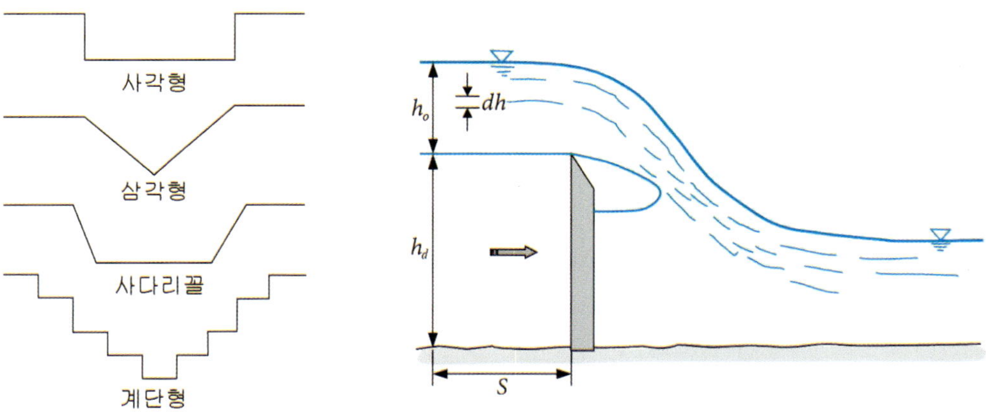

그림 15.22 웨어의 형태

〈그림 15.22〉에서 유량 Q는

$$Q = m\sqrt{2g}\int_0^{h_o} b\sqrt{h}\,dh = C_o\int_0^{h_o} b\sqrt{h}\,dh \qquad (15.18)$$

여기서, m, C_o : weir의 유량계수

g : 중력가속도

h : weir의 폭(일반적으로 수면에서의 깊이 h의 함수)

h_o : 월류심(越流深)

〈식 15.18〉을 웨어의 일반공식이라 부른다.

만일 접근유속 v_a가 클 경우 〈식 15.18〉의 $\sqrt{h}$ 대신 $\sqrt{h+v_a^2/2g}$를 사용한다.

〈식 15.18〉을 적분하면

$$\text{사각형 웨어의 경우 } Q = C_1 b h_o^{\frac{3}{2}} \tag{15.19}$$

$$\text{삼각형 웨어의 경우 } Q = C_2 h_o^{\frac{5}{2}} \tag{15.20}$$

가 얻어진다.

어떠한 경우에도 유량을 구하기 위해서는 월류심 h_o을 측정해야 한다. 이때 h_o의 정밀도는 1 mm 이내로 측정하여야 한다.

한편 유량계수는 다음과 같이 구한다.

웨어의 정점이 뾰족하고 웨어의 폭 b가 수로 폭 B와 같을 경우는

$$C_1 = 1.785 + \left(\frac{0.00295}{h_o} + 0.237\frac{h_o}{h_d}\right)(H_\epsilon) \tag{15.21}$$

여기서 Q : 월류량(m3/sec)

h_o : 월류심(m)

h_d : 수로 밑에서 웨어의 정점까지의 높이(m)

H_ϵ : 보정항 $h_d \leq 1m \rightarrow \epsilon = 0$, $h_d \geq 1m \rightarrow \epsilon = 0.55(h_d - 1)$

웨어의 폭 b가 수로의 폭 B보다 작을 경우

$$C_1 = 1.785 + \frac{0.00295}{h_o} + 0.237\frac{h}{h_d} - 0.428\sqrt{\frac{(B-b)h_o}{Bh_d}} + 0.034\sqrt{\frac{B}{h_d}} \tag{15.22}$$

Chapter 16
라이다 측량

출처: 가수 김장훈 블로그

16.1 개 요

라이다(Lidar)측량은 레이저 펄스를 지표면 또는 다른 목표물에 발사하고 목표물에서 반사하여 되돌아오는 레이저 펄스의 도달시간을 측정하여 반사된 지점들의 3차원 공간위치를 계산함으로써 지표면 또는 다른 목표물에 대한 지형공간정보를 추출해 내는 측량방법을 말한다.

Lidar는 **Li**ght **D**etection **A**nd **R**anging의 머리글자로 원래는 "light(빛)"와 "radar(전파탐지)"의 합성어이었으며 "LIDAR", "LiDAR", "LADAR" 등으로 표기하기도 한다. 라이다측량은 일반적으로 정밀지형도제작에 많이 사용되고 있으며 측지분야, 고고학분야, 지리 또는 지정학분야, 지진분야, 산림분야, 대기물리분야 등 많은 분야에 활용되기도 한다. 최근에는 자동차의 자율주행에서 필수 불가결의 기술로 사용하고 있다.

"Lidar"라는 단어는 1963년 "Oxford English Dictionary"에서 처음 공식적으로 사용되었다. "Lidar"가 "Light Detection And Ranging"으로 해석하고 표현하기 시작한 것은 1970년 초부터 시작되었다고 볼 수 있다. 이것은 "**radar**"가 원래 "**RA**dio **D**etection **A**nd **R**anging"의 머리글자임을 생각하면 "Lidar"는 당연히 "Light Detection And Ranging" 또는 "Laser Imaging, Detection and Ranging"이 되어야 한다는 것이다.

라이다는 "laser scanning 또는 3D scanning"이라고 불리기도 한다. 이는 라이다 방법이 레이저 펄스를 "스캔"하는 방식으로 이루어지기 때문에 이렇게 불리기도 하는 것 같다. 따라서 레이저 빔을 주사하여 지형도제작에 사용하는 것을 고려할 때 "Lidar"라는 것보다 "laser scanning(LS)"이라는 용어가 더 적절하다. 유럽 등 많은 사람이 "Lidar"대신에 "Laser scanning"이라는 용어를 쓰는 것은 바로 이러한 이유 때문일 것이다.

라이다측량은 라이다 시스템을 항공기에 장착하여 공중에서 작업이 이루어지는 것을 "항공 라이다(ALS, Airborne Laser Scanning)"라 하며 항공기가 아니라 지상의 고정 위치에서 삼각(三脚)과 같은 지지대에 장착하여 지상에서 작업이 이루어지는 것을 "지상 라이다(TLS, Terrestrial Laser Scanning)"라 한다. 일반적으로 라이다 측량이라 할 때 특별하게 언급하지 않는 한 항공 라이다를 의미한다. 지상 라이다는 본문 〈16.7〉에서 다루겠지만 앞으로의 내용들은 특별한 경우를 제외하고는 항공 라이다를 기준으로 설명하려고 한다.

라이다는 1960년대 초 레이저가 발명된 후 전파의 왕복 이동한 시간으로 이동거리가 계산될 수 있다는 사실이 알려진 후부터 사용되기 시작하였다. 그 후 1962년에는 레이저를 이용하여 달까지의 거리 측정이 시도되었고 1975년 "아폴로 15" 계획에서 달 표면의 지도제작을 위하여 레이저고도계를 사용하기도 하였다. 그러나 1990년대까지 크게 활용되지 못하다가 1990년대 중반에 와서 GPS와 관성항법의 발전과 더불어 레이저를 이용하여 정밀지형도를 제작할 수 있다는 사실이 알려짐과 동시에 상업적 이용도 급격히 발전하게 되었다.

그전까지는 단순히 연구와 개발단계에 머물러 있었고 장비도 단순한 실험용이거나 어느 특정한 목적으로 만들어진 것 뿐 이었다. 그 후 라이다의 활용성과 중요성들이 점점 증가함에 따라 상업적인 면으로 발전이 이루어지기 시작하였다. 1996년에 이르러 단 하나의 회사가 상업용 라이다 시스템을 만들었으나 1999년에는 몇 개의 회사에서 완전한 라이다 시스템과 ALS의 주요 부분들이 제공되기 시작하였다. 2001년경에는 전 세계의 75개의 회사가 만든 60여 개의 센서가 공급되기 시작하였다. 현재에 이르러서는 발전 속도가 매우 빨라서 기술과 장비의 눈부신 발전과 더불어 항공사진측량 분야뿐만 아니라 모든 분야에서 라이다의 활용은 크게 발전하고 있다. 특히 항공 라이다의 경우 보통의 고정익 항공기뿐만 아니라 헬리콥터 또는 드론 같은 것에도 장착하여 활용되고 있다. 지상 라이다의 경우에도 자동차에 장치된 이동식 라이다를 이용하여 도로 등 여러 분야까지 활용되고 있다.

라이다(laser scanning)는 "능동적 시스템(active system)"이라는 특성 때문에 다른 분야에 비해 항공사진측량분야의 활용에서 매우 큰 장점들을 가지고 있다. 다시 말하면 스스로 에너지를 가지고 있기 때문에 어떠한 목표물을 비추기 위한 빛이 필요 없다는 것이다. 라이다는 밤에도 작업할 수 있기 때문에 낮의 작업에서 햇빛의 그림자로 인한 데이터의 상실을 막을 수 있으며 때때로 레이저 펄스가 수목 사이사이를 관통하므로 지형도 작성이 불가능한 지역의 측량이 가능하기도 하다.

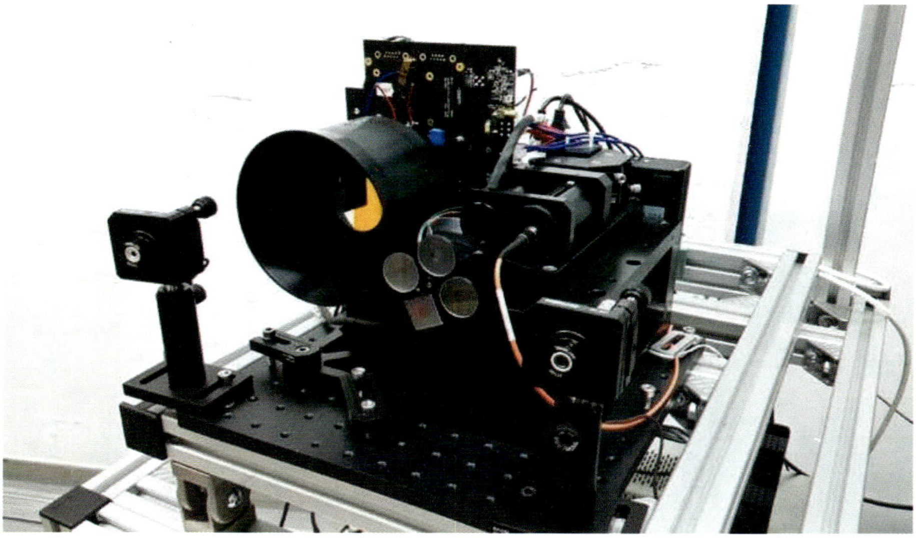

그림 16.1 ESA Lidar system

그러나 전통적인 디지털 항공사진측량에 비해 정밀도가 낮으며 항공사진에서는 가능한 스펙트럼에 관한 정보를 얻을 수 없다는 단점도 있다. 〈그림 16.1〉은 최신 ESA(European Space Agency) 항공 라이다 시스템의 한 예이다.

16.2 기본원리

빛의 기본적인 특성은 그의 전파속도이다. 어떤 물질 안에서 빛은 일정한 속도로 전파된다. 따라서 이 물질 안에서 빛이 목표물에 도달하고 다시 목표물에서 반사하여 되돌아오는 시간지연(왕복시간)은 두 점 간의 거리를 계산하는 중요한 요소가 된다. 이러한 시스템을 TOF(time of flight) 또는 LIDAR, LADAR라 부르기도 한다.

〈그림 16.2〉에서 두 점간 왕복시간을 t_L, 두 점 간의 거리를 ρ, 진공 중에서의 빛의 속도를 c, 대기 중에서의 굴절률을 n이라 하면

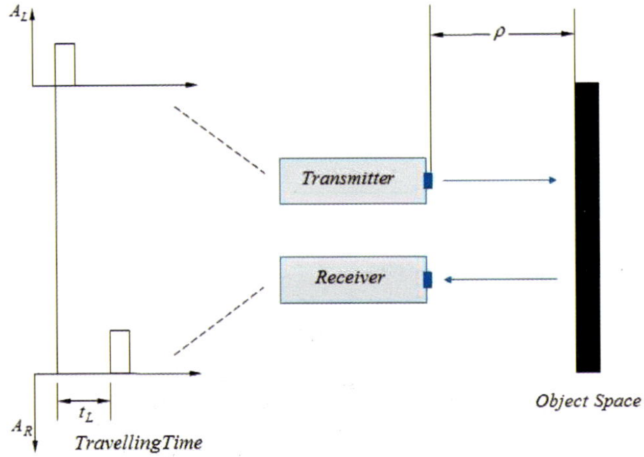

그림 16.2 거리측정원리(TOF)

$$\rho = \frac{1}{2} \cdot \frac{c}{n} \cdot t_L \tag{16.1}$$

여기서 $c = 299{,}792{,}458\ \mathrm{m/sec}$, 대기 중에서의 굴절률 $n \approx 1.00025$

라이다 시스템에 의한 측량은 단순한 레이저 거리측정장치에 의하여 이루어지는 작업이 아니고 INS(항공기 자세 결정)와 DGPS(정확한 위치결정)에 필요한 GPS시스템 등 많은 다른 장치와 복합적으로 구성되어 측량작업이 이루어진다(그림 16.3). 또한 데이

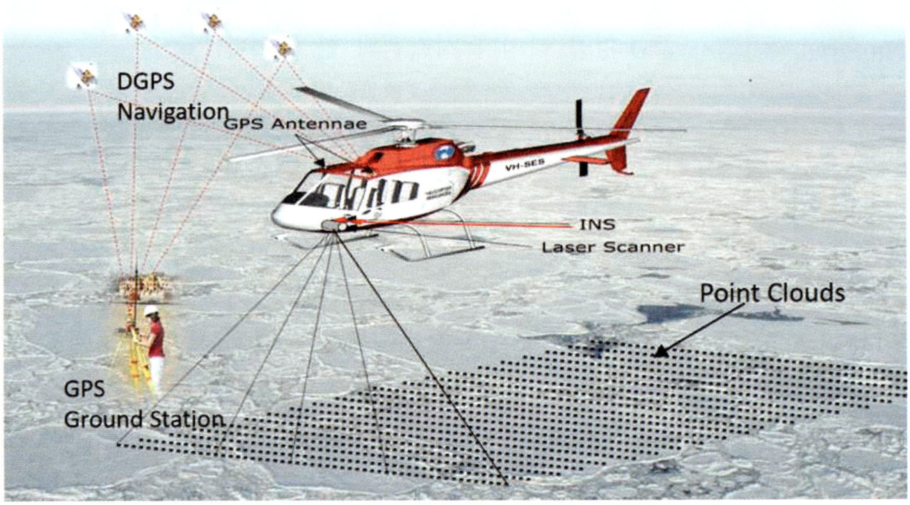

그림 16.3 라이다 시스템의 개념도

터 저장장치, 작업을 계획하고 데이터를 처리하는 컴퓨터와 소프트웨어, 장치들이 거치되는 플랫폼, 항법을 위한 GPS 등 많은 것들이 필요하다. INS(Inertial Navigation System)는 항공기의 위치, 속도, 자세(전후좌우의 경사) 등이 측정되어 완전한 항법을 이루게 한다. 한편 GPS가 장치된 INS는 이동센서의 위치와 방향을 직접 결정할 수 있어 원격측정에서의 직접적인 좌표할당(georeferencing)도 가능하다(18장 참조).

16.3 항공 라이다의 시스템 구성

항공 라이다(ALS, Airborne Laser Scanning)는 고정익 항공기 또는 헬리콥터와 같은 항공기에서 작업이 이루어지는 시스템이다. 항공 라이다 시스템은 크게 두 부분으로 구성되었다. 레이저에 의하여 지상까지의 거리를 측정하는 레이저 스캐너 부분과 라이다 시스템의 위치와 방향을 정확히 측정하는 GPS/IMU(Inertial Measurement Unit) 시스템으로 구성된다.

스캐너 시스템은 레이저와 역학적 스캐닝 장치, 그리고 광학기구들로 구성된다. 이들 스캐너 시스템 이외 이들을 제어하고 처리하는 제어장치(control unit)와 처리장치(processing unit)가 있다(그림 16.4 참조).

제 16 장

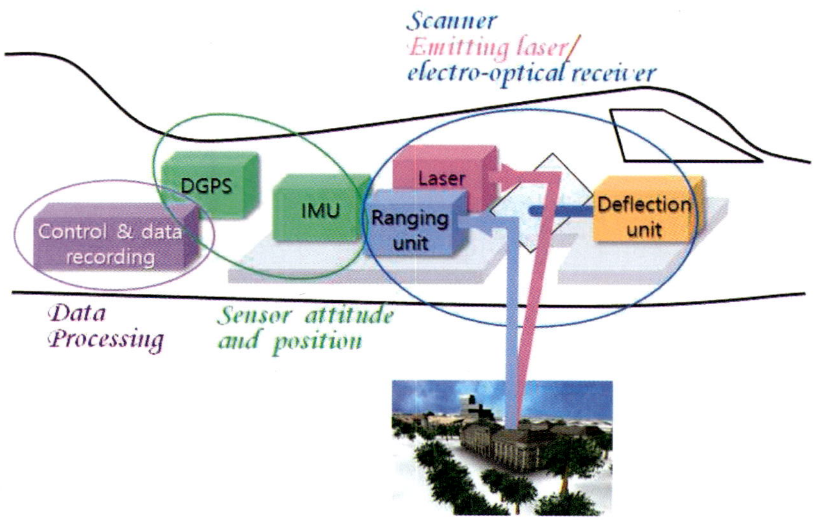

그림 16.4 ALS 시스템의 기본구성

■ 스캐너 장치

스캐너는 레이저와 스캔할 수 있는 역학적 장치와 광학기구들로 구성된다. 레이저 장치는 항공기 동체의 구멍 위에 장착되어 항공기가 비행하는 동안 연속적으로 레이저 빔을 보낸다. 항공기의 속도와 촬영고도에 따라 다르지만 m^2 당 0.2점~50점까지 측정이 가능하다. 현대적인 라이다 시스템은 항공기의 좌우 경사(roll)를 보정하는 보정시스템이 구비되었다. 이와 같은 보정장치는 측정점의 간격을 처음 계획한 간격으로 계속 유지할 수 있고 좌우 경사로 인하여 발생할 수도 있는 스캔 지역 간의 틈새를 막을 수 있다는 장점이 있다.

■ GPS 안테나

항공기에 장치된 GPS 안테나는 GPS 신호를 2Hz의 속도로 기록할 수 있는 2중 주파수 안테나이다. 안테나는 GPS 위성관측에 편리하도록 항공기의 외부 위쪽에 설치되었다.

■ 관성 측정장치(IMU, Inertial Measurement Unit)

레이저 스캐너에 고정하거나 시스템 플랫폼에서 스캐너에 가깝도록 설치한다. 일반적으로 200 Hz의 속도로 가속도 데이터를 기록한다. GPS와 IMU의 결합사용으로 정밀도 10 cm 이상의 비행궤적을 알 수 있다.

■ 제어장치와 기록장치

전체 시스템의 제어와 시간 동기화 작업을 하며 IMU와 GPS에서 얻은 데이터를 기록 저장한다. 현대적인 레이저 스캐너에서는 초당 약 150,000 펄스를 생성하며 시간당 약 20GB의 거리 데이터가 발생하지만 GPS와 IMU 데이터는 시간당 단지 0.1GB에 불과하다.

■ 작업자의 노트북 컴퓨터

노트북 컴퓨터를 통하여 작업조건을 설정하고 작업이 진행되는 동안 시스템의 수행과정을 감시하며 제어장치와 기록장치 간의 통신수단으로 사용한다.

항공 라이다 시스템은 지상의 GPS 기준점을 기준으로 작업이 완성된다. 지상의 GPS 기준점은 DGPS 계산에서 기준점으로 사용한다. 이때 여러 가지 변화하는 대기조건을 잘 처리하기 위하여 GPS 기준점과 항공기의 거리는 30km를 초과하지 말아야 한다(그러나 간혹 이보다 먼 거리에서도 필요한 정밀도를 얻을 수 있는 경우도 있다). 최근에는 우리나라를 비롯하여 많은 나라에는 GPS 상시관측소(위성기준점)가 많이 설치되어 있어 추가적인 GPS 기준점을 설치할 필요가 없는 경우도 많다.

최근의 항공 라이다 시스템에는 추가로 중형의 디지털카메라가 설치되는 경우가 많다. 라이다에 의한 거리측정 데이터와 동시에 얻어지는 영상데이터는 라이다 이미지에 의한 지상 물체의 식별에 불충분할 경우 크게 도움이 된다. 디지털카메라를 장착할 경우, 카메라의 머리 부분과 기록장치는 별개의 장치이므로 각각 별도의 장소에 부착할 수 있다. 따라서 카메라 장착의 최적 위치는 스캐너 장치의 밑 부분이 가장 접합하다. 만일 같은 측량플랫폼(platform) 위에 스캐너와 카메라 설치가 어려울 때는 별도의 IMU가 필요할 것이다.

GPS와 IMU 그리고 레이저 데이터를 정확히 변환하고 통합하기 위해서는 스캐너 장치와 IMU 그리고 GPS 안테나와의 상호공간위치를 정확히 알아야 한다. 물론 이들 시스템과 시간과의 관계도 포함된다. 이들 공간위치 관계를 통합하기 위하여 측량플랫폼에 대한 좌표계가 정의되어야 한다. GPS 안테나와 IMU 그리고 스캐너 장치에서 각각 사용하는 좌표계들에 대한 관계와 이들의 원점들에 대한 수평·수직 평행이동 인자($\Delta X, \Delta Y, \Delta Z$)들이 정확히 측정되어야 하고 또한 측량플랫폼의 좌표계와 연결되어야 한다.

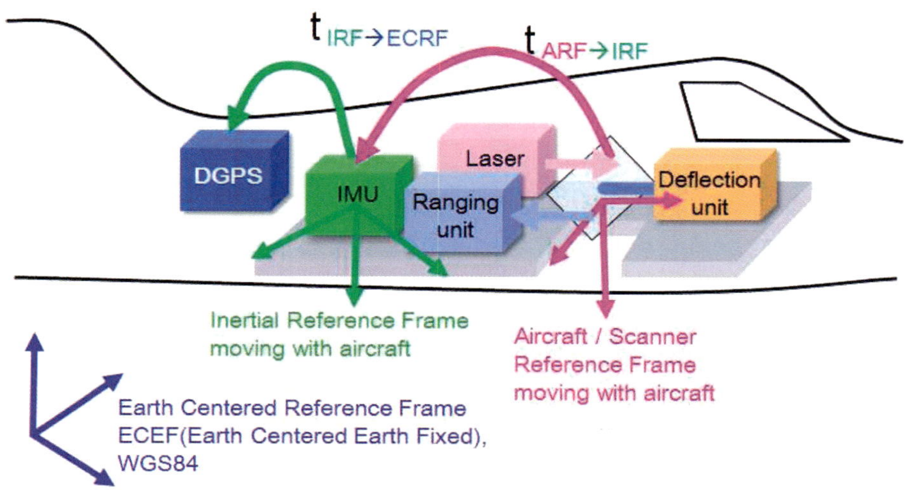

그림 16.5 ALS의 좌표계

이 작업은 지상측량을 통하여 쉽게 이루어질 수 있다. 정밀도는 ±0.01m 정도면 충분하다. 모든 장치들의 상호공간위치가 결정되면 측량플랫폼의 좌표계를 전체 작업의 측량원점으로 사용하게 된다.

GPS/IMU의 통합

이미 말한 것과 같이 GPS와 IMU는 항공기의 비행궤적을 재현한다. GPS 데이터는 촬영비행의 전 과정에 대한 위치정보를 얻기 위하여 DGPS 방법을 사용한다. 항공기의 촬영궤적을 완전하게 복원하기 위해서는 IMU를 통한 측량시스템의 전·후·좌·우의 흔들림에 대한 위치정보가 필요하다.

IMU 데이터는 시스템에 누적되는 편류 때문에 정밀도의 상실 없이 장기간의 사용이 어렵다. 위치결정에서의 IMU 편류는 좀 더 신뢰성 있는 GPS점으로 측정된 자료로 위치를 수정함으로써 보정된다. 이 방법은 전 촬영비행에서 정확한 위치를 제공하고 추가로 계산된 GPS 위치 오차를 검사하는 수단으로 사용한다.

GPS와 IMU를 통합하여 사용하면 최적의 자세와 촬영고도를 유지할 수 있다. 만일 비행고도와 자세에 대한 데이터가 800 Hz로 수신된다면 위치와 방향에 대한 정밀도는 0.08 m까지 가능하다(항공기 속도 70 m/sec). 이론적으로 평면위치정밀도 0.1 m, 높이 정밀도 0.2 m보다 더 좋은 정밀도가 예측되지만 실제적으로는 종종 이것보다 더 높은 정밀도(표고정밀도 0.01 m, 평면정밀도 0.05 m)를 얻기도 한다.

16.4 | 레이저와 펄스 측정원리

제 16 장

"LASER"는 "Light Amplification by the Stimulated Emission of Radiation"의 머리글자를 따온 것으로 번역하면 "유도방출에 의한 빛의 증폭"이라는 뜻이다. 다시 말하면 원자나 분자 내부에 축적된 에너지를 집약적으로 뽑아내는 빛을 의미한다.

일반적으로 레이저에 의하여 발생하는 빛은 단일 색과 단일 파장으로 매우 밝으며 강하고 아무리 먼 거리를 가도 퍼지지 않아 다른 어떠한 빛보다도 응집성이 매우 강하다. 이와 같이 공간에서의 응집성은 레이저 빔이 어떤 목표물을 향하여 쏘았을 때 초점이 맞추어진 상태를 계속 유지하는 특성이 있다.

빛은 파장마다 일정한 색을 가지고 있으므로 단일 파장인 레이저는 단일 색이다. 그렇다고 레이저에는 모두 색이 있는 것도 아니다. 가시광선(390 nm~700 nm) 이외의 파장을 가진 레이저광이라면 모양도 색도 보이지 않는다. 레이저의 파장은 매질 등의 구성요소에 따라 정확하게 정해진다. 매질에 따라, 아르곤에서는 푸른색, 이산화탄소에서는 무색(적외선), 루비에서는 붉은색의 레이저가 방출된다. 특히, 햇빛에 비해 단위 면적당 얻어지는 에너지가 매우 커서 1 mW의 레이저라도 단위 면적당 에너지는 태양 빛의 100만 배에 이른다.

이와 같은 레이저의 특성은 많은 분야의 관심을 끌어 활용도가 급격히 증가하였다. 빛 본래의 성질에 더하여 강력한 에너지를 이용하여 공업, 의료, 핵융합, 계측, 정보, 군사 분야 등에 이용함은 물론 최근에는 라이다에 의한 정밀지형도제작에까지 탄생 후 불과 35년 동안에 눈부시게 발전되어왔다.

레이저는 파장 500 nm~1500 nm의 레이저를 가장 보편적으로 사용한다. 특히 지형도 제작에서는 900 nm와 1550 nm를 사용하기도 하지만 보편적으로 근적외선 대역인 1040 nm~1060 nm를 사용한다. 보편적으로 항공 라이다에서 사용하는 레이저는 1064nm의 YAG(Yttrium-Aluminum-Garnet)레이저로 강도 8~8.5를 가지며 광학적 손실이 거의 없는 고체 수정체 레이저이다.

레이저를 특정 목적으로 사용하고자 하면 먼저 파장의 크기를 중요한 요소로 취급되어야 한다. 왜냐하면 눈에 대한 안전성 문제가 레이저 파장의 크기와 직접적인 관련이 있기 때문이다. 파장의 길이가 짧으면 짧을수록 고출력의 레이저가 필요하고 눈에 안전하지 않다. 어떤 레이저 시스템은 1550 nm와 같이 파장이 긴 레이저를 사용하기도 한다. 이와 같이 파장이 긴 레이저는 눈에서 쉽게 초점이 이루어지지 않기 때문에 고출력에서도 비교적 눈에 안전하지만 탐지기술이 떨어져서 일반적으로 저정밀도의 장거리 측정에 주로 사용된다. 또한 1550 nm의 레이저는 이보다 짧은 1000 nm의 적외선 레이저와는 달리 야간경(夜間鏡)으로도 볼 수 없기 때문에 군사적 목적으로도 사용된다.

항공 라이다에서는 일반적으로 1064nm YAG레이저를 사용하지만 수심측량을 위한 라이다 시스템에서는 보통 수중 침투가 가능한 532 nm레이저를 사용한다(하천측량편 참조). 레이저 펄스의 반복 속도는 비교적 높은 출력에서 보통 약 10~15 ns 간격으로 반복된다.

항공 라이다(ALS)는 보통 고정익 항공기와 헬리콥터에서 사용되며 촬영고도는 고정익의 경우 해발 500 m~1000 m, 헬리콥터의 경우 해발 200 m~300 m이다. 많은 라이다 시스템은 기본장치뿐만 아니라 비디오 시스템과 디지털카메라를 장착하여 지상의 지형지물을 동시에 수록하기도 한다.

점의 밀도는 레이저 펄스의 반복 속도, 스캐너의 스캔 속도와 스캔각, 항공기의 진행 속도와 촬영고도 등에 달려있다. 주어진 조건에서 펄스의 반복 속도는 지상에서의 점의 밀도에 핵심적인 요소로 작용한다(레이저 펄스의 반복 속도가 빠르면 빠를수록 점의 밀도도 많아진다).

이러한 요소는 라이다 시스템의 가격과 밀접한 관계가 있다. 왜냐하면 높은 반복 속도를 갖는 센서는 낮은 반복 속도를 갖는 센서보다 더 낮게 촬영하여도 지상에서의 점의 밀도가 같아지기 때문이다. 따라서 레이저 펄스의 반복 속도는 장비의 판매와 같은 상업적인 측면에서 중요한 요소가 되는 것이다. 1995년 이래로 레이저 펄스 반복 속도는 5 kHz보다 적은 것부터 2002년도에는 50 kHz, 2005년에는 100 kHz(100,000/초), 최근에는 일반적으로 150,000~250,000 pulses/sec(150~250 kHz)의 경우가 보통이며 특별한 경우 약 900 kHz까지 향상되었다(Leica Geosystem, ALS80, 촬영고도 500 m). 점의 밀도는 비행 속도와 촬영고도에 따라 다르나 초기의 0.2 점/m^2에서 지금은 50점/m^2 또는 그 이상의 밀도도 가능하다.

레이저 펄스 측정원리

현재 상업적으로 사용되고 있는 항공 라이다 시스템들은 시스템마다 각각 다른 자기 고유의 특징을 가지고 있지만 모두 공통으로 사용하고 있는 것은 거리 데이터를 생성하는 방법으로 펄스 측정기법을 사용한다는 점이다. 항공 라이다에서는 레이저 펄스가 항공기로부터 지표면으로 발사되고 다시 지표면에서 수신기로 반사된다. 이때 펄스의 이동시간(TOF)으로 지표면의 레이저 점과 측량플랫폼까지의 거리가 결정된다.

송신된 레이저 펄스의 특성은 펄스폭 t_p와 펄스의 상승시간 t_r이다(그림 16.6). 보편적인 펄스폭은 빛이 1.5m를 진행한 거리에 해당하는 $t_p = 5\,\text{ns}$, 펄스상승시간은 빛이 0.3 m를 진행한 거리에 해당하는 $t_r = 1\,\text{ns}$이다.

TOF(time of flight)는 〈식 16.1〉에서와 같이 $\rho = \frac{1}{2} \cdot \frac{c}{n} \cdot t_L$과 같다.

여기서 ρ는 측량플랫폼과 지상의 레이저 점 간의 거리이다.

예를 들면 촬영고도 1000m의 경우 TOF는 $6.7\mu s$이다. 촬영고도 R에서 하나의 펄스 P_1에서 두 개 또는 그 이상의 반사펄스가 있고 반사펄스 E_{11}, E_{12}가 서로 분리되었다면(서로 중첩되지 안했다면) 각각 다른 거리를 구별할 수 있다. 따라서 시간차 Δt_{tof}에 해당하는 거리 차 $\Delta\rho$는 다음과 같다.

$$\Delta\rho = \frac{c}{2}\Delta t_{tof} \tag{16.2}$$

〈그림 16.6〉에서 TOF의 차는 $\Delta t_{tof} = t_{tof}^{12} - t_{tof}^{11}$이다. 이것으로부터 분명한 것은 되돌아온 두 개의 반사펄스의 길이가 펄스의 길이 t_p보다 클 경우($\Delta t_{tof} > t_p$) 두 개의 반사펄스(즉 목표물의 높이)는 구분될 수 있다는 사실이다. 이것은 그들의 거리가

최소한 0.75m보다 클 경우, 펄스길이가 단지 5ns일 때 만 각각 다른 목표물로 구분할 수 있다는 의미이다.

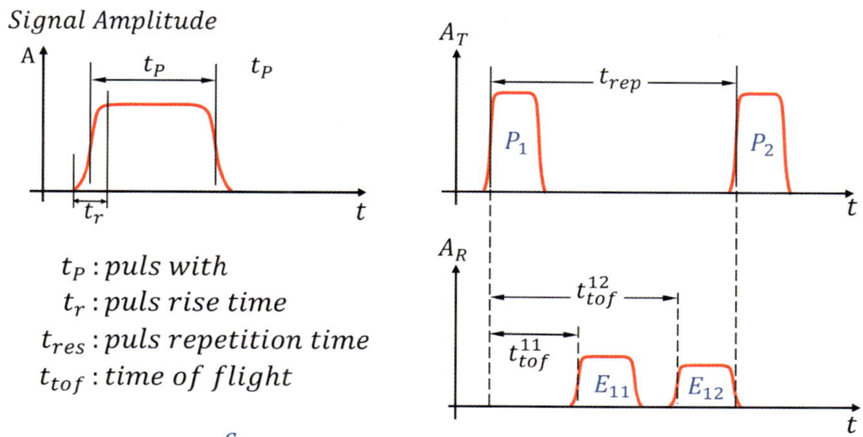

$$\Delta\rho = \frac{c}{2}\,\Delta t_{tof} \qquad \Delta t_{tof} = t_{tof}^{12} - t_{tof}^{11}$$

그림 16.6 레이저 펄스측정원리

TOF 측정의 핵심요소는 TOF, 즉 거리를 결정하기 위한 검파방법이다. 검파기는 설정된 한계값에 따라 시간측정이 가능하도록 펄스를 생성한다.

검파방법은 최대값 검파방법(Peak-Detection), 한계값 검파방법(Theshold or Leading Edge Detection), CTD(Constant Fraction Detection)등이 있다.

16.5 레이저 스캐너와 특성

3차원 표면에 밀집한 표본점들의 데이터를 얻는 방법으로 스캐너를 사용한다. 단일 레이저빔의 경우 스캐너시스템은 스캐닝 거울, 회전하는 모터, 관절이 있는 팔 등으로 구성되었다. 하나의 선을 비추기 위해서는 레이저빔은 원통형 렌즈로 확장하여 표면을 이동할 수 있다.

레이저빔을 스캔하는 방법은 여러 가지가 있으나 상업용 시스템에서 가장 많이 사용하는 방법은 진동거울(oscillating mirror)방법으로 회전하는 거울을 이용하여 레이저빔을 스캔하는 곳으로 향하게 한다. 데이터점(레이저 점)들은 스캔하는 방향의 좌·우

양쪽에 "지그재그(zigzag)" 형태로 나타난다. 스캔 선에서의 레이저 점들의 간격은 영구적으로 가속과 감속되는 사실에 따라 달라진다. 즉 큰 간격은 스캔 폭의 중간에, 작은 간격은 거울 방향이 되돌아가는 끝 쪽에서 발생한다. 이러한 현상은 특수한 전자장치에 의하여 거울 움직임을 조정함으로써 조정할 수 있다. 스캔 선의 간격은 다음 식으로 계산한다.

$$dy = v \cdot t = v \cdot \frac{1}{f_s} \tag{16.3}$$

여기서 v는 항공기의 순항속도, f_s는 스캔 주파수 또는 스캔율이다. 항공기 순항속도를 70 m/s(252 km/hr), 스캔 주파수를 40 Hz라 하면 레이저 점들은 스캔 폭의 끝부분에서 1.75 m 간격의 스캔 선을 따라 있게 된다.

이 방법의 장점은 스캔 각(0°~75°)과 스캔 주파수(0 Hz~90 Hz)를 자유롭게 변화할 수 있다는 점이다. 스캔 각과 스캔 주파수는 스캔 방향과 좌우에 점들의 최대간격을 결정한다. 일반적으로 진동거울 시스템은 촬영고도 100m~6000 m 사이에서 사용한다.

진동거울 시스템 이외에 회전하는 다각형거울 스캐너, Palmer 스캐너, 유리섬유 스캐너 등이 있다. 〈그림 16.7〉은 여러 가지 스캐너와 지상에서의 스캔 형태이다.

제 16 장

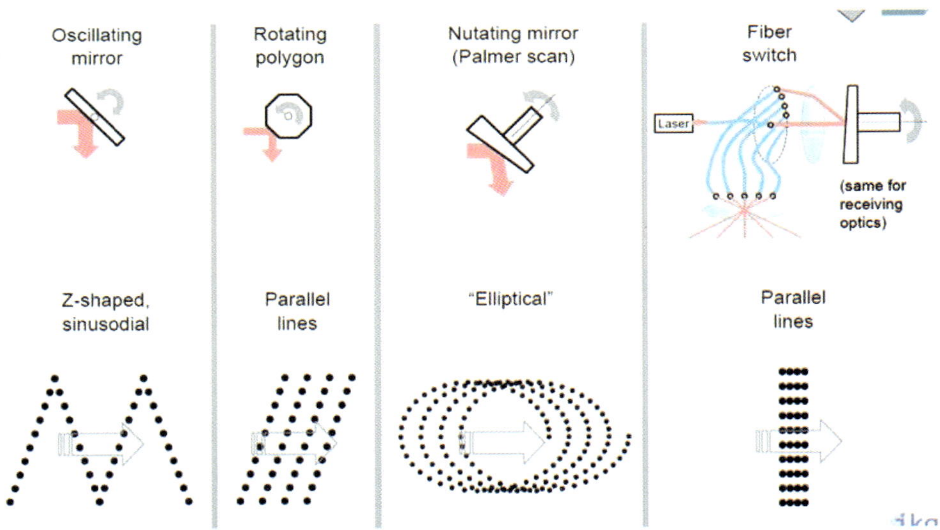

그림 16.7 스캐닝 방법과 지상에서의 모양

레이저의 접지면(footprint)과 스캔 폭은 선형 스캔의 핵심적인 요소다. 주어진 촬영고도에서 레이저 접지면의 크기는 레이저 빔의 발산각(發散角), γ 에, 스캔 폭은 스캔 각, 즉 시야각(視野角, FOV), θ의 크기에 좌우된다.

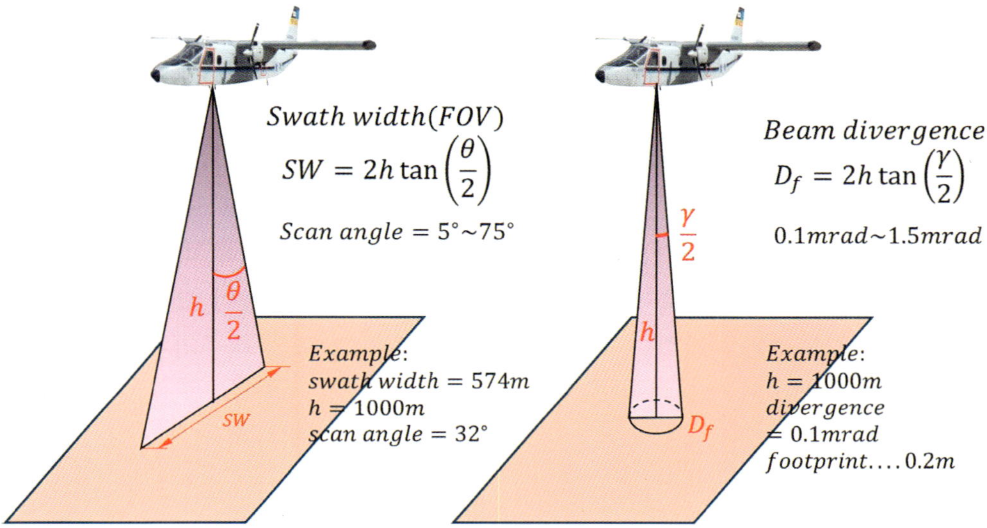

그림 16.8 스캔 각과 레이저 접지면적

〈그림 16.8〉로부터 레이저 접지면 크기 D_f 는

$$D_f = 2h\tan\left(\frac{\gamma}{2}\right) \tag{16.5}$$

스캔 폭 SW는

$$SW = 2h\tan\left(\frac{\theta}{2}\right) \tag{16.6}$$

가 된다.

비행 방향에 직각인 좌우 방향(스캔 방향)에서의 점의 밀도, dx는 주로 레이저 펄스의 반복 속도(PRF)에 좌우되며 다음과 같다.

$$dx = \frac{h}{\cos(2\theta)} \cdot \frac{\theta}{PRF} \tag{16.7}$$

여기서 θ는 순간 스캔 속도(rad/sec)이다.

일반적으로 스캔 각은 5°~75°, 발산 각은 0.1mrad~1.5mrad 정도이다. 스캔 각

제 16 장

이 32°, 발산 각이 0.1mrad, 촬영고도가 각각 1,000m이라고 하면 접지면적의 직경은 0.2m이고 스캔 폭은 574m가 된다. 쉽게 말하면 최대 촬영고도 1,000m, 최대 스캔 각이 20°인 시스템의 경우 최대 스캔 폭은 약 730m이고 스캔 폭 500m일 경우 점간 간격은 약 20cm 정도이다.

결론적으로 지표면으로부터 수신장치까지의 거리는 레이저 펄스의 되돌아오는 시간으로 결정되고 센서의 위치와 자세는 INS와 GPS 데이터로부터 계산되며 이들로부터 라이다 점들에 대한 3차원 좌표가 결정된다.

레이저 빔의 반사는 대부분 산란하기 때문에 목표물의 특성에 따라 반사율이 크게 달라질 수 있다. 예를 들면 모래의 경우 10%~20%, 식물의 경우 30%~50%, 눈과 얼음의 경우 50%~80% 정도의 반사율이라 한다. 지표면의 상태에 따라 측정거리도 달라진다. 반사율이 작으면 측정 가능한 거리도 짧아지고 반사율이 크면 측정거리도 길어진다. 산림과 같은 복잡한 지표면에서는 어떤 것은 산림의 꼭대기에서 반사되고 어떤 빔은 지상에 까지 도달하여 그곳에서 반사한다.

16.6 라이다 데이터와 처리

제 16 장

라이다 측량에서 얻어지는 데이터는 (1) 지상기준점에 대한 GPS데이터, (2) 항공기에 장착된 GPS 데이터와 관성측정장치 IMU(Inertial Measurement Unit)데이터, (3) 거리측정 데이터와 스캐너(예: 스캔 각) 요소의 3부분으로 구분된다.

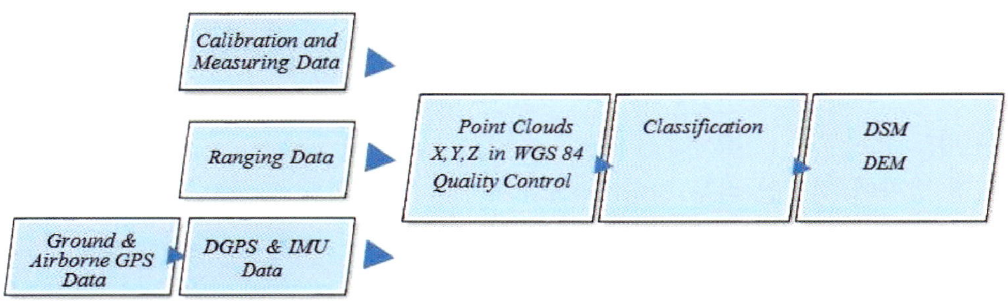

그림 16.9 데이터 처리 과정(G. Vosselman, 2008)

데이터의 처리는 첫째 지상의 GPS 데이터와 항공기의 GPS와 GPS/IMU 데이터의 처리, 둘째 거리측정 데이터의 처리의 두 부분으로 구분하여 처리한다. 이들을 위한 많은 소프트웨어가 개발되어 보급되고 있어 거의 모두 이들 소프트웨어를 이용하고 있으며 상업적인 것도 많지만 무료로 개방된 것들도 많이 있다.

GPS/IMU 데이터 처리의 1차적 목표는 항공기에 장착된 GPS 데이터를 지상의 GPS 데이터에 근거하여 수정하는 작업이다. 이와 같이 수정된 진 DGPS 데이터는 비행 궤적과 최적의 항공기 자세에 대한 데이터와 결합이 이루어진다. 그런 다음 비행궤적 데이터와 거리측정 데이터를 병합하며 이때 시간 데이터도 함께 사용된다. 물론 이 과정에서 모든 보정 요소(검정자료, 플랫폼자료, 대기보정요소)들이 사용된다.

일반적으로 이 과정에서는 WGS84로부터 계산된 (X, Y, Z) 좌표가 최종 작업좌표체계로 변환된다. 이와 같이 최종 (X, Y, Z) 좌표를 갖는 수많은 라이다 점의 집합체를 **"point clouds(점군, 點群)"**라 부르며 스캔한 라이다 점들에 대한 표고 데이터를 포함한다. 라이다 데이터는 보통 "LAS" 데이터 포맷으로 저장된다. "LAS 포맷"은 라이다 데이터의 표준 포맷으로 2진 순차포맷(sequential binary format)이고 쉽게 계산에 사용할 수 있다.

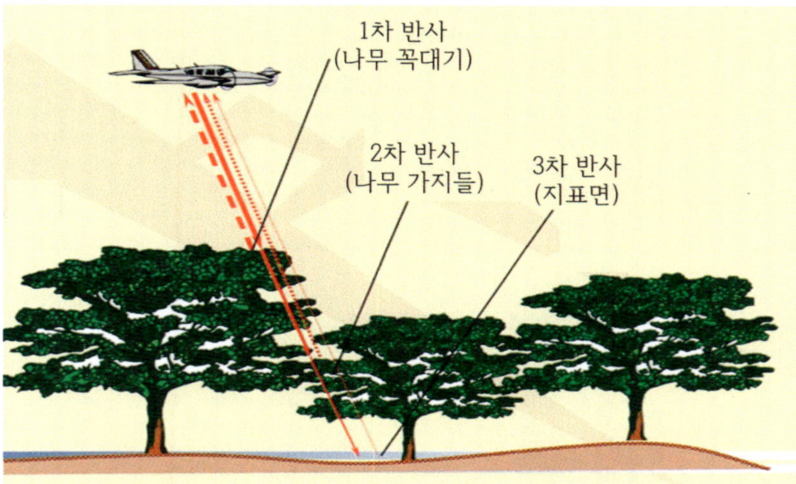

그림 16.10 다중반사

"point clouds"는 짧은 시간에 많은 양의 데이터를 얻기 때문에 수백만 점의 좌표를 포함한다. 레이저 펄스는 어떤 종류의 식생들에서는 나뭇잎 사이 사이에 침투가 가능하므로 다중반사가 일어나는 경우가 많다. 최근에는 1차 반사~4차 반사까지 기록할 수 있는 시스템도 있다. 예를 들면 레이저 펄스가 방사될 때 펄스의 어떤 부분은 나무 꼭대기 가장 높은 곳에서 반사하여 수신기로 되돌아올 것이고 어떤 부분은 같은 나무의 줄기에서, 나머지 펄스는 땅까지 도달하여 그곳에서 반사되어 수신기로 되돌아올 것이다. 이들 다중반사는 모두 동시에 기록된다(그림 16.10). 이와 같은 다중반사를 이용하면 DEM(수치표고모델)뿐만 아니라 DSM(수치표면모델)까지 제작 가능할 수 있다.

point clouds의 데이터를 지상기준점 좌표계로 결정하기 위한 초기 계산이 완료되면 사용자가 어떤 특별한 정보를 얻기 위한 추가적인 작업이 진행될 수 있다. 예를 들면 공통된 작업은 최종 반사된 것만(땅에서 반사된 것)을 사용할 수 있도록 데이터를 추출(filter)하는 것이다. 바로 맨땅만의 수치표고모델(DEM)이 만들어지는 것이다. 이것은 레이저 펄스가 수목들의 사이사이를 침투하여 얻어지는 특별한 경우의 장점이라 할 수 있다.

〈그림 16.11〉은 point cloud 데이터에서 나무 등을 추출하기 전·후의 영상이다(왼쪽 그림은 DSM, 오른쪽은 DEM). DEM 격자좌표를 얻기 위해서는 보간법을 사용하며 이들은 등고선이 있는 지형도 또는 다른 목적으로 활용된다.

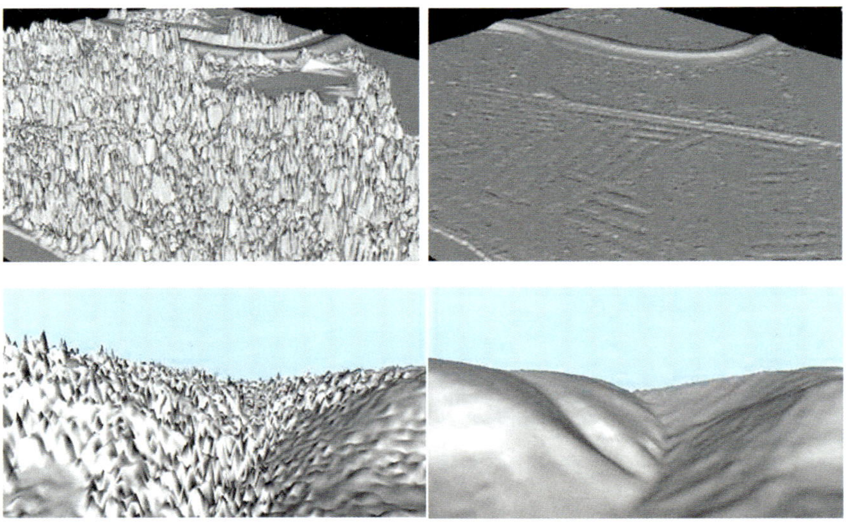

그림 16.11 filtering 전·후(George Vosselman, 2008)

레이저 스캐닝 시스템은 반사된 레이저 펄스를 어떻게 기록하느냐에 따라 단일 펄스 센서와 전 파장 센서로 구분한다. 단일 펄스 센서는 단순히 거리만 기록하지만 전 파장 센서는 반사되어 되돌아오는 파장 전체에 대하여 정량적인 데이터를 기록한다. 이와 같은 전 파장 센서를 사용하면 지표면의 굴곡과 같은 추가적인 데이터를 알 수 있고 잡초 같은 작은 식물들도 제거할 수 있다. 그러나 이것의 가장 취약한 점은 기록된 데이터의 양이 너무 거대하다는 것이다. 또한 되돌아오는 레이저 펄스의 강도와 농도도 기록되어 스캔한 목표물에 대한 다른 분석이나 데이터를 분류하는 것에도 도움이 된다.

〈그림 16.12〉는 LAS 포맷 데이터를 디지털 포맷으로 변환한 라이다 측정자료이다(네덜란드 Enschede 중심가 일부 지역, 2008년 저자가 scop++소프트웨어를 사용하여 작업한 것).

```
257068.67  471976.41  36.30
257071.37  471972.62  36.38
257074.58  471970.51  36.34
257076.33  471971.14  36.35
257077.36  471970.11  36.42
257079.40  471972.76  36.34
257078.82  471969.86  36.36
257079.54  471971.32  36.34
257077.07  471968.49  36.36
```

그림 16.12 라이다 데이터 디지털포맷

라이다 측량의 정밀도는 한마디로 말할 수 없다. 왜냐하면 라이다의 정밀도는 촬영고도, 스캔 각, 지형의 형태, 목표물의 크기 및 형태 등에 매우 다르기 때문이다. 그러나 매우 좋은 조건에서의 레이저의 정밀도는 수 cm정도다. 관성 측정장치는 항공기의 자세를 0.01°까지 측정이 가능하다(촬영고도 1000 m일 때, 지상 16 cm해당). GPS가 잘 작동될 경우, 거리(높이)는 5~7 cm정도이며 이들 모두를 고려하면 약 15 cm 정도가 된다. 물론 높이와 평면에 대한 정밀도는 다르다. 일반적으로 평면정밀도가 높이정밀도보다 더 좋은 것은 비록 라이다뿐만 아니라 항공사진측량에서도 같다.

▶ **표 16.1** 많이 이용하고 있는 ALS software(source: Geist and Hofle, 2007)

Developer/Company	Software	Homepage
Airborne 1 Corporation	LiDAR XLR8R	www.airborne1.com
Ambercore Sofware	Amber IQ	www.ambercore.com
Applied Imagery LLC	QT Modeler	www.alliedimagery.com
*Arizona Stae University	LViz	www.lidar.asu.edu
FLI-MAP	FLIP7	www.flimap.com
GeoCue Corporation	LIDAR 1 CuePac	www.niirs10.com

Developer/Company	Software	Homepage
GeoLAS Consulting	LAStools	www.geolas.com
*Helica, OGS	TARGET	www.helica.it/eng
IPF, TU Vienna; Inpho	SCOP++	www.ipf.tuwien.ac.at
Merrick	MARS	www.merrick.com
*NOAA Coastal Services Center	LIDAR Data Handler	www.csc.noaa.gov/crs/tcm
PCI Geomatics	Geomatica Lidar Engine	www.pcigeomatics.com
*Politecnico di Torino	VELOCE	ftp://gps.polito.it/lidar
QCoherent Software	LP360 Version	www.qcoherent.com
Riegl	RiSCAN PRO	www.riegl.com
Sanborn Map Company	FASE	www.sanborn.com
Terasolid	TerraScan	www.terrasolid.fl
TopoSys GmbH	TopPIT	www.toposys.com
Visual Learning System Inc.	ESRI Lidar Analyst	www.featureanalyst.com
*GRASS GIS	Grass	www.grass.osgeo.org/wiki/lidar

정밀도에 영향을 주는 또 다른 요소는 라이다의 스캔 형태와 점군의 밀도이다. 특히 스캔 형태는 산림분야의 이용에 영향을 준다. 〈표 16.1〉은 현재 많이 사용하고 있는 라이다 데이터 처리 소프트웨어이다. 상업적으로 판매하는 소프트웨어도 있으나 대가 없이 누구나 사용할 수 있는 것도 있어 연구용일 경우 사용할 수 있을 것이다.

16.7 지상라이다 시스템

지상 라이다(TLS, Terrestrial Laser Scanning) 시스템은 보통 고정된 플랫폼을 사용한다. 스캐너는 고정위치에 세워져서 측량지역을 스캔하게 된다. 플랫폼이 고정되어 움직일 수 없기 때문에 스캐너 머리 부분 또는 추가적인 거울이 움직여야 한다. 〈그림 16.13〉은 지상 라이다 시스템의 한 예이다.

지상 라이다의 데이터는 전통적으로 스캔 대상물들이 지상기준점 체계의 좌표를 가지고 있기 때문에 직접 좌표할당(座標割當, georeference)이 가능하다. 스캐너 시스템으로부터 지상기준점 체계로의 3차원 변환작업이 끝나면 다른 모든 점에 대하여 이루어진다.

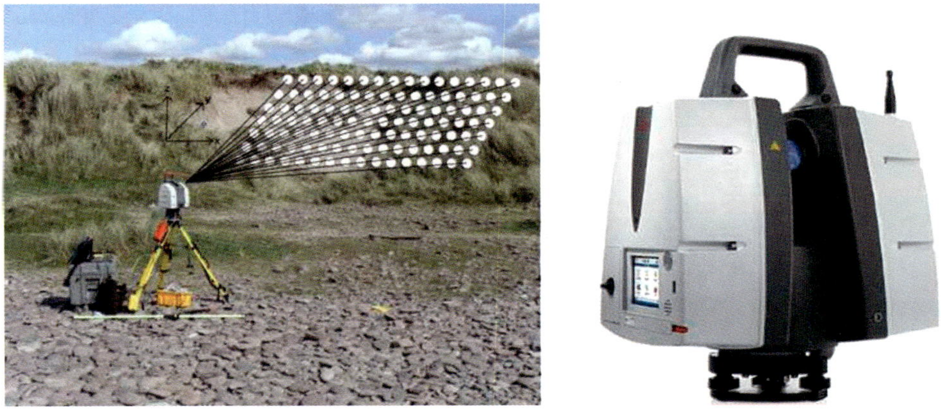

그림 16.13 Leica Scan Station P40지상라이다

지상 라이다 데이터는 스캐너에 고정된 GPS 안테나에 의하여 직접 좌표할당 작업이 될 수도 있다. 이 경우 다중스캔작업은 앞서 말한 방법으로 서로 조합할 수 있고 조합된 시스템의 안테나의 위치는 조합된 스캐너 시스템으로부터 지상기준점 체계로의 변화계산에 사용할 수 있다. 그러나 이러한 시스템을 운용하기 위해서는 최소 3개의 스캐너가 필요하다.

스캔을 조합하는 또 다른 방법은 표면접합을 사용하는 것이다. 한 스캔으로부터 한 지역에 대한 일련의 점들은 다른 스캔에서의 같은 지역에 대한 점들과 비교하고 스캔과 스캔 사이의 상호표정은 스캔과 스캔 사이의 관계가 얼마나 잘 부합하는가에 따라 계산된다. 가장 보편적인 표면접합 방법은 "반복계산 이론(iterative closet point algorithm)"을 적용하는 것이다. 이 방법에서는 두 스캔 사이의 상호표정은 다른 스캔으로부터의 한 쌍의 점간 거리의 합이 최소가 되도록 설정된 한계값에 도달할 때까지 반복적인 수정이 이루어진다.

지상 라이다에 의한 스캐닝은 고정된 위치에서뿐만 아니라 어떤 이동 플랫폼(자동차 등)을 이용하여 데이터를 수집할 수도 있다. 이 경우 항공측량과 유사하게 GPS수신기와 관성시스템이 같이 장착되어야 한다. 이동 라이다 시스템은 지상의 고정점에서 보이는 곳의 3D데이터가 얻어지는 고정스캐너의 이점과 항공 라이다에서처럼 짧은 시간에 많은 양의 데이터를 얻는다는 장점을 가지고 있다. 또한 직접 좌표할당 방법을 사용하기 때문에 기준점의 관측에 필요 없다. 그러나 이동 라이다의 데이터는 고정위치에서의 라이다 데이터에 비하여 정밀도가 매우 떨어지며 그 결과는 위성의 시계에 크게 영향을 받는다.

일반적으로 이동 라이다는 자동차에 장착되어 도심지역의 도로 또는 고속도로 등의 지형도 제작에 많이 사용되고 있으며 좀 더 복잡한 처리과정들이 많이 개발되고 있기 때문에 앞으로 많은 부분에서의 활용이 있을 것이다.

16.8 라이다의 활용분야

대용량의 3차원 데이터를 획득하고 처리하는 것은 매우 정밀한 데이터를 활용하여 어떤 신속하고 중대한 결정을 내려야 하는 경우 매우 매력적인 일이다. 라이다의 가장 중요한 장점중의 하나는 라이다가 낮에나 밤에나 언제라도 데이터 취득이 가능한 능동적 시스템이라는 사실이다. 또한 이것은 항공사진촬영처럼 비, 안개 등 모든 기상상황으로부터 완전히 독립적이라는 것이다.

라이다에서 가장 대표적인 활용은 고정밀도의 수치표고모델(DEM) 또는 수치표면모델(DSM)의 제작이다. 여기서 DEM, DSM, DTM을 구분해 보기로 한다. DTM(수치지형모델)은 수학적인 개념으로 순수한 맨땅의 지형모델로 종종 DEM(수치표고모델)이라 불리기도 한다. 여기서 "맨땅"이라 함은 땅과 땅 위에 있는 공기 또는 다른 물체(예, 건물, 식생 등)사이의 경계표면을 말한다. DSM(수치표면모델)은 공중에서 보았을 건물, 식물, 기타 땅에 있는 모든 물체를 포함한 것을 말한다.

지형도제작, 특히 등고선에 필요한 데이터는 맨땅의 데이터이다. 그러나 기존의 항공사진측량방법으로는 산림, 건물 또는 기타 물질로 표면이 덮혀 있을 경우, 맨땅의 표고는 얻기가 어렵다. 그러나 Lidar의 다중반사 등을 이용하면 이러한 문제가 쉽게 해결될 수 있다. 또한 라이다 데이터는 짧은 시간에 수많은 점의 지형 데이터의 수집이 가능하기 때문에 신속한 작업과 정밀한 작업이 가능하다. 특히 해변이나 습지대에서의 수치표고모델의 제작은 기존의 항공사진측량방법으로는 어려운 점이 많다. 왜냐하면 해변 또는 조수간만이 교차하는 지역의 항공사진은 명암대비가 아주 약하고 뚜렷한 지형지물이 없어서 사진접합 과정에서 문제점이 많기 때문이다.

산림분야에의 이용은 라이다의 활용에서 또 하나의 중요한 분야이다. 산림지역에서는 항공사진측량에 필수적인 지상기준점의 수가 적어 어려운 반면에 라이다에서는 표고에 대한 정보를 제공한다. 단일 빔 레이저뿐만 아니라 연속적 레이저 펄스에 의한 거리측정방법을 사용할 경우(비록 단일 빔 레이저의 경우보다 활용성이 떨어지지만) 목표물의 수직방향 전부에 대하여 측정이 가능하여진다. 따라서 연속적 레이저에 의한 라이다는 다중반사(최근에는 4번까지 가능)가 가능하기 때문에 레이저가 반사되는 위치에 따라

제16장

높이를 알 수 있어 밀집한 산림지역에서의 나무의 성장상태 또는 밀집한 건물 등의 측량에 매우 효과적인 방법으로 활용되고 있다.

특히 매우 좁은 입사각은 나무들의 사이사이를 침투할 수 있어 산림지역의 등고선 제작에도 매우 효과적이다. 실제적인 작업에서는 보통 30%~65%의 레이저 펄스가 나무사이로 침투하여 들어간다고 한다.

라이다의 이용에서 또 하나의 중요한 분야는 일반 산업에서의 이용이다. 산업분야의 이용은 항공 라이다보다는 지상 라이다의 활용이 주로 이루어진다. 항공 라이다의 정밀도가 수 cm대이면 지상 라이다의 정밀도는 mm 대이기 때문에 구조물 등의 변형측정 등에 이용된다. 또한 지상 라이다는 플랜트 시설의 3차원 데이터는 공장의 재건축과 시설 검토 등 많은 분야에 활용된다.

특히 지형이 험준하여 사람의 접근이 어려운 산악지역에 설치된 송전선의 측량에서의 이용은 또 하나의 중요한 이용분야이다. 스캔 폭이 좁은 라이다의 특성 때문에 매우 긴요하게 활용되고 있다. 라이다를 헬리콥터 또는 드론에 장착하여 저속과 저고도로 운용할 때 점 밀도 20points/m^2 이상의 3차원 데이터와 송전선 주변 환경을 알 수 있어 송전선의 상태, 장애물 여부의 판단, 폭풍 등 자연현상에서의 위험도 판단 등 다양한 목적으로 이용되고 있다.

라이다의 장점과 특성은 위에 언급한 것들 이외에 도시계획, 홍수모니터링, 도심지역의 환경문제 등 많은 분야에서 활용할 수 있다(그림 16.14).

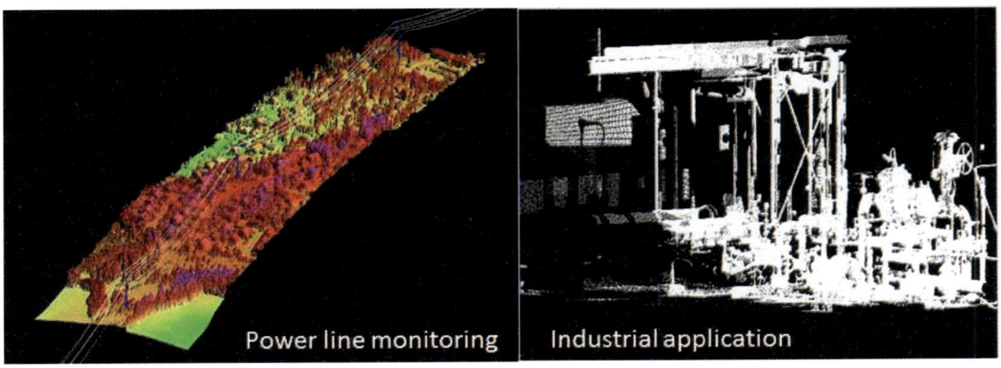

그림 16.14 라이다측량 활용 예

또 다른 활용분야에서 수심측량에서의 활용을 기술하지 않을 수 없다. 특히 전통적인 수심측량방법으로 수심측량이 곤란한 얕은 하천과 같은 경우 라이다를 이용하면 매우 효과적이다. 레이저빔이 물속을 침투할 수 있는 깊이는 물의 투명도와 탁도에 달려있다. 정상적인 조건에서는 약 50 m까지 수심측정이 가능하다. 수심측량을 위한 라이다 시스템은 두 개의 시스템을 운용한다. 그중에 하나는 1064 nm 대의 적외선과 다른 하나는 532 nm 대인 녹색 레이저를 사용한다.

이는 일반적인 라이다 시스템에 이용하는 1064 nm의 적외선 대역은 물에 침투능력이 없어 모두 물의 표면에서 반사하기 때문에 짧은 파장의 녹색 레이저(532 nm)를 추가로 사용하여야 한다. 녹색 레이저의 일부는 물의 표면에서 반사하지만 일부는 물속으로 침투하여 하천 바닥 또는 해저까지 도달하고 다시 반사하여 수신기로 되돌아오기 때문에 되돌아오는 시간 차에 의하여 물의 깊이를 측정하게 된다(좀 더 상세한 것은 하천측량 편, 15.5를 참고하기 바람).

특히 최근에는 자동차에 라이다를 장착하여 이동하면서 도로 양측에 대한 측량 등에 많이 활용되고 있으며 드론에 소형라이다 시스템을 장착하여 국지적이고 신속함을 요구되는 지역에서의 활용이 되기도 한다.

그림 16.15 mobile mapping system에 의한 라이다영상

※ 이 장에 있는 일부 내용과 그림은 "George Vosselman"이 "Airborne and Terrestrial Laser Scanning"이라는 책을 출판하기 전의 기초원고와 "Claus Brenner"의 "ISPRS Commision VI, International Summer School, 2006 Greece"에서 발표한 원고를 인용 또는 참고하였습니다.

출처: 가수 김장훈 블로그

Chapter 17
UAV(무인항공기)

17.1 | 무인항공기의 정의

UAV(Unmanned Aerial Vehicle)는 조종사가 탑승하지 않고 비행하는 무인항공기를 말한다. 지상에서 원격 조정하거나 사전 프로그램된 경로에 따라 자동 또는 반자동 형식으로 자율비행하거나 인공지능을 탑재하여 자체 환경판단에 따라 임무를 수행하는 비행체와 지상통제장비, 통신장비 및 지원장비 등의 전체 시스템을 통칭한다.

미 국방장관실(OSD)이 발간한 UAV 로드맵에서는 다음과 같이 좀 더 구체적이며 학술적으로 정의하고 있다. 즉 "UAV는 인간 조종사가 탑승하지 않고 공기역학적 힘으로 공중에 뜨며 원격조종 또는 자체 컴퓨터에 의한 자율 조종이 가능하고 버리거나 회수할 수 있거나, 치명적이거나 그렇지 않은 하중을 운반할 수 있는 동력을 갖춘 비행체"라고 정의할 수 있다. 따라서 순항미사일이나 다른 유도미사일은 비록 조종사가 없고 어떤 것은 원격 조종되지만 재사용할 수 없는 무기 자체이기 때문에 "UAV"로 취급하지 않는다.

또한 미연방항공국(FAA)에서는 "무인항공기는 원격조종 또는 자율 조종으로 시계 밖 비행이 가능한 민간용 항공기로서 스포츠 또는 취미 목적으로 운용되지 않으며 승객이나 승무원을 운송하지 않는다"라고 정의하고 있다. 이 정의에 의하면 취미로 날리는 무선조종 모형 항공기나 승객을 실어 나르는 무인 운송용 항공기는 여기에 포함되지 않는다.

UAV는 UAS(Unmanned Aircraft System), RPAV(Remote Piloted Air/Aerial Vehicle),

RPAS(Remote Piloted Aircraft System) 등 여러 가지 이름으로 불리기도 하지만 대부분 원래의 뜻과는 다르게 "**드론(drone)**"으로 부른다. 이 책에서는 UAV와 드론을 혼용하여 함께 사용하도록 한다.

그림 17.1 Tiger moth 훈련기

"UAS"라는 이름은 항공기 자체가 아니라 항공기의 안전성과 신뢰성과 같은 다른 요소들의 중요성을 강조한 것이다. UAS에 대한 명칭은 미 국방성과 영국 민간항공기구에서 만들어졌으며 2005년에는 미연방항공국의 "2005-2030 UAS 시스템 계획"에서 공식적으로 사용하기 시작하였다. 그 후 국제민간항공기구(ICAO), 영국 민간항공국과 유럽 등 여러 나라에서 사용하기 시작하였다.

"**Drone**"이라는 영어단어는 "수벌 또는 윙윙거리는 소리"라는 뜻을 말한다. UAV를 "드론"이라고 부르게 된 계기는 분명하지 않지만 1932년에 영국에서 처음으로 소개된 후 영국공군에서 훈련용으로 사용하였던 복엽기인 "타이거 모스(Tiger moth)"를 원격조종 무인비행기로 개조하면서 "여왕벌(Queen bee)"이라는 이름을 붙였는데 여왕의 나라에서 여왕벌이라는 비행체를 포격한다는 것이 부적절하다고 하여 이것에서 수벌을 뜻하는 "드론"이란 단어로 바꾸어 부르게 되었고 이때부터 무인비행체를 드론으로 부르기 시작하였다고도 한다. 그 후 "Queen bee"는 약 400기 이상 양산하여 사용하였다. 1936년경 미국에서 나온 원격조종 무인비행기에 대한 연구자료에는 "드론"이라는 명칭이 등장하므로 이러한 추측이 전혀 근거 없는 말은 아니라고 본다.

제 17 장

17.2 역사적인 배경과 발전과정

UAV가 만들어지는 배경을 살펴보면 1849년부터 거슬러 올라간다. 1848~1849 사이 오스트리아 합스부르크 제국은 독립을 선언한 생 마르코 공화국(Republic of San Marco, 현재의 베니스(Venice) 지역에 17개월간 존재하였던 이탈리아의 혁명 국가)을 공격하기 위하여 폭탄을 가득 채운 무인 기구를 보냈다. 약 200개의 기구를 보냈지만 바람 등의 영향으로 모두 빗나갔으며 적어도 한 개는 도시에 떨어졌다고 한다. 이것이 무인기를 사용한 역사상 최초의 기록이다.

실질적인 UAV의 기술은 1900년대 초부터 시작되었으며 원래 군인들이 훈련할 때 사용할 항공표적 목적으로 만들어졌다. UAV의 발전은 Dayton-Wright 항공회사가 항공어뢰를 개발할 때인 세계 제1차 대전 동안 계속되었다. 동력을 갖춘 드론은 1916년 A. M. Low의 "Aerial Target"이 최초의 시도이었으며 그 후 제1차 대전과 그 후에 많은 개선이 있었다. 첫 번째 규모가 큰 원격조종 드론은 1935년 영국의 영화배우이자 드론 열광자인 Reginald Denny에 의하여 개발되었다. 1940년 Reginald Denny는 "OQ-2"라는 무선조종 무인표적기를 미군에 납품하였고 그 후 계속된 발전으로 제2차 대전 동안 약 15,000대의 표적기가 조종사의 사격훈련과 공중 공격 훈련에 사용하였다. 또한 나치 독일에서도 전쟁 동안 여러 종류의 드론을 생산하여 사용하였다.

드론에 제트 엔진을 장착한 것은 "GAF Jindivik"와 미국의 "Teledyne Ryan Firebee"로 이것은 세계 제2차 대전 후 1951년에 호주 정부에서 의하여 제작되었으며 모두 조종사들의 개인 훈련용 항공표적으로 사용하기 위하여 만들어졌다(그림 17.2). 1955년에는 같은 회사인 미국의 Ryan에서는 미국 해군용으로 "Model 1001"을 만들기도 하였다. 그 후 계속해서 베트남전쟁 때까지 원격조종 드론이 많이 만들어졌다.

미국은 1959년, 항공기 납치 테러 사건에서 조종사의 손실이 발생하게 되자 미 공군은 무인항공기의 사용을 적극 검토하기 시작하였다. 이러한 우려와 계획은 1960년 구소련에 의한 U2 정찰기 격추사건 이후 더 강렬해졌다. 그 후 즉시 작전명 "Red Wagon"으로 명명된 드론개발에 관한 극비 계획이 세워졌다. 1964년 8월 베트남 통킹만(Gulf of Tonkin)에서 미 해군과 월맹 해군과의 충돌이 있었고 곧바로 극비로 분류된 비행거리 약 7,000km의 무인항공기(Ryan Model 147, Ryan AQM-91 Firefly, Lockheed D-2)가 월남전에 투입되어 중국 내륙 깊숙한 곳까지 침투하였다. 당

제 17 장

시 중공군이 추락한 무인항공기를 증거물로 “World Wide Photos”에 게재했을 때 미군 당국은 “no comment”로 일관하였다고 한다.

그림 17.2 Ryan Firebee target drone

1967~1970 기간의 이스라엘과 이집트 사이에 있었던 전쟁 기간(소위 7일 전쟁) 처음으로 정찰 카메라를 장착한 드론을 사용하기 시작하였으며 1973년 10월에 있었던 이집트 · 시리아 연합과 이스라엘과의 전쟁에서는 대공미사일을 속이기 위하여 미사일을 드론으로 향하도록 유도하는 속임수로 사용하였다.

1973년에 이르러 미국은 베트남전쟁에서 정찰목적으로 드론을 사용하였음을 공식적으로 인정하였고 미 공군에서는 전쟁 동안 3,435회의 드론을 띄웠으며 554대의 드론을 잃었다. 이 기간에 미 조종사 5000명 이상이 사망하였고 1000명 이상이 실종하였기 때문에 당시 드론의 사용목적은 단순히 조종사들의 희생을 줄이기 위한 목적이었다.

특히 앞서 말한 1973년 제4차 중동전쟁, 즉 이스라엘과 이집트 · 시리아 전쟁(Yom Kippur War)에서는 (구)소련이 제공한 대공미사일로 무장한 이집트 미사일 부대로 인하여 이스라엘의 공군 전투기들의 피해가 심각하여 이스라엘에서는 실시간 감시용 드론을 개발하게 되었다. 당시 드론에는 영상과 레이다 유도장치가 장착되었기 때문에 1982년에 시작한 레바논 전쟁에서는 시리아의 대공 전투 능력이 완전히 무력화되어 이스라엘의 전투기가 한 대도 격추되지 않았다고 한다. 1987년 이스라엘에서는 전투 비행 모의훈련에서 초 민첩성 “post-stall” 제어장치의 개념증명을 위하여 UAV를 처음으로 사용하였다.

1980년과 1990년대의 소형화 기술의 성장과 더불어 미 육군도 드론에 관심을 갖았으며 1990년대에서는 미 국방성이 미국의 AAI사와 이스라엘의 Malat사와의 공동작업으로 "AAI-Pioneer" 드론을 개발하여 미 해군에서 사용하였다. 1991년의 걸프전쟁 동안에 많은 유사한 드론이 사용되었으며 이러한 사실은 드론이 조종사들에 대한 위험부담이 없이 저렴하게 전투능력을 행사할 수 있다는 것을 증명하는 결과를 가져왔다. 군사용 드론의 초기모델은 대부분 정찰, 감시용이었지만 어떤 것은 "General Atomics MQ-1 Predator"와 같이 정찰뿐만 아니라 "Hellfire 대공미사일"을 장착하기도 한다(그림 17.3).

그림 17.3 MQ-1 Predator+Hellfire(위)와 Global Hawk(아래)

2000년부터 미군이 본격적으로 사용하고 있는 Global Hawk는 현존하는 최고의 성능의 무인 정찰기이다. 최대 20km 상공까지 비행할 수 있고 지상에 있는 30cm의 물체까지 식별할 수 있는 전략무기이다. 35시간 동안 운용이 가능하고 작전반경이 3,000km에 달하며 날씨와 관계없이 밤낮으로 정보수집이 가능하다(그림 17.3).

유럽에서는 2002년~2005년까지 CAPECON이라는 조직에서 UAV개발을 주도하였으며 2012년까지 미 공군과 CIA에서는 7,494대의 드론을 운용하였다.

영국에서는 2013년에 Taranis라는 자국 최초의 무인항공기가 개발되었다. 2005년에 개발에 착수되어 2013년에 첫 비행을 마쳤다. 연구개발이 비밀리에 이루어졌기 때문에 구체적인 사항은 알 수 없으나 초음속 스텔스 기능을 갖춘 것으로 알려졌다. 2013년도에는 전 세계 50여 나라 이상에서 드론을 사용하고 있고 중국, 이란, 이스라엘 등 많은 국가에서 자체 생산을 하고 있었으나 지금은 우리나라를 비롯하여 수많은 나라에서 군용 드론을 생산하고 있다.

스마트 기술과 개선된 전력 시스템의 개발로 인해 소비자 및 일반 항공 활동을 위한 드론 사용이 동시에 증가했습니다. 2021년 현재 쿼드콥터 드론은 취미용 무선조종 항공기와 장난감의 광범위한 인기를 보여 주지만 상업용 및 일반 항공에서의 UAV 사용은 새로운 규제 환경 등으로 인해 제한되기도 한다.

2021년 3월에 발표된 유엔 안전보장이사회 리비아 전문가 패널의 보고서에 따르면, 2020년 "Kargu 2" 드론이 리비아에서 인간 표적을 사냥하고 공격했다. 이는 자동 킬러로봇이 무장한 최초의 사례일 수 있다. 뛰어난 드론 기술, 특히 Bayraktar TB2는 2020년 아르메니아와의 나고르노-카라바흐 전쟁에서 아제르바이잔의 성공에 중요한 역할을 했다.

UAV는 NASA 임무에도 사용된다. NASA에서는 드래곤플라이(Dragonfly)라고 하는 로보트 UAV우주선을 개발 중이며 토성의 달 타이탄에 도달하여 조사하는 것을 목표로 하고 있다. 주요 목표는 지표면을 돌아다니며 이전에 착륙선이 볼 수 있었던 연구 영역의 양을 확장하는 것이다. UAV인 Dragonfly를 사용하면 잠재적으로 다양한 유형의 토양을 검사할 수 있다. 드론은 2027년 7월에 발사하여 2034년까지 활동을 할 예정이다. 토성계에 도달하는 데는 7년이 더 걸릴 것으로 예상된다.

군사용 드론 시장에서는 미국과 이스라엘이 거의 독점하고 있다. 2006년에는 군용시장의 약 60%를 미국이 점유하였으며 2014년에는 약 9000대 이상의 드론이 사용되었다. 1985년부터 2023년 10월 현재까지 드론의 수출은 이스라엘(60.7%)과 미국(23.9%)이 수출시장을 대부분 점유하였고 최대 수입국은 영국(33.9%)과 인도(13.2%)였다. 드론의 주 생산자는 Global Hawk와 Predator를 만든 미국의 Northrop Grumman과 General Atomics회사이다.

상업적 드론의 생산은 중국의 "DJI"가 세계 1위를 차지하며, 프랑스의 Parrot, 미국의 3D Robotics 순이다. 2023년 10월 현재 미국 FAA에 등록된 드론은 약 864,000대이지만 미국 국내에서만 약 100만대 이상이 팔린 것으로 추산된다. 위에 열거한 드론의 주생산자들 이외에 민간분야에서는 비록 초기 단계이지만 인도와 같은 개발도상국가에서도 활발한 활동을 한다.

군·민 관련분야뿐만 아니라 대학에서도 연구와 학위과정을 위한 프로그램들이 있다. 개인 기업에서도 레저와 상업적 목적의 개인 훈련프로그램들도 있다.

2018년 현재 구체적인 통계는 없으나 우리나라를 비롯한 수많은 나라에서 혹은 군사용으로 혹은 상업용으로 혹은 레저용으로 사용하고 있다. 특히 중국의 DJI, SYMA, MJX는 전세계 상업용 드론시장의 약 70%를 차지할 정도로 급성장하였다.

우리 정부에서도 약 2600여억원의 예산을 투입하여 드론산업 육성에 나선 것으로 알려졌다. 특히 측량분야에 있는 우리들은 측량분야의 활용에 크게 기대하고 있으며 우리나라에서도 이미 많은 분야에서 드론을 이용하고 있다.

17.3 드론의 구분

드론의 구분은 구분하는 방법에 따라 여러 가지 방법이 있을 수 있다. 기체의 구조 및 형태에 따른 구분, 기능에 따른 분류, 비행거리와 비행고도에 따른 구분, 크기 및 중량에 따른 구분 등 다양한 방법이 있으나 가장 간단하고 보편적인 방법으로 기체 플랫폼의 구조와 형태에 따라 고정익(fixed wing)과 회전익(rotary wing) 드론으로 구분할 수 있다(그림 17.4). 물론 고정익의 경우 날개의 위치에 따라 위 날개, 중간 날개, 아래 날개 등으로 세분할 수 있으나 모두 각각의 특성과 장단점을 가지고 있다.

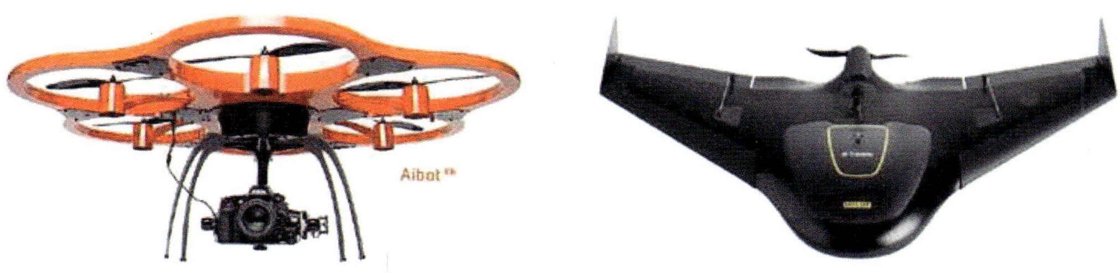

Leica Aibotix X6 hexacopter

Trimble UX5 HP fixed wing UAV

그림 17.4 회전익 드론(좌)과 고정익 드론(우)

고정익 UAV는 날개가 기체에 고정되어있고 앞으로 진행하는 대기속도에 의하여 발생하는 양력(揚力)에 의하여 비행을 가능하게 한다. 이때 전진 대기속도는 보통 내 쿠연소 엔진 또는 전기모터로 회전되는 프로펠러에 의하여 전진 추력이 생성된다.

UAV의 제어는 날개 자체에 내장된 제어표면에 의하여 이루어지며 전통적으로 승강타와 방향타, 보조날개로 구성된다. 승강타는 횡축을 회전축으로하여 앞뒤(종축)방향(pitch)을 종축방향(pitch)을 제어하고 보조날개는 종축을 회전측으로하여 좌우(횡축)방향(roll) 그리고 방향타는 수직축(yaw)을 제어한다.

고정익 드론의 장점은 회전익 드론에 비해 매우 단순한 구조를 가진다. 단순한 구조는 복잡한 유지관리와 수리비가 저렴하여 저 비용으로 사용할 수 있다. 더 중요한 것은 단순구조의 경우 고속에서의 체공시간이 길어져서 주어진 시간 안에 더 넓고 더 많은 일을 할 수 있다는 점이다. 고정익 드론의 또 다른 장점은 더 많은 화물을 탑재하고도 더 먼 거리를 비행할 수 있고 두 개의 센서 구성과 같이 더 강력하고 더 큰 센서를 부착할 수 있다는 점이다.

그러나 중요한 단점은 고정익 드론의 경우 이륙과 착륙을 위한 활주로 시설이 필요하다는 것이다. 그러나 이러한 문제점은 보통 수직이착륙(VTOL)과 단거리 이착륙(STOL)으로 해결하고 있다. 또한 고정익 드론은 양력을 일으키기 위하여 날개 위로 공기가 전진하여야 하고 항상 일정한 전진 이동 상태에 있어야 한다. 이와 같은 사실은 회전익 드론에서는 공중에서 한곳에 머무를 수 있지만(Hovering) 고정익에서는 이것이 불가능하다는 것을 의미한다. 따라서 회전익 드론에서와 같이 감시 또는 탐색과 같은 고정적으로 어느 한 곳을 감시하는 작업은 불가능하다.

회전익 드론은 고정된 팔(막대기) 주위를 회전하는 여러 개의 날개(회전날개)로 구성된다. 회전익 드론은 여러 가지로 구성할 수 있다. 한 개의 회전날개(helicopter)로부터 3개의 회전날개(tricopter), 4개의 회전날개(quadcopter), 6개의 회전날개(hexacopter), 8개의 회전날개(octocopter) 또는 12개, 16개의 회전날개 등으로 자유롭게 구성할 수 있다.

회전익 드론도 고정익 드론에서와 같이 여러 가지로 다시 분류할 수 있다. 예를 들면 “미국의 "SkyEye Ranger Y6드론"은 각 팔에 한 쌍의 회전날개(하나는 위로 향하고 다른 하나는 아래로 향함)를 가진 “트라이콥터(tricopter)”이고 "Xer X8드론"은 각 팔에 한 쌍의 모터로 구성된 “쿼드콥터(quadcopter)”이다.

회전날개의 날개는 고정익과 똑같은 일을 한다. 그러나 일정한 전진 이동은 고정익에서는 필요하지만 회전익에서는 날개 위로 공기흐름을 생성할 필요가 없다. 대신에 날개 스스로 날개 위로 양력을 생성하는 데 필요한 공기흐름을 만드는 일정한 이동을 이룬다.

회전익 드론의 제어는 추진력과 회전우력(回轉偶力, torque)으로 한다. 예를 들면 쿼드콥터의 하향 피치(pitch)는 앞에 있는 회전날개보다 뒤에 있는 회전날개에서 더 많은 추진력이 생성된다. 따라서 쿼드콥터 드론은 뒤쪽이 앞쪽보다 더 상승하여 기수가 밑으로 내려가는 상태를 유지할 수 있다. "yaw" 운동은 회전날개의 회전력을 이용한다. 대각선 날개가 더 감기거나 반대의 대각선 날개가 덜 감기는 현상으로 드론이 수직축 주위로 회전하는 수직축에서 발생하는 불균형을 회전날개의 회전력으로 제어한다(tricopter는 이러한 것에 예외적이다).

회전익 드론의 가장 큰 장점은 수직 이착륙이다. 이것은 이착륙을 위한 활주로들이 불필요하고 적은 공간에서도 작동할 수 있다. "호버링(hovering, 공중에서 정지상태로 머무르는 행동)"능력과 민첩한 활동성은 기동연습의 정밀성과 어떤 하나의 목표물을 주어진 시간 동안 일정하게 주시할 수 있는 작업에 아주 적합하다.

후방 회전익 드론은 더 크고 복잡한 역학 및 전자적 구조가 필요하며 이러한 것들은 더 복잡한 유지관리와 수리비용이 필요하다. 결과적으로 사용자의 작업시간이 적어지고 비용의 증가를 불러온다. 마지막으로 드론의 저속과 짧은 비행거리 때문에 특정지역의 측량작업에서 추가적인 비행이 필요하게 되고 결과적으로 시간의 증가와 비용의 증가를 가져온다.

앞에서는 드론을 가장 기본적으로 기체 구조에 따라 구분하여 설명하였으나 무인항공기를 분류하는데 어떤 학술적인 근거나 기준은 없다. 그러나 다음과 같은 방법으로 분류해 볼 수도 있다.

드론을 기능에 따라 분류해 보면 다음과 같이 6개 분야로 구분할 수 있다.

- 표적과 유인용 드론: 지상과 공중사격을 위한 적 항공기와 미사일 표적
- 정찰용 드론: 전투 정보수집
- 전투용 드론: 매우 위험한 작전에서의 전투 능력을 제공
- 병참용 드론: 물품을 수송
- 연구개발용 드론: 드론의 기능향상을 위한 연구개발
- 민간 혹은 상업용 드론: 농업, 산림, 항공사진촬영, 데이터수집 기능에 의한 분류

이외에 비행고도와 항속거리에, 크기, 무게, 사용 목적 등에 따라 구분할 수도 있다. 다음은 미 국방성에서 드론을 5개 분야로 구분하는 방법을 예시한 것이다.

■ 항속거리 및 시간

구분	최단 거리	단거리	근거리	중거리	장거리
항속 거리(km)	〈5	〉5〈50	〉50〈150	〉150〈650	〉650
항속 시간(hr)	0.5-0.75	1-6	8-12	12-36 or 48	〉36 or 48

- 크기

구분	극소(micro)	소형(small)	중형(medium)	대형(large)
무게	〈50cm	〉50cm〈2m	5-10m	〉10m

- 무게

구분	미소(nano)	극소(micro)	소형(small)	중형(medium)	대형(large)
무게	〈250g	〉=250g〈2kg	〉=2kg〈25kg	〉=25kg〈150kg	〉=150kg

- 운항고도

- 고도 600m, 항속거리 약 2km
- 고도 1,500m, 항속거리 약 10km까지
- NATO type 3,000m, 항속거리 약 50km까지
- 전술적 고도 5,500m, 항속거리 약 160km
- 중고도 9,000m까지, 항속거리 200km 이상
- 고고도 9,100m 이상, 항속거리 무제한
- 초음속(마하 1-5) 또는 극초음속(+마하 5) 고도 15,200m, 운항 거리 200km
- 지구 궤도 아래(마하 25+)
- 지구-달 이동
- 기타

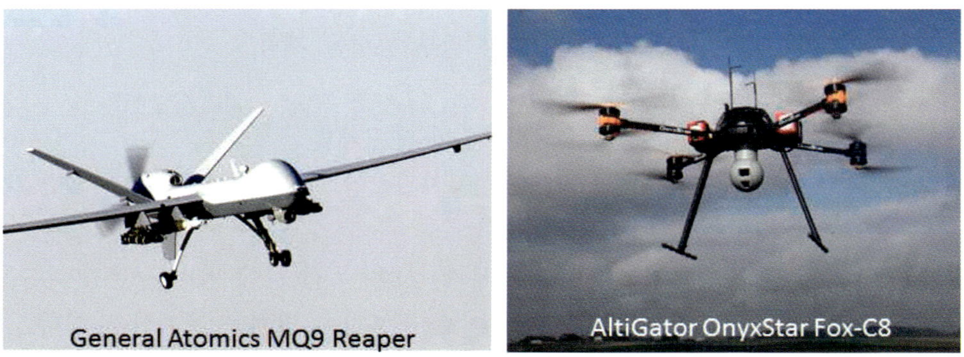

그림 17.5 사냥꾼 감시드론(왼쪽)과 상업용 드론(오른쪽)

17.4 | 드론의 구성요소

항공기는 유인항공기나 무인항공기나 구성요소는 모두 비슷하지만 특별히 구분되는 것은 조종석과 조종사의 안전을 위한 시설이 다르다는 것이다. 어떤 종류의 드론은 인간의 몸무게보다 작은 소형 카메라와 같은 장치를 장착한 것도 있다. 또 중무장한 군사용 드론도 비슷한 성능의 무장을 한 유인항공기보다는 훨씬 가볍다.

민간용 소형드론은 인명구조 시스템이 없어 더 가볍게 만들 수 있지만 기체의 강도와 형태 면에서 약하고 저급의 전자 조정 장치를 가지고 있다. 소형드론은 유인항공기에서는 거의 사용하지 않는 쿼드콥터, 즉 4발 형태의 드론이 점점 대중화되어 가고 있다.

조종시스템은 종종 유인항공기와 다른 형태를 가진다. 원격으로 조종하는 드론의 경우 항공기의 조종석 창문은 언제나 카메라 또는 비디오카메라로 대치되고 조종석 내부의 조종장치는 무선통신에 의한 조종장치로 대치된다. 드론에서도 유인항공기에서와 같은 자동조종장치를 사용한다.

드론 동체

일반 항공기와 근본적으로 다른 점은 조종석과 창문 및 승객을 위한 어떠한 편의 시설이 없다는 것이다. 따라서 드론은 일반 항공기와 다른 구성으로 설계할 수 있으며 무인기에서는 중요하지 않은 항공 안전성에 대하여 설계자가 자유롭게 설계할 수 있다. 한편 UAV는 일반적으로 동체와 지상 장비를 중심으로 설계하므로 UAV의 기체 및 모터 구상이 매우 다양해진다.

일반 항공기의 경우 날개와 날개 동체 혼합형은 낮은 항력과 스텔스가 결합하여 무게가 가벼워지며 이러한 구성은 많이 사용하고 있다. 가변 탑재량을 운반하는 더 큰 유형은 사용 중인 날개 구성이 매우 다양하지만, 안정성과 제어 등을 위해 꼬리가 있는 뚜렷한 동체를 특징으로 할 가능성이 더 크다.

수직 비행 또는 호버링이 필요한 경우, 꼬리 없는 쿼드콥터는 상대적으로 단순한 제어 시스템으로 소형 UAV에 일반적이다. 6개 이상의 로터가 있는 멀티 로터 설계는 중복성이 우선시되는 더 큰 UAV에서 더 일반적이다.

동력장치와 플랫폼

장거리용 드론은 기존의 내연 기관과 제트 엔진이 계속 사용되고 있으나 단거리용의 경우 대부분 건전지를 사용한다. 일부 드론에서는 전통적인 피스톤 엔진 이외에 Wankel 로터리 엔진을 사용한다. 이 유형은 더 조용하고 더 진동이 없는 작동과 함께 더 가볍고 높은 출력을 제공한다.

소형드론은 주로 리튬폴리머 배터리(Li-Po)를 사용하는 반면, 일부 대형 드론은 수소연료전지를 채택하고 있다. 최신 Li-Po 배터리의 에너지 밀도는 휘발유나 수소보다 훨씬 적다. 그러나 전기모터는 더 저렴하고 가볍고 조용하다. 복잡한 다중 엔진, 다중 프로펠러는 공기역학적 및 추진 효율의 향상을 목표로 개발 중이다. 이러한 복잡한 전력 설비의 경우 배터리 제거 회로(BEC)를 사용하여 마이크로컨트롤러 장치(MCU)의 제어에 따라 전력 분배를 중앙 집중화하고 플랫폼에서 발생하는 발열을 최소화할 수 있는 장점이 있다.

컴퓨터제어시스템

UAV 컴퓨터계산은 아날로그 제어에서 시작하여 마이크로컨트롤러로 발전한 다음 시스템온칩(SOC, system-on-a-chip) 및 SBC(single-board computer)에 이르기까지 컴퓨터계산 기술이 향상되었다.

소형 UAV용 시스템 하드웨어는 종종 비행 컨트롤러(FC, Flight Controller), 비행 컨트롤러 보드(FCB) 또는 자동 조종 장치라고 한다. 일반적인 UAV 시스템 제어 하드웨어는 일반적으로 기본 마이크로프로세서, 보조 또는 안전장치 프로세서, 가속도계, 자이로스코프, 자력계 및 기압계와 같은 센서를 단일 모듈에 통합한다.

센서

위치 및 이동 감지 센서는 항공기 상태에 대한 정보를 제공한다. 외 수용성(exproprioceptive) 센서는 거리 측정과 같은 외부 정보를 처리하는 반면 수용 감각 센서는 내부 및 외부 상태와의 연관성을 다룬다.

비협동 센서는 대상을 자율적으로 감지할 수 있으므로 분리 확인 및 충돌 방지에 사용한다. 내비게이션 센서 외에도 UAV(또는 UAS)에는 RGB, 다중 스펙트럼, 하이퍼스펙트럼 카메라 또는 LiDAR와 같은 모니터링 장치가 장착되어 특별한 측정 또는 관찰을 기능하게 한다.

작동장치

드론 작동장치는 모터의 회전을 제어하는 디지털 속도제어기를 포함하여 모터/엔진, 프로펠러, 서보모터, 무기, LED와 스피커들에 연결되었다.

소프트웨어

드론을 작동하는 소프트웨어는 자동 조종 장치 또는 비행 스택이라고 부르며 자율적으로 또는 원격조종으로 비행하는 것을 그 목적으로 한다. 자동 조종 장치는 센서에서 데이터를 얻고 경로를 따라 진행하도록 모터를 제어하며 지상 통제 및 임무 계획과의 통신이 쉽게 이루어지도록 한다.

UAV는 변화하는 센서 데이터를 변환시키는 고주파가 필요한 실시간시스템이다. 결과적으로 UAV에서의 계산은 단일보드컴퓨터에 의해 이루어진다. 이러한 단일보드컴퓨터에는 Raspberry Pis, Beagleboards, NaviO, PXFMini, Nuttx, RT Linux, Xenomai, Orocos-Robot Operating System, DDS-DOS 2.0등이 있다. 공개된 비행 스택에는 PX4, Ardupilot, Baseflight, Cleanflight 등이 있다.

비행 조종

비행 조종은 하층 체계의 하나로 인간 조종사에 의한 비행 체계와 비슷하다. 즉 항공기 비행 동력, 제어와 자동화, 헬리콥터 비행 동력과 제어, 다중 회전익 비행 동력 등은 이미 드론이 나오기 오래전부터 연구되어왔다.

드론은 공격적인 작전 수행과 경사지에도 착륙하고 통신이 좀 더 잘될 수 있는 높은 지대로 올라가도록 프로그램할 수 있다.

통신

UAV는 비디오와 다른 데이터를 교환하고 제어하기 위하여 무선통신을 사용한다. 초기의 UAV에서는 협대역 "uplink(지상에서 비행체에 전파를 보내는 것)"만 할 수 있었고 역으로 "down link(드론에서 지상으로 통신)"는 그 후에 이루어졌다. 이들 양방향 협대역 무선연결은 시스템의 상태에 대한 원격측정 데이터와 명령 및 제어 등을 원격 조종자에게 전송한다.

대부분의 최신 UAV 활용에서는 비디오전송이 필요하다. 따라서 명령 및 제어, 원격측정과 비디오 트래픽에 대한 별도의 링크를 사용하는 대신 광대역 링크를 사용하여 모든 유형의 데이터를 전송한다. 이러한 광대역 링크는 서비스 품질 기술을 활용하고 인터넷을 통해 최적의 경로를 찾을 수 있는 TCP/IP 트래픽을 사용할 수 있다.

조종자로부터의 무선 신호는 다음과 같은 방법 중 어느 하나의 방법으로 발생할 수 있다.

- 지상 통제 – 사람이 조작하는 무선 송수신기, 스마트폰, 태블릿, 컴퓨터 또는

군용 지상통제소(GCS)의 원래 의미.

- 어떤 군사적 목적에 연결된 위성 동시 송수신 데이터와 같은 원격 네트워크 시스템. 모바일 네트워크를 통한 다운스트림 디지털 비디오도 소비자 시장에 진출했으며, 이동통신망 및 LTE를 통한 직접 UAV 제어 업 링크가 시연되고 시험 중에 있다.

최신 네트워킹 표준은 드론을 명시적으로 고려하므로 최적화를 포함된다. 5G 표준은 매우 안정적이고 지연 시간이 짧은 통신을 사용하면서 사용자 평면 지연 시간을 1ms로 줄이도록 규정되었다.

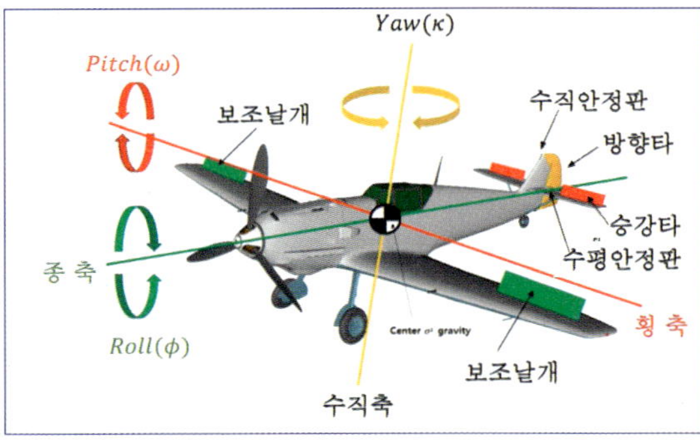

그림 17.6 드론의 구조(좌:고정익, 우:회전익)

출처:드론포털

17.5 | 쿼드콥터

쿼드콥터(quadcopter)는 4개의 회전익에 의하여 추진되어 공중에 뜨는 다중 회전익 헬리콥터이며 "quadrotor helicopter" 또는 "quadrotor"라고 불리기도 하지만 최근에는 "쿼드콥터"를 드론의 대명사처럼 부르고 있다. 쿼드콥터는 수직방향으로 향한 프로펠러의 회전에 의하여 상승하는 힘이 발생하므로 고정익 항공기와는 반대로 회전익항공기로 분류된다.

쿼드콥터는 다른 헬리콥터와는 달리 고정된 다른 두 쌍(한 쌍은 시계방향, 다른 한 쌍은 반시계 방향)의 프로펠러를 사용한다(그림 17.7). 이들 두 쌍의 프로펠러는 회전날개의 각각 독립된 분당 회전수(RPM, revolutions per minute)의 변화를 이용하여 회전 우력과 상승력을 제어한다. 각 회전날개의 속도를 변화시킴으로 특별히 원하는 추진력을 얻는 것이 가능하다, 즉 종·횡 어느 방향으로나 모든 추진력의 중심위치를 정하고 필요한 전체 회전 우력(torque) 또는 회전력을 생성한다.

4개의 로터가 2개는 시계방향으로 2개는 반시계 방향으로 동시에 같은 각속도로 회전한다면 회전축(yaw axis)에 대한 순 회전우력은 0이 된다. 즉, 기존 헬리콥터에서와 같이 꼬리 로터가 필요하지 않다. 회전축의 흔들림은 공기역학적 회전우력의 균형이 맞지 않아 발생한다.

쿼드콥터는 회전날개들이 회전축을 중심으로 회전할 때 역동적으로 그들의 회전날개의 피치(pitch)를 변화시킬 수 있는 회전날개를 사용하는 전통적인 헬리콥터와는 다르다. 초기의 비행에서 쿼드콥터는 수직 비행에서 생기는 고질적인 문제점들을 얼마간 해결할 수 있을 것으로 보여졌다. 즉, 토크 제어 문제(불필요한 상승력을 생성하는 꼬리 회전날개로부터 일어나는 효율성 문제)는 반대 회전에 의하여 제거될 수 있고 상대적으로 간단하게 짧은 날개를 만들 수 있다.

1920년대와 1930년대에 몇 개의 설계가 있었다. 이들은 공기보다 비중이 큰 수직 이착륙(VTOL) 항공기들이다. 그러나 초기의 시험모델은 낮은 효율로 어려움이 있었으며 그 후 모델은 낮은 안전성 문제와 제한된 제어력 때문에 조종사에게 너무 많은 부담을 주었다. 2000년대 후반, 전자공학의 발전은 저렴하고 경량의 비행 조종장치, 관성 측정장치(IMU), GPS시스템과 카메라 시스템의 생산을 가능하게 하였다. 또한 쿼드콥터의 설계도 UAV 연구에서 보편화되었다.

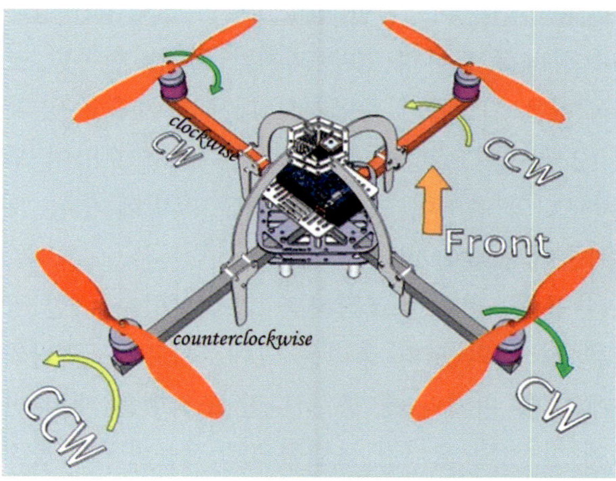

그림 17.7 쿼드콥터와 프로펠러 회전방향

소형의 경우 쿼드콥터는 역학적 단순성 때문에 다른 전통적인 헬리콥터보다 더 저렴하고 내구적이다. 드론의 작은 회전날개는 적은 운동에너지로 피해를 주는 원인이 낮아지기 때문에 좋은 장점을 가지고 있다. 작은 크기의 쿼드콥터는 근접한 상호작용에 대하여 드론을 안전하게 하며 회전날개를 닫는 보호장치를 부착하기가 간단하여 피해의 위험성을 줄일 수 있다.

그러나 크기가 커지면 고정된 프로펠러 쿼드콥터는 전통적인 헬리콥터에 비해 단점이 발생하게 된다. 회전날개의 크기를 늘리면 운동량도 늘어난다. 이것은 제어에 부정적 영향을 주는 날개 속도의 변화를 의미한다. 동시에 날개 크기를 늘리는 것은 고속에서 적은 양의 공기를 움직이는 것보다 저속에서 많은 양의 공기를 움직이므로 추진력을 생성하는데 에너지의 소모가 적은 것과 같은 효율성이 증가한다. 따라서 효율성을 증가하는 것은 제어에서의 비용이 발생한다.

쿼드콥터의 종류

쿼드콥터는 크게 "X"형과 "十"형으로 구분할 수 있다. "X"형 쿼트콥터는 기체의 앞쪽을 12시 방향으로 놓고 봤을 때 "X"자 모양이 되는 콥터이다. 전진할 때 전방에 있는 두 모터의 출력이 줄어들고 후방에 있는 두 모터의 출력이 증가해 앞으로 기울어져 날아가게 된다.

피치(pitch)와 롤(roll) 조종키 중 하나만 조작할 때도 모든 모터의 출력이 변하므로 반응이 빠르고 안정적이어서 쿼드콥터 중에서도 주류를 차지한다. 다만 피치와 롤을 동시에(특히 똑같이) 조작하면 "十"형 쿼드콥터가 전진할 때처럼 전방 모터의 출력이 크게 줄어들고 후방 모터의 출력이 많이 증가하여 비스듬한 방향으로의 진행에선 상대적으로 반응이 늦다. 촬영용 드론이나 장난감 드론의 경우 피치나 롤 중 한쪽만 조작하는 경우가 많다 보니 아무래도 "X"형은 쿼드콥터 중에서도 대세를 이루고 있다.

"十"형 쿼트콥터란 기체의 앞쪽을 12시 방향으로 놓고 봤을 때 "十"자 모양이 되는 콥터이다. 전진할 때 전방에 있는 모터의 출력이 크게 줄어들고 후방에 있는 모터의 출력이 크게 증가하여 앞으로 기울어져 날아가게 된다.

"X"형 쿼드콥터와 반대로 피치 또는 롤 중 하나만 조작하면 그에 해당하는 한 쌍의 위치의 모터만 출력이 변하고 다른 한 쌍의 모터 출력은 그대로이므로 두 쌍의 모터가 함께 변하는 "X"형 쿼드콥터에 비해 피치와 롤 중 하나만 조작했을 때의 반응은 다소 둔하다. 대신 하나의 조작에 한 쌍의 모터가 독립적으로 작용하므로 움직임이 직관적이다.

예를 들면 "X"형 쿼드콥터는 이론상 피치와 롤을 둘 다 끝까지 조작했을 때의 각

속도가 오히려 피치 하나만 끝까지 조작했을 때의 각속도보다 느린데 "+"형 쿼드콥터는 둘 다 끝까지 조작했을 때 더 빨리 기울어진다. 그래서 극히 일부나마 명맥을 이어오고는 있다.

다만 그 차이가 미세한 데 반해 FC(Flight controller)가 거기까지 반응해 주지도 않기 때문에 일반적으로는 느낄 수가 없는 차이이며 웬만한 경우 두 동작을 동시에 조작하는 경우보다 하나만 조작하는 시간이 더 길어 그다지 널리 쓰이지는 않는다.

쿼드콥터의 역사적 배경

4회전익 헬리콥터는 1907년 초기 항공기의 선구자로 불리는 프랑스 인 Louis Breguet(1880~1955)에 의하여 고안되었다. 처음에는 땅 위로 약간(1m 미만) 떠오르는 정도였지만 1908년에는 상세한 것은 모르지만 몇 번의 비행이 있었다고 한다.

1920년대에서는 프랑스의 항공기 설계 엔지니어인 Etienne Oehmichen이 회전익 항공기를 설계하였다. 그가 설계한 6개의 회전익 항공기 중에서 두 번째의 헬리콥터는 4개의 회전축과 단발 엔진으로 움직이는 8개의 프로펠러를 가졌으며 팔 끝부분에 2개의 날개를 가진 강철 튜브 프레임을 사용하였다. 이 날개들의 각도는 비틀림에 의해 달라질 수 있다. 수평면에서 회전하는 프로펠러 중 5개의 프로펠러가 드론을 횡 방향으로 안정화 하였다. 다른 프로펠러는 조향을 위해 기수에 장착되었다. 나머지 쌍의 프로펠러는 추진기로서 기능을 했다. 이 항공기는 상당한 시간 동안 안정성과 제어 및 정확성에서 향상을 보여주었고 1920년대 중반까지 1000번의 시험비행을 하였다. 1923년에는 한 번에 수 분 동안 공중에 떠 있을 수 있었고 1924년 4월 14일 360m(390야드)를 비행함으로 헬리콥터에 대한 최초의 FAI(국제항공연맹) 거리 기록을 수립했다. 그것은 순환 코스를 완료할 수 있는 능력을 보여주었다. 이후 회전익항공기에 의해 1km(0.62 마일)의 폐쇄 회로 비행을 완료했다.

미국으로 온 소련 난민인 Dr. George de Bothezat와 Ivan Jerome는 X-자형 구조의 끝부분에 있는 여섯 날개의 회전자를 가진 항공기를 개발하였다. 가변 피치를 가진 두 개의 작은 프로펠러가 추력 및 좌우 균형 제어에 사용되었다. 이 항공기는 미 공군의 요청에 따라 만들어졌으며 1922년 10월에 미 공군에 의하여 첫 비행을 했다. 1923년 말까지 약 100회의 비행이 이루어졌으며 가장 높게 도달한 고도는 약 5m이었다. 이것은 실현 가능성을 시사하고는 있지만, 성능이 떨어졌고 반응도 적고 기계적으로도 복잡하며 신뢰성 문제가 발생하였다. 또한 횡 방향으로 이동하기 위하여 호버링을 하는 동안 조종사의 조종 부담이 너무 컸다.

1956년대 만들어진 "Convertawings Model A Quadrotor"라는 독특한 헬리콥

제 17 장

터는 훨씬 더 큰 민간 및 군용 4발 헬리콥터 계열의 원형이었다. 설계는 V-벨트 시스템을 통해 4개의 회전자를 구동하는 2개의 엔진을 특징으로 했다. 꼬리 회전날개는 불필요했고 회전날개 간의 추력을 변경하여 제어가 가능하였다. 1950년대 중반에 성공적으로 여러 번 비행한 이 헬기는 "quadrotor" 디자인을 입증하고 또한 성공적인 전진 비행을 입증한 최초의 4개의 회전익 헬리콥터이었다. 그러나 상업용 버전이나 군용 버전에 대한 주문이 부족하여 프로젝트가 종료되었다.

Convertawings는 최대 중량이 42,000lb(19t)이고 탑재량은 10,900lb(4.9t)이며 300마일 이상, 최대 173mph(278km/h)의 속도를 낼 수 있는 모델 E를 제안했다.

최근의 개발동향

지난 수십 년 동안 소규모 무인항공기는 다양한 용도로 사용되었다. 기동성과 호버링 능력이 뛰어난 항공기가 필요해지면서 "quadcopter"에 대한 연구가 증가했다. 4-회전날개를 가진 쿼드콥터는 상대적으로 단순하면서도 신뢰성이 높고 기동성이 뛰어나다. 다양한 기술통신, 커뮤니케이션, 환경 탐사 및 기동성을 발전시킴으로써 쿼드콥터의 능력을 지속적으로 향상시키기 위한 연구가 계속되고 있다. 이와 같은 개발능력을 결합할 수 있다면 쿼드콥터는 현재 다른 항공기에서는 불가능한 고급의 자율 임무를 수행할 수 있을 것이다.

일부 현재 이루어지고 있는 개발프로그램은 다음과 같다.

- "Bell Boeing Quad TiltRotor" 개념은 제안된 C-130크기의 군 수송을 위한 경사 회전날개 개념을 결합하여 고정된 쿼드콥터의 개념을 채택하였다.
- "AeroQuad 및 ArduCopter"는 쿼드콥터를 DIY(Do It Yourself)를 위한 Arduino(open-source electronics prototype platform)를 기반으로 한 공개된 소프트웨어와 하드웨어이다.
- "Parrot AR. Drone"은 Parrot SA에 의하여 스마트폰이나 태블렛으로 조종이 가능하도록 제작된 카메라가 부착된 작은 무선조종 쿼드콥터이다.
- "Nixie"는 손목밴드로 착용할 수 있는 소형 카메라를 장착한 드론이다.
- "Airbus"는 도시 드론 택시를 목표로 한 건전지 동력의 쿼드콥터로 초기에는 유인 택시로 시작하여 궁극적으로 무인 택시로 발전될 것이다.

연구플랫폼

쿼드콥터는 대학 연구자들이 비행제어이론, 항해술, 실시간시스템과 로봇과 같은 많은 다양한 분야에서 새로운 아이디어를 테스트하고 평가하기 위한 유용한 도구이다. 최근 몇 년 동안 많은 대학에서는 점점 복잡한 공중 조종을 수행하는 쿼드콥터를 보여 왔다. 쿼드콥터의 무리가 공중에서 정지하기도 하고 편대비행도 하고 공중제비, 훌라후프를 통과하는 급 돌진 동작과 같은 복잡한 비행을 자동으로 수행한다.

다용도 테스트 플랫폼으로 쿼드콥터를 사용하면 많은 이점이 있다. 그들은 비교적 싸고, 다양한 크기로 제공되며 단순한 기계설계는 아마추어에 의해 제작되고 유지될 수 있음을 의미한다. 쿼드콥터를 운영하는 여러 분야의 특성으로 인해 여러 분야의 학자가 협력하여 쿼드콥터가 수행하는 방식을 크게 개선해야 한다. 쿼드콥터 프로젝트는 일반적으로 컴퓨터 과학, 전기 공학 및 기계 공학 전문가 간의 공동 작업이다.

비행 역학

각 회전날개는 항공기의 비행방향 반대편에 있는 끄는 힘과 마찬가지로 회전중심에 대하여 추진력과 토크를 생성한다. 만일 한 개의 회전날개와 3개의 시계방향 회전날개 그리고 두 개의 회전날개와 4개의 반시계 방향으로 회전하는 날개가 같은 각속도로 회전한다면, 순수 공기역학적 토크와 동서 방향 축에 대한 각속도는 정확히 "0"이다.

이것은 바로 보통 전통적인 헬리콥터와 같은 꼬리 회전날개가 불필요하다는 것을 의미한다. 동서 방향의 흔들림은 공기역학적 토크에서 평형을 유지하지 못하기 때문에 발생한다.

동축구성

감소된 중량에서 더 많은 힘과 더 많은 안전성을 갖기 위해서 쿼드콥터는 다른 다중 회전익 헬리콥터와 같이 동축 회전날개로 구성할 수 있다. 이 경우 각 팔은 각 다른 방향(하나는 위로 또 다른 하나는 아래로 향함)에서 돌아가는 두 개의 모터를 가진다.

기계적 구조

구축에 필요한 주요 기계적 요소는 기체 뼈대, 프로펠러(고정피치 또는 가변 피치)와 전기모터이다. 최고의 성능과 간단한 제어 알고리즘을 위해서는 모터와 프로펠러를 등거리에 배치해야 한다. 최근 탄소섬유 복합재료는 그들의 가벼운 무게와 구조적 강성 때문에 점차 대중화되어 가고 있다.

쿼드콥터를 구성하는데 필요한 전기부품은 현대적 RC헬기(무선조종 헬기)에 필요한 것과 유사하다. 그것들은 전자 속도제어모듈과 내장된 컴퓨터 또는 제어 보드와 배터리들이다. 또한 취미용 송신기는 전통적으로 사람이 직접 입력하는데 사용한다.

자율비행

쿼드콥터와 기타 다중 콥터는 종종 자율적으로 비행할 수 있다. 많은 현대적 비행 관제사는 사용자가 지도에 "중간지점"을 표시할 수 있는 소프트웨어를 사용하며 quadcopter는 비행하거나 고도에 도달하거나 착륙하는 임무를 수행한다. PX4 자동조종시스템은 2009년부터 무료 공개 소프트웨어/하드웨어의 조합으로 취미 생활자와 드론 제작자 모두에 의하여 동등하게 채택되어왔다. 또 다른 비행 활용에는 군중이 다음 장소로 이동하고 또 쿼드콥터가 방향을 바꿔 다음 중간지점으로 이동할 장소를 예측하는데 사용될 장치로부터의 시각적 데이터가 있는 여러 대의 드론 사이에서 이루어지는 군중 제어활동이 포함된다.

17.6 드론의 활용분야

이미 말한 것과 같이 드론은 원래 군사적 목적으로 시작되어 근년까지도 군사용으로 사용되어왔기 때문에 "드론"이라고 말하면 먼저 군사용 드론을 생각하게 된다. 그러나 최근 폭발적인 드론의 발전은 군사용뿐만 아니라 민간 분야의 이용이 급격히 늘어나고 있으며 그 영역도 크게 확대되고 있다.

예를 들면, 농작물의 생태조사를 위한 항공측량, 영화제작에서의 곡예비행, 수색과 구조활동, 송전선과 송유관의 감시 및 검사, 야생동물 수효조사, 오지의 의약품 수송 등이며 또 다른 활용 분야는 정찰 활동, 환경감시, 국경순찰, 요인보호, 산불탐지. 인도적 구조활동지원, 연기 또는 구름기둥의 추적, 불법사냥의 적발, 토지측량, 화재 또는 사고조사, 산사태측정, 불법매립감시, 군중 수효조사 등 수많은 분야에서 이용하고 있고 또 활용 가능한 것들이다.

UAV는 군 당국자들, 민간 정부 관계자들, 상업적 그리고 개인적 목적으로 사용하여 왔다. 예로서 미국의 정부 기관에서는 국경순찰, 부동산 탐지, 탈주자 색출을 목적으로 "RQ-9 Raeper"를 사용하였다. 미국 국내에서 드론 사용이 맨 처음으로 허가된 것은 몽고메리 카운티에서의 "Shadow Hawk"였으며 아직도 카운티 특수기동대와 응급 관리사무소에서 사용하고 있다.

일반 시민과 언론매체도 정찰, 오락, 뉴스 편집 등 다양하게 사용한다. 이와 같은 드론의 활용은 우리나라에서도 다른 나라와 같이 군, 민, 관, 산, 학, 연 등 다양한 분야에서 이용하고 있다.

드론의 이용은 크게 군사적 이용과 민간 목적의 이용으로 구분할 수 있다.

17.6.1 군사적 목적의 이용

군사 목적의 드론은 주로 정찰, 공격, 방어, 군사훈련의 표적용 등으로 사용하고 있다. 2020년 현재 17개국 이상이 무기가 장착된 무인항공기를 보유하고 있으며 100개 이상의 국가에서 군사용 무인항공기를 보유하고 있는 것으로 알려졌다.

전 세계의 군사용 무인항공기 시장은 미국, 튀르키예, 중국, 이스라엘, 이란 등이 거의 모두 점유하고 있으며 그중 약 60% 이상이 미국이 점유하고 있다. 군사용 무인기의 중요 제조사들은 미국의 General Atomics, Lockeed Martin, Northrop Grumman, Boeing, 튀르키예의 Baykar와 TAI, 이란의 IAIO, 중국의 CASC와 CAIG 등이다.

전 세계에서 가장 강력하고 성능이 가장 우수하고 가장 많은 군사용 드론을 운용하고 있는 곳은 미군일 것이다. 2023년 현재 미군에서 사용하고 있는 군사용 드론은 약 11,000대에 이르고 있으며 그 종류들은 MQ1C Gray Eagle, RQ4 Global Hawk, MQ4C Triton, RQ7 Shadow, MQ8B/8c Fire Scout, MQ9 Reaper, CQ10 Snowgoose, RQ11 Raven, RQ12 Wasp, MQ19 Aerosonde, RQ20 Puma, RQ21 Blackjack, RQ170 Sentinel, RQ180, Altius 600, Phoenix Ghost 등 수십 종류의 드론을 운용 중인 것으로 알려졌다.

현재 첩보 정찰목적으로 극소의 스텔스 드론, 새와 곤충 모양의 드론 등을 개발하여 사용하기도 한다.

정찰목적 드론에서는 소련과 미국의 드론이 핵심이다. 소련의 "TU-141 Swift"는 재사용이 가능하며 전선으로부터 수백 km까지 초음속으로 정찰이 가능하다. 또한 1963년부터 생산이 시작된 "TU-123 Hawk"는 초음속 장거리 정찰용 드론으로 3,200km까지 신호정보와 사진촬영이 가능하다. 1963년에는 "La-17P", 1945년에는 "doodlebug"를 생산하였다. 지금까지 43개 모델이 소련과 러시아의 정찰용 드론으로 알려졌다.

미국의 정찰용 드론은 1998년 2월 28일 처음 생산된 RQ-4 Global Hawk가 대표적일 것이다. RQ-4 Global Hawk는 고속, 고고도 드론으로 최고속도 $629km/h$, 운항고도 $18,000m$, 운항 거리 $22,800km$, 운항 시간 34시간으로 1일에 약 $100,000km^2$(남한 면적)의 정찰이 가능하다.

RQ-4 Global Hawk에는 고해상도 SAR(Synthetic Aperture Radar)와 EO/IR (Electro-optical/Infra Red) 센서 등이 탑재되었으며 현존하는 정찰용 드론으로서는 세계 최고의 드론으로 평가되고 있다. 우리나라에서도 2019-2020에 3대의 Global

제 17 장

Hawk를 도입하여 운용 중인 것으로 알려졌다.

미국의 정찰용 드론에서 특기할 만한 사항은 2013년에 잠항하고 있는 잠수함에서 드론을 발사했다는 것이다. 이 드론은 미 해군의 정보탐지 능력과 감시 및 정찰업무에 대한 첫 번째 단계이다.

공격목적 드론이 세상에 알려지기 시작한 것은 미국의 공격용 드론에서부터다. 미국이 국제적 테러와 전쟁에 돌입하였을 때 미군 당국자들은 비정규적인 전투의 어려움을 발견하였다. 미군은 비정규전에서의 비대칭 위협에 가장 효과적인 방법은 적을 괴멸하기 위해서는 신속하고 파괴적인 작전의 필요성을 알게 되었다.

미국의 공격용 드론의 대표적인 것은 지상 목표물을 공격할 수 있는 "Hellfire" 공대지 미사일 장착한 미국의 "MQ-1 Predator"이다(그림 17.3). 이 미사일을 장착한 드론은 2001년 후반기에 처음으로 사용되었는데 주로 아프가니스탄에 있는 테러리스트 최고위 지도자들에 대한 암살 목적이었다. 드론은 적대국(또는 비협조적 국가) 또는 상대국의 승인 없는 폭격으로 인하여 항공기가 격추되거나 조종사가 체포되었을 때 국가 간의 외교적 마찰을 피할 수 있는 장점이 있다.

그림 17.8 군사목적의 여러 가지 드론

이라크와 레반트(Levant)는 주로 쿼드콥터를 사용하여 폭발물을 투하하기 위해 온라인에서 구입한 UAV를 개조한 드론을 사용했다. 시리아의 다른 그룹들도 공격에 UAV를 사용한 것으로 알려졌으며 폭탄으로 무장한 드론이 2018년 1월 초 시리아서부에 있는 러시아 기지를 공격하기도 하였다.

방어목적 드론은 적의 드론이 저고도로 공격할 경우, 이에 방어할 적절한 방법이 없다. 따라서 미국의 공군과 미사일 방어의 합동 기구에서는 현존하는 시스템을 변경하고 있다. 두 개의 독일회사에서 드론을 파괴할 수 있는 40-kW 레이저를 개발하고 있으며 3개의 영국회사에서는 합동으로 드론의 제어체계를 파괴하고 추적하는 시스템을 개발하고 있다.

2017년 말, 러시아는 제어 신호를 교란시켜 UAV와 싸우기 위해 지상 부대를 창설하기도 하였으며 2018년 1월 초 시리아에서 집단 공격을 방어하기 위해 재밍과 대공포를 사용하기도 하였다.

표적용 드론은 1997년 이래 미군에서는 공군 조종사들의 전투훈련에서 적 항공기의 표적으로 사용할 목적으로 개조한 F4 Phantoms 80대를 사용하고 있었으며 2013년에는 좀 더 효과적인 전략적 표적으로 F4대신에 F16을 사용하고 있었다.

좀 더 색다른 드론의 이용은 군사목적과 민간목적 모두 포함될 수 있는 "지뢰제거목적 드론"이다.

지뢰제거 목적으로의 드론은 2016년 영국 과학자들은 지뢰지대를 신속하게 제거하고 경제적이며 효과적으로 지도를 제작하기 위한 진보된 영상기법을 탑재한 드론을 개발하고 있다. 지뢰를 효과적이고 안전하게 제거하는 기술개발을 촉진시키기 위하여 2011년부터 활동을 시작한 자선단체인 "Find A Better Way"는 땅속에 묻혀있는 지뢰를 쉽게 인식할 수 있는 초분광 영상기술에 적합한 드론을 개발하도록 영국의 브리스톨 대학 과학자들로 팀을 구성하였다.

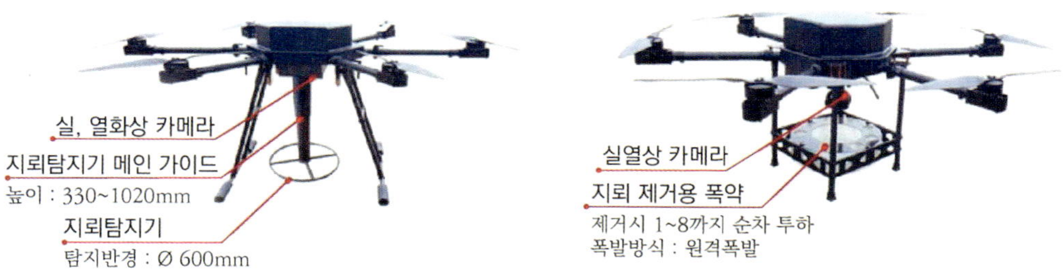

그림 17.9 지뢰탐지드론(창원기술정공)

브리스톨 대학의 과학자들인 John Fardoulis와 John Day 박사는 "드론은 지뢰가 있는 곳을 꼭 찾아낼 수 있는 능력을 반드시 갖게 될 것이고 또한 그들이 만들고자 하는 드론은 나뭇잎 무더기 속에 있는 지뢰로부터 나오는 폭발성 화학물질을 찾아낼 수 있을 것이다"라고 말했다. 지뢰 속에 있는 화학물질은 밖으로 새어 나오고 가끔 비정상적으로 초목에 흡수된다. 또 살아있는 초목들은 근적외선 대역에서는 매우 명확한 반사가 이루어져 초목들이 얼마나 건강한가를 판단할 수 있다.

2015년에 스페인 회사 CATUAV는 1990년대 Bosnia와 Herzegovina와의 전쟁 지역에 매설된 지역을 수색하도록 광학센서를 장착한 드론 제작사업(약 1백만 달러)의 최종 낙찰자로 선정되었다.

화란의 "Kafon"광산에서는 지뢰를 신속하게 찾고 제거할 수 있는 드론 시스템으로 일하고 있다. "Kafon 광산드론"이라 불리는 드론은 자율적 지도제작, 찾기와 뇌관 폭발의 3단계로 이루어진다. 먼저 상대적으로 위험한 지역을 비행하고 3D 지도를 만든 다음 금속탐지기로 지뢰의 위치를 정확히 파악한다. 그다음 드론은 로봇 팔을 이용하여 폭약을 지뢰 위에 올려놓는다. 회사의 주장에 따르면 그들의 드론 시스템은 현재의 다른 기술보다 200배 저렴하고 20배 더 신속하다고 한다.

우리나라의 "창원기술정공(www.cw-tdm.com)에서는 2019년에 지뢰탐지제거드론(헥사콥터)을 개발하였다고 한다.

17.6.2 민간 목적의 이용

드론의 민간분야의 이용은 많은 분야에서 이용되고 있으며 광대 하면서도 우리들의 생활환경에 중요한 역할을 한다. 현재까지 알려진 민간분야의 이용분야는 농업측량, 항공사진촬영, 수색과 구조활동, 고압선과 송유관의 검사, 오지 또는 접근이 어려운 지역으로의 의약품 배달, 불법사냥 적발, 정찰, 환경감시작업, 국경순찰, 호송업무 보호, 산불탐지 및 예방활동, 잠수, 인명구조 협조, 구름기둥의 추적, 측량작업, 화재 및 대형 사고조사, 산사태 측정, 불법매립 색출, 건설 산업과 군중집회 모니터 등 수많은 분야에서 이용되고 있으며 드론의 이용분야는 점점 더 확대될 것은 분명한 사실이다.

미국 정부 관계기관에서는 국경순찰, 부동산을 지키고 탈주자들의 위치를 파악하는 일에 "RQ-9 Reaper"드론을 사용한다. 처음으로 미국 내에서 사용하도록 승인된 드론 중 하나는 몽고메리 카운티의 "ShadowHawk"와 텍사스의 "SWAT" 그리고 응급관리사무소였다.

일반 시민들과 대중전달매체 기구들은 드론을 감시용, 오락, 뉴스 수집, 개인적 목적 등으로 사용한다. 2012년 2월에 동물보호단체는 캘리포니아 남쪽에서 비둘기를 사냥하는 사냥꾼을 촬영하기 위하여 "Mikro Kopter" 6-발 드론(hexacopter)을 사용하였는데 사냥꾼들은 드론을 쏴 격추하였다고 한다. 2014년에는 3일 동안 행방불명이 되었던 치매 노인을 찾는데 사용하기도 하였다.

민간 목적의 드론은 대부분 중국이 점유하고 있으며 DJI(深圳大疆创新科技有限公司) 한 곳에서만 약 76%(2021년 3월 기준)를 점유하고 있다. 민간용 무인항공기 시장은 군사용에 비해 상대적으로 새롭게 형성되고 있어 선진국은 물론 개발도상국에서도 민간용 드론시장에 뛰어들고 있다.

이와 같은 소비형 드론은 간단하고 가격이 저렴하여 민간 목적뿐만 아니라 군사적으로도 많이 활용되고 있다. 2018년에는 이스라엘에서 일반 정찰용으로 DJI Mavic과 Matrice 제품의 드론을 군사용으로 사용하고 있다.

취미생활과 오락분야

취미 생활자들은 인간 조종사가 조종하는 항공기 시대 이후 오래전부터 취미생활로 모형비행기를 사용하였다. 미국에서는 그러한 모형비행기를 취미와 오락목적으로 사용할 때는 다음과 같은 경우에만 허용된다. 즉 (1) 엄격하게 취미활동과 오락에만 사용할 때, (2) 어떤 사회단체나 국가적인 단체에서 안전규정에 따라 사용할 때, (3) 예외적으로 24.75 kg을 초과하지 않을 때, (4) 유인항공기의 비행에 장애가 되지 않을 때, (5) 항공관제센터로부터 지시받은 직후 공항으로부터 8km 이내일 때

드론의 오락 활동 이용분야는

- 오락 활동 시의 사진과 영상촬영
- 드론경주, 일반적으로 참가자가 조종하는 카메라가 장착된 무선조종 드론과 드론으로부터 들어오는 실영상을 나타내는 머리에 쓰는 화면장치의 형태를 한다.
- 어떤 운동기구와 함께 스노보드와 같은 드론 타기, wakeboard와 같은 드론 파도타기

상업적 항공감시분야

넓은 지역의 항공감시는 저가의 드론으로 가능하다. 항공감시에는 가축 추적감시, 산불감시와 지도제작, 송유관 감시, 가정집 보안감시, 도로 순찰과 해적행위 순찰 등이 있다. 항공감시 분야의 확장은 결과적으로 자동화 목표물 추적으로 확대될 것이다.

항공사진 촬영

드론은 사진 및 영화 촬영에서 항공사진을 촬영하는 데 이상적으로 적합하며 이러한 목적으로 널리 사용된다. 특히, 위험하거나 멀리 떨어져 있어 접근이 불가능 한

장소에 대한 촬영이 가능하기도 하다. 소형드론은 조종사와 카메라맨 사이의 정확한 조율이 필요하지 않으며, 같은 사람이 두 역할을 모두 맡는다. 그러나 전문적인 카메라를 장착한 대형 드론의 경우 드론 조종사와 카메라 각도와 렌즈를 제어하는 카메라 조작자가 있는 경우가 많다. 예를 들어, 대형 블록버스터 영화제작에 사용되는 AERIGON 시네마 드론은 2명이 조종한다.

항공사진측량/라이다측량

측정용 항공카메라와 라이다 시스템에 의한 지형도제작 기술은 현대적인 지형도 제작의 가장 기본이 되는 기술로 발전되어왔다. 이러한 기술들은 주로 넓은 지역의 지형도 제작에 가장 효과적인 방법이다. 최근의 드론의 발전과 그 활용성의 발전은 드론에 의한 항공사진측량분야에 까지 발전하고 있으며 이것은 결코 놀라운 일이 아니다. 왜냐하면 GPS와 디지털카메라를 이용한 드론 사진측량은 일반 항공기를 이용한 경우보다 비용 면에서 비교할 수 없을 정도로 저렴하기 때문이다. 특히 정확도에서도 센티미터 수준까지 얻을 수 있다.

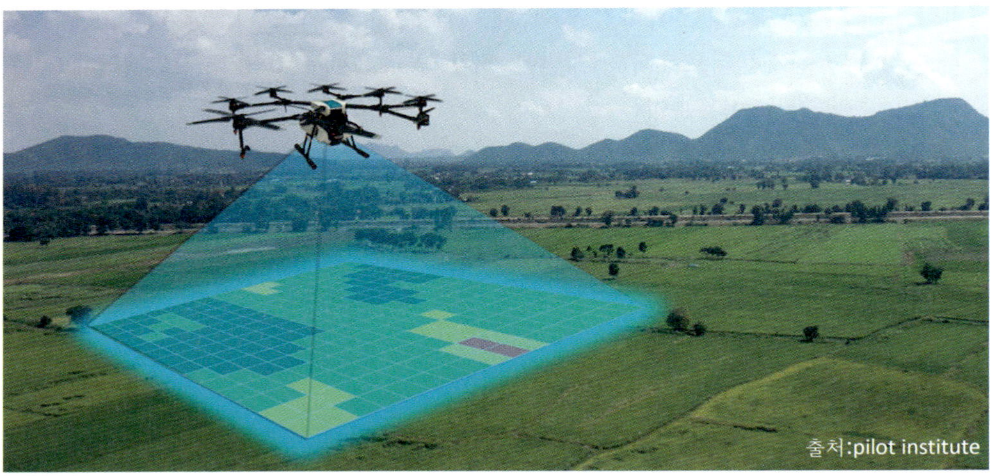

그림 17.10 항공사진측량 등 민간 목적의 드론

드론에 의한 지형도 제작은 드론의 한계성 때문에 좁은 지역 또는 소규모의 지형도 제작에는 많이 활용되고 있으며 넓은 지역이나 큰 규모의 활용에는 극히 제한적일 수밖에 없다.

쿼드콥터나 다중 회전익 드론을 이용한 사진측량과 라이다 측량은 그동안 많은 연구와 실험이 있었으나 아직은 초기 단계에 있으나 최근에는 국내외적으로 많은 활용한 예가 있다. 특히 DJI Photogrammetry Drone과 Mavic Pro는 사진측량과 라이다를 위하여 개발된 모델들이다. 이들 쿼드콥터는 최신의 IMU와 비행 조정장치를 갖추었으며 관련 소프트웨어에 의하여 3D map은 물론 정밀한 "point cloud" data을 얻을 수 있다고 한다.

상업적 동영상 작업

영상작업에서의 드론의 이용은 일반적으로 넓은 사유지 또는 시골과 도시지역에서 공간적 제약 없이 쉽게 이용하는 방법이다. 그러나 미국의 뉴욕이나 LA와 같은 특수 지역에서는 테러와 안전을 위하여 영상촬영 드론은 격추하고 있다.

2014년 6월 미연방항공국(FAA)은 미국 동영상협회로부터 항공사진촬영에 드론을 사용할 수 있도록 승인해 달라는 청원이 접수되었음을 공고하였다. 청원의 배경에 있는 7개의 회사는 헬리콥터나 유인조종 항공기가 필요할 수도 있는 촬영에 값싼 드론을 이용하면 비용도 절약하고 조종사와 승무원의 위험도를 줄일 수 있다고 한다. 다른 나라에서는 이런 작업에 드론의 사용은 이미 실행되고 있다.

드론은 2014 "소치" 동계올림픽에서와 같이 스포츠 행사의 영상촬영에도 이용되어왔으며 드론을 이용한 촬영은 케이블에 연결된 카메라를 사용하는 것보다 자유로운 작업이 가능하다.

언론(journalism)

언론 기자들은 뉴스 수집에서의 드론 이용에 관하여 많은 관심을 가지고 있다. 미국의 몇 개 대학(Nebraska-Lincoln대학, Missouri대학)에서는 드론의 언론분야 이용에 관련한 프로그램과 기구가 설치되었고 2011년에는 드론 언론 전문인 협회가 설립되었다. 지금은 화재, 수해, 산불 등 많은 재난 현장에서 수많은 언론사들 또는 유튜버들의 드론이 활동하고 있는 것은 일상화되었다.

사법 집행

인도에서는 많은 경찰관서가 항공감시와 명령 및 법집행을 위하여 드론을 구입하였으며 미국과 캐나다에서도 국내 경찰업무를 위하여 드론을 사용하였다. 미국의 많은 경찰관서에서는 2013년까지 드론을 허용해 왔었다. 2013년에 시애틀 경찰국은 드론을 배치하도록 계획을 세웠으나 항의 끝에 폐기하였다. 2005년 이래 미국 세관과 국경보호를 위하여 드론을 사용하였고 무장한 드론 사용을 계획하고 있다. FBI 역시 드론을 감시목적으로 사용해왔다.

2014년에는 영국 경찰은 관측용으로 드론을 구입했거나 사용하고 있었다. 또한 2010년에 "Merseyside주" 경찰은 드론으로 자동차 도둑을 체포하였으나 훈련과정에서 드론을 분실하자 관련자 훈련비용과 작전의 제한성 때문에 더 이상 구입하지 않는다.

2013년 8월 이탈리아의 방산 업체 "Selex ES"는 콩고민주공화국에서 지역내의 무장세력의 움직임을 감시하고 민간인들을 효과적으로 보호하기 위하여 드론을 제공하였다.

화란의 열차 운영조직에서는 열차에 있는 낙서를 찾아내기 위하여 CCTV카메라 대신에 극소형 드론을 사용하기도 한다.

수색과 구조

2008년 태풍이 미국 텍사스와 루이지애나를 강타한 후 수색과 구조활동을 위하여 드론을 사용하였으며 약 5,500m~8,800m에서 비행하는 드론, "Predotors"가 인명 수색과 구조 및 피해상황을 파악하기 위하여 사용되었다. 광학센서와 합성개구(合成開口)레이더가 추가로 장착되었다. 합성개구레이더는 구름과 비 또는 안개들을 침투 통과하고 낮이나 밤이나 실시간으로 작업이 가능하다. 폭풍우가 오기 전 · 후의 사진을 비교하고 컴퓨터는 최대 피해지역을 찾아낸다. "Aeryon Scout"와 같은 극소형 드론은 실종자 수색과 같은 작은 규모의 수색 · 구조활동에 이용한다.

한편 드론은 열 감지 카메라를 이용하여 곤경에 빠진 수영하는 사람들의 위치를 찾거나 그러한 사람들에게 구명장비를 던져주는 것과 같은 항공 감시자로서 역할을 시험하여 왔다.

과학적 연구

드론은 유인항공기로 접근하기에는 너무 위험한 지역에 접근하는 수단으로 매우 유리하다. NOAA(National Oceanic and Atmospheric Administration)는 2006년에 허리케인을 탐구하기 위하여 "Aerosonde" 드론을 사용하였다. 약 15.8kg에 달하는 시스템은 허리케인 속으로 날아 들어가서 실시간 데이터를 국립 허리케인 센터로 실시간으로 전송하였다. "Aerosonde" 드론은 전통적으로 유인 허리케인 탐구자들로부터 수집되던 표준기압과 온도뿐만 아니라 전보다 더 가까운 물의 표면 데이터를 수집한다. NASA는 그 후에 허리케인 탐구를 위하여 "Northrop Grumman RQ-4"를 사용하기 시작하였다.

자연보호관리와 밀렵방지

Lian Pin Koh와 Serge Wich는 2011년 자연보호에 관련된 드론의 이용법에 대한 아이디어를 제공하였고 2012년에는 "자연보호 드론"이라는 새로운 단어가 만들어졌다.

자연보호 범세계 기금(WWF, World Wide Fund for Nature)"은 네팔의 "Chitwan국립공원"에 대한 임무를 2012년 6월 항공기를 사용하여 2번의 시도가 성공적으로 이루어지자 앞으로는 항공기 대신 드론을 이용할 수 있을 것이라고 하였다. 세계 야생동물 기구는 가을부터 이용할 수 있도록 10명의 인원에 대하여 드론훈련을 받게 할 계획이다.

나미비아에 있는 바다보호단체(SSCS)는 2012년 8월 연례적인 바다표범 정리작업에 증거자료로 사용하기 위하여 드론을 사용하였다. 2013년 12월에는 나미비아 정부와 WWF는 코뿔소 밀엽 단속용으로 "**Falcon UAV**"를 선정하였다. 또한 나미비아 에토샤 국립공원에서도 드론을 사용할 것이며 무선인식(RFID)표지를 사용할 예정이다.

남아프리카에 있는 구르거 국립공원(Kruger National Park)은 2012년 12월 코뿔소 밀엽꾼 단속을 위하여 "**Seeker II**" 드론을 사용하기 시작하였다. 드론은 남아프리카의 제작사로부터 임차하였다고 한다. 고래잡이 제지활동가들은 2012년 "**Osprey**" 드론을 사용하여 남극에서의 일본의 고래잡이 선박을 감시하였다.

또한 2012년에는 아일랜드 Ulster 지역의 동물학대 보호단체에서는 북아일랜드에서 오소리를 학대하는 사람들을 색출하기 위하여 "**quadcopter**"를 사용하였다. 2013년 3월에는 영국의 동물학대 스포츠 반대연맹에서는 드론으로 시험비행을 실시하였으며 고정익 항공기 "**Open Ranger**"를 사용할 계획을 세웠다. 또한 여우와 다른 동물의 불법적 사냥에 대하여 개인적 고발을 할 수 있는 증거를 확보하기 위하여 **옥토콥터(octocopter)**를 사용하였다. 드론은 ShadowView(드론을 사용하는 자연보호단체 지원조직, 2012년 영국에서 시작)에서 지원하였다.

한편 사생활 보호 조직인 "Privacy International"의 대변인은 드론에 대한 면허와 허가는 사생활 권리와는 관계없이 단순한 건강과 안전의 문제라고 했다. CAA(민간항공기구)규정에는 개인이나 차량의 50m 안에서는 드론을 날리지 못하도록 규정되었다.

미국의 펜실베이니아에서는 비둘기를 스포츠로 사냥하는 것을 감시하기 위하여 드론을 사용하였으며 일부의 드론은 격추되기도 하였다.

2013년에는 영국의 동물보호 관련단체에서는 불법적 여우사냥 추방운동을 펼쳤으

제 17 장

나 사냥애호가들은 드론을 사용하여 사냥을 촬영하는 것은 사생활 침해라고 주장하였다.

2014년에는 미국의 언론인 "Will Potter"는 집단적 동물농장을 감시하도록 드론을 사용하도록 제안하였다. 이러한 아이디어는 공공재산에 드론을 둠으로써 "ag-gag금지(가축농장을 촬영하거나 몰래카메라를 금지하는 법)"를 회피하고자 하였으나 카메라를 장착한 드론은 상당한 거리에서도 감시활동에 충분하다.

환경감시

대기 감시용 모니터가 장치된 드론은 여러 가지의 대기 분석 결과를 실시간으로 제공한다.

석유, 가스, 광물탐사

드론은 지구물리학 측량, 특히 지구의 자장 변화 강도측정이 자성을 가지고 있는 아래층의 바위구조의 특성계산에 사용되는 지자기측량에 사용된다. 아래 묻혀있는 바위구조에 대한 지식은 지하자원의 위치탐색에 도움이 된다. 석유와 가스의 생산은 석유의 보전을 감시하는 것과 가스관 및 관련 설비들을 수반하게 된다. 지상의 관로들에 대한 감시활동은 디지털카메라가 장착된 드론을 사용한다.

2012년에는 Cavim이라고 하는 베네주엘라의 국영군수업체는 관로들과 댐, 그리고 다른 농촌의 시설들을 감시하고 측량하는 시스템의 한 분야로 자기들 자신만의 드론을 만들고 있다고 주장하였다.

재난구조

드론은 재난지역의 정보를 제공함으로써 재난구조 활동에 사용된다. "T-Hawk와 Global Hawk" 드론은 일본 후쿠시마 1번 핵발전소의 피해상황과 2011년 3월 쓰나미 후 도호쿠지역을 강타한 참사 때 정보수집을 위하여 사용되었다.

고고학

페루의 고고학자들은 불법 점유자, 건축자, 광부들로부터 유적지역을 보호하고 신속한 측량작업을 위하여 드론을 사용하였다. 소형드론은 연구자들이 평면지도를 사용하는 대신에 3차원 지도를 만드는데 몇 달 또는 1년 걸리던 것을 하루 또는 1주일에 만들 수 있도록 하였다. 3m 전진하여 방 전체의 사진을 찍을 수 있고 300m까지

가서 작업지역을 촬영할 수 있고 3,000m까지 가서 계곡 전체를 촬영할 수 있다. 드론은 비싸고 작은 불편한 항공기, 연과 헬륨 풍선을 대체하였다. 650파운드의 작은 가격의 드론으로도 유용하게 사용하였음을 보여주었다. 2013년에는 해발 4,000M에 있는 안데스산맥의 도시인 Machu Llacta(마추픽추)를 포함한 페루의 고대 유적지를 비행하였다. 이때 드론은 안데스산맥의 높은 고도에서 문제점이 발생하였고 결국은 드론 풍선을 만드는 계획을 세우는 계기가 되었다.

요르단에서는 약탈된 고대유적지의 증거를 찾는데 사용하였다. 2014년에는 스위스에 남아있는 갈로로만과 아프로디테 여신상의 잔해주변 3차원지도제작을 위하여 드론을 사용하였다.

화물운송

드론은 접근이 어려운 지역 안·밖으로 의약품과 약품 시료를 수송할 수 있다. 2013년에는 DHL의 연구프로젝트로 작은 양의 의약품을 드론으로 수송하였다.

드론을 상업목적으로 사용하고자 하는 처음 시도(타코콥터 회사의 음식물 운송)는 FAA규정 때문에 의하여 불발되었다. 20113년에는 "아마존"에서 드론을 사용하여 배달한다는 발표가 있었고 2016년에 실험적인 배달이 성공하였으며 현재는 일부 상업적 드론배달을 수행하고 있다.

그림 17.11 평화적 이용분야의 드론

2014년 아랍에미레이트 수상은 공문서를 전달하고 사고 발생시 비상 물품을 수송하기 위하여 드론 비행대를 조직할 계획이라고 발표하였다. 또한 상품배송을 위한 드론생산계획, "goggle-X" 프로그램을 2년 동안 시험하여 왔었다고 발표하였다.

2016년 7월 16일, NASA의 고정익 항공기 Cirrus SR22는 지상으로부터 멀리 날아갔고 6발 드론은 약품과 다른 의료품들을 버지니어에 있는 야외 병원으로 수송하였다. 항공기는 약 4.5kg의 의약품과 다른 물품을 남부 버지니어의 공항에서 다른 공항으로 수송하였고 이때 항공기에는 안전을 위하여 조종사가 탑승하고 있었다.

의약품들은 무인 드론으로 수송할 수 있도록 다시 24개의 작은 상자로 분리하여 야외 병원으로 2시간 동안 여러 번 수송하였다. 회사의 조종사가 조종하는 6발 헬리콥터는 의약품을 밧줄을 이용하여 지상으로 내려놓았다.

또한 Uvionix Nksy회사는 드론을 이용하여 지역 상점들에게 물건을 배달하려고 계획하고 있다.

In 2013, the DHL parcel service tested a "microdrones md4-1000" for delivery of medicine

A Yamaha R-MAX, a UAV that has been used for aerial application in Japan

그림 17.12 화물운송 드론

농업분야

일본의 한 농부는 1987년부터 무인 헬리콥터 "Yamaha R-50과 RMAX"를 사용하여 논과 밭의 농작물에 살충제를 뿌려왔으며 미국에서도 어떤 농장에서도 드론으로 농약살포를 하였으며 보통 큰 헬리콥터에 의한 것보다 저렴하다.

드론은 농작물에 대한 살포뿐만 아니라 가축을 감시하는 것과 같이 농촌의 다른 분야에 까지 수많은 부분에 활용되고 있다. 근적외선 센서에 의해 얻어진 NDVI(The normalized difference vegetation index)이미지는 농작물의 상세한 건강상태를 제공함으로써 비용을 줄이고 소출을 늘리고 있다. 농장의 근대화와 확장작업 등에 사용할 3D지형도를 제작할 때는 좀 더 복잡하고 고급의 드론을 사용하여 왔다.

여객운송

2016년 1월, 중국의 Ehang UAV회사는 여객운송이 가능한 드론을 발표하였다.

범죄와 테러

어떤 드론은 미국 교도소에 밀매품을 드론으로 떨어뜨렸다. 미국 뉴욕경찰국은 화학약품, 소총, 폭약 등으로 무장한 드론공격에 대하여 우려하고 있으며 어떤 드론은 경찰 헬리콥터와 거의 충돌 일보직전 이었다. 또 다른 위험요소는 핵발전소에 대한 침투와 공격에 대한 우려가 커지고 있다. 이와 같은 목적으로 드론을 사용한 예는 다음과 같다.

- 이라크와 시리아에서의 ISIS에 대한 감시활동
- 일본 수상관저 지붕에 떨어뜨린 방사선 물질(핵에너지 정책에 항의하기 위한 것으로 추정)
- 축구경기장 상공으로 비행했을 때 소란과 싸움을 자극
- 헤즈볼라에 의한 이스라엘 방공망 침입

잘못된 드론의 이용

드론은 폭약, 화학물질, 방사선 물질 또는 위험성 있는 생화학 물질과 같은 위험물질을 탑재하고 위험시설에 추락할 수 있다. 드론은 일반적으로 치명적인 화물은 없지만 납치하여 악의적인 목적으로 사용할 수 있다.

취약성

2009년 이슬람 전사들이 값싸고 기성품인 장비를 사용하여 Predator UAV 영상녹화 파일 탈취사건이 일어났고 이 사건 이후 드론의 사이버보안에 대하여 크게 논란이 있어왔다. 또 다른 위험성은 비행 중의 드론을 고장 내거나 탈취하는 것이다.

근년에는 일부 보안 연구자들은 드론의 상업적 이용에 대한 대중적 취약성에 관하여 문제점을 지적하였다. 2016년 10월에 있었던 드론과 사생활에 관한 연구회에서 연구자들은 3개의 다른 소비자 4발 드론 속으로 침투할 수 있었고 드론 제작자들은 암호 보호장치를 하거나 Wifi신호를 암호화 하는 등 보안을 강화시킬 수 있다고 주장하였다.

산불

미국에서는 산불 가까이 비행하면 최대 $250,000의 벌금을 물어야 한다. 그럼에도 불구하고 2014년과 2015년에 캘리포니아의 소방 공중 지원에서 몇 건의 방해가 있었다. 그 여파로 인하여 캘리포니아주 의회에서는 소방관들에게 제한공역에 들어오는 드론을 처치할 수 있도록 법안을 제출하였다. 그 후 FAA는 모든 드론을 등록하도록 요구하였다. 산불을 탐지하고 감시하는 등 드론의 산불에서의 이용은 더 활발할 것으로 예측된다.

안티드론

안티드론(Anti-Drone)은 사생활을 침해하거나 범죄에 이용되는 드론을 무력화하는 기술을 말한다. 방해 전파를 쏴서 드론이 날지 못하게 하거나 다른 무인기를 충돌시켜 드론을 떨어뜨리기도 한다. 네덜란드 경찰은 맹금류인 매를 훈련하여 공중에서 드론을 낚아채는 시도도 하고 있다.

안티드론 기기는 이미 실전에서 효력을 발휘하고 있다. 2017년 4월 18일 열린 미국 보스턴마라톤에서는 드론 탐지기를 코스 주변 전봇대와 건물 옥상에 설치하고 드론을 격추하는 전자파 총을 든 경찰관을 곳곳에 배치했다. 레이더와 적외선 센서를 장착한 드론 탐지기와 소총 형태 전자파 총은 미국 MIT 출신 공학자들이 설립한 벤처기업 "드론 실드"를 개발했다.

영국에서 출시된 '스카이월100(Sky Wall 100)'은 바주카포 형태다. 지난해 11월 버락 오바마 전 미 대통령이 독일을 방문할 당시 경호원들에게 '스카이월 100'이 지급됐다. 이 장비는 그물을 발사해 드론을 잡는다. 드론을 포획하면 그물에 달린 낙하산이 펼쳐져 지면에 안전하게 떨어뜨린다.

대만 "드론비전"은 지난해 대만 타이베이 101 빌딩 주변에서 방해 전파를 쏴서 드론 접근을 막는 실험에 성공했다. 저격하듯 드론을 향해 방해 전파를 발사하면 드론이 조종기와 주고받는 와이파이 신호가 차단돼 먹통이 되는 원리다.

국내서도 최근 안티드론에 대한 관심이 높아지고 있다. 드론 전문기업 "유콘시스템"은 직접 드론과 충돌해 추락시키는 무인기 '드론 킬러' 개발을 지난해 마쳤다. 드론 킬러는 감지 장비에서 신호를 받아 시속 180㎞로 표적 드론을 향해 날아간다.

한국전자통신연구원(ETRI)은 경찰청과 함께 반경 5㎞ 내 드론을 감지하는 장비를 개발하고 있다. 해외 국빈 방문이나 국가 주요 행사에서 경호·보안에 사용할 예정이다. 2016년 말 전자부품연구원(KETI)은 2019년 상용화를 목표로 소총 형태 전자파 발생기 '재머' 연구에 착수했다. 안티드론 관련 특허 출원도 2013년 1건에서 지난해 19건으로 꾸준히 증가하고 있으며 기술발전 속도도 빠르게 증가하고 있다.

특히 2022년 12월 26일 북한 무인기의 서울을 비롯한 우리나라 상공을 침공한 사실은 안티드론의 필요성과 중요성은 물론 안보적인 측면에서도 매우 중요하다. 특히 우리나라에서는 정부 기관뿐만 아니라 많은 민간기업에서도 안티드론이 개발되었고 현재 드론 격추가 가능한 레이저 무기를 개발하여 실전에 배치되었다.

17.7 각국의 무인항공기 동향

미국

미국은 모든 분야에서 전 세계의 선도적 역할을 하고 있다는 사실은 알고 있지만 군사목적의 무인항공기 분야에서도 가장 선도적 역할을 하고 있다. 미국은 많은 전쟁을 치러본 경험에 비추어 일찍부터 무인항공기의 군사적 이용에 주목하였다. 정확한 것은 알 수 없지만 수백 종의 무인항공기를 운영하는 것으로 알고 있으며 FAA의 분석에 의하면 2022년에는 최대 160만 대 이상의 드론을 보유할 것으로 알려졌다, 단일 국가로서는 종류, 수량 및 운영 면에서 압도적이다. 탑재중량과 작전 범위에 따라 그룹별로 세분화하고 그룹별로 구분된 무인항공기는 각각 능력과 임무에 따라 다시 구분하여 관리하고 있다. 또한 그룹별로 운용되는 무인항공기에 따라 장착되는 무장을 지정하여 운영한다.

미국은 다양한 종류의 무인항공기 중 MQ와 RQ모델의 기종을 전략적으로 개발하고 있으며 이들은 주로 감시정찰, 전자전, 해상감시, 대잠수함 임무를 주로 담당하고 있다. 최근에는 무인전투기(UCAV, Unmanned Combat Aerial Vehicle)개발이 가장 큰 주목을 받고 있다.

UCAV에 관한 연구개발은 1990년대 후반 고고도급 무인항공기가 개발된 후부터 중점적으로 연구가 시작되었다. 초기에는 Boeing, Lockheed Martin, Northrop Grumman 등 여러 업체가 미 해군과 공군을 중심으로 참여하다가 2007년 이후부터는 해군 중심으로 재편되어 Northrop Grumman을 주계약자(부계약자는 Lockheed Martin사)로 하여 사업이 시행되고 있다. 당시의 계약 금액이 원화 약 7,000억 원 정도인 것으로 알려져 있으나 대량 생산의 경우 대당 목표가액이 약 275억~385억 원 정도가 될 것으로 예측된다. UCAS-N프로그램이 성공할 때 항공모함 1척 당 4~12

제 17 장

대의 UCAV를 배치하여 전체 약 120~150대에 이르는 UCAV 편대를 구축할 것으로 예측된다.

장차 무인전투기로까지 임무 확장이 예상됨에 따라 미국의 무인항공기 관련 연구개발 동향은 국가 간 군사과학기술의 경연장이 될 것이다. 무인체계 중장기 발전 로드맵을 구축하여 상호 운용성, 자율비행, 공역관리, 통신기술, 훈련기술, 엔진·전력기술, 유·무인통합 운영기술 등 영역별로 현황 및 실태를 분석하여 향후 어떤 방향으로 발전해 나갈지 분명한 목표를 설정해두고 있다. 이는 미 국방부가 설정하고 있는 목표를 달성하기 위해 각 분야별로 확보가 필요한 기술이 무엇이며 어떤 방향으로 나아가야 할 것인지를 체계적으로 준비하고 있다는 뜻이다.

이스라엘

방위산업을 국가의 전략 육성 산업으로 인식하고 있는 이스라엘의 경우 비용대비 효과가 우수한 무인기 개발에 총력을 기울이고 있다. 수출주도형 방산 육성전략의 일환으로 국경을 넘나들며 무인항공기 연구개발 프로젝트를 진행하고 있어 무인항공기 시장에서 안정적으로 가장 잘 팔리는 무인항공기를 꾸준히 양산하고 있다. 세계무대를 전장으로 인식하고 있는 미국은 다소 특수한 사례로 볼 수 있는 반면, 이스라엘과 같은 중소 규모의 국가는 비교적 한정된 지역을 대상으로 한 전술 감시 및 유사시 소규모 공격이 가능한 체계개발에 주력하였다. 따라서 소형의 국소 표적 공격용 체계 및 운영개념이 집중적으로 개발되어 있다. 즉, 고고도급(HALE, High Altitude Long Endurance) 보다는 중고도급(MALE, Medium Altitude Long Endurance) 이하급에서의 체계개발 관련 기술이 두드러진다. MALE급 이하의 다종화·최적화를 통하여 전술 감시 능력을 극대화하였고 보다 저렴한 가격으로도 구매국의 임무요구능력을 충족함으로써 미·영·독·불 등 자체 보유 기술수준이 우수한 국가는 물론, 한국을 비롯하여 이스라엘 적국이 아닌 러시아, 중국 등 대부분의 국가에서 활용중이다.

최초 개발단계부터 수출을 염두에 두고 체계개발에 착수하기 때문에 이스라엘의 무인항공기는 그 운영개념에 있어서도 경제성이 핵심이다. 실시간 타격용으로도 활용이 가능한 저렴한 Expendable UAV, Hand-launch UAV 등을 군사적으로 실용화함으로써 미국이 집중하지 않는 분야에서의 두드러진 우위를 차지하고 있다.

전 세계적으로 그 실용성과 경제성이 입증된 Scout, Pioneer, Hunter, Searcher, Heron, Harpy, Hermes, Skylark, Skylite 등의 무인기는 이스라엘의 기술을 기반으로 제작 운영되고 있다. 같은 성능을 발휘하면서도, 체계 규모와 비용을 개선해 감으로써 전 세계시장에서 그 가치를 인정받고 있다. 또한 국경이 없는 국제공동연구개발 프로젝트를 동시에 추진함으로써 사실상 독자적인 이스라엘 무인항공기 시장의 한 영역을 개척한 것으로도 평가받고 있다.

Pioneer(미국 AAI), Hunter(미국 TRW), Ranger(스위스 RUGA Aerospace) 등은 애초에 기술 수출을 염두에 두고 도입을 요구한 국가들과 합작으로 사업을 추진한 이스라엘의 연구개발 목표를 잘 보여주는 것으로 판단된다.

유럽

유럽 각국은 저마다의 전략으로 무인항공기체계를 연구개발 중이다. 먼저, 스웨덴의 경우를 살펴보면 비겐, 그리펜 전투기 등으로 유명한 스웨덴회사 SAAB는 기술연구용 축소시험기로 SHARC와 FILUR를 제작하여 2004년 8월 자동제어 비행에 성공하였다. 이 중 SHARC는 비 스텔스기로 개발 중이고 FILUR는 스텔스기를 목표로 개발 중이다. 스텔스 성능 여부에 따라 꼬리날개와 동체 공기흡입구 설계 등을 달리하였지만 같은 기종의 엔진을 탑재하고 자율항법 및 비행능력을 동일한 수준으로 개발하는 것을 목표로 하는 모듈화 전략을 적용한 것이다.

그리고 공동의 플랫폼을 기반으로 하는 UAV관련 기술을 통해 작전고도에 따라서는 HALE과 MALE급을 임무에 따라서는 UCAV(무인전투기), TUAV(Tactical Unmanned Aerial Vehicle, 무인전술항공기), URAV(Unmanned Reconnaissance Aerial Vehicle, 무인정찰기) 등 관련 기술을 통합·연계하여 개발을 추진함으로써 비용의 효율성을 제고하고자 노력한다.

스웨덴은 엔진이나 동체 관련 기술은 물론 지상통제장비, 자율항법, 전력관리, 충돌회피, 데이터링크, 스텔스, 무기탑재 등 다양한 기술을 통합하여 축적하고 있다.

프랑스의 경우 자국 안보 목적 외에도 정치적·경제적 특수성을 고려한 UAV 연구개발 사업을 진행 중에 있다. 프랑스를 중심으로 이탈리아, 그리스, 스위스, 스페인, 스웨덴 등 6개국이 공동으로 참가하는 NEURON 연구개발 사업을 추진 중에 있다. 이것은 마하 0.8의 속도에 스텔스 기능, 250 kg 이상의 레이저 유도무기체계를 장착할 수 있도록 하는 플랫폼을 개발하는 것으로 약 5,000억 원 규모의 프로그램이다. 다수의 유럽 국가나 업체들이 콘소시엄을 구성하여 참가하는 방식이 아닌 단일 국가의 정부기관(프랑스)에서 책임지고 산업체와 더불어 프로그램을 운용하고 있다. 참여 국가들 역시 이러한 점이 효율적이라는데 동의한 것으로 판단된다.

2014년까지 프랑스에서의 개발시험을 거쳐 스웨덴에서 운영시험을 실시하고 이탈리아에서 스텔스와 실사격 시험을 수행할 것으로 계획되어 있다. 실전배치는 2030

년경에 가능할 것으로 기대된다.

독일과 스페인은 공동으로 Barracuda를 개발하고 있다. 각국 소속 업체인 EADS 합작으로 추진 중이며 제한적 수준의 스텔스 성능을 구현하고 전파방해가 불가능하도록 설계한 것이 특징이다. 영국은 B-2 폭격기와 유사한 축소시험기로 Raven을 제작하였으며 2015~20년 사이 UCAV 실용화를 계획하고 있다. 한편 BAE systems의 Taranis는 현재까지 알려진 가장 큰 무인항공기로 정밀유도 폭탄 탑재 능력을 보유하고 대륙 간 횡단 비행도 가능하게 제작할 것으로 전해진다.

중국

중국의 무인항공기 산업을 살펴보면 무인항공기를 둘러싼 주요국들의 움직임이 일목요연하게 정리된다. 먼저 중국판 Predator로 알려진 Yilong(翼龍)은 2013년 파리 에어쇼를 통하여 세상에 모습을 드러내었다. 당시 BA-7 공대공 미사일, YZ-212 레이저유도폭탄, YZ-102 대인폭탄, 50 kg 소형 유도폭탄과 함께 전시되어 무인공격기로서의 성능도 함께 과시하였다. 또한, 중국판 Global Hawk인 Xialong(翔龍)은 고도 57,000 feet에 달하고 항속거리 약 7,500km까지 가능한 것으로 알려져 있다. 2013년 1월 시험비행에 성공하여 운항속도 750km로 최장 10시간 동안 비행하며 한국과 일본은 물론 미국령 괌까지 정찰할 수 있는 능력을 보유한 것으로 파악되고 있다.

또한 주목해야 할 기종은 X-47B라 일컫는 Lijien(利劍)이다. Lijien은 2012년 12월 최종 조립하였고 2013년 5월 육상 활주시험 이후 이제 본격적 시험비행에 임박한 것으로 보인다. 성공 시 미국과 프랑스에 이어 세계 세 번째로 스텔스 기능을 가진 자체제작 무인공격기를 확보한 나라가 될 수도 있는 것이다.

군사적 목적의 무인항공기 이외 일반 상업용 무인항공기에 관해서는 중국은 세계 제1의 위치에 있다. 전 세계 상업용 무인항공기 시장의 약 70%를 중국이 점유하고 있으며, 특히 DJI(Dà-Jiāng Innovations, 大疆创新科技有限公司)가 핵심적 역할을 하고 있다. DJI는 2006년에 창업하여 2013년 "팬텀(Phantom)"을 개발한 후 전 세계 40여 개국에서 구입하여 세계 소형 무인항공기 시장의 70%를 점유하고 있다.

일본

일본은 2015년 4월 총리관저 옥상에서 드론이 발견된 "관저드론사건"이후 일본 국민에게는 익숙하지 않았던 드론이라는 이름이 주목을 받게 되었다. 그 결과 드론에 관한 규제 정비가 급속도로 진행되었고 관련 법령이 개정되어 비행금지구역 등이 경시되었다.

미국에서도 동일한 법령이 시행된 후에 연방항공청이 약 1,000건을 승인하기까지 5개월이 소용된 것에 비해 일본의 국토교통성은 7,000건에 가까운 신청 중 약 5,000건을 허가하였다.

한국 정부보다 먼저 국가적으로 드론 산업을 육성하고 있는 나라가 일본이다. 2020년 도쿄 올림픽 개최와 더불어 일본은 4차 산업혁명의 하나인 드론에 국가적 역량을 동원하고 있다. 일본 정부는 항공법을 개정하고 드론을 위한 주파수 대역을 할당하는 등 제도를 정비하였으며 2017년 5월 발표한 “하늘의 산업혁명에 대한 로드맵”은 2020년 인구 밀집지역에서의 드론의 시야 밖 비행을 목표로 한다.

일본의 드론 관련 서비스 분야 시장규모는 2016년 약 40억 엔에서 2022년에는 125억 엔으로 31배 증가하였다.

일본의 군사목적의 무인기 개발은 지난 2013년경부터 4년간 약 30억 엔을 투입하여 개발하고 있다. 먼저 시험용 무인기의 기초설계에 착수하고 2020년경 실용화한다는 목표를 세웠다. 이 무인 정찰기는 열적외선 감지센서를 장착하고 22시간 동안 공중에 떠 있을 수 있으며 고도 13,500m의 상공에서 미사일을 탐지할 수 있다.

일본이 자체 무인정찰기를 개발하려는 것은 현재 미사일 탐지 시스템이 갖는 한계 때문인 것으로 알려졌다. 일본의 군사용 무인기 개발은 북한 미사일을 조기에 탐지한다는 게 명분이다. 일본은 지금 지상 레이더와 이지스 함, 조기 경계위성의 정보로 북한의 미사일 동향을 파악하고 있으나 레이더에 의한 미사일 타지는 미사일이 어느 정도 고도에 올라가기 전에는 탐지할 수 없다는 약점이 있다. 반면 무인 정찰기는 낮은 상공을 날며 정보탐지가 가능하다.

일본의 드론 정책은 드론의 개발보다는 그 활용과 이용에 관하여 더 중점적으로 발전시키고자 하는 것으로 보인다.

17.8 드론에 대한 각국의 제한규정

드론 관련 법령은 국가에 따라 크게 다르다. 캐나다는 드론 관련 규정이 가장 복잡한 국가로 알려져 있다. 예를 들어 모형 항공기에 카메라를 추가하면 그 즉시 ‘모형 항공기’에서 ‘무인항공기’로 지위가 변하게 된다. 이렇게 되면 캐나다 영공을 관장하는 교통국에서 특수 운항증명을 발급받아야 한다.

2016년 캐나다 교통국은 250g이 넘는 모든 드론은 등록과 보험에 가입하여야 하고 조종자들이 면허를 취득할 수 있는 최소연령을 정하도록 제안하였다. 무게가 35kg 이하의 경우 특별한 제한이 없으며 비행장 반경 9km 이내의 비행이 금지되며 사람이 많이 모이는 행사장 상공에서의 비행도 금지되다.

반면 규제가 느슨한 멕시코의 민간 운항국(Civil Aviation Authority)은 드론의 평화적인 사용을 장려하고 있다. 이미 멕시코 정부는 마약 단속이나 대학 연구에 드론을 활용하고 있다.

유럽의 드론 규제는 사안에 따라 다르나 기본적으로는 유럽항공안전국(EASA)으로부터 특별 허가를 받아야 한다. 독일에서는 15미터 이상의 비행은 금지되어 있으며 드론의 GPS를 이용하는 자율비행도 금지되어 있다. 인구 밀집 지역에서의 이착륙도 금지되어 있다.

아시아의 경우 중국은 현재 드론을 정부 부처나 국가가 관할하는 사업에만 사용하도록 제한하고 있다. 중국 본토 영공에 대한 감시는 인민 해방군과 고도 1,000미터 이하의 모든 비행 물체들을 관장하는 중국민용항공국(CAAC)이 양분하여 관리한다.

호주의 민간운항안전국(Civil Aviation Safety Authority)은 상업용 운영을 비롯한 업무 목적의 드론 사용을 제한하고 있다. 개인적 또는 오락 목적의 드론 사용도 금지된다. 드론을 사용하기 위해서는 호주 민간운항안전국이 발행한 라이선스가 필요한데, 라이선스를 발급받기 위해서는 민간 비행기 조종사가 보유해야 하는 운항 지식을 갖추어야 한다. 호주에서는 비거주 지역의 394피트(120미터) 상공에서 드론을 사용한다는 조건으로 허가가 이루어지며 특별 허가가 없을 때는 통제된 상공에서의 드론 운항은 불가능하다.

아일랜드 공화국에서는 1kg 이상의 드론은 모두 등록하여야 하며 4kg 또는 초과하는 드론은 반드시 면허를 받아야 한다.

2016년 5월 네덜란드 경찰당국은 공격하는 드론을 막기 위하여 훈련된 흰 독수리를 시험하고 있다고 하였다.

2014년 4월 남아프리카 항공당국은 남아프리카 항공영역에 불법으로 들어오는 드론은 강제 착륙시킬 것이라고 발표하였다. 취미생활용 드론으로 무게 7kg이하, 비행고도 500m를 한계로 가장 높은 장애물 아래 제한된 시계에서 300m 안에 있는 드론은 허용한다.

드론의 제한 규정은 미국에서의 규정이 가장 구체적이고 제도화되었다. 다음은 미국의 드론 관련 규정에 관한 사항이다.

미국 내의 취미 목적의 드론에 관하여 2015년 12월 21일 250g~25kg의 취미생활용 드론은 FAA에 등록하여야 하며 다음과 같은 조건을 갖춰야 한다.

- 반드시 비행 전에 드론의 적법한 소유자가 등록하여야 한다.
- 소유자가 13세 이하이면 그의 부모 또는 다른 책임 있는 사람이 FAA등록을 하여야 한다.
- 드론은 FAA에서 발행한 등록번호를 표시하여야 한다.
- 등록비는 5$이며 유효기간은 3년이며 유효기간 지난 후에는 갱신하여야 한다.
- 1회 등록은 개인 소유 드론에 모두 적용된다. 등록을 하지 않을 경우의 일반 벌금은 $27,500까지이며 만일 범죄에 의한 벌금일 경우에는 최대 $250,000 또는 3년 이하의 징역형이다.

미국 FAA는 2016년 6월 21일, 약 250g~25kg의 상업목적의 소형 드론에 관한 규정을 발표하였다. 규정에서는 취미생활 목적을 제외한 모든 드론 활동에는 면허를 소지한 드론 조종자들이 참여하도록 규정되었다. 이러한 자격을 얻기 위해서는 최소 16세 이상의 미국 시민으로서 먼저 필기시험에 합격하여야 한다. 이미 스포츠 조종 면허 소지자 또는 그 이상의 조종 면허 소지자는 미국 관련 인터넷 웹사이트에서 무료로 특별시험에 응시할 수 있다. 다른 응시자들은 항공 시험센터에서 좀 더 포괄적인 시험에 응시하여야 한다. 모든 면허 소지자는 2년마다 재검토를 받아야 한다.

상업목적의 드론은 주간 비행을 하여야 하며 시선 아래, 시속 160km/hr, 400feet, C-class공역(4,400m)으로 비행을 제한하고 있으며 이동 차량에서의 드론 사용과 사람들 머리 위의 비행이 금지된다. 그러나 어떤 기관에서는 이 규정에서 제외 받거나 제한받지 않는 권한을 가지고 있다. 예를 들면, CNN방송국은 부상방지용으로 개조된 드론으로 사람들 머리 위 비행이 허락되는 예외 권한을 가지고 있다. 다른 예외 규정은 특별한 조명 아래에서의 야간비행과 시계에서 멀리 떨어진 곳에서의 농사일 또는 철도 감시 같은 것이다.

주요 해외국가들의 드론 관련 법령 현황을 좀 더 상세히 알고자 하면 2023년 6월 국토부에서 발표한 "제2차 드론 산업 발전 기본계획서"를 참고 하기 바랍니다.

17.9 우리나라의 드론현황과 드론관련규정

17.9.1 우리나라의 드론현황

우리나라에서 드론이 처음 도입된 시기는 정확히 알 수 없지만 1970년대로 거슬러 올라간다. 당시 우리나라의 공군은 전쟁 발발 시 북한의 방공망을 교란하여 대공 화력을 약화한 후 전폭기를 투입하는 방안을 강구하고 있었다. 이러한 아이디어에서 출발한 것이 기만용 드론이었다.

1977년 고 박정희 대통령은 국방연구소에서 영국의 기술을 이전받아 드론을 만들 것을 지시하였으며 4년 후 1981년 드론 "솔개"가 시험비행에 성공하였다. 그러나 그다음 해 국방과학연구소의 인력이 감축되면서 드론 개발팀이 흩어져 더 이상 발전하지 못했다.

그 후 드론에 대한 민·관의 관심은 멀어졌다가 1990년 걸프전 발발 이후 미국의 군사용 드론의 활동에 영향을 받아 드론개발이 다시 활기를 띠기 시작하였다. 이를 계기로 1991년에 세계에서 10번째로 군사용 드론을 제작하게 된다. 이것이 바로 정찰드론 "송골매"이다(그림 17.13).

그림 17.13 국산 정찰용 드론 송골매 RQ-101

송골매는 군단급 무인정찰기로 1991년도 국방과학연구소, 성우엔지니어링, 대우중공업 등이 공동개발에 착수하여 2000년도에 개발이 완료되어 실전 배치되었고 현재까지 활약 중이다. 포병부대의 정보수집을 주 임무로 하는 이 기종의 특징은 원거리 실시간 표적 영상정보를 주야간 촬영이 가능한 카메라와 열상장비가 탑재되었다.

그 후 1999년 제1차 연평해전 이후 서해감시를 위해 이스라엘의 셔쳐 II와 헤론 등을 도입하여 서해감시와 북한지역의 정찰에 운용하여 왔다. 서쳐 II는 이스라엘 IAI사에서 제작한 드론으로 4세대 드론이며 송골매에 비해 2배에 달하는 적재량과 비행시간을 자랑하며 일부 스텔스 기능도 있다. 헤론은 서쳐와 같이 NLL 이북 지역의 감시를 위해 2016년에 도입하였다. 헤론은 대형 군사용 드론으로 250kg의 적재 용량과 작전반경을 크게 늘일 수 있는 인공위성 송수신기를 갖췄다. 특히 2014년 연평도에 있었던 북한의 무인기 사건으로 우리나라의 무인기 기업인 유콘시스템의 "리모아이"를 도입하여 대대급에 배치하였다.

우리나라의 군사용 드론의 개발은 정부 투자기관인 한국항공우주연구원(KARI)과 한국항공우주산업(KAI)과 같은 연구소와 민간기업인 유콘시스템을 중심으로 개발하였으며 2014년에는 세계 2번째로 틸트 로터 형태의 스마트 드론 TR60을 개발하였다(그림 17.13). TR60은 민간용으로 개발된 TR-100을 무게를 1톤에서 600kg으로 줄인 군용으로 헬리콥터보다 2배 이상 빠른 속도로 수직 이착륙이 가능하여 넓은 지역에 대한 감시 및 수색은 물론 통신 중계 등의 임무를 수행할 수 있다. 그리고 다른 항공기와 장애물을 스스로 피할 수 있도록 시스템이 탑재되어 있다.

그림 17.14 스텔스 무인기 가오리 X"

최근에는 대한항공, 한화 등 국내 민간 업체들도 드론개발에 참여하고 있다. 대한항공은 미국 보잉사와 MOU를 체결하여 공격헬기를 무인화하는 사업을 추진하고 있으며 한화는 초소형 무인항공기 시스템 개발업체인 "마이크로 에어로봇"을 인수하여 초소형 군사용 드론을 개발하고 있다. 대한항공에서는 무인항공기를 2004년 개발에 착수하여 2007년 공개 비행에 성공했다. 이 기종은 주한미군의 미 보병 2사단이 사용하는 "RQ-7 섀도우"를 국산화한 것이다. 주요 특징으로 반경 40km 이상을 2.5시간 동안 실시간으로 감시 정찰할 수 있으며, 줌카메라가 장착돼 임무 지역 영상을 지상통제소에서 실시간으로 관찰 또는 영상 저장이 가능하다.

우리나라 정부는 단계적으로 군의 요구에 따라 군사용 드론을 개발하고 정밀타격용 공격 드론과 스텔스 기능을 갖춘 군사용 드론의 개발도 계획 중인 것으로 알려졌다. 이에 따라 대한항공은 최근에 중고도용 무인기(MUAV)인 KUS-FS를 개발하여 2024년부터 양산에 들어가 실전에 배치될 예정이다. KUS-FS는 고성능 감지기가 탑재돼 고도 6~13km 상공을 나르며 100km 밖 지점의 고해상도 영상을 촬영할 수 있다(그림 17.15).

특히 국방과학연구소에서는 현재 "가오리 X(그림 17.14)와 X2"를 개발하여 시험 운용중에 있으며 2030년 까지는 실전배치할 예정이며 KF21 국산전투기와의 합동작전도 가능할 것으로 알려졌다.

그림 17.15 대한항공의 중고도 무인기 KUS-FS

제
17
장

초기에는 군사용 필요에 따라 드론 개발과 발전이 이루어졌으나 드론에 관한 관심이 크게 증가하면서 레저용 드론은 물론이고 민 · 관 · 산 · 학 모든 분야에서 드론에 관한 연구와 실질적인 활용 분야도 크게 확대되고 있다.

2022년 현재 우리나라의 국가 및 공공단체에서 보유하고 있는 드론은 총 7,415대(국가기관 3,915대, 지방 자치단체 1,755대, 공공기관 1,735대)이며 이 중 2,159대(2,021대가 국산드론)가 군에서 운용하는 군용드론이다(자료출처:국토부 제2차 드론산업발전 기본계획서).

2023년 9월 현재 관련법에 따라 등록된 무인 동력 비행장치는 총 55,191대이고 사용사업체 등록 현황은 6,787개로 매년 증가추세에 있으며 드론 조종사 자격 취득자도 108,313명으로 드론 활용시장이 크게 확대되어 가고 있다.(표 17.1, 2, 3).

국토교통부는 드론 산업을 산업혁명의 신성장동력으로 육성하기 위하여 2017년 12월 "제1차 드론 산업 발전 기본계획"을 수립하여 국내 드론 시장은 2017년 1,999억 원에서 2021년 8,406억 원으로 약 4.2배로 크게 성장하였으나 아직도 세계시장 속의 국내 산업은 2.6%에 불과하여 2023년 6월 30일 "제2차 드론 산업 발전 기본계획(2023~2032)"과 "선제적 규제혁파 로드맵 2.0"을 발표하고 현재 세계 9위권인 국내 드론 산업 규모를 세계 5위로 끌어올려 드론 산업 강국으로 끌어 올리겠다고 한다.

▶ **표 17.1** 무인 동력 비행장치 기체 등록 현황

관할청	~'15	'16	'17	'18	'19	'20	'21	'22	'23.9	합계
서울지방항공청	581	884	1,053	1,975	2,224	4,670	-	-	-	11,387
부산지방항공청	315	332	622	1,027	1,018	1,466	-	-	-	4,780
제주지방항공청	29	31	47	60	63	97	-	-	-	327
한국교통공단	-	-	-	-	-	369	16,151	11,167	11,010	38,697
합계	925	1,247	1,722	3,062	3,305	6,602	16,151	11,167	11,010	55,191

▶ **표 17.2** 무인 동력 비행장치 사용사업체 등록 현황

관할청	~'15	'16	'17	'18	'19	'20	'21	'22	'23.9	합계
서울지방항공청	439	205	259	476	437	483	705	558	-	3,562
부산지방항공청	235	115	202	244	274	274	375	306	-	2,025
제주지방항공청	23	13	10	25	`7	27	35	3	-	183
한국교통공단	-	-	-	-	-	-	-	19	998	1,017
합계	697	333	471	745	728	784	1,115	916	998	6,787

▶ **표 17.3** 드론(무인비행체+무인멀티콥터) 조종사 자격 취득자 수

연도	~'15	'16	'17	'18	'19	'20	'21	'22	'23.9	합계
무인비행체	61	0	0	6	14	28	977	224	86	1,396
무인멀티콥터	811	454	2,872	11,291	14,713	13,574	26,746	26,253	10,203	106,917
합계	872	454	2,872	11,297	14,727	13,602	27.723	26,477	10,289	108,313

자료: 한국교통안전공단 제공

"제2차 드론산업발전기본계획"은 안전한 도심지 드론 운영 환경 조성을 위해 2027년까지 비행 승인 등 드론 관제 정보를 통합 운영하는 교통관리시스템(UTM, Unmanned aerial system Traffic Management)과 배송로, 이착륙장 등을 구축하고 2028

제 17 장

년까지 고층 건물 배송 주소(3차원 배송 주소)를 마련해 드론 배송을 위한 체계를 확립하기로 했다. 또한 드론 보험상품의 다양화 등 사업자 부담을 완화하여 도서벽지를 시작으로 드론 배송 지역을 확대하고, 2032년에는 드론과 로봇이 협력하여 도심 고층 건물 내부까지 배송이 이루어질 수 있도록 규제 혁파와 인프라를 구축하여 다양한 드론 생활 서비스가 정착되도록 추진하며 그 외에도 신기술 개발, 전문인력양성 등 다양한 산업 육성 방안을 담고 있다. 이 외에 드론 공원과 국제드론 레포츠 대회 등을 유치하고 인공지능 자율비행, 성층권 드론, 첨단 통신 기술 등 신기술 개발에 노력하기로 하였다.

"선제적 규제 혁파 로드맵 2.0"은 기술 발전에 뒤진 낡은 규제를 개선해 나가기 위한 것으로 야간, 비가시권 특별비행 승인, 안전성 인증 등을 간소화하고 규제에 가로막혀 사업화가 어려웠던 의약품 배달 등도 민관이 함께 합리적인 개선 방안을 마련하는 것이다.

아울러 "드론 특별자유화 구역"을 기존 운영 중인 29개 구역에 18개 구역을 추가하여 총 47개 구역으로 확대한다.

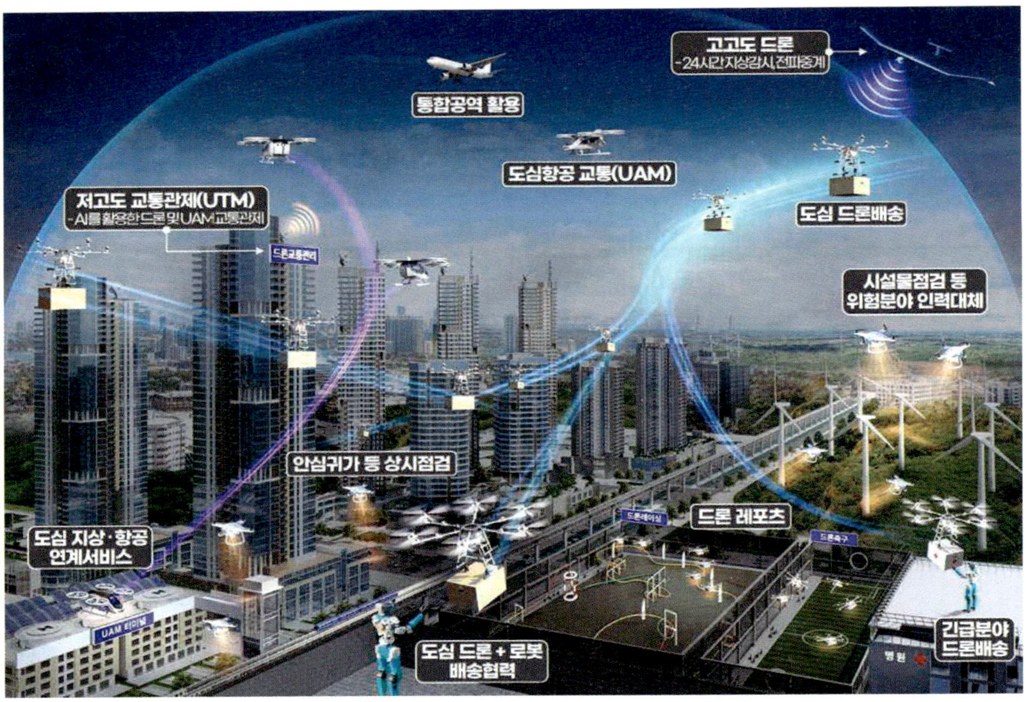

그림 17.16 드론 활용의 미래상

출처:국토부 제2차 드론산업발전기본계획

17.9.2 우리나라의 드론 관련 규정

우리나라의 드론 관련 규정은 항공 안전법, 항공 사업법, 항공 보안법 등 9개 법률에 따라 운용되고 있으며 이중 항공 안전법은 드론의 안전 운항에 관련된 사항을 규정하고 있다.

「항공 안전법 제2조 3항 및 동 시행규칙 제5조 5항」에 의하여 드론은 "초경량 비행장치 중 무인 비행장치"로 분류하고 있으며 관련 규정에 따라 드론을 보유하거나 이용할 수 있다(그림 17.16).

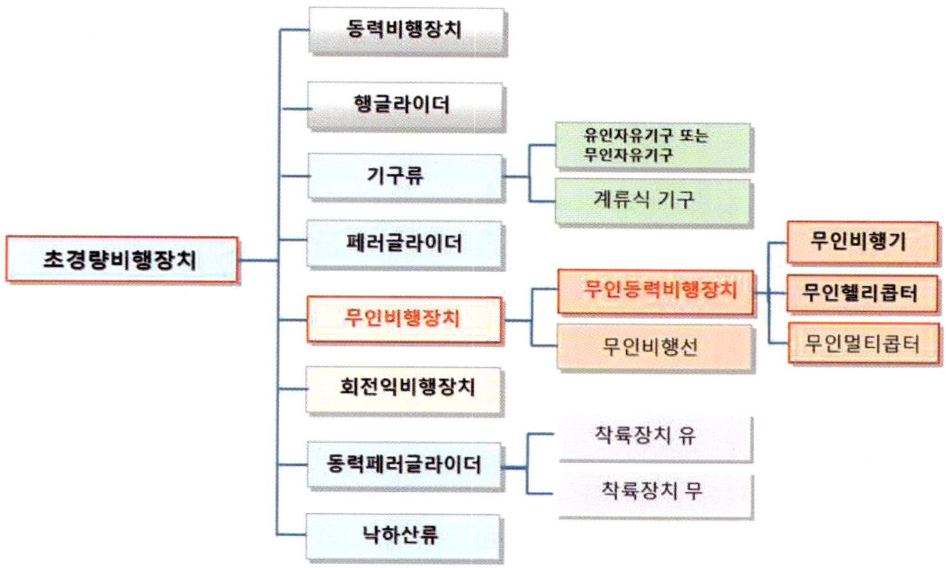

그림 17.17 초경량비행장치의 구분
출처 : 공공측량분야 UAV도입방안연구 2017.12 한국측량학회 컨소시엄

따라서 드론을 사용하여 사업을 하거나 개인적으로 사용하고자 하면 관련 법령에 따라 사용 사업 등록과 장치 신고, 비행 승인, 조종 면허 등을 받아야만 한다.

초경량 비행장치를 소유하거나 사용할 수 있는 권리가 있는 자는 초경량 비행장치의 종류, 용도, 소유자의 성명, 개인정보 수집 가능 여부 등을 국토교통부 장관에게 신고하여야 한다(항공 안전법 제122조). 또한 최대이륙중량이 25kg 이상인 드론은 교통안전공단으로부터 안전성 인증도 받아야 한다. 취미용 드론과 같이 사업 목적으로 사용되지 않는 경우 무게가 12kg 이하인 드론에 대해서는 신고 의무가 없다. 그러나

제 17 장

초경량 비행장치 사용 사업에 사용할 때는 12kg 이하의 드론도 신고하여야 한다.

비행 승인은 자체무게가 12kg 이상인 경우에 필요하며 12kg 이하의 드론은 비행 승인이 필요하지 않다. 그러나 비행장 주변 관제권, 비행금지구역, 고도 150m 이상의 공역은 장치 무게와 무관하게 비행 승인이 필요하다. 이러한 지역은 국토교통부와 한국 드론협회가 공동 개발한 스마트폰 앱 "Ready to fly" 또는 "SAFE FLIGHT" 등을 이용하여 검색이 가능하고 비행승인은 국토교통부 원스톱 민원 처리시스템을 통해 받을 수 있다.

자동차를 운전하기 위해서는 운전 면허를 받고 도로교통법이 정하는 사항을 준수하여야 하듯이 초경량 비행장치를 사용하여 비행하려는 사람은 「항공 안전법」 제125조에 따라 "초경량 비행장치 조종자증명"을 받아야 한다. 다만 동법시행규칙 제306조에 의하면 무인비행기, 무인 헬리콥터 또는 무인 멀티콥터 중에서 연료의 중량을 제외한 자치 중량이 12kg 이하인 경우는 제외된다.

「항공 안전법」과 동법시행규칙에 따라 무인 비행장치 조종자가 지켜야 할 준수사항을 정리하면 다음과 같다.

① 초경량 비행장치의 조종자는 초경량 비행장치로 인하여 인명이나 재산에 피해가 발생하지 아니하도록 다음과 같은 사항을 금지하여야 한다.

1. 인명이나 재산에 위험을 초래할 우려가 있는 낙하물을 투하(投下)하는 행위
2. 인구가 밀집된 지역이나 그 밖에 사람이 많이 모인 장소의 상공에서 인명 또는 재산에 위험을 초래할 우려가 있는 방법으로 비행하는 행위
3. 비행시정 및 구름으로부터의 거리 기준을 위반하여 비행하는 행위
4. 허가를 받지 아니하고 일몰 후부터 일출 전까지의 야간에 비행하는 행위
5. 관제공역 · 통제공역 · 주의공역에서 허가를 받지 아니하고 비행하는 행위
6. 안개 등으로 인하여 지상 목표물을 육안으로 식별할 수 없는 상태에서 비행하는 행위
7. 비행시정 및 구름으로부터의 거리 기준을 위반하여 비행하는 행위

② 초경량 비행장치 조종자는 항공기 또는 경량 항공기를 육안으로 식별하여 미리 피할 수 있도록 주의하여 비행하여야 한다.

③ 동력을 이용하는 초경량 비행장치 조종자는 모든 항공기, 경량 항공기 및 동력을 이용하지 아니하는 초경량 비행장치에 대하여 진로를 양보하여야 한다.

④ 초경량 비행장치 조종자는 초경량 비행장치 사고가 발생하였을 때에는 국토교

통부령으로 정하는 바에 따라 지체 없이 국토교통부 장관에게 그 사실을 보고 하여야 한다.

우리나라에는 군 보안 등 기타의 사유로 인하여 수도권과 수도권 이외 대도시를 중심으로 다음과 같은 비행금지구역이 있다.

- P-73 비행금지구역 : 과거에는 P-73 A, B로 구분하여 설정되었으나 2022년 12월 29일부터 하나로 통합하여 용산 대통령 집무실과 관저 반경 3.7km(2해리)를 P73 구역으로 설정하였다. 이 구역 내에서의 비행을 위해서는 수도방위사령부의 사전 비행 승인이 필요하다.
- R-75 비행제한구역 : 김포 서울공항 관제공역으로 공항을 중심으로 반경 9.3km 이내는 관제권으로 불리는 곳으로 항공기와의 충돌할 위험 때문에 비행이 금지된다.
- P-518 경기 강원북부 비행금지구역 : 서울 북쪽의 대부분 지역으로 국방 보안상 이유로 비행이 금지되어 있다.
- P-65 대전 비행금지구역 : 대전 전역, 신탄진, 대청호, 세종시, 계룡대
- 부산 비행금지/관제공역
- P-61 고리원전 비행금지구역 : 원전 중심반경 18km 이내 구역은 비행금지. 울진, 월성, 영광도 비행금지
- 김해공항 관제공역

특별히 정부에서는 이러한 복잡한 규제와 절차를 좀 더 간소화하여 2021년 2월 "드론 특별자유화 구역"을 선포하고 드론 기체의 안전성을 사전에 검증하는 특별감항증명과 안전성 인증, 드론 비행 시 적용되는 사전 비행 승인 등 규제를 면제하거나 완화해 5개월 이상의 실증기간을 단축할 수 있도록 하였다. 이들은 15개 지자체, 33개 구역으로 수도권 6, 강원권 3, 호남권 4, 충청권 9. 제주 1, 영남권 10이다.

한편 2023년 6월 30일 국토부에서는 "제2차 드론산업발전기본계획을 발표하면서 "드론 특별자유화구역"을 다음 달부터 18개 구역(서산·나주·구례에 각 3곳, 부산·금산·여수에 각 2곳, 전주·남원·구미에 각 1곳)을 추가한다고 하였다.

이상에서 보는 것과 같이 수도권처럼 인구가 밀집한 곳에서는 비행을 즐길 수 있는 장소가 많지 않다. 그러나 별도의 허가 없이 비행이 가능한 모형비행장이 있다. 다음은 수도권 근교의 대표적인 비행장이다.

한강드론공원

서울 강동구 천호동에 있는 광나루 모형비행장이 확대되어 서울 시내 첫 드론 공원이 된 곳이다. 광나루 안내센터에서 관리하고 있으며 공식적으로 유일하게 아스팔트 활주로가 있어 고정익 드론도 비행이 가능한 곳이다. 시간대별 최대 30명까지 이용할 수 있다고 한다.

신정 비행장

서울 양천구 신정동에 있는 모형비행장이다. 신정교 아래에서 남쪽으로 비행할 수 있는 곳이다. 주말마다 안전 감독이 상시 대기하고 있다.

가양 비행장

경기도 고양시 덕은동에 있는 가양대교 북단의 모형비행장으로 P73B 공역에 포함되어 있지만 군 협조를 통해 자율적으로 운영되는 비행장이다. 200m의 직선 활주로를 이용할 수 있어 무선 헬기 동호회를 중심으로 시작된 역사가 깊은 비행장이다.

남양주 비행장

경기도 남양주시 금강로에 있는 비행장으로 한국 모형항공협회 남양주지사에서 관리하고 있다. 국가 보안 관계상 비행이 금지된 구역이기 때문에 경기 북부지역에서는 가장 편리하게 이용할 수 있는 비행장이기도 하다.

제 17 장

17.9.3 우리나라의 드론활용 예

우리나라에서의 드론의 활용은 다른 나라에서의 활용과 같이 많은 분야에서 이루어지고 있다. 레저용 이용은 그 수가 갈수록 증가하고 있으며 특히 산업분야 등 우리의 삶에 관계된 분야의 이용이 급격히 증가하고 있음은 우리나라의 드론산업의 전망이 매우 밝다고 할 수 있다. 구체적인 이용 실례를 보면, 재난구조, 피해상황조사 등 일반적인 이용뿐만 아니라 측량관련분야로의 이용이 괄목할 정도로 발전하고 있다.

2016년 8월 11일 국토교통부주관 드론관련 심포지움(코엑스)과 2016년 8월 18일 한국측량학회 주최 하계워크숍(충북대학교)에서 발표한 우리나라의 드론이용실태를 보면 몇 개의 드론산업체에서 매우 다양한 분야에 드론을 이용하였다.

그중 몇 개의 예를 보면 ㈜공간정보에서는 고정익 드론(eBee)을 이용하여 농림축산식품부 농업생산 무인자동화 연구, 드론지도제작과 융합한 농기계 무인 자동컨트럴

시스템개발, 국토교통부 지적재조사용, 한국도로공사 도로 대형 법면 3D모델구축, 재난/재해분야, 남구 봉선동 대화아파트 옹벽붕괴 현장, 화성시 제부도 갯벌지역 3D 수심도제작, 광산 붕괴현장, 석탄 철광석 야적 재고량조사, 한옥건축물 3D mapping, 교통조사 등 다양한 분야에서 드론을 이용하였다.

㈜지오시스템에서는 고정익 드론(Trimble UX5)과 회전익 드론(ZX5)등을 이용하여 원주기업도시 부지조성 현황측량, 지적재조사, 산림청 재선충 피해 고사목 조사. 주말농장 토지이용 현황조사, 경기도 포천시 토공량산출 등을 시행하였다.

㈜동원측량컨설탄트에서는 고정익 드론(SmartOne)과 회전익 드론(SurcCopter)을 이용하여 경북 경산시 공간정보구축, 경북 영양군 수치지도제작, 경기도 판교역 정사영상제작, 부산시 웅동 접근불가지역 준설토 투기장 지형측량, 남한산성 문화재 역설계용 정사영상제작 등 실로 다양한 분야에서 드론을 활용하였다.

'CJ대한통운'은 현재 드론의 다각적인 비행 실험을 통한 실제 물류서비스 활용 모델로 발전시키는데 필요한 안전 데이터 축적, 성능 기술 검증 등 실질적인 운영노하우 확보를 위한 테스트를 수행중이라 발표했다.

특히 이번 심포지움에서 발표한 드론 중 주목할 만한 드론은 "리모콥터와 리모H"이다(그림 17.18).

그림 17.18 우리나라의 드론

'Remocopter-010'드론은 다목적용 수직이착륙 무인기이다. 이 드론은 다양한 사용자 요구가 반영 가능한 모듈형으로 설계되었고 적재중량은 3kg이며 활용 분야는 택배화물 운송뿐만 아니라 긴급구호품 운송, 조난자 수색, 재해 현장 감시로도 이용될 수 있다. 특이한 점으로는 방수기능이 있어 우천 시 비행이 가능하고 통신두절

시 자동 귀환 기능을 갖추고 있다. 또한 "Remo H"는 부족한 일손을 도와주는 농업용 무인헬기로 농촌노동력 고령화로 인한 농촌 일손 부족 해소와 벼 병해충 확산 방지를 위해 크게 활약할 것이다.

3~4미터 저공비행을 통한 약제 살포로 침투성을 향상시키고 적기에 방제해 효과를 극대화하고 농촌 일손절감은 물론 농업인 건강증진 및 정주여건 조성에도 크게 기여될 것으로 예상된다.

특히 우리나라에서의 드론 활용은 최근 1~2년 동안에 급속도로 발전하였으며 그 중 언론에 보도된 몇 가지의 예를 들어보기로 하겠다. 2017년 3월 10일 강원도 강릉시 옥계면에서 발생한 산불이 헬기 18대와 1,300여 명의 인력이 동원되었음에도 18시간 동안 꺼지지 않고 계속 번지고 있고 화염과 연기 때문에 헬기의 활동이 어려울 때 드론을 투입하여 공중에서 촬영한 실시간 동영상을 통하여 산불 진행 과정을 파악하고 지형과 풍향에 따른 산불 확산경로 등을 분석하여 진화 작업을 실시하여 곧바로 진화되었다(2017. 3. 28. 조선일보 보도).

또한 산림청은 산불, 산림 병충해뿐만 아니라 석회석 광산 지반침하 위험지역 분석에도 드론을 투입하여 산사태 위험을 미리 파악하는데 사용하고 있고 조림, 벌채, 숲 가꾸기 등 산림경영, 산림 내 산재한 시설물 관리, 불법 산림훼손 감시 등 다양한 분야에서 활용성을 늘려나가고 있다고 한다.

비록 우리 기술에 의해 이루어진 것은 아닐지라도 드론이용에서 무한한 가능성을 보여준 한 예가 있다. 즉 2018년 2월 평창 동계올림픽 개막식과 폐막식에서의 드론쇼이다. 개막식에서의 1,218대의 드론을 이용한 오륜기의 표현을 포함한 드론쇼와 300대의 드론의 실시간 비행으로 올림픽 마스코트 "수호랑"이 하늘로 도약하는 모습을 연출하였다(그림 17.19, 20).

개막식에 등장한 드론은 인텔이 특별 제작한 '슈팅 스타(Shooting Star)'란 이름의 소형 무인항공기다. 플라스틱 소재를 사용해 무게가 330g에 불과하다. 배구공보다 조금 무거운 수준이다. 가로, 세로는 각각 38.4cm. 각 드론에는 위치 파악을 위한 GPS(위성 위치 확인 시스템)와 LED(발광다이오드) 조명, 통신칩, 배터리 등이 탑재되어 있다. 론 1,218대가 일제히 5피트(약 150cm) 이내의 간격을 유지하며 오륜기, 스노보드 선수를 그려낸 것이다.

우리나라에서도 머지않아 드론에 의한 우편물 배송도 이루어질 것 같다. 2018년 8월 9일 자 조선일보 보도에 따르면 우정사업본부가 이르면 2021년 일반 우체국 차량으로 접근이 어려운 도서·산간지역에 드론 우편물 배달서비스를 상용화 한다고 밝혔다고 한다. 특히 강원도 영월 우체국에서 드론을 띄워 인근 봉래산 정상(해발 780

m)에 있는 “별마로천문대”로 우편물을 배달하는 시연회도 이루어졌다고 한다. 드로공사는 지난 2017년부터 법규 위반 차량 단속에 드론을 도입했다.

2022년에는 고속도로 전 노선에서 324대의 드론이 지정차로 및 버스전용차로 위반, 적재 불량 등을 단속했다. 드론 단속을 통해 적발된 법규 위반 건수는 6,759건으로 2017년 1,701건 대비 약 3배가량 증가하였다.

그림 17.19 1218대의 드론에 의한 올림픽 오륜마크의 실현

그림 17.20 드론 300대에 의하여 실현된 “수호랑”

LX 한국국토정보공사는 집중호우로 인해 침수 피해가 발생한 전북의 군산, 익산 지역의 신속한 보상을 위해 드론을 활용한 침수흔적도 조사에 나섰다.

특히 근년에는 드론을 이용한 항공사진촬영과 소규모 지역의 지도 제작 및 3차원 지형도 제작 등 항공사진측량뿐만 아니라 토목 분야까지 급활용한 사례들이 급속도로 증가하고 있다.

이들 활용 예는 몇 개에 불과 하지만 수많은 활용 예가 더 있겠으나 구체적인 데이터가 없어 모두 수록하지 못함이 아쉽다.

17.10 앞으로의 연구개발에서 고려하여야 할 사항

앞으로의 연구개발에서 고려하여야 할 사항에는 크게 두 가지를 말할 수 있다. 첫째 동물 흉내 내는 것(행동학)과 드론의 지구력(체공시간) 문제이다.

새나 곤충같이 날개를 펄럭이는 흉내를 내는 방법도 극소형 드론에서 연구하여야 할 분야 중 하나이다. 이것은 스파이 임무를 위하여 자신을 숨기고 적을 속이고자 할 때 필요하기 때문이다.

나노 벌새는 지금도 상업적 이용이 가능하고 반면에 비록 밧줄 동력을 사용하지만 나는 것에 영감을 얻어 만든 1g 이하의 미니 드론은 수직 벽에 착륙할 수도 있다.

무인 딱정벌레나 다른 곤충들도 연구대상으로 할 수 있다.

또 다른 하나는 다면체로 형성된 곤충의 눈을 모방하고 빛의 세기를 인식할 수 있는 광학 흐름을 다룰 수 있는 능력을 갖춘 신경 칩에 데이터를 전송할 수 있는 축소형 광학 흐름센서(Ocellis)의 연구개발도 중요한 과제 중 하나이다.

그림 17.21 UEL UAV-741 Wankel engine

UAV의 지구력(체공시간)은 인간 조종사의 생리적 능력에 의하여 좌우되는 것이 아니다. 많은 큰 규모의 드론에서는 소형이고 낮은 중량으로 적은 진동과 무게에 비하여 고출력 엔진인 "Wankel 회전엔진"을 사용한다(그림 17.21).

엔진은 엔진출력이 저출력으로 하강 시 충격이 완화되기가 쉽지 않으며 고출력에서 완화시키기 위한 많은 연료혼합이 필요하지도 않다. 이러한 속성들은 연료소비를 줄이고 항속거리와 드론의 유효하중을 증가시킬 수 있다. 수소 동력을 사용하는 수소연료전지는 소형드론에서 체공시간을 두세 시간 정도 연장할 수도 있을 것이다.

▶ **표 17.4** 장시간 비행에 성공한 드론의 예

드론	비행 시간	날짜	비고
Boeing Condor	58시간 11분	1989	현재 Hiller Aviation 박물관 보관됨
General Atomics GNAT	40시간	1992	
TAM-5	38시간 52분	2003.08.11	대서양을 횡단한 가장 작은 드론
QinetiQ Zephyr Solar Electric	54시간	2007. 09.	UAV 최장 기록 갱신
RQ-4 Global Hawk	33.1시간	2008.03.22	완전한 규모의 실용드론에서 비행기록을 세웠다
QinetiQ Zephyr Solar Electric	82시간 37분	2008.07. 28.~31	
QinetiQ Zephyr Solar Electric	336시간 22분	2010.07. 09~23	태양광 동력. 14일간 체공비행. 비행고도 21,561m로 FAI 기록보유

태양전지 드론(원래 1974년 AstroFlight Sunrise에서 활동한 개념)은 수주일 간의 비행시간이 가능하다. 태양동력 대기위성(atmosats)은 5년 동안 20km 이상의 고고도에서 운용하도록 설계되었고 저고도 지구위성보다 더 경제적이고 더 효율적일 수 있다. 기후 탐색, 재난복구, 지구 영상 및 통신 등에 활용할 수 있다.

움직이는 전기 드론도 비행시간을 연장하는 또 다른 수단이 될 수 있다. 높은 체공시간(비행시간)이 가능한 드론은 전투현장에 고정하여 전장을 장기간 주시하고 전투장면을 기록하여 후에 다시 볼 수 있도록 할 수도 있다.

영국의 PHASA-35 군용 드론(개발 후기 단계)의 연약함은 처음으로 12마일의 격동하는 대기권을 횡단하는 것이 위험할 정도이다. 그러나 그것은 65,000피트 상공에서 24시간 동안 체공하였다. 2023년 에어버스의 Zephyr는 70,000피트에 도달하고 64일 동안 비행했다. 이것은 200일을 목표로 하고 있다. 이는 작전 능력 측면에서 "의사 위성"으로 간주 될 수 있을 만큼 충분히 우주에 근접하였다.

※ 이 장은 "wikipedia"등 인터넷에서 공개된 자료와 신문, 언론 등에서 발표된 자료, 각종 연구보고서(공간정보산업협회 등), 드론포털 등을 참고 또는 인용하였습니다.

Chapter 18
사진측량

출처: 가수 김장훈 블로그

18.1 사진측량의 정의

미국 사진측량 및 원격측정학회(ASPRS)의 정의에 따르면 「사진측량(寫眞測量)이란 어떤 대상물을 촬영한 사진 또는 전자파 에너지에 의하여 기록된 영상을 측정, 기록, 분석하는 과정을 통하여 물리적 형상과 성질에 대한 정보를 획득하는 과학 기술」을 말한다. 사진측량은 촬영된 사진을 측정, 분석하는 것 외에도 사진 이외의 다른 기록매체, 즉 수치영상, 방사된 음파의 에너지형태, 레이저 거리측정, 자기현상 등도 포함하고 있으나 최근에는 인화된 사진 대신에 디지털 영상이 그 자리를 차지하고 있다.

사진측량(photogrammetry)은 사진측정과 사진해석(판독)의 두 분야로 구분할 수 있다. 사진측정(metric photogrammetry)은 정량적 해석으로서 지표면의 위치, 거리, 높이차, 면적, 체적 등을 측정하거나, 지형도, 영상, 정사사진이나 수치표고모델과 같은 수치자료 들을 생산하는 기술이다. 정량적 해석 중에서 가장 보편적인 작업은 측정용 사진을 이용한 지형도 제작이다.

사진해석(photo interpretation)은 대상물을 분석, 판단하고 중요성을 평가하는 정성적인 해석을 말한다. 사진해석(寫眞解析)은 크기, 모양, 형태, 명암, 재질, 색, 대조 및 상대위치와 같은 판독요소를 활용한다. 사진해석으로부터 정확하고 신뢰할 수 있는 결과를 얻기 위해서는 다양한 훈련이 필요하다. 사진해석은 생태학, 환경분석, 임학, 지질학, 적지선정, 자원조사, 도시 및 지역 계획, 군사분야 등 많은 응용분야에서 활용되고 있다. 특히 다중밴드 스캐너, 열상스캐너, 측방 감시 카메라와 같은 센서들로부터 많은 양의 정보를 얻기도 한다. 이러한 영상정보들은 사진이나 인간의 눈 영역 밖의 파장에서까지 정보획득이 가능하여 사진해석에서 많은 도움이 된다. 이와 같은 정보들은 때때로 인공위성과 같이 우주 멀리 떨어져 있는 비행체들로부터 얻어지기 때문에 **원격측정(遠隔測定, remote sensing)**이라고 한다.

사진측량학은 생물학과 의학으로부터 항공우주공학까지, 천문학, 물리학 등 다양한 공학분야와 재봉업, 수송, 도시계획, 사고분석, 임학 등 기타 많은 분야에서 활용되고 있다.

정량적인 사진측량은 항공사진측량(航空寫眞測量, aerial photogrammetry)과 지상사진측량(地上寫眞測量, terrestrial photogrammetry)으로 구분한다. 항공사진측량의 경우는 항공기에 고정밀도의 카메라를 탑재하고 미리 설정한 비행경로를 따라 사진을 촬영한다. 지상사진측량의 경우는 고정된 기준점이나 근처의 점을 기준으로 하여 촬영한다. 최근 우주사진측량학에서는 정지위성이나 저궤도 위성에 카메라를 설치하여 광범위한 지역에 대한 사진이나 영상을 취득하기도 한다.

근거리 사진측량(close range photogrammetry)은 촬영할 대상물에 상대적으로 가깝게 카메라가 설치된다. 근거리 사진측량은 직접적인 측량작업이 어렵고, 비경제적이며 현실적으로 간단하지 않은 복잡한 대상물을 직접 관측하고자 할 때 많이 응용된다. 예를 들면 고고학, 건축, 의학, 공학실험의 조사 등 많은 분야에서 활용된다.

정량적인 항공사진측량은 작업목적과 사용할 수 있는 기계 기구에 따라 여러 가지 방법으로 이루어진다. 연직으로 촬영한 항공사진과 간단한 측정용 자를 이용하여 사진측정과 간단한 계산을 할 수 있으나 이 방법은 정밀도가 매우 낮다. 지형도 제작 등 정밀한 작업은 아날로그 방법, 해석적 방법, 수치적 방법으로 제작한다.

아날로그 사진측량은 전통적인 광학장치와 역학적인 기계장치를 통하여 지형을 재현하는 방법이며 해석사진측량은 먼저 대상물의 평면위치를 정밀하게 측정하고 측정된 좌표를 사용하여 계산적인 방법으로 위치와 지형을 재현하는 방법이다. 반면에 수치사진측량은 컴퓨터화한 수치도화기를 이용한 지형의 재현과정이 대부분 자동으로 이루어진다. 아날로그와 해석사진측량에서는 필름에 인화한 항공사진과 광학·역학적인 기계장치를 사용하지만 수치사진측량에서는 인화된 항공사진 대신에 디지털 항공사진과 컴퓨터 장치를 사용한다.

항공사진측량은 영상 처리기술의 발전, 그리고 컴퓨터의 성능이 향상됨에 따라 크게 발전하여 기존에 사용하였던 아날로그 방법이나 해석사진측량은 더 이상 사용하지 않고 있으며 반면에 디지털 항공사진을 이용한 수치사진측량을 사용하고 있다. 따라서 이 장에서는 지면의 한계 때문에 원리 등만 간략히 기술하고 논리적이고 상세한 내용을 함께 기술할 수 없음을 이해하여 주기 바랍니다.

18.2 사진측량의 발달과정

1825년 프랑스의 발명가 조세프 니에프스(Joseph Nicéphore Niépce, 1765~1833), 루이스 다게르(Louis Daguerre, 1789~1851), 프랑수아 아라고(Francois Arago, 1786~1853) 등에 의해 사진술이 발명된 이래 많은 사람이 항공사진에 의한 측정에 관심을 가지기 시작하였으며 1850년경 프랑스인 로세다(Aime Laussedat, 1819~1907)는 기구를 이용하여 항공사진을 촬영하고 중복 투시 상을 정사투영으로 변환시켜 항공사진에 의한 지형도 제작을 시도하였다. 1892년에는 독일의 스톨즈(F. Stolze, 1936~1910)에 의해 부점(浮點, floating mark)의 원리가 이루어졌으며 칼 플프리히(Carl Pulfrich, 1858~1927)는 이러한 부점의 원리를 이용하여 항공사진의 실체측정 방법을 고안하였으며 드디어 1901년에는 실체사진 좌표측정기(實體寫眞座標測定機, stereo comparator)를 고안하기도 하였다.

그 후 1914년 제1차 세계대전을 계기로 군사정보 수집용으로 항공사진이 이용되기 시작하면서 독일 및 오스트리아 등을 중심으로 항공사진 측량이 급속도로 발전하였고 독일의 Carl Zeiss사를 중심으로 항공사진 측량용 도화기가 연구 개발되었다. 제2차 세계대전 이후에 항공사진 측량기술이 더욱 발전되어 영국 및 네덜란드 등에 의하여 미개발 지역(아프리카, 인도네시아 등)에 대한 탐사작업에 항공사진 측량술을 사용하기 시작하였으며 스위스, 이탈리아, 프랑스, 소련 등에서도 항공사진 측량용 기계의 연구 제작이 활발하게 이루어졌다. 미국에서는 1920년경에 항공사진을 본격적으로 지도제작에 활용하기 시작하였으며 그 후 약 20년간에 걸쳐 모든 국토 기본도를 항공사진을 이용하여 제작 보급하였다. 특히 1930년에 시작한 TVA계획을 수립하기 위하여 멀티플렉스(Multiplex)를 개량하여 실용화하기도 하였다.

1950년에는 네덜란드의 ITC가 설립되어 발전 도상 국가들에 대한 항공사진측량의 신기술을 교육하면서 근대 항공사진측량의 발전을 이루는 계기가 되었다.

오늘날은 항공, 광학, 기계분야의 발달과 전자계산기의 발전으로 인하여 사진 기준점측량 등을 개발하여 항공사진측량의 효율성을 높였으며 특히 자동도화기의 발전으로 사진측량의 정확도 및 신속성이 급속도로 발전하였다. 현대적인 컴퓨터 처리기술의 발전은 항공사진 측량의 새로운 시대를 열어 놓았으며 아날로그 시대에서 디지털 시대로의 탈바꿈이 이루어졌다. 인화된 항공사진을 이용하던 시대에서 디지털 영상으로, 아날로그 기계에서 디지털 기계로의 전환이 이루어졌다.

항공사진측량 기술의 활용에서도 측지측량 및 각종 조사사업 이외 고적 보존, 공중 물리탐사, 공해조사, 인체공학 등에도 활용되고 있으며 기타 대규모 토목공사에서도 많이 활용되고 있다. 특히 1972년부터 급속도로 발전되고 있는 원격측정은 미국의 LandSat, 프랑스의 SPOT 위성 등에 의하여 지구의 새로운 정보를 제공하였으며 지금은 우리나라를 비롯한 세계 여러 나라에서도 원격측정용 위성을 발사하고 있다. 우리나라에서도 급속도로 발전하고 있는 지형정보시스템에도 항공사진측량에 의한 3차원 지형 기본자료가 필수적으로 사용되고 있다.

우리나라의 경우 항공사진측량이 소개된 것은 1945년 미군이 진주한 이래 6.25 동란 중에는 북위 40°까지 항공사진을 촬영하여 일제시대에 제작하였던 1/50,000 지형도를 수정하였으며 그 후 1966년 8월 체결된 네덜란드왕국과의 항공사진측량 기술협정으로 1966년부터 총 11명(사진측량 4명 외)의 기술자들이 ITC에 파견되어 새로운 기술인 항공사진 측량을 배워온 것은 우리나라 항공사진측량의 발전에 하나의 이정표가 되는 계기가 되었으며 필자도 11명중 제1차로 교육과정을 수료하였다(1966년 협정 이전에 이미 2명이 수료하였다).

1960년대 후반부터 국립지리원(현 국토지리정보원)에 의하여 시작된 1/50,000, 1/25,000의 국가 기본도 제작은 항공사진측량방법에 의하여 우리의 기술진에 의하여 이루어졌으며 대축척 지형도인 1/5,000의 기본도가 제작되기도 하였다. 특히 1/5,000 기본도는 수치화되어 GIS 등 많은 분야에 활용되고 있다.

18.3 항공사진의 성질

18.3.1 항공사진의 종류

항공사진의 종류는 촬영각도, 촬영카메라의 화면각, 렌즈의 종류 등에 의하여 구분할 수 있으나 일반적으로 촬영각도에 의하여 분류한다. 항공사진을 촬영각도에 의하여 구분하면 수직사진(垂直寫眞, vertical photograph)과 경사사진(傾斜寫眞, oblique photograph)으로 구분한다. 수직사진은 촬영시 카메라의 중심축이 지표면과 직교되는 상태에서 촬영된 사진을 말하며 경사사진은 촬영시 카메라의 중심축이 직교하지 않고 경사된 상태에서 촬영된 사진을 말한다. 수직사진은 엄밀한 의미에서 카메라의 축이 연직선(鉛直線)과 일치하여야 한다. 그러나 카메라의 축을 연직선과 일치시켜 촬영하는 것은 현실적으로 불가능하다. 따라서 일반적으로 연직축과 카메라의 중심축이 ±5 grade 이내의 항공사진은 수직사진으로 간주하며 측정용 항공사진은 보통 이를 말한다. 여기서 전자를 엄밀 수직사진, 후자를 근사 수직사진(near vertical photograph)이라 한다.

한편 경사사진은 카메라의 중심축이 지면과 이루는 각이 60°보다 큰 상태에서 촬영한 사진을 저 경사사진이라 하고 60°보다 작은 상태에서 촬영한 것을 고 경사사진이라 부른다. 경사사진은 한 장의 사진으로 더 넓은 지역을 촬영할 수 있어 정찰 등 특수목적에 활용되고 있으나 항공사진 측량이나 판독(判讀) 등에는 여러 가지 어려운 점이 많아 거의 활용되지 않고 있다. 〈표 18.1〉과 〈그림 18.1〉은 경사사진과 수직사진과의 관계를 표시한 것이다.

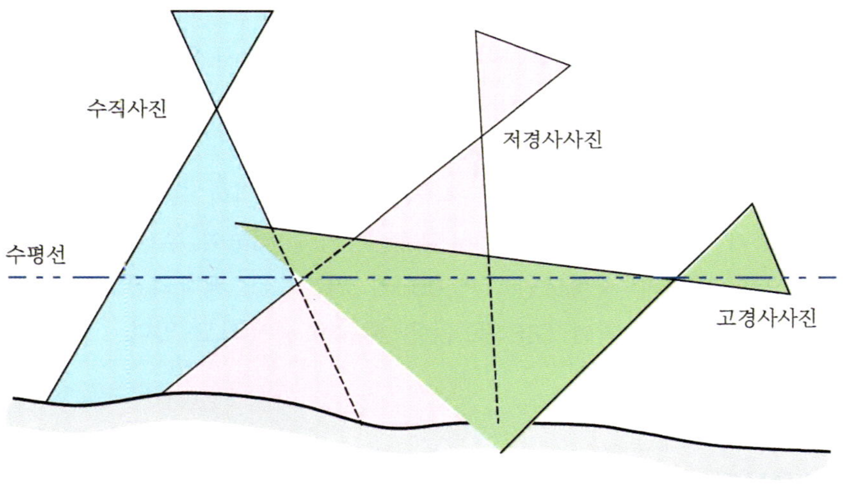

그림 18.1 촬영각도에 의한 항공사진의 분류

▶ **표 18.1** 항공사진의 특징

	수직 사진	저 경사사진	고 경사사진
특 징	경사 ±5 grade 이내	수평선이 찍힘	수평선이 찍히지 않음
촬영 면적	가장 좁다	보 통	가장 넓다
촬영지역형태	정사각형	부등변 사각형	부등변 사각형
축 척	같은 표고에서 축척일정	고 경사에서보다 축척감소량 적다	카메라로부터 멀어질수록 축척감소

	수직 사진	저 경사사진	고 경사사진
지도와의 차이	가장 적다	적다	가장 많다

카메라의 화면각에 의하여 분류하면 보통각 사진, 광각 사진, 초광각 사진으로 분류할 수 있다. 보통각 사진의 경우는 카메라의 화면각 약 60°, 화면거리 약 210mm이고 광각의 경우 화면각 약 90°, 화면거리 약 152mm이며 초광각의 경우는 화면각 약 120°, 화면거리 약 88mm인 사진을 말한다(18.6.1참고).

18.3.2 수직사진과 축척

카메라의 축을 완전하게 연직으로 하여 촬영한 수직사진(垂直寫眞)은 높이의 차이가 없는 평탄한 지역에서는 사진상의 어느 곳에서나 그 축척은 일정하고 정 사각형의 지형은 정사각형 형태 그대로 사진상에 나타난다.

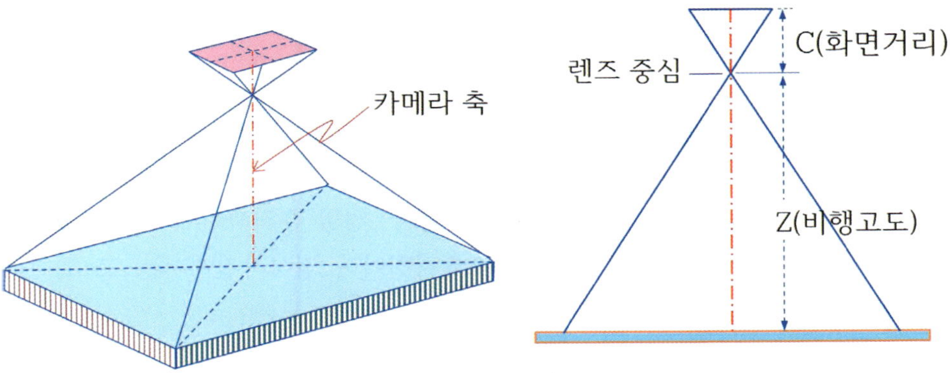

$$Scale\ S = \frac{c}{Z} \quad or \quad S = \frac{1}{s} = \frac{c}{100(H-h)}$$

$H(m)$: *Flying height over mean ground elevation*

$h(m)$: *mean ground elevation* (촬영기준면)

$c(cm)$: *principal distance*

그림 18.2 수직사진과 사진축척

〈그림 18.2〉에서와 같이 화면거리를 c, 비행고도를 Z라 하면 사진축척은 $S=\frac{c}{Z}$이다. 비행고도가 촬영 기준면으로부터 H(m), 촬영 기준면의 표고를 h(m), 화면거리(畵面距離)를 c(cm)라 하면 사진축척 S는

$$S = \frac{1}{s} = \frac{c}{100\,(H-h)} \tag{18.1}$$

이 된다.

그림에서 알 수 있는 것과 같이 촬영고도가 높아지면 한 장의 사진에 넓은 지역이 촬영되고 반대로 축척은 작아진다. 일반적으로 촬영기준면은 촬영할 지역의 평균표고를 기준으로 한다.

예제 18.1 화면거리가 150 mm인 카메라를 사용하여 비행고도 3,200 m로 촬영하였다 한다. 이때 촬영기준면의 표고가 평균 200 m라고 하면 촬영한 항공사진의 축척은 얼마인가?

풀이 촬영고도는 3,200m − 200 m = 3,000 m이므로

사진축척은 $S = \frac{c}{Z} = \frac{0.15}{3000} = \frac{1}{20,000}$

18.3.3 항공사진의 특수 3점

측정용 항공사진에는 몇 개의 중요한 점들이 있으며 항공사진을 기하학적으로 다루기 위해서는 이들 점을 알아야 한다. 특히 그중에서 주점(主點), 연직점(鉛直點), 등각점(等角點)을 항공사진의 특수 3점이라 부르기도 한다. 엄밀 수직사진에서는 이들 3점이 모두 같은 점에 일치하게 되지만 근사 수직사진이나 경사사진에서는 그 위치가 서로 다르게 된다.

❶ 주 점

주점(主點, principal point)은 사진중심의 정사투영 상을 말한다. 다시 말하면 렌즈의 중심으로부터 내린 수선의 발이 사진 화면과 교차하는 점을 말한다(〈그림 18.3〉의 h로 표시한 점). 일반적으로 항공사진에서는 서로 마주 보는 지표(指標)를 연결한 교차점이 주점이 된다.

❷ 연직점

연직점(鉛直點, nadir point)은 투영중심점(투영기 렌즈의 중심)을 통하는 연직선이 사진면과 만나는 점을 말하며 〈그림 18.3〉에서 n에 해당하는 점이다. 여기서 대문자 N은 n에 상응하는 지상점을 나타낸다.

❸ 등각점

렌즈의 중심으로부터 음화면에 수직으로 교차하는 수직선과 연직선이 음화면에 교

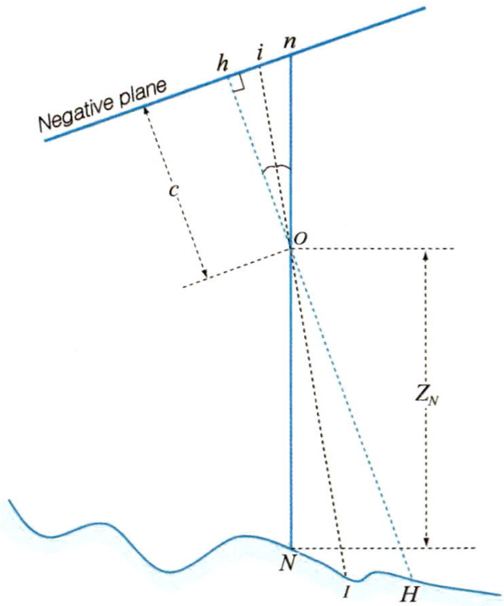

그림 18.3 항공사진의 특수 3점

차하는 선분이 이루는 각을 2등분한 선이 사진면(음화면)과 만나는 점을 등각점(等角點, isocenter)이라 한다. 〈그림 18.3〉에서와 같이 사진면에서의 등각점은 i로 표기하며 대문자 I는 i에 대응되는 지상점을 나타낸다.

❹ 화면거리

화면거리(畵面距離, principal distance)란 투영중심(렌즈의 중심)으로부터 사진면에 이르는 수직거리를 말한다. 화면거리는 〈그림 18.3〉에서와 같이 c로 표시하며 렌즈의 초점거리인 f와 구분하여 표시한다. 렌즈의 초점거리는 물리적 표현이며 화면거리는 수학적 표현으로 볼 수 있다. 왜냐하면 초점거리는 렌즈의 수차현상으로 인하여 엄밀한 의미에서 여러 개의 수치를 가질 수 있어 이에 대한 하나의 대표적인 거리, 즉 공칭거리(公稱距離)를 화면거리로 사용하게 된다. 따라서 초점거리는 화면거리와 항상 같지는 않다.

18.3.4 항공사진의 기복변위

지도는 지형지물을 기준 수평면 위에 정사투영한 것이며 수직사진은 기준 수평면에 평행한 사진면 위에 중심투영한 것이다. 만일 지표면이 완전한 수평면이라고 하면 수직사진과 정사투영한 지도는 일치할 것이다. 그러나 실제적인 지표면은 평면이 아니라 위치에 따라 높이가 다른, 즉 기복이 있는 지형이기 때문에 그 높이에 따라 그 본래의 위치가 사진상에서는 그 평면 위치가 다르게 나타나게 된다(그림 18.4, 18.5).

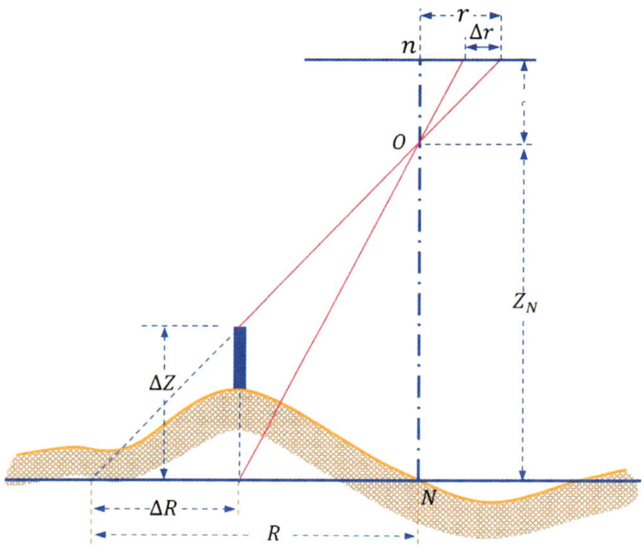

그림 18.4 항공사진의 기복변위

이와 같이 지형의 높고 낮음에 따라 사진상의 평면위치가 변하는 변위를 기복변위(起伏變位, relief displacement)라 한다. 항공사진의 기복변위는 항공사진이 중심투영(中心投影)이기 때문에 발생하는 현상이다.

기복변위는 높이의 차에 따른 현상으로 사진상에 나타난 실제 위치와 그 점이 실제 표고에 있지 않고 기준면에 있다고 가정했을 때 사진상에 나타난 위치 사이의 거리를 말한다(〈그림 18.4〉에서 Δr).

〈그림 18.4〉에서

$$\frac{\Delta R}{R} = \frac{\Delta Z}{Z_N} = \frac{\Delta r}{r}, \text{ 따라서 기복변위 } \Delta r = r\frac{\Delta Z}{Z_N} \qquad (18.2)$$

가 된다.

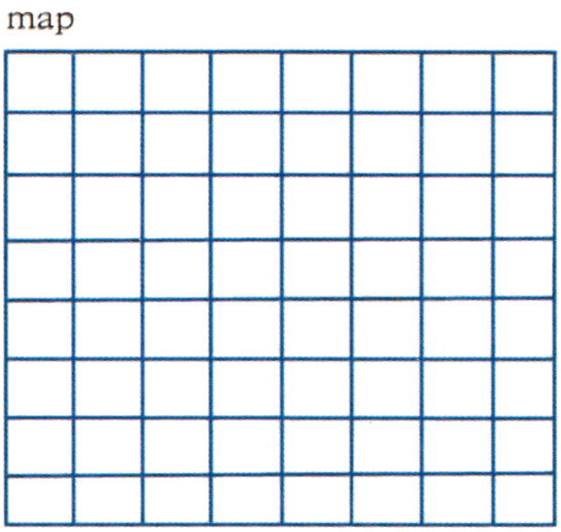

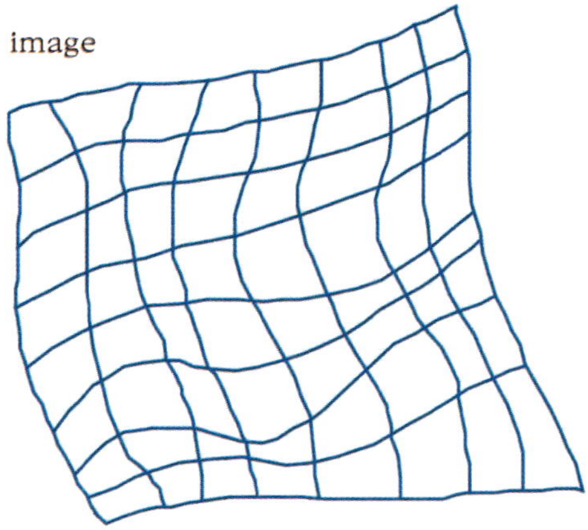

그림 18.5 항공사진의 기복변위에 의한 격자모양

이것은 기복변위가 연직점으로부터의 거리(r)에 비례하고 또한 표고차와 비행고도와의 비($\Delta Z/Z_N$)에도 비례함을 의미한다. 여기서 Z_N 은 기준면으로부터의 비행고도(여기서는 연직점을 통하는 면을 기준면으로 하였음)를 말한다. 연직점(N)의 표고를 고려치 않은 Z는 일반적인 비행고도를 의미한다.

예제 18.2 건물 밑면으로부터의 촬영고도가 500 m인 수직사진이 있다. 그림과 같이 사진 위에 나타난 건물의 이미지를 측정한 결과 $\Delta r = 4\ \text{mm}$, $r = 75\ \text{mm}$라 할 때 건물의 높이는 얼마인가?

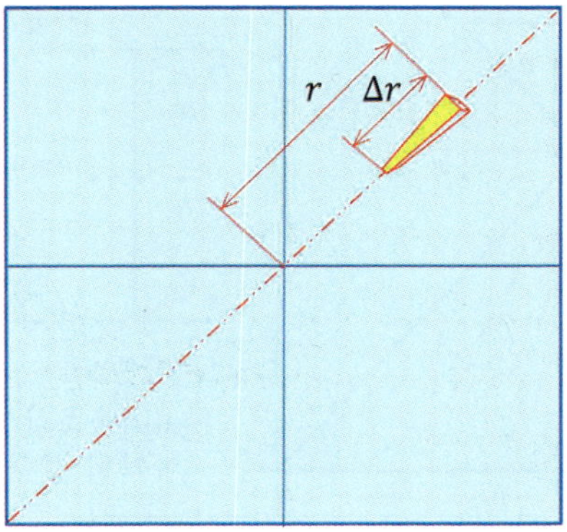

풀이 〈식 18.2〉로부터

$$\Delta Z = Z_N \frac{\Delta r}{r} = 500\ \text{m} \times \frac{4\ \text{mm}}{75\ \text{mm}} = 26.7\ \text{m}$$

18.3.5 항공사진의 경사변위

엄밀한 의미에서 가장 이상적인 항공사진은 엄밀 수직사진이어야 한다. 그러나 카메라가 노출하는 순간 비행기 또는 항공카메라가 완전한 수평을 이룬다는 것은 현실적으로 불가능하다. 따라서 실제적인 촬영으로 얻어진 항공사진은 엄밀 수직사진과 일치하지 않게 되며 카메라의 경사에 따라 사진상의 각 점의 상호위치가 변하게 된다. 이와 같은 변위를 경사변위(傾斜變位, tilt displacement)라 한다.

경사변위는 사진 상의 위치에 따라 그 크기가 다르며 등각점으로부터 방사형으로 증가한다. 또한 지상에서의 직선은 경사사진에서도 직선으로 나타나며 지상에서의 사각형은 경사사진에서는 사다리꼴로 나타나며 이때 사변형의 중심은 항상 연직점 위에 있다.

〈그림 18.6〉은 수평면에 있는 사각형 ABCD를 같은 화면거리의 카메라를 사용하여 두 번 촬영한 것이다. 첫 번째 사진은 엄밀 수직사진으로 지상의 사각형 ABCD가 사진상에 사각형 $a_1 b_1 c_1 d_1$ 으로, 두 번째 사진은 각 α 만큼 경사진 경사사진이며 경사 사진상에서 사다리꼴 $a_2 b_2 c_2 d_2$ 로 변형되었음을 볼 수 있다. 이때 모양의 변화와 관계없이 엄밀 수직사진에서나 경사사진에서나 축척이 변하지 않는 선이 있는데 이것을 등각선(isoline)이라 한다.

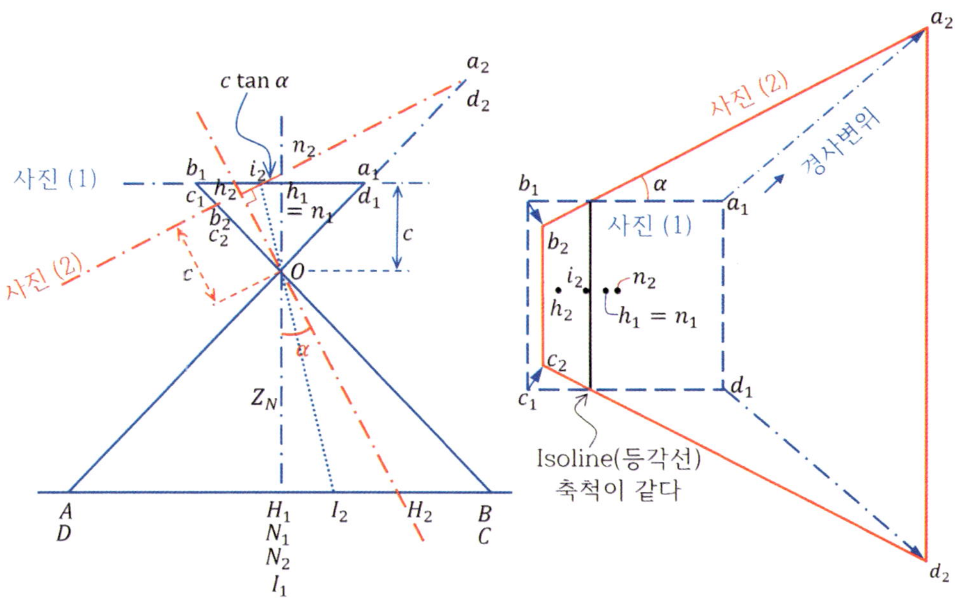

그림 18.6 항공사진의 경사변위

또한 그림에서 경사에 의하여 발생하는 $\overline{b_1b_2}$, $\overline{c_1c_2}$, $\overline{d_1d_2}$, $\overline{a_1a_2}$를 경사 변위량이라 한다. 특히 사진 (1)의 $a_1b_1c_1d_1$과 사진 (2)의 $a_2b_2c_2b_2$에서 경사방향에 위치한 $\overline{a_2d_2}$와 $\overline{b_2c_2}$는 나란하며 사변형의 중심은 연직점에 위치한다.

18.4 | 항공사진의 실체시

18.4.1 실체시

물체를 눈으로 보는 방법은 한 눈으로 보는 단안시(單眼視, monocular vision)와 두 눈으로 보는 쌍안시(雙眼視, binocular vision)로 구분한다. 우리가 일상생활을 통하여 사물의 깊이나 멀고 가까움을 알게 되는 것은 두 개의 눈으로 물건을 보기 때문이다. 이와 같이 사물의 깊이나 멀고 가까움을 알 수 있는 능력을 실체시(實體視, stereoscopic vision)라 한다. 한 개의 눈으로 볼 때도 어느 정도의 원근감은 생기지만 이것은 크기의 대소와 경험에 의한 것이고 원근감은 두 눈으로 보아야 비로소 알게 된다.

사람의 눈으로 어느 정도의 거리까지 원근을 판별하는데 한 눈으로 방향을 식별할 수 있는 한도는 ±40″이고 두 눈으로 원근이나 깊이를 식별할 수 있는 것은 시각차가 20″ 이상이 될 때라고 한다. 따라서 거리가 멀어져서 시각이 20″ 이하가 되는 곳은 육안으로는 깊이뿐만 아니라 원근도 식별할 수가 없는 것이다. 동공거리(瞳孔距離)를 65mm라 하면 이것의 한계는 670m가 된다. 또 우리가 물체를 보는 시각에서 ±20″의 오차를 피할 수가 없다고 하면 이것으로 생기는 오차는 동공 간격을 65mm라 할 때 100 m 떨어진 곳에서는 ±15m가 된다. 이 오차는 동공 간격이 커질수록 적어지며 거리의 제곱에 비례하여 증대한다. 이 사실은 실체사진 측량을 이해하는데 큰 도움이 된다.

실체시(實體視)의 원리는 왼쪽과 오른쪽의 망막에 투사된 상이 동일하지 않다고 하는데 그 기초를 두고 있다. 두 눈에 의한 동일 물체를 관측한 서로 다른 2차원의 평면 영상이 망막을 통하여 뇌에서 서로 조합되어 3차원의 입체감을 얻게 된다. 각 눈에 나타나는 상의 차이는 동공 사이의 거리에 기인한 것이며 서로 다른 위치에 두 렌즈에 의해 상이 형성되기 때문이다.

〈그림 18.7〉은 높이를 가지고 있는 물체 PQ를 h만큼 떨어진 위에서 내려다본 예이다. 이때 P점이 Q점보다 가깝게 보인다. 이러한 원근감은 두 눈으로 관측하기 때

문에 얻어지는 것이다. 다시 말하면 〈그림 18.7〉에서 수렴각(收斂角) γ_1과 γ_2의 크기가 다르기 때문이다. 또한 P와 Q는 각각 눈의 동공(렌즈의 중심)을 통하여 망막위에 p_1', p_2' 및 q_1', q_2'로 상이 형성된다. 이때 p_1', p_2'와 q_1', q_2'를 각각 점 P와 Q의 시차(視差, parallax)라 부르며 이들 시차의 차를 시차 차(視差差, parallax difference)라 한다. P와 Q에 대한 원근감은 이들 시차 차에 의한 것이다.

〈그림 18.7a〉는 항공사진에서 중복 촬영한 사진이라고 가정할 수도 있다. O_1, O_2를 카메라의 중심, 즉 노출중심이라고 하면 물체 PQ는 필름상에 각각 $\overline{p_1'q_1'}$, $\overline{p_2'q_2'}$의 길이로 찍히게 된다. 이렇게 촬영된 사진을 〈그림 18.7b〉와 같이 놓고 왼쪽 눈으로는 왼쪽 사진을 오른쪽 눈으로는 오른쪽 사진을 보면 그들의 상은 망막 위에 $\overline{p_1''q_1''}$, $\overline{p_2''q_2''}$로 나타나게 되어 원근이 없는 평면사진에서 현실적으로 물체를 두 눈으로 볼 때 느끼는 입체감을 얻을 수 있으며 이와 같은 실체시의 방법이 실체사진 측정에 응용되고 있다.

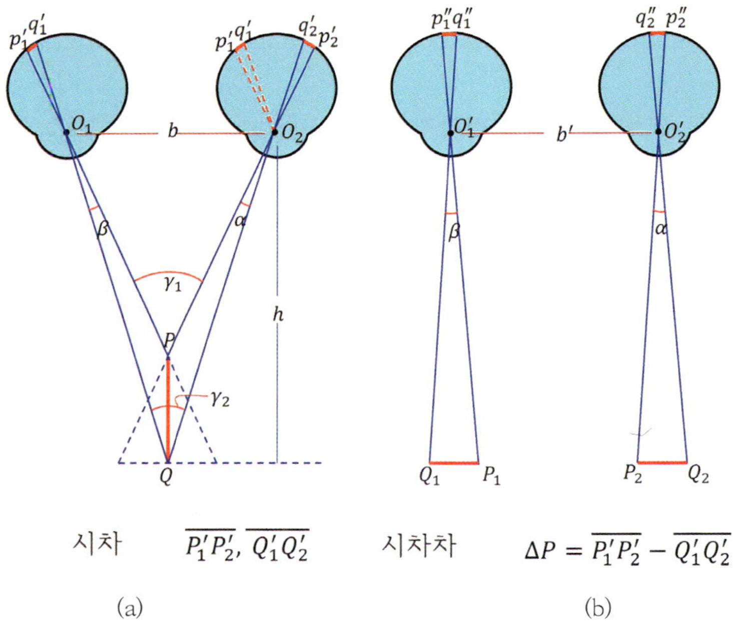

그림 18.7 실체시의 원리

실체감은 직접 실물을 볼 때뿐만 아니라 쌍안경과 같은 광학기계를 통해서 볼 때도 생긴다. 이것은 사람의 눈은 눈에 들어오는 빛의 최후의 경로만 인식하기 때문이다. 따라서 적절히 촬영한 두 장의 중복사진에서 나오는 빛도 두 눈으로 볼 때와 같은 상태로 재현하면 실체감이 생기는 것은 당연하다. 그러므로 사진에서 실체감이 생기게 하자면 다음과 같이 하면 된다.

① 좌우로 적당한 간격으로 떨어진 지점(촬영기선)에서 촬영된 두 장의 사진(실체사진)을 촬영 당시와 정확한 관계 위치에 놓는다.
② 우측 눈으로 우측에서 촬영한 사진을, 좌측 눈으로 좌측의 사진을 본다.
③ 눈의 시도(視度)를 조절하여 사진을 선명하게 볼 수 있게 한다.

우리가 보통 어떤 물체를 보려고 할 때는 자연히 좌우의 눈은 그 물체 방향으로 보게 된다. 먼 곳의 물체를 볼 때는 두 눈의 시선은 평행에 가까워지며 물체가 가까워질수록 시선의 교각은 커진다. 이때 시선의 교차에 따라 눈의 수정체는 자동으로 조절되어 상이 선명하게 보이는 것이다. 그러나 적당하게 가까운 거리에 놓인 두 장의 사진을 오른쪽 사진은 오른쪽 눈으로, 왼쪽 사진은 왼쪽 눈으로 볼 때는 사진이 가까이 있음에도 불구하고 시선은 평행에 가까워지고 수정체는 자동으로 먼 곳을 보도록 조절되어 사진은 선명하게 보이지 않게 된다.

좋은 실체사진을 얻기 위해서는 다음과 같은 조건을 갖추어야 한다.

① 한 쌍의 사진을 촬영하는 순간 노출지점은 거의 동일 평면내에 있어야 한다.
② 촬영 기선장(B)과 촬영고도(H)의 비, 즉 기선·고도비(B/H)가 적절한 값이어야 한다. 일반적으로 적절한 기선·고도비는 약 0.25 정도로 한다.
③ 2매의 사진축척은 거의 같아야 한다.

실체사진을 관측하거나 실체시를 하는 방법에는 실체경을 이용하는 법, 여색사진을 이용하는 법, 육안으로 실체시 하는 방법, 편광필터를 이용하는 방법, 실체영상 교환기를 이용하는 법, 실체 비디오 영상 등의 방법이 있다.

실체경(實體鏡, stereoscope)은 두 개의 확대경 렌즈로 이루어진 간단한 기구로 포켓형 실체경과 거울로 구성된 반사 실체경으로 구분된다. 〈그림 18.8(아래)〉과 같이 두 개의 실체사진을 렌즈의 초점거리에 맞추어 놓고 보면 사진상에서 나오는 광선은 평행광선이 되어 눈에 들어오기 때문에 물체가 무한히 먼 곳에 있는 것 같은 현상이 되어 눈의 수정체의 조절이 매우 편해져서 좌우의 상이 무리하지 않고 실체시를 할 수 있다.

여색실체사진(餘色實體寫眞)은 한 장의 사진은 적색, 다른 한 장의 사진은 청색으로 중복 인쇄한 것을 여색 실체사진이라 한다(그림 18.8(위)). 이와 같이 만들어진 사진 또는 인쇄물을 한쪽은 청색, 다른 쪽은 적색으로 만든 안경으로 관찰하면 쉽게 실체감을 얻게 된다. 이것을 여색 실체사진(anaglyph)에 의한 실체감이라 한다. 이것은 빨간 안경으로 비쳐서 보면 적색의 사진은 전면이 빨갛게 되어 사진상의 농도(濃度)의 차가 보이지 않은데 비하여 청색으로 인쇄된 사진에서는 백색 부분은 빨갛게 보이고 파란 부분은 안경의 빨간 색과 합쳐서 흑색으로 보이기 때문에 그 농도의 차이로 사진의 도형이 보이게 된다. 이와 반대로 청색 안경을 통해서는 청색사진은 전면이 파랗게 되어 상이 보이지 않고 적색 사진의 상만이 보이게 된다. 이렇게 되면 결국은 좌우의 눈은 실체사진의 한쪽만을 보게 되며 빨강과 파란색을 중복하여 인쇄된 사진은 두 눈의 시준축의 교차상태와 수정체와의 관계가 보통 물건을 볼 때와 같이 쉽게 실체시를 할 수가 있다.

그림 18.8 여색사진(위)과 반사실체경(아래)

인쇄된 사진 등은 위와 같은 방법(여색 실체사진)으로 실체감을 얻을 수 있으나 컬러영상의 경우는 적용할 수 없다. 따라서 이 경우는 서로 직각인 면으로 편광(偏光)된 필터를 사용하여 시준선의 영상 분리를 이루어서 실체상이 얻어진다. 일반적으로 편광필터로 된 안경을 사용한다. 비디오 실체영상 등은 주로 수치사진측량(數値寫眞測量, digital photogrammetry)에서 실체영상을 얻는 방법으로 사용한다.

18.4.2 실체모델의 과고감

공중에서 실제로 지상을 관측할 때 얻어지는 실체감과 실체경이나 육안에 의하여 실체상을 관측했을 때 얻어지는 실체감은 같지 않으며 대부분 수평방향에 비하여 수직방향이 과장되어 보이게 된다. 이것을 **기복의 과고감(過高感, vertical exaggeration)**이라 부른다. 이와 같은 과고감의 발생 원인은 실체 촬영할 때의 B/H 비(약 1/3~3/4)와 관측할 때의 b/h 비(약 1/4, 64 mm/250 mm)와의 차이에 의한 것이다. 다시 말하면 실체 관측할 때는 실체 촬영할 때와 비교하여 h값에 비해 b의 값이 크기 때문에 수직방향이 수평방향보다 더 과장되어 보인다. 이를 식으로 표시하면

$$V.E.F. = \frac{B}{H} \Big/ \frac{b}{h} \tag{18.3}$$

일반적으로 화면거리 150 mm인 카메라로 60%를 중복으로 촬영한 실체사진을 배율 1:1인 반사 실체경으로 보았을 때 약 2.4배의 과고감을 느끼게 된다.

18.4.3 높이와 시차, 시차 차의 관계

실체상에서 카메라의 노출 위치의 변동으로 인하여 두 장의 연속된 사진에서 발생하는 동일 지점에 대한 사진상의 변위를 그 점의 시차(視差, parallax)라 부른다. 〈그림 18.9〉에서 A를 지상의 한 점, a'를 지상의 A에 해당하는 왼쪽 사진상의 점, a''를 우측 사진상의 점이라 하고 이 들 두 사진을 수평이동하여 연직점 n'와 n''를 일치시키면 〈그림 18.10(a)〉와 같이 된다. 이때 $\overline{a'a''}$ 를 실체시차(實體視差, stereo parallax)라 한다. 〈그림 18.10(b)〉는 이 두 사진을 비행선 방향으로 분리하여 놓은 것으로 $\overline{n'n''}$ 는 촬영기선장을 의미하며 이때의 실체시차 P_A는 다음과 같이 정의된다. 여기에서 P_A는 부호에 관계 없이 항상 절대값으로 사용한다.

$$P_A = \overline{a'a''} - \overline{n'n''} \tag{18.4}$$

앞에서 말한 것과 같이 실체상에서 한 점이 가지고 있는 사진상의 변위를 시차라고 한다. 그러나 한 점 이상의 점들에 대한 상호간의 변위차, 즉 각점의 시차의 차를 시차차(視差差, parallax difference)라 한다. 시차차는 피사체의 높이 차이에 의하여 발생하기 때문에 실체상의 측정에서는 이 시차차가 높이의 측정에 사용된다.

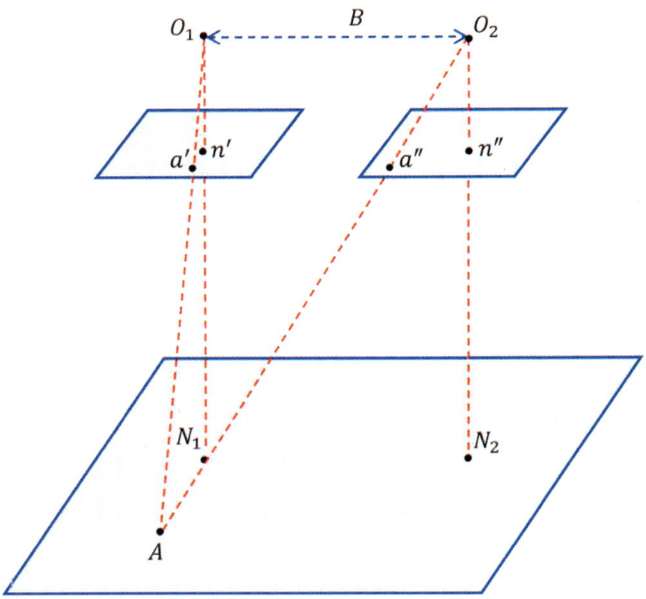

그림 18.9 두 사진 상에서의 변위

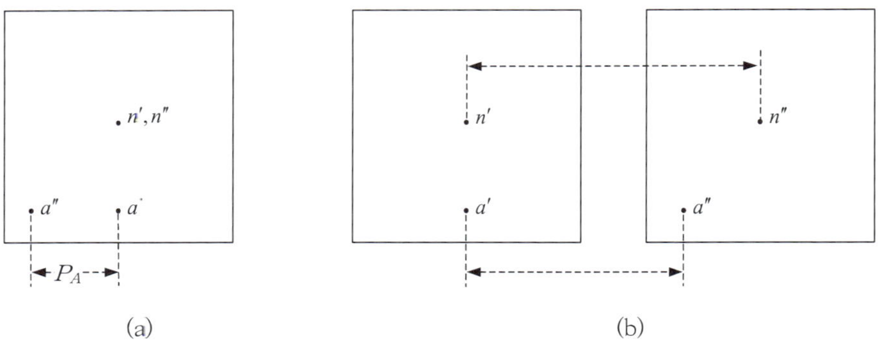

그림 18.10 실체시차의 크기

〈그림 18.11〉은 피라미드의 입체촬영 상태를 표시한 투영도이다. 이때 두 사진을 비행선 방향으로 맞추어 놓으면 $P_T = \overline{t't''}, P_A = \overline{a'a''}$이므로 $P_T \neq P_A$ 임을 알 수 있다. 그러나 $P_A = P_B = P_C = P_D$이다. 점 t'와 t''는 기복변위와 노출지점의 변화 때문에 양쪽 사진에서 서로 다르게 나타나며 점 A, B, C, D는 동일 표고 위에 있으므로 기복변위 현상이 나타나지 않는다. 그러므로 이 4점의 시차는 동일하여 시차차가 발생하지 않는다.

이미 말한 것과 같이 P_T와 P_A의 시차차 ΔP_{AT}는 다음과 같이 계산된다.

$$\begin{aligned}\Delta P_{AT} &= P_A - P_T \\ &= (\overline{a'a''} - \overline{n'n''}) - (\overline{t't''} - \overline{n'n''}) = \overline{a'a''} - \overline{t't''} \qquad (18.5)\end{aligned}$$

이와 같이 계산된 ΔP_{AT}에 의하여 피라미드의 상단과 하단의 높이차를 계산할 수 있으며 같은 원리에 의하여 실체 모델 안의 모든 표고점의 시차차를 계산하여 그들의 높이를 알 수 있다. 〈식 18.5〉에서 알 수 있는 것과 같이 높이의 차와 시차차와의 크기는 항상 비례관계를 가지고 있다.

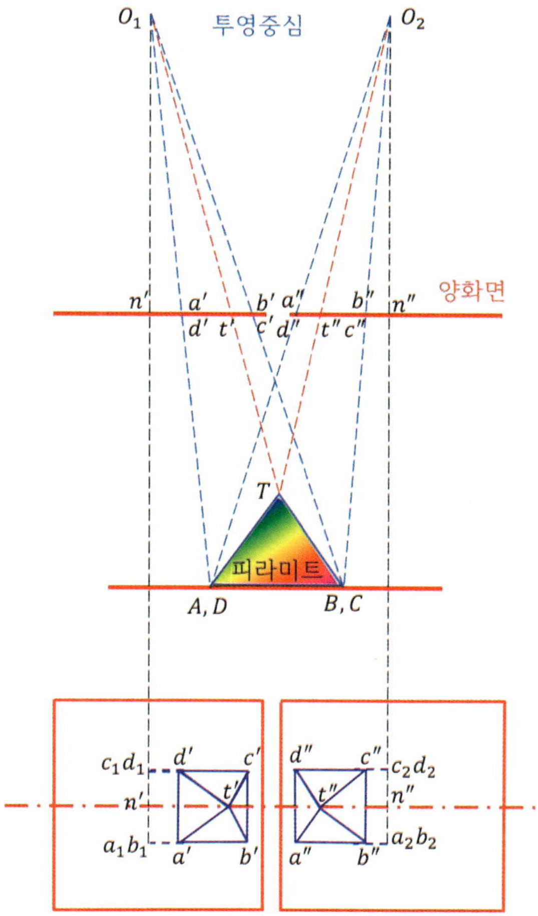

그림 18.11 높이차와 시차차

18.4.4 부점

시차차(視差差)는 보통의 눈금자로도 측정할 수 있으나 정확한 측정을 위해서는 실체경과 시차봉(視差棒, parallax bar)을 사용한다. 이때 시차봉은 부점의 원리를 이용한 것이다. 〈그림 18.12〉에서 A점에 초점을 맞추었을 때 두 점 a_1, a_2는 두 눈으로부터의 광로(光路)에 있어 A점에서는 한 개의 점으로 보인다. 그러나 a_2가 a_2'의 위치로 이동하면 점 A는 A′의 위치로 떠 보이게 된다. 한편 a_2가 a_2''의 위치로 이동하면 점 A는 A″의 위치로 가라앉아 보인다. 이와 같이 두 점이 A, A′, A″지점에서 일치하여 한 개의 점으로 보여 지게 될 때 A, A′, A″에 형성되는 각 점을 측점(measuring mark)이라 하고 각각의 점 a_1, a_2, a_2', a_2''등을 부점(浮點, floating mark)이라 한다. 이러한 원리에 의해 한 쌍의 사진에 의한 실체상에서 지면위의 임의의 점이 가지는 실제의 시차와 도화기 또는 시차봉에서 두 개의 부점 사이의 거리가 일치할 때는 두 개의 부점이 한 개의 관측점이 되어 지면에 밀착한 상태로 보이게 된다.

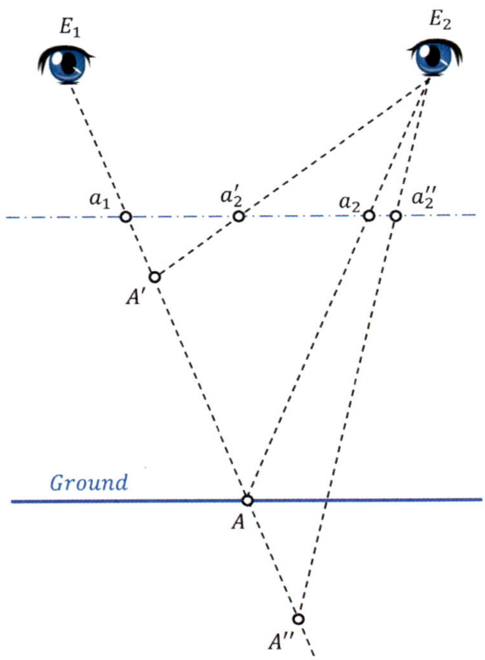

그림 18.12 부점의 원리

이러한 경우를 부점정위(浮點正位, on the ground, 그림 8.12의 A점)라 하고 부점 간의 거리가 실제 시차보다 길어서 땅속으로 들어가 보일 때를 부점하위(浮點下位, under the ground, 그림 18.12의 A″), 부점 간의 거리가 짧아서 땅 위로 떠 보일 때를 부점상위(浮點上位, over the ground, 그림 18.12의 A′)라 한다.

18.4.5 시차공식

시차와 높이차와는 직접적인 관계가 있음은 이미 설명한 것과 같다. 이와 같은 관계를 수식으로 유도하면 다음과 같은 시차공식이 얻어진다.

〈그림 18.13〉은 왼쪽 사진의 연직점 바로 아래에 높이 ΔZ인 연통 AR이 있으며 이들의 상(image)이 오른쪽 사진에 나타난 상태를 그린 것이다. 〈그림 18.13〉에서 $\Delta O_1 O_2 A$와 $\Delta O_2 n'' a''$로부터 점 A에 대하여

$$\frac{Z_A}{B} = \frac{c}{P_A} \text{ 또는 } Z_A = \frac{B \cdot c}{P_A} \tag{18.6}$$

같은 방법으로 점 R에 대하여

$$Z_R = \frac{B \cdot c}{P_R} \tag{18.7}$$

따라서 연통의 높이차 ΔZ는

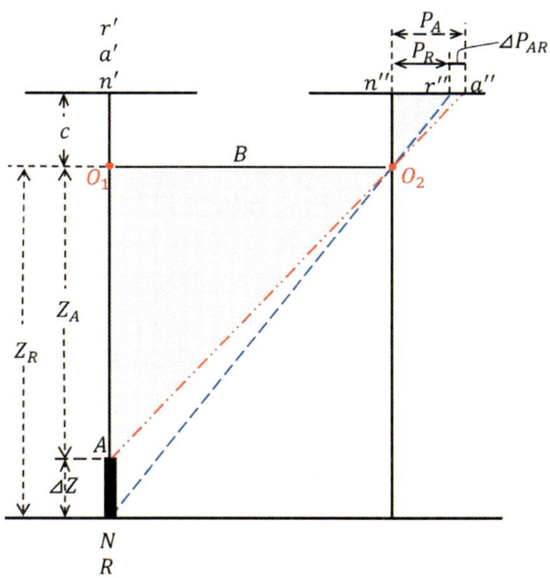

그림 18.13 시차공식

$$\Delta Z = Z_A - Z_R = B \cdot c\left(\frac{1}{P_A} - \frac{1}{P_R}\right) = B \cdot c\left(\frac{P_R - P_A}{P_R \cdot P_A}\right)$$

여기서 $P_A - P_R = \Delta P$, $P_A = P_R + \Delta P$ 이므로

$$\Delta Z = -\frac{B \cdot c}{P_R}\frac{\Delta P}{P_R + \Delta P} \tag{18.8}$$

〈식 18.7〉을 〈18.8〉에 대입하면

$$\Delta Z = -\frac{Z_R}{P_R + \Delta P} \cdot \Delta P \tag{18.9}$$

여기서 Z_R 은 기준면으로부터의 비행고도이다.

한편 〈식 18.9〉에서 역으로 ΔP를 구하면

$$\Delta P = -\frac{P_R}{Z_R + \Delta Z} \cdot \Delta Z \tag{18.10}$$

여기서 ΔZ가 (−)인 것은 $\Delta Z = Z_A - Z_R$로 정의하였기 때문이며 만일 A점의 비행고도가 기준면 R보다 크다면 ΔZ 는 (+)가 된다. 간편하게 사용하기 위하여 ΔZ 를 $\Delta Z = -\Delta h$로 하면 〈식 18.9, 18.10〉은 다음과 같다.

$$\Delta h = \frac{Z_R}{P_R + \Delta P} \cdot \Delta P$$

따라서 A점의 높이는

$$h_A = h_R + \frac{Z_R}{P_R + \Delta P_A} \cdot \Delta P_A \tag{18.11}$$

기준면에서의 시차차 ΔP_A 는

$$\Delta P_A = \frac{P_R}{Z_R - (h_A - h_R)} \cdot (h_A - h_R) \tag{18.12}$$

그런데 평탄지 또는 구릉지에서는 ΔP는 P_R에 비하여 매우 작으므로 〈식 18.11〉과 〈18.12〉에서 ΔP와 Δh를 생략하면 다음과 같은 근사식이 얻어진다.

$$\Delta h = \frac{Z_R}{P_R} \cdot \Delta P \ , \ \Delta P = \frac{P_R}{Z_R} \cdot \Delta h \tag{18.13}$$

예제 18.3 주점으로부터 건물 아래(A)와 위(B)까지의 시차를 측정한 결과 그림과 같다고 한다. 또한 오른쪽 사진의 주점을 왼쪽 사진에 옮긴 후 b를 측정한 결과 85 mm가 되었다고 한다. 건물 밑에서부터의 촬영고도가 500 m 라 할 때 건물의 높이는 얼마인가?

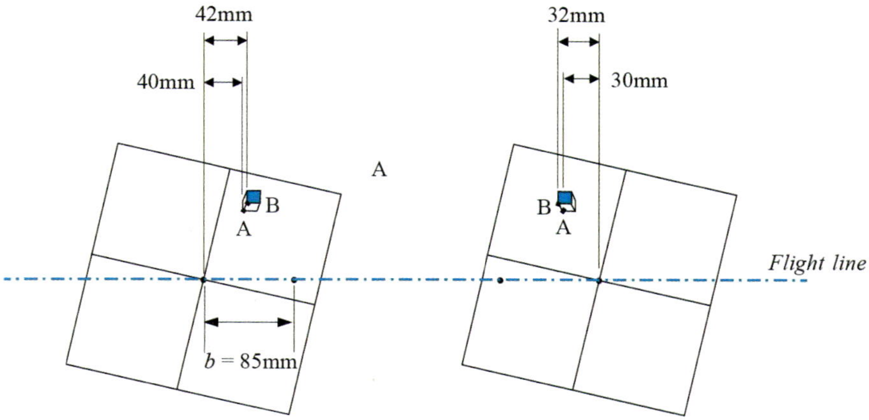

풀이 〈식 18.5〉로부터 A점의 시차는

$$P_A = 40\,\text{mm} - (-30\,\text{mm}) = 70\,\text{mm}$$

B점의 시차는

$$P_B = 42\,\text{mm} - (-32\,\text{mm}) = 74\,\text{mm}$$

따라서 건물의 높이는

$$\Delta h = (H-h)\frac{P_B - P_A}{b} = 500\,\text{m}\,\frac{(74\,\text{mm} - 70\,\text{mm})}{85\,\text{mm}} = 23.5\,\text{m}$$

18.5 항공사진 촬영

항공사진측량에서 촬영은 매우 중요한 부분을 차지하며 가장 기초가 되는 작업이라 할 수 있다. 따라서 촬영의 상태, 조건 등 사진측량의 후속 과정에서 미치는 영향이 매우 크다. 촬영은 촬영계획, 촬영비행, 카메라의 작동, 촬영기술 등 다루어야 할 사항이 많지만 여기서는 가장 기초가 되는 부분만을 다루도록 하겠다.

18.5.1 촬영기선장과 중복도

항공사진측량은 실체사진과 실체모델이 모든 작업의 기초가 된다. 따라서 항공사진 촬영은 반드시 실체사진이 얻어지도록 촬영하여야 한다. 측정하고자 하는 모든 지역이 실체사진으로 촬영되도록 하기 위해서는 모든 지점이 서로 다른 노출 지점으로부터 두 번 이상 나타나도록 촬영하여야 하며 이것을 촬영의 중복(重複, over lap)이라 한다.

중복은 같은 촬영 코스(course)에서 촬영 진행방향으로 중복촬영된 부분을 종중복(end lap or forward over lap)이라 하고 인접한 촬영 코스 사이에서 중복촬영된 부분을 횡중복(side lap or lateral over lap)이라 한다. 종중복과 횡중복은 필요에 따라 중복도를 조절할 수 있으나 일반적으로 종중복(從重複)은 60%, 횡중복(橫重複)은 20%로 하는 것이 국제적인 관례이다. 그러나 우리나라에서는 횡중복을 20%에서 30%로 하는 것을 표준으로 하고 있다(국토지리정보원 항공사진측량 작업내규).

같은 촬영 코스에서 임의의 카메라 노출 지점에서 다음 노출 지점까지의 거리를 촬영기선장(撮影基線長, air base) 또는 촬영 종기선장이라 부르며 촬영 사진매수의 계산, 중복도의 계산 등 매우 중요하게 사용된다.

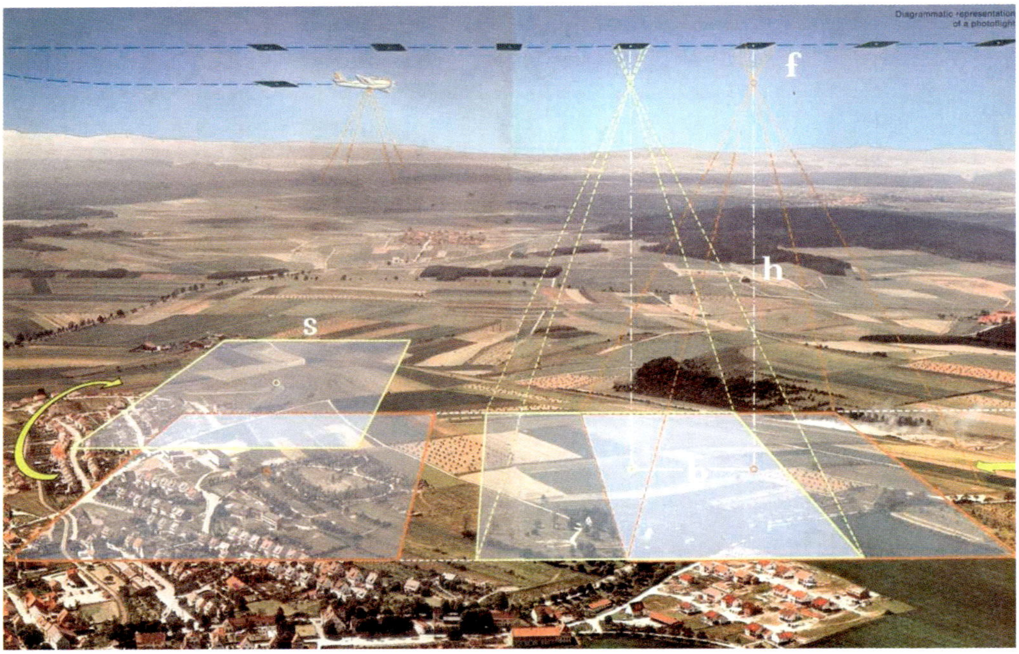

그림 18.14 항공사진 촬영과 중복도 (1)

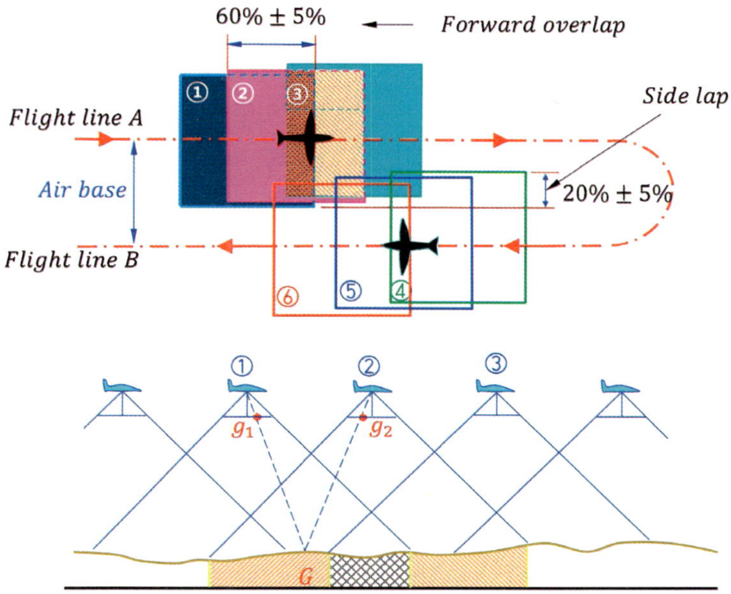

그림 18.15 항공사진촬영과 중복도 (2)

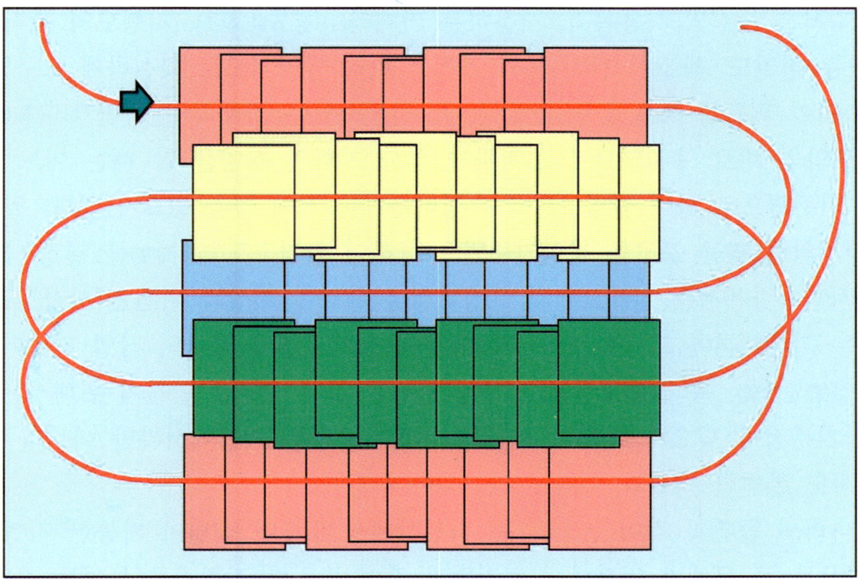

그림 18.16 항공사진촬영과 중복도 (3)

18.5.2 촬영계획과 대공표지

사진측량에서는 촬영된 사진이 모든 작업의 기초가 되므로 측량의 목적에 따라 필요한 정밀도의 지형도가 제작되도록 가장 경제적으로 촬영되어야 한다. 따라서 촬영은 가장 적은 사진 매수로 필요한 정밀도를 갖도록 측량지역을 촬영하도록 계획하여야 한다. 사진 매수가 적다는 것은 비행시간과 재료가 적게 될 뿐만 아니라 지상기준점 측량작업도 적게 되고 또한 지형도를 만드는 작업이 간단해져서 대단히 경제적으로 되는 것이다. 정해진 지역을 적은 매수의 사진으로 촬영하기 위해서는 촬영고도를 높이거나 광각렌즈를 사용하면 높은 고도에서 촬영이 되므로 사진 한 장에 촬영되는 면적이 커져서 그만큼 사진매수가 적게 된다. 그러나 촬영고도를 높이면 사진축척이 작아져 정밀도가 떨어진다.

앞에서 말한 것과 같이 측량 작업을 수행하기 위해서는 작업지역에 대하여 실체시가 만들어져야 하고 실체를 만들기 위해서는 충분한 종중복도와 횡중복도가 있어야 한다. 이들의 조건을 만족하게 하기 위해서는 촬영 전에 사용하는 카메라, 촬영간격, 사진축척, 촬영고도 등을 정하고 1/50,000과 같은 지형도상에 촬영 코스, 촬영위치를 계획하여 기록하고 항공기의 조종사와 촬영사는 이 계획도에 따라 촬영하여야 한다.

사진축척은 사진의 사용목적, 사용하는 카메라(18장 6절 참조), 지형도의 축척 및 필요로 하는 정밀도, 등고선 간격 등의 조건에 따라 달라지므로 확실하게 요구되는 사진의 축척이 되도록 계획을 세워야 한다. 사진축척은 카메라의 화면거리(畵面距離)와 촬영고도와의 비로 표시되므로 고저차가 심한 지역의 촬영을 할 때는 어느 정도의 높이를 기준면으로 하여 촬영고도를 측정하는가를 정해 놓을 필요가 있다. 일반적으로 촬영지역의 평균 표고를 촬영기준면으로 하여 촬영고도(撮影高度)를 결정한다.

항공사진측량에서는 실체모델의 표정과정을 통하여 지상과 완전한 상사모양을 형성한다는 기본이론에 그 근거를 두기 때문에 실체모델이 하나의 작업 단위가 된다. 표정작업(標定作業), 즉 실체모델과 지상을 완전한 상사 모양을 만들기 위해서는 몇 개의 지상기준점이 필요하게 되며 이때의 지상기준점은 지상에서뿐만 아니라 촬영된 사진에서도 분명한 식별과 측정이 가능하여야 한다.

우리나라의 들판과 같이 논, 밭 등 사진상에서 뚜렷이 식별이 가능한 지형지물이 있는 경우는 큰 문제가 없으나 산림지역과 같이 뚜렷한 지형지물이 없는 경우나 정밀한 측량을 하고자 할 경우는 촬영 전에 지상의 기준점 위치에 적절한 크기의 표지를 설치하여 촬영 후 사진상에 뚜렷이 나타나도록 한다. 이때 촬영 전에 지상에 설치하는 표지를 **대공표지(對空標識, pre-signalization)**라 한다. 대공표지가 설치된 기준점은 지상측량에 의하여 그 평면위치와 표고위치를 정확하게 측량하여야 한다.

사진축척이 작고 한 장에 포함되는 면적이 넓을 때는 그 사진 중에 기본삼각점과 같이 이미 그 위치나 높이가 확정된 점들이 여러 개 확인될 경우가 있다. 이때는 특별하게 대공표지는 필요가 없으나 공사 세부 설계용이나 기타 정밀한 대축척 지형도 등을 제작하고자 할 때는 반드시 대공표지를 설치하게 된다.

대공표지는 하나의 실체모델을 지상의 정확한 관계위치에 놓을 때(표정작업)나 일련의 연속된 사진을 차례로 접속해 나갈 때도 필요하다. 단 하나의 실체모델에서는 최소한 일직선상에 있지 않는 기준점이 3개 필요하고 정밀도를 높일 때는 실체모델의 네 구석과 중앙 등에 추가로 설치한다.

대지표정 점(18장7절 참조)은 먼저 사진을 지면에 대하여 정확하게 표정하기 위한 것과 표정오차의 크기를 마지막으로 점검할 때 필요한 점이기 때문에 대단히 중요하며 정확한 측량방법에 의하여 그 위치와 높이가 결정된다.

최근에는 도화기가 매우 발달하여 도화기로도 정밀측량을 할 수 있으므로 실체모델의 표정에 필요한 모든 점을 현장에서 직접 그 위치와 표고를 측정하지 않고 사진 기준점 측량 등의 방법으로 표정점들을 기계적인 계산에 따라 구하게 된다. 이 때문에 표정점에 대한 지상측량이 필요 없고 또 표정점의 수도 적어져 대축척의 지형도 작성에 크게 도움이 된다.

그림 18.17 대공표지

대공표지는 사진상에서 분명히 확인할 수 있어야 하므로 사용하는 카메라, 촬영고도 등에 따라 그 크기가 달라지며 그 재료도 목재, 플라스틱, 합판 등 여러 가지가 사용된다. 대공표지는 주변의 색과 구별되도록 칠하여 촬영 후 식별이 잘되도록 하여야 하며 지상에서 약 20 cm~30 cm 정도 높게 설치하여야 한다. 대공표지의 형태는 〈그림 18.17〉과 같이 기준점 주위에 적절한 크기(중심점 크기의 3~5배)의 날개를 설치하여 사진상에서 대공표지를 쉽게 찾을 수 있도록 하여야 한다. 중심점의 크기는 일반적으로 부점의 크기에 따라 달라지나 사진상에서 부점의 크기보다 약 10%정도

차이가 나도록 만들어야 관측오차를 최소화할 수 있다.

18.5.3 항공사진 촬영

촬영은 조종사와 촬영사가 동승하여 촬영계획도(撮影計劃圖)에 따라 촬영하며 조종사는 계획된 촬영 코스에 따라 비행하며 촬영사는 카메라의 조작과 촬영을 함과 동시에 비행기가 계획된 촬영코스를 벗어나는지를 점검하고 벗어날 때는 이를 조종사에 알려 비행경로를 수정하도록 한다.

촬영은 계획된 촬영코스에 따라 계획 촬영고도의 15% 이내로 하고 계획 고도로부터의 수직 이탈은 5%이내로 한다. 다만 사진축척이 1/5,000이상일 경우는 별도로 정한다. 촬영지역의 비고(최고 높이와 최저 높이와의 차)가 촬영고도의 20%를 초과하면 2단 촬영을 하여야 하며 이때는 인접 사진 간의 사진축척 차이를(5%이내) 줄이기 위해 코스에 따라 적절히 비행고도를 조절해야 한다.

촬영비행은 시정(視程)이 양호하고 구름 및 구름의 그림자가 사진에 나타나지 않도록 맑은 날에 하여야 한다. 그 외에 구름이 걸리거나 홍수, 눈 등으로 지상이 보이지 않을 때는 물론, 아침이나 석양일 때도 그림자가 길고 진하기 때문에 촬영에 적당하지 않다. 사진 촬영의 시간은 산지의 경우 태양광선이 수평면에 대하여 30°이상, 평지의 경우는 25° 이상일 때 행하며 험준한 지형에서는 음영부에 관계없이 영상이 잘 나타나는 태양고도의 시간에 행하여야 한다.

Cessna 208 Turbo Jet

그림 18.18 촬영용 항공기

〈그림 18.18〉은 현재 국내의 항측회사에서 가장 많이 사용하고 있는 촬영용 항공

기로 "Cessna C208 Turbo Jet"이다. 이 항공기의 특징은 저고도뿐만 아니라 고고도 비행이 가능하여 활용성이 매우 높은 항공기이다.

촬영시간은 오전 10시부터 오후 2시 사이가 좋으나 한낮에는 수면에서 일광이 반사하여 좋지 않은 현상이 일어나므로 주의해야 하며 계절도 나무의 잎이 떨어져서 지표면이 잘 보이는 가을 또는 이른 봄이 좋으나 적설지대의 동계는 피하는 것이 좋다.

촬영방향은 동서를 원칙으로 하되 촬영구역의 모양, 지형, 지세 및 풍향을 고려하여 변경할 수 있다. 카메라는 연직방향으로 향하여 촬영하며 사진화면의 수평면에 대한 경사각은 5그레이드 이내이어야 한다. 편류각(偏流角)은 촬영코스방향에 대하여 10그레이드 이내로 한다. 매 코스의 시점과 종점에서의 사진은 2매 이상이 촬영지역 밖에 오도록 촬영하여야 한다. 국토지리정보원 항공사진촬영 작업내규에 따르면 다음과 같은 경우에는 재촬영을 하여야 한다.

① 촬영코스의 수평이탈이 계획 촬영고도의 15% 이상일 때
② 촬영 진행방향의 중복도가 53% 미만이거나 68~77%가 되는 모델이 전체 사진 매수의 1/4 이상일 때
③ 인접한 사진의 축척이 현저한 차이가 있을 때
④ 인접코스간의 중복도가 표고의 최고점에서 5% 미만일 때
⑤ 구름이 사진에 나타날 때
⑥ 적설 또는 홍수로 인하여 지형을 구분할 수 없을 때
⑦ 촬영시 노출의 과소, 연기 및 안개, 현상처리의 부적당 등으로 인하여 사진의 영상이 선명하지 못할 때 등등

18.5.4 사진의 유효면적과 매수의 계산

촬영지역의 소요 사진매수를 계산하기 위해서는 사진 한 장이 실제로 점유하는 면적(유효면적)과 사진의 중복도 등을 고려하여야 한다. 사진의 유효면적(有效面積)이란 한 쌍의 중복된 사진에 의해 형성되는 한 개의 실체모델이 점유하는 실면적을 말한다.

사진 한 장의 크기를 $a \times a$, 이 사진이 지상에서의 점유면적을 A, 유효면적을 A_o, 사진축척의 분모 숫자를 m, 종중복도를 p, 횡중복도를 q라 하면

사진 한 장이 점유하는 지상의 면적 A는

$$A = (a \times m)(a \times m) = a^2 m^2$$

실체모델 하나의 유효면적 A_o는

제 18 장

단 코스의 경우 $A_o = A\left(1-\frac{p}{100}\right)$

복 코스의 경우 $A_o = A\left(1-\frac{p}{100}\right)\left(1-\frac{q}{100}\right)$

촬영지역에 대한 사진매수를 계산하는 방법에는 (i) 간이계산과 (ii) 정밀계산으로 구분할 수 있다. 간이계산은 촬영대상지역의 전체면적을 실체모델의 유효면적으로 나누는 방법으로 정확하지는 못하나 계산이 간단하여 개략적인 것을 알고자 할 때 많이 사용하는 방법이다. 한편 정밀계산은 촬영기선장을 사용하여 촬영 코스 당 필요한 항공사진을 계산하고 이를 전체 코스 수를 곱하는 방법으로 실제 촬영 설계시에 사용한다. 간이계산으로 계산된 항공사진은 안전율(安全率)을 곱하여 사용한다. 안전율은 여러 가지 사정에 따라 달라지나 일반적으로 20%~30% 정도를 가산한다. 또한 촬영 코스당 사진매수를 계산할 때는 촬영지역 시작과 끝 각각 한 장씩 촬영지역 밖에 위치하도록 하여야 한다.

예제 18.4 가로 15 km, 세로 10 km의 지역을 1/10,000의 항공사진으로 촬영하고자 한다. 사진 한 장의 크기는 23 cm × 23 cm, 종중복도는 60%, 횡중복도는 30%, 촬영은 동서방향으로 한다. 사진매수를 계산하시오.

풀이 (i) 간이계산

실체모델의 유효면적 $= (10,000 \times 0.00023\ \text{km})^2 \times 0.4 \times 0.7 = 1.481\ \text{km}^2$

사진매수 $= (15\ \text{km} \times 10\ \text{km}) \div 1.481\ \text{km}^2 = 102$매

안전율을 20%라 하면 사진매수는 102 × 1.2 = 123 매

(ii) 정밀계산

코스당 사진매수 $= 15\ \text{km} \div (10,000 \times 0.00023\ \text{km} \times 0.4) = 16.3$

$= (17+1) = 18$매

코스 수 $10\ \text{km} \div (10,000 \times 0.00023\ \text{km} \times 0.7) \fallingdotseq 6 = (6+1)$코스

총 사진매수 18 매 ×7 코스 = 126매

18.6 | 항공사진측량용 카메라

항공기에서 지상의 영상을 얻는 방법에는 단일렌즈 카메라, 스트립 카메라, 센서, 스캐너 등 여러 가지 방법이 있으나 항공사진측량에서는 보편적으로 단일렌즈 측정

용 카메라를 이용한다. 또한 이미지를 획득하고 표시하는 수단에 따라 아날로그 항공카메라와 디지털 항공카메라로 구분할 수 있다. 얼마 전까지만 하여도 항공사진측량용 카메라는 필름을 사용하는 아날로그 프레임 카메라를 사용하고 있었으나 디지털 기술의 발전으로 인하여 아날로그 카메라는 그 자취를 감추었고 지금은 모두가 디지털 항공사진 카메라를 사용하고 있으며 우리나라에서도 디지털카메라를 사용하고 있다. 따라서 여기에서는 아날로그 항공카메라에 대해서는 간단히 기술하고 디지털 항공카메라에 대하여는 좀 더 상세히 기술하고자 한다.

18.6.1 아날로그 필름카메라

아날로그 필름 카메라는 피사체로부터 들어오는 영상을 카메라의 초점면에 위치한 필름에 노출·감광하고 이를 현상이라는 약품처리 과정을 통해 사진이 만들어진다. 따라서 아날로그 필름 카메라는 빛을 모아주는 렌즈와 노출시간을 조절하는 셔터, 빛이 들어오는 구멍의 크기를 조절하는 조리개, 이들을 하나의 몸체로 고정하는 카메라 콘(camera cone) 등으로 구성되어 있다. 또한 측정용 항공카메라에는 화면거리, 촬영고도, 사진번호, 수준기, 지표, 카메라 번호, 시계 등과 같은 보조자료(補助資料, auxiliary data)들이 촬영된 사진에 표시된다. 화면거리는 1/100 mm까지 기록되며 수준기는 촬영 순간 카메라의 경사도와 경사방향 등을 알 수 있다.

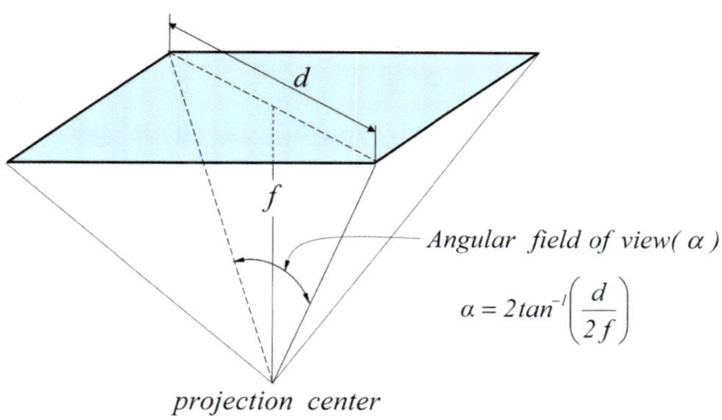

그림 18.19 화면거리와 화면각

단일렌즈 필름 카메라는 화면각(렌즈의 중심에서 카메라 화면의 대각선 방향의 두 끝에 이르는 각)의 크기에 따라 보통각(普通角, normal angle), 광각(廣角, wide angle), 초광각(超廣角, super wide angle) 카메라 등으로 구분한다. 보통각 카메라는 화면각이 약 75°까지, 광각은

75°~100°, 초광각은 100° 이상의 것을 말한다. 카메라의 화면크기는 230 mm × 230 mm, 180 mm × 180 mm 등이 있으나 항공사진측량에서 가장 보편적으로 사용하는 것은 화면크기 230 mm × 230 mm와 화면거리 152 mm이다. 이들 이외에도 화면거리가 89 mm, 210 mm, 305 mm의 카메라 등이 사용되기도 한다. 〈그림 18.19〉는 화면거리와 화면각의 관계를 나타낸 그림이다.

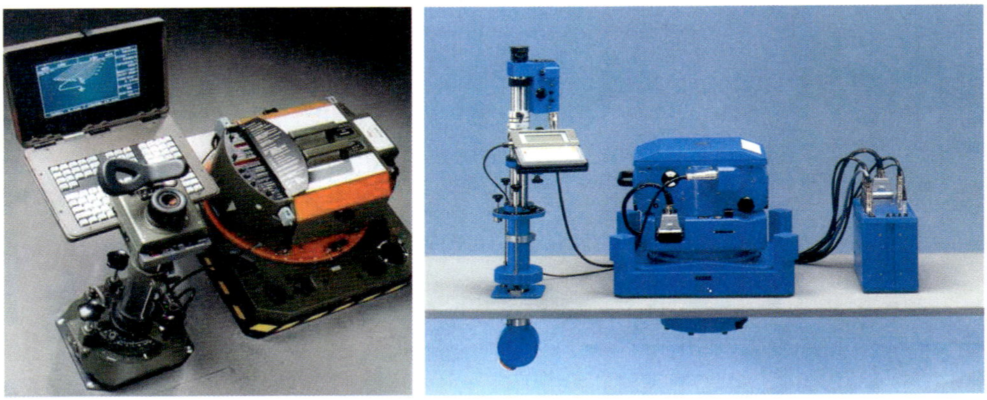

Leica RC30　　　　　　Zeiss RMK TOP 15

그림 18.20 Wild RC 30항공카메라와 Zeiss RMK TOP15 항공카메라

〈그림 18.20〉은 가장 대표적인 아날로그 필름 카메라인 Wild사의 RC30 항공카메라와 Zeiss회사의 RMK TOP 15 항공카메라이다. 모두 단일 렌즈 프레임 카메라로 필름크기는 230 mm × 230 mm로 필름 1롤은 약 500매의 사진을 촬영할 수 있다. TOP 15의 경우 공칭 초점거리는 152 mm이고 RC30의 경우는 공칭 초점거리 89 mm, 152 mm, 210 mm, 305 mm의 렌즈 콘을 교환하여 사용할 수 있다.

18.6.2 디지털 항공카메라

18.6.2.1 이미지 센서

아날로그 카메라에서는 목표물에서 반사되는 전자기에너지가 필름에 감광되어 이미지가 만들어진다. 그러나 디지털카메라는 에너지를 감지하는 수단으로 필름을 사용하는 것이 아니라 초점면에 설치한 반도체 소자배열(素子配列), 즉 이미지 센서를 사용한다.

디지털카메라의 이미지 센서는 전통적으로 CCD(Charge Coupled Device) 또는

CMOS(Complimentary Metal-Oxide Semiconductor)를 사용하고 있으나 최근에는 대부분 CCD를 사용한다. CCD는 빛을 전하로 변환시켜 이미지를 얻어내는 센서로 1969년 AT&T Bell연구소의 Williard Boyle과 George E. Smith에 의하여 만들어졌으며 빛을 전하로 변환시키는 광다이오드와 전하를 저장하는 축전기로 구성되었다.

다이오드는 규소(Si)에 저마늄(Ge)과 같은 불순물을 약간 섞어 만든 것으로 전류를 한 방향으로만 흐르게 하는 반도체이며 광다이오드(photodiode)는 빛 에너지를 전기 에너지로 변환하는 반도체 소자이다.

광다이오드는 PN 접합(P형반도체와 N형반도체가 접합한 것)이나 PIN 구조로 되어있다. 충분한 빛 에너지가 광다이오드를 타격하면 이동 전자와 양(+)의 전자쌍 공(electron hole pair)이 생겨서 전자가 활동한다. 만일 PN 접합부의 공핍층(depletion region)에서 흡수작용을 하면 전자쌍 공은 음극(-)을 향하고 전자는 양극(+)으로 이동하여 광전류가 생성된다.

〈그림 18.21〉은 산화 절연체로 분리된 실리콘 P형 반도체와 금속 전극으로 구성된 PIN 구조 광다이오드와 기본개념도이다.

CCD 칩은 얇은 실리콘 판에 1차원 또는 2차원으로 여러 개의 광센서가 배열되어 있다. 실리콘의 P반도체 성질이 CCD가 광다이오드에 의하여 발생한 전자들을 잡아 주 CCD에서 빛을 감지하는 광다이오드는 광자들의 에너지를 흡수함으로 반도체 안으로 전자들을 방출한다. 이 방출되는 전자들이 한 화소에 저장되며 이들 전자의 양은 들어오는 광자들의 개수에 비례한다.

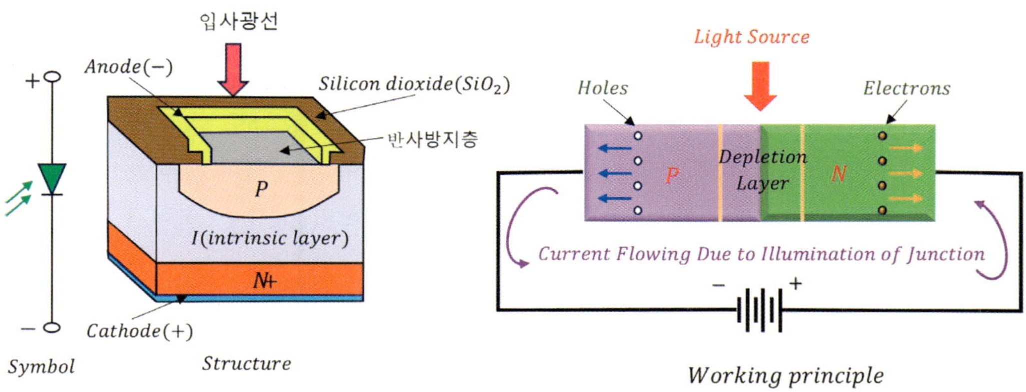

그림 18.21 광다이오드의 구조와 원리

CCD는 한 구역에 저장된 전하를 다른 구역으로 이동하여 결합하는 성질을 가졌기 때문에 전하결합소자(電荷結合素子)라는 이름을 붙였다. CCD는 많은 광다이오드에

제18장

서 만들어진 불규칙한 모양의 전하를 한 곳에 모아 한 줄씩 순차적으로 읽어서 이미지를 생성한다.

전하를 한 곳에서 다른 곳으로 이동하는 것은 컨베이어 벨트 위의 양동이들에 빗물을 담아두는 것에 비유할 수 있다. 이 양동이들은 담아둔 빗물을 컨베이어 벨트에 의해서 이동하며 마지막에 그 양이 측정된다. 잡아둔 전자들(양동이 속의 빗물)은 가득 찬 용량까지 저장될 수 있는데, 이는 양동이가 빗물을 최대한 받아둘 수 있는 용량에 비례한다. 이 전자들은 전압이 가해진 게이트(gates)에 의해서 다른 곳으로 퍼지지 않고 반도체 내에 한곳에 머물러 있을 수 있다.

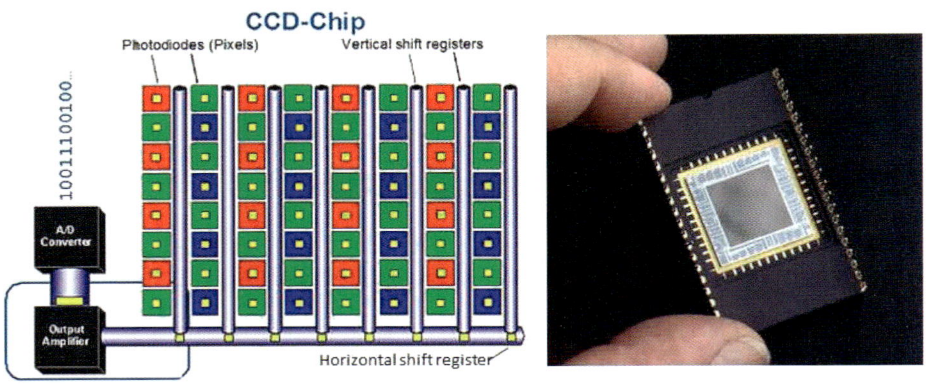

그림 18.22 CCD센서의 구조와 CCD칩

게이트들에 전압이 순차적으로 가해져서 전자들은 옆 축전기의 전위우물(potential well)로 이동하여 저장하게 된다. 이동하는 전자들은 끝에 있는 출력 증폭기까지 이동하고 컴퓨터 프로그램에 따라 전자들의 개수는 전기적 신호들로 해석되어 영상 이미지를 생성하게 된다. CCD에서 출력된 시점에서는 아직 전하라고 하는 아날로그 데이터이므로 A/D 변환기에서 디지털 데이터로 변환하여 컴퓨터 처리가 가능하게 된다(그림 18.22).

CCD센서는 센서의 배열 형태에 따라 선형배열 센서(Linear Array Sensor)와 영역배열 센서(Frame Array Sensor)로 구분한다. 선형배열 센서는 일렬로 배열된 기하학적 형태를 하고 있으며 영역배열 센서는 화소가 사각형 형태의 행과 열로 배열된 구조를 하고 있으며 "Area Array Sensor" 또는 "Matrix Array Sensor"라고도 한다(그림 18.23).

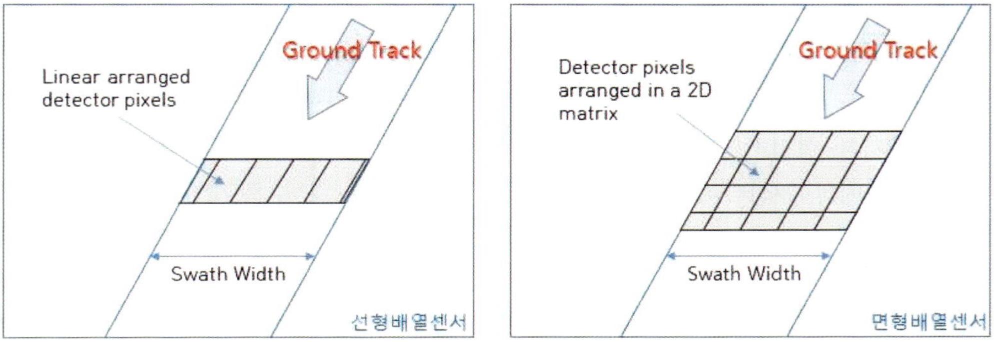

그림 18.23 CCD센서의 종류

선형배열 센서 항공 카메라에 의한 촬영은 촬영 진행 방향으로 밀고 가듯이 촬영하기 때문에 "Push broom Scanner"라고 한다. 선형배열 센서는 센서 제작이 간단하고 무결점, 전자적 노출 제어, 다중 스펙트럼영역의 감지 등에 우수한 특성이 있다. 그러나 선형배열 센서에 의하여 얻어진 항공사진에서는 영역센서나 아날로그 프레임 카메라와 같이 한 장의 사진으로 중심투영을 형성하는 것이 아니라 촬영된 이미지 라인 하나하나가 각 각의 중심투영을 이루기 때문에 라인별 표정 요소를 결정하는데 복잡한 과정이 필요하다는 단점이 있다.

〈그림 18.23〉과 같이 1차원인 선형배열 이미지 센서는 광다이오드를 일렬로 배치한 것으로 면적을 대상으로 촬영하려면 센서 라인과 직각 방향으로 스캔하여 화면을 얻어내야 한다.

2차원 배열의 이미지 센서는 포토다이오드를 2차원 평면에 배열한 것이며, 한 번에 화면 전체의 이미지를 획득할 수 있어 동영상이나 사진 촬영 등의 용도에 사용된다. 디지털카메라에서 화소보다 중요한 것이 이미지 센서의 크기이다. 이미지 센서의 크기가 작은 상태에서 억지로 화소를 늘려봤자 저화질의 사진을 확대해서 용량을 늘린 것에 지나지 않는다.

영역배열 센서의 경우 빛 에너지를 감지하는 센서의 셀(화소)들이 연속적으로 배열되어 있어 촬영된 영상의 기하학적 특성이 안정되어 있다는 장점이 있다. 반면에 CCD 센서가 빛 에너지로부터 감지한 신호를 내부로 전송하는 동안 추가로 입력되는 빛 에너지로부터 노출을 제어하는 기계적 셔터가 필요하다는 단점이 있다.

18.6.2.2 디지털 항공카메라

항공사진측량을 위한 디지털 항공카메라는 사용하는 CCD 센서의 형태에 따라 선형 센서 카메라와 영역센서 카메라로 구분되어 진다. 선형센서 카메라는 길고 연속적인 이미지를 형성하고 영역센서 카메라는 대부분 정사각형의 이미지를 형성한다. 영역센서 카메라에서는 아날로그 카메라에서와 같이 종중복도를 60%로 촬영하여 실체모델을 형성할 수 있다.

선형 센서 카메라는 모든 지상 물체에 대하여 "3-라인(3-line)", 즉 전방, 수직, 후방의 "3방향"으로의 촬영이 연속적으로 이루어진다. 60% 종중복도로 촬영한 영역배열 카메라에서는 아날로그 카메라에서와 같이 3개의 인접사진에서 모두 60%의 종중복도를 가진다. 선형배열 카메라의 수렴각을 γ_L, 영역배열 카메라에서의 수렴각을 γ_m 라 하면 수렴각은 다음과 같다.

$$\gamma_L = \tan^{-1}\left(\frac{d}{f}\right) \qquad \gamma_m = \tan^{-1}\left\{\frac{s(1-o)}{f}\right\} \tag{18.14}$$

여기서 d 는 센서에서 지상까지의 연직거리, f 는 초점거리, s 는 화면크기, o 는 종중복도이다.

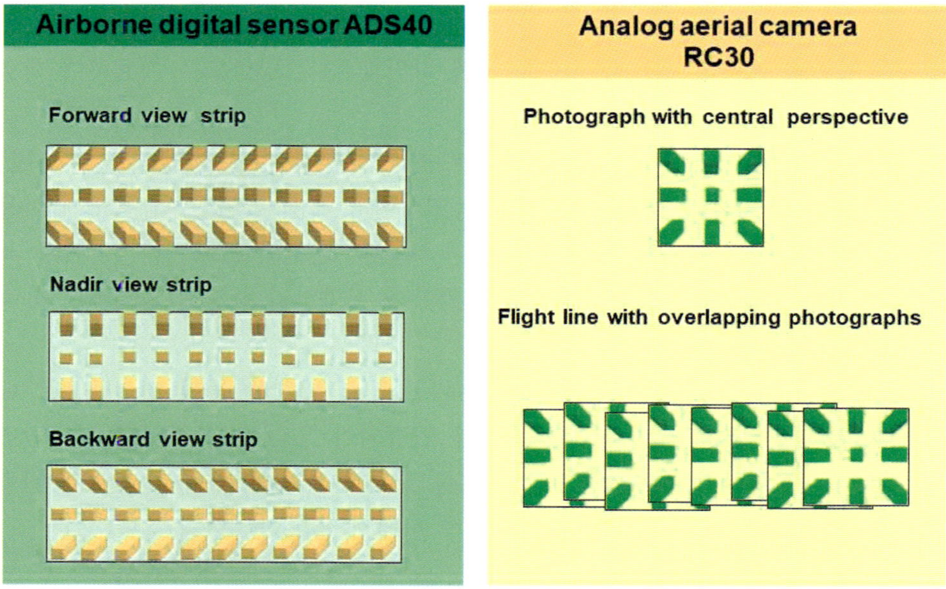

(a) 선형센서카메라 (b) 면형센서카메라

그림 18.24 선형과 면형카메라에서의 나타나는 건물형태

〈그림 18.24〉는 지상의 빌딩이 면형과 선형배열 카메라 사진에서 어떤 형태로 나타나는가를 이해하기 위한 여러 가지의 투시도이다. 영역배열 카메라의 경우 중심투영으로 인한 기복 변위는 아날로그 카메라에서와 같이 2개의 요소가 있다. 비행 방향을 기준으로 한 횡방향 변위는 이미지 중심으로부터 비행방향의 직각 방향으로의 거리와 표고 차의 함수이며 종방향 변위는 이미지 중심으로부터 비행 방향으로의 거리와 표고 차의 함수이다.

선형배열 카메라에서는 “선 중심투영”이라 하는 중심투영의 특별한 경우로 생각한다. 이것의 기본적인 차이점은 비행방향의 변위요소가 모든 이미지 스트립을 따라 같은 표고차에 대하여 일정하다는 것이다. 선 중심투영에서는 아날로그 항공사진에서와 같이 실체시로 3차원 이미지를 볼 수 있고 시차 측정에 의한 표고차도 구할 수 있다.

현재 상업화되어 사용되고 있는 디지털 항공카메라는 선형배열 카메라의 경우 ADS40/80 /100(Leica Geosystem), JAS 150s(Jena-Optronik), 3DAS(Wehrli), Leica City mapper와 영역배열 카메라의 경우 DMC(Intergragh), Ultra Cam(Microsoft-Vexcel), DDS422/439(Applanx), DiMAC(DiMAC system), GigiCAM H39/H70(IGI), AIC(Rollei Mertic), IGI Urban Mapper, Phase One 등이 있으나 가장 대표적인 항공사진 측량용 카메라는 ADS 계열, DMC 계열, Ultra Cam 계열이다. 현재 우리나라에서 사용하고 있는 디지털 항공카메라는 ADS계열, DMC 계열, UltraCam 계열, UrbanMapper 계열, City Mapper 계열, Phase One 계열 등이다.

ADS 계열은 2017년 ADS 100이 발표된 이래 선형배열 디지털카메라는 더 이상 새로운 모델의 생산이 중지되고 모두 영역배열 디지털카메라로 전환되었다.

ADS40/80/100

ADS(Airborne Digital Sensor)계열의 초기모델은 ADS40으로 Leica Geosystem과 독일 항공우주센터(DLR)의 공동연구로 만들어졌으며 2001년 7월 Amsterdam에서 개최된 제19차 ISPRS총회에서 처음으로 발표되었다. ADS40센서는 3-라인의 센서배열 CCD를 통해 3방향의 연속된 카펫 형상의 스트립 영상을 기반으로 WA0SS입체카메라(러시아의 화성96계획을 위해 개발된 카메라)를 채택하고 있다. 그 후 2007년에 SH51과 SH52 센서가 추가로 만들어져 ADS40에 적용함으로 제2세대의 ADS40으로 발전하였다. 제3세대인 ADS80(그림 18.25)는 2세대에서 적용한 센서 기술 들을 한층 더 발전 강화하고 특히 열과 기압에 안정된 렌즈, 초점면, IMU등이 센서의 광축 안으로 들어오도록 거의 일체식으로 설계되어 기하학적으로 최고의 안정성이 주어진

제
18
장

그림 18.25 ADS80(좌)/ADS100(우) 센서와 항공기에 장착된 모습

다. 이와 같은 최고의 안정성은 여러 종류의 IMU를 서로 교환하여 사용할 수 있으며 지역적으로 매우 작은 왜곡 요소를 갖는 간소한 센서의 사용도 가능하게 한다. 특히 2011년에는 SH91/92의 발전된 센서가 개발되어 현재 사용하고 있다.

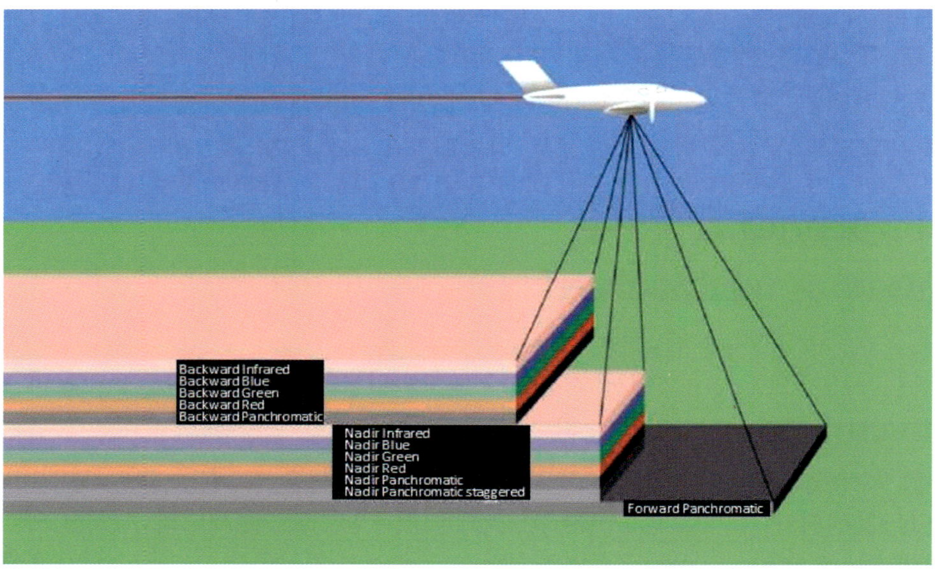

그림 18.26 ADS80 3-라인 센서 촬영

ADS의 특징인 "3-라인 센서"는 수직, 전방, 후방센서 라인으로 이루어졌으며(그림 18.26) 그중에는 전정색(全整色) 라인으로 2개의 열로 구성되었다. ADS40 초기모델의 경우 각 열은 각각 12,000개의 검출 소자(화소)로 이루어졌고 화소들의 간격은 6.5μm로 화소 크기의 1/2만큼 서로 엇갈리게 배치되었다.

비행경로 좌우 방향의 지상 궤적에 24,000개의 표본점으로 만들어지는 3.25μm의 격자는 이와 같이 엇갈리는 배열을 통하여 형성된다. 나머지 두 개의 라인 센서는 수직 센서로부터 앞과 뒤로 각각 26°와 16°의 입체각을 이룬다. 사용하는 렌즈는 62.5mm, f/4렌즈로 비행경로 좌우 방향으로의 시야각(FOV), 즉 스캔 각은 46°이다. 이는 비행고도 1,500m에서 스캔 폭은 2.4km임을 의미한다.

중앙의 수직라인 센서로 부터 14.2° 거리에 각각 12,000화소의 스펙트럼으로 분티된 R, G, B라인의 협대역이 존재한다. 이 협대역은 원격측정에서의 주제 해석과 같이 순정 컬러이미지를 형성하는데 적당하다. 또한 중앙의 수직 라인에서 2°의 위치에는 근적외선 영역에 민감한 라인이 존재한다.

2017년 2월 Dublin, Ireland에서 개최된 "Airborne User Group Meeting"에서 발표된 제4세대 ADS100과 SH100/120 센서는 21세기의 발전 추세에 맞추어 만들어졌다. 특히 새롭게 도입된 SH120 센서 헤드는 120mm의 긴 초점거리를 사용하여 지상 해상도를 높였으며 특별히 도시지역 지도제작과 고고도 데이터를 효과적으로 획득할 수 있도록 설계되었다.

ADS100은 초점 판을 도입하면서 모든 다중밴드(RGBN)에 대하여 20,000화소의 스캔 폭과 수직, 전방, 후방이미지에서 모두 다중밴드 이미지를 얻을 수 있어 사진의 실체 해석 등 원격측정에 효과적으로 사용할 수 있다.

또한 작은 크기의 화소임에도 불구하고 선택적으로 TDI(18.6.2.3 참조)를 적용하여 민감성을 증가시켰다. 순환속도를 2배 빠르게 함으로써 더 빠른 지상속도에서도 고해상도의 이미지를 얻을 수 있다. 화면각은 항로 좌우방향의 경우 전방센서 라인에서 SH100은 65.2°, SH120은 36.9°, 수직센서 라인에서 SH100은 77.3°, SH120은 45.2°, 후방센서 라인에서 SH100은 71.4°, SH120은 41°이다. 수직센서 라인으로 부터는 전방라인의 경우 SH100에서는 25.6°, SH120에서는 14°, 후방라인의 경우 SH100에서는 19.4°, SH120에서는 10.4°, 전방으로부터 후방까지는 SH100에서는 45°, SH120에서는 24.4°이다.

ADS100 시스템에는 새로운 PAV100 자이로(gyro) 자세 안정장치가 있어 최적의 안정성으로 작업을 수행할 수 있으며 Leica RCD30 중형 포맷카메라와 사각카메라가 탑재된다. 특히 ADS100과 RCD30등과 함께 조종장치, 촬영사용 화면 및 비행조종 소프트웨어와 같은 항공기에 설치될 모든 주변기기를 한 개의 공통된 플랫폼에 통합 설치함으로써 촬영작업이 좀 더 단순화되고 비용도 절감할 수 있다.

DMC

DMC는 1999년 Z/I(Zeiss/Intergraph) Imaging사에 의하여 개발되어 2000년 ISPRS 암스테르담 총회에서 첫 번째 시제품이 발표되었으며 2003년에야 판매를 위한 제품을 생산하게 되었다. 그 후 2006년 말부터 좀 더 향상된 제품을 위하여 DMC-II를 계획하게 되었다. DMC-II는 총 4단계에 걸쳐 만들어졌다. 그중 RMK-D로 알려진 제1단계의 DMC-II를 2008년 ISPRS 북경총회에서 발표하였고 2009년부터 2011년 사이에 DMC-II 140~DMC-II 250등으로 구성되는 DMC-II의 4단계가 이루어졌다. 2015년 9월경 부터 최신 제품인 DMC-III가 상품화되어 지금까지 사용되고 있다. 2015년 9월경 DMC-III, 2022년 10월에는 Leica Geosystem에서 4세대 최신형 DMC-4를 상품화하였다.

DMC(Digital Mapping Camera)는 다중 카메라 헤드로 구성된 독특한 형태의 영역배열 디지털 항공카메라로 아날로그 항공카메라에서와 같이 고해상도의 프레임 형태의 이미지를 획득한다.

현재 상업적으로 이용이 가능한 이미지 센서의 크기가 제한적이기 때문에 여러 개의 독립된 카메라 헤드를 병렬 조작함으로써 프레임 항공사진 카메라의 크기와 같은 하나의 독립된 CCD기능을 하도록 하였다. 각 카메라 헤드는 실제적으로 각각 하나의 독립된 디지털카메라로 작동을 하면서 이미지 획득은 모든 카메라 헤드에서 동시에 이루어진다. 카메라 헤드는 4개의 흑백센서 헤드와 4개의 다중분광센서 헤드로 구성되었다.

모든 카메라 헤드에서 지상의 이미지를 동시에 획득하기 위하여 카메라 헤드는 특정 지역을 하나로 덮을 수 있도록 약간 벌어진 광축을 가진 나비 모양으로 약간 경사지게 배치되었다. 초기 DMC모델에 적용된 CCD칩은 7k × 4k 대형 칩으로 흑백의 경우 120mm의 초점거리와 조리개 f4의 렌즈를 사용한다. DMC시스템에서 얻어지는 지상 이미지의 해상도는 촬영경로 좌우방향으로 13,824화소, 촬영경로 방향으로 7,680화소이다. DMC의 화면각은 69.3° × 42°이다. 〈그림 18.27〉은 DMC의 4개의 각각 다른 흑백 센서에 의하여 얻어진 4개의 지상 이미지가 하나로 합성된 형태를 보여준다.

컬러의 경우 4개의 다중분광센서(적, 녹, 청, 근적외선) 헤드가 광학 시스템의 바깥쪽에 설치되어 있다. 이와 같은 배치는 적, 녹, 청의 컬러이미지와 이와 별도인 적외선 이

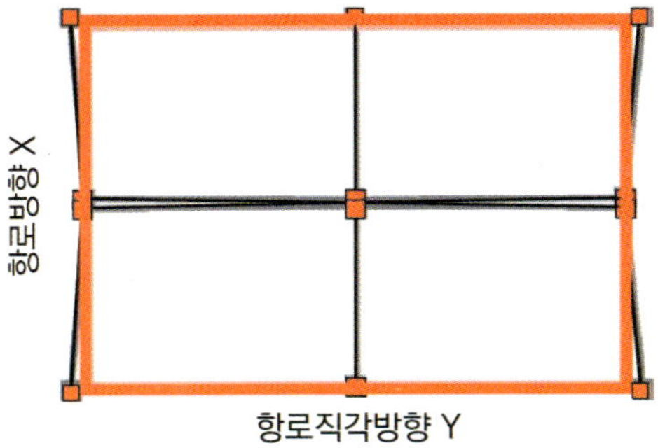

그림 18.27 4개의 흑백 센서에 의한 지상영상

미지를 동시에 얻는 것이 가능해진다. 또한 고품질의 색 분리를 이룰 수 있도록 분리된 렌즈와 CCD칩, 그리고 고성능의 필터로 형성되었다. 컬러는 흑백에 비하여 지상해상도가 떨어지며 렌즈는 중심투영으로 보는 하방(下方)렌즈다. 조리개 f4, 초점거리 25mm의 넓은 조리개와 광각렌즈는 3k × 2k CCD칩과 조합되어 있다. DMC는 CCD칩이 TDI모드에서 작동하는 전자학적 FMC를 사용한다.

DMC III　　　　DMC IVI

그림 18.28 DMC-III와 DMC-IV

〈그림 18.28, 왼쪽 그림〉은 DMC II 250으로 여러 개의 헤드가 병렬로 작동하는 다중헤드 디지털 항공카메라이다. 각 카메라 헤드는 각 각의 독립된 광학 체계로 구성되어 실제적으로는 하나의 독립된 카메라와 같이 작용하며 이미지 획득은 4개의

카메라 헤드에서 똑같은 시각에 동시에 이루어진다. 흑백 CCD칩은 크기 5.6㎛인 17,216(H) × 15,556(V)의 화소로 되었으며 실제적인 크기는 90mm × 84mm이다.

또한 CCD칩의 16개의 병렬 출력포트로부터 직접 프레임 데이터를 읽어드리기 때문에 프레 임데이터의 출력속도가 매우 빠르다.

4개의 다중 분광 카메라 헤드는 크기 7.2㎛인 6096(H) × 6846(V)의 화소인 42MPixels 흑백 CCD를 사용하며 실제적인 크기는 43.9mm × 43.9mm이다. 컬러 정보는 각 밴드마다 외부의 필터에 의하여 제공되며 TDI를 통한 FMC가 이루어진다.

렌즈의 경우 흑백 센서 헤드는 112mm, 다중분광 센서헤드(RGB와 NIR)는 각각 45 mm 렌즈를 사용한다. 프레임 당 이미지 획득의 최대속도는 2.3 sec/image이다.

DMC III는 25,000화소인 세계에서 가장 큰 단일 CMOS 프레임 센서를 사용하여 단일 프레임으로 최대의 스캔폭을 제공한다. 따라서 최근의 어떤 다른 시스템보다 25% 더 넓은 면적을 촬영할 수 있고 동적영역의 데이터획득을 100% 증가하여(78dB) 전체의 데이터획득 효율을 40%이상 향상하였으며 1일 동안에 더 많은 작업량을 할 수 있어 경비가 크게 절감된다.

특히 혁명적인 TDI FMC를 사용함으로써 거의 100% 가까운 이미지 흘림을 제거하여 전례가 없는 이미지 질을 제공하고 특히 391MPixel의 모놀리식(monolithic) 직접 회로 센서는 탁월한 기하학적 정확도와 다른 것과 비교할 수 없을 만큼의 데이터 획득의 생산성을 제공한다.

DMC III는 GNSS/IMU와 촬영 조종장치가 장착되었으며 이에 알맞게 제작된 광학체계와 5등급 IMU는 최고의 기하학적 정확도를 제공한다. 특히 "Leica XPro"라는 처리패키지를 근간으로 한 "Leica HxMAP"은 가장 혁신적이고 가장 직관적인 공통 데이터처리 플랫폼으로 모든 센서를 빠르고 효과적으로 처리하도록 지원한다.

DMC III는 운용과 훈련 경비를 최소화하기 위하여 라이다와 경사센서가 장치된 보통의 플랫폼을 지원한다. 이러한 넓은 응용분야와 더불어 각종 공사용 지도제작과 도심지역의 지도제작 그리고 전국적인 정사영상 제작을 위한 고정밀도의 3차원 데이터를 과거 어느 것보다도 더 빠르게 더 적은 비용으로 얻어진다.

2022년 10월 Leica Geosystem은 뛰어난 이미지를 제공하는 효율적인 디지털카메라 DMC-4를 출시하였다.

Leica DMC-4는 다양한 응용 분야와 복잡한 지도 제작 환경에 탁월한 이미지를 제공하는 고성능 디지털 항공 카메라로 촬영 진행 방향에 직각 방향(촬영 폭)으로 31,500개 이상의 픽셀을 가진 이미지 센서로 이미지 획득 효율성을 극대화함으로써 이전 시스템에 비해 이미지 획득 성능을 20% 이상 향상하였다. DMC-4는 다양한 응용 분야를 염두에 두고 설계되었으며 사진측량 및 원격측정 등 다양한 분야에서 사용한다.

이 시스템은 강력한 Leica HxMap 처리 과정과 완벽하게 통합되어 임무 계획 및 실행부터 제품 생성까지 고객을 지원한다. 새로운 Leica PAV200 센서 마운트에 설치된 이 센서는 최고의 센서 안정성과 데이터획득이 효율적으로 이루어진다.

DMC-4는 모듈식 MFC150 광학 시스템과 입증된 CMOS 기술을 갖추고 있어 더 빠른 항공기 속도에서 최고의 정확도로 뛰어난 이미지 품질을 보장한다. 안정적인 환경 테스트를 거친 렌즈와 고유한 기계적 FMC(이미지 흘림 보정장치)는 다양한 작동 조건에서 선명하고 완전한 방사 측정 기능을 제공하며 프레임당 0.8초의 고속촬영은 촬영의 효율성을 높인다.

이 센서는 사진측량, 원격측정, 지형 추출 및 벡터 지도와 같은 광범위한 응용 분야를 지원하는 데 필요한 기하학적 해법을 제공하며 표준(S) 및 높은(H) 초점거리를 통해 접근이 제한된 공역에서 최대의 비행고도에 대한 유연성을 얻을 수 있습니다.

DMC 4H의 경우 화면크기는 31,250 × 13,760 pixels, 화면각은 58, 해상도는 촬영고도 570m에서 GSD 2cm, 스펙트럼 밴드는 R(580~660 nm), G(480~590 nm), B(420~510 nm), NIR(720~850 nm)이고 프레임당 0.8초의 고속촬영이 가능하다.

UltraCam

UltraCam은 다중 콘으로 독특하게 설계된 큰 화면 프레임 카메라로 오스트리아의 Graz에 있는 Vexcel Imaging GmbH에 의하여 만들어졌으며 UltraScan5000 필름스캐너가 첫 번째 제품이었다. 2003년 5월 알래스카에서 열린 ASPRS 연차총회에서 85MPixels의 UltraCamD가 소개되었으며 3년 후인 2006년 Nevada, Reno에서 있었던 ASPRS 연차총회에서는 새로운 시스템인 136 MPixels의 UltraCamX가 소개되었다.

UltraCam의 센서 시스템은 8개의 독립된 광학 콘과 13개의 영역배열 CCD로 구성되었으며 8개의 센서 콘 중 4개는 흑백, 나머지 4개는 RGB와 NIR용이다. UltraCam은 DMC 카메라센서가 약간 경사지게 설치된 것과 달리 UltraCam의 모든 CCD칩의 초점면은 같은 평면에 있으며 8개의 광학 콘은 모두 같은 FOV를 가진다. 4개의 흑백 콘 중 하나는 주(主) 콘(master cone)으로 4개의 CCD칩을 초점면에 유지하고 있다. 4개의 주 CCD칩 사이의 틈새(gap)는 3개의 종속(從屬) 콘의 초점면에 위치한 다른 5개의 CCD센서에 의하여 덮혀진다. 이러한 이미지 형성과정은 모든 UltraCam모델에서 똑같이 적용된다.

UltraCam은 투영중심과 이미지를 같은 좌표계를 사용한다. 주 콘의 이미지 좌표는 단일 이미지 좌표계를 정의하며 모든 다른 이미지는 주 콘 이미지 좌표계로 변환되어 하나의 좌표계로 통합된다. Ultra Cam-D시스템은 초 단위보다 적은 시간 안에 이미지를 획득할 수 있어 매우 높은 중복도의 이미지가 얻어질 수 있다. 이것은 DEM의 자동추출과 정사영상제작에 매우 효과적이다.

UltraCamX는 UltraCamD의 후속 모델로 이미지 크기는 14,430 × 9,420화소이고 카메라헤드 렌즈의 초점거리는 흑백의 경우 100mm, 다중밴드의 경우 33mm이다. 특히 이미지 저장능력과 데이터 전송능력이 뛰어난 시스템으로 4,700프레임의 이미지가 단 한 개의 저장장치에 수록할 수 있으며 저장장치를 교환함으로써 거의 무한정의 데이터를 수록할 수 있다. 또한 분리할 수 있는 저장장치를 이용하여 항공기로부터 순간의 데이터를 내려받을 수 있으며 데이터의 후처리를 위한 데이터 전송은 새로운 연결장치에 의하여 매우 신속히 할 수 있다.

UltraCamX는 13개의 FTF5033 CCD센서로 12bits이상의 방사분석 밴드 폭에서 각각 16MPixels의 이미지 정보를 생산한다. 7.2μm의 CCD센서의 사용으로 70 lp/mm의 고해상도를 제공한다. 특히 14,400 × 9,420화소의 큰 이미지 크기는 횡중복도 25%와 6인치 화소 크기에서 1,650m이상의 지역이 촬영될 수 있어 공중에서의 작업 효율성이 크게 향상된다.

UltraCam system은 발전을 거듭하여 UltraCam Eagle 4.1, Osprey 4.1, Condor 4.1로 발전하면서 2023년에는 베를린의 Intergeo에서 최신의 발전된 4세대 UltraCam Merlin 4.1을 발표하였다.

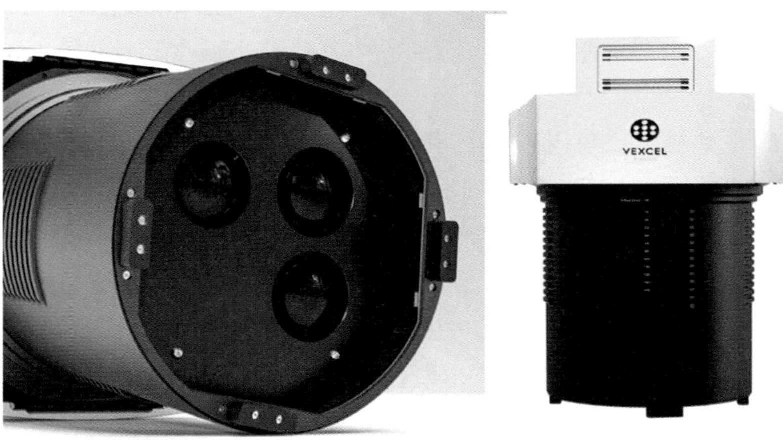

그림 18.29 UltraCam Merlin 4.1

UltraCam Merlin 4.1(그림 18.29)은 고성능의 Bayer 센서가 장착되어 현장 전문가가 요구하는 기본적인 품질과 정확도를 충족한다. 이 시스템은 업계 최고의 기하학적 구조와 동급 최고의 이미지 성능으로 정확한 연직 이미지를 얻는다. UltraCam Merlin 4.1은 TPP(True Pixel Processing) 및 AMC(Adaptive Motion Compensation)와 같은 독점적인 해법을 포함한 정교한 이미지 처리 시스템과 결합하여 여러 방향에서의 이미지 흘림 현상을 제거할 수 있어 신뢰할 수 있는 최상의 이미지를 얻을 수 있다. 특히 흑백 적외선 채널을 통해 식생 모니터링과 NDVI(normalized difference vegetation)와 같은 지수 분석이 가능하다.

이 시스템은 4세대 UltraCam 구조를 기반으로 하고 이미지 획득 창을 최대화하고 높은 동적 범위와 빠른 프레임 속도와 사용이 쉬운 소프트웨어 통해 프로젝트 비용을 절감할 수 있을 뿐만 아니라 프레임당 0.7초의 촬영속도와 셔터 시스템은 촬영 시간의 단축은 물론 광범위한 노출 환경에서 이미지 흘림을 줄일 수 있다.

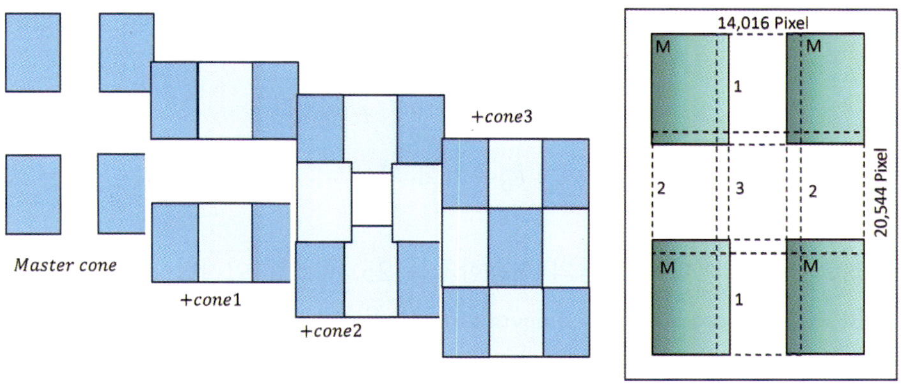

그림 18.30 UltraCam의 화면구성원리

UltraCam Merlin 4.1은 2010과 3020의 두 가지 모델이 있다. 2010 모델은 RGB 센서 2개(2x150Mpixels)와 1개의 NIR(1x150Mpixels) 연직센서 1개를 갖추고 있고 20,544 × 14,016픽셀의 해상도로 이미지 획득이 가능하여 로컬 프로젝트에 적합하다. 3020 모델은 대규모 프로젝트에 적합하며 3개의 RGB와 2개의 NIR 센서가 장착되어 스트립 폭이 31,300 x 14,016픽셀로 크게 확장된다. 프로젝트의 종류에 관계없이 UltraCam Merlin 4.1은 항상 데이터 수집 및 처리에 소요되는 시간을 최소화하여 고객이 촉박한 마감 기한을 맞추고 즉시 결과를 제공할 수 있도록 한다.

〈그림 18.30〉은 센서의 배열과 센서들이 20,544 × 14,060(UltraCam 4.1)화소의

해상도를 가진 총 9개의 독립된 CCD 배열로부터 어떻게 집성된 흑백 이미지를 얻는가를 보여준다.

"Master Cone(M)"은 이미지 좌표계를 제공하고 완전한 포맷 이미지를 생성하지만 이들 이미지에는 틈새가 발생한다. 이들 틈새는 "종속 콘" (1), (2), (3)에 의하여 채워진다. 종속 이미지 부분이 master 이미지 부분으로 꿰매어지고 비로소 틈새가 없는 완전한 이미지가 생성된다. 틈새를 꿰매는 것은 이미지 중복 부분에서 접합점을 사용하여 이루어진다. 이와 같이 생성된 완전한 이미지의 크기는 20,544 × 14,016 pixles이다.

18.6.2.3 FMC/TDI

이미지 흘림(FIM, Forward Image Motion)은 아날로그 이미지뿐만 아니라 디지털 이미지에서도 해상도에 영향을 크게 미친다. 특히 흐린 빛 또는 낮은 촬영고도, 그리고 심각한 이미지 흐림을 방지하기 위하여 너무 긴 노출시간을 허용하였을 경우 이미지 흘림의 영향은 심각하다. 이미지 흘림은 다음과 같이 몇 개의 함수로 표시한다.

$$FIM = f \times V \times \frac{t}{H} \tag{18.15}$$

여기서 f는 렌즈의 초점거리, V는 항공기의 지상속도, t는 노출시간, H는 지상으로부터의 촬영고도이다.

항공필름의 경우 이미지 흘림의 허용한계는 25μm 이하이지만 보통 이미지 흘림 보정장치(FMC, Forward Motion Compensation)가 있는 카메라의 경우 이미지 흘림은 문제가 되지 않는다. DMC에서는 278km/h(77.25m/s)의 항공기 속도에서의 셔터속도 1/200초와 5cm의 GSD의 경우 이미지 흘림은 8화소(CCD센서에서 96μm) 정도의 이미지 흘림이 발생하였으나 최신모델인 DMC-III에서는 혁명적이라 할 수 있는 TDI(Time Delay and Integration)방법으로 이미지 흘림이 거의 완벽하게 보정된다.

TDI는 일반적인 CCD이미지 센서에서는 탐지할 수 없는 매우 낮은 빛에서 고속으로 움직이는 물체를 탐지할 수 있는 CCD센서 시스템이라 할 수 있다.

TDI의 개념은 전체 시간을 n간격으로 분할하고 하나의 간격 동안 축적된 전하를 다음 열의 화소에 축적된 전하를 이동시키며 다음 간격에서도 전하는 계속해서 축적되고 축적된 전하는 다시 다음 열의 화소에 이동된다. 개념적으로 이러한 접근방법은 대상물이 노출시간 동안 이동한 거리에 비례하여 그만큼 필름을 이동시킨 것과 같은 개념이다(그림 18.31).

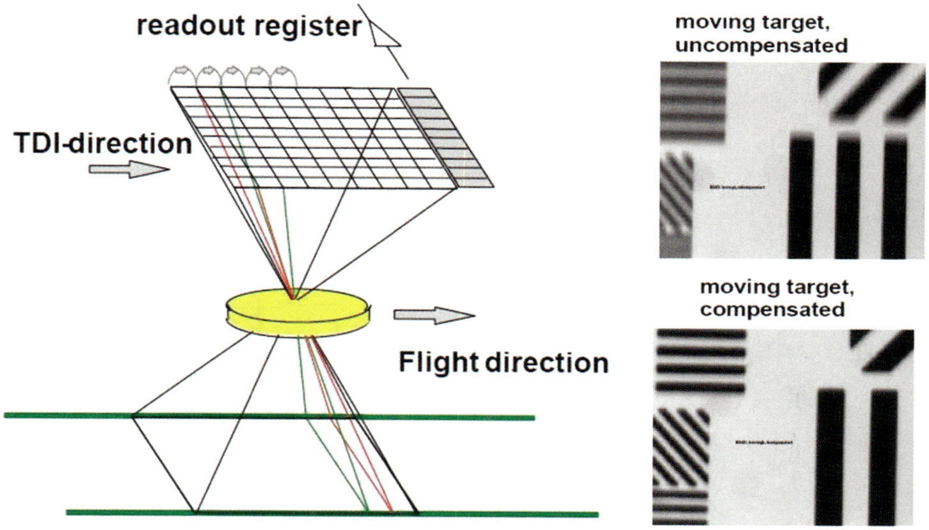

ISPRS Hanover workshop 2006

그림 18.31 TDI 개념도와 FMC전후의 이미지

18.7 표 정

〈그림 18.32〉은 중복사진을 이용한 실체사진측량의 기하학적 원리를 나타낸 그림이다. 그림에서 지형도를 제작할 지역은 두 개의 다른 카메라 위치, 즉 O_L과 O_R로부터 촬영된 지역이다. 두 사진에 의하여 공통으로 중복된 부분이 실체시가 만들어지는 부분으로 "실체모델(stereo model)"이라 부르며 사실상 지형도가 제작되는 부분이기도 하다. 각 사진은 목표물에서 카메라 렌즈의 중심을 통해서 입사한 광속(光束, bundle of light rays)들이 필름에 기록된 것으로 생각할 수 있다.

실체모델은 실체도화기라고 하는 장비에서 실제적으로 만들어 지형도를 제작하게 된다. 이것은 중복된 사진과 실체도화기를 통해서 촬영 순간의 지형 형태와 일치하는 실체모델을 만들어 내는 작업을 의미한다. 이와 같이 두 개의 중복된 사진으로부터 촬영 순간의 지형 형태와 완전히 일치하는 실체모델을 만드는 과정을 표정작업(標定作業, orientation)이라 한다.

표정작업은 투영기 위에 설치된 두 개의 사진으로부터 입사되는 서로 상응하는 모든 점의 광속들이 투영기 안에서 서로 교차함으로써 표정작업이 이루어진다. 두 개

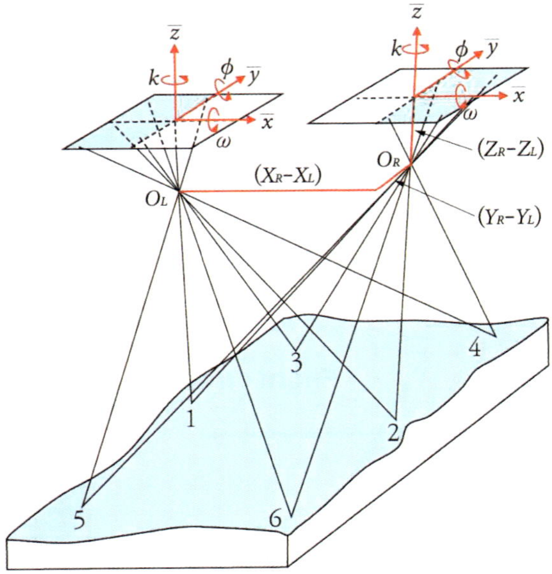

그림 18.32 실체사진의 기하학적 원리

의 중복된 사진을 통하여 촬영 순간 카메라 렌즈 중심을 통하여 입사된 광속들과 정확히 일치시키는 과정, 즉 광속들의 재현이 이루어지는 과정에서 내부적인 기하학적 조건을 재현하는 것을 내부표정(內部標定, inner orientation)이라 한다. 광속들의 완전한 재현을 위해서는 사진의 내부적인 기하학적 조건뿐만 아니라 외부적인 기하학적 조도 만족하여야 한다.

중복촬영된 두 장의 인접사진을 통하여 촬영할 순간의 두 카메라의 공간위치와 자세를 완전하게 일치시켜 촬영 순간의 지형과 완전한 상사형의 실체모델을 만드는 과정이 필요하다. 이러한 과정을 상호표정(相互標定, relative orientation)이라 한다. 상호표정이 완료되면 두 사진에서 서로 상응되는 두 점의 광속이 공간에서 교차하고 3차원 실체모델이 형성된다.

이와 같이 형성된 실체모델은 실제의 지형모델과 완전한 상사형은 만들어졌으나 3차원의 크기와 방향은 다르다. 따라서 촬영 순간의 실제의 지형모델과 재현된 실체모델과의 크기 차이인 축척과 표고 그리고 방향의 결정이 필요하다. 이러한 작업은 주어진 몇 점의 지상기준점을 근거로 하여 이루어진다. 이와 같은 작업을 절대표정(絶對標定, absolute orientation) 또는 대지표정(對地標定)이라 부른다. 또한 상호표정과 절대표정을 합쳐서 외부표정이라 부르기도 한다.

아날로그 사진측량에서는 도화기라는 장비를 사용하여 실체모델을 형성하고 대지표정을 완료한 다음에 지형도제작을 할 수 있다. 도화기에는 두 장의 인접된 중복사진을 좌우 투영기 위에 올려놓고 촬영 순간의 두 카메라의 위치와 자세를 완전히 일치시킬 수 있도록 기계적으로 조작할 수 있는 장치들이 만들어졌다. 도화기에서의 표정작업은 대부분 경험적인 방법으로 이루어진다. 그러나 근년에 수치사진측량의 도입으로 아날로그 도화기가 더 이상 사용되지 않기 때문에 아날로그 도화기에 의한 표정과정과 방법은 생략하고 표정에 관한 기본개념과 기하학적 원리에 대하여 간단히 설명하고자 한다(아날로그 도화기를 이용한 표정에 관한 상세한 내용은 개정 4판 또는 그 이전 판을 참고 바람).

해석사진측량에서는 광속의 경로와 이와 연관된 모든 표정작업이 수학적 관계로 표시한다. 카메라의 중심투영 기하학, 카메라의 광축, 지상좌표계로의 노출 중심점, 사진상의 점과 대상 공간 안에서의 점들을 서로 함수관계로 표시한다. 만일 카메라 검정에 따라 카메라의 중심투영 기하학이 결정되고 또 사진상에 3점 이상의 지상기준점이 표시된다면 카메라의 위치와 자세가 지상좌표계에 의하여 결정될 수 있다. 실체모델을 형성한 두 사진의 표정인자가 알려지면 실체모델 안에 있는 점의 위치는 두 광속의 교차로 결정할 수 있다.

18.7.1. 내부표정

내부표정은 카메라의 중심투영 기하학에 관련된 것으로 다음과 같은 인자들에 의하여 정의된다. 즉 1) 검정된 화면거리, 2) 사진에서의 주점의 위치, 3) 렌즈의 왜곡수차. 내부표정에 필요한 인자들은 대부분 카메라 제작회사의 공장에서 카메라의 검정작업(camera calibration)이 실시되어 카메라를 구입할 때 함께 관련 자료가 제공된다.

내부표정은 사진에 표시된 4개의 사진지표와 화면거리를 맞추는 작업으로 이루어진다.

18.7.2. 상호표정

상호표정은 실체모델 안에서 두 사진의 자세와 상호위치를 결정하는 것이다. 상호표정의 1차적인 목적은 두 사진으로부터의 서로 상응되는 광속들이 공간상에서 서로 교차하도록 두 사진의 위치와 자세 그리고 방향 등을 올바르게 맞추는 것(표정)이다. 이러한 조건은 상호표정이 완료되면 이루어지게 된다.

여러 가지 원인에 의하여 발생하는 사진의 기하학적 왜곡현상이 없다고 가정한다면 한 쌍의 실체모델의 상호표정은 적절히 배치된 5개의 서로 상응되는 광속들이 공간에서 교차함으로 이루어진다. 다시 말하면 인접된 두 사진에서 나오는 5쌍의 광속이 각각 서로 교차함을 의미한다.

〈그림 18.32〉에서 표시된 6쌍의 광속은 실체도화기에서의 상호표정 과정에서 일반적으로 사용하는 6쌍의 광속이다. 그들 중 한 개는 확인 목적으로 사용한다. 그림에서 X_L, Y_L, Z_L은 왼쪽 사진의 노출 중심점의 대상 공간좌표이고 $\kappa_L, \phi_L, \omega_L$은 왼쪽 사진의 회전인자이며 이들 6개의 인자가 왼쪽 사진의 외부표정을 결정한다.

$X_R, Y_R, Z_R, \kappa_R, \phi_R, \omega_R$은 오른쪽 사진의 회전인자이다. 한 쌍의 실체모델은 다음 5개의 인자, 즉 $(Y_R - Y_L), (Z_R - Z_L), (\omega_R - \omega_L), (\phi_R - \phi_L), (\kappa_R - \kappa_L)$이 결정되면 상호간에 표정이 완성되었다고 말한다. 여기서 $(X_R - X_L)$은 X-방향에서의 두 사진의 거리로 모델의 축척을 결정하고 방향의 표정에는 관계가 없다.

18.7.3. 대지표정

내부표정과 상호표정이 완료되면 실체모델은 축척을 결정하여야 하고 지상기준점 좌표계에 연관하여 수준(표고)을 맞추어야 한다. 이와 같이 실체모델을 지상 절대좌표계로 일치시키는 과정을 대지표정 또는 절대표정이라 한다. 수학적으로는 간단히 3차원 좌표변환에 의하여 이루어질 수 있다.

점, j에 대한 모델좌표를 x_j, y_j, z_j라 하고 같은 점에 대한 지상좌표를 X_j, Y_j, Z_j라 하면 모델좌표, (x_j, y_j, z_j)와 지상좌표, (X_j, Y_j, Z_j)와의 관계는 투영변환에 의하여 다음과 같이 표시할 수 있다.

$$
\begin{aligned}
X_j - X_o &= \lambda[m_{11}x_j + m_{21}y_j + m_{31}z_j] \\
Y_j - Y_o &= \lambda[m_{12}x_j + m_{22}y_j + m_{32}z_j] \\
Z_j - Z_o &= \lambda[m_{13}x_j + m_{23}y_j + m_{33}z_j]
\end{aligned}
\tag{18.16}
$$

여기서, X_o, Y_o, Z_o는 투영 중심점의 지상좌표, λ는 축척계수, m_{ij}는 κ, ϕ, ω로 표시되는 회전행렬이다(식 18.17아래 참조).

위 식에서 좌표변환 인자는 한 개의 축척계수 λ, 3개의 수평이동인자 (X_o, Y_o, Z_o)와 3개의 회전인자 (κ, ϕ, ω), 총 7개이다. 지상 좌표계로의 좌표가 알려진 각 지상기준점에 대하여 모델좌표가 측정되면 각각 3개의 방정식이 세워진다. 따라서 최소한 3점 이상의 기준점이 있어야 대지표정 인자를 계산할 수 있다. 물론 위 방정식은 비선형방정식이므로 선형화가 이루어진 후 최소제곱법으로 계산할 수 있다.

18.8 해석사진측량

해석사진측량(解析寫眞測量; analytical photogrammetry)은 기준점들의 사진좌표를 측정하고 이들의 지상좌표를 사용하여 사진과 지상과의 기하학적인 관계식을 만들어 측정된 모든 사진좌표를 지상좌표로 환산하는 수학적 과정을 말한다. 일반적으로 해석사진측량에서는 많은 수의 계산식과 잉여조건(剩餘條件)이 많은 관계식을 사용하므로 최소제곱의 원리에 따라 계산한다.

해석사진측량의 기본개념은 오래전부터 알려져 왔으나 복잡하고 많은 양의 계산이 필요하므로 널리 이용되지 못하고 있었으나 컴퓨터의 급진적인 발전으로 인하여 지금은 모든 항공사진측량의 기본으로 사용되고 있다. 해석도화기 또는 수치사진측량 도화기, 수치표고모델의 생성, 정사사진 영상의 제작, 사진기준점 측량, 수치사진측량 등 모든 현대적인 사진측량의 기본원리로 사용되고 있다.

해석사진측량에서 가장 기본이 되는 관측값은 좌우 사진의 주점을 각각 좌표계의 원점으로 하는 사진좌표(x, y)를 사용한다. 해석사진측량에서는 항공카메라의 필름면은 완전한 평면이며 빛은 직진한다는 가정에 의한 것이기 때문에 이들 이론적 가정을 완전하게 만족시키지 못하여 발생하는 왜곡된 사진좌표는 사전에 보정되어야 한다.

해석사진측량에서 가장 기본적이고 중요한 관계식은 공선조건(共線條件, collinearity condition)과 공면조건(共面條件, coplanarity condition)이다. 이들 조건식은 모두 비선형 방정식이므로 선형화가 이루어져야 하며 선형화가 된 조건식들은 미지수보다 조건식의 수가 더 많으므로 최소제곱법을 적용하여야 한다.

18.8.1 공선조건

공선조건은 「**노출점, 지상의 점, 이에 상응하는 사진상의 점은 3차원 공간상에서 일직선상에 있어야 한다**」는 조건을 말한다. 다시 말하면 〈그림 18.33〉에서 L, a, A가 동일 직선상에 있어야 함을 의미한다.

〈그림 18.33〉에서 사진 노출점에 대한 지상 좌표계로의 좌표를 (X_L, Y_L, Z_L), A 점의 지상좌표를 (X_A, Y_A, Z_A), A 점의 사진좌표를 (x_a, y_a)라 하면 L, a, A가 동일 직선상에 있어야 할 조건은 다음과 같다. 즉

$$x_a = x_o - f\left[\frac{m_{11}(X_A - X_L) + m_{12}(Y_A - Y_L) + m_{13}(Z_A - Z_L)}{m_{31}(X_A - X_L) + m_{32}(Y_A - Y_L) + m_{33}(Z_A - Z_L)}\right] \tag{18.17}$$

제 18 장

$$y_a = y_o - f\left[\frac{m_{21}(X_A - X_L) + m_{22}(Y_A - Y_L) + m_{23}(Z_A - Z_L)}{m_{31}(X_A - X_L) + m_{32}(Y_A - Y_L) + m_{33}(Z_A - Z_L)}\right]$$

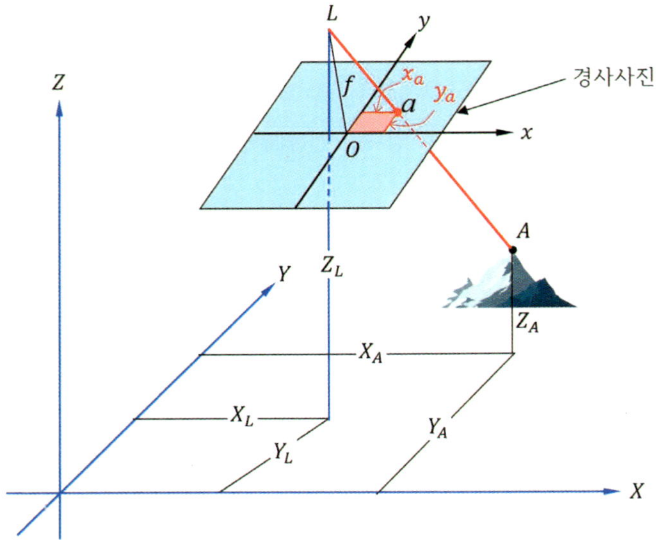

그림 18.33 공선조건

여기서, (x_a, y_a)는 사진상에서 측정된 사진좌표(상수), f는 화면거리, (x_o, y_o)는 주점의 편차량으로 이들 모두 카메라의 검정자료부터 얻어지는 상수이다. 또한 m_{ij}는 (κ, ϕ, ω)에 의한 회전행렬요소(回轉行列要素)로서 다음과 같다.

$$\begin{aligned}
m_{11} &= \cos\phi\cos\kappa \\
m_{12} &= \sin\omega\sin\phi\cos\kappa + \cos\omega\sin\kappa \\
m_{13} &= -\cos\omega\sin\phi\cos\kappa + \sin\omega\sin\kappa \\
m_{21} &= -\cos\phi\sin\kappa \\
m_{22} &= -\sin\omega\sin\phi\sin\kappa + \cos\omega\cos\kappa \\
m_{23} &= \cos\omega\sin\phi\sin\kappa + \sin\omega\cos\kappa \\
m_{31} &= \sin\phi \\
m_{32} &= -\sin\omega\cos\phi \\
m_{33} &= \cos\omega\cos\phi
\end{aligned}$$

〈식 18.17〉은 비선형 방정식이므로 Taylor 정리에 의하여 선형화(線形化)하여야 한다(선형화 과정은 참고 서적이 많아 여기서는 생략한다).

18.8.2 공면조건

공면조건은 한 쌍의 중복된 항공사진에서 「두 사진의 노출점과 지상의 어느 한 점, 그리고 이 점에 상응되는 두 사진에서의 점은 모두 하나의 같은 평면에 있어야 하는 조건」을 말한다. 〈그림 18.34〉에서 A, L_1, L_2, a_1, a_2 는 모두 같은 평면에 있어야 하며 그 조건은 다음과 같이 표시된다.

$$0 = B_X(D_1F_1 - D_2F_2) + B_Y(E_2F_1 - E_1F_2) + B_Z(E_1D_2 - E_2D_1) \qquad (18.18)$$

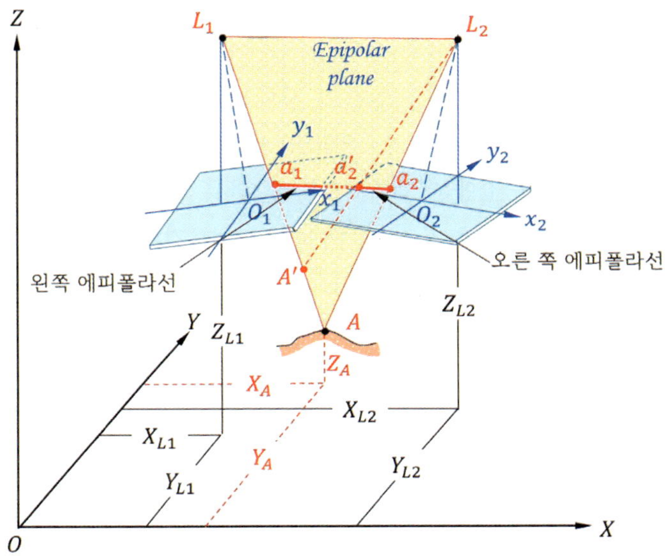

그림 18.34 공면조건

여기서,

$$B_X = X_{L2} - X_{L1}$$
$$B_Y = Y_{L2} - Y_{L1}$$
$$B_Z = Z_{L2} - Z_{L1}$$
$$D = (m_{12})x + (m_{22})y - (m_{32})f$$
$$E = (m_{11})x + (m_{21})y - (m_{31})f$$
$$F = (m_{13})x + (m_{23})y - (m_{33})f$$

아래 첨자 1, 2는 각각 왼쪽, 오른쪽 사진을 의미하며 m_{ij} 는 회전행렬 요소를 나타낸다.

공면조건식은 인접된 두 사진에 나타나는 지상점에 대하여 각각 쓸 수 있으며 이

제 18 장

조건식에서는 지상좌표를 미지수로 하지 않고 실체모델의 두 사진의 외부표정요소를 미지수로 한다.

한편 공면조건식은 비 선형방정식이므로 공선조건식에서와 같이 Taylor 급수에 의하여 선형화하여야 한다. 선형화 작업은 공선조건식에서와 같이 단순하지 않으며 복잡하며 해석사진측량에서는 대부분 공면조건식 대신에 공선조건식을 사용하고 있다.

18.9 도화기

중복 촬영된 한 쌍의 사진을 촬영 순간의 상태로 기하학적으로 완전하게 재현하는 것은 매우 중요하다. 도화기는 이렇게 재현된 사진상의 모든 대상물에 대한 정확한 3차원 정보를 얻기 위하여 고안된 매우 정밀한 관측장비이다. 일반적으로 도화기는 아날로그의 경우 (i) 광학적 도화기(optical plotter) (ii) 기계적 도화기(analogue plotter) (iii) 해석도화기(analytical plotter) 등 3가지로 구분할 수 있으며 수치사진측량에서 는 아날로그와는 달리 "workstation"을 사용한다.

광학적 도화기(光學的圖化機)는 두 개의 투영기 위에 한 쌍의 중복된 사진을 올려놓고 두 사진을 동시에 투영하여 투영기로부터 나오는 일련의 광속들을 사진을 촬영할 당시의 상태로 재현시킨다. 광속들의 재현은 3개의 내부표정 요소를 적절히 성취함으로써 이루어진다. 이때 두 개의 투영기 위에 올려놓는 항공사진은 최초의 항공사진과 똑같은 크기로 투명한 양화 필름에 만들어진 사진(투명 양화라 부름)을 사용하여 투영이 가능토록 하며 투영기의 렌즈와 투명양화 사이의 거리를 촬영한 항공카메라의 화면거리와 같도록 조정한다. 그런 다음 이미 설명한 것과 같이 사진지표를 사용하여 나머지의 내부표정 과정을 완료하고 이어서 상호표정 및 대지표정을 완료한다.

외부표정이 완료되면 비로소 입체적으로 볼 수 있게 되며 이를 위해서는 왼쪽 투영기로부터 나오는 상은 왼쪽 눈으로, 오른쪽 투영기로부터 나오는 상은 오른쪽 눈으로 보아야만 된다. 광학적 도화기에서 입체모델을 만들 때는 두 개의 여색 렌즈를 사용한다. 두 개의 투영기에 각각 청록색과 적색의 필터를 부착하여 청록색과 적색의 이미지를 동시에 투영하고 도화사는 청록색과 적색으로 되어 있는 안경을 사용하여 입체모델을 볼 수 있다.

이와 같이 형성된 실체모델은 상·하·전·후·좌·우로 자유롭게 움직일 수 있는 작은 트레이싱 테이블(tracing table)위에 나타나게 되며 작은 불빛으로 나타나는 부점(floating mark)에 의하여 모든 측정작업이 이루어진다. 이때 부점의 바로 밑에 연필이 부착되어 부점의 궤적으로 나타나게 되며 지상의 모든 지형지물을 부점으로 그리는 것과 동시에 연필이 그 궤적을 그려서 지형도가 만들어진다.

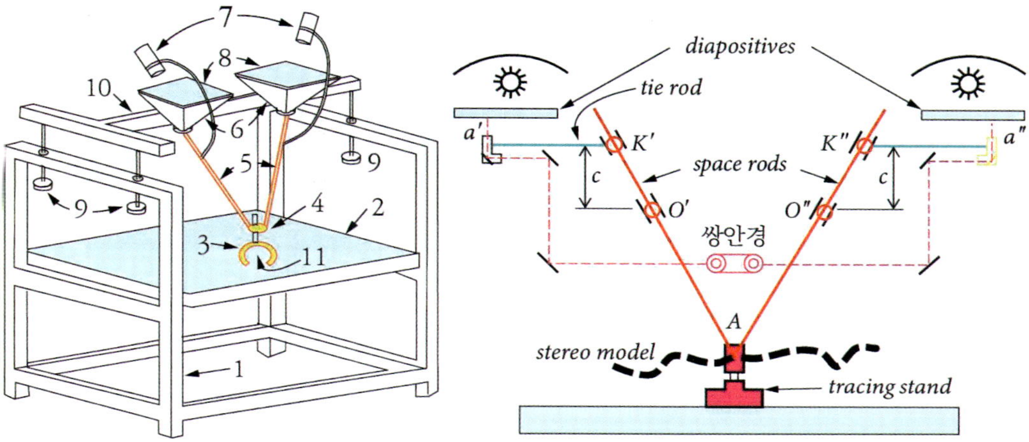

1:main frame, 2:reference frame, 3:tracing table, 4:platen, 5:guide rods, 6:projectors 7:lamps, 8:diapositives, 9:leveling screws, 10:projector bar, 11:tracing pencill

그림 18.35 광학적/기계적 도화기

기계적 도화기(機械的圖化機)는 가장 전통적인 도화기로서 광학적 도화기의 두 투영기에서 나오는 광속을 이에 대응하는 금속 막대기로 대용하여 설계한 도화기이다. 〈그림 18.35(왼쪽)〉은 가장 전통적인 구식 광학적 도화기이고 〈그림 18.35(오른쪽)〉은 기계적 도화기를 나타낸다.

광학적 도화기에서는 두 개의 투영기에서 나오는 광속들이 직접 작은 트레이싱 테이블 위에 표시되므로 도화기 주변에 암막 장치가 필요하다. 한편 기계적 도화기는 광학적 도화기에서와 같이 두 개의 투영기에서 역 투영되어 나오는 광속을 두 개의 금속 막대기로 나타내어 사진을 기하학적으로 표시하였다. 광학적·기계적 도화기는 모두 직접 기계를 사용하여 사진의 취득이 이루어진다는 점에서 기계식이다. 따라서 처리할 수 있는 사진의 종류(예로서 특정한 화면거리)에 따라 그 사용이 제한적이다.

반면에 〈그림 18.36〉과 같이 해석도화기(解析圖化機)는 사용 범위가 크게 확장될 뿐만 아니라 기계적 도화기의 모든 기능을 수행할 수 있으며 다른 추가적인 기능도 수행할 수 있다. 수치도화기(workstation)는 더 많은 추가적인 편리성을 제공하기도 한다.

제 18 장

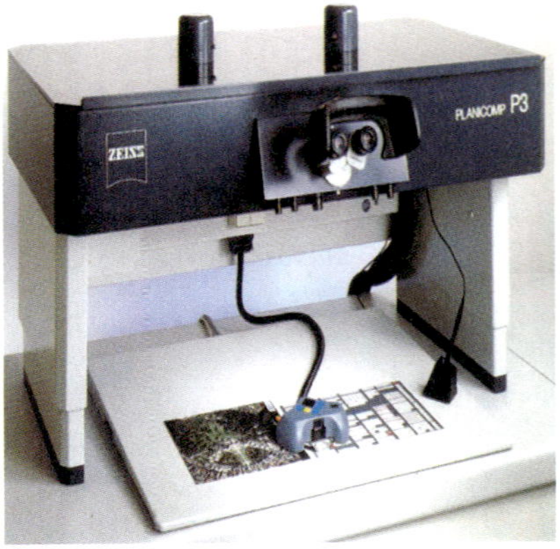

Zeiss P3 Analytical Plotter

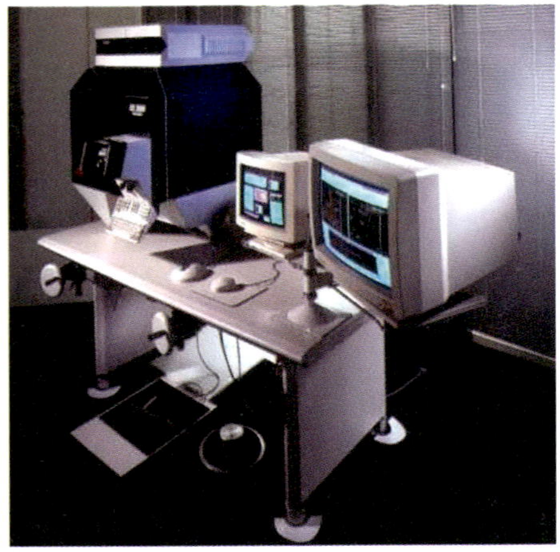

Leica SD3000 Analytical Plotter

그림 18.36 해석 도화기

해석도화기는 두 가지의 단계, 즉 컴퓨터에 의하여 통제되는 화면 이동장치와 대상물을 보는 입체 현미경 장치 등으로 구성되었다.

도화사는 두 개의 핸들과 발판(foot disk)을 사용하여 3차원 운동을 통제한다. 측정작업은 여러 종류의 전산 프로그램에 따라 상당 부분 자동화되고 있다. 예를 들면 사진지표를 측정하고자 할 때 관측점(부점)이 자동으로 사진의 지표 근처로 이동되고 컴퓨터에 의하여 내부표정 인자가 계산되어 저장된다. 같은 방법으로 관측자에 의하여 각 점에 대한 시차가 측정(소거)되고 최소제곱의 원리에 따라 5개의 상호표정 인자가 결정된다. 또한 모든 기준점에 대한 모델 좌표가 측정되고 또다시 최소제곱 원리에 의하여 7개의 대지표정 인자가 결정된다.

해석도화기에서는 상호표정과 대지표정을 각각 독립적으로 시행하는 기계적 도화기에서와는 달리 12개의 외부표정 인자 모두를 공선조건을 사용하여 동시에 결정한다. 해석도화기는 기계식 도화기가 할 수 있는 모든 기능을 수행할 뿐만 아니라 수치표고모델, 수치 종·횡단측량, 사진기준점측량 등을 수행한다.

18.10 편의수정과 정사사진지도

가장 이상적인 항공사진은 완전한 평면을 촬영카메라의 축이 수직인 상태에서 촬영한 것으로 사진이 지도와 같이 기하학적으로 사실과 유사하게 나타내는 것이다.

그러나 실질적으로 항공사진은 촬영 순간 항공기의 움직임으로 인하여 완전한 엄밀한 수직사진은 불가능하다.

따라서 항공사진에는 (i) 경사에 의한 변위와 (ii) 기복에 의한 변위 등 두 가지가 있다. 이와 같은 항공사진의 변위를 수정하는 방법으로 편의수정(偏倚修正)과 정사투영(正射投影)이 있다.

편의수정은 경사사진을 사용하여 완전한 수직사진으로 변환시키는 과정을 말하며 편의수정이 완료된 항공사진은 이론적으로 완전한 엄밀 수직사진과 같으며 경사에 의한 변위가 완전히 제거되었다고 할 수 있다. 그러나 비록 편의수정된 항공사진이라 할지라도 지형의 기복에 의한 변위와 축척의 변위는 계속 존재하게 된다. 이와 같이 기복에 의한 변위와 축척의 변위를 동시에 제거하는 과정을 정사투영(正射投影, ortho rectification) 또는 미분편의수정(微分偏倚修正, differential rectification)이라 하며 정사투영에 의하여 만들어진 항공사진을 정사투영영상(ortho photo) 또는 사진지도(photo map)라 부른다.

일반적으로 편의수정은 편의수정기에 의하여 이루어진다. 편의수정은 두 평면, 즉 수정 전과 수정 후의 항공사진에 대한 투영변환에 의하여 완성되며 이때 투영변환에 필요한 파라미터는 총 8개이다. 따라서 두 평면의 투영변환을 위해서는 최소한 4점의 지상기준점이 필요하다. 점 당 두 개의 방정식을 만들 수 있으므로 총 8개의 방정식이 성립되어 8개의 파라미터를 풀 수 있다. 편의수정은 기계적 방법뿐만 아니라 계산에 의하여 수치적으로 할 수 있다. 편의수정된 항공사진은 사진집성도(모자이크)를 만드는데 사용된다.

정사투영 영상은 미분 편의수정 과정을 통하여 만들어진 것으로 경사변위와 기복변위가 전혀 없는 항공사진을 말한다. 따라서 정사투영영상은 선과 기호가 없을 뿐이지 지도와 똑같다. 만일 지형이 완전한 평면이라고 하면 편의수정된 사진과 정사투영영상은 같게 된다.

과거의 정사투영은 실체도화기를 변형한 정사투영기에 의하여 광학적, 기계적 방법으로 이루어졌다. 광학적 정사투영기에 의한 정사투영은 실체모델을 좁고 작은 윈도우를 통하여 스캐닝하고 이 윈도우를 통하여 정사영상을 만드는 방법으로 이루어진다. 실체모델을 스캐닝하기 전에 지상기준점을 이용하여 편의수정하고 경사변위를 제거한 후 스캐닝 도중에 투영거리를 변화시킴으로써 지형의 기복에 의한 변위를 제거한다. 지형의 높고 낮음은 결과적으로 지형의 위치에 따라 축척에 차이가 발생하며 이러한 축척의 변위에서 발생하는 변위는 투영거리를 변화시킴으로써 제거할 수 있다. 정사투영을 위한 스캐닝은 실체모델에서 한 줄 한 줄 순서에 따라 자동적으로 이루어지며 정사투영 영상은 작고 좁은 윈도우를 통하여 투영면에 노출이 이루어진다. 기계식 도화기를 개량한 정사투영기에서도 이와 유사한 방법으로 이루어진다.

한편 현대적인 방법은 컴퓨터에 의한 수치영상처리(數値映像處理)에 의하여 이루어진다. 이 방법에 의한 정사투영은 대상사진을 먼저 스캐닝하여 수치영상, 즉 행과 열에 따라 규칙적으로 배열된 화소(畵素, pixel)들의 집합인 래스터 데이터(raster data)로 만들어 이를 수치적으로 처리한다. 이때 모든 화소는 사진의 농도에 따라 각각 다른 수치적 값을 가진다. 또한 축척의 변화에 따라 이미지의 위치도 변하기 때문에 축척의 변위에 의하여 달라지는 화소들의 위치를 계산하게 되고 달라진 위치에 따라 화소들이 재배치(재할당)된다. 재배치된 화소들로부터 전자공학적으로 정사영상을 얻게 된다.

수치영상처리에 의한 정사투영을 위해서는 전 지역에 대한 수치표고모델(DEM, Digital Elevation Model)이 필수적으로 필요하다(18장 13.9참조). 이 수치표고모델을 사용하여 각 화소를 미분 편의수정할 수 있으며 기복에 의한 변위를 제거할 수 있기 때문이다.

정사투영영상은 일반 지형도와 비교하여 많은 장점을 가지고 있다. 일반 지형도에서는 지형의 표현을 선과 기호에 의하여 표시하였으나 정사투영영상에서는 사진적으로 보기 때문에 더 많은 정보를 알 수가 있다. 특히 정사투영영상에 등고선을 삽입하면(사진지도) 일반 지형도보다 더 유용하게 사용된다.

18.11 사진판독

항공사진에 촬영된 물체의 형태, 그림자, 색조, 실체시에 의하여 읽을 수 있는 입체적 형태, 촬영조건 및 지방적 특색을 고려하여 항공사진에 기록되어 있는 여러 가지 사물을 분석하는 것을 사진의 판독(判讀)이라 한다. 판독에 의하여 얻어지는 자료는 단지 지상에 있는 지물에 관한 사항뿐만 아니라 무선국의 안테나 또는 어스(earth) 등을 판별할 수 있으며 어스의 경우는 지하에 위치하기 때문에 현지에서는 확인하기가 어려우나 항공사진에서는 색조의 차에 따라 그 위치를 확인할 수도 있다. 항공사진은 이처럼 과학적이고 효과적으로 판별할 수 있어 그 이용범위가 매우 높은 특징이 있다.

항공사진 판독에서 필요로 하는 중요한 요소는 다음과 같다.

1) 촬영조건

피사체의 크기나 높이를 결정하자면 사진축척 및 촬영고도를 알아야 한다. 또한 계절에 의한 식물이나 작물의 상태, 토지의 건습 정도, 피사체의 색채판단 등을 알기 위해서는 촬영조건인 카메라의 종류, 촬영고도, 필름의 종류, 촬영일자, 시각 등의 자료가 필요하다.

2) 형태, 크기 및 모양

지상의 모든 사물은 각각 고유의 모양과 크기를 나타내고 있어 평소에 다방면에 걸쳐 이에 대한 지식을 얻는 것이 중요하다. 지물의 형태는 평면도형으로 표시되며 우리가 지물을 판단할 때는 이와 같은 평면도형에 대한 지식이 필요하다. 마을, 교량, 하천, 경작지 등의 판별과 또 그 형식에 따라 사원, 병원, 공장 등의 특수건물이 판별되며 크기나 배치, 모양 등이 지물 판단에 도움이 된다.

3) 색조

색조(色調)는 물체의 색과 관계가 있다. 똑같은 색이라도 반사의 정도에 따라 백색으로 보일 수도 있으며 또 태양과 렌즈 및 피사체와 제3자의 관계 위치에 따라서도 색조가 변한다. 일반적으로 빛을 흡수하는 물체와 반사하는 물체에 따라 사진상에 나타나는 색조는 다르다. 빛을 흡수하는 물체는 보통 진한 회색으로 나타나며 수면, 침엽수, 탄공지대, 늪, 습지 등이 있다. 빛을 반사하는 물체는 백색에 가까운 연한 색으로 나타나며 강변의 모래, 자갈, 비포장도로, 학교, 운동장, 단풍, 수확기에 있는 농작물 등이 이에 속한다. 흑백사진은 인위적, 기계적 원인으로 인하여 색조의 차이가 매우 심하게 나타난다.

사진의 색조를 결정하는 주요 인자는 사물의 빛의 반사정도, 사용한 필름의 감광도, 먼지 등에 의해 분사되는 정도, 사용한 필터의 빛의 통과량, 태양고도, 지상에서의 사물의 위치 등이다.

4) 음영

태양광선을 막고 있는 모든 그림자를 형성하는데 이들 그림자는 사진판독에서 매우 중요한 요소 중의 하나이다. 이것은 그림자나 그림자의 윤곽에서 물체의 입체적 형태를 판단할 수 있으며, 그림자 안에 있는 물체는 빛을 반사하지 못하기 때문에 사진상에서 분별하기가 어렵다. 사진판독에서 그림자를 자기 앞으로 하여 보면 지형의 입체감이 나타나 판독에 매우 용이하며 반대로 그림자를 밖으로 놓고 보면 입체감이 역으로 보여 불편하다.

5) 과고감

사진을 실체시 하여 보면 입체적으로 떠오르기 때문에 그 깊이 등을 판별할 수 있으며 실물을 보는 것처럼 보이나 실체시의 성질상 높고 낮음이 과도하게 과장되어 보이는 단점이 있어 지형을 판단하기가 어려울 경우가 있다.

6) 사진의 질감

하나하나의 나뭇잎이 집합하여 나무숲을 이루고 이들이 짜여지는 색조들이 나무숲의 질감(조밀하고 거칠음)을 형성한다. 이는 색조, 형태, 크기, 음영의 조합이며 사진판독에서 하나의 수단이 된다.

7) 지방적 특색과 참고 자료의 활용

항공사진은 지표면의 과학적인 축소판이기 때문에 축척이나 지형, 고저차 등 기하학적인 물량은 토지의 형태가 변하여도 달라지지 않는다. 그러나 지방의 생활양식이나 특수사정에 따르는 사항, 예를 들면 사원, 공장 등 특수한 양식을 참고로 하면 판독에 큰 도움이 되며 정확하다.

18.12 사진기준점 측량

한 쌍의 실체사진에서 내부표정, 상호표정이 완료되면 대지표정을 하여야 하며 대지표정이 완료된 후에야 도화작업이 가능하게 된다. 〈18.8.3〉에서 이미 설명한 것과 같이 아날로그 도화기를 사용할 때의 대지표정은 최소한 평면기준점 2점, 표고기준점 3점이 있어야 하며 해석사진측량의 경우 최소한 3점 이상의 기준점이 필요하다. 그러나 실제적인 작업에서는 보통 4점의 평면기준점과 6점의 표고기준점을 사용한다.

이러한 지상기준점은 현장측량을 거쳐 그들의 2차원 또는 3차원의 좌표가 얻어진다. 만일 작업지역이 넓어 많은 양의 항공사진이 필요할 경우, 필요한 지상기준점의 수도 크게 늘어나며 이에 따른 측량경비는 큰 문제가 될 수 있다. 사진기준점측량(寫眞基準點測量, aerial triangulation)은 이러한 지상기준점측량의 작업을 최대한으로 줄일 수 있다(※어떤 사람들은 "사진기준점측량"이라는 용어 대신에 "공중삼각측량"이라 부르기도 하지만 이것은 원문을 직역한 일본식 표현이고 원래의 뜻과는 맞지 않는다).

한 쌍의 항공사진에서 상호표정과 대지표정이 완료되면 촬영당시의 지상모델에 대한 완전한 재현이 이루어졌으므로 실체모델에 위치한 어떤 점들에 대한 3차원 지상

좌표를 얻을 수 있다. 만일 한 쌍의 항공사진에 인접한 세 번째의 항공사진을 동시에 사용하여 실체모델을 형성하면 실체모델의 크기는 세 번째 항공사진에 의하여 중복된 부분만큼 더 넓게 된다. 다시 말하면 한 쌍의 항공사진에 의한 실체모델은 사진 한 장의 60%이던 것이 세 번째의 항공사진을 추가로 사용하면 실체면적은 사진 한 장 전체의 면적으로 넓어진다. 이와 같이 당초보다 2배가량 넓어진 실체모델의 대지표정에 필요한 표정요소는 한 쌍의 실체모델의 대지표정에서 필요한 7개의 표정요소와 똑같은 7개의 요소만 필요하지만 이에 따른 지상기준점의 수도 최소한 2점의 평면과 3점의 표고기준점만이 필요하다. 여기서 중요한 사실은 실체모델의 면적이 늘어도 대지표정에 필요한 지상기준점의 수는 비례적으로 늘지 않는다는 것이다. 이러한 원리는 더 많은 사진의 경우에도 적용될 수 있다.

사진기준점측량은 많은 항공사진을 서로 접합, 연결하여 블록을 형성하고 이러한 블록을 하나의 실체모델과 같이 취급하여 매우 적은 수의 지상기준점만을 사용하여 블록 전체에 대한 대지표정을 완료하고 모든 독립된 실체모델 각각에 대한 대지표정에 필요한 지상기준점은 도화기에 의하여 실체모델 안에서 구하거나 계산으로 구한다.

사진기준점측량은 실체모델을 형성하는 작업의 단위에 따라 스트립조정법(strip triangulation), 독립모델조정법(independent model triangulation), 번들조정법(bundle block triangulation) 등이 있다. 스트립 조정법에서는 항공사진을 스트립에 따라 서로 접합 연결하고 스트립의 변형된 형태와 유사한 다항식(多項式)을 선정하여 각 스트립 별로 독립된 스트립 좌표를 하나의 통일된 좌표로 변환하는 방법이다. 다항식의 계수는 먼저 축척을 맞추고 스트립 좌표를 하나의 통일된 좌표계로 변환한 후에 계산한다. 블록에 대한 조정이 완료되면 각 스트립은 이전 스트립의 접합점을 이용하여 순차적으로 조정한다. 각 스트립에 대한 조정이 완료되면 모든 접합점의 조정된 좌표가 계산되고 이들은 각 모델의 대지표정에 사용된다. 따라서 스트립조정에서의 최소 조정작업 단위는 스트립이 된다. 스트립조정의 대표적인 방법은 캐나다의 슈-트 방법(Schut adjustment)으로 1960년대 까지는 많이 사용하였으나 지금은 사용하지 않는다.

18.12.1 독립 모델 조정법

스트립조정에서는 모든 모델을 하나의 스트립으로 접합 연결하여 조정하는 대신에 독립모델조정법에서는 전체 블록의 한 부분으로서 각 모델을 독립적으로 조정할 수 있다. 이 방법은 다른 방법에 비하여 변환 인자가 적은 반면에 정밀도는 스트립조정에 비해 매우 높다. 독립모델조정법은 하나의 블록 안에 있는 모든 모델에 대한 대지표정을 동시에 이루는 것이라 할 수 있다. 앞에서 설명하였듯이 두 개의 평면기준점과 3개의 표고 기준점만 있으면 3차원 상사변환을 사용하여 모델좌표를 통일된 좌표로 변환할 수 있다.

독립모델 조정법은 하나의 독립된 모델이 작업단위가 된다. 상호표정에 의한 각 모델의 형성은 실체도화기에서 기계적으로 할 수도 있고 컴퓨터 프로그램을 사용한 계산에 따라 이루어질 수도 있으나 축척의 연결을 포함한 각 모델 간의 접합작업(接合作業)은 순전히 계산으로 이루어진다. 따라서 모든 모델의 상호표정이 독립적으로 이루어지므로 각 모델은 각각 독립된 좌표계를 가지고 있다. 독립 모델법에서 모델 간의 연결은 각 모델에 있는 지상기준점에 의하지 않고 투영 원점을 포함한 접합점에 의하여 연결된다.

〈그림 18.37〉은 이들의 관계를 나타낸 것이다. 또한 각 모델은 모델 ①에서의 $a_1, b_1, c_1, d_1, e_1, f_1$과 같이 모든 모델 점들의 좌표에 의하여 표시된다. 두 개의 연속된 모델에서는 모델 ①과 ② 사이에 있는 d_1, e_1, f_1과 d_2, e_2, f_2와 같은 최소한 3개의 공통된 접합점을 가지고 있다. 보통 y-방향에서는 지형의 기복변위가 모델의 크기보다 작기 때문에 이러한 모델 점들의 사용은 모델과 모델의 접합에서 기하학적으로 약한 면이 있다. 따라서 y-축에서의 각의 결정은 모델의 접합을 불안정하게 할 수도 있다. 따라서 두 투영기의 투영중심에 대한 좌표는 반드시 각 모델에서의 모델 점들과 같은 좌표계로 결정되어야 한다. 이들 투영중심점들은 기하학적으로 튼튼한 모델 접합에 사용되어진다.

모델 간의 접합은 다음과 같이 7개의 변환인자(3개의 수평이동인자, 3개의 회전인자, 1개의 축척인자)를 가진 좌표 변환식에 의하여 이루어진다(식 18.19). 이들 변환식은 모델 안에 있는 모든 점(지상기준점 및 접합점)에 대하여 성립된다.

$$Y = \lambda MX + T \tag{18.19}$$

여기서 Y는 기지 좌표인 통일좌표의 행렬, λ는 축척계수, M은 모델좌표로부터 통일좌표로의 회전인자 행렬, X는 모델좌표 행렬, T는 수평이동인자 행렬이다. 최소제곱 해에서의 총 미지수의 수는 모델당 7, 접합점(接合點)당 3개이다. 이들 방정식을 최소제곱법으로 풀면 각 모델의 대지표정인자(對地標定因子)를 얻을 수 있으며 동시에 접합점들에 대한 조정된 통일좌표가 구해지고 이들은 최종적으로 세부도화작업에 사용된다.

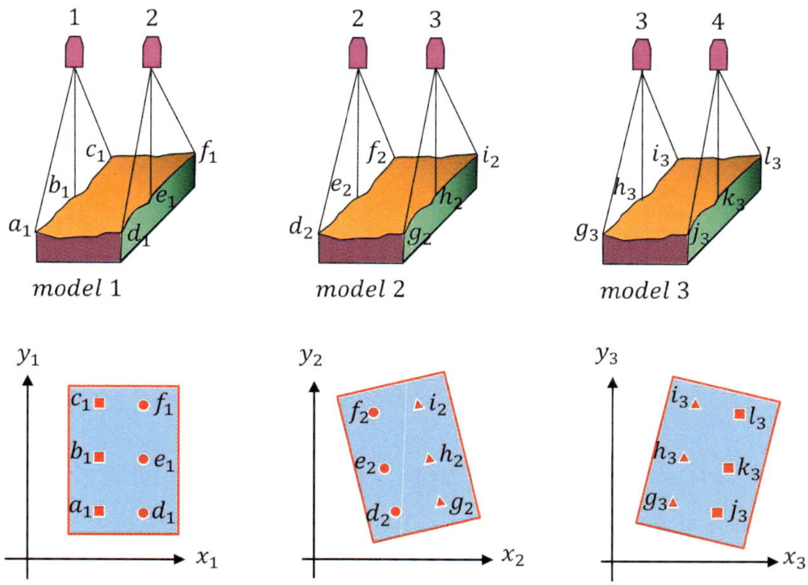

그림 18.37 독립모델법과 모델좌표계

블록조정은 모두 컴퓨터 프로그램에 의해 이루어진다. 독립모델법의 컴퓨터 프로그램으로 가장 유명한 것은 독일의 Stuttgart대학의 Prof. F. Ackermann에 의하여 개발된 PAT-M-43이 있다. 이 프로그램에 의한 계산방법은 평면과 표고를 개별적으로 수행하게 되나 서로 완전한 독립은 아니다. 왜냐하면 먼저 수행한 결과를 다음 단계의 계산에 사용하는 방법으로 수행하기 때문에 서로 종속되었다고 할 수 있다.

18.12.2 번들 블록 조정법

항공사진측량에서 가장 기본적인 기하학적 단위는 사진상의 점과 투영중심점, 그리고 대상점의 공간위치를 연결하는 광선(光線, image ray)이다. 한 점의 영상은 위치와 방향을 알 수 없는 투영중심점에 수렴하는 광속(光束, bundle of rays)으로 생각할 수 있다.

번들 블록조정은 각 광속에 있는 광선과 주어진 지상기준점을 사용하여 각 광속의 위치와 방향을 설정한다.

번들 블록조정은 〈식 18.17〉에서 설명한 것과 같이 다음과 같은 공선조건식에 근거한다.

$$x - x_o = f\frac{m_{11}(X - X_L) + m_{12}(Y - Y_L) + m_{13}(Z - Z_L)}{m_{31}(X - X_L) + m_{32}(Y - Y_L) + m_{33}(Z - Z_L)}$$

$$y - y_o = f\frac{m_{21}(X - X_L) + m_{22}(Y - Y_L) + m_{23}(Z - Z_L)}{m_{31}(X - X_L) + m_{32}(Y - Y_L) + m_{33}(Z - Z_L)} \quad (18.20)$$

위 공선조건방정식은 다음과 선형방정식으로 나타낼 수 있다.

$$v + B'\Delta' + B''\Delta'' = f \quad (18.21)$$

〈식 18.21〉에서 미지수는 외부표정요소(Δ'인자) 6개와 기준점의 공간좌표(Δ'') 3개이다.

독립 모델법에서는 모든 접합점에 대한 사진 또는 모델좌표의 측정은 정밀도화기 또는 정밀 좌표측정기(comparator)등을 사용하고 있으나 번들 조정에서는 정밀 좌표측정기, 해석도화기 또는 워크스테이션을 사용하여 각 사진에 있는 지상기준점 또는 모델 접합점들의 좌표를 측정한다. 가장 이상적인 접합점들의 위치는 상호표정에서 사용했던 점들과 같이 사진 한 장당 3 × 3의 격자형으로 형성되는 9개의 점의 위치가 된다(그림 18.38).

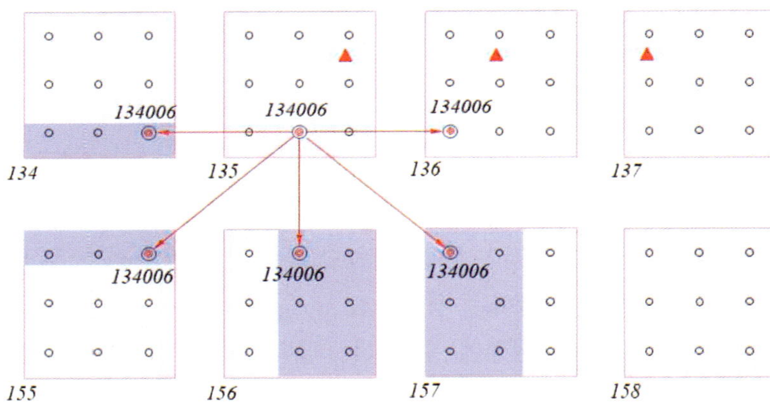

그림 18.38 이상적인 접합점의 위치

이와 같이 측정된 접합점 들의 좌표는 공액광속(共軛光束, conjugate rays)의 공간교차(空間交叉)를 이루어 모든 점에 대한 지상기준점 좌표로의 변환에 사용된다. 공간교차 방법은 카메라 요소와 지상기준점을 사용하여 〈식 18.20〉과 같은 공선조건을 만족시킴으로써 이루어지며 모든 작업이 방대하고 복잡한 컴퓨터 프로그램에 의하여 이루어진다. 번들 블록조정에서는 독립모델법과는 달리 어떠한 물리적 모델이 형성되지 않는다. 번들 조정법은 현재 사용하고 있는 블록조정법 중에서 가장 정밀하고 이론적인 방법이며 특히, 필름의 비틀림, 렌즈의 수차, 대기굴절 등에 의한 각종 오차를 계산에 의하여 완전히 소거한다. 번들 블록조정법은 원래 미국의 브라운박사에 의하여 처음 발표되었으나 지금은 Ackermann의 PAT-M계열의 프로그램을 가장 많이 사용하고 있다.

번들 조정법에서는 다른 블록조정법과 비교하여 상대적으로 많은 양의 지상기준점 수를 줄일 수 있다. 이 방법에서는 평면기준점의 경우 블록의 주변에만 필요하며 표고 기준점의 경우는 블록 전반에 걸쳐 균등하게 분포한다. 특히 GPS를 장착한 항공기를 사용하여 매 촬영순간의 카메라의 위치를 측정하면 블록조정에 필요한 지상기준점의 수를 크게 줄일 수 있다. 이것은 각 노출점의 위치가 바로 3차원 좌표를 갖는 지상기준점이 되기 때문이다.

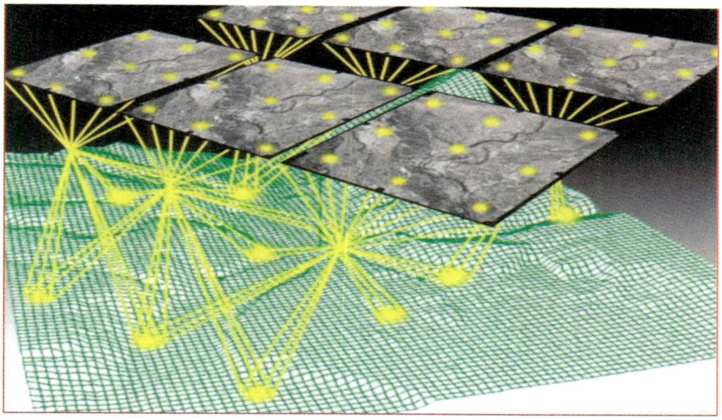

그림 18.39 번들조정법의 원리

18.13 수치 사진측량

아날로그 시대의 항공사진측량은 실체도화기 위에 투명양화사진을 올려놓고 광학적인 투영원리에 의하여 지형도를 제작하였으며 종이 또는 적절한 용지에 출력하여 사용하였다. 그러나 최근에는 컴퓨터에 의한 수치자료 처리기술이 급속도로 발전하여 실체도화기 대신에 워크스테이션을, 투명양화 대신에 수치영상이나 위성영상 또는 스캔 영상을 사용하고, 종이 또는 이에 유사한 용지에 출력하는 대신에 디지털 형태로 출력한다. 항공사진측량은 아날로그 도화기에 의한 기계적인 방법이나 디지털 영상을 이용하는 방법이나 모두 항공사진측량의 기초가 되는 기하학적인 투영원리를 이용한다. 이와 같이 래스터(raster) 형태의 디지털 영상 처리에 기반을 둔 항공사진측량방법을 수치사진측량(數値寫眞測量, digital or soft copy photogrammetry)이라 한다.

수치사진측량은 가격이 높으면서 한 가지 목적으로만 사용하였던 아날로그 도화기를 다목적으로 이용할 수 있는 컴퓨터로 대체할 수 있다는 장점을 가지고 있다. 또한 수치사진측량에 의하여 생성된 지형도는 수치 형태로 출력되기 때문에 CAD 또는 GIS 등에 직접 이용할 수 있다. 수치사진측량은 지도제작 뿐만 아니라 수치표고모델을 생성함으로써 모자이크나 정사영상 제작 및 여러 가지 영상분석 등에 활용된다.

18.13.1 디지털 영상

디지털 영상은 영상소(映像素) 또는 화소(畵素, pixels or picture elements)들의 규칙적인 배열로서 각각의 화소는 기하학적 요소와 방사에너지의 형태로 표시한다. 화소는 최소단위 표시지역의 평균 방사에너지, 즉 "밝기(brightness)"를 표시하는 것으로 해상도를 말하는 공간적 요소와 밝기를 표시하는 방사에너지의 양으로 표시한다.

디지털 이미지의 각 화소는 연속적인 입사광 분포의 직접 또는 간접적인 표본을 의미한다. 직접적 표본은 디지털 센서를 통한 직접적인 입사광에 의한 것이고 간접적 표본은 필름을 스캔하여 디지털 이미지로 변환하여 얻은 이미지를 말한다.

화소의 형태는 어떠한 규칙적인 배열의 형태로 표시되며 보통 행과 열로 표시되는 정규격자의 형태를 가지고 있다. 정육각형 형태의 격자는 정규격자와 비교하여 이론적인 면에서 이점이 있으나 실제적으로는 거의 사용하지 않는다.

디지털 영상은 〈그림 18.40〉에서와 같이 행렬요소 g_{ij}인 2차원 행렬, G로 구성된다. 여기서 각 행렬요소를 화소라 한다. i와 j는 각각 행렬 G의 열과 행을 나타낸다. 각 행렬요소는 하나의 면적을 표시하므로 영상점이라는 표현보다는 영상요소(映像要素) 또는 화소(畵素)라 표현하는 것이 바람직하다. 만일 디지털 영상을 사진측량목적으로 사용할 경우에는 $\xi\eta-$좌표계와 화소의 관계가 필요하다.

〈그림 18.40〉은 영상행렬 바깥쪽 1/2 화소위치를 원점으로 하는 영상좌표계를 나타낸다. i를 $\Delta\xi$로 곱하면 화소 g_{ij}의 중심에 대한 ξ-좌표를 얻을 수 있고 j를 $\Delta\eta$로 곱하면 η좌표가 된다. 따라서 수치사진측량에서 영상좌표의 전통적인 측정방법은 일반적인 화소의 위치결정방법과 동일하다.

디지털 영상은 보통 화소의 크기로 표시하고 있으나 화소 대신에 순간 시야각(瞬間

視野角, IFOV, Instantaneous Field Of View)로 표시하기도 한다. "IFOV"는 〈그림 18.41〉와 같이 화소의 크기와 초점거리에 의하여 결정되는 각(角)을 말하는 것으로 초점거리가 작아지거나 화소 크기가 커지면 "IFOV" 값도 증가한다. "IFOV" 값이 크다는 것은 화소 한 개에 포함하는 면적이 넓으며, 동시에 이미지의 공간해상도가 낮다는 것을 의미한다.

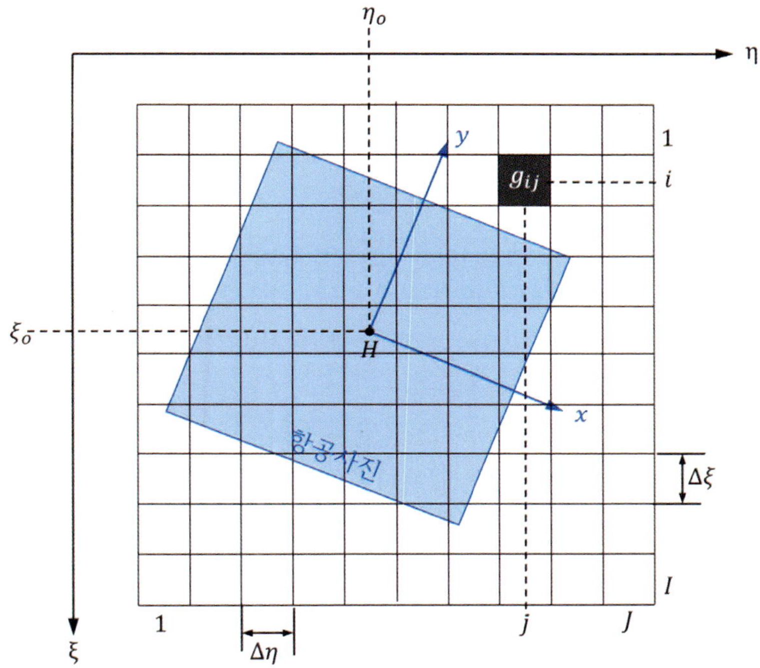

그림 18.40 디지털 영상의 정의

한편 "IFOV" 대신에 지상표본거리(地上標本距離, GSD, Ground Sample Distance)를 사용하여 화소를 표현하기도 한다. **"GSD"**는 공간해상도(GRD)에 대한 동의어로 잘못 사용하고 있으나 좀 더 정확히 말하면 〈그림 18.41〉에서와 같이 화소의 크기를 지상에 투영한 것을 말한다. 디지털 이미지의 해상도는 센서의 기하학적 요소와 대기조건 또는 플랫폼 운동 등과 같은 외부 조건들에 의하여 결정되기 때문이다.

GSD란 연속된 두 화소의 중심점 사이의 거리를 지상의 거리로 환산한 거리를 말한다. 따라서 GSD의 숫자가 크면 이미지의 공간해상도가 낮고 지상 물체의 식별 능력이 떨어진다. GSD는 이론적인 값이고 GRD(ground resolution distance)는 경험적인 값이다. GRD는 센서에 의하여 두 물체를 식별할 수 있는 최소한의 거리를 말하며

제 18 장

대기조건, 센서의 해상도, 촬영 고도에 의해 영향을 받는다.

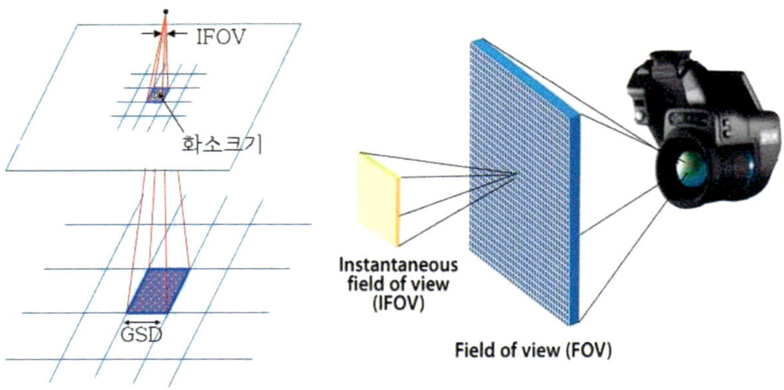

그림 18.41 IFOV와 GSD

GSD와 GRD와의 관계는 $GRD = 2kGSD$ 로 표시하기도 한다(k는 난기류, 구름, 렌즈 수차 등에 결정되는 계수로 $k=1$ 일 때 이상적이다).

화소는 위치에 따라 이미지의 농도(濃度, grey value or density)를 나타내는 수치적 값, 즉 화소값(DN, digital number)을 갖는다. 화소값은 기록장치의 형태와 사용하는 컴퓨터에 따라 다르나 일반적으로 흑백사진에서는 인간의 눈의 식별 한계인 0(흑색)에서 255(2^8-1, 백색)까지로 표시한다. 이와 같이 256개의 다른 값으로 표시하는 화소의 정보(DN)는 8bits($2^8=256$)로 저장된다. 컴퓨터에서는 "8bits그룹"과 같은 bits그룹(16bits, 32bits, 64bits등)을 하나의 단위, 즉 바이트(byte)로 표시한다. "bit"는 2를 밑수로 하는 지수로 표시한다, 예로서 8bits는 $2^8=256$, 9bits는 $2^9=512$, 10bits는 $2^{10}=1024$ ……16bits는 $2^{16}=65536$ 등. 이것은 16bits로 표시하는 경우 화소값은 0에서 65536까지 표시할 수 있음을 의미한다.

〈그림 18.42〉는 사각형으로 표시된 지역(왼쪽상단 원 안)에 대한 디지털 영상과 이에 상응하는 화소값을 8-비트 값으로 표시한 것으로 비트 수가 크면 클수록 농도의 표현 범위도 넓어진다. 그림으로부터 사진의 밝은 부분은 화소값이 크고 어두운 부분은 화소값이 작은 것을 알 수 있다. 사용하는 비트 수는 보통 8-비트를 사용하나 그림자의 농도를 식별하여야 하는 방사선 촬영과 같이 여러 가지 목적에 따라 12비트 또는 16비트까지 사용하기도 한다.

컬러사진은 각 화소마다 적색(赤色, red), 녹색(綠色, green), 청색(青色, blue)의 3개의 레이어(layer)를 가지는 영상블록으로 구성된다. 특히 다중파장의 컬러영상은 수치사진측량분야 보다는 원격측정분야 등에서 더 중요한 역할을 하므로 이 절에서는 생략하고 흑백사진에 국한하고자 한다.

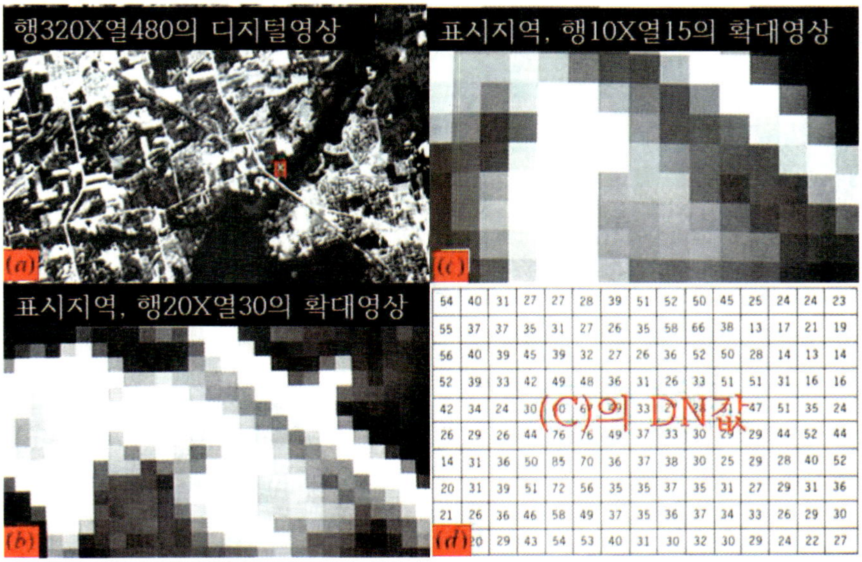

54	40	31	27	27	28	39	51	52	50	45	25	24	24	23
55	37	37	35	31	27	26	35	58	66	38	13	17	21	19
56	40	39	45	39	32	27	26	36	52	50	28	14	13	14
52	39	33	42	49	48	36	31	26	33	51	51	31	16	16
42	34	24	30	[illegible]	[illegible]	[illegible]	33	[illegible]	[illegible]	[illegible]	47	51	35	24
26	29	26	44	76	76	49	37	33	30	29	29	44	52	44
14	31	36	50	85	70	36	37	38	30	25	29	28	40	52
20	31	39	51	72	56	35	35	37	35	31	27	29	31	36
21	26	36	46	58	49	37	35	36	37	34	33	26	29	30
[illegible]	20	29	43	54	53	40	31	30	32	30	29	24	22	27

그림 18.42 디지털 영상과 화소 값

18.13.2 디지털 영상의 생성

수치사진측량을 위한 디지털영상은 항공사진을 디지타이징(digitising) 또는 스캔(scan)하거나 직접 디지털카메라로부터 얻어진다. 여기서 디지타이징(또는 스캔)이라 함은 항공사진을 아날로그 형태, 즉 연속적 색조 이미지로부터 디지털 형태(행과 열로 표시하는 화소형태)로 바꾸는 작업을 말하며 수동식 디지타이저 또는 스캐너 등을 사용한다.

앞에서 설명한 것과 같이 화소의 크기가 정밀도에 영향을 준다는 것은 쉽게 알 수 있다. 해석사진측량에서 얻어지는 정밀도 또는 그 이상의 정밀도를 얻고자 할 때 화소의 크기는 음화면에서 $2 \sim 3\,\mu m$ 보다 작아야 하지만 높은 정밀도가 필요치 않을 경우는 화소의 크기는 커도 무방하다. 정사투영영상(正射投影映像)의 경우는 상대적으로 커도 무방하다.

이미지를 만드는 것부터 제품생산까지 매우 짧은 시간에 만들고자 할 때 수치사진측량은 필수적이다. 최근의 수치사진측량의 발달은 수많은 화소, 많은 양의 데이터가 컴퓨터에 의하여 처리가 실시간에서 가능하지만 디지털카메라의 해상도는 측정용 항공카메라의 해상도를 따라가지 못한다. 따라서 작업의 성질과 목적에 알맞는 디지털영상 생성방법을 선택하여야 한다.

고정밀도의 작업으로 실시간 작업이 필요치 않을 경우는 일반적으로 항공사진의 디지타이징 또는 스캔 이미지로부터 디지털영상을 생성할 수 있다. 항공사진을 디지타이징(또는 스캔) 할 경우, 디지타이징 간격은 매우 중요하며 사진의 해상도에 따라 선택하여야 한다. 일반적으로 스캐너에 의한 디지타이징 간격은 〈식 18.22〉과 같은 식으로 표시한다.

$$\Delta D < \frac{1}{2R} \tag{18.22}$$

여기서, ΔD는 디지타이징(스캔) 간격으로 단위는 mm, R은 해상도로 단위는 lines/mm이다.

〈식 18.22〉는 이론적인 것으로 실제로는 분자를 0.7로 하는 다음과 같은 식을 사용한다.

$$\Delta D = \frac{0.7}{2R} \tag{18.23}$$

예를 하나 들어보면, 항공사진의 해상도가 50 lines/mm라고 할 때(색조가 빈약한 경우라도 보통 50 lines/mm의 해상도를 가진다) 적절한 디지타이징 간격은

$$\Delta D = \frac{0.7}{2 \cdot 50} = 0.007\text{mm} = 7\,\mu m$$

이 된다.

디지타이징 간격과 센서요소의 크기와는 그 개념이 다르다. 가장 이상적인 경우는 디지타이징 간격과 센서요소의 크기가 같을 경우이다. 어떤 디지타이저(digitizer)에서는 디지타이징 간격이 매우 작을지라도 센서요소는 상대적으로 크다. 이것은 원시데이터에 오염된 화소가 존재함을 뜻한다.

위 수치적 예에서와 같이 $7\mu m$ 보다 작은 화소는 얻기가 매우 어렵다. 화소크기가 작아지면 센서의 품질을 표시하는 신호/잡음비(信號/雜音比, signal-to-noise ratio)도 역시 “1” 가깝게 작아진다. 여기서, 신호/잡음비가 “1”이라는 것은 영상정보(또는 신호의 크기)와 잡음의 크기가 같다는 것을 의미한다.

수치사진측량을 위한 고정밀, 고해상도 디지털영상을 얻기 위해서는 이에 알 맞는 고성능 스캐너(scanner)가 필요하다. 스캐너는 앞에서 말한 것과 같이 아날로그 형태

(연속적 색조이미지)의 항공사진을 디지털형태(화소들의 행렬)로 변환한다. 이와 같이 항공사진이 디지털 이미지로 변환된 다음, 컴퓨터에서의 좌표측정이 이루어지며 좌표의 측정은 관측자가 컴퓨터의 모니터를 통하여 수동적으로 측정하거나 소프트웨어의 제어에 의하여 자동으로 이루어진다.

항공사진측량용 스캐너는 고정밀, 고해상도의 디지털 영상을 생성할 수 있어야 한다. 항공사진측량용 스캐너는 디지털변환(또는 정량화과정)과정에 따라 몇 가지로 구분될 수 있으나 기본 개념은 같다. 스캐너는 높은 기하학적 정밀도와 충분한 기하학적, 방사 해상도가 필요하다. 스캐너의 기하학적 해상도 또는 공간해상도는 이미지의 화소 크기를 나타낸다. 화소의 크기가 작으면 작을수록 이미지에서 얻을 수 있는 정보의 양은 더 많아진다. 고성능 항공사진측량용 스캐너는 화소의 최소크기가 5 μm ~ 15 μm 정도의 디지털 이미지를 생성할 수 있어야 한다. 이것은 보통 항공사진측량용 사진의 해상도와 비슷하다.

스캐너의 방사 해상도는 단일 화소에서의 농도차(濃度差)를 표시한다. 대부분의 스캐너는 10bits(1024 레벨) 또는 그 이상의 방사 해상도를 얻을 수 있으나 어느 경우에서나 최소 8bits(256레벨)의 방사 해상도는 얻을 수 있어야 한다.

스캐너의 기하학적 품질은 화소의 위치정확도로 표시한다. 만일 디지털 이미지를 보통의 항공필름과 자동 좌표측정기를 사용한 것과 같은 정밀도로 생성한다면, 디지털 이미지에서의 화소 위치는 같은 공간정밀도가 필요하다. 따라서 고성능 항공사진측량용 스캐너의 기하학적 위치정확도는 2 μm ~ 3 μm 정도이어야 한다.

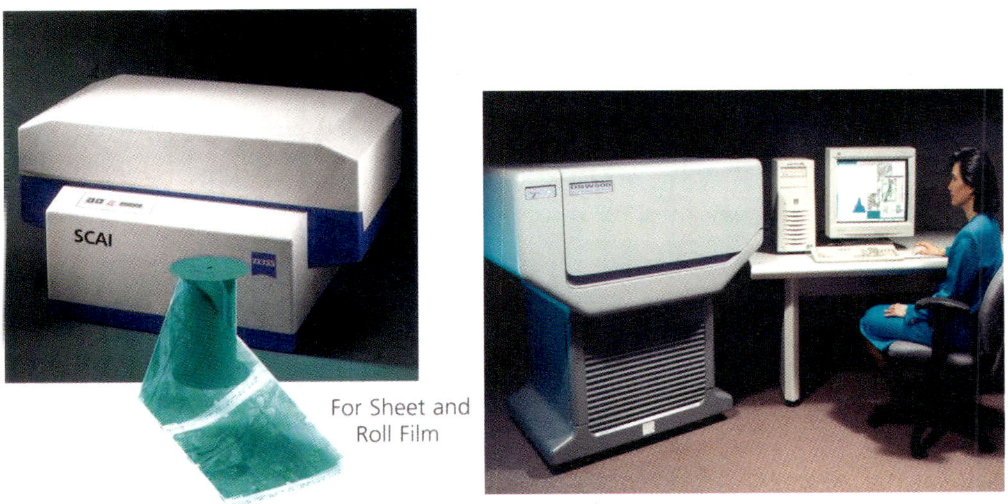

그림 18.43 스캐너(Zeiss PHODIS SCAI와 LH DSW 500)

〈그림 18.43〉의 왼쪽 그림은 Zeiss PHODIS SC 자동 스캐너이다. 이 스캐너는 평판형 고정식 스캐너로 낱장 필름 또는 롤 필름 모두 작업이 가능하다. 센서는 적, 청, 록 3개의 선형 어레이인 1D 칼라 CCD 카메라를 사용하며 기하학적 해상도는 7~224μm이고 정확도는 2μm이다. 방사학적 해상도는 적, 청, 록 각 256레벨이고 최대 스캔면적은 275 mm × 250 mm이다. 스캔속도는 0.45 MB/s(14μm, 흑백)로서 최대 4MB/s(7μm, 컬러)이다. 최대 작업속도는 38 mm/sec이다.

〈그림 18.43〉의 오른쪽 그림은 LH사의 DSW500 항공사진 스캐너이다. 이 스캐너는 평판식 이동형 스캐너로 낱장 필름 또는 롤 필름 모두 작업이 가능하며 최소 스캔 화소크기가 4 ~ 12 μm 로서 10bits의 방사 해상도와 2 μm 이상의 기하 정확도를 가지고 있다.

스캔속도는 1.8MB/s(12.5μm, 컬러), 1.4MB/s(12.5μm, 흑백)이고 최대 작업속도는 100 mm/sec이다. 최근에는 DSW700형이 개발되어 기존의 스캐너보다 약 30%정도 성능이 향상되었다.

18.13.3 시스템 하드웨어

수치사진측량에서는 워크스테이션(workstation)에 의하여 중복된 한 쌍의 실체모델에 대한 수치영상파일을 사용한다. 이때 중복된 이미지는 컴퓨터 스크린에 표시되고 입체적으로 관측된다. 워크스테이션의 가장 큰 장점은 수치영상 분석능력과 영상해석 또는 영상형상인식(映像形象認識) 능력을 통한 자동화에 있다. 또한 기존의 자료나 실체모델로부터 얻어진 벡터자료를 실체영상에 중첩시킬 수 있다. 수치사진측량에서 사용되는 "워크스테이션"은 항공사진의 측정을 위한 입체경 또는 다른 관측기구가 부착된 것 이외는 일반적인 데스크톱 컴퓨터와 동일하다.

수치사진측량에서 사용하는 영상파일은 보통 수백 MB 또는 그 이상의 크기이므로 컴퓨터 시스템은 고속처리가 가능하여야 하고 저장용량도 커야 한다. 또한 워크스테이션은 도화기(圖化機)에서와 같이 모델 안에서 X, Y, Z 방향으로 자유롭게 이동할 수 있어야 한다. 일반적인 수치사진측량 시스템에서는 "마우스"를 사용하여 X, Y 방향을 제어하고 Z 방향의 제어는 관측자의 엄지손가락으로 조작이 가능한 작은 핸들이나 전통적으로 도화기에서 사용하는 것과 같은 발판, 또는 손으로 조작하는 핸들 등이 사용된다.

또한 수치사진측량 시스템에는 입체영상을 얻기 위하여 관측자가 왼쪽 눈으로는 왼쪽 영상을, 오른쪽 눈으로는 오른쪽 영상을 볼 수 있는 장치가 필요하다. 입체영상을 얻는 방법으로는 편광필터를 사용하는 방법, 교대로 작동하는 셔터를 사용하는 방법, 2중 모니터를 사용하는 방법 등이 있다. 편광필터를 사용하여 입체영상을 얻는 방법은 편광화면이 장착된 컴퓨터와 직각으로 배열된 편광필터 안경을 사용하는 방법이다.

활성화(活性化)된 편광모니터는 초당 120번의 속도(120 Hz)로 두 이미지(왼쪽의 이미지와 오른쪽의 이미지)를 수평과 수직으로 교대로 표시하는 능력이 있다. 이때 관측자는 편광안경을 착용하여야 한다.

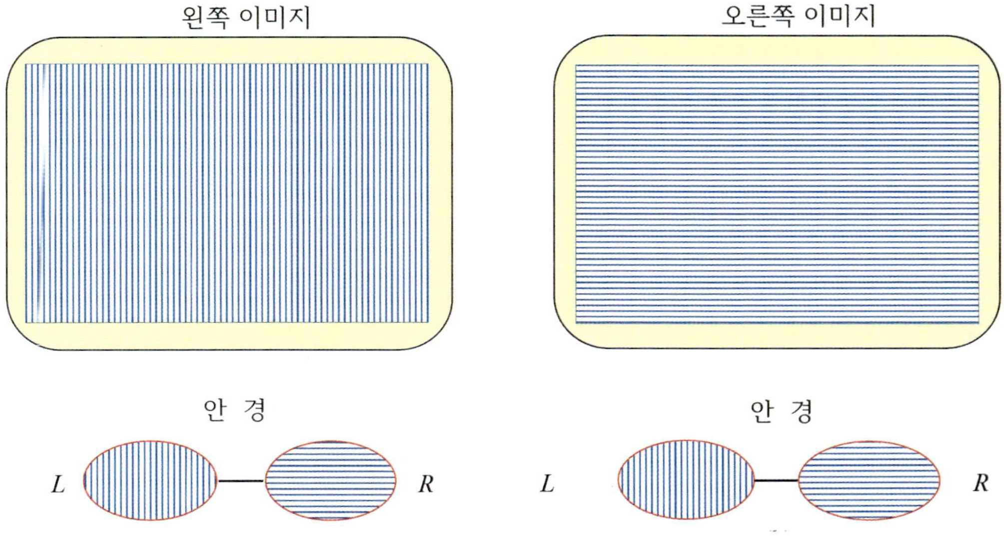

(a) (b)

그림 18.44 편광스크린에 의한 입체영상 원리

편광안경(偏光眼鏡)은 한 쪽의 필터는 이미지를 수평으로, 다른 한쪽의 필터는 수직으로 볼 수 있도록 만들어졌다. 〈그림 18.44(a)〉와 같이 어느 특정한 순간에 스크린의 극성(極性)이 안경의 왼쪽 필터의 극성에 맞추어져 있다면, 왼쪽 이미지가 스크린에 표시된 것으로 인식된다. 안경의 왼쪽 필터의 극성이 스크린의 극성과 같은 방향이기 때문에 왼쪽 이미지는 관측자의 왼쪽 눈을 통과하지만 오른쪽 눈은 안경의 필터가 스크린의 필터와 직각이기 때문에 아무것도 볼 수 없다. 눈 깜짝할 순간(1/200초)에 오른쪽 이미지가 모니터에 표시되고 〈그림 18.44(b)〉에 묘사된 것과 같이 안경의 오른쪽 필터의 극성과 일치하도록 스크린의 극성이 전환된다. 관측자의 오른쪽 눈은 모니터 위의 오른쪽 이미지를 보지만 왼쪽 눈은 아무것도 볼 수 없다.

이와 같이 오른쪽 이미지와 왼쪽 이미지가 교대로 표시되는 현상은 관측자가 알아차릴 수 없을 정도로 순간적으로 이루어진다. Leica DPW 770 수치사진측량 워크스테이션이 이러한 관측시스템을 가지고 있다.

또 다른 방법은 왼쪽과 오른 쪽의 이미지를 초당 120회의 속도로 교대로 표시하는 모니터와 이와 동일한 속도로 작동되는 특수한 액정관측안경을 사용하는 방법이다. 액정화면(液晶畵面)으로 된 특수 안경은 화면을 제어하는 적외선 장치로부터 전송되는 신호를 수신한다. 어느 특정한 순간에 왼쪽 이미지가 모니터에 표시되고 동시에 오른쪽 는에 있는 액정화면은 불투명하게 변한다. 오른쪽 눈은 닫혀있고 왼쪽 눈은 열려있어서 관측자는 왼쪽 눈으로 왼쪽 이미지를 볼 수 있게 된다. 그런 다음, 오른쪽 이미지가 모니터에 나타나고 동시에 액정화면은 불투명으로 변하여 관측자가 오른쪽 눈으로 오른쪽 이미지를 볼 수 있도록 한다. 이와 같은 동작을 초당 120번의 속도로 반복하면 관측자는 비로소 입체영상을 볼 수 있게 된다. Zeiss PHODIS와 Intergraph Image Station Z 등이 이와 같은 관측시스템을 가지고 있다.

세 번째 방법은 스크린을 분리하여 반사 실체경으로 보는 방법이다. 컴퓨터 모니터 앞에 반사실체경(反射實體鏡)이 설치되어 있고 관측자는 실체경을 통하여 모니터를 본다. 왼쪽 이미지는 모니터의 왼쪽에 표시되고 오른쪽 이미지는 모니터의 오른쪽에 표시된다. 반사실체경은 광로(光路)를 분리시키기 때문에 왼쪽 눈은 왼쪽 이미지만, 오른쪽 눈은 오른쪽 이미지만 보게 된다.

18.13.4 측정작업

전통적인 기계식 도화기에서 부점(浮點)을 이용하여 측정하는 것과 같이 수치사진측량에서도 부점을 이용하여 측정한다. 수치사진측량에서의 부점은 좌우 이미지에 각각 겹쳐있는 “하프 마크(half mark)”로 만들어진다. 이때 ”하프 마크“는 단 한 개의 화소로 표시되며 점, 십자 등 필요에 따라 복잡한 형태를 사용한다.

실제적인 측정작업은 좌, 우측 이미지에 상응하는 두 개의 화소로 만들어진 부점(floating mark)을 화면전체로 이동하면서 이루어진다. 관측자는 화면을 입체적으로 보면서 부점을 측정하고자 하는 점으로 정확히 이동한다. 이때, 컴퓨터는 왼쪽에 있는 점과 오른쪽에 있는 이에 상응하는 점의 화소를 인식한다. 그다음 컴퓨터는 화소의 가로, 세로의 위치를 사진의 x, y 좌표로 변환하고 해석사진측량의 방법을 이용하여 점의 좌표를 계산하게 된다.

이러한 측정작업은 대부분 컴퓨터에 의하여 자동으로 이루어진다. 즉, 수치영상정합(數値映像整合, digital image matching)이라는 기술을 사용하면 왼쪽 사진에 있는 어느 점의 위치를 오른쪽 사진에서 이에 상응하는 점을 자동으로 찾아 일치시킬 수 있다.

영상정합은 양쪽 사진에서 점의 부근 지역에 대한 영상농도의 형태를 비교 분석하는 방식이다. 즉, 왼쪽 이미지로부터 화소값들로 형성된 작은 하위행렬(下位行列, sub array)을 기준으로 이에 상응하는 오른쪽 이미지에서 일치하는 점을 찾는 방법이다. 영상정합에 의하여 찾아진 점은 실체모델에서 두 개의 부점을 일치시켜 목표물에 올려놓은 것과 같은 것을 의미한다.

18.13.5 표정작업

수치사진측량 도화기는 해석도화기와 유사하게 내부표정, 상호표정, 대지표정 등 3가지의 표정작업을 수행한다(18.13.7참조). 다만 해석도화기와 다른 점은 수치사진측량 도화기는 대부분의 과정을 자동화 할 수 있다는 것이다. 사진지표의 측정으로부터 이루어지는 내부표정은 관측자의 제어에 따라 직접측정을 할 수 있으며, 영상정합을 이용하기도 한다. 영상정합에 의한 사진지표의 위치를 확인하는 방법은 소위 텐플릿(template)이라고 부르는 사진지표의 표준영상(標準映像)과 일치하는 영상을 찾는 방법으로 이루어진다. 사진지표의 위치가 모두 측정되면 2차원 좌표변환에 의하여 영상좌표(행과 열)로 계산된다.

상호표정 역시 자동 영상정합 방법을 사용한다. 표준 정합점에 있는 왼쪽 이미지의 작은 하위행렬이 오른쪽 이미지에 상응하는 하위행렬에 일치시키는 방법이다. 충분한 정합점(적어도 6점)에 의한 영상정합이 이루어지면 상호표정 인자를 계산할 수 있다. 상호표정의 정확도는 잉여정합점(剩餘整合點)이 많을수록 높아지게 되어 대부분 최소제곱법에 의하여 계산된다.

대지표정은 모델 안의 지상기준점 들에 대한 3차원 측정으로부터 이루어지며 내부표정이나 상호표정에 비하여 상대적으로 자동화 과정이 적다. 지상기준점은 그 형태가 여러 가지이며 또한 모델의 여기저기에 분포되기 때문에 영상정합 방법에 의하여 자동으로 그 위치를 정하기가 매우 어렵다. 따라서 일반적으로 지상기준점에 대한 위치의 확인은 수동으로 이루어진다. 다만 디지털 이미지를 사용하여 사전에 블록조정이 완료된 경우는 대지표정과정을 자동으로 할 수 있다. 블록조정을 통하여 사진의 외부표정요소가 결정된다. 외부표정요소를 알게 되면 대지표정이 완료되며 따라서 다른 추가적인 측정이 불필요하다.

18.13.6 에피폴라 기하학의 원리

앞에서 말한 것과 같이 수치사진측량에서 측정작업의 자동화는 관련 대상물 위에 부점을 정치시키고 이들에 대한 영상정합을 통하여 이루어진다. 영상정합은 많은 양의 계산이 필요하기 때문에 영상정합 검색범위(映像整合檢索範圍)를 제한하는 방법을 사용하여 불필요한 계산을 피한다. 이러한 목적으로 에피폴라(epipolar) 원리를 사용하며 이 원리를 사용하면 탐색범위를 하나의 선으로 한정할 수 있다.

앞 절에서 이미 설명한 것과 같이 「좌·우 카메라의 노출중심점, 목표점, 목표점의 좌우 영상점이 모두 하나의 공통 면에 있어야 한다」는 조건을 공면조건이라 한다. 만일 입체모델에서 상호표정 요소를 알고 있다면 에피폴라 선을 결정하는데 공면조건을 이용할 수 있다.

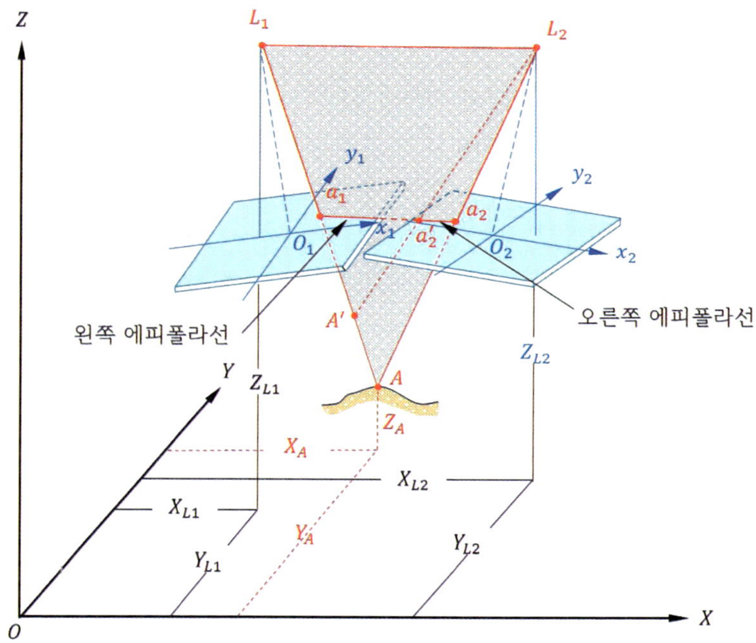

그림 18.45 에피폴라 기하학

<그림 18.45>는 좌우 사진면과 에피롤라 면($L_1A\ L_2$)과의 교차를 나타내며 이때 발생하는 교차선은 에피폴라 선이 된다. 왼쪽 사진 이미지의 위치가 a_1이라 할 때 이에 해당하는 오른쪽 사진의 이미지 위치 a_2는 오른쪽 에피폴라 선위에 존재하게 되므로 에피폴라 기하학은 매우 중요한 의미를 가진다. 이미지 점 a_1에 근거하여 대

상점(對象點) A는 직선 L_1A 위 어느 곳에 위치하게 된다(임의의 표고 Z_A에서).

예를 들면, 만일 대상점 A가 A'에 있었다고 하면 그의 이미지는 왼쪽 사진의 a_1에 있을 것이며 오른쪽 사진에서의 상응되는 점의 위치 a'_2는 공선조건에 의하여 계산될 수 있다. 마지막으로 점 a_2'와 점 a_1의 화소값 하위행렬을 비교검토 한다.

이들 두 위치가 대상점 A 의 공통점이 아닐 때는 하위행렬의 형태는 일치하지 않아 영상정합이 이루어지지 않을 것이며 따라서 오른쪽 에피폴라선 위에 있는 다른 점을 택하여 비교하여 영상정합 여부를 판단하여야 한다. 이러한 영상정합점 탐색은 상응되는 이미지점 a_2에서 "0"이 될 때까지, 즉 행렬형태가 일치할 때까지 계속한다. 영상정합이 이루어지면 a_1, a_2의 좌표를 사용하여 대상점 A의 3차원 좌표를 계산한다.

이와 같이 에피폴라 기하학의 원리를 이용하면 영상정합점에 대한 탐색이 매우 용이해 진다. 이러한 방법은 수치표고모델의 생성과 같이 수많은 점의 영상정합이 필요한 경우 매우 효과적이다. 많은 수치사진측량 소프트웨어는 양쪽 이미지에 있는 화소행렬의 열이 에피폴라 선위에 위치할 수 있도록 상호표정 후에 에피폴라 재배치 작업을 수행한다. 이와 같은 화소 재배치작업을 수행하면 영상정합작업의 효율이 높아진다.

18.13.7 디지털 영상정합

전통적인 아날로그 도화기의 기능은 3차원 모델 상의 부점(浮點)을 대상점 위에 올려놓고 실체사진의 좌우 이미지로부터 어떤 유사한 이미지 특성(질감과 모양 등)을 찾는 것이다. 인간의 지각능력은 이러한 작업을 수행할 능력이 있다. 우리 눈이 목표점에 고정되면 두 개의 이미지는 합쳐져 3차원으로 보인다. 수치사진측량 도화기에서는 부점을 목표점에 놓는 작업을 수동 또는 컴퓨터 제어에 의하여 할 수 있다. 이러한 일들을 수행하는 컴퓨터 프로그램에서는 디지털 영상정합기술을 이용한다.

디지털 영상정합은 영역을 기준으로 하는 방법(area-based), 형상을 기준으로 하는 방법(feature-based), 혼합적 방법(hybrid method)의 3가지로 구분한다. 영역기준 영상정합방법은 각 이미지로부터 작은 하위행렬 안에 있는 화소값들의 수치적인 비교에 의하여 영상정합을 한다. 이 방법은 가장 알기 쉬운 방법이며 일반적으로 가장 많이 사용하는 방법이다. 형상기준 영상정합법은 영역기준 방법보다 좀 더 복잡한 것으로, 여러 종류의 축척으로 표시되는 경계들로 구성된 어떤 형상에 대한 추출(抽出)작업이 포함된다. 이러한 형태들은 모양과 크기에 근거하여 연속적으로 비교하게 된다. 형상을 기준으로 하는 영상정합은 많은 컴퓨터 기술이 필요하다.

혼합적 영상정합은 위의 두 가지 방법을 혼합한 형태로서, 전통적으로 어느 뚜렷하고 특징 있는 목표물(경계)의 좌우 이미지를 찾아내고 이들을 영역기준 영상정합 방법으로 영상정합을 이루는 방법이다. 이들 3가지 방법은 모두 각각의 특징과 단점을 가지고 있으며 이 절에서는 영역기준 영상정합에 대하여 설명하고자 한다.

가장 간단하고 잘 알려진 영역기준 영상정합방법은 "정규화 된 상관관계(正規化 相關關係, normalized cross-correlation)"라는 기술을 사용한다. 정규화 된 상관관계를 이용하는 방법은 좌우 이미지에서 같은 크기의 하위행렬로부터 선택된 화소값들을 사용하여 통계적인 비교 검정을 하는 방법이다. 화소값들의 하위행렬을 A, B라 할 때 상관계수는 다음과 같은 식으로 계산한다.

$$c = \frac{\sum_{i=1}^{m}\sum_{j=1}^{n}\left[(A_{ij}-\overline{A})(B_{ij}-\overline{B})\right]}{\sqrt{\left[\sum_{i=1}^{m}\sum_{j=1}^{n}(A_{ij}-\overline{A})^2\right]\left[\sum_{i=1}^{m}\sum_{j=1}^{n}(B_{ij}-\overline{B})^2\right]}} \tag{18.24}$$

여기서, c는 상관계수, m, n은 하위행렬의 행과 열, A_{ij}는 행과 열 i, j에서 하위 행렬 A에 대한 화소값, $\overline{A}$는 하위행렬 A에 있는 화소값들의 평균값, B_{ij}는 행과 열 i, j에서 하위행렬 B에 대한 화소값, $\overline{B}$는 하위행렬 B에 있는 화소값들의 평균값이다.

상관계수의 값은 $(+1) \sim (-1)$ 까지의 값을 가지고 있으며 $(+1)$은 완전한 상관, 즉 "완전한 정합"을 의미한다. (-1)은 "부정적 상관"을 뜻하는 것으로 양화사진과 음화사진으로부터 동일점에 대한 비교가 이루어질 때 나타난다. 상관계수값이 "0"에 가까우면 "부정합"을 뜻하며, 어떤 두 쌍의 임의의 수를 비교할 때 나타날 수 있다. 완전한 정합, 즉 $(+1)$의 경우는 디지털 이미지의 잡음 때문에 극히 드물게 나타난다. 일반적으로 어떤 한계값(보통 0.7)을 정하고 이 값을 초과할 때 영상정합이 이루어진 것으로 생각한다.

정규화 된 상관관계에 의한 방법은 통계학적 선형회귀법(線形回歸法)의 과정과 동일하다. 회귀법은 일반적으로 통계학에서 상세히 다루고 있으므로 여기에서는 가장 기본적인 사항에 대하여 언급하고자 한다. 회귀법에서는 일련의 가로, 세로 좌표들이 주어진 직선에 얼마나 잘 부합되는가를 통계적으로 분석한다.

상관관계에 의한 디지털 영상정합은 다음과 같은 방법으로 수행될 수 있다. 먼저 왼쪽사진으로부터 후보 하위행렬(候補下位行列, candidate subarray)을 선택하고 오른쪽 이미지에 있는 이에 상응되는 하위행렬에 대하여 탐색이 시작된다. 오른쪽 이미지에서 이미지의 정확한 초기 위치를 알 수 없어 검색행렬(檢索行列, search array)의 크기는 후보행렬의 크기보다 더 커야 한다.

그런 다음 〈그림 18.46〉과 같이 왼쪽 이미지의 후보행렬을 오른쪽 이미지의 검색행렬 안에서 모든 가능한 창의 위치와 비교하는 이동창(moving window) 방법을 사용한다. 검색행렬 안의 각 창의 위치에서 상관계수를 이동창 방법과 유사한 방법으로 계산하며 이와 같이 계산된 상관계수들은 상관행렬 C를 구성한다. 모든 계수들을 계산하면 C에 있는 가장 큰 숫자가 위에서 설정한 "한계값"을 넘는지 여부를 검정한다. 만일 이 값이 한계값 보다 클 경우에는 검색행렬 안에서 상응되는 위치가 정합이 이루어진 것으로 간주한다.

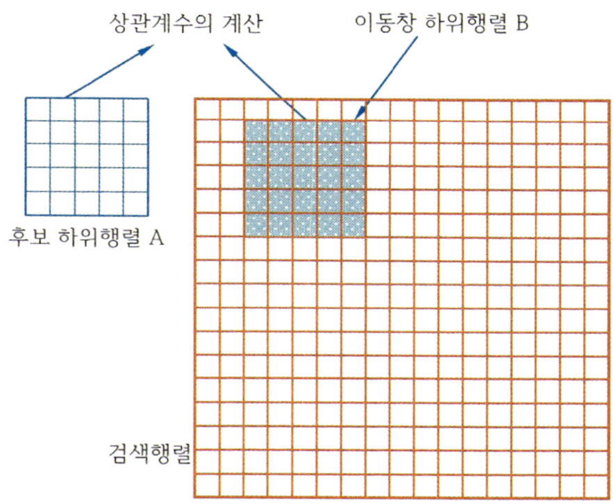

그림 18.46 검색행렬안에서 이동창을 사용한 상관계수의 계산

영역기준 영상정합의 두 번째 방법은 최소제곱법에 의한 영상정합방법(least squares matching)이다. 관념적으로 최소제곱 영상정합은 상관방법과 매우 유사하며 화소크기 보다 작은 위치까지 영상정합이 가능하다는 장점이 있다. 최소제곱 영상정합은 일반적으로 다음과 같은 방법을 사용한다.

$$A(x,y) = h_0 + h_1 B(x',y') \tag{18.25}$$

$$x' = a_0 + a_1 x + a_2 y \tag{18.26}$$

$$y' = b_0 + b_1 x + b_2 y \tag{18.27}$$

〈식 18.25〉에서 $A(x,y)$는 왼쪽 이미지 안의 후보 하위행렬에서 (x,y)의 위치에 있는 화소의 화소값이며 $B(x',y')$는 오른쪽 검색면적 안에 있는 하위행렬에서 (x',y')

제 18 장

의 위치에 있는 화소의 화소값이며 h_0와 h_1은 각각 방사변위와 축척이다.

〈식 18.26〉, 〈식 18.27〉은 왼쪽 사진의 화소좌표와 이에 상응되는 오른쪽 사진의 화소좌표 간의 부등각 변환관계를 나타낸 식이다.

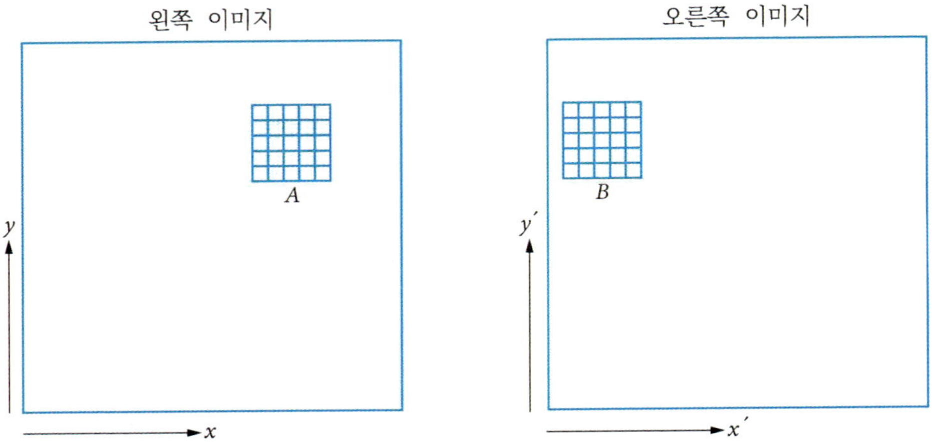

그림 18.47 최소제곱 영상정합에서의 하위행렬의 위치

〈그림 18.47〉은 좌우 이미지 안의 하위행렬 A와 B의 위치를 나타낸다. 그림에서 x와 y축, x'와 y'축은 각각 왼쪽과 오른쪽 이미지의 좌표축이며 좌표는 화소단위로 표시한다. 〈식 18.25〉, 〈식 18.26〉, 〈식 18.27〉을 정리하면 다음과 같은 최소제곱법을 위한 관측방정식이 얻어진다. 즉

$$f = h_0 + h_1 B(a_0 + a_1 x + a_2 y, b_0 + b_1 x + b_2 y) = A(x, y) + V_A \qquad (18.28)$$

여기서, f는 두 이미지로부터의 화소 값에 관련된 함수이며, V_A는 잔차이고 다른 항의 정의는 위와 같다. 한편 〈식 18.28〉은 비선형방정식이므로 Taylor 급수(級數)에 의하여 선형화하여야 한다.

최소제곱법에 의한 영상정합은 오른쪽 이미지 안에 있는 B에 대한 추정 위치를 사용하여 반복계산을 하게 된다. 따라서 $(h_0, h_1, a_0, a_1, a_2, b_0, b_1, b_2)$에 대한 초기값을 먼저 결정하여야한다. (h_0, h_1)은 회귀곡선에 의하여 추정될 수 있다. A와 B의 좌하단 화소의 좌표를 각각 (x_0, y_0)와 (x_0', y_0')라 하면 다음과 같은 부등각변환계수(不等角變換係數, affine transformation parameter)의 초기값을 구할 수 있다.

$$a_0 = x_0' - x_0 \quad a_1 = 1 \quad a_2 = 0$$
$$b_0 = y_0' - y_0 \quad b_1 = 1 \quad b_2 = 0$$

반복계산과정은 선형방정식을 형성한 후, 이들을 최소제곱법에 의하여 계산하여 초기값에 대한 보정값을 구한 다음 이들을 초기값에 더하는 과정을 반복하게 된다. 반복계산 초기에 하위행렬 B의 화소(미분계수 추정에 필요한 B 주변의 화소 하나 폭 크기의 경계에 배열된)는 오른쪽 이미지로부터 화소재추출(畵素再抽出, resampling)이 이루어진다.

화소재추출은 하위행렬 A의 화소들을 통하여 단계적으로 이루어진다. 즉 각 화소의 x, y를 취하고 이들을 〈식 18.26〉 및 〈식 18.27〉을 이용하여 오른쪽 이미지 좌표, (x', y')로 변환한다. 다음에 상응하는 화소값이 오른쪽 이미지로부터 (x', y')위치에서 재추출값이 계산된다. 하위행렬의 모든 값이 완전히 채워지면 최소제곱법에 의하여 계산한다. 이와 같은 계산은 보정값이 무시할 수 있을 때까지 계속된다.

여기서 한 가지 짚고 넘어갈 것은 첫째, 하위행렬 B의 추정위치는 방정식의 적절한 수렴(收斂)을 위해서 2~3개 화소 안에 있어야 한다는 것이다. 이것은 이미지 피라미드(Image Pyramid)와 같은 방법을 통하여 효과적으로 이루어질 수 있다. 둘째, 영상정합을 위한 하위행렬의 크기이다. 일반적으로 하위행렬의 크기는 $20 \times 20 \sim 30 \times 30$ 정도면 만족할 만한 성과를 얻을 수 있다. 만일 하위행렬의 크기가 너무 작으면 잉여수가 작아 매우 약하고 반대로 너무 크면 지형의 복잡성 때문에 여러 가지 문제점이 야기된다.

최종적으로 y'에 대한 변환공식은 영상정합을 이루기 전에 에피폴라 화소재추출(epipolar resampling)에 의하여 단순화 할 수 있다. 에피폴라 화소재추출에서는 행(行, rows)들이 에피폴라 선에 오도록 재배치한다. 이러한 과정이 이루지면 〈식 18.26〉 및 〈식 18.27〉은 다음과 같이 단순화된다.

$$x' = a_0 + a_1 x \tag{18.29}$$

$$y' = b_0 \tag{18.30}$$

18.13.8 이미지 피라미드

제 18 장

영상정합과 같이 디지털 이미지의 처리는 방대한 양의 데이터를 다루게 된다. 이러한 방대한 양의 데이터를 처리할 때 계층적 데이터구조를 활용하면 비교적 적은 양의 데이터를 이용하여 처리할 수 있도록 하여야 한다. 가장 대표적으로 사용하는 계층적 데이터구조는 쿼드트리(quadtrees)와 이미지 피라미드(image pyramids)이다.

쿼드트리는 하나의 2차원 공간을 4개의 똑같은 4각형으로 분할하여 만들어진 2차원 기하학적 데이터에 대한 나무뿌리 형태의 데이터구조를 말한다. 이와 같이 4개의 4각형으로 분할된 하나의 4각형 공간은 다시 4개의 4각형 공간으로 분할된다. 이와 같이 나무뿌리 하나가 다시 4개의 나무뿌리로 분할되고 그 중의 나무뿌리 하나가 또 다시 4개의 뿌리로 분할하는 것 같은 데이터구조를 말한다. 〈그림 18.48〉은 가장 간단한 쿼드트리 예이다.

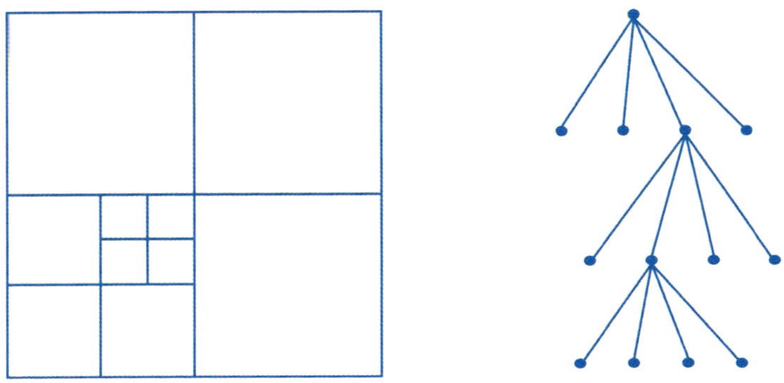

그림 18.48 쿼드트리의 예

이미지 피라미드는 디지털 이미지 데이터를 다룰 때 매우 효과적인 구조이다. 이미지 피라미드의 맨 끝 층은 원시 이미지이다. 가장 간단한 경우, 피라미드의 연속된 각 층은 이전 층으로부터 표본 연산자에 의하여 이루어지는 필터링(filtering)에 의하여 얻어진다.

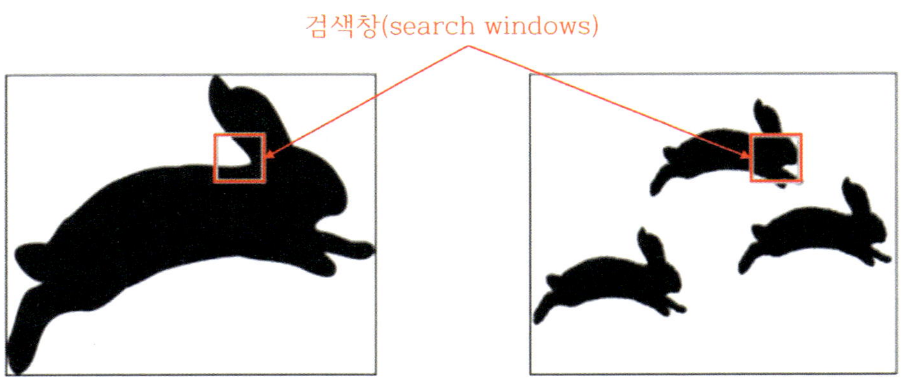

그림 18.49 토끼 예제 그림

이미지 피라미드를 이해하기 위하여 한 가지 예를 들어보겠다. 〈그림 18.49〉와 같이 왼쪽 이미지에는 한 마리의 토끼가 오른쪽 이미지에는 3마리의 토끼가 있다. 우리는 왼쪽의 토끼와 오른쪽의 토끼가 같다는 것을 즉시 알 수 있다. 이것은 두 이미지 전체를 한눈에 비교하여 볼 수 있기 때문이다. 그러나 이미지 처리 과정에서는 이미지 전체를 서로 비교하는 것이 아니라 작은 "윈도우(window)"에 의하여 비교된다.

"윈도우"는 이미지 안에 있는 물체의 크기(혹은 이미지축척)에 관계없이 전체 이미지의 크기에 의하여 "윈도우" 크기가 정해지며 이 윈도우에 따라 두 이미지에서 검출하는 코너가 완전히 달라진다.

이러한 문제를 해결하기 위한 방법으로 비교 대상 이미지의 확대(또는 축소) 버전을 여러 개 만든 후 이미지를 비교하는 것이다. 그림에서 오른쪽 이미지를 확대(축척을 크게)하다 보면(또는 이미지를 축소하다 보면) 언젠가는 왼쪽 이미지에 있는 토끼와 크기가 같아질 것이다.

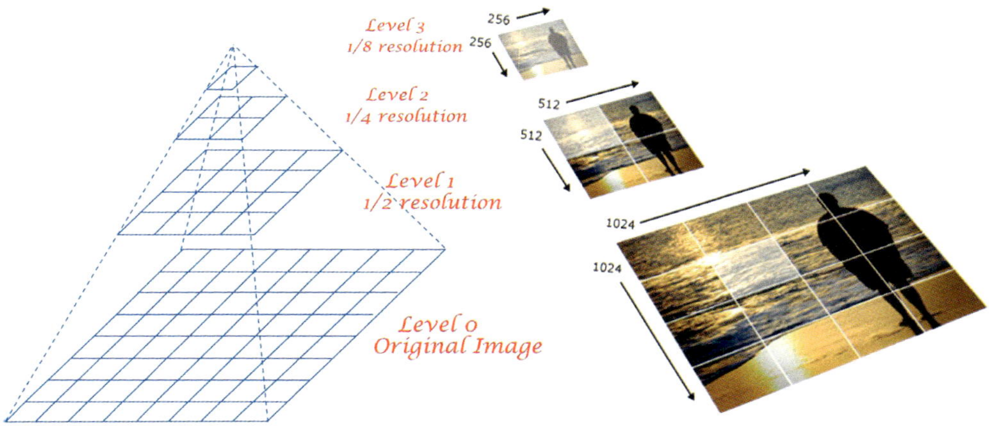

그림 18.50 가우시안 이미지 피라미드

또 다른 예를 들어보자. 우리가 얼굴 영상 하나를 가지고 있다고 하자. 다른 이미지에서 이 얼굴과 똑같은 이미지를 검색한다고 할 때 우리가 가지고 있는 얼굴 이미지의 크기와 다른 이미지에서 보이는 얼굴 크기가 다를 수 있다. 이 경우 검색 대상 이미지의 해상도를 여러 단계로 만들어 각 단계의 영상에서 얼굴을 검색하면 더 좋은 결과를 얻을 수 있다.

위의 예에서와 같이 크기(축척) 또는 해상도가 다른 여러 단계의 이미지 세트를 "이미지 피라미드(Image pyramid)"라 부른다(그림 18.50). 이렇게 부르는 이유는 원본 이미지의 해상도가 제일 높고 단계가 높아질수록 이미지 해상도가 떨어지기 때문에 마치 피라미드와 같이 이미지가 단계적으로 놓여있기 때문이다. 즉 하위단계가 상위단계 아래에 놓여있는 이미지가 된다.

이와 같이 이미지 피라미드는 하나의 원본 이미지를 원하는 단계까지 "다운 샘플링(downsampling)"하여 생성한 영상들의 집합이다. 이미지 피라미드는 보통 두 가지 종류의 이미지 피라미드가 사용되는데 하나는 상위단계(낮은 해상도)의 이미지를 생성하는 다운 샘플링 이미지를 만들 때 사용되는 "가우시안 피라미드(Gaussian pyramid)"와 피라미드 아래쪽에 있는 저해상도 이미지로부터 "업샘플링(upsampling)"하여 영상을 압축, 재구성할 때 사용되는 "라플라시안 피라미드(Laplacian pyramid)"가 있다. 라플라시안 피라미드는 가우시안 피라미드에서 형성되며 가우시안 피라미드의 해당 레벨과 그 상위레벨의 확장 버전의 차이에 의해 형성된다.

가우스 피라미드에서의 다운 샘플링은 하위단계 이미지의 짝수 열과 짝수 행의 픽셀을 제거함으로써 이미지 해상도를 줄인다. 일반적으로 $m \times n$ 이미지는 가로 세로가 절반으로 줄어든 $\frac{m}{2} \times \frac{n}{2}$의 이미지로 변환된다. 업샘플링은 다운샘틀링과는 반대로 상위단계 이미지의 짝수 열과 짝수 행에 픽셀을 추가하여 하위단계 이미지를 만든다. 하지만 생성된 하위단계 이미지는 제대로 된 이미지로 나타나지 않고 마치 "블러링(blurring)" 효과를 낸 듯한 이미지로 보이게 된다. 그 이유는 어떤 이미지의 해상도를 높이게 되면 높인 해상도에 해당하는 이미지 정보가 제대로 복원되지 않기 때문이다(블러링은 초점이 맞지않는 사진처럼 영상을 부드럽게 만드는 필터링기법이다).

가우시안 피라미드에서 이미지 피라미드를 생성할 때, 일련의 블러링과 함께 다운샘플링을 통해 이미지를 1/2씩 축소하면서 피라미드를 생성하기도 한다, 즉 블러링 → 1/2축소→ 블러링 → 1/2축소 → …. 블러링에는 Gaussian 필터를 이용하고 다운샘플링은 짝수 번째 픽셀들은 버리고 홀수 번째 픽셀들만을 취하는 방식으로 진행한다.

Gaussian pyramid에서는 이미지의 크기가 빠르게 줄어들기 때문에 피라미드를 구축하기 위한 시간과 메모리 요구량이 낮고 이후 빠른 영상분석이 가능한 장점을 갖는다. 하지만 이미지 크기에서 보면 Gaussian pyramid는 물체가 가질 수 있는 연속된 크기 변화를 매우 느슨하게 샘플링한 것 이므로 물체를 비교하거나 접합할 때 알고리즘 문제에서 문제가 어려워지는 단점을 갖는다.

이미지 피라미드를 사용하는 가장 간단한 영상정합방법은 정합하여야 할 두 영상간의 상관계수를 비교하는 방법이다. 일정한 크기(예로서 17×17 화소)의 왼쪽 이미지의 농도값이 d'_{ij}이고 이 크기와 똑같은 크기의 오른쪽 이미지의 농도값을 d''_{ij}라 하면 두

제 18 장

이미지간의 상관계수를 계산하여 서로 비교할 수 있다. 이러한 계산은 형태행렬의 핵심보다 더 넓은 검색지역 안에서 반복되고 검색행렬(search matrix)은 좌에서 우로 위에서 아래로 계속한다. 검색에서 계산되는 상관계수행렬 중에서 최대값은 최적의 영상정합을 의미한다.

농도차나 광원의 밝기 차이 또는 지형의 경사도등에 따라 상당히 작은 상관계수가 얻어질 수 있거나 상관계수를 잃어버릴 수도 있다. 대략적인 지역을 예측하거나 상관계수의 상실을 피하기 위한 것으로 $2\times2, 4\times4, 8\times8, 16\times16$ 화소의 이미지 피라미드를 사용한다. 먼저 상관작업은 전체 이미지에 대하여 가장 낮은 정밀도의 피라미드 층으로부터 시작한다. 이것은 다음의 좀 더 조밀한 층에서의 상관을 시작하도록 근사값을 제공하며 이러한 작업은 최대의 상관이 얻어지도록 최상층의 피라미드에 이르기까지 계속된다.

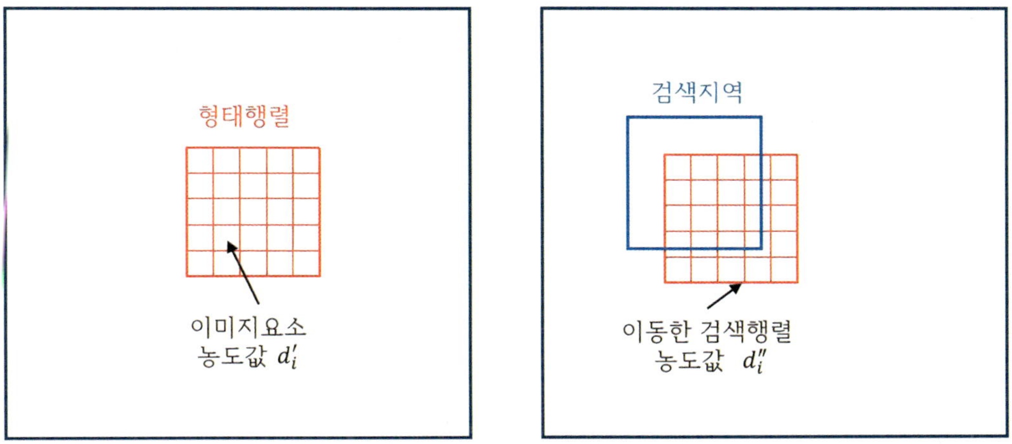

그림 18.51 상관계수의 계산

18.13.9 수치표고모델의 생성

수치사진측량 도화기의 가장 중요한 활용은 수치표고모델의 자동생성이다. 수치표고모델의 자동화 과정에서는 먼저 왼쪽 이미지로부터 일련의 이미지 점들을 선정하고 이어서 오른쪽 이미지에서 이에 상응되는 점들과 정합한다. 선택되는 이미지 점들은 수치표고모델의 정규격자와 같이 정규격자의 형태로 이루어진다. 일반적으로 최종적으로 만들어진 수치표고모델은 이미지에 존재하는 경사 또는 기복변위 때문에 완전한 정규격자와는 약간의 차이가 있다.

〈그림 18.52〉는 실체모델의 중복부분에서 자동 생성된 수치표고모델의 위치를 나

타낸 것이다. 지역경계는 수치표고점들이 존재하는 지역내부이다. 왼쪽 이미지 안에서 간격 (d_x, d_y)으로 격자점을 선정하며 이점들을 각각 오른쪽 이미지에서 이에 상응되는 점들과 영상정합기법에 의하여 정합한다. 일반적으로 지형이 완전한 평면이 아니기 때문에 수치표고모델 점들의 x-시차는 일정하지 않다. 이러한 불규칙한 x-시차로 인하여 〈그림 18.52〉의 오른쪽 그림과 같이 완전한 정규격자와 달라진다.

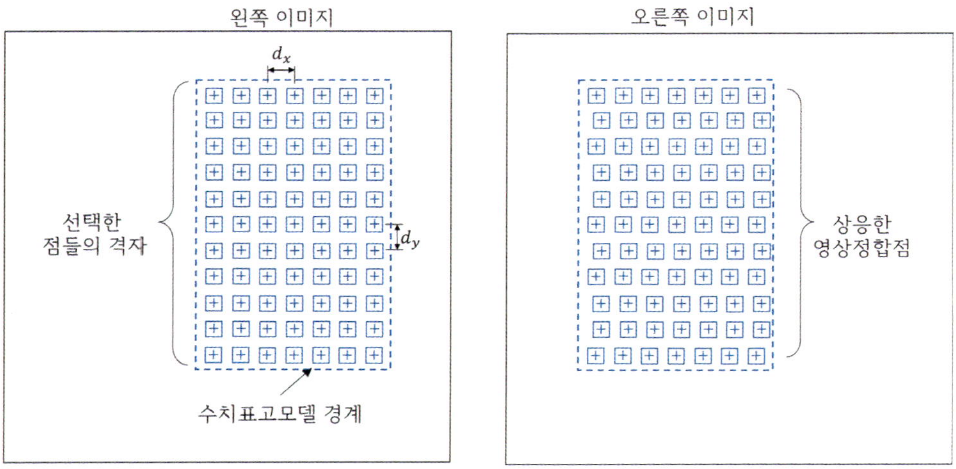

그림 18.52 자동생성에 의한 수치표고모델 점들

모든 영상정합이 이루어지고 수치표고모델 점들에 대한 3차원좌표가 계산된 다음, 지형상에 완전히 중첩된 부점(浮點)을 통하여 이들의 3차원 위치가 표현될 수 있다. 이때 관측자는 지형을 실체적으로 볼 수 있으며 지형에서 보이지 않는 다른 부분의 점들을 조정하는 등의 작업을 수행할 수 있다. 이와 같은 작업을 통한 수치표고모델의 결과가 컴퓨터에 저장되며 이들 데이터는 등고선의 자동생성 또는 정사영상 제작 등에 사용된다.

18.13.10 정사투영영상의 자동생성

수치사진측량을 이용한 정사투영영상(正射投影映像)의 생성은 가장 효과적이며 효율적인 방법으로 현대의 정사투영영상의 생성은 거의 모두 이 방법에 의하여 생성된다. 정사투영영상은 미분편의수정(微分偏倚修正)에 의하여 생성되는데 수치사진측량의 도화장치는 이러한 목적에 가장 적합한 장비라 할 수 있다. 미분편의수정을 위해서는 수치표고모델과 외부표정요소$(\omega, \phi, \kappa, X_L, Y_L, Z_L)$를 알고 있는 디지털사진이 필요하다. 또한 사진좌표로부터 디지털 이미지 좌표로 변환할 수 있도록 지표에 대한 디지컬 이미지 좌표(행과 열)가 필요하다. 그다음 공선조건식을 기초로 하여 정사투영영상을 생성하게 된다.

〈그림 18.53〉은 수치표고모델에서 어느 특정한 한 점 P에 대한 공선조건을 표시한 것이다. 점 P에 대한 (X, Y) 좌표는 수치표고행렬에서의 행과 열에 의하여 표시하며 Z좌표는 그 점에 대한 수치표고모델의 해당 행렬 위치에 저장된다.

점 P에 대한 3차원 좌표와 사진의 외부표정인자가 주어지면 공선조건식이 성립되고 이로부터 해당 점에 대한 사진좌표(x_p, y_p)를 구할 수 있다. 이때 사진좌표는 사진좌표계이기 때문에 이들을 행과 열로 표시되는 디지털 영상좌표로 변환하여야 한다. 일반적으로 좌표변환에 의하여 얻어진 행과 열의 좌표는 정수가 아니기 때문에 스캔된 사진에서 지상점 P에 해당하는 화소값을 얻기 위해서는 화소재추출이 필요하다.

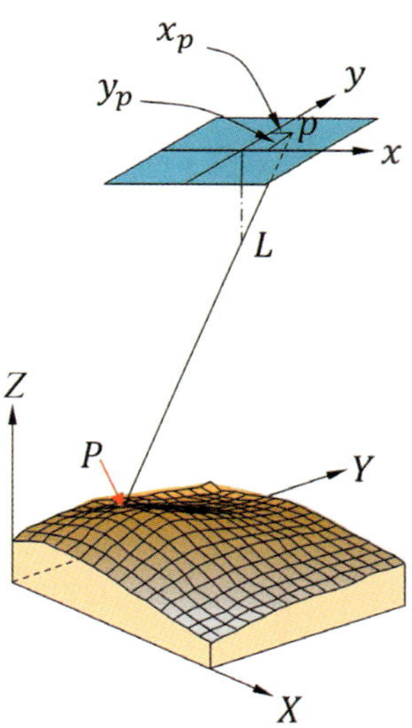

그림 18.53 DEM의 공선조건

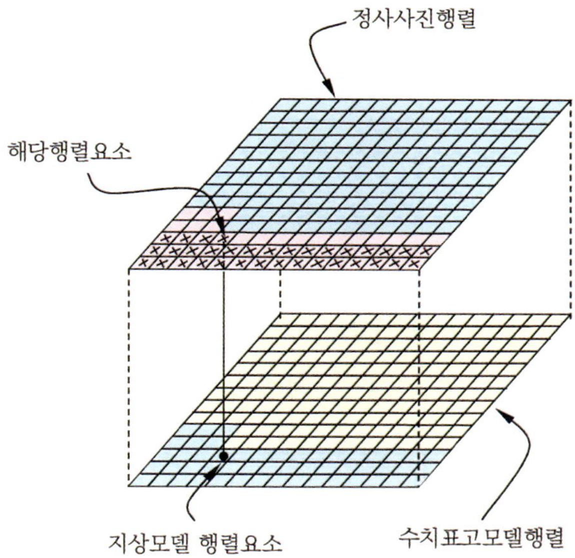

그림 18.54 수치정사투영영상 생성과정

수치정사투영영상의 생성과정은 수치표고모델 행렬 안에 있는 모든 점에 대하여 공선조건을 반복적으로 적용하는 것이다. 〈그림 18.54〉는 이 과정을 나타낸 것이다. 그림에서 DEM 행렬의 각 요소와 일대일로 이에 해당하는 정사투영영상 화소행렬이 연직 상하로 배치되어 있다. 정사투영 영상행렬은 처음에는 아무 값도 없는 빈 행렬이나 과정을 거치면서 화소값으로 채워지게 된다.

정사투영의 매 과정에서 DEM의 어느 특정 요소의 중심에 대한 X, Y, Z 좌표가 공선조건식에 대입되고 이것으로 얻어진 사진좌표는 수치영상의 행과 열 좌표로 변

제 18 장

환된다. 그런 다음 각 화소의 DN 숫자를 얻기 위한 화소 재추출 작업이 수행되고 계산된 화소값들은 디지털 또는 정사영상의 해당 화소에 채워진다. 이러한 과정은 정사영상 행렬의 모든 화소값 들이 채워질 때까지 계속된다.

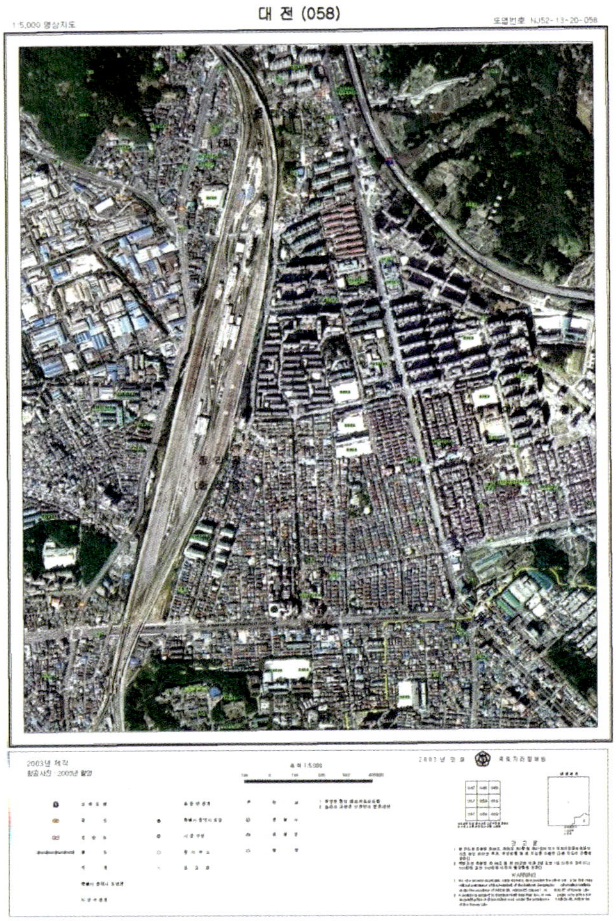

그림 18.55 정사투영영상지도

수치영상기술과 수치사진측량 도화장비의 발전에 따라 효율적으로 수치정사영상 제작을 할 수 있게 되었다. 이와 같은 영상은 사진측량방법에 의한 지도제작과정에서 가장 많이 사용되는 도구로 급속도로 변화되고 있다. 또한 이러한 수치정사영상 자료들은 정밀도와 시각성(視覺性)이 높아 지형정보시스템(Geographic Information System)의 기본도로 활용되고 있다.

〈그림 18.55〉는 국토지리정보원에서 제작한 정사투영영상지도이다.

18.13.11 수치영상의 좌표할당

수치영상은 위성영상, 디지털 카메라, 스캔항공사진 등 여러 가지 방법에 의하여 얻어진다. 수많은 화소들의 집합체로 구성되는 수치영상에서의 위치는 이미지 정규 행렬 안에서 단순히 행과 열로 화소의 위치를 결정하며 지상의 기준좌표계와는 아무 연관이 없다. 이와 같이 행과 열로만 그 위치를 나타내는 수치영상을 지상의 기준좌표계로 변환하여 변환된 지상좌표를 각 화소에 할당하는 과정을 "georeferencing" 또는 "ground registration" 이라 부른다. "georeferencing"은 사람에 따라 좌표부여(座標賦與), 좌표등록(座標登錄), 좌표할당(座標割當)등 여러 가지로 번역할 수도 있으나 이 책에서는 본래의 뜻을 고려하여 "좌표할당"으로 사용하도록 하겠다.

디지털 이미지의 좌표할당은 다음과 같은 두 가지의 기본단계로 이루어진다. (1) 이미지좌표와 지상좌표를 연결하는 2차원 좌표변환계수의 계산, (2)이미지의 모든 행렬요소를 지상좌표계로 변환한 화소값으로 다시 할당하여 완전히 채우는 과정의 두 가지 단계로 이루어진다.

첫 번째 단계에서는 지상기준점(地上基準點)을 선정하는 작업인데 이때의 지상기준점은 이미지에서 정확하게 식별이 되어야 하고 지상좌표를 알고 있어야 한다. 그다음 지상기준점에 대한 이미지 좌표, 즉 행과 열의 좌표를 구한다. 지상기준점에 대한 이미지 좌표를 얻는 가장 간단한 방법은 컴퓨터 화면상에서 컴퓨터 마우스와 같은 위치표시장치를 지상기준점에 고정하고 버튼을 눌러서 그 점의 행과 열의 위치를 기록하는 방법이다. 이와 같은 방법을 사용하여 이미지 좌표를 얻는 컴퓨터 프로그램이 많이 개발되었으므로 이들을 사용하면 쉽게 이미지 좌표를 얻을 수 있다.

좌표할당과정의 첫 번째 단계인 좌표변환은 지상좌표계(x, y)로부터 사진좌표계 (X, Y)로 변환하는 것이다. 여기서 일반적인 경우와는 다르게 이미지좌표를 대문자로, 지상좌표를 소문자로 사용한 것에 주의할 필요가 있다. 이는 좌표변환식에서 소문자는 초기 좌표계("from")로 대문자는 최종좌표계("to")로 사용하기 때문이다. 즉, 지상좌표계는 초기 좌표계이기 때문에 소문자로, 이미지 좌표계는 최종좌표계이기 때문에 대문자로 표기한다.

좌표변환은 여러 가지 방법을 사용할 수 있으나 일반적으로 상사변환(相似變換, conformal transformation)이나 부등각변환(不等角變換, affine transformation)을 주로 사용한다.

$$
\begin{aligned}
X &= ax + by + T_X \\
Y &= ay + bx + T_Y
\end{aligned}
\qquad (18.31)
$$

제 18 장

〈식 18.31〉에서 (x, y)는 지상좌표, (X, Y)는 행과 열로 표시된 이미지 좌표로부터 변환된 이미지 좌표, (a, b, T_X, T_Y)는 첫 번째 단계에서 계산된 계수를 표시한다. 이와 같이 계산된 변환계수들은 다른 점들에 대한 좌표변환에 사용된다. 이러한 과정을 거치는 이유는 두 번째 단계에서 설명된다.

좌표할당의 두 번째 단계는 지상좌표계상의 이미지를 얻는 과정이다. 이 과정을 이해하기 위하여 이미지를 "화소"라는 단위로 표시하는 것과 같이 지형에서도 "지형요소(地形要素: groundel)" 라는 단위를 사용하여 정규격자형태로 분할하여 생각하는 것이 편리하다. 지형요소가 화소와 다른 점은 화소는 지상좌표와 전혀 관계가 없는 반

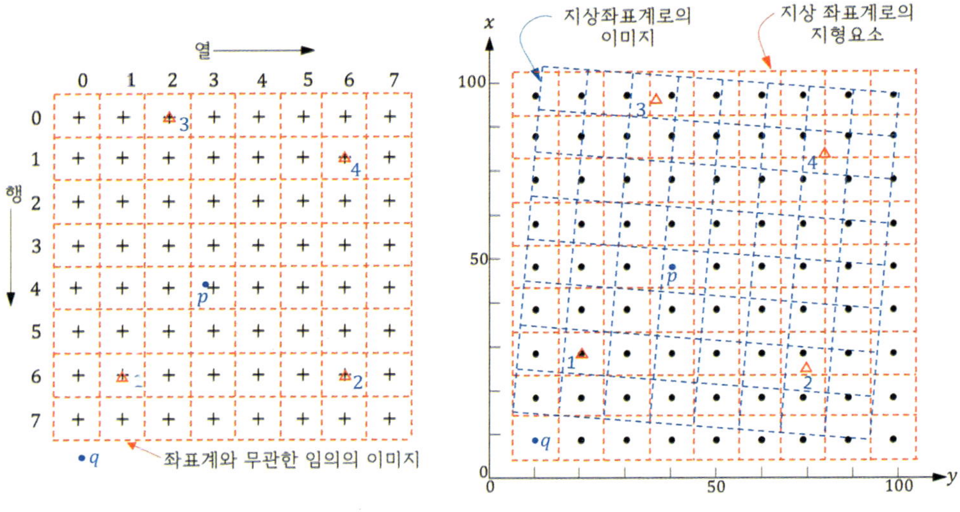

(a) (b)

그림 18.56 화소 재추출작업

면에 지형요소는 지상좌표계와 거의 평행하게 만들어진다. 모든 지형요소의 중심점에 대한 (x, y)좌표는 첫 번째 단계에서 계산된 변환계수에 의하여 이미지좌표로 변환된다. 이에 해당되는 위치에서 이미지 농도 값이 이에 상응하는 지형요소에 채워진다. 이것은 화소값 재추출과정(resampling)에 포함된다. 모든 지형요소에 이와 같은 과정을 거치면 화소값이 재추출된 이미지는 지형요소 행렬에 포함된다.

〈그림 18.56〉은 이러한 모든 과정을 나타낸다. 〈그림 18.56(a)〉는 좌표할당 이전의 8×8 화소의 디지털 이미지를 표시하며 회전이 되지 않은 하나의 정규격자 형태로 컴퓨터 화면에 표시될 것이다. 〈그림 18.56(b)〉의 실선으로 표시된 격자는 지상

좌표계인 (x, y)에 평행하게 정렬된 지형요소 행렬이다.

지형요소 행렬의 지상좌표는 〈그림 18.56(b)〉에서 작은 점으로 표시된 것과 같이 각 지형요소 중심위치의 좌표로 표시한다. 점선으로 표시된 것은 지상좌표계에 맞도록 정렬되었을 경우의 디지털 이미지를 표시한다.

※ 수치사진측량부분은 "Elements of photogrammetry with application in GIS, Paul R. Wolf"와 기타 인터넷에 공개된 자료에서 부분 인용 또는 참고하였습니다.

참고문헌

박운용, "기본측량학", "응용측량학", 형석출판사
백은기, "측량학", 청문각
안철호, 최재화, "일반측량학", 문운당
유복모, "측량공학", 박영사
이석찬, "표준측량학", 선진문화사
이영진, "측량정보학", 청문각
조규전, "표준측량학", 보성문화사
조규전, G. Konecny, "공간정보공학", 양서각
차득기, "GPS 측량일반", 성림출판사
최재화, "우리나라의 항공사진측량의 발달사 연구", 대한측량협회
"한국지지, 총론", 1980, 건설부 국립지리원
"新 GPS測量의 基礎", 日本測量協會, 大韓測量協會飜譯
"現代測量學, 第1卷~第7卷", 日本測量協會,
吉澤孝和, "實用測量學", 山海堂
飛田辭男, "世村井俊治, "空間情報工學", 日本測量協會
界測地界와 座標計算", 日本測量協會
村井俊治, "空間情報工學", 日本測量協會
A. Banister, R. Baker, "Solved Problems in Surveying", Longman Scientific Technical
A. Bannister, S. Raymond, "Surveying, 5th Edition", Pitman
A. Bannister, S. Raymond, "Surveying, 6th Edition", Longman Group
A. E. Ingham, "Hydrography for the Surveyors and Engineers, 2nd Edition", Granada
A. E. Ingham, "Hydrography for Surveyors and Engineers, 3rd Revised", Blackwell Science
A. Hald, "A statistical Theory with Surveying Applications", John Wiley and Sons
A. L. Allan, J. R. Hollweg, "Practical Surveying and Computation, Revised 2nd Edition", Laxtons
A. L. Allan, J. R. Hollweg, "Practical Surveying and Computation", Hinemann
Ahmed El Rabbany, "GPS", Artech House
Alan Ingham, "Sea Surveying I", Wiley and Sons
Alan Ingham, "Sea Surveying II", Wiley and Sons
Albert J. Hoskinson, "Manual of Geodetic Astronomy", US Dept of Commerce
Alfred Leick, "GPS, Satellite Surveying 1st Edition", Wiley and Sons

Alfred Leick, "GPS, Satellite Surveying 2nd Edition", Wiley and Sons
Aylaner Jonson, "Plane and Geodetic Surveying", Spon Press
B. Austin Barry, "Errors in Practical Measurements in Science, Engineering, and Technology", John Wiley and Sons
B. D. F. Methley, "Computational Models in Surveying and Photogrammetry", Blakie
B. Hofmann-Wellenhof, H. Lichtenegger, J. Collins, "GPS, Theory & Practice, 1st Edition", Springer
B. Hofmann-Wellenhof, H. Lichtenegger, J. Collins, "GPS, Theory & Practice, 2nd Edition", Springer
B. Hofmann-Wellenhof, H. Lichtenegger, J. Collins, "GPS, Theory & Practice, 3rd Edition", Springer
B. Hofmann-Wellenhof, H. Lichtenegger, J. Collins, "GPS, Theory & Practice, 4th Edition", Springer
B. Hofmann-Wellenhof, H. Lichtenegger, J. Collins, "GPS, Theory & Practice, 5th Edition", Springer
Barry F. Kavanagh, S. J. Glennbird, "Surveying, 2nd Edition", Prentice Hall
Barry F. Kavanagh, S. J. Glennbird, "Surveying, 4th Edition", Prentice Hall
Barry F. Kavanagh, "Surveying, Principles and Applications, 7th Edition", Prentice Hall
Barry F. Kavanagh, "Surveying with Construction Applications, 2nd Edition", Prentice Hall
Barry F. Kavanagh, "Surveying with Construction Applications, 3rd Edition", Prentice Hall
Bernd Jahne, "Digital Image Processing", Springer
Bomford W. Parkinson, "Global Positioning System, Vol I", American Institute of Aeronautical and Astronautics, Ives
Bomford W. Parkinson, "Global Positioning System, Vol II", American Institute of Aeronautical and Astronautics, Ives
Bruce Grubbs, "Basic Essentials Using GPS, 2nd Edition", Falcon Guide
Bruce Davis, "GIS, A Visual Approach", Onward Press
Buck, "Advanced Calculus, 3rd Edition", International Student Edition
C. Albert White, "A History of the Rectangular Surveying System", US Department of Interior
C. D. Burnside, "Electronic Distance Measurements, 2nd Edition", Granada
C. D. Burnside, "Mapping from Aerial Photographs", Granada
C. Robbinson, L. Ruddok, "Quantitative Method for Surveyors", Construction Press
Charles A. Herubin, "Principle of Surveying, 3rd Edition", Reston Publishing Co.

Charles A. Herubin, "Principle of Surveying, 4th Edition", Prentice Hall

Charles B. Breed, George L. Hosmer, "Elementary Surveying, The Principle and Practice of Surveying Vol I", John Wiley and Sons

Charles B. Breed, George L. Hosmer, "Higher Surveying, The Principles and Practice of Surveying Vol II", John Wiley and Sons

Charles D. Ghilani, Paul Wolf, "Elementary Surveying, 11th Edition", Peason

Charles D. Ghilani, Paul Wolf, "Elementary Surveying, 12th Edition", Peason

Charles D. Ghilani, Paul Wolf, "Elementary Surveying, 13th Edition", Peason

Charles F. Meyer, David W. Gibson, "Route Surveying and Design, 5th Edition", Harper & Row

Charles M. Deetz, Osca S. Adams, "Elements of Map Projections, 2nd Eition", US Dept of Commerce, Special Publication no.68

Chester C. Slama, "Manual of Photogrammetry, 5th Edition", ASPRS

Christopher J. Willis, Don Newman, "Elements of Quantity Surveying, 8th Edition", BSP Professional Books

Cliff Greve, "Digital Photogrammetry", ASPRS

David Clark, "Plane and geodetic Surveying for Engineers, 6th Edition, Vol I", Butterworths

David Clark, "Plane and geodetic Surveying for Engineers, 6th Edition, Vol II", Butterworths

David G. Kleinbaum, "Applied Regression Analysis and Mathematical Method", Duxbery Press

David Manne, "Digital Elevation Model, Technology and Application", ASPRS

David P. Manne, "DEM Technology and Applications, 2nd Edition", ASPRS

David P. Paine, "Aerial Photography", Wiley and Sons

David Wells' Guide to GPS Positioning", Canadian GPS Association

Davis Brown, "GPS, 2nd Edition", Discovery Walking Guides

Douglass E. Barnet, Antonin Kostal, "Surveying Computational Manual", McGraw Hill

E. Groten, R. Strauss, "GPS Techniques Applied to Geodesy and Surveying", Springer

E. H. Thompson, "Photogrammetry and Surveying", Photogrammetry Society, London

Edward M. Mikhail, F, Ackermann, "Observation and Least Squares", IEP-A Dun-Donnelley Eamon B. Barrett, David M. McKeown, Jr., "Integrating Photogrammetric Techniques with Scene Analysis and Machine Version", SPIE

Edward G. Zimmerman, "Basic Surveying Computations", Landmark Enterprise

Edward J. Dudewicz, Satya N. Mishra, "Modern Mathematical Statistics", Wiley and

Sons
Edward M. Mikhail, Gordon Gracie, "Analysis and Adjustment of Surveying Measure ments" Van Nostrand Reinhold Co.
Edward M. Mikhail, James S. Bethel, "Introduction to Modern Photogrammetry", Wiley
Edward M. Mikhail, James S. Bethel, "Modern Photogrammetry", Wiley and Sons
Edward R. Liely, "Surveying Instruments and Their History", Carben Surveying Re print
Elliot D. Kaplan, "Understanding GPS, Principles and Applications", Artech House
Elliot D. Kaplan, Christopher J. Hegarty, "Understanding GPS, 2nd Edition", Arctec h House
Erwin Groten, "Geodesy in the Earth Gravity Field, Vol I", Dummler.
Erwin Kreyszig, "Advanced Engineering Mathematics, 5th Eition", John Wiley and Sons
Evar D. Nering, "Linear Algebra and Matrix Theory, 2nd Edition", Wiley and Sons
F. A. Shepherd, "Engineering Surveying, Problems and Solutions, 2nd Edition", Arn old
F. D. Hobbs, S. E. Doling, "Planning for Engineers and Surveyors", Pergaman
F. K. Brunner, "Geodetic Refraction", Springer Verlag
F. Sanso, "Geodetic Theory Today", IUGG, Springer-verlag
F. Sanso, R. Rummel, "Theory of satellite Geodesy and Gravity Field Determinatio n", Springer-Verlag
Francis H. Moffitt, John D. Bossler, "Surveying, 10th Edition", Addison-Wesley
Francis H. Moffitt, M. Mikhail, "Photogrammetry, 3rd Edition", Harper & Row
Francis M. Moffitt, Harry Bokchard, "Surveying, 7th Edition", Harper & Row Publis her
Frederick Pearson II, "Map Projection Software", Sigma Scientific Inc.
Frederick Pearson, "Map Projection Method", Sigma Scientific Inc.
Fritz Deumlich, "Surveying Instruments", de Gruyter
G. A. Hughes, "The Anatomy of Quantity Surveying, 2nd Edition", Construction Pr ess
G. Bomford, "Geodesy, 3rd Edition", Oxford
G. C. Dickinson, "Map & Air photographs, 2nd Edition", Edward Arnold
G. D. Burnside, "Electronic Distance Measurement", Crosby Lockwood Staples
G. R. Noakes, "Text book of Light", McMillan & Company Ltd.
Gilbert Strang, Kai Brice, "Linear Algebra, Geodesy and GPS", Wellesley Cambridge Press
Gottfreid Konecny, "Geo-informations", Taylors and Francis

Grunter Seever, "Satellite Geodesy, 2nd Edition" de Gruyter
H. Baines, E. S. Bomback, "The Science of Photography", Wiley and Sons
Hume F. Rainsford, "Surveying Adjustments and Least Squares, Constable & Co. Ltd
Austin Barry, "Errors in Practical Measurements in Science, Engineering, and Technology", John Wiley and Sons
H. M. Karara, "Handbook of non-topographic Photogrammetry", ASPRS
H. Robinson, Joel L. Morison, "Elements of Cartography, 6th Edition", Wiley and Sons
Helmut Moritz, Hans Sunkel, "Approximation Method for Geodesy", Herbert Wichmann Verlag
Heribert Kahman, Wolfgang Faig, " Surveying", de Gruyter
Hermert Moritz, "applied Physical Geodesy", Herbert Wichman verlag
Hooijberg, "Practical Geodesy", Springer
Hower E. Brown, "Solutions of large Networks by Matrix Method, 2nd Edition", Wiley and Sons
Irene K. Fischer, "Geodesy? What's That?", iUniverse Inc.
Irwin Miller, John E. Freund, "Practical Statistics for Engineers, 3rd Edition", Prentice Hall
ITC Text Book Chapter Ao, Introductory Course Photogrammetry, ITC
J. Uren, W.F. Price, "Surveying for Engineers, 4th Edition", Palgrave
J. A, Keates, 'Cartographic Design and Productions", Longman
J. A. Nathanson, P. Kissam, "Surveying Practice, 4th Edition", McGraw Hill
J. A. Sandover, "Plane Surveying", Edward Arnold Ltd.
J. B. Mackie, " Element of Astronomy for Surveyors", Charles Griffin & Co. Ltd
J. C. Pugh, "Surveying for Field Scientists", Methuen & Co. Ltd.
J. E. Jackson, "Plane and Geodetic Surveying for Engineers, Vol I, 6th Edition", Constable
J. G. Olliver, J. Clendinning, "Principles of Surveying, Vol I, Pane Surveying, 4th Edition", van Nostrand Reinfold
J. G. Olliver, J. Clendinning, "Principles of Surveying, Vol II, Photogrammetry, Adjustment and Field Astronomy, 4th Edition", van Nostrand Reinfold
J. H. Hawes, "Manual of US Surveying", J. R. Liippincoth & Co.
J. M. Rueger, "Electronic Distance Measurements, 4th Edition", Springer
J. M. Tienstra, "Theory of Adjustments of Normally Distributed Observation", N.V. Uitgeverij
J. O. Bird, "Statistic for Technicians", Longman
J. Pettet, "Site Survey and Leveling, 2nd Edition", Hutchinson Text

J. R. Parker, "Algorithms for Image Processing and Computer Visions", John Wiley and Sons

J. R. Smith, "Basic Geodesy",Landmark Enterprise

J. R. Smith, "From Plane to Spheroid", Landmark Enterprises

J. S. Keates, "Understanding Mps", Longman

J. Uren, W. F. Price, "Calculations for Engineering Surveys", Van Nostrand Reinhold

J. Uren, W. F. Price, "Surveying for Engineers, 3rd Edition", Macmillan

Jack B. Evett, "Surveying", John Wiley and Sons

Jack C. McCormac, "Surveying Fundamentals, 1st Edition", Prentice Hall

Jack C. McCormac, "Surveying Fundamentals, 2nd Edition", Prentice Hall

Jack C. McCormac, "Surveying, 3rd Edition", Prentice Hall

Jack C. McCormac, "Surveying, 4th Edition", Wiley and Sons

Jack C. McCormac, "Surveying, 5th Edition", Wiley and Sons

Jack C. McCormac, Wayne Sarasua, William Davis, "Surveying, 6th Edition", Wiley and Sons

James M. Anderson, Edward M. Mikhail, "Introduction to Surveying", McGraw Hill

James M. Anderson, Edward M. Mikhail, "Surveying, Theory and Practice, 7th Edition", McGraw Hill

James R. Smith, "Introduction to Geodesy", Wiley, International Edition

James Underhill, "Mineral Land Surveying", The mining Reprint Publishing Co.

James Williamson, "Surveying and Field Works, 3rd Edition", Constable & Co. Ltd

James Williamson, "Surveying and Field Works, 1st Edition", Constable & Co., Ltd.

Jan Van Sickie, "1001 Solved Surveying Fundamental Problems, 2nd Edition", Professional Publication, Inc.

Jan Van Sickle, "GPS for Land Surveyors", Ann Abor Press

Jan Van Sickle, "GPS for Land Surveyors, 2nd Edition", CRC Press

Jeff Hurn, "Differential GPS", Trimble

Jeff Thurstor, Thomas K. Poiker, "Integrated Geospatial Technology", Wiley and Son

Jerry Nathanson, Philip Kissam, "Surveying Fundamental and Practice, 5th Edition", Peason

Jie Shan, Charles V. Toth, "Topographic Laser Ranging and Scanning", C&R Press

John A. Ciciarelli, "A Practical Guide to Aerial Photography", Van Nostrand Reinhold

John Clancy, "Site Surveying and Levelling", Edward Arnold

John D. Bossler, "Careers in Geodesy", AGUSG

John G. McEntyre, "Land Surveying Systems", Wiley and Sons

John Garver, Davis James, "Surveying", The Estates Gazette Ltd
John Loxton, "Practical Map Projections", Wiley and Sons
John P, Snyder, "Map Projection", US Government Printing Office
John P. Snyder, "Map Projection Used by the US", US Government Printing Office
John P. Synder, "Map Projection-A Working Manual", US Government Printing Of fice
John R. Jensen, "Introductory Digital Image Processing", Prentice Hall
John Wright, "Ground and Air Survey for Field Scientists", Clarendon Press
Joint Committee of ACSM & ASCE, "Definitions of Surveying and Associated Ter ms, ACSM & ASCE
Jonh P. Snyder, "Map Projection Used by USGS, 2nd Edition", US Government Prin ting Office
Joseph Schroedel, "Geodetic and Control Surveying", US Army Corps of Engineers
Joseph Weisberg, Haward Parish, "Introductory Oceanography", McGraw Hill
K. B. Atkinson, "Development in Close Range Photogrammetry-I", Applied Science Publi cation
K. D. Elworthy, "From Local Time to Global Geometry, Control, and Physics", Lo ngman Scientific and Technical
K.B. Atkinson, "Close Range Photogrammetry and Machine Vision", Whittles Publi shing
Karl Kraus, "Photogrammetry, 2nd Edition", de Gruyter
Karl Kraus, "Photogrammetry, Vol I, Fundamentals and Standard Process", Ferd Du mmler
Karl Kraus, "Photogrammetry, Vol II, Advanced Method and Applications", Ferd Du mmler
Kenneth E. Kratz, LJ, "Surveying Crew Manual", P.O.B. Publishing Co.
L. Allan, "Maths for Map Make", Witle Publishing
L. Fialovszky, "Surveying Instruments and Their Operational Principles", Elsevier
Littlesand, Kiefer, "Remote Sensing and Image Interpretation", John Wiley and So ns
Lloyd A. Brown, "The story of Map", Dover
Louis Nasheisky, "Introduction to Digital Technology", John Wiley and Sons
M. A. R. Cooper, "Modern Theodolites and Levels, 2nd Edition", Granada
M. J. T. Lewvis, "Surveying Instruments of Greece and Rome", Cambridge
M. A. R. Cooper, "Control Surveyings in Civil Engineering", Collins
M. Loeve, "Probability Theory II, 4th Edition", Springer-verlag
Maarten Hooijberg, "Practical Geodesy Using Computer", Springer
Maria Petron, "Image Processing", Wiley and Sons

Mark E. Byrnes, "Sampling and Survey Radio logical Environment", Lewis
Mark S. Monmouier, "Computer Assisted Cartography", Prentice Hall
Martine Hotine, "Differential Geodesy", Springer-Verlag
Michael N. Demers, "Fundamental of GIS, 3rd Edition", Wiley and Sons
Michel Kissam, Yves Egeles, "Digital Photogrammetry", Taylors and Francis
Milton D. Schmidt, Kam W. Wong, "Fundamentals of Surveying, 3rd Edition", pws-kent
Noel Cressie, "Statistic for Spatial Data", Wiley and Sons
Oscar R. Adams, "Applications of the Theory of Least Square to the Adjustment o f Triangulation", US Government Printing Office
P. D. A. Harvey, "The History of Topographic Maps", Thames and Hudson
P. H. Milne, "Underwater Acoustic Positioning System", Spon
P. H. Milne, "Underwater Engineering Surveying", Gulf
P. Henrici, "Elements of Numerical Analysis", Wiley and Sons
P. M. Janiczek, "Global Positioning System, Navigation Papers Vol I, II, III, IV", I nstitute of Navigation, VA
Paul D. Thomas, "Conformal Projection in Geodesy and Cartography", US Dept o f Commerce
Paul F. Wolf, "Elements of Photogrammetry, 2nd Edition", McGraw Hill, Intern'l Bo oks
Paul R. Wolf, Bon A. Dewitt, "Elements of Photogrammetry, 3rd Edition", McGraw Hill
Paul G. Hoel, "Introduction to Mathematical Statistics, 4th Edition", Wiley Intn'l Ed ition
Paul R. Wolf, Carles D. Ghilani, "Adjustment Computation", Wiley and Sons
Paul R. Wolf, Russel C. Brinker, "Elementary Surveying, 9th Edition", Harper Colli ns
Petr Vanicek, Edward Krakiwsky, "Geodesy, The Concept", North-Holland
Peter Biro, "Time Variation of Height and Gravity", Herbert Wichman verlag
Peter Richardus, "Project Surveying, 2nd Edition", A. A. Balkema
Philip Kissam, "Surveying for Civil Engineers", McGraw Hill
Philip, Brondel, Bramley J. Murton, "Handbook of Seafloor Sonar Imagery", Wiley and Son
Porter W. McDonell, "Introduction to Map Projection", Marcel Dekker, Inc.
Qihe Yang, John P. Snyder, "Map Projection Transformation", Taylor & Francis
R. A. Hirvonen, "Adjustments by Least Squares in Geodesy and Photogrammetry", Frederick Unger Publishing Co.
R. B. Buckner, "Land Survey Review Manual", Landmark

R. B. Buckner, "Surveying Measurements and Their Analysis", Landmark
R. Forsberg, M. Feissie, R. Dietrich, "Geodesy and The More", IAG Scientific Assembly,
R. G. Bird, "EDM Traverse", Longman Scientific and Technical
R. H. Dugdale, "Surveying, 3rd Edition", George Godwin Ltd.
R. J. G. Teunissen, A. Kieusberg, "GPS for Geodesy, 2nd Edition", Springer
R. P. Loweth, "Manual of Offshore Surveying for Geo-scientists and Engineers", Chapman and Hall
Ramjee Prasad, Marina Raggiers, "Applied Satellite Navigation Using GPS, Galileo, and Argumentation System", Artech House
Ramsy J. P. Wilson, "Land Surveying", M&E Handbooks
Raymond E. Davis, "Surveying, Theory and Practice, 6th Edition", McGraw Hill
Richard H. Rapp, F. Sanso, "Determination of Geoid", IUGG, Springer-verlag
Robert C. Vernon, "Professional Surveyors Manual", McGraw-Hill
Robert D. Cramichgel, "Mathematical Tables and Formulas", Dover Pub.
Robert V. Hogg, "Introduction to Mathematical Statistics, 3rd Edition", Collier Int. Edition
Ron Graham, Roger E. Read, "Manual og Photography", Focal Press
Ron Graham, "Digital Imaging", Whittles Publishing
Ronalde E. Walpole, "Probability and Statistics for Engineers and Scientists, 3rd Edition", McMillan Publishing Co.
Russel C. Brinker, Minnick, "The Surveying Handbook", 1st Edition, van Nostrand Reinhold
Russel C. Brinker, Roy Minnick, "The Surveying Handbook, 2nd Edition", Champman & Hall
Russel C. Brinker, Paul R. Wolf, "Elementary Surveying, 6th Edition",Harper Intn'l Edition
Russel John Priebbenow, "Development of Analytical Restitution Method for SPOT Imagery with Applied to Topographic Mapping in Australia", University of Qeensland. Ph.D Thesis
S. A. Drury, "Image of the Earth, 2nd Edition", Oxford Science Publications
S. G. Brighty, "Setting Out", Granada
Sanjib K. Ghosh, "Analytical Photogrammetry, 2nd Edition", Pergamon Press
Sanjib K. Ghosh, "Analytical Photogrammetry" 1st Edition", Pergamon Press
Sherman K. Stein, "Calculus and Analytic Geometry, 4th Edition", McGraw Hilll
Siegfreid Heitz, "Coordinates in Geodesy", Springer-verlag
Simo F. Laurila, "Electronic Surveying in Practice", John Wiley and Sons
Simo H. Laurila, "Electronic Surveying for Navigation", Wiley and Sons

Steven C. Chapra, Raymond P. Canale, "Numerical Methods for Engineers", McGraw Hill
Sunji Murai, "Remote Sensing Note", Japan Association of Remote Sensing
T. J. Blachelt, A. Ctrzanowski, "Urban Surveying and Mapping", Springer-verlag
T. J. M. Kennie, G. Petrie, "Engineering Surveying Technology, 1", Wiley and Sons
T. J. M. Kennie, G. Petrie, "Engineering Surveying Technology, 2", Wiley and Sons
Thomas Eugene Avery, "Fundamental of Remote Sensing and Air Photo Interpretation, 4th Edition" Prentice Hall
Thomas F. Hickerson, "Route Location and Design", McGraw Hill Inc.
Tom Logsdon, "The Navstar Global Positioning System", Van Nostrand Reinhold
Toni Shenk, "Digital Photogrammetry, Vol I", Terra Science
Vic Barnett, "Elements of Sampling Theory", Holder and Stoughton
W. F. Price, J. Uren, "Laser Surveying", Van Nostrand Reinhold
W. K. Kilford, "Elementary Air Survey", Pitman
W. S. Warner, R. W. Graham, "Small Format Aerial Photography", Interprint Ltd.
W. Schofield, "Engineering Surveying, Vol I, 3rd Edition", Butter worths
W. Schofield, "Engineering Surveying, Vol II, 3rd Edition", Butter worths
Wang Zhizuo, "Principles of Photogrammetry", Press of Whuhan Technical University of Surveying and Mapping
Weikko A. Heiskanen, Helmert Moritz, "Physical Geodesy", Tech. University of Gratz
Wilfreid Linder, "Digital Photogrammetry, 2nd Edition", Springer
William Irvine, "Surveying for Construction, 2nd Edition", McGraw Hill
William M. Kaula, "The Theory of Satellite Geodesy", Dover Publishing Inc.
William Ritchile, Michael Wood, "Surveying and Mapping for Field Scientists", Longman Scientific and Technical
Wolfgang Torge, "Gravimetry", de Gruyter
Wolfgang Torge, Geodesy, 1st Edition", de Gruyter
Wolfgang Torge, Geodesy, 2nd Edition", de Gruyter
Yehida Bock, Norman Leppard, "Global Positioning System; An Overview", Springer-verlag

찾아보기

찾아보기

찾아보기

찾아보기

기타